Astronomischer Jahresbericht

Gegründet von Walter F. Wislicenus

Mit Unterstützung der Astronomischen Gesellschaft

herausgegeben vom

Astronomischen Rechen-Institut

in Heidelberg

51. Band

Die Literatur des Jahres 1951

In Kommission bei

Walter de Gruyter & Co.

vormals G. J. Göschen'sche Verlagshandlung — J. Guttentag, Verlagsbuchhandlung — Georg Reimer — Karl J. Trübner — Veit & Comp.

Berlin 1954

Archiv-Nr. 180154

Gedruckt mit Unterstützung der
Deutschen Forschungsgemeinschaft

Druck G. Braun (vorm. G. Braunsche Hofbuchdruckerei und Verlag) G.m.b.H.
Karlsruhe in Baden

Printed in Germany

Auflage 600 — Mai 1954

Vorwort

Der vorliegende einundfünfzigste Band des Astronomischen Jahresberichtes (AJB) mit der Übersicht über die astronomische Literatur des Jahres 1951 und ihrer Grenzgebiete stimmt in Anlage und Durchführung mit dem Jubiläumsband 50 überein.

Die Schriftleitung des Bandes oblag, wie bisher, Prof. Dr. K. Heinemann. An der Bearbeitung hat Herr Dr. habil. W. Lohmann teilgenommen. Die russische Literatur ist von ihm allein nach den in AJB 46 dargelegten Grundsätzen bearbeitet und besprochen worden.

Die nicht direkt eingesehenen Zeitschriften sind in Liste IV und V durch ein Sternchen (*) neben ihrer laufenden Nummer gekennzeichnet.

Herzlichst gedankt sei den Autoren, Gesellschaften, Instituten und Sternwarten für die Zusendung ihrer Veröffentlichungen. Ferner sei allen Förderern des Astronomischen Jahresberichtes und allen Mitarbeitern, die namentlich auf S. IV aufgeführt sind, der verbindlichste Dank ausgesprochen. Insbesondere hat die Deutsche Forschungsgemeinschaft den Druck des vorliegenden Bandes durch einen Zuschuß ermöglicht.

Heidelberg, Januar 1954

Astronomisches Rechen-Institut

Verzeichnis der Mitarbeiter

Schriftleitung: K. Heinemann

Unter Mitwirkung von W. Lohmann (Loh.)

U. Baehr, Heidelberg
K. Bahner, Heidelberg
A. Behr, Göttingen
S. Böhme, Heidelberg (Böh.)
A. Bohrmann, Heidelberg (Bo.)
J. Bouška, Prag (J. B.)
A. Bruzek, Freiburg (Bru.)
H. C. Freiesleben, Hamburg — Navigation (Fr.)
W. Gliese, Heidelberg (Gli.)
F. Gondolatsch, Heidelberg (Go.)
O. Günther, Münster (O. G.)
A. Güttler, München (Gü.)
H. Klauder, Heidelberg (Kdr.)
A. König, Heidelberg (Kö.)
D. Labs, Heidelberg
T. Lederle, Heidelberg (T. L.)
G. R. Miczaika, Cambridge, Mass. (Micz.)
H. Nowacki, Heidelberg — Nachweis der Beobachtungen und Berechnungen von Kometen[1]
J. Ramberg, Stockholm (Ra.)
K. Schaifers, Heidelberg (Schai.)
P. Sconzo, Eva Peron — Südamerikanische Literatur
W. Strobel, Heidelberg — Nachweis der Beobachtungen und Berechnungen Kleiner Planeten
F. Zagar, Brera-Milano — Italienische Literatur (F. Z.)

Inhaltsverzeichnis

Fünfter Teil: Theoretische Astronomie

Sechster Teil: Theoretische Astrophysik

Siebenter Teil: Sonne

Achter Teil: Planeten und Monde

Neunter Teil: Kometen. Meteore. Meteorite. Zodiakallicht

Zehnter Teil: Sterne

Elfter Teil: Doppelsterne

Zwölfter Teil: Veränderliche Sterne. Novae

Dreizehnter Teil: Sternsysteme. Nebel. Interstellarer Raum

Vierzehnter Teil: Geodäsie. Nautik

Übersicht über die referierten Zeitschriften

Unter Zeitschriften sind nicht nur alle periodisch erscheinenden Schriften verstanden, sondern im weiteren Sinne auch alle zwanglos erscheinenden Veröffentlichungen von Sternwarten, Instituten und Gesellschaften.

Die durchgesehenen Zeitschriften sind in den folgenden Abschnitten IV—V zusammengestellt.

Einzelne Zeitschriftennummern, die nicht direkt eingesehen werden konnten, sind durch einen Stern (*) kenntlich gemacht.

Die im Astronomischen Jahresbericht angewandten Abkürzungen sind in den Abschnitten I—III gegeben.

I. Allgemeine Abkürzungen

Abh.	Abhandlungen
Abstr.	Abstrakt, abstract
Acad.	Académie, Academy
Accad.	Accadémia
Akad.	Akademie
Ann.	Annalen, Annales, Annals
Astr.	Astronomie usw.
Astrophys.	Astrophysik usw.
Beob.	Beobachtungen
Ber.	Berichte
Bol.	Boletin
Bull.	Bulletin
bzw.	beziehungsweise
Circ.	Circular, Zirkular
Cl.	Classe
Commun.	Communications
Comun.	Comunicazioni
Contr.	Contributions usw.
Desgl.	Desgleichen
Diss.	Dissertation
Geod.	Geodäsie usw.
Ges.	Gesellschaft
Inst.	Institut usw.
J.	Journal
Kl.	Klasse
Math.	Mathematik usw.
Medd.	Meddelanden, Meddelelser
Mém.	Mémoires
Mem.	Memoirs, Memorie
Mitt.	Mitteilungen
Nachr.	Nachrichten
(NF)	Neue Folge
(NR)	Neue Reihe
(NS)	Neue Serie
Obs.	Observatorium
Oss.	Osservatorio, Osservazioni
Phil.	Philosophical
Phys.	Physik usw.
Proc.	Proceedings
Pubbl.	Pubblicazioni
Publ.	Publikationen, Publications
Rech.	Recherches
Ref.	Referat
Rend.	Rendiconti
Repr.	Reprint
Res.	Research
Rev.	Revue, Review
Ric.	Ricerche
Sci.	Science, scientific
Ser.	Serie, Series
Sér.	Série
Sitzber.	Sitzungsberichte
Soc.	Società, Société, Society
Sternw.	Sternwarte
Suppl.	Supplement
T.	Tidskrift, Tidsskrift, Tijdschrift
Trans.	Transactions
Univ.	Universität usw.
Veröff.	Veröffentlichungen
Vgl.	Vergleiche
VJS	Vierteljahrsschrift
Wetensch.	Wetenschappen
Wiss.	Wissenschaften
Z.	Zeitschrift

II. Spezielle Abkürzungen

S. 218: Zeichenerklärungen und Abkürzungen der Sternwarten im Nachweis der Beobachtungen und Berechnungen Kleiner Planeten, Ref. 7562.

Dieselben Abkürzungen der Sternwarten sind auch im Nachweis der Beobachtungen von Kometen § 81 angewendet.

S. 357: Abkürzungen für den Nachweis der Beobachtungen und Bearbeitungen Veränderlicher, Ref. 11229.

Für die Abkürzungen der Namen der Sternbilder gelten die in Harvard Bulletin 771 gegebenen.

S. 377: Abkürzungen zu den Beobachtungen einzelner Novae, § 113.

AAVSO vgl. 1102 | Ref. AG vgl. 1106
Ref. AAS vgl. 1103 | Ref. ASP vgl. 1104
Ref. Soc. Astr. Italiana vgl. 1124

III. Abkürzungen von Zeitschriften

Die Nummern beziehen sich auf den ausführlichen Titel der Zeitschriften und Veröffentlichungen in Liste IV S. X und Liste V S. XVI.

	Nr.
AA(a), AA(b), AA(c)	2
AJ	35
AJ UdSSR	36
AJB = Astronomischer Jahresbericht	
AN	55
Ann d'Astrophys	5
ApJ	37
Ark Astr	—
Astr Circ UdSSR	113
BA	16
BAA Circ	22
BAAH	Ref. 414
BAB	311
BAC	18
BAF	14
BAN	15
BIA	222
BSAF	9
Bull hor	19
CR	26
DAN	10
DOB	27
Gaz astr	31
Harv Ann	—
Harv Bull	148
Harv Card	151
Harv Circ	145
Harv Repr	146
JBAA	39
JO	45
J RAS Canada	48
Kop Akt Medd	209
LOB	248
McDC	172
Mem BAA	51
Mem SA It	52
MN ASSA	65
MN	66
MN Geophys Suppl	67
MPC	161
MVS	289
NAT	99
NAZ	57
NAZvM	58
Obs	68
PAT	98
Pop Astr	72
Publ ASP	79
RH	88
TAB	303
UAI Circ	208
UC	202
Union Circ	202
VS Bull	104
ZfA	108
ZfMG	112

IV. Zeitschriften und Veröffentlichungen von Gesellschaften

1. Abhandlungen der Deutschen Akademie der Wissenschaften zu Berlin. Mathematisch-naturwissenschaftliche Klasse. — Jahrgang **1950** Nr. 2, Jahrgang **1951** Nr. 1.
2. Acta Astronomica. Krakau. — AA(c) Vol. **4** S. 129—160.
3. Geochimica et Cosmochimica Acta. Pergamon Press Ltd., London. — Vol. **1** Nr. 1—6. Vol. **2** Nr. 1.
4. Annalen der Physik. Johann Ambrosius Barth, Leipzig. — 6. Folge Band **8** und **9** = Band **443** und **444** der ganzen Reihe.
5. Annales d'Astrophysique. — Tome **14** Nr. 1—4.
6. Annales Françaises de Chronométrie. Besançon. — Année **21** Trimestre 1—4.
7. Annales de Physique. Masson et Cie, Editeurs. Paris. — Sér. 12 Tome **6** Nr. 1—12.
8. Anzeiger. Österreichische Akademie der Wissenschaften. Mathematisch-naturwissenschaftliche Klasse. Wien. — **88.** Jahrgang Nr. 1—15.
9. L'Astronomie. Revue Mensuelle d'Astronomie, de Météorologie et de Physique du Globe. Bulletin de la Société Astronomique de France. Paris. — **65**^e^ année, Jan.—Déc. 1951.
10. Berichte (Doklady) der Akademie der Wissenschaften der UdSSR. Moskau-Leningrad. — Tom **76—81**, jeweils Heft 1—6.
11. Physikalische Berichte. Herausgegeben im Auftrag der Physikalischen Gesellschaft Württemberg-Baden-Pfalz. Akademie-Verlag, Stuttgart und Berlin. — Band **30** Heft 1—12.
12. Physikalische Blätter. Physik Verlag, Mosbach (Baden). — **7.** Jahrgang Heft 1—12.
13. Boletin de la Academia de Ciencias Fisicas, Matematicas y Naturales. Caracas. — Ano **17** — Tomo **14** — Nr. 45.
14. Bulletin de l'Association Française d'Observateurs d'Etoiles Variables. Lyon. — Tome **11** Fasc. 1—2.
15. Bulletin of the Astronomical Institutes of the Netherlands. Haarlem. — Vol. **11** Nr. 419—431.
16. Bulletin Astronomique, Publié par l'Observatoire de Paris. — Tome **16** Fasc. 1—2.
17. Bulletin der Astronomisch-Geodätischen Gesellschaft der UdSSR. Verlag der Akademie der Wissenschaften der UdSSR. Moskau-Leningrad. — Nr. **10** (**17**).
18. Bulletin of the Central Astronomical Institute of Czechoslovakia (früher Bulletin of the Astronomical Institutes of Czechoslovakia). Central Astronomical Institute, Prag. — Vol. **2** Nr. 6—12.
19. Bulletin horaire du Bureau International de l'Heure. Observatoire de Paris. — 3me Série No. 1—3. Série E No. 1—3.

20*. Casopis Ústředního ústavu astronomického. Zentral Astr. Inst., Prag. — 1. Jahrgang, Nr. 1—2 (tschechisch).

21. Ciel et Terre. Bulletin mensuel de la Société Belge d'Astronomie, de Météorologie et de Physique du Globe. Uccle-Brüssel. — Année **67** Nr. 1—12.

22. British Astronomical Association Circular. London. — Nr. 321—328.

23. The Japan Astronomical Study Association Circular (japanisch — nur teilweise referiert). — Nr. 93—106, 108—112.

24. Coelum. Periodico Bimestrale per la Divulgazione dell'Astronomia. Bologna. — Vol. **19** Nr. 1—12.

25. Sterrekundig Colloquium van de Nederlandse Astronomen-Club. Gravenhage. — Nr. 9.

26. Comptes Rendus hebdomadaires des Séances de l'Académie des Sciences. Paris. — Tome **232—233**.

27. Documentation des Observateurs. Institut d'Astrophysique de Paris. — 4e année Nr. 1—12.

28. Endeavour. Eine Vierteljahres-Übersicht von Fortschritten der Wissenschaften im Dienste der Menschheit, London. — Band **10** Nr. 37—40.

29. Ergebnisse der exakten Naturwissenschaften. Springer-Verlag, Göttingen-Berlin-Heidelberg. — Band **24**.

30. Extraits d'Astronomie et de Géophysique du Centre National de la Recherche Scientifique. (Continuation de la Bibliographie Mensuelle de l'Astronomie). Paris. — Vol. **12** Nr. 1—12.

31. Gazette astronomique. Bulletin de la Société d'Astronomie d'Anvers. — Année **33** Nr. 1—12. Gesamtnummer 373—384.

32. Glasnik. Societas Scientiarum Naturalium Croatica. Periodicum Mathematico-Physicum et Astronomicum, Zagreb. — Ser. (2) T. **6** Nr. 1—5.

33. Heelal. Tijdschrift van de Vereniging voor Sterrenkunde, Meteorologie, Geophysica en aanverwante Wetenschappen. Antwerpen. — Jaargang **7** Afl. 1—6.

34. Hemel en Dampkring. J. B. Wolters, Groningen. — **49.** Jaargang Afl. 1—12.

35. The Astronomical Journal. Yale Univ. Office, New Haven. — Vol. **55** Nr. 7—8. Vol. **56** Nr. 1—6. Gesamtnummer 1187—1194.

36. Astronomisches Journal. Akademie der Wissenschaften der UdSSR. Moskau-Leningrad. — Tom **28** Nr. 1—6.

37. The Astrophysical Journal. Chicago. — Vol. **113** Nr. 1—3. Vol. **114** Nr. 1—3.

38. Journal of Atmospheric and Terrestrial Physics. Butterworth-Springer Ltd., London. — Vol. **1** Nr. 3—6. Vol. **2** Nr. 1.

39. Journal of the British Astronomical Association. Oxford. — Vol. **61** Nr. 2—8. Vol. **62** Nr. 1.

40. Journal of the British Interplanetary Society. London. — Vol. **10** Nr. 1—6 und Annual Report 1951.

41. Journal of Calendar Reform. Published by the World Calendar Association, Inc. New York. — Vol. **21** Quarter 1—4.

42. Journal of Geophysical Research. The continuation of Terrestrial Magnetism and Atmospheric Electricity. The Johns Hopkins Press, Baltimore. — Vol. **56** Nr. 1—4.

43. The Irish Astronomical Journal. Armagh. — Vol. **1** Nr. 5—8.

44*. Journal of the Institute of Navigation. London. — Vol. **3** Nr. 1—4, 1950. Vol. **4** Nr. 1—4.

45. Journal des Observateurs. Publié avec le concours du Centre National de la Recherche Scientifique. Marseille. — Vol. **34** Nr. 1—12.

46. Journal of the Optical Society of America. Published for the Optical Society of America. Lancaster, Penn. — Vol. **41** Nr. 1—12.

47. Le Journal de Physique et Le Radium. Publication de la Société Française de Physique. Paris. — Tome **12** Nr. 1—10.

48. Journal of the Royal Astronomical Society of Canada. Toronto. — Vol. **45** Nr. 1—6. Gesamtnummer 388—393.

49. Astronomical News Letter. Issued and distributed by the Harvard College Observatory, Cambridge, Mass. for the Committee for the Distribution of Astronomical Literature of the American Astronomical Society. — Nr. **54—58.**

50. Mededeling. Werkgroep Meteoren v. d. Ned. Vereniging voor Weer- en Sterrenkunde. — Nr. 18—21.

51. Memoirs of the British Astronomical Association. Oxford. — Vol. **37** Part 1.

52. Memorie della Società Astronomica Italiana. Nuova Serie. Pavia. — Vol. **22** Nr. 1—4.

53. De Meteoor. Organ van de Werkgroep Meteoren van de Nederlandse Vereniging voor Weer- en Sterrenkunde. Utrecht. — **7**e Jaargang Nr. 1—5.

54. Der Meteorbeobachter. Mitteilungsblatt der Meteorbeobachtungsgruppe München. — **1951** Nr. 1—12.

55. Astronomische Nachrichten. Im Auftrage der Deutschen Akademie der Wissenschaften zu Berlin. — Band **279** Heft 3—6. Band **280** Heft 1—3.

56. Nachrichten der Akademie der Wissenschaften in Göttingen. Mathematisch-Physikalische Klasse, Mathematisch-Physikalisch-Chemische Abteilung. — Jahrgang **1951** Nr. 1—7.

57. Nachrichtenblatt der Astronomischen Zentralstelle. Astronomisches Rechen-Institut, Heidelberg. — Jahrgang **5** Nr. 1—11.

58. Nachrichtenblatt der Astronomischen Zentralstelle. Vorläufige Mitteilung. Astronomisches Rechen-Institut, Heidelberg. — Nr. 101—137.

59. Astronomischer Nachrichtendienst der Archenhold-Sternwarte zu Berlin-Treptow. — **3.** Jahrgang Nr. 1—24. (Wird nur auszugsweise referiert).

60. Name-List of Variable Stars. International Astronomical Union. Commission for Variable Stars of the Astronomical Council of the Academy of Sciences of the USSR and the Sternberg Astronomical Institute, Moscow. — Nr. **47.**

61. Nature. A Weekly Journal of Science. Macmillan and Co., London; The Macmillan Company, New York. — Vol. **167** Nr. 4236—4261. Vol. **168** Nr. 4262—4287.

62. La Nature. Revue des Sciences et de leurs Applications. Masson et Cie, Editeurs, Paris. — Vol. **79** Nr. 1—12.

63. Die Naturwissenschaften. Springer-Verlag, Berlin-Göttingen-Heidelberg. — **38.** Jahrgang Heft 1—12.

64*. Navigation. Los Angeles, Cal. — Vol. **2** Nr. 5—8, 1950. Vol. **2** Nr. 9—10. Vol. **3** Nr. 1—2.

65. Monthly Notes of the Astronomical Society of South Africa. Cape Town. — Vol. **10** Nr. 1—11.

66. Monthly Notices of the Royal Astronomical Society. London. — Vol. **111** Nr. 1—6.

67. Monthly Notices of the Royal Astronomical Society. Geophysical Supplement. London. — Vol. **6** Nr. 3—4.

68. The Observatory. Oxford. — Vol. **71** Nr. 860—865.

69. Optik. Zeitschrift für das gesamte Gebiet der Licht- und Elektronenoptik. Stuttgart. — Band **8** Heft 1—12.

70. Orion. Zeitschrift der Schweizerischen Astronomischen Gesellschaft. Bulletin de la Société Astronomique de Suisse. Genève bzw. Schaffhausen. — Band **3** Nr. 30—33.

71. Physica. Herausgegeben von der Stiftung Physica in Amsterdam. — Deel **17** Nr. 1—12.

72. Popular Astronomy. A Review of Astronomy and Allied Sciences. Northfield, Minn., Carleton College. — Vol. **59** Nr. 1—10.

73. Priroda (Natur). Populäres naturwissenschaftliches Journal der Akademie der Wissenschaften der UdSSR. Moskau-Leningrad. — Tom **40** Nr. 1—12.

74. Proceedings of the American Academy of Arts and Sciences. Cambridge, Mass. — Vol. **79** Nr. 4.

75. Proceedings of the National Academy of Sciences of the United States of America. Washington. — Vol. **37** Nr. 1—12.

76. The Proceedings of the Physical Society. Section A, Section B. London. — Vol. **64** Part 1—12.

77. Proceedings of the Royal Society. Series A. Mathematical and Physical Sciences. London. Vol. **204—210** Nr. 1079—1101.

78. Publications of the Astronomical Society of Japan. Tokyo. — Vol. **2** Nr. 3—4. Vol. **3** Nr. 1—2.

79. Publications of the Astronomical Society of the Pacific. San Francisco. — Vol. **63** Nr. 370—375.

80. Annual Report. The Smithsonian Institution, Washington. — Report 1950.

81. The Science Reports of the Tôhoku University. First Series (Physics, Chemistry, Astronomy). Sendai, Japan. — Vol. **34** Nr. 1—4, Vol. **35** Nr. 1—3.

82*. Hydrographic Review. (Erscheint auch als Revue Hydrographique, Monte Carlo, Monaco) — Vol. **27** Heft 1 und 2, 1950. Vol. **28** Heft 1—2.

83. Mathematical Reviews. Published by the American Mathematical Society, Lancaster, Penn. — Vol. **12** Nr. 1—11.

84. The Physical Review. Series 2. Published for the American Physical Society by the American Institute of Physics. Lancaster Pa. and New York. — Vol. 81—84, je 6 Hefte.

85. The Review of Scientific Instruments, New Series. Published monthly by the American Institute of Physics. Lancaster, Pa., and New York, N. Y. — Vol. **22** Nr. 1—12.

86. Reviews of Modern Physics. Published for the American Physical Society by the American Institute of Physics. Lancaster and New York. — Vol. **23** Nr. 1—4.

87. Revista Astronomica. Organo Trimestral de la Asociacion Argentina «Amigos de la Astronomia». Buenos Aires. — Tomo **23** Nr. 1 (128).

88*. Říše hvězd. Herausgegeben von der Tschechoslow. Astr. Ges. in Prag. — Band **32** Nr. 1—10 (tschechisch, Inhalt auch in russischer und englischer Sprache).

89. Naturwissenschaftliche Rundschau. Wissenschaftliche Verlagsgesellschaft m. b. H., Stuttgart. — Jahrgang **4** Heft1—12.

90. Scientia. Internationale Zeitschrift für wissenschaftliche Synthese. Bologna. — Vol. **86** Nr. 1—12.

91. Sitzungsberichte der Deutschen Akademie der Wissenschaften zu Berlin. Mathematisch-naturwissenschaftliche Klasse. Akademie-Verlag, Berlin. — Jahrgang **1951** Nr. 1.

92. Sitzungsberichte. Österreichische Akademie der Wissenschaften. Mathematisch-naturwissenschaftliche Klasse. Abteilung IIa, Wien. — Band **160** Heft 1—10.

93. Sky and Telescope. Harvard College Observatory, Cambridge, Mass. — Vol. **10** Nr. 3—12. Vol. **11** Nr. 1—2.

94. Southern Stars. The Journal of the Royal Astronomical Society of New Zealand. — Vol. **14** Nr. 1—3 (Gesamtnummer 95—97), 1948. Vol. **15** Nr. 1—4 (Gesamtnummer 105—108).

95. Die Sterne. Monatsschrift über alle Gebiete der Himmelskunde. Verlag Johann Ambrosius Barth, Leipzig. — **27.** Jahrgang Heft 1—12.

96. Sternenwelt. Populäre Zeitschrift für Astronomie und ihre Geschichte. München. Verlag S. Lux, Murnau, Obb., später Sternenwelt-Verlag, München 8. — **3.** Jahrgang Heft 1—12.

97. The Strolling Astronomer. Association of Lunar and Planetary Observers. Albuquerque, New Mexico. — Vol. **5** Nr. 1—12.

98. Populär Astronomisk Tidskrift. Stockholm. Årgång **32** Häfte 1—4.

99. Nordisk Astronomisk Tidsskrift. Kopenhagen. — **1951** Nr. 1—4.

100*. Universitas. Zeitschrift für Wissenschaft, Kunst und Literatur. Stuttgart. — Jahrgang **6.**

101*. El Universo. Organo de la Sociedad Astronómico de México. — Año **49** Nr. 15—18.

102. Urania. Revista de Astronomia y Ciencias Afines. Organo Oficial de la Sociedad Astronómica de España y América y de la Unión Nacional de Astronomía y Ciencias Afines. Barcelona. — Año **36** Nr. 225—228.

103. Urania. Populært astronomisk Tidsskrift. Kopenhagen. — Aargang 8 Nr. 1—12.

104. Veränderliche Sterne. Bulletin, herausgegeben vom Astronomischen Rat der Akademie der Wissenschaften der UdSSR. Moskau-Leningrad. — Tom 8 Nr. 1—5 (73—77).

105*. Vesmír. Staatlicher Pädagogischer Verlag, Prag. — Jahrgang **29** Nr. 5—10. Jahrgang **30** Nr. 1— 4 (von J. Bouška referiert).

106. Vierteljahrsschrift der Naturforschenden Gesellschaft Zürich. Verlag Gebr. Fretz AG., Zürich. — Jahrgang **96** Heft 1—4.

107. Weltraumfahrt. Beiträge zur Weltraumforschung und Astronautik. Umschau-Verlag, Frankfurt am Main. — Jahrgang **1951** Heft 1—6.

108. Zeitschrift für Astrophysik. Springer-Verlag, Berlin-Göttingen-Heidelberg. — Band **28** Heft 2—3. Band **29** Heft 1—3. Band **30** Heft 1.

109. Zeitschrift für Naturforschung. Verlag der Zeitschrift für Naturforschung, Tübingen. — Band **6a** Heft 1—12.

110. Zeitschrift für Physik. Springer-Verlag, Berlin-Göttingen-Heidelberg. — Band **129** Heft 1—6. Band **130** Heft 1—5.

111. Deutsche Hydrographische Zeitschrift. Deutsches Hydrographisches Institut Hamburg. — Band **4** Heft 1—6.

112. Zentralblatt für Mathematik und ihre Grenzgebiete. Springer-Verlag, Berlin-Göttingen-Heidelberg. Band **36**—**40**, je 10 Hefte.

113. Astronomisches Zirkular. Herausgegeben vom Büro der Astronomischen Mitteilungen der Akademie der Wissenschaften der UdSSR. Kasan. — Nr. **109**—**121**.

V. Veröffentlichungen von Sternwarten und Instituten

Die unten genannten Sternwarten sind in dem Verzeichnis der Veröffentlichungen von Sternwarten und Instituten unter dem Ort (rechte Spalte dieser Tabelle) aufgeführt.

Name der Sternwarte	Ort
Agassiz Station	Oak Ridge
Allegheny Observatory	Pittsburgh
Carter Observatory	Wellington, N. Z.
Commonwealth Scientific and Industrial Research Organization, Australia	Sydney
Dearborn Observatory of Northwestern University	Evanston, Ill.
Dominion Observatory	Ottawa
Dominion Astrophysical Observatory	Victoria, Canada
David Dunlap Observatory, University of Toronto	Richmond Hill
Dunsink Observatory	Dublin
Observatorio del Ebro	Tortosa
Engelhardt Observatorium	Kasan
Observatorio Fabra	Barcelona
Flower Astronomical Observatory	Upper Darby, Penn.
Harvard College Observatory	Cambridge, Mass.
Kapteyn Astronomical Laboratory	Groningen
Lick Observatory	Mount Hamilton
Goethe Link Observatory of Indiana University	Bloomington
Lowell Observatory	Flagstaff, Ariz.
Leander McCormick Observatory of the University of Virginia	Charlottesville
McDonald Observatory	Fort Davis, Tex.
McMath-Hulbert Observatory	Lake Angelus, Pontiac, Mich.
Observatory of the University of Michigan	Ann Arbor
Astronomical Observatory, University of Minnesota	Minneapolis
Perkins Observatory	Delaware, Ohio
Radcliffe Observatory	Pretoria
Smithsonian Institution	Washington
Sproul Observatory	Swarthmore, Penn.
Staatliches Astronomisches Sternberg-Institut	Moskau
Union Observatory	Johannesburg
Vassar College Observatory	Poughkeepsie, N. Y.
Warner and Swasey Observatory	Cleveland, Ohio
Washburn Observatory of the University of Wisconsin	Madison
Astronomical Observatory of Yale University	New Haven, Conn.
Yerkes Observatory	Williams Bay, Wis.

Amsterdam

114. Circular of the Astronomical Institute of the University of Amsterdam.

Nr. 2: A. Pannekoek, Periodicities in lunar eclipses. Ref. 3213.
3: D. Koelbloed, W. Veltman, On the electron temperature of the chromosphere and prominences. Ref. 6618.

Ann Arbor

115. Publications of the Observatory of the University of Michigan.

10: The structure of the galaxy. A symposium held in connection with the dedication of the Heber Doust Curtis Memorial Telescope, June 22—24, 1950. Ref. 12331.
J. Stebbins, Heber Curtis and the Michigan telescope. Ref. 1052.
W. Baade, Galaxies — present day problems. Ref. 12402.
N. U. Mayall, Comparison of rotational motions observed in the spirals M31 and M33 and in the galaxy. Ref. 12424.
R. Minkowski, Galactic distribution of planetary nebulae and Be stars. Ref. 12213.
W. W. Morgan, Application of the principle of natural groups to the classification of stellar spectra. Ref. 9538.
J. J. Nassau, W. W. Morgan, Distribution of early type stars of high luminosity near the galactic equator. Ref. 12320.
F. D. Miller, Utilization of faint star counts at intermediate latitudes. Ref. 12319.
B. Lindblad, Dynamical interpretation of velocity distribution and structural details in the galaxy. Ref. 12342.
A. N. Vyssotsky, Some features of galactic structure revealed by stellar motions. Ref. 12358.
S. W. McCuskey, Recent investigations concerning the stellar luminosity function. Ref. 9718.
K. G. Henize, F. D. Miller, H-Alpha emission objects in the Magellanic clouds. Ref. 12417.
H. Shapley, Comparison of the Magellanic clouds with the galactic system. Ref. 12439.

Århus

116. Meddelelser fra Ole Rømer-Observatoriet i Århus.

Nr. 21: A. V. Nielsen, On two bright meteors. Vgl. AJB 50 Ref. 8278.
22: A. V. Nielsen, H. C. Schumacher and the Observatory at Altona during the war of 1848—50. Ref. 1039.

Armagh

117. Contributions from the Armagh Observatory.

Nr. 3: E. J. Öpik, Stellar models with variable composition. II. Sequences of models with energy generation proportional to the fifteenth power of temperature. Ref. 5225.
4: E. M. Lindsay, The distribution of stars brighter than photographic magnitude 14,0 between galactic longitudes 290° and 360° and within galactic latitudes ±30°. Ref. 12315.
5: Vgl. AJB 50 Ref. 5224.
6: E. J. Öpik, Collision probabilities with the planets and the distribution of interplanetary matter. Ref. 7018.
7: Vgl. AJB 50 Ref. 5225.
8: E. J. Öpik, Rotational currents. Ref. 4310.

118. Armagh Observatory Leaflet.

Nr. 7: E. M. Lindsay, Report on Armagh Observatory for the year 1950. Ref. 1101.

8: E. B. Armstrong, Opposition of Mars, 1950. Ref. 7402.

9: E. J. Öpik, Astronomy and the bottom of the sea. Ref. 8322.

10: S. Grew, Meteorology at Armagh Observatory: General notes and a study of rainfall. Ref. 1202.

Asiago

119. Contributi dell'Osservatorio Astrofisico dell'Università di Padova in Asiago.

Nr. 20: G. de Strobel, Velocità radiali di ζ_1 Ursae majoris e nuovi elementi dell'orbita. Ref. 10213.

21: L. Rosino, Ricerche sugli ammassi globulari. V. Diagramma colore-grandezza e distanza dell'ammasso globulare M 56. Ref. 12128.

22: G. de Strobel, Grandezze fotovisuali della variabile BL Cassiopeiae. Ref. 11229.

Athen

120. National Observatory of Athens — Greece. Bulletin of the Astronomical Institute. Year: 1951.

Nr. 1—2: Vgl. § 63, 71, 73, 75, 76, 77, 112.

Bamberg

121. Kleine Veröffentlichungen der Remeis-Sternwarte.

Nr. 6: H.-U. Sandig, Die Verbesserung der Sternörter für eine Neureduktion älterer Azimut- und Längenbestimmungen. Vgl. AJB 50 Ref. 9111.

Basel

122. Veröffentlichungen der Astronomisch-Meteorologischen Anstalt der Universität Basel.

Nr. 1: J. O. Fleckenstein, Die Struve-Niethammersche Methode der Vertikalpassagen zur Bestimmung von Polhöhenschwankungen. Ref. 3111.

Belgrad

123. Publications de l'Observatoire Astronomique de Belgrade.

Nr. 4: P. M. Djurković, B. M. Ševarlić, Z. M. Brkić, Détermination de latitude de l'Observatoire Astronomique de Belgrade, 1947. Ref. 13206.

124. Publications de l'Observatoire Astronomique de Belgrade. Bulletin.

15: B. Popović, Rapport annuel sur l'état et l'activité de l'Observatoire Astronomique de Belgrade en 1950. Ref. 1101.

Z. M. Brkić, P. M. Djurković, B. M. Ševarlić, Observations méridiennes, faites à l'instrument de passage (de 100 mm) du Service de l'heure en 1950. Ref. 2354.

M. Simić, M. Protitch, Activité des taches solaires en 1950. Ref. 6353.

M. Protitch, L'éclipse totale de la lune, le 2/3 avril 1950, observé à Belgrade. Ref. 7333.

B. M. Ševarlić, Observations de l'éclipse totale de lune du 26 septembre 1950. Ref. 7334.
Observations des occultations en 1950. Ref. 7341.
Predictions for 1951 of occultations of stars by the moon visible at Belgrade. Ref. 7340.
M. Protitch, Observations photographiques des Petites Planètes, faites à l'astrographe de 160 mm. Ref. 7562.
Z. M. Brkić, P. M. Djurković, B. M. Ševarlić, Observations à la lunette zénithale (de 110 mm) du Service de latitude de l'Observatoire en 1950. Ref. 13202.
B. M. Ševarlić, Z. M. Brkić, Observations faites avec l'instrument universel. Ref. 13242.

Bergedorf

Siehe unter Hamburg.

Berkeley

125. Berkeley Reprint.
Nr. 1: Vgl. AJB 50 Ref. 9555 (12 Lac).
2: Nicht eingegangen.
3: O. Struve, A puzzling stellar spectrum (17 Leporis). Ref. 9568.
4—9: Nicht eingegangen.
10: O. Struve, Notes on stellar spectra. Ref. 9550.
11: M. F. Walker, Variability of ν Eridani. Ref. 11229.
J. G. Phillips, Temperatures of late-type stars from the band spectra. Ref. 9603.
12: N. E. Gould, The dark lanes near ϱ Ophiuchi. Ref. 12513.
D. H. McNamara, R. D. Levée, Changes in the spectrum of σ Scorpii. Ref. 9568.
O. Struve, Some comments on β Canis majoris and related stars. Ref. 9551.
R. D. Levée, Overlapping Balmer lines in α Lyrae. Ref. 9568.
13: D. H. McNamara, The eclipsing binary U Sagittae. Ref. 11119.
14: D. Layzer, The scattering of slow electrons by atoms. Ref. 234.

Berlin

126. Berliner Astronomisches Jahrbuch für 1953. 178. Jahrgang. Herausgeber: Astronomisches Recheninstitut der Deutschen Akademie der Wissenschaften zu Berlin und Astronomisches Rechen-Institut zu Heidelberg. Ref. 401.
127. Mitteilungen aus dem Astronomischen Recheninstitut der Deutschen Akademie der Wissenschaften zu Berlin.
E. E. Kühne, Über die mit den Methoden der speziellen Störungen erreichbare Genauigkeit. Ref. 4212.
A. Kahrstedt, Die Genauigkeit numerischer Integrationen von speziellen Störungen über längere Zeiträume. Ref. 4211.
128. Mitteilungen der Archenhold-Sternwarte Berlin-Treptow.
Nr. 16: W. Neumann, Auswertungen von Schattenantrittsbeobachtungen während der totalen Mondfinsternis 2. April 1950. Ref. 7333.
M. Schubert, Die Silberkugel-Photometrie und ihre Anwendung auf die Mondfinsternis vom 2./3. April 1950. Ref. 7333.
G. Schirdewahn, Die Marsopposition 1950. Ref. 7402.
E. Rohde, G. Schirdewahn, Saturn 1950. Ref. 7702.
17: D. Wattenberg, Die Photographie des Himmels. Ref. 2263.

18: D. Wattenberg, Die Photographie der Sonne. Ref. 2264.
19: D. Wattenberg, Entwicklung und Wirken der Archenhold-Sternwarte im Jahre 1950. Ref. 1101.
20: I. Nickel, G. Schirdewahn, Bericht über die Untersuchung von Sonnenbeobachtungen 1950. Ref. 6353.
21: D. Wattenberg, Zur Definition des Planetenbegriffs. Ref. 7027.
22: E. Mädlow, Periodizität der Oberflächengebilde auf Jupiter. Ref. 7607.
23: D. Wattenberg, Planetenähnliche Fixsternbegleiter. Ref. 10012.

128a. Astronomischer Nachrichtendienst der Archenhold-Sternwarte zu Berlin-Treptow. 3. Jahrgang Nr. 1—24.

Bern

129. Veröffentlichungen des Astronomischen Instituts der Universität Bern.
Nr. 8: R. Kurth, Die Masse der Kugelsternhaufen. Ref. 12122.
9: R. Kurth, Die Entwicklung der Kugelsternhaufen. Ref. 12123.

Bjurakan

130. Mitteilungen (Soobschtschenija) des Observatoriums Bjurakan.
Nr. 6: W. A. Ambarzumjan, Zur Theorie der Schwankungen in der scheinbaren Verteilung der Sterne am Himmel. Ref. 4401.
7: L. W. Mirsojan, Spektralphotometrische Untersuchung einer Reihe von Sternen früher Spektralklassen. Ref. 9536.
8: G. S. Badaljan, Die Farbenindizes der langperiodischen Cepheiden. Ref. 11143.
9: B. E. Markarjan, Über die Klassifikation der offenen (galaktischen) Sternhaufen. II. Vorläufiges Verzeichnis offener O-Haufen. Ref. 12109.

Bloomington

131. Publications of the Goethe Link Observatory of Indiana University.
Nr. 3: Vgl. AJB 49 Ref. 9502.
4: Vgl. AJB 52.
5: Vgl. AJB 52.
6: J. Cuffey, Linearity in photoelectric equipment. Ref. 2213.

132. Goethe Link Observatory of Indiana University. Reprint.
Nr. 4: J. B. Irwin, An astronomical visit to South Africa. Ref. 1252.

Bologna

133. Pubblicazioni dell'Osservatorio Astronomico Universitario di Bologna.
5 Nr. 14: P. Tempesti, Indice di colore del nucleo della nebulosa planetaria in A.R. = $23^h\,33^m\,24^s$ e D = +30° 11′ (1950.0). Ref. 12224.
15: L. Rosino, Ricerche sugli ammassi globulari. VI. L'ammasso globulare di Baade in A.R. $15^h\,13^m\,30^s$ e D +0° 4′ (1950.0). Ref. 12127.
16: L. Rosino, Alcuni aspetti delle ricerche sulle nebulose planetarie. Ref. 12216.

Bonn

134. Veröffentlichungen der Universitäts-Sternwarte zu Bonn.
Nr. 37: J. Meurers, Die Feinstruktur der scheinbaren Sternverteilung. Ref. 12317.

38: K. Terheyden, Nomogramme zur Lösung astronomischer Aufgaben. Zweite Folge. Zur geographischen Ortsbestimmung und astronomischen Navigation. Ref. 3017.

Bordeaux

135. Annales de l'Observatoire de Bordeaux.
18 2: J. Dubois, Contribution à l'étude de l'ombre de la terre. Ref. 7325.

136. Observatoire de l'Université de Bordeaux (Floirac). Série A.
Nr. 2: Dumas, Parcelier, Chronographe imprimant à roue phonique. Ref. 2313.
3: P. Sémirot, Principes d'un nouvel instrument des passages. Ref. 2132.
4: P. Parcelier, Nouveau relais électronique du service méridien. Ref. 2236.

137. Publications de l'Observatoire de Bordeaux. Nouvelle Série.
Nr. 8: R. Mercier. Vgl. AJB 50 Ref. 10109.
P. Sémirot, Principes d'un nouvel instrument des passages. Ref. 2134.
Chopinet, P. Sémirot. Vgl. AJB 50 Ref. 9203.
Chopinet, Dupouy, Teulet, Positions photographiques de Némausa. Ref. 7562.
Dubois, Mercier, Mesures d'étoiles doubles au micromètre à double image de Muller. Ref. 10125.
9: P. Sémirot, Principes d'un nouvel instrument des passages. Ref. 2133.
10: Vgl. AJB 50 Ref. 9208.

Breslau

Siehe unter Wroclaw.

Brno

138. Contributions from the Astronomical Institute of the Masaryk University Brno, Czechoslovakia.
1 8: L. Perek, Distribution of mass in the galaxy and the densities of RR Lyrae variables. Ref. 12345.

Brooklyn

139. The Goethe Link Observatory. Brooklyn, Indiana. Reprint.
Nr. 1: V. E. Maier, The new Goethe Link Observatory. Vgl. AJB 42 Ref. 406.
2: J. Cuffey, The galactic clusters. Vgl. AJB 43 Ref. 8705.
3: F. K. Edmondson, Recent developments at the Goethe Link Observatory. Vgl. AJB 48 Ref. 1208.

Bruxelles

140. Université de Bruxelles. Institut d'Astronomie.
(1) Nr. 11: L. Evrard, Sur l'équilibre relatif des fluides hétérogènes en rotation. Le problème des étoiles doubles. Ref. 4304.

141. Université de Bruxelles. Institut d'Astronomie.
(2) Nr. 61: J. F. Cox, Notice sur Albert Lancaster. Ref. 1018.

62: J. F. Cox, S. D. Téhérany, Sur des observations effectuées à l'Université de Bruxelles pour y constituer une station de Laplace. Ref. 13204.
63: A. Huaux, Sur des déplacements concomitants de l'axe instantané de rotation et de l'axe principal instantané d'inertie de la terre. Ref. 13115.
64: A. Huaux, Sur les déplacements concomitants de l'axe instantané de rotation et de l'axe principal instantané d'inertie de la terre. II. Ref. 13116.
65: F. H. van den Dungen, J. F. Cox, J. van Mieghem, Recherche d'effets de sélection attribuables aux fluctuations de la rotation du globe terrestre. Ref. 13110.
66: J. F. Cox, The doubly equidistant projection. Ref. 13004.
67: A. Koeckelenbergh, Sur un modèle de chromosphère solaire en équilibre hydrostatique. Ref. 6617.
68: F. H. van den Dungen, J. F. Cox, J. van Mieghem, Sur les fluctuations saisonnières de la rotation du globe terrestre et la compensation des échanges de quantités de mouvement entre l'atmosphère et le globe. Ref. 13111.
69: J. F. Cox, A propos du centenaire de l'expérience du pendule de Foucault. Ref. 1409.
70: A. Huaux, Sur un modèle de satellite en glace. Ref. 5213.
71: J. F. Cox, Vers une nouvelle définition de l'échelle des temps. Ref. 13109.
72: E. Schatzman, Sur la stabilité de certains modèles de planètes. Ref. 5231.

Budapest-Szabadsághegy

142. Mitteilungen der Sternwarte der ungarischen Akademie der Wissenschaften.
Nr. 24: I. Guman, Das photometrische Doppelsternsystem CD Vulpeculae. Ref. 11110.
25: I. K. Csada, On the origin of the magnetic field of the sunspots. Ref. 6308.
26: I. K. Csada, On the magnetic effects of turbulence in ionized gases. Ref. 209.

Cambridge, Engl.

143. Contributions from the Cambridge Observatories.
Nr. 5: E. H. Linfoot, Error balancing in fast Schmidt cameras. Ref. 2014.
6: H. von Klüber, An attempt to detect a general magnetic field of the sun by a spectrographic method, using a Lummer plate. Ref. 6125.
7: P. Naur, Computation of special perturbations by an electronic calculator. Ref. 4218.
8: F. Schmeidler, Proper-motion distribution and mean parallaxes of the stars of the General Catalogue in different galactic latitudes and longitudes. Ref. 12347.
9: P. B. Fellgett, An exploration of infra-red stellar magnitudes using the photo-conductivity of lead sulphide. Ref. 2219.

144. Cambridge Observatories Reprints.
Nr. 1: A. Beer, M. W. Ovenden, Zeta Aurigae: Photoelectric observations of the partial phase at egress on September 20, 1950. Ref. 11101.

2: University of Cambridge. Report of the Observatories Syndicate for the year ending 1951 September 30. Ref. 1101.

Cambridge, Mass.

145. Harvard College Observatory Circular.

Nr. 456: M. G. Fracastoro, A spectrophotometric study of Zeta Aurigae. Ref. 11105.

457: Z. Kopal, C. G. Treuenfels, The effective temperatures of components of eclipsing binary systems. Ref. 9602.

146. Harvard Reprint.

Nr. 342: D. Hoffleit, The discovery and exploitation of spectroscopic parallaxes. Ref. 9301.

343: F. L. Whipple, The theory of micro-meteorites. Part I. In an isothermal atmosphere. Part II. In heterothermal atmospheres. Ref. 8335.

344: H. Shapley, Proxima Centauri as a flare star. Ref. 11186.

345: H. Shapley, Magellanic clouds. I. Transparency. Ref. 12435.

346: H. Shapley, V. McKibben Nail, Magellanic clouds. II. Supergiant red variable stars in the small cloud. Ref. 12436.

347: H. Shapley, Galactic and extragalactic studies. XXI. Distribution of 95.000 galaxies in the north galactic cap. Ref. 12437.

348: J. W. Warwick, Curve of growth polarisation. Ref. 9813.

349: F. L. Whipple, A comet model. II. Physical relations for comets and meteors. Ref. 8026.

350: D. H. Menzel, H. K. Sen, Transfer of radiation. II. Radiative transfer in absorption lines. Ref. 5111.

351: D. H. Menzel, H. K. Sen, Transfer of radiation. III. Reflection effect in eclipsing binaries. Ref. 5112.

352: H. Shapley, A survey of the inner metagalaxy. Ref. 12438.

353: W. J. Luyten, Forty-four new white dwarfs in the southern hemisphere. Ref. 9716.

354: Y. Öhman, Some observations of dark filaments in prominences. Ref. 6631.

355: R. N. Thomas, F. L. Whipple, The physical theory of meteors. II. Astroballistic heat transfer. Ref. 8252.

356: M. W. Mayall, Variable star notes from the American Association of Variable Star Observers in 1951. Ref. 11229.

357: Vgl. AJB 52.

358: G. C. McVittie, C. Payne-Gaposchkin, A model of a spiral galaxy. Ref. 12426.

147. Harvard Reprint Series II.

Nr. 36: H. Shapley, V. McKibben Nail, NGC 1866 and the Magellanic cloud variables. Ref. 12112.

37: H. Shapley, Comparison of the Magellanic clouds with the galactic system. Ref. 12439.

38: F. W. Wright, The photographic Leonid meteors. Ref. 8284.

39: P. Carroll, R. E. McCrosky, R. C. Wells, F. L. Whipple, Film molding and photographic accessories for the super-Schmidt meteor cameras. Ref. 2257.

148. Harvard College Observatory Bulletin.

Nr. 920: B. J. Bok, Irregularities in the galactic absorbing layer. Ref. 12503.

U. van Wijk, The applicability of the virial theorem to evolving clusters. Ref. 12116.

P. F. Bok, Nova Zwicky and Nova Haro. § **113.**
M. K. V. Bappu, On the light curves of RX Librae and TV Canis Major. Ref. **11229.**
M. Olmsted, Observations of six Cepheid variables in Cygnus. Ref. **11229.**
V. McKibben Nail, Three notes on variable stars in the small Magellanic cloud. Ref. **12425.**
V. McKibben Nail, Variables in the globular cluster 47 Tucanae. Ref. **12124.**
I. King, New variables and periods in the globular cluster Messier 55. Ref. **12121.**
D. Hoffleit, On the distribution of long-period variables implied by the period-luminosity relation. Ref. **11170.**
S. Gaposchkin, The eclipsing system RZ Eridani. Ref. **11229.**
S. Gaposchkin, A new bright double-lined eclipsing variable (BD +26°2508). Ref. **11231.**
G. G. Cillié, B. J. Bok, The photoelectric light curve of TW Ceti. Ref. **11229.**
D. Hoffleit, A reminiscence: Hertzsprung's peculiar object of short duration. Ref. **11171.**
M. W. Mayall, New peculiar spectra. Ref. **9530.**
H. Zirin, A list of peculiar A stars on objective prism plates. Ref. **9564.**
I. King, HD 32633, a peculiar spectrum of type A. Ref. **9568.**
R. J. Davis, Tables of the Secant of Zenith Distance. Ref. **3003.**
G. G. Cillié, The photoelectric light curve of YY Eridani. Ref. **11229.**
D. Hoffleit, Three possible variable-emission spectra. Ref. **11172.**

149. Harvard College Observatory. The American Association of Variable Star Observers. Quarterly Report.
 Nr. **3—8**: M. W. Mayall, Observations of variable stars. Ref. **11220,** § **113.**

150. Harvard College Observatory. Annual Report.
 Ref. **1101.**

151. Harvard College Observatory. Announcement Card 1067 (1950), 1110—1163.

Canberra

152. Report of the Commonwealth Astronomer for the year 1950. Mit Supplement. Ref. **1101.**

Cape

153. Annals of the Cape Observatory.
 16: J. Jackson, Stellar parallaxes (6th, 7th and 8th series) determined in the years 1937—1948 with the Victoria telescope of the Royal Observatory, Cape of Good Hope. Ref. **9306.**

154. J. Jackson, Third Cape Catalogue of Stars for the Equinox of 1925.0. Catalogue of 6597 Stars between the Equator and Declination −30°. Ref. **9103.**

155. Report of His Majesty's Astronomer at the Cape of Good Hope to the Secretary of the Admiralty for the year 1950. Ref. **1101.**

Capodimonte

Siehe unter Napoli.

Castel Gandolfo

156. Specola Astronomica Vaticana. Ricerche Astronomiche.

2 10: W. J. Miller, Seven new eclipsing variables, VV 4—10. Ref. 11240.

11: R. Leclaire, Observations photographiques de Nemausa (51) pour l'opposition de 1950. Ref. 7562.

12: J. de Kort, W. J. Miller, The machine calculation of Greenwich mean astronomical time and universal time from local sideral time. Ref. 3118.

13: J. G. E. G. Voûte, Observations of double stars. Ref. 10125.

14: G. Stein, Creazione senza creatore? Ref. 658.

Catania

157. Osservatorio Astrofisico — Catania. Contributi Astrofisici.

Nr. 70: E. de Caro, S. Grasso, Sull'orbita del sistema binario σ Coronae borealis. Ref. 10128.

71: E. de Caro, E. Fichera, Nuova determinazione dell'estinzione atmosferica a Catania, in quattro regioni dello spettro visibile. Ref. 7255.

72: L. Taffara, L'attività del sole nell'anno 1950. Ref. 6353, 6660.

158. Osservatorio Astrofisico di Catania. Annuario 1952. Ref. 436.

Charkow

159. Publikationen (Trudy) des Astronomischen Observatoriums der Gorkij-Staatsuniversität Charkow.

1 (9): N. P. Barabaschew, Über die Verlängerung der Hörnerspitzen der Venussichel. Ref. 7115.

N. P. Barabaschew, Über Wolken, Nebel und Niederschläge auf dem Mars. Ref. 7404.

N. P. Barabaschew, Ergebnisse der Photometrie des Saturn. Ref. 7703.

N. P. Barabaschew, A. T. Tschekirda, Photographische Spektralphotometrie von Venus, Mars, Jupiter und Saturn. Ref. 7116.

A. T. Tschekirda, Die Helligkeitsverteilung auf der Jupiterscheibe im roten, gelben und grünen Licht. Ref. 7609.

G. M. Bashenow, Untersuchung der Konvergenz einer Reihe in der Theorie der Bahnbestimmung der Planeten und Kometen. Ref. 4501.

G. M. Bashenow, Vorausberechnung der größten gegenseitigen Annäherungen der Planeten. Ref. 7002.

K. N. Kusmenko, Über die Teilungsfehler des Meridiankreises des Astronomischen Observatoriums Charkow. Ref. 2506.

G. M. Bashenow, Über die Bestimmung einer Kreisbahn. Ref. 4502.

G. R. Possoschkow, Rektaszensionsbeobachtungen von Jupiter am Passageninstrument Bamberg. Ref. 7601.

L. I. Schingarjow, Über die Rolle der Lichtstreuung in der Venusatmosphäre. Ref. 7124.

160. Zirkular des Astronomischen Observatoriums der Gorkij-Staatsuniversität Charkow.

Nr. 8: N. P. Barabaschew, Einige Ergebnisse der photometrischen Bearbeitung der 1933 und 1939 erhaltenen Marsaufnahmen durch Lichtfilter. Ref. 7403.

R. M. Rapota, Die Aktivität der Photosphäre und Chromosphäre der Sonne vom 1. Juli bis 31. Dezember 1950 nach Beobachtungen am Astronomischen Observatorium Charkow. Ref. 6353, 6660.

Cincinnati

161. Minor Planet Circulars Nr. 490—708. Ref. 7562.

Coimbra

162. Anais do Observatório Astronómico da Universidade de Coimbra. Primeira Secção.
   11 1939: Fenómenos solares. Ref. 6353, 6660.
163. Efemérides Astronómicas para o ano de 1952. Ref. 402.

Córdoba

164. Resultados del Observatorio Nacional Argentino.
   38 1: Catálogo D. Ref. 9118.
165. Observatorio de Cordoba. Tirada Aparte.
   Nr. 36: J. Sahade, A spectrographic study of the eclipsing star V 377 Centauri. Ref. 11129.
   37—46: Vgl. AJB 50.
   47: J. Bobone, Photographic observations of comets. § 81.

Delaware

166. Contributions from the Perkins Observatory.
   Nr. 27: L. H. Aller, P. C. Keenan, The spectra of R Andromedae (maximum) and μ Cephei between 7400 and 8800 Å. Ref. 11159.
   28: J. Belzer, G. Gamow, G. Keller, On the stellar dynamics of spherical galaxies. Ref. 4402.
   29: A. Slettebak, Lines of neutral oxygen in the infrared spectra of Be stars. Ref. 9542.
   A. Slettebak, Lines of neutral oxygen in the infrared spectra of peculiar A stars. Ref. 9543.
   30: P. C. Keenan, G. Keller, HD 26 — an unusual high-velocity star. Ref. 9524.
   31: G. Keller, D. N. Limber, A photoelectric study of the eclipsing stars RS Canum Venaticorum and YY Sagittarii. Ref. 11116.
167. The Perkins Observatory. Miscellaneous Scientific Papers. Reprint.
   Nr. 37: A. Offner, W. B. Decker, An f:1.0 camera for astronomical spectroscopy. Ref. 2127.

Dublin

168. Contributions from the Dunsink Observatory.
   Nr. 1: H. E. Butler, The equivalent widths of Calcium and hydrogen absorption lines in the near infra-red of stellar spectra. Ref. 9517.
   2: H. E. Butler, Photoelectric recording of stellar occultations. Ref. 3205.
169. Dunsink Observatory Reprints.
   Nr. 2: H. E. Butler, Further recordings of stellar scintillation. Ref. 72145.
   3: H. E. Butler, Photo-electric observations of the scintillations of stars. Ref. 72144.
   4: H. E. Butler, Scintillation and atmospheric seeing. Ref. 72146.

Edinburgh

170. Communication from the Royal Observatory, Edinburgh.
Nr. **2**: R. Wilson, The blue sun of 1950 September. Ref. **6029**.

Evanston, Ill.

171. Contributions from the Dearborn Observatory.
Nr. 1: K. A. Strand, The orbit and parallax of Procyon. Ref. **10120**.
2: Vgl. AJB **49** Ref. **5119**.
3: Vgl. AJB **49** Ref. 10125 (99 Her).

Fort Davis

172. Contributions from the McDonald Observatory.
Nr. **198**: A. Brown, The color-magnitude array for stars in the globular cluster M 15. Ref. **12119**.
199: W. P. Bidelman, Spectral classification of stars listed in Miss Payne's catalogue of c stars. Ref. **9509**.
200: W. A. Hiltner, The Wolf-Rayet spectroscopic binary BD +36° 3991. Ref. **10203**.
201: W. A. Hiltner, Polarization of stellar radiation. III. The polarization of 841 stars. Ref. **12542**.
202: Vgl. AJB **52**.
203: W. P. Bidelman, P. C. Keenan, The Ba II stars. Ref. **9510**.
204: Vgl. AJB **52**.
205: H. L. Johnson, W. W. Morgan, On the color-magnitude diagram of the Pleiades. Ref. **12108**.

Freiburg i. Br.

173. Veröffentlichungen des Fraunhofer-Instituts Freiburg i. Br.
Sonnen-Zirkular für den Monat Oktober 1950—September 1951. § **63, 66, 67, 72, 127**.

174. Mitteilungen aus dem Fraunhofer-Institut, Freiburg i. Br.
Nr. 1: A. Behr, Zur Entfernungsskala der extragalaktischen Nebel. Ref. **12404**.
2: A. Behr, Ein lichtelektrisches Sternphotometer mit Sekundärelektronenvervielfacher. Ref. **2205**.
3: A. Behr, Die Intensitätsvariation der grünen Koronalinie 1943—1950. Ref. **6702**.
4—7: Vgl. AJB **52**.
8: K. O. Kiepenheuer, Über die Verdampfung der Sonnenkorona. Ref. **6708**.

Genf

175. Publications de l'Observatoire de Genève.
(A) **5** 3 (37): G. Tiercy, Sur les suspensions pendulaires à lames flexibles. Ref. **2341**.
G. Tiercy, Le tremblement de terre du 25 janvier **1946** et le comportement de quelques horloges à pendule. Ref. **2342**.
4 (38): G. Tiercy, Une solution approchée de mouvement pendulaire isochrone. Ref. **2343**.
G. Tiercy, Récidive sismique en Valais et nouveaux faits pendulaires. Ref. **2344**.
5 (39): A propos du jubilé newtonien de Londres. Note sur trois astronomes de la Suisse française des XVIIe et XVIIIe siècles. Ref **1064**.

6 (40): G. Tiercy, A propos du centenaire de la découverte de Neptune. Les relations amicales et la collaboration scientifique entre Urbain Le Verrier et Emile Gautier. Ref. **1053.**
7 (41): G. Tiercy, La première horloge à quartz de l'Observatoire de Genève. Ref. **2340.**
8 (42): P. Challande, Remarques sur la mise au point d'une horloge à quartz. Ref. **2310.**
R. Luthy, La réception radiotélégraphique des signaux horaires. Ref. **2320.**

Georgetown, Wash.

176. Georgetown Observatory Reprint.
Nr. **16**: J. P. Hagen, Temperature gradient in the sun's atmosphere measured at radio frequencies. Ref. **6538.**

Glasgow

177. Glasgow University Observatory Reprint.
Nr. **29**: W. M. Smart, Adress on the award of the Gold Medal to Professor Antonie Pannekoek. Ref. **1002.**
W. M. Smart, The first half of the twentieth century: a partial review. Ref. **1319.**

Göttingen

178. Veröffentlichungen der Universitäts-Sternwarte zu Göttingen.
Nr. **101**: P. ten Bruggencate, F. W. Jäger, Das Turmteleskop der Göttinger Sternwarte. Ref. **2108.**
179. Mitteilungen der Universitäts-Sternwarte Göttingen.
Nr. **5**: S. Günther, Langsame Helligkeitsänderungen bei einem Hauptreihenstern der Plejaden. Ref. **11168.**

Greenwich

180. Observations made at the Royal Observatory, Greenwich, in the year 1937 in Astronomy, Magnetism and Meteorology. Ref. **2348, 6001, 6353, 6660, 7101, 7113, 7301, 7401, 7562, 7601, 7701, 7801, 7804, 9119, 10125, 13246.**
181. Report of the Astronomer Royal to the Board of Visitors of the Royal Greenwich Observatory. Ref. **1101.**
182. The Nautical Almanac and Astronomical Ephemeris for the Year 1952. Ref. **403.**
183. Apparent Places of Fundamental Stars 1952. Ref. **411.**
184. The Abridged Nautical Almanac for the Year 1952. Ref. **420.**
185. The Air Almanac 1952. Ref. **427.**
186. The Star Almanac for Land Surveyors for the Year 1952. Ref. **431.**

Hamburg

187. Mitteilungen der Hamburger Sternwarte in Bergedorf.
9 74: M. Beyer, Beobachtungen von ungewöhnlichen oder wenig bekannten Veränderlichen. Ref. **11203.**
75: J. v. d. Heide, Verzeichnis von 207 Sternen mit großer Eigenbewegung. Ref. **9202.**
76: P. Wellmann, Die Elemente des Systems Zeta Aurigae. Ref. **11136.**
77: G. Thiessen, Der Bergedorfer Zählwerkchronograph. Ref. **2246.**

78: M. Beyer, Beobachtungen von 30 zweifelhaften Veränderlichen. Ref. 11204.
79: P. Wellmann, Ein dreilinsiges Objektiv für die photographische Photometrie. Ref. 2033.
80: J. Stock, Photographische Photometrie des Sternhaufens Coma Berenices in drei Spektralbereichen mit einem photometrischen Spezialobjektiv. Ref. 12114.
81: K. Wurm, Die Temperatur des Crabnebel-Zentralsterns. Ref. 12228.
21 213: O. Heckmann, P. Jordan, W. Fricke, Zur erweiterten Gravitationstheorie. I. Ref. 4122.
214: P. Wellmann, Die Blaufärbung der Sonne am 27. September 1950. Ref. 6027.
215: W. Becker, Entfernungsbestimmung offener Sternhaufen nach der Methode der Farbdifferenzen. Ref. 12101.
216: P. Wellmann, Über das Spektrum der Nova EU Scuti 1949. Ref. 11334.
217: P. Wellmann, Nova DK Lacertae 1950. 1. Teil: Die spektrale Entwicklung und die Radialgeschwindigkeiten. Ref. 11324.
218: P. Wellmann, Veränderungen im Spektrum von FU Orionis. Ref. 11312.
219: W. Becker, Farben-Helligkeits- und Farbdifferenz-Diagramme von Plejaden und Praesepe. Ref. 12102.
220: W. Becker, Bemerkungen zum Rotationsproblem von Spiralsystemen. Ref. 12333.
221: G. Thiessen, Zur Theorie der Polarisation von $H\alpha$ und D_3 in Protuberanzen. Ref. 6655.

188. Deutsches Hydrographisches Institut. Jahresbericht Nr. 5, 1950. Ref. 1101.

189. Nautisches Jahrbuch oder Ephemeriden und Tafeln für das Jahr 1952. Ref. 419.

Haute-Provence

190. Publications de l'Observatoire de Haute-Provence.
2 10: Tcheng Kien, Intensité de la bande 4300 Å de la molécule CH dans les spectres des étoiles F, G, K et M. Ref. 9555.
11: Vgl. AJB 50 Ref. 12202.
12: Tcheng-Kien, Sur la classification des étoiles des classes F, G, K et M. Ref. 9556.
13: Vgl. AJB 50 Ref. 72102.
14: J. Dufay, M. Dufay, Etude du spectre d'émission du ciel nocturne, de 6800 à 9000 Å. Ref. 7295.
15: J. Bigay, Photométrie globale des galaxies par la méthode de Ch. Fabry. Ref. 12407.
J. Bigay, Remarques sur la magnitude absolue moyenne et la relation vitesses radiales — magnitudes apparentes des nébuleuses extragalactiques. Ref. 12408.
J. Bigay, Photométrie globale des nébuleuses extragalactiques par la méthode de Schilt. Ref. 12409.
16: F. Lenouvel, Photomètre photoélectrique stellaire. Ref. 2231.
17: M.-T. Martel, Polarisation de la lumière diffusée de N. G. C. 7023. Ref. 12211.
18: R. Peyturaux, Sur la répartition spectrale de l'énergie au centre du disque solaire entre 6700 et 23000 Å. Ref. 6416.
19: G. Courtès, Etude de la voie lactée en lumière monochromatique $H\alpha$ de 320 à 350° et de 25 à 80° de longitude galactique. Ref. 12309.
G. Courtès, Etude de la voie lactée en lumière monochromatique $H\alpha$, de 80 à 180° de longitude galactique. Ref. 12310.

20: Y. Andrillat, C. Fehrenbach, Le spectre de Nova Scuti 1949. Vgl. AJB 50 Ref. 11353.
21: E. M. Burbidge, G. R. Burbidge, The spectrum of HD 217050. Ref. 9514.
22: F. Lenouvel, Observations photoélectriques d'étoiles variables. Ref. 11217.
23: J. Berger, A.-M. Fringant, Etude spectrophotométrique de trois étoiles à raies métalliques. Ref. 9506.
24: M. Dufay, Une nouvelle bande de vibration-rotation de la molécule OH dans le spectre du ciel nocturne. Ref. 7296.
M. Dufay, La raie interdite ^4S—^2D de l'atome neutre d'azote dans les spectres du ciel nocturne et du crépuscule. Ref. 7297.
25: J. Berger, A.-M. Fringant, Le spectre continu de λ Bootis. Ref. 9508.
26: L. Divan, Sur l'absorption continue par la matière interstellaire. Ref. 12507.
27: M. Bloch, Tcheng Mao-Lin, Mesures spectrophotométriques de Z Andromedae. Ref. 11164.
28: Vgl. AJB 52.
29: R. Bouigue, Sur la structure et la classification des étoiles des types R et N. Ref. 9511.

Heidelberg

Astronomisches Rechen-Institut.

191. Astronomisch-Geodätisches Jahrbuch für 1953. Ref. 404.
192. Astronomischer Jahresbericht. 46. Band. Die Literatur der Jahre 1943—1946. 2. Teil. Ref. 701.
193. Astronomische Grundlagen für den Kalender 1953. Ref. 412.
194. Nachrichtenblatt der Astronomischen Zentralstelle. 5. Jahrgang Nr. 1—11. Vorläufige Mitteilung Nr. 101—137.

Badische Landessternwarte.

195. Mitteilungen der Badischen Landessternwarte Heidelberg-Königstuhl.
Nr. 81: G. R. Miczaika, Über den spektroskopischen Doppelstern $\varkappa$ Draconis. Ref. 10206.
82: G. R. Miczaika, Über die spektroskopischen Doppelsterne η Orionis und ι Pegasi. Ref. 10207.
83: G. R. Miczaika, Absolute Helligkeiten von 115 B-Sternen. Ref. 9719.
84: A. König, Bemerkungen über die Ableitung photographischer Planetenörter im Anschluß an zwei Anhaltsterne. Ref. 2405.
85: G. R. Miczaika, Die Radialgeschwindigkeitskurve von ι Orionis. Ref. 10208.
86: H. Klauder, Über den Exponenten der Temperatur im stellaren Energieerzeugungsgesetz. Ref. 5216.

Helsinki

196. Sonderdrucke des Astronomischen Observatoriums Helsinki.
G. Järnefelt, P. Kustaanheimo, An observation on finite geometries. Nicht referiert.
G. Järnefelt, Karl F. Sundman in memoriam. Ref. 1001.
G. Järnefelt, Reflections on a finite approximation to Euclidean geometry. Physical and astronomical prospects. Nicht referiert.

Helwan

197. Royal Observatory, Helwan. Bulletin.
Nr. **40**: A. H. M. Samaha, The temperature coefficients of the Helwan transit circle. Ref. **2513**.
41: F. L. Whipple, S. El-Din Hamid, On the origin of the Taurid meteor streams. Ref. **8289**.

Hyderabad

198. Nizamia Observatory. Reprint.
Nr. **9**: Occultations of stars by the moon observed at the Nizamiah Observatory, Hyderabad, during the year 1949. Vgl. AJB **50** Ref. **7356**.
10: Occultations of stars by the moon observed at the Nizamiah Observatory, Hyderabad, during the year 1950. Ref. **7341**.

Istanbul

199. Publications of the Istanbul University Observatory.
Nr. **40**: E. Tüzemen, La détermination des coordonnées héliographiques des taches solaires à l'aide d'un nomogramme. Ref. **6348**.
41: W. Gleissberg, Die mittlere Sonnenfleckenkurve. Ref. **6316**.
42: M. Hotinli, On the foreshortening law of sunspots. Ref. **6322**.
43: E. Tüzemen, Observations des taches solaires en 1950. Ref. **6353**.

200. Istanbul Kandilli Rasathanesi.
M. Dizer, Observations des taches solaires en 1950 et 1951. (Janvier—Juin). Ref. **6353**.

Jena

201. Mitteilungen der Universitäts-Sternwarte zu Jena.
Nr. **12/2**: K. Güssow, Die spektrale Empfindlichkeit photographischer Schichten. Ref. **2259**.

Johannesburg

202. Union Observatory. Circular.
6 1 (111): E. L. Johnson, W. H. van den Bos, J. A. Bruwer, Occultations of stars by the moon. Ref. **7341**.
E. L. Johnson, Approximate positions of minor planets, 1950. Ref. **7562**.
E. L. Johnson, Photographic observations of minor planets, 1950. Ref. **7562**.
W. P. Hirst, Preliminary orbits of new minor planets, 1950. Ref. **7562**.
E. L. Johnson, Photographic observations of comets, 1950. § **81**.
W. H. van den Bos, J. A. Bruwer, Orbits of double stars. Ref. **10128**.
W. H. van den Bos, Measures of double stars — 30th series. Ref. **10125**.
2 (112): W. S. Finsen, The significance of atmospheric dispersion in astronomical interferometry. Ref. **3108**.
W. S. Finsen, Interferometer observations of artificial double stars. Ref. **10004**.
W. S. Finsen, Interferometer measures of double stars. Ref. **10125**.
W. S. Finsen, Micrometer measures of double stars. Ref. **10125**.
W. H. van den Bos, Orbits of double stars. Ref. **10128**.

Kanzelhöhe

203. Mitteilung aus dem Sonnenobservatorium auf der Kanzelhöhe in Kärnten.
Nr. 2: A. Bruzek, Beobachtungen über das Verhalten von Filamenten während chromosphärischer Eruptionen. Ref. 6605.
3: A. Bruzek, Aktivierung eines Filaments während einer chromosphärischen Eruption. Ref. 6603.
4: A. Bruzek, Über eine ungewöhnliche chromosphärische Eruption. Ref. 6604.

Kasan

204. Mitteilungen (Iswestija) des Astronomischen Engelhardt-Observatoriums der Lenin-Staatsuniversität Kasan.
Nr. 26: D. J. Martynow, Untersuchung des Lichtwechsels einiger veränderlicher Sterne. Ref. 11218.
A. A. Nefedjew, Die physische Libration des Mondes. Ref. 7312.
27: D. J. Martynow, Das Astronomische Engelhardt-Observatorium 1901—1951. Ref. 1217.
A. A. Nefedjew, Wassilij Pawlowitsch Engelhardt. Ref. 1038.
L. D. Agafonowa, A. I. Nefedjewa, Der Meridiankreis des Astronomischen Engelhardt-Observatoriums in den Jahren 1903—1951. Ref. 2101.
A. A. Nefedjew, Das Heliometer des Astronomischen Engelhardt-Observatoriums. Ref. 2126.
D. J. Martynow, Das Schmidt-Teleskop des Astronomischen Engelhardt-Observatoriums. Ref. 2121.
S. T. Chabibullin, Das Belkowitsch-Horizontalteleskop des Astronomischen Engelhardt-Observatoriums. Ref. 2110.
A. K. Iwanowa, Die Station zur Beobachtung der Lotschwankungen am Astronomischen Engelhardt-Observatorium. Ref. 1217.

Kiel

205. Sonderdruck der Sternwarte Kiel.
E. Vitense, Der Aufbau der Sternatmosphären. IV. Teil. Kontinuierliche Absorption und Streuung als Funktion von Druck und Temperatur. Ref. 5132.
D. Labs, Untersuchungen zur inkohärenten Streuung in Fraunhoferlinien. Ref. 5110.
H.-H. Voigt, Über die Polarisation der Strahlung in Sternatmosphären. Ref. 5134.
K. Hunger, Zur Berechnung der Intensitätsverteilung in Fraunhoferlinien. II. Teil: Berechnung der Gewichtsfunktionen bei vorgegebener Kirchhoff-Planck-Funktion mit exponentiellem Glied. Ref. 5106.
E. Vitense, Über die mittleren Zustandsgrößen und spektralen Eigenschaften von Sternatmosphären in Abhängigkeit von Effektivtemperatur und Schwerebeschleunigung. Ref. 5133.
D. Labs, Die Temperaturschichtung der Sonnenatmosphäre im Strahlungsgleichgewicht unter Berücksichtigung der Fraunhoferlinien. Ref. 6117.

Kiew

206. Zirkulare des Astronomischen Observatoriums der Schewtschenko-Staatsuniversität Kiew Nr. 42—54. Ref. 6353, 6660.

København

207. Publikationer og mindre Meddelelser fra Københavns Observatorium.
Nr. **156**: M. Rudkjøbing, A photoelectric differential classification of A and F stars. Ref. **9539**.

208. Union Astronomique Internationale. Circulaire Nr. 1298—1339.

209. Aktuelle Meddelelser fra Astronomisk Selskab Nr. 339—346.

Kodaikanal

210. Kodaikanal Observatory Bulletin.
Nr. **131**: A. K. Das, Summary of prominence observations for the second half of 1949. Ref. **6660**.

211. Annual report of the Kodaikanal Observatory for the year 1949. Desgl. 1950. Ref. 1101.

Krakau

212. Rocznik Astronomiczny Obserwatorjum Krakowskiego 1951. Supplemento Internationale Nr. **22**. Ref. 417, **7340**, **11012**.

Krim

213. Mitteilungen (Iswestija) des Astrophysikalischen Observatoriums auf der Krim.
6: G. A. Schajn, W. F. Hase, Einige Ergebnisse der Untersuchung leuchtender galaktischer Nebel. Ref. **12219**.
I. S. Schklowskij, S. B. Pikelner, Die thermische Radiostrahlung der Sonne. Ref. **6553**.
A. B. Gilwarg, A. B. Sewerny, Die Vervollkommnungen der Interferenzpolarisationsfilter für Sonnenbeobachtungen und ein Versuch zur kinematographischen Aufnahme von Protuberanzen. Ref. **2223**.
N. A. Kosyrew, Die Theorie des inneren Aufbaues der Sterne und die Quellen der Sternenergie. Teil II. Ref. **9712**.
E. S. Brodskaja, Lichtelektrische Beobachtungen von vier Überriesen und zwei Wolf-Rayet-Sternen. Ref. **9403**.
I. S. Schklowskij, Ionisation und chemische Zusammensetzung der Sonnenkorona. Ref. **6721**.
A. A. Kalinjak, W. I. Krassowskij, W. B. Nikonow, Beobachtung des Gebiets um das galaktische Zentrum im Licht von etwa 10000 Å. Ref. **12313**.
S. W. Nekrassowa, Bahnelemente des Bedeckungsveränderlichen V 451 Ophiuchi. Ref. **11122**.
W. W. Suchanowa, Spektralphotometrie zweier Protuberanzen mit einem Interferenzpolarisationsfilter. Ref. **6646**.
E. R. Mustel, Über die Herkunft der Ausbrüche der Novae. Ref. **11305**.
P. F. Schajn, Beobachtungen Kleiner Planeten und Kometen in Simeis. Ref. 7562, § 81.
P. F. Schajn, Die Entdeckung des neuen periodischen Kometen 1949 e. Ref. 8170.
S. B. Pikelner, W. W. Suchanowa, K. K. Tschuwajew, E. F. Schaposchnikowa, Spektroheliokopische Beobachtungen 1949. Ref. **6660**.
7: E. R. Mustel, Das Balmerdekrement im Spektrum der Flocculi. Ref. **6337**.
I. S. Schklowskij, Die Natur des infraroten Nachthimmellichts. Ref. **72113**.

A. B. Sewerny, Versuch einer Spektralphotometrie Fraunhoferscher Linien mittels Spektrographen und Fabry-Etalon. Ref. 6423.
G. A. Schajn, Die Zentralintensitäten der starken Absorptionslinien in Sternspektren. Ref. 9541.
G. A. Schajn, W. F. Hase, Über eine besondere Klasse diffuser gasförmiger Nebel. Ref. 12220.
W. F. Hase, G. A. Schajn, Zweites Verzeichnis diffuser Nebel. Ref. 12209.
S. B. Pikelner, Induktionserscheinungen in der Sonnenatmosphäre. Ref. 6341.
G. A. Monin, A. B. Sewerny, Der Spektroheliograph des Astrophysikalischen Observatoriums auf der Krim. Ref. 1220.
E. R. Mustel, Die Energieverteilung im kontinuierlichen Spektrum der Novae. Ref. 11306.
G. A. Schajn, Radialgeschwindigkeiten von 73 Sternen. Ref. 9216.
I. I. Nasarowa, Spektralphotometrie der Ca- und Ca^+-Linien in einer chromosphärischen Eruption. Ref. 6629.
E. S. Brodskaja, Neuer spektroskopisch entdeckter T Tauri-Veränderlicher. Ref. 11242.
P. F. Schajn, Beobachtungen Kleiner Planeten in Simeis 1950. Ref. 7562.
W. A. Albizkij, Beobachtungen Kleiner Planeten. Ref. 7562.

Kyoto

214. Contributions from the Institute of Astrophysics, Kyoto University.
Nr. 10: S. Miyamoto, On the ultraviolet emission of the chromosphere. Ref. 6622.
11: S. Miyamoto, On the excitation of helium in the chromosphere. Ref. 6623.
12: T. Ishizu, Note on some resonance lines in the ultraviolet spectrum of the sun. Ref. 6407.
13: S. Miyamoto, Radiation field of extended stellar atmospheres. Ref. 5113.
14: S. Miyamoto, On the anomalous excitation of the chromospheric hydrogen spectrum. Ref. 6624.
15: J. Jugaku, On the radiation field of the extended stellar atmospheres. Ref. 5107.
16: S. Miyamoto, The solar noise from the coronal prominences. Ref. 6546.
17: S. Miyamoto, Kinetic temperature of the chromosphere. Ref. 6625.

215. Kwasan Observatory Reprints.
Nr. 1—2: T. Mitani, Photographic observations of comets. Vgl. AJB 50 § 81.
T. Mitani, Visual observations of comets made with the 30 cm refractor. Vgl. AJB 50 § 81.
3: J. Ueta, The effect of the plumb line deviation in longitude on the observation of occultations and transits by the moon. Vgl. AJB 50 Ref. 3212.

La Plata

216. Publicationes del Observatorio Astronomico de la Universidad Nacional de La Plata. Serie Astronomica.
20 3: J. Landi-Dessy, La binaria p Eridani. Ref. 10111.
27 2: P. Sconzo, Calculo de una orbita a partir de una solucion approximada. Ref. 4517.

217. Publicaciones del Observatorio Astronomico de la Universidad Nacional de La Plata. Serie Circular.

Nr. 8 : Comunicaciones del Departamento de Astrofisica:
L. Gratton, J. Dvinianin, C. Jaschek, La velocidad del sol con respecto a la velocidad circular en la galaxia. Ref. 12339.
L. Gratton, M. I. Corvalán, Sobre el calculo de la abundancia hidrogeno-helio en las binarias. Ref. 10005.
N. Tapia, Nova Scorpi 1950. Ref. 11332.
L. Gratton, El maximo secundario de T CrB. Ref. 11319.

9 : M. Itzigsohn, P. Sconzo, Observaciones y calculos de planetitas. Ref. 7517, 7531.

10 : Primer Congreso Interobservatorios Nacionales 23, 24 y 25 Noviembre de 1950. Ref. 1180.

1: S. Gershánik, Mejoras en el planeto de la relación entre el signo de P y las fuerzas generadoras de un terremoto. Nicht referiert.

2: J. L. Rayces, Aplicación del método de Foucault al control de espejos paraboloidales astronómicos. Ref. 2025.

3: P. Sconzo, Téoria aproximada del planetita (671) Carnegia. Ref. 7532.

4: J. Bobone, El asteroide Icarus (su órbita e importancia astronómica). Ref. 7503.

5: M. Dartayet, J. L. Dessy, Búsqueda de estrellas variables en las nubes de Magallanes. Ref. 12411.

6: A. Wilkens, El problema de la multiplicidad de las órbitas cometarias parabólicas. Ref. 4520.

7: A. A. Baldini, Nuevos adelantos en Geodesia. Nicht referiert.

8: A. A. Baldini, Recepción de señales radio-horarias rítmicas, por el método de coincidencias. Ref. 2305.

9: H. Wilkens, Recuentos estelares en algunas regiones galácticas Ref. 12533.

10: J. Sahade, J. Landi-Dessy, La binaria espectroscópica Boss 4496. Ref. 10212.

11: J. Sahade, J. Landi-Dessy, El espectro de RR Telescopii en 1949. § 112.

12: L. Gratton, Contribución a la teoría de las atmósferas estelares. Ref. 5105.

13: R. P. Platzeck, Deformaciones del espejo principal del reflector de Bosque Alegre. Ref. 2510.

14: S. J. Slaucitajs, Sobre la determinación de las correcciones de trazo de los Círculos Graduados y errores de graduación del Circulo I del Anteojo Meridiano Repsold del Observatorio Astronómico de La Plata. Ref. 2515.

15: L. Slaucitajs, Investigaciones sobre la variación secular geomagnética. Nicht referiert.

16: A. A. Baldini, Determinación de tiempo y latitud. Ref. 3102.

17: A. Corpaciu, El Túnel Transandino. Nicht referiert.

18: L. Gratton, Mediciones de espectros de estrellas K. en gran dispersión. Ref. 9520.

19: J. Sahade, Las variables de eclipses S Velorum y R Arae. § 112.

20: A. Wilkens, Temperaturas espectrográficas estelares. Ref. 9606.

21: P. Sconzo, Planteo y resolución práctica del problema de mejoramiento de una órbita elíptica, aprovechando todas las observaciones de una oposición. Ref. 4516.

22: M. Itzigsohn, Dos aspectos del trabajo en Astronomía Extrameridiana. Ref. 3005.

23: S. Gershánik, P. J. Sierra, El sismógrafo Sprengnether del Observatorio de La Plata. Nicht referiert.

24: N. Tapia, Resultados de las determinaciones de las magnitudes fotográficas de las estrellas de la C. P. D. entre 72 y 82 grados de declinación austral, hasta magnitud novena. Ref. **9423**.
25: L. Gratton, C. J. Lavagnino, Medición de velocidades radiales de AI Velorum. § **112**.
26: R. P. Cesco, Nueva expresión de las perturbaciones absolutas. Contribución al problema de órbitas que se cruzan. Ref. **4202**.
27: A. Wilkens, Observaciones en el cielo austral para el progreso de la dinámica estelar. Ref. **1255**.
28: L. Gratton, Necesidades observacionales astrofísicas en el hemisferio austral. Ref. **9002**.

218. Publicaciones del Observatorio Astronomico de la Universidad Nacional de La Plata. Serie Especial.
Nr. **11**: De Ceres a Evita. Un siglo y medio de descubrimientos de planetitas.
Primera Parte: El planetita Evita. Ref. **7540**.
Segunda Parte: P. Sconzo, Conmemoracion historica del descubrimiento del primer asteroide «Ceres». Ref. **1453**.
12: G. O. Wallbrecher, Memoria anual correspondiente al año 1949. Ref. **1101**.
13: L. Slaucitajs, La observación del campo geomagnetico. Nicht referiert.
14: P. Sconzo, Nuevas tablas para el cálculo de las efemérides de los asteroides. Ref. **4523**.
15: G. O. Wallbrecher, Memoria anual correspondiente al año 1950. Ref. **1101**.

Leiden

219. Annalen van de Sterrewacht te Leiden.
20 8: C. J. van Houten, First ephemerides of thirty variable stars in or near the constellation Vela. Ref. **11212**.
9: A. D. Fokker, Investigation of nineteen variables in a region in or near the constellation Sagittarius and of one variable in the constellation Vela. Ref. **11209**.

Lembang

220. Annals of the Bosscha Observatory Lembang (Java).
9 1: G. V. Simonow, Visual measures of double stars. 6th series 1936—1940. Ref. **10125**.

221. Lembaga Astronomi. Bosscha Sterrenwacht Lembang, Java. Report for the years 1949—1950. Ref. **1101**.

Leningrad

222. Bulletin des Instituts für Theoretische Astronomie der Akademie der Wissenschaften der UdSSR.
4 9 (62): W. W. Sack, D. K. Kulikow, Bestimmung der definitiven Bahn des Kometen 1925 VII (Schajn-Comas Sola). Ref. **8133**.
D. K. Kulikow, Formeln und Tabellen zur differentiellen Verbesserung parabolischer Bahnen. Ref. **4521**.
F. B. Chanina, Die Bahn des Planeten (534) Nassovia. Ref. **7510**.
F. B. Chanina, Bahnverbesserung des Planeten (1340) Yvette. Ref. **7511**.
A. I. Boshkowa, Genäherte Verbesserung der Bahnelemente des Planeten (1078) Mentha. Ref. **7505**.

10 (63): G. A. Tschebotarjow, Anwendung der periodischen Bahnen auf die Untersuchung der Bewegung Kleiner Planeten. Ref. 7537.
5 1 (64): D. W. Sagrebin, Über die Berücksichtigung des empirischen Gliedes bei der Aufstellung einer Mondephemeride. Ref. 7313.
G. A. Tschebotarjow, L. J. Piuss, E. N. Lemechowa, Die absolute periodische Bahn des Hestia-Typs. Ref. 7538.
N. F. Bojewa, Der Komet 1941e Du Toit-Neujmin-Delporte. Ref. 8142.
W. F. Proskurin, T. I. Maschinskaja, Heliozentrische Bahnkoordinaten von Jupiter. Ref. 7608.

223. Astronomisches Jahrbuch der UdSSR für das Jahr 1954. Ref. 405.

224. Ephemeriden Kleiner Planeten für das Jahr 1952. Ref. 7501.

Liège

225. Institut d'Astrophysique. Collection in 4° de Spectroscopie et Astrophysique.
Nr. 28: P. Swings, Spectroscopic problems of astronomical interest. Ref. 259.
29: E. Etienne, P. le Goff, B. Rosen, Etude au laboratoire des conditions d'excitation des bandes d'émission «cométaires». Ref. 8006.
30: M. Migeotte, L. Neven, Nouvelles raies de méthane tellurique. Ref. 7235.
31: P. Ledoux, Sur la stabilité gravitationnelle d'une nébuleuse isotherme. Ref. 5305.

226. Institut d'Astrophysique. Collection de Mémoires in 8°.
Nr. 330: E. Lebon, Note sur la température de la comète de Encke. Ref. 8118.
331: E. Sauvenier-Goffin, Note sur les pulsations non-radiales d'une sphère homogène compressible. Ref. 5229.
332: D. Jehoulet, Note sur l'asymétrie des courbes de lumière et de vitesses radiales des céphéides. Ref. 11150.
333: J. W. Swensson, Prédictions de raies atomiques dans l'infrarouge. Ref. 258.
334: P. Ledoux, The nonradial oscillations of gaseous stars and the problem of Beta Canis Majoris. Ref. 5220.
335: M. Migeotte, L. Neven, L'activité de la mission scientifique belge à la station du Jungfraujoch en 1950 et 1951. Ref. 1216.
336: B. Rosen, I. Ottelet, Utilisation de la cathode creuse et d'un four à vide en spectroanalyses. Ref. 2240.
337: P. Swings, La physico-chimie des comètes. Ref. 8024.

London

227. Communications from the University of London Observatory.
Nr. 6: E. M. Burbidge, G. R. Burbidge, Hydrogen and helium line intensities in some Be stars. Ref. 9513.
7: Stellar parallaxes determined at the University of London Observatory, Mill Hill (second list). Vgl. AJB **50** Ref. 9306.

Los Angeles

228. University of California, Los Angeles. Astronomical Papers.
Nr. 12: S. Herrick, Step-by-step integration of $\ddot{x} = f(x, y, z, t)$ without a «corrector». Ref. 105.

Lund

229. Annals of the Observatory of Lund.
Nr. **11**: A. Reiz, Meridian observations of faint AG stars. Observations made with the Repsold meridian circle of the Lund Observatory during the years 1943—45 and reduced to the equinox of 1950. Ref. **9107**.

230. Meddelande från Lunds Astronomiska Observatorium.
(1) Nr. **176**: A. Reiz, On a special case of a quadrature formula of Christoffel. Ref. 112.
177: N. Hansson, An attempt to a photographic calibration of a tungsten ribbon lamp. Ref. 225.
178: F. Nettelblad, Recordings of scintillation. Ref. **72152**.

Lwow (Lemberg)

231. Zirkular des Astronomischen Observatoriums der Franko-Staatsuniversität Lwow Nr. 4—17, 1947—1950. § **63, 66, 73, 75, 81, 82, 112, 113**.

Lyon

232. Publications de l'Observatoire de Lyon.
(1) **5** 15: Tcheng-Kien, Recherches sur les bandes de CH dans les spectres stellaires et solaire. Ref. **9554**.
16: J. Dufay, Bandes d'émission des molécules OH et O_2 dans le spectre du ciel nocturne, entre 9000 et 11000 Å. Ref. **7294**.
17: Tcheng Mao-Lin, Mesures de la quantité d'ozone contenue dans l'atmosphère par spectrophotométrie photographique du ciel bleu au zénith. Ref. **7248**.
18: Tcheng Mao-Lin, Etude spectrophotométrique de la polarisation de la lumière du ciel bleu au zénith de 3050 à 4500 Å. Ref. **7249**.
19: J. H. Bigay, Introduction à la photométrie des nébuleuses extragalactiques. Ref. **12410**.
20: J. H. Bigay, Photométrie photographique des nébuleuses extragalactiques. Ref. **12405**.

233. Publications de l'Observatoire de Lyon.
(2) **1** 7: J. P. Chassany, Résumé de 70 années d'observations météorologiques à Saint-Genis-Laval. Nicht referiert.
8: Cent années d'observations de la température à Lyon. Nicht referiert.

Madrid

234. Boletin Astronomico del Observatorio de Madrid.
4 4: E. Gullón, Protuberancias solares. Resumen de las observaciones realizadas durante el año 1950. Ref. **6660**.
E. Gullón, Altura de la cromosfera en 1950. Ref. **6660**.
E. Gullón, Observaciones de manchas solares (Numeros relativos de Wolf). Observaciones realizadas en los observatorios de Madrid, Valencia, Cartuja (Granada) y Ebro en 1950. Ref. **6353**.
R. Carrasco, Observaciones fotográficas de pequeños planetas (Posiciones exactas). Ref. **7562**.

235. Universidad de Madrid — Facultad de Ciencias. Seminario de Astronimía y Geodesia. Publicación.
Nr. **6**: R. Carrasco, J. M. Torroja, Rectificación de la órbita del asteroide 1371 «Resi». Ref. **7562**.

7: J. M. Torroja, R. Carrasco, Rectificación de la órbita del asteroide 1560 (1942 XB) y efemérides para la oposición de 1951. Ref. 7562.
8: L. Siegrist, Orbita provisional del sistema visual 728—32 Orionis. Ref. 10128.
9: Efemérides de 79 asteroides para la oposición de 1952. Ref. 7562.
10: J. Pensado, Orbita provisional de Σ 1883. Ref. 10128.

236. Anuario del Obervatorio Astronómico de Madrid para 1952. Ref. 439, 1224.

Manchester

237. Astronomical Contributions from the University of Manchester. Series II. Jodrell Bank Reprints.
(2) 1 42: A. C. B. Lovell, The summer daytime meteor streams. Ref. 8273.
43: A. C. B. Lovell, Radio astronomy. Ref. 12614.
44: A. C. B. Lovell, The new science of radio astronomy. Ref. 12615.
45: A. Aspinall, G. S. Hawkins, The summer daytime meteor streams of 1949 and 1950. I. Measurement of the radiant positions and activity. Ref. 8268.
46: J. G. Davies, J. S. Greenhow, The summer daytime meteor streams of 1949 and 1950. II. Measurement of the velocities. Ref. 8272.
47: M. Almond, The summer daytime meteor streams of 1949 and 1950. III. Computation of the orbits. Ref. 8267.
48: A. Aspinall, J. A. Clegg, G. S. Hawkins, A radio echo apparatus for the delineation of meteor radiants. Ref. 2104.
49: A. Maxwell, Radio emission from the sunspot of central meridian passage 1950 June 14. Ref. 6556.
50: C. G. Little, A. Maxwell, Fluctuations in the intensity of radio waves from galactic sources. Ref. 12613.
51: C. G. Little, A diffraction theory of the scintillation of stars on optical and radio wave-lengths. Ref. 72149.
52: M. Almond, J. G. Davies, A. C. B. Lovell, The velocity distribution of sporadic meteors. I. Ref. 8202.
53: R. H. Brown, C. Hazard, Radio emission from the Andromeda nebula. Ref. 12604.
54: J. A. Clegg, R. L. Closs, Plasma oscillations in meteor trails. Ref. 8213.
55: R. H. Brown, C. Hazard, A radio survey of the Cygnus region. I. The localized source Cygnus (1). Ref. 12605.
56: Nicht eingegangen.
57—61: Vgl. AJB 52.
62: A. C. B. Lovell, J. G. Davies, Radar tracks shooting stars. Ref. 2119.
63: Vgl. AJB 52.
64: A. C. B. Lovell, Jodrell Bank Experimental Station, University of Manchester. Ref. 1101.

238. Astronomical Contributions from the University of Manchester. Series III.
(3) Nr. 3: W. H. Ramsey, On the constitutions of the major planets. Ref. 5227.

Milano-Merate

239. Contributi dell'Osservatorio Astronomico di Milano-Merate. Nuova Serie.
Nr. 31: A. Kranjc, Misure fotografiche di stelle doppie. Ref. 10125.
32: L. Volta, Emilio Bianchi. Ref. 1001.

33: F. Zagar, Questioni dinamiche riguardanti gli ammassi stellari sferici. Ref. 12130.
34: C. Lombardi, Perturbazioni generali approssimate di (1423) Jose. Ref. 7562.
35: A. Masani, Considerazioni su qualche aspetto del problema delle Cefeidi. Ref. 11154.
36: A. Masani, Il nuovo fotometro elettronico stellare dell'Osservatorio di Merate. Ref. 2232.

240. Osservatorio astronomico di Brera in Milano. Articoli generali del calendario. Anno 1952. Ref. 440.

Mizusawa

241. Publications of the International Latitude Observatory of Mizusawa.
1 1: T. Hattori, Latitude observations with floating zenith telescope at Mizusawa. Part 1. Ref. 13217.

Moskau

242. Publikationen (Trudy) des Staatlichen Astronomischen Sternberg-Instituts.
17 1: Astronomie an der Universität Moskau. Ref. 1227.
20 : I. S. Schklowskij, Die Ionisation der Chromosphäre und Protuberanzen und das Problem der Dichteverteilung in der Chromosphäre. Ref. 6642.
P. P. Parenago, Untersuchung der Raumgeschwindigkeiten der Sterne. Ref. 12344.
P. P. Parenago, A. G. Massewitsch, Untersuchung der Masse-Radius-Leuchtkraft-Beziehung. Erster Teil. Bestimmung der empirischen Masse-Radius-Leuchtkraft-Beziehung. Ref. 9725.
A. G. Massewitsch, P. P. Parenago, Untersuchung der Masse-Radius-Leuchtkraft-Beziehung. Zweiter Teil. Theoretische Deutung der empirischen Beziehungen. Ref. 9717.
N. Moissejew, Über einige vereinfachte, mit Hilfe der Übermittelung des eingeschränkten elliptischen Dreikörperproblems erhaltene Grundschemen der Himmelsmechanik. 1. Über die gemittelten Varianten des eingeschränkten elliptischen ebenen Dreikörperproblems. Ref. 4217.

243. Mitteilungen (Soobschtschenija) des Staatlichen Astronomischen Sternberg-Instituts.
Nr. 56 : M. I. Uranowa, Eigenbewegungen von 93 Sternen. Ref. 9207.
M. I. Uranowa, Über Sterne mit großen Eigenbewegungen in der Umgebung der Nova Persei 1901. Ref. 9208.
A. M. Losinskij, Eigenbewegungen von neun veränderlichen Sternen. Ref. 9203.
T. A. Uranowa, Über die Bewegung von UZ Aurigae. Ref. 11229.
R. M. Dsigwaschwili, D. S. Chawtassi, Über die Raumgeschwindigkeit von RR Geminorum. Ref. 11146.
60*: S. M. Poloskow, Die Dichte der Materie in den Kometenköpfen und -schweifen, die Masse des gasförmigen Anteils in den Kometen und die Masse der Kometen. Ref. 8020.
W. Berditschewskaja, Über den Ionisationszustand der bewegten Gase in den Sternatmosphären. Ref. 5101.
G. Iwanow-Cholodny, Über den Aufbau und die chemische Zusammensetzung der roten Zwerge. Ref. 5214.
70*: W. W. Podobed, Untersuchung des Meßapparats für astronomische Aufnahmen. Ref. 2512.
73 : P. G. Kulikowskij, Pawel Karlowitsch Sternberg. Ref. 1029.

244. Zirkular des Staatlichen Astronomischen Sternberg-Instituts Nr. 49—55. Zeitdienst 1950 Oktober bis 1951 April.

245. Staatliches Astronomisches Sternberg-Institut und Lomonossow-Staatsuniversität Moskau.

M. S. Swerew, Katalog schwacher Sterne. Verzeichnis der Sterne des Fundamentalkatalogs von 931 Sternen, von denen 645 Deklinationen nördlich von −30° besitzen. Ref. **9112**.

M. S. Swerew, Katalog schwacher Sterne. Verzeichnis von 5120 Sternen mit Deklinationen von +90° bis +30°. (Erster Teil des Katalogs schwacher Sterne). Ref. **9110**.

M. S. Swerew, Katalog schwacher Sterne. Verzeichnis von 10235 Sternen mit Deklinationen von +30° bis −30°. (Zweiter Teil des Katalogs schwacher Sterne.) Ref. **9111**.

246. Akademie der Wissenschaften der UdSSR und Staatliches Astronomisches Sternberg-Institut.

B. W. Kukarkin, P. P. Parenago, Dritter Nachtrag zur ersten Ausgabe des Generalkatalogs Veränderlicher Sterne. Ref. **11004**.

Mount Hamilton

247. Contributions from the Lick Observatory.

(2) Nr. **32**: O. J. Eggen, Photoelectric studies. V. Magnitudes and colors of classical Cepheid variable stars. Ref. **11148**.

33: H. F. Weaver, The identification of d'Agelet's Nova Sagittae of 1783. Ref. **11329**.

34: G. E. Kron, J. L. Smith, Red and infrared magnitudes for 125 stars in ten areas. Ref. **9418**.

35: O. J. Eggen, Photoelectric studies. VI. Color-luminosity arrays for stars in Praesepe and M 39. Ref. **12107**.

36: O. J. Eggen, Photoelectric studies. VII. Color and magnitude systems for brighter stars and the color-spectral-type relation. Ref. **9410**.

37: O. J. Eggen, Photoelectric studies. VIII. Positional effect in photomultipliers and some revised magnitudes in the North Polar Sequence and Harvard region C 12. Ref. **9411**.

248. Lick Observatory Bulletin.

Nr. **524**: H. M. Jeffers, Photographic measures of double stars. Ref. **10125**.

525: H. M. Jeffers, S. Vasilevskis, Observations of comets and asteroids. § 81, Ref. **7562**.

Mount Stromlo

Siehe unter Canberra.

Mount Wilson and Mount Palomar

249. Mount Wilson and Palomar Observatories. Reprint.

Nr. **30**: P. W. Merrill, Displaced calcium lines in the spectrum of HD 190073. Ref. **9533**.

31: R. F. Sanford, The spectra and orbits of AR Lacertae. Ref. **11131**.

32—33: Vgl. AJB **50**.

34: J. L. Greenstein, R. S. Richardson, Lithium and the internal circulation of the sun. Ref. **6106**.

35: A. R. Sandage, A. J. Hill, The solar curve of growth for lines of Cr I. Ref. **6422**.

36: P. W. Merrill, The spectrum of BD +11° 4673 during the years 1942—1950. Ref. **11179**.
37: Vgl. AJB **50**.
38: H. W. Babcock, The magnetically variable star HD 125248. Ref. **9803**.
39: J. L. Greenstein, A search for He^3 in the sun. Ref. **6114**.
40: L. Davis jr., J. L. Greenstein, The polarization of starlight by aligned dust grains. Ref. **12537**.
41: W. C. Miller, P. W. Merrill, Spectroscopic observations of Be stars. Ref. **9535**.
42: F. Zwicky, Tests for the cosmological time scale. Ref. **4162**.
E. Pettit, The eruptive prominence of August 7, 1950. Ref. **6660**.
43: J. L. Greenstein, T. Page, Negative hydrogen ions in planetary nebulae. Ref. **12205**.
44: P. W. Merrill, The spectrum of XX Ophiuchi in 1949 and 1950. Ref. **11180**.
45: R. F. Sanford, Radial velocities of FF Aquilae. Ref. **11157**.
46: R. F. Sanford, Coudé radial velocities of TU Cassiopeiae, DT Cygni, and U Vulpeculae. Ref. **11156**.
47: F. Zwicky, The Coma cluster of galaxies. Ref. **12445**.
J. M. Parker, Sunspot activity during 1950. Ref. **6353**.
H. W. Babcock, S. Burd, The strong magnetic field of HD 133029. Ref. **9804**.
E. Pettit, The eruptive prominence of December 23, 1950. Ref. **6660**.
E. Pettit, The eruptive prominence of January 17, 1951. Ref. **6660**.
Summary of Mount Wilson magnetic observations of sunspots for November and December, 1950. Ref. **6353**.
48: P. W. Merrill, Displaced helium lines in the spectrum of BD +11° 4673. Ref. **11181**.
49: E. R. Herzog, F. Zwicky, The Palomar search for novae and the light-curves of the three novae of 1950 in Scorpius. Ref. **11331, 11332, 11333**.
D. B. McLaughlin, The spectra of three novae in Scorpius. Ref. **11331, 11332, 11333**.
Summary of Mount Wilson magnetic observations of sunspots for January and February, 1951. Ref. **6353**.
50: R. S. Richardson, Characteristics of solar flares. Ref. **6636**.
51: H. D. Babcock, H. W. Babcock, The ruling of diffraction gratings at the Mount Wilson Observatory. Ref. **2203**.
52: O. C. Wilson, L. H. Aller, The structure of the planetary nebula IC 418. Ref. **12226**.
53: I. S. Bowen, The Palomar Observatory. Ref. **1230**.
54: O. C. Wilson, A. Abt, The Of-type spectroscopic binary BD +40° 4220. Ref. **10211**.
55: E. P. Hubble, Explorations in space. The cosmological program for the Palomar telescopes. Ref. **12418**.
56: Los Angeles meeting of the Astronomical Society of the Pacific. Ref. **1104**.
E. Pettit, The motions of eruptive prominences. Ref. **6634**.
P. W. Merrill, I. S. Bowen, The spectrum of RS Ophiuchi in May 1951. Ref. **11325**.
Summary of Mount Wilson magnetic observations of sunspots for May and June, 1951. Ref. **6353**.
Summary of Mount Wilson magnetic observations of sunspots for March and April, 1951. Ref. **6353**.

57: Stellar radial-velocity programs of Pacific Coast Observatories. Ref. 9211, 9213, 9215.
R. E. Wilson, A new general catalogue of radial velocities. Ref. 9217.

250. Mount Wilson and Palomar Observatories. Annual report of the director. Ref. 1101.

251. Catalogue of Photographs and Slides from the Mount Wilson and Palomar Observatories. Ref. 1230.

München

252. Veröffentlichungen der Sternwarte München.
3 17: P. Labitzke, Rektaszensionen von 302 Fundamentalsternen, beobachtet am gebrochenen Passageninstrument. Ref. 9104.
18: F. Schmeidler, Absolute Deklinationen von 141 Sternen des GC und das Deklinationssystem des Münchener Vertikalkreises. Ref. 9108.
19: W. Strohmeier, Ein Doppelfernrohr für visuelle Photometrie. Ref. 2137.
20: F. Schmeidler, Turbulenz bei thermisch stabiler Schichtung im Sterninnern. Ref. 5233.
4 1: R. Kühn, Der Licht- und Farbwechsel einiger RR Lyrae-Sterne. Ref. 11151.
2: H. Bucerius, Zu Dirichlets Ableitung des Ellipsoidpotentials. Ref. 13105.
3: M. Sauer, Verbesserte Methode zur photographischen Registrierung von Sterndurchgängen. Ref. 2410.
4: H. Bucerius, Bahnbestimmung als Randwertproblem. III. Ref. 4503.
5: F. Schmeidler, Messungen von ζ Cancri C. Ref. 10118.

253. Mitteilungen der Sternwarte München.
1 4: H. Bucerius, Über die Entstehung des Saturnringes. Ref. 7706.

Münster

254. Mitteilungen der Universitäts-Sternwarte Münster.
Nr. 1: O. Günther, Photometrische Beobachtungen von 4 Kleinen Planeten. Ref. 7556.

Napoli (Capodimonte)

255. Osservatorio Astronomico di Capodimonte-Napoli. Contributi Astronomici — Serie II.
3 15: A. Colacevich, Su una possibile deviazione della luce attraverso la nebulosa delle Pleiadi. Ref. 12106.
4 9: A. Kranjc, Sull'integrazione della equazione di Ritter Emden. Ref. 106.
10: A. Kranjc, Atmosfere intermedie fra binarie strette. Ref. 10007.

256. Osservatorio Astronomico di Capodimonte-Napoli. Collezione Miscellanea.
1 1: A. Colacevich, Un problema di ottica strumentale in Astronomia. Ref. 2006.

257. Osservatorio Astronomico di Capodimonte-Napoli. Contributi geofisici — Serie II.
Nr. 11: E. Guerrieri, Anomalie climatologiche osservate a Napoli tra il 1948 ed il 1950. Nicht referiert.

Neuchâtel

258. Rapport du directeur de l'Observatoire Cantonal de Neuchâtel. Ref. **1101**.

New Haven

259. Transactions of the Astronomical Observatory of Yale University.
23: I. Barney, Supplementary Volume to the Yale Zone Catalogues, -30° to +30°. Ref. **9102**.

Oslo

260. Institutt for Teoretisk Astrofysikk Blindern-Oslo. Småtrykk.
Nr. **1**: J. Wasiutyński, Solsystemets opprinnelse. Ref. **5534**.

Ottawa

261. Contributions from the Dominion Observatory Ottawa.
2 10: W. S. McClenahan, E. G. Woolsey, R. W. Tanner, Photographic registration of circle settings with the Ottawa meridian circle telescope. Ref. **2122**.

Oxford

262. Communications from the University Observatory, Oxford.
Nr. **31**: J. B. Sykes, Approximate integration of the equation of transfer. Ref. **5126**.

Padova

263. Osservatorio Astronomico di Padova. Pubblicazioni e Ristampe.
Nr. **96**: G. Mannino, Ricerca sul moto proprio della stella BD +36°2147 = Lalande 21185. Ref. **9205**.
264. Osservatorio astronomico di Padova. Elementi astronomici per l'anno bisestile 1952. Ref. **443**.

Palermo

265. Osservatorio di Palermo. Elementi astronomici per l'anno 1951. Ref. **444**.

Paris

266. Contributions de l'Institut d'Astrophysique de Paris. Série A.
(A) Nr. **78**: P. Couteau, Sur une détermination de la température effective d'une naine blanche montrant des raies de l'hydrogène en légère émission. Ref. **9601**.
79: G. de Vaucouleurs, Observations des discontinuités crépusculaires. Ref. **72160**.
80: V. Kourganoff, Exact source functions by an extension of Chandrasekhar's limiting process. Ref. **5108**.
81: P. van de Kamp, Long-focus photographic astrometry. Ref. **10006**.
82: E. Schatzman, Sur les particules diffusantes dans l'atmosphère de Mars. Ref. **7413**.
83: R. Peyturaux, Sur la répartition spectrale de l'énergie au centre du disque solaire entre 6700 et 23000 Å. Ref. **6416**.
84: C. Pecker, Sur l'équilibre de la zone convective des atmosphères des étoiles. Ref. **5114**.

85: C. Pecker, Sur le raccord d'une zone adiabatique et d'une zone radiative dans l'atmosphère des étoiles. Ref. **5115**.
86: R. Peyturaux, Sur la température de brillance du centre du disque solaire entre 6700 et 23000 Å déduite des observations récentes. Ref. **6417**.
87: C. Pecker, Sur les atmosphères possédant une zone convective en équilibre adiabatique. Ref. **5116**.
88: P. Dumézil-Curien, Entropie d'un mélange de gaz en équilibre d'excitation et d'ionisation. Ref. **212**.
89: C. de Jager, J.-C. Pecker, Interprétation des mesures de vitesses radiales dans les granules solaires. Ref. **6408**.
J.-C. Pecker, C. de Jager, Largeurs équivalentes des raies solaires et microturbulence, Ref. **6415**.
90: E. Schatzman, L'isotope ^{3}He dans les étoiles. Application à la théorie des novae et des naines blanches. Ref. **5232**.
91: J. Berger, R. Canavaggia, D. Chalonge, A.-M. Fringant, Etude spectrophotométrique de quelques sous-naines. Ref. **9505**.
92: J. Berger, A.-M. Fringant, Étude spectrophotométrique de trois étoiles à raies métalliques. Ref. **9506**.
93: J. Berger, R. Canavaggia, D. Chalonge, A.-M. Fringant, La discontinuité de Balmer de quelques étoiles à atmosphère étendue. Ref. **9507**.
94: R. Peyturaux, Sur l'opacité de la photosphère solaire entre 6700 et 23000 Å. Ref. **6418**.
95: J. Berger, A.-M. Fringant, Le spectre continu de λ Bootis. Ref. **9508**.
96: L. Divan, Sur l'absorption continue par la matière interstellaire. Ref. **12507**.
97: D. Chalonge, Dix ans d'observations astronomiques au Jungfraujoch. Ref. **1216**.
98: R. Peyturaux, Sur un modèle d'atmosphère solaire déduit des mesures sur le fond continu du spectre. Ref. **6419**.
99: H. Mineur, Tentatives de calcul numérique des intégrales doubles. Ref. **110**.
100: Vgl. AJB **52**.
101: Vgl. AJB **52**.
102: H. Mineur, Recherche d'une influence possible de la lune sur les précipitations atmosphériques. Ref. **7311**.
103: P. Dumézil-Curien, Sur la relation de phase luminosité-vitesse des céphéides. Ref. **11147**.

267. Contributions de l'Institut d'Astrophysique de Paris. Série B.

(B) Nr. **61**: R. Cayrel, Contribution à l'étude de l'équilibre radiatif (Influence de la zone convective). Ref. **5103**.
62: P. Dumézil-Curien, Sur certaines réactions nucléaires d'importance astrophysique. II. Création de paires d'électrons. Influence sur la formation des neutrons. Ref. **213**.
63: P. Dumézil-Curien, E. Schatzman, Sur certaines réactions nucléaires d'importance astrophysique. III. Hydrogène brusquement porté à une température de plusieurs milliards de degrés. Ref. **214**.
64: R. Michard, Remarques sur l'effet Evershed. Ref. **6332**.
65: J.-C. Pecker, Contribution à la théorie du type spectrale. I—V. Vgl. AJB **50** Ref. **5117**, **5128**, **5129**, **5130**, **6120**.
66: P. Couteau, Sur une relation entre la position des naines blanches dans le diagramme de Russell, leur concentration en hydrogène et leur masse. Ref. **9702**.

67: R. Rigollet, Sur une étude du radiant des Bootides par la méthode télescopique et sur un essai de détermination de la vitesse de ces météores par l'observation de la dérive horaire du radiant. Ref. 8281.
68: B. Kwal, Sur une possibilité d'interpréter les «bruits» radioélectriques du soleil et de la galaxie comme rayonnement des protons des radiations cosmiques dans les champs magnétiques intenses du soleil et des autres objets célestes. Ref. 12608.
69: J.-C. Pecker, Les moments nucléaires et la structure du noyau. Ref. 244.
70: M. Mayot, La prévision des nombres de Wolf et l'analyse linéaire. Ref. 6331.
71: R. Rigollet, Premiers résultats d'un programme de photométrie des petites planètes en rapport avec les séquences photovisuelles de l'Observatoire Leander McCormick. Ref. 7559.
72: R. Rigollet, L'essaim météorique des Iota Aquarides (Août) et son association probable avec la comète 1948 n. Ref. 8280.
73: E. Schatzman, Les structures stellaires presque homologues. Ref. 5230.
74: E. Schatzman, Remarques sur le phénomène de nova (IV). L'onde de détonation due à l'isotope ^{3}He. Ref. 11310.
75: E. Schatzman, Remarques sur le phénomène de nova (V). L'instabilité vibrationelle due à ^{3}He. Ref. 11311.
76: D. Barbier, Remarques sur l'équation intégrale de l'assombrissement au bord du soleil. Ref. 6402.

268. Connaissance des Temps ou des mouvements célestes à l'usage des astronomes et des navigateurs pour l'an 1952, publiée par Le Bureau des Longitudes. Ref. 406.

269. Ephémérides Nautiques ou extrait de la Connaissance des Temps pour l'an 1952. Ref. 424.

Poltawa

270. Publikationen (Trudy) des Gravimetrischen Observatoriums Poltawa.

4: S. N. Aksentjewa, Endgültige Ergebnisse der Bestimmung der M_2-Welle in den Schwereschwankungen in Tomsk von 1912 bis 1920. Nicht referiert.
E. P. Fjodorow, Über die Berücksichtigung des Einflusses der Meeresfluten bei der Untersuchung der luni-solaren Änderungen der Schwerkraft. Ref. 13113.
N. A. Popow, Über die kurzperiodischen Nutationsglieder in den Poltawaer Beobachtungen heller Zenitsterne. Ref. 3123.
E. W. Lawrentjewa, Beobachtungen der Zenitsterne α Persei und η Ursae Majoris im Zeitraum 1944,6—1947,6. Ref. 13228.
N. A. Popow, Beobachtungen von α Persei und η Ursae Majoris im Zeitraum 1947,6—1949,3. Ref. 13239.
W. K. Abold, Die Breite des Astronomischen Observatoriums Irkutsk aus 495 Beobachtungen von fundamentalen Zenitsternen in den fünf Jahren 1933—1937. Ref. 13201.
N. A. Popow, E. I. Jewtuschenko, Ableitung der Breitenschwankungen aus Beobachtungen am Universalinstrument. Ref. 13240.
E. P. Fjodorow, Das neue Programm für den Zeitdienst und seine Prüfung in Poltawa. Ref. 2314.
E. I. Jewtuschenko, I. P. Ogorodnik, Ergebnisse der Beobachtungen am großen Zenitteleskop des Observatoriums Poltawa im Zeitraum 1949,7—1950,9. Ref. 13221.

S. G. Kulagin, Projekt des Programms von Breitenbeobachtungen für das Engelhardt-Observatorium. Ref. 13222.
E. P. Fjodorow, Untersuchung des Okularmikrometers des Wanschaffschen Vertikalkreises. Ref. 2222.

Potsdam

271. Mitteilungen des Astrophysikalischen Observatoriums Potsdam.
Nr. 32: W. Grotrian, H. Künzel, Über den Induktionsfluß durch Sonnenfleckengruppen der Klassen $\beta\gamma$ und γ. Ref. 6318.

Poznań (Posen)

272. Poznań Reprint.
Nr. 24: F. Koebcke, The radius of the earth's shadow from observations of lunar eclipses in the years 1924, 1927, 1931 and 1932. Ref. 7327.
25: F. Koebcke, Some remarks on Harzer's refraction tables. Ref. 3007.
26: F. Koebcke, Photographic observations of Jupiter's satellites. Ref. 7610.
27: S. Wierzbiński, Orbite provisoire de ADS 11468 = A 1377. Ref. 10128.

Pretoria

273. Communications from the Radcliffe Observatory, Pretoria.
Nr. 17: D. S. Evans, The occultation of Antares of 1950 June 27—28. Ref. 9704.

Princeton

274. Contributions from the Princeton University Observatory.
Nr. 24: Im Druck.
25: R. S. Dugan, N. L. Pierce, F. B. Wood, Photometric researches. Twenty-four eclipsing variables. Ref. 11207.
275. Addenda to Newton Lacy Pierce's «A finding list for observers of eclipsing variables (Princeton Contribution No. 22)». By F. B. Wood. Ref. 11225.

Pulkowo

276. Publikationen (Trudy) des Astronomischen Hauptobservatoriums Pulkowo.
(2) 66: G. A. Tichow, Katalog der nach der Methode des Längsspektrographen erhaltenen Farben von Sternen in den Eichfeldern 44—91. Ref. 9424.
67: R. S. Gnewyschewa, Katalog der Sonnentätigkeit 1948. Ref. 6353, 6660.
68: G. K. Zimmerman, Ergebnisse der Beobachtungen am Vertikalkreis der Sternwarte Nikolajew in den Jahren 1929—1939. Ref. 9115.
277. Mitteilungen (Iswestija) des Astronomischen Hauptobservatoriums Pulkowo.
18 5 (146): A. N. Deutsch, Bahn und Masse des dunklen Begleiters des Doppelsterns 61 Cygni. Ref. 10108.
N. N. Pawlow, Das Meniskus-Passageninstrument. Ref. 2129.
N. N. Pawlow, Die Neutralisation der Eingangskapazität der Elektrometerröhre. Ref. 2237.
N. N. Pawlow, Über die Untersuchung der Zapfen tragbarer Passageninstrumente. Ref. 2509.

A. A. Nemiro, Über den Einfluß des Kollimationsfehlers auf die Ergebnisse von Rektaszensionsbeobachtungen. Ref. 2508.
N. W. Gamalej, Bestimmung genauer Örter der Kleinen Planeten Nemausa, Laetitia, Juno und Hebe. Ref. 7562.
W. W. Lawdowskij, Genaue Örter des Kleinen Planeten Juno (3) aus photographischen Aufnahmen im Jahre 1943. Ref. 7562.
W. W. Lawdowskij, Genaue Örter des Kleinen Planeten Hebe (6) aus photographischen Aufnahmen im Jahre 1942. Ref. 7562.
N. W. Fatschichin, Bestimmung der Örter des Kleinen Planeten Melpomene. Ref. 7562.
W. W. Lawdowskij, Der Einfluß der atmosphärischen Dispersion auf die Bestimmung genauer Örter Kleiner Planeten. Ref. 3120.
N. W. Fatschichin, Untersuchung des Pulkowoer Meßapparats Repsold I. Ref. 2503.
N. W. Gamalej, Untersuchung der Fehler des Meßapparates Repsold II. Ref. 2504.

6 (147): W. Krat, Über das Spektrum der Chromosphäre und schwacher Protuberanzen. (Aus dem Material der totalen Sonnenfinsternis vom 9. Juli 1945). Ref. 6204.
W. P. Wjasanizyn, Absolute Spektralphotometrie der Sonnenchromosphäre. Ref. 6203.
O. A. Melnikow, B. K. Ioannissiani, Ein neues Teleskop mit spaltlosem Spektrographen für den ultravioletten Spektralbereich und seine Erprobung unter Hochgebirgsbedingungen. Ref. 2123.
N. M. Goldberg-Rogosinskaja, Spektralphotometrische Untersuchung des Bedeckungsveränderlichen u Herculis. Ref. 11108.
A. Sofronizkij, Über den Fehler bei der Ableitung der Bahnelemente der Bedeckungsveränderlichen für den Fall «Kugel-Ellipsoid». Ref. 11134.
A. N. Dadajew, Ergänzungstabellen zur Ableitung der Elemente von Bedeckungssystemen mit verschiedenen Elliptizitäten der Komponenten. 1. (Totale Bedeckung). Ref. 11102.

Richmond Hill

278. Publications of the David Dunlap Observatory, University of Toronto.
1 24: H. B. Sawyer, Periods of variable stars in the globular cluster Messier 9. Ref. 12129.
25: J. F. Heard, The radial velocities and spectral features of twenty-one Be stars with large rotational terms. Ref. 9212.

279. Communications from the David Dunlap Observatory.
Nr. **26**: C. L. Seeger, R. E. Williamson, The pole of the galaxy as determined from measurements at 205 mc/sec. Ref. 12627.
27: R. E. Williamson, The atmosphere of the sun. Ref. 6018.

Rio de Janeiro

280. Anuário para o ano de 1951. Publicado pelo Observatório Nacional Rio de Janeiro. Ref. 447. Desgl. für 1952.

Riverview

281. Riverview College Observatory Publications.
2 6 (10): D. J. K. O'Connell, The so-called periastron effect in close eclipsing binaries. Ref. 11124.
D. J. K. O'Connell, New variable stars (fifth list). Ref. 11229.

282. Riverview College Observatory. Reprint.
Nr. 3: D. J. K. O'Connell, A new eclipsing binary of very long period. Ref. 11123.

Roma

283. Osservatorio Astronomico Roma — Monte Mario — Gran Sasso. Contributi Scientifici.
Nr. 163: T. Fortini, L'assorbimento atmosferico della radiazione solare a Campo Imperatore, sul Gran Sasso d'Italia. Ref. 7256.
164: M. A. Giannuzzi, Sopra l'orbita della σ Coronae Borealis. Ref. 10128.
165: G. Armellini Conti, Posizioni di pianeti e pianetini ed occultazioni lunari osservate nel 1950. Ref. 7340, 7401, 7562, 7601, 7701, 7801.
166: M. Cimino, T. Fortini, M. A. Giannuzzi, Area delle macchie solari durante l'anno 1950, secondo i rilievi fotografici giornalieri effettuati all' Osservatorio Astronomico di Roma. Ref. 6353.
167: L. Gialanella, Sulla possibile natura e origine elettromagnetica delle pulsazioni osservate nel diametro del sole. Ref. 6004.
168: M. A. Giannuzzi, Ricerca sopra l'assorbimento atmosferico della radiazione solare a Roma. Ref. 7258.
169: M. Cimino, A. Rainone, Una determinazione spettroscopica del periodo della rotazione solare nella regione verde dello spettro a diverse latitudini eliografiche. Ref. 6101.
170: M. Cimino, T. Fortini, Area, posizione eliografica e classifica della macchie solari durante il 1° semestre 1951, secondo i rilievi fotografici giornalieri dell' Osservatorio Astronomico di Roma. Ref. 6353.

San Fernando

284. Almanaque Nautico para el año 1952. Ref. 407.
285. Almanaque Nautico para uso de los navegantes para el año 1952. Ref. 425.

Sendai

286. Sendai Astronomiaj Raportoj.
2 12 (24): H. Nariai, On a new cosmological solution of Einstein's field equations of gravitation. Ref. 4142.
13 (25): K. Suda, On the scattering opacity in the envelope of Trumpler stars. Ref. 5121.

Sonneberg

287. Veröffentlichungen der Sternwarte in Sonneberg.
1 5: C. Hoffmeister, E. Rohlfs, P. Ahnert, Die veränderlichen Sterne der nördlichen Milchstraße. Teil VI. Ref. 11211.
288. Mitteilungen der Sternwarte zu Sonneberg.
Nr. 40: C. Hoffmeister, Beobachtungen von hochatmosphärischen Erhellungen des Nachthimmels in den Jahren 1943 bis 1945. Ref. 72155.
289. Mitteilungen über veränderliche Sterne Nr. 129. Ref. 11229.

Stockholm

290. Stockholms Observatoriums Annaler.
16 4: T. Elvius, Catalogue of magnitudes, colours, spectral types,

and spectrophotometric measurements for 2550 stars in Kapteyn's Selected Areas Nos. 2, 6, 7, 15, 16, 17, 18, 19, 20, 40, 41, and 42. Ref. **9412**.

5: T. Elvius, A photometric and spectrophotometric investigation in twelve of Kapteyn's Selected Areas (Nos. 2, 6, 7, 15, 16, 17, 18, 19, 20, 40, 41, and 42). Ref. **9413**.

17 1: H. Kristenson, Spectrophotometric determinations of contact at total eclipses of the sun. Ref. **3208**.

2: J. M. Ramberg, The distribution of light in the corona of the eclipse of 1914 August 21. Ref. **6201**.

3: R. G. Langebartel, On the motion in barred spirals. Ref. **4411**.

4: A. Elvius, A polarigraphic study of the spiral nebula NGC 5055 (M 63). Ref. **12414**.

291. Stockholms Observatorium. Meddelande.

Nr. **66**: A. Opolski, Orientation of the orbital planes of the visual binaries. Ref. **10115**.

67: A. Opolski, Some remarks on the distribution of space velocities and kinetic energy on the Hertzsprung-Russell diagram. Ref. **12343**.

68: B. Lindblad, The luminous surface and atmosphere of the sun. Ref. **6409**.

69: B. Lindblad, The run of the spiral arms and the direction of rotation in NGC 4594. Ref. **12422**.

70: B. Lindblad, Dynamical interpretation of velocity distribution and structural details in the galaxy. Ref. **12331**, **12342**.

71: Y. Öhman, On some analogous effects of light absorption in prominences and discharges. Ref. **6632**.

72: B. Lindblad, An approach to the dynamics of stellar systems. Ref. **4413**.

292. Stockholms Observatoriums Årsberättelse för året 1950. Ref. **1101**.

Strasbourg

293. Annales de l'Observatoire de Strasbourg.

5 3: P. Muller, Mesures photométriques d'étoiles doubles. Ref. **10112**.
P. Muller, Magnitudes photométriques des composantes de 315 étoiles doubles ou multiples. Ref. **10113**.

Swarthmore

294. Reprints of articles published by the Sproul Observatory.

Nr. **70**: L. Binnendijk, A determination of the parallax and mass-ratio of Furuhjelm 46 from photographs taken with the 24-inch Sproul refractor. Ref. **10127**.

71: S. L. Lippincott, Parallax and orbit analysis of Ross 614. Ref. **10128**.

72: P. van de Kamp, S. M. Smith, A. Thomas, Parallax and orbital motion of Algol from photographs taken with the 24-inch Sproul refractor. Ref. **11115**.

73: P. van de Kamp, Long-focus photographic astrometry. Ref. **10006**.

74: P. van de Kamp, S. L. Lippincott, Flare-up of Krüger 60 B. Ref. **11175**.

75: H. Roth, The parallax of ADS 61 from photographs taken with the 24-inch Sproul refractor. Ref. **9307**.

76: H. Roth, Parallaxes and proper motions of Wolf 294, Lalande 25372, and σ Draconis. Ref. **9307**.

Sydney

295. Sydney Observatory. Astrographic Catalogue 1900.0.
29: Sydney Section R. A. 0^h to 6^h, Dec. –58° to –60°. Ref. **9120.**
32: Sydney Section R. A. 18^h to 24^h, Dec. –58° to –60°. Ref. **9120.**

296. Sydney Observatory Papers.
Nr. **12**: W. H. Robertson, Occultations observed at Sydney Observatory during 1949. Ref. **7341.**
13: H. Wood, Astronomy in Australia. Ref. **1165.**
14: H. Wood, Tables for nearly parabolic elliptic motion. Ref. **4524.**
15: H. Wood, Tables for hyperbolic motion. Ref. **4525.**
16: H. Wood, Five figure tables for the calculation of ephemerides in parabolic and nearly parabolic motion. Ref. **4526.**

297. Commonwealth Scientific and Industrial Research Organization, Australia, Division of Radiophysics.
J. P. Wild, Observations of the spectrum of high-intensity solar radiation at metre wavelength. IV. Enhanced radiation. Ref. **6555.**
W. N. Christiansen, J. V. Hindman, A. G. Little, R. Payne-Scott, D. E. Yabsley, C. W. Allen, Radio observations of two large solar disturbances. Ref. **6531.**
J. H. Piddington, H. C. Minnett, Solar radio-frequency emission from localized regions at very high temperatures. Ref. **6549.**
B. Y. Mills, A. B. Thomas, Observations of the source of radio-frequency radiation in the constellation of Cygnus. Ref. **12616.**
F. J. Kerr, C. A. Shain, Moon echoes and transmission through the ionosphere. Ref. **7275.**
W. N. Christiansen, J. V. Hindman, A long-period change in radio-frequency radiation from the «quiet» sun at decimetre wave-lengths. Ref. **6532.**
K. C. Westfold, The interpretation of the magneto-ionic theory. Ref. **262.**
J. L. Pawsey, L. L. McCready, F. F. Gardner, Ionospheric thermal radiation at radio frequencies. Ref. **7280.**
J. H. Piddington, The modes of formation of the ionospheric layers. Ref. **7281.**
J. H. Piddington, H. C. Minnett, Observations of galactic radiation at frequencies of 1210 and 3000 Mc/s. Ref. **12619.**
J. G. Bolton, K. C. Westfold, Galactic radiation at radio frequencies. IV. The distribution of radio stars in the galaxy. Ref. **12602.**
A. G. Little, R. Payne-Scott, The position and movement on the solar disk of sources of radiation at a frequency of 97 Mc/s. I. Equipment. Ref. **2118.**
R. Payne-Scott, A. G. Little, The position and movement on the solar disk of sources of radiation at a frequency of 97 Mc/s. II. Noise storms. Ref. **6548.**
J. H. Piddington, The origin of galactic radio-frequency radiation. Ref. **12620.**
C. A. Shain, Galactic radiation at 18.3 Mc/s. Ref. **12630.**

Taschkent

298. Zirkular des Astronomischen Observatoriums Taschkent Nr. 238—249. **§ 23, 63, 66.**

Tokyo

299. Nautical Almanac 1951, 1952. Ref. 408.

300. Japanese Ephemeris 1952. Ref. 409.

301. Abridged Nautical Almanac 1951, 1952. Ref. 426.

302. Annals of the Astronomical Observatory, University of Tokyo. Second Series.
3 2: K. Osawa, Distribution of the brightness at the extreme limb of the sun observed at the solar eclipse on May 9, 1948. Ref. **6206**.

303. Tokyo Astronomical Bulletin. Second Series.
Nr. **32**: R. Manabe, Occultation observations in Japan during 1948. Ref. **7341**.
H. Hirose, S. Kaho, Photographic observations made with the Brashear astrograph (22). Ref. **7562**, **7813**.
33: M. Huruhata, T. Nakamura, Photoelectric determinations of the minima of eclipsing variables. Ref. **11229**.
34: S. Nakano, H. Yasuda, R. Fukaya, Meridian observations of the right ascensions of minor planets. Ref. **7562**.
35: M. Notuki, On the coronal observation in Japan. Ref. **6712**.
36: M. Notuki, S. Nagasawa, I. Shimizu, On a photometer for the observation of the coronal emission line. Ref. **2234**.
37: M. Notuki, T. Ohe, M. Miyazawa, Dark filaments associated with solar eruptions. Ref. **6630**.
38: S. Nakano, H. Yasuda, R. Fukaya, Meridian observations of the right ascensions of the sun, the moon and planets during the year 1950. Ref. **6001**, **7101**, **7113**, **7301**, **7401**, **7601**, **7701**, **7801**, **7804**.
39: H. Hirose, R. Manabe, Observations of the contact times of the solar eclipse of September 12, 1950. Ref. **6207**.
H. Hirose, K. Tomita, Photographic observations made with the Brashear astrograph (26). Ref. **7562**, **7813**, § **81**.
40: H. Hirose, K. Tomita, Photographic observations made with the Brashear astrograph (27). Ref. **7562**, **7813**.
K. Tomita, Photographic observations of comets made with the Brashear astrograph. § **81**.
K. Tomita, Visual observations of comet 1948 l made with the guiding telescope of the Brashear astrograph. Ref. **8164**.
Discovery positions of Honda's comets. § **81**.
41: M. Utida, S. Habara, Y. Otoguro, F. Arata, Occultation observations in Japan during 1949. Ref. **7341**.

304. Tokyo Astronomical Observatory Reprints.
Nr. **61**: K. Osawa, Photoelectric observation of the occultation of α Virginis (Spica) by the moon. Ref. **7339**.
62: M. Miyadi, A note on the variation of international longitude. Ref. **13233**.
63: H. Hirose, Summarised results of photographic and visual observations of the annular eclipse of May 8—9, 1948. Ref. **6206**.
64: K. Tuzi, On the Tokyo-Mitaka catalogue of zenith stars and its catalogue difference. Ref. **9114**.
65—71: Vgl. AJB **50**.
72: N. Sekiguchi, Motions of the rotation axis of the elastic earth relative to the earth's body and to the space. Vgl. AJB **50** Ref. **13119**.
73: S. Hata, On the signal-to-noise ratio of the multiplier phototube 1 P 21. Vgl. AJB **50** Ref. **2214**.
74: T. Ura, T. Takenouchi, On special perturbations by the variation of elements. Ref. **4228**.

75: Z. Suemoto, Observation of the limb effect of faint Fraunhofer lines. Ref. **6426**.
76: Z. Suemoto, Line contours in the anomalous regions of the sun. Ref. **6427**.
77: S. Obi, Multiplet intensities for the lines ^1D—^3P of O III and Ne V. Ref. **241**.
78: M. Huruhata, Photoelectric study of the zodiacal light. Ref. **8404**.
79: H. Hirose, Preliminary report on contact observations. Ref. **6207**.
T. Hatanaka, S. Suzuki, F. Moriyama, Preliminary report on the observation of the solar radio noise at the partial eclipse on September 12, 1950. Ref. **6207**.
80: T. Hatanaka, Y. Sekido, Y. Miyazaki, M. Wada, Solar radio outburst and increase of cosmic-ray intensities on September 20, 1950. Ref. **6539**.
81: Z. Suemoto, On the limb effect of faint Fraunhofer lines. Ref. **6428**.
82: Z. Suemoto, On line contours in the anomalous regions of the sun. Ref. **6429**.
83: H. Hirose, The effect of the terrestrial locality on the occultation of the stars by the moon. Ref. **7338**.
84: H. Hirose, Preliminary consideration on the locality effect of equinox corrections. Part I. Ref. **3115**.
85: H. Hirose, Preliminary consideration on the locality effect of equinox correction. Part II. Ref. **3116**.
86: N. Sekiguchi, Effects of the short period oceanic tides on the rotation of the earth. Ref. **13132**.
87: T. Dambara, Photoelectric transit instrument. Ref. **2114**.
88: F. Moriyama, On sunspots and magnetic storms. Ref. **6819**.
89: M. Huruhata, Photoelectric studies of the night sky light (III). Ref. **72100**.
90: T. Dambara, On the skewness of the velocity curves of the Cepheid variables. Ref. **11144**.
91: N. Sekiguchi, Effects of the long period tides on the rotation of the earth. Ref. **13133**.
92: Z. Suemoto, Electron temperature of the chromospheric eruption. Ref. **6647**.
93: T. Dambara, On the phase differences measured in the six-color photometry of Cepheid variables. Ref. **11145**.

305. Tokyo Astronomical Observatory. Bulletin of Solar Phenomena.
2 4: October—December, 1950. Ref. **6353**, **6556**, **6660**.
3 1—3: January—September, 1951, Ref. **6353**, **6556**, **6660**.

Tortosa

306. Boletín del Observatorio del Ebro.
36: Heliofísica 1948. Ref. **6353**.

Toruń (Thorn)

307. Bulletin of the Astronomical Observatory of N. Copernicus University in Toruń.
Nr. **10**: W. Dziewulski, The motions of the high velocity stars. Part I, Ref. **12337**.
W. Dziewulski, C. Łubieńska, Visual observations of the long-period variable star χ Cygni. Ref. **11229**.

W. Dziewulski, Visual observations of the long-period variable star *o* Ceti. Ref. **11229.**
K. Serkowski, Minima of the eclipsing variable SW Lacertae. Ref. **11229.**
R. Piątkowska, Visual observations of the variable star TT Herculis. Ref. **11229.**
W. Dziewulski, Visual observations of the variable star SU Draconis. Ref. **11229.**
W. Dziewulski, Visual observations of the variable star SW Draconis. Ref. **11229.**
A. Lisicki, A new variable in the Pleiades. Ref. **11231.**

Trieste

308. Osservatorio Astronomico di Trieste.
Nr. **243**: E. L. Martin, La costellazione del Cancro. Ref. **9004.**
244: G. B. Lacchini, Osservazioni di stelle variabili fatte nel 1950. Ref. **11216.**
245: Annuario Astronomico per l'anno bisestile 1952 con le carte del cielo. Ref. **449.**
246: E. L. Martin, Le congruenze settimanali del calendario gregoriano. Ref. **3307.**
247: G. Romano, Osservazioni fotografiche e studio della Cefeide X Cygni. Ref. **11229.**

Turku

309. Astronomia Observatorio de Universitato de Turku. Informo.
Nr. **7**: Y. Väisälä, L. Oterma, Formulae and directions for computing the orbits of minor planets and comets. Ref. **4519.**
8: L. Oterma, List of the photographs taken at the University Observatory of Turku during the period 1938—1949. Ref. **1243.**

Uccle

310. Annales de l'Observatoire Royal de Belgique. Troisième Série.
5 4: S. Arend, L'amélioration de l'orbite d'une étoile double visuelle par application empirique de la méthode de la variation des éléments. Ref. **10102.**
S. Arend, Orbite de l'étoile double visuelle ADS 11479 = DBS 8662 = $O\Sigma$ 359. Ref. **10128.**
J. Dommanget, Méthode empirique systématique d'amélioration des éléments orbitaux d'une étoile double visuelle. Ref. **10109.**
J. Dommanget, Orbite de l'étoile double visuelle ADS 9352 = BDS 6972 = Hu 575. Ref. **10128.**
5: F. Moreau, G. Becq, L. de Clerck, Amélioration des déclinaisons de 1339 étoiles fondamentales (Liste de Backlund) précédée d'une détermination de la constante de réfraction. Ref. **9105.**

311. Bulletin Astronomique de l'Observatoire Royal de Belgique, à Uccle.
4 5: S. Arend, F. Rigaux, Observations photographiques de petites planètes et de la comète Shajn (1949e) à l'astrographe double de 40 cm. Ref. **7562, § 81.**
S. Arend, F. Rigaux, Observations photographiques de petites planètes, de Pluton et de la comète Minkowski (1950b) à l'astrographe double de 40 cm. Ref. **7562, 7813, § 81.**

S. Arend, F. Rigaux, Observations photographiques de petites planètes, de Neptune et de la comète Pajdusakova (1951a) à l'astrographe double de 40 cm. Ref. **7562**, **7804**, § **81**.
Positions d'astéroïdes et de la comète Kozik-Peltier (1939a) mesurées ou remesurées à la demande d'astronomes intéressés. Ref. **7562**, § **81**.
S. Arend, Positions de l'étoile de Barnard. Ref. **9101**.
S. Arend, F. Rigaux, Comète Arend-Rigaux (1951b). § **81**.
G. Roland, Planète troyenne Arend 1950 SA. Ref. **7562**.

312. Communications de l'Observatoire Royal de Belgique.
Nr. **22**: R. Coutrez, Méthodes actuelles de la dynamique stellaire appliquée aux problèmes de la voie lactée et des nébuleuses extragalactiques. Ref. **12001**.
23: Vgl. AJB **50** Ref. **6411**.
24: P. Bourgeois, Les mouvements spatiaux des étoiles dans l'étude de la galaxie. Ref. **12334**.
25: P. Bourgeois, Rapport sur les travaux scientifiques effectués pendant l'année 1950. Ref. **1101**.
26: G. Coutrez, Observations des taches solaires en 1950. Ref. **6353**.
27: E. Vandekerkhove, Un astrographe à champ de 180°. Ref. **2145**.
28: P. J. Melchior, A. Huaux, Sur le déplacement annuel par rapport au globe terrestre de l'axe de rotation de la terre, en relation avec une oscillation annuelle de l'axe principal instantané d'inertie de la terre. Ref. **13230**.
P. J. Melchior, Sur une nouvelle méthode d'analyse du mouvement du pôle à la surface de la terre. Ref. **13231**.
29: E. Vandekerkhove, Un télescope coudé de Schmidt. Ref. **2146**.
30: E. Vandekerkhove, Etude d'une méthode pour déterminer des vitesses radiales avec un prisme-objectif. Ref. **2413**.
E. Vandekerkhove, Détermination des paramètres de raies composantes dont on connaît l'effet résultant. Ref. **2414**.
31: L. Neven, C. de Jager, The model of the solar atmosphere and the continous absorption coefficient in the infrared. Ref. **6119**.
32: D. de Smet-de Potter, Magnitudes et indices de couleur d'étoiles aux environs du pôle. Ref. **9422**.
33: M. Migeotte, L. Neven, Nouvelles raies de méthane tellurique. Ref. **7235**.
34: M. Migeotte, L. Neven, L'activité de la mission scientifique belge à la station du Jungfraujoch en 1950 et 1951. Ref. **1216**.
35: J. Hunaerts, Le problème de l'identification des radiations cométaires à partir de spectres synthétiques. Ref. **8012**.

313. Observatoire Royal de Belgique. Monographies.
Nr. **2**: S. Arend, Théorie de l'équatorial visuel et de l'équatorial photographique. Réglage pratique de l'équatorial visuel et de l'astrographe. Ref. **2103**.

Upper Darby

314. The Flower Astronomical Observatory. Reprint.
Nr. **80**: S. G. Barton, New double stars. Ref. **10125**.

Uppsala

315. Uppsala Astronomiska Observatoriums Annaler.
2 9: E. Lyttkens, Problems of dark nebulae, treated by the method of moments. Ref. **5307**.

10: E. Bodén, A research on the galactic clusters NGC 436 and NGC 457. Ref. 12103.
3 1: Vgl. AJB 49 Ref. 6204.
2: Vgl. AJB 49 Ref. 2240.
3: Vgl. AJB 49 Ref. 12336.
4: E. Bodén, Photographic, photovisual and red magnitudes in the galactic cluster M 36. Ref. 12104.
5: Vgl. AJB 52.
6: B. Westerlund, Luminosity effects and colour-equivalents as measured in short stellar spectra. I. B, A, and F stars. Ref. 9561.

316. Uppsala Astronomiska Observatorium. Meddelande.
Nr. 104: N. V. E. Nordenmark, Laurentius Paulinus Gothus föreläsningar vid Uppsala universitet 1599 över Copernicus hypotes. Ref. 1442.

Utrecht

317. Recherches Astronomiques de l'Observatoire d'Utrecht.
12 1: W. J. Claas, The composition of the solar atmosphere. Ref. 6405.
2: Photometric Catalogue of Fraunhofer lines λ 6600—λ 8770. Ref. 6430.

Victoria

318. Publications of the Dominion Astrophysical Observatory Victoria, B. C.
8 12: A. B. Underhill, A model atmosphere for an early O-type star. Ref. 5128.
13: A. B. Underhill, On the luminosity effects of the hydrogen lines in O-type spectra. Ref. 9557.
14: J. L. Climenhaga, A. McKellar, R. M. Petrie, Spectrographic observations of Epsilon Ursae Minoris. Ref. 10202.
15: J. A. Pearce, R. M. Petrie, Revised radial velocities of seventy-nine B-type stars. Ref. 9214.
9 1: C. S. Beals, The spectra of the P Cygni stars. Ref. 11160.

319. Contributions from the Dominion Astrophysical Observatory Victoria, B. C.
Nr. 23: A. B. Underhill, An estimate of the relative helium content of the early-type stars. Ref. 5127.

Washington

320. The American Ephemeris and Nautical Almanac for the Year 1953. Ref. 410.

321. Astronomical Papers prepared for the use of the American Ephemeris and Nautical Almanac.
12: W. J. Eckert, D. Brouwer, G. M. Clemence, Coordinates of the five outer planets 1653—2060. Ref. 7604.

322. United States Naval Observatory Circular.
Nr. 25—26: L. T. Day, Positions, areas, and counts of sunspots October—November 1950. Ref. 6353.
27: Annular eclipse of September 1, 1951. Path of annular phase in the United States. Ref. 6209.
28—29: L. T. Day, Positions, areas, and counts of sunspots December 1950—February 1951. Ref. 6353.
30: W. Markowitz, Sunspot areas and numbers as indices of solar activity. Ref. 6329.

31—33: L. T. Day, Positions, areas, and counts of sunspots March—July 1951. Ref. 6353.

323. Smithsonian Institution. Publication.
4027: B. Lindblad, The luminous surface and atmosphere of the sun. Ref. 6409.
4029: H. Brown, The composition of our universe. Ref. 5004.

Wellington

324. Carter Observatory Reprint.
Nr. 14: R. G. Dick, I. L. Thomsen, Geodetic positions of astronomical Observatories at Kelburn, Wellington. Ref. 13205.
I. L. Thomsen, Daylight fireball, 1951 February 4. Ref. 8296.
I. L. Thomsen, New Zealand determinations of relative sunspot numbers. Ref. 6346.
15: D. M. Garner, Preliminary investigation of aurora australis activity from 1931 to 1949. Ref. 72119.
16: Martin Maxwell Fleming Luckie, O. B. E. Ref. 1001.
I. L. Thomsen, Large sunspots and the phase of sunspot activity. Ref. 6347.
17: I. L. Thomsen, The Abridged Nautical Almanac. Ref. 458.

325. Astronomical Bulletin.
Nr. 35: I. L. Thomsen, Report of the Carter Observatory Board for the year ended 1951, March 31. Ref. 1101.
36: Programme for public sessions, 1952. Ref. 1247.

Wien

326. Mitteilungen der Universitäts-Sternwarte Wien.
5 1: K. Ferrari d'Ochieppo, Anfangswachstum und Auflösung der Sonnenflecken I. Vgl. AJB 50 Ref. 6307.
2: H. Krumpholz, Beobachtungen von Kometen. § 81.
3: T. Widorn, Der Lichtwechsel des Saturnsatelliten Japetus im Jahre 1949. Vgl. AJB 50 Ref. 7707.
4: H. Haupt, Über Phasenkoeffizienten und Albedo der Kleinen Planeten Ceres, Pallas, Juno und Vesta. Vgl. AJB 50 Ref. 7549.
5: I. Nikoloff, Definitive Bahnbestimmung des Kometen 1936 III (Kaho-Kozik-Lis). Vgl. AJB 50 Ref. 8134.
6: H. Socher, Die Polhöhe der Universitäts-Sternwarte Wien. Vgl. AJB 50 Ref. 13225.
7: H. Socher, Veränderliche Fundamentalsterne der «Potsdamer Durchmusterung». Vgl. AJB 50 Ref. 11007.
8: H. Socher, Brechzahl und Refraktion der atmosphärischen Luft. Ref. 7246.
9: K. Ferrari d'Ochieppo, Anfangswachstum und Auflösung der Sonnenflecken II. Ref. 6312.
10: H. Eichhorn, Die Ausnahmefälle bei der Bestimmung einer Kreisbahn. Ref. 4506.
11: H. Eichhorn, Zur Erfassung der Ausnahmefälle bei der Bahnbestimmung. Ref. 4507.
12: H. Haupt, H. Auzinger, Helligkeitsbeobachtungen von Kleinen Planeten. Ref. 7557, 7805.

Williams Bay

327. T. Page, The Yerkes Collection of Astronomical Photographs. Ref. 1249.

Zürich

328. Publikationen der Eidgenössischen Sternwarte Zürich.
    9 5: M. Waldmeier, Heliographische Karten der Photosphäre für das Jahr 1950. Ref. **6353**.
329. Astronomische Mitteilungen der Eidgenössischen Sternwarte Zürich.
    Nr. **173**: M. Waldmeier, Spektralphotometrische Klassifikation der Protuberanzen. Ref. **6656**.
    174: M. Waldmeier, Die Form der monochromatischen Korona. Ref. **6723**.
    175: M. Waldmeier, Die neue Koronalinie 5445 Å. Ref. **6724**.
    176: M. Waldmeier, Die Sonnenaktivität im Jahre 1950. Ref. **6353**, **6660**, **6727**.
    177: M. Waldmeier, Katalog der grünen Koronastrahlen 1947—1949. Ref. **6727**.
    178: M. Waldmeier, Die Sonnenkorona vom 8. Juli 1851. Ref. **6725**.
330. Quarterly Bulletin on Solar Activity Nr. **89**—**92**. Ref. **6353**, **6556**, **6660**, **6727**.
331. Tätigkeitsbericht der Eidgenössischen Sternwarte für das Jahr 1950. Ref. 1101.

Erster Teil

Allgemeines

§ 1

Mathematisches

101. **C. W. Allen,** Dex. Obs **71** 157. — Es wird vorgeschlagen, in Texten und Formeln den Ausdruck «dex» zu gebrauchen. Dieser Ausdruck soll die vorhergehende Zahl, als Logarithmus auf der Basis 10 aufgefaßt, in den zugehörigen Numerus verwandeln. Zur Trennung von anderen Zahlen sind Klammern zu verwenden. Beispiele: 1 dex = 10, −1 dex = 0.1, Alter der Erde: 2.3 × (9 ±0.25 dex) Jahre. O. G.

102. **D. V. Dickson,** Nomogram and slide-rule for solution of spherical triangle problems found in radio communication. J. Geophys. Res. **56** 163—175, mit 8 Fig. — Die Konstruktion eines Nomogramms und eines Rechenschiebers zur Lösung beliebiger sphärischer Dreiecke wird beschrieben. Besonderes Schwergewicht wird auf die Bedürfnisse der Funknavigation gelegt. Die beschriebenen Rechenhilfsmittel erlauben jedoch nicht die nur selten vorkommende Lösung solcher Dreiecke, bei denen entweder drei Winkel oder drei Seiten gegeben sind. Behr

103. **A. Fricke,** Entfernungsmittelwerte bei der Ellipse. Z. Angew. Math. Mech. **31** 181—185. — Ref. in Math. Rev. **12** 863.

104. **V. Happach,** Ausgleichungsrechnung. Ein Lehrbuch der Fehlerausgleichung nach der Methode der Kleinsten Quadrate in Wissenschaft und Technik. Leipzig, B. G. Teubner, 1950. 2. Auflage. 104 S. mit 26 Abb. Teubners Mathematische Leitfäden Bd. 18. Preis kart. DM 6.20. — Besprechung in Phys. Blätter **7** 89 (H. Görtler).

105. **S. Herrick,** Step-by-step integration of $\ddot{x} = f(x, y, z, t)$ without a «corrector». Math. Tables Aids Computation **5** 61—67 = Astr. Papers Univ. California Nr. **12**.

106. **A. Kranjc,** Sull' integrazione dell' equazione di Ritter Emden. Mem SA It (NS) **22** 127—130 = Oss. Astr. Capodimonte-Napoli Contr. Astr. (2) **4** Nr. 9. — Verf. sucht die allgemeinste Transformationsgruppe für die Ritter-Emdensche Gleichung und findet, daß dies die Homologiegruppe ist, außer für die beiden Fälle $n = 0$ und $n = 1$. F. Z.

107. **C. G. Little,** The auto-correlation function and its Fourier transform. MN **111** 301—302. — Appendix zu der Untersuchung: A diffraction theory of the scintillation of stars on optical and radio wave-lengths (vgl. Ref. 72149).

108. **P. Luckey,** Praktische Anleitung zum Entwerfen graphischer Rechentafeln mit durchgeführten Beispielen aus Wissenschaft und

Technik. Leipzig, B. G. Teubner, 1949. Mathematisch-physikalische Bibliothek, Reihe I 59/60. 107 S. mit 57 Abb. Preis kart. DM 4.20. — Besprechung in Phys. Blätter **7** 383 (H. Görtler).

109. **E. Michalup,** Recent developments in interpolation formulae. Bol. Acad. Ci. Fis., Mat. y Nat. Caracas Nr. **45** S. 14—38 (mit spanischer Zusammenfassung).

110. **H. Mineur,** Tentatives de calcul numérique des intégrales doubles. CR **233** 1166—1168 = Contr. Inst. d'Astrophys. Paris (A) Nr. **99**.

111. **J. Neyman,** First Course in Probability and Statistics. New York, Henry Holt and Co., 1950. 350 S. Preis $ 3.50. — Besprechung in Pop Astr **59** 500 (K. O. May).

112. **A. Reiz,** On a special case of a quadrature formula of Christoffel. Math. Tables Aids Computations **4** 181—185, 1950 = Lund Medd. (1) Nr. **176**.

113. **E. Rufener,** La mise en équation des résultats d'expériences. Paris, Éditeur Dunod, 1951. 2. Auflage. 108 S. — Besprechung in BSAF **65** 317—318.

114. **W. N. Simownow,** Fragen über die Abschätzung der Genauigkeit von Meßergebnissen. Moskau, Verlag für geodätische und kartographische Literatur, 1951. 115 S. mit 29 Abb. Preis 9 R. (russisch).

115. **H. Wolf,** Der «modernisierte» Gauß'sche Algorithmus zur Auflösung von Normalgleichungen. Z. f. Vermessungswesen **75** 329, 1950.

§ 2

Physikalisches

201. **H. Alfvén,** Electromagnetic phenomena in the motion of gaseous masses of cosmical dimensions. Aus: Problems of cosmical aerodynamics (Ref. **12008**), Kapitel 5, S. 41—44, mit 3 Fig. — Es wird gezeigt, daß in flüssigen oder gasförmigen elektrischen Leitern infolge Wechselwirkung zwischen hydrodynamischen Bewegungen und elektromagnetischen Feldern magnetohydrodynamische Wellen auftreten können. Bedingungen, wann diese unter kosmischen Verhältnissen Bedeutung erhalten können, werden angegeben und Versuche zu ihrem experimentellen Nachweis kurz skizziert. Kdr.

202. **C. W. Allen,** Terminology for radiation concepts. Obs **71** 158—159. — Zwei neue Ausdrücke werden vorgeschlagen: «efflux» für den auswärts gerichteten Strom von einer Quelle und «fluance» für den in einer bestimmten Richtung durch den Einheits-Raumwinkel auswärts gerichteten Strom. O. G.

203. **D. R. Bates,** Rate of formation of molecules by radiative association. MN **111** 303—314, mit 1 Fig. — Nachweis einiger Inkorrektheiten in früheren Bearbeitungen des Problems und Ableitung einer verbesserten Formel für den Koeffizienten, der die Geschwindigkeit bestimmt, mit der der untersuchte Prozeß abläuft. Besprechung von Näherungsmethoden zur Auswertung dieser Formel und Anwendung auf einige astro- und geophysikalisch wichtige Moleküle. Kdr.

204. **J. A. Bearden, H. M. Watts,** A re-evaluation of the fundamental atomic constants. Phys. Rev. (2) **81** 73—81, mit 3 Fig. und einem Nachtrag S. 160—161.

205. **J. M. Burgers,** The properties of a shock wave in a gas with decreasing density. Aus: Problems of cosmical aerodynamics (Ref. **12008**),

Kapitel 14, S. 98—106, mit 3 Fig. — Detaillierte aerodynamische Diskussion von Stoßwellen in Medien mit abnehmender Dichte im Hinblick auf Probleme, wie sie z. B. von Schatzman (Ref. 6641) und Thomas (AJB 48 Ref. 6626) behandelt werden. Kdr.

206. **S. Chandrasekhar,** The invariant theory of isotropic turbulence in magneto-hydrodynamics. Proc. Roy. Soc. (A) **204** 435—449, mit 1 Fig. — Ref. in ZfMG **43** 191—192.

207. **S. Chandrasekhar,** The invariant theory of isotropic turbulence in magneto-hydrodynamics. II. Proc. Roy. Soc. (A) **207** 301—306. — Ref. in ZfMG **43** 191—192.

208. **S. Chandrasekhar,** The gravitational instability of an infinite homogeneous turbulent medium. Proc. Roy. Soc. (A) **210** 26—29. — Ref. in ZfMG **43** 452—453.

209. **I. K. Csada,** On the magnetic effects of turbulence in ionized gases. Acta Phys. Acad. Sci. Hungaricae **1** 235—246 = Mitt. Sternw. ungar. Akad. Wiss. Nr. **26**. — Im Anschluß an die Arbeiten von Batchelor über das spontane Entstehen von Magnetfeldern in einem turbulent bewegten Plasma untersucht Verf. den Einfluß dieser Felder bzw. der Turbulenz auf elektrische Leitfähigkeit und magnetische Permeabilität und findet in Übereinstimmung mit Sweet (Vgl. AJB **50** Ref. **6113**), daß die erstere um mehrere Größenordnungen herabgesetzt wird, während die Permeabilität zunimmt. Kdr.

210. **J. F. Denisse, Y. Rocard,** Excitation d'oscillations électroniques dans une onde de choc. Applications radioastronomiques. J. Physique **12** 893—899, mit 3 Fig. — Verf. untersucht einige charakteristische Eigenschaften von Stoßwellen, die sich in einem stark ionisierten Medium ausbreiten. Dabei tritt eine Polarisation ein, die schließlich die eingetretenen Diffusionseffekte einschränkt. Außerdem resultiert eine nichtmaxwellsche Geschwindigkeitsverteilung der Elektronen. Dadurch werden verstärkte Plasmaschwingungen angeregt, die man zur Erklärung der intensivsten solaren Radioemissionen heranziehen könnte. Loh.

211. **H. Dingle,** Practical Applications of Spectrum Analysis. London, Chapman and Hall, Ltd., 1950. 245 S. mit 19 Tafeln. Preis 40 s. — Besprechung in Obs **71** 161.

212. **P. Dumézil-Curien,** Entropie d'un mélange de gaz en équilibre d'excitation et d'ionisation. CR **232** 1471—1472 = Contr. Inst. d'Astrophys. Paris (A) Nr. 88.

213. **P. Dumézil-Curien,** Sur certaines réactions nucléaires d'importance astrophysique. II. Création de paires d'électrons. Influence sur la formation des neutrons. Ann d'Astrophys **14** 40—45, mit 1 Fig. = Contr. Inst. d'Astrophys. Paris (B) Nr. **62**. — Bei hohen Temperaturen von der Ordnung 10^9—10^{10} Grad wird die Bildung von Elektronenpaaren aus γ-Strahlung merklich. Die dadurch bedingte Erhöhung der Elektronenkonzentration und ihr Einfluß auf die Bildung von Neutronen werden in Ergänzung der Arbeit in Ann d'Astrophys **13** 80 (AJB **50** Ref. 212) diskutiert. Kdr.

214. **P. Dumézil-Curien, E. Schatzman,** Sur certaines réactions nucléaires d'importance astrophysique. III. Hydrogène brusquement porté à une température de plusieurs milliards de degrés. Ann d'Astrophys **14** 46—53 = Contr. Inst. d'Astrophys. Paris (B) Nr. **63**. — In einem Punkt im Innern eines reinen Wasserstoffsterns steige die Temperatur plötzlich, z. B. infolge Durchgangs einer Stoßwelle durch diesen Punkt, auf mehrere Milliarden Grad an. Die in diesem Bereich wesentlichen Kernprozesse werden erörtert und für $T = 10^9$, 5×10^9 und 10^{10} Grad die Konzentrationen der Reaktionspartner und die Energieerzeugung abgeschätzt. Kdr.

215. **D. B. Duncan, J. E. Perry,** The transmutation of N^{14} by protons. Phys. Rev. (2) **82** 809—813, mit 6 Fig. — Die Reaktion N^{14} (p, γ) O^{15} wurde zwischen 0.25 und 2.6 Mev experimentell untersucht und auf die Bedeutung der Ergebnisse für das Sterninnere wird hingewiesen. Loh.

216. **J. W. Dungey,** Derivation of the dispersion equation for Alfvén's magneto-hydrodynamic waves from Bailey's electromagneto-ionic theory. Nature **167** 1029—1030.

217. **F. B. Estabrook,** Absolute oscillator strengths of Chromium and Nickel. ApJ **113** 684—689, mit 2 Fig. — Aus Messungen der Gesamtabsorption des Cr-Resonanz-Tripletts 4290, 4275 und 4254 werden absolute *nf*-Werte bestimmt. Die vorliegenden Dampfdruckkurven des Cr von Baur und Brunner sowie Kelley ergeben um mehrere Zehnerpotenzen differierende absolute *f*-Werte. Verf. gibt unter Vorbehalt versuchsweise f (4290) = 0.0068, f (4275) = 0.0096 und f (4254) = 0.0122 als plausibelstes Ergebnis an. Eine ähnliche Untersuchung an den Ni-Linien 3462, 3525 und 3419 führt auf die absoluten *f*-Werte 0.0093, 0.0183 und 0.0171 mit einem wahrscheinlichen Fehler von ± 10%. Mit dem Faktor 2.55×10^{-5} lassen sich die relativen *gf*-Werte des Ni von King in absolute umwandeln. Micz.

218. **M. W. Feast,** An emission band system attributed to the molecule NH^+. ApJ **114** 344—355, mit 4 Fig. — In einem von Ammoniak schnell durchströmten Hohlkathoden-Entladungsrohr hat der Verf. zwei nach Rot abgeschattete Banden bei λ 2725 und λ 2885 Å beobachtet, die als (1,0)- und (0,0)-Banden des $^2\Sigma^+ - {}^2\Pi_r$-Übergangs des NH^+ identifiziert werden. Der untere Zustand $^2\Pi_r$ wird durch den $^4\Sigma^-$-Zustand stark gestört. Wellenzahlen der Linien und die Molekülkonstanten aller drei Zustände werden mitgeteilt. Verf. vermutet, daß schwächere Banden bei λ 2614 und λ 2825 wahrscheinlich zum selben System gehören. Micz.

219. **R. Fuchs,** Experimentelle Untersuchung über das bei der Bildung von negativen Wasserstoffionen entstehende Emissionskontinuum. Z. Physik **130** 69—87, mit 8 Abb. — Die Lichtemission eines Gleitfunkens in einer Wasserstoffatmosphäre wird zeitlich und spektral zerlegt. Beobachtung und Theorie stimmen nur dann überein, wenn das Elektronenaffinitätskontinuum des Wasserstoffs mit in Rechnung gestellt wird. Verf. (gekürzt)

220. **R. H. Garstang,** Energy levels and transition probabilities in p^2 and p^4 configurations. MN **111** 115—124. — Unter Berücksichtigung der bisher vernachlässigten, im vorliegenden Fall aber wesentlichen Wechselwirkungen des Spins eines Elektrons mit der Bahn eines anderen und der Spins von Paaren von Elektronen werden die Energiewerte der Niveaus in p^2- und p^4-Konfigurationen neu berechnet und damit für die verbotenen Linien einiger astrophysikalisch wichtiger Ionen verbesserte Übergangswahrscheinlichkeiten abgeleitet. Kdr.

221. **A. Gatterer,** Grating Spectrum of Iron. Vatican City, Specola Vaticana, 1951. 16 S. mit 47 photographischen Karten 24 × 30 cm. Preis $ 25. — Besprechung in ApJ **115** 335—336 (A. B. Meinel), Mem SA It (NS) **23** 347—348 (G. Righini), ZfA **30** 318 (W. Grotrian).

222. **A. Gatterer, J. Junkes,** Atlas der Restlinien. Vol. **3.** Spektren seltener Metalle und einiger Metalloide. Vgl. AJB **49** Ref. 214. — Weitere Besprechung in ApJ **114** 371 (A. B. Meinel), ZfA **28** 315—317. Es werden dabei auch die vorausgegangenen spektroskopischen Atlanten der Verf., zum Teil in 2. Auflage, besprochen (W. Grotrian).

223. **L. C. Green, N. E. Weber, E. Krawitz,** The use of calculated and observed energies in the computation of oscillator strengths and the

f-sum rule. ApJ **113** 690—696. — Es werden die Oszillatorenstärken aller wichtigen Übergänge aus dem dritten Zustand des Ca II unter Verwendung von Wellenfunktionen mit und ohne Austausch, sowie von berechneten und beobachteten Werten für die Energiedifferenzen berechnet. Die auf Wellenfunktionen mit Austausch und berechneten Energiedifferenzen beruhenden Werte befriedigen die *f*-Summen-Regel am besten und dürften daher als die zuverlässigsten zu betrachten sein. Kdr.

224. **L. C. Green, N. E. Weber, E. Krawitz,** A comment on the *f*-sum rule. AJ **56** 38. — Ref. AAS.

225. **N. Hansson,** An attempt to a photographic calibration of a tungsten ribbon lamp. Ark Astr **1** 223—247, mit 4 Fig. = Lund Medd. (1) Nr. 177. — Es werden die Ergebnisse eines photographischen Anschlusses einer Wolfram-Bandlampe ($\lambda = 6563$, 5876, 4861; $i = 7{,}5$ bis 15,0 Amp.) an eine absolut geeichte Philips-Bandlampe mitgeteilt. Im Anhang wird eine Tabelle der Kirchhoff-Planck-Funktion für den Bereich von Bandlampen gegeben. Labs

226. **G. Herzberg,** Molecular Spectra and Molecular Structure. I. Vgl. AJB **50** Ref. 226. — Weitere Besprechung in Proc. Phys. Soc. (A) **64** 760.

227. **G. Herzberg,** Forbidden transitions in the spectra of diatomic molecules. AJ **56** 118—119. — Verschiedene Fälle von verbotenen Übergängen in den Spektren zweiatomiger Moleküle werden behandelt, die Anwendungen in der Astrophysik und Geophysik haben oder möglicherweise haben könnten. Sie betreffen die Moleküle H_2, HD, CO, N_2 und O_2. O. G.

228. **H. H. Hopkins,** Wave Theory of Aberrations. London, Geoffrey Cumberlege, Oxford University Press, 1950. Monographs on the Physics and Chemistry of Materials. 8 + 167 S. mit 64 Fig. Preis 15 s. net. — Besprechung in Obs **71** 37 (E. H. Linfoot).

229. **E. Hylleraas,** Note on the doubly excited state of the negative hydrogen ion. ApJ **113** 704. — Kurze Abschätzung des Einflusses einiger Glieder, die bei Berechnung der Energie des doppelt angeregten H^--Ions in höherer Näherung zu berücksichtigen sind. Kdr.

230. **K. Jellinek,** Verständliche Elemente der Wellenmechanik. 1. Teil. Basel, Wepf & Co., 1950. 12 + 304 S. mit 82 Fig. Preis 34 Schw. Fr. — Besprechung in J RAS Canada **45** 250—252 (C. L. Barnes), Obs **71** 39, Sky and Telescope **10** 123, Z. Naturforschung **7a** 571—572 (G. Molière).

231. **C. K. Jørgensen,** Spektrallinjerne hos forskellige grundstoffer. Urania Kopenhagen 8 146—150.

232. **C. K. Jørgensen,** Atomkernernes stabilitet. Urania Kopenhagen 8 168—173.

233. **G. Keller, R. E. Meyerott,** Potential fields around ions in high temperature gas mixtures. AJ **56** 42—43. — Ref. AAS.

234. **D. Layzer,** The scattering of slow electrons by atoms. Phys. Rev. (2) **84** 1221—1225 = Berkeley Repr. Nr. 14.

235. **D. Layzer,** Patterns of term structure in simple spectra. AJ **56** 43—44. — Ref. AAS.

236. **W. Lochte-Holtgreven,** Experimenteller Nachweis des H^--Leuchtens. Naturwissenschaften **38** 258—259. — Bisher ist im Laboratorium kein H^--Leuchten bemerkt worden, wie denn überhaupt noch niemals ein Anlagerungsleuchten von Elektronen an neutrale Atome einwandfrei festgestellt werden konnte. Verf. beschreibt eine kondensierte Entladung durch H_2-Gas. Dabei zeigt das Spektrum der Entladung ein Kontinuum, dessen Intensität

genau der theoretisch für das H^--Kontinuum berechneten Intensität, überlagert von dem Seriengrenz-Kontinuum der Paschen-Serie, entspricht. Schai.

237. **A. McKellar, N. R. Tawde,** Calculated transition probabilities for the C_2 Swan bands. ApJ **113** 440. — Durch Nachweis zweier Rechenfehler werden Differenzen zwischen den Berechnungen der obigen Größen von McKellar-Buscombe und Tawde-Patel aufgeklärt. Kdr.

238. **A. W. McReynolds,** Gravitational acceleration of neutrons. Phys. Rev. (2) **83** 172—173, mit 2 Fig. — Experimente ergaben auch für Neutronen die gewöhnliche Fallbeschleunigung.

239. **W. F. Meggers,** The fundamental standard of wave length. AJ **56** 116—118. — Die Bestimmungen der Wellenlänge der roten Cadmiumlinie in Einheiten des internationalen Meters werden zusammengestellt und die Nachteile der Verwendung dieser Linie besprochen. Ein wesentlicher Fortschritt ist erzielt worden durch Verwendung der grünen Linie des künstlich erzeugten $^{198}_{80}$Hg. Vorläufige, schon sehr genaue Werte der Wellenlänge dieser Linie aus Vergleichen mit der roten Cd-Linie werden angegeben. Anwendungen der ^{198}Hg-Lampen werden erwähnt und Vorschläge für Anwendungen in der Astrophysik gemacht. O. G.

240. **A. M. Naqvi,** Coupling parameters and transition probabilities in *p* electron configurations. AJ **56** 45—46. — Ref. AAS.

241. **S. Obi,** Multiplet intensities for the lines $^1D - {}^3P$ of O III and Ne V. Publ. Astr. Soc. Japan **2** 150—155 = Tokyo Astr. Obs. Repr. Nr. **77**. — Für die verbotenen Übergänge $^1D_2 - {}^3P_2$ und $^1D_2 - {}^3P_1$ von O III und Ne V werden relative Übergangswahrscheinlichkeiten und Aufspaltung der Terme unter Berücksichtigung der magnetischen Wechselwirkung der beiden $2\,p$ Elektronen theoretisch berechnet. Der Einfluß der magnetischen Wechselwirkung auf die *f*-Werte ist gering, auf die Termaufspaltung jedoch erheblich. (Leider im verkehrten Sinn beim Vergleich mit Beobachtungen und älteren, halbempirischen Rechnungen). Labs

242. **D. E. Osterbrock,** Transition probabilities of forbidden lines. ApJ **114** 469—472. — Nach einer Methode von Shortley berechnete Übergangswahrscheinlichkeiten einiger astrophysikalisch wichtiger, verbotener Linien (des Ca II, des Fe XV und andere Elemente) werden angegeben und die zu erwartenden Äquivalentbreiten der verbotenen Linien des Ca II und S I im Sonnenspektrum berechnet. Kdr.

243. **R. W. B. Pearse, A. G. Gaydon,** The Identification of Molecular Spectra. London, Chapman and Hall, Ltd., 1950. 2. Auflage. 8 + 276 S. mit 12 Tafeln. Preis 50/— net. — Besprechung in JBAA **61** 50.

244. **J.-C. Pecker,** Les moments nucléaires et la structure du noyau. J. Physique **12** 682—693, mit 16 Fig. = Contr. Inst. d'Astrophys. Paris (B) Nr. **69**.

245. **J. G. Phillips,** A rotational analysis of the γ-system of the TiO molecule. ApJ **114** 152—162, mit 1 Fig. — Es wird eine Analyse der Rotationsstruktur der (1—0)-, (0—0)- und (0—1)-Banden des γ-Systems von TiO bei λ 6651, λ 7054 und λ 7590, die im Spektrum der M-Sterne erscheinen, vorgenommen. Das System entsteht nicht, wie bisher angenommen wurde, aus dem Übergang $^3\Sigma - {}^3\Pi$ sondern vielmehr durch $^3\Delta - {}^3\Pi$. Die Molekülkonstanten beider Zustände werden bestimmt. Es besteht die Möglichkeit von Vibrationsstörungen eines der beiden Zustände, die gerechnete Triplettaufspaltung der Zustände stimmt mit der beobachteten nicht ausreichend überein. Micz.

246. **G. Righini,** Sulla lunghezza d'onda effettiva dei sistemi pseudomonocromatici fotoelettrici. Atti Fondazione Ronchi Anno **5** 65—70. —

Es wird die effektive Wellenlänge eines photoelektrischen, pseudomonochromatischen Systems definiert und experimentell bestimmt. F. Z.

247. **G. Righini,** Valori relativi di *gf* per 335 righe del Vanadio neutro. Publ. Univ. Firenze Fac. Sci. Mat. Fis. e Nat. Nr. **66** S. 1—11. — Ref. in Phys. Ber. **31** 1014.

248. **W. P. Robbertse, J. M. Burgers,** Solutions of the equations for the non-uniform propagation of a very strong shock wave. I, II. Proc. Amsterdam **52** 958—965, 1067—1074, 1949. — Ref. in Phys. Ber. **30** 1206.

249. **D. Romell,** Radio reflexions from a column of ionized gas. Nature **167** 243. — Messungen über die Reflexion von 30 cm-Wellen an einem Quecksilberentladungsrohr von 80 cm Länge und 3.2 cm Durchmesser.

250. **R. A. Sawyer,** Experimental Spectroscopy. London, Chapman & Hall; New York, Prentice-Hall, Inc., 1951. 358 S. mit 110 Fig. und Tafeln. Preis 30 s. net. bzw. $ 6.65. — Besprechung in JBAA **62** 152, Obs **71** 205.

251. **K. S. Schifrin,** Die Streuung des Lichts im trüben Medium. Moskau-Leningrad, Staatsverlag für technisch-theoretische Literatur, 1951. 288 S. mit 77 Abb. Preis 8 R. 85 Kop. (russisch). — Besprechung in Fortschritte Phys. Wiss. **46** 298—302 (G. W. Rosenberg, russisch).

252. **R. J. Seeger,** Physical problems of high-altitude flight. Aus: Problems of cosmical aerodynamics (Ref. **12008**), Kapitel 11, S. 85—88, mit 2 Tafeln. — Bei theoretischen Untersuchungen über die Bewegung fester Körper mit großen Mach-Zahlen in hohen Atmosphärenschichten müssen detaillierte Vorstellungen über die Wechselwirkung mit Molekülen eingeführt werden. Verf. erwähnt ferner Versuche mit Geschwindigkeiten von mehr als 2000 m/sec. Micz.

253. **D. Sharma,** Two new band systems of the AlCl molecule. ApJ **113** 210—218, mit 4 Fig. — Bei Entladungen in einem mit $AlCl_3$-Dampf und Helium gefüllten Rohr wurden zwei Bandengruppen in den Wellenlängenbereichen λ 3970 – λ 4154 und λ 5265 – λ 5612 beobachtet. Die kurzwelligere der beiden Gruppen ähnelt den Cameron-Banden des CO. Sie ist ein Interkombinationssystem und kommt durch einen Übergang vom ersten angeregten Zustand $a^3\Pi$ nach dem Grundzustand $X^1\Sigma^+$ des Moleküls AlCl zustande. Bei der langwelligen Gruppe ist $a^3\Pi$ als unterer und wahrscheinlich $a^3\Sigma$ als oberer Zustand anzunehmen. Da nur $v' = 0$ beim $b^3\Sigma$-Zustand beobachtet wird, ist anzunehmen, daß höhere Vibrationsniveaus prädissoziiert sind. Die Molekülkonstanten von AlCl werden für den $a^3\Pi$ und $b^3\Sigma$-Zustand abgeleitet. Micz.

254. **D. Sharma,** A new band system of the AlBr molecule. ApJ **113** 219—221, mit 1 Fig. — In einem mit AlBr-Dampf und Helium gefüllten Entladungsrohr wurde neben den bekannten $A^1\Pi - X^1\Sigma$-Banden (λ 2750 – λ 3000) noch eine weitere Gruppe zwischen λ 4040 und λ 4370 gefunden, die nach der kurzwelligen Seite abschattiert ist. Es ist ein Interkombinationssystem und entsteht durch den Übergang $^3\Pi \rightarrow {}^1\Sigma$. Die Molekülkonstanten des $a^3\Pi$-Zustands werden abgeleitet. Micz.

255. **H. Shull,** Transition probabilities for C_2 and N_2^+. ApJ **114** 546. — Nachtrag zu ApJ **112** 352 (AJB **50** Ref. 256). Die dort nach der Dipol-Längen-Formel berechneten Übergangswahrscheinlichkeiten ergeben sich nach der Dipol-Geschwindigkeitsformel etwas größer. Kdr.

256. **W. W. Sobolew,** Eine neue Methode in der Theorie der Lichtstreuung. AJ UdSSR **28** 355—362 (russisch). — Ref. in Astr. News Letter Nr. **60** S. 10. — Verf. führt in die Theorie der Lichtstreuung einen neuen Begriff ein — die Wahrscheinlichkeit für den Austritt eines Lichtquants aus einem gegebenen

Ort des Mediums in einer bestimmten Richtung —, der die Lösung verschiedener Probleme erleichtert. Loh.

257. **W. F. G. Swann,** Electromagnetic induction in matter of astronomical dimensions. Phys. Rev. (2) **82** 296—297. — Ref. Am. Phys. Soc.

258. **J. W. Swensson,** Prédictions de raies atomiques dans l'infrarouge. Mém (8°) Soc. Roy. Sci. Liège (4) **11** Fasc. 1, 123 S. = Inst. d'Astrophys. Univ. Liège Mém. 8° Nr. **333.**

259. **P. Swings,** Spectroscopic problems of astronomical interest. J. Optical Soc. America **41** 153—165 = Inst. d'Astrophys. Univ. Liège Coll. 4° Nr. **28.** — Am 29. Sept. 1950 in Cambridge, Engl., gehaltener Vortrag, in dem eine Übersicht über die noch nicht identifizierten Linien oder Banden in Himmelskörpern einschließlich gewisser Vermutungen gegeben wird. Darunter fallen: Gasnebel, Novae und Supernovae, Wolf-Rayet-Sterne, O- und Of-Sterne, Frühtypsterne mit Emissionslinien, normale B-Sterne, normale und besondere A- und F-Sterne, G-Sterne, normale M- und S-Sterne, langperiodische Veränderliche der Klassen Me, Se oder Me + Se, Kohlenstoffsterne (R und N), interstellare Materie, Planeten, Kometen und Erdatmosphäre. Abschließend werden Anregungen für Laboruntersuchungen gegeben. Loh.

260. **W. B. Thompson,** Thermal convection in a magnetic field. Phil. Mag. (7) **42** 1417—1432. — Ref. in ZfMG **43** 453.

261. **E. Trefftz,** Wellenfunktionen des neutralen Calciumatoms. ZfA **29** 287—303, mit 3 Abb. — Nach der Fockschen Methode mit Berücksichtigung von Polarisation und Termmischung, so wie sie am Mg-Atom erprobt wurde, werden die Zustände des Calciums 4^1S, 4^1P, 4^3P und 3^3D berechnet. Daraus ergibt sich die Oszillatorenstärke der Resonanzlinie (4^1S—4^1P) 4227 Å zu $f = 1.46$. Dieser Wert liegt beträchtlich niedriger als der von Hartree nach dem reinen Fock-Verfahren ermittelte (2.2). Die Oszillatorenstärke der Linie (4^3P—3^3D) 19700 Å, $f = 0.01$, ist wegen der geringen Energiedifferenz zwischen 4^3P und 3^3D unsicher. Relativistische Einflüsse werden nicht berücksichtigt. Die Rechentechnik weicht von der in der Mg-Arbeit verwendeten insofern ab, als log r an Stelle von r als unabhängige Variable eingeführt wurde. Verf.

262. **K. C. Westfold,** The interpretation of the magneto-ionic theory. J. Atmosph. Terr. Phys. **1** 152—186, mit 7 Fig. = Commonwealth Sci. Industrial Res. Organization, Australia, Division Radiophys. — In einem ionisierten Medium mit Magnetfeld wird die Ausbreitung einer Welle der Frequenz f durch die «zugeordnete komplexe Dielektrizitätskonstante» $K = M + iN$ oder den komplexen Brechungsindex $q = \mu + i\chi$ bestimmt ($q^2 = K$), die beide außer von der Plasmafrequenz f_0 und der Stoßfrequenz ν der Elektronen mit den Ionen auch von der Larmorfrequenz f_H und der Richtung der Wellennormale (Winkel Θ gegen Magnetfeld) abhängen. Es werden Näherungsformeln und zahlreiche Kurven gegeben für K und die Polarisation im Falle $z = \nu/2\pi f = 0$, und für M, N, μ und χ als Funktion von $x = f_0^2/f^2$ im Falle $z \ll 1$, jeweils für $y = f_H/f = 1/2$, 1 und 2 und geeignet ausgewählte Werte von Θ. Die Arbeit will vor allem einen Überblick über die verschiedenen Möglichkeiten der Wellenausbreitung und ihre Übergänge geben. Es wird diskutiert, welche dieser Fälle in der Sonnenatmosphäre vorkommen können. Reule

263. **E. Whittaker,** A History of the Theories of Aether and Electricity. The Classical Theories. New York, London and Edinburgh, Thomas Nelson & Sons, Ltd., 1951. 14 + 434 S. Preis 32s. 6d. net. — Besprechung in Obs **72** 40—41 (V. C. A. Ferraro), Pop Astr **59** 555 (F. Verbrugge), Sky and Telescope **11** 63 (C. Payne-Gaposchkin).

264. The progress of physics. Obs **71** 77—78. — Referat über den astrophysikalischen Teil der «Reports on the Progress of Physics», Vol. **18** (1950)

von der Physical Society. Besprochen werden die Beiträge von L. Goldberg über Infrarot-Sonnen-Spektroskopie, von G. P. Kuiper über Planeten- und Satellitenatmosphären, von M. Ryle über Radio-Astronomie und von C. F. Powell über den Stand der experimentellen Entdeckung von Mesonen. O. G.

265. Hottest flame on earth. Sky and Telescope **11** 30.

266. Neon. Urania Kopenhagen **8** 124—127.

Lichtgeschwindigkeit

267. **E. Bergstrand,** A determination of the velocity of light. Ark. Fys. **2** 119, 1950.

268. **E. Bergstrand,** En bestämning av ljushastigheten och dess användning för avståndsmätning. PAT **32** 27—32, mit 7 Fig. — Verf. berichtet über eine von ihm gebaute Apparatur zur Entfernungsmessung unter Benutzung hochfrequenter Lichtsignale. Die Methode ist eine modernisierte Form der Prinzips von Fizeau zur Bestimmung der Lichtgeschwindigkeit. Für den Lichtwechsel wird eine Kerrzelle, für die Messung des empfangenen Lichtes eine Photozelle benutzt. Die Apparatur kann auch für eine genaue Bestimmung der Lichtgeschwindigkeit benützt werden (vgl. Ark. Fys. **2** Nr. 15, 1950). Ra.

269. **E. Bergstrand,** A check determination of the velocity of light. Ark. Fys. **3** 479—490. — Ref. in Phys. Abstracts (A) **55** 18.

270. **L. Essen,** Proposed new value for the velocity of light. Nature **167** 258—259. — Ref. in Sterne **28** 39. — Nach Mittelung neuerer Bestimmungen ergaben sich 299790,2 km/sec.

271. **R. A. Houstoun,** A measurement of the velocity of light. Proc. Roy. Soc. Edinburgh (A) **63** 95—104, 1950. — Ref. in Ann. Françaises Chronométrie **21** 64.

272. **G. W. O. Howe,** The velocity of light. Wireless Engineer **28** 99—100. — Ref. in Ann. Françaises Chronométrie **21** 317.

273. **A. Karolus,** Einige Bemerkungen zu den c-Bestimmungen der letzten Jahre. Z. Naturforschung **6a** 411—416.

274. **U. Stille,** Die Vakuumlichtgeschwindigkeit c_0. Phys. Blätter **7** 260—264.

275. A proposito di una recente determinazione della velocità della luce. Coelum **19** 43—46.

276. The speed of light measured with greater accuracy. Electronic Engineering **22** 524, 1950. — Ref. in Ann. Françaises Chronométrie **21** 167.

277. The velocity of light. J. British Inst. Radio Engineers **10** 362, 1950. — Ref. in Ann. Françaises Chronométrie **21** 167.

278. The velocity of light. J RAS Canada **45** 208—209.

279. Eine neue Bestimmung der Lichtgeschwindigkeit. Orion Schaffhausen **3** 270.

280. Lichtgeschwindigkeit. Phys. Blätter **7** 179. — Ergebnis nach K. Bol: c = 299790.2 km/sec.

§ 3

Rechentafeln, Funktionstafeln, Rechenmaschinen

301. **L. S. Chrenow,** Siebenstellige Tafeln der trigonometrischen Funktionen. Moskau-Leningrad, Technisch-theoretischer Staatsverlag, 1951. 416 + 2 S. Preis 33 R. 75 Kop. (russisch). — Enthält die natürlichen Werte von 10′ zu 10′.

302. **L. J. Comrie,** Chambers's Six-Figure Mathematical Tables. Vgl. AJB **49** Ref. **304**. — Weitere Besprechung in Southern Stars **14** 29, 1948.

303. **L. J. Comrie,** Chambers's Shorter Six-Figure Mathematical Tables. Edinburgh and London, W. and R. Chambers, Ltd., 1950. 26 + 388 S. Preis 12s. 6d. net. — Besprechung in Nature **168** **441—442** (W. G. Bickley), Proc. Phys. Soc. (A) **64** **669**.

304. **A. Danjon,** Tables des valeurs naturelles à 6 décimales des fonctions trigonométriques de centième en centième de degré (avec une table de logarithmes des nombres jusqu'à 10000, à 6 décimales). Paris, Librairie Hachette. — Besprechung in BSAF **65** 172.

305. **P. Lötzberger,** Vierstellige Tafeln zum praktischen Rechnen in Unterricht und Beruf mit Angabe der Genauigkeit in Wort und Bild. Berlin, W. de Gruyter & Co., 1951. Ausgabe B. 16. Auflage. 40 S. Preis Halbleinen DM 2.80. — Ref. in Phys. Ber. **31** 508.

306. **P. Lötzberger,** Erläuterungen und Beispiele für den Gebrauch der vierstelligen Tafeln zum praktischen Rechnen. Berlin, W. de Gruyter & Co., 1951. 3 Umschlagseiten, 32 S. Preis brosch. DM 3.60. — Ref. in Phys. Ber. **31** 508.

307. **J. Peters,** Dreistellige Tafeln für logarithmisches und numerisches Rechnen. Vgl. AJB **49** Ref. **307**. — Weitere Besprechung in Optik 8 376 (H. Werner).

308. **J. Peters,** Sechsstellige Werte der Kreis- und Evolventen-Funktionen von Hundertstel zu Hundertstel des Grades nebst einigen Hilfstafeln für die Zahnradtechnik. Berlin und Bonn, F. Dümmlers Verlag, 1951. 2. Auflage. 8 + 222 S. Preis DM 28.—.

309. **O. Schmid,** Tafeln der Quadratzahlen, Logarithmen, Kreis-, Exponential- und Hyperbelfunktionen. Stuttgart, Frankh'sche Verlagsbuchhandlung, 1949. 54 S. mit mehreren physikalisch-technischen Hilfstafeln. Preis kart. DM 4. — Ref. in Phys. Ber. **30** 1652.

310. Circular and hyperbolic functions. Exponential and sine and cosine integrals. Factorial function and allied functions. Hermitian probability functions. British Association for the Advancement of Science. Mathematical Tables, Vol. I. Prepared by the Committee for the Calculation of Mathematical Tables. Cambridge, University Press, 1951. 3. Auflage. 11 + 72 S. Preis $ 3.50. — Besprechung in Math. Rev. **13** 689.

311. Achtstellige Tafeln der trigonometrischen Funktionen. Moskau, Verlag für geodätische und kartographische Literatur, 1951. 2. Auflage. 279 S. Preis 17 R. (russisch). — Enthält Sinus, Tangens, Kotangens und Kosinus von 10′ zu 10′.

Rechenmaschinen

312. **H. Athen,** Automatische Großrechenmaschinen. Elektrotechn. Z. **72** 518—522.

313. **E. C. Berkeley,** Giant Brains, or Machines That Think. Vgl. AJB **50** Ref. **307**. — Weitere Besprechung in Proc. Phys. Soc. (A) **64** 513—514 (M. V. Wilkes).

314. **H. Bückner,** Über die großen Rechengeräte. Abh. Math. Sem. Univ. Hamburg **17** 22—68. — Ref. in Math. Rev. **13** 288—289.

315. **H. Bückner,** Bericht über die modernen Rechengeräte. Jahresbericht Deutsch. Math. Verein. (Abt. 1) **55** 15—38. — Ref. in ZfMG **43** 130.

316. **P. Devaux,** Calcul mécanique et structure de la pensée. La Nature **79** 65—71, mit 12 Fig.

317. **S. Gill,** The diagnosis of mistakes in programmes on the EDSAC. Proc. Roy. Soc. (A) **206** 538—554, mit 1 Fig. — Ref. in Math. Rev. **12** 859—860.

318. **D. R. Hartree,** Calculating Instruments and Machines. Vgl. AJB **50** Ref. **309**. — Weitere Besprechung in Phys. Blätter **7** 187—188 (H. Unger), Proc. Phys. Soc. (A) **64** 670—671, Z. Naturforschung **7a** 448 (E. Ullrich).

319. **D. R. Hartree,** Automatische Rechenmaschinen. Z. Angew. Math. Mech. **31** 1—12. — Ref. in ZfMG **42** 134.

320. **T. Kilburn,** The new universal digital computing machine at the University of Manchester. Nature **168** 95—96. — Ref. in ZfMG **43** 128—129.

321. **P. Naur,** Lidt om regnemaskinen EDSAC. NAT **1951** 103—111. — Bericht über die Rechenmaschine EDSAC (Electronic Delay Storage Automatic Calculator). Ra.

322. **J. G. Porter,** Punched card machines at Herstmonceux. JBAA **61** 185—189, mit 2 Tafeln. — Die Lochkartenmaschine I.B.M. Calculating Punch 602A, welche das Nautical Almanac Office besitzt, wird samt dem Zubehör in ihren Funktionen und Möglichkeiten beschrieben. Da diese Einrichtungen eigentlich für rein kaufmännische Zwecke gedacht sind, bedeutet es einen ziemlichen Arbeitsaufwand, die astronomischen Rechnungen in eine ihnen angepaßte Form umzuwandeln. T. L.

323. **H. Rutishauser, A. Speiser, E. Stiefel,** Programmgesteuerte digitale Rechengeräte (elektronische Rechenmaschinen). I. II. III. IV. Z. Angew. Math. Phys. **1** 277—297, 339—362, 1950; **2** 1—25, 63—92 = Mitt. Inst. Angew. Math. Zürich **2**, 102 S. Basel, Verlag Birkhäuser, 1951. Preis DM 8.50. — Ref. in Math. Rev. **12** 752.

324. **E. Samal,** Elektrische Rechengeräte. Z. Verein. Deutsch. Ingenieure **93** 457—463.

325. **K. A. Thernöe,** De elektriske regneroboter og menneskehjernen. NAT **1951** 41—56, mit 5 Fig. — Darstellung der allgemeinen Prinzipien der Relais- und Elektronen-Rechenmaschinen. Ra.

326. **F. Wachendorf,** Allgemeine mathematische Berechnungen auf Brunsviga-Doppelrechenmaschinen. Braunschweig, Selbstverlag, 1951. Bearbeitet und erweitert von B. Schrader.

327. **M. V. Wilkes, D. J. Wheeler, S. Gill,** The Preparation of Programs for an Electronic Digital Computer. Cambridge, Mass., Addison-Wesley Press, Inc., 1951. 10 + 170 S. mit 2 Tafeln. Preis $ 5.00. — Besprechung in Math. Rev. **13** 162 (R. Hamming).

328. **F. A. Willers,** Mathematische Maschinen und Instrumente. Berlin, Akademie-Verlag, 1951. 12 + 318 S., mit 251 Abb. Preis DM 34.20. — Besprechung in Math. Rev. **13** 872 (J. Todd), Phys. Ber. **31** 694—695. — Inhalt:

I. Rechenschieber, II. Rechenmaschinen, III. Rechenautomaten, IV. Zeichnung von Kurven und Messungen an Kurven, V. Planimeter, VI. Harmonische Analysatoren und Stieltjes-Planimeter, VII. Integraphen und Integratoren, VIII. Differentialgleichungsmaschinen.

329. Synthesis of Electronic Computing and Control Circuits. By the Staff of the Computation Laboratory. Cambridge, Mass., Harvard University Press, 1951. 8 + 278 S. Preis $ 8.00. — Besprechung in Math. Rev. **13** 497 (H. Wallman).

330. Calculating machines in Europe. Pop Astr **59** 226.

331. Moderne Rechenanlagen und Registrierautomaten im Dienste der Wissenschaft. Naturwiss. Rundschau **4** 132—133, mit 4 Abb.

§ 4

Astronomische Jahrbücher, Ephemeriden, Kalender

401. Berliner Astronomisches Jahrbuch für 1953. 178. Jahrgang. Herausgeber: Astronomisches Recheninstitut der Deutschen Akademie der Wissenschaften zu Berlin und Astronomisches Recheninstitut zu Heidelberg. Berlin, Akademie-Verlag, 1951. 8 + 128 + 454* S. Preis 12.— DM.

402. Efemérides Astronómicas para o ano de 1952. Observatório Astronómico da Universidade de Coimbra. Coimbra, 1951. 13 + 237 S.

403. The Nautical Almanac and Astronomical Ephemeris for the Year 1952. Published by Order of the Lords Commissioners of the Admiralty. London, His Majesty's Stationery Office, 1951. 8 + 567 S. Preis 17 s. 6 d. net.

404. Astronomisch-Geodätisches Jahrbuch für 1953. Herausgegeben vom Astronomischen Rechen-Institut in Heidelberg. Karlsruhe, Verlag G. Braun GmbH, 1951. 8 + 512 S.

405. Astronomisches Jahrbuch der UdSSR für das Jahr 1954. Unter Redaktion von A. M. Gishizkij herausgegeben vom Institut für theoretische Astronomie der Akademie der Wissenschaften der UdSSR. Moskau-Leningrad, Verlag Akad. Wiss. UdSSR, 1951. 485 S. mit 4 Karten und einer Beilage über die in Orten der UdSSR beobachtbaren Sternbedeckungen im Jahr 1953. Preis 65 R. (russisch).

406. Connaissance des Temps ou des mouvements célestes à l'usage des astronomes et des navigateurs pour l'an 1952, publiée par Le Bureau des Longitudes. Paris, Gauthier-Villars, 1951. 32 + 725 S.

407. Almanaque Náutico para el año 1952, publicado de orden de la superioridad por el Instituto y Observatorio de Marina de San Fernando (Cádiz) par el meridiano de Greenwich. Imprenta del Obs. de Marina, 1951. Vol. **161**. 16 + 546 S. Preis 60 Pesetas.

408. Nautical Almanac 1951. Tokyo, Maritime Safety Agency. Pub. No. 681. 2 + 380 S. mit 3 Karten.
Desgl. für 1952. 4 + 459 S. mit 3 Karten.

409. Japanese Ephemeris 1952. Tokyo, Maritime Safety Agency. Pub. No. 684. 4 + 543 S.

410. The American Ephemeris and Nautical Almanac for the Year 1953. Washington, United States Government Printing Office, 1951. 17 + 642 S. Preis geb. $ 3.75.

411. Apparent Places of Fundamental Stars 1952. Containing the 1535 stars in the Third Fundamental Catalogue (FK3) of the Berliner Jahrbuch. Produced by international co-operation under the auspices of the International Astronomical Union. Published by Order of the Lords Commissioners of the Admiralty. London, His Majesty's Stationery Office, 1951. 39 + 538 S. Preis £ 2 10 s. 0 d. net.

412. Astronomische Grundlagen für den Kalender 1953. Herausgegeben vom Astronomischen Rechen-Institut in Heidelberg. Karlsruhe, Verlag G. Braun GmbH, 1951. 64 S. Nicht im Handel. Preis 8.— DM.

413. Grundkalender 1951. Herausgegeben vom Statistischen Zentralamt. Berlin, Deutscher Zentralverlag, 1950. 124 S. Preis kart. DM 15.—. — Besprechung in AN **279** 144.

414. The Handbook of the British Astronomical Association 1952. Thirty-first year of publication 1951 November. 56 S. Preis 5 s.

415. The Astronomical Society of South Africa. Handbook for 1952. 21 S.

416. The Observer's Handbook for 1952. Published by The Royal Astronomical Society of Canada. C. A. Chant, Editor, R. J. Northcott, Assistant Editor, David Dunlap Observatory. Toronto, University of Toronto Press, 1951. **44.** year of publication. 80 S.

417. Rocznik Astronomiczny Obserwatorjum Krakowskiego 1951. Supplemento Internationale Nr. **22.** Krakow 1951. 8 + 95 S. — Bedeckungsveränderliche, Präzessionsgrößen, Schiefe der Ekliptik, Sternbedeckungen.

418. New Zealand Astronomical Handbook 1952. Published by the Royal Astronomical Society of New Zealand. Wellington, 1951. 2+17 S. Preis 3/6.

419. Nautisches Jahrbuch oder Ephemeriden und Tafeln für das Jahr 1952 zur Bestimmung der Zeit, Länge und Breite zur See nach astronomischen Beobachtungen. Herausgegeben vom Deutschen Hydrographischen Institut. Hamburg, 1951. **101.** Jahrgang. 14+196 S. und 8 Sternkarten.

420. The Abridged Nautical Almanac for the Year 1952. Published by Order of the Lords Commissioners of the Admiralty. London, His Majesty's Stationery Office, 1951. 410 S. + 38 S. Zusatztafeln. Supplement, 20 S.

421. The new Abridged Nautical Almanac. J. Inst. Navigation, London **4** 377—381. — Beschreibung des neuen englischen nautischen Jahrbuchs ab 1953.

422. **H. C. Freiesleben,** Die neue Form nautisch-astronomischer Ephemeriden. Sterne **27** 131—132.

423. **W. Hamilton,** Teaching the new methods. J. Inst. Navigation London **4** 381—382. — Betrifft die neue Form des englischen Nautischen Jahrbuchs.

424. Ephémérides Nautiques ou extrait de la Connaissance des Temps pour l'an 1952, ouvrage publié par Le Bureau des Longitudes spécialement à l'usage des marins. Paris, Gauthier-Villars, 1951. 144 S. mit 2 Sternkarten.

425. Almanaque Nautico para uso de los navegantes para el año 1952, publicado de orden de la superioridad por el Instituto y Observatorio de Marina de San Fernando (Cádiz) para el meridiano de Greenwich. Imprenta del Observatorio de Marina, 1951. 4 + 406 + 20* S. Preis 40 Pesetas.

426. Abridged Nautical Almanac 1951. Tokyo, Maritime Safety Agency. Pub. No. 683. 4 + 230 S. mit 3 Karten.
Desgl. für 1952. 4 + 229 S. mit 3 Karten.

427. The Air Almanac 1952. Prepared by H. M. Nautical Almanac Office on behalf of the Air Ministry. London, His Majesty's Stationery Office, 1951. January—April, 244 + 26 S.; May—August, 27 + 248 S.; September—December, 27 + 246 S. Preis je 8 s. 6 d. net.

428. **G. M. Clemence, D. H. Sadler,** Unification of the Air Almanac and the American Air Almanac. J. Inst. Navigation London **4** 386—387 und Navigation Los Angeles **3** 9—11.

429. Unification of the «Air Almanac» and the «American Air Almanac». Nature **168** 413.

430. Unification of the Air Almanac and the American Air Almanac. Obs **71** 206—207.

431. The Star Almanac for Land Surveyors for the Year 1952. Prepared by H. M. Nautical Almanac Office, published by order of The Lords Commissioners of the Admiralty. London, H. M. Stationery Office, 1951. 13 + 66 S. Preis 3 s. 0 d. net.

432. Annuaire de notre ciel pour l'an 1952. Observatoire Astronomique de l'Académie Serbe des Sciences **17**. Belgrade, 1951. 239 S.

433. Almanacco Astronomico della Rivista Coelum per l'anno bisestile 1952 edito dall' Osservatorio astronomico universitario di Bologna. Bologna, Tipografia Compositori, 1951. 64 S.

434. Annuaire de l'Observatoire Royal de Belgique 1952. Jaarboek van de Koninklijke Sterrenwacht van België. Bruxelles, Imprimerie M. Hayez, 1951. 119. Jahrgang. 357 S. — Ref. in Gaz astr **33** 123—124.

435. Almanaque Astronomico y «Manual de Aficionado» para el año 1951. Revista Astronomica Nr. 128, 50 S.

436. Osservatorio astrofisico di Catania. Annuario 1952. 47 S. — Kalenderdaten und zahlreiche Tafeln für Planeten und Satelliten.

437. Astronomischer Kalender. Veränderlicher Teil für das Jahr 1951. Unter Redaktion von K. K. Dubrowskij. Gorkijer staatlicher Gebietsverlag, 1951. 176 S. mit Abb. Preis 4 R. 20 Kop. (russisch). — Enthält neben den üblichen Kalenderdaten auch einige allgemeinverständliche astronomische Aufsätze, sowie einen Tätigkeitsbericht der Gorkijer Abteilung der Astronomisch-Geodätischen Gesellschaft der UdSSR. Loh.

438. Kurzer astronomischer Kalender für das Jahr 1952. Zusammengestellt von S. W. Drosdow und S. I. Seleschnikow. Kiew, Verlag Akad. Wiss. ukrain. Sowjetrepublik, 1951. 64 S. Preis 3 R. (russisch).

439. Anuario del Observatorio Astronómico de Madrid para 1952. Madrid, Talleres del Instituto Geográfico, 1951. 6 + 397 S. mit 11 Tafeln.

440. Osservatorio astronomico di Brera in Milano. Anno 1952 (Bisestile). 20 S. — Kalenderdaten, Sonnen- und Mondephemeride, Finsternisse.

441. Astronomischer Kalender für das Jahr 1951. Zusammengestellt von S. N. Sredinskij. Minsk, Gesellschaft zur Verbreitung politischer und wissenschaftlicher Kenntnisse der weißrussischen Sowjetrepublik, 1951. Preis 60 Kop. (weißrussisch).

442. Astronomischer Schulkalender für das Jahr 1951. Moskau, Staatsverlag für Lehr- und Erziehungsbücher des Ministeriums für Bildungswesen der russischen Sowjetrepublik, 1951. 79 S. mit 1 Tafel. Preis 1 R. 15 Kop. (russisch). — Enthält auf S. 73—77 ein von W. A. Schischakow zusammengestelltes astronomisches Literaturverzeichnis.

443. Osservatorio astronomico di Padova. Elementi astronomici per l'anno bisestile 1952. 6 S. — Kalenderdaten, Sonnen- und Mondephemeriden, Finsternisse.

444. Osservatorio astronomico di Palermo. Elementi astronomici per l'anno 1951. 8 S. — Kalenderdaten.

445. Annuaire pour l'an 1952 publié par Le Bureau des Longitudes avec un supplément pour l'an 1953. Paris, Gauthier-Villars, 1951. 8 + 602 + A 16 + B 22 + C 11 + D 56.

446. **V. Guth, F. Link, J. Bouška,** Hvězdářská ročenka 1952. Prag, Naturwiss. Verlag. 108 S. mit 21 Fig. Preis 56 Kčs. — Tschechisches astronomisches Jahrbuch mit Ergänzung in französischer Sprache, enthaltend genaue Ephemeride der Mondfinsternisse, Vorausberechnung der Sternbedeckungen und Koordinaten des Erdapex. J. B.

447. Anuário para o ano de 1951. Publicado pelo Observatório Nacional Rio de Janeiro. Ano **67**. Rio de Janeiro, 1951. 12 + 304 S.
Desgl. 1952. Ano **68**. 12 + 285 S.

448. Anuario del Observatorio Astronomico Nacional de Tacubaya para el año de 1951. Universidad Nacional de Mexico, 1951. Ano **51**. 239 S.

449. Osservatorio Astronomico di Trieste. Annuario Astronomico per l'anno bisestile 1952 con le carte del cielo. Bologna, 1951. Pubbl. e Ristampe Oss. Astr. Trieste Nr. **245**. 64 S.

450. Bošković Almanah 1951. Hrvatskoga Prirodoslovnog Društva. Zagreb, 1951. 260 S. — Enthält neben einem Kalendarium Aufsätze von S. Hondl, N. Abakumov (Ref. 13101), D. Blanuša (Ref. 4107) und G. Grdenič.

451. **P. Ahnert,** Kalender für Sternfreunde 1951. Pößneck, R. A. Lang Verlag. 176 S. mit 62 Abb. und 8 Karten. — Besprechung in Sterne **27** 143.

452. **S. M. Burton,** The new almanac at sea. J. Inst. Navigation London **4** 382—385.

453. **G. M. Clemence,** Time and almanacs. Navigation Los Angeles **2** 152—154, 1950.

454. **V. Guth, F. Link,** Himmelsjahrbuch für das Jahr 1952. Prag. 28. Jahrgang (tschechisch).

455. **R. Henseling,** Sternbüchlein 1951. Murnau vor München, Verlag Sebastian Lux, 1950. Orion-Bücher Bd. **30**. 80 S. mit 12 Sternkarten und 55 Abb. Preis brosch. DM 1.— Besprechung in AN **279** 144 (J. Wempe), Sternenwelt **3** 40 (G. Zimmermann).

456. **R. Naef,** Der Sternenhimmel 1952. Kleines Astronomisches Jahrbuch für Sternfreunde für alle Tage des Jahres zum Beobachten von bloßem Auge, mittels Feldstecher und Fernrohr, herausgegeben unter dem Patronat der Schweizerischen Astronomischen Gesellschaft. Aarau, Verlag H. R. Sauerländer & Co. **12**. Jahrgang. 102 S. Preis Fr. 6.95. — Besprechung in AN **280** 192 (J. Wempe), J RAS Canada **46** 78, Sterne **28** 80.

457. **J. J. Raimond jr.,** Sterrengids 1951. Uitgegeven in opdracht van de Nederlandse Vereniging voor Weer- en Sterrenkunde. Groningen, J. B. Wolters. 69 S. Preis f 2.90. — Besprechung in Hemel en Dampkring **49** 72—73 (P. de Bruyn).
Desgl. 1952. — Ref. in Gaz astr **33** 124.

458. **I. L. Thomsen,** The Abridged Nautical Almanac. Southern Stars **15** 47—53 = Carter Obs. Repr. Nr. **17**. — Enthält 8 Rechenbeispiele.

459. **A. F. Torricelli,** Guardare il cielo quale si mostra. Guida pratica per l'anno 1951. Milano, Hoepli, 1951. 56 S. mit 24 Tafeln. Preis 800 Lire. — Besprechung in Coelum **19** 27—28.

460. Standard dates for ephemerides. NAZ **5** 34, UAI Circ 1328. — 1952 Jan. 9 — Dez. 24.

§ 5

Wissenschaftliche und populäre Bücher zur gesamten Astronomie

501. **W. Becker,** Sterne und Sternsysteme. Vgl. AJB **50** Ref. 503. — Weitere Besprechung in AN **280** 283 (J. Wempe), Ann d'Astrophys **14** 186 (J.-C. Pecker), Hemel en Dampkring **50** 36 (J. J. Raimond jr.), Obs **72** 122—123 (A. Beer), Optik 8 82—83 (A. Unsöld), Phys. Blätter **7** 237—238 (E. Bagge), Pop Astr **59** 113 (L. Binnendijk), Scientia **87** 289 (L. Gialanella).

502. **E. A. Beet,** A Guide to the Sky. Cambridge, Cambridge University Press, 1950. 3. Auflage. 95 S. Preis 8 s. 6 d. bzw. $ 1.75. — Besprechung in JBAA **61** 78, Sky and Telescope **10** 123.

503. **G. van den Bergh,** Aarde en wereld in ruimte en tijd. Amsterdam, E. Querido's U. M., 1951. 298 S. mit 56 Fig. Preis f 9.90. — Besprechung in Hemel en Dampkring **50** 218 (J. J. Raimond jr.).

504. **H. J. Bernhard, D. A. Bennett, H. Rice,** New Handbook of the Heavens. New York, 1950. — Besprechung in Urania Kopenhagen **8** 63.

505. **S. N. Blashko,** Lehrbuch der gesamten Astronomie. Vgl. AJB **48** Ref. 509. — Auch in weiteren regionalen Ausgaben und Landessprachen der UdSSR erschienen.

506. **S. N. Blashko,** Lehrbuch der praktischen Astronomie. Moskau-Leningrad, Staatsverlag für technisch-theoretische Literatur, 1951. 400 S. mit 115 Abb. und 1 Tafel. Preis 9 R. 60 Kop. (russisch). — Nach einleitenden Bemerkungen über mathematische und optische Grundlagen werden Instrumente und Beobachtungsverfahren zur Orts-, Zeit-, Rektaszensions- und Deklinationsbestimmung beschrieben. Das letzte Kapitel (S. 372—399) des Lehrbuches, für das der Autor 1951 einen Stalinpreis erhielt, ist der photographischen Astrometrie gewidmet. Loh.

507. **G. Bonaiuto,** Saggio critico d'Astronomia. Catania, Verlag Viaggio-Campo. 14 S.

508. **B. H. Bürgel,** Gij en de Sterrenwereld. Moderne sterrenkunde voor iedereen. Amsterdam, Scheltema en Holkema, 1951. 3., revidierte Auflage, übersetzt von A. P. Prins. 528 S. mit 235 Fig. und 32 Tafeln. Preis geb. f 10.50. — Besprechung in Heelal **7** 111, Hemel en Dampkring **50** 217 (J. J. Raimond jr.).

509. **U. Clarke,** The Heavens are Telling. 1951. 128 S. Preis $ 2.95. — Besprechung in J RAS Canada **46** 24 (I. K. Williamson), Sky and Telescope **11** 42.

510. **P. Collinder,** Världar i rymden. Astronomi för alla. Stockholm, P. A. Norstedt & Söners förlag, 1951. — Besprechung in PAT **32** 158—159, Urania Kopenhagen **8** 175.

511. **G. Contino,** Panorama dell' Universo. Vgl. AJB **50** Ref. 507. — Besprechung in Coelum **19** 148.

512. **J. F. Cox,** Eléments d'Astronomie et de Géodésie. Bruxelles, Les Presses Universitaires, 1951. 351 S. mit 164 Fig. — Besprechung in Scientia **87** 162 (L. Gialanella).

513. **A. Dauvillier,** La Physique Cosmique. Paris, Flammarion, 1951. 247 S. Preis 495 frs. — Besprechung in J. Physique **13** 431—432 (A. Rogozinski).

514. **G. Frebold,** Erde und Weltall. Stuttgart, Franckh'sche Verlagsbuchhandlung, 1949. 121 S. mit 41 Abb. Preis DM 7.50. — Besprechung in Sternenwelt **3** 240 (W. Petri).

515. **J. Gauzit,** Les grands problèmes de l'astronomie. Paris, Editeur Dunod. 174 S. mit 25 Fig. und 16 Tafeln. Preis 350 frs. — Besprechung in BSAF **65** 317, La Nature **79** 192.

516. **J. C. Hickey,** Introducing the Universe. New York, Dodd, Mead & Company, 1951. 154 S. Preis $ 3.50. — Besprechung in Publ ASP **63** 157 (M. F. Coffeen), Sky and Telescope **10** 199, 249 (C. H. Cleminshaw).

517. **J. A. Hynek,** Astrophysics. A Topical Symposium. Commemorating the fiftieth anniversary of the Yerkes Observatory and a half century of progress in astrophysics. New York, Toronto, London, McGraw-Hill Book Company, Inc., 1951. 12 + 703 S. Preis $ 12.00. — Besprechung in Obs **72** 244—246 (E. Finlay-Freundlich), Publ ASP **64** 41—43 (W. Buscombe), Rev. Sci. Instruments **23** 185—186 (L. Green), Sky and Telescope **11** 42, 255—256 (H. F. Weaver). — Introduction. 1. Spectroscopic astrophysics. 2. Physics of the solar system. 3. Physics of binary and variable stars. 4. Physics of cosmic matter. — Die 14 Unterabschnitte sind unter dem Namen der Autoren aufgeführt.

518. **H. S. Jones,** General Astronomy. London, Edward Arnold, 1951. 3. Auflage. 10 + 456 S. mit 113 Fig. und 31 Tafeln. Preis 30 s. bzw. $ 5.75. — Besprechung in JBAA **62** 178—179, La Nature **80** 160, Sky and Telescope **11** 94.

519. **F. Kadavý,** Slunce zdroj života na Zemi. Prag, Osvěta. 24 S. mit 8 Abb. Preis 9.50 Kčs.

520. **F. Kadavý, L. Milde,** Člověk poznává vesmír. Prag, Osvěta. 16 S. mit 8 Abb. Preis 8 Kčs.

521. **O. Kapsa,** Vznik a stáří Země. Prag, Osvěta. 20 S. mit 8 Abb. Preis 7.50 Kčs.

522. **M. L. Kobus, J. J. Raimond jr.,** Cosmografie. Sterrenkunde voor middelbaar en gymnasiaal onderwijs, achtste druk. Groningen-Djakarta, J. B. Wolters, 1950. 217 S. mit 133 Fig. und 14 Photographien. Preis f 3.50. — Besprechung in Hemel en Dampkring **50** 99 (P. W. Steenbergen).

523. **B. W. Kukarkin,** Bau und Entwicklung der Sternenwelt. Moskau, Verlag «Prawda», 1951. 24 S. mit 8 Abb. Preis 60 Kop. (russisch).

524. **W. I. Kuryschew,** Unterhaltungen über Astronomie. Irkutsker staatlicher Gebietsverlag, 1950. 71 S. mit 10 Abb. Preis 1 R. 25 Kop. (russisch).

525. **O. J. Lee,** Measuring our Universe. — Vgl. AJB **50** Ref. 530.

526. **A. March,** Der Weg des Universums. Vgl. AJB **48** Ref. **532**, **50** Ref. **4006**. Das Buch erschien auch in München, Leo Lehnen-Verlag, 1948. 190 S. Preis DM 8.60. — Weitere Besprechung in Sternenwelt **3** 159 (G. Schindler).

527. **A. March,** Il cammino dell'Universo. Rom, Verlag G. Casini. 292 S. Übersetzung der deutschen Ausgabe (AJB **50** Ref. **4006**) durch P. H. Coronedi.

528. **R. K. Marshall,** The Nature of the Things. New York, Henry Holt and Co., 1951. 188 S. Preis $ 2.95. — Besprechung in Sky and Telescope **11** 15, 147 (P. Annear).

529. **K. McKready,** A Beginner's Star Book. New York and London, G. P. Putnam's Sons, 1950. 4. verbesserte Auflage. 158 S. Preis $ 5. — Besprechung in JBAA **61** 195.

530. **C. Mennella,** Stellato—Visione panoramica delle meraviglie celesti. Vgl. AJB **50** Ref. 532. — Besprechung in Coelum **19** 28, Mem SA It (NS) **22** 82—83 (C. Lombardi).

531. **R. Müller,** Astronomisches ABC für Jedermann. Vgl. AJB **50** Ref. 534. — Weitere Besprechung in De Meteoor **7** 25, Phys. Blätter **7** 137—138 (D. Gudzent), Pop Astr **59** 284, Weltraumfahrt **2** 48 (W. Schaub).

532. **A. A. Nijland,** De bouw van het heelal. Vgl. AJB **50** Ref. 535. — Weitere Besprechung in Ciel et Terre **67** 27—28 (D. De Potter), Hemel en Dampkring **49** 72 (P. J. van Rhijn).

533. **A. Niklitscheck,** Ausflug ins Sonnensystem. Linz o. J., Brücken-Verlag, 1950. 180 S. mit 58 Abb. und 8 Tafeln. — Besprechung in Sternenwelt **3** 40 (W. Sandner).

534. **N. G. Nowikowa,** «Ungewöhnliche» Himmelserscheinungen. Vgl. AJB **50** Ref. 536. — 2. Auflage und auch in weiteren regionalen Ausgaben und Landessprachen der UdSSR erschienen.

535. **A. Pannekoek,** De groei van ons wereldbeeld. Een geschiedenis van de sterrenkunde. Amsterdam-Antwerpen, Wereld-Biblitheek, 1951. 440 S. mit 83 Abb. Preis f 15.75. — Besprechung in Hemel en Dampkring **50** 95 (E. J. Dijksterhuis).

536. **P. P. Parenago,** Die neuesten Daten über den Aufbau des Weltalls. Vgl. AJB **48** Ref. 534. — Auch in weiteren regionalen Ausgaben und Landessprachen der UdSSR erschienen.

537. **P. P. Parenago,** Die Welt der Sterne. Moskau-Leningrad, Verlag Akad. Wiss. UdSSR, 1951. 112 S. mit 23 Abb. Preis 3 R. (russisch). — Besprechung in Astr. News Letter Nr. **62** S. 10—11. — Verf. gibt in erster Linie eine allgemeinverständliche Darstellung des Sternsystems und streift Fragen über die Entwicklung der Sterne und Sternsysteme. Eine Übersetzung des Teiles, der die ideologische Bedeutung der sowjetischen Arbeiten behandelt, ist in den Phys. Blättern **8** 171—175, 1952 gegeben. Loh.

538. **P. P. Parenago,** Die Welt der Sterne. Moskau, Staatsverlag für kulturell-aufklärende Literatur, 1951. 66 S. mit Abb. Preis 1 R. 20 Kop. (russisch). — Besprechung in Astr. News Letter Nr. **62** S. 10—11.

539. **P. Pasquier,** Initiation à l'étude du Ciel. Paris, Librairie Vuibert. 65 S. mit 8 Tafeln. — Besprechung in BSAF **65** 365.

540. **I. F. Polak,** Stavba a složení vesmíru. Prag, Naše vojsko. 64 S. mit 19 Abb. Preis 8 Kčs. (Übersetzung aus dem Russischen).

541. **I. F. Polak,** Lehrbuch der gesamten Astronomie. Moskau-Leningrad, Staatsverlag für technisch-theoretische Literatur, 1951. 6. verbesserte Auflage. 388 S. mit 153 Abb. und 1 Tafel. Preis 9 R. 75 Kop. (russisch). — Das Buch ist als Lehrbuch für Studierende an den Staatsuniversitäten und pädagogischen Instituten gedacht. Loh.

542. **I. F. Polak,** Der Bau des Weltalls. Moskau, Verlag des Kriegsministeriums der UdSSR, 1950. 2. Auflage. 40 S. mit 17 Abb. Preis 60 Kop. (russisch). — Auch in weiteren regionalen Ausgaben und Landessprachen der UdSSR erschienen.

543. **P. I. Popow,** Sonne und Erde. Vgl. AJB **49** Ref. 544. — Auch in weiteren regionalen Ausgaben und Landessprachen der UdSSR erschienen.

544. **J. C. Rademaker,** De Luister van het Heelal. Vgl. AJB **50** Ref. 545. — Weitere Besprechung in Meteorbeobachter **1951** Nr. 4 S. 3 (F. Wieser).

545. **P. Rousseau,** Le Monde des Etoiles. Paris, Librairie Hachette, 1950. 248 S. mit 50 Fig. und 16 Tafeln. Preis 320 fr. — Besprechung in BSAF **65** 129, Ciel et Terre **67** 28, Heelal **7** 111, La Nature **79** 128.

546. **J. Sadil,** Průvodce po Lidové hvězdárně v Praze. Prag, Osvěta. 116 S. mit 22 Abb. und 1 Beilage. Preis 24 Kčs. — Štefánik Sternwarte in Prag. Ein Führer durch die Sternwarte. Praktische Ratschläge für die Besucher der Sternwarte. Kurze Einführung in die Astronomie. Was man auf der Sternwarte sehen kann. J. B.

547. **W. A. Schischakow,** Himmel und Himmelserscheinungen. Moskau, Verlag des Kriegsministeriums der UdSSR, 1951. 128 S. mit 47 Abb. Preis 1 R. 80 Kop. (russisch).

548. **K. H. Schwarz,** Het Drama der Planeten. Den Haag, Leopold, 1949. 251 S. — Besprechung in Heelal **7** 9.

549. **I. W. Sergejew,** Ungewöhnliche Himmelserscheinungen. Aschchabad-Krassnowodsk, Turkmenischer Staatsverlag, 1950. Preis 1 R. 80 Kop. (turkmenisch).

550. **J. B. Sidgwick,** Introducing Astronomy. London, Faber & Faber, Ltd., 1951. 259 S. mit 69 Fig. und 5 Tafeln. Preis 15 s. net. — Besprechung in Ciel et Terre **67** 144 (H. Michel), Irish AJ **1** 144—145, JBAA **61** 105—106, J. British Interplanetary Soc. **10** 91—92, La Nature **79** 288, Obs **71** 116—117.

551. **H. Siedentopf,** Grundriß der Astrophysik. Vgl. AJB **50** Ref. 549. — Weitere Besprechung in AN **280** 283—284 (J. Wempe), Coelum **19** 27, Gaz astr **33** 39—40, Mem SA It (NS) **22** 165—166 (M. G. Fracastoro), Phys. Blätter **7** 137 (H. Kienle), Scientia **86** 311 (L. Gialanella), Universitas **6** 356—357 (M. Waldmeier), Urania Kopenhagen **8** 14—15, Weltraumfahrt **2** 21—22 (W. Schaub).

552. **W. M. Smart,** Some Famous Stars. London, New York und Toronto, Longmans, Green and Co., 1950. 219 S. mit 60 Fig. und 14 Tafeln. Preis 15 s. net. bzw. $ 2.50. — Besprechung in Ciel et Terre **67** 104—105 (J. Hunaerts), Hemel en Dampkring **50** 217 (A. J. M. Wanders), JBAA **61** 49—50, La Nature **79** 256, Obs **71** 36—37, Sky and Telescope **10** 97, 147 (J. W. Streeter), Sterne **27** 143—144.

553. **R. Sudre,** Les nouvelles énigmes de l'univers. Paris, Editeur Payot. — Besprechung in BSAF **65** 452.

554. **Z. Švestka,** Co víme o hvězdách. Prag, Osvěta. 30 S. mit 12 Abb. Preis 12.50 Kčs.

555. **E. O. Tancock,** Starting Astronomy. George Philip & Son, Ltd., 1951. Preis 9 s. net. — Besprechung in JBAA **62** 119, Obs **72** 80 (E. A. Beet).

556. **O. Thomas,** Himmel und Weltall. Wien, Paul Neff Verlag, 1951. 4. Auflage. 320 S. Preis DM 14.—. — Besprechung in JBAA **62** 82, Obs **72** 161—162 (H. Eichhorn), Sky and Telescope **11** 94.

557. **H. Vogt,** Der Bau des Weltalls. Vgl. AJB **49** Ref. 564. — Weitere Besprechung in Scientia **87** 62—63 (L. Carnera).

558. **H. Vogt,** Kosmos und Gott. Heidelberg, F. H. Kerle Verlag, 1951. 125 S. mit 18 Abb. — Besprechung in AN **280** 192, Naturwiss. Rundschau **5** 303 (H. Klauder), Sterne **27** 112, Sternenwelt **3** 159—160 (W. Petri), Z. Naturforschung **6a** 277 (H. Siedentopf). — Inhalt: Die räumliche Struktur des Kosmos. Die zeitliche Struktur des Kosmos. Unser Wissen über den Kosmos steht nicht im Widerspruch zum Gottesglauben, sondern führt im Gegenteil zu ihm hin.

559. **M. Waldmeier,** Einführung in die Astrophysik. Vgl. AJB **48** Ref. **5014**. — Weitere Besprechung in Mem SA It (NS) **22** 79—81 (F. Zagar), Universitas **6** 917.

560. **C. F. von Weizsäcker,** The History of Nature. Vgl. AJB **50** Ref. 555. — Weitere Besprechung in Pop Astr **59** 170—171 (M. Capek).

561. **G. J. Whitrow,** The Structure of the Universe. Vgl. AJB **49** Ref. 567.— Weitere Besprechung in J. British Interplanetary Soc. **10** **44**, Scientia **87** 62 (M. Davidson).

562. **B. A. Woronzow-Weljaminow,** Die Sternenwelt. Vgl. AJB **50** Ref. 564. — Auch in weiteren regionalen Ausgaben und Landessprachen der UdSSR erschienen.

563. **B. A. Woronzow-Weljaminow,** Skizzen über das Weltall. Moskau, Staatsverlag für technisch-theoretische Literatur, 1951. 522 S. mit 140 Abb. Preis 7 R. 85 Kop. (russisch). — Besprechung in AJ UdSSR **28** 528—531 (P. P. Dobronrawin, russisch).

564. **B. A. Woronzow-Weljaminow,** Astronomie. Moskau, Staatsverlag für Lehr- und Erziehungsbücher des Ministeriums für Bildungswesen der russischen Sowjetrepublik, 1951. 5. Auflage. 176 S. mit 124 Abb. und 2 Tafeln. Preis 2 R. 15 Kop. (russisch). — Lehrbuch für die 10. Mittelschulklasse, das auch in weiteren regionalen Ausgaben innerhalb der UdSSR erschienen ist. — Besprechung in Astr. News Letter Nr. **62** S. 11.

565. **S. K. Wsechswjatskij, A. A. Jakowkin,** Astronomie. Heft 2. Kiew, Staatsverlag für Lehr- und Erziehungsbücher «Radjanska Schkola», 1950. 119 S. mit 69 Abb. und 2 Sternkarten. Preis 6 R. (ukrainisch).

566. **Zim, Baker,** Stars. Simon and Schuster, 1951. 157 S. Preis $ 1.00. — Besprechung in Sky and Telescope **11** 121.

567. **K. A. Zwetkow,** Praktische Astronomie. Moskau, Verlag für geodätische und kartographische Literatur, 1951. 528 S. mit 179 Abb. Preis 24 R. (russisch). — Lehrbuch über geodätisch-astronomische Untersuchungen.

568. Weltall, Erde und Mensch. Sammlung naturwissenschaftlicher Aufsätze. Redigiert von A. I. Jelissejew. Gorkijer Gebietsverlag, 1950. 527 S. Preis 9 R. 75 Kop. (russisch). — Enthält auch einige allgemeinverständliche astronomische Artikel.

§ 6

Schriften allgemeiner Art

601. **K. Andersen,** Bernouilli og Endymion. Urania Kopenhagen 8 128—129.

602. **C. J. Aston,** Note on large and small quantities. JBAA **61** 242—244, mit 1 Fig. — Enthält Skalen für Längen, Massen und Zeitmaße.

603. **V. Baeckeroot,** Terug naar een oude hypothese: Newton of Descartes ? Heelal **7** 71—73.

604. **H. S. Bellamy,** A Life History of Our Earth. (Weitere Angaben fehlen. Red.). — Besprechung in MN ASSA **10** 102—103 (J. Belben-Flux).

605. **R. Benini,** Quando nacque Cacciaguida trisavo di Dante e quando mori Alighiero suo figlio. Rend. Istituto Lombardo Sci. e Lettere Cl. di Lettere **83** 3—33. — Ausführliche Betrachtungen, Berechnungen und Berichtigungen in einem der vielen astronomischen Probleme in Dantes Göttlicher Komödie. F. Z.

606. **R. B. Borcherds,** Some remarks on «Worlds in Collision». MN ASSA **10** 5—6. — Vgl. AJB **50** Ref. **646**.

607. **E. J. Cantlon,** The lay approach to astronomy. Irish AJ **1** 177—180. — Versuch, die Gründe für mangelndes astronomisches Verständnis der Laien aufzuzeigen. O. G.

608. **G. L. Chaikin,** A transitional hypothesis concerning life on interstellar bodies. Pop Astr **59** 50—51.

609. **A. C. Clarke,** The Sands of Mars. London, Sidgwick and Jackson, Ltd. Preis 10 s. 6 d. — Besprechung in JBAA **62** 119—120, Weltraumfahrt **1952** 30 (H. Gartmann).

610. **P. Couderc,** L'Astrologie. Paris, Presses Universitaires de France, 1951. 127 S. Besprechung in J RAS Canada **46** 24—26, Sky and Telescope **11** 94, 198 (G. van Biesbroeck).

611. **K. Cuypers,** Reizigers voor de maan ... instappen! De Garve Antwerpen. 79 S. mit 36 Abb. Preis frs 35. — Besprechung in Hemel en Dampkring **49** 73 (J. J. Raimond jr.).

612. **A. Danjon,** Chateaubriand, Stendhal et la Lune. BSAF **65** 75—78.

613. **E. Dennert,** Die Natur — das Wunder Gottes im Lichte der modernen Forschung. Bonn, Athenäum-Verlag, 1950. 5., erweiterte Auflage, herausgegeben von W. Dennert. 361 S. Preis DM 12.60. — Besprechung in Z. Naturforschung **6a** 278 (F. Dessauer).

614. **F. Dessauer,** Religion im Lichte der heutigen Naturwissenschaft. Frankfurt, Verlag Josef Knecht, 1950. 64 S. Preis 4.— DM. — Besprechung in Sternenwelt **3** 120 (W. Petri).

615. **G. A. Eiby,** The pronunciation of astronomical terms. Southern Stars **14** 25—27, 1948.

616. **A. P. FitzGerald,** The story of an astronomy class. Irish AJ **1** 181—185. — Erfahrungen mit einem Astronomiekursus im Rahmen von Erwachsenenbildung nach Art der Volkshochschulen. O. G.

617. **C. O. Fröhlich,** Kosmische Rhythmen und Mensch. Sterne **27** 86—90. — Mond- und sonnenperiodische Einflüsse.

618. **G. Gamow,** Een, twee, drie ... oneindig. Natuurwetenschappelijke feiten en hypothesen. Vgl. AJB **47** Ref. 809. Übersetzung aus dem Englischen von J. J. Raimond jr. und W. P. van Stockum. 's-Gravenhage, 1950. 350 S. mit 128 Fig. und 8 Tafeln. Preis geb. f. 14.90. — Besprechung in Heelal **7** 45—46 (E. Thys), Hemel en Dampkring **49** 196 (J. Houtgast).

619. **G. A. Gurew,** Wissenschaft und Religion über den Bau des Weltalls. Moskau, Verlag «Prawda», 1951. 30 S. Preis 60 Kop. (russisch).

620. **G. A. Gurew,** Byl počátek a bude konec světa? Prag, Osvěta. 72 S. Preis Kčs 7.50 (Übersetzung aus dem Russischen).

621. **S. G. Hacker,** Possible humanistic aspects of science. Pop Astr **59** 231—242.

622. **G. F. Hartlaub,** Bewußtsein auf anderen Sternen? Ein kleiner Leitfaden durch die Menschheitsträume von den Planetenbewohnern. München, Basel, Ernst Reinhardt Verlag. 66 S. Preis brosch. DM 2.60. — Besprechung in Weltraumfahrt **2** 94.

623. **A. E. Heath,** Scientific Thought in the Twentieth Century. London, M. A. Watts & Co., 1951. 15 + 387 S. Preis £ 2 2 s. net. — Besprechung in JBAA **62** 80—82. Das Kapitel «Astronomy» ist von H. S. Jones verfaßt.

624. **R. Hennig,** Leitgestirne der Schiffahrt in kompaßloser Zeit. Sternenwelt **3** 10—13.

625. **F. Henning,** Von tiefen und hohen Temperaturen. Eine allgemeinverständliche Darstellung. Leipzig, B. G. Teubner, 1951. 84 S. mit 44 Abb. Preis DM 3.40. — Besprechung in AN **281** 47 (J. Wempe), Sterne **28** 80, Z. Naturforschung **7a** 500 (H. Behrens).

626. **K. Heuer,** Men of Other Planets. New York, Pellegrini and Cudahy, 1951. 10 + 165 S. Preis $ 3.00. — Besprechung in JBAA **62** 119, J. British Interplanetary Soc. **11** 142—143, Pop Astr **59** 284—285 (H. S. Rice), Sky and Telescope **10** 174, 297—298 (R. N. Thomas).

627. **C. Hoffmeister,** Sind vom Grunde eines Schachtes aus die Sterne bei Tage zu sehen? Sterne **27** 141—142.

628. **P. Hood,** Observing the Heavens. New York and Oxford, Oxford University Press, 1951. 64 S. mit zahlreichen Abb. Preis 5 s. 6 d. net. bzw. $ 1.75. — Besprechung in JBAA **61** 245, Sky and Telescope **11** 15, 119 (E. F. Bailey).

629. **G. Horn-d'Arturo,** Caelvm o Coelvm. Coelum **19** 29—30. — Behandelt die lateinische Schreibweise: Caelum oder Coelum. F. Z.

630. **G. Horn-d'Arturo,** L' età di Cacciaguida. Coelum **19** 91—98, mit 1 Fig. Mit einer Bemerkung in Coelum **19** 171—173. — Kritische Betrachtung eines Artikels von Benini über ein astronomisches Problem in Dantes Göttlicher Komödie. F. Z.

631. **M. H. Jurdak,** Astronomical Dictionary, the Zodiac and the Constellations. Beirut, American Mission Press, 1950. 350 S. — Behandelt Herkunft, Sinn und Aussprache der arabischen Sternnamen.

632. **C. Graf v. Klinckowstroem,** Phantasien eines alten Astronomen. Sternenwelt **3** 131—133, mit 1 Abb. — Behandelt einige Kapitel aus einem 1739 erschienenen Buch von E. C. Kindermann.

633. **I. G. Koltschinskij,** Wie die Wissenschaft die Himmelserscheinungen voraussieht. Kiew, Gesellschaft zur Verbreitung politischer und wissenschaftlicher Kenntnisse der Ukrainischen Sowjetrepublik, 1951. 19 S. Preis 60 Kop. (ukrainisch).

634. **R. W. Kunizkij,** Gab es einen Anfang der Welt? Vgl. AJB **49** Ref. **630**. — Auch in weiteren regionalen Ausgaben und Landessprachen der UdSSR erschienen.

635. **F. Link,** Radioastronomie. Časopis Ústředního ústavu astr. **1** 1—7, mit 7 Fig. — Zusammenfassender Bericht über Methoden und Ergebnisse der Radioastronomie. J. B.

636. **W. Lynn,** From astronomy to religion. Irish AJ **1** 238—239.

637. **E. Mädlow,** Wir besuchen eine Sternwarte. Berlin-Dresden, Der Kinderbuchverlag. Schriftenreihe Unsere Welt. 40 S. — Besprechung in Sterne **27** 144, Sternenwelt **3** 199 (W. Sandner).

638. **H. Mann,** Vom Himmel und Erde. Allgemeine Erd-, Himmels- und Wetterkunde. Bonn, F. Dümmlers Verlag, 1950. 64 S. mit zahlreichen Abb. Preis DM 1.90. — Besprechung in Sternenwelt **3** 160 (W. Sandner).

639. **M. Martín Lorrón,** Relaciones entre diversas unidades usadas en Cronometría. Urania Barcelona **36** 12—17.

640. **H. Michel,** A propos de terminologie. Ciel et Terre **67** 97—100. — Les coordonnées sphériques. Le gnomon. Le jour artificiel.

641. **M. Minnaert,** The significance of astronomy for biology. Publ ASP **63** 272—282. — Zur Entscheidung zwischen mechanistischer und vitalistischer Auffassung wird untersucht, ob Eigenschaften, die von Vertretern des Vitalismus als typisch für lebende Organismen angesehen werden, auch bei Sternen und Sternsystemen, die bestimmt keine Lebewesen sind, vorkommen. Solche Eigenschaften sind: Ganzheit, Regeneration, Anpassung an Lebensbedingungen, Assimilation, Abhängigkeit des Verhaltens von der Vergangenheit, Form, Hierarchie der Funktion, Bewußtsein. Verf. versucht nachzuweisen, daß diese Eigenschaften auch bei Sternen oder Sternsystemen zu finden sind. Er schließt daraus, daß wir bisher keinen fundamentalen Unterschied zwischen anorganischen und organischen Systemen kennen. O. G.

642. **P. Naur,** Studenterliv og astronomi i Cambridge. NAT **1951** 129—133.

643. **H. Oberndorfer,** Aus der Arbeit der Liebhaber-Astronomen. Eine sehenswerte Ausstellung in München. Sternenwelt **3** 179—180, mit 2 Abb. — Bericht über die in Verbindung mit der Münchener Tagung der Planetenbeobachter veranstaltete Ausstellung.

644. **C. Oesterwinter,** Im Palais de la Découverte. Sternenwelt **3** 81—82, mit 2 Abb. — Hinweis auf die astronomischen Sammlungen im Palais de la Découverte in Paris.

645. **C. A. Pfeiffer,** Auf zwei Sternen. Frankfurt am Main und Schmitten im Taunus, Walter Barbier Verlag, 1951. 608 S. Preis geb. DM 12.50. — Besprechung in Sternenwelt **3** 198.

646. **J. H. Pruett,** Terminology talks. Sky and Telescope **10** 65, 98, 113, 121, 145, 160, 189, 193, 214, 236, 271, 289, **11** 7, 40, mit 6 Fig. — Erklärung von Begriffen aus der Astronomie und ihren Randgebieten.

647. **K. Rapp,** Die Farben der Himmelserscheinungen und ihr innerer Zusammenhang. Orion Schaffhausen **3** 274—294, mit 3 Fig. — Die phänologische Systematik über die durch Sonnen- oder Mondlicht erzeugten Himmelserscheinungen soll zeigen, wie Farblage (Aussage ob rot außen oder innen, resp. oben oder unten liegt) und Farbenzahl drei Regeln befolgen, die an Hand von Beobachtungen und Vergleichen aufgestellt wurden. Eine tabellarische Zusammenstellung von 14 verschiedenen Erscheinungen gestattet einen raschen Überblick über jeden Einzelfall. Verf.

648. **L. Reiners,** Steht es in den Sternen? Eine wissenschaftliche Untersuchung über Wahrheit und Irrtum der Astrologie. München, Paul List Verlag, 1951. 201 S. mit Fig. Preis geb. 7.80 DM. — Besprechung in Naturwiss. Rundschau **5** 82 (H. C. Freiesleben), Sterne **28** 47 (F. W. Jäger).

649. **L. Reiners,** Die Wissenschaft und die Astrologie. Sternenwelt **3** 217—221, mit 2 Abb. — Selbstbericht über das vorstehende Buch.

650. **L. Rosino,** L'uomo e l'universo. I. L'uomo nei suoi rapporti col mondo esterno. Coelum **19** 156—159.

651. **P. Rousseau,** L'homme devant les étoiles. Tome **1**: Découverte du ciel. Paris, Nouvelles Editions Latines, 1951. 188 S. mit 21 Fig. und 12 Tafeln. — Besprechung in Ciel et Terre **67** 205—206 (H. Michel).

652. **L. A. Samoljubow,** Wissenschaft und Religion über den Bau des Weltalls. Smolensker staatlicher Gebietsverlag, 1951. 32 S. Preis 70 Kop. (russisch).

653. **I. F. Schewljakow,** Gab es einen Anfang und wird es ein Ende der Welt geben? Vgl. AJB **50** Ref. **637**. — Auch in weiteren regionalen Ausgaben und Landessprachen der UdSSR erschienen.

654. **G. Schindler,** Himmelsschau in der Arktis. Sternenwelt **3** 138—140, mit 1 Abb.

655. **W. A. Schischakow,** Wissenschaft und Religion über den Bau des Weltalls. Vgl. AJB **50** Ref. **639.** — Auch in weiteren regionalen Ausgaben und Landessprachen der UdSSR erschienen.

656. **H. R. Schröter,** Du und die Sterne. Ein heiteres Astrologicum. Oldenburg, Schulzesche Verlagsbuchhandlung R. Schwartz, 1949. 94 S. mit zahlreichen Zeichnungen. — Besprechung in Sternenwelt **3** 159 (W. Sandner).

657. **F. J. Sigel, W. A. Schischakow,** Die vierte Moskauer Astronomische Olympiade 1950. Bull. Astr.-Geod. Ges. UdSSR Nr. **10** (17) S. 56—60 (russisch). — Bericht über einen Schülerwettbewerb.

658. **G. Stein,** Creazione senza creatore? La Civiltà Cattolica **3** 406—415 = Specola Astr. Vaticana Ric. Astr. **2** 343—354.

659. **G. A. Tichow,** Ist Leben auf anderen Welten möglich? Moskau, Uniongesellschaft zur Verbreitung politischer und wissenschaftlicher Kenntnisse, 1951. 26 S. (russisch).

660. **G. A. Tichow,** Geburt und Entwicklung der neuen sowjetischen Wissenschaft — der Astrobotanik. Bote Akad. Wiss. kasach. Sowjetrepublik **8** Nr. 4 (73) S. 64—71 (russisch).

661. **G. Tiercy,** Réformation et transformation progressives des interprétations scientifiques des faits, et questions restées sans réponse. Scientia **86** 189—194. — Betrachtungen über die Grundlagen der Naturforschung und über die heutigen Methoden in Physik, Astronomie und Biologie. Verf. zeigt, daß der Mensch weit davon entfernt ist, den Schlüssel zu den Geheimnissen der Natur gefunden zu haben. F. Z.

662. **A. Tosi,** La «nova stereometria doliorum vinariorum» di Keplero. Periodico Mat. (4) **28** 159—168, 1950. — Ref. in ZfMG **41** 338.

663. **E. Ullrich,** Weltall und Leben. Nachr. Gießener Hochschulgesellschaft **20** 7—31.

664. **G. de Vaucouleurs,** L'Esprit de l'Homme à la Conquête de l'Univers. Paris, Edition Spes, 1951. 256 S. mit 25 Fig. und 12 Tafeln. Preis fr. 500. — Besprechung in Irish AJ **1** 250, Sky and Telescope **11** 121.

665. **I. Velikovsky,** Worlds in Collision. Vgl. AJB **50** Ref. **646.** — Weitere Besprechung in Urania Kopenhagen **8** 174—175.

666. **G. Vinaccia,** Una analisi sistematica dell' insolazione in architettura. Giornal e del Genio Civile **1951** 1—35. — Darstellung des Problems der Beleuchtungsverhältnisse durch die Sonne in der Architektur. F. Z.

667. **H. Werner,** Die Dramatisierung der Astronomie im Zeiss-Planetarium. Sternenwelt **3** 41—44, mit 1 Abb. — Es werden Angaben gemacht über die wirkungsvollste Inszenierung von Planetariumsvorführungen.

668. **H. Werner,** Über die zweifache Benennung der Plejaden bei den Esten. Z. Ethnologie **76** Heft 1, 1 S.

669. **E. Whittaker,** Eddington's Principle in the Philosophy of Science. Cambridge University Press, 1951. 5 + 35 S. Preis 50 cents. — Besprechung in Obs **71** 239—240, Pop Astr **59** 555—556 (M. Capek), Publ ASP **64** 44—45 (P. W. Merrill).

670. **W. Widmann,** Astronomie — leicht wie noch nie. Stuttgart, Franckh'sche Verlagshandlung, 1951. 86 S. mit 39 Abb. Preis 1.80 DM.

671. **C. C. Wylie,** On the star pictures which first marked the seasons. Pop Astr **59** 19—22. — Die Symbole der jahreszeitlich bedeutsamen Sternbilder wurden von den Israeliten als Stammesabzeichen gebraucht und sind im

alten Testament hier und da in übertragender Bedeutung, teils bei der Gestaltung visionärer Bilder, anzutreffen. Ebenso begegnet man den Zeichen Adler, Schlange, Stier und Löwe auf Münzen und Wappen von Nationen des Altertums und der Neuzeit. U. Baehr

672. Dichters over sterren. Vgl. AJB **49** Ref. 667. — Weitere Besprechung in Ann d'Astrophys **14** 186 (J.-C. Pecker), Hemel en Dampkring **49** 72 (J. J. Raimond jr.).

673. Mitologia delle costellazioni. Coelum **19** 21, 52—53, 114—116, 139—141. — Libra-Scorpius, Sagittarius, Capricornus, Aquarius, Pisces, Cetus, Eridanus, Lepus, Orion, Canis major, Canis minor, Argo, Centaurus, Ara, Hydra, Piscis australis.

674. Estudiando el Cielo. El Universo **49** Nr. 15 S. 22 (La Constelación Zodiacal de los Gemelos). Nr. 16 S. 42—44 (La Región de la Cruz del Sur), Nr. 17 S. 79—81 (La Lira, mit 1 Abb.), Nr. 18 S. 112—114 («Perseo», mit 2 Abb.), dazu je eine Sternkarte auf der letzten Umschlagseite.

675. Het wetenschappelijk karakter van de astrologie. Heelal **7** 47—49.

676. Astronomy and tomorrow. JBAA **61** 197—198.

677. Tradition or coincidence? JBAA **61** 203. — Die arabische Benennung von Sirius bedeutet nach der Auslegung des persischen Astronomen Al Sufi, daß Sirius die Milchstraße überquert hat. Es wird die Möglichkeit erwogen, daß es sich hierbei vielleicht um eine zeitlich weit zurückliegende Tradition, andernfalls aber um eine seltsame Übereinstimmung von Benennung und Eigenbewegung handelt. U. Baehr

678. Motion pictures as an aid in teaching astronomy. A report to the teacher's committee of the American Astronomical Society. Pop Astr **59** 117—128, mit 1 Fig.

679. Über das Weltall und die Entstehung des Menschen. Sammlung von Aufsätzen. Stalingrad, Gebietsverlag, 1951. 97 S. Preis 2 R. 85 Kop. (russisch).

680. Fachwissen des Sternfreundes. Sternenwelt **3** 36—38, 75—76, 116—117, 154—157, 191—194, 237—238, mit 21 Abb. — Behandelt: Gradnetze am Himmel. Zeitsysteme. Sichtbarkeitszonen am Fixsternhimmel. Refraktion und Extinktion. Das Planetensystem. Heliozentrische und geozentrische Planetenbewegung. Die Zustandsgrößen der Sterne. Perioden der Planetenerscheinungen. Parallaxenbestimmung.

§ 7

Bibliographie, Neuausgaben, Gesamtausgaben, Lexika, Sammelwerke, Festschriften

701. Astronomischer Jahresbericht. Mit Unterstützung der Astronomischen Gesellschaft herausgegeben vom Astronomischen Rechen-Institut zu Heidelberg. Berlin, In Kommission bei W. de Gruyter & Co., 1951. **46.** Band. 55 + 267 S. Die Literatur der Jahre 1943—1946, 2. Teil. Schriftleitung K. Heinemann unter Mitwirkung von W. Lohmann.

702. **K. P. Massalskaja,** Literaturverzeichnis zur Meteoritik. Meteoritika Nr. **9** S. 125—141 (russisch). — Enthält 166 Titel von Büchern und Veröffentlichungen des In- und Auslandes aus den Jahren 1949 und 1950.

703. **S. A. Schorygin,** Literaturanzeiger der in der UdSSR erschienenen astronomischen Veröffentlichungen Nr **70**—**81.** AJ UdSSR **28** 68—72, 140—144, 203—208, 290—296, 416—423, 544—549, **29** 112—119, 238—244, 374—380, 510—515, 624—628, 763—768 (russisch).

704. Astronomical News Letter. Issued and distributed by the Harvard College Observatory, Mass. for the Committee for the Distribution of Astronomical Literature of the American Astronomical Society. Nr. **54**—**58.**

705. Extraits d'Astronomie et de Géophysique du Centre National de la Recherche Scientifique. Continuation de la «Bibliographie Mensuelle de l'Astronomie», Paris. Vol. **12** Nr. 1—12.

706. List of Publications of the Division of Radiophysics for the year 1946—1949. Commonwealth Scientific and Industrial Research Organization. Melbourne 1951. 9 S.

707. Bibliography of french mathematics and astronomy during 1940—48. Nature **168** 188.

708. Mathematik und Astronomie. Bibliographischer Anzeiger von Arbeiten in ausländischen Zeitschriften Nr. **1** und **2.** Unter Redaktion von L. A. Stebakowa zusammengestellt von N. G. Deichmann. Moskau, Verlag für ausländische Literatur, 1951. 35 + 36 S. (russisch). — Enthalten zusammen 504 Titel astronomischer Arbeiten aus dem Jahre 1951.

709. Bibliographie. Ann. Françaises Chronométrie **21** 51—77, 152—173, 302—343. — Enthält die Titel von Arbeiten mit kurzen Besprechungen aus dem Gebiet der Chronometrie.

710. Mathematical Reviews. Published by the American Mathematical Society. Lancaster, Penn. Vol. **12** Nr. 1—11.

711. Physikalische Berichte. Herausgegeben im Auftrag der Physikalischen Gesellschaft Württemberg/Baden/Pfalz von M. Schön. Akademie-Verlag, Stuttgart und Berlin. Band **30** Heft 1—12.

712. **W. E. Scott,** List of recent publications. J. Geophys. Res. **56** 140—146, 299—306, 457—461, 619—624. — Enthält die Titel von Arbeiten aus den Gebieten des Erdmagnetismus, der Erdelektrizität, kosmischen Strahlung, Untersuchung der Hochatmosphäre, Erdkruste und -inneres sowie Verschiedenes.

713. Zentralblatt für Mathematik und ihre Grenzgebiete. Deutsche Akad. Wiss. Berlin. Berlin-Göttingen-Heidelberg, Springer-Verlag. Geleitet von H. L. Schmid. Band **36**—**40,** je 10 Hefte.

714. The Irish Astronomical Journal. Nature **167** 178.

715. **H. Sawyer-Hogg,** The Irish Astronomical Journal. J RAS Canada **45** 97—99.

716. **W. T. Ter-Oganesow,** Beurteilung der Arbeit der Redaktion des Astronomischen Journals. AJ UdSSR **28** 534—535 (russisch). — Ref. in Astr. News Letter Nr. **62** S. 8.

717. Nikolaus Kopernikus, Gesamtausgabe. Vgl. AJB **49** Ref. 715. — Weitere Besprechung in AN **279** 143 (H. Schneller).

718. Giordano Bruno, Über die Unendlichkeit des Weltalls und der Welten. Mit einer Einleitung von M. Dynnik und Anmerkungen von A. I. Rubin. Erewan, Armenischer Staatsverlag, 1950. 292 S. Preis 6 R. (armenisch).

719. Johannes Kepler, Gesammelte Werke. Herausgegeben im Auftrag der Bayerischen Akademie der Wissenschaften mit Unterstützung des Bayerischen Staates unter der Leitung von Walther von Dyck † und Max Caspar. Bd. 15. Briefe 1604—1607. Herausgegeben von M. Caspar. München, C. H. Beck'sche Verlagsbuchhandlung, 1951. 568 S. Preis in Halbpergament 43.— DM. — Vgl. AJB **49** Ref. 718.

720. C. Huygens, Œuvres complètes, publiées par les soins de la Société hollandaise des sciences de Harlem. La Haye, M. Nijhoff, 1940—1944—1950. Vol. **20**—**21**—**22**. — Besprechung in Gaz astr **33** 38—39.

721. M. A. Kowalskij, Ausgewählte Arbeiten zur Astronomie. Herausgegeben von D. J. Martynow. Moskau-Leningrad, Staatsverlag für technisch-theoretische Literatur, 1951. 208 S. mit 2 Tafeln und 2 Bildern. Preis 6 R. 60 Kop. (russisch).

722. Lomonossow, Sammlung von Aufsätzen und Unterlagen, III. Moskau-Leningrad, Verlag Akad. Wiss. UdSSR, 1951. 632 S. mit Abb. und 8 Tafeln. Preis 41 R. 50 Kop. (russisch). — Das von S. I. Wawilow redigierte Werk enthält unter anderem: W. L. Tschenakal, Die Spiegelteleskope Lomonossows, S. 84—108.

723. Abhandlungen aus der sowjetischen Astronomie. Folge 1. Redaktion der deutschen Übersetzung O. Singer. Berlin, Verlag Kultur und Fortschritt, 1951. 6. Beiheft zur «Sowjetwissenschaft», Gesellschaft für deutsch-sowjetische Freundschaft. 141 S. — Besprechung in AN **281** 47 (J. Wempe). — Enthält folgende Arbeiten: W. A. Ambarzumjan, Entwicklung der Sterne und Astrophysik, S. 9—32; W. A. Ambarzumjan, Stern-Assoziationen, S. 33—41; W. A. Ambarzumjan, B. E. Markarjan, Die Stern-Assoziation um P Cygni, S. 43—53; B. J. Markarjan, Die Stern-Assoziation um NGC 2244, S. 55—60; G. A. Gursadjan, Über die Evolution der Sterne vom O-Typus, S. 61—69; P. N. Cholopow, T-Assoziationen, S. 71—84; S. K. Wsechswjatskij, Die Helligkeit der Kometen 1880—1900 und einige Besonderheiten in der Verteilung der absoluten Helligkeiten der Kometen, S. 85—92; A. D. Dubjago, Über die säkulare Beschleunigung der Bewegung periodischer Kometen, S. 93—103; B. J. Lewin, Variation der Helligkeit der Kometen in Abhängigkeit von ihrer Sonnendistanz, S. 105—117; A. D. Dubjago, Über den Bau der Kometenkerne und die Bildung von Meteorströmen, S. 119—132; S. B. Pikelner, O. N. Metropolskaja, Die Ladung des Kometenschweifes und ihr Einfluß auf die Geschwindigkeit der Schweifverbreiterung, S. 133—141.

724. Abhandlungen aus der sowjetischen Astronomie. Folge 2. Redaktion der deutschen Übersetzung O. Singer. Berlin, Verlag Kultur und Fortschritt, 1951. 27. Beiheft zur «Sowjetwissenschaft», Gesellschaft für deutsch-sowjetische Freundschaft. 203 S. — Besprechung in AN **281** 47 (J. Wempe). — Enthält folgende Arbeiten: G. A. Schajn, W. F. Hase, Konzentrationsverhältnis der Isotope C^{13} und C^{12} in Sternatmosphären, S. 7—13; G. A. Schajn, W. F. Hase, Banden des schweren Cyanmoleküls $C^{13}N^{14}$ in den Spektren der Kohlenstoffsterne. (Das rote System $^2\Pi$—$^2\Sigma$), S. 15—25; P. P. Parenago A. G. Massewitsch, Untersuchung der Masse-Leuchtkraft-Radius-Beziehung, Teil I, S. 27—44; A. G. Massewitsch, P. P. Parenago, Untersuchung der Masse-Leuchtkraft-Radius-Beziehung, Teil II, S. 45—56; P. P. Parenago, Untersuchung der räumlichen Geschwindigkeiten der Sterne, S. 57—80; P. P. Parenago, Über das Gravitationspotential der Galaxis, S. 81—95; P. P. Parenago, Über die Massen der Bedeckungsveränderlichen, bei denen nur die Radialgeschwindigkeit des Hauptsterns gemessen ist, S. 97—105; L. E. Gurewitsch, B. J. Lewin, Über die Bildung von Doppelsternen, S. 107—122; B. A. Woronzow-Weljaminow, Die Verteilung der heißen Giganten in der

Galaxis, S. 123—146; W. A. Ambarzumjan, Bemerkungen über die Verteilung der heißen Giganten, S. 147—153; W. A. Ambarzumjan, Zur Theorie der Fluktuationen in der scheinbaren Verteilung der Sterne an der Sphäre, S. 155—195; G. G. Hetmanzew, W. L. Ginsburg, Die Beugung der Sonnen- und der kosmischen Radiostrahlung am Mond, S. 197—201; B. A. Woronzow-Weljaminow, Das System der planetarischen Nebel. Untersuchungen über die Sterne vom Typus O, die planetarischen Nebel und die Neuen Sterne. Mitteilung 21, S. 203—223.

725. Moderne Probleme der Astrophysik und Sonnenphysik. Von N. N. Parijskij redigierte Sammlung von Aufsätzen. Moskau, Verlag für ausländische Literatur, 1951. 204 S. mit Abb. und 2 Tafeln. Preis 12 R. 70 Kop. (russisch). — Enthält die Übersetzung verschiedener englischer und deutscher Arbeiten ins Russische.

726. Mixed Commission on Ionosphere, International Council of Scientific Unions. Proceedings of Second Meeting, Bruxelles, September 4—6, 1950. Secrétariat Général de l'U. R. S. I., Bruxelles. 230 S. — Ref. in Phys. Abstracts (A) **55** 577—579.

727. Probleme der physikalischen Optik und andere Fragen der Physik. Von E. W. Schpolskij redigierte Sammlung von Aufsätzen. Moskau-Leningrad, Staatsverlag für technisch-theoretische Literatur, 1951. 380 S. mit Abb. und 6 Tafeln. Preis 21 R. 15 Kop. (russisch). — Enthält unter anderem: J. P. Terlezkij, Über die Entstehung der kosmischen Strahlung, S. 283—300; W. G. Fessenkow, Der Sichoté-Aliner Meteorit und seine Bedeutung für Probleme der Entstehung und Entwicklung des Sonnensystems, S. 316—316. Loh.

728. **A. Blaauw, W. Bleeker, J. J. Raimond jr.,** Een halve eeuw weer- en sterrenkunde. J. B. Wolters Uitgeversmaatschappij N. V., Groningen, Djakarta, 1950. — Festschrift der Nederlandse Vereniging voor Weer- en Sterrenkunde. — Berichtigungen in Hemel en Dampkring **49** 180.

729. Vermessung und Karte in Bayern. Festschrift zur 150 Jahrfeier des bayerischen Vermessungswesens. Bayerisches Landesvermessungsamt 1951. 10 + 204 S. mit 5 Tafeln und Kartenbeilagen.

Zweiter Teil

Tätigkeit. Geschichte

§ 10

Personalien, Biographie, Briefwechsel

1001. Nekrologe und Todesanzeigen

1942

A. von Brunn, † 1942 Dez. 28. AN **280** 142 (E. Finlay-Freundlich).

1948

A. C. Gifford, 1861—1948 Febr. 28. Southern Stars **14** 17—18, 1948.

1949

A. Brill, 1885 Juni 23—1949 Juli 22. AN **279** 186 (K. Pilowski).

A. Prey, 1873 Okt. 16—1949 Dez. Geofis. pura e appl. **17** 73—74, 1950 (K. Mader).

K. F. Sundman, 1873 Okt. 28—1949 Sept. 28. Acta math. **83**, 6 S. mit Bild = Sonderdruck Astr. Obs. Helsinki.

1950

G. P. Arcay, 1884 Juli 23—1950 Juni 19. Ann. Françaises Chronométrie **21** 1—3, mit Bild (R. Baillaud).

M. F. Baumgardt, † 1950 Nov. 25. Pop Astr **59** 281.

H. L. Benfer, † 1950 Dez. 22. Sky and Telescope **10** 143.

T. P. Bhaskaran, 1889 April 12—1950 Juni 26. MN **111** 154 (A. Ali).

I. Bonsdorff, 1879—1950 Okt. 17. Geofis. pura e appl. **19** 108 (U. Pesonen), Pop Astr **59** 452 (A. N. Vyssotsky).

C. Boulet, † 1950 Jan. 2. BSAF **65** 71—72, mit Bild (G. C. Flammarion).

D. Buchanan, † 1950 Dez. 1. J RAS Canada **45** 126, Pop Astr **59** 110, Publ ASP **63** 100.

A. Burnet, 1879—1950 Juli 4. MN **111** 154—155 (W. Hall).

C. J. P. Cave, † 1950 Dez. 8. MN **111** 155—156 (E. L. Hawke).

L. J. Comrie, 1893 Aug. 15—1950 Dez. 11. BAA Circ 321, JBAA **61** 132—134, mit Bild (J. G. Porter), J RAS Canada **45** 126, MN ASSA **10** 1, 4 (J. Jackson), NAT **1951** 38, Obs **71** 24—26, Pop Astr **59** 51, 115—117 (C. H. Smiley), Proc. Phys. Soc. (A) **64** 1141—1142, (B) **64** 1090—1091 (A. C. Aitken), Publ ASP **63** 100, Sky and Telescope **10** 82, mit Bild (M. W. Mayall).

K. Graff, 1878 Febr. 7—1950 Febr. 15. AN **279** 141—142 (W. Becker).

J. C. W. Herschel, 1869 Mai 22—1950 Juni 15. MN **111** 157—158 (H. S. Jones).

F. Hope-Jones, † 1950 April 3. MN **111** 158—159 (H. S. Jones).

J. Knol, † 1950 Dez. 28. Hemel en Dampkring **49** 16.

T. Matukuma, 1890 März 18—1950 Jan. 14. MN **111** 160 (Y. Hagihara).

E. A. Milne, 1896 Febr. 14—1950 Sept. 21. JBAA **61** 75—77, MN **111** 160—172 (W. H. McCrea, H. H. Plaskett).

W. H. Owston, 1875 Okt. 15—1950 Dez. 15. MN **111** 172—173 (P. J. Melotte), Obs **71** 88.

J. V. Payne, † 1950 Dez. 30. Pop Astr **59** 51.

R. D. Thompson, 1895 Jan. 8—1950 Juni 17. MN **111** 173—174 (I. L. Thomsen).

C. Vick, 1875 Dez. 25—1950 April 15. AN **279** 142 (R. Schorr), Sterne **27** 142—143 (W. Dieckvoss).

A. A. Völsch, 1881 Okt. 12—1950 Okt. 6. Sterne **27** 143 (W. Dieckvoss).

C. J. Westland, 1875—1950 Juli 11. MN **111** 174—175 (I. L. Thomsen).

1951

C. H. Adams, † 1951 August 8. Publ ASP **63** 263, 283—286, mit Bild (R. G. Aitken).

M. A. Ainslie, 1869 Okt. 4—1951 Jan. 19. BAA Circ 322, JBAA **62** 44—46, mit Bild.

R. G. Aitken, 1864 Dez. 31—1951 Okt. 29. NAT **1951** 155, Nature **168** 936—937 (H. S. Jones), Pop Astr **59** 553, Sky and Telescope **11** 26, 42, mit Bild.

H. W. Barker, † 1951 Jan. 29. J RAS Canada **45** 36.

A. E. Bassett, † 1951 Jan. 26. Pop Astr **59** 167.

H. Bohr, 1887—1951 Jan. 22. NAT **1951** 37—38.

F. P. Brackett, 1865 Juni 16—1951 Sept. 3. Publ ASP **63** 287—291, mit 2 Fig. und 1 Bild (W. T. Whitney).

L. Campbell, 1881—1951 Mai 10. El Universo **49** Nr. 17 S. 96, Irish AJ **1** 250, Pop Astr **59** 339, 356—358, mit Bild (M. W. Mayall), 379—380 (F. C. Leonard), Publ ASP **63** 212—213, Sky and Telescope **10** 210, 230.

C. H. Gingrich, 1880—1951 Juni 17. J RAS Canada **45** 172, Pop Astr **59** 343—347, mit Bild (F. C. Leonard), Publ ASP **63** 213, Sky and Telescope **10** 241.

A. L. Green, 1905—1951 Aug. 29. Nature **168** 768 (R. v. d. R. Woolley).

H. Harting, 1868 Febr. 15—1951 Sept. 21. AN **280** 48, J. Optical Soc. America **41** 1069, mit Bild, Phys. Blätter **7** 515—516 (H. Schrade).

C. H. Hins, 1891 Juni 24—1951 Okt. 21. Hemel en Dampkring **49** 209—211, mit Bild (P. F. Kuiper), Obs **71** 243—244, Pop Astr **59** 553.

F. S. Hogg, 1904 Juli 26—1951 Jan. 1. J RAS Canada **45** 1—3, mit Bild und einem Anhang über die Schaffung eines Frank S. Hogg Memorial Scholarship Fund (C. A. Chant), Nature **167** 384 (C. A. Chant), Obs **71** 48, Pop Astr **59** 173—176, mit Bild (J. F. Heard), Publ ASP **63** 100, Sky and Telescope **10** 86, 110, mit Bild (J. F. Heard).

C. C. Honig, 1878 März 4—1951 Nov. 14. Hemel en Dampkring **49** 211, mit Bild (J. J. Raimond jr.).

N. I. Idelson, † 1951 Juli 14. Astr Circ UdSSR Nr. 117 S. 14 (russisch).

R. Jarry Desloges, 1868—1951 Juni 1. BSAF **65** 388—395, mit Bild.

C. T. Jones, † 1951 Juli 30. Sky and Telescope **10** 294.

M. M. F. Luckie, † 1951 Juli 3. Carter Obs. Repr. Nr. **16** S. 2—4.

H. Mémery, 1871—1951 April 19. BSAF **65** 314, mit Bild.

H. Menze, † 1951 April 4. Sternenwelt **3** 106 (W. Sandner).

A. C. Morrison, † 1951 Jan. 9. Sky and Telescope **10** 145.

J. S. Paraskevopoulos, † 1951 März 15. El Universo **49** Nr. 17 S. 96, J RAS Canada **45** 126, Nature **167** 753, Obs **71** 88, Publ ASP **63** 212, Sky and Telescope **10** 169, mit Bild (H. Shapley).

C. D. Perrine, † 1951 Juni 21. Nature **168** 409 (H. S. Jones), Pop Astr **59** 388, Publ ASP **63** 259 (J. Bobone).

A. F. Philips, 1874 März 14—1951 Okt. 7. Hemel en Dampkring **49** 180, 209, mit Bild (H. J. Meerkamp van Embden).

F. Quénisset, 1872—1951 April 8. BSAF **65** 356—360, mit Bild, Orion Schaffhausen **3** 324.

F. Raiser, † 1951 Mai 11. Sky and Telescope **10** 218.

H. B. Rumrill, † 1951 Jan. 23. Pop Astr **59** 110—111, 262—263 (N. J. Heines), Sky and Telescope **10** 144.

R. Schorr, † 1951 Sept. 21. AN **280** 48.
A. W. Sijthoff, † 1951 Febr. 26. Hemel en Dampkring **49** 53.
L. T. Slocum, † 1951 Mai 25. Publ ASP **63** 263.
G. Stein, † 1951 Dez. 27. Mem SA It (NS) **22** 361.
R. Toepfer, 1873 Aug. 5—1951 März 3. AN **279** 192, Sterne **27** 173—175, mit Bild (D. Wattenberg).
N. I. Tschudowitschew, 1902 Okt. 4—1951 Aug. 29. Astr Circ UdSSR Nr. 118 S. 17 (russisch), VS Bull **8** 318—320 (D. J. Martynow, russisch).
P. Vincart, 1867 Juli 8—1951 Aug. 10. Gaz astr **33** 61—63, mit Bild.
S. I. Wawilow, 1891 März 24—1951 Jan. 25. AJ UdSSR **28** 73—75, mit Bild (russisch).

E. Bianchi, †. Rend. Ist. Lombardo Sci. Lettere **83** 149—168, mit Bild = Contr. Oss. Astr. Milano-Merate (NS) Nr. **32** (L. Volta).
F. Nušl, †. Časopis Ústředního ústavu astr. **1** 17—18, mit 1 Abb. (E. Buchar), RH **32** 195—196 (V. Jaroš), RH **32** 196—200, mit 1 Abb. (V. Guth), Vesmír **30** 58 (J. Bouška).
J. Weeder, †. Hemel en Dampkring **49** 195.

1002. Personalien

G. B. van Albada zum Direktor der Bosscha-Sternwarte Lembang ernannt. Hemel en Dampkring **49** 16.
J. van der Bilt, 75. Geburtstag. Hemel en Dampkring **49** 99 (J. J. Raymond jr.).
S. N. Blashko, 80. Geburtstag. Bull. Astr.-Geod. Ges. UdSSR Nr. **10** (**17**) S. 5—6, mit Bild, Astr Circ UdSSR Nr. 109 S. 12—13 (W. Arsentjew), Priroda **40** Nr. 8 S. 59—61 (P. G. Kulikowskij).
E. Buchar, 50. Geburtstag. RH **32** 158—159 (B. Polák).
D. Ducke, Chairman des Astronomy Department of the University of North Carolina als Nachfolger von R. K. Marshall. Sky and Telescope **10** 161.
L. Carnera, Emeritierung. Coelum **19** 24.
W. Grotrian, Direktor des Astrophysikalischen Observatoriums Potsdam. AN **279** 192.
J. Hopmann übernahm zum 1. 11. 1951 die Leitung der Universitäts-Sternwarte in Wien. AN **280** 96.
M. G. J. Minnaert erhielt die Bruce-Goldmedaille der Astronomical Society of the Pacific für 1951. Hemel en Dampkring **49** 16, Publ ASP **63** 43, 265—271, mit Bild (D. Alter).
J. H Oort, Direktor der Sternwarte in Leiden, Ehrendoktor der Universität Oxford. Hemel en Dampkring **49** 71, Obs **71** 127—128.
A. J. Orlow wurde am 1. 5. 1951 seiner Pflichten als Direktor des Poltawaer Observatoriums der Akademie der Wissenschaften der ukrainischen Sowjetrepublik entbunden.
S. W. Orlow, 70. Geburtstag. Bull. Astr.-Geod. Ges. UdSSR Nr. **10** (**17**) S. 3—4, mit Bild, Priroda **40** Nr. 11 S. 73—75 (S. M. Poloskow).
A. Pannekoek erhielt die Goldmedaille der Royal Astronomical Society. BAA Circ 324, Hemel en Dampkring **49** 22, MN **111** 245—246 (W. M. Smart) = Glasgow Univ. Obs. Repr. Nr. **29**, Pop Astr **59** 281.
R. M. Petrie, Direktor des Dominion Astrophysical Observatory in Victoria als Nachfolger von J. A. Pearce. J RAS Canada **45** 252—253, Publ ASP **63** 306.
D. M. Popper wurde zum Chairman des Department of Astronomy, University of California, Los Angeles, ernannt. Publ ASP **63** 213.
A. Repsold, 70. Geburtstag. Deutsche Hydrographische Z. **4** 123—124.
H. Shapley tritt in den Ruhestand. Sky and Telescope **11** 31.
J. Stebbins erhielt die Goldmedaille der Royal Astronomical Society. JBAA **61** 47—49, Nature **167** 229—230.

J. W. Stein, 80 Jahre. Hemel en Dampkring **49** 21—22, mit Bild (J. de Kort). Ritter des Ordens des Niederländischen Löwen. Hemel en Dampkring **49** 135.

B. Strömgren, Direktor der Yerkes und McDonald Observatorien als Nachfolger von O. Struve. Publ ASP **63** 43, Sky and Telescope **10** 64.

R. J. Trumpler tritt in den Ruhestand. Publ ASP **63** 309.

Y. Väisälä, 60. Geburtstag. Urania Kopenhagen 8 151.

R. E. Wilson trat 1951 Mai 1 in den Ruhestand. Pop Astr **59** 339, Sky and Telescope **10** 218.

1003. **G. Abetti,** Keplero. Brescia, «La Scuola», Editors, 1951. 173 S. mit 8 Tafeln. Preis 380 Lire. — Besprechung in Obs **72** 210 (V. C. A. Ferraro).

1004. **G. Abetti,** Galileo, the astronomer. Pop Astr **59** 138—143.

1005. **G. L. Andrissi,** Il cosmografo Vincenzo Coronelli e l'astronomia nel Seicento. Miscellanea Francescana, Rivista di scienze teologiche e studi francescani **51** 168—249. — Geschichtliche Darstellung über die Weltsysteme und Beschreibung der astronomischen Tätigkeit des venetianischen Kosmographen Coronelli (1650—1718). F. Z.

1006. **G. Armellini,** Vito Volterra e la sua opera scientifica. La Ricerca scientifica **21** 3—12. — Lebensbeschreibung.

1007. **A. Armitage,** The World of Copernicus. New American Library, 1951. 165 S. Preis 35 cents. — Besprechung in Sky and Telescope **11** 15.

1008. **A. Armitage,** Robert Hooke as an astronomer. Pop Astr **59** 287—299.

1009. **K. L. Bajew,** Die Schöpfer der neuen Astronomie. Alma-Ata, Kasachischer Staatsverlag, 1951. 110 S. mit 18 Abb. Preis 3 R. 50 Kop. (kasachisch).

1010. **C. Baumgardt,** Johannes Kepler. Life and Letters. New York, Philosophical Library, Inc., 1951. Mit einem Vorwort von A. Einstein. 209 S. mit 3 Tafeln. Preis $ 3.75. — Besprechung in Ciel et Terre **67** 176—177, J RAS Canada **45** 179, Nature **168** 483—484 (H. S. Jones), Obs **71** 162—163, Pop Astr **59** 454 (L. Binnendijk), Sky and Telescope **10** 249, **11** 14 (M. Williams), ZfMG **42** 2 (J. E. Hofmann).

1011. **W. van der Bijl,** Sir Arthur Schuster, Geo- en astrophysicus 1851—1934. Hemel en Dampkring **49** 157—158.

1012. **F. Bonasera,** Per una classificazione dei globi celesti di Vincenzo Coronelli. Coelum **19** 161—164, mit 4 Tafeln. — Versuch einer Klassifikation der Werke des Kosmographen V. Coronelli. F. Z.

1013. **E. Brand,** Regiomontanus. Pop Astr **59** 465—467.

1014. **W. Brunner,** Pioniere der Weltallforschung. Zürich, Büchergilde Gutenberg, 1951. 296 S. mit 141 Abb. — Besprechung in VJS der Naturf. Ges. Zürich **96** 211 (H. Müller).

1015. **L. Carnera,** Ricordi d'un astronomo quasi ottuagenario. Coelum **19** 1—6. — Lebenserinnerungen, 1899 bis 1913.

1016. **J. Chazy,** Henri Poincaré et la mécanique céleste. BA **16** 145—160, mit 1 Fig. — Die Bedeutung Poincarés für die Himmelsmechanik wird an dem Inhalt und den Ergebnissen seiner Arbeiten aufgezeigt. Böh.

1017. **W. W. Coblentz,** From the Life of a Researcher. New York, Philosophical Library, 1951. 238 S. Preis $ 4.75. — Besprechung in Sky and Telescope **10** 222, **11** 94 (B. Donn).

1018. **J. F. Cox,** Notice sur Albert Lancaster. Inst. Astr. Bruxelles (2) Nr. **61**, 12 S. mit Bild.

1019. **A. Dermul,** Tycho Brahé et Kepler croyaient-ils à l'astrologie? Communication faite au 5e Congrès d'astronomes-amateurs, tenu à Bruxelles le 26 mai 1951. Gaz astr **33** 64—67. — Ref. in Irish AJ **1** 249.

1020. **W. M. Dukow,** Pjotr Nikolajewitsch Lebedew, sein Leben und Werk. Moskau-Leningrad, Staatsverlag für technisch-theoretische Literatur, 1951. 112 S. mit 27 Abb. Preis 1 R. 65 Kop. (russisch).

1021. **P. Frank,** Einstein, sein Leben und seine Zeit. München-Leipzig-Freiburg i. Br., Paul List, 1950. 467 S. Preis DM 11.60. — Besprechung in Phys. Blätter **7** 282—283 (P. Jordan).

1022. **C. Hoffmeister,** Ernst Hartwig zum Gedächtnis. Sterne **27** 31.

1023. **A. V. Howard,** Dictionary of Scientists. London and Edinburgh, W. & R. Chambers, Ltd., 1951. 6 + 500 Kolumnen, mit 70 Fig. Preis 12s. 6d. net. — Besprechung in JBAA **61** 196, Obs **71** 163—164.

1024. **C. L. Janssen,** Omkring 350-Aarsdagen for Tycho Brahes Død. Urania Kopenhagen 8 154—157.

1025. **H. Klauder,** Zum 125. Todestag Josef von Fraunhofers. Naturwiss. Rundschau **4** 277—278.

1026. **J. de Kort,** Dr. J. Stein tachtig jaar. Hemel en Dampkring **49** 21—22, mit Bild.

1027. **B. B. Kudrjawzew,** Michail Wassiljewitsch Lomonossow, sein Leben und Werk. Moskau-Leningrad, Staatsverlag für technisch-theoretische Literatur, 1950. 2. Auflage. 112 S. mit 14 Abb. Preis 1 R. 70 Kop. (russisch).

1028. **P. G. Kulikowskij,** M. W. Lomonossow — Astronom und Astrophysiker. Moskau-Leningrad, Technischer Staatsverlag, 1950. 88 S. mit 24 Abb. und 1 Bild (russisch). — Besprechung in AJ UdSSR **28** 412—413 (J. G. Perel, russisch).

1029. **P. G. Kulikowskij,** Pawel Karlowitsch Sternberg. Mitt. Astr. Sternberg-Inst. Nr. **73**, 55 S. mit Bild und 7 Abb. (russisch). — Ref. in Astr. News Letter Nr. **66** S. 7.

1030. **P. G. Kulikowskij,** Pawel Karlowitsch Sternberg, 1865—1920, eine biographische Skizze. Verlag der Moskauer Universität, 1951. 56 S. mit Abb. und 1 Bild. Preis 3 R. (russisch).

1031. **J. Larink,** Heinrich Christian Schumacher. Sterne **27** 107—108. — Zum 100. Todestag.

1032. **T. A. D. Lawton,** Immanuel Halton the astronomer and Flamsteed. JBAA **61** 239—241.

1033. **W. Lindemann,** Leben und Vermächtnis eines niederrheinischen Astronomen. Sternenwelt **3** 163—166, mit 4 Abb. — Johann Friedrich Benzenberg (1777—1846), Gründer der Düsseldorfer Sternwarte.

1034. **T. MacKenzie,** Mason and Dixon at the Cape. MN ASSA **10** 99—102.

1035. **D. McIntyre,** An astronomical bi-centenary. The Abbé de Lacaille's visit to the Cape, 1751—1753. The Astr. Soc. of South Africa, The Royal Obs. (Cape), 1951. 12 S. mit 2 Fig., 8 Tafeln und einer Sternkarte des südlichen Himmels.

1036. **L. Milde,** J. Štych, A restless popularizer. RH **32** 204—206.

1037. **H. Mortensen,** Ved 350-Aaret for Tycho Brahes Død. Tycho Brahes Grav. Urania Kopenhagen 8 137—143, mit 4 Fig.

1038. **A. A. Nefedjew,** Wassilij Pawlowitsch Engelhardt. Abh. Lenin-Staatsuniv. Kasan **111** Nr. 9 S. 27—37, mit Bild = Mitt. Astr. Engelhardt-Obs. Nr. **27** S. 27—37.

1039. **A. V. Nielsen,** H. C. Schumacher and the Observatory at Altona during the war of 1848—50. Medd. Ole Rømer-Obs. Århus Nr. **22,** 39 S. mit 8 Fig. — Ref. in Pop Astr **59** 171.

* * **N. V. E. Nordenmark,** Laurentius Paulinus Gothus. Sveriges förste professor i astronomi. Vgl. Ref. **1443.**

* * **N. V. E. Nordenmark,** Laurentius Paulinus Gothus föreläsningar vid Uppsala universitet 1599 över Copernicus hypotes. Vgl. Ref. **1442.**

1040. **W. Norlind,** Tycho Brahe, Mannen och Verket. Lund, C. W. K. Gleerup, 1951. 31 + 364 S. Preis 25 kr. — Besprechung in Nature **169** 725, NAT **1951** 153—154, Urania Kopenhagen **8** 174.

1041. **J. H. Oort,** Jacobus Cornelius Kapteyn, geboren 19 Januari 1851. Hemel en Dampkring **49** 1—4, mit Bild. Vgl. auch Heelal **7** 3—4. — Lebensbeschreibung.

1042. **F. A. Paneth,** Thomas Wright and Immanuel Kant, pioneers in stellar astronomy. Nature **167** 1014—1016.

1043. **T. G. F. Paterson,** Local astronomical links. Irish AJ **1** 170—176. — Historische Angaben über Personen, die Verbindung zu Armagh hatten und beruflich oder als Liebhaber auf dem Gebiet der Astronomie gearbeitet haben. O. G.

1044. **J. G. Perel,** Hervorragende russische Astronomen. Moskau-Leningrad, Staatsverlag für technisch-theoretische Literatur, 1951. 216 S. mit Abb. und 11 Tafeln. Preis 5 R. 25 Kop. (russisch). — Besprechung in Astr. News Letter Nr. **59** S. 11—12. — Dieses populär wissenschaftliche Buch enthält Skizzen über das Leben und die Tätigkeit der hervorragendsten russischen Astronomen der letzten 100 Jahre. Nach einem kurzen Abriß über die Entwicklung der Astronomie in Rußland werden im einzelnen erwähnt: F. A. Bredichin, W. K. Zeraskij, A. A. Belopolskij, M. A. Kowalskij, S. P. Glasenap, P. K. Sternberg, S. K. Kostinskij und A. P. Ganskij. Loh.

1045. **W. Petri,** Erich Regener 70 Jahre. Sternenwelt **3** 232, mit Bild.

1046. **P. J. van Rhijn,** J. C. Kapteyn centennial. Sky and Telescope **10** 55—57, mit 5 Fig.

1047. **H. U. Sandig,** Ernst Hartwig. Sternenwelt **3** 31, mit Bild. — Zum 100. Geburtstag.

1048. **M. I. Schachnowitsch,** Der erste russische Kosmogonist I. D. Ertow. Priroda **40** Nr. 4 S. 71—75 (russisch).

1049. **W. A. Schischakow,** Der große russische Gelehrte M. W. Lomonossow und seine Arbeiten über Astronomie. Moskau, Verlag «Prawda», 1951. 32 S. mit 4 Abb. und 1 Bild. Preis 50 Kop. (russisch).

1050. **F. Schmeidler,** Das Lebenswerk des Nikolaus Kopernikus. Gedanken zur neuen Kopernikus-Ausgabe. Sternenwelt **3** 176—178, mit 2 Abb.

* * **W. P. Schtscheglow,** Aus der Vergangenheit der russischen Wissenschaft. Seiten der Geschichte des Astronomischen Observatoriums Taschkent. Dmitrij Danilowitsch Gedeonow. Vgl. Ref. **1242.**

1051. **F. J. Sigel,** Astronomen — Stalinpreisträger. Moskau, Unionsgesellschaft zur Verbreitung politischer und wissenschaftlicher Kenntnisse, 1951. 23 S. (russisch).

1052. **J. Stebbins,** Heber Curtis and the Michigan telescope. Vgl. Ref. **12331,** S. 1—5, mit 1 Bild.

1053. **G. Tiercy,** A propos du centenaire de la découverte de Neptune. Les relations amicales et la collaboration scientifique entre Urbain Le Verrier et Emile Gautier. Publ. Obs. Genève (A) **5** 105—133, **1947.**

1054. **W. L. Tschenakal,** Jakow Wilimowitsch Brjuss — ein russischer Astronom am Anfang des 18. Jahrhunderts. AJ UdSSR **28** 3—14, mit 1 Abb. und 2 Tafeln (russisch). — Ref. in Astr. News Letter Nr. **57** S. 5.

1055. **W. L. Tschenakal,** Nikolaj Galaktionowitsch Tschishow. Ein hervorragender russischer Meister astronomischer Instrumente des 18. Jahrhunderts. AJ UdSSR **28** 145—159, mit 2 Abb. und 3 Tafeln (russisch).

1056. **W. Voß,** H. C. Schumacher und die Sternwarte in Altona. Sternenwelt **3** 121—122, mit 1 Abb.

1057. **S. I. Wawilow,** Isaac Newton. Berlin, Akademie-Verlag, 1951. 8 + 216 S. mit 32 Abb. Preis geb. DM 8.90. — Besprechung in AN **281** **46** (J. Wempe), Phys. Ber. **31** 2—3 (M. Schön), Sterne **27** 217 (C. Hoffmeister). — Dies allgemeinverständliche Lebensbild Newtons aus der Feder des sowjetischen Physikers S. I. Wawilow † gibt neben einer Schilderung der Lebensumstände eines der bedeutendsten Forscher der neueren Geschichte eine Übersicht der hauptsächlichen Gebiete seiner Forschungen. Mit Bezug auf die optischen Arbeiten Newtons wird die landläufige Behandlungsweise, die die wahren Anschauungen Newtons vielfach ziemlich entstellt wiedergibt, auf Grund zahlreicher Zitate aus den Originalschriften berichtigt. So werden die vorsichtige, allein auf das Experiment gestützte Art Newtons, Schlüsse zu ziehen, und seine Kunst zu experimentieren, betont. Die gewaltigen Entdeckungen Newtons in der Himmelsmechanik werden dargestellt, und es wird gezeigt, wie erst die Wissenschaft des 20. Jahrhunderts beginnt, an gewissen Stellen über die Newtonschen Gedankengänge hinauszugehen.

1058. **M. Wilson,** Ninth Astronomer Royal: The Life of Frank Watson Dyson. Cambridge, W. Heffer & Sons, Ltd., 1951. 294 S. mit 14 Tafeln. Preis 25 s. net. — Besprechung in ApJ **114** 371—372 (S. Chandrasekhar), JBAA **62** 48—49 (J. Jackson), J RAS Canada **45** 211—213, Nature **168** 440 (F. J. M. Stratton), Bemerkung hierzu S. 1007—1008, Obs **71** 240—241, Publ ASP **64** 43—44 (E. Connor), Sky and Telescope **11** 15 (R. S. Bates).

1059. **W. P. Zessewitsch, A. Schulberg,** Das Akademiemitglied Alexander Michajlowitsch Ljapunow. Odessaer Gebietsverlag, 1951. 58 S. mit 6 Abb. Preis 1 R. 50 Kop. (russisch).

1060. Zum Gedenken an L. S. Berg. Bull. Kommission Sonnenforschung Nr. 7 (21) S. 1 (russisch).

1061. Onoranze a vito Volterra (1860—1940). Coelum **19** 24—26.

1062. Atti notarili del sec. XVI contenenti il nome di Copernico rinvenuti nell' Archivio Storico Capitolino. Coelum **19** 40—43.

1063. En souvenir de Camille Flammarion (1925—1951). BSAF **65** 439—441, mit 1 Fig.

1064. A propos du jubilé newtonien de Londres. Note sur trois astronomes de la Suisse française des XVIIe et XVIIIe siècles. Publ. Obs. Genève (A) **5** 95—103, mit 1 Fig., 1947.

1065. Herdenking Foucault 1851—1951. Heelal **7** 43.

1066. Thomas Wright of Durham. JBAA **61** 112—113.

1067. John Michell (1724—1793). JBAA **61** 168—169.

1068. Galileo: A biographical fragment. JBAA **61** 249—250.

1069. Astronomy in the University of Manchester: Prof. Z. Kopal. Nature **168** 234.

1070. Sir Arthur Schuster (1851—1934). Nature **168** 410.

1071. Astronomy at University College, London: Prof. W. C. Allen. Nature **168** 1025.

* * Radio-Astronomy at Manchester: Prof. A. C. B. Lovell, O. B. E. Vgl. Ref. 1225.

§ 11

Tätigkeitsberichte von Instituten und Gesellschaften, Tagungen

1101. **Tätigkeitsberichte von Instituten**

Ann Arbor, Mich. The Observatories of the University of Michigan. AJ **56** 157—163. L. Goldberg, R. R. McMath.

Arcetri. Osservatorio Astronomico di Arcetri. Il Giornale dell'Università Nr. **11**, 3 S. G. Abetti. — Ferner: Centro di studio per l'astrofisica. Attività svolta dal maggio 1950 al luglio 1951. Vgl. Ref. 1133.

Armagh. Observatory. Irish AJ **1** 141—142, mit 1 Tafel = Armagh Obs. Leaflet Nr. 7. E. M. Lindsay. MN **111** 189. E. M. Lindsay. Nature **168** 504—505.

Belgrad. Observatoire Astronomique. Publ. Obs. Astr. Belgrade Bull. **15** VII—XV. B. Popović.

Berlin-Treptow. Archenhold-Sternwarte. Mitt. Archenhold-Sternw. Nr. **19**, 9 S. mit 10 Abb. D. Wattenberg.

Besançon. Observatoire National. Activité chronométrique 1950—1951. Ann. Françaises Chronométrie **21** 268—273.

Bloemfontein, South Africa. Lamont-Hussey Observatory. Vgl. Ann Arbor.

Bloomington, Ind. Goethe Link Observatory. AJ **56** 153—155. F. K. Edmondson.

Bordeaux. Observatoire. Rapport présenté au Conseil de l'Université. Année scolaire 1947—1948, 1948—1949, 1949—1950. Bordeaux 1951, 7 + 7 + 8 S. P. Sémirot.

Cambridge, Engl. University of Cambridge. Report of the Observatories Syndicate for the year ending 1951 September 30. Cambridge Obs. Repr. Nr. **2**, 3 S. MN **111** 189—191. R. O. Redman.

Cambridge, Engl. Cavendish Laboratory. MN **111** 192—194. L. Bragg.

Cambridge, Mass. 105. annual report of the director of the Astronomical Observatory of Harvard College for the year ending September 30, 1950. Cambridge, Mass. Published by the University, 8 S. H. Shapley.

Canberra. Commonwealth Observatory. Report of the Commonwealth Astronomer for the year 1950. Mit Supplement. 5 + 11 S. mit 5 Tafeln. Maschinenschriftvervielfältigungen. R. v. d. R. Woolley.

Cape of Good Hope. Royal Observatory. MN **111** 185—188. R. H. Stoy. Nature **168** 1114. Ferner: Report of His Majesty's Astronomer at the Cape of Good Hope to the Secretary of the Admiralty for the year 1950. 15 Schreibmaschinenseiten. R. H. Stoy.

Cartuja (Granada). Observatorio Geofisico. Urania Barcelona **36** 189—190.

Charlottesville, Va. Leander McCormick Observatory. AJ **56** 155—157. H. L. Alden.

Christchurch, N. Z. Geophysical Observatory, Department of Scientific and Industrial Research. MN **111** 214. J. W. Beagley.

Christchurch, N. Z. Canterbury University College. MN **111** 215. C. Ellyett.

Cleveland, Ohio. Warner and Swasey Observatory. AJ **56** 171—172. J. J. Nassau.

Columbus, Ohio. McMillin Observatory. AJ **56** 163—165. J. A. Hynek.

Delaware, Ohio. Perkins Observatory. AJ **56** 163—165. N. T. Bobrovnikoff.

Delaware, Ohio. Wesleyan Student Observatory. AJ **56** 163—165. J. E. Merrill.

Denver, Col. Chamberlin Observatory. AJ **56** 150—151. A. W. Recht.

Dublin. Dunsink Observatory. Irish AJ 1 169. H. Brück. MN 111 202. H. A. Brück. Nature **168** 455.

Edinburgh. Royal Observatory. MN **111** 181—185. W. M. H. Greaves.

Evanston, Ill. Dearborn Observatory. AJ **56** 152. K. A. Strand.

Exeter. Norman Lockyer Observatory of the University College of the South West. MN **111** 201. D. L. Edwards.

Fort Davis, Tex. McDonald Observatory. Vgl. Williams Bay.

Glasgow. University Observatory. MN **111** 194—195. W. M. Smart.

Greenwich. Royal Greenwich Observatory. Report of the Astronomer Royal to the Board of Visitors of the Royal Greenwich Observatory. 29 S. H. S. Jones. — 1950 Mai 1 — 1951 April 30. Ferner: MN **111** 176—181. H. S. Jones. Nature 168 418—419.
Observations made at the Royal Observatory, Greenwich in the year 1937, S. 1—40. Report of the Astronomer Royal to the Board of Visitors of the Royal Observatory, Greenwich. H. S. Jones.
Desgl. für 1938. S. 1—45.

Hamburg. Deutsches Hydrographisches Institut. Jahresbericht Nr. 5, 1950. 72 S. mit 11 Anlagen. G. Böhnecke.

Hyderabad. Nizamiah Observatory. MN **111** 208. A. Ali.

Ithaca, N. Y. Fuertes Observatory. AJ **56** 153. R. W. Shaw.

Johannesburg. Union Observatory. MN **111** 205. W. H. van den Bos.

Kodaikanal. Solar Physics Observatory. MN **111** 209—210. A. K. Das. Ferner: Annual report of the Kodaikanal Observatory for the year 1949. Desgl. 1950. 7 + 8 S.

Lake Angelus, Pontiac, Mich. McMath-Hulbert Observatory. Vgl. Ann Arbor.

La Plata. Memoria anual correspondiente al año 1949. Publ. Obs. Astr. Univ. Nacional La Plata Serie Especial Nr. **12**. G. O. Wallbrecher.
Desgl. für 1950 in Publ. Obs. Astr. Univ. Nacional La Plata Serie Expecial Nr. **15**.

Leiden. Observatory. BAN **11** 271—274, 275—279. Bericht für 1948 und 1949.

Lembang, Java. Bosscha Sterrenwacht. Report for the years 1949—1950. 15 S. G. B. van Albada.

London. Imperial College Observatory, South Kensington. MN **111** 195. R. W. B. Pearse.

London. University of London Observatory, Mill Hill. MN **111** 195—196. E. M. Burbidge.

Madison, Wis. Washburn Observatory. AJ **56** 172. A. E. Whitford.

Madrid. Seminario de Astronomia y Geodesia de la Universidad de Madrid. Urania Barcelona **36** 192.

Manchester. Jodrell Bank Experimental Station, University of Manchester. MN **111** 196—200 = Astr. Contr. Univ. Manchester (2) Jodrell Bank Repr. Nr. **64**. A. C. B. Lovell.

Mount Stromlo. Commonwealth Observatory. MN **111** 211—212. R. v. d. R. Woolley.

Mount Wilson, Mount Palomar. Annual report of the director. Carnegie Inst. Washington Year Book Nr. **50**, for the year 1950—1951, S. 3—31. I. S. Bowen. Survey of the year's work at the Mount Wilson and Palomar Observatories. Publ ASP **63** 5—16. I. S. Bowen.

Neuchâtel. Rapport du directeur de l'Observatoire Cantonal de Neuchâtel à la Commission de l'Observatoire sur l'exercice 1950, suivi du rapport spécial sur les concours des chronomètres et des pendules observés en 1950. 31 S. mit 4 Anhängen. E. Guyot.

New Haven, Conn. Yale University Observatory. AJ **56** 172—174. D. Brouwer.

Ottawa. Dominion Observatory. MN **111** 202—204. C. S. Beals.

Oxford. University Observatory. MN **111** 200. H. H. Plaskett.

Paris. Bureau International de l'Heure. Rapport annuel sur les travaux du Bureau International de l'Heure en 1951. Bull hor (3) Nr. **3** S. 67—78. A. Danjon, N. Stoyko.

Perth. Observatory. MN **111** 214. H. S. Spigl.

Pittsburgh, Pa. Allegheny Observatory. AJ **56** 149—150. N. E. Wagman.

Pretoria. Radcliffe Observatory. MN **111** 206—208. A. D. Thackeray.

Princeton, N. J. Princeton University Observatory. AJ **56** 165—167. L. Spitzer jr.

Richmond Hill. David Dunlap Observatory. AJ **56** 151—152. J. F. Heard. MN **111** 204—205. J. F. Heard.

Riverview, N. S. W. Riverview College Observatory. MN **111** 212. D. J. K. O'Connell.

Santiago. Observatorio Astronomico de la Universidad de Santiago. Urania Barcelona **36** 192.

St. Andrews. University Observatory. MN **111** 201. E. Finlay-Freundlich.

Stockholm. Stockholms Observatoriums Årsberättelse för året 1950. K. Svenska Vet. Årsbok för år 1951 S. 125—134. B. Lindblad.

Swarthmore, Pa. Sproul Observatory. AJ **56** 167. P. van de Kamp.

Sydney. Observatory. MN **111** 212. H. Wood.

Sydney. Radiophysics Laboratory. MN **111** 212—213. E. G. Bowen.

Tortosa. Observatorio de Fisica Cosmica del Ebro (Tortosa). Urania Barcelona **36** 190—191.

Uccle. Observatoire Royal de Belgique. Commun. Obs. Roy. Belgique Nr. **25**, 18 S. P. Bourgeois.

Upper Darby and Wynnewood, Pa. Flower and Cook Observatories. AJ **56** 152—153. C. P. Olivier.

Washington. Astrophysical Observatory. Annual Report on the Astrophysical Observatory for the year ended June 30, 1950. Annual Report of the Smithsonian Institution for 1950 S. 116—121. L. B. Aldrich.

Washington, D. C. United States Naval Observatory. AJ **56** 168—170. F. A. Graf.

Wellington, N. Z. Carter Observatory. Carter Obs. Astr. Bull. Nr. **35**, 12 S. I. L. Thomsen. MN **111** 215. I. L. Thomsen.

Wellington, N. Z. Seismological Observatory. MN **111** 215—216. R. C. Hayes.

Williams Bay, Wis. Yerkes Observatory. AJ **56** 174—182. B. Strömgren. AJ **55** 209—215. S. Chandrasekhar.

Wynnewood. Siehe Upper Darby.

Zürich. Eidgenössische Sternwarte. Tätigkeitsbericht für das Jahr 1950. 7 S. M. Waldmeier.

* * Tätigkeitsberichte von Privat- und Volkssternwarten siehe unter § **12**.

1102. American Association of Variable Star Observers

Sky and Telescope **11** 38, mit 1 Fig. AAVSO meets at Harvard Observatory.

Sky and Telescope **10** 220—221, mit Fig. American Association of Variable Star Observers meets at Washington, D. C.

1103. American Astronomical Society

AJ **56** 147—148. Draft of proposal for the support of astronomy by the National Science Foundation.

J RAS Canada **45** 167—169. The June meeting of the American Astronomical Society at Washington, D. C. R. E. Williamson.

Pop Astr **59** 57—65, mit 1 Tafel. The eighty-fourth meeting of the American Astronomical Society. C. H. Gingrich. — Haverford College, 1950 Dezember 27.

Pop Astr **59** 348—355, mit 4 Tafeln. The eighty-fifth meeting of the American Astronomical Society. C. M. Huffer.

Sky and Telescope **10** 94. Members and guests of the American Astronomical Society at the 48 th meeting, Haverford College, December 28, 1950.

Die kurzen Berichte über die auf den Versammlungen gehaltenen Vorträge sind durch «Ref. AAS» gekennzeichnet.

1104. Astronomical Society of the Pacific

Publ ASP **63** 46. Minutes of the special meeting of the directors, November 25, 1950.

Publ ASP **63** 46—47. Minutes of the adjourned meeting of the directors, November 30, 1950. V. Graves.

Publ ASP **63** 101—103. Minutes of the annual meeting of the Astronomical Society of the Pacific January 31, 1951. S. Einarsson.

Publ ASP **63** 104—110. Minutes of the meeting of the newly elected board of directors. S. Einarsson.

Publ ASP **63** 168—171. Los Angeles meeting of the Astronomical Society of the Pacific. J. A. Russell. — 1951 Juni 18—22.

Publ ASP **63** 232—236 = Mt. Wilson and Palomar Obs. Repr. Nr. **56**. Los Angeles meeting of the Astronomical Society of the Pacific.

Die kurzen Berichte über die auf den Versammlungen gehaltenen Vorträge sind durch «Ref. ASP» gekennzeichnet.

1105. Astronomical Society of South Africa

MN ASSA **10** 65—70. Annual reports. Report of the Council for the session 1950—1951. H. E. Krumm.

1106. Astronomische Gesellschaft

Astr. Nachrichtendienst Berlin-Treptow **3** 55—57. Die Tagung der Astronomischen Gesellschaft in Recklinghausen vom 24.—27. August 1951. E. Mädlow.

Naturwiss. Rundschau **4** 77. Tagung der Astronomischen Gesellschaft. N. Richter.

Phys. Blätter **7** 468—469. Versammlung der Astronomischen Gesellschaft in Recklinghausen. H. Haffner.

Sterne **27** 205—210, mit 1 Abb. Versammlung der Astronomischen Gesellschaft 23. bis 27. August 1951. C. Hoffmeister.

Sternenwelt **3** 161—162, mit 1 Abb. Die Tagung der Astronomischen Gesellschaft in Recklinghausen. S. Günther.

Sternenwelt **3** 212—216, mit 2 Abb. Die Vorträge auf der Tagung der Astronomischen Gesellschaft.

Die kurzen Berichte über die auf der Versammlung gehaltenen Vorträge sind durch «Ref. AG» gekennzeichnet.

1107. Astronomisch-Geodätische Gesellschaft der UdSSR

Bull. Astr.-Geod. Ges. UdSSR Nr. **10** (**17**) S. 50—55 (russisch). Die Tätigkeit der Abteilungen der WAGO im Jahre **1949**.

1108. British Astronomical Association

JBAA **61** 207—227. Report of the council on the work of the session 1950 July 1 to 1951 June 30, to be presented to members of the Association at the annual general meeting 1951 October 31. — Enthält unter anderem die Berichte folgender Sektionen: Solar Section (F. J. Sellers), Lunar Section (H. P. Wilkins), Mercury and Venus Section (H. McEwen), Mars Section (P. M. Ryves), Jupiter Section (A. F. O'D. Alexander), Saturn Section (A. F. O'D. Alexander), Comet Section (G. Merton), Meteor Section (J. P. M. Prentice), Aurora and Zodiacal Light Section (W. B. Housman), Variable Star Section (W. M. Lindley), Methods of Observation Section (W. H. Steavenson), Computing Section (J. G. Porter), Historical Section (H. L. Kelly).

JBAA **62** 1—31, mit 5 Fig. und 2 Tafeln. Report on the annual general meeting of the Association.

J RAS Canada **45** 253. British Astronomical Association.

The British Astronomical Association: Its nature, aims and methods. Vgl. AJB 48 Ref. 1110. — Weitere Besprechung in Southern Stars **14** 30—31, 1948.

1109. British Interplanetary Society

Coelum **19** 184. II° Congresso Internazionale di Astronautica.

J. British Interplanetary Soc. **10** 305—332. Annual report. Sixth annual general meeting.

1110. Bund der Wiener Sternfreunde

Naturwiss. Rundschau **4** 80. Gesellschaft der Wiener Sternfreunde. W. Jaschek.

1111. La Fédération Internationale des Sociétés et Comités Nationaux de Chronométrie

Ciel et Terre **67** 22.

1112. Deutsche Gesellschaft für Chronometrie

Phys. Blätter **7** 229—230. Tagung der Deutschen Gesellschaft für Chronometrie in Stuttgart. E. Schieron.

Phys. Blätter **7** 519—521. Herbsttagung der Deutschen Gesellschaft für Chronometrie in Pforzheim. L. Meyding.

1113. Gesellschaft der Freunde der Urania-Sternwarte Zürich

Orion Schaffhausen **3** 216—217, 251, 343.

1114. International Astronomical Union

AJ UdSSR **28** 197—202 (russisch). Über die Einberufung der 8. Tagung der Internationalen Astronomischen Union. — Eine Übersetzung ins Englische und Französische ist beigefügt.

J RAS Canada **45** 125. Postponement of I. A. U. general assembly.

J RAS Canada **45** 253. International Astronomical Union.

Sky and Telescope **10** 161. 1951 IAU meeting canceled.

Sky and Telescope **11** 7. IAU meeting for 1952 is scheduled.

Transactions of the International Astronomical Union. Vol. 7. Vgl. AJB **50** Ref. 1118. — Weitere Besprechung in Pop Astr **59** 170, ZfA **29** 310 (F. Becker).

1115. International Commission on Meteorites

Geochim. Cosmochim. Acta **1** 71—72. — Arbeitsplan.

Geochim. Cosmochim. Acta **1** 128. An appeal to museums, institutions and scientific workers engaged in investigations of stony meteorites.

1116. **Meteoritical Society**

Pop Astr **59** 439—441. Report on the 14 th meeting of the Society. J. A. Russell.

1117. **The Nantucket Maria Mitchell Association**

Forty-ninth annual report for the year ending January 31, 1951. Memorial House, Nantucket, Mass. 45 S. mit einem Bild von Maria Mitchell.

1118. **Nederlandse Vereniging voor Weer- en Sterrenkunde**

Heelal 7 90—91. Het vijftigjarig bestaan van de Nederlandse Vereniging voor Weer- en Sterrenkunde. H. de Meyer.

Hemel en Dampkring **48** 207—209, 1950 = Werkgroep Meteoren Med. **19**. Nieuwe meteoorvlagen in December 1950. J. Alving, J. van Diggelen. — Vgl. AJB **50** Ref. 1122.

Hemel en Dampkring **49** 75—79. Jaarverslag over 1950.

Hemel en Dampkring **49** 100 = Werkgroep Meteoren Med. **20**. Verslag van de Werkgroep Meteoren over het jaar 1950. S. G. Fonk.

Hemel en Dampkring **49** 119. Verslag van de Werkgroep Bedekkingen over het jaar 1950. J. J. B. van Eijk van Voorthuijsen.

Hemel en Dampkring **49** 120. Beknopt verslag van de Jaarvergadering. — Bericht über die Jahresversammlung der Vereinigung.

Hemel en Dampkring **49** 141. Een gelukwens. P. van de Kamp.

Hemel en Dampkring **49** 177—180, 198—200, 215—220, mit 8 Fig. Het halve — eeuwfeest. — Bericht über die 50 Jahr-Feier.

Hemel en Dampkring **49** 212, mit 1 Abb. De zilveren legpenning van onze vereniging. — Beschreibung der silbernen Medaille der Vereinigung.

Vgl. Ref. 728.

1119. **Royal Astronomical Society**

MN **111** 126—153. Annual general meeting 1951 February 9.

Obs **71** 49—56. Anniversary meeting and annual general meeting of the Royal Astronomical Society.

Obs **71** 173—174, mit 2 Tafeln. The Royal Astronomical Society at Exeter. — Versammlung 1951 Juli 25.

1120. **Royal Astronomical Society of Canada**

J RAS Canada **45** 62—88. Minutes of the annual meeting of the Royal Astronomical Society of Canada.

1121. **Royal Astronomical Society of New Zealand**

Southern Stars **14** 2—15, 1948. Annual meeting April 24 th, 1948. Report of the Council for the year ended 30th September, 1947. Reports of Sections.

Southern Stars **15** 39—47. Report of the Council for the year ended 30th September, 1951. Reports of Sections.

Southern Stars **15** 57—61. Annual meeting, 1st December, 1951.

1122. **Schweizerische Astronomische Gesellschaft**

Orion Schaffhausen **3** 333—335. Bericht über die 9. Generalversammlung der Schweizerischen Astronomischen Gesellschaft in Lausanne. E. Maier.

1123. **Sociedad Astronómica de México**

El Universo **49** Nr. 15 S. 23—24, Nr. 16 S. 52—61, mit 7 Abb., Nr. 17 S. 95—96, Nr. 18 S. 115—119, mit 1 Abb. Noticias (Actividades) de la Sociedad.

El Universo **49** Nr. 15 S. 27. Comisión de observadores de estrellas variables. — Tätigkeitsbericht.

1124. **Società Astronomica Italiana**

Coelum **19** 177—179. La IIª riunione della Società Astronomica Italiana. Mem SA It (NS) **22** 87—88. Atti della Società.

Die kurzen Berichte über die auf der Versammlung gehaltenen Vorträge sind durch «Ref. Soc. Astr. Italiana» gekennzeichnet.

1125. **Société d'Astronomie d'Anvers**

Trente et unième rapport 1950. Anvers, 1951. 11 S. C. de Bièvre.

1126. **Société Astronomique de France**

BSAF **65** 293—312. Assemblée générale annuelle de la Société Astronomique de France. — Bericht über die Tagung 1951 Juni 20.

BSAF **65** 308—312. La vie de la Société Astronomique de France. G. C. Flammarion.

1127. **Société Astronomique de Genève**

Orion Schaffhausen **3** 306.

1128. **Société Belge d'Astronomie, de Météorologie et de Physique du Globe**

Ciel et Terre **67** 64—69. Assemblée générale statutaire du 10 Mars 1951.

1129. **Société Chronométrique de France**

Ann. Françaises Chronométrie **21** 48—50. Assemblée générale du 25 novembre 1950. — Tagung in Paris.

Ann. Françaises Chronométrie **21** 286—295, mit Bild. Assemblée générale de la Société Chronométrique de France. Strasbourg, 25, 26, 27 mai 1951.

1130. **Société Suisse de Chronométrie**

Ann. Françaises Chronométrie **21** 296—301. XXVIᵉ Assemblée générale. — Locle, 1951 Juni 9—10.

1131. **Svenska Astronomiska Sällskapet**

PAT **32** 59—61. — Jahresbericht für 1950.

1132. **G. Abetti,** Centro di studio per la fisica solare. La Ricerca scientifica **20** 773—776. — Bericht über die Tätigkeit des «Centro di studio per la fisica solare» des italienischen Forschungsrates in Arcetri für 1949.

1133. **G. Abetti,** Centro di studio per l'astrofisica. Attività svolta dal maggio 1950 al luglio 1951. La Ricerca Scientifica **21** Nr. 10, 8 S. mit 1 Abb. — Tätigkeit des «Centro di studio per l'astrofisica» vom Consiglio Nazionale delle Ricerche mit besonderem Hinweis auf die Forschungsarbeit der Sternwarte Arcetri-Firenze. Verf.

1134. **E. Bazzi,** Bericht über die Spiegelschleifer-Tagung am 8. Oktober 1950 in Solothurn. Orion Schaffhausen **3** 199—202.

1135. **W. A. Bronstein,** Vollsitzung der Kometen- und Meteor-Kommission. Priroda **40** Nr. 11 S. 87—88 (russisch).

1136. **A. Dermul,** Le 5ᵉ Congrès des astronomes-amateurs. Gaz astr **33** 50—52. — Brüssel 1951 Mai 26.

1137. **P. P. Dobronrawin,** Die erste Konferenz über Astrospektroskopie. Fortschritte Phys. Wiss. **42** 585—597, 1950 (russisch).

1138. **D. S. Evans,** Three months in Pretoria. MN ASSA **10** 93—95.

1139. **G. C. Flammarion,** Réunion à Bruxelles des astronomes des pays voisins (30 mai—3 juin 1950). BSAF **65** 210—211.

1140. **W. F. Hase,** Die Konferenz über Astrospektroskopie. AJ UdSSR **28** 64—67 (russisch). — Simeis, 16.—20. August 1950. — Ref. in Phys. Blätter **7** 414—417, vgl. auch Sternenwelt **3** 234 unter dem Titel: Der galaktische Kern.

1141. **B. N. Himmelfarb,** Die Konferenz über Fragen der Kosmogonie des Sonnensystems. Priroda **40** Nr. 12 S. 73—79 (russisch).

1142. **J. Humphries,** Second international congress on astronautics. Nature **168** 733—734.

1143. **J. Humphries,** The second international congress on astronautics. Pop Astr **59** 453—454.

1144. **J. Hunaerts,** Les journées spectroscopiques de l'Institut d'Astrophysique de Cointe. Ciel et Terre **67** 11—15.

1145. **J. Hunaerts,** Le troisième colloque international de l'Institut d'Astrophysique de Cointe. Ciel et Terre **67** 170—175.

1146. **J. I. Jefremow,** Tagung der Kommission zur Erforschung der veränderlichen Sterne des Astronomischen Rates der Akademie der Wissenschaften der UdSSR. VS Bull **8** 187—191 (russisch). — Tagung vom 27. bis 29. Mai 1951 in Kasan.

1147. **E. L. Krinow,** Die erste Meteoritenkonferenz. Meteoritika Nr. 7 S. 8—10, 1950 (russisch). — Bericht über die Tagung in Moskau vom 16. bis 19. März 1949. Weitere allgemeine Bemerkungen zur Tagung S. 11—16, 158—167.

1148. **E. L. Krinow,** Die dritte Meteoritenkonferenz. Priroda **40** Nr. 10 S. 83—87 (russisch).

1149. **P. G. Kulikowskij,** Die kosmogonische Konferenz. Astr Circ UdSSR Nr. 119 S. 9—10 (russisch). — Vorläufiger Bericht über die Konferenz vom 16. bis 19. April 1951 in Moskau.

1150. **P. G. Kulikowskij,** Vollsitzung des Astronomischen Rates der Akademie der Wissenschaften der UdSSR. AJ UdSSR **28** 194—196 (russisch). — Sitzung in Leningrad vom 18. bis 19. Dezember 1950.

1151. **B. J. Lewin,** Die erweiterte Vollsitzung der Kommission über Kometen und Meteore des Astronomischen Rates der Akademie der Wissenschaften der UdSSR. Bull. Astr.-Geod. Ges. UdSSR Nr. **10** (**17**) S. 55—56. — Tagung vom 24. bis 25. März 1950 in Moskau.

1152. **E. Mädlow,** Internationale Tagung der Amateur-Planetenbeobachter in München vom 12.—15. August 1951. Astr. Nachrichtendienst Berlin-Treptow **3** 51—55.

1153. **E. Mädlow,** Die internationale Tagung der Amateurplanetenbeobachter in München vom 12. bis 15. August 1951. Sterne **27** 210—213.

1154. **E. Mädlow,** Arbeitstagung der Amateurastronomen und Sternfreunde am 11.—13. November 1950 in Berlin. Sternenwelt **3** 65—66.

1155. **A. W. Markow,** Die erste Unionskonferenz über Astrospektroskopie. Priroda **40** Nr. 3 S. 78—79 (russisch).

1156. **P. T. Oosterhoff,** Five months in South Africa. MN ASSA **10** 47—48.

1157. **A. Robl,** Tagung der Planetenbeobachter. Sternenwelt **3** 171—173, mit 2 Abb. — Tagung in München vom 11. bis 15. August 1951.

1158. **G. D. Roth,** Report of the first international meeting of planetary observers at Munich. JBAA **62** 51—52. Übersetzung von M. B. B. Heath.

1159. **W. S. Safronow,** Tagung über Fragen der Kosmogonie des Sonnensystems. AJ UdSSR **28** 535—543 (russisch). — Ref. in Astr. News Letter Nr. **62** S. 8—9. — Vom 16. bis 19. April 1951 in Moskau.

1160. **J. Saget,** La Commission de Photographie Astronomique en 1951. BSAF **65** 361.

1161. **G. Silva,** Centro di studio per la fisica stellare (Sezione di Asiago). Attività svolta negli anni 1949—50. La Ricerca scientifica **21** 185—189. — Tätigkeitsbericht.

1162. **N. Stoyko,** Neuvième assemblée générale de l'Union Géodésique et Géophysique Internationale. Bull hor (3) Nr. 2 S. 29—41.

1163. **L. Volta,** Centro di studio per la fisica stellare. La Ricerca scientifica **20** 1468—1472. — Bericht über die Tätigkeit des «Centro di studio per l'astrofisica» des italienischen Forschungsrates in Merate für 1949. F. Z.

1164. **D. Wattenberg,** Zur Geschichte der DARGESO. Astr. Nachrichtendienst Berlin-Treptow **3** 65. — Ergänzung zu der in Mitt. Archenhold-Sternw. Nr. **20** (Ref. **6353**) gegebenen Übersicht über die Entwicklung der deutschen Arbeitsgemeinschaft für Sonnenbeobachtung.

1165. **H. Wood,** Astronomy in Australia. J. Proc. Roy. Soc. New South Wales **84** 3—16, mit 2 Fig. = Sydney Obs. Papers Nr. **13.**

1166. Procès-verbal de la réunion du 25 mai 1951 de la commission internationale en vue de la constitution d'une fédération internationale de chronométrie. Ann. Françaises Chronométrie **21** 292—293.

1167. Projets de statuts d'une fédération internationale de chronométrie adopté provisoirement par la commission réunie à cet effet le 25 mai 1951. Ann. Françaises Chronométrie **21** 294—295.

1168. Die astronomischen Zirkel in Kujbyschew. Bull. Astr.-Geod. Ges. UdSSR Nr. **10 (17)** S. 60—61 (russisch).

1169. Vollsitzung der Kommission für Sonnenforschung der UdSSR. Bull. Kommission Sonnenforschung Nr. **5—6 (19—20)** S. 1—3, 1950 (russisch).

1170. Congrès d'astronomes-amateurs à Munich. Ciel et Terre **67** 95.

1171. El congreso científico Mexicano. El Universo **49** Nr. 18 S. 99—104. — Bericht über die astronomischen Sitzungen in Mexico Sept. 1951 anläßlich des 400jährigen Bestehens der Universität Mexico. Gü.

1172. Un congrès d'astronomes-amateurs. Gaz astr **33** 58.

1173. International meeting of planetary observers. JBAA **61** 161—162. — Tagung in München 1951 August 12—15.

1174. First International Astronautical Congress, Paris, 1950. J. British Interplanetary Soc. **10** 1—4, mit 3 Abb.

1175. List of societies interested in space-flight. J. British Interplanetary Soc. **10** 331.

1176. Co-operation between the Cape and Radcliffe Observatories. MN ASSA **10** 32.

1177. Astronomy in Ireland. Nature **167** 429.

1178. Nederländska sällskapet för meteorologi och astronomi 50 år. PAT **32** 155—157, mit 1 Fig.

1179. Conference on the sun in the service of man. Proc. American Acad. Arts Sci. **79** 181—326, mit zahlreichen Figuren. — Besprechung in Sky and Telescope **11** 94. — Die Themen sind nach folgenden Gruppen geordnet: I. The biological utilization of solar energy, S. 187—235; II. Sun-earth relationships, S. 237—294; III. Survey of energy sources, needs and utilization, S. 295—326. — Die Beiträge unter II und einige unter III sind in den entsprechenden Paragraphen zitiert und referiert.

1180. Primer Congreso Interobservatorios Nacionales 23, 24 y 25 Noviembre de 1950. Publ. Obs. Astr. Univ. Nacional La Plata Serie Circ. Nr. **10**, 166 S. — Bericht über die erste Versammlung der Mitglieder der beiden argentinischen National-Sternwarten Cordoba und La Plata, die in La Plata zwischen dem 23. und 25. November 1950 stattgefunden hat. Die Publikation enthält 28 wissenschaftliche Mitteilungen. Die Arbeiten sind in den entsprechenden Paragraphen aufgeführt. Sconzo

1181. Carolina convention. Sky and Telescope **10** 294—297, mit 5 Fig.

1182. Space travel symposium. Sky and Telescope **11** 10.

1183. Internationale Tagung der Planetenbeobachter. Strolling Astronomer **5** Nr. 5 S. 2.

1184. International convention of planetary observers at Munich, Germany, in August, 1951. Strolling Astronomer **5** Nr. 11 S. 3—4.

1185. Berichte der in der Astronomischen Sektion gehaltenen Vorträge der 8. wissenschaftlichen Session der Schewtschenko-Staatsuniversität Kiew. Kiew, Verlag der Schewtschenko-Staatsuniversität, 1951. 12 S. (russisch).

1186. Berichte über die aus Anlaß der 80-Jahr-Feier der Molotow-Staatsuniversität Rostow gehaltenen Vorträge. Heft 2. Rostow (Don), Verlag des Rostower Gebiets, 1949. 104 S. (russisch). — Enthält auch einige astronomische Beiträge: A. A. Batyrew, Der Blashko-Effekt bei einigen kurzperiodischen Cepheiden, S. 72; N. M. Ljapin, Über ein Theorem der höheren Geodäsie (von Grunert), S. 77; W. P. Judkina, Über die Abschätzung der absoluten Größe eines Sternes aus der parallaktischen Komponente seiner Eigenbewegung. Loh.

§ 12

Sternwarten, Planetarien

1201. **Aschchabad**

E. M. Proskurina, I. S. Astapowitsch, Das astrophysikalische Laboratorium Aschchabad. AJ UdSSR **28** 278—283 (russisch). — Besprechung in Sternenwelt **3** 232—233.

1202. **Armagh**

S. Grew, Meteorology at Armagh Observatory: General notes and a study of rainfall. Irish AJ **1** 230—236 = Armagh Obs. Leaflet Nr. **10**.
Urania Kopenhagen **8** 134. Armagh Observatoriet.

1203. **Berkeley**

NAT **1951** 152. Leuschner-Observatoriet.

Pop Astr **59** 453. The Leuschner Observatory.
Publ ASP **63** 306. The Leuschner Observatory.
Sky and Telescope **10** 288. The Leuschner Observatory.

1204. Berlin

J. Dick, The 250th anniversary of the Berlin Observatory. Pop Astr **59** 524—535, mit 9 Bildern.

1205. Bloemfontein

B. J. Bok, Progress of photo-electric work at the Boyden Station Sept. 1950—May 1951. MN ASSA **10** 39—42.
JBAA **61** 201—202. Work of the A. D. H. telescope.
JBAA **61** 202. Ireland's turn now.
J RAS Canada **45** 170—171. The ADH telescope.
Sky and Telescope **10** 65, mit 2 Fig. ADH in operation.
Sky and Telescope **10** 92, mit 3 Fig. International telescope.

1206. Brunswick

J. L. Roberts, Position of the 12-inch reflecting telescope at Bowdoin College. AJ **56** 87.

1207. Canberra

R. v. d. R. Woolley, Supplement to the Report of the Commonwealth Astronomer for the year 1950. Vgl. Ref. **1101**. — Beschreibung der Sternwarte in Canberra und auf dem Mt. Stromlo.

1208. Cape of Good Hope

Nature **168** 62. Co-operation between the Cape and Radcliffe Observatories.
Obs **71** 166—167. Observatory co-operation in South-Africa. Royal Observatory, Cape of Good Hope, and Radcliffe Observatory, Pretoria.

1209. Delaware

J. A. Hynek, Astronomy and Astrophysics at the Ohio State University. 1. General problems. 2. Photographing stars in the daytime. Engineering Experiment Station News **23** Nr. 3 S. 3—9, 34—36, mit 9 Fig.

1210. Flagstaff

C. O. Lampland, Astronomy's debt to U. S. government institutions. AJ **56** 132—133. — Ref. AAS.

1211. Göttingen

P. ten Bruggencate, F. W. Jäger, Das Turmteleskop der Göttinger Sternwarte. Vgl. Ref. **2108**.

1212. Gran Sasso

M. Cimino, Gran Sasso Observatory. Sky and Telescope **10** 263—264, mit 2 Fig.
T. Fortini, L'assorbimento atmosferico della radiazione solare a Campo Imperatore, sul Gran Sasso d'Italia. Lincei Rend. (8) **10** 31—36. — Ref. in Phys. Ber. **31** 1184.
Coelum **19** 22—23, mit 1 Fig. La nuova stazione astronomica di Campo Imperatore.

1213. **Haute Provence**

S. Günther, Die neue französische Sternwarte in der Haute Provence. Sterne **27** 170—171, mit 1 Abb.

G. Patfoort, Naar aanleiding van een bezoek aan het «Observatoire de Haute-Provence». Heelal **7** 83—87, mit 4 Fig.

M. Rudkjøbing, Indtryk fra et ophold på Observatoriet i Haute Provence. NAT **1951** 57—61, mit 3 Fig.

Sky and Telescope **10** 87. St. Michel Observatory.

1214. **Heidelberg**

A. Kopff, Das Astronomische Rechen-Institut. Ruperto-Carola, Mitt. der Vereinigung der Freunde der Studentenschaft der Universität Heidelberg **1951** Nr. 4.

Pop Astr **59** 54—55. The fiftieth anniversary of the Königstuhl Observatory.

1215. **Jena**

E. Kaiser, Goethes Anteil an der Gründung und Entwicklung der Universitäts-Sternwarte zu Jena. Sterne **27** 46—48.

1216. **Jungfraujoch**

D. Chalonge, Le vingtième anniversaire de la Station Scientifique du Jungfraujoch. BSAF **65** 413—418, 453, mit 1 Fig. (Fig. 171) und Titelbild zum Novemberheft. Légende explicative de la figure 171. BSAF **65** 453.

D. Chalonge, Dix ans d'observations astronomiques au Jungfraujoch. Contr. Inst. d'Astrophys. Paris (A) Nr. **97**, 11 S. = Extrait de «Zwanzig Jahre Hochalpine Forschungsstation Jungfraujoch». Bern, Editions Stämpfli & Cie., 1951.

M. Migeotte, L. Neven, L'activité de la mission scientifique belge à la station du Jungfraujoch en 1950 et 1951. Sonderdruck aus «Zwanzig Jahre Hochalpine Forschungsstation Jungfraujoch», 1951, mit 3 Fig. = Inst. d'Astrophys. Univ. Liège Mém. 8° Nr. **335** = Commun. Obs. Roy. Belgique Nr. **34**.

BSAF **65** 129, mit Titelbild zum Märzheft. — Teleskop Couder mit Spektrograph.

BSAF **65** 419—428, mit 3 Fig. Dix ans d'observations astronomiques au Jungfraujoch.

1217. **Kasan**

A. K. Iwanowa, Die Station zur Beobachtung der Lotschwankungen am Astronomischen Engelhardt-Observatorium. Abh. Lenin-Staatsuniv. Kasan **111** Nr. 9 S. 83—87, mit 4 Abb. = Mitt. Astr. Engelhardt-Obs. Nr. **27** S. 83—87.

D. J. Martynow, Das Astronomische Engelhardt-Observatorium 1901—1951. Abh. Lenin-Staatsuniv. Kasan **111** Nr. 9 S. 5—26, mit 3 Tafeln = Mitt. Astr. Engelhardt-Obs. Nr. **27** S. 5—26.

Astr Circ UdSSR Nr. 115 S. 17—18 (russisch). Fünfzigjähriges Jubiläum des Astronomischen Engelhardt-Observatoriums.

1218. **Kiew**

N. A. Tschernega, Bestimmung der Breite des Astronomischen Observatoriums Kiew nach Beobachtungen in den Jahren 1949—1950. Vgl. Ref. **13245**.

1219. **Kodaikanal**

Indian J. Meteorology and Geophysics **2** Nr. 2 S. 85—95, mit 5 Fig. Kodaikanal Observatory (1901—1950).

Kodaikanal Observatory 1901—1951. Issued by the India Meteorological Department. 4 + 44 S. mit 12 Tafeln. Preis 1 Rupie.

1220. Krim

G. A. Monin, A. B. Sewerny, Der Spektroheliograph des Astrophysikalischen Observatoriums auf der Krim. Mitt. Astrophys. Obs. Krim **7** 113—117, mit 3 Abb. und 1 Tafel (russisch). — Beschreibung und Reproduktion einiger Aufnahmen.

1221. Leiden

J. van der Bilt, De grote spiegelkijkers van Roelofs en Rienks. Vgl. Ref. **2061**.

1222. Lembang

E. van Albada - van Dien, De Bosscha Sterrenwacht, een jaar nieuw werk. Hemel en Dampkring **49** 115—117, mit 1 Abb., dazu Berichtigung S. 220. — Bericht über die Arbeit und das Programm der Sternwarte sowie insbesondere über das dort angewandte Tickhowsche Verfahren zur photographischen Beobachtung von Blau- und Rot-Helligkeiten mit einer Aufnahme. Gü.

1223. Leningrad

D. W. Sagrebin, G. A. Tschebotarjow, Das Institut für Theoretische Astronomie der Akademie der Wissenschaften der UdSSR. Priroda **40** Nr. 10 S. 79—82 (russisch).

W. L. Tschenakal, Die Ausrüstung der Sternwarte der Petersburger Akademie der Wissenschaften zur Zeit Lomonossows. AJ UdSSR **28** 297—316, mit 3 Abb. und 4 Tafeln (russisch).

1224. Madrid

J. Tinoco, Apuntes para la historia del Observatorio de Madrid. Anuario del Obs. Astr. Madrid para 1952, S. 307—392, mit 11 Tafeln.

1225. Manchester

Nature **168** 17. Radio-astronomy at Manchester: Prof. A. C. B. Lovell, O. B. E.

1226. Montezuma

L. B. Aldrich, Sonnenobservatorium Montezuma (Chile). Naturwiss. Rundschau **4** 398—399.

1227. Moskau

Publ. Astr. Sternberg-Inst. **17** Nr. 1, 173 S. mit 2 Abb. und 9 Tafeln, 1940 (russisch). Astronomie an der Universität Moskau. — Inhalt: 1. S. N. Blashko, Geschichte des Astronomischen Observatoriums der Universität Moskau in Verbindung mit dem astronomischen Unterricht an der Universität (1824—1920), S. 7—106; 2. P. P. Parenago, Geschichte des Astronomischen Observatoriums Moskau und des Astronomisch-Geodätischen Forschungsinstituts (1921—1931), S. 109—117; 3. S. W. Orlow, Geschichte des Staatlichen Astrophysikalischen Instituts (1922—1931), S. 121—136; 4. P. P. Parenago, Geschichte des Staatlichen Astronomischen Sternberg-Instituts an der Universität Moskau (1931—1939). Loh.

1228. Mount Hamilton

W. S. Adams, Stellar radial-velocity programs of the Mount Wilson Observatory. Vgl. Ref. **9211**.

G. H. Herbig, Stellar radial-velocity programs of the Lick Observatory. Vgl. Ref. **9213**.

NAT **1951** 118, mit 1 Abb. Lick-Observatoriet.

Sky and Telescope **10** 233, 248, mit 1 Fig. Lick 120-inch dome under construction.

Urania Kopenhagen 8 118. 120 Tommers Reflektoren paa Lick Observatoriet.

1229. Mount Norikura

M. Notuki, On the coronal observation in Japan. Vgl. Ref. **6712**.

Sternenwelt **3** 107, mit 1 Abb. Eine neue Koronographenstation.

1230. Mount Palomar

W. S. Adams, Gamle Dage paa Mount Wilson. Urania Kopenhagen 8 6—12, mit 1 Fig.

I. S. Bowen, The Palomar Observatory. Sci. Monthly **73** 141—149, mit 6 Fig. = Mt. Wilson and Palomar Obs. Repr. Nr. **53**.

H. Rohr, «The Story of Palomar» in Switzerland. Pop Astr **59** 492—493.

Catalogue of Photographs and Slides from the Mount Wilson and Palomar Observatories. Pasadena, California Institute of Technology Bookstore, 1951. 15 S. — Besprechung in Sky and Telescope **11** 119—120.

Orion Schaffhausen **3** 343. Deutsche Übersetzung der Rede Dr. Fosdicks anläßlich der Einweihung des Palomar Observatoriums. — Wiedergabe eines kurzen Ausschnitts.

Sky and Telescope **10** 64. Palomar is popular. — Ref. in JBAA **61** 142.

Sky and Telescope **10** 186, 190. Palomar Observatory.

Urania Kopenhagen 8 118—119. Fra Mount Palomar.

Urania Kopenhagen 8 133. Mount Palomar Observatoriet.

1231. Mount Stromlo

Nature **167** 17 = Southern Stars **15** 3—4. Astronomical Observatories at Mount Stromlo, Australia.

Phys. Blätter **7** 476. The Commonwealth Observatory, Australia.

1232. Mount Wilson. Siehe Mount Palomar.

1233. Ottawa

D. C. Rose, The cosmic ray observatory at Ottawa. Nature **168** 269—271, mit 2 Fig.

1234. Pic du Midi

J. Rösch, Quatre années de l'Observatoire du Pic du Midi. BSAF **65** 221—243, mit 10 Fig. und Titelbild des Juniheftes.

1235. Pretoria

H. C. Davies, D. S. Evans, An aluminising plant at Pretoria. MN ASSA **10** 19—22, mit 2 Fig.

S. Günther, Die Verlegung des Radcliffe Observatory nach Pretoria. Sterne **27** 171—172, mit 2 Fig.

J. Jackson, Spectrograph for the Radcliffe Observatory, Pretoria. Nature **167** 169—170, mit 2 Fig.

A. D. Thackeray, The Cassegrain spectrograph of the Radcliffe Observatory. MN ASSA **10** 29—30.

Nature **168** 62. Co-operation between the Cape and Radcliffe Observatories.

Obs **71** 166—167. Observatory co-operation in South-Africa. Royal Observatory, Cape of Good Hope, and Radcliffe Observatory, Pretoria.

PAT **32** 68—70, mit 3 Fig. Radcliffe-observatoriet i Pretoria i Sydafrika.

Sky and Telescope **10** 190. Radcliffe spectrograph.

1236. Pulkowo

O. Struve, Pulkovo — old capital of positional astronomy. Navigation Los Angeles **2** 302—305.

1237. Richmond Hill

J RAS Canada **45** 170. Fire at the David Dunlap Observatory.

1238. Roma

Y. Fisher, The oldest observatory in Europe. JBAA **61** 51—52.

1239. Sonneberg

N. Richter, 25 Jahre Sternwarte Sonneberg. Naturwiss. Rundschau **4** 73—74, mit 2 Abb.

1240. Stalinabad

A. W. Solowjow, Das Astronomische Observatorium Stalinabad. Publ. tadshik. Abteilung Akad. Wiss. UdSSR **27** 41—51 (russisch).

1241. Sydney

H. C. van de Hulst, Radiosterrewacht Sydney. Vgl. Ref. **1335**.

1242. Taschkent

A. I. Nefedjewa, L. D. Agafonowa, Untersuchung der horizontalen Biegung des Meridiankreises des Astronomischen Engelhardt-Observatoriums. Vgl. Ref. **2507**.

W. P. Schtscheglow, Aus der Vergangenheit der russischen Wissenschaft. Seiten der Geschichte des Astronomischen Observatoriums Taschkent. Der kleine Vertikalkreis. AJ UdSSR **28** 209—214, mit 1 Abb. (russisch). Dmitrij Danilowitsch Gedeonow. AJ UdSSR **28** 425—431, mit Bild (russisch). — Ref. in Astr. News Letter Nr. **62** S. 1.

1243. Turku

L. Oterma, List of the photographs taken at the University Observatory of Turku during the period 1938—1949. Ann. Univ. Turku (A) **10** Nr. 4, 85 S. = Astr. Obs. Univ. Turku Informo Nr. 8.

1244. Utrecht

J. van der Bilt, De grote spiegelkijkers van Roelofs en Rienks. Vgl. Ref. **2061**.

1245. Victoria

R. M. Petrie, Stellar radial-velocity programs of the Dominion Astrophysical Observatory. Vgl. Ref. **9215**.

Canada Department of Mines and Technical Surveys, Dominion Observatories. The Dominion Astrophysical Observatory Victoria, B. C. A brief non-technical account of the Observatory and its work. Ottawa, 1951. 34 S. mit 20 Abb.

1246. Washington

E. W. Woolard, The centennial of the American Nautical Almanac Office. Sky and Telescope **11** 27—29, mit 4 Fig.

Pop Astr **59** 168—169. National Bureau of Standards semicentennial.

Sky and Telescope **10** 87. Bureau of Standards semicentennial.

1247. Wellington

Carter Obs. Astr. Bull. Nr. **36**, 18 S. mit 1 Fig. Programme for public sessions, 1952.

1248. **Wendelstein**

R. Kühn, Deutschlands höchstgelegene Sternwarte. Sternenwelt **3** 1—3, mit 2 Abb.

Sternenwelt **3** 148—149. 1. Tagung der Wendelstein-Kommission.

1249. **Williams Bay**

T. Page, The Yerkes Collection of Astronomical Photographs. Chicago, University of Chicago Press, 1951. 36 S. — Besprechung in Sky and Telescope **10** 249.

Nature **168** 412. Astronomical photographs from the Yerkes Observatory.

Pop Astr **59** 393—394. Astronomical illustrations.

1250. **I. N. Gnewyschew,** Die astronomische Bergstation des Astronomischen Hauptobservatoriums der Akademie der Wissenschaften der UdSSR. Bull. Kommission Sonnenforschung Nr. 7 (21) S. 2—7 (russisch).

1251. **G. Horn-d'Arturo,** Per l'imminente riforma della legge sugl' Istituti Astronomici. Coelum **19** 122—123.

1252. **J. B. Irwin,** An astronomical visit to South Africa. Publ ASP **63** 111—120, mit 2 Fig. = Goethe Link Obs. Indiana Univ. Repr. Nr. **4**. — In einem Bericht über einen Aufenthalt in Südafrika, bei dem 7 Sternwarten besucht wurden, macht Verf. Angaben über wissenschaftliches Personal, instrumentelle Ausrüstung und Programme, aber auch über besondere Schwierigkeiten dieser Sternwarten. O. G.

1253. **A. A. Michajlow,** Die astronomische Hauptstadt der Welt. Leningrad, Unionsgesellschaft zur Verbreitung politischer und wissenschaftlicher Kenntnisse, 1951. 20 S. Preis 50 Kop. (russisch).

1254. **L. N. Radlowa,** «Die Architektur astronomischer Observatorien». Astr Circ UdSSR Nr. 109 S. 13 (russisch). — Referat über die Dissertation von L. M. Wrangel.

1255. **A. Wilkens,** Observaciones en el cielo austral para el progreso de la dinámica estelar. Publ. Obs. Astr. Univ. La Plata Serie Circ. Nr. **10** S. 157—158. — Verf. gibt einen Hinweis auf die Arbeitsmöglichkeiten in La Plata und Córdoba zur Gewinnung sicherer Eigenbewegungen am Südhimmel und weist auf die erforderliche Ausstattung mit weiteren Instrumenten hin, damit auch Radialgeschwindigkeiten und Parallaxen gemessen werden können. Gli.

1256. **H. P. Wilkins,** Visit to french observatories. Strolling Astronomer **5** Nr. 9 S. 8—9. — Zusammenstellung aus Briefen.

1257. American observatories in South Africa. JBAA **61** 81.

1258. High-altitude stations. Sky and Telescope **10** 87.

1259. High observatory in Bolivia. Sky and Telescope **10** 144, mit 1 Fig.

1260. Arctic radio astronomy. Sky and Telescope **10** 218.

1261. Co-operation in South Africa. Sky and Telescope **10** 292.

Tycho Brahes Sternwarte

1262. **H. Mortensen,** Stjærneborg. Urania Kopenhagen 8 103—106, mit 3 Fig.

1263. **N. V. E. Nordenmark,** Stjärneborgsproblemets historia under femtio år. PAT **32** 87—93, mit 7 Fig. — Bericht über die seit 1900 in Schweden und Dänemark geführten Diskussionen, die Ruinen von Tycho Brahes Sternwarte Stjärneborg auf der Insel Ven zu schützen. Ra.

1264. **Y. Öhman,** Tycho Brahe jubileet på Ven och Stjärneborgs invigning. PAT **32** 81—86, mit 3 Fig. — Bericht über die Einweihung am 27. 10. 1951 des in PAT **32** 1—8 (Ref. **1268**) erwähnten Schutzbaues über die jetzt freigelegten Ruinen von Tycho Brahes Sternwarte Stjärneborg auf der Insel Ven. Ra.

1265. Tycho Brahe's Observatory. J RAS Canada **45** 254.

1266. Tycho Brahe. NAT **1951** 122—124, mit 1 Fig. — Bericht über die Einweihung des Schutzbaues über den Ruinen von Tycho Brahes Stjärneborg am 27. 10. 1951. Vgl. PAT **32** 1—8 und 81—86 (Ref. **1268, 1264**). Ra.

1267. Beskrivelse af Stjerneborg. NAT **1951** 124—127, mit 1 Fig. — Eine dänische Übersetzung der von Tycho Brahe in Astronomiae instauratae mechanica gegebenen Beschreibung seiner Sternwarte Stjärneborg auf der Insel Ven. Ra.

1268. Förslagtill skyddande och bevarande av Tycho Brahes Stjärneborg. PAT **32** 1—8, mit 6 Fig. — Eine schwedische Übersetzung der von Tycho Brahe in Astronomiae instauratae mechanica im Jahre 1598 gegebenen Beschreibung seiner Sternwarte Stjärneborg auf der Insel Ven. Es folgt eine Geschichte der Anlage, nachdem Tycho Brahe 1596 Ven verlassen hatte. N. V. E. Nordenmark legt einen Plan vor, die Ruinen der ursprünglichen Instrumentenkuppeln durch eine Überdachung zu schützen. Ra.

1269. Ruins of Tycho Brahe's Observatory protected. Pop Astr **59** 553—554.

1270. Privat- und Volkssternwarten

BSAF **65** 388—395, mit 5 Fig. René Jarry Desloges et ses stations astronomiques. G. Fournier.

Coelum **19** 54. Il nuovo osservatorio privato «Vulcano» di Grottammare (Ascoli Piceno).

Coelum **19** 107, mit 1 Tafel. Mostra dell' artigianato nell' Istituto Salesiano di Bologna.

El Universo **49** Nr. 15 S. 19—21. El Observatorio Particular «Urbano J. J. Leverrier». J. Ríos del Río. Mit 1 Textabb. und 1 Abb. auf der ersten Umschlagseite.

El Universo **49** Nr. 18 S. 105—109, mit 3 Abb. El Observatorio «Leon Campbell». — Eröffnung der Privatsternwarte des Herrn D. Taboada in Puebla (Mexiko).

El Universo **49** Nr. 18 S. 110—111, mit 1 Abb. — Bericht über die Privatsternwarte des Herrn I. R. Vargas in Mexiko (Stadt).

JBAA **61** 159, mit 1 Abb. Dr. J. L. Haughton's Observatory. J. L. Haughton.

MN **111** 216. Godlee Observatory, College of Technology, Manchester.

MN **111** 216. The Observatory of Hampstead Scientific Society. H. Wildey.

MN **111** 216. Mr. F. Addey's Observatory, Long Sutton, Somerset.

MN **111** 216. Mr. R. Barker's Observatory, Cheshunt, Hertfordshire.

MN **111** 216—217. Mr. J. Evershed's Observatory, Ewhurst, Surrey.

MN **111** 217. Dr. J. L. Haughton's Observatory, Charmouth, Dorset.

MN **111** 217. Mr. M. B. B. Heath's Observatory, Kingsteignton, S. Devon.

MN **111** 217. Mr. F. M. Holborn's Observatory, Peaslake, Surrey.

MN **111** 217. Mr. Patrick A. Moore's Observatory, East Grinstead, Sussex.

MN **111** 217—218. Mr. F. J. Sellers' Observatory, Muswell Hill, London.

MN **111** 218. Dr. W. H. Steavenson's Observatory, Cambridge.

MN **111** 218. Mr. H. Wildey's Observatory, Hamstead, London.

MN **111** 218. Mr. H. P. Wilkins' Observatory, Bexleyheath, Kent.

Naturwiss. Rundschau **4** 526—527, mit 3 Abb. Die Wiener Volkssternwarte (Kuffner Sternwarte). W. Jaschek.

Sky and Telescope **10** 91. Fort Worth Observatory and Planetarium. — Ref. in JBAA **61** 142.

Sky and Telescope **10** 100, mit 1 Fig. A roof-top observatory. J. G. Powell.

Sky and Telescope **10** 124. Chattanooga Observatory.

Sky and Telescope **10** 220—221, mit 1 Fig. Astronomy in Jerusalem. D. V. Zaitschek.

Sky and Telescope **10** 286, mit 1 Fig. New Alabama observatory.

Sky and Telescope **11** 10. Campbell Observatory.

Sky and Telescope **11** 16—18, mit 5 Fig. A small observatory and its $5\frac{1}{2}$-inch refractor. H. Pfleumer.

Sky and Telescope **11** 39, mit 1 Fig. A first telescope. D. Harris.

Southern Stars **14** 45—48, 1948. A tropical observatory. F. M. Bateson. — Sternwarte in Rarotonga.

Sterne **27** 29—30, mit 2 Abb. Die neue Sternwarte in Erfurt. A. Priem.

Sterne **27** 30. Wilhelm-Förster-Institut Berlin.

Sterne **27** 30—31, 59. Astronomische Station Reutlingen.

Sterne **27** 59. Privatsternwarte Roth in München-Harlaching.

Sterne **27** 59. — Bericht über die Volkssternwarte Coburg.

Sterne **27** 110. Der astronomische Beobachtungsdienst der Schulsternwarte Helmholtzschule zu Leipzig. K. Lindner.

Sterne **27** 216. Bericht der Bürgel-Sternwarte Chemnitz. D. Kipsch.

Sterne **27** 216—217, mit 1 Abb. Volkssternwarte Frantz, Dresden. A. Teucher.

Sternenwelt **3** 32. Eine deutsche Sternwarte in Brasilien. W. Sandner.

Sternenwelt **3** 106—107. Die Volkssternwarte Coburg. F. Reeg.

Sternenwelt **3** 142—143, mit 2 Abb. Die Volkssternwarte in Recklinghausen. V. Dahlkamp.

Sternenwelt **3** 162. Astronomie in Jerusalem.

Sternenwelt **3** 183—184, mit 1 Abb. Die Volkssternwarte Bochum.

Planetarien

1271. **P. W. Grigorjew,** Das Lehrplanetarium der Shdanow-Staatsuniversität Leningrad. Priroda **40** Nr. 1 S. 77—79 (russisch).

1272. **F. J. Morshead,** Planetarium as war memorial. Southern Stars **14** 33—35, 1948.

1273. **H. Robinson,** A novel home planetarium. Sky and Telescope **10** 120—121, mit 4 Fig.

1274. Hayden planetarium head appointed. Sky and Telescope **10** 87.

1275. Planetarium in Iowa. Sky and Telescope **10** 297.

1276. Et ærværdigt Planetarium. Urania Kopenhagen **8** 143—146.

§ 13

Geschichte und Fortschritte der Astronomie

1301. **G. Abetti,** Storia dell'Astronomia. Vgl. AJB **49, 50** Ref. **1301.** — Weitere Besprechung in ZfMG **41** 1—2.

1302. **W. Bleeker, A. Blaauw, J. J. Raimond jr.,** Een halve eeuw Weer- en Sterrenkunde. Groningen, J. B. Wolters, 1951. 8 + 128 S. mit 13 Fig. und 13 Tafeln. Preis f. 4.90. — Besprechung in Ciel et Terre **67** 207, Gaz astr **33** 122—123, Heelal **7** 110—111, Hemel en Dampkring **50** 36 (H. Rinia).

1303. **F. Boll,** Kleine Schriften zur Sternkunde des Altertums. Leipzig, Koehler & Amelang, 1950. 450 S. mit 60 Abb. und 4 Karten. — Besprechung in Naturwiss. Rundschau **5** 303—304 (H. Werner).

* * **W. Brunner,** Pioniere der Weltallforschung. Vgl. Ref. **1014.**

1304. **E. K. Charadse,** Die Entwicklung der Astronomie in Sowjetgrusinien. Astr Circ UdSSR Nr. 111 S. 19 (russisch). — Vortrag, über den A. F. Torondshadse berichtet.

1305. **H. Chatley,** Notes on Babylonian astronomy. Obs **71** 120—121. — Die Ausführungen beziehen sich auf folgende Punkte der babylonischen Astronomie: In chronometrischer Hinsicht wird festgestellt, daß die Unkenntnis der Viskosität bei den Wasseruhren zu falschen Ergebnissen der Tageslängen führte. Ferner ist die Präzession der Äquinoktien sicher nicht bemerkt worden, da bei der Art der Jahresfixierung das Zeitintervall von etwa zwei Jahren kein zwingender Anlaß dazu war. Der Zodiakus war ungefähr seit der Zeit Nebukadnezars II. bekannt. Die Gleichsetzung von Jupiter mit Marduk, dem Gott von Babylon ist sehr wahrscheinlich, worauf die von Censorin erwähnte zwölfjährige Periode hinweist. Zum Schluß folgen einige Ausführungen über die Hypsomata (Erhöhungen) von Sonne, Mond und Planeten und eine kurze Bemerkung über das Vorkommen von Gestirnszeichen auf Grenzsteinen.
U. Baehr

1306. **E. J. Dijksterhuis,** De Mechanisering van het Wereldbeeld. Amsterdam, J. M. Meulenhoff, 1950. 9 + 590 S. Preis 18.50 fl. — Besprechung in Heelal **7** 33—34, ZfMG **41** 1 (J. E. Hofmann). Teilwiedergabe in Heelal **7** 40—41.

1307. **K. R. Dixit,** The history of indian astronomy. Scientia **86** 315—318. — Inhalt eines Buches vom Verf. über die Entwicklung der indischen Astronomie und Chronologie.
F. Z.

1308. **P. Doig,** A Concise History of Astronomy. Vgl. AJB **50** Ref. **1305.** — Weitere Besprechung in J. British Interplanetary Soc. **10** 93, Math. Rev. **13** 809—810 (D. J. Struik), Nature **167** 915 (M. Davidson), Orion Schaffhausen **3** 216, Scientia **86** 115—116 (G. Abetti), Urania Kopenhagen **8** 14.

1309. **K. Fischer,** Czech astronomy in middle ages. RH **32** 231.

1310. **A. P. FitzGerald,** Some aspects of primitive astronomy. Irish AJ **1** 197—212, mit 2 Tafeln. — Betrachtungen über den Ursprung der Astrologie und über die Entwicklung der Astronomie aus praktischen Bedürfnissen (Kalender). Angaben über die alten astronomischen Leistungen der Chinesen, Chaldäer, Ägypter und Griechen.
O. G.

1311. **G. A. Gurew,** Die Weltsysteme von den ältesten Zeiten bis in unsere Tage. Vgl. AJB **50** Ref. **1307.** — Besprechung in Priroda **40** Nr. 10 S. 88—90 (M. S. Eigenson, russisch).

1312. **J. Jeans,** The Growth of Physical Science. London, Cambridge University Press, 1951. 2. Auflage. 10 + 364 S. mit 39 Fig. und 14 Tafeln. Preis 15 s. net. bzw. $ 3.75. — Vgl. AJB **48** Ref. **1317**. — Besprechung in Obs **71** 117, Sky and Telescope **10** 223 (C. M. Huffer).

1313. **J. Jeans,** De groei natuurwetenschap. Den Haag, H. P. Leopolds Uitgeversmij N. V., 1949. Übersetzung ins Niederländische durch W. Ijzerdraat und F. Foppema. 12 + 407 S. mit 38 Fig. und 10 Tafeln. Preis f 8.90. — Besprechung in Hemel en Dampkring **49** 196 (J. J. Raimond jr.).

1314. **R. W. Kunizkij,** Die Entwicklung der Anschauungen über den Bau des Sonnensystems. Moskau-Leningrad, Staatsverlag für technisch-theoretische Literatur, 1951. 4. Auflage. 80 S. mit 27 Abb. Preis 1 R. 20 Kop. (russisch).

1315. **O. Neugebauer,** The exact sciences in antiquity. E. Munksgaards forlag, 1951. 191 S. mit 14 Tafeln. Preis 42 Kr. — Besprechung in NAT **1951** 154.

1316. **A. Pannekoek,** The origin of astronomy. MN **111** 347—356 (George Darwin Lecture, 1951 April 13). — Besprechung in Nature **169** 655—656, Obs **71** 90—96.

1317. **G. Perrier,** Kurze Geschichte der Geodäsie. Wie der Mensch die Erde gemessen und gewogen hat. Vgl. AJB **50** Ref. **1311**. — Weitere Besprechung in AN **279** 283—284 (W. Jenne), Ciel et Terre **67** 28 (H. Michel).

1318. **B. E. Rajkow,** Skizzen zur Geschichte des heliozentrischen Weltbildes in Rußland. Moskau-Leningrad, Verlag Akad. Wiss. UdSSR, 1947. 2. Auflage. 392 S. (russisch). — Besprechung in AJ UdSSR **28** 413—415 (J. G. Perel, russisch).

1319. **W. M. Smart,** The first half of the twentieth century: a partial review. MN **111** 247—264 = Glasgow Univ. Obs. Repr. Nr. **29**.

1320. **B. Strömgren,** On the development of Astrophysics during the last half century. Aus: J. A. Hynek, Astrophysics (Ref. **517**), Introduction, 11 S.

1321. **Q. Toqan,** Das grundlegende Buch der Araber über Mathematik und Astronomie. Le Claire, **1948**. 267 S. (arabisch).

1322. **W. L. Tschenakal,** Skizzen zur Geschichte der russischen Astronomie. Die beobachtende Astronomie in Rußland im 17. und am Anfang des 18. Jahrhunderts. Moskau-Leningrad, Verlag Akad. Wiss. UdSSR, 1951. 111 S. mit Abb. und 8 Tafeln. Preis 4 R. 25 Kop. (russisch). — Besprechung in AJ UdSSR **28** 531—533 (J. Perel, russisch), Priroda **41** Nr. 4 S. 124—125 (A. A. Michajlow, russisch). — Inhalt: I. Die russischen «Sternkundigen» des 17. Jahrhunderts und ihre Instrumente, S. 7—25; II. Afanassij Cholmogorskij, S. 26—35; III. Feofan Prokopowitsch und die Sternwarte Menschikows, S. 36—52; IV. Peter I., S. 52—64; V. Jakob Wilimowitsch Brjuss, S. 65—89; VI. Leontij Filippowitsch Magnizkij, S. 90—104. Loh.

1323. **J. Vernet,** En torno a la Historia de la Astronomía. Urania Barcelona **36** 18—24.

1324. **B. L. van der Waerden,** Babylonian astronomy. III. The earliest astronomical computations. J. of Near Eastern Studies **10** 20—34. — Die interpretierten Texte zeigen die fortschreitende Vervollkommnung in der Berechnung der Länge von Tag und Nacht, wobei das Verhältnis des längsten Tages zur kürzesten Nacht mit 2 : 1 angenommen wurde. In den älteren Schriften ist die Veränderung der Tageslänge konstant, später wurden Sonne und Monate auf den Zodiakus bezogen und zur Zeit der Seleuciden ist die Veränderung der Tageslänge von Monat zu Monat verschieden. Ähnliche Rechenmethoden kamen zur Ermittlung der Geschwindigkeit und Breite des Mondes in Anwendung. Die tägliche Verzögerung des Mondaufgangs wurde mit $^1/_{15}$ einer durchschnittlichen Nachtlänge, d. h. zu 48 Minuten angesetzt, so daß die Verzögerung in 30 Tagen einen Tag betrug, wodurch der Neumond zum Neumond zurückkehrte. U. Baehr

1325. **B. L. van der Waerden,** Die Astronomie der Pythagoreer. Verhandelingen Nederl. Akad. Wetensch. Afd. Natuurk. (1) **20** Nr. 1, 80 S. mit 9 Fig. (mit engl. Ref.). — Ref. in Math. Rev. **13** 611, ZfMG **43** 242. — Es wird unter Heranziehung einer großen Anzahl von Zeugnissen aus der alten Literatur nachgewiesen, daß das in Platons Schriften (Phaidon, Staat und Timaios) dargebotene Weltbild auf Anschauungen der Schule der Pythagoreer zurückgeht. Das ursprünglich geozentrische System mit der doppelten kreisförmigen Bewegung der Himmelskörper findet in demselben Dialog seine Fortentwicklung zu den auf Epizykeln bewegten Planeten. Aristoteles schreibt «Denen in Italien, den sogenannten Pythagoreern» eine weitere Lehre zu, nach der auch die Erde nicht ruht, sondern sich mit der Gegenerde und den andern Himmelskörpern um das «Zentralfeuer» dreht. Auch hierfür wird das einschlägige Schrifttum angeführt. Über Herakleides von Pontos, für dessen Anschauung die Diskussion des Chaldicius-Textes von besonderer Bedeutung ist, geht die Entwicklung weiter bis zu Aristarch von Samos. Auf Grund seiner Feststellung, daß Erde und Mond von der Sonne relativ weit und nahezu gleich weit entfernt sein müssen, konnte Aristarch den letzten Schritt tun und die Sonne selbst in den bis dahin imaginären Mittelpunkt des Systems stellen. U. Baehr

1326. **B. A. Woronzow-Weljaminow,** Geschichte der Astronomie in Rußland im 19. Jahrhundert. Publikationen (Trudy) des Instituts für Geschichte der Naturwissenschaft der Akademie der Wissenschaften der UdSSR, Band II, S. 26—70. Verlag Akad. Wiss. UdSSR, 1948 (russisch). — Besprechung in AJ UdSSR **28** 284—289 (S. Korytnikow, russisch).

1327. **E. Zinner,** Astronomie. Geschichte ihrer Probleme. Freiburg-München, Verlag Karl Alber, 1951. Orbis Academicus. Problemgeschichten der Wissenschaft in Dokumenten und Darstellungen. 12 + 404 S. mit 34 Abb. im Text und auf Tafeln. Preis 23.— DM. — Besprechung in AN **281** 47 (J. Wempe), Ciel et Terre **67** 206—207 (H. Michel), Gaz astr **33** 120—122, JBAA **62** 120, J RAS Canada **46** 112, Naturwiss. Rundschau **5** 480 (H. Werner), Obs **72** 124, ZfMG **44** 241—242 (M. Caspar). — Vom Altertum (Plato, Aristoteles) bis zur Gegenwart sind charakteristische Stellen aus Werken und Abhandlungen führender Forscher zusammengestellt, um auf diese Weise ein Bild der Entwicklung der verschiedenen Problemkreise der Astronomie zu geben. Die Planetentheorie und die übrigen Fragen der klassischen Astronomie nehmen dabei etwa $^2/_3$ des Umfanges des Buches ein. Der Anhang enthält Quellennachweise und eine ausführliche Bibliographie. A. Kopff

1328. A Century of Science, 1851—1951. Hutchinson's Scientific and Technical Publications, 1951. Herausgegeben unter der Schriftleitung von H. Dingle. 338 S. Preis 15 s. net. — Sammlung von 16 Beiträgen. Besprechung in JBAA **61** 135.

1329. Fifty years of stellar spectroscopy. Sky and Telescope **10** 116.

Fortschritte der Astronomie

1330. **G. Abetti,** Progressi della Astronomia negli Stati Uniti d'America. La Ricerca scientifica **31** 329—338.

1331. **F. Armenter de Monasterio,** Progresos realizados en la investigación astronómica durante el año 1950. Urania Barcelona **36** 162—183, mit 4 Fig.

1332. **L. d'Azambuja,** Les progrès récents de l'astronomie. BSAF **65** 301—307.

1333. **J. Bouška,** Fortschritte der Astronomie im Jahre 1950. Vesmír **29** 151—152 (tschechisch).

1334. **A. Due Rojo,** Estado actual de la astronomía y geofísica en los Estados Unidos. Bol. Real. Esp. Historia Natural **46** 359—368. — Ref. in Urania Barcelona **36** 270—271.

1335. **H. C. van de Hulst,** Radiosterrewacht Sydney. Hemel en Dampkring **49** 41—50, 61—69, 81—90, mit 18 Abb. — Ref. in Heelal **7** 42—43, Sterne **28** 33—34, mit 1 Fig. — Bericht über die Einrichtungen der Radio Astronomy Division of the Radiophysics Laboratory, Sydney sowie über die Ergebnisse und Probleme der Radioastronomie: die interferometrische Bestimmung der Punktquellen, die Radiostrahlung der Milchstraße und die daraus erschlossene Struktur derselben, die Radioemission der Sonne, die Temperaturstrahlung des Mondes und sein Radarecho, Übersicht über die Arbeiten der einzelnen Staaten. Gü.

1336. **W. A. Krat,** Fortschritte der Sonnenphysik in den letzten Jahren. Bull. Kommission Sonnenforschung Nr. **5—6** (**19—20**) S. 4—5, 1950 (russisch).

1337. **A. A. Michajlow,** Fortschritte der sowjetischen Astronomie. Moskau, Verlag Akad. Wiss. UdSSR, **1949.** 17 S. (russisch). — Enthalten eine J. W. Stalin gewidmete Sammlung von Aufsätzen.

1338. **A. A. Michajlow,** Successful results of soviet astronomy. RH **32** 171—174, 200—204.

1339. **O. Struve,** Today's astronomical frontiers. Engineering Experiment Station News **23** Nr. 3 S. 10—11, 36—40.

1340. **O. Struve,** Astronomy. J. Franklin Inst. **251** 13—22. — Zusammenfassung der Ergebnisse einer Rundfrage an 55 Astronomen über die astronomischen Ziele der nächsten Jahre.

1341. **B. A. Woronzow-Weljaminow,** Fortschritte der Astronomie in der UdSSR. Baku, 1951. 59 S. mit 11 Abb. Preis 1 R. 50 Kop. (aserbajdshanisch).

1342. 10 Höhepunkte astronomischer Forschung des Jahres 1951. Phys. Blätter **7** 566—567.

1343. Astronomical research now in progress. Pop Astr **59** 282—284.

§ 14

Geschichtliche Untersuchungen über Spezialgebiete

1401. **G. Abetti,** Arabisk astronomi og videnskabens historie i tidlige tider. NAT **1951** 70—75. — Übersetzung aus ASP Leaflet Nr. 260 von J. M. Vinter Hansen.

* * **G. L. Andrissi,** Il cosmografo Vincenzo Coronelli e l'astronomia nel Seicento. Vgl. Ref. **1005.**

1402. **I. S. Astapowitsch,** Die Radianten der hauptsächlichsten Meteorströme nach chinesischen Beobachtungen im 10.—12. Jahrhundert. Astr Circ UdSSR Nr. **113—114** S. 17—20 (russisch).

1403. **J. Brouet,** Le centenaire de l'expérience de Foucault. Ciel et Terre **67** 41.

1404. **I. Capasso,** Astronomia e nautica in un trattato del XVIII secolo· Coelum **19** 164—170, mit 1 Fig. und 5 Tafeln. — Inhalt eines astronomisch-nautischen Werkes aus dem Jahre 1715. F. Z.

1405. **B. Chatterjee,** Geometrical interpretation of the motion of the sun, moon and the five planets as found in the mathematical syntax of Ptolemy and in the Hindu astronomical works. J. Roy. Asiatic Soc. Bengal. Sci. **15** 41—89, 1949. — Ref. in Math. Rev. **12** 381.

1406. **F. J. Carmody,** Regiomontanus' notes on Al-Biṭrūjī's astronomy. Isis **42** 121—130. — Ref. in ZfMG **43** 1—2.

1407. **A. R. Clute,** The trials of Galileo. J RAS Canada **45** 5—14. — Um die Wende des 16. Jahrhunderts waren die Arbeiten und Entdeckungen von Tycho Brahe, Galilei und Kepler bahnbrechend für die Entwicklung der Astronomie. An dem mehr oder weniger vorbehaltlosen Bekenntnis der damaligen Forscher zum Kopernikanischen System entzündete sich der wachsende Widerstand der römischen Kirche, von deren Seite das Ptolomäische Weltbild propagiert wurde. Durch ein unvorsichtiges vorbehaltloses Bekenntnis zu Kopernikus in einem Briefe, der seinen Gegnern in die Hände fiel, lieferte Galilei sich 1616 seinen Feinden aus. Dennoch kam es dank dem großzügigen Verhalten des Kardinals Bellarmine zu keiner Vorladung und Bestrafung Galileis. Erst der 1632 veröffentlichte «Dialog», in dem Galilei das Ptolomäische und Kopernikanische System einander gegenüberstellte, bewirkte, daß der betagte Gelehrte trotz seines schlechten Gesundheitszustandes in Rom vor dem Gericht der Inquisition erscheinen mußte. Die unbeugsame Haltung seiner Gegner führte in den beiden in das Jahr 1633 fallenden Verhören dazu, daß der völlig gebrochene Angeklagte sein bisheriges Bekenntnis zur Lehre des Kopernikus vorbehaltlos widerrufen mußte. U. Baehr

1408. **T. Coulson,** Centenary of the Foucault pendulum. J. Franklin Inst. **252** 457—461.

1409. **J. F. Cox,** A propos du centenaire de l'expérience du pendule de Foucault. BSAF **65** 265—287, mit 10 Fig. = Inst. Astr. Bruxelles (2) Nr. **69.**

1410. **A. Danjon,** De la clepsydre à l'horloge à quartz. BSAF **64** 199—202, mit 3 Fig., 1950.

1411. **A. Dermul,** Catalogues d'étoiles. III—VII. Gaz astr **33** 1—9, 25—33, 45—50, 81—92, 105—114, mit 5 Fig. — Vgl. AJB **50** Ref. **1406.**

1412. **H. Dingle,** Thomas Wright's astronomical heritage. Annals of Science **6** Nr. 4, Nov. 1950. 12 S. — Ref. in JBAA **61** 108—109.

1413. **A. Dittrich,** The chinese eclipse Hi and Ho. RH **32** 17—19, 32—34.

1414. **J. Etienne,** Du nouveau dans l'histoire de la mesure du temps. La montre française Nr. **13** S. 9—14. — Ref. in Ann. Françaises Chronométrie **21** 312.

1415. **C. Fagan,** Zodiacs old and new. London, R. Anscombe & Co., Ltd. 60 S. mit Fig. Preis 4 s. net. — Besprechung in Obs **71** 164—165.

1416. **Y. Fisher,** The oldest observatory in Europe. JBAA **61** 51—52.

1417. **A. Florisoone,** Astres et constellations des Babyloniens. Ciel et Terre **67** 153—169. — Nach einigen einleitenden Bemerkungen über die vorhandenen Texte und den kulturgeschichtlichen Hintergrund, der seinen Niederschlag in der Gestaltung des Babylonischen Sternhimmels gefunden hat, folgt eine Liste der klassischen mesopotamischen Sternbilder. Weiter wird die Übersetzung des Keilschrifttextes BM 86378 (Mul-Apin), soweit es sich um den in diesem Text enthaltenen Katalog von Sternbildern handelt, unterbreitet. So-

dann werden die Planeten eingehend behandelt. In den drei letzten Abschnitten nennt der Autor Textstellen über rote Sterne, Sternpaare, die Milchstraße und Zenitsterne. Am Schluß wird auf den Text Nippur kurz eingegangen, der bekanntlich bisher in den verschiedensten Weisen gedeutet worden ist.
U. Baehr

1418. **H. C. Freiesleben,** Hundert Jahre Nautisches Jahrbuch. Hansa **87** 1592, 1950.

1419. **M. Gjesager,** Danmarks historiske ure. Urania Kopenhagen 8 69—73.

1420. **S. Greenberg,** The Infinite in Giordano Bruno. With a translation of his Dialogue, Concerning the Cause Principle, and One. New York, King's Crown Press; London, Oxford University Press, 1950. 9 + 203 S. Preis 20s. net. — Besprechung in Nature **168** 848 (F. I. G. Rawlins).

1421. **W. Hammer,** Melanchthon, inspirer of the study of astronomy. With a translation of his oration (De Orione, 1553). Pop Astr **59** 308—319.

1422. **R. Hennig,** Kurze Geschichte des Polarsterns. Sternenwelt **3** 96—97.

1423. **R. Hennig,** Der apokalyptische Drache und die Figur des Drachentöters. Sternenwelt **3** 143—144.

1424. **R. Henseling,** Aus der Kulturgeschichte des Abend- und Morgensterns. Sternenwelt **3** 48—52, mit 5 Abb. und Berichtigung S. 115. — Venus ist durch ihre verhältnismäßig gleichförmige Bewegung und durch ihre günstige Sichtbarkeit als Morgen- und Abendstern in besonderer Weise geeignet, als Zeitmesser über lange Zeiträume zu dienen. So gelang den mittelamerikanischen Priesterastronomen der Mayas durch langjährige Beobachtung von Venuskonjunktionen die Ermittlung der Jahreslänge mit einer Genauigkeit, die nur wenig von dem heute bekannten Wert abweicht. Ganz ähnlich verhält es sich mit der von den Griechen mühsam aus Finsternisbeobachtungen abgeleiteten Länge des synodischen Monats. Den Mayas gelang es, mit Hilfe des um die Sonne schwingenden Zeitpendels, das Venus für sie war, unter Hinzuziehung von Finsternisbeobachtungen zu einer erstaunlich vollkommenen Kenntnis der Mondbewegung zu gelangen. Die Bedeutung, die Venus als «kostbarer Zwilling», als Morgen- und Abendstern, bei den Mayas hatte, geht außerdem aus der Lage des Nulldatums der Maya-Zeitrechnung hervor. An diesem Tage, der annähernd achteinhalb Jahrtausende v. Chr. liegt, fielen Neumond und untere Konjunktion der Venus zusammen. Die Frage bleibt offen, ob es den Mayas möglich war, dieses Datum mit den ihnen bekannten Periodenwerten rechnerisch zu ermitteln, was selbst mit den heute bekannten Werten bedenklich wäre.
U. Baehr

1425. **H. Sawyer Hogg,** Out of old books. J RAS Canada **45** 37—44, 89—92, 127—134, 173—178, 215—220, 255—261, mit 2 Fig. und 1 Tafel.

1426. **P. Huguenin,** Horloges et chronomètres pour la navigation. La Suisse horlogère **1951** Nr. 1, S. 11—21. — Ref. in Ann. Françaises Chronométrie **21** 317.

1427. **P. Humbert,** L'année astronomique 1651. Ciel et Terre **67** 15.

1428. **P. Humbert,** L'année astronomique 1652. Ciel et Terre **67** 204—205.

1429. **H. S. Jones,** Time determination by primitive man. Horological J. **93** 735.

1430. **E. S. Kennedy,** An Islamic computer for planetary latitudes. J. Amer. Oriental Soc. **71** 13—21.

1431. **E. S. Kennedy,** A fifteenth century lunar eclipse computer. Scripta math. **17** 91—97. — Ref. in ZfMG **43** 2.

1432. **A. Koyré,** La gravitation universelle de Kepler à Newton. Arch. Internat. Hist. Sci. (NS) **4** 638—653.

1433. **J. Krauß,** Vom Messen der Zeit im Wandel der Zeiten. Wolfshagen-Scharbeutz, Franz Westphal-Verlag, 1950. 112 S. mit 19 Abb. Preis kart. DM 6.50, Halbleinen DM 8.50. — Besprechung in AN **279** 144 (W. Uhink), Sterne **27** 31—32, Sternenwelt **3** 198—199.

1434. **G. de Lorenzo,** Concezioni del mondo antiche e moderne. Rend. Accad. Sci. fis. mat. Napoli (4) **18** 168—179. — Vergleich zwischen antiker und moderner Weltanschauung; Verf. ist der Ansicht, daß beide, trotz ihrer Unterschiede, doch eine gewisse allgemeine und philosophische Ähnlichkeit haben. So ist z. B. in einer alten indischen Auffassung und in den Reden Buddhas der Keim der modernen kosmologischen Anschauungen von Hoyle und Littleton enthalten. F. Z.

1435. **V. von Marnitz,** Die «Geburtsstätte» der Planetoiden. Vgl. AJB **50** Ref. **1310**. — Weitere englische Übersetzung von W. F. T. Schirach in MN ASSA **10** 14—16 unter dem Titel: Lilienthal ... The birthplace of the planetoids.

* * **W. E. May,** The double altitude problem, a historical note. Vgl. Ref. **13332.**

1436. **H. Michel,** La méridienne de Sainte-Gudule à Bruxelles. Ciel et Terre **67** 16—20. — Die Mittagslinie von Sainte-Gudule wurde 1836 im Fußbodenbelag dieses Gotteshauses nach den Anweisungen von Adolphe Quetelet, dem damaligen Leiter der Sternwarte, festgelegt. Der Bericht Quetelets an seine vorgesetzte Behörde läßt erkennen, mit welchen Mitteln man damals den Zeitdienst in den einzelnen Orten des Landes versah und welche Schwierigkeiten dabei zu meistern waren. U. Baehr

1437. **V. V. Michkovitch,** La part de la mécanique céleste et le rôle du hassard dans les découvertes des deux dernières grosses planètes. Annuaire de notre ciel pour l'an 1952. Obs. Astr. Acad. Serbe Sci. **17**, Belgrade 1951 S. 208—233, mit 7 Fig. (serbisch mit französischer Zusammenfassung S. 238—239).

1438. **O. Neugebauer,** A Greek table for the motion of the sun. Centaurus **1** 266—270.

1439. **O. Neugebauer,** The Babylonian method for the computation of the last visibilities of Mercury. Proc. Amer. Phil. Soc. **95** 110—116. — Ref. in Phys. Ber. **31** 1350.

1440. **O. Neugebauer,** The alleged Babylonian discovery of the precession of the equinoxes. J. Amer. Oriental Soc. **70** 1—8, 1950.

1441. **V. Nobile,** Il conflitto fra copernicisti e aristotelici nella sua essenza e nel pensiero di Galileo. Rilievi e precisazioni. II, III. Rend. Accad. Nazionale Lincei Cl. Sci. fis., mat., nat. (8) **10** 337—343, **11** 311—319. — Ref. in ZfMG **41** 339. — Die vorausgegangene Arbeit siehe AJB **50** Ref. 1427. — Fortsetzung der Betrachtungen über die absolute und relative Bewegung. Prüfung der Ansichten Galileis über das geozentrische und das heliozentrische System. F. Z.

1442. **N. V. E. Nordenmark,** Laurentius Paulinus Gothus föreläsningar vid Uppsala universitet 1599 över Copernicus hypotes. Ark Astr **1** 261—299, mit 18 Fig. = Uppsala Astr. Obs. Medd. Nr. **104**. — Vgl. nachstehendes Ref.

1443. **N. V. E. Nordenmark,** Laurentius Paulinus Gothus. Sveriges förste professor i astronomi. PAT **32** 94—99, mit 1 Fig. — Ein Bericht über Laurentius Paulinus Gothus (1565—1646), 1595—1600 Professor der Astronomie an der Universität Uppsala, und seine 1599 gehaltenen Vorlesungen über das Copernicanische Weltsystem. Ra.

1444. **S. W. Obrutschew,** Die astronomischen Arbeiten der Ureinwohner Perus. Priroda **40** Nr. 3 S. 81 (russisch).

1445. **F. A. Paneth,** A 17th century report on copper meteorites. Geochim. Cosmochim. Acta **1** 117—118.

1446. **L. D. Patterson,** Hooke's gravitation theory and its influence on Newton. I: Hooke's gravitation theory. Isis **40** 327—341, 1949.

* * **G. Reaves,** Kourganoff's contributions to the history of the discovery of Pluto. Vgl. Ref. 7816.

1447. **A. Rome,** The calculation of an eclipse of the sun according to Theon of Alexandria. Proc. Internat. Congress Mathematicians, Cambridge, Mass., **1** 209—219, 1950. — Ref. in Math. Rev. **13** 419.

1448. **G. T. Rude,** The original Star Finder. Navigation Los Angeles **3** 15—17. — Geschichtliche Bemerkungen über den Sternglobus der amerikanischen Marine. Fr.

1449. **A. J. Sachs,** A classification of the Babylonian astronomical tablets of the Seleucid period. J. Cuneiform Studies **2** 271—290, 1949.

1450. **H. Schneller,** Sir Isaac Newton und die veränderlichen Sterne. Sterne **27** 102—103.

1451. **D. J. Schove,** English aurorae of A. D. 1660/61. JBAA **62** 38—41.

1452. **P. Sconzo,** Homenaje conmemorativo de Cristobal Colón. La Plata, 1951. 16 S. — Anläßlich des 500. Geburtstages von Christoph Kolumbus werden seine astronomischen Kenntnisse und der Stand der Nautik im 15. Jahrhundert kritisch erörtert. Sconzo

1453. **P. Sconzo,** Conmemoración historica del descubrimiento del primer asteroide «Céres». Publ. Obs. Astr. Univ. La Plata Serie Especial Nr. **11** S. 17—50, mit 11 Fig. — Enthält neben geschichtlichen Bemerkungen auch noch allgemeinere und statistische über den Ring der Kleinen Planeten.

1454. **I. Šimon,** Astronomical observations of 12th century. RH **32** 232. — Astronomische Beobachtungen in alten tschechischen Chroniken. J. B.

1455. **D. A. Somayaji,** Bhaskara's calculations of the gnomon's shadow. Math. Student **18** 1—8. — Ref. in Math. Rev. **13** 197.

1456. **B. Sticker,** Die kosmische Stellung des Mondes im System des Aristarch. Sudhoffs Archiv für Geschichte der Medizin und der Naturwiss. **36** 213—216. — Nach Ansicht des Verf. war es nicht Herakleides von Pontos, der zu der Erkenntnis gelangte, daß die Erde das Zentrum der Mondbahn sei, sondern Aristarch von Samos soll den entscheidenden Schritt in dieser Richtung getan haben. Dieser übernahm von Herakleides die Lehre vom gemeinsamen Umlaufzentrum aller Planeten einschließlich der Sonne, dabei aber setzte er das Entfernungsverhältnis Sonne : Erde : Mond zu 19 : 3 : 1 an. Hieraus ergibt sich von selbst für die Sonne ein gegen Null strebender Bahnradius, und für den Mond würde ein Bahnhalbmesser herauskommen, der von dem der Erde wenig verschieden ist. Zur phasenrichtigen Erklärung der Syzygien blieb somit nur die Erde als Zentrum der Mondbahn übrig. U. Baehr

1457. **R. Suter,** Galileo in Padua. Sky and Telescope **11** 3—4, mit 4 Fig.

1458. **L. Thorndike,** Latin Treatises on Comets between 1238 and 1368 A.D. Vgl. AJB **50** Ref. **1445**. — Weitere Besprechung in J. Atmosph. Terr. Phys. **2** 308 (A. C. B. Lovell), J RAS Canada **45** 45, Scientia **87** 31—33 (G. Armellini).

1459. **R. Toscano,** El concepto de la forma de la Tierra a traves de los tiempos. Anuario del Obs. Astr. Nacional de Tacubaya para el año de 1951 S. 221—239.

1460. **J. Vernet, J. J. de Orús,** Los cuatro lugares del octavo cielo en que no se ven estrellas. Urania Barcelona **36** 202—205, mit 2 Sternkarten.

1461. **M. Waldmeier,** Die totale Sonnenfinsternis vom 28. Juli 1851. Orion Schaffhausen **3** 267—270, mit 1 Abb. — Bericht über die älteste Koronaaufnahme von Berkowski.

* * **M. Waldmeier,** Die Sonnenkorona vom 28. Juli 1851. Vgl. Ref. **6725**.

1462. **D. Wattenberg,** Historische Merkwürdigkeiten aus der Welt der Satelliten. Sternenwelt **3** 174—176.

1463. **H. R. Weber,** Die Alfonsinischen Tafeln. Sternenwelt **3** 25—29, mit 2 Abb. — Die Alfonsinischen Tafeln, die auf Befehl Alfons X. von zwei arabischen Astronomen hergestellt und in kastilischem Text geschrieben wurden, sind als Ergebnis des Zusammenwirkens europäischer und arabischer Kultur auf der Pyrenäenhalbinsel anzusehen. Der allgemeinen Verständlichkeit wegen wurden die Tafeln später ins Lateinische übersetzt, wobei eine Umsetzung sämtlicher Zahl- und Zeitangaben in das Sexagesimalsystem erfolgte. Der kastilische Urtext wird in Madrid aufbewahrt, jedoch sind die Tabellen für die Planetenbewegung in ihrer ersten Form verlorengegangen. Da es auch heute noch von Interesse ist, Planetenörter mit Hilfe der Alfonsinischen Tafel abzuleiten, die Handhabung der auf dem Sexagesimalsystem stehenden späteren Vervielfältigungen aber zu schwerfällig ist, hat Alfred Wegener die Tafeln der mittleren Bewegung in ihre ursprünglichen Formen rekonstruiert. Es wird gezeigt, wie man mit Hilfe der Tafeln, denen die Ptolomäische Theorie zu Grunde liegt, Sonnen- und Planetenörter rechnete. U. Baehr

* * **J. Weenen,** Ceres, 1 Januari 1801—1 Januari 1951. Vgl. Ref. **7542**.

1464. **H. Werner,** Neues über die Zeitrechnung der alten Azteken. Naturwiss. Rundschau **4** 440—441.

1465. **H. J. J. Winter,** Die astronomische Tradition bei den mohammedanischen Völkern. Endeavour **10** 126—130, mit 2 Abb. — Ein geschichtlicher Überblick über die Arbeit früher mohammedanischer Astronomen, die Gründung von Sternwarten in Spanien und im Orient und über die Aufstellung astronomischer Tabellen. Das Astrolabium wird beschrieben, und andere damals benützte Instrumente werden erwähnt. Eine Erhöhung der Beobachtungsgenauigkeit wurde durch Vergrößerung der Instrumente erzielt. Der Einfluß mohammedanischer Astronomen auf die Wissenschaft in Europa, Indien und China wird geschildert. Verf.

1466. **H. J. J. Winter, W. 'Arafat,** Ibn al-Haitham on the paraboloidal focussing mirror. J. Roy. Asiatic Soc. Bengal **15** 25—40, 1949.

1467. **E. Zinner,** Magister Alard von Diest und die Pariser Beobachtungen von 1312—15. Isis **42** 38—40. — Die von L. Thorndike veröffentlichten Pariser Beobachtungen aus den Jahren 1312 bis 1315, die sich auf die Bestimmung des Frühlings- und Herbstäquinoktiums und vor allem auf Ortsbestimmungen der Planeten beziehen, werden diskutiert; auf Fehler in den Angaben wird hingewiesen. Als Beobachter kommt nur Alard von Diest in Frage. Angefügt sind Bemerkungen über die Uhren der damaligen Zeit. A. Kopff

1468. Un anniversaire. BSAF **65** 363. — Entdeckung des Kleinen Planeten Ceres vor hundertfünfzig Jahren.

1469. Centenaries in 1952. JBAA **62** 53—54.

1470. The discovery of the zodiacal light. JBAA **61** 140—141.

1471. Historical estimates of stellar parallax. JBAA **61** 141—142.

1472. Aus der Geschichte der November-Meteore. Meteorbeobachter **1951** Nr. 11 S. 1—3.

1473. Astronomy at the van Riebeeck Festival Fair. MN ASSA **10** 104—105.

1474. Ancient Polynesians as navigators. Nature **168** 499. — Besprechung des unter AJB **50** Ref. 1421 zitierten Artikels von G. S. Mann.

1475. 50 Jahre Quantentheorie. Orion Schaffhausen **3** 272—273. — Zusammenfassung eines Vortrages von W. Heitler.

1476. Foucault's pendelförsök, ett hundraårsminne. PAT **32** 153—155, mit 2 Fig.

Dritter Teil

Instrumente. Beobachtungstechnik

§ 20

Allgemeines, Optik, Beobachtungsanleitungen, Alte Instrumente

2001. **K. D. Adams,** The Barlow lens. Southern Stars **15** 34—37.

2002. **J. G. Baker,** Apochromatic correction for refractors. AJ **56** 34—35. — Ref. AAS.

2003. **D. A. Beekhuis,** De vervaardiging van een Schmidt-camera (V). De Meteoor **7** 30—32, mit 2 Fig.

2004. **J. Bigay,** La chambre photographique de Schmidt; les combinaisons optiques qui en dérivent; applications. Beilage zu J. de Phys. et le Radium **12** Nr. 6. — Ref. in Phys. Ber. **30** 1761—1762.

2005. **E. B. Brown,** Gleanings for ATM's. Sky and Telescope **10** 70—71, 99—100, 125—127, 148—150, 175—177, 200—202, 224—226, 250—253, 275—277, 300—301, **11** 16—18, 43—45, mit 40 Fig.

2006. **A. Colacevich,** Un problema di ottica strumentale in Astronomia. Rend. Accad. Sci. Napoli (4) **18** 227—232 = Oss. astr. Capodimonte-Napoli. Collezione Misc. **1** Nr. 1. — Berechnung der asphärischen Form des Cassegrainspiegels bis zur vierten Ordnung, wenn der Hauptspiegel sphärisch ist. F. Z.

2007. **M. Daisomont,** Mémoire final relatif au polissage du verre sur papier. Ostende, Selbstverlag. Preis fr. 6.15. — Besprechung in Orion Schaffhausen **3** 342—343.

2008. **A. Elliott, J. H. Dickson,** Laboratory Instruments: Their Design and Application. London, Chapman and Hall, Ltd., 1951. 414 S. mit 35 Tafeln und Diagrammen. Preis 32 s. net. — Besprechung in Obs **72** 81—82 (H. Seddon).

2009. **M. Émery,** Barillet à leviers astatiques pour miroir de 250 millimètres. BSAF **65** 108—109, mit 1 Fig.

2010. **A. Fiorentini,** Sulla risoluzione delle stelle doppie. Atti Fondazione Ronchi Anno **5** 195—199. — Experimentelle Untersuchungen mit künstlichen Doppelsternen zur Bestimmung der Auflösungsbedingungen. F. Z.

2011. **A. Fiorentini,** Vocabolario dei prismi ottici. Atti Fondazione Ronchi Anno **5** 251—270, 313—332. — Beschreibung aller bisher bekannten Reflexions-Dispersions- und Polarisationsprismen in Physik und Astronomie. F. Z.

2012. **M. Gharib,** A new exact method of designing the aspheric profile of the classical Schmidt-camera. Proc. math. phys. Soc. Egypt **4** Nr. 3 S. 41—56. — Ref. in ZfMG **44** 419.

2013. **M. Hack,** Ricerche sulla dipendenza del potere risolutivo visuale dalla luminosità e dalla lunghezza d'onda. Atti Fondazione Ronchi Anno **5** 129—132. — Resultate experimenteller Untersuchungen zur Bestimmung der Abhängigkeit des Auflösungsvermögens von der Wellenlänge und der Helligkeit der Sterne. F. Z.

2014. **E. H. Linfoot,** Error balancing in fast Schmidt cameras. MN **111** 75—93, mit 2 Fig. = Contr. Cambridge Obs. Nr. **5**. — Verf. gibt eine Näherungslösung für die Aufgabe, die Abbildungsverhältnisse einer lichtstarken Schmidt-Kamera über das gesamte Feld in einem vereinbarten Sinn zu verbessern. Fehler werden dabei bis zur fünften Ordnung berücksichtigt. Die «beste» sich ergebende Fokalfläche ist sphärisch. Das «beste» Profil der Korrektionsplatte wird abgeleitet. Die Lage der neutralen Zone wird für monochromatisches und nichtmonochromatisches Licht erörtert. Im letzten Kapitel wird auf ein modifiziertes Schmidt-System des Verf. (MN **109** 279, AJB **49** Ref. **2034**) und einen Vergleich mit dem klassischen Schmidt-Spiegel eingegangen. Micz.

2015. **A. Maene,** Het Observatorium van de Amateur. Heelal **7** 62—64, mit 9 Fig.

2016. **G. Montiel Chavez,** Organización de un Laboratorio de Óptica y Construcción de una Cámara del Tipo Schmidt. El Universo **49** Nr. 18 S. 100—102, mit 1 Textabb. und 1 Abb. auf der ersten Umschlagseite. — Vortrag über die Herstellung einer Schmidt-Kamera in Mexiko und die dazu geschaffenen Einrichtungen. Gü.

2017. **G. de Mottoni,** Effetti della diffrazione nelle osservazioni di Marte. Coelum **19** 31—37, 62—67, mit 6 Fig.

2018. **G. de Mottoni,** Potere risolutivo, legge di Dawes e visibilità dei dettagli planetari. Applicazione al pianeta Marte. Mem SA It (NS) **22** 333—351, mit 1 Fig. — Die klassische Formel von Dawes für das Trennungsvermögen wird durch eine andere ersetzt, welche mit der Theorie und Erfahrung im Einklang steht. Untersuchung über die Anwendung einer Objektivblende für große Öffnungen und Möglichkeit einer guten Ausnutzung mittlerer Öffnungen für Planetenbeobachtungen. F. Z.

2019. **K. N. Ogle,** On the resolving power of the human eye. J. Optical Soc. America **41** 517—520, mit 5 Fig.

2020. **G. Patfoort,** Waarneming met de kijker. Blijft de theorie in gebreke? Hemel en Dampkring **49** 51—53, mit 1 Abb. — Physikalische und physiologisch-optische Bemerkungen über die visuell-teleskopische Wahrnehmbarkeit kleiner ausgedehnter Objekte. Gü.

2021. **E. L. Pfannenschmidt,** Barlow magic. Strolling Astronomer **5** Nr. 10 S. 4, 6—7, mit 1 Fig. auf S. 1.

2022. **E. L. Pfannenschmidt,** Dialytical titbits. Strolling Astronomer **5** Nr. 2 S. 8—10.

2023. **J. Picht,** Bestimmung eines aus einem (beliebigen) Paraboloidspiegel und einem Zwei-Spiegel-Zusatzsystem bestehenden Drei-Spiegel-Systems, für das die Aufhebung der sphärischen Aberration sowie die Sinusbedingung (Komafreiheit) streng erfüllt ist. Untersuchungen über den Ersatz jener (deformierten) Hilfsspiegel durch einfacher herstellbare Spiegelflächen. Optik **8** 129—144, 145—161, 193—205, 241—250, 318—334, 337—353. — Ref. in Phys. Ber. **30** 1596—1597.

2024. **R. Platzeck,** Teoria de las aberraciones geometricas de los sistemas opticos centrados. Rev. Unión Mat. Argentina **14** 181—196. — Verf. entwickelt zwei Methoden für die sukzessive Bestimmung der geometrischen Aberration eines zentrischen Systems, das aus einer willkürlichen Anzahl optischer Oberflächen mit oder ohne sphärische Achsensymmetrie besteht. Sconzo

2025. **J. L. Rayces,** Aplicación del método de Foucault al control de espejos paraboloidales astronómicos. Publ. Obs. Astr. Univ. La Plata Serie Circ. Nr. **10** S. 49—52, mit 6 Fig. — Die Foucaultsche Schattenmethode wird vervollkommnet und für die Untersuchung eines astronomischen Parabolspiegels angewandt. Sconzo

2026. **B. Righini Crinò,** L'influence de la largeur de la fente du spectrographe sur la répartition d'énergie du spectre continu. Ann d'Astrophys **14** 105—114, mit 8 Fig. — Die Energieverteilung im Spektrum einer Lichtquelle ist mit der wahren nur so lange identisch, wie die Gesetze der geometrischen Optik gelten, also die Spaltbreite des Spektrographen groß genug ist. In der vorliegenden Arbeit wird die Modifikation der Energieverteilung durch die Mitwirkung der Beugung am Spektrographenspalt diskutiert. Die entwickelte Theorie wird an Messungen von Abbot geprüft und gute Übereinstimmung gefunden. Micz.

2027. **B. Righini Crinò,** L'influence de la largeur de la fente du spectrographe sur la répartition d'énergie du spectre continu (II). Ann d'Astrophys **14** 221—231, mit 11 Fig. — Nachdem die Verf. bereits den Einfluß der Beugung am Spektrographenspalt auf die Energieverteilung im kontinuierlichen Spektrum für den Fall, daß der Spalt durch eine hinreichend weit entfernte Lichtquelle direkt beleuchtet wird, diskutiert hatte (Ann d'Astrophys **14** 105, vgl. vorstehendes Ref.), behandelt sie nun den Fall einer punktförmigen Lichtquelle, die durch eine Linse auf dem Spalt so abgebildet wird, daß der Winkel, unter dem das Bild der Lichtquelle vom Spalt aus erscheint, kleiner ist als der, unter dem die Linse gesehen wird. Micz.

2028. **H. Schober,** Das Sehen. Darmstadt, Markewitz-Verlag, 1950. Band **1.** 382 S. mit 62 Abb. und 33 Tabellen. Preis DM 17.50. — Besprechung in Optik **8** 376—377.

2029. **J. Texereau,** L'observation du ciel à l'œil nu et à la jumelle. BSAF **65** 255—259, 477—481, mit 15 Fig. — Fortsetzung des Artikels in BSAF **64** 154 (AJB **50** Ref. **2051**). Ref. in Phys. Ber. **31** 140.

2030. **A. J. Thompson,** Some suggestions about eyepieces. Strolling Astronomer **5** Nr. 2 S. 6—8, mit 3 Fig.

2031. **Y. Väisälä,** Usammensatte Objektiver. Urania Kopenhagen 8 97—102.

2032. **E. Wandersleb,** Die verschiedenen Arten der Vergrößerung eines Fernrohrs mit großem Gesichtsfeld. Jenaer Zeiß-Jahrbuch 1950. — Behandelt Verzeichnung und ihren Einfluß auf die örtliche Vergrößerung und die Deformation ausgedehnter Objekte, z. B. der Sonnenscheibe (Sterne **28** 125).

2033. **P. Wellmann,** Ein dreilinsiges Objektiv für die photographische Photometrie. AN **280** 113—120, mit 2 Abb. = Mitt. Sternw. Hamburg-Bergedorf **9** Nr. 79. — Die Berechnung eines chromatischen Tripletts mit Eigenschaften, die es für photometrische Arbeiten geeignet machen sollen, wird ausführlicher beschrieben, da sie auf einem Wege erfolgte, der den Entwurf solcher Objektive mit einem Minimum an Proberechnungen durchzuführen erlaubt. Verf.

2034. Jenaer Jahrbuch 1951. Wissenschaftliche Veröffentlichungen des Zeißwerkes. Jena, Kommissionsverlag Gustav Fischer, 1951. 290 S. mit zahlreichen Abb. Preis DM 20.—. — Besprechung in Sterne **28** 125—126.

2035. Enquête sur l'instrument idéal pour l'astronomie amateur. Ciel et Terre **67** 59—60.

2036. Un globo celeste di Vincenzo Coronelli rintracciato a Cortina d'Ampezzo. Coelum **19** 77—78.

2037. A new lens cleaning fluid. JBAA **62** 55.

2038. Apochromatic correction for refractors. Sky and Telescope **10** 93, mit 1 Fig. — Ref. AAS.

2039. The capabilities and limitations of small telescopes. Strolling Astronomer **5** Nr. 8 S. 8—12.

Beobachtungsanleitungen

2040. **C. Biemans,** A la recherche des comètes. Ciel et Terre **67** 37—41, mit 2 Fig.

2041. **C. Biemans,** La photographie stellaire d'amateur. Ciel et Terre **67** 88—95, mit 8 Fig.

2042. **Z. Bochníček,** Über die Schätzung der Sterngrößen. RH **32** 45—46.

2043. **Z. Bochníček,** Ratschläge für Beobachter der veränderlichen Sterne. RH **32** 94—95, mit 1 Fig.

2044. **R. Brandt,** Das Fernrohr des Sternfreundes III. Sterne **27** 161—166, mit 7 Abb. — Behandelt die Möglichkeiten der objektiven und subjektiven Sonnenbeobachtung.

2045. **N. J. Bugoslawskaja, W. W. Basilewitsch,** Anleitung zur Beobachtung der Sonne. Vgl. AJB **48** Ref. **6004**. — Besprechung in Bull. Kommission Sonnenforschung Nr. **7** (**51**) S. 64—65 (B. N. Himmelfarb).

2046. **K. K. Dubrowskij,** Anleitung zur Beobachtung von Sternbedeckungen durch den Mond. Moskau-Leningrad, Verlag Akad. Wiss. UdSSR, 1951. 9 S. Preis 75 Kop. (russisch).

2047. **A. Ferretti-Torricelli,** Guardare il Cielo. Milano, Editore U. Hoepli, 1951. 56 S. mit 24 Tafeln. Preis L. 600.

2048. **E. L. Krinow,** Anleitung zur Beobachtung des Niederfalls, zur Suche und Sammlung von Meteoriten. Moskau-Leningrad, Verlag Akad. Wiss. UdSSR, 1950. 2. Auflage. 32 S. mit 17 Abb. (russisch).

2049. **E. Mädlow,** Zur Beobachtung des Planeten Jupiter 1951. Astr. Nachrichtendienst Berlin-Treptow **3** 40—43.

2050. **H. Michiels,** L'observation des variables par les amateurs de la Société d'Astronomie d'Anvers. Ciel et Terre **67** 131—134.

2051. **C. A. Pfeiffer,** Das Fernrohr des Sternfreundes. Amateur-Spektrographie. Sternenwelt **3** 157—158, mit 2 Abb.

2052. **K. Pflug,** Hinweise zur visuellen Venusbeobachtung. Astr. Nachrichtendienst Berlin-Treptow **3** 23—26.

2053. **D. W. Rosebrugh,** Variable star observing. Sky and Telescope **10** 72—74, 101, 128—129, 151, mit 4 Fig.

2054. **D. W. Rosebrugh,** Observing the sun. Sky and Telescope **10** 178—179, 203, 227—228, 254—255, mit 5 Fig.

2055. **D. W. Rosebrugh,** Observing the moon and planets. Sky and Telescope **10** 278—279, 302—303, **11** 19—20, 46—47, mit 5 Fig.

2056. **H. Slouka,** Searching new stars. RH **32** 178—183, mit 2 Fig.

2057. **J. Texereau,** L'estimation des variations d'éclat. Cas de δ Céphée. BSAF **65** 482.

2058. **J. L. White,** The observation of minor planets. JBAA **61** 128—131. — Für Liebhaberastronomen werden ausführliche Anleitungen gegeben, um Kleine Planeten aufzusuchen,weiter zu verfolgen und ihren Ort auf visuelle Weise zu bestimmen. Böh.

2059. **F. Wieser,** Einführung in die Meteorbeobachtung. Meteorbeobachter **1951** Nr. 1 S. 2—3, Nr. 3 S. 1—2, Nr. 6 S. 2—4.

2060. Über die Beobachtung von Feuerkugeln. Meteorbeobachter **1951** Nr. 5 S. 5.

Alte Instrumente

2061. **J. van der Bilt,** De grote spiegelkijkers van Roelofs en Rienks. Een episode uit de geschiedenis der Leidse en Utrechtse sterrewachten (1821—1846). Leiden, Universitaire Pers Leiden, 1951. 11 + 182 S. Preis f 4.90. — Besprechung in Hemel en Dampkring **49** 137 (E. J. Dijksterhuis).

2062. **A. Dittrich,** De gnomonis usu astronomico in Sina. Facultas rer. nat. univ. Carolinae Viniena 5, Praha II, 17 S. — Ref. in Ann. Françaises Chronométrie **21** 55.

2063. **O. S. Marshall,** The first optical tube. (Astronomical progress through the centuries). Pop Astr **59** 79—87.

2064. **H. Michel,** Traité de l'Astrolabe. Vgl. AJB **47** Ref. **614**, **48** Ref. **2004**. — Weitere Besprechung in BSAF **65** 451—452.

2065. Les instruments astronomiques de Nicolas Copernic. BSAF **65** 33—36, mit 3 Fig.

2066. The earliest astronomical telescopes in England. JBAA **61** 109—110.

2067. The first binoculars. JBAA **61** 202.

2068. Fraunhofer's telescope. MN ASSA **10** 5. — Bemerkung zu MN ASSA **9** 72, AJB **50** Ref. **2055**.

2069. Tycho Brahes instrumenter. NAT **1951** 21—28, mit 2 Fig. — Dänische Übersetzung von Tycho Brahes Beschreibung seiner Instrumente «Armillae aequatoriae maximae» und «Arcus bipartitus» in Astronomiae instauratae mechanica. Ra.

§ 21

Beobachtungsinstrumente

2101. **L. D. Agafonowa, A. I. Nefedjewa,** Der Meridiankreis des Astronomischen Engelhardt-Observatoriums in den Jahren 1903—1951. Abh. Lenin-Staatsuniv. Kasan **111** Nr. 9 S. 39—45 = Mitt. Astr. Engelhardt-Obs. Nr. **27** S. 39—45 (russisch).

2102. **R. Anthony,** Instrumentation for high altitude infrared solar measurements. Phys. Rev. (2) **81** 653. — Ref. Am. Phys. Soc.

2103. **S. Arend,** Théorie de l'équatorial visuel et de l'équatorial photographique. Réglage pratique de l'équatorial visuel et de l'astrographe. Observatoire Royal de Belgique. Monographies **2.** Bruxelles, 1951. 151 S. mit 30 Fig. — Ref. in BSAF **65** 452—453, Gaz astr **33** 96—98, Hemel en Dampkring **50** 114. — Der erste Teil enthält die ausführliche Theorie eines visuellen und photographischen Refraktors. Es werden folgende Fragen behandelt: Indexfehler der Kreise, Orientierungsfehler der Achsen, Kollimationsfehler, Biegung der Achsen und des Rohrs sowie die visuellen und photographischen Methoden zur Bestimmung dieser Fehler; Tangentialpunkt und Orientierung photographischer Platten; das «Auswandern» des Leitsterns und die Änderung der Plattenorientierung während einer Aufnahme infolge von Instrumentalfehlern und Refraktion; die Verzeichnung photographischer Sternbilder durch die gleichen Ursachen; die Frage der zweckmäßigsten Orientierung der Stundenachse. Der zweite Teil bringt praktische Anwendungen, Zahlenbeispiele und Tabellen. Es werden unter anderem besprochen: Methoden zur Ausbalancierung des Instruments, Bestimmung der Aufstellungsfehler und deren Korrektion, Justierungen und Fokussierung bei photographischen Aufnahmen. Bo.

2104. **A. Aspinall, J. A. Clegg, G. S. Hawkins,** A radio echo apparatus for the delineation of meteor radiants. Phil. Magazine (7) **42** 504—514, mit 7 Fig. und 2 Tafeln = Astr. Contr. Univ. Manchester (2) Jodrell Bank Repr. Nr. **48.** — Ref. in Phys. Ber. **31** 675—676. — Beschreibung einer Apparatur zur Registrierung der Echos an Meteorspuren in der Ionosphäre. Beobachtungen der Geminiden 1949 und 1950 werden als Beispiel für die Arbeitsweise diskutiert. Behr

2105. **P. P. Bascharin,** Theorie des Zenitteleskops. Moskau, Institut für Ingenieure der Geodäsie, Luftbildaufnahme und Kartographie, 1951. 11 S. — Dissertationsreferat.

2106. **H. Börner,** Das Fernrohr des Sternfreundes. Sternenwelt **3** 77—79, 118—119, 195—197, mit 6 Abb. — Behandelt: Fernrohrantrieb mit Synchronmotor. Selbstbau einer Schmidt-Kamera. Fernrohrnachführung mit Synchronmotor und Sekundenkontrolle.

2107. **R. Brandt,** Das Fernrohr des Sternfreundes. Sternenwelt **3** 38—39, mit 3 Abb. — Fortsetzung des Artikels in Sternenwelt **2** 167, AJB **50** Ref. **2110.**

2108. **P. ten Bruggencate, F. W. Jäger,** Das Turmteleskop der Göttinger Sternwarte. Nachr. Akad. Wiss. Göttingen, Math.-phys. Kl. (2a), Jahrgang 1951 Nr. **5,** 26 S. mit 22 Abb. = Veröff. Univ.-Sternwarte Göttingen Nr. **101.** — Gibt eine eingehende Beschreibung des Gebäudes und der verschiedenen Teile des Turmteleskops. Besonders interessant ist die mit Wasserkühlung ausgerüstete Halterung des Cassegrainspiegels sowie die Spalteinrichtung. Beide Teile wurden in der Institutswerkstatt hergestellt. Kö.

2109. **T. R. Cave jr.,** A large planetary reflector. Sky and Telescope **10** 126—127, mit 1 Fig.

2110. **S. T. Chabibullin,** Das Belkowitsch-Horizontalteleskop des Astronomischen Engelhardt-Observatoriums. Abh. Lenin-Staatsuniv. Kasan **111** Nr. 9 S. 77—82, mit 2 Tafeln = Mitt. Astr. Engelhardt-Obs. Nr. **27** S. 77—82 (russisch).

2111. **W. C. Cheney,** A portable power-driven telescope mounting. Sky and Telescope **10** 70—71, mit 2 Fig.

2112. **M. Daisomont,** Een Spiegeltelescoop voor Zonwaarnemingen. Heelal **7** 58—60, mit 1 Fig.

2113. **M. Daisomont,** Le télescope solaire. Ciel et Terre **67** 96, mit 1 Fig.

2114. **T. Dambara,** Photoelectric transit instrument. Publ. Astr. Soc. Japan **3** 37—41, mit 5 Fig. und 1 Tafel = Tokyo Astr. Obs. Repr. Nr. 87. — Beschreibung eines in Tokyo an ein Durchgangs-Instrument montierten photoelektrischen Registrier-Apparates. Der photoelektrische Strom wird so verstärkt, daß er einen schreibenden Oszillographen betätigt. Die vorläufigen Beobachtungen ergaben befriedigende Resultate. T. L.

2115. **M. Doniol,** A new french nautical sextant. Hydr. Rev. **28** Nr. 2 S. 100—101.

2116. **G. Florsch,** Sur un télescope Newton de 300 mm ouvert à f/5. BSAF **65** 374—377, mit 3 Fig.

2117. **F. E. Fowler, D. S. Johnson,** Servo-guider for solar telescopes. Electronics **24** 118—122. — Ref. in Phys. Ber. **31** 1340.

2118. **A. G. Little, R. Payne-Scott,** The position and movement on the solar disk of sources of radiation at a frequency of 97 Mc/s. I. Equipment. Australian J. Sci. Res. (A) **4** 489—507, mit 9 Fig. und 6 Tafeln = Commonwealth Sci. Industrial Res. Organization, Australia, Division Radiophys. — Inhalt: I. Einleitung. II. Grundsätzliches zu Interferometern. III. Das Interferometersystem. IV. Kalibrierung des Interferometers. V. Beobachtungstechnik.

2119. **A. C. B. Lovell, J. G. Davies,** Radar tracks shooting stars. Astr. Contr. Univ. Manchester (2) Jodrell Bank Repr. Nr. **62.**

2120. **M. du Martheray,** Monture simple pour réflecteur newtonien. Orion Schaffhausen **3** 229—233, mit 2 Fig.

2121. **D. J. Martynow,** Das Schmidt-Teleskop des Astronomischen Engelhardt-Observatoriums. Abh. Lenin-Staatsuniv. Kasan **111** Nr. 9 S. 53—75, mit 11 Abb. und 2 Tafeln = Mitt. Astr. Engelhardt-Obs. Nr. **27** S. 53—75 (russisch). — Durchmesser der asphärischen Linse = 381,5 mm, des sphärischen Spiegels = 517,7 mm, Öffnungsverhältnis 1 : 2,5. Loh.

2122. **W. S. McClenahan, E. G. Woolsey, R. W. Tanner,** Photographic registration of circle settings with the Ottawa meridian circle telescope. J RAS Canada **45** 199—207, mit 3 Tafeln = Contr. Dominion Obs. Ottawa **2** Nr. 10. — Es wird die im Jahre 1949 am Meridiankreis in Ottawa angebrachte photographische Registrierung der Kreisablesungen beschrieben. Die Auswertung der Filme erfolgt mit einem eigens hierzu konstruierten Gerät, bei dem das Bild der Kreisteilung und eines «Referenz-Striches» vergrößert auf einen Meßtisch projiziert und, ohne Benutzung eines Meßmikroskops, durch Verschieben des Tisches mittels Meßschraube ausgemessen wird. In der Genauigkeit zeigt sich eine kleine Überlegenheit gegenüber der visuellen Kreisablesung. Hauptvorteil ist das raschere Arbeitstempo bei den Beobachtungen. Bo.

2123. **O. A. Melnikow, B. K. Ioannissiani,** Ein neues Teleskop mit spaltlosem Spektrographen für den ultravioletten Spektralbereich und seine Erprobung unter Hochgebirgsbedingungen. Mitt. Astr. Hauptobs.

Pulkowo **18** Nr. 6 (147) S. 55—63, mit 10 Abb. (russisch). — Inhalt: Einleitung. I. Beschreibung des Teleskops mit spaltlosem Spektrographen. II. Organisation einer Hochgebirgsexpedition und Ergebnisse der Erprobung. Loh.

2124. **D. H. Menzel,** Some instruments for solar research. Sky and Telescope **10** 187—189, mit 4 Fig.

2125. **R. Müller,** Der Koronograph. Entwicklung und Aufbau. Sternenwelt **3** 14—16, mit 2 Abb.

2126. **A. A. Nefedjew,** Das Heliometer des Astronomischen Engelhardt-Observatoriums. Abh. Lenin-Staatsuniv. Kasan **111** Nr. 9 S. 47—52, mit 1 Tafel = Mitt. Astr. Engelhardt-Obs. Nr. **27** S. 47—52 (russisch).

2127. **A. Offner, W. B. Decker,** An f:1,0 camera for astronomical spectroscopy. J. Optical Soc. America **41** 169—172, mit 6 Fig. = Perkins Obs. Misc. Sci. Papers Repr. Nr. **37**. — Ref. in Phys. Ber. **31** 140. — Beschreibung einer lichtstarken Kamera, die für astronomische Zwecke im Bereich von mehreren Hunderten Angström bei guter Definition zwischen 4000 und 9000 Å eine ebene Abbildung gewährleistet. Loh.

2128. **D. Osterbrock, S. Sharpless,** Photographs with the Henyey-Greenstein wide-angle camera. ApJ **113** 222, mit 6 Fig. — Verf. publizieren eine Reihe von Himmelsaufnahmen, die sie mit einer von Henyey und Greenstein angegebenen Weitwinkelkamera erhalten haben. Diese Kamera besteht im Prinzip aus einer Linse, die das von einem sphärischen Spiegel entworfene Bild photographiert. Bei einem effektiven Öffnungsverhältnis 1 : 2 kann ein Feld von etwa 140° Durchmesser abgebildet werden. Micz.

2129. **N. N. Pawlow,** Das Meniskus-Passageninstrument. Mitt. Astr. Hauptobs. Pulkowo **18** Nr. 5 (146) S. 29—39, mit 3 Abb. (russisch). — Ref. in Astr. News Letter Nr. **59** S. 8. — Planung der Konstruktion eines mit lichtelektrischer Registrierung ausgerüsteten Passageninstruments, dessen Optik das Maksutowsche Meniskusprinzip zu Grunde liegt. Loh.

2130. **R. Portat,** Cadran solaire universel. BSAF **65** 212—216, mit 2 Fig. — Ref. in Ann. Françaises de Chronométrie **21** 331—332.

2131. **H. U. Sandig,** Das elektrische Triebwerk des Bamberger 60 cm-Spiegels. AN **279** 109—112, mit 4 Abb. — Das auf elektrischen Antrieb umgestellte Repsoldsche Federpendel wurde zur Erhöhung der Leistungsaufnahme mit einem sehr einfach konstruierten Fliehkraftschalter versehen und die stählerne Pendelstange zur Erhöhung der Bruchfestigkeit nach einem Spezialverfahren an der Oberfläche gehärtet. Die elektrische Feinbewegung in Stunde sowie die Konstruktion eines Exzenters, mit dem der periodische Fehler der Uhrschnecke behoben werden konnte, werden beschrieben. Verf.

2132. **P. Sémirot,** Principes d'un nouvel instrument des passages. BA **16** 137—143, mit 13 Fig. = Obs. Univ. Bordeaux (A) Nr. **3**. — Das Instrument ist horizontal in ost-westlicher Richtung gelagert, es trägt vor dem Objektiv ein 90°-Prisma und am Okularende ein Doppelschraubenmikrometer. Ein im Strahlengang angebrachtes Wollaston-Prisma ermöglicht durch Autokollimation an der dem Objektiv zugewandten Fläche des 90°-Prismas die bequeme Bestimmung der Aufstellungsfehler. Kö.

2133. **P. Sémirot,** Principes d'un nouvel instrument des passages. JO **34** 45—55, mit 12 Fig. = Publ. Obs. Univ. Bordeaux (NS) Nr. **9**. — Nach Entwicklung einer Fehlertheorie für ein Durchgangsinstrument mit optischer Achse in Ost-West-Richtung werden die von Danjon und Numerow gemachten Vorschläge für ein solches Instrument skizziert. Verf. gibt eine weitere Konstruktion an, die die Mängel der von Numerow nicht besitzen soll. In der Hauptsache besteht sie aus einem vor dem Objektiv angebrachten total reflektierenden

Prisma als einzigen bewegten Teil und zwei Kollimatoren östlich und westlich des Instruments, mit deren Hilfe durch Autokollimation die Meridianrichtung bestimmt wird. Die Art des Beobachtens und der Weg zur Bestimmung der Instrumentalfehler werden angegeben. Böh.

2134. **P. Sémirot,** Principes d'un nouvel instrument des passages. CR **232** 39—40 = Publ. Obs. Univ. Bordeaux (NS) Nr. 8. — Es wird die Idee zu einem neuen Durchgangsinstrument skizziert, dessen optische Achse in Ost-West-Richtung liegt und das als einzigen bewegten Teil ein total reflektierendes Prisma vor dem Objektiv enthält. Die Richtung des Meridians wird mit zwei Kollimatoren östlich und westlich des Instruments durch Autokollimation bestimmt. Die Beobachtungsweise wird beschrieben und die Methode, die Instrumentenfehler zu bestimmen, angegeben. Böh.

2135. **J. Stebbins, J. L. Smith,** The improvement of the Crossley mirror by a new aluminum coating. Publ ASP **63** 202—206. — Nach Hinweis auf Erfahrungen mit anderen Spiegeln wird der Helligkeitsgewinn des Crossley-Spiegels der Lick-Sternwarte durch die letzte Aluminisierung erörtert. Bei der lichtelektrischen Sechsfarben-Photometrie wird in jeder Nacht mehrmals ein Radiumpräparat als Standard-Lichtquelle gemessen. Die gemessenen und wegen Extinktion korrigierten Helligkeitsunterschiede von π Per gegen die Standard-Lichtquelle in den 6 Farben vor und nach dem Aluminisieren zeigen den Helligkeitsgewinn ($0^{m}.27$) im UV. Weiteren Gewinn brachte neue Aluminisierung des kleinen Planspiegels. O. G.

2136. **K. A. Strand, A. D. Code,** A multiple exposure camera with automatic timing and plate transport. AJ **56** 142. — Ref. AAS.

2137. **W. Strohmeier,** Ein Doppelfernrohr für visuelle Photometrie. AN **279** 183—185, mit 3 Abb. = Veröff. Sternw. München **3** Nr. 19. — Ein lichtstarkes Doppelfernrohr ist zum Zwecke visueller Photometrie ergänzt bzw. umgebaut worden. Die Helligkeitsdifferenzen der Sterne werden in jeweils zwei Teilmessungen und in jeweils drei Farben mit einer Genauigkeit von $\pm 0^{m}.1$ (Einzelmessung) durch Verstellen zweier vor den Objektiven montierter Irisblenden ermittelt. Verf.

2138. **W. S. Suchorukich,** Mikroskop und Teleskop. Moskau-Leningrad, Staatsverlag für technisch-theoretische Literatur, 1951. 72 S. mit 35 Abb. Preis 1 R. 15 Kop. (russisch). — Auch in weiteren regionalen Ausgaben und Landessprachen der UdSSR erschienen.

2139. **J. Texereau,** La construction du télescope d'amateur. Paris, Editions de la Société Astronomique de France, 1951. Mit einem Vorwort von A. Couder. 12 + 136 S. mit 70 Fig. und 2 Tafeln. — Inhalt: 1. Considérations générales et projet. 2. Réalisation du grand miroir. 3. Le miroir plan diagonal. 4. Les oculaires. 5. Partie mécanique du télescope. 6. La monture azimutale. 7. Accessoires, finition, réglages. 8. L'instrument dans les conditions d'emploi réelles. — Besprechung in BSAF **65** 408—409. Mit Wiedergabe des Vorwortes von A. Couder. Ferner in J RAS Canada **46** 251.

2140. **J. Texereau,** Commission des instruments. BSAF **65** 15—18, 107—109, 346—350, 385—387, mit 4 Fig.

2141. **J. Texereau,** Télescope de 500 millimètres construit par le Commandant E. C. Silva. BSAF **65** 16, mit 1 Fig.

2142. **J. Texereau,** La construction du télescope d'amateur. VIII. L'instrument dans les conditions d'emploi réelles. BSAF **65** 22—27, mit 1 Fig. — Die vorangehenden Kapitel vgl. AJB **48** Ref. **2131**, **49** Ref. **2128**, **50** Ref. 2137.

2143. **A. J. Thompson,** Making Your Own Telescope. Vgl. AJB **47** Ref. **1105**. — Weitere Besprechung in Southern Stars **14** 29—30, 1948.

2144. **O. F. Thomsen,** En Amatørkikkert. Urania Kopenhagen 8 25—27, mit 1 Fig.

2145. **E. Vandekerkhove,** Un astrographe à champ de 180°. Commun. Obs. Roy. Belgique Nr. **27**, 21 S. mit 7 Fig. und 3 Tafeln. — Das Instrument besteht aus einem sphärischen Spiegel als Strahlensammler (collecteur) und einem normalen Photoapparat als Bilderzeuger (récepteur). Für ein Feld von 180° ist ein konvexer Spiegel erforderlich. An die formelmäßige Darlegung der geometrisch optischen Beziehungen schließen sich Betrachtungen über die Intensität und die Güte der Abbildung. Zum Schluß wird ein ausgeführtes Modell beschrieben und abgebildet; auch Reproduktionen verschiedener mit dem Modellinstrument erhaltener Aufnahmen sind beigegeben. Kö.

2146. **E. Vandekerkhove,** Un télescope coudé de Schmidt. Commun. Obs. Roy. Belgique Nr. **29**, 11 S. mit 4 Fig. und 3 Tafeln. — Die Konstruktion soll in erster Linie die bekannten Nachteile des klassischen Schmidtspiegels, nämlich die relativ große Baulänge und die schlechte Zugänglichkeit des Fokus vermeiden. Erreicht wird dies durch Einführung eines Planspiegels zwischen Korrektionsplatte und sphärischem Spiegel, wobei aber die Korrektionsplatte exzentrisch benutzt und entsprechend deformiert werden muß. Der Darlegung des geometrisch optischen Aufbaus folgt eine durch mehrere Abbildungen erläuterte Beschreibung der optischen und mechanischen Teile. Kö.

2147. **G. de Vaucouleurs,** Petit équatorial astrophotographique. BSAF **65** 387, mit 1 Fig.

2148. **F. L. Whipple,** The Baker Super-Schmidt meteor cameras. AJ **56** 144—145. — Ref. AAS.

2149. Un coronographe d'amateur. BSAF **65** 123—124, mit 3 Fig. Englische Übersetzung in JBAA **62** 46—47, mit 1 Fig.

2150. Instrument universel Wild T 4 pour les déterminations géographiques et les triangulations de premier ordre. Ciel et Terre **67** 151—152, mit 1 Fig.

2151. Telescopi Schmidt in Germania. Coelum **19** 134—135.

2152. Un telescopio Super-Schmidt per la fotografia delle meteore. Coelum **19** 174—175.

2153. Giant telescope for festival of Britain. JBAA **61** 113.

2154. Resolving close doubles. Sky and Telescope **10** 95. — Ref. AAS.

2155. Super-Schmidt. Sky and Telescope **10** 219, mit 4 Fig. — Ref. in JBAA **62** 85—86.

2156. Donald O'Toole's 1/2-inch telescope. Sky and Telescope **10** 262 (1 Abb.). — Ref. in JBAA **62** 158.

2157. The transit-circle. Southern Stars **14** 22—24, 1948.

§ 22

Zusatz- und Auswertegeräte, Photographie

* * **W. S. Adams,** Stellar radial-velocity programs of the Mount Wilson Observatory. Vgl. Ref. **9211**.

* * **E. van Albada-van Dien,** De Bosscha Sterrenwacht, een jaar nieuw werk. Vgl. Ref. **1222**.

2201. **J. S. Allen,** Recent applications of electron multiplier tubes. Vgl. AJB **50** Ref. **2201.** — Ref. in Sterne **27** 105—106, mit 1 Abb.

2202. **H. D. Babcock, H. W. Babcock,** The ruling of diffraction gratings at the Mount Wilson Observatory. AJ **56** 120. — Ref. AAS.

2203. **H. D. Babcock, H. W. Babcock,** The ruling of diffraction gratings at the Mount Wilson Observatory. J. Optical Soc. America **41** 776—786, mit 9 Fig. = Mt. Wilson and Palomar Obs. Repr. Nr. **51.**

2204. **G. W. Bachmann,** Das Fernrohr des Sternfreundes. Ein stereoskopisches Vergleichsgerät für Sternaufnahmen. Sternenwelt **3** 194—195, mit 2 Abb. — Konstruktionsprinzip eines Stereokomparators für den Sternfreund.

2205. **A. Behr,** Ein lichtelektrisches Sternphotometer mit Sekundärelektronenvervielfacher. ZfA **28** 254—261, mit 8 Abb. = Mitt. Fraunhofer-Inst. Nr. **2.** — Es wird ein lichtelektrisches Sternphotometer mit einem RCA-Vervielfacher Type 1 P 21 beschrieben, bei dessen Konstruktion vor allem auf einfachen Aufbau Wert gelegt wurde, ohne die Meßgenauigkeit damit herabzusetzen. Der Photostrom wird mit einem Röhrengalvanometer gemessen. Die reine Meßgenauigkeit beträgt $\pm 0\overset{m}{.}001$, so daß in photometrisch einwandfreien Nächten in geringer Zenitdistanz infolge der dann noch verbleibenden Extinktionsunsicherheit als mittlerer Fehler eines symmetrischen Ansschlusses $\pm 0\overset{m}{.}002$ optimal erreicht wird. Verf.

2206. **A. Behr,** Polarisationsinterferenzfilter. Sterne **27** 195—204, mit 7 Abb. — Behandelt den Grundgedanken und die Wirkungsweise des Lyot-Filters und seine Anwendung in der Koronaphotometrie.

2207. **W. Benesch, J. Strong,** The optical image transformer. J. Opt. Soc. Amer. **41** 252—254. — Ref. in Phys. Ber. **31** 632.

2208. **B. H. Billings, S. Sage, W. Draisin,** A narrow passband polarization interference filter for hydrogen alpha. Rev. Sci. Instruments **22** 1009—1017, mit 9 Fig. — Das Filter wurde mit Ammoniumdihydrogenphosphatkristallen an Stelle des üblichen Quarzes konstruiert.

2209. **W. N. Brown jr., W. B. Birtley,** A densitometer which records directly in units of emulsion exposure. Rev. Sci. Instruments **22** 67—72, mit 7 Fig. — Verf. beschreiben ein Gerät, mit dem es möglich ist, Schwärzungen photographischer Platten in Intensitäten umzuwandeln, und diese mittels eines Schreibers zu registrieren, wenn nur die Eichkurve hinreichend glatt ist und Eichmarken aufkopiert worden sind. Loh.

2210. **D. M. Cameron,** The performance of the iris diaphragm astrophotometer with Schmidt plates. AJ **56** 92—96, mit 3 Fig. — Erfahrungen mit dem neuen Astrophotometer mit Irisblende nach Siedentopf werden geschildert. Besonders erwähnt werden: Wahl des Oszilloskop-Musters, Einstellen der Sterne nach Koordinaten, Wahl der Blende, Orientierung der Platte und Fokussierung, Umrechnung der Photometerablesungen in Größenklassen, eine kleine zeitliche Änderung der Photometerablesungen, Meßgeschwindigkeit und Meßgenauigkeit. O. G.

2211. **C. Candler,** Modern Interferometers. London Hilger & Watts, Ltd., 1951. 502 S. Preis $ 9.75 bzw. 57 s. 6 d. net. — Besprechung in ApJ **114** 550—551 (H. D. Babcock), Obs **71** 162.

* * **D. Chalonge,** La pression dans les atmosphères stellaires. Vgl. Ref. **9518.**

2212. **J. Cuffey,** A linearity test for photoelectric equipment. AJ **56** 36—37. — Ref. AAS.

2213. **J. Cuffey,** Linearity in photoelectric equipment. Pop Astr **59** 361—366, mit 3 Fig. = Publ. Goethe Link Obs. Indiana Univ. Nr. **6**. — Ein einfaches Zusatzgerät ermöglicht die Linearitätskontrolle lichtelektrischer Photometer unter Betriebsbedingungen in kleinen Bereichen (Null bis Vollausschlag des Anzeigeinstrumentes). Es besteht aus fünf Glühlämpchen, die mit Blenden auf gleiche Intensität eingestellt werden und in beliebigen Kombinationen das Photometer beleuchten. Für die Anordnung 1 P 21-Gleichspannungsverstärker-Registrierinstrument ergeben sich Linearitätsabweichungen von etwa 0,5% des Vollausschlags. Zur Kontrolle über große Intensitätsbereiche schlägt Verf. Neutralfilter vor. Bahner

2214. **F. K. Dalton,** Unique attachments for astronomical telescopes. Pop Astr **59** 511—523, mit 7 Fig.

2215. **A. K. Das, R. Ananthakrishnan, B. N. Bhargava,** A recording photoelectric photometer. Indian J. of Meteorology and Geophysics **2** Nr. 2 S. 157—161, mit 3 Fig.

2216. **R. B. Dunn,** How to build a quartz monochromator. Sky and Telescope **10** 148—150, 175—177, 200—202, 224—225, 250—253, 275—277, 300—301, mit 20 Fig.

2217. **J. W. Evans,** The solar flare recorder of the Sacramento Peak station of the Harvard College Observatory. Science **114** 539—544. — Ref. in Phys. Abstracts (A) **55** 279.

2218. **M. Faure-Geors,** Amplificateur d'images focales de télescope standard réalisé pour la photographie lunaire. BSAF **65** 349—350, mit 1 Fig.

2219. **P. B. Fellgett,** An exploration of infra-red stellar magnitudes using the photo-conductivity of lead sulphide. MN **111** 537—559, mit 13 Fig. = Contr. Cambridge Obs. Nr. **9**. — Verf. hat ein Sternphotometer für den Wellenlängenbereich 1—3 μ entwickelt, das sich einer Bleisulfid-Zelle bedient. Die Apparatur arbeitet mit Wechsellicht (800 Hz) und wird im Prinzip beschrieben; auf Geräteteile, die besondere Aufmerksamkeit beanspruchen, wird näher eingegangen. Besondere Maßnahmen werden getroffen, um das Verhältnis Stör-/Signalpegel zu reduzieren. Infrarot-Strahlung von G-Sternen konnte mit einem 36′-Reflektor etwa bis zur 6. Größe nachgewiesen werden. Über ein durchgeführtes Meßprogramm von 51 Sternen wird berichtet. Infrarot-Helligkeiten und -Farbenindizes werden mitgeteilt. Die meßtechnischen Erfahrungen des Verf. werden dabei eingehend erörtert und Vergleiche der Resultate mit den Wärmeindizes von Pettit und Nicholson sowie Farbenindizes von Stebbins und Whitford publiziert, ebenso ein Farben-Spektrum-Diagramm. Einige Sterne mit spektralen Eigentümlichkeiten fallen dabei zum Teil aus den Relationen heraus. Interstellar verfärbte Sterne sind im Infraroten schwächer als nach ihrem visuellen Farbenindex zu erwarten ist. Be-Sterne besitzen vielleicht erhöhte Infrarot-Emission. Micz.

2220. **W. S. Finsen,** An eyepiece interferometer. MN **111** 387—392, mit 1 Fig. und 2 Tafeln. — Es wird ein Okularinterferometer für die Beobachtung sehr enger Doppelsterne beschrieben, bei dessen Konstruktion vor allem auf Handlichkeit und die Möglichkeit raschen Übergehens vom interferometrischen zum mikrometrischen Messen geachtet wurde. Es besteht aus einem Kollimator, der die Anpassung an ein beliebiges Fernrohr ermöglicht, und dem eigentlichen Interferometer. Weitere Vorzüge des Instruments liegen in der leichten Verstellbarkeit der Spalte und der Fähigkeit, auch außerhalb der optischen Achse Beobachtungen zu erlauben. Micz.

2221. **W. S. Finsen,** An eyepiece interferometer. Obs **71** 42—43. — Bau und besondere Vorteile eines neu konstruierten Okular-Interferometers für Doppelstern-Messungen werden beschrieben. O. G.

* * **W. S. Finsen,** Double star interferometry. Vgl. Ref. **10003.**

2222. **E. P. Fjodorow,** Untersuchung des Okularmikrometers des Wanschaffschen Vertikalkreises. Publ. Gravimetr. Obs. Poltawa **4** 347—360, mit 7 Abb. (russisch).

2223. **A. B. Gilwarg, A. B. Sewerny,** Die Vervollkommnungen der Interferenzpolarisationsfilter für Sonnenbeobachtungen und ein Versuch zur kinematographischen Aufnahme von Protuberanzen. Mitt. Astrophys. Obs. Krim **6** 45—53, mit 3 Abb. und 4 Tafeln (russisch). — Verf. beschreibt die Konstruktion eines Interferenzpolarisationsfilters mit einer Durchlässigkeitsbreite von etwa 0,5 Å zur Beobachtung feiner Details auf der Sonnenscheibe bei 6562,8 Å. Außerdem wird ein in sechs Spektralstreifen durchlässiges Filter beschrieben und über die Ergebnisse kinematographischer Aufnahmen von Protuberanzen berichtet. Loh.

2224. **L. W. Gulnizkij,** Die Eichung von Photometern. Nachr. Akad. Wiss. kasach. Sowjetrepublik Nr. **104** S. 145—154 (russisch).

2225. **A. Hermansen,** Om monokromatiske lysfiltre. NAT **1951** 1—16, mit 11 Fig. — Darlegung des Prinzips und der Herstellungsweise des Polarisations- und Interferenzfilters. Ra.

2226. **B. N. Himmelfarb,** Interferenz- und Interferenzpolarisationslichtfilter. Priroda **40** Nr. 1 S. 16—23 (russisch).

2227. **W. G. Kirchgessner,** A new deflection type densitometer. Rev. Sci. Instruments **22** 289—292, mit 4 Fig.

* * **G. E. Kron, J. L. Smith,** Red and infrared magnitudes for 125 stars in ten areas. Vgl. Ref. **9418.**

2228. **P. Lacroute,** Appareil de mesure pour spectres stellaires. Ann d'Astrophys **14** 178—180. — Kurze Beschreibung eines Meßapparates für Spektren, bei dem Einstellung der Meßstelle und Ablesung des Koordinatenwertes durch Projektion auf einen einzigen Schirm erfolgt. Micz.

2229. **A. Lallemand,** Les applications de la photoélectricité à l'astronomie. BSAF **65** 45—50, mit 4 Fig.

2230. **P. T. Landsberg,** Characteristics of selenium photocells. Proc. Phys. Soc. (B) **64** 82.

2231. **F. Lenouvel,** Photomètre photoélectrique stellaire. CR **232** 385—387, mit 1 Fig. = Publ. Obs. Haute-Provence **2** Nr. 16. — Das lichtelektrische Sternphotometer für den 120 cm-Spiegel besteht aus dem 19stufigen Multiplier mit Einstelloptik und Filtern, der stabilisierten 2800-Volt-Versorgung für die Dioden und dem Registriergerät (empfindliches Galvanometer, dessen Lichtmarke ein Speedomax photoelektrisch folgt). Als Beispiel wird die Lichtkurve von ST Persei mitgeteilt; die Streuung der Meßpunkte um eine mittlere Kurve überschreitet $0^m.02$ nicht. Bahner

2232. **A. Masani,** Il nuovo fotometro elettronico stellare dell' Osservatorio di Merate. Mem SA It (NS) **22** 317—324, mit 4 Fig. = Contr. Oss. Astr. Milano-Merate (NS) Nr. **36.** — Beschreibung eines neuen lichtelektrischen Photometers mit Registriervorrichtung der Sternwarte Merate. F. Z.

2233. **F. A. Myers,** A constellation viewer for groups. Sky and Telescope **11** 35—36, mit 2 Fig.

2234. **M. Notuki, S. Nagasawa, I. Shimizu,** On a photometer for the observation of the coronal emission line. TAB (2) Nr. **36** S. 249—251, mit 3 Fig. — Das Koronaphotometer vom Mt. Norikura wird beschrieben. Das Bild des Fadens einer Wolframlampe (welche durch eine Thalliumlampe ersetzt werden soll) dient als Vergleichslinie, welche gegen einen mit einer normalen Glühlampe aufgehellten Hintergrund beobachtet wird. Die Lampenhelligkeit wird durch Änderung der Stromstärke variiert und an die Helligkeit des Zentrums der Sonnenscheibe vor jeder Messung photometrisch angeschlossen. Bru.

2235. **D. M. Packer, R. Tousey,** A photoelectric solar aspect indicator for a rocket. J. Optical Soc. America **41** 293. — Ref. Optical Soc. America.— Ref. in Phys. Ber. **31** 144.

2236. **P. Parcelier,** Nouveau relais électronique du service méridien. Ann. Françaises Chronométrie **21** 249—253, mit 4 Fig. = Obs. Univ. Bordeaux (A) Nr. **4.** — Als Ersatz für ein mechanisches Relais zur Übertragung von Uhr- bzw. Fernrohrkontakten auf den Chronographen wird eine stabilisierte 2-Röhren-Schaltung benutzt. Dadurch ist es möglich, mit wesentlich geringeren Stromstärken zu arbeiten bei gleichzeitiger Erhöhung der Registriergenauigkeit. Bo.

2237. **N. N. Pawlow,** Die Neutralisation der Eingangskapazität der Elektrometerröhre. Mitt. Astr. Hauptobs. Pulkowo **18** Nr. 5 (146) S. 40—81, mit 3 Abb. (russisch).

2238. **A. K. Pierce, R. R. McMath, O. Mohler,** Solar spectroscopy with echelles. AJ **56** 137. — Ref. AAS.

2239. **A. Reiz,** Astronomiska användningar av fotoelektriciteten. NAT **1951** 81—90, mit 6 Fig. — Bericht über die verschiedenen Anwendungen der Photoelektrizität in der Astronomie. Ra.

2240. **B. Rosen, I. Ottelet,** Utilisation de la cathode creuse et d'un four à vide en spectroanalyses. Inst. d'Astrophys. Univ. Liège Mém. 8° Nr. **336,** 13 S. mit 5 Fig. — Für spektralanalytische Untersuchungen (Verunreinigungen von Metallproben, Gaseinschlüsse) werden zwei Anordnungen beschrieben: Ein Edelgasentladungsrohr mit Graphit-Hohlkathode und ein Graphitrohr-Widerstandsofen. Mit beiden ist eine Temperatur von 2500° zu erreichen. Bahner

2241. **H. K. Sen, D. H. Menzel,** Matrices for birefringent filters. AJ **56** 139. — Ref. AAS.

2242. **W. M. Sinton,** On an achromatic stellar interferometer. AJ **56** 140—141. — Ref. AAS.

2243. **J. L. Smith,** The preparation of band-pass color filters. Publ ASP **63** 89—92, mit 2 Fig. — Die Herstellung von Filtern, die für bestimmte, scharf begrenzte Gebiete im Rot und Infrarot durchlässig sind, wird beschrieben. Auf ausgewählte Filtergläser werden im Vakuum abwechselnd Schichten von Zinksulfid und von Kryolith aufgedampft. O. G.

2244. **W. Strohmeier,** Turmteleskope II. Sternenwelt **3** 93—95. — Fortsetzung des Artikels in Sternenwelt **2** 128, AJB **50** Ref. **2135.** Beschreibung des Potsdamer Spektrographen.

2245. **A. D. Thackeray,** The Cassegrain spectrograph of the Radcliffe Observatory. Vgl. Ref. **1235.**

2246. **G. Thiessen,** Der Bergedorfer Zählwerkchronograph. AN **279** 263—264, mit 3 Abb. = Mitt. Sternw. Hamburg-Bergedorf **9** Nr. 77. — Es wird die Arbeitsweise eines von einer Quarzuhr mit 1000 Hz Frequenz gesteuerten elektrischen Chronographen beschrieben, der unmittelbar $^1/_{1000}$ sec abzulesen gestattet. Verf.

2247. **R. Tousey, M. Koomen, L. Dunkelman,** A visual photometer for measuring the brightness of the night sky. Trans. American Geophys. Union **31** 547, 1950.

2248. **B. Valníček,** Enregistrement des variations de polarisation de la lumière diffuse du ciel diurne. BAC **2** 185—186, mit 3 Fig. — Ein photoelektrisches Gerät zur Registrierung der Polarisation des diffusen Himmelslichts wird beschrieben. Bru.

2249. Photomultiplier microphotometer. Rev. Sci. Instruments **22** 546, mit 1 Fig. — Kurze Beschreibung eines von der American Instrument Company in Silver Spring, Maryland, hergestellten Mikrophotometers zur Messung von Lichtquellen verschiedener Art bei Photoströmen von 10^{-5} bis 10^{-11} Ampère. Der Vervielfacher ist durch ein genügend langes Kabel mit dem Verstärker verbunden. Loh.

2250. Photometer. Rev. Sci. Instruments **22** 655—656, mit 1 Fig. — Beschreibung eines von der Ultrasonic Engineering Company in Maywood, Illinois, hergestellten Photometers zur Messung von Lichtströmen bis unter $^5/_{1\,000\,000}$ Mikrolumen. Vervielfacher und Verstärker mit Ableseskala sind getrennt untergebracht. Loh.

2251. Birefringent polarization interference filter. Rev. Sci. Instruments **22** 1029—1030. — Kurze Beschreibung eines von Baird Associates in Cambridge, Mass., hergestellten Filters mit Ammoniumdihydrogenphosphat an Stelle von Quarz.

2252. New ruling engine. Sky and Telescope **10** 161.

2253. Electrophotography. Sky and Telescope **10** 161.

2254. Spectrograph camera. Sky and Telescope **10** 190.

2255. Mount Wilson gratings. Sky and Telescope **10** 237. — Ref. AAS.

Photographie

2256. **L. M. Branscomb,** Criteria for pre-exposure of spectroscopic plates. J. Optical Soc. America **41** 255—260, mit 7 Fig. und einer Bemerkung von M. Green S. 862 sowie einer Erwiderung daselbst.

2257. **P. Carroll, R. E. McCrosky, R. C. Wells, F. L. Whipple,** Film molding and photographic accessories for the super-Schmidt meteor cameras. Harvard College Obs. Techn. Report Nr. 8, 31 S. mit 8 Fig. = Harv Repr (2) Nr. **39**. — Da die Meteorkamera eine sehr starke und auf 1,3 μ einzuhaltende Durchbiegung der Filme erfordert, bedürfen diese einer Vorbehandlung, welche ihnen die richtige Gestalt gibt; hierzu dient die beschriebene Vorrichtung. Auf pneumatischem Wege werden die Filme mittels einer elastischen Membran und unter Erwärmung in eine genau gearbeitete Mulde gepreßt. Hierauf werden die Filme mit einer anderen Vorrichtung rund ausgeschnitten. Beide Arbeitsgänge erfordern zusammen weniger als zwei Minuten. Ein Einfluß auf den Schleier oder die Empfindlichkeit ist nicht nachweisbar. Im Teleskop wird der Film durch Evakuieren des Raumes zwischen Film und Auflagefläche auf diese aufgepreßt; zu dem Zweck ist die Auflagefläche mit einem spinnwebartigen Netz feiner Furchen versehen. Besondere Vorrichtungen dienen zum Entwickeln und zur Aufbewahrung der gewölbten Filme. Kö.

2258. **P. Carroll, R. McCrosky, R. Wells, F. L. Whipple,** Film molding for the Baker super-Schmidt meteor cameras. AJ **56** 122—123. — Ref. AAS.

2259. **K. Güssow,** Die spektrale Empfindlichkeit photographischer Schichten. AN **280** 31—36, mit 12 Abb. = Mitt. Univ.-Sternw. Jena Nr. **12**/2. — Es werden die spektralen Empfindlichkeiten von je drei panchromatischen, orthochromatischen und Blauplatten-Sorten nach einem bereits von Stobbe benutzten und hier in bestimmter Weise verbesserten Verfahren ermittelt. Mit den abgeleiteten Empfindlichkeitswerten wird eine Neudiskussion der Beckerschen Standard-Spektralbereiche der astronomischen Integralphotometrie durchgeführt. Verf.

2260. **J. A. Hynek,** Photographing stars in the daytime. Engineering Experiment Station News **23** Nr. 3 S. 8—9, 34—36, mit 3 Fig. Ferner in: Sky and Telescope **10** 61—62, mit 3 Fig. — Ref. in JBAA **61** 109 unter dem Titel: A desirable experiment.

2261. **E. W. H. Selwyn,** Photography in Astronomy. Vgl. AJB **50** Ref. 2254. — Weitere Besprechung in J RAS Canada **46** 78 (G. F. Longworth), J. Optical Soc. America **41** 562 (L. Goldberg), Mem SA It (NS) **22** 356—357 (M. G. Fracastoro), Nature **168** 485 (L. V. Chilton), Pop Astr **59** 55—56 (A. J. Deutsch).

2262. **W. F. Swann,** Progress in photographic plates for astronomy. AJ **56** 143. — Ref. AAS.

2263. **D. Wattenberg,** Die Photographie des Himmels. Mitt. Archenhold-Sternw. Nr. **17**, 9 S. mit 10 Abb.

2264. **D. Wattenberg,** Die Fotografie der Sonne. Mitt. Archenhold-Sternw. Nr. **18**, 5 S. mit 13 Abb.

2265. La photographie des nébuleuses en lumière monochromatique Hα. BSAF **65** 1—2, mit 1 Fig. — Ref. in JBAA **62** 156.

§ 23

Uhren, Chronographen, Zeitdienst, Sonnenuhren

2301. **L. Arbey,** Etude des retards à la réception des signaux horaires (Note 1). BA **16** 111—120, mit 3 Fig. — Durch eine statistische Bearbeitung mehrjähriger Aufnahmen des Zeitsignals F. Y. P. wird die Frage geklärt, inwieweit und mit welcher Genauigkeit Aufnahmelücken ausgefüllt werden können. Böh.

2302. **P. Bacchus,** Adaptation d'un chronographe Gautier à la chronographie de précision. Ann. Françaises Chronométrie **21** 139—150, mit 6 Fig.

2303. **R. Baillaud,** La chronométrie en 1951. Ann. Françaises Chronométrie **21** 274—278.

2304. **R. Baillaud,** La chronométrie, science de la mesure et de la conservation du temps, et le congrès de Genève. Scientia **86** 56—64.

2305. **A. A. Baldini,** Recepción de señales radio-horarias rítmicas, por el método de coincidencias. Publ. Obs. Astr. Univ. La Plata Serie Circ. Nr. **10** S. 71—75. — Beschreibung einer Apparatur und der zugehörigen Schaltung, um das Koinzidenzsignal eines Zeitzeichens mittels Koinzidenzen auszuwerten; der Fehler bleibt innerhalb ±0ˢ003. Böh.

2306. **C. Berner,** L'horloge à quartz. Rev. internat. Horlogerie **52** Nr. 2 S. 35—38. — Ref. in Ann. Françaises Chronométrie **21** 154.

2307. **W. Blitzstein, J. K. Thorpe, F. B. Wood,** A decimal-of-a-day clock for astronomical use. Sky and Telescope **10** 226, mit 2 Fig.

2308. **H. Brandenberger,** Horloge à quartz. Bull. Annuel Soc. Suisse Chronométrie **3** 118.

2309. **D. Brouwer,** The accurate measurement of time. Phys. Today 4 6—15. — Ref. in Phys. Abstracts (A) **4** 6.

2310. **P. Challande,** Remarques sur la mise au point d'une horloge à quartz. Publ. Obs. Genève (A) **5** 149—164, mit 10 Fig., 1949.

2311. **F. Conrad,** Zur Überwachung der Ganggenauigkeit von Quarzuhren durch Zeitzeichen. Frequenz **3** 270—273, 1949. — Ref. in Ann. Françaises Chronométrie **21** 308.

2312. **F. Delhomme,** Note sur un matériel pour la détermination et la conservation de l'heure. Bull. géod. **1951** Nr. 21 S. 341—351, mit 5 Tafeln.

2313. **Dumas, Parcelier,** Chronographe imprimant à roue phonique. Ann. Françaises Chronométrie **21** 135—137, mit 2 Fig. = Obs. Univ. Bordeaux (A) Nr. **2**.

2314. **E. P. Fjodorow,** Das neue Programm für den Zeitdienst und seine Prüfung in Poltawa. Publ. Gravimetr. Obs. Poltawa **4** 294—327, mit 2 Abb. (russisch).

2315. **J. Flot,** Machine à controler la marche des montres. Ann. Françaises Chronométrie **21** 33—36, mit 3 Fig.

2316. **R. Forga,** Les horloges à quartz du Bureau International de l'Heure. BSAF **65** 112—123, mit 10 Fig. — Ref. in Ann. Françaises de Chronométrie **21** 314.

2317. **H. C. Freiesleben,** Bemerkungen zur Zeitdefinition und zur Deutung des Jahresgangs der Quarzuhren. AN **279** 128—130. — Es wird untersucht, ob die mit den Quarzuhren nachgewiesenen Schwankungen der astronomischen Tageslänge mit der Definition der Geraden Aufsteigung und ihrer Reduktion, speziell wegen astronomischer Aberration, zusammenhängen. Verf.

2318. **R.-P. Guye,** Pour comprendre l'horloge atomique. Rev. internat. Horlogerie **52** Nr. 4 S. 49—54. — Ref. in Ann. Françaises Chronométrie **21** 160.

2319. **F. Hope-Jones,** Electrical Timekeeping. Vgl. AJB **49** Ref. **2316**. — Weitere Besprechung in Ann. Françaises Chronométrie **21** 60—63, mit 4 Fig. (M. Lavet).

2320. **R. Luthy,** La réception radiotélégraphique des signaux horaires. Publ. Obs. Genève (A) **5** 165—177, mit 5 Fig., 1949.

2321. **H. Lyons,** Atomic clocks and applications to astronomy. AJ **56** 119—120. — Das Programm des National Bureau of Standards, Washington, zur Entwicklung von Atomuhren sieht vier verschiedene Typen vor. Über eine im Probestadium befindliche Quarzuhr mit automatischer Regulierung durch eine Ammoniak-Linie, die eine Empfindlichkeit von 10^{-8} erreicht, eine weitere NH_3-Uhr und eine Uhr, die mit dreihundertfach schmalerer Caesium-Linie arbeitet und eine Genauigkeit von 10^{-9} bis 10^{-10} erreichen soll, wird kurz berichtet. O. G.

2322. **O. Macek,** Die Atomuhr. Elektrotechnik **5** 82—87. — Ref. in Ann. Françaises Chronométrie **21** 321.

2323. **H. T. Mitchell,** Quartz crystal clocks. Telecommunic. J. **3** 68—70. — Ref. in Ann. Françaises Chronométrie **21** 323.

2324. **J. Petersen,** Quarzuhren. Die Uhr **5** Nr. 1 S. 10.

2325. **J. Petersen,** Die Atomuhr. Die Uhr **5** Nr. 3 S. 10.

2326. **S. Savelieff,** Les horloges à quartz et à diapason. Bull. géod. **1951** Nr. 20 S. 230—246, mit 12 Fig. und 5 Tafeln.

2327. **A. Scheibe, U. Adelsberger,** Die Gangleistungen der PTR-Quarzuhren und die jährliche Schwankung der astronomischen Tageslänge. Vgl. AJB **50** Ref. **2336.** — Weiteres Ref. in Ann. Françaises Chronométrie **21** 72.

* * **H. M. Smith,** The determination of time and frequency. Vgl. Ref. 3127/28.

2328. **B. Šternberk,** The atomic clock. RH **32** 79—83, mit 4 Fig.

2329. **B. Šternberk,** Dispositif électromagnétique d'entretien des oscillations d'un pendule système Satori-Novák. BAC **2** 172—176, mit 5 Fig. — Verf. untersucht den Einfluß der Luftdichte auf Gang und Amplitude der elektrischen Pendeluhr nach Satori-Novák. J. B.

2330. **A. Stoyko,** La variation de l'heure reçue par T. S. F. Ann. Françaises Chronométrie **21** 193—202, mit 1 Fig. — Die von den Stationen Pontoise und Annapolis ausgesandten und in Washington und Paris aufgenommenen Kurzwellen-Zeitzeichen zeigen einen jährlichen und täglichen Gang, indem die Laufzeiten im Sommer größer als im Winter und während des Tages größer als in den Morgen- und Abendstunden sind. Ursache hierfür ist die wechselnde Höhe der reflektierenden Ionosphärenschicht für Tag und Nacht. Es werden Werte für die scheinbaren Tag- und Nachtgeschwindigkeiten abgeleitet. Die vertikalen Bewegungen der Ionosphäre bedingen Frequenzänderungen beim Empfang infolge Dopplereffekt, wobei sprunghafte Änderungen eintreten können infolge Änderung der Zahl der Reflexionen längs des Weges. Bo.

2331. **A. Stoyko,** La mesure du temps sur la terre. Atomes **6** 409—412, 422. — Ref. in Phys. Ber. **31** 1185.

2332. **A. Stoyko, N. Stoyko,** Précision des services horaires de 21 observatoires en 1950. Bull hor (D) Sept.—Déc. 1950 S. 71—77, mit 1 Fig.

2333. **A. Stoyko, N. Stoyko,** L'heure définitive des signaux horaires en 1951 et l'influence du déplacement du pôle. Bull hor (E) Nr. 1 S. 1—6.

2334. **A. Stoyko,** Progrès dans le service horaire international. Bull hor (E) Nr. 2 S. 43—46.

2335. **A. Stoyko, N. Stoyko,** Précision des services horaires de 24 observatoires en 1951. Bull hor (E) Nr. 3 S. 85—90, mit 1 Fig.

2336. **A. Stoyko, N. Stoyko,** Sur la variation journalière de la propagation des signaux et de la fréquence entre l'Amérique et l'Europe. CR **232** 1817—1818.

2337. **A. Stoyko,** Sur la variation de la vitesse de propagation des ondes radioélectriques. CR **232** 1916—1918.

2338. **S. Takagi,** Selection of the time stars at Mizusawa. Publ. Astr. Soc. Japan **2** 122—125, mit 2 Fig. — Die in Mizusawa verwendete neue statistische Methode für die Auswahl der Sterne für die genaue Zeitbestimmung wird beschrieben; das Resultat wird mit dem nach der üblichen Methode gewonnenen verglichen. T. L.

2339. **G. Tiercy,** Gravitation, déformations, marées et mesure du temps. La Suisse Horlogère **1950** Nr. 3 S. 29—31. — Ref. in Ann. Françaises Chronométrie **21** 76.

2340. **G. Tiercy,** La première horloge à quartz de l'Observatoire de Genève. Publ. Obs. Genève (A) **5** 135—148, mit 9 Fig., 1948.

2341. **G. Tiercy,** Sur les suspensions pendulaires à lames flexibles. Publ. Obs. Genève (A) **5** 55—61, 1946.

2342. **G. Tiercy,** Le tremblement de terre du 25 janvier 1946 et le comportement de quelques horloges à pendule. Publ. Obs. Genève (A) **5** 63—70, mit 4 Fig, 1946.

2343. **G. Tiercy,** Une solution approchée de mouvement pendulaire isochrone. Publ. Obs. Genève (A) **5** 71—83, mit 4 Fig., 1946.

2344. **G. Tiercy,** Récidive sismique en Valais et nouveaux faits pendulaires. Publ. Obs. Genève (A) **5** 85—94, mit 4 Fig., 1946.

2345. **C. H. Townes,** Atomic clocks and frequency stabilization on microwave spectral lines. J. Applied Phys. **22** 1365—1372. — Ref. in Phys. Abstracts (A) **4** 6.

2346. **R. Villem,** Les applications du quartz piézoélectrique. Rev. générale Electricité **59** 247—268, 1950. — Ref. in Ann. Françaises Chronométrie **21** 76.

2347. **K. Walter,** Bau und Wirkungsweise der Atomuhr. Sternenwelt **3** 56—58, mit 1 Abb.

2348. Time Service. Observations with reversible transit and wireless time signals 1937. Observations made at The Royal Observatory, Greenwich, in the year 1937. A27—A59.
Desgl. für 1938. A25—A57.

2349. De sprekende klok te Brussel. Heelal **7** 3.

2350. Le temps légal dans l'Union Française. La Nature **79** 14.

2351. Règlement pour l'observation des chronomètres, des pendules et d'autres instruments de mesure du temps à l'Observatoire astronomique et chronométrique de Neuchâtel. Neuchâtel, 1951. 18 S.

2352. Atomic clock. Miscellaneous Publ. National Bureau of Standards Nr. **198** S. 66—69. — Ref. in Ann. Françaises Chronométrie **21** 168—169.

2353. Off one second in 30 years. Sky and Telescope **10** 241.

2354. **Zeitsignale**

Regelmäßige Mitteilungen:

AN, Bull hor (D), (E), (3), Circ. Astr. Sternberg-Inst., Circ. Astr. Obs. Taschkent, Publ. Obs. Astr. Belgrad Bull.

Sendezeiten:

Ann. Françaises Chronométrie **21** 267. Caractéristiques de tous les signaux horaires émis par le Deutsches Hydrographisches Institut, Hamburg.
BSAF **65** 217.
Southern Stars **15** 37. Radio time signals.
UAI Circ 1316 = NAZvM Nr. 119. Bureau International de l'Heure.

Sonnenuhren

2355. **W. Brunner-Hagger,** Moderne Sonnenuhren nach mitteleuropäischer Zeit mit Tierkreissternbildern. Orion Schaffhausen **3** 222—228, mit 5 Abb.

2356. **C. L. Janssen,** Om Soluhre. Urania Kopenhagen **8** 90—94, 108—110, 129—130.

2357. **H. A. Lloyd,** Unique sundial. Horological J. **93** 379. — Ref. in Ann. Françaises Chronométrie **21** 321.

2358. **P. Terpstra,** Een eenvoudig meetkundig bewijs voor de gnomon-zonnewijzer van Brou. Hemel en Dampkring **49** 201—207, mit 7 Abb. — Beschreibung und Erklärung der Gnomon-Sonnenuhr vor der Kathedrale von Brou bei Bourg en Bresse in Ostfrankreich sowie Angabe von Sonnenuhren mit einer Rückläufigkeit in der Schattenbewegung. Gü.

§ 24

Beobachtungs- und Reduktionsmethoden

* * **L. d'Azambuja,** L'observation de la couronne solaire en dehors des éclipses. Note sur les disparitions brusques de protubérances. Vgl. Ref. **6701.**

* * **J. H. Bigay,** Introduction à la photométrie des nébuleuses extragalactiques. Vgl. Ref. **12410.**

2401. **E. J. Bugoslawskaja,** Über Näherungsmethoden zur Bestimmung der Koordinaten von Himmelskörpern aus photographischen Aufnahmen. AJ UdSSR **28** 258—262, mit 1 Abb. (russisch). — Verf. untersucht den Einfluß der bei zwei Anhaltssternen notwendigen Bedingung $e = a$, $d = -b$ (Koeffizienten der Turnerschen Methode) auf das Resultat der Berechnung der idealen Koordinaten eines bestimmten Objektes. Loh.

2402. **Z. Ceplecha,** The centre of a plate. BAC **2** 105—106. — Verf. schlägt eine Verbesserung der Methode von Olmsted vor, wodurch die Berechnung eines Plattenzentrums viel kürzer wird. J. B.

2403. **M. Gougenheim,** Use of equal altitudes instruments for accurate determination of latitudes. Hydr. Rev. **27** Nr. 1 S. 86—88, 1950.

2404. **W. A. Hiltner,** Compensation of seeing in photoelectric photometry. Obs **71** 234—237, mit 3 Fig. — Zur Kompensation der Szintillation bei Polarisationsmessungen werden die beiden durch ein Wollastonprisma senkrecht zueinander polarisierten Strahlenbündel von zwei Photozellen aufgenommen und die Differenz der Photoströme mit Verstärkeranordnung gemessen. Der w. F. einer Beobachtung wird zu $\pm 0^{m}.00016$ angegeben (für helle Sterne). In Figuren werden die Wirkung der Kompensation und ein Vergleich der Genauigkeit verschiedener Methoden der Polarisationsmessung dargestellt. O. G.

2405. **A. König,** Bemerkungen über die Ableitung photographischer Planetenörter im Anschluß an zwei Anhaltsterne. AN **280** 49—60 = Mitt. Landessternw. Heidelberg Nr. **84.** — 1. Das von dem Verf. entwickelte Reduktionsverfahren (AJB **49** Ref. **2414**) wird verfeinert, indem bei der Transformation von α, δ in X, Y und umgekehrt in den Reihenentwicklungen die Glieder dritter Ordnung mitgenommen werden. Für die Berechnung dieser Glieder werden Hilfstafeln gegeben. 2. Die Kaiserschen Formeln der Interpolationsmethode werden umgeformt, und es wird eine Hilfstafel für die Korrektionsrechnung gegeben. Hierdurch wird die bisher teilweise erforderliche Logarithmenrechnung entbehrlich; es kann maschinell, größtenteils sogar mit dem Rechenschieber gearbeitet werden. 3. Es wird versucht, die verschiedenen Methoden hinsichtlich der Rechenökonomie möglichst objektiv miteinander zu vergleichen. Hiernach empfiehlt sich für die normale Routinearbeit die Interpolationsmethode neuer Form, während für ungünstige Fälle oder höhere Ansprüche das verfeinerte Koordinatenverfahren am zweckmäßigsten erscheint. Verf.

2406. **N. F. Kuprewitsch,** Eine neue Methode zur Fokussierung eines Spektrographen bei lichtelektrischer Registrierung des Spektrums. Astr Circ UdSSR Nr. 117 S. 5—6 (russisch). — Kurze Beschreibung einer in Pulkowo konstruierten Vorrichtung, die es gestattet, die Fokussierung eines Gitterspektrographen bei lichtelektrischer Registrierung des Sonnenspektrums zu überprüfen. Loh.

2407. **J. Larink,** Meßverfahren der Astronomie. Archiv für technisches Messen, Lieferung 181, 1950.

2408. **P. Muller,** Sur la répétition artificielle de certains phénomènes astronomiques brefs grâce à une méthode d'observation par double image. CR **232** 929—931. — Ref. in Phys. Ber. **30** 1817.

2409. **P. Muller,** Observations par la double image des occultations par la Lune et de certains phénomènes des satellites de Jupiter. JO **34** 105—115, mit 3 Fig. — Sternbedeckungen am hellen Mondrand lassen sich mit einem Doppelbildmikrometer wie folgt beobachten: vor der Bedeckung wird Bild 1 (bzw. 2) des Sterns auf Bild 2 (bzw. 1) des Mondrandes gebracht und durch Drehen der Mikrometerschraube (wodurch der Abstand der Doppelbilder, entsprechend der tatsächlichen Distanz Stern—Mondrand, verkleinert wird) auf dem Mondrand gehalten. Eine Kontaktvorrichtung gestattet, genau wie beim unpersönlichen Mikrometer, die Zeiten für ganz bestimmte Mikrometerstellungen zu registrieren. Extrapolation auf die Mikrometerstellung für Distanz Null gibt den Zeitpunkt der tatsächlichen Koinzidenz, d. h. der Sternbedeckung. Anwendungen auf Beobachtung von Jupitermond-Phänomenen werden besprochen. Bo.

2410. **M. Sauer,** Verbesserte Methode zur photographischen Registrierung von Sterndurchgängen. AN **280** 67—72, mit 5 Abb. = Veröff. Sternw. München **4** Nr. 3. — Es wird eine neue Methode zur photographischen Registrierung von Sterndurchgängen vorgeschlagen und praktisch erprobt. Sie besteht im wesentlichen in einer Erhöhung der Durchgangsgeschwindigkeit, die durch eine zusätzliche Vergrößerung des Fokalbildes mittels einer zweiten Linse erreicht wird. Die Plattenausmeßgenauigkeit ist dabei so groß, daß die Ungenauigkeit der Bestimmung des Durchgangszeitpunktes praktisch nur noch von der Luftunruhe herrührt. Für die α-Komponente der Luftunruhe wird die Abhängigkeit von der Zenitdistanz bestimmt. In Zenitnähe folgt als quadratischer Mittelwert: $\pm 0\overset{s}{.}18$, der gleichzeitig den mittleren Fehler einer einzelnen Zeitmarke darstellt. Verf.

* * **M. Schubert,** Die Silberkugel-Photometrie und ihre Anwendung auf die Mondfinsternis vom 2./3. April 1950. Vgl. Ref. **7333.**

2411. **G. E. Taylor,** Cross-bar micrometer positions of asteroids. JBAA **62** 31—35, mit 2 Fig. — Beobachtungsmethode. Ermittlung der Fehler bei Kreuzstabmikrometerablesungen mit Beispiel.

2412. **Y. Väisälä,** Une modification de la méthode extrafocale dans la photométrie stellaire. Vgl. AJB **48** Ref. **2411.** — Ref. in Urania Barcelona **36** 264—265.

2413. **E. Vandekerkhove,** Etude d'une méthode pour déterminer des vitesses radiales avec un prisme-objectif. Commun. Obs. Roy. Belgique Nr. **30** S. 1—12, mit 1 Fig.

2414. **E. Vandekerkhove,** Détermination des paramètres de raies composantes dont on connaît l'effet résultant. Commun. Obs. Roy. Belgique Nr. **30** S. 13—16.

§ 25

Systematische, Instrumentelle, Methodische Fehler

2501. **W. S. Chalchunow,** Über die Abhängigkeit der persönlichen Gleichung des Astronomen von der Geschwindigkeit der Bewegung der beobachteten Sterne. Moskau, Institut für Ingenieure der Geodäsie, Luftbildaufnahme und Kartographie, 1951. 9 S. (russisch). — Dissertationsreferat.

2502. **P. M. Djurković,** Sur une méthode de détermination des irrégularités des tourillons d'un instrument de passages à retournement Askania-Bamberg. BA **16** 131—135, mit 3 Fig. — Zur Bestimmung der Zapfenungleichheit eines Durchgangsinstruments wird mit einfachen Mitteln an den Lampenträger ein kegelförmiger Stutzen angebracht, an dem das Objektiv des Instruments befestigt wird; am entgegengesetzten Ende ersetzt man das Registriermikrometer durch ein Schraubenmikrometer. Vor das Objektiv bringt man unverrückbar einen Kollimator an, in dessen Brennebene sich ein beleuchtetes Fadenkreuz befindet. Aus den rechtwinkligen Koordinaten des Schnittpunkts der Fäden des Kollimators für verschiedene Stellungen des Fernrohrs wird die Zapfenungleichheit abgeleitet. Böh.

* * **D. S. Evans,** Timing of occultations. Vgl. Ref. **7337**.

2503. **N. W. Fatschichin,** Untersuchung des Pulkowoer Messapparats Repsold I. Mitt. Astr. Hauptobs. Pulkowo **18** Nr. 5 (146) S. 139—150, mit 11 Abb. (russisch).

2504. **N. W. Gamalej,** Untersuchung der Fehler des Messapparats Repsold II. Mitt. Astr. Hauptobs. Pulkowo **18** Nr. 5 (146) S. 151—156, mit 3 Abb. (russisch).

2505. **D. Kotsakis, J. Argyrakos,** Untersuchung der Änderung des Azimuts des Meridiankreises der Sternwarte Athen. «Deltion» des Milit. Geod. Instituts Athen **1951** 2. und 3. Quart. 20 S. mit 1 Fig. und 1 Tafel (griechisch). — Der Untersuchung liegt ein Beobachtungsmaterial für den Zeitraum 1917—1945 zugrunde. Es zeigt sich, daß die Änderung des Azimuts des Meridiankreises von Athen mit der Änderung der Lufttemperatur parallel läuft. Verf.

2506. **K. N. Kusmenko,** Über die Teilungsfehler des Meridiankreises des Astronomischen Observatoriums Charkow. Publ. Astr. Obs. Charkow **1** (**9**) 43—61 (russisch).

2507. **A. I. Nefedjewa, L. D. Agafonowa,** Untersuchung der horizontalen Biegung des Meridiankreises des Astronomischen Engelhardt-Observatoriums. AJ UdSSR **28** 112—115, mit 3 Abb. (russisch). — Ref. in Astr. News Letter Nr. **57** S. 11—12.

2508. **A. A. Nemiro,** Über den Einfluß des Kollimationsfehlers auf die Ergebnisse von Rektaszensionsbeobachtungen. Mitt. Astr. Hauptobs. Pulkowo **18** Nr. 5 (146) S. 104—108, mit 1 Abb. (russisch).

2509. **N. N. Pawlow,** Über die Untersuchung der Zapfen tragbarer Passageninstrumente. Mitt. Astr. Hauptobs. Pulkowo **18** Nr. 5 (146) S. 82—103, mit 1 Abb. (russisch).

2510. **R. P. Platzeck,** Deformaciones del espejo principal del reflector de Bosque Alegre. Publ. Obs. Astr. Univ. La Plata Serie Circ. Nr. **10** S. 89—

90, mit 1 Fig. — Für die Untersuchung des Spiegels auf Zonenfehler wird ein neues Verfahren beschrieben und angewendet. Durch ein in den Strahlengang gebrachtes System kleiner Prismen wird das Bild eines Sterns in zahlreiche Einzelbilder aufgespalten, welche verschiedenen Durchmessern und Zonen des Spiegels zugeordnet sind. Aus den zu messenden radialen Abständen der Einzelbilder lassen sich die Zonenfehler berechnen. Kö.

2511. **W. W. Podobed,** Über die Untersuchung des fortschreitenden Fehlers eines Mikrometers. AJ UdSSR 28 54—60, mit 2 Abb. (russisch).

2512. **W. W. Podobed,** Untersuchung des Meßapparates für astronomische Aufnahmen. Mitt. Astr. Sternberg-Inst. Nr. 70, 44 S. mit 15 Abb. (russisch).

2513. **A. H. M. Samaha,** The temperature coefficients of the Helwan transit circle. Obs. Helwan Bull. Nr. 40, 16 S. mit 5 Fig., 1944. — Neigung und Azimut der Achse des Durchgangsinstruments zeigen eine deutliche Abhängigkeit von der Temperatur. Dabei muß man unterscheiden zwischen langsam verlaufenden Verlagerungen der Achse, hervorgerufen durch die Wirkung der Bodentemperatur auf die Pfeiler, und den der Lufttemperatur folgenden Verlagerungen, verursacht durch den Einfluß der Lufttemperatur auf die Metallteile des Instruments. Bo.

2514. **W. P. Schtscheglow,** Über die sogenannten jahreszeitlichen Fehler in den Zeitbestimmungen an Passageninstrumenten. Vgl. AJB 50 Ref. 2338. — Weiteres Ref. in Ann. Françaises Chronométrie 21 73—74.

2515. **S. J. Slaucitajs,** Sobre la determinación de las correcciones de trazo de los Círculos Graduados y errores de graduación del Círculo I del Anteojo Meridiano Repsold del Observatorio Astronómico de La Plata. Publ. Obs. Astr. Univ. La Plata Serie Circ. Nr. 10 S. 91—99, mit 7 Fig. — Beschreibung und Anwendung mit einigen Änderungen der Bruns-Fayetschen Methode zur Bestimmung der Teilungsfehler des Repsoldschen Meridiankreises der Sternwarte La Plata. Sconzo

2516. **B. Šternberk,** Les erreurs des positions photographiques obtenues au télescope. BAC 2 109—112. — Verf. untersucht die Deformationen von nichtaxialen Bildern des photographischen Spiegelfernrohrs der Sternwarte Skalnaté Pleso und bestimmt den Einfluß dieser Deformation auf die Genauigkeit der Positionsbestimmung für die zwei Fälle: 1. Die Abbildung des Kometen sowie der Vergleichssterne befindet sich außerhalb der optischen Achse. 2. Die Abbildung des Kometen liegt in der Achse, aber die Vergleichssterne sind weit entfernt. J. B.

2517. **S. Vasilevskis,** Preliminary investigation of field distortion of the 20-inch Carnegie astrograph. AJ 56 107—109, mit 2 Fig. — Mit dem 20-Zoll-Astrographen des Lick-Observatoriums sollen Eigenbewegungen von Sternen gegen extragalaktische Nebel bestimmt werden. Versuche zur Bestimmung der Feldverzerrung brachten noch kein eigentliches Ergebnis, weil der Meßapparat nur für kleineres Plattenformat eingerichtet ist, so daß die Platten nach Aufkopieren eines Netzes zerschnitten werden mußten. Schichtverzerrungen können auch die Ergebnisse verfälscht haben. Nach Schlesinger sowie König und Heckmann wird bei gleichförmiger Verteilung der Anhaltsterne der größte Teil der Feldverzerrung vom Skalenkoeffizienten absorbiert. O. G.

2518. **H. Wolf,** Beitrag zur Frage der persönlichen Gleichung bei astronomischen Azimutbestimmungen. Bol. Geod. e Sci. Affini Inst. Geogr. Militare 10 361—377, mit 1 Fig. — Da für die Ausgleichung astronomisch-geodätischer Netze die Laplacesche Bedingungsgleichung verwendet wird, deren Widerspruchsgröße von astronomisch bestimmten Azimutwerten abhängig ist, wird die Frage nach systematischen, insbesondere nach persönlichen Fehlereinflüssen in den astronomischen Azimuten an Hand einer Versuchsmessung von A. Fischer untersucht. Es wird gefunden, daß in den festgestellten persönlichen Fehlern vor allem eine Komponente enthalten zu sein scheint, die lediglich von der azimutalen Bewegungsrichtung des zur Messung benützten Polarsternes abhängig ist. Verf.

2519. **J. Xanthakis,** Über die Veränderung des Azimuts des Meridiankreises der National-Sternwarte Athen. Sonderdruck Univ. Thessaloniki, Department of Astronomy. 14 S. mit 5 Fig. (griechisch).

Vierter Teil

Sphärische Astronomie. Chronologie

§ 30

Allgemeines, Tafeln

3001. **G. M. Clemence,** Remarks on suggested improvements in sunrise-sunset-twilight tables. Pop Astr **59** 358—361. — Die Bemerkungen beziehen sich auf die von C. H. Smiley in Pop Astr **59** 192 (vgl. Ref. **3015**) gemachten Verbesserungsvorschläge. Die Notwendigkeit einer Revision der Berechnungsgrundlagen der Dämmerungstafeln für größere Seehöhen wird anerkannt. Dagegen haben die Beobachtungen die berechneten Werte der Auf- und Untergangszeiten der Sonne bestätigt; in den Polargegenden ist die Unsicherheit schon aus geometrischen Gründen größer. Auch den neuen Definitionen der Dämmerung kann nicht zugestimmt werden, da sie nicht weniger willkürlich als die bisherigen sind. T. L.

3002. **P. Crantz,** Sphärische Trigonometrie. Leipzig, B. G. Teubner Verlagsgesellschaft, 1950. 4. Auflage. Bearbeitet von M. Hauptmann. Math.-phys. Bibliothek Reihe II Band **7**. 112 S. mit 67 Abb. Preis kart. DM 4.20. — Besprechung in AN **281** 48 (J. Wempe), Phys. Ber. **30** 1649.

3003. **R. J. Davis,** Tables of the Secant of Zenith Distance. Published by Harvard College Obs. — Besprechung in Harv Bull Nr. **920** S. 41.

3004. **H. C. Freiesleben,** Die Bezugslinie für astronomische Höhenbeobachtungen. Naturwiss. Rundschau **4** 289—294, mit 9 Abb.

3005. **M. Itzigsohn,** Dos aspectos del trabajo en astronomía extrameridiana. Publ. Obs. Astr. Univ. La Plata Serie Circ. Nr. **10** S. 131—133.

3006. **K. S. Jurjew,** Tabellen für Sonnen- und Sternpeilungen zwischen 50° und 60° nördlicher Breite. Moskau-Leningrad, Verlag «Seetransport», 1951. 6 + 41 S. Preis 8 R. 50 Kop. (russisch).
Desgl. zwischen 60° und 70° nördlicher Breite. 6 + 48 S.

3007. **F. Koebcke,** Some remarks on Harzer's refraction tables. Bull. Soc. Sci. Lettres Poznań (B) **11** 160—162 = Poznań Repr. Nr. **25**. — Verf. weist auf Fehler bzw. Ungenauigkeiten hin, welche die jährlichen und die täglichen Änderungen in den Harzerschen Tafeln illusorisch erscheinen lassen. T. L.

3008. **R. W. Kunizkij,** Tag und Nacht, die Jahreszeiten. Moskau-Leningrad, Staatsverlag für technisch-theoretische Literatur, 1951. 2. Auflage. 32 S. mit 13 Abb. Preis 50 Kop. (russisch). — Auch in weiteren regionalen Ausgaben und Landessprachen der UdSSR erschienen.

3009. **G. Lenders,** De Poolster als Uurwerk en als Kalender. Heelal **7** 97—102, mit 1 Fig.

3010. **B. Mal, R. Behari,** Some formulae of spherical astronomy obtained by tensor method. Proc. Nat. Inst. Sci. India **17** 271—273. — Ref. in Math. Rev. **13** 498.

3011. **T. Niethammer,** Die genauen Methoden der astronomisch-geographischen Ortsbestimmung. Vgl. AJB **47** Ref. **2103**. — Weitere Besprechung in PAT **32** 80, Scientia **87** 31—32 (G. Armellini).

3012. **A. Prey,** Einführung in die sphärische Astronomie. Vgl. AJB **49** Ref. **3004**. — Weitere Besprechung in AN **280** 191 (J. Wempe).

3013. **W. Schaub,** Vorlesungen über sphärische Astronomie. Vgl. AJB **49** Ref. **3005**. — Weitere Besprechung in AN **280** 191 (J. Wempe), Weltraumfahrt **2** 67 (H. Siedentopf).

3014. **A. Silbiger,** Eine nützliche Tabelle. Meteorbeobachter **1951** Nr. 2 S. 1—2. — Tabelle der Höhe des Erdapex für München.

3015. **C. H. Smiley,** Suggested improvements in sunrise-sunset-twilight tables. Pop Astr **59** 192—194. — Den Tafeln für Auf- und Untergang der Sonne liegt die für die gemäßigte Zone gültige Horizontalrefraktion von 34′ zugrunde; diese sollte aber für die tropischen und die hohen Breiten den klimatischen Verhältnissen entsprechend modifiziert werden. Für die verschiedenen Arten der Dämmerung werden neue Definitionen vorgeschlagen. Die Berechnung sämtlicher Tafeln für größere Seehöhen sollte auf Grund von anzustellenden systematischen Beobachtungen revidiert werden. T. L.

3016. **H. Straßl,** Ein Nomogramm für die Dauer von Polartag und Polarnacht bei beliebiger Ekliptikschiefe. Polarforschung **3** 40—43, mit 1 Abb.

3017. **K. Terheyden,** Nomogramme zur Lösung astronomischer Aufgaben. Zweite Folge. Zur geographischen Ortsbestimmung und astronomischen Navigation. Veröff. Univ.-Sternw. Bonn Nr. **38**, 21 S. mit 5 Abb. und 20 Tafeln.

3018. **F. Zagar,** Astronomia sferica e teorica. Vgl. AJB **48** Ref. **3014**. — Weitere Besprechung in Bol. dell'Unione Mat. Italiana (3) **6** 167—168 (P. Dore), Scientia **87** 31—33 (G. Armellini).

3019. The international date line. Southern Stars **14** 37—39, 1948.

§ 31

Astronomische Koordinaten und Konstanten, Ortsbestimmung

3101. **R. d'E. Atkinson, D. H. Sadler,** On the use of mean sidereal time. MN **111** 619—623, mit 1 Fig. — Es wird vorgeschlagen, in allen Ephemeriden die scheinbare Rektaszension durch eine neue Koordinate zu ersetzen, welche die vom Sternort unabhängige «Nutation in Rektaszension» nicht mehr enthält. Ebenso soll statt der (vom wahren Frühlingspunkt aus gezählten) wahren Sternzeit nur noch die mittlere Sternzeit tabuliert werden, die die Nutation in AR. ebenfalls nicht enthält. Für den tatsächlich beobachteten Stundenwinkel der Gestirne fällt dieser Unterschied heraus, während die gleichförmig ablaufende mittlere Sternzeit im Zeitdienst unmittelbar mit den genauen modernen Uhren vergleichbar ist. T. L.

3102. **A. A. Baldini,** Determinación de tiempo y latitud. Publ. Obs. Astr. Univ. La Plata Serie Circ. Nr. **10** S. 105—110. — Für die Methode zur Bestimmung von Uhrstand und Polhöhe aus der Beobachtung von drei oder mehr Sternen in gleicher Zenitdistanz wird ein Rechenschema zur Berechnung der Unbekannten und deren mittleren Fehler gegeben sowie Betrachtungen über die zweckmäßigste Auswahl der Sterne angestellt. Bo.

3103. **G. M. Clemence,** Astronomical refraction at great zenith distances. AJ **56** 123—124. — Ref. AAS.

3104. **G. M. Clemence,** Refraction near the horizon. Navigation Los Angeles **3** 36—41. — Irradiation als Ursache der Abweichungen der Refraktionsmessungen Smileys von der Theorie. Gleiche Genauigkeit der Kimmabstandsmessungen für Höhen unter 5°. Fr.

3105. **N. B. Diwari,** Über die Abhängigkeit der Aberrationskonstanten vom Spektraltyp. AJ UdSSR **28** 518—527, mit 9 Abb. (russisch). — Ref. in Astr. News Letter Nr. **62** S. 7. — Neudiskussion älterer und neuerer Beobachtungen.

3106. **W. Embacher,** Vereinfachung der Uhrlesung für geographische Ortsbestimmungen, bei gleichzeitiger Erhöhung der Genauigkeit. Abh. des Dokumentationszentrums der Technik Heft **4**, 5 S. (Herausgegeben vom Dokumentationszentrum der Technik mit Unterstützung des Notrings der wiss. Verbände Österreichs). Wien, 1951.

3107. **W. Embacher,** Geographische Ortsbestimmung mit dem Wild Theodolit III (Auswertung und Ergebnisse der Versuchsbeobachtungen im September und Oktober 1951). Abh. des Dokumentationszentrums der Technik Heft 6, 11 S. mit 1 Fig. Herausgegeben vom Dokumentationszentrum der Technik mit Unterstützung des Notrings der wiss. Verbände Österreichs. Wien, 1951.

3108. **W. S. Finsen,** The significance of atmospheric dispersion in astronomical interferometry. Union Circ **6** 82—86. — Der Einfluß der atmosphärischen Streuung auf die Beobachtung mit dem Interferometer wird untersucht und auf verschiedene Möglichkeiten, ihren Effekt zu verringern, hingewiesen. Verf. kritisiert Magginis Theorie, die mit den Beobachtungen nicht im Einklang stehe. T. L.

3109. **E. P. Fjodorow,** Bestimmung der Koeffizienten der Hauptglieder der Nutation in Schiefe und Länge. DAN **80** 569—572 (russisch).

3110. **E. P. Fjodorow,** Bestimmung der Amplitude des halbmonatlichen Nutationsgliedes aus Breitenbeobachtungen. Astr Circ UdSSR Nr. 116 S. 17—18 (russisch).

3111. **J. O. Fleckenstein,** Die Struve-Niethammersche Methode der Vertikalpassagen zur Bestimmung von Polhöhenschwankungen. AN **279** 193—207, mit 2 Abb. = Veröff. Astr.-meteorolog. Anstalt Univ. Basel Nr. 1. — In den Jahren 1945/46 wurden am Bambergschen Passageninstrument der Basler Universitätssternwarte nach einem verbesserten Struveschen Verfahren im ersten Vertikal über eine volle Chandlersche Periode Polhöhenbestimmungen ausgeführt. Trotz der weiteren instrumentellen Verbesserung der früheren Versuche, wie Anwendung einer automatischen Nachführung des beweglichen Fadens des Repsoldschen Mikrometers und Elimination des Neigungsfehlers mittelst Reflexionsbeobachtungen am Quecksilberhorizont, konnte eine wesentliche Steigerung der inneren Genauigkeit des Verfahrens nicht erzielt werden. Immerhin scheinen die Erfahrungen die theoretische Erwartung zu bestätigen, daß das Struve-Niethammersche Verfahren der Beobachtung von Sternpaaren im ersten Vertikal eine geeignete Komplementärmethode zur klassischen Horrebow-Talcott-Methode des internationalen Breitendienstes darbietet. Nach der Kettenmethode ergab sich aus dem Schlußfehler der Basler Beobachtungsreihe die Aberrationskonstante zu 20ʺ517. Verf.

3112. **H. C. Freiesleben,** Die astronomische Definition der Zeit. Die Uhr 5 Nr. 24 S. 18.

3113. **T. Hattori,** The determination of the constant of nutation from the latitude observations at the international latitude stations. Publ. Astr. Soc. Japan **3** 126—134. — Aus den Beobachtungen auf den Stationen des Internationalen Breitendienstes in den Jahren 1900—1935 wurden verschiedene Werte für die Nutationskonstante abgeleitet. Sie sind sämtlich kleiner als der Newcombsche Wert, sodaß sie noch schlechter mit der Präzessionskonstanten und der Mondmasse in Einklang sind. Die abgeleiteten Werte scheinen einen mit der Länge der Chandlerschen Periode parallelen Gang zu haben. Die gefundene Helligkeitsgleichung kann zur Erklärung der Abhängigkeit der Nutationskonstanten von der Rektaszension der benutzten Sterne herangezogen werden. T. L.

3114. **B. N. Himmelfarb,** Die Aberration der Sterne und die Relativitätstheorie. Priroda **40** Nr. 8 S. 28—30 (russisch).

3115. **H. Hirose,** Preliminary consideration on the locality effect of equinox corrections. Part I. Proc. Japan Acad. **24** 51—55, 1948 = Tokyo Astr. Obs. Repr. Nr. **84**. — Die Lotabweichung eines Ortes geht in die durch die Beobachtungen bestimmte Verbesserung des Äquinoktiums ein. Vergleicht man diese aus einem Sternkatalog und für Körper des Sonnensystems erhaltenen Korrektionen, so kann man die Lotabweichung eliminieren. So ergibt sich aus Wa 1900 und Wa 1920 als Lotabweichung für Washington —0ˢ46 ± 0ˢ07 (w. F.). T. L.

3116. **H. Hirose,** Preliminary consideration on the locality effect of equinox correction. Part II. Proc. Japan Acad. **24** 56—60, 1948 = Tokyo Astr. Obs. Repr. Nr. **85**. — Aus Durchgangsbeobachtungen des Mondes werden für Tokyo und Washington die Lotabweichungen bestimmt, die sich aus den konstanten Abweichungen der Mondlänge ergeben. Es verbleiben für jedes Instrument verschiedene Verbesserungen des Äquinoktiums, die nicht auf Lotabweichungen zurückzuführen sind. T. L.

3117. **C. Hoffmeister,** Zur Berechnung der Ortssternzeit. Sterne **27** 131. — Bei der Umwandlung von MEZ in Ortssternzeit kann der Längenunterschied gegen Greenwich und die «Korrektion der Sternzeit» durch eine örtliche Konstante ersetzt werden, die vor der Umwandlung an die Sternzeit Greenwich für 0^h Weltzeit anzubringen ist. T. L.

3118. **J. de Kort, W. J. Miller,** The machine calculation of Greenwich mean astronomical time and universal time from local sidereal time. Specola Astr. Vaticana Ric. Astr. **2** 277—317. — Eine einfache, für die Maschinenrechnung geeignete Methode zur Umwandlung von Ortssternzeit in Mittlere Astronomische Zeit Greenwich und umgekehrt (in Dezimalteilen des Tages) wird dargelegt und eine genaue Rechenanweisung samt den erforderlichen Tafeln gegeben; die in den Jahrbüchern tabulierte Sternzeit Greenwich wird dabei nicht gebraucht. Der Spezialfall des zweideutigen Datums ist besonders behandelt. Es folgt die Ableitung der Formeln für die Berechnung der auf ein festes Äquinoktium bezogenen Sternzeit. T. L.

3119. **D. K. Kulikow,** Theorie der Ephemeriden Zingerscher Paare und Katalog von 500 Sternpaaren im System des FK 3 für die Epochen 1950.0 und 1970.0. Moskau-Leningrad, Verlag Akad. Wiss. UdSSR, 1951. 244 S. mit 6 Abb. Preis 24 R. 50 Kop. (russisch). — Im vorliegenden Buch wird die Bearbeitung der Beobachtung Zingerscher Paare behandelt, eine Darlegung der Theorie zur Aufstellung von Ephemeriden gebracht und es sind alle notwendigen numerischen Daten aufgeführt, die die Berechnung der Ephemeriden für die Periode 1950—1970 gewährleisten. Loh.

3120. **W. W. Lawdowskij,** Der Einfluß der atmosphärischen Dispersion auf die Bestimmung genauer Örter Kleiner Planeten. Mitt. Astr. Hauptobs. Pulkowo 18 Nr. 5 (146) S. 132—138, mit 3 Abb. (russisch).

3121. **H. R. Morgan, J. H. Oort,** A new determination of the precession and the constants of galactic rotation. BAN **11** 379—384. — Nach Fertigstellung des N 30 wird der Versuch gemacht, den besten Wert für die Verbesserung der Newcombschen allgemeinen Präzession in Länge zu bestimmen. Es ergibt sich $\Delta p = +0''75$, wobei sich die Ableitung im wesentlichen auf die μ_δ stützt; die planetarische Präzession ist dabei als nicht verbesserungsbedürftig vorausgesetzt. Es werden ferner die Korrektionen gegeben, die an die EB wegen Nichtberücksichtigung der Polschwankungen in den alten Katalogen (GC und FK 3) sowie wegen der Bewegung des Frühlingspunktes (FK 3 und N 30) angebracht werden müssen. Schließlich wird eine Möglichkeit aufgezeigt, die GC-Bewegungen in ein aus FK 3 und N 30 gebildetes mittleres System überzuführen. Als beste Werte für die Konstanten der galaktischen Rotation werden $A = +0.020$ km/sec · pc und $B = -0.007$ km/sec · pc angegeben. T. L.

3122. **A. J. Orlow,** Über die Nutationsformeln in Deklination. Astr Circ UdSSR Nr. 116 S. 16 (russisch). — Verf. wendet eine einfache goniometrische Formel zur genäherten Berechnung der Nutation in Deklination an. Loh.

3123. **N. A. Popow,** Über die kurzperiodischen Nutationsglieder in den Poltawaer Beobachtungen heller Zenitsterne. Publ. Gravimetr. Obs. Poltawa **4** 103—137 (russisch).

3124. **D. H. Sadler,** Amendment of the lunar ephemeris. MN **111** 624—629. — Auf der Pariser Konstanten-Konferenz 1950 war beschlossen worden, bei der Berechnung der Mondephemeride nach den Brownschen Mondtafeln künftig das empirische Glied wegzulassen und an die mittlere Länge die Korrektion $-8''72 - 26''75\,T - 11''22\,T^2$ anzubringen. Der vorliegende Bericht zeigt, wie die sich aus dieser Änderung ergebenden Korrektionen an die im Nautical Almanac Office bereits bis zum Jahr 2000 nahezu fertiggestellte Mondephemeride berechnet werden sollen. T. L.

3125. **C. H. Smiley,** Atmospheric refraction at low angular altitudes in the tropics. Navigation Los Angeles **2** 110—113, 1950.

3126. **C. H. Smiley,** Atmospheric refraction at low angular altitudes in the temporate zones. Navigation Los Angeles **3** 33—36. — Fortsetzung von Refraktionsmessungen in geringen Höhen, Zusammenstellung der Ergebnisse und Vergleich mit Garfinkels Theorie. Fr.

3127. **H. M. Smith,** The determination of time and frequency. The Proc. of the Institution of Electrical Engineers **98** part 2, 11 S. mit 3 Fig. — Ref. in Ann. Françaises Chronométrie **21** 170—171. — Verf. gibt eine Übersicht über die prinzipiellen und instrumentellen Grundlagen der astronomischen Zeitbestimmung; dem dabei aus der Erdrotation abgeleiteten Zeitmaß haften periodische und unregelmäßige Schwankungen an, deren Betrag weitgehend entweder vorausberechnet oder nachträglich eliminiert werden kann. Die zwischen dem Zeitdienst von Greenwich und Washington erreichte Übereinstimmung der Zeitbestimmungen kommt nahe an die für die Frequenzmessung geforderte Genauigkeit von $1/10^8$ heran. Zum Schluß werden die Schwierigkeiten nicht nur der Gewinnung, sondern auch der Definition einer gleichförmig ablaufenden Zeit beleuchtet. T. L.

3128. **H. M. Smith,** The determining of time and frequency. Inst. Elect. Engineers, Paper 1054, 11 S. — Ref. in Ann. Françaises Chronométrie **21** 170.

3129. **K. Suzuki,** Effect of the inaccuracy of the current Besselian method of the apparent-place-estimation of fixed stars. Publ. Astr. Soc. Japan **3** 49—60, mit 20 Fig. — Die Reduktion auf den scheinbaren Ort nach der Besselschen Formel liefert keine genauen Resultate, da die in ihr vorkommenden Sternkonstanten mit dem mittleren Ort des Jahresanfangs gerechnet sind. Korrekt wäre es jedoch, erst die Präzession mit dem mittleren Ort, der in der Mitte zwischen Jahresanfang und der Epoche liegt, dann die Nutation mit dem mittleren Ort der Epoche und schließlich die Aberration mit dem wahren Ort zu rechnen. Statt dessen wird hier eine Korrektionsformel abgeleitet, welche die Berücksichtigung dieser in der Besselschen Reduktionsformel vernachlässigten zweiten Glieder auf einfache Weise ermöglicht. Die Größe und der zeitliche Gang dieser Korrektion in Abhängigkeit von Rektaszension und Deklination werden numerisch untersucht und graphisch veranschaulicht. Es wird darauf hingewiesen, daß sie bei genauen Breiten- und Zeitbestimmungen nicht vernachlässigt werden darf, da dort eine Genauigkeit der scheinbaren Sternörter von $0^s.001$ und $0''.01$ gefordert wird. Außerdem kann die Unkorrektheit der üblichen Reduktionsmethode auch bei der Bildung eines Sternkatalogs einen systematischen Fehler verursachen. T. L.

3130. **A. W. Teologow,** Arbeitsephemeriden von Sternpaaren zur Breitenbestimmung durch Messung kleiner Zenitdistanzenunterschiede im Meridian (von 65° bis 78° nördlicher Breite) für die Epoche 1960. Moskau, Verlag für geodätische und kartographische Literatur, 1951. 579 S. Preis 42 R. (russisch).

3131. **G. Tiercy,** Réflexions sur la question des unités de temps. Ann. Françaises Chronométrie **21** 183—191, mit 4 Fig. — Es werden zunächst die Ergebnisse von R. Wavre über die Abweichungen des Erdmeridians von einer Ellipse besprochen und auf die Bedeutung dieser Abweichungen für die Berechnung der Gezeitenreibung wird hingewiesen. Es folgen Betrachtungen über die Möglichkeiten, eine Inertialzeit festzulegen, wobei der Vorschlag gemacht wird, die säkulare Verzögerung der Erdrotation aus der Periodenänderung von Cepheiden zu bestimmen. Bo.

3132. **W. M. Tolmatschew,** Methode zur Bestimmung der jährlichen Aberrations- und Nutationskonstanten aus photographischen Aufnahmen mit dem unbeweglichen Polfernrohr. Leningrad, Astr. Hauptobs. Akad. Wiss. UdSSR, 1951. 8 S. (russisch). — Dissertationsreferat.

3133. **E. Tüzemen,** Méthode d'élimination de l'effet de la réfraction sur les observations. Rev. Faculté Sci. Univ. Istanbul (A) **16** Fasc. 2, 27 S., mit 1 Fig. — Es werden die Formeln aufgestellt, nach denen der Gang des Uhrwerks eines Fernrohrs geändert werden muß, um dem Einfluß der Refraktion auf den Stundenwinkel Rechnung zu tragen. Diese Gangänderung setzt sich aus zwei Teilen zusammen, von denen der eine durch die scheinbare Ortsveränderung des Sterns selbst, der andere durch die des Poles bedingt ist. Bei einem praktischen Versuch wird die erforderliche Gangänderung einer Uhr mit elektrischem Antrieb durch Variation der Stromstärke bewirkt. Bo.

3134. **P. Wellmann,** Wie verwandelt man Sternzeit in mittlere Zeit? Sterne **27** 97. — Bei der Umwandlung von Ortssternzeit in Weltzeit entfällt die «Korrektion der Sternzeit» wenn man den Längenunterschied gegen Greenwich vor der Umwandlung anbringt. T. L.

3135. **R. C. Willem,** Low altitude refraction correction. Navigation Los Angeles **3** 41—45.

3136. Constantes Fondamentales de l'Astronomie. Vgl. AJB **50** Ref. **3134**. — Weiterer Bericht über das Pariser Kolloquium von M. S. Swerew in AJ UdSSR **28** 125—138, mit 1 Abb. (russisch), AN **279** 281—283 (A. Kopff), BSAF **65** 173, Gaz astr **33** 18—20, J RAS Canada **45** 137—138, Mem SA It (NS) **22** 358—359 (F. Zagar), Pop Astr **59** 228—229, Scientia **87** 357 (L. Gialanella).

3137. Soluzione grafica di alcuni problemi inerenti alla posizione del sole rispetto a un orizzonte qualunque. Coelum **19** 74—76, mit 1 Fig.

3138. Arbeitsephemeriden Zingerscher Paare für die Breiten von 60° bis 70° und die Epoche 1960.0. Publ. des zentralen Forschungsinstituts für Geodäsie, Luftbildaufnahme und Kartographie der UdSSR Nr. **90**, 265 S. (russisch).

3139. Atmospheric refraction. Sky and Telescope **10** 265. — Ref. AAS.

§ 32

Finsternisse, Bedeckungen

3201. **R. M. Bell,** Recurrence of total solar eclipses. Pop Astr **59** 22—24, mit 6 Fig. — Von Interesse ist das Verhalten von Sonnenfinsternissen nach Ablauf der Zeit von drei Sarosperioden = 54.117 Jahren, da nach dieser Zeit eine Finsternis in dasselbe Gebiet zurückkehrt. Zur Veranschaulichung werden für ein abgegrenztes Gebiet die Punkte markiert, für die zwischen 1650 und 2150 n. Chr. ein und dieselbe Finsternis zentral und total im Mittag ist. Werden diese Punkte durch eine Kurve verbunden, so ergibt sich ein für jede einzelne Finsternis charakteristischer Verlauf. U. Baehr

3202. **G. van den Bergh,** Regelmaat en wisseling bij zonsverduisteringen. Met en aanhangsel over maansverduisteringen. Haarlem, H. D. Tjeenk Willink, 1951. 264 S. mit 12 Tafeln. Preis f 54.00. — Besprechung in Hemel en Dampkring **50** 96—97 (A. Pannekoek), J RAS Canada **46** 171—172 (R. F. Rodgers).

3203. **G. van den Bergh,** Reeksen totale maansverduisteringen. Hemel en Dampkring **49** 142—146. — Bericht über eine Akademieschrift Pannekoeks (vgl. Ref. **3213**) über die Aufeinanderfolge totaler Mondfinsternisse in Tetraden und deren Verteilung innerhalb des Saroszyklus sowie zusätzliche Bemerkungen des Verf. über die Sichtbarkeitsverhältnisse. Gü.

3204. **E. M. Brooks,** The limit of visibility of eclipses. Sky and Telescope **10** 270—271, mit 1 Fig.

3205. **H. E. Butler,** Photoelectric recording of stellar occultations. MN **111** 393—396, mit 3 Fig. = Contr. Dunsink Obs. Nr. **2**. — Um die Genauigkeit der Zeitbestimmung von Sternbedeckungen durch den Mond zu verbessern, bedient sich der Verf. eines Elektronenvervielfachers, dessen Photostrom auf einen 2-Strahloszillographen gegeben wird. Mit dem zweiten Lichtfleck des Oszillographen werden Zeitmarken auf dem Leuchtschirm erzeugt, der fortlaufend photographisch registriert wird. Der Zeitpunkt des Verschwindens des Sterns hinter dem dunklen Mondrand ist mit etwa $^1/_{100}$ sec Genauigkeit gegen die Zeitmarken zu bestimmen. Eine weitere Verbesserung erreicht der Verf. durch Verwendung des 2-Strahloszillographen zur Ermittlung des Uhrstandes im Augenblick der Bedeckung. Vor und nach der Bedeckung werden die durch

Funk verbreiteten Zeitsignale und die Sekundenkontakte der Uhr, an die die Beobachtungen angeschlossen werden, über den Oszillographenschirm photographisch registriert und zur Bestimmung des Uhrstandes auf etwa $^1/_{100}$ sec genau benutzt. Die Methode ist für den hellen Mondrand nicht brauchbar. Micz.

3206. **A. Danjon,** Les éclipses de Lune par la pénombre en 1951. BSAF **65** 51—53. — Vom Jahrgang 1951 an gibt die Connaissance des Temps auch die Elemente für die Halbschattenfinsternisse des Mondes. Außer den für dieses Jahr dort angegebenen drei findet man im Handbook of the British Astronomical Association aber noch eine weitere Halbschattenfinsternis für 1951 Febr. 25. Dieser Unterschied rührt daher, daß dort der Durchmesser des Halbschattens wegen der Refraktion der Erdatmosphäre wie der des Kernschattens um $^1/_{50}$ vergrößert wurde. Die Korrektion ist aber für beide Schatten dem Absolutwert nach dieselbe, wie dies bei den Berechnungen der C. d. T. auch angenommen wird. Verf. hält außerdem statt dieses traditionellen Wertes die Korrektion von $^1/_{73}$ für den Kernschatten und entsprechend $^1/_{123}$ für den Halbschatten für besser. T. L.

3207. **G. Grant,** A graphical representation of eclipses. Pop Astr **59** 419—428, mit 2 Fig. — Eine graphische Darstellung enthält sämtliche Finsternisse zwischen 1951 und 2000, wobei die verschiedenen Typen durch Zeichen charakterisiert sind. Die Anordnung ist besonders dazu geeignet, die verschiedenen Periodizitäten zu veranschaulichen, welche auch in der ausführlichen Erklärung angeführt und begründet sind. T. L.

3208. **H. Kristenson,** Spectrophotometric determinations of contact at total eclipses of the sun. Stockholms Obs. Ann. **17** Nr. 1, 96 S. mit 28 Fig. — Eine objektive Photometrie einer Reihe kinematographischer Aufnahmen des Flash-Spektrums, die mit genauen Zeitmarken versehen sind, läßt zunächst die Bestimmung des Mondprofiles und damit die Kontaktzeit des mittleren Mondrandes zu. Es wird gezeigt, daß die bei diesem Verfahren erreichte Genauigkeit genügt, um die genaue Bestimmung der Kontaktzeiten an zwei verschiedenen Beobachtungsstationen zur geodätischen Vermessung zu benutzen. Oetken

3209. **W. D. Lambert,** Use of occultations and eclipses for connecting geodetic datums. J. of the Coast and Geod. Survey Washington **1950** Nr. 3 S. 81.

3210. **A. A. Michajlow,** Sonnen- und Mondfinsternisse. Moskau, Verlag des Kriegsministeriums der UdSSR, 1950. 2. Auflage. 40 S. mit 14 Abb. Preis 60 Kop. (russisch). — Auch in weiteren regionalen Ausgaben und Landessprachen der UdSSR erschienen.

3211. **S. A. Mitchell,** Eclipses of the Sun. New York, Columbia Univ. Press, 1951. 5. Auflage. 15 + 445 S. Preis $ 6.50. — Besprechung in Obs **72** 246, Publ ASP **64** 144—146 (E. Pettit), Sky and Telescope **11** 121, 198—199 (J. W. Evans). — Der Inhalt des Buches ist gegenüber der 4. Auflage von 1935 weitgehend revidiert und auf den Stand der modernen Forschung gebracht. Die ersten vier Kapitel geben einen kurzen Überblick über die historischen Finsternisse und die Methoden der Vorausberechnung. Nach einem einführenden Kapitel über Spektroskopie folgt eine Beschreibung der Expeditionen und modernen Finsternisbeobachtungen unter besonderer Verwertung der reichen persönlichen Erfahrungen des Verfassers. Die nächsten Kapitel befassen sich eingehend mit dem augenblicklichen Stand der sonnenphysikalischen Forschung unter dem Aspekt der modernen Theorien über die Sonnenatmosphäre. Überall finden sich auch zahlreiche technische Einzelheiten, besonders auch hinsichtlich der Beobachtung des Flash-Spektrums. Das Buch schließt mit einem Überblick über die gelösten und ungelösten Probleme, zu welchen vor allem der Beobachtungsnachweis der von der Relativitätstheorie geforderten Lichtablenkung gehört. T. L.

3212. **H. Müller,** Sonnenfinsternisse und ihre Bedeutung für die Wissenschaft. Naturwiss. Rundschau **4** 375—381, mit 5 Abb.

3213. **A. Pannekoek,** Periodicities in lunar eclipses. Proc. K. Nederlandse Akad. Wetensch. (B) **54** 30—41, mit 2 Fig. = Circ. Astr. Inst. Univ. Amsterdam Nr. 2. — Die Mondfinsternisse folgen in Abständen von 6 Mondmonaten aufeinander und bilden dabei Serien von je 5 oder 6 Finsternissen, die durch Intervalle von 17 oder 23 Mondmonaten voneinander getrennt sind. Eine sich über mehr als 3 Jahrtausende erstreckende Statistik zeigt, daß die durchschnittliche Anzahl der in jeder Serie auftretenden totalen Finsternisse mit einer Periode von etwa 580 Jahren schwankt. Diese Gesetzmäßigkeit wird geometrisch begründet; da die von der Anomalie der Sonne abhängende Korrektion, die in den Abstand des Vollmondes vom Knoten eingeht, sich nach 32.8 Sarosperioden wiederholt, ergibt sich als theoretischer Wert für die gefundene Periode 591 Jahre. T. L.

3214. **W. T. Ter-Oganesow,** Sonnen- und Mondfinsternisse. Moskau, Verlag «Prawda», 1950. 24 S. mit 8 Abb. Preis 50 Kop. (russisch).

3215. Eclipse Saros series. Sky and Telescope **10** 288.

§ 33

Chronologie, Kalenderwesen

3301. **R. G. Aitken,** From an astronomer's viewpoint. J. Calendar Reform **21** 170—173. — Betrifft Kalenderreform.

3302. **C. Bertrand,** La réforme du calendrier. Rev. Métrol. (2) **11** 461—475.

* * **K. R. Dixit,** The history of indian astronomy. Vgl. Ref. 1307.

3303. **E. Ender,** Über die Inkonsequenz unserer Zeitrechnung. Experientia **7** Nr. 3 S. 114.

3304. **F. Heiland,** Wann beginnt ein Jahrhundert? Sterne **27** 1—2, mit einem Nachtrag S. 142. — Ref. in Coelum **19** 80. — Ins Englische übersetzt unter dem Titel: When does a century begin? Pop Astr **59** 341—342. — Es wird die Frage behandelt, ob die zweite Hälfte des 20. Jahrhunderts mit dem 1. Januar des Jahres 1950 oder 1951 beginnt. In Verbindung damit wird die astronomische Zählweise der Jahre vor und nach Christi, im besonderen das Vorkommen eines nullten Jahres in der astronomischen Jahresreihe diskutiert. Der Nachtrag auf S. 142 enthält die Aufklärung eines naheliegenden Mißverständnisses seitens des Lesers, das durch Unklarheit bei der Angabe zweier Jahreszahlen entstanden war. U. Baehr

3305. **R. Hennig,** Die Finsternis von Golgatha. Sternenwelt **3** 58—59. — Nimmt man an, daß Christus an einem Freitag den 14. Nisan den Kreuzestod erlitt, so kommen für die Kreuzigung nur die beiden Daten 7. April 30 und 3. April 33 in Betracht. Das zweite Datum gewinnt u. a. durch den Bericht eines um 400 lebenden Johannes Malalas an Gewicht, wonach der Tod Christi unter das Konsulat des Sulpicius und Sulla fiel, und «dem 18. Jahr und 7. Monat des Kaisers Tiberius» entsprach, «als der Mond den 14. Tag hatte». Durch beide Angaben wird das Jahr 33 bestätigt. Da der 15. Nisan stets ein Vollmondtag ist, kann es sich nur um eine Mondfinsternis handeln, die tatsächlich auch als partielle Finsternis beim Mondaufgang um 18 Uhr 3 Minuten Jerusalemer Zeit in Jerusalem sichtbar wurde. Die von den Synoptikern gemeldeten näheren Umstände der Finsternis sollen auf den überwältigenden Eindruck der totalen Sonnenfinsternis vom 24. November 29 n. Chr. zurückgehen, die in dem erst 30—40 Jahre später verfaßten Bericht der Evangelien mit der Mondfinsternis am Tage der Kreuzigung verwechselt worden sein dürfte. U. Baehr

3306. **I. M. Levitt,** The date of the first christmas. Sky and Telescope **11** 31.

3307. **E. L. Martin,** Le congruenze settimanali del calendario gregoriano. Oss. Astr. Trieste Nr. **246**, 36 S. — Untersuchungen zum Problem der kongruenten Jahre, d. h. der Jahre, in denen auf gleiche Daten (Monat und Tag) gleiche Wochentage fallen. F. Z.

3308. **E. J. Palacios,** Las Yardas o Puentes Cósmicos de los Aborígenes Mayas y Mexicanos. El Universo **49** Nr. 16 S. 45—52, Nr. 17 S. 82—94, mit 3 Abb. — Verf. berichtet über die Erforschung des Kalenders der Maya und Azteken und insbesondere die Bedeutung des Dresdener Kodex und des Vatikanischen Kodex A sowie die Deutung des «Kalendersteines» und der Darstellungen am «Blumenhaus» von Xochicalco. Gü.

3309. **R. A. Parker,** The calendars of ancient Egypt. Chicago, University of Chicago Press, 1950. 13 + 83 S. mit 6 Tafeln. Preis **$** 6.00.

3310. **I. F. Polak,** Čas a kalendář. Prag, Naše vojsko. 68 S. mit 9 Abb. Preis 12 Kčs. (Übersetzung aus dem Russischen, vgl. AJB **49** Ref. **3311**).

3311. **G. Ricci,** Il lunario perpetuo e la riforma del calendario. Bolzano, Selbstverlag, 1951. 6 S. mit 2 Tafeln. — Betrachtungen und Tabellen zum immerwährenden Kalender und Vorschläge zur Kalenderreform. F. Z.

3312. **H. P. Trefethen,** The Metonian calendar. Sky and Telescope **10** 213.

3313. Naar begynder et nyt Aarhundrede ? Urania Kopenhagen 8 117—118.

* * Journal of Calendar Reform 1950. — Enthält zahlreiche Beiträge allgemeinen, besonders wirtschaftlichen Charakters über die Bestrebungen einer Kalenderreform und über den Weltkalender.

Fünfter Teil

Theoretische Astronomie

§ 40

Allgemeines, Tafeln

4001. **A. d'Abro,** The evolution of scientific thought: from Newton to Einstein. New York, Dover Publications, Inc., 1950. Zweite verbesserte und erweiterte Auflage. 481 S. mit 15 Tafeln. Preis 3.95 **$**. — Besprechung in ZfMG **41** 327 (C. F. v. Weizsäcker).

4002. **N. Boneff,** Sur le problème de Bertrand. Annuaire Univ. Sofia Faculté Sci. Math. Phys. **46** 183—186 (mit bulgarischer Zusammenfassung). — Ref. in ZfMG **45** 142.

4003. **M. Born,** The Restless Universe. New York, Dover Publications, Inc., 1951. 2. verbesserte Auflage. 315 S. Preis **$** 3.95. — Besprechung in Sky and Telescope **11** 15, 41 (O. Gingerich).

4004. **M. S. Eigenson,** Über die Unendlichkeit und Ewigkeit des Weltalls. Moskau, Unionsgesellschaft zur Verbreitung politischer und wissenschaftlicher Kenntnisse, 1951. 44 S. (russisch).

4005. **F. Hoyle,** The Nature of the Universe. Vgl. AJB **50** Ref. **4003**. — Weitere Besprechung in J RAS Canada **45** 185—189 (R. E. Williamson), La Nature **79** 95, MN ASSA **10** 17—18 (D. S. Evans), Phys. Blätter **7** 238 (U. Jetter), Priroda **41** Nr. 12 S. 126—128 (M. S. Eigenson, russisch), Urania Kopenhagen **8** 14.

4006. **F. Hoyle,** Die Natur des Universums. Übersetzung des vorstehenden Buches. Köln-Berlin, Verlag Gustav Kiepenheuer, 1951. 148 S. mit 11 Abb. Preis DM 8.50. — Besprechung in Sternenwelt **3** 199—200 (E. Schoenberg).

4007. **P. Javet,** La Figure de l'Univers. Vgl. AJB **50** Ref. **4004**. — Weitere Besprechung in La Nature **79** 64.

4008. **M. Johnson,** The meanings of time and space in philosophies of science. Advancement Sci. **7** 307—314, 1950. — Ref. in ZfMG **41** 144.

4009. **G. Lemaître,** The Primeval Atom. Vgl. AJB **50** Ref. **4005**. — Weitere Besprechung in Nature **168** 259—260 (T. G. Cowling), Obs **72** 41—43 (W. H. McCrea), Scientia **87** 325 (L. Gialanella).

4010. **G. Lemaître,** L'Univers. Louvain, E. Nauwelaerts, 1950. 73 S. — Besprechung in Nature **168** 259—260 (T. G. Cowling).

4011. Universe history. Sky and Telescope **10** 292.

§ 41

Raum, Zeit, Licht, Gravitation, Relativitätstheorie, Kosmologie

4101. **F. Aeschlimann,** Espace physique et espace-temps d'un observateur en relation avec d'autres observateurs. CR **233** 1578—1580.

4102. **R. A. Alpher, R. C. Herman,** Element formation in a nonstatic cosmological model. Phys. Rev. (2) **82** 296. — Ref. Am. Phys. Soc.

* * **R. A. Alpher, R. C. Herman,** Neutron-capture theory of element formation in an expanding universe. Vgl. Ref. **5401**.

4103. **D. Aufenkamp,** Sur l'impossibilité d'univers stationnaires clos. CR **232** 213—214. — Ref. in ZfMG **42** 240.

4104. **A. Barangé,** Ideas cosmológicas actuales. Urania Barcelona **36** 197—201, mit 3 Fig.

4105. **J. Becquerel,** Remarques sur le ralentissement du cours du temps par l'éffet d'un champ de gravitation. CR **232** 1617—1619. — Es wird ein Einwand gegen die Einsteinsche Gravitationstheorie widerlegt und gezeigt, daß die Tatsache der Proportionalität zwischen der Energie eines Photons und der Frequenz der elektromagnetischen Welle genügt um zu beweisen, daß in einem Gravitationsfeld Raum-Zeit nicht euklidisch sein kann.

Verf. (übersetzt)

* * **T. H. Berlin,** The neutron-capture equations of element formation in a static universe: An exact solution. Vgl. Ref. **5404**.

4106. **G. van Biesbroeck,** Note to Finlay-Freundlich's remarks. AJ **55** 247. — Ref. in Sterne **28** 32—33. — Die Nachteile der planparallelen Glasplatte sind in der Darstellung von Finlay-Freundlich übertrieben. Die Methode von Finlay-Freundlich zur Bestimmung der Skalenkorrektion wird kritisiert. O. G.

4107. **D. Blanuša,** Problemi kozmologije i kozmogonije. Bošković Almanah **1951** S. 183—215, mit 6 Fig.

4108. **P. Couderc,** L'expansion de l'Univers. Vgl. AJB **50** Ref. **4113**. — Weitere Besprechung in Coelum **19** 82—83.

4109. **P. Couderc,** L'expansion de l'univers. Atomes **5** 219—224, 1950. — Ref. in Phys. Ber. **30** 1817.

4110. **P. Couderc,** L'expansion de l'univers. BSAF **65** 97—98. — Zusammenfassung eines Vortrages.

4111. **P. Couderc,** La relatività. Milano, Verlag A. Garzanti, 1950. Übersetzung der französischen Ausgabe. 102 S. — Allgemeinverständliche Darstellung der Relativitätstheorie.

4112. **L. Courvoisier,** Zur Bestimmung der «Lorentz-Kontraktion» und der «absoluten» Erdbewegung. AN **280** 61—66, mit 3 Abb. — Es werden drei bisher noch nicht erprobte Verfahren besprochen, die zum Nachweis der «Lorentz-Kontraktion» dienen können: erstens eine photographische Methode zur Bestimmung der Kontraktion eines Maßstabes, zweitens die Bestimmung der Ablenkung eines «Zeigerstabes» bzw. der Lotlinie mittels optischer Interferenz, drittens mit Hilfe von Horizontalpendeln. Verf.

4113. **H. S. M. Coxeter, G. J. Whitrow,** World-structure and non-Euclidean honeycombs. Proc. Roy. Soc. London (A) **201** 417—437, 1950. — Ref. in Math. Rev. **12** 866.

4114. **P. A. M. Dirac,** Is there an æther? Nature **168** 906—907. — Es wird dargelegt, daß die Negierung der Existenz des Äthers durch die Relativitätstheorie nicht mehr berechtigt ist, sondern daß die Wellenmechanik die Möglichkeit eröffnet, dem Äther physikalische Realität zuzubilligen. Kdr.

4115. **A. Einstein,** The Meaning of Relativity. Vgl. AJB **50** Ref. **4116**. — Weitere Besprechung in Phys. Blätter **7** 89—91, Proc. Phys. Soc. (A) **64** 433—434 (G. J. Whitrow), Scientia **86** 37—38 (G. Giorgi).

4116. **E. Finlay-Freundlich,** On the measurement of the relativistic light deflection. AJ **55** 245—247. — Ref. in Sterne **28** 32—33. — Eine Bestimmung der relativistischen Lichtablenkung kann nur dann größeres Gewicht erreichen, wenn die Skalenkorrektion durch eine unstreitig richtige und genaue Methode abgeleitet wird und die Platten eine genügende Zahl von Sternen etwa bis zu einem Sonnenradius Abstand vom Sonnenrand zeigen. Das Gewicht nimmt beträchtlich zu mit der Zahl der während der Totalität aufgenommenen Platten. An der Methode von van Biesbroeck, zur Bestimmung der Skalenkorrektion ein Vergleichsfeld durch Reflexion an einer schräg vor das Objektiv gesetzten planparallelen Platte gleichzeitig mit dem Finsternisfeld aufzunehmen, wird Kritik geübt. O. G.

4117. **A. Gamba,** Una strana conseguenza delle equazioni della nuova teoria unitaria di Einstein. Rend. Accad. Nazionale Lincei, Cl. Sci. fis., mat., nat. (8) **10** 472—474.

4118. **G. Garcia,** Grundlagen und Konstruktion einer neuen allgemeinen Relativitätstheorie. — Zeitbegriff. — Neues vollständiges Gesetz der universellen Gravitation. — Differentialgleichungen der Bewegung der neuen Dynamik. Actas Acad. nac. Ci. exact. fis. nat. Lima **14** 3—14 (spanisch). — Ref. in ZfMG **44** 423.

4119. **G. Garcia,** Ablenkung der Lichtstrahlen. — Krümmung des Lichtes in der neuen Relativitätstheorie. Actas Acad. nac. Ci. exact. fis. nat. Lima **14** Nr. 2—4, 3—6 (spanisch). — Ref. in ZfMG **44** 423.

4120. **G. Garcia,** Verlauf der Strahlen des Spektrums bis zum Rot in der neuen Relativitätstheorie. Actas Acad. nac. Ci. exact. fis. nat. Lima **14** Nr. 2—4, 7—8 (spanisch). — Ref. in ZfMG **44** 423.

4121. **O. Heckmann,** Theorie und Erfahrung in der Kosmologie. Naturwissenschaften **38** 84—91, mit 10 Abb. — Im ersten Teil des Vortrags wird darauf hingewiesen, daß sowohl die Newtonsche wie die Einsteinsche Theorie der Mechanik und der Schwerkraft auf Weltmodelle mit allgemeinen Expansions- oder Kontraktionsphänomenen führen, Ruhe dagegen ein instabiler Zustand ist. Dann wird die beobachtete Verteilung und Expansionsbewegung der außergalaktischen Nebel dargelegt. Der letzte Abschnitt über moderne Entwicklungen beginnt mit einer Diskussion des Weltalters, führt dann zu den Schwierigkeiten eines die Beobachtungen darstellenden Weltmodells und zu den Versuchen, diese Probleme zu lösen. Gli.

4122. **O. Heckmann, P. Jordan, W. Fricke,** Zur erweiterten Gravitationstheorie. I. ZfA **28** 113—149, mit 6 Abb. = Mitt. Sternw. Hamburg-Bergedorf **21** Nr. 213. — Ref. in ZfMG **43** 208. — Betrachtet man die Gravitations-«Konstante» als eine skalare Feldgröße, so kann man nach Jordan-Ludwig-Müller die entsprechenden relativistischen Feldgleichungen formulieren; dabei ergeben sich zunächst zwei verschiedene Möglichkeiten, zwischen denen nur nach empirischen Gesichtspunkten eine Auswahl getroffen werden kann. Für beide Möglichkeiten werden hier diejenigen speziellen Lösungen aufgesucht, welche statisch und kugelsymmetrisch sind, also für diese Theorie eine analoge Rolle spielen, wie die Schwarzschildsche Lösung in der Einsteinschen Gravitationstheorie. Ferner werden die geodätischen Linien für diese Metriken aufgestellt und das Verhältnis der Theorie zu den solaren bzw. planetarischen Relativitätseffekten untersucht. Aus der Merkurperiheldrehung ist zu entnehmen, daß das Gravitationsfeld der Sonne ein nahezu Schwarzschildsches sein muß. Für das Gravitationsfeld im Außenraum einer kugelsymmetrischen Masse geringer Dichte sind die beiden Parameterwerte des Feldes durch die Feldgleichungen festgelegt. Verf. (gekürzt)

4123. **O. Hittmar, E. Schrödinger,** Studies in the generalized theory of gravitation. II. The velocity of light. Commun. Dublin Inst. advanced Studies (A) Nr. 8, 15 S. — Ref. in ZfMG **44** 229.

4124. **K. Jellinek,** Weltsystem, Weltäther und die Relativitätstheorie. Vgl. AJB **50** Ref. **4127**. — Weitere Besprechung in Ann d'Astrophys **14** 188 (M. Mayot), Endeavour **10** 168 (E. Whittaker), J. Physique **12** 756 (B. Kwal), J RAS Canada **45** 250—252 (C. L. Barnes), Nature **168** 353 (H. T. H. Piaggio), Optik **8** 79 (G. Hettner), Proc. Phys. Soc. (A) **64** 852—854 (W. H. McCrea).

4125. **M. Johnson,** Alternative time-dependences of cosmological quantities or scales. Obs **71** 31—32. — Nach kurzer Zusammenstellung der in verschiedenen kosmologischen Theorien verwendeten Zeitabhängigkeit der Dimensionen Masse und Zeit wird vermutet, daß Zeitabhängigkeit von M und T komplementäre Alternativen in Analogie zu den Heisenbergschen Ungenauigkeitsrelationen sein könnten. O. G.

4126. **C. K. Jørgensen,** Universets alder og konsekvenserne af ubegrænset tid. Urania Kopenhagen **8** 58—61.

4127. **M. Kohler,** Zum Problem der Planetenbewegung nach der allgemeinen Relativitätstheorie. Z. Physik **130** 139—143. — Die Schwarzschildsche Lösung für den Außenraum entspricht einer gekrümmten vierdimensionalen Mannigfaltigkeit. Sie läßt sich daher nicht ohne Benutzung der Einsteinschen Feldgleichungen nach dem Äquivalenzprinzip vermittels einer Koordinatentransformation aus dem pseudoeuklidischen Linienelement gewinnen. Dasselbe gilt auch für die erste Näherung der Schwarzschildschen Lösung. In verstärktem Maße trifft dies auch für die Schwarzschildsche Lösung im Innenraum einer Materiekugel zu. Verf.

4128. **A. Kranjc,** Ricerche recenti sulle relazioni tra cosmologia e teoria dei campi d'onda. Coelum **19** 67—70. — Darstellung der derzeitigen kosmologischen Probleme. F. Z.

4129. **G. Ludwig,** Fortschritte der projektiven Relativitätstheorie. Braunschweig, F. Vieweg & Sohn, 1951. Die Wissenschaft, Einzeldarstellungen aus der Naturwissenschaft und der Technik Bd. **105.** 96 S. mit 1 Abb. Preis 10.80 DM. — Besprechung in ZfA **30** 248 (O. Heckmann), Z. Naturforschung **7a** 446 (H. Hönl).

4130. **Q. Majorana,** Considerazioni conclusive sulla relatività speciale. Rend. Accad. Nazionale Lincei, Cl. Sci. fis., mat., nat. (8) **11** 144—150.

4131. **Q. Majorana,** Sulla trasformazione di Einstein detta di Lorentz. Rend. Accad. Nazionale Lincei, Cl. Sci. fis., mat., nat. (8) **11** 241—246.

4132. **J. Mandelker,** A New Theory of Gravitation. Philosophical Library, 1951. 25 S. Preis $ 2.75. — Besprechung in Sky and Telescope **10** 222.

4133. **D. Maravall Casesnoves,** Berechnung der oberen Schranke des Verhältnisses Masse : Radius der materiellen Körper und der Dichte des Universums in Abhängigkeit vom Radius. Euclides **11** 205—210 (spanisch).

4134. **D. Maravall Casesnoves,** Meine Theorie der kosmologischen Struktur des sich ausdehnenden Universums. Euclides **11** 391—404 (spanisch).

4135. **C. Marguglio,** La spiegazione fisica della curvatura di un raggio di luce nella vicinanza del Sole. Palermo, Verlag Le Madonie Castelbuono. 23 S.

4136. **C. Marguglio,** La spiegazione fisica dell'avanzamento del perielio di Mercurio. Palermo, Verlag Le Madonie Castelbuono. 15 S.

4137. **W. H. McCrea,** Relativity Physics. London, Methuen & Company, Ltd., 1950. Third edition. 7 + 87 S. Preis $ 1,25. — Besprechung in J. Optical Soc. America **41** 140 (J. R. McNally jr.).

4138. **W. H. McCrea,** The clock paradox in relativity theory. Nature **167** 680.

4139. **W. H. McCrea,** Relativity theory and the creation of matter. Proc. Roy. Soc. (A) **206** 562—575. — Ref. in Math. Rev. **12** 866, ZfMG **44** 423.

4140. **G. C. McVittie,** Cosmological Theory. Vgl. AJB **49** Ref. **4133.** — Weitere Besprechung in Rev. Sci. Instruments **22** 48 (M. S. Plesset).

4141. **H. Nariai,** On some static solutions of Einstein's gravitational field equations in a spherically symmetric case. Sci. Reports Tôhoku Univ. (1) **34** 160—167, 1950. — Das Linienelement wird in der sogenannten isotropen Form verwandt und die Feldgleichungen der Einsteinschen Gravitationstheorie auf ein System von Differentialgleichungen reduziert, von denen nur drei voneinander unabhängig sind. Verschiedene Lösungen werden diskutiert. Loh.

4142. **H. Nariai,** On a new cosmological solution of Einstein's field equations of gravitation. Sci. Reports Tôhoku Univ. (1) **35** 62—67, mit

1 Fig. = Sendai Astr. Raportoj **2** Nr. 12 (24). — Es wird eine Lösung für das leere Universum gefunden, die von der de Sitterschen Lösung abweicht, ihr in mancher Hinsicht jedoch ähnelt. Loh.

4143. **T. Neugebauer,** On a relationship between gravitation and magnetism. Acta Phys. Hungarica **1** 151—165 (deutsch). — Ref. in Phys. Abstracts (A) **55** 1061. Vgl. Ref. **9808**.

4144. **G. C. Omer jr.,** The cosmological constant as derived from a cluster of galaxies. Phys. Rev. (2) **81** 295. — Ref. Am. Phys. Soc.

4145. **G. C. Omer jr.,** An incomplete cosmological model. Phys. Rev. (2) **83** 896. — Ref. Am. Phys. Soc.

4146. **A. Papapetrou,** Equations of motion in general relativity. II. The coordinate condition. Proc. Phys. Soc. (A) **64** 302—310. — Ref. in Phys. Ber. **30** 1338.

4147. **M. Pierucci,** Eliminazione di un apparente disaccordo nella determinazione del raggio dell'universo. Atti Sem. Mat. Fis. Univ. Modena **4** 26—29, 1950.

4148. **A. Pignedoli,** Sulla dinamica relativistica del punto materiale. Atti e Mem. Accad. Modena (5) **9** 256—273. — Untersuchung der Bewegung eines materiellen Punktes unter dem Einfluß von Zentralkräften in der speziellen Relativitätstheorie. F. Z.

4149. **G. Y. Rainich,** Mathematics of Relativity. New York, John Wiley and Sons, Inc., 1950. 8 + 173 S. Preis $ 3,50. — Besprechung in Rev. Sci. Instruments **22** 273—274 (P. G. Bergmann).

4150. **E. Schrödinger,** Space-Time Structures. London, Cambridge University Press, 1950. 8 + 119 S. Preis 12 s. 6 d. net. — Besprechung in Nature **167** 786—787 (M. Born), Phys. Blätter **7** 283—284 (M. Born), Proc. Phys. Soc. (A) **64** 673—674 (F. J. Dyson), Z. Naturforschung **6a** 516 (W. E. Thirring).

4151. **B. Thüring,** Das Problem der Gravitation. Naturwiss. Rundschau **4** 5—10.

4152. **P. Udeschini,** Le equazioni di seconda approssimazione nella nuova teoria relativistica unitaria di Einstein. I, II. Rend. Accad. Nazionale Lincei, Cl. Sci. fis., mat., nat. (8) **10** 21—24, 121—123. — Verf. leitet die Gleichungen zweiter Näherung in der neuen Theorie Einsteins ab, womit die beiden fundamentalen Felder, das Gravitationsfeld und das elektromagnetische Feld, nicht mehr getrennt, sondern im unitaren Feld eng verbunden werden. F. Z.

4153. **P. Udeschini,** Sulle mutue azioni fra campo gravitazionale e campo elettromagnetico. Rend. Accad. Nazionale Lincei, Cl. Sci., fis. mat., nat. (8) **10** 390—394. — Auf Grund vorhergehender Arbeiten des Verf. wird bewiesen, daß ein elektromagnetisches Feld erster Ordnung wohl auf ein Gravitationsfeld zweiter Ordnung einwirken kann, während ein Gravitationsfeld erster Ordnung und ein elektromagnetisches Feld zweiter Ordnung unabhängig sind. F. Z.

4154. **P. C. Vaidya,** The gravitational field of a radiating star. Proc. Indian Acad. Sci. (A) **33** 264—276. — Ref. in ZfMG **44** 422—423, Math. Rev. **13** 391.

4155. **H. Vogt,** Die raumzeitliche Struktur des Kosmos. Sternenwelt **3** 205—208.

4156. **A. G. Walker,** Gravitation in kinematic relativity. Nature **168** 961—962. — Die Milnesche Theorie der kinematischen Relativität führt bezüglich der beiden relativistischen Effekte der Periheldrehung einer Planetenbahn und der Lichtablenkung am Sonnenrand zunächst zu unzutreffenden Ergebnissen. Verf. versucht dies aufzuklären und skizziert einen Weg, der die beiden Effekte im Rahmen der genannten Theorie mit positivem Resultat abzuleiten erlaubt. Kdr.

4157. **H. Weyl,** Space, time, matter. New York, Dover Publications, 1951. 4. Auflage. 16 + 330 S. Preis $ 3.95. — Ref. in ZfMG **44** 227—228 (O. Heckmann).

4158. **G. J. Whitrow, D. G. Randall,** Expanding world-models characterized by a dimensionless invariant. MN **111** 455—467. — Nach den Methoden der Milneschen kinematischen Relativität werden die homogenen expandierenden Weltmodelle untersucht, die durch Invarianz der dimensionslosen Größe $G\varrho t^2$ ausgezeichnet sind (G Gravitationskonstante, ϱ mittlere lokale Dichte, t zeitlicher Parameter in der Hubbleschen Geschwindigkeits-Entfernungs-Beziehung). Kdr.

4159. **E. P. Wigner,** Some remarks on the infinite de Sitter space. Proc. National Acad. Sci. USA **36** 184—188, 1950. — Ref. in ZfMG **41** 568.

4160. **R. Zaycoff,** Verallgemeinerte Theorie der Gravitation. Nachr. Bulgar. Akad. Wiss., Abt. phys.-math. techn. Wiss. (Phys.) **1** 244—258 (bulgarisch mit russischer und deutscher Zusammenfassung). — Ref. in ZfMG **43** 207.

4161. **F. Zwicky,** Morphology of large scale aggregations of matter in the universe. Aus: Problems of cosmical aerodynamics (Ref. **12008**), Kapitel 31, S. 204—209. — Auf Grund seiner an mehreren Stellen veröffentlichten Gedanken zur Methodik wissenschaftlichen Forschens erörtert Verf. eine Reihe noch ungelöster Probleme und versucht, einen Plan für künftige Untersuchungen aufzustellen. Kdr.

4162. **F. Zwicky,** Tests for the cosmological time scale. Publ ASP **63** 17—25 = Mt. Wilson and Palomar Obs. Repr. Nr. **42**. — Die kurze Zeitskala ($\approx 3 \times 10^9$ Jahre) ist verknüpft mit der Expansion des Weltalls. Wenn sie richtig ist, müssen sich Unterschiede zwischen nahen und entfernten Nebelhaufen nachweisen lassen auch ohne genaue Kenntnis der Entfernungen, der absoluten Helligkeiten usw. für entfernte Nebel. Entscheidende Proben dieser Art sind: a) Verteilung der Nebel nach Helligkeitsklassen, b) radiale Verteilung der Nebel, getrennt nach Helligkeitsklassen, c) Konzentrationsgrad der helleren (massiveren) und der schwächeren Nebel in den Haufen, d) morphologische Struktur der Haufen, e) Farbunterschiede der Haufenmitglieder infolge Entwicklung, f) Häufigkeit von Supernovae in Nebelhaufen. O. G.

4163. L'universo e finito od infinito? Coelum **19** 71—72.

4164. The progressive movement of light: two consequences. JBAA **61** 166.

4165. Red-shift law. Pop Astr **59** 493—496.

§ 42

Himmelsmechanik, Störungstheorie

4201. **C. Agostinelli,** Sul problema dei tre corpi. Rend. Sem. Mat. Fis. Milano **21** 165—195. — Ref. in Math. Rev. **13** 698, ZfMG **44** 388.

4202. **R. P. Cesco,** Nueva expresión de las perturbaciones absolutas. Contribución al problema de órbitas que se cruzan. Publ. Obs. Astr. Univ. La Plata Serie Circ. Nr. **10** S. 153—156. — Es wird eine Methode zur Berechnung absoluter Störungen skizziert, die bei einander kreuzenden Planetenbahnen anwendbar bleibt. Sie besteht darin, als neue Variable einzuführen $\xi = \int_{t_0}^{t} \frac{dt}{\Delta^3}$ (Δ = Distanz der Planeten zur Zeit t); dann lassen sich die Störungen erster Ordnung als Potenzreihen in ξ darstellen. Eine durch Zahlen belegte Anwendung auf Mars und Eros zeigt die Leistungsfähigkeit der Methode. Böh.

4203. **J. Chazy,** Sur la valeur d'un déterminant fonctionnel. CR **233** 537—539. — Ref. in ZfMG **43** 236, Math. Rev. **13** 391. — Ausgehend von den Lagrangeschen Gleichungen der Störungstheorie $\frac{dC_i}{dt} = \sum_k P_{ik} \frac{\delta R}{\delta C_k}$ (R = Störungsfunktion; $C_1, \ldots, C_6 = a, e, i, \Omega, \pi, \tau$), in denen P_{ik} die Poissonschen Klammerausdrücke bedeuten, wird die schiefsymmetrische Determinante $\|P_{ik}\|$ berechnet, was sehr einfach ist, weil 26 von ihren 36 Elementen verschwinden. Wegen $\|P_{ik}\| = \frac{I}{\Delta^2}$ gewinnt man auf diesem Wege bequem den absoluten Wert der Funktionaldeterminante $\Delta = \frac{D\,(x, x', y, y', z, z')}{D\,(C_1, C_2, C_3, C_4, C_5, C_6)}$, die sonst sehr mühselig zu berechnen ist. Böh.

4204. **G. F. Chilmi,** Das n-Körperproblem in der Himmelsmechanik und Kosmogonie. Moskau-Leningrad, Verlag Akad. Wiss. UdSSR, 1951. 156 S. Preis 6 R. 50 Kop. (russisch). — Inhalt: 1. Gleichungen, allgemeine Integrale und Hauptungleichheiten des n-Körperproblems, S. 18—31; 2. Einige Fragen der allgemeinen Dynamik, S. 32—69; 3. Bildung und Zerstreuung stabiler Untersysteme in einem System gravitierender Körper, S. 70—97; 4. Systeme von n gravitierenden Körpern mit Anfangsbedingungen nichtmechanischer Herkunft, S. 98—119; 5. Die Entwicklung eines Systems gravitierender Körper bei unelastischen Stößen, S. 120—143; 6. Allgemeine Fragen, S. 144—152. Loh.

4205. **G. F. Chilmi,** Die Entwicklung eines Systems gravitierender Körper bei unelastischen Stößen. DAN **77** 589—592 (russisch). — Ref. in ZfMG **42** 240.

4206. **G. F. Chilmi,** Über ein Kriterium der Unauflösbarkeit des Einfangs im Dreikörperproblem. DAN **78** 653—656 (russisch). — Ref. in Math. Rev. **13** 789.

4207. **G. F. Chilmi,** Über völlig instabile Systeme von n gravitierenden Körpern. DAN **79** 419—422 (russisch). — Ref. in ZfMG **43** 184, Math. Rev. **13** 789.

4208. **G. M. Clemence,** Reports on the progress of astronomy: Celestial mechanics. MN **111** 219—231.

4209. **G. García,** The method of H. Wronski and the classical method of celestial mechanics. Actas Acad. Ci. Lima **13** 45—68, 1950 (spanisch). — Ref. in Math. Rev. **13** 593.

4210. **T. Iglesias Garrido,** Eine Verallgemeinerung der Lagrangeschen partikularen Lösungen des Dreikörperproblems. Revista mat. Hisp.-Amer. (4) **11** 266—276 (spanisch). — Ref. in ZfMG **44** 388.

4211. **A. Kahrstedt,** Die Genauigkeit numerischer Integrationen von speziellen Störungen über längere Zeiträume. AN **280** 24—30, mit 1 Abb. = Mitt. Astr. Recheninstitut Akad. Wiss. Berlin. — Für den stark exzentrischen Planeten 1221 Amor, der von allen genauer bekannten Körpern (außer dem Mond) der Erde am nächsten kommen kann (0.1 a. E.), werden die äquatorialen, heliozentrischen, rechtwinkligen Koordinaten über drei Umläufe 1932—40 nach vier verschiedenen Methoden spezieller Störungen berechnet und miteinander verglichen. Es zeigen sich starke systematische Unterschiede, die bei jedem Umlauf in gleicher Phase und mit steigender Amplitude wiederkehren. Verf.

4212. **E. E. Kühne,** Über die mit den Methoden der speziellen Störungen erreichbare Genauigkeit. AN **279** 105—108 = Mitt. Astr. Recheninstitut Akad. Wiss. Berlin. — Am Beispiel der stark exzentrischen Bahn des Planeten 1948 EA wird gezeigt, daß die von Cowell und Numerow entwickelten Extrapolationsmethoden spezieller Störungen in rechtwinkligen Koordinaten höchsten Genauigkeitsansprüchen nicht genügen. Ein Versuch, genauere Ausgangsorte durch Ausgleichung zu gewinnen und damit die Genauigkeit der Störungsrechnung zu verbessern, führt zu keinem befriedigenden Ergebnis. Eine Genauigkeitssteigerung der Extrapolationsmethoden kann nur bei Verwendung bisher nicht existierender zehnstelliger numerisch-trigonometrischer Tafeln und sehr hochstelliger Rechenmaschinen erwartet werden. Auch erscheint ein Zurückgreifen auf die Methoden von Encke und Hansen erfolgversprechend. Verf.

4213. **A. Masotti,** Osservazioni sui moti kepleriani. Ist. Lombardo Sci. Lett., Rend. Cl. Sci. mat. nat. **84** 345—353. — Ref. in ZfMG **45** 143.

4214. **G. A. Merman,** Eine neue Klasse periodischer Lösungen im eingeschränkten Dreikörperproblem und im Hillschen Problem. Leningrad, 1951. 6 S. (russisch). — Dissertationsreferat.

4215. **D. Michailovitch,** Contribution à l'étude d'un problème particulier de *n* corps. Bull. Soc. Math. Phys. Serbie **3** 11—33 (serbisch und französische Zusammenfassung S. 33—34.) — Ref. in ZfMG **43** 390.

4216. **D. Michailovitch,** Bemerkung über das Jacobische Integral im asteroidischen Dreikörperproblem für den Zufall der elliptischen Bahn des störenden Körpers. Bull. Soc. Math. Phys. Serbie **3** 61—64 (serbisch mit deutscher Zusammenfassung).

4217. **N. Moissejew,** Über einige vereinfachte, mit Hilfe der Übermittelung des eingeschränkten elliptischen Dreikörperproblems erhaltene Grundschemen der Himmelsmechanik. 1. Über die gemittelten Varianten des eingeschränkten elliptischen ebenen Dreikörperproblems. Publ. Astr. Sternberg-Inst. **20** 147—176 (russisch). — Die Arbeit ist die Weiterführung einer früheren (vgl. AJB **46** Ref. **3249**) über das eingeschränkte kreisförmige Dreikörperproblem.

4218. **P. Naur,** Computation of special perturbations by an electronic calculator. MN **111** 609—618 = Contr. Cambridge Obs. Nr. 7. — Verf. gibt eine genaue Beschreibung des Verfahrens zur Berechnung spezieller Störungen in rechtwinkligen Koordinaten mit der Maschine EDSAC in Cambridge, die unter anderem die genaue Ephemeride von 51 Nemausa liefert. Insbesondere werden ausführlich erläutert der Beginn der Integration und das Iterationsverfahren, um von einem Integrationsschritt zum nächsten zu gelangen. Fehler können auftreten bei der Ablesung der Lochkarten durch die Maschine, bei der Berechnung der Ableitungen aus den Koordinaten (Berechnung von r^{-3}) und bei dem Iterationsprozeß. Aus einer eingehenden Untersuchung der drei Fehlerquellen ergibt sich, daß die Rechnung auf 10^{-9} a. E. sicher ist, wenn keine große Annäherung an Venus, Erde oder Mars stattfindet. (Diese Rechnungen werden erläutert an der Kreisbewegung und am freien Fall aus dem Unendlichen). Den Schluß bildet eine Beschreibung der Arbeitsweise der Maschine und Zeitangaben; für einen einzelnen gestörten Planeten beträgt die Zeit ein Zehntel der bei einer normalen Tischrechenmaschine benötigten; sind die Bewegungen mehrerer Planeten für denselben Zeitraum zu integrieren, so sinkt die Arbeitszeit auf 4% der normalen herab. Böh.

4219. **N. F. Otrokow,** Über einen Fall der Stabilität periodischer Bewegungen. Abh. Staatsuniv. Gorkij Nr. **16** (Phys.-Math.) S. 225—232, 1950 (russisch).

4220. **O. Pylarinos,** Über das n-Körperproblem. Bull. Soc. math. Grèce **25** 49—67 (griechisch).

4221. **W. W. Radsijewskij,** Das Problem zweier gravitierender und strahlender Körper. AJ UdSSR **28** 363—372 (russisch). — Verf. leitet unter Einbeziehung des Strahlungsdrucks die Bewegungsgesetze im Zweikörperproblem ab und erörtert damit in Zusammenhang stehende Fragen des Sonnensystems und der Dunkelwolken. Loh.

* * **P. T. Resnikowskij,** Analytische Theorie der säkularen langperiodischen Störungen in der Merkurbewegung. Vgl. Ref. **7106**.

4222. **W. Schaub,** Das Schwerefeld zweier Massen. Weltraumfahrt **2** 4—10, mit 4 Abb.

4223. **W. Schaub,** Ein streng lösbarer Fall des Dreikörper-Problems. Weltraumfahrt **2** 61—66, mit 2 Abb.

4224. **C. L. Siegel,** Über eine periodische Lösung im ebenen Dreikörperproblem. Math. Nachr. **4** 28—35. — Ref. in Phys. Ber. **31** 882, ZfMG **43** 389—390.

4225. **K. Stumpff,** Eine einfache symmetrische Ableitung der Lagrangeschen partikulären Lösungen des Dreikörperproblems. AN **280** 91—93, mit 2 Abb. — Das bekannte Problem der Bestimmung der fünf Librationszentren der Dreikörperbewegung läßt sich auf eine besonders einfache, elegante und symmetrische Weise lösen, wenn man von der Forderung ausgeht, daß die relativen Bahnen der drei Körper Keplersche Kegelschnittsbahnen sein sollen. Verf.

4226. **K. Stumpff,** Hauptgleichung und Entwicklungssätze in punktmechanischen Problemen, insbesondere in der Zweikörperbewegung. AN **280** 97—112. — Im Zweikörperproblem wird durch die Keplersche Gleichung statt der Zeit eine andere Variable, die exzentrische Anomalie, eingeführt, mit deren Hilfe die Koordinaten und sonstigen Bestimmungsgrößen der elliptischen Bewegung in einfacher, geschlossener, periodischer Form darstellbar sind. In früheren Arbeiten des Verf. wurde die exzentrische Anomalie durch eine neue Variable z ersetzt, die für alle Bahnformen reell bleibt. Die transzendente «Hauptgleichung des Zweikörperproblems», aus der z als Funktion der Zeit bestimmt werden kann, wurde durch Transformation der Keplerschen Gleichung abgeleitet. Es soll nun gezeigt werden, daß diese Hauptgleichung auch aus ganz allgemeinen mechanischen Prinzipien folgt, und daß in allen Bewegungsproblemen von Massenpunkten unter der Wirkung beliebiger Kraftgesetze eine «Hauptgleichung» von ähnlichem Aufbau gefunden werden kann. Es läßt sich ferner zeigen, daß unter Umständen, für die auch Kriterien abgeleitet werden, die Entwicklungen der Integrale nach der durch die Hauptgleichung definierten Variablen geschlossene Form annehmen, in günstigen Fällen auch die Hauptgleichung selbst. Die gefundenen allgemeinen Sätze werden an der Zweikörperbewegung nach dem Newtonschen und anderen Anziehungsgesetzen demonstriert. Verf.

4227. **B. Thüring,** Numerische Untersuchungen zu den Bewegungstheorien der Planeten der Jupitergruppe. AN **279** 217—230, mit 2 Abb. — Eine spezielle Berechnung der Jupiterstörungen eines fingierten Trojaners großer Librationsamplitude über eine ganze Librationsschwingung von 160 Jahren gibt Einblick in bisher unbekannte Bewegungseigentümlichkeiten dieser Körper. Vor allem erweist sich die Librationsbewegung als nichtperiodisch. Auf der Basis dieser speziellen Störungen wird die Leistungsfähigkeit der vier intermediären Bahnen von sechs Trojaner-Theorien (Charlier, Wilkens I, Brown, Thüring, Wilkens II, Prey) numerisch geprüft. Ferner werden die charakteristischen Größen der Librationsbahnen der heute bekannten Trojaner gegeben, und es wird unter anderem auf eine besondere statistische Eigenschaft ihrer Perihellängen hingewiesen, die einer mechanisch-kosmogonischen Erklärung fähig ist. Verf.

4228. **T. Ura, T. Takenouchi,** On special perturbations by the variation of elements. Publ. Astr. Soc. Japan **2** 93—101 = Tokyo Astr. Obs. Repr. Nr. **74**. — Die Arbeit bringt eine Verbesserung der Methode von Stracke der speziellen Störungsrechnung (Veröff. ARI Nr. 48), indem an Stelle der Zeit die mittlere Anomalie der Planeten als unabhängige Veränderliche eingeführt wird, wobei dann die Zeit als gestörtes Element auftritt. In der praktischen Ausführung der Rechnung wirkt sich das so aus, daß die nach Stracke erhaltenen Variationen der Elemente mit demselben, von Intervall zu Intervall jedoch wechselnden Faktor F zu multiplizieren sind. Der analytische, numerisch leicht zu berechnende Ausdruck für F wird für die zwei Fälle: 1. mittlere Anomalie exakt, Zeit gestört, 2. Zeit exakt, mittlere Anomalie gestört, angegeben und die Methode (Fall 1) an einem ausführlichen numerischen Beispiel für den Planeten 279 Thule dargelegt. Böh.

* * **G. A. Tschebotarjow,** Anwendung der periodischen Bahnen auf die Untersuchung der Bewegung Kleiner Planeten. Vgl. Ref. 7537.

4229. **A. Wintner,** The analytical foundations of celestial mechanics. Princeton, Princeton Univ. Press; London, Geoffrey Cumberlege; Oxford, Univ. Press, 1947.

* * Himmelsmechanische Probleme des Raketenflugs siehe § **134**.

§ 43

Figur der Himmelskörper, Rotation, Gezeiten

4301. **L. Biermann,** Bemerkungen über das Rotationsgesetz in irdischen und stellaren Instabilitätszonen. ZfA **28** 304—309, mit 1 Abb. — Es wird gezeigt, daß in thermisch bedingten Instabilitätszonen auf rotierenden Körpern, wie sie in der Atmosphäre der Erde und auf Sternen auftreten, die Anisotropie der Geschwindigkeiten der Turbulenzelemente bewirkt, daß der Austausch (anders als die molekulare Reibung) nicht auf einen Ausgleich der Winkelgeschwindigkeit hinarbeitet, vielmehr sind die Verhältnisse komplizierter, und im stationären Zustand wird das Rotationsmoment in radialer Richtung im allgemeinen ausgeglichener sein, als dem Zustand starrer Rotation entspricht. Die Konsequenzen dieses Sachverhalts für die dynamische Meteorologie und die Dynamik der Sternmaterie und des interstellaren Gases werden kurz skizziert. Verf.

4302. **L. Bragard,** Sur la détermination de la figure d'équilibre d'une masse fluide en rotation uniforme. Bull. Soc. Roy. Sci. Liège **19** 479—484, 1950. — Ref. in Math. Rev. **13** 167.

4303. **T. G. Cowling,** The condition for turbulence in rotating stars. ApJ **114** 272—286, mit 2 Fig. — Es wird untersucht, ob und unter welchen Bedingungen die Rotation einen stabilisierenden Einfluß auf die Turbulenz in Sternen ausüben kann. Die Kriterien von Randers für Verschiebungen in radialer Richtung und von Walén für Verschiebungen senkrecht zur Rotationsachse werden als richtig bestätigt. Darüberhinaus werden gewisse nichtsymmetrische Verschiebungen aufgefunden, für die der Einfluß der Rotation geringer ist oder sogar ganz verschwinden kann. Kdr.

4304. **L. Evrard,** Sur l'équilibre relatif des fluides hétérogènes en rotation. Le problème des étoiles doubles. Ann d'Astrophys **14** 17—39, mit 4 Fig. = Inst. Astr. Bruxelles (1) Nr. **11**. — Die Arbeit untersucht nach der Methode von Wavre die Gleichgewichtsfiguren inhomogener Doppelsternkomponenten für den Fall gebundener Rotation, wobei die störende Komponente als Massenpunkt betrachtet wird. In erster Näherung erhält Verf. die bekannten klassischen Ergebnisse. In zweiter Näherung sind die Gleichgewichtsfiguren nichthomogener Doppelsterne dreiachsige Ellipsoide mit einer Depression zwischen Pol und Äquator, die in 45° Breite am größten ist. Kdr.

4305. **W. G. Fessenkow,** Die Stabilität eines rotierenden Begleiters kleiner Masse. AJ UdSSR **28** 15—20, mit 1 Abb. (russisch). — Ref. in Astr. News Letter Nr. **57** S. 6. — Verf. modifiziert die Rochesche Formel für die Grenzentfernung eines Satelliten von seinem Planeten unter der Voraussetzung, daß die Winkelgeschwindigkeit der Satellitenrotation fünfmal so groß ist wie die Winkelgeschwindigkeit seiner Bahnbewegung. Die Grenzentfernung ist dann im Vergleich mit dem klassischen Wert mehr als doppelt so groß. Loh.

4306. **N. L. Ghosh,** Equilibrium of rotating fluid-bodies in confocal stratifications. Bull. Calcutta Math. Soc. **42** 227—241, 242—248, 1950. — Ref. in Math. Rev. **13** 167.

4307. **N. L. Ghosh,** Equilibrium of rotating fluids under the quadratic law of stratifications and the existence of equatorial acceleration. Proc. Nat. Inst. Sci. India **17** 391—401. — Ref. in Math. Rev. **13** 498, Phys. Abstracts (A) **55** 279, ZfMG **44** 210—211.

4308. **B. N. Himmelfarb,** Die Fluten und der Dichtevergleich von Mond und Sonne. Priroda **40** Nr. 8 S. 73 (russisch).

4309. **H. Jeffreys,** On the figure of a planet with homogeneous shell and core. MN **111** 410—412. — Die Gleichgewichtsfigur eines Planetenmodells aus Kern und Hülle jeweils konstanter Dichte wird ohne Benützung der Radauschen Näherung diskutiert und daraus ein Urteil über deren Genauigkeit gewonnen, die für Dichtekonzentrationen oberhalb derjenigen der Erde merklich geringer ist als für kleine Dichtekonzentrationen. Kdr.

4310. **E. J. Öpik,** Rotational currents. MN **111** 278—288, mit 1 Fig. = Contr. Armagh Obs. Nr. 8. — Neuberechnung der Geschwindigkeiten der in rotierenden Sternen aus dem v. Zeipelschen Theorem zu folgernden Strömungen. Gegenüber der früheren Abschätzung von Eddington ergeben sich wesentlich kleinere Werte, im Sonneninnern von der Ordnung 10^{-10} cm sec^{-1}. Die Bedeutung dieser Strömungen für die Durchmischung der solaren Materie und für die Herbeiführung einheitlicher chemischer Zusammensetzung dürfte nur gering sein. Kdr.

4311. **A. P. Sawruchin,** Die lunaren Fluten nach Meteorbeobachtungen aus den Jahren 1942—1945. Astr Circ UdSSR Nr. 121 S. 11—12 (russisch). — Zwischen der Länge der Meteorbögen λ und dem Stundenwinkel des Mondes t besteht die Beziehung $\lambda - 5{,}^{\circ}86 = 0{,}^{\circ}12 \sin (2t - 15^{\circ})$. Loh.

§ 44

Sternsysteme

4401. **W. A. Ambarzumjan,** Zur Theorie der Schwankungen in der scheinbaren Verteilung der Sterne am Himmel. Mitt. Obs. Bjurakan Nr. 6, 61 S. (russisch mit armenischer Zusammenfassung). — Die Arbeit ist eine Fortsetzung und Vertiefung sowjetischer Abhandlungen von Markarjan, Russakow und Verf. selbst. Folgende Voraussetzungen werden gemacht: 1. Die galaktische Sternverteilung ist planparallel geschichtet. 2. Dasselbe gilt für die sich in Wolken zusammenballende interstellare Materie, wobei die Durchmesser der Wolken klein gegen die Entfernungen voneinander sind. 3. Leuchtkraft- und Absorptionsfunktion sind von den Koordinaten unabhängig. Loh.

4402. **J. Belzer, G. Gamow, G. Keller,** On the stellar dynamics of spherical galaxies. ApJ **113** 166—180, mit 3 Fig. = Contr. Perkins Obs. Nr. 28. — Aus Hubbleschen Beobachtungen der Helligkeitsverteilung in elliptischen Nebeln leiten Verf. für sphärische Sternsysteme die der Leuchtkraftverteilung proportional angenommene Massenverteilung ab und prüfen, inwieweit sie mit der Hpyothese verträglich ist, daß sich die Sterne in solchen Systemen rein radial bewegen. Sie finden, daß dies möglich ist mit Ausnahme der Umgebung des Zentrums, wo in allen drei Geschwindigkeitskomponenten statistisches Gleichgewicht zu erwarten ist, wie aus einer Betrachtung der bei engen Sternbegegnungen ausgetauschten Energiebeträge hervorgeht. Weiter außen ist der Einfluß der Begegnungen zu vernachlässigen. Kdr.

4403. **J. Belzer, G. Gamow, G. Keller,** Dynamics of elliptical galaxies. Proc. Sci. Computation Forum, 1948, S. 67—69. New York, N. Y., International Business Machines Corp., 1950. — Ref. in Math. Rev. **13** 785.

4404. **S. Chandrasekhar, G. Münch,** On stellar statistics. ApJ **113** 150—165, mit 2 Fig. — Ref. in Math. Rev. **12** 644. — Es wird der Einfluß der wolkigen Struktur der interstellaren Materie auf die Fundamentalgleichung der Stellarstatistik für die A(m) untersucht. Für eine Modellverteilung von Sternen und Wolken werden die zu erwartenden Schwankungen in den N(m) als Funktion der galaktischen Breite berechnet und die Ergebnisse auf Sternzählungen von van Rhijn und von Baker und Kiefer angewandt. Kdr.

4405. **S. Chandrasekhar, G. Münch,** The theory of the fluctuations in brightness of the Milky Way. III. ApJ **114** 110—122, mit 5 Fig. — Ableitung einer Lösung der in I (ApJ **112** 380, AJB **50** Ref. **4403**) für die wahrscheinlichste Helligkeitsverteilung in der Milchstraße aufgestellten Integralgleichung bei endlicher Ausdehnung des Systems in der Blickrichtung und gleicher Transparenz aller Wolken. Kdr.

4406. **W. G. Fessenkow,** Das Kriterium der Flutstabilität und seine Anwendung in der Kosmogonie. AJ UdSSR **28** 492—517, mit 3 Abb. (russisch). — Ref. in Astr. News Letter Nr. **62** S. 6—7, Math. Rev. **13** 498. — Eine Kondensation der Dichte δ in einem diffusen Medium ist stabil, wenn $\delta \geq 2{,}5\ M/R^3$ ist, wo M die Masse des fluterzeugenden Körpers und R sein Abstand ist. Bei Vorhandensein schwacher Rotation ist der Proportionalitätsfaktor von der Größenordnung 10. Für Kugelhaufen in 10 kpc Entfernung vom galaktischen Zentrum ergeben sich Massen der richtigen Größenordnung. Auch die gegenseitigen Abstände von Sternen in Sonnenumgebung ergeben sich aus dem Flutstabilitätskriterium in der richtigen Größenordnung. Mit seiner Hilfe läßt sich auch die Titius-Bodesche Reihe erklären und damit zusammenhängende kosmogonische Fragen behandeln. Loh.

4407. **L. E. Gurewitsch,** Gravitationssysteme und ihre Entwicklung. Priroda **40** Nr. 2 S. 14—22 (russisch).

4408. **L. G. Henyey,** Hydrodynamical description of stellar motions. Proc. of the Second Berkeley Symposium on Math. Statistics and Probability S. 441—448. — Der Vortrag skizziert die wichtigsten kinematischen Gesetzmäßigkeiten der Sternbewegungen und die Methoden zu ihrer theoretischen Interpretierung. Deren Ausbau erfordert, statt der bisher meist vorausgesetzten Normalverteilung der Geschwindigkeiten in der Sonnenumgebung allgemeinere Verteilungen zu betrachten. Eine Methode wird angegeben, die zunächst einer etwa bestehenden Schiefe der Verteilung Rechnung zu tragen erlaubt. Kdr.

4409. **D. D. Iwanenko, A. M. Brodskij, L. P. Hinsburg,** Über die Stabilität astronomischer Systeme. DAN **80** 565—567 (russisch). — Ref. in Phys. Abstracts (A) **55** 587—588.

4410. **K. de Jonge, H. Joost,** On the relationships between the frequency functions of stellar velocities. Proc. National Acad. Sci. USA **34** 553—561, 1948.

4411. **R. G. Langebartel,** On the motion in barred spirals. Stockholms Obs. Ann. **17** Nr. 3, 11 S. mit 1 Fig. und 1 Tafel. — Ref. in Math. Rev. **13** 875.

4412. **G. Lemaître,** Modèles mécaniques d'amas de nébuleuses. Acad. royale Belgique Bull. Cl. Sci. (5) **37** 291—306. — Ref. in ZfMG **45** 144, Math. Rev. **13** 391.

4413. **B. Lindblad,** An approach to the dynamics of stellar systems. Proc. Berkeley Sympos. math. Statist. Probability, California July 31 — August 12, 1950, S. 387—402 = Stockholms Obs. Medd. Nr. **72**. Berkeley and Los Angeles, University of California Press, 1951. Preis $ 11.00. — Ref. in ZfMG **45** 143, Math. Rev. **13** 498.

4414. **D. Maravall Casesnoves,** Untersuchungen über Form und Rotation der Milchstraßensysteme. Euclides **11** 118—123 (spanisch). — Ref. in ZfMG **45** 143.

4415. **E. v. d. Pahlen,** Einführung in die Dynamik von Sternsystemen. Vgl. AJB **47** Ref. **9012**. — Weitere Besprechung in Scientia **87** 31—32 (G. Armellini).

§ 45

Bahnbestimmung

4501. **G. M. Bashenow,** Untersuchung der Konvergenz einer Reihe in der Theorie der Bahnbestimmung der Planeten und Kometen. Publ. Astr. Obs. Charkow **1** (**9**) 29—36 (russisch).

4502. **G. M. Bashenow,** Über die Bestimmung einer Kreisbahn. Publ. Astr. Obs. Charkow **1** (**9**) 63—68 (russisch).

4503. **H. Bucerius,** Bahnbestimmung als Randwertproblem. III. AN **280** 73—82, mit 4 Abb. = Veröff. Sternw. München **4** Nr. **4**. — Die Frage der Mehrdeutigkeit bei ersten Bahnbestimmungen wird als Vorbereitung für die weitere Behandlung des Konvergenzproblems nochmals erörtert und die Methode von Gauss in dieser Hinsicht mit derjenigen von Laplace verglichen. Das v. Oppolzersche notwendige Kriterium für Doppellösungen wird analytisch und graphisch zu einem hinreichenden ergänzt und eine algebraische Bemerkung zu den komplexen Wurzeln der Lagrangeschen Gleichung angeschlossen. Der Schluß enthält eine Methode zur Bestimmung linearer Kepler-Bahnen. Verf.

4504. **A. Danjon,** Deux modes d'application de la méthode de Laplace pour la détermination des orbites (Méthode des positions fictives, Méthode des variations). BA **16** 85—110, mit 1 Fig. — Eine Umformung der Laplaceschen Methode zur Bahnbestimmung, die es ermöglicht, die drei benutzten Beobachtungen genau darzustellen. Das dort beschriebene Verfahren der Bahnverbesserung wird hier ausführlich dargelegt und an einem Beispiel (1342 Brabantia) erläutert. Böh.

4505. **A. D. Dubjago,** Bahnbestimmung. Vgl. AJB **49** Ref. **4503**. — Weitere Besprechung in AJ UdSSR **28** 61—63 (B. Schtschigolew, russisch).

4506. **H. Eichhorn,** Die Ausnahmefälle bei der Bestimmung einer Kreisbahn. Anzeiger der Österreichischen Akad. Wiss. math. naturwiss. Kl. **1951** 228—235 = Mitt. Univ.-Sternw. Wien **5** 103—109. — Ref. in ZfMG **43** 450. — Nach der in Mitt. der Wiener Sternwarte **4** 149 (AJB **50** Ref. **4505**) angegebenen Methode zur Untersuchung der Ausnahmefälle bei der Bestimmung einer Ellipse gelingt es, bei der Bestimmung einer Kreisbahn die Ausnahmefälle vollständig zu erfassen und geometrisch zu deuten. Vorausgesetzt wird allerdings, daß eine Kreisbahn zu den zwei Beobachtungen existiert. Böh.

4507. **H. Eichhorn,** Zur Erfassung der Ausnahmefälle bei der Bahnbestimmung. Anzeiger der Österreichischen Akad. Wiss. math. naturwiss. Kl. **1951** 235—241 = Mitt. Univ.-Sternw. Wien **5** 111—117. — Ref. in ZfMG **43** 451. — Es wird ein Weg skizziert, auf dem man durch Untersuchung der nach Elimination eines Teils der Unbekannten entstehenden Funktionaldeterminante des reduzierten Systems die Funktionaldeterminante des Bahnbestimmungsproblems einfacher berechnen und die Ausnahmefälle teilweise erfassen und deuten kann. Das Verfahren wird auf die Bestimmung einer Kreisbahn angewandt. Böh.

4508. **H. Eichhorn,** Die Genauigkeit einer Kreisbahnbestimmung. Sitzber. der Österreichischen Akad. Wiss. Math.-naturwiss. Kl. Abteilung II a **160** 251—266. — Ref. in ZfMG **45** 142. — Ausgehend von in einer früheren Abhandlung (Die Ausnahmefälle bei der Bestimmung einer Kreisbahn. Mitt. Wien **5** Nr. 10 S. 103—109, Ref. **4506**) abgeleiteten Beziehungen werden nach komplizierter Rechnung strenge Ausdrücke für die Variationen der Elemente einer Kreisbahn nach den Variationen der beobachteten Koordinaten aufgestellt. Böh.

4509. **J. O. Fleckenstein,** Zur antifokalen Keplerschen Bewegung. Experientia VII/7, 1951 S. 254—258, mit 1 Fig. — Für das von K. Stumpff eingeführte antifokale Keplersche Problem wird auf die übliche (und nicht ganz vollständige) Art der Konvergenzradius der Lagrangeschen Entwicklung nach Besselschen Funktionen bestimmt, die hier auf alternierende und damit schneller konvergierende Reihen führt; er ergibt sich von derselben Größe wie beim normalen Keplerschen Problem. Böh.

4510. **P. Herget,** The Computation of Orbits. Vgl. AJB **48** Ref. **4502**. — Weitere Besprechung in J. British Interplanetary Soc. **10** 45.

4511. **S. Herrick,** A differential correction for the methods of Lagrange and Gauss-Gibbs. AJ **56** 128—129. — Ref. AAS.

4512. **B. de Jekhowsky,** Détermination des orbites paraboliques à partir de plusieurs observations. CR **233** 779—781. — Ref. in Math. Rev. **13** 784. — Für die Bestimmung einer Parabel aus mehr als drei Beobachtungen wird für jede geozentrische Distanz ϱ_i der Ansatz gemacht $\varrho_i = M_i \varrho_{i-2} + N_i$ (mit abgeänderter Bezeichnung, um die Analogie zur Olbersschen Gleichung $\varrho_3 = M \varrho_1$ sichtbar zu machen). Die Ausdrücke M_i und N_i werden berechnet bei Beschränkung der Werte für die Dreiecksverhältnisse auf die ersten beiden

Glieder ihrer Reihenentwicklungen und die Formeln angegeben, die es ermöglichen, zwei Distanzen als Funktion der übrigen auszudrücken. Böh.

4513. **B. Kulaschko,** Zur Verbesserung der Hypothesen für die Dreiecksflächen bei der Parabel. AN **279** 213—216. — Es werden Darstellungen der beiden äußeren wahren Anomalien v und v'' als Funktionen der Radienvektoren r und r'' und der Sehne k angegeben, die in Verbindung mit der Möglichkeit, die Anomalie v' der mittleren Beobachtung als eine Funktion von v, v'' und der Zwischenzeiten $\vartheta = t'' - t'$, $\vartheta' = t'' - t$, $\vartheta'' = t' - t$ darzustellen, die die unmittelbare Berechnung der Grundformel für das Verhältnis der Dreiecksflächen $n/n'' = r'' \sin(v'' - v') / r \sin(v' - v)$ erlauben. Verf.

4514. **A. Masotti,** Osservazioni sui moti kepleriani. Rend. Istituto Lombardo Sci. e Lettere, Cl. sci. **84** 345—353. — Es werden einige charakteristische Merkmale der Planetenbewegung hervorgehoben; so erreicht z. B. die Differenz zweier Anomalien ihren größten Wert in gewissen Punkten der Bahn, in denen geometrische oder mechanische Größen der Bewegung (Radiusvektor, kinetische Energie etc.) ihren mittleren Wert annehmen. F. Z.

4515. **A. Przybylski,** Use of prediscovery observations. Obs **71** 70—72. — Es wird gezeigt, wie eine vor der eigentlichen Entdeckung vorhandene Beobachtung eines Kometen, deren Beobachtungszeit falsch ist, dennoch für die Bahnverbesserung benutzt werden kann. Zu dem Zweck werden die Bedingungsgleichungen für $\Delta\alpha \cos\delta$ und $\Delta\delta$ dieser Beobachtung mit den Faktoren $-\sin\gamma$ und $+\cos\gamma$ verbunden, wobei $tg\,\gamma = \frac{d\delta}{dt} \Big/ \left(\cos\delta \frac{d\alpha}{dt}\right)$; $\frac{d\alpha}{dt}$ und $\frac{d\delta}{dt}$ entnimmt man der Ephemeride. Dadurch erhält man eine Gleichung für den Winkelabstand der gemessenen Position von der Kometenbahn als Funktion der Elementenverbesserungen. Die Methode wird an dem Ort 1931 Aug. 14 des Kometen 1932 VI Geddes erläutert. Böh.

4516. **P. Sconzo,** Planteo y resolución práctica del problema de mejoramiento de una órbita elíptica, aprovechando todas las observaciones de una oposición. Publ. Obs. Astr. Univ. La Plata Serie Circ. Nr. **10** S. 127—130. — Es wird gezeigt, wie man nach der Wilkensschen Bahnbestimmungsmethode aus mehreren Beobachtungen einer Opposition die Verbesserung des Orts- und Geschwindigkeitsvektors und damit der Elemente herleiten kann. Beschränkt man die Lagrangeschen Reihen F und G ($\mathfrak{r}_i = F_i \mathfrak{r}_0 + G_i \dot{\mathfrak{r}}_0$) auf die Glieder dritter bzw. vierter Ordnung der Zwischenzeiten, so läßt sich ein lineares System herleiten zur Bestimmung von Δz_0, $\Delta z_0'$, $\Delta x_0'$, $\Delta y_0'$; Δx_0 und Δy_0 werden bestimmt aus $\Delta x_0 = tg\,\delta_0 \cos\alpha_0 \cdot \Delta z_0$ und $\Delta y_0 = tg\,\delta_0 \sin\alpha_0 \cdot \Delta z_0$. Böh.

4517. **P. Sconzo,** Cálculo numérico de una órbita a partir de una solución aproximada. Publ. Obs. Astr. Univ. La Plata Serie Astronomica **27** Nr. 2, 25 S. mit 4 Fig. — Den Anfang der Untersuchung bildet eine ausführliche Beschreibung der Bahnbestimmungsmethode von Wilkens, die zur Gewinnung einer ersten Bahn empfohlen wird; Hilfstafeln ermöglichen die bequeme Berechnung der Lagrangeschen Reihen F und G bis zur sechsten Ordnung der Zwischenzeiten. Zur Verbesserung der ersten Näherung werden zwei Methoden angegeben. Die erste besteht in der Variation der zu t_0 gehörigen geozentrischen Distanz Δ_0 (Hypothesen: Δ_{0-w}, Δ_0, Δ_{0+w}; w klein, beliebig). Da sich aus einer gegebenen geozentrischen Distanz der Ortsvektor und nur zwei Komponenten der Geschwindigkeit eindeutig bestimmen lassen, ergeben sich für die dritte zwei verschiedene Werte mit der Differenz ε. Aus den zu den drei Hypothesen gehörigen Werten ε_{-w}, ε_0, ε_{+w} wird durch inverse Interpolation der verbesserte Wert für Δ_0 gewonnen, der aus $\varepsilon = 0$ folgt. Die zweite Methode besteht in der Iteration der beiden Wilkensschen Gleichungen für den Orts- und

Geschwindigkeitsvektor. Zu allen Methoden sind ausführliche Beispiele beigefügt. Böh.

4518. **P. Sconzo,** Un método Laplaciano rapidisimo para el cálculo de una órbita circular. Rev. Unión Mat. Argentina **15** 74—75. — Zur Bestimmung einer Kreisbahn werden für die Zeit $t = t_0$ Ort und Geschwindigkeit durch ein Interpolationsverfahren sehr einfach bestimmt. Sconzo

4519. **Y. Väisälä, L. Oterma,** Formulae and directions for computing the orbits of minor planets and comets. Ann. Univ. Turku (A) **10** Nr. 3, 32 S. mit 2 Fig. = Astr. Obs. Univ. Turku Informo Nr. **7.** — Ref. in Pop Astr **59** 396. — Für die an der Sternwarte Turku seit 1935 ausschließlich benutzte Methode der Bahnbestimmung und -verbesserung (vorwiegend aus Beobachtungen einer Opposition) werden in größter Ausführlichkeit die Formeln und Rechenanweisungen gegeben und an dem Planeten 1941 FS von Anfang bis Ende zahlenmäßig dargestellt. Eine Tabelle ermöglicht die leichte Bestimmung der zum mittleren Ort gehörigen geozentrischen Distanz auf direktem Wege, eine seit 1939 eingeführte Neuerung gegenüber der in Mitt. der Sternwarte Turku Nr. **1** beschriebenen Methode. Böh.

4520. **A. Wilkens,** El problema de la multiplicidad de las órbitas cometarias parabólicas. Publ. Obs. Astr. Univ. La Plata Serie Circ. Nr. **10** S. 63—65. — Kritische Betrachtung der Arbeit Hnateks über die mehrfachen Lösungen bei der Bahnbestimmung von Kometen, Aufzeigung der Gründe für die Notwendigkeit einer exakten Theorie der mehrfachen Lösungen und Skizzierung eines dazu führenden Weges. Böh.

Tafeln

4521. **D. K. Kulikow,** Formeln und Tabellen zur differentiellen Verbesserung parabolischer Bahnen. BIA **4** 451—487 (russisch). — Zur Erleichterung der Anwendung des von Subbotin 1936 (vgl. AJB **39** Ref. **6520**) angegebenen Formelsystems hat Verf. Hilfstafeln gerechnet, die den Schönfeldschen Tafeln analog sind. Loh.

4522. **P. Sconzo,** Nuove tavole per il calcolo delle effemeridi approssimate degli asteroidi. Mem SA It (NS) **22** 297—307. — Verf. beschränkt in der Beziehung $\mathfrak{r} = F\mathfrak{r}_0 + G\dot{\mathfrak{r}}_0$ für die heliozentrischen Koordinaten eines Planeten die Reihenentwicklungen von F und G auf die dritte bzw. vierte Potenz der Zeit und setzt $F = A + \sigma_0 C$, $G = B + \sigma_0 C$, wo $A = 1 - \frac{1}{2}(kw)^2 r_0^{-3}$, $B = (kw)\,[1 - \frac{1}{6}(kw)^2 r_0^{-3}]$, $C = \frac{1}{2}(kw)^3 r_0^{-3}$, $D = \frac{1}{4}(kw)^4 r_0^{-3}$, $\sigma_0 = (\mathfrak{r}_0\dot{\mathfrak{r}}_0)\, r_0^{-2}$, $w = t - t_0$. Für die Größen A, B, C, D werden mit dem Argument $w_0^2 = 2.0$ bis $w_0^2 = 20$ fünfstellige Tafeln für $w = 5^d, 10^d, \cdots, 30^d$ gegeben. Zwei Beispiele erläutern den Gebrauch. Böh.

4523. **P. Sconzo,** Nuevas tablas para el cálculo de las efemérides aproximadas de los asteroides. Publ. Obs. Astr. Univ. Nacional La Plata Serie Especial Nr. **14.** — Vgl. vorstehendes Ref.

4524. **H. Wood,** Tables for nearly parabolic elliptic motion. J. Proc. Roy. Soc. New South Wales **84** 134—150 = Sydney Obs. Papers Nr. **14.** — Ref. in Math. Rev. **13** 162. — Für die Bewegung in der parabelnahen Ellipse werden gemäß den teilweise umgeformten Entwicklungen aus Sydney Obs. Papers Nr. **10** drei Tafeln für siebenstellige Genauigkeit gegeben. Die Berechnung einer Ephemeride erfolgt dann nach den Formeln in Sydney Obs. Papers Nr. **11.** Ein Zahlenbeispiel erläutert die Benutzung. Böh.

4525. **H. Wood,** Tables for hyperbolic motion. J. Proc. Roy. Soc. New South Wales **84** 151—164 = Sydney Obs. Papers Nr. **15.** — Ref. in Math. Rev.

13 162. — Dasselbe wie oben (Ref. **4524**) für die Bewegung in der parabelnahen Hyperbel unter Vermeidung imaginärer Argumente. Böh.

4526. **H. Wood,** Five figure tables for the calculation of ephemerides in parabolic and nearly parabolic motion. Sydney Obs. Papers Nr. **16**, 16 S. — Die in Sydney Obs. Papers Nr. **11**, **14**, **15** gegebenen Entwicklungen für die parabolische und nahezu parabolische Bewegung werden mit Rücksicht auf für Aufsuchungsephemeriden genügende fünfstellige Genauigkeit umgeformt und in Tafeln gebracht. Ein Zahlenbeispiel erläutert den Gebrauch. Böh.

Sechster Teil

Theoretische Astrophysik

§ 50

Allgemeines

5001. **H. Alfvén,** Cosmical Electrodynamics. Vgl. AJB **50** Ref. **5001**. — Weitere Besprechungen in Endeavour **10** 56 (A. C. B. Lovell), J. Atmosph. Terr. Phys. **2** 83 (A. C. B. Lovell), Naturwissenschaften **38** 550 (L. Biermann), Proc. Phys. Soc. (A) **64** 593—594 (T. Gold).

5002. **G. K. Batchelor,** Magnetic fields and turbulence in a fluid of high conductivity. Aus: Problems of cosmical aerodynamics (Ref. **12008**), Kapitel 20, S. 149—155, mit 1 Fig. Diskussion S. 156—157. Ausführliche Diskussion des zu Grunde liegenden physikalischen Problems siehe Proc. Roy. Soc. **201** 405—416. — Nach einleitenden Bemerkungen über das Turbulenzspektrum wird der Einfluß der Turbulenz auf ein interstellares Magnetfeld erörtert. Infolge Verlängerung und Verwirbelung der magnetischen Kraftlinien ist eine Verstärkung des Magnetfeldes zu erwarten, und zwar sollte seine Energiedichte exponentiell mit der Zeit anwachsen, bis Gleichgewicht mit der hydrodynamischen Energiedichte der Turbulenz erreicht ist. Die Feldstärke des dadurch bedingten interstellaren Magnetfeldes wird auf $10^{-6.5}$ Gauss geschätzt. Kdr.

5003. **Z. Bochníček,** On the generalization of Wien's displacement law. BAC **2** 93—94. — Auf Grund der klassischen Theorie des Strahlungsgleichgewichtes leitet Verf. eine Modifikation des Wienschen Gesetzes ab. Es werden numerische Beispiele der Verschiebung des Energiemaximums für Sonne und Sterne gegeben. J. B.

5004. **H. Brown,** The composition of our universe. Annual Report Smithsonian Inst. **1950** 197—208, mit 3 Fig. und 1 Tafel = Smithsonian Inst. Publ. 4029. — Allgemeinverständliche Darlegung der Probleme um die chemische Zusammensetzung stellarer, interstellarer, planetarischer und meteoritischer Materie in qualitativer und quantitativer Hinsicht. Loh.

5005. **S. Chandrasekhar,** Radiative Transfer. Vgl. AJB **50** Ref. **5002**. — Weitere Besprechung in Endeavour **10** 113 (W. H. McCrea), Fortschritte Phys. Wiss. **46** 136—138 (L. Bibermann, russisch).

5006. **W. Fricke,** Grundbegriffe der Astrophysik (Eigenschaften und Zustandsgrößen der Fixsterne). Braunschweig, Physikalisches Taschenbuch, 1951. S. 496—511.

5007. **F. Gruber,** Zur Dualitätstheorie der Materie. I. Herkunft der härtesten kosmischen Korpuskelstrahlung. II. Ursache der von Himmelskörpern ausgesandten Wellenstrahlung von Radio-Frequenzen. Wien, Selbstverlag, 1951. 16 S.

5008. **W. P. Hirst,** Some astronomical effects of radiation. MN ASSA **10** 44—46.

5009. **M. Johnson,** Astronomy of Stellar Energy and Decay. London, Faber and Faber, Ltd., 1950. 216 S. mit 22 Fig. und 4 Tafeln. Preis 16 s. net. — Besprechung in JBAA **61** 51, La Nature **79** 64, Nature **167** 743 (R. O. Redman), Obs **71** 35—36, Scientia **87** 188 (L. Gialanella), Sky and Telescope **11** 94, 173 (G. Burbidge), Urania Kopenhagen **8** 13.

5010. **C. K. Jørgensen,** Nogle nyere astrofysiske teorier. Urania Kopenhagen **8** 114—117.

5011. **T. von Karman,** Introductory remarks on turbulence. Aus: Problems of cosmical aerodynamics (Ref. 12008), Kapitel 19, S. 129—148, mit 12 Fig. — Als Grundlage für weitere Vorträge über spezielle kosmische Turbulenzprobleme wird der gegenwärtige Stand der Turbulenztheorie resumiert. Kdr.

5012. **G. Keller,** Structure of the stars. Engineering Experiment Station News **23** Nr. 3 S. 18—19, 45—48, mit 4 Fig.

5013. **H. Kienle,** Materie und Energie unter kosmischen Verhältnissen. Naturwissenschaften **38** 92—100. — Der Vortrag gibt einen Überblick über unser heutiges Wissen vom Zustand der Materie und den Erscheinungsformen der Energie im Kosmos. Nach historischer Einführung werden die Zustandsgrößen der Materie betrachtet: Materie in den Sternen (Elektronengas) und die Materie in hochgradiger Verdünnung (Plasma). Dann wird über die Erscheinungsformen der Energie berichtet: Strahlungsenergie, Energie der kosmischen Strahlung, inneratomare Energien, und schließlich wird die potentielle Energie der Gravitation und die kinetische Energie der Expansionsbewegung mit der Ruheenergie der Gesamtmasse verglichen. Gli.

5014. **B. Lindblad,** The physics of the stars. MN ASSA **10** 24—28 (Extracts from a report to the Swedish Statens Naturvetenskapliga Forskningsråd translated by S. O. Eklund).

* * **W. H. McCrea,** Physics of the Sun and the Stars. Vgl. Ref. **6007**.

5015. **B. Strömgren,** The growth of our knowledge of the physics of the stars. Aus: J. A. Hynek, Astrophysics (Ref. **517**), Kapitel 5, 87 S.

5016. **H. H. Voigt,** Die Häufigkeit der Elemente im Kosmos. Sterne **27** 65—75, mit 2 Abb. — Behandelt: 1. Meteorite. 2. Sternatmosphären. 3. Planetarische Nebel, interstellare Materie. 4. Die Planeten. In einer Tabelle werden die genauen Ergebnisse zahlenmäßig zusammengestellt. Zum Schluß werden die Ansätze einer theoretischen Deutung besprochen.

§ 51

Sternatmosphäre, Spektrum

5101. **W. Berditschewskaja,** Über den Ionisationszustand der bewegten Gase in den Sternatmosphären. Mitt. Astr. Sternberg-Inst. Nr. **60** S. 14—23 (russisch).

5102. **W. Blitzstein, F. B. Wood, B. T. Svihel,** Attempts to detect high-frequency light oscillations in stellar atmospheres. AJ **56** 121—122. — Ref. AAS.

5103. **R. Cayrel,** Contribution à l'étude de l'équilibre radiatif (Influence de la zone convective). Ann d'Astrophys **14** 1—16, mit 7 Fig. = Contr. Inst. d'Astrophys. Paris (B) Nr. **61.** — Es wird der Einfluß einer Konvektionszone in den Atmosphären weißer Zwerge behandelt. Bei adiabatischem Gleichgewicht in der Konvektionszone ergibt sich mit der linearen Näherung für $B(\tau)$ in der Strahlungsgleichgewichtszone kein mit den Grenzbedingungen verträgliches Modell. Bei Rechnung nach der Chandrasekharschen Methode folgt, daß strenge Adiabasie im konvektiven Teil unmöglich ist und daß an der Grenze zwischen Konvektion und Strahlungsgleichgewicht bestimmte Bedingungen erfüllt sein müssen. Die Temperatur wird durch den Einfluß der Konvektionszone, verglichen mit den Verhältnissen bei reinem Strahlungsgleichgewicht, außen höher, in tieferen Schichten niedriger, während die Oberflächentemperatur praktisch die gleiche bleibt. Kdr.

5104. **J. W. Chamberlain, L. H. Aller,** The atmospheres of A-type subdwarfs and 95 Leonis. ApJ **114** 52—72, mit 13 Fig. — Linienintensitäten und -profile von zwei Unterzwergen (Spektraltyp A4 bzw. A5) und dem Zwerg 95 Leonis (A4) werden für eine Analyse der Atmosphären mit Hilfe der Wachstumskurven sowie der Methode der Modellatmosphären benutzt. 95 Leonis erweist sich als ein normaler A4-Hauptreihenstern, während die beiden Unterzwerge eher durch eine Modellatmosphäre vom Spektraltyp F repräsentiert werden. Die Wasserstoffhäufigkeit in den Unterzwergen ist ebenso groß wie in der Sonne; dagegen ergibt sich die *Ca*-Häufigkeit in den Unterzwergatmosphären aus Intensität und Profil der K-Linie niedriger als gewöhnlich; ähnliches gilt für die Fe-Häufigkeit. Micz.

5105. **L. Gratton,** Contribución a la teoría de las atmósferas estelares. Publ. Obs. Astr. Univ. La Plata Serie Circ. Nr. **10** S. 83—88, mit 1 Fig. — Für die Lösung der Integro-Differential-Gleichung des Strahlungstransports im Fall einer grauen Atmosphäre wird eine Näherungsmethode angegeben, die auf der Entwicklung der Intensität nach Legendreschen Polynomen beruht. Die Lösung wird bis zur vierten Näherung ausgewertet und mit der exakten Lösung und der von Chandrasekhar verglichen. Kdr.

5106. **K. Hunger,** Zur Berechnung der Intensitätsverteilung in Fraunhoferlinien. II. Teil: Berechnung der Gewichtsfunktionen bei vorgegebener Kirchhoff-Planck-Funktion mit exponentiellem Glied. ZfA **28** 245—253, mit 6 Abb. = Sonderdruck Sternw. Kiel. — Unter der Annahme, daß die Kirchhoff-Planck-Funktion $E(\tau)$ in der Form $E(\tau) = 1 + \beta\tau - Ae^{-\alpha\tau}$ vorgegeben ist (τ optische Tiefe für kontinuierliche Absorption), werden die in der Theorie der Fraunhofer-Linien auftretenden Gewichtsfunktionen exakt berechnet, für spezielle Werte von A, α und β graphisch dargestellt und verglichen mit den entsprechenden Gewichtsfunktionen für den linearen Ansatz $E(\tau) = 1 + \beta\tau$. Die Mitte-Rand-Variation der Linien für das M. E.- und S. S.-Modell mit wahrer Absorption wird eingehender diskutiert. Verf.

5107. **J. Jugaku,** On the radiation field of the extended stellar atmospheres. Publ. Astr. Soc. Japan **3** 42—48, mit 2 Fig. = Contr. Inst. Astrophys. Kyoto Univ. Nr. **15.** — Im Anschluß an eine Arbeit von S. Miyamoto (ApJ **113** 181, Ref. 5113), in welcher der Einfluß der «Kontur» des Lα-Absorptionskoeffizienten auf die Umsetzung der UV-Quanten in Lα-Strahlung in ausgedehnten Hüllen behandelt wird, werden numerische Ergebnisse dieser Theorie mitgeteilt. Die Rechnungen werden für Verdünnungsfaktoren 0.01 (Be-Sterne), 0.001 und 0.0001 (Übergang zu planetarischen Nebeln) durchgeführt und die qualitativen Ergebnisse Miyamotos im wesentlichen bestätigt, d. h. der Lα-

Strahlungsdruck ist geringer als der des mittleren Lyman-Kontinuums. Erst in den äußersten Atmosphärenschichten kehren sich diese Verhältnisse um. Labs

5108. **V. Kourganoff,** Exact source functions by an extension of Chandrasekhar's limiting process. ApJ **113** 419—431, mit 3 Fig. = Contr. Inst. d'Astrophys. Paris (A) Nr. **80**. — In seinen Untersuchungen zum Strahlungsgleichgewicht in Sternatmosphären hat Chandrasekhar unter anderem für die Quellenfunktion $J(\tau)$ einen Ausdruck $n$ter Näherung abgeleitet. Verf. bringt nun $J_n(\tau)$ auf eine Form, aus der für $n \longrightarrow \infty$ exakte Werte der Quellenfunktion folgen. Zur Erläuterung wird die Methode auf die Probleme der isotropen Streuung in einer grauen Atmosphäre und der Linienbildung in einer nichtgrauen Atmosphäre angewandt. Kdr.

5109. **E. S. Kusnezow, B. W. Owtschinskij,** Results of numerical solution of the integral equation of the theory of the scattering of light in the atmosphere. Publ. (Trudy) Inst. Geophys. Akad. Wiss. UdSSR Nr. **4** (**131**), 105 S., 1949 (russisch). — Ref. in Math. Rev. **13** 165—166.

5110. **D. Labs,** Untersuchungen zur inkohärenten Streuung in Fraunhoferlinien. ZfA **28** 150—175, mit **4** Abb. = Sonderdruck Sternw. Kiel. — Es wird das Problem der inkohärenten Streuung dadurch vereinfacht, daß im Linienabsorptionskoeffizienten nur zwischen «Kern» und «Flügel» unterschieden wird. Es zeigt sich, daß die — durch die Inkohärenz verursachte — Zustrahlung aus den Flügeln zum Kern das Gleichgewicht des Kerns stark beeinflußt. Ein geringer Prozentsatz wahrer Absorption im Absorptionskoeffizienten (½ bis 1 % genügt bereits) wirkt aber sofort wieder ausgleichend. Sind die Linien stark verbreitert, so wird auch die inkohärente Streuung in die Lage versetzt, einen Beitrag zur Restintensität der Linie zu liefern. Schließlich werden noch die Verhältnisse an sehr stark verbreiterten Linien untersucht, bei denen man mindestens drei Teile (Kern, Übergangsgebiet, Flügel) unterscheiden muß. Verf.

5111. **D. H. Menzel, H. K. Sen,** Transfer of radiation. II. Radiative transfer in absorption lines. ApJ **113** 482—489 = Harv Repr Nr. **350**. — Vgl. nachstehendes Ref.

5112. **D. H. Menzel, H. K. Sen,** Transfer of radiation. III. Reflection effect in eclipsing binaries. ApJ **113** 490—495 = Harv Repr Nr. **351**. — Die in ApJ **110** 1 (AJB **50** Ref. **5122**) von den Verf. angegebene Lösungsmethode der Strahlungstransportgleichung wird in II auf die Bildung von Absorptionslinien im Milne-Eddington-Modell einer Sternatmosphäre und in III auf den Fall diffuser Reflexion an einer planparallel geschichteten Atmosphäre angewendet. Kdr.

5113. **S. Miyamoto,** Radiation field of extended stellar atmospheres. ApJ **113** 181—192, mit 1 Fig. = Contr. Inst. Astrophys. Kyoto Univ. Nr. **13**. — Ref. in Math. Rev. **12** 544—545. — Es wird gezeigt, daß die in früheren Arbeiten zum Thema gemachte Annahme rechteckiger $L\alpha$-Kontur und die Vernachlässigung der Ionisation aus dem zweiten Quantenzustand eine Überschätzung von Intensität und Druck der $L\alpha$-Strahlung in ausgedehnten Sternatmosphären zur Folge hat. Der erste Effekt ist vor allem in planetarischen Nebeln, der zweite in Be Stern-Atmosphären von Bedeutung. Kdr.

5114. **C. Pecker,** Sur l'équilibre de la zone convective des atmosphères des étoiles. CR **232** 932—934 = Contr. Inst. d'Astrophys. Paris (A) Nr. **84**. — Ref. in Phys. Ber. **30** 1818. — Ergänzung der Arbeit von Cayrel (Ref. **5103**) durch numerische Auswertung der Übergangsbedingung an der Grenze von Konvektionszone und Strahlungsgleichgewichtszone. Kdr.

5115. **C. Pecker,** Sur le raccord d'une zone adiabatique et d'une zone radiative dans l'atmosphère des étoiles. CR **232** 1065—1066 = Contr. Inst. d'Astrophys. Paris (A) Nr. **85**. — Ref. in ZfMG **42** 238. — Es werden die

Bedingungen formuliert, die an der Grenze zwischen einer konvektiven Zone im adiabatischen Gleichgewicht und einer darüber gelagerten Zone im Strahlungsgleichgewicht erfüllt sein müssen, woraus sich ergibt, daß das Problem der Anpassung zweier solcher Zonen aneinander eindeutig bestimmt ist. Kdr.

5116. **C. Pecker,** Sur les atmosphères possédant une zone convective en équilibre adiabatique. CR **232** 1285—1286 = Contr. Inst. d'Astrophys. Paris (A) Nr. **87**. — Schilderung des Ganges der numerischen Rechnung für das in CR **232** 1065 (Ref. **5115**) diskutierte Problem der Anpassung einer Strahlungsgleichgewichtszone an eine konvektive Zone. Kdr.

5117. **J.-C. Pecker,** Contribution à la théorie du type spectral. IV. La formation des raies dans les spectres stellaires. Ann d'Astrophys **14** 115—151, mit 8 Fig. Mit Berichtigungen (siehe Sonderblatt S. 2 neben S. 249) = Contr. Inst. d'Astrophys. Paris (B) Nr. **65**. — Verf. entwickelt im Anschluß an Unsöld und Minnaert ein Verfahren, bei gegebenem Atmosphärenmodell und bekanntem kontinuierlichen Absorptionskoeffizienten Profile und Äquivalentbreiten von Linien im Spektrum eines Punktes der Sonnenscheibe und im Gesamtspektrum von Sonne und Sternen zu berechnen. Anwendungsbeispiele: die theoretische Ableitung von Wachstumskurven, die Bestimmung des C-Gehalts der Sonnenatmosphäre und die Interpretation der Mitte-Rand-Variation bestimmter Linien. Kdr.

* * **J.-C. Pecker,** Contribution à la théorie du type spectral. V. Le «blanketing effect» et la structure de la photosphère solaire. Vgl. Ref. **6120**.

5118. **J.-C. Pecker,** Le calcul des fortes raies d'absorption dans les spectres stellaires. Ann d'Astrophys **14** 383—391, mit 2 Fig. — Ableitung von Näherungsausdrücken aus den strengen Formeln für die Äquivalentbreiten von Linien in Sternspektren nach der Methode der Gewichtsfunktionen von Unsöld und Minnaert. Bei der Sonne ergibt sich für starke und schwache Linien die gleiche Gewichtsfunktion, bei Sternen dagegen ist eine Abhängigkeit von der Linienintensität vorhanden. Kdr.

5119. **J.-C. Pecker,** Les atmosphères stellaires. BSAF **65** 57—60, mit 1 Fig. — Fortsetzung des Aufsatzes in BSAF **64** 471 (AJB **50** Ref. **5131**). Inhalt: Observation et structure de la chromosphère. La photosphère. La météorologie des atmosphères. Conclusion.

* * **I. S. Schklowskij,** Über die Zerstreuung der Planetenatmosphären. Vgl. Ref. **7023**.

5120. **O. Struve,** Curves of growth. Scientia **86** 81—90, mit 10 Fig. — Beschreibung und Auswertung der Wachstumskurven; Turbulenzbewegungen in den Sternatmosphären.

5121. **K. Suda,** On the scattering opacity in the envelope of Trumpler stars. Sci. Reports Tôhoku Univ. (1) **35** 124—130 = Sendai Astr. Raportoj **2** 13 (25). — Ref. in Phys. Abstracts (A) **55 394**. — Für die sieben Trümplerschen Sterne wird das Verhältnis der Opazität durch Streuung zu der durch reine Absorption in den Außenschichten berechnet. Es zeigt sich, daß das Verhältnis bei den einzelnen Objekten verschieden ist und daß durchaus nicht in allen Fällen die Streuung überwiegt. Kdr.

5122. **Su-Shu Huang,** On the variation of turbulent velocities in stellar and solar atmospheres. ApJ **114** 287—296, mit 3 Fig. — Für die von Wright gefundene Beziehung zwischen der Turbulenzgeschwindigkeit in Sternatmosphären und dem Anregungspotential der zu ihrer Bestimmung benützten Linien wird eine theoretische Begründung gegeben unter der Voraussetzung, daß die Turbulenzgeschwindigkeit exponentiell mit der optischen Tiefe abnimmt. Die Übereinstimmung zwischen Theorie und Beobachtung ist bei Sternen gut, bei der Sonne nur mäßig. Die theoretischen Ansätze erlauben ferner, die von Allen festgestellte Mitte-Rand-Variation der Turbulenzgeschwindigkeit im Fall der Sonne zu interpretieren. Kdr.

5123. **Su-Shu Huang,** On the variation of turbulent velocities in stellar and solar atmospheres. AJ **56** 41—42. — Ref. AAS.

5124. **Su-Shu Huang,** Line intensities for an atmosphere with varying absorption. AJ **56** 129—130. — Ref. AAS.

5125. **Y. Suzuki,** Non-homogeneous temperature radiation, and its application to the sun. III. Publ. Astr. Soc. Japan **3** 82—93, mit 1 Fig. — Fortsetzung der Untersuchungen in Publ. Astr. Soc. Japan **1** 109 (AJB **50** Ref. **6112**). Es wird gezeigt, daß sich für die Intensitäten von Emissionslinien hohen Anregungspotentials des H, He, He^+ in Chromosphäre und Protuberanzen auf Grund der nichthomogenen Temperaturstrahlung erheblich größere Werte ergeben als bei Rechnung mit thermischer Strahlung von 5000°. Einige weitere Ionisationsprobleme (Kometen, Ionosphäre, Nordlichter) werden kurz diskutiert. Kdr.

5126. **J. B. Sykes,** Approximate integration of the equation of transfer. MN **111** 377—386, mit 4 Fig. = Commun. Univ. Obs. Oxford Nr. **31**. — — Vergleich der Näherungsmethoden zur Integration der Transportgleichung nach Newton-Cotes und nach Gauß und Entwicklung einer neuen Methode, die im wesentlichen auf einer zweimaligen Anwendung der Gaußschen Formel beruht. Sie führt zu einem beträchtlichen Gewinn an Genauigkeit, was numerisch und graphisch an einigen Beispielen erläutert wird. Kdr.

5127. **A. B. Underhill,** An estimate of the relative helium content of the early-type stars. Canadian J. Phys. **29** 447—457, mit 2 Fig. = Contr. Dominion Astrophys. Obs. Victoria Nr. **23**. — Ref. in Phys. Abstracts (A) 55 84. — Es werden zwei Atmosphärenmodelle, entsprechend dem Spektraltyp O 9.5 V und O 5 V, berechnet und damit Linienprofile und Äquivalentbreiten der He II-Linie λ 4541 für das Verhältnis H : He = 5.67 und 13.33 abgeleitet. Durch Vergleich der theoretischen Daten für das O 9.5 V-Modell mit beobachteten Linienstärken in den Spektren einiger später O-Sterne kann das Verhältnis H : He in diesen Sternen zu 20—25 geschätzt werden. Die Ergebnisse für das O 5-Modell weichen davon ab. Doch läßt sich zeigen, daß das O 9.5-Modell die Atmosphären der beobachteten Sterne besser repräsentiert als das O 5-Modell und daher den auf Grund des letzteren gezogenen Schlüssen ein geringeres Gewicht zuzuerteilen ist. Kdr.

5128. **A. B. Underhill,** A model atmosphere for an early O-type star. Publ. Dominion Astrophys. Obs. Victoria 8 357—384, mit 4 Fig. — Analog zu einer früheren Integration eines O 9.5 V-Atmosphärenmodells (vgl. AJB **50** Ref. **5144** und **5145**) wird die Berechnung eines Modells mit hoher effektiver Temperatur (44600°) im mechanischen und Strahlungsgleichgewicht durchgeführt. Die den Aufbau, die Opazitäts- und Ionisationsverhältnisse sowie die spektrale Energieverteilung in verschiedenen optischen Tiefen charakterisierenden Daten werden in üblicher Weise tabuliert. Der Spektraltyp des neuen Modells wird zu O 5 V geschätzt. Verglichen mit der O 9.5-Atmosphäre besitzt es eine größere Ausdehnung und geringere Randverdunklung im photographischen und visuellen Gebiet, auch sind die Abweichungen der austretenden Strahlung von der des schwarzen Körpers stärker ausgeprägt. Kdr.

5129. **A. B. Underhill,** On the helium content of the early-type stars. AJ **56** 48. — Ref. AAS.

5130. **A. Unsöld,** Physique de l'atmosphère des étoiles. Vgl. AJB **40** Ref. **3505**. Übersetzung ins Französische von V. Kourganoff. Paris 1949. —

Besprechung in BSAF **65** 217, Mem SA It (NS) **22** 355 (G. Abetti), Scientia **87** 290—291 (G. Abetti).

5131. **A. Unsöld,** Ein rasch konvergierendes Iterationsverfahren zur Lösung von Strahlungsgleichgewichts-Problemen. Naturwissenschaften **38** 525—526. — Ref. in Phys. Ber. **31** 1010.

5132. **E. Vitense,** Der Aufbau der Sternatmosphären. IV. Teil. Kontinuierliche Absorption und Streuung als Funktion von Druck und Temperatur. ZfA **28** 81—112, mit 16 Abb. = Sonderdruck Sternw. Kiel. — Im Anschluß an die Arbeiten von A. Rosa und A. Unsöld über den Aufbau der Sternatmosphären werden unter denselben Annahmen über die chemische Zusammensetzung der Sternmaterie folgende Größen berechnet: Der frequenzabhängige kontinuierliche Absorptionskoeffizient, der Thomsonstreukoeffizient, der Rayleighstreukoeffizient und deren Rosselandscher Mittelwert. Die Rechnungen erstrecken sich über den Bereich $1.3 \geq \Theta \geq 0.05$ bzw. $3840° \leq T \leq 10080°$ und etwa $0.5 \leq \log P_e \leq 5$. Die zugehörigen Werte des Gasdruckes P_g können der Tabelle 3 von A. Rosa entnommen werden. Verf.

5133. **E. Vitense,** Über die mittleren Zustandsgrößen und spektralen Eigenschaften von Sternatmosphären in Abhängigkeit von Effektivtemperatur und Schwerebeschleunigung. ZfA **29** 73—93 = Sonderdruck Sternw. Kiel. — Es werden — für mehrere Wellenlängen — Mittelwerte von Elektronendruck, Gasdruck, Strahlungstemperatur und $\varkappa/\overline{\varkappa}$ in Abhängigkeit von Effektivtemperatur und effektiver Schwerebeschleunigung berechnet, und zwar für $1.3 \geq \Theta_e = 5040/T_e \geq 0.05$ und $1 \leq \log g_e \leq 8$. Aus diesen Mittelwerten werden die Größe des Balmersprunges, die Hauptquantenzahl n der letzten getrennt beobachtbaren Balmerlinie, die wirksame Schichtdicke NH und die Variation einiger von E. G. Williams gemessener Linienintensitäten ermittelt. Weiterhin werden die bolometrischen Korrektionen angegeben, und außerdem wird untersucht, in welchen Sternatmosphären Konvektion zu erwarten ist. Verf.

5134. **H.-H. Voigt,** Über die Polarisation der Strahlung in Sternatmosphären. ZfA **28** 176—202 = Sonderdruck Sternw. Kiel. — Es wird eine Methode entwickelt, die es gestattet, in durchsichtiger Weise einen Überblick über die Polarisationsverhältnisse der Sternstrahlung sowohl im Kontinuum wie auch in den Fraunhoferlinien zu gewinnen. Es handelt sich um eine Art Iterationsverfahren, bei dem in erster Näherung nur der letzte Streuprozeß in der Atmosphäre als maßgebend für die Polarisation betrachtet wird. Solange der Streukoeffizient klein bleibt gegenüber dem Absorptionskoeffizienten, erhält man so recht genaue Ergebnisse. Wird der Streukoeffizient dagegen groß (rein streuende Atmosphäre; Mitte rein streuender Linien), so erhält man nur größenordnungsmäßige Abschätzungen. Hier muß die «Vorpolarisation», die der zweiten Näherung des Iterationsverfahrens entspricht, berücksichtigt werden. — Es folgt eine kurze Diskussion der Polarisationsmessungen der kontinuierlichen Sonnenstrahlung von Lyot sowie der Messungen an der CaI-Linie 4227 von Redman. Dabei wird darauf hingewiesen, daß in der Sonnenatmosphäre die Rayleigh-Streuung die Thomson-Streuung weit übertrifft. Verf.

§ 52

Sterninneres

5201. **L. H. Aller,** The source of energy in the fainter stars. Sky and Telescope **10** 138—140, mit 4 Fig. — Ref. in JBAA **61** 164—165.

5202. **C. M. Bondi, H. Bondi,** Models for red giant stars. III. Models with a single discontinuity of composition and opacity due to electron scattering. MN **111** 397—409, mit 4 Fig. — Die Diskussion chemisch inhomogener Sternmodelle wird fortgesetzt. Auch wenn Elektronenstreuung die einzige Opazitätsquelle im Sterninnern darstellt, ergeben sich erheblich größere Radien als für homogene Modelle. Bei Annahme einer verstärkten Aufnahme interstellaren Wasserstoffs in einem bestimmten Stadium der Sternentwicklung verlaufen die Entwicklungslinien der untersuchten Modelle im Hertzsprung-Russell-Diagramm in befriedigender Übereinstimmung mit den Beobachtungen. Kdr.

5203. **P. A. Carrus, P. A. Fox, F. Haas, Z. Kopal,** Propagation of shock waves in the generalized Roche model. ApJ **113** 193—209, mit 1 Fig. Berichtigung in ApJ **113** 706. — Ref. in Math. Rev. **12** 643—644. — Im Hinblick auf eventuelle Anwendungsmöglichkeiten auf das Novaphänomen wird die Ausbreitung von Stoßwellen — ausgelöst durch eine plötzliche zentrale Explosion mit anschließender Expansion des Kerns — in der Hülle des verallgemeinerten Rocheschen Modells untersucht. In einem bestimmten Bereich der Machschen Zahl *M* der Stoßwellen besteht die Möglichkeit, daß die Hülle teilweise, für größere *M* auch als Ganzes vom Stern abgestoßen werden kann. Kdr.

5204. **P. A. Carrus, P. A. Fox, F. Haas, Z. Kopal,** The propagation of shock waves in a stellar model with continuous density distribution. ApJ **113** 496—518, mit 3 Fig. — Ähnlich wie früher für das verallgemeinerte Roche-Modell wird für ein Sternmodell, in dem sich ϱ proportional $r^{-5/2}$ ändert, die Ausbreitung von Stoßwellen, die durch eine plötzliche zentrale Explosion ausgelöst werden, untersucht. Bei einem solchen Vorgang wird innerhalb eines bestimmten Mittelpunktsabstandes die gesamte Materie nach außen getrieben. Die Verhältnisse in dem Gebiet zwischen der äußeren Begrenzung dieses materiefreien Raums und der Stoßwelle werden bestimmt durch ein System partieller Differential-Gleichungen vierter Ordnung und zweiten Grades mit zwei unabhängigen Veränderlichen. Dieses System wird nach geeigneter Umformung für verschiedene Werte des Verhältnisses der spezifischen Wärmen und der Machschen Zahl numerisch integriert. Kdr.

5205. **S. Chandrasekhar,** The structure, the composition and the source of energy of the stars. Aus: J. A. Hynek, Astrophysics (Ref. **517**), Kapitel 14, 77 S. mit 12 Fig.

5206. **L. D. Chatterji,** Radial oscillations of a gaseous star of polytropic index 1. Proc. Nat. Inst. Sci. India **17** 467—470. — Ref. in Phys. Abstracts (A) **55** 395.

5207. **W. G. Fessenkow, A. G. Massewitsch,** Über den Aufbau und die chemische Zusammensetzung der Großen Planeten. AJ UdSSR **28** 317—337, mit 4 Abb. (russisch). — Ref. in Astr. News Letter Nr. **60** S. 7—8.

5208. **D. A. Frank-Kamenezkij,** Schwingungsstabilität und Eigenschwingungen der Sterne. DAN **77** 385—388 (russisch). — Ref. in Math. Rev. **12** 863, ZfMG **44** 455.

5209. **D. A. Frank-Kamenezkij,** Nichtadiabatische Pulsationen in Sternen. DAN **80** 185—188 (russisch). — Ref. in Phys. Ber. **31** 141, Phys. Abstracts (A) **55** 282.

5210. **G. Gamow,** Hydrogen exhaustion and explosions of stars. Nature **168** 72—73, mit 1 Fig. — Zur Erklärung der Beziehung zwischen Intensität der Helligkeitsausbrüche und Zwischenzeit bei den U Geminorum-Sternen und Wiederkehrnovae nimmt Verf. an, daß diese Sterne vergleichbare Massen ($\approx$ 3 $\mathfrak{M}_\odot$) haben bzw. vor dem Einsetzen der Periodizität gehabt haben. Während nun Rechnungen über Schalenquellenmodelle mit kleinem isothermen Heliumkern und wasserstoffhaltiger Hülle zu einem stabilen Aufbau führen, ist dies nicht mehr der Fall, wenn die Masse des Kerns eine gewisse Grenze überschreitet. Dann setzen zunächst kurzperiodische Schwankungen kleiner Amplitude ein, die sich beide mit wachsendem Kern vergrößern. U Geminorum-Sterne mit verschiedenen Zwischenzeiten der Helligkeitsausbrüche repräsentieren dann verschiedene Entwicklungsstadien einer Sternmasse. Loh.

5211. **J. G. Gardiner,** Integration of the Cowling stellar model. MN **111** 94—101, mit 1 Fig. — Neuintegration des Cowlingschen Sternmodells zur Beurteilung der Genauigkeit der verschiedenen bisher vorliegenden Lösungen für dieses Modell. Die Rechnung wurde sechsstellig durchgeführt, so daß die Ergebnisse im allgemeinen bis zur fünften Dezimale zuverlässig sein dürften. Kdr.

5212. **J. G. Gardiner,** A model of a red giant star. MN **111** 102—110. — Mit vorgegebenen Werten für M, L, R und T_e wird das Modell eines K 0-Riesen numerisch integriert. Bei Annahme chemisch homogener Zusammensetzung aus reinem Wasserstoff ergibt sich keine mit den Randbedingungen verträgliche Lösung. Dagegen erweist sich ein außen aus reinem Wasserstoff, innen aus einem Gemisch von Wasserstoff und Helium bestehendes Modell als möglich. Kdr.

* * **J. L. Greenstein,** A search for He^3 in the sun. Vgl. Ref. **6114**.

5213. **A. Huaux,** Sur un modèle de satellite en glace. Bull. Acad. roy. Belgique, Cl. Sci. (5) **37** 534—539, mit 2 Fig. = Inst. Astr. Bruxelles (2) Nr. **70**. — Jeffreys' Vermutung, daß der Jupitermond IV, Kallisto, ganz oder teilweise aus Eis bestehen könnte, wird auf Grund der aus Laboratoriumsmessungen bekannten Eigenschaften des Eises geprüft und als möglicherweise zutreffend bestätigt. Kdr.

5214. **G. Iwanow-Cholodny,** Über den Aufbau und die chemische Zusammensetzung der roten Zwerge. Mitt. Astr. Sternberg-Inst. Nr. **60** S. 24—36 (russisch).

5215. **B. A. Jacobsohn,** Equilibrium in rotating white dwarf stars. Phys. Rev. (2) **81** 662—663. — Ref. Am. Phys. Soc.

5216. **H. Klauder,** Über den Exponenten der Temperatur im stellaren Energieerzeugungsgesetz. AN **280** 41—43 = Mitt. Landessternw. Heidelberg Nr. **86** — Für homologe Sterne wird eine Beziehung zwischen dem Anstieg der Leuchtkraft und des Radius mit der Masse und dem Temperaturexponenten im Energieerzeugungsgesetz abgeleitet, aus der sich für den letzteren größenordnungsmäßig der für den Kohlenstoffzyklus geforderte Wert ergibt. Ob in Sternen kleiner Masse die Proton-Proton-Reaktion wirksam ist, läßt sich auf Grund des derzeitigen Beobachtungsmaterials nicht mit Sicherheit entscheiden. Verf.

5217. **Z. Kopal, C. C. Lin,** Propagation of spherical shock waves in stellar interiors. Proc. National Acad. Sci. USA **37** 495—506, mit 3 Fig. — Die Differentialgleichungen und Randbedingungen des Problems werden aufgestellt und, da analytische Lösungen in ausreichender Allgemeinheit nicht ableitbar erscheinen, auf eine für numerische Integration zweckmäßige Form gebracht. Kdr.

* * **N. A. Kosyrew,** Die Theorie des inneren Aufbaues der Sterne und die Quellen der Sternenergie. Vgl. Ref. **9712**.

5218. **R. S. Kushwaha,** Stability of two stellar models with variable Γ. Proc. Nat. Inst. Sci. India **17** 323—329. — Ref. in Phys. Abstracts (A) **55** 283, Math. Rev. **13** 498.

5219. **R. S. Kushwaha, P. L. Bhatnagar,** Anharmonic pulsations of Roche-model. Bull. Calcutta math. Soc. **43** 95—100. — Ref. in Math. Rev. **13** 876.

5220. **P. Ledoux,** The nonradial oscillations of gaseous stars and the problem of Beta Canis Majoris. ApJ **114** 373—384 = Inst. d'Astrophys. Univ. Liège Mém. 8° Nr. **334**. — Es wird versucht, die bei β CMa beobachteten Phänomene — zwei eng benachbarte Perioden und eine Phasenverschiebung zwischen Linienverbreiterung und Radialgeschwindigkeit — durch nichtradiale Schwingungen eines rotierenden Sterns zu deuten. Dies gelingt mit Hilfe der Schwingungen, die Kugelfunktionen zweiten Grades entsprechen. Es bestehen aber bei freien Schwingungen hinsichtlich des Vorzeichens der Phasenverschiebung noch Unstimmigkeiten, die sich möglicherweise durch von einem unsichtbaren Begleiter erzwungene Schwingungen beheben lassen. Kdr.

5221. **A. G. Massewitsch,** Die Energiequelle von Sonne und Sternen. Vgl. AJB **49** Ref. **5226**. — Auch in weiteren regionalen Ausgaben und Landessprachen der UdSSR erschienen.

5222. **A. G. Massewitsch, W. P. Matwejewa, L. N. Tulenkowa,** Ein Sternmodell der Hauptreihe mit dem Absorptionsgesetz $k = k_0 \cdot \varrho^{0,875} T^{-3,5}$. AJ UdSSR **28** 432—442, mit 6 Abb. (russisch). — Ref. in Astr. News Letter Nr. **62** S. 1—4. — Ein Vergleich der Ergebnisse von Modellrechnungen (konvektiver Kern, radiative Hülle) mit realen Sternen zeigt: 1. Modelle mit konvektivem Kern entsprechen nur Sternen der Hauptreihe und können nicht die großen Radien der Riesen und Unterriesen erklären, auch wenn man eine mögliche Änderung des Verhältnisses der mittleren Molekulargewichte von Hülle und Kern in Betracht zieht. 2. Auch innerhalb der Hauptreihe selbst muß man mit einer Änderung des Absorptionsgesetzes entlang der Hauptreihe rechnen; das Modell mit einem bestimmten k kann auch rein formal nicht die ganze Hauptreihe erklären. Loh.

5223. **L. Motz,** The problem of the red giant stars. Sky and Telescope **10** 170—172, mit 2 Fig.

5224. **B. P. Nigam, M. Subhan,** A note on the theory of two-phase configuration. Proc. Nat. Inst. Sci. India **17** 471—474. — Ref. in Phys. Abstracts (A) **55** 395.

5225. **E. J. Öpik,** Stellar models with variable composition. II. Sequences of models with energy generation proportional to the fifteenth power of temperature. Proc. Roy. Irish Acad. **54** (A) Nr. 4 S. 49—77 = Contr. Armagh Obs. Nr. **3**. — Es werden die Ergebnisse der numerischen Integration von fünf Reihen chemisch inhomogener Sternmodelle mitgeteilt, die auf Zwergsterne, insbesondere auf die Sonne anwendbar sind. Allen Modellen gemeinsam ist die Annahme einer Energieerzeugung $\varepsilon \sim T^{15}$, während sie sich in den Annahmen über die chemische Zusammensetzung unterscheiden, deren radiale Änderung in den meisten Fällen als kontinuierlich vorausgesetzt wird. Bei einer Reihe wird auch die radiale Änderung des Guillotinefaktors berücksichtigt. Kdr.

5226. **W. Petri,** Vom inneren Aufbau der Sterne. Sternenwelt **3** 133—137, 166—171, 224—229, mit 5 Abb. — Zustandsgrößen und Zustandsdiagramme der

Sterne. Die chemische Zusammensetzung der Sterne. Die Energiequellen der Sterne. Der Energietransport im Sterninnern. Ideale Gaskugeln und praktische Sternmodelle.

5227. **W. H. Ramsey,** On the constitutions of the major planets. MN **111** 427—447, mit 1 Fig. = Astr. Contr. Univ. Manchester (3) Nr. **3.** — Unter der Voraussetzung chemischer Homogenität wird der Aufbau von Jupiter und Saturn auf Grund der Druck-Dichte-Beziehung für festen Wasserstoff am absoluten Nullpunkt erörtert. Danach besitzen beide Planeten nahezu solare Zusammensetzung, und zwar ergibt sich für Jupiter ein Wasserstoffgehalt von etwa 80%, für Saturn von 60%. Die berechneten Trägheitsmomente unterscheiden sich etwas von den beobachteten Werten, was für eine leichte Konzentration der schweren Elemente nach dem Mittelpunkt hin spricht. Uranus und Neptun sind dichter als ein Körper gleicher Masse aus Wasserstoff, ihr Wasserstoffgehalt ist demnach geringer. Für das mittlere Molekulargewicht wird bei diesen Planeten der Wert 4 geschätzt. Kdr.

5228. **W. H. Ramsey,** Unstable planetary configurations. Nature **168** 676—679, mit 2 Fig. — Bericht über die in AJB **50** Ref. **5229** und **5220** zitierten Arbeiten von Ramsey und Lighthill.

5229. **E. Sauvenier-Goffin,** Note sur les pulsations non-radiales d'une sphère homogène compressible. Bull. Soc. Roy. Sci. Liège Nr. **1** S. 20—38, mit 6 Fig. = Inst. d'Astrophys. Univ. Liège Mém. 8° Nr. **331.** — Ref. in Math. Rev. **12** 863. — Der Einfluß der Vernachlässigung einer Störung im Gravitationspotential auf die Periodenlänge nicht-radialer Pulsationen wird abgeschätzt. Der Maximalfehler von rund 15% ergibt sich für den Fall der Kugelfunktion vom Grade $n = 2$ und der Zahl der Knoten zwischen Zentrum und Oberfläche $k = 0$. Für größere n und k wird der durch die Vernachlässigung begangene Fehler kleiner. Kdr.

5230. **E. Schatzman,** Les structures stellaires presque homologues. Ann d'Astrophys **14** 278—293, mit 2 Fig. = Contr. Inst. d'Astrophys. Paris (B) Nr. **73.** — Es werden die Bedingungen abgeleitet, unter denen chemisch inhomogene Sternmodelle mit einer Diskontinuität des mittleren Molekulargewichts bei Variationen von M, R und L, sowie des Molekulargewichts und Absorptionskoeffizienten außerhalb und innerhalb der Diskontinuität homolog aufgebaut sein können. Danach sollen gewisse Riesen eine homologe Reihe bilden können, längs der die chemische Zusammensetzung im Innern sich ändert bei Energieerzeugung nach der Proton-Proton-Reaktion. Ferner werden homogene Modelle diskutiert, in denen Energieerzeugung und Absorptionskoeffizient nicht durch einfache Potenzen von T und ϱ darzustellen und Strahlungsdruck und Gasentartung nicht zu vernachlässigen seien. Strenge Homologie ist dann nicht möglich. An Hand der Ergebnisse interpretiert Verf. den Unterschied zwischen Zwergen und Unterzwergen als solchen der chemischen Zusammensetzung, einen von Seiten der Beobachtung behaupteten unterschiedlichen Verlauf der Hauptreihe oberhalb von G 4 und unterhalb von G 8 durch Verschiedenheit der energieerzeugenden Prozesse. Kdr.

5231. **E. Schatzman,** Sur la stabilité de certains modèles de planètes. Bull. Acad. roy. Belgique, Cl. Sci. (5) **37** 599—609, mit 4 Fig. = Inst. Astr. Bruxelles (2) Nr. **72.** — Ref. in Math. Rev. **13** 785, ZfMG **43** 453. — Die Arbeiten von Ramsey und Lighthill (AJB **50** Ref. **5229, 5220**) ergänzend, werden Planetenmodelle mit mehreren Dichtediskontinuitäten im Innern infolge sprunghafter Änderung der Zustandsgleichung auf ihre Stabilität hin untersucht. Kdr.

5232. **E. Schatzman,** L'isotope ^{3}He dans les étoiles. Application à la théorie des novae et des naines blanches. CR **232** 1740—1741 = Contr. Inst. d'Astrophys. Paris (A) Nr. **90.** — Es wird darauf hingewiesen, daß das Auftreten von ^{3}He in schwacher Konzentration bei relativ niedriger Temperatur und hoher Dichte im Sterninnern möglich ist. Dies kann durch die Möglichkeit der Auslösung von Stoßwellen für die Theorie der Novae von Bedeutung sein. Bei weißen Zwergen bedingt die geringe Lebensdauer des ^{3}He eine Erhöhung der Vibrationsstabilität. Kdr.

5233. **F. Schmeidler,** Turbulenz bei thermisch stabiler Schichtung im Sterninnern. AN **279** 231—236 = Veröff. Sternw. München **3** Nr. 20, mit einer «Bemerkung zu vorstehender Arbeit» von L. Biermann. AN **279** 237. — Es wird die Ansicht vertreten, daß auch bei thermisch stabiler Schichtung, also unteradiabatischen Gradienten im Innern der Sterne turbulenter Massenaustausch stattfindet und einen Energietransport verursacht, der neben dem reinen Strahlungstransport berücksichtigt werden muß. Als Ursache sind großräumige Strömungen im Sterninnern anzusehen, die in turbulenter Form vor sich gehen. In denjenigen Zonen des Sternes, in denen unteradiabatische Temperaturgradienten herrschen, wird der turbulente Massenaustausch nicht unterbunden, aber dem Betrag nach reduziert. Es wird die funktionale Abhängigkeit des Austauschkoeffizienten von dem herrschenden Temperaturgradienten abgeleitet. In einem Zusatz nach Abschluß des Manuskriptes wird ein dem Verfasser erst nachträglich bekannt gewordener Einwand gegen die Möglichkeit von Turbulenz bei thermisch stabiler Schichtung besprochen, der sich als nicht zwingend erweist. Verf.

5234. **M. Schwarzschild, L. Spitzer jr., R. Wildt,** On the difference in chemical composition between high- and low-velocity stars. ApJ **114** 398—406. — Die spektralen Unterschiede zwischen den Sternen geringer und hoher Geschwindigkeit werden auf einen kleineren Gehalt an schweren Elementen und in geringerem Maße auch an mittelschweren Elementen in den schnellbewegten Sternen zurückgeführt. Die Berechtigung dieser Annahme wird durch Untersuchung des chemischen Gleichgewichts in Riesenatmosphären nachgewiesen. Als Ursache der Unterschiede in der chemischen Zusammensetzung wird vermutet, daß sich die Sterne der Population I in dichteren interstellaren Wolken mit einem höheren Anteil von Teilchen aus schweren Elementen als die Sterne der Population II gebildet hätten. Kdr.

5235. **K. S. Singwi, M. K. Sundaresan,** Thermal conductivity of dense matter. Proc. Phys. Soc. (A) **64** 441—446. — Für den Koeffizienten der Wärmeleitfähigkeit in entarteter Materie wird ein allgemeiner Ausdruck unter Berücksichtigung der relativistischen Korrektionen abgeleitet und für die beiden Grenzfälle nicht-relativistischer und relativistischer Entartung spezialisiert. Kdr.

5236. **A. Unsöld,** Die chemische Zusammensetzung der Sterne. Phys. Ber. (Tagungsberichte der 16. Deutschen Physikertagung in Karlsruhe vom 18. bis 23. Sept. 1953) **30** 1494, Phys. Blätter **7** 453—459.

5237. **H. Vogt,** Der Sternaufbau in seiner Abhängigkeit von der Sternmasse und der chemischen Zusammensetzung der Sternmaterie. Miscellanea Academica Berolinensia **1** 41—53, mit 1 Abb., 1950. — Die Arbeit erörtert einige Konsequenzen des Eindeutigkeitssatzes des Sternaufbaus und versucht auf dieser Basis den empirischen Befund für mehrere zur Zeit aktuelle Probleme vor allem im Hinblick auf die Entwicklung der Sterne zu interpretieren und die Lösungsmöglichkeiten abzugrenzen. Kdr.

5238. Instability of small planetary cores. Nature **167** 936—937. — Besprechung der in AJB **50** Ref. **5220** und **5229** zitierten Arbeiten von Lighthill und Ramsey.

§ 53

Nebel, Interstellare Materie

5301. **L. Davis jr.,** The strength of interstellar magnetic fields. Phys. Rev. (2) 81 890—891. — Aus Geschwindigkeit und Dichte interstellarer Wolken folgen Magnetfelder von mehr als 10^{-4} Gauß Stärke.

5302. **F. Hoyle,** The origin of the rotations of the galaxies. Aus: Problems of cosmical aerodynamics (Ref. **12008**), Kapitel 28, S. 195—197. Diskussion Kapitel 29 S. 198—199. — Es wird angenommen, die extragalaktischen Nebel seien aus Kondensationen in einem intergalaktischen Medium hervorgegangen. Wenn ihre Form nicht streng sphärisch ist, wird ein äußeres Gravitationsfeld, das etwa von benachbarten Nebeln oder von Dichteschwankungen des internebularen Materials herrühren kann, Drehmomente bewirken, die die Kondensationen in Rotation versetzen. Numerische Abschätzungen suchen diese Gedanken auch quantitativ plausibel zu machen. Kdr.

5303. **J. H. de Jong,** Some problems of absorption and emission in planetary nebulae. Paper 2. The effective absorption coefficient and optical depth in L_c for neutral hydrogen. BAN **11** 345—350, mit 4 Fig. — In älteren Untersuchungen über Absorptionsprobleme in planetarischen Nebeln wird meist für den Absorptionskoeffizienten des Lyman-Kontinuums in ersterer Näherung sein Wert an der Lyman-Seriengrenze unabhängig von der Frequenz angenommen. Zur Erzielung einer besseren Näherung werden unter Berücksichtigung der Frequenzabhängigkeit ein effektiver Absorptionskoeffizient bzw. eine effektive optische Tiefe im Lyman-Kontinuum für neutralen Wasserstoff definiert, die formelmäßigen Zusammenhänge entwickelt und numerische Resultate für einige Spezialfälle angegeben. Kdr.

5304. **H. A. Kluyver,** The collision of an expanding shell of gas with an interstellar cloud. Aus: Problems of cosmical aerodynamics (Ref. **12008**), Kapitel 12, S. 89—92, mit 1 Fig. — Es werden die Vorgänge betrachtet, die beim Zusammenstoßen einer expandierenden ionisierten Gashülle, z. B. einer Novahülle, mit einer interstellaren Wolke aus neutralem Wasserstoff zu erwarten sind. Dies sind in erster Linie: Ionisation der Atome der Wolke und wegen der verschiedenen Bewegung von Protonen und Elektronen das Auftreten elektrischer Felder, deren Einfluß unter plausiblen Annahmen für Dichte, Temperatur und Geschwindigkeit abgeschätzt wird. Es ergibt sich, daß die schnell bewegten Protonen nach Durchlaufen einer Strecke von etwa 10^{15} cm abgebremst werden. Kdr.

5305. **P. Ledoux,** Sur la stabilité gravitationelle d'une nébuleuse isotherme. Ann d'Astrophys **14** 438—447 = Inst. d'Astrophys. Univ. Liège Coll. 4° Nr. **31**. — Die Ableitung der Jeansschen Bedingung für Gravitationsinstabilität setzt ein unendlich ausgedehntes Medium mit gleichförmiger Dichte- und Druckverteilung voraus. Verf. untersucht die Anwendbarkeit des Kriteriums auf einen endlichen isothermen Nebel, der planparallel und symmetrisch zu einer Mittelebene der Dichte ϱ_0 geschichtet ist, und findet, daß es auch in diesem Falle gilt, wenn man für die Dichte den Wert $\varrho_0/2$ einsetzt. Seine Verwendung in kosmogonischen Untersuchungen durch Kuiper ist daher gerechtfertigt. Kdr.

5306. **B. Lindblad,** On the motion of dark clouds in galaxies and some related problems. Aus: Problems of cosmical aerodynamics (Ref. **12008**), Kapitel 26, S. 187—194, mit 2 Fig. und 3 Tafeln. Diskussion Kapitel

27 S. 194. — Es werden einige qualitative Überlegungen vorgetragen, die das Auftreten von Dunkelwolken in Spiralnebeln in Form langgestreckter Bänder oder Streifen dynamisch verstehen lassen. Verf. findet Anzeichen dafür, daß dieses Phänomen im wesentlichen durch die störenden Gravitationskräfte in Verbindung mit den Coriolis-Kräften infolge der Systemrotation bestimmt wird. Kdr.

5307. **E. Lyttkens,** Problems of dark nebulae, treated by the method of moments. Nova Acta Reg. Soc. Sci. Upsaliensis (4) **15** Nr. 2, 91 S. mit 12 Fig. = Uppsala Astr. Obs. Ann. **2** Nr. 9. — Besprechung in PAT **32** 159—160. — Mit den Sternzahlen für das Gebiet des Dunkelnebels und des Vergleichsfeldes wird zunächst ein «Wolf-Diagramm» gezeichnet, aus dem diejenige scheinbare Größe m_l entnommen wird, von der an die beiden Kurven wieder parallel laufen sowie der Betrag ε der Gesamtabsorption. Entfernung und Tiefenausdehnung der Wolke lassen sich dann aus den Momenten der scheinbaren Größen in bezug auf eine willkürlich anzunehmende Größe als Nullpunkt berechnen. Es genügt die Berechnung der Momente 1. und 2. Ordnung, d. h. der Größen $\overline{(X_c + \varepsilon)}$, $\overline{(X_c + \varepsilon)^2}$ für das Vergleichsfeld und $\overline{X_d}$ und $\overline{X_d^2}$ für das Dunkelfeld, wo X_c bzw. X_d die scheinbaren Größen im Vergleichs- bzw. Dunkelfeld sind, gerechnet von dem beliebigen Nullpunkt aus. Die allgemeinen Formeln werden ausführlich entwickelt für spezielle Fälle der Absorption, des Dichtegesetzes und des Häufigkeitsgesetzes der absoluten Helligkeiten. Zahlenbeispiele erläutern den Gang der Rechnung und die Zuverlässigkeit der Ergebnisse. Bo.

5308. **G. C. McVittie,** The expansion of an interstellar gas cloud into a vacuum. Aus: Problems of cosmical aerodynamics (Ref. **12008**), Kapitel 9, S. 71—74, mit 1 Fig. — Verf. gibt eine Zusammenfassung des Inhalts seiner Arbeit in MN **110** 224 (Vgl. AJB **50** Ref. **5307**).

5309. **J. Meurers,** Ein statistisches Kriterium zur Beurteilung des Globuli-Phänomens. ZfA **29** 189—197, mit 1 Abb. — Ref. in Sterne **28** 153. — Es wird ein statistisches Kriterium hergeleitet, das ein Urteil darüber erlaubt, ob eine in einem Sternfeld vorhandene kleine Sternleere noch als durch den Zufall bedingt angesehen werden kann oder nicht. Verf.

5310. **H. Zanstra,** Some problems of absorption and emission in planetary nebulae. Paper 1. Concentration of neutral hydrogen in planetaries. BAN **11** 341—344. — Verf. zeigt, daß unter bestimmten Voraussetzungen sich aus der beobachteten Leuchtkraftverteilung in einem planetarischen Nebel die Konzentration des neutralen Wasserstoffs im Nebel ableiten läßt, und wertet diese Beziehung für 8 Objekte aus. Kdr.

5311. **H. Zanstra, W. J. Brandenburg,** Some problems of absorption and emission in planetary nebulae. Paper 3. An interpretation of the shape and luminosity distribution of IC 4406. BAN **11** 350—357, mit 5 Fig. — Es wird gezeigt, daß sich die beobachteten Isophoten dieses Nebels befriedigend interpretieren lassen, wenn man für den Nebel ein zylinderförmiges Modell zu Grunde legt, dessen Achse senkrecht zum Visionsradius durch den Zentralstern geht und annimmt, daß die Emission im Nebel nur vom Winkel zwischen Radiusvektor und Symmetrieebene abhängt. Kdr.

5312. **H. Zanstra, J. H. de Jong,** On radiative equilibrium and radiation pressure in a stationary nebula. BAN **11** 359—363, mit 2 Fig. — Die Arbeit verfeinert die in BAN **11** 1 (Vgl. AJB **49** Ref. **5314**) gegebene Behandlung des Problems, indem sie die L_α-Emission eines Volumenelements als in allen Richtungen gleich annimmt. Aus den von Jong durchgeführten numerischen Rechnungen geht hervor, daß die früheren Schlüsse bezüglich des Flusses und Strahlungsdrucks nicht wesentlich zu modifizieren sind. Kdr.

5313. Sternstrahlung und interstellare Gaswolken. Sternenwelt **3** 109. — Besprechung der Untersuchungen von H. Lambrecht in AN **277** 1 (AJB **49** Ref. **5306**) und in Forschungen und Fortschritte **25** 104 (AJB **49** Ref. **5307**).

§ 54

Kosmogonie der Himmelskörper

5401. **R. A. Alpher, R. C. Herman,** Neutron-capture theory of element formation in an expanding universe. Phys. Rev. (2) **84** 60—66, mit 2 Fig. — Ref. in ZfMG **44** 456. — Die Neutroneneinfangtheorie der Elementenbildung durch Nichtgleichgewichtsprozesse ist erweitert worden, um explizit auch den Effekt der Expansion des Universums mit zu enthalten. Verf. (übersetzt)

* * **W. A. Ambarzumjan,** Die Sternassoziationen und die Entstehung der Sterne. Vgl. Ref. **12301**.

5402. **W. A. Ambarzumjan,** The origin of stars. RH **32** 29—31. — Sternassoziationen und Entstehung der Sterne nach der Hypothese von Ambarzumjan. J. B.

5403. **W. A. Ambarzumjan,** About the origin of stars. RH **32** 127—131.

5404. **T. H. Berlin,** The neutron-capture equations of element formation in a static universe: An exact solution. Phys. Rev. (2) **84** 66—68. — Anhang zu Ref. **5401**.

5405. **H.-J. Binge,** Einige Bemerkungen zu der Theorie von Weizsäcker über die Entwicklung der Riesensterne. Z. Naturforschung **6a** 49—53, mit 4 Abb. — C. F. v. Weizsäcker hat die Vermutung geäußert, daß die Kontraktion, welche nach dem Verlassen der Hauptreihe eintritt, bei Sternen hinreichender Masse so viel Energie freimacht, daß durch Strahlungsdruck eine sehr ausgedehnte Photosphäre entsteht und der Stern für lange Zeit als Roter Riese existiert. In der vorliegenden Arbeit wird zunächst die Energie, welche beim Übergang eines Sterns in den Zustand eines Neutronentropfens frei wird, grob abgeschätzt und daraus die Lebensdauer der Roten Riesen größenordnungsmäßig abgeleitet. Sodann wird die Stellung der Roten Riesen in offenen Sternhaufen und gewissen Arten von Doppelsternsystemen untersucht und gezeigt, daß sich diese am besten erklären läßt, wenn man annimmt, daß die Roten Riesen alt sind. Zum Schluß werden die Typen von Veränderlichkeit diskutiert, welche bei Roten Riesen und intermediären Zwergen auftreten. Dabei wird eine volle Analogie zwischen beiden festgestellt. Verf.

5406. **N. Boneff,** Sur l'origine des étoiles doubles. Annuaire Univ. Sofia Faculté Sci. Math. Phys. **47** Livre 1, partie 1 S. 191—200 (mit bulgarischer Zusammenfassung). — Die Lösung eines biometrischen Problems wird auf die Massenverteilung der Doppelsterne angewandt. Aus dem Ergebnis kann auf eine geringe Wahrscheinlichkeit der Entstehung derselben durch eine nahe Begegnung geschlossen werden. T. L.

5407. **R. L. Burling,** The age of the elements. Phys. Rev. (2) **84** 839—840. — Kurzer Bericht klärenden Charakters über die in der letzten Zeit erschienenen Bestimmungen des Alters der Elemente.

5408. **H. Dingle,** Modern Theories of the Origin of the Universe. Published by the British Association for the Advancement of Science, 1950. 10 S. mit 1 Tafel. Reprint. Preis 1 s. net. — Norman Lockyer Lecture, Birmingham 1950 Nov. 22. Vgl. AJB **50** Ref. **5408**. Ausführliche Besprechung in JBAA **61** 106—108.

5409. **H. Grayson-Smith,** The creation. J RAS Canada **45** 145—156. — Allgemeinverständlicher Vortrag vor dem Edmonton Centre der Roy. Astr. Soc. of Canada.

5410. **L. E. Gurewitsch,** Entstehung und Entwicklung der Himmelskörper. Fortschritte der sowjetischen Kosmogonie. Wilna, Staatsverlag für politische und wissenschaftliche Literatur, 1951. 39 S. Preis 55 Kop. (litauisch).

5411. **L. E. Gurewitsch,** Die Entwicklung der Sternsysteme. DAN **79** 941—944 (russisch). — Ref. in Phys. Ber. **30** 1817—1818, Phys. Abstracts (A) **55** 279.

* * **L. E. Gurewitsch,** Gravitationssysteme und ihre Entwicklung. Vgl. Ref. 4407.

5412. **D. ter Haar,** Stellar rotation and age. Vgl. AJB **49** Ref. 5411. — Ref. in Sterne **27** 53—54.

5413. **A. I. Lebedinskij,** Hypothese über die Bildung der Sterne. DAN **79** 41—44 (russisch). — Ref. in Phys. Ber. **31** 141.

5414. **A. I. Lebedinskij,** Die größtmöglichen Massen der Einzelsterne und die Bildung der Mehrfachsysteme. DAN **79** 415—418 (russisch). — Ref. in Phys. Ber. **30** 1631.

5415. **A. G. Massewitsch,** Das aus der Theorie des inneren Aufbaues der Sterne abgeleitete Gesetz des stellaren Massenverlustes. AJ UdSSR **28** 36—42, mit 2 Abb. (russisch). — Ref. in Astr. News Letter Nr. **57** S. 7. — In Anlehnung an eine frühere Arbeit der Verf. (vgl. AJB **49** Ref. **5419**) und eine von Fessenkow (vgl. AJB **49** Ref. **5404**) wird in der jetzt vorliegenden Note das Gesetz des Massenverlustes genauer untersucht und außerdem die Entwicklungszeiten sowie Grenzwerte der Sonnenmasse bei verschiedenen Exponenten n der Masse-Leuchtkraftbeziehung diskutiert. Am geeignetsten ist $n = 3{,}9$, ganz in Übereinstimmung mit der empirischen Beziehung. Der starke Massenverlust zu Beginn der Entwicklung ist mit dem der Wolf-Rayet-Sterne vergleichbar. Für die jetzige Sonne beträgt der Verlust indessen nur noch 0,07 $\mathfrak{M}_{\odot}/10^9$ Jahre. Loh.

5416. **A. G. Massewitsch,** Die offenen Sternhaufen und die Entwicklung der Sterne der Hauptreihe. AJ UdSSR **28** 338—354, mit 9 Abb. (russisch). — Ref. in Astr. News Letter Nr. **60** S. 9—10. — Verf. unternimmt den Versuch, auf Grund der Fessenkowschen Theorie der korpuskularen Abstrahlung und den heutigen Vorstellungen über den inneren Aufbau und die Energiequellen der Sterne die von ihr entwickelte Evolutionshypothese zur Erklärung der Besonderheiten der Helligkeits-Spektraltypdiagramme der offenen Sternhaufen heranzuziehen und so auch die beobachtete Hauptreihe und ihre Dispersion zu diskutieren. Die unter Annahme des Schwarzschildschen Modells mit $Z = 0{,}12$ abgeleitete theoretische Hauptreihe stimmt in ihrem Verlauf mit der beobachteten gut überein. Die Dispersion läßt sich durch verschiedene Z erklären. Für die Plejaden ist $Z = 0{,}30$, für die Praesepe 0,20 und für den Coma-Haufen 0,14. Loh.

5417. **E. Öpik,** Stellar evolution. Irish AJ **1** 195—196. — In einem Brief wird die Hypothese vertreten, daß Riesensterne aus Hauptreihensternen entstehen, wenn deren Wasserstoffvorrat zu Ende geht, und zwar sollen dabei die Leuchtkräfte genähert erhalten bleiben bei Erniedrigung der Oberflächentemperatur. Bei Hauptreihensternen kann eine obere Grenze für das Alter angegeben werden. Für Riesensterne wird aus statistischen Betrachtungen über Kugelsternhaufen ein hohes Alter abgeleitet, das eine wirksamere Energiequelle als die Verwandlung von Wasserstoff in Helium erfordert. Sterngruppen, in denen Riesen auftreten, sind älter als Gruppen, die nur Hauptreihensterne enthalten. O. G.

5418. **M. Pierucci,** Tempo assoluto in relatività e calcolo dell'età dell' Universo. Atti e Mem. Accad. Modena (5) **9** 274—284. — Aus Relativitätsbetrachtungen kommt Verf. zu einem Alter der Welt von 4×10^{12} Jahren. F. Z.

5419. **E. Schoenberg,** Dunkelwolken der Milchstraße als Ursprung der Sterne. Sternenwelt **3** 44—48, mit 3 Abb.

5420. **W. S. Sorokin, A. G. Massewitsch,** Über die Entwicklung der Sterne der Hauptreihe. AJ UdSSR **28** 21—35, mit 7 Abb. (russisch). — Ref. in Astr. News Letter Nr. **57** S. 7. — Die für den Sternaufbau geltenden Grundgleichungen werden nach dem Übergang auf dimensionslose Veränderliche durch die radiative Hülle bis an den konvektiven Kern integriert. Dort gehen die Gleichgewichtsgleichungen in die Emdenschen über, deren Lösungen bekannt sind. So ergeben sich bei bestimmtem Molekulargewichtsverhältnis von Hülle zu Kern bestimmte in sich abgeschlossene Modelle. Verschiedene werden durchgerechnet und versucht, die Ergebnisse vom Standpunkt der Fessenkowschen Entwicklungshypothese zu betrachten. Unter starker korpuskularer Abstrahlung verläuft die Entwicklung massiger Sterne entlang des oberen Teiles der Hauptreihe (O ⟶ G 4). Ein bedeutender Teil des Wasserstoffs im Kern verbrennt zu Helium. Bei kleineren Massen lassen sich die Verhältnisse nicht so leicht übersehen, doch verläuft die Entwicklung bis zum Einsetzen der Kontraktion des Sternes bei sich kaum ändernder Masse im wesentlichen ruhig. Loh.

5421. **O. Struve,** Stellar Evolution. Vgl. AJB **50** Ref. **5427**. — Weitere Besprechung in ApJ **114** 549—550 (T. G. Cowling), Nature **167** 539 (P. J. Treanor), Orion Schaffhausen **3** 342, ZfMG **41** 334 (H. Vogt).

5422. **O. Struve,** The problem of stellar evolution considered statistically. Proc. of the Second Berkeley Symposium on Math. Statistics and Probability S. 403—415, mit 3 Fig. — Verf. skizziert die wichtigsten physikalischen und kinematischen Gesetzmäßigkeiten der RR Lyrae-Sterne. Ihre Diskussion in kosmogonischer Hinsicht führt auf die Frage, ob alle als alt anzusehenden Sterne genetisch ähnlich sind oder ob sie mehrere Gruppen mit räumlich und zeitlich verschiedenem Ursprung bilden. Das Problem wird formuliert und auf einige für seine Lösung bedeutsame Umstände wird hingewiesen. Kdr.

5423. **O. Struve,** The meaning of stellar evolution. Sky and Telescope **10** 191—193, mit 1 Fig.

5424. **C. F. von Weizsäcker,** The evolution of galaxies and stars. ApJ **114** 165—186. — Überblick über die bereits an mehreren Stellen publizierten Arbeiten des Verf. zur Entwicklung von Sternsystemen und Sternen mit einigen Abänderungen und Erweiterungen. Besonders die Diskussion der Sternentwicklung geht über das Bisherige hinaus. Die Baadesche Einteilung der Sterne in zwei Populationen wird auf Grund ihrer physikalischen und kinematischen Eigenschaften und ihrer räumlichen Verteilung durch eine differenziertere Einteilung ersetzt und dann die Ansicht begründet, daß alle Sterne eines Systems ungefähr gleichzeitig entstanden seien und später eine Neubildung von Sternen aus interstellarer Materie nicht möglich sei. Die als jung geltenden Sterne frühen Spektraltyps werden als durch Einfangen interstellarer Materie «verjüngte» Sterne aufgefaßt. Kdr.

5425. **B. A. Woronzow-Weljaminow,** Die Entstehung der Himmelskörper. Moskau, Verlag des Kriegsministeriums der UdSSR, 1951. 2. verbesserte Auflage. 52 S. mit 16 Abb. Preis 75 Kop. (russisch).

5426. **B. A. Woronzow-Weljaminow,** Die Entstehung der heißen Riesen, ihre Ketten und die Entwicklung der Spiralsysteme. AJ UdSSR **28** 43—48 (russisch). — Ref. in Astr. News Letter Nr. **57** S. 7—8. — Im Aufsatz

wird gezeigt, daß die jungen heißen Riesen, die durch ihre Verteilung die Spiralstruktur der Galaxis bestimmen, nur innerhalb langer, häufig geradliniger Ketten, im Zuge der Spiralarme, seltener abseits von ihnen, aber nie in sphärischen, voneinander getrennten Räumen, entstehen können. So entstehen die vom Autor entdeckten Ketten der heißen Riesen und die Spiralarme, die sich im Laufe der Zeit verbreitern. Die Materie, aus der sie hervorgegangen sind, hat sich schon früher in diesen schlauchähnlichen Räumen befunden und ist auf diese Weise in anderer Form später sichtbar geworden.
Verf. (übersetzt)

§ 55

Kosmogonie des Planetensystems

5501. **R. A. Alpher, R. C. Herman,** The primeval lead isotopic abundances and the age of the earth's crust. Phys. Rev. (2) **84** 1111—1114, mit 2 Fig. — Eine Neudurchrechnung führte zu maximal 5,3 Milliarden Jahren.

5502. **F. Birch,** Recent work on the radioactivity of potassium and some related geophysical problems. J. Geophys. Res. **56** 107—126, mit 1 Fig.

5503. **W. G. Bondartschuk,** Die Wissenschaft über die Entstehung der Erde. Kiew, Verlag Akad. Wiss. ukrain. Sowjetrepublik, 1951. 17 S. Preis 50 Kop. (ukrainisch).

5504. **B. Brajnikov,** Sur une source d'erreur possible dans la détermination de l'âge géologique par les minéraux uranifères. CR **233** 74—75.

* * **H. Bucerius,** Über die Entstehung des Saturnringes. Vgl. Ref. 7706.

5505. **K. E. Bullen,** Origin of the moon. Nature **167** 29. — Es wird darauf hingewiesen, daß gewisse Einwände gegen die Resonanztheorie für den Ursprung des Mondes, die die Abtrennung des Mondes von der Erde auf Verstärkung der Gezeiten durch Resonanz mit den freien Schwingungen der Erde zurückführt, auf Grund der Ramseyschen Anschauungen über den inneren Aufbau der Erde und die Instabilität von Planetenkernen weniger zwingend erscheinen. Die Theorie wird daher in modifizierter Form erneut zur Diskussion gestellt.
Kdr.

5506. **K. F. Chackett,** K^{40} and the age of the atmosphere. Phys. Rev. (2) **81** 1057. — 3.1 bis $3.5 \cdot 10^9$ Jahre.

5507. **C. B. Collins, J. R. Freeman, J. T. Wilson,** A modification of the isotopic lead method for determination of geological ages. Phys. Rev. (2) **82** 966—967. — Von einigen radiogenen Bleiproben wurden Isotopieanalysen und anschließend mit der Nierschen Formel, in die auch die Zerfallskonstanten von U^{235} und U^{238} eingehen, Altersberechnungen durchgeführt. Falls die Halbwertszeit von U^{235} größer ist, als bisher angenommen wurde — neuere Beobachtungen machen dies wahrscheinlich —, dann müssen alle auf den Nierschen Untersuchungen beruhenden Altersbestimmungen revidiert werden. Analog müssen auch die nach der Holmes'schen Methode berechneten Alter der Erde vergrößert werden. Loh.

5508. **A. Dauvillier,** Genèse, nature et évolution des planètes. Paris, Herman & Cie. Editeurs, 1948. 350 S. — Besprechung in Hemel en Dampkring **49** 138 (H. Groot).

5509. **W. G. Fessenkow,** Das Problem der Entwicklung der Erde und Planeten. Nachr. Akad. Wiss. kasach. Sowjetrepublik Nr. **104** S. 19—30 (russisch).

* * **W. G. Fessenkow,** Das Kriterium der Flutstabilität und seine Anwendung in der Kosmogonie. Vgl. Ref. **4406.**

5510. **W. G. Fessenkow,** Über die Entstehung der Kometen. AJ UdSSR **28** 98—111, mit 5 Abb. (russisch). — Ref. in Astr. News Letter Nr. **57** S. 10—11. — Verf. führt die Herkunft der Kometen auf das Zerbersten eines Planeten zurück, der sich zwischen Mars- und Jupiterbahn befunden hat. Aus den kleineren Bruchstücken, die in größere Entfernungen gelangten, wurden die Kometen. Loh.

5511. **C. Festa, M. Santangelo,** Un metodo per la determinazione dell' età della Terra. Ann. Geofis. **3** 251—261. — Ref. in Ann. Françaises Chronométrie **21** 313. — Bestimmung des Alters der Erdkruste auf Grund der Umwandlung des Kaliums. Es ergibt sich ein Alter von 3.2×10^9 Jahren mit einer Unsicherheit von ungefähr 20%. F. Z.

5512. **T. Huber,** Die Entstehung unseres Sonnensystems. Siblingen, Kanton Schaffhausen, Selbstverlag. 68 S. — Besprechung in Orion Schaffhausen **3** 305—306.

5513. **H. S. Jones,** Der Ursprung des Sonnensystems. Endeavour **10** 119—125.

5514. **S. Katcoff, O. A. Schaeffer, J. M. Hastings,** Half-life of J^{129} and the age of the elements. Phys. Rev. (2) **82** 688—690. — Die Halbwertszeit von J^{129} wurde zu $(1.72 \pm 0.09) \times 10^7$ Jahren bestimmt. Daraus ergeben sich unter Verwendung geochemischer Daten und bestimmten Voraussetzungen 2.7×10^8 Jahre als Zeitraum zwischen der Bildung der Elemente und der Bildung der Erde. Loh.

5515. **G. P. Kuiper,** On the origin of the solar system. Proc. National Acad. Sci. USA **37** 1—14, 233, mit 2 Fig. — In diesem Akademie-Vortrag gibt Kuiper einen Überblick über seine an anderer Stelle ausführlich entwickelte Theorie der Planetenentstehung. Sie beruht auf der Annahme eines die Sonne umgebenden, stark abgeplatteten Nebels von $0.1\ M_\odot$ als Anfangsstadium, der infolge Gravitationsinstabilität in einzelne Wolken (Protoplaneten) zerfiel, aus denen sich die Planeten entwickelten. Es wird gezeigt, daß die Zahl der entstehenden Körper von der Dichte des Nebels im Verhältnis zur Rocheschen Grenzdichte abhängt. Unter plausiblen Voraussetzungen kann die Zahl der Planetensysteme in der Milchstraße größenordnungsmäßig auf 10^9 geschätzt werden. Kdr.

5516. **G. P. Kuiper,** On the evolution of the protoplanets. Proc. National Acad. Sci. USA **37** 383—393. — Verf. ergänzt seine Theorie über die Entstehung des Sonnensystems (vgl. Ref. **5515**) durch eine detaillierte Betrachtung der Prozesse, die nach Bildung der Protoplaneten eine Reduktion von deren Masse, Drehimpuls, Radius und Energieinhalt bewirken und den heutigen Zustand der Planeten herbeigeführt haben können. Außer gewöhnlicher Verdampfung scheinen hierbei die Sonnenstrahlung und der Strahlungsdruck wesentlich beteiligt gewesen zu sein. Kdr.

5517. **G. P. Kuiper,** On the origin of the irregular satellites. Proc. National Acad. Sci. USA **37** 717—721. — Die irregulären Satelliten deutet Verf. im Rahmen seiner neuen Planetenkosmogonie durch die Annahme, daß sie entstanden seien, bevor die Planeten ihren Endzustand erreicht hätten. Infolge der dann noch nicht beendeten Massenabnahme der Planeten konnte es unter Umständen zu einem Entweichen und späteren Wiedereinfangen der irregulären Monde kommen, wodurch sich deren Besonderheiten erklären lassen. Kdr.

5518. **G. P. Kuiper,** On the origin of the solar system. Aus: J. A. Hynek, Astrophysics (Ref. **517**), Kapitel 8, 68 S. mit 12 Fig.

5519. **B. Lindblad,** The cosmogony of the solar system. MN ASSA **10** 92—93 (Extracts from a report to the Swedish Statens Naturvetenskapliga Torskningsråd translated by S. O. Eklund).

5520. **R. Maeckelberghe,** Hoe oud is de Aarde? Heelal **7** 73—77.

5521. **A. G. Massewitsch,** Die Entwicklung der Sonne vom Standpunkt der heutigen Theorie des inneren Aufbaues der Sterne. Bull. Kommission Sonnenforschung Nr. **5—6** (**19—20**) S. 5—6, 1950 (russisch).

5522. **J. H. Oort,** Origin and development of comets. Obs **71** 129—144, mit 6 Fig. — Halley Lecture. — Besprechung in Pop Astr **59** 491. — Nach historischer Einleitung mit Hervorhebung der Arbeiten von Newton und Halley wird eine Massenabschätzung und eine Beschreibung der physischen Erscheinungen in Kopf und Schweif der Kometen in Sonnennähe gegeben. Als «Quelle» für neue Kometen wird ein zum Sonnensystem gehörender Schwarm, der etwa 10^{11} Kometen mit einer Gesamtmasse von $^1/_{10}$ Erdmasse enthält, in 100000 a. E. Entfernung angenommen. Dort machen Störungen durch Fixsterne die Geschwindigkeitsverteilung isotrop. Verteilung der Bahnen nach 1/a zeigt, daß die neuen Kometen von außen hereinkommen müssen. Die Kometen sollen entstanden sein als kleine Bruchstücke mit weniger regelmäßigen Bahnen als die Planeten. Sie sind deshalb bald durch die Störungen der großen Planeten aus dem inneren Teil des Sonnensystems entfernt und in der äußeren Kometenwolke gefangen worden. O. G.

5523. **A. Paluzíe Borrell,** Una lista de hipótesis cosmogónicas. Urania Barcelona **36** 247—263.

* * **G. D. Panassenko,** Modell des inneren Aufbaues der Erde im Lichte der kosmogonischen Theorie O. J. Schmidts. Vgl. Ref. **7212**.

5524. **I. I. Putilin,** Die Entstehung der Kleinen Planeten. Astr Circ UdSSR Nr. 113—114 S. 7—9, Nr. 116 S. 13—14. Priroda **40** Nr. 10 S. 6—16 (russisch). — Kurze Zusammenfassung einer im Druck befindlichen Monographie über Kleine Planeten, in der Verf. zum Schluß kommt, daß die Kleinen Planeten und die Meteorite Zerfallsprodukte eines ursprünglichen Planeten sind, der sich in etwa 2,8 astr. Einheiten um die Sonne bewegte und dessen Masse und Durchmesser etwa 0.1 Erdmassen bzw. 6—7000 km groß waren. Der Zerfall muß kein spontan-einmaliger, sondern ein sukzessiver gewesen sein, der sich im Kleinen auch heute noch durch Zusammenstöße fortsetzt. Die Kometen werden als Übergangsstadium von Asteroiden zu Meteoriten gedeutet. Loh.

5525. **H. Quiring,** Das Alter der Erde. Universitas **6** 1223—1228.

5526. **W. S. Safronow,** Die Verringerung des Drehimpulses der Sonne in Verbindung mit ihrem Massenverlust im Entwicklungsprozess. AJ UdSSR **28** 244—252 (russisch). — Ref. in Astr. News Letter Nr. **60** S. 5—6. — Inhalt: 1. Die Abgabe des Drehimpulses in Verbindung mit dem Massenverlust von der Oberfläche eines Sternes. 2. Der Massenverlust bei korpuskularer Abstrahlung. 3. Über die Möglichkeit der Abtrennung der Planetenmaterie von der Sonne. 4. Die Berücksichtigung der sphäroidischen Gestalt der Sonne bei großer Rotationsgeschwindigkeit. 5. Der Einfluß des angenommenen Gesetzes der Rotationsgeschwindigkeit des Sternes. 6. Die Materieabgabe im prästellaren Zustand der Sonnenentwicklung. Loh.

5527. **O. J. Schmidt,** About the origin of planets and their satellites. RH **32** 174—177, 207—210, 226—229.

5528. **E. Schoenberg,** Neue Ideen zur Kosmogonie. Z. Naturforschung **6a** 222—226. — Behandelt 1. die Weizsäcker - ter Haarsche Kosmogonie, 2. die Theorie von W. Fessenkow.

5529. **W. M. Smart,** The Origin of the Earth. Cambridge University Press, 1951. 239 S. mit 40 Fig. und 8 Tafeln. Preis 12 s. 6 d. = $ 2,75. — Besprechung in JBAA **61** 161, J. British Interplanetary Soc. **10** 229, La Nature **79** 352, Pop Astr **59** 397—398 (J. W. Streeter), Proc. Phys. Soc. (B) **64** 823—824 (A. Armitage), Sky and Telescope **10** 174, 273 (F. L. Whipple).

5530. **M. F. Subbotin,** Entstehung und Alter der Erde. Moskau-Leningrad, Staatsverlag für technisch-theoretische Literatur, 1951. 3. Auflage. 40 S. mit 5 Abb. Preis 70 Kop. (russisch). — Auch noch in weiteren regionalen Ausgaben und Landessprachen der UdSSR erschienen.

5531. **H. E. Suess,** Gas content and age of tektites. Geochim. Cosmochim. Acta **2** 76—79. — Der Gasgehalt von Blasen in Tektiten ist außerordentlich niedrig; derjenige von radiogenem Argon ergibt als obere Grenze für das Alter der Tektite 10^7 Jahre. Loh.

5532. **H. E. Suess, H. Brown,** J^{129} and the age of the elements. Phys. Rev. (2) **83** 1254—1255. — Kritische und ergänzende Bemerkung zu einer Arbeit von Katcoff, Schaeffer und Hastings (Vgl. Ref. **5514**.). Das dort erhaltene Zeitintervall darf nur als untere Grenze angesehen werden, die sogar auf $4 \cdot 10^8$ Jahre heraufzusetzen sei. Loh.

5533. **H. C. Urey,** The origin and development of the earth and other terrestrial planets. Geochim. Cosmochim. Acta **1** 209—275, mit 5 Fig. und 2 Tafeln. — Inhalt: 1. Introduction, S. 210—213; 2. Evidence regarding the earth's early history from the physical features of the moon's surface, S. 213—228; 3. The densities of the earth and moon and other planets and the homogeneity of Mars, S. 228—232; 4. Chemical considerations in regard to the origin of the earth, S. 232—247; 5. The structure of the newly formed earth and moon, S. 247—248; 6. Review of the present state of the earth, S. 248—253; 7. The energy balances of the earth and moon, S. 253—266; 8. Evidence for the change of the earth's moment of inertia with time, S. 266—271; 9. Convection theory of mountain formation, S. 271—275; References S. 275—277. — Eine Korrektur der S. 239 erörterten Fragen findet sich in derselben Zeitschrift **2** 263—268, mit 1 Fig., 1952, eine Stellungnahme von H. Jeffreys in Nature **169** 260—261. Loh.

5534. **J. Wasiutyński,** Solsystemets opprinnelse. Naturen Nr. 5 S. 129—144 = Inst. Teoret. Astrofys. Blindern-Oslo Småtrykk Nr. 1.

5535. **C. F. von Weizsäcker,** Anwendungen der Hydrodynamik auf Probleme der Kosmogonie. Festschrift zur Feier des 200jährigen Bestehens der Akademie der Wissenschaften in Göttingen, Math.-phys. Klasse, 1951 S. 86—122, mit 8 Fig. — Nach einleitenden Ausführungen über den Ursprung der heutigen kosmogonischen Fragestellung werden zunächst die hydrodynamischen Grundlagen zur Behandlung kosmischer Bewegungsvorgänge erörtert. Sodann wird nach Aufstellung eines allgemeinen Entwicklungsschemas einer kosmischen Gasmasse an Hand neuerer Arbeiten vorwiegend des Verf.'s über die Entwicklung der Sternsysteme, der Sterne und des Planetensystems berichtet. Kdr.

5536. Publikationen der ersten Tagung über Fragen der Kosmogonie vom 16.—19. April 1951. Moskau-Leningrad, Verlag Akad. Wiss. UdSSR, 1951. 372 S. mit Abb. und 1 Tafel. Preis 20 R. (russisch). — Das von I. G. Petrowskij redigierte Buch enthält die auf der Tagung gehaltenen Vorträge und Diskussionsbeiträge zahlreicher sowjetischer Astronomen.

5537. The origin of the solar system. Vgl. AJB **49** Ref. **5523**. — Ref. in Sterne **27** 20.

5538. De herkomst van de sporadische meteoren. De Meteoor **7** 5—6.

5539. De ouderdom van meteorieten. De Meteoor **7** 26—27.

Siebenter Teil

Sonne

§ 60

Astrometrische Beobachtungen, Allgemeines

6001. **Astrometrische Beobachtungen**

Observations made at The Royal Observatory, Greenwich, in the year 1937, A 8—A 10. — α, δ. Durchmesser.

Desgl. für 1938. A 8—A 11. — α, δ. Durchmesser.

TAB (2) Nr. **38** S. 257—264. Meridian observations of the right ascensions of the sun, the moon and planets during the year 1950. S. Nakano, H. Yasuda, R. Fukaya.

6002. **G. A. Aristow,** Die Sonne. Vgl. AJB **50** Ref. **6002.** — Auch in weiteren regionalen Ausgaben und Landessprachen der UdSSR erschienen.

6003. **G. Bruhat,** Le Soleil. Paris, Presses Universitaires de France, 1951. Neue und von L. d'Azambuja verbesserte Auflage. 11 + 222 S. mit 41 Fig. und 16 Tafeln. Preis fr. 800. — Besprechung in Obs **72** 43—44.

* * **J. Daudin,** Le soleil et les rayons cosmiques. Vgl. Ref. **12707.**

6004. **L. Gialanella,** Sulla possibile natura e origine elettromagnetica delle pulsazioni osservate nel diametro del sole. Rend. Accad. Nazionale Lincei, Cl. Sci. fis., mat., nat. (8) **11** 60—62 = Oss. Astr. Roma-Monte Mario Contr. Sci. Nr. **167.** — Die am Osservatorio Roma von 1874 bis 1937 festgestellten periodischen Änderungen des Sonnendurchmessers weisen darauf hin, daß die Sonne ein pulsierender Stern im Sinne der Schwarzschildschen Theorie über die magnetisch-variablen Sterne ist. Die gefundene Periode von 22 Jahren fordert ein allgemeines solares Magnetfeld von 1000 Gauß im Widerspruch zu den um mehrere Größenordnungen niedrigeren, gemessenen Werten. Es wird eine Abschirmung des allgemeinen Feldes nach außen vermutet. Bru.

6005. **P. Herget,** Coordinates of the sun. AJ **56** 128. — Ref. AAS.

6006. **F. Hoyle,** Some Recent Researches in Solar Physics. Vgl. AJB **49** Ref. **6007.** — Weitere Besprechung in J. Atmosph. Terr. Phys. **1** 202—204 (W. M. H. Greaves), Scientia **87** 34 (L. Gialanella).

6007. **W. H. McCrea,** Physics of the Sun and the Stars. Vgl. AJB **50** Ref. **6015.** — Weitere Besprechung in Ciel et Terre **67** 104 (J. Hunaerts), J. British Interplanetary Soc. **10** 44—45, Scientia **86** 336—337 (L. Gialanella).

6008. **R. Müller,** Kinematographie der Sonne. Sternenwelt **3** 201—205, mit 8 Abb.

6009. **E. R. Mustel,** Was auf der Sonnenoberfläche vor sich geht. Kischinew, Moldauischer Staatsverlag, 1951. 26 S. mit 13 Abb. Preis 60 Kop. (moldauisch).

6010. **E. K. Nikonowa,** Photoelektrische Bestimmung der Helligkeit von Sonne und Mond. Vgl. AJB **49** Ref. **6010.** — Ref. in Sternenwelt **3** 108.

6011. **P. Rousseau,** L'atmosphère du soleil. La Nature **79** 289—293, mit 9 Fig.

6012. **M. Ruysschaert,** De Zon en haar Energie. Heelal **7** 77—80.

6013. **J. M. Slonim,** Die Sonne. Taschkent, Verlag Akad. Wiss. usbek. Sowjetrepublik, 1950. 24 S. mit 5 Abb. Preis 1 R. 20 Kop. (russisch).

6014. **R. Sommer,** Die Genauigkeit der Sonnenparallaxe. Sternenwelt **3** 3—5.

6015. **O. Struve,** The sun is a peculiar star. Sky and Telescope **11** 11—13, mit 6 Fig.

6016. **M. Waldmeier,** Ergebnisse und Probleme der Sonnenforschung. Vgl. AJB **50** Ref. **6024.** — Besprechung in Priroda **40** Nr. 5 S. 88—90 (B. N. Himmelfarb, russisch).

6017. **M. Waldmeier,** Tabellen zur heliographischen Ortsbestimmung. Vgl. AJB **50** Ref. **6025.** — Weitere Besprechung in Ann d'Astrophys **14** 246 (R. Michard), AN **279** 143—144 (W. Grotrian), Ciel et Terre **67** 60—61 (J. Hunaerts), Mem SA It (NS) **22** 81—82 (F. Zagar), Obs **72** 160—161 unter dem Titel: Position finding on the sun, Orion Schaffhausen **3** 305, ZfA **29** 198 (A. Unsöld).

6018. **R. E. Williamson,** The atmosphere of the sun. J RAS Canada **45** 232—249, mit 10 Fig. = Commun. David Dunlap Obs. Nr. **27.** — Während eines Symposiums über die Atmosphären der Sterne und Planeten im Juni 1950 vor der Royal Society of Canada gehaltener Vortrag.

* * Soluzione grafica di alcuni problemi inerenti alla posizione del sole rispetto a un orizzonte qualunque. Vgl. Ref. **3137.**

6019. World-wide observations of solar activity. Pop Astr **59** 390—392.

Blaue Sonne

6020. **A. Ångström,** The blue sun of September 1950. Tellus **3** 135—140. — Ref. in Phys. Abstracts (A) **55** 383.

6021. **J. Chazy,** Le soleil bleu. BSAF **65** 68.

6022. **W. Gelbke,** Bemerkungen zum Phänomen der blauen Sonne. Z. Meteorol. **5** 82—84. — Ref. in Phys. Ber. **31** 1204.

6023. **W. Jenne,** Weitere Beiträge zur Beobachtung und Erklärung des Phänomens «Blaue Sonne». Z. Meteorol. **5** 84—86. — Ref. in Phys. Ber. **31** 1204.

6024. **G. F. Lothian,** Blue sun and moon. Nature **168** 1086—1087. — Ref. in Phys. Ber. **31** 321.

6025. **H. Runge,** Blaue Sonne — blauer Mond. Z. Meteorol. **5** 60—62. — Ref. in Phys. Ber. **31** 1204.

6026. **W. Schüepp,** Beitrag zum Phänomen der blauen Sonne. Experientia **6** 457—459, 1950. — Ref. in Phys. Ber. **31** 1363.

6027. **P. Wellmann,** Die Blaufärbung der Sonne am 27. September 1950. ZfA **28** 310—314, mit 2 Abb. = Mitt. Sternw. Hamburg-Bergedorf **21** Nr. 214. — Eine sehr seltene, wahrscheinlich durch Rauch in sehr großer Höhe veranlaßte anomale Extinktion, die von starken Verfärbungen begleitet war, ist im photographischen Bereich spektralphotometrisch untersucht worden. Es ergeben sich Anhaltspunkte für die Größe, Häufigkeit und Natur der trübenden Teilchen. Verf.

6028. **P. Wellmann,** Das Spektrum der «blauen Sonne». Sterne **27** 98—99, mit 1 Abb.

6029. **R. Wilson,** The blue sun of 1950 September. MN **111** 478—489, mit 2 Fig. und 1 Tafel = Commun. Roy. Obs. Edinburgh Nr. **2**. — Am 26. September 1950 zeigte die Sonne ebenso wie der Mond in Edinburgh eine ungewöhnliche Blaufärbung. Aus spektralphotometrischen Messungen wird die Wellenlängenabhängigkeit der Verfärbung bestimmt. Sie besitzt ein Minimum bei λ 4350 und steigt im untersuchten Bereich (λ 3800 bis λ 6300) nach beiden Enden sehr stark an. Aus theoretischen Betrachtungen wird geschlossen, daß die Partikeln, die das Extinktionsminimum bewirken, dielektrisch und einheitlich in Größe und Struktur sind. Eine weitere Partikelart verursacht zusätzlich eine starke nicht-selektive Extinktion. Unter Heranziehung anderweitiger Beobachtungen wird wahrscheinlich gemacht, daß die Verfärbung durch den Rauch großer Waldbrände in Kanada (Alberta) zustande kam. Die Rauchschicht hatte eine Höhe von 31000—43000 Fuß. Bei den beiden Partikelarten dürfte es sich um Öl- und Kohlenstoffteilchen handeln. Micz.

6030. Den blaa Sol. Urania Kopenhagen **8** 27—28.

6031. Soleil bleu et Lune bleue. BSAF **65** 39. — Beobachtungen.

6032. Weitere Beobachtungen der blauen Sonne. Sterne **27** 133. — Nach JBAA **61** 82 (Vgl. AJB **50** Ref. **6011**).

6033. Blue sun and moon. Nature **168** 545.

§ 61

Theorie, Rotation, Magnetfeld

6101. **M. Cimino, A. Rainone,** Una determinazione spettroscopica del periodo della rotazione solare nella regione verde dello spettro a diverse latitudini eliografiche. Mem SA It (NS) **22** 273—289, mit 1 Fig. und 1 Tafel = Oss. Astr. Roma-Monte Mario Contr. Sci. (NS) Nr. **169**. — Mit dem Spektrographen des Sonnenturms von Arcetri (Dispersion im grünen Spektralbereich 1,26 Å/mm) wurden in fünf verschiedenen heliographischen Breiten jeweils auf einer Platte zwei Spektren des W-Randes und dazwischen ein solches des E-Randes und weiter zwei am E-Rand und dazwischen wieder eines am W-Rand aufgenommen. Die relativen Linienverschiebungen einiger Metallmultipletts und des Mg-Tripletts wurden in Rom vermessen. Die sich ergebenden Winkelgeschwindigkeiten sind in Tabelle VI zusammengestellt. — Die Ergebnisse werden getrennt für die Linien der umkehrenden Schicht und das Mg-Triplett diskutiert und den älteren Bestimmungen in Arcetri gegenübergestellt. Eine Abbildung zeigt unter Zusammenfassung aller Resultate die Variation der Rotationsgeschwindigkeit der Sonne mit der heliographischen Breite und der Höhe. Bru.

6102. **W. Cochrane, A. G. Hester,** The transformation of the nitrogen isotope of mass 15 into carbon and helium by bombardment with photons. Proc. Roy. Soc. (A) Math. Phys. Sci. **199** 458—468, 1949. — Ref. in Phys. Ber. **30** 1232.

6103. **I. Epstein,** A two-energy source solar model. ApJ **114** 438—442. — Unter Vernachlässigung des Strahlungsdrucks, aber unter Berücksichtigung der Elektronenstreuung bei der Opazität wird ein chemisch homogenes Sonnenmodell integriert, in dem die Energie sowohl nach dem Kohlenstoffzyklus, als auch nach der Proton-Proton-Reaktion erzeugt wird. Für die chemische Zusammensetzung ergibt sich: 82% H, 17% He und 1% schwere Elemente; für die Zentraltemperatur und -dichte: $1{,}5 \times 10^7$ Grad bzw. $150\,g \cdot cm^{-3}$. Die Energieerzeugung wird zu mindestens 95% durch die Proton-Proton-Reaktion gedeckt. Der konvektive Kern dürfte, wenn überhaupt vorhanden, nur etwa 5% der Gesamtmasse enthalten. Kdr.

6104. **E. Frieman, L. Motz,** The proton-proton reaction and energy production in the sun. Phys. Rev. (2) **83** 202. — Ref. Am. Phys. Soc. — Ref. in Phys. Ber. **31** 314.

6105. **G. Gamow,** Will our sun ever explode? Proc. American Acad. Arts Sci. **79** 291—294, mit 1 Fig. — Bis auf die beiden hinzugefügten Schlußsätze identisch mit der unter Ref. **5210** zitierten Arbeit.

6106. **J. L. Greenstein, R. S. Richardson,** Lithium and the internal circulation of the sun. ApJ **113** 536—546, mit 3 Fig. = Mt. Wilson and Palomar Obs. Repr. Nr. **34**. — Aus dem Resonanz-Dublett λ 6708 des Li wird dessen Häufigkeit auf der Sonnenscheibe und in der Penumbra von Flecken bestimmt. Es ergibt sich: $Li^6 : Li^7 < 0.25$, $H : Li = 1.4 \times 10^{11}$ bzw. 0.6×10^{11} nach zwei Methoden und $Li : Ca = 7 \times 10^{-6}$. Danach beträgt die Häufigkeit des Li auf der Sonne, verglichen mit anderen Metallen, nur ein Hundertstel derjenigen auf der Erde. Zur Erklärung wird eine langsame Zirkulation auf der Sonne angenommen, die eine Periode von etwa 7×10^8 Jahren besitzt und bis in Tiefen von rund $\frac{1}{2} R_\odot$ reicht. Bei wesentlich schnellerer und tiefer reichender Zirkulation müßte bereits das gesamte Li aus der Sonnenatmosphäre verschwunden sein. Eventuelle Nachlieferung aus dem interstellaren Raum führt auf unwahrscheinlich hohe Dichten für die interstellare Materie. Kdr.

6107. **B. Meyermann,** Zur Pulsation der Sonne. Vgl. AJB **50** Ref. **6105**. — Ref. in Sternenwelt **3** 110—111, mit 1 Abb.

6108. **H. W. Newton, M. L. Nunn,** The sun's rotation derived from sunspots 1934—1944 and additional results. MN **111** 413—421, mit 2 Fig. — Aus 136 rekurrierenden Sonnenflecken des Zyklus 1934—1944 leiten die Verf. die tägliche siderische Rotationsgeschwindigkeit in Abhängigkeit von der heliographischen Breite ab. Die Beziehung weicht nur wenig von der ab, die für die fünf vorhergehenden Zyklen 1878—1933 gefunden worden war. Eine Diskussion über den gesamten Zeitraum läßt keinerlei Anhaltspunkte dafür erkennen, daß die Rotationsgeschwindigkeit von Zyklus zu Zyklus oder innerhalb eines Zyklus veränderlich ist, wie spektroskopische Beobachter vermutet haben. Auch die beiden Hemisphären zeigen keinen Unterschied. Im Anhang gehen die Verf. kurz auf eine Bestimmung der Rotationsgeschwindigkeit aus nichtrekurrierenden Flecken ein. Danach hat die Auswahl der Flecken bzw. ihre Entwicklungsphase einen geringen Einfluß auf das Ergebnis. Micz.

6109. **S. W. Orlow,** Der Verdünnungsfaktor bei den Berechnungen des Strahlungsdruckes der Sonne. AJ UdSSR **28** 219—220 (russisch).

6110. **E. Pettit,** The sun and stellar radiation. Aus: J. A. Hynek, Astrophysics (Ref. 517), Kapitel 6, 43 S. mit 16 Fig.

* * **Y. Suzuki,** Non-homogeneous temperature radiation, and its application to the sun. III. Vgl. Ref. **5125**.

6111. **C. Walén,** On the vibratory rotation of the sun. Stockholm, Henrik Lindstaohls Bokhandel, 1949. 66 S. Preis frs. 4000. — Besprechung in Scientia **86** 336—337 (L. Gialanella).

6112. Ricerche su certi prodotti delle reazioni termonucleari che avvengono nell' interno del sole. Coelum **19** 136—138.

6113. Lithium in the sun. Sky and Telescope **10** 114. — Ref. AAS.

Theorie der Atmosphäre

6114. **J. L. Greenstein,** A search for He^3 in the sun. ApJ **113** 531—535 = Mt. Wilson and Palomar Obs. Repr. Nr. **39.** — Nach neueren theoretischen Rechnungen spielt die Proton-Proton-Reaktion in Sternen des Sonnentyps eine beträchtliche Rolle für die Energieerzeugung. Wenn die Reaktionskette mit der Bildung von He^3 endet bzw. die nachfolgenden Reaktionen hinreichend langsam verlaufen, könnte eine merkliche Häufigkeit von He^3 in der Sonnenmaterie zu beobachten sein. Verf. vergleicht die Differenzen der Wellenlänge von He I-Linien, gemessen im Chromosphärenspektrum während und außerhalb von Finsternissen, sowie einigen He I-Linien in Absorption, gegen die Laboratoriumswerte mit den Isotopieverschiebungen nach unveröffentlichten Messungen von M. Fred. He^3 ist nicht nachweisbar, da sich aus den Wellenlängenverschiebungen die relative Häufigkeit He^3/He^4 zu 0.02 ± 0.03 ergibt. Micz.

6115. **J. L. Greenstein, R. S. Richardson, M. Schwarzschild,** On the abundance of C^{13} in the solar atmosphere. Vgl. AJB **50** Ref. **6103.** — Ref. in Sterne **27** 95.

6116. **W. A. Krat,** Zur Theorie der Sonnenatmosphäre. Bull. Kommission Sonnenforschung Nr. **5—6** (**19—20**) S. 27, 1950 (russisch).

6117. **D. Labs,** Die Temperaturschichtung der Sonnenatmosphäre im Strahlungsgleichgewicht unter Berücksichtigung der Fraunhoferlinien. ZfA **29** 199—252, mit 6 Abb. = Sonderdruck Sternw. Kiel. — Nach einigen allgemeinen Untersuchungen über den Einfluß der Fraunhofer-Linien auf die Temperaturschichtung einer Sternatmosphäre wird ein Versuch unternommen, die Temperaturverteilung der äußersten Schichten der Sonnenphotosphäre unter der Annahme reinen Strahlungsgleichgewichtes zu berechnen. Es wird mit einem von A. Unsöld vorgeschlagenen Verfahren gearbeitet, welches auf eine Iteration der Milneschen Integralgleichung hinausläuft. Die Fraunhofer-Linien werden so schematisiert, daß ihre Berücksichtigung praktisch möglich ist. Es ergibt sich nach dem ersten Iterationsschritt (graue Atmosphäre als Ausgangsnäherung) ein steiler Abfall der Temperatur in den alleräußersten Schichten ($\tau \lesssim 0.01$). Als Oberflächentemperatur wird $T_0 \approx 4300°$ gefunden. Labs

6118. **M. Minnaert,** Hydrodynamic problems connected with the solar atmosphere. Aus: Problems of cosmical aerodynamics (Ref. **12008**), Kapitel 34, S. 222—232. — Referat über die hydrodynamisch — und auch elektrodynamisch — interessanten Probleme der Sonnenatmosphäre und die zur Zeit aktuellen theoretischen Ansätze zu ihrer Lösung: Sonnenflecken, Granulation, Chromosphäre, Protuberanzen und Korona. Kdr.

6119. **L. Neven, C. de Jager,** The model of the solar atmosphere and the continuous absorption coefficient in the infrared. BAN **11** 291—298, mit 5 Fig. = Commun. Obs. Roy. Belgique Nr. **31.** — Ref. in Sterne **28** 120. — Auf Grund des Sonnenatmosphärenmodells von de Jager und des kontinuierlichen H^--Absorptionskoeffizienten nach Chandrasekhar und Breen werden Energieverteilung für das Zentrum der Sonnenscheibe und Randverdunklung im Spektralbereich 0,7 μ – 10,2 μ berechnet. Von 0,7 bis 2,3 μ ist die Übereinstimmung mit den Beobachtungen gut, bei größeren Wellenlängen treten Abweichungen auf (bei 3,5 μ 12%, bei 10,2 μ 60%), die auf zu kleine Werte des theoretischen Absorptionskoeffizienten in diesem Bereich zurückgeführt werden. Kdr.

6120. **J.-C. Pecker,** Contribution à la théorie du type spectral. V. Le «blanketing effect» et la structure de la photosphère solaire. Ann d'Astrophys **14** 152—175, mit 7 Fig. Mit Berichtigungen (siehe Sonderblatt S. 2 neben S. 249) = Contr. Inst. d'Astrophys. Paris (B) Nr. **65.** — Zur Berechnung des «blanketing» Effekts in der Sonnenatmosphäre werden die Linien des Sonnenspektrums nach Wellenlänge, Ionisations- und Anregungspotential in verschiedene Gruppen eingeteilt. Für typische Linien jeder Gruppe wird nach der in IV angegebenen Methode verfahren und dann der in den Linien absorbierte Bruchteil der gesamten absorbierten Strahlung als Funktion von τ ermittelt. Der Einfluß des Effekts auf den Aufbau der Photosphäre wird diskutiert. In der Oberflächentemperatur ergeben sich Unterschiede gegen die aus Randverdunklungsmessungen folgenden Werte, wofür die Annahme streng sphärischer Form der photosphärischen Schichten verantwortlich gemacht wird und die sich durch Einführung eines Korrektionsfaktors, der dem Einfluß der Granulation Rechnung trägt, beseitigen lassen. Kdr.

* * **J.-C. Pecker,** Les atmosphères stellaires. Vgl. Ref. **5119**.

6121. **A. K. Pierce, L. H. Aller,** The structure of the solar atmosphere as deduced from limb-darkening measures. ApJ **114** 145—151, mit 3 Fig. — Aus Randverdunklungsmessungen am McMath-Hulbert-Obs. und der Intensitätsverteilung im Zentrum der Sonnenscheibe nach Mulders werden Temperaturverteilung und Opazität in der Sonnenatmosphäre abgeleitet. Die Übereinstimmung der letzteren mit den theoretischen, Absorption durch das H^--Ion als Hauptopazitätsquelle voraussetzenden Werten Chandrasekhars, ist befriedigend. Für die Oberflächentemperatur der Sonne ergibt sich der Wert 4500°. Kdr.

6122. **I. S. Schklowskij,** Ionisation und Dichteverteilung in der Sonnenatmosphäre. Bull. Kommission Sonnenforschung Nr. **5—6** (**19—20**) S. 26—27, 1950 (russisch).

* * **Su-Shu Huang,** On the variation of turbulent velocities in stellar and solar atmospheres. Vgl. Ref. **5122/23**.

Magnetfeld

6123. **H. Alfvén,** On the Zeeman effect measurements of the sun's general magnetic field. Ark Fys **4** 407—410. — Ref. in Phys. Abstracts (A) **55** 495.

6124. **H. Alfvén,** The impossibility of determining the sun's general magnetic field by Zeeman effect measurements. Nature **168** 1036. — Verf. nimmt an, daß die Turbulenz in der Wasserstoffkonvektionszone der Sonne ein unregelmäßiges turbulentes Magnetfeld bedingt, dessen Feldstärke die des allgemeinen solaren Magnetfelds im allgemeinen wesentlich übersteigt. Ein Nachweis des letzteren außerhalb der Sonnenflecken auf Grund des Zeeman-Effekts sollte daher nicht möglich sein. Kdr.

6125. **H. von Klüber,** An attempt to detect a general magnetic field of the sun by a spectrographic method, using a Lummer plate. MN **111** 2—17, mit 4 Fig. und 1 Tafel = Contr. Cambridge Obs. Nr. **6**. — Zur Messung der Feldstärke des allgemeinen magnetischen Feldes der Sonne bedient sich der Verf. eines Gitterspektrographen und einer Lummer-Platte aus Quarz als Interferometer (Auflösungsvermögen etwa 600000). Zum Nachweis von Polarisationseffekten in den Spektrallinien findet eine Anordnung Verwendung, die aus einer dicken Quarzplatte und einem Polaroid besteht. Differentielle Wellenlängenmessungen an zwei benachbarten Fraunhoferlinien erlauben die Bestimmung auch nur sehr geringer Wellenlängenänderungen in Folge schwacher Zeeman-Effekte, ohne durch lokale Doppler-Effekte gestört zu werden. Die benutzten Spektrogramme wurden im August/September 1949 von zwei Stellen auf dem Zentralmeridian der Sonne in + 45° Breite erhalten. Aus der Diskussion geht hervor, daß im Beobachtungszeitraum kein allgemeines Magnetfeld der

Sonne vorhanden gewesen sein kann, das die Genauigkeitsgrenzen der Messungen überstieg. Ein Feld von 1—2 Gauß wäre mit der benutzten Anordnung nachweisbar gewesen. Micz.

6126. **M. A. Pomerantz,** Die Sonne hat kein merkliches permanentes Magnetfeld. Die Umschau in Wissenschaft und Technik **50** 601, 1950.

6127. Hat die Sonne ein allgemeines Magnetfeld ? Sternenwelt **3** 110.

§ 62

Sonnenfinsternisse

6201. **Sonnenfinsternis 1914 August 21**

J. M. Ramberg, The distribution of light in the corona of the eclipse of 1914 August 21. Stockholms Obs. Ann. **17** Nr. 2, 31 S. mit 10 Fig. und 2 Tafeln. — Mit einem Horizontal-Teleskop von 20 cm Öffnung und 20 m Brennweite in Verbindung mit einem Zölostaten wurden 4 Aufnahmen der Sonnenkorona erhalten. Auf den beiden kurzbelichteten (3.5 und 7.7 sec) wurden die Isophoten der inneren Korona, deren Abplattung und der radiale Helligkeitsabfall in verschiedenen Positionswinkeln bestimmt. Bemerkenswert ist die Feststellung einer Intensitätsänderung zwischen den beiden im Abstand von 100 sec gemachten Aufnahmen, welche in einem von einer Protuberanz ausgehenden Koronastrahl erfolgte und maximal $0\overset{\mathrm{m}}{.}25$ betrug (mittlerer Meßfehler $0\overset{\mathrm{m}}{.}03$). Bru.

J. M. Ramberg, Ljusfördelningen i solkoronan — resultat fran de totala solförmörkelserna 1945 och 1914. Vgl. Ref. **6717**.

6202. **Sonnenfinsternis 1940 Oktober 1**

Sterne **27** 166—167. Ein wichtiges Ergebnis der afrikanischen Sonnenfinsternis 1940. — Bericht über die Aufnahme des Flash-Spektrums von R. O. Redman.

6203. **Sonnenfinsternis 1941 Sept. 21**

W. P. Wjasanizyn, Absolute Spektralphotometrie der Sonnenchromosphäre. Mitt. Astr. Hauptobs. Pulkowo **18** Nr. 6 (147) S. 19—54, mit 20 Abb. (russisch). — Inhalt: Allgemeine Bemerkungen zu den Beobachtungen in Alma-Ata. I. Beobachtung der Sonnenfinsternis. II. Kalibrierung und Standardisierung der Spektrogramme; Hilfsuntersuchungen. III. Untersuchung der Finsternisspektrogramme. Loh.

6204. **Sonnenfinsternis 1945 Juli 9**

W. Krat, Über das Spektrum der Chromosphäre und schwacher Protuberanzen (aus dem Material der totalen Sonnenfinsternis vom 9. Juli 1945). Mitt. Astr. Hauptobs. Pulkowo **18** Nr. 6 (147) S. 1—18, mit 2 Abb. (russisch). — Inhalt: 1. Beschreibung des Spektrums der Chromosphäre. 2. Über das kontinuierliche Spektrum der Chromosphäre und einer Protuberanz. 3. Wachstumskurven für Fe I und Ti II. 4. Anregung und Ionisation der Metallatome. 5. Ionisation und Anregung der Wasserstoff- und Heliumatome. Loh.

J. M. Ramberg, Ljusfördelningen i solkoronan — resultat fran de totala solförmörkelserna 1945 och 1914. Vgl. Ref. **6717**.

6205. **Sonnenfinsternis 1947 Mai 20**

R. A. Richardson, E. O. Hulburt, Sky-brightness measurements near Bocaiuva, Brazil. J. Geophys. Res. **54** 215—227, 1949. — Ref. in Phys. Ber. **30** 1473.

Rikets Allmänna Kartverk Medd. Nr. **11**, 93 S. The Swedish solar eclipse expeditions to West Africa and Brazil in 1947. — Enthält folgende Arbeiten:

Part I. The Swedish solar eclipse expedition to West Africa in **1947**.

B. Aurell, Purpose, preparations and execution of the expedition.

B. Aurell, Astronomical observations for the determination of the geographic position.

E. Bodén, G. Larsson-Leander, Observations of the flash spectrum of the total solar eclipse.

A. Leijonhufvud, Report on the directly exposed contact film.

E. Bergstrand, Radio and recording equipments.

Part II. The Swedish solar eclipse expedition to Brazil in **1947**.

Y. Öhman, Purpose of the expedition. Preparations and general arrangements.

J. Lindgren, Astronomical determination of longitude and latitude in Brazil.

L. Stigmark, The radio transmitter and its operation.

T. Elvius, Time recording with the cathode-ray oscillograph.

J. M. Ramberg, The flash camera of the Stockholm Observatory.

N. Hansson, H. Kristenson, The flash cameras of the Lund Observatory.

Å. Wallenquist, The instrument for direct cinematographic recording of the partial eclipse.

Y. Öhman, The instruments and preparations for measuring the polarization of the solar corona.

6206. Sonnenfinsternis 1948 Mai 8/9

H. Hirose, Summarised results of photographic and visual observations of the annular eclipse of May 8—9, 1948. Proc. Japan Acad. **26** 64—67, 1950 = Tokyo Astr. Obs. Repr. Nr. **63**.

K. Osawa, Distribution of the brightness at the extreme limb of the sun observed at the solar eclipse on May 9, 1948. Ann. Tokyo Astr. Obs. (2) **3** Nr. 2 S. 53—85, mit 27 Fig. — Bei der ringförmigen Finsternis von 1948 Mai 9, wurde durch 4 Minuten um die Zeit der ringförmigen Phase die Sonnenhelligkeit photoelektrisch registriert. Aus der Helligkeitskurve wird die Helligkeitsverteilung am äußersten Sonnenrand mit einer neu entwickelten Methode abgeleitet und weiter die Ergiebigkeit der Photosphäre für verschiedene optische Tiefen τ berechnet. In einem Anhang werden die Göttinger Messungen von 1949 (Veröff. Univ.-Sternw. Göttingen Nr. **100**, AJB **50** Ref. **6402**) vom Verf. nach seiner Methode ausgewertet. Bru.

H. Uyeda, H. Kudo, T. Shimizu, R. Sato, The heat measurement of ionosphere at the time of the annular eclipse of May 9, 1948 at Wakkanai, Hokkaido in Japan. Rep. Ionosph. Res. Japan **4** 75—77, 1950. — Ref. in Phys. Ber. **30** 1321.

6207. Sonnenfinsternis 1950 September 12

F. T. Haddock, C. H. Mayer, T. P. McCullough, D. R. White, R. M. Sloanaker, The measurement of 3 and 10 centimeter radiation during the total solar eclipse of September 12, 1950. AJ **56** 38—39. — Ref. AAS.

J. P. Hagen, Naval Research Laboratory eclipse expedition to Attu, Alaska, September 12, 1950. AJ **56** 39—40, mit 1 Fig. — Ref. AAS.

J. P. Hagen, F. T. Haddock, G. Reber, NRL Aleutian radio eclipse expedition. Sky and Telescope **10** 111—113, mit 6 Fig.

H. Hirose, R. Manabe, Observations of the contact times of the solar eclipse of September 12, 1950. TAB (2) Nr. **39** S. 265—267.

G. Reber, E. Beck, The measurement of 65 centimeter radiation during the total eclipse of September 12, 1950. AJ **56** 47. — Ref. AAS. — Ref. in Sternenwelt **3** 233.

W. O. Roberts, D. Trotter, B. Witte, Solar activity at the time of the eclipse of September 12, 1950. AJ **56** 47. — Ref. AAS.

JBAA **61** 137—138. Radio eclipse of the sun.

Solar Eclipse Commitee (Science Council of Japan). 83 S. Provisional reports of observations of the partial eclipse of the sun on September 12, 1950. — Der Bericht enthält 21 durch Y. Hagihara zusammengestellte vorläufige Berichte:

H. Hirose, Preliminary report on contact observations.

J. Ueta, H. Mitsuo, Observations of Kyoto University.

K. Suzuki, I. Omata, Photographic observations of the partial eclipse of the Sun on Sept. 12, 1950.

T. Hatanaka, S. Suzuki, F. Moriyama, Preliminary report on the observations of the solar radio noise at the partial eclipse on September 12, 1950.

M. Mori, A. Kimpara, On solar noise during the eclipse of September 12, 1950.

K. Kawakami, Solar noise observations during the partial eclipse of the sun at Wakkanai.

M. Ota, S. Matsushita, H. Maeda, Observations of geomagnetic variations at Aso and Yamagawa during the solar eclipse of September 12, 1950.

T. Nagata, N. Fukushima, I. Yokoyama, Result of observations of geomagnetic variations at Zeniganezawa, Hokkaido during the solar eclipse of September 12th, 1950.

Y. Kato, Report of geophysical party of the solar eclipse expedition of Tohoku University on observation of terrestrial magnetic field at Nemuro, Onagawa and Katsu-ura.

S. Imamiti, Report of observations in geomagnetism and geoelectricity during the solar eclipse of September 12, 1950.

S. Matsushita, Geomagnetic variation during the solar eclipse on Sept. 12, 1950.

M. Hirano, T. Obayashi, On the magnetic variation during the solar eclipse of September 12, 1950.

Y. Koshikawa, The geomagnetic observation at Shimoda on the occasion of the solar eclipse, Sept. 12, 1950.

Y. Nakata, K. Araki, Ionospheric observation of the partial eclipse of Sept. 12, 1950.

Y. Kato, H. Kamiyama, T. Kikuchi, Preliminary report on the observation of the field intensity during the partial solar eclipse of Sept. 12, 1950.

K. Miya, S. Tsukada, Report on the observation of the wave during the solar eclipse on Sept. 12, 1950.

A. Kimpara, Observation of atmospherics during the solar eclipse of September 12, 1950.

T. Kitaoka, Upper air observations during the solar eclipse on Sept. 12, 1950.

T. Sakanoue, Preliminary reports on the observations of the eclipse of the sun at Kyushu University.

Y. Sekido, Y. Miyazaki, Cosmic ray intensities during the solar eclipse on September 12, 1950.

O. Minakawa, Measurement of cosmic ray intensity at the time of solar eclipse on Sept. 12, 1950.

6208. Sonnenfinsternis 1951 März 7

E. López López, Cálculo del eclipse anular de Sol del 7 de marzo, visible como parcial en la ciudad de México. El Universo **49** Nr. 15 S. 30—31, mit 1 Abb.

El Universo **49** Nr. 15 S. 32. — Elemente für mexikanische Städte, Auszug aus dem Anuario del Observatorio Astronómico Nacional de Tacubaya.

El Universo **49** Nr. 16 S. 53—55, mit 3 Abb. El eclipse de Sol del 7 de marzo. — Beobachtungen in Mexiko (Stadt).

JBAA **61** 201. Annular solar eclipse. 1951 March 8. — Kurzer Zeitungsbericht.
Sky and Telescope **10** 179. Solar eclipse reports.

6209. Sonnenfinsternis 1951 September 1

F. Bosson, E.-J. Blum, J.-F. Denisse, E. Leroux, J.-L. Steinberg, Observation de l'éclipse annulaire de soleil du 1er septembre 1951. CR **233** 917—919, mit 1 Fig. — Die Intensität der Sonnenstrahlung wurde bei 3 und 178 cm Wellenlänge gemessen. Bei 3 cm ergibt sich eine Verstärkung am Sonnenrand. Bei 178 cm ist der scheinbare radioelektrische Durchmesser 1,4 mal so groß wie der optische, und die Koronastrahlung hat zur Hälfte Anteil an der globalen Strahlung. Loh.

O. Gingerich, Eclipse experiences. Sky and Telescope **10** 287—288, mit 3 Fig.

BSAF **65** 442—443, mit 1 Fig. Éclipse de soleil du 1er septembre 1951. — Beobachtungen in Frankreich und Afrika.

Ciel et Terre **67** 175. L'éclipse de soleil du 1er Septembre 1951. H. D'Halluin.

Coelum **19** 176—177. Ecclisse solare del 1° Settembre 1951.

NAZ **5** 36. Partielle Sonnenfinsternis 1951 Sept. 1. W. Malsch. — Beobachtung in Karlsruhe.

Sky and Telescope **11** 8, mit 3 Fig. More reports on the annular eclipse.

Sternenwelt **3** 152—153, mit 1 Abb. Die Sonnenfinsternis am 1. September 1951. — Sichtbarkeitsverhältnisse.

US Naval Obs. Circ. Nr. **27**, 7 S. mit 1 Fig. Annular eclipse of September 1, 1951. Path of annular phase in the United States. — Vorausberechnung.

6210. Sonnenfinsternis 1952 Februar 25

J. Hargreaves, Surveying for an eclipse expedition. Pop Astr **59** 303—308, mit 1 Fig.

D. H. Menzel, E. M. Janssen, B. Bell, Weather conditions for the eclipse of February 25, 1952. Obs **71** 81—86.

A. A. Michajlow, Die Sonnenfinsternis vom 25. Februar 1952 in der UdSSR. AJ UdSSR **28** 403—411, mit 1 Tafel (russisch). — Vorausberechnung.

Y. Öhman, Solförmörkelsen den 25 februari 1952. PAT **32** 152—153, mit 1 Fig.

S. M. Poloskow, Die Sonnenfinsternis vom 25. Februar 1952. Priroda **41** Nr. 5 S. 67—74, mit 8 Abb. und 1 Tafel (russisch). — Bericht über die allgemeineren Eindrücke während der Expedition des Moskauer Sternberg-Instituts.

L. N. Radlowa, Die totale Sonnenfinsternis am 25. Februar 1952. Priroda **41** Nr. 1 S. 107—109, mit 1 Abb. (russisch). — Vorschau.

J. F. Sadykow, E. M. Proskurina, Die Sonnenfinsternis vom 25. Februar 1952 in Turkmenien. Astr Circ UdSSR Nr. 119 S. 6—8 (russisch). — Vorschau.

J. F. Sadykow, E. M. Proskurina, Die Sichtbarkeitsbedingungen der Sonnenfinsternis vom 25. Februar 1952 in der turkmenischen Sowjetrepublik. Bull. Kommission Sonnenforschung Nr. **5—6** (**19—20**) S. 86—88, 1950 (russisch).

Coelum **19** 89—91, 121, 153, mit 1 Fig. Progretto di viaggio in egitto per l'osservazione dell'ecclisse solare totale del 25 Febbraio 1952.

Orion Schaffhausen **3** 309—311. Die Sonnenfinsternis-Expedition 1952 der Schweizerischen Naturforschenden Gesellschaft. M. Waldmeier. — 1. Vorbereitungen.

Die Sonnenfinsternis am 25. Februar 1952 und ihre Beobachtung. Unter Mitwirkung zahlreicher Mitarbeiter herausgegeben von A. A. Michajlow. Moskau-Leningrad, Staatsverlag für technisch-theoretische Literatur, 1951. 176 S. mit Abb. und 1 Tafel. Preis 2 R. 60 Kop. (russisch). — Vorschau.

6211. Sonnenfinsternis 1953 Februar 14

K. Suzuki, Corpuscular eclipse of the sun on Feb. 14, 1953. Publ. Astr. Soc. Japan **2** 172—174, mit 2 Fig.

6212. **C. L. Janssen,** Til Solformørkelse i Rusland. Urania Kopenhagen 8 37—46, mit 1 Fig.

6213. **A. A. Michajlow,** Die Umstände der totalen Sonnenfinsternisse 1950, 1952 und 1954. Bull. Kommission Sonnenforschung Nr. 5—6 (19—20) S. 86, 1950 (russisch).

6214. **A. V. Nielsen,** Den totale solformørkelse 28. Juli 1851. NAT **1951** 63—70, mit 4 Fig. — Bericht über die Beobachtungen. Ra.

§ 63

Flecke, Fackeln

6301. **R. Ananthakrishnan,** Intensity variation in sunspots. Nature **168** 291—292, mit 1 Fig. — Nach Ausweis von Spektrogrammen und Photoheliogrammen des großen Flecks vom 17.—29. März 1951 war die Umbra von der Penumbra größtenteils durch einen hellen Saum abgetrennt. Auch an anderen Flecken wurden Aufhellungen des inneren Randes der Penumbra festgestellt, die nicht als Kontrasterscheinungen gedeutet werden können. Bei ungünstigen Beobachtungsverhältnissen verwischt sich der Effekt. Eine ausführliche Untersuchung ist in Gang. Loh.

6302. **I. S. Astapowitsch,** Gewisse Beziehungen der Sonnenaktivität zu Meteorerscheinungen. Bull. Kommission Sonnenforschung Nr. **5—6** (**19—20**) S. 71—73, 1950 (russisch).

6303. **M. d'Azambuja,** Une hypothèse de travail sur l'origine des taches solaires. BSAF **65** 253—254. — Ref. in Phys. Ber. **31** 144—145.

6304. **W. W. Basilewitsch, W. N. Karpinskij,** Die Änderung der Wolfschen Relativzahlen von 1939 — 1948 nach Liebhaberbeobachtungen. Bull. Kommission Sonnenforschung Nr. **5—6** (**19—20**) S. 38, 1950 (russisch).

6305. **A. J. Besrukowa,** Die Asymmetrie der Sonnenhalbkugeln. Bull. Kommission Sonnenforschung Nr. **7** (**21**) S. 8—14 (russisch).

6306. **M. Blaha, M. Kopecký,** Sur la vitesse de formation et de désintégration des taches dans le cycle de 11 ans. BAC **2** 136—138. — Die Darstellung der Änderung der Sonnenfleckenrelativzahl im Laufe des 11-jährigen Zyklus als Differenz der Bildungs- und Auflösungsgeschwindigkeit der Flecken durch W. Gleissberg wird diskutiert und abgelehnt. Den Beobachtungen wird der Ausdruck $\frac{dR}{dt} = \frac{df}{dt} T$ besser gerecht, worin R die Relativzahl, f die Bildungs- und die dieser gleichgesetzte Auflösungsgeschwindigkeit der Flecken und T deren mittlere Lebensdauer bedeuten. Bru.

6307. **J. Bouška,** Sur l'effet terrestre apparent de l'activité solaire. CR **232** 1643—1645.

6308. **I. K. Csada,** On the origin of the magnetic field of the sunspots. Mitt. Sternw. ungar. Akad. Wiss. Nr. **25**, 9 S. mit 1 Abb. — Ein Sonnenfleck wird aufgefaßt als vertikaler Wirbel in der Photosphäre. In ihm ist die Temperatur und damit der Ionisationsgrad niedriger als in der Umgebung, was eine Diffusion der Ionen und Elektronen nach innen bedingt, und zwar mit verschiedener Geschwindigkeit. Dieser Umstand gibt in Verbindung mit der Wirbelbewegung Anlaß zu elektrischen Strömen um das Fleckenzentrum, die ihrerseits Ursache der Magnetfelder der Flecken sind. Die Möglichkeit einer Erklärung der Fleckenfelder auf dieser Basis wird an einem einfachen Modell quantitativ geprüft. Kdr.

6309. **P. M. Djurković,** Activité solaire au cours de l'année 1950. Annuaire de notre ciel pour l'an 1952. Obs. Astr. Acad. Serbe Sci. **17**, Belgrade, 1951 S. 164—174, mit 7 Fig. (serbisch mit franz. Ref. S. 236).

* * **O. W. Dobrowolskij,** Kometenhelligkeit und Sonnenaktivität. Vgl. Ref. 8004.

6310. **M. S. Eigenson,** Nochmals zur Frage über den Charakter des laufenden elfjährigen Zyklus der Sonnentätigkeit. Bull. Kommission Sonnenforschung Nr. **7** (**21**) S. 15—16 (russisch).

6311. **M. S. Eigenson, I. A. Prokofjewa,** Neuer Index der Sonnentätigkeit, Teil I. Bull. Kommission Sonnenforschung Nr. **5—6** (**19—20**) S. 29—36, 1950 (russisch).

6312. **K. Ferrari d'Ochieppo,** Anfangswachstum und Auflösung der Sonnenflecken. II. Anzeiger der Österreichischen Akad. Wiss. Math.-naturw. Kl. **1951** 167—170 = Mitt. Univ.-Sternw. Wien **5** 99—102. — Die statistisch ermittelte Wachstums- bzw. Auflösungsgeschwindigkeit der Sonnenflecken zum Zeitpunkt des Überschreitens ihrer Sichtbarkeitsgrenze (also bei Erreichen einer bestimmten Größe) wird benützt, um die Entwicklungskurve formelmäßig darzustellen. Bru.

6313. **W. Gleissberg,** A forecast of solar activity. J. Geophys. Res. **56** 294—295. — Prognose für den Verlauf des laufenden und des kommenden Sonnenfleckenzyklus nach der bekannten Gleissbergschen Methode. Behr

6314. **W. Gleissberg,** Die Schwankungen der Sonnenfleckenhäufigkeit. Naturwiss. Rundschau **4** 196—200, mit 7 Abb.

6315. **W. Gleissberg,** Evidence of an apparent relationship between the formation of different sunspot groups. Pop Astr **59** 336.

6316. **W. Gleissberg,** Die mittlere Sonnenfleckenkurve. Rev. Faculté Sci. Univ. Istanbul (A) **16** Fasc. 1, 13 S. = Publ. Istanbul Univ. Obs. Nr. **41**. — Aus den ausgeglichenen Monatsmitteln der Fleckenrelativzahlen der Fleckenzyklen Nr. 1—17 nach Züricher Zählung wird eine mittlere Sonnenfleckenkurve gebildet. Ihr Maximum wird gleich 100 gesetzt. Ansteigender und absteigender Ast sind dadurch bestimmt, daß die «partiellen» Anstiegs- und Abstiegszeiten der mittleren Kurve gleich sind dem Mittelwert der entsprechenden Größen aller Zyklen. Diese mittlere Fleckenkurve läßt sich befriedigend durch die Formel von Stewart-Panofsky darstellen, erfüllt aber nicht die von Cook aufgestellte Relation zwischen den Parametern a und b. Aus der mittleren Fleckenkurve folgt, daß im Mittel die Fleckenzyklen 6 Jahre vor ihrem Maximum und 1.43 Jahre vor dem Fleckenminimum beginnen und 15.51 Jahre dauern. Bru.

6317. **W. Gleissberg,** Eine Modifikation der langfristigen Sonnenfleckenprognose. ZfA **29** 1—8 (Mit engl. Ref.). — Die Methode des Verf. zur Voraussage der wahrscheinlichen Eigenschaften des nächsten Sonnenfleckenzyklus wird derart modifiziert, daß genäherte Mittelwerte der Charakteristiken des nächsten Zyklus — an Stelle ihrer unteren oder oberen Grenze mit gegebenen Wahrscheinlichkeiten — erhalten werden. In diesem Falle muß man den nächsten Wert des Vierzyklenmittels $t_r^{(4)}$ der reduzierten Anstiegszeiten erraten. Die Resultate für den kommenden Sonnenfleckenzyklus (Nr. 19 der Züricher Statistik) werden in der am Ende des Artikels befindlichen Tabelle für zwei Annahmen über den nächsten Wert von $t_r^{(4)}$ mitgeteilt. Verf.

6318. **W. Grotrian, H. Künzel,** Über den Induktionsfluß durch Sonnenfleckengruppen der Klassen $\beta\gamma$ und γ. ZfA **29** 173—176 = Mitt. Astrophys. Obs. Potsdam Nr. **32**. — Unter Verwendung des von der Mt. Wilson-Sternwarte vorliegenden Beobachtungsmaterials wird für acht große Fleckengruppen der Klassen $\beta\gamma$ und γ der zeitliche Verlauf des Induktionsflusses berechnet. Verf.

6319. **U. C. Guha,** Reversal of polarisation of microwaves from sunspots. Indian J. Phys. Calcutta **25** 8—16.

6320. **B. S. Gurewitsch, P. P. Predtetschenskij,** Prognose der Sonnenaktivität am Ende des 18. Zyklus und der 19. Zyklus. Bull. Kommission Sonnenforschung Nr. **5—6** (**19—20**) S. 41—42, 1950 (russisch).

6321. **B. N. Himmelfarb,** Über die Magnetfelder der Sonnenflecken. Bull. Kommission Sonnenforschung Nr. **5—6** (**19—20**) S. 43—54, 1950 (russisch).

6322. **M. Hotinli,** On the foreshortening law of sunspots. Rev. Faculté Sci. Univ. Istanbul (A) **16** 278—294, mit 5 Fig. = Publ. Istanbul Univ. Obs. Nr. **42.** — Aus der Gesamtzahl der Sonnenflecken und der Summe der scheinbaren Flächen in den einzelnen 13-Grad-Zonen zwischen Zentralmeridian und Sonnenrand wird am Beobachtungsmaterial des US-Naval Observatory Washington von 1948 bis 1950 die Verkürzungsfunktion der Flecken zu $\cos\lambda\ (1 - \mu \tan\lambda)$ bestimmt. Im Mittel ist $\mu = 0{,}075$, dürfte aber mit der Fleckengröße etwas variieren. Ein Verkürzungsgesetz dieser Form ist zu erwarten, wenn der Fleck am Grunde eines abschattenden Zylinders liegt, dessen Tiefe gleich ist 0,1 Fleckenradien. Für jeden Beobachter des Gleissberg Foreshortening Projects der AAVSO wird die Größe des kleinsten, eben noch sichtbaren Flecks bestimmt und ihr Zusammenhang mit dem Faktor k der Relativzahlen festgestellt. Bru.

6323. **P. E. Kolpakow,** Über die Ausbreitung elektromagnetischer Fleckenfelder in der Sonnenatmosphäre. AJ UdSSR **28** 443—449 (russisch). — Ref. in Astr. News Letter Nr. **62** S. **4.** — Verf. zeigt, daß die chromosphärische und koronale Materie in elektromagnetischen Prozessen als leicht beweglich anzusehen ist und daher bei der Ausbreitung elektromagnetischer Fleckenfelder eine makroskopische Verlagerung erfährt. Diese bedingt effektiv eine minimale elektrische Leitfähigkeit, so daß sich ein magnetisches Fleckenfeld bei geringer Dämpfung auch in die höheren atmosphärischen Schichten ausbreiten wird. Außerdem ruft die makroskopische Verlagerung ein Einfließen von Gasmassen in höhere Fleckengebiete vor (Evershedeffekt) und verursacht die als Sonnenprotuberanzen bekannten Ejektionen chromosphärischer Materie. Loh.

6324. **P. E. Kolpakow, J. P. Terlezkij,** Über die Ausdehnung elektromagnetischer Sonnenfleckenfelder in der Sonnenatmosphäre. DAN **76** 185—188 (russisch).

6325. **I. G. Koltschinskij,** Die Neigungen der Fackelflächen. Bull. Kommission Sonnenforschung Nr. **7** (**21**) S. 17—19 (russisch).

6326. **M. Kopecký,** On breaks in the 11-year cycles of sunspots. BAC **2** 176—180, mit 3 Fig. — Verf. weist auf Knicke im aufsteigenden Ast der Sonnenfleckenaktivität hin und teilt die Fleckenzyklen nach der relativen Steigung in den zwischen den Knicken liegenden Abschnitten in drei Klassen, die erste davon wieder in drei Unterklassen ein. Eine Deutung der Knicke auf Grund von Gesetzen der Dialektik nach F. Engels wird vorgeschlagen. Bru.

6327. **F. Link,** Influences planétaires sur le soleil IX. BAC **2** 126—128, mit 3 Fig. — Durch Vergleich der Sonnenfleckenrelativzahlen um die Zeit des Aphels mit jenen des Perihels von Erde und Merkur wird der Einfluß der Entfernung der beiden Planeten von der Sonne auf die Sonnenfleckenhäufigkeit nachzuweisen versucht. Bru.

6328. **F. Link,** Asymétries solaires II. BAC **2** 140—144, mit 6 Fig. — Aus der Entwicklungskurve und der Sichtbarkeitsfunktion werden die Asymmetrien beim Auftauchen und Verschwinden der Sonnenflecken und in den Gruppenzahlen berechnet. Die Abweichungen zwischen Theorie und Beobachtung werden als terrestrischer Einfluß gedeutet. Bru.

6329. **W. Markowitz,** Sunspot areas and numbers as indices of solar activity. US Naval Obs. Circ. Nr. **30,** 12 S. mit 4 Fig. — Nach einer Übersicht über die wichtigsten, Fleckenbeobachtungen publizierenden Observatorien und deren Beobachtungsmethode wird durch Vergleich der Beobachtungen vom US-Naval Observatory und Mt. Wilson Observatory der Einfluß von Instrument und Beobachtungsgüte auf die beobachteten Flächen, Gruppen-, Flecken- und Relativzahlen nachgewiesen. Die Fleckenflächen von 1907—1950 (Washington) und die Relativzahlen von 1750—1949 (Zürich) werden in Figuren dargestellt. In zwei weiteren Figuren werden die Züricher Relativzahlen mit den am US-Naval Observatory bestimmten Relativzahlen und Fleckenflächen verglichen. Es ergibt sich eine praktisch konstante Beziehung zwischen Züricher Gruppen-, Flecken- und Relativzahlen einerseits, und den Fleckenflächen von Washington andererseits, woraus auf Konstanz der Züricher Skala geschlossen werden darf. Bru.

6330. **P. Mayer, M. Kopecký,** Influences planétaires sur le soleil VIII. BAC **2** 91—93, mit 3 Fig. — Verf. erweitern frühere statistische Untersuchungen über den Zusammenhang zwischen den Konjunktionen der Venus und den Wolfschen Sonnenfleckenrelativzahlen auf die Gruppenzahlen und Fleckenflächen. Sie finden auch dafür Maxima bei der oberen und Minima bei der unteren Konjunktion. Für die E-W-Asymmetrie der beiden Größen ergeben sich Maxima in der Nähe der unteren und Minima in der Nähe der oberen Konjunktion der Venus. Bru.

6331. **M. Mayot,** La prévision des nombres de Wolf et l'analyse linéaire. Ann d'Astrophys **14** 232—235 = Contr. Inst. d'Astrophys. Paris (B) Nr. **70.** — Es wird eine Extrapolationsformel für die Vorausberechnung der Sonnenfleckenrelativzahlen aufgestellt. Micz.

6332. **R. Michard,** Remarques sur l'effet Evershed. Ann d'Astrophys **14** 101—104, mit 2 Fig. = Contr. Inst. d'Astrophys. Paris (B) Nr. **64.** — Verf. benutzt Messungen von Abetti, um die Abhängigkeit des Evershed-Effekts der Sonnenflecken von der Fleckenposition auf der Scheibe, der magnetischen Feldstärke und des Flächeninhaltes zu klären. Die gefundene Mitte-Rand-variation des Evershed-Effekts wird auf eine Zunahme der Radialgeschwindigkeit mit der Tiefe im Fleck zurückgeführt. Mit wachsender magnetischer Feldstärke bzw. Fläche der Flecken wächst der Evershed-Effekt. Systematische Unterschiede zwischen den Meßreihen von G. Abetti und C. E. St. John finden darin ihre Aufklärung. Micz.

6333. **O. N. Mitropolskaja,** Bestimmung der Wachstumskurve und Untersuchung der physikalischen Bedingungen in den Sonnenfackeln. Moskau, Staatliches Astr. Sternberg-Inst., 1951. 8 S. (russisch). — Dissertationsreferat.

6334. **L. Mrkosová-Pajdušáková,** Solar activity in the 18th cyclus. Časopis Ústředního ústavn astr. **1** 19—23, mit 5 Fig.

6335. **R. Müller,** Über die Voraussage der Sonnenfleckentätigkeit. Sterne **27** 21—22, mit 1 Abb. — Bericht nach Trans. Amer. Geophys. Union **30** 5, 1949.

6336. **R. Müller,** Die Geschichte eines Sonnenfleckes. Sterne **27** 117—122, mit 5 Abb. — Betrifft die Sonnenfleckengruppe vom 20. Februar 1950.

6337. **E. R. Mustel,** Das Balmerdekrement im Spektrum der Flocculi. Mitt. Astrophys. Obs. Krim **7** 3—33, mit 2 Abb. und 1 Tafel (russisch). — Am

Simeiser Spektroheliographen wurden Aufnahmen zur Untersuchung des Balmerdekrements in verschiedenen Punkten von drei Flocculi gemacht. Das Reduktionsverfahren und seine Sicherheit wird beschrieben und im Ergebnis festgestellt, daß das Balmerdekrement $A_{\alpha,\beta}$ das in planetarischen Nebeln gefundene in einer Reihe von Fällen übersteigen kann. Auch theoretisch zeigt sich, daß ein großes Dekrement zu erwarten ist. Loh.

6338. **H. W. Newton,** Reports on the progress of astronomy: Solar activity. MN **111** 233—234.

6339. **A. I. Ohl,** Prognosen der Sonnentätigkeit. Bull. Kommission Sonnenforschung Nr. **5—6** (**19—20**) S. 41, 1950 (russisch).

6340. **I. A. Parschin,** Die Abhängigkeit des Aufbaues der Sonnenfleckengruppen von der Phase des elfjährigen Zyklus der Sonnentätigkeit. Bull. Kommission Sonnenforschung Nr. **5—6** (**19—20**) S. 37—38, 1950 (russisch).

6341. **S. B. Pikelner,** Induktionserscheinungen in der Sonnenatmosphäre. Mitt. Astrophys. Obs. Krim **7** 99—112, mit 4 Abb. (russisch). — Verf. untersucht die mit der Entwicklung eines Sonnenflecks in der Sonnenatmosphäre verbundenen Erscheinungen und faßt seine Rechungen selbst wie folgt zusammen: Über einem sich entwickelnden Fleck muß eine sich entlang der Achse des magnetischen Feldes erstreckende Materieverdichtung entstehen. Diese Wolke muß negativ geladen sein. Um die Verdichtung werden Ringströme fließen. Bedeutend stärkere Ströme fließen aus der Tiefe des Flecks entlang des Feldes, und in der Chromosphäre gehen sie seitlich auseinander. Wenn sich die Leitfähigkeit im Fleck aus irgendeinem Grund verringert, vergrößern sich Ladung und radiales Feld in der Chromosphäre entsprechend, und es verstärken sich auch die Ringströme. Die Potentialdifferenz der chromosphärischen und unterphotosphärischen Schichten, die durch schwachleitende Oberflächenschichten des Flecks getrennt sind, vergrößert sich. Dies kann eine Entladung in den Fleck hervorrufen, die vielleicht in einem gewissen Grad eine Verbindung mit den Protuberanzen hat. Die Bildung der Verdichtung selbst kann zu einem chromosphärischen Ausbruch führen. — Abschließend werden noch einige kritische Bemerkungen zu anderen Arbeiten gemacht. Loh.

* * **G. Righini, G. Godoli,** Ricerche statistiche sul ciclo dei flocculi. I. Correlazione fra l'attività delle macchie e quella dei flocculi. Vgl. Ref. **6638**.

* * **E. G. v. Roka,** Sonnenaktivität und kosmische Strahlung. Vgl Ref. **12730**.

6342. **B. M. Rubaschew,** Über das Hervortreten der Sonnenaktivität in den Atmosphären der Großen Planeten. Bull. Kommission Sonnenforschung Nr. **5—6** (**19—20**) S. 56—61, 1950 (russisch).

6343. **H. B. Rumrill,** The solar faculae. Pop Astr **59** 367—370.

6344. **H. B. Rumrill,** General remarks on sun-spot observation. Scientia **86** 157—162. — Allgemeine Betrachtungen über Instrumente und Methoden der Sonnenfleckenbeobachtung. F. Z.

6345. **A. N. Sergejewa, E. N. Semanek, S. K. Wsechswjatskij,** Über das System der Indizes der Sonnenaktivität. Bull. Kommission Sonnenforschung Nr. **5—6** (**19—20**) S. 38, 1950 (russisch).

6346. **I. L. Thomsen,** New Zealand determinations of relative sunspot numbers. Southern Stars **15** 8—20 = Carter Obs. Repr. Nr. **14** S. 4—16.

6347. **I. L. Thomsen,** Large sunspots and the phase of sunspot activity. Southern Stars **15** 33—34 = Carter Obs. Repr. Nr. **16** S. 6—7.

6348. **E. Tüzemen,** La détermination des coordonnées héliographiques des taches solaires à l'aide d'un nomogramme. Publ. Istanbul Univ. Obs. Nr. **40**, 56 S. mit 1 Nomogramm. — Ein Nomogramm zur Umwandlung von Polarkoordinaten auf der Sonnenscheibe in heliographische Koordinaten wird entwickelt und seine Anwendung beschrieben. Anschließend werden in Tabellenform die täglichen Fleckenbeobachtungen des Observatoriums der Universität Istanbul in den Jahren 1946 bis 1950 mitgeteilt. Angegeben werden Typus und Fleckenzahl, die beobachteten Polarkoordinaten und die daraus mit Hilfe des Nomogramms bestimmten heliographischen Koordinaten jeder Gruppe. Bru.

6349. **S. K. Wsechswjatskij,** Besonderheiten der Breitenasymmetrie in der Verteilung der fleckenbildenden Aktivität der Sonne. Bull. Kommission Sonnenforschung Nr. **5—6** (**19—20**) S. 38—39, 1950 (russisch).

6350. **S. K. Wsechswjatskij,** Die jährliche Variation der Sonnenaktivität. Bull. Kommission Sonnenforschung Nr. **5—6** (**19—20**) S. 39—40, 1950 (russisch).

6351. **H. Wundt,** Bestimmung der Sonnenfleckenperioden mit Hilfe des Periodogramms. Z. angew. Math. Mech. **31** 247—249. — Ref. in ZfMG **43** 237.

6352. Décroissance de l'activité solaire. BSAF **65** 446.

6353. **Beobachtung von Sonnenflecken**

Anais do Observatório Astronómico da Universidade de Coimbra. Primeira Secção. Fenómenos solares. Tomo **11** 1939. Coimbra, 1949. 8 + 283 S. mit Tafeln. — Beob. 1939.

Astr Circ UdSSR Nr. 115 S. 12—13 (russisch). Aktives Gebiet auf der Sonne. L. T. Krissenko.

Astr. Mitt. Sternw. Zürich Nr. **176** = VJS der Naturforschenden Ges. Zürich **96** 119—131, mit 2 Abb. Die Sonnenaktivität im Jahre 1950. M. Waldmeier. — Ref. in Sternenwelt **3** 188—189.

Astr. Nachrichtendienst Berlin-Treptow **3** 13, 22, 28, 30, 38, 47, 50, 60, 68, 75. Provisorische Sonnenflecken-Relativzahlen Dezember 1950—November 1951.

Astr. Nachrichtendienst Berlin-Treptow **3** 22. Endgültige Sonnenflecken-Relativzahlen 1950.

Astr. Nachrichtendienst Berlin-Treptow **3** 37. Verstärkte Sonnenfleckentätigkeit. E. Pohl.

Astr. Nachrichtendienst Berlin Treptow **3** 38. Die Sonnenfleckentätigkeit seit Januar 1951.

BAA Circ 321. Recent decrease in sunspot activity.

BAA Circ 323. The sunspot seen through fog.

BAA Circ 325. A recent large sunspot.

BAA Circ 326. Recent big sunspots.

BAA Circ 328. Recent solar activity.

Bol. Astr. Obs. Madrid **4** Nr. 4 S. 39—67, mit 6 Fig. Observaciones de manchas solares (Numeros relativos de Wolf). Observaciones realizadas en los observatorios de Madrid, Valencia, Cartuja (Granada) y Ebro en 1950. E. Gullón. — Rotationen 1288—1301.

Bol. Obs. Ebro **36**, 65 S. Heliofísica 1948.

BSAF **65** 18—21, 78, 125—126, 148, 208, 248, 313, 360, 406, 444, 495—496, mit 15 Fig. L'activité solaire. Cartes synoptiques de la chromosphère et des taches. M. d'Azambuja.

BSAF **65** 79. Nombres relatifs de Wolf pour l'année 1949. M. Waldmeier.

BSAF **65** 83. Une belle tache solaire.

BSAF **65** 209, mit 1 Fig. Le grand groupe de taches solaires du mois de mai 1951.

BSAF **65** 445. Nombres relatifs de Wolf pour l'année 1950. M. Waldmeier.

Ciel et Terre **67** 31—32, 76, 109—110, 147, 180, 212—213. Observations des taches solaires. G. Coutrez. — Rotation Nr. 1300—1312.

Ciel et Terre **67** 51—59, mit 3 Fig. Les taches solaires en 1950. G. Coutrez.

Circ. Astr. Obs. Charkow Nr. 8 S. 13—40 (russisch). Die Aktivität der Photosphäre und Chromosphäre der Sonne vom 1. Juli bis 31. Dezember 1950 nach Beobachtungen am Astronomischen Observatorium Charkow. R. M. Rapota.

Circ. Astr. Obs. Kiew Nr. 42—54 (russisch). Die Sonnenaktivität von August 1950 bis August 1951. A. K. Ossipow, S. K. Wsechswjatskij.

Circ. Astr. Obs. Lwow Nr. 4—17, 1947—1950 (russisch). Sonnenflecke, Fackeln und Protuberanzen von April 1947 bis September 1950. W. I. Sajko, T. L. Mandrykina, G. N. Rodionow.

Circ. Astr. Obs. Taschkent Nr. 238—249 (russisch). K. Kuleschowa, J. Slonim. — 1950 Dez. bis 1951 Nov.

Coelum **19** 21—22, 47—48, 76—77, 141—142, 176, mit 5 Fig. Fenomeni solari dei mesi ottobre e novembre 1950, dicembre 1950 e gennaio 1951, febbraio e marzo, giugno e luglio, agosto e settembre 1951.

Coelum **19** 46—47, mit 1 Fig. Mit Berichtigung S. 84. La recente attività solare.

Coelum **19** 107—108, mit 1 Fig. Notevole ripresa dell'attività solare.

Commun. Obs. Roy. Belgique Nr. **26**, 9 S. mit 3 Fig. Observations des taches solaires en 1950. G. Coutrez. — Rotationen 1288—1301.

Istanbul Kandilli Rasathanesi. Observations des taches solaires en 1950, 16 S. Desgl. 1951 (Janvier—Juin), 11 S. M. Dizer.

JBAA **61** 234—239. Solar activity from 1949 July 9 to 1950 June 29. Synodic rotations Nos. 1282 to 1294 inclusive. F. J. Sellers, M. I. Mech.

J. Geophys. Res. **56** 130, 288, 445. Provisional sunspot-numbers for October 1950 — September 1951. M. Waldmeier.

J. Geophys. Res. **56** 439—441, mit 1 Fig. Final relative sunspot-numbers for 1950. M. Waldmeier.

Mem SA It (NS) **22** 121—125 = Oss. Astr. Roma-Gran Sasso Contr. Sci. (NS) Nr. **166**. Area delle macchie solari durante l'anno 1950, secondo i rilievi fotografici giornalieri effettuati all'Osservatorio Astronomico di Roma. M. Cimino, T. Fortini, M. A. Giannuzzi.

Mem SA It (NS) **22** 153—164, mit 2 Fig. = Oss. Astrofis. Catania Contr. Astrofis. Nr. **72**. L'attività del sole nell'anno 1950. L. Taffara.

Mem SA It (NS) **22** 291—296 = Oss. Astr. Roma Monte-Mario Contr. Sci. (NS) Nr. **170**. Area, posizione eliografica e classifica delle macchie solari durante il 1° semestre 1951, secondo i rilievi fotografici giornalieri dell'Osservatorio Astronomico di Roma. M. Cimino, T. Fortini.

Mitt. Archenhold-Sternw. Nr. **20**, 13 S. Bericht über die Untersuchung von Sonnenbeobachtungen 1950. I. Nickel, G. Schirdewahn.

MN **111** 422—424. Mean areas and heliographic latitudes of sunspots in the year 1946. — Mitteilung über die von Flecken und Fackeln besetzte Fäche der Sonne und ihre mittlere heliographische Breite während des Jahres 1946.

Nature **167** 221. Large sunspot group seen through fog.

Nature **167** 672. A recent sunspot.

Nature **167** 842—843. A giant sunspot.

National Obs. Athen Bull. Astr. Inst. 1951 S. 1—16, 23—28. Sunspot report. C. J. Macris, D. P. Elias, J. Focas. — Rotationen Nr. 1302—1315.

National Obs. Athen Bull. Astr. Inst. 1951 S. 29—32, mit 2 Fig. Les taches solaires en 1951. C. J. Macris.

Obs **71** 169—170. H. W. Newton.

Observations made at The Royal Observatory, Greenwich, in the year 1937. C 1—C 187. Positions and areas of sun spots and faculae for each day in the year 1937.

Desgl. für 1938. C 1—C 151.

Orion Schaffhausen **3** 245. Die Sonnenfleckenrelativzahlen für 1950.

Orion Schaffhausen **3** 271—272, mit 2 Abb. Die große Sonnenfleckengruppe vom April und Mai 1951. K. Rapp.

Orion Schaffhausen **3** 331—333, mit 1 Fig. Régions solaires actives de 1951. M. du Martheray.

Orion Schaffhausen **3** 338. Provisorische Sonnenfleckenrelativzahlen für Januar — September 1951.

Pop Astr **59** 52, 111, 168, 227, 282, 340, 389, 453, 493, 554. Provisional sunspot numbers. — 1950 Nov.—1951 Okt.

Pop Astr **59** 111—112. Summary of sunspot observations at Mount Holyoke College, 1950. A. H. Farnsworth.

Priroda **40** Nr. **6** S. 39—40 (russisch). Die Sonnenaktivität 1950. A. P. Moissejew.

Publ ASP **63** 76—78, mit 1 Fig. = Mt. Wilson and Palomar Obs. Repr. Nr. **47**. Sunspot activity during 1950. J. M. Parker.

Publ ASP **63** 92—94, 151—152, 206—208, 256—258, 300—302 = Mt. Wilson and Palomar Obs. Repr. Nr. **47, 49, 56**. Summary of Mt. Wilson magnetic observations of sunspots. — 1950 November —1951 August.

Publ. Astr. Hauptobs. Pulkowo (2) **67**, 104 S. mit 2 Tafeln (russisch). Katalog der Sonnentätigkeit 1948. R. S. Gnewyschewa.

Publ. Istanbul Univ. Obs. Nr. **43**, 10 S. = Rev. Faculté Sci. Univ. Istanbul (A) **16** 295—304. Observations des taches solaires. E. Tüzemen.

Publ. Obs. Astr. Belgrade Bull. **15** 7—8, 19—21, 33—35, 45—46. Activité des taches solaires en 1950. M. Simić, M. Protitch.

Publ. Sternw. Zürich **9** 115—141, mit 14 Abb. Heliographische Karten der Photosphäre für das Jahr 1950. M. Waldmeier. — Rotationen 1288—1301.

Quarterly Bulletin on Solar Activity Nr. **89—92**, 85 S. mit 4 Abb. Published by the Eidgen. Sternwarte in Zürich. — 1950 Jan.—Dez.

Rend. Accad. Nazionale Lincei, Cl. Sci. fis., mat., nat. (8) **11** 63—68. Area ed intensità della perturbazione solare del maggio 1951. M. Hack. — Ref. in Phys. Ber. **31** 1187.

RH **32** 132—133, mit 4 Abb. The large sun spot of May, 1951. F. Kadavý.

Sky and Telescope **10** 144. Immaculate sun.

Sky and Telescope **10** 230. May sunspots.

Southern Stars **14** 16, 1948. The sunspot maximum. — Analyse von 1657 Beobachtungen Okt. 1945 bis Juni 1948 am Carter Observatory.

Sternenwelt **3** 60—61, mit 3 Abb. Die Sonnentätigkeit im 4. Vierteljahr 1950. R. Müller.

Sternenwelt **3** 114, mit 1 Abb. Die Sonnentätigkeit im 1. Vierteljahr 1951. R. Müller.

Sternenwelt **3** 141—142, mit 3 Abb. Die Sonnentätigkeit im zweiten Quartal 1951. R. Müller.

Tokyo Astr. Obs. Bull. Solar Phenomena **2** 47—62, **3** 1—51, mit 17 Fig. — 1950 Okt.—1951 Sept.

Urania Barcelona **36** 125. Datos relativos a la actividad solar y geomagnética en 1949.

Urania Kopenhagen **8** 117. Solen uden Pletter.

US Naval Obs. Circ. Nr. **25, 26, 28, 29, 31, 32, 33**, 37 S. Positions, areas, and counts of sunspots October 1950—July 1951. L. T. Day.

Veröff. Fraunhofer-Inst. Sonnen-Zirkular 1950 Okt.—1951 Sept. 295 S. mit Abb.

VJS der Naturf. Ges. Zürich **96** 119—131, mit 2 Abb. Die Sonnenaktivität im Jahre 1950. M. Waldmeier.

Wetter und Leben **3** 175—177, mit 1 Fig. Die Aktivität im laufenden Sonnenfleckenzyklus. A. Bruzek.

Z. Meteorol. **4** 93, 188, 1950. Provisorische Züricher Sonnenflecken-Relativzahlen für das erste, zweite Vierteljahr 1950. M. Waldmeier.

Z. Meteorol. **5** 31. Provisorische Sonnenflecken-Relativzahlen für das dritte Vierteljahr 1950. M. Waldmeier.

§ 64

Photosphäre, Spektrum

6401. **A. Abt,** Hyperfine structure in the solar spectrum. Publ ASP **63** 236. — Ref. ASP.

6402. **D. Barbier,** Remarques sur l'équation intégrale de l'assombrissement au bord du soleil. Ann d'Astrophys **14** 316—317 = Contr. Inst. d'Astrophys. Paris (B) Nr. **76**. — Kritische Besprechung der gebräuchlichen Näherungsverfahren zur Lösung obiger Integralgleichung und Skizze einer neuen verbesserten Methode. Kdr.

6403. **V. Barocas, G. Righini,** On the intensity of Ti lines at different points of the sun's radius. ApJ **114** 443—447, mit 1 Fig. — Die Äquivalentbreiten von 18 Ti I-Linien des Wellenlängenbereichs λ 4512 bis λ 5210 und mit Rowland-Intensitäten 2—4 wurden an fünf verschiedenen Stellen auf dem Radius der Sonnenscheibe ($0.10 \leqq \cos \vartheta \leqq 1.00$) gemessen; ähnliche Messungen verschiedener Herkunft an Fe I-Linien werden zu einem Vergleich der Mitte-Rand-Variation beider benutzt. Danach nimmt die Intensität der Fe-Linien von der Scheibenmitte zum Rand hin ab, während die Ti-Linien bei $\cos \vartheta = 0.4$ ein Maximum erreichen. Micz.

6404. **S. L. Beloussow,** Über die Anwendbarkeit des Kirchhoffschen Gesetzes auf die Photosphäre der Sonne und der A0-Sterne. DAN **79** 763—766 (russisch). — Ref. in Phys. Ber. **30** 1821, Phys. Abstracts (A) 55 83.

6405. **W. J. Claas,** The composition of the solar atmosphere. Rech. Astr. Obs. Utrecht **12** Part 1, 52 S. mit 10 Fig. — Aus Messungen von Gesamtabsorptionen schwacher und mittelstarker Fraunhoferlinien des Utrechter Atlas werden die Häufigkeitsverhältnisse von 16 Elementen bestimmt. Zur Berechnung der Gesamtabsorption wird die Methode von Minnaert und Unsöld angewandt. Die Temperaturschichtung wird von Barbier übernommen, $P_e(\tau)$ und $P_g(\tau)$ werden neu berechnet. Besonderer Wert wird auf die Bestimmung der Zustandssummen gelegt. Für das Häufigkeitsverhältnis Wasserstoff: Metalle ergibt sich 9000 : 1. Die Übereinstimmung mit der Unsöldschen Analyse ist sehr befriedigend. Mattig

6406. **L. Goldberg,** The analysis of the solar and terrestrial atmospheres. Proc. American Acad. Arts Sci. **79** 238—253, mit 9 Fig. — Verf. berichtet in allgemeinverständlicher Form über die am McMath-Hulbert Observatorium eingesetzten Instrumente zur Untersuchung der Sonnen- und Erdatmosphäre und die damit erhaltenen Ergebnisse. Loh.

6407. **T. Ishizu,** Note on some resonance lines in the ultraviolet spectrum of the sun. Publ. Astr. Soc. Japan **2** 133—136, mit 1 Fig. = Contr. Inst. Astrophys. Kyoto Univ. Nr. **12**. — Unter der Annahme einer Resonanzstreuung in der Sonnenphotosphäre und einer Elektronenstoßanregung in der Chromosphäre werden die Linienkonturen von Mg II 2800 Å und Si II 1530 Å vorausberechnet. Es sind analog den Ca II K_2- und K_3-Linienemissionen zu erwarten, die bei Mg II qualitativ aus Raketenspektren bereits bekannt sind. Die Berechnungen schließen sich eng an die Theorie der Ca II-Linien. Labs

6408. **C. de Jager, J.-C. Pecker,** Interprétation des mesures de vitesses radiales dans les granules solaires. CR **232** 1645—1647 = Contr. Inst. d'Astrophys. Paris (A) Nr. **89**. — Es wird der Einfluß relativ großer Turbulenzelemente auf die Linienverschiebung (Dopplerkern schwacher Linien) untersucht. Verf. berücksichtigen, daß die Turbulenzgeschwindigkeit sich mit der Tiefe in der Atmosphäre ändert, und schätzen ab, daß man in einem Schichtmodell ($\xi = 0$ für $\tau < \tau_0$; $\xi = \text{const} \neq 0$ für $\tau > \tau_0$) eine erheblich kleinere Verschiebung des Linienzentrums bekommt, als wenn man mit gleicher Geschwindigkeit für alle τ (d. h. $\tau_0 = 0$) rechnet. Eine nichtturbulente Deckschicht von $\tau_0 = 1$ bzw. $= 2$ führt zu einer Unterschätzung der Turbulenzgeschwindigkeit um einen Faktor 2 bzw. 5 (Faktor 5 bis 15 im Energieinhalt der Turbulenzelemente). Labs

6409. **B. Lindblad,** The luminous surface and atmosphere of the sun. Annual Report Smithsonian Inst. **1950** 173—182, mit 6 Fig. und 3 Tafeln = Smithsonian Inst. Publ. 4027 = Stockholms Obs. Medd. Nr. 68. — Es wird eine zusammenfassende Darstellung der Sonnenforschung, unter besonderer Berücksichtigung der Erscheinungen der Atmosphäre, gegeben. Die Entwicklung einzelner Forschungsmethoden und Erkenntnisse werden besprochen. Schai.

6410. **L. A. Mitrofanowa,** Die Wachstumskurve der Sonne nach Laboratoriumsintensitäten des Fe I. Leningrad, Astr. Hauptobs. Akad. Wiss. UdSSR, 1951. 10 S. (russisch). — Dissertationsreferat.

6411. **O. C. Mohler,** Some recent observations of helium lines in the infra-red solar spectrum. AJ **56** 135. — Ref. AAS.

6412. **O. C. Mohler,** Solar atomic lines in the 3 μ region. Phys. Rev. (2) **83** 464—465, mit 1 Fig. — Ref. in Phys. Ber. **31** 319.

6413. **O. C. Mohler, A. K. Pierce, R. R. McMath, L. Goldberg,** Photometric Atlas of the Near Infra-Red Solar Spectrum, λ 8465 to λ 25242. Ann Arbor, Michigan, University of Michigan Press, 1950. Preis $ 4.00 — Besprechung in Nature **169** 257, Proc. Phys. Soc. (B) **64** 1015—1016 (P. J. Treanor), Sky and Telescope **10** 199.

6414. **W. B. Nikonow, A. B. Sewerny,** Versuch einer Elektrophotometrie des Sonnenspektrums. DAN **77** 217—220 (russisch).

* * **D. E. Osterbrock,** Transition probabilities of forbidden lines. Vgl. Ref. 242.

6415. **J.-C. Pecker, C. de Jager,** Largeurs équivalentes des raies solaires et microturbulence. CR **232** 1813—1814 = Contr. Inst. d'Astrophys. Paris (A) Nr. 89. — Auch für Mikroturbulenz wird der Einfluß einer mit der Tiefe variablen Turbulenzgeschwindigkeit auf die Äquivalentbreite schwacher Linien an einem Schichtmodell grob abgeschätzt. Labs

6416. **R. Peyturaux,** Sur la répartition spectrale de l'énergie au centre du disque solaire entre 6700 et 23000 Å. CR **232** 931—932, mit 1 Fig. = Contr. Inst. d'Astrophys. Paris (A) Nr. 83 = Publ. Obs. Haute-Provence **2** Nr. 18. — Ref. in Phys. Ber. **30** 1820. — Mit Hilfe einer PbS-Zelle wird die infrarote Sonnenstrahlung (Sonnenmitte) an eine Philips-Bandlampe angeschlossen, die ihrerseits mit einem Schwarzen Körper verglichen ist. Alterungserscheinungen der verwendeten Lampe werden beachtet. Die Ergebnisse werden mit denen anderer Autoren verglichen. Labs

6417. **R. Peyturaux,** Sur la température de brillance du centre du disque solaire entre 6700 et 23000 Å déduite des observations récentes. CR **232** 1069, mit 1 Fig. = Contr. Inst. d'Astrophys. Paris (A) Nr. 86. — Die schwarze Temperatur (Strahlungstemperatur) der Sonnenmitte zeigt bei 16500 Å ein Maximum und bei 8000 und 12000 Å ein Minimum. Dem entsprechen im Absorptionskoeffizienten der Photosphäre ein Minimum bzw. zwei Maxima. Dies ist in Übereinstimmung mit der Theorie der H^--Absorption. Labs

6418. **R. Peyturaux,** Sur l'opacité de la photosphère solaire entre 6700 et 23000 Å. CR **233** 23—24, mit 1 Fig. = Contr. Inst. d'Astrophys.

Paris (A) Nr. 94. — Neuere Beobachtungsdaten über die spektrale Energieverteilung im Zentrum der Sonnenscheibe werden hinsichtlich der photosphärischen Opazität ausgewertet. Die Übereinstimmung mit den theoretischen Werten des Absorptionskoeffizienten für das H^--Ion von Chandrasekhar ist befriedigend. Kdr.

6419. **R. Peyturaux,** Sur un modèle d'atmosphère solaire déduit des mesures sur le fond continu du spectre. CR **233** 1083—1085, mit 2 Fig. = Contr. Inst. d'Astrophys. Paris (A) Nr. **98**. — Aus Messungen der Mitte-Rand-Variation im nahen Infrarot (7000—23000 Å) wird ein Modell der Sonnenphotosphäre abgeleitet. (Annahmen: Reine H^--Absorption, Elektronendruck $P_e(P,T)$ nach A. Rosa). Es ergeben sich ziemliche Abweichungen von ähnlichen Untersuchungen de Jagers, aber eine relativ gute Übereinstimmung mit Beobachtungen (Pierce, McMath, Goldberg) bei 35000, 83000 und 102000 Å. Labs

6420. **G. Righini, V. Barocas,** Studio fotometrico dello spettrografo della torre solare. Mem SA It (NS) **22** 211—219, mit 2 Fig. = Oss. e Mem. Oss. Astrofis. Arcetri Nr. **67**. — Es wird die Intensität der Gittergeister des Turmteleskops von Arcetri sowie das vom Spektrographen erzeugte instrumentelle Profil bestimmt. Praktisch kann das instrumentelle Profil durch eine geneigte Voigtsche Funktion dargestellt werden. F. Z.

6421. **G. Righini, V. Barocas,** Sull'intensità delle righe del Ti in diversi punti del raggio solare. Mem SA It (NS) **22** 221—233, mit 2 Fig. = Oss. e Mem. Oss. Astrofis. Arcetri Nr. **67**. — Bestimmung der Äquivalentbreiten von 18 Linien des Ti im Spektrum des Sonnenmittelpunkts und vier weiterer Punkte der Sonnenscheibe, und zwar für $\cos\vartheta = 0.76, 0.59, 0.32, 0.10$. Die Änderungen der Äquivalentbreiten hängen weder von der Wellenlänge noch vom Anregungspotential der Multipletts ab, sie wachsen gegen den Rand hin bis ungefähr $\cos\vartheta = 0.30$, um dann wieder abzunehmen. Die für das instrumentelle Auflösungsvermögen korrigierten Profile der Titanlinien ergeben eine ungefähr 3.5mal größere Dämpfungskonstante als die klassische, einen bedeutenden Anteil der Turbulenz in der Erzeugung der Linienbreiten und eine Abhängigkeit der Turbulenzgeschwindigkeit von der Richtung, und zwar beträgt diese 2.0 km/sec senkrecht zur Sonnenoberfläche und 4.7 km/sec bei einem Winkel von 70° gegen die Normale. F. Z.

6422. **A. R. Sandage, A. J. Hill,** The solar curve of growth for lines of Cr I. ApJ **113** 525—530, mit 2 Fig. = Mt. Wilson and Palomar Obs. Repr. Nr. **35**. — Aus Messungen der Äquivalentbreite von etwa 200 Cr I-Linien der Sonne im Utrechter Sonnenatlas und den von Hill im elektrischen Ofen gemessenen relativen *gf*-Werten wird die überraschend niedrige Anregungstemperatur der Sonnenatmosphäre von 3790 ± 20° K gefunden. Ursache dafür können ein systematischer Fehler der Ofentemperatur oder Abweichungen vom thermodynamischen Gleichgewicht in der Sonnenatmosphäre sein. Aus einem Vergleich mit der theoretischen Wachstumskurve von Wrubel wird eine Turbulenzgeschwindigkeit von 1.9 km/sec abgeleitet. Ähnlich wie bei Fe sind auch die Cr I-Linien bei gleichem *gf*-Wert mit geradzahliger unterer Termzahl kräftiger als die mit ungeradzahligen. Dies wird auf selektive Druckverbreiterung zurückgeführt. Abschließend wird die Cr-Häufigkeit pro Gramm Sonnenmaterie zu 1.7×10^{17} Atomen bestimmt und mit der Häufigkeit in Meteoriten verglichen. Micz.

6423. **A. B. Sewerny,** Versuch einer Spektralphotometrie Fraunhoferscher Linien mittels Spektrographen und Fabry-Etalon. Mitt. Astrophys. Obs. Krim **7** 59—66, mit 3 Abb. und 1 Tafel (russisch). — Verf. berichtet über die Ergebnisse einer Spektralphotometrie einiger Fraunhoferscher Linien mittels Spektrographen und Fabry-Etalon. Ein Vergleich dieser

Ergebnisse mit denen der gewöhnlichen Spektralphotometrie (ohne Verwendung von Interferenzvorrichtungen) läßt die bedeutenden Vorzüge der Interferenzspektralphotometrie für eine detaillierte Untersuchung der Fraunhoferschen Linien erkennen. Loh.

6424. **J. H. Shaw, R. M. Chapman, J. N. Howard, M. L. Oxholm,** A grating map of the solar spectrum from 3.0 to 5.2 microns. ApJ **113** 268—298, mit 3 Fig. — Die Arbeit hat zum Ziel, einen Atlas des Sonnenspektrums zwischen 3.0 und 5.2 μ Wellenlänge zu geben. Die Registrierungen wurden mit einem Gitterspektrometer hohen Auflösungsvermögens (Pfund-Typ, 1 m Brennweite, f/5) gewonnen. Als Strahlungsempfänger diente ein Perkin-Elmer Thermoelement in Verbindung mit einem 13 Hz-Verstärker. Ein Verzeichnis von fast 800 Linien einschließlich ihrer Identifizierung wird außerdem mitgeteilt. Zahlreiche Einzelheiten der terrestrischen Banden des H_2O, HDO, CO, CO_2, DH_4, N_2O und andere werden diskutiert. Micz.

6425. **R. Stair,** Ultraviolet spectral distribution of radiant energy from the sun. Bur. Stand. J. Res. **46** 353—357. — Ref. in Phys. Ber. **31** 1025.

6426. **Z. Suemoto,** Observation of the limb effect of faint Fraunhofer lines. Publ. Astr. Soc. Japan **2** 126—132, mit 4 Fig. = Tokyo Astr. Obs. Repr. Nr. **75**. — Entgegen der üblichen Annahme, daß der limb-Effekt schwacher Fraunhofer-Linien eine Folge der Temperaturverteilung der äußersten Photosphärenschichten ist, versucht Verf. die Tiefenabhängigkeit des Linienabsorptionskoeffizienten zur Erklärung heranzuziehen. Im Gebiet 4830—4880 Å werden bei einer linearen Dispersion von 0.4 Å/mm und einem Auflösungsvermögen von 225000 Gitterspektren (dritter Ordnung) am Sonnenturm in Mitaka bei $\cos\vartheta = 1.0, 0.8, 0.6, 0.4, 0.3$ und 0.2 und daraus die Äquivalentbreiten von 47 schwachen Fraunhoferlinien gewonnen. Korrekturen wegen Gittergeister wurden nur größenordnungsmäßig angebracht. Verf. findet eine Korrelation zwischen limb-Effekt und Tiefenabhängigkeit des Linienabsorptionskoeffizienten η in dem Sinne, daß die Linie am Sonnenrand um so intensiver erscheint, je stärker η mit der Tiefe abnimmt. Für 5100 Å und drei verschiedene Tiefenverteilungen von η wird der Effekt theoretisch berechnet und mit den Messungen von M. G. Adam (MN **98** 112, AJB **40** Ref. **4402**, MN **100** 595, AJB **42** Ref. **4401**) verglichen. Labs

6427. **Z. Suemoto,** Line contours in the anomalous regions of the sun. Publ. Astr. Soc. Japan **2** 137—149, mit 10 Fig. und 2 Tafeln = Tokyo Astr. Obs. Repr. Nr. **76**. — Am Sonnenturm des Tokyo Astronomical Observatory wurden rund 300 Spektren von Ca II K und H sowie Hε in aktiven Gebieten (Flares, Flocculi und Flocculi über Fleckenzonen) der Sonnenoberfläche aufgenommen. Die Emission von Hε zeigt in Fackeln eine reine Dopplerkontur von 0.44 Å Halbwertsbreite, das entspricht einer Elektronentemperatur von 66700° bzw. einer Turbulenzgeschwindigkeit von 33 km/sec. Bei den H- und K-Emissionen wird in Fackelgebieten teilweise eine Rotverschiebung von 0.05 Å bzw. 0.04 Å beobachtet. Die Konturen von H und K lassen sich nur durch Annahme von Doppler- und Dämpfungsverbreiterung beschreiben. Die Dopplerbreite ist getrennt nicht meßbar. In Flocculi zeigen H und K eine Emission mit einem Dopplerkern von 0.07 Å Halbwertsbreite entsprechend einer Elektronentemperatur von 70000°. Die «vertikale Ausdehnung» der Flocculi-Zone wird zu 10000 km abgeschätzt. In Flocculi über Flecken rücken die K_2-Emissionen dichter an das Linienzentrum heran, so daß die K_3-Reabsorption kaum noch zu erkennen ist. Verf. schließt daraus, daß die ganze Schicht, in der die K_2-Emissionen emittiert werden, über Flecken als Ganzes nach «oben» verschoben ist, so daß eine Reabsorption nur mehr geringe Wirkung hat. Als Aufnahmeapparatur diente eine Kombination von Spektroheliograph und Spektrograph. Labs

6428. **Z. Suemoto,** On the limb effect of faint Fraunhofer lines. Proc.

Japan Acad. **27** 88—92, mit 2 Fig. = Tokyo Astr. Obs. Repr. Nr. 81 — Für einige fünfzig schwache Fraunhoferlinien wurden Mitte-Rand-Variationen bei cos Θ = 1.0, 0.8, 0.6, 0.4, 0.3 und 0.2 gemessen. Statistisch zeigte sich, daß Linien mit schneller mit der Tiefe abnehmendem η eine kräftigere Randverstärkung zeigen als die langsamer abnehmenden. Mitte-Rand-Variationen wurden für drei Arten η-Variation bei 5100 Å berechnet und mit den gemessenen von Adam verglichen. Verf. (übersetzt)

6429. **Z. Suemoto,** On line contours in the anomalous regions of the sun. Proc. Japan Acad. **27** 93—98, mit 3 Fig. = Tokyo Astr. Obs. Repr. Nr. 82. — Am Turmteleskop des Astronomischen Observatoriums Tokyo wurden etwa 300 Spektrogramme von Flocculi, Eruptionen und Protuberanzen aufgenommen. Die Konturen von H, K und H_ε wurden untersucht. In einem Eruptionsspektrum läßt sich H_ε sehr gut durch eine Dopplerkontur mit einer Halbwertsbreite von 0.44 Å darstellen, was bei rein thermischer Verbreiterung eine Temperatur von 66700 Grad ergibt. Turbulenzverbreiterung kommt wegen der geringeren Breite von K und H nicht in Frage. Eine Temperatur der emittierenden Schicht von rund 70000 Grad wird auch durch die Breite des Dopplerkerns von K in Flocculi von zirka 0.07 Å nahegelegt. Die K_{2v} und K_{2r}-Emissionen in Flocculi nähern sich über Sonnenflecken und K_3 ist verstärkt, was auf eine Aufwölbung der emittierenden Schicht über den Flecken hinweist. Bru.

* * **Tcheng-Kien,** Recherches sur les bandes de CH dans les spectres stellaires et solaire. Vgl. Ref. **9554**.

6430. Photometric Catalogue of Fraunhofer lines λ6600—λ8770. Rech. Astr. Obs. Utrecht **12** Part 2, 38 S. mit 7 Fig. — Auf Grund des Utrechter Atlas werden für diesen Wellenlängenbereich angegeben: Wellenlänge, von blends befreite Äquivalentbreiten in mÅ und die reduzierten Äquivalentbreiten $10^6 \times W/\lambda$. Mattig

6431. Technetium on the sun. Sky and Telescope **10** 272.

§ 65

Strahlung

6501. **T. E. Aurén,** Studies of solar radiation. Arkiv Geophys. **1** Heft 14.

6502. **L. Biermann, O. Haxel, A. Schlüter,** Neutrale Ultrastrahlung von der Sonne. Z. Naturforschung **6a** 47—48. — Ref. in Sterne **27** 132—133. — Es wird gezeigt, daß bei der Beschleunigung geladener Teilchen in den äußeren Teilen der Sonnenatmosphäre durch Kerntreffer von auf die Sonne zurückfliegenden Partikeln Neutronen erzeugt werden können. Obwohl die Ausbeute (Zahl der die Sonne verlassenden Neutronen/Zahl der beschleunigten geladenen Teilchen) von der Ordnung 10^{-2} sein mag, kann der Effekt merklich sein, da auch geladene Teilchen einer Energie unterhalb der Abschneideenergie des Erdmagnetfeldes zur Neutronenproduktion beitragen. Verf.

6503. **A. Bruzek,** Die veränderlichen Strahlungen der Sonne. Wetter und Leben **3** Heft 3/4, 4 S.

6504. **W. M. Conn,** A solar furnace of 120 inches diameter for studying highly refractory substances. Rev. Sci. Instruments **22** 945—951, mit 8 Fig.

6505. **V. C. A. Ferraro,** Theoretical studies relating to solar corpuscular streams and geomagnetic storms. 7me rapport de la commission pour l'étude des relations entre les phénomènes solaires et terrestres, S. 131—134. — Referate über neun Publikationen betreffend die Theorie der solaren Korpuskularstrahlung und der erdmagnetischen Stürme. Bru.

6506. **H. Friedman, S. W. Lichtman, E. T. Byram,** Measurement of solar X-rays and extreme ultraviolet light by photon counters. J. Optical Soc. America **41** 292. — Ref. Optical Soc. America. — Ref. in Phys. Ber. **31** 144.

6507. **H. Friedman, S. W. Lichtman, E. T. Byram,** Photon counter measurements of solar X-rays and extreme ultraviolet light. Phys. Rev. (2) **83** 1025—1030, mit 6 Fig. — Ref. in Priroda **41** Nr. 5 S. 103—106 (russisch). — Während des Aufstiegs einer V2-Rakete am 29. September 1949 um 10 Uhr bis in eine Höhe von 150 km wurden die Messungen von Photonenzählern fortlaufend der Bodenstation übermittelt. Weiche Röntgenstrahlen (8 Å) wurden oberhalb von 87 km, ultraviolettes Licht (1200 und 1500 Å) oberhalb von 70 bzw. 95 km festgestellt. Die weichen Röntgenstrahlen sind für die Ionisation der E-Schicht von Bedeutung; die Lyman α-Strahlung des Wasserstoffs durchdringt die E-Schicht gut, und molekularer Sauerstoff geht oberhalb von 100 km rasch in atomaren über. Verf. (übersetzt)

6508. **A. von Hippel,** Transformation of solar energy. Proc. American Acad. Arts Sci. **79** 319—322. — Es werden die Möglichkeiten betrachtet, die Sonnenstrahlung von gasförmiger Materie absorbieren zu lassen und dann mittels chemischer oder elektrischer Umformer (converter) zu verwerten. Gli.

6509. **H. C. Hottel,** The engineering utilization of solar energy. Proc. American Acad. Arts Sci. **79** 313—318, mit 1 Fig. — Verf. bespricht bisherige Versuche, die Sonnenenergie zur Wärme- und Kraftgewinnung zu verwerten. Er betrachtet besonders sogenannte «flat-plate collectors», weist auf erste Erfolge bei Warmwasserheizung in Häusern hin, und glaubt, daß eine Weiterentwicklung ihnen einen Platz in der Wirtschaft zuweisen wird. Gli.

6510. **M. S. McCay,** Solar energy utilization: A study of transport systems. Phys. Rev. (2) **83** 486. — Ref. Am. Phys. Soc. — Ref. in Phys. Ber. **31** 321.

6511. **E. R. Mustel,** Über die Emission von Wasserstoffatomen aus der Sonne. DAN 81 363—366 (russisch). — Ref. in Phys. Abstracts (A) **55** 588.

6512. **E. R. Mustel,** Über die Entstehung der solaren Korpuskularströme. Bull. Kommission Sonnenforschung Nr. **5—6** (**19—20**) S. 55, 1950 (russisch).

6513. **H. W. Newton, W. Jackson,** Observational aspects of solar corpuscular radiation. 7me rapport de la commission pour l'étude des relations entre les phénomènes solaires et terrestres, S. 107—130, mit 3 Fig. — Die Themen der einzelnen Abschnitte dieses Übersichtsberichts sind: 1. Direkter Nachweis der solaren Korpuskularstrahlung, 2. Korrelation zwischen großen Sonnenflecken und großen Eruptionen einerseits und den großen erdmagnetischen Stürmen andrerseits, 3. Zusammenhang mittlere Stürme—Korona, 4. erdmagnetische Stürme und Nordlichter, 5. Ionosphärenstürme und magnetische Stürme. Im Anhang werden Tabellen mit Eruptionen der Importance 3 und 3+ gebracht. Bru.

6514. **M. Nicolet,** On the determination of the energy flux of the extraterrestrial solar radiation. Arch. Meteorol. Geophys. Bioklimatol. (B) **3** 209—219 (deutsch).

6515. **M. Nicolet,** Sur le problème de la constante solaire. Ann d'Astrophys **14** 249—265, mit 6 Fig. — Verf. diskutiert erneut die Bestimmung der Solarkonstanten aus den Messungen der Smithsonian Institution im Hinblick auf anzubringende Korrektionen wegen der bei der Messung nicht erfaßten Spektralbereiche. Als Grundlage dienen neue, anderweitig angestellte Messungen der Energieverteilung im kontinuierlichen Sonnenspektrum und der absorbierenden Wirkung der Fraunhoferlinien. Nimmt man den Standardwert der Solarkonstanten in der Skala der Smithsonian Institution zu 1.94 cal min^{-1} cm^{-2} an, so bedarf es einer Verbesserung um + 0.04 auf 1.98 cal min^{-1} cm^{-2}. Sie resultiert in erster Linie aus einer Verbesserung der von Abbot angenommenen UV- und Infrarotkorrektion. Dieser Wert kann jedoch nicht als eine absolute Bestimmung angesehen werden, an der es bisher fehlt. Sein Fehler ist wahrscheinlich nicht kleiner als ± 5%. Der gesamte Strahlungsstrom der Sonne ist im Infrarotbereich (7040—24000 Å) nach Ausweis der Messungen der spektralen Energieverteilung größer als im übrigen erreichbaren Wellenlängenbereich (3460—7040 Å). Micz.

* * **A. I. Ohl,** Mit der Sonnentätigkeit verbundene Intensitätsänderungen der kosmischen Strahlung. Vgl. Ref. **12722.**

6516. A. I. Ohl, Die säkulare Änderung des Ausmaßes der korpuskularen Sonnenstrahlung. Bull. Kommission Sonnenforschung Nr. **7** (**21**) S. 20—23 (russisch).

6517. W. W. Radsijewskij, Die Bremsung der Wellen- und Korpuskularstrahlung bei veränderlicher Sonnenmasse. DAN 81 167—170 (russisch). — Ref. in Phys. Abstracts (A) **55** 588.

6518. G. Righini, La radiation intégrale du Soleil. 7me rapport de la commission pour l'étude des relations entre les phénomènes solaires et terrestres, S. 57—62. — Kurzer Bericht über Instrumente und Methoden zur Messung der Solarkonstanten. An dem bisher angenommenen Wert sind auf Grund der Direktmessungen im UV bei Raketenaufstiegen bezüglich des UV-Anteils und nach theoretischen Überlegungen von C. W. Allen bezüglich des Infrarot-Anteils Korrekturen anzubringen, welche auf 1.97 cal/cm^2 min führen. Bru.

6519. A. Schlüter, Solare Ultrastrahlung und Erdmagnetfeld. Z. Naturforschung **6a** 613—618, mit 8 Abb. — Durch numerische Integration von 20 Bahnen geladener Teilchen im Felde eines magnetischen Dipols wurde das Netz der von Störmer berechneten Bahnen, die von der im geomagnetischen Äquator angenommenen Sonne kommen, für den interessierenden Impulsbereich von einigen 10^9 eV/c soweit verfeinert, daß einige quantitative Schlüsse über die theoretische Verteilung der Ultrastrahlung auf der Erde gezogen werden können. Es ergibt sich in mittleren Breiten ein ausgeprägtes Maximum gegen 9^h Ortszeit (für positive Teilchen) und ein verbotener Bereich in der Nähe der Pole. Durch Näherungsbetrachtungen, die durch die Ergebnisse der numerischen Rechnung begründet werden, werden die Schlüsse auf noch niedrigere Energien und auf andere Deklination der Sonne ausgedehnt. Ein Teil der experimentellen Befunde bei den beobachteten solaren Ultrastrahlungsausbrüchen steht in Widerspruch zu den Erwartungen nach der Störmerschen Theorie. Verf.

6520. R. Tousey, K. Watanabe, J. D. Purcell, Measurements of solar extreme ultraviolet and X-rays from rockets by means of a $CaSO_4$: Mn phosphor. Phys. Rev. (2) **83** 792—797, mit 3 Fig. — Ref. in Phys. Ber. **31** 319—320, Priroda **41** Nr. 5 S. 103—106 (russisch). — Mit Hilfe von $CaSO_4$: Mn-Phosphoren, die oberhalb von 1340 Å unempfindlich sind, wurde in großen Höhen der Atmosphäre extrem ultraviolette und Röntgenstrahlung nachgewiesen. Die Phosphore wurden mit Raketen hochgeschickt und dem Sonnenlicht ausgesetzt. Durch Verwendung von Be-, LiF- und CaF_2-Filtern gelang es, Intensitäten in den Wellenlängenbereichen 0—8 Å, 1050—1340 Å und 1230—1340 Å zu messen. Röntgenstrahlung wurde bei einem Fluge, der 128 km Höhe erreichte und bei dem sich eine plötzliche ionosphärische Störung ereignete, beobachtet. Auf allen vier Flügen konnten bis zu 80—90 km Höhe herunterreichende Intensitäten zwischen 1050 und 1340 Å festgestellt werden. Für die Gesamtintensität des Sonnenspektrums zwischen 1050 und 1240 Å, einschließlich der Lα-Linie des Wasserstoffs, ergaben sich im Höhenbereich 82 bis 127 km 0,04 microwatt/cm², für den Bereich 1230—1340 Å 0,02 microwatt/cm². Ein Vergleich der Ausbeuten ohne und mit Filter zeigt, daß die Strahlung zwischen 795 und 1050 Å bis zu 82—127 km reicht und daß die Intensität über einer schwarzen Sonnenstrahlung von 6000° liegt. Verf. (übersetzt)

6521. **K. Wegener,** Zur Analyse der Beobachtungen der Sonnenstrahlung. Geofisica pura e applicata **18** 155—157, 1950. — Ref. in Phys. Ber. **31** 1031—1032.

6522. **K. Wegener,** Die wirkliche Solarkonstante. Geofisica pura e applicata **19** 170.

6523. **R. E. Williamson,** Plasma oscillations and solar bursts. AJ **56** 145. — Ref. AAS.

6524. Expulsion of corpuscular streams by solar flares. Nature **167** 1016. — Besprechung der in AJB **50** Ref. **6502** und **6503** zitierten Arbeiten von F. D. Kahn.

6525. Solar X-rays. Sky and Telescope **10** 218.

6526. Neutrale Ultrastrahlung von der Sonne? Sterne **27** 132—133.

6527. Solarkonstante und effektive Sonnentemperatur. Sternenwelt **3** 187. — Ref. AG.

Solare Radiostrahlung

6528. **C. W. Allen,** Observations of solar radio noise. 7me rapport de la commission pour l'étude des relations entre les phénomènes solaires et terrestres, S. 63—75, mit 1 Fig. — Frequenzbereich, Intensität und deren Abhängigkeit von der Frequenz, Zusammenhang mit sichtbaren Erscheinungen, Polarisation usw. von a) der thermischen radiofrequenten Strahlung der ungestörten Sonne, b) der stationären Strahlung aus Fleckenherden, c) der Stürme und bursts, d) der outbursts und schließlich e) der unpolarisierten bursts sind Gegenstand dieses auf 54 Publikationen basierenden Übersichtsberichts. Bru.

6529. **E.-J. Blum, J.-F. Denisse, J.-L. Steinberg,** Sur l'interprétation des sursauts radioélectriques solaires. CR **232** 483—485. — Zugunsten des von den Verf. bereits früher erbrachten Hinweises, daß die solaren radioelektrischen Stürme durch die Überlagerung elementarer Ausbrüche (sursauts) zustandekommen, spricht auch eine Untersuchung von Bohm und Gross (Phys. Rev. **75** 1864, 1949) über die Entstehung eines Systems instabiler und sich fallweise verstärkender Plasmaschwingungen durch das Eindringen eines ionisierten Spritzers in ein ruhendes Plasma. Verf. leiten die Bedingungen ab, unter denen eine Verstärkung stattfindet. Loh.

6530. **E.-J. Blum, J.-F. Denisse, J.-L. Steinberg,** Etude des orages radioélectriques solaires de faible intensité. CR **232** 387—389, mit 3 Fig. — Ref. in Phys. Ber. **30** 1821.

6531. **W. N. Christiansen, J. V. Hindman, A. G. Little, R. Payne-Scott, D. E. Yabsley, C. W. Allen,** Radio observations of two large solar disturbances. Australian J. Sci. Res. (A) **4** 51—61, mit 6 Fig. = Commonwealth Sci. Industrial Res. Organization, Australia, Division Radiophys. — Zwei besonders intensive Störungen der solaren Radiofrequenz-Strahlung im Bereich von 62 bis 9400 MHz 1950 Febr. 17 und 21—22, die mit dem Auftreten einer großen Fleckengruppe in offenbarem Zusammenhang stehen, werden eingehend beschrieben. Behr

6532. **W. N. Christiansen, J. V. Hindman,** A long-period change in radio-frequency radiation from the "quiet" sun at decimetre wave-lengths. Nature **167** 635—637, mit 2 Fig. = Commonwealth Sci. Industrial Res. Organization, Australia, Division Radiophys. — Die auf Fleckenfreiheit reduzierten effektiven Temperaturen der Sonne bei $\lambda = 25$ cm waren von August bis November 1947 und September 1949 bis Juni 1950 trotz etwas unterschiedlicher mittlerer Fleckenflächen dieselben. Im Juli 1950 sackten sie jedoch ab, und im August auch bei 10 und 50 cm Wellenlänge. Bei 3,2 und 150 cm wurde der Effekt nicht beobachtet, so daß er wohl nur auf den Dezimeterbereich beschränkt war. Loh.

6533. **A. E. Covington,** Circular polarization of 10.7-centimetre solar noise bursts. J RAS Canada **45** 157—161, mit 3 Fig. und 1 Tafel. — Während solarer Rauschausbrüche wurden bei 10,7 cm Wellenlänge die Intensitäten der rechts- und linkszirkular polarisierten Strahlung registriert. Die intensiveren Ausbrüche kann man eingruppieren, je nachdem ob die Intensitäten der Rechts- und Linkskomponenten 1. gleich, 2. ungleich oder 3. ob nur eine Komponente allein vorhanden ist. Loh.

6534. **A. E. Covington,** Some characteristics of 10.7-centimetre solar noise, I, II. J RAS Canada **45** 15—22, 49—61, mit 9 Fig. — Seit drei Jahren wird die solare Radiostrahlung bei 10,7 cm in Ottawa im Rahmen eines Programms des National Research Council laufend gemessen. Der erste der vorliegenden Berichte enthält neben einer kurzen Beschreibung des Teleskops und seiner Kalibrierung eine Übersicht über den Verlauf der Strahlungsintensität von Tag zu Tag (1947—1949), der zweite eine Diskussion und Statistik der Ausbrüche. Loh.

6535. **J.-F. Denisse,** Contribution à l'étude des émissions radioélectriques solaires. Vgl. AJB **50** Ref. **6511**. — Ref. in Sterne **27** 133.

* * **J.-F. Denisse, Y. Rocard,** Excitation d'oscillations électroniques dans une onde de choc. Applications radioastronomiques. Vgl. Ref. 210.

6536. **M. A. Ellison,** Source points of radio noise bursts associated with solar flares. Nature **167** 941—942. — Es wird vermutet, daß das beim Auftreten von Flares festgestellte Abströmen von Partikeln Turbulenz und Plasmaschwingungen in dem über dem Flare befindlichen ionisierten Medium hervorruft. Diese turbulenten Bewegungen würden ihrerseits Radiowellen erzeugen. Loh.

6537. **G. G. Getmanzew,** Neue Daten über die Radiostrahlung der Sonne und Galaxis. Fortschritte Phys. Wiss. **44** 527—557 (russisch).

6538. **J. P. Hagen,** Temperature gradient in the sun's atmosphere measured at radio frequencies. ApJ **113** 547—566, mit 12 Fig. = Georgetown Obs. Repr. Nr. **16**. — Bei 8.5 mm Wellenlänge wurde eine neue Bestimmung der Äquivalenttemperatur der ruhigen Sonne mit der solaren Kurzwellenstrahlung ausgeführt. Im Mittel wurden 6740° K ± 10% gefunden. Schwankungen von Tag zu Tag sind vorhanden, aber wesentlich kleiner als etwa bei 3 cm und längeren Wellenlängen. Messungen beim Durchgang einer großen Fleckengruppe durch den Zentralmeridian erbrachten für das Fleckengebiet eine Äquivalenttemperatur von 100000° K. Zusammen mit anderweitigen Temperaturbestimmungen der Sonne bis zu 3.75 m Wellenlänge wird die Abhängigkeit der Sonnentemperatur von der Wellenlänge diskutiert. Unter Voraussetzung der Abhängigkeit der Elektronendichte von der Höhe nach Baumbach und anderen werden die Temperaturen der inneren Korona und der Chromosphäre berechnet. Bis zu 10000 km Höhe ist die Temperatur ziemlich konstant (10^4 °K), steigt dann rasch auf 10^6 °K bei 25000 km Höhe, um diesen Wert auch weiter nach außen hin zu behalten. Verf. veröffentlicht im Laufe der Rechnung unter anderem Tabellen des Refraktionsindex und Absorptionskoeffizienten der Sonnenatmosphäre und des Strahlungsbeitrags in Abhängigkeit von der Höhe und der Wellenlänge, ferner auch der Intensitätsverteilung auf der Sonnenscheibe für Wellenlängen zwischen 8.5 mm und 50 cm. Micz.

6539. **T. Hatanaka, Y. Sekido, Y. Miyazaki, M. Wada,** Solar radio outburst and increase of cosmic-ray intensities on September 20, 1950. Report Ionosph. Res. Japan **5** 48—51, mit 2 Fig. = Tokyo Astr. Obs. Repr. Nr. **80.** — Es werden die in Tokyo-Mitaka durchgeführten Registrierungen eines radiofrequenten outburst in den Frequenzen 200, 100 und 60 MHz am Sept. 20, 1950 mit dem Intensitätsverlauf der kosmischen Strahlung am Mt. Norikura (2900 m), in Tokyo und in Nagoya verglichen. Der outburst setzte auf allen drei Frequenzen praktisch gleichzeitig um 3 Uhr 06 U. T. ein. Die Registrierung vom Mt. Norikura zeigt ab 3 Uhr 12 einen Intensitätsanstieg bis maximal 4% übernormal, die Messungen in Meereshöhe zeigten keine Abweichung. Bru.

* * **H. C. van de Hulst,** Radiosterrewacht Sydney. Vgl. Ref. **1335.**

6540. **C. de Jager, M. Minnaert, C. A. Muller,** Absence of hydrogen radiation of wavelength 21 cm. in the sun. Nature **168** 391. — Die Linie wurde nicht gefunden.

6541. **W. Jahn,** Radio-Astronomie der Sonne. Sternenwelt **3** 221—223, mit 4 Abb.

* * **B. Kwal,** Sur le rayonnement électromagnétique des protons cosmiques dans les champs magnétiques intenses des objets célestes. Vgl. Ref. **12610.**

6542. **M. Laffineur,** Analysis of observations of solar radio emissions on 555 Mc/s and 255 Mc/s at the Observatory of Meudon during 1949 and 1950. U. R. S. I. Proc. IXth Gen. Assembl. **8** 379—380 (Pt II) 1950 (französisch). — Ref. in Phys. Abstracts (A) **55** 754.

6543. **M. Laffineur,** Evolution des théories du rayonnement électromagnétique solaire aux fréquences radioélectriques. 7me rapport de la commission pour l'étude des relations entre les phénomènes solaires et terrestres, S. 77—86. — Es wird 1. über die Behandlung der permanenten radiofrequenten Strahlung der Sonne als thermische Strahlung der Chromosphäre ($\lambda < 60$ cm) und der Korona ($\lambda > 1$ m), sowie als frei-frei-Strahlung berichtet, und 2. die Anwendung der Theorie der Plasmaschwingungen auf die Erzeugung der variablen Strahlungen besprochen. Bru.

6544. **F. Link,** Rayonnement solaire de courtes longueurs d'onde. 7me rapport de la commission pour l'étude des relations entre les phénomènes solaires et terrestres, S. 39—55. — Dieser 59 Publikationen berücksichtigende Bericht ist in 4 Hauptabschnitte gegliedert: 1. Direkte Messung der Strahlung in der höheren Atmosphäre bei Raketenaufstiegen, 2. Indirekte Bestimmung aus Ionosphärenmessungen und zwar a) Berechnung der Intensität der ionisierenden Strahlung aus den Grenzfrequenzen, b) Lokalisierung der Strahlungsquelle durch statistische Untersuchungen und Finsternisbeobachtungen, 3. Indirekter Nachweis aus den Wirkungen auf Planeten und Kometen, 4. Theoretische Überlegungen über die Emission der ungestörten Sonne und der chromosphärischen Eruptionen und zum Problem der Aufheizung der Sonnenkorona. Bru.

6545. **K. E. Machin,** Distribution of radiation across the solar disk at a frequency of 81.5 Mc./s. Nature **167** 889—891, mit 2 Fig. — Nach einer von Stanier angegebenen Interferenzmethode wurde die Verteilung der solaren Radiostrahlung über die Sonnenscheibe bei 81.5 MHz gemessen und nach

Abzug der Fleckenstrahlung mit den Ergebnissen theoretischer Rechnungen von Smerd verglichen. Für eine konstante Koronatemperatur von 2 Millionen Grad ergibt sich innerhalb von etwa 1,5 $R_\odot$ gute Übereinstimmung. Die Unterschiede für größere Abstände lassen sich durch Abnahme der Koronatemperatur nach außen erklären. Kdr.

6546. **S. Miyamoto,** The solar noise from the coronal prominences. Publ. Astr. Soc. Japan **3** 61—65 = Contr. Inst. Astrophys. Kyoto Univ. Nr. **16.** — Die koronalen Protuberanzen werden nach Pettit als absteigende und sich abkühlende Koronamaterie aufgefaßt. Die Cilliè'sche Formel wird für den Bereich der radiofrequenten Strahlung modifiziert. Es wird dann gezeigt, daß ein erheblicher Teil der bei der Bildung der koronalen Protuberanzen freiwerdenden thermischen Energie als radiofrequente Strahlung abgegeben wird und zwar in Form von bursts oder outbursts. Bru.

6547. **M. Oda, T. Takakura,** A study on the solar noise at 3300 Mc/s. Report Ionosph. Res. Japan **5** 99—100, mit 1 Fig. — Vorläufige Ergebnisse der Beobachtungen an der Universität Osaka werden mitgeteilt. Ein intensiver outburst wurde am 1. Aug. 1950 auf 3300 MHz registriert. Bru.

6548. **R. Payne-Scott, A. G. Little,** The position and movement on the solar disk of sources of radiation at a frequency of 97 Mc/s. II. Noise storms. Australian J. Sci. Res. (A) **4** 508—525, mit 8 Fig. und 1 Tafel = Commonwealth Sci. Industrial Res. Organization, Australia, Division Radiophys. — Mit dem unter I (vgl. Ref. **2118**) beschriebenen Interferometer sind zwischen Mai 1949 und Juli 1950 etwa 30 Rauschstürme gemessen worden. Das beste Kriterium für das Auftreten eines Sturmes ist die Ausdehnung des größten sichtbaren individuellen Sonnenflecks. Augenscheinlich ist die Sturmstrahlung nur mit diesem Fleck und nicht mit den übrigen der Gruppe gekoppelt. Abweichungen zwischen den scheinbaren Orten von Radioquelle und Sonnenfleck auf der Sonnenscheibe lassen sich durch großen Höhenunterschied zwischen Radioquelle in der Korona und Fleck in der Photosphäre erklären. Loh.

6549. **J. H. Piddington, H. C. Minnett,** Solar radio-frequency emission from localized regions at very high temperatures. Australian J. Sci. Res. (A) **4** 131—157, mit 11 Fig. = Commonwealth Sci. Industrial Res. Organization, Australia, Division Radiophys. — Die Radiofrequenzstrahlung der Sonne wird in 3 Komponenten zerlegt: die von der ganzen Scheibe kommende B-Komponente, die sich nur im Verlauf von Jahren ändert, die aus begrenzten Gebieten kommende S-Komponente, die eng mit den Flecken zusammenhängt, und die rasch variable X-Komponente. Für den thermischen Ursprung der S-Komponente sprechen die langsame zeitliche Veränderung, das in allen Fällen ähnliche Spektrum und die Beschränkung auf Äquivalenttemperaturen unter 10^7 °K, was der Entweichgeschwindigkeit entspricht. Modellrechnungen mit Emissionsgebieten von 10^7 °K und etwa fünffachem Fleckendurchmesser ergeben annähernde Übereinstimmung mit der Beobachtung hinsichtlich Spektrum, Polarisation, Intensität und ihrem Verhältnis zur Fleckenfläche. Behr

6550. **T. S. Rasmadse,** Solare Radiostrahlung und chromosphärische Gebilde. Astr Circ UdSSR Nr. 121 S. 2—3 (russisch). — Aus vergleichenden Beobachtungen an 111 Tagen — von Mai bis September 1946 — geht hervor, daß eine merkliche Korrelation zwischen der Intensität der solaren Radiostrahlung (150 cm) und den Merkmalen der Flocculi, Protuberanzen und Filamente nicht besteht. Loh.

6551. **G. Reber,** Motion in the solar atmosphere as deduced from radio measurements. Science **113** 312—314. — Ref. in Phys. Ber. **30** 1191.

6552. Y. Rocard, Sur un mécanisme d'émission radioélectrique coronale. CR **232** 598—600. — Wenn eine Stoßwelle einer Intensitätsbedingung genügt, stellt sich ein wirklicher Einklang der Anregung mit der Eigenfrequenz des Plasmas her, wobei in diesem Augenblick eine plötzliche Emission erfolgt. Loh.

6553. I. S. Schklowskij, S. B. Pikelner, Die thermische Radiostrahlung der Sonne. Mitt. Astrophys. Obs. Krim **6** 29—44, mit 8 Abb. (russisch). — Mittels der Quantenmethode der frei-freien Übergänge wird der Absorptionskoeffizient der Korona und der Chromosphäre für Radiostrahlung berechnet und für radiale Strahlen die optische Dicke von Korona und Chromosphäre. Für verschiedene Wellenlängen wird unter Berücksichtigung der Refraktion die Intensitätsverteilung der thermischen Strahlung über die Sonnenscheibe untersucht und auf den Einfluß von Dichteschwankungen auf die Radiotemperatur hingewiesen. Die beobachteten Radiotemperaturen werden mit den berechneten verglichen und die Schwächung der Strahlung bei einer totalen Sonnenfinsternis berechnet. Loh.

* * **H. Siedentopf,** Astrophysikalische Forschung im Radiofrequenzgebiet. Vgl. Ref. **12631**.

6554. M. Waldmeier, Radio-Helioskopie. Naturwissenschaften **38** 1—4, mit 6 Fig. — Verf. gibt eine Zusammenstellung neuerer, meist noch nicht publizierter Resultate der Radio-Sonnenforschung in enger Anlehnung an die Vorträge anläßlich der im September 1950 in Zürich abgehaltenen Generalversammlung der U. R. S. I. Es werden die verschiedenen Erscheinungen der radiofrequenten Sonnenstrahlung zusammengestellt und ihre Zuordnung zu den aus der optischen Sonnenforschung bekannten Objekten besprochen. Schai.

6555. J. P. Wild, Observations of the spectrum of high-intensity solar radiation at metre wavelengths. IV. Enhanced radiation. Australian J. Sci. Res. (A) **4** 36—50, mit 9 Fig. und 1 Tafel = Commonwealth Sci. Industrial Res. Organization, Australia, Division Radiophys. — Ausführliche Beschreibung der spektralen Besonderheiten einer erhöhten Radiofrequenzstrahlung der Sonne, wie sie im Bereich von 70 bis 130 MHz oft für eine Dauer von Stunden bis zu Tagen beobachtet wird. Diese erhöhte Strahlung, die eng mit dem Auftreten großer Fleckengruppen korreliert ist, zeigt Zirkularpolarisation. Auf einem erhöhten kontinuierlichen Untergrund erscheinen zahlreiche frequenz- und zeitabhängige bursts und ergeben ein sehr detailreiches Spektrum. Behr

6556. Beobachtung der Radiostrahlung

Obs **71** 72—74, mit 1 Fig. = Astr. Contr. Univ. Manchester (2) Jodrell Bank Repr. Nr. **49**. Radio emission from the sunspot of central meridian passage 1950 June **14**. A. Maxwell. — Verf. gibt ein Beispiel dafür, daß große Anstiege der Radiofrequenzstrahlung der Sonne nicht immer an starke solare Aktivität gebunden sind. Behr

Quarterly Bulletin on Solar Activity Nr. **89—92**, 85 S. mit 4 Abb. Published by the Eidgen. Sternwarte in Zürich. — 1950 Jan.—Dez.

Tokyo Astr. Obs. Bull. Solar Phenomena **2** 47—62, **3** 1—51, mit 17 Fig. — 1950 Okt.—1951 Sept.

§ 66

Chromosphäre, Flares, Protuberanzen

* * **L. d'Azambuja,** L'observation de la couronne solaire en dehors des éclipses. Note sur les disparitions brusques de protubérances. Vgl. Ref. 6701.

6601. **U. Becker,** Über Filamente und Protuberanzen. Sterne **27** 76—79, mit 5 Abb. — Bericht über die bisherige gemeinsame Lebensarbeit von M. und L. d'Azambuja in Ann. Obs. Paris, Section d'Astrophysique à Meudon **6** fasc. 7 (AJB **48** Ref. 6603).

6602. **M. Blaha,** Sur la densité, la température et la turbulence dans les couches inférieures de la chromosphère. BAC **2** 97—100, mit 1 Fig. — Ref. in Sternenwelt **3** 149—150. — Unter der Voraussetzung, daß die Chromosphäre sich im dynamischen Gleichgewicht befindet, werden die Beziehungen zwischen den Mittelwerten von Druck, Temperatur, Dichte und Turbulenzgeschwindigkeit und deren Abhängigkeit von der Höhe berechnet. Angenommen wird, daß die Dichte exponentiell mit der Höhe abnimmt und die Turbulenzgeschwindigkeit für alle Atome gleich ist. Bru.

6603. **A. Bruzek,** Aktivierung eines Filaments während einer chromosphärischen Eruption. Anzeiger der Österreichischen Akad. Wiss. Math.-naturw. Kl. **1951** 141—145, mit 1 Fig. = Mitt. Sonnenobs. Kanzelhöhe Nr. **3**.

6604. **A. Bruzek,** Über eine ungewöhnliche chromosphärische Eruption. Anzeiger der Österreichischen Akad. Wiss. Math.-naturw. Kl. **1951** 145—149, mit 1 Fig. = Mitt. Sonnenobs. Kanzelhöhe Nr. **4**.

6605. **A. Bruzek,** Beobachtungen über das Verhalten von Filamenten während chromosphärischer Eruptionen. ZfA **28** 277—295, mit 7 Abb. Mit Berichtigung in ZfA **29** 198 = Mitt. Sonnenobs. Kanzelhöhe Nr. **2**. — An einem in 2½ Jahren am Spektrohelioskop gewonnenen Beobachtungsmaterial wird das Verhalten von Filamenten während des Auftretens chromosphärischer Eruptionen untersucht. Es werden zwei Hauptfälle unterschieden: 1. die erst mit der Eruption entstehenden «Eruptionsfilamente», 2. die Veränderungen an schon vorhandenen Filamenten. Über die Eruptionsfilamente werden ausführliche statistische Angaben über Häufigkeit, Lage, Größe und Lebensdauer und deren Abhängigkeit von der Stärke der Eruption gemacht. Die an bereits existierenden Filamenten auftretenden Veränderungen werden an Hand einiger Beispiele beschrieben. Die Beobachtungen machen es wahrscheinlich, daß nicht die einfache Eruption (etwa ihr Strahlungsdruck) die Veränderung bewirkt bzw. das Eruptionsfilament erzeugt, sondern daß Eruption und bewegtes Filament nur auf eine gemeinsame Ursache zurückgehen. Verf. (gekürzt)

6606. **J. Clay, H. F. Jongen, A. J. Dijker,** Solar flares and the origin of cosmic radiation. I, II, III. Proc. Amsterdam **52** 899—905, 906—914, 923—926, 1949. — Ref. in Phys. Ber. **30** 1388.

6607. **A. K. Das,** Reports on the progress of astronomy: Prominences. MN **111** 234—235.

* * **P. M. Djurković,** Activité solaire au cours de l'année 1950. Vgl. Ref. 6309.

6608. **H. W. Dodson, R. W. Donselman,** The eruptive prominence of August 7, 1950. ApJ **113** 519—524, mit 5 Fig. — Die Verf. beschreiben unter Zuhilfenahme von Spektren und Spektroheliogrammen eine am 7. August 1950 aufgetretene große eruptive Protuberanz, die mit einer aktiven Sonnenfleckengruppe in Verbindung stand. Unter anderem wurden die radialen und seitlichen Bewegungsverhältnisse gemessen. Die Aufstieggeschwindigkeit betrug anfangs weniger als 10 km/sec und erreichte nach etwas mehr als einer Stunde 155 km/sec. Die oberen Teile der Protuberanz konnten bis zu 300000 km Höhe verfolgt werden. Der Ort der Erscheinung hatte sich bereits bei der vorangehenden Rotation durch Aktivität ausgezeichnet. Etwa 3^d nach dem Durchgang der Fleckengruppe durch den Zentralmeridian traten am 19. August ein kräftiges Nordlicht und ein starker magnetischer Sturm auf. Messungen der solaren Kurzwellenstrahlung bei 200 MHz zeigen «bursts» zu dem Zeitpunkt, an dem die Protuberanz eine Höhe von 285000 km (0,4 Sonnenradien oberhalb der Chromosphäre) erreicht hatte. Theoretisch ist zu erwarten, daß Strahlung dieser Frequenz die Sonne nur verlassen kann, wenn sie weit oberhalb der Chromosphäre emittiert wird. Micz.

6609. **H. W. Dodson, R. R. McMath, E. R. Hedeman,** Photometric studies of solar flares. AJ **56** 37. — Ref. AAS.

6610. **M. A. Ellison,** Recent advances in the observation of solar flares (chromospheric eruptions). 7me rapport de la commission pour l'étude des relations entre les phénomènes solaires et terrestres, S. 11—29, mit 3 Fig. — Nach einem kurzen Überblick über die Instrumente und Methoden zur Beobachtung der chromosphärischen Eruptionen wird an Hand von 75 einschlägigen Publikationen über die Beobachtungsergebnisse der letzten Jahre berichtet. Die einzelnen Abschnitte befassen sich mit Lage und Höhe der Eruption, Klassifikation, Intensitäts- und Linienbreitenkurven, Entwicklung, Lebensdauer, «flare surges» und deren wahrscheinlicher Zusammenhang mit den radiofrequenten bursts und schließlich mit den Emissionslinien und dem kontinuierlichen Spektrum. Bru.

6611. **M. A. Ellison,** The asymmetry of the flare H_α line. Obs **71** 33. — Die Beschreibung und Deutung der Asymmetrie der H_α-Linie einer Eruption wird in Übersetzung zitiert aus dem Buch von M. Waldmeier «Ergebnisse und Probleme der Sonnenforschung», das dem Verf. nicht früher zugänglich war. Ellison findet im Gegensatz zu Waldmeier keine Zunahme der Asymmetrie nach dem Sonnenrand hin. O. G.

* * **A. B. Gilwarg, A. B. Sewerny,** Die Vervollkommnungen der Interferenzpolarisationsfilter für Sonnenbeobachtungen und ein Versuch zur kinematographischen Aufnahme von Protuberanzen. Vgl. Ref. **2223**.

* * **M. N. Gnewyschew, R. S. Gnewyschewa,** Beobachtungen der Sonnenkorona außerhalb von Finsternissen bei 6374,5 Å und der Protuberanzen bei 6562,8 Å. Vgl. Ref. **6706**.

6612. **G. Godoli,** Sulla costituzione spaziale dei filamenti solari. Coelum **19** 37—40. — Beschreibung und Statistik.

6613. **G. Godoli,** Sul ciclo delle protuberanze. Mem SA It (NS) **22** 137—146, mit 6 Fig. = Oss. e Mem. Oss. Astrofis. Arcetri Nr. **67**. — Verf. untersucht die Periode der Protuberanzentätigkeit und findet, daß sich dieselbe den anderen Phänomenen der Sonnentätigkeit besser anpaßt, wenn die Protuberanzen nicht in äquatoriale und polare unterschieden werden. Außerdem findet Verf. Unterschiede in dem Verhalten zwischen Protuberanzen und Filamenten. F. Z.

* * **L. Goldberg,** The analysis of the solar and terrestrial atmospheres. Vgl. Ref. **6406**.

6614. **L. E. Gurewitsch, A. I. Lebedinskij,** Theorie der Chromosphäre. Bull. Kommission Sonnenforschung Nr. **5—6** (**19—20**) S. 25—26, 1950 (russisch).

6615. **K. O. Kiepenheuer,** The nature of solar prominences. Publ ASP **63** 161—167, mit 2 Tafeln. — Nach allgemeiner Beschreibung der Protuberanzen (und Filamente) und ihrer Änderungen wird der Ersatz der in die Chromosphäre abfließenden Masse durch Kondensation von Koronamaterie geschildert. Die Erhaltung der dünnen Gestalt trotz der thermischen Bewegung der Materie wird an Hand eines Experiments erklärt. Der Energiegewinn der Korona aus der kinetischen Energie der Materie, die der Sonne aus dem interplanetarischen Raum zufließt, wird erwähnt. O. G.

6616. **J. Kleczek,** Solar asymmetry III. BAC **2** 180—183, mit 1 Fig. — In Ausdehnung einer früheren Untersuchung (BAC **1** 69, AJB **49** Ref. **6623**) auf die Jahre 1947—1949 wird die Verteilung der chromosphärischen Eruptionen nach dem Abstand vom Zentralmeridian untersucht. Es ergibt sich eine Bevorzugung der E-Hälfte der Scheibe sowohl für die Anzahl als auch die mittlere Dauer der Eruptionen. Die Asymmetrie wächst mit der Bedeutung. Bru.

6617. **A. Koeckelenbergh,** Sur un modèle de chromosphère solaire en équilibre hydrostatique. Bull. Acad. Roy. Belgique, Cl. Sci. (5) **37** 252—259, mit 1 Fig. = Inst. Astr. Bruxelles (2) Nr. **67**. — Eine von Piddington (AJB **50** Ref. **6617**) aus Beobachtungen der radiofrequenten Sonnenstrahlung abgeleitete empirische Beziehung zwischen Elektronentemperatur, Elektronendichte und Höhe in der Chromosphäre wird unter der Voraussetzung hydrostatischen Gleichgewichts ausgewertet. Es resultiert eine Verteilung der chromosphärischen Elektronentemperatur und -dichte, die mit theoretischen Berechnungen von Schatzman in Einklang steht. Kdr.

6618. **D. Koelbloed, W. Veltman,** On the electron temperature of the chromosphere and prominences. Proc. K. Nederlandse Akad. Wetensch. (B) **54** 468—474 = Circ. Astr. Inst. Univ. Amsterdam Nr. **3**. — Finsternisaufnahmen der Sonnenfinsternis vom 14. Januar 1926 werden an Hand theoretischer Rechnungen von Zanstra (AJB **50** Ref. **6634**) zur Bestimmung der Elektronentemperatur in Chromosphäre und Protuberanzen ausgewertet. Für die Chromosphäre ergeben sich Werte von 10000° bis 16000°, für Protuberanzen etwa 5000°. Kdr.

6619. **M. Kopecký,** Asymétries solaires I. BAC **2** 118—119, mit 2 Fig. — Verf. zeigt, daß die W-Neigung der Protuberanzen nicht zu einem E-Überschuß derselben führen kann, dagegen aber einen W-Überschuß der Filamente erzeugen sollte. Da letzterer nicht beobachtet wird, wäre anzunehmen, daß er durch einen wahren Überschuß der Filamente auf der E-Hälfte der Scheibe (gleich jenem der Flecken) kompensiert wird. Bru.

6620. **F. Link, J. Kleczek,** Sur l'asymétrie de distribution des éruptions chromosphériques. ZfA **29** 304.

* * **D. H. McIntosh,** Geomagnetic effects of solar flares. Vgl. Ref. **6818**.

6621. **D. H. Menzel,** Magneto-hydrostatics and solar prominences. AJ **56** 135. — Ref. AAS.

6622. **S. Miyamoto,** On the ultraviolet emission of the chromosphere. Publ. Astr. Soc. Japan **2** 102—112 = Contr. Inst. Astrophys. Kyoto Univ. Nr. **10**. — Es werden im Anschluß an die Redmanschen Finsternisbeobachtungen die Ausstrahlung der Sonnenchromosphäre im Lyman-Kontinuum und in Lα bei Elektronentemperaturen von 35000° K und 20000° K berechnet. Berücksichtigt sind Stoßanregung des Wasserstoffs im Balmerniveau und Photoionisation im Balmerkontinuum. Es ergeben sich 1. Intensität an der Lymangrenze $\approx 10^9$ (entsprechend einer schwarzen Temperatur von 13000° K) bzw. $\approx 10^6$. 2. Intensität von Lα $\approx 10^7$ bzw. $\approx 10^6$. 3. Optische Dicke der Chromosphäre an der Lymangrenze 0.001 bzw. 1.0. 4. Optische Dicke von Lα 10.0

bzw. 10^4. 5. Ionen: Neutrale H-Atome $\approx 10^5$ bzw. 10^3. Diese Ergebnisse sprechen nach Ansicht des Verf. gegen eine so hohe Elektronentemperatur. Labs

6623. **S. Miyamoto,** On the excitation of helium in the chromosphere. Publ. Astr. Soc. Japan **2** 113—121, mit 3 Fig. = Contr. Inst. Astrophys. Kyoto Univ. Nr. **11.** — Für eine mittlere Chromosphärentemperatur der Sonne von 35000° K wird die Ionisation des Heliums durch Elektronenstoß zu He I : He II : He III = 0.25 : 1.0 : 0.7 berechnet. Die Elektronendichte wird mit 4×10^{11} cm^{-3} am Boden der Chromosphäre und einem logarithmischen Gradienten $\gamma = 0.5 \times 10^{-8}$ cm^{-1} angesetzt. Photoionisation durch UV-Strahlung von der Korona her ist nicht berücksichtigt. Mit einer Heliumhäufigkeit von 20% sollten danach die He I- und He II-Linien im normalen Fraunhoferspektrum relativ stark in Absorption und im Flashspektrum stark in Emission auftreten. Beides wird von der Beobachtung nicht bestätigt. Der Verf. ist der Ansicht, daß die Chromosphärentemperatur 10000° K nicht überschreiten kann. Labs

6624. **S. Miyamoto,** On the anomalous excitation of the chromospheric hydrogen spectrum. Publ. Astr. Soc. Japan **3** 16—23 = Contr. Inst. Astrophys. Kyoto Univ. Nr. **14.** — Die Überanregung der Balmer-Serie in der Chromosphäre wird auf das Einströmen von Protonen aus der heißen Korona infolge Turbulenz und nachfolgende Rekombination zurückgeführt. Bru.

6625. **S. Miyamoto,** Kinetic temperature of the chromosphere. Publ. Astr. Soc. Japan **3** 67—73 = Contr. Inst. Astrophys. Kyoto Univ. Nr. **17.** — Die aus den Beobachtungsdaten und -tatsachen sich ergebenden Argumente für und wider die von Redman abgeleitete hohe kinetische Temperatur der Chromosphäre werden diskutiert. Argumente gegen eine Temperatur von 30000 Grad betreffen den Ionisierungszustand der Metalle, die chemische Zusammensetzung der Chromosphäre, die Energieverteilung im Balmer-Kontinuum, den Balmer-Sprung, die Intensität der cm-Strahlung, die Wachstumskurve der H- und K-Linie und das He-Spektrum. Die hohen Linienbreiten der Balmer-Linien können bei Annahme einer kinetischen Temperatur von nur 5700 Grad durch Selbstabsorption erklärt werden. Gegen die Annahme einer niedrigen kinetischen Temperatur sprechen aber nach Ansicht des Verf. noch zwei wesentliche Umstände, nämlich die große Ausdehnung der Chromosphäre und ihre Überanregung. Bru.

* * **S. Miyamoto,** The solar noise from the coronal prominences. Vgl. Ref. **6546.**

6626. **O. C. Mohler,** Eclipse observations of the structure of the chromosphere. MN **111** 630—633, mit 2 Fig. — Auf einer Finsternisaufnahme der Sonne (1930 Oktober 21) hat der Verf. die Anzahl chromosphärischer Strukturelemente gezählt. Die Häufigkeitsverteilung der Länge der grashalmähnlichen Elemente zeigt eine ziemlich scharfe Grenze bei 7. Die abgeschätzte Gesamtzahl der chromosphärischen Strukturelemente auf der Sonnenoberfläche ergibt einen ähnlichen Wert wie ältere Bestimmungen der Anzahl der Granulationselemente (2.6×10^6). Micz.

6627. **E. R. Mustel, A. B. Sewerny,** Spektralphotometrie chromosphärischer Eruptionen. Bull. Kommission Sonnenforschung Nr. **5—6** (**19—20**) S. 28, 1950 (russisch).

6628. **E. R. Mustel, A. B. Sewerny,** Untersuchung der Spektren der großen chromosphärischen Eruption auf der Sonne. DAN **80** 867—870 (russisch).

6629. **I. I. Nasarowa,** Spektralphotometrie der Ca- und Ca^+-Linien in einer chromosphärischen Eruption. Mitt. Astrophys. Obs. Krim **7** 130—132, mit 1 Abb. und 1 Tafel (russisch). — Betrifft die H- und K-Linien sowie die Linie Ca 4227 Å der Eruption vom 3. September 1949.

* * **J. E. Naugle, G. W. Anderson jr.,** Rates of star formation and the flux of primary heavy nuclei during the solar flare of August 2, 1950. Vgl. Ref. 12720.

6630. **M. Notuki, T. Ohe, M. Miyazawa,** Dark filaments associated with solar eruptions. TAB (2) Nr. 37 S. 253—256, mit 7 Fig. — Es werden Häufigkeit, Lage, Radialgeschwindigkeiten und Linienbreiten in H_α sowie deren zeitliche Änderung von (Absorptions-)Filamenten mitgeteilt, welche 1949 und 1950 in Tokyo in Verbindung mit chromosphärischen Eruptionen beobachtet worden sind. Bru.

6631. **Y. Öhman,** Some observations of dark filaments in prominences. ApJ **114** 367—369, mit 4 Fig. = Harv Repr Nr. **354.** — Spektralaufnahmen der Sonnenkorona und von Protuberanzen, die mit einem weiten Koronographenspalt erhalten wurden, zeigen Andeutungen von dunklen Filamenten bei Beobachtung im Licht von H_α. Die ersten Andeutungen wurden auf Aufnahmen der High Altitude Station in Boulder, Colorado, erhalten. Spektroheliographisches Material der Observatorien McMath Hulbert, Mt. Wilson und Stockholm lassen ebenfalls dunkle Strukturelemente, die mit Protuberanzen verbunden sind, erkennen. Es wird vermutet, daß es sich dabei um Gasmassen niedrigen Anregungsgrades handelt, in denen niedrige Temperatur oder hoher Druck, vielleicht auch beides, herrschen. Micz.

6632. **Y. Öhman,** On some analogous effects of light absorption in prominences and discharges. Ark Astr **1** 309—314, mit 5 Fig. = Stockholms Obs. Medd. Nr. **71.** — Es wird über eigene und ältere Beobachtungen von dunklen Protuberanzen vor normalen Protuberanzen oder einer schwachen H_α-Hintergrundhelligkeit berichtet. Mit dieser Erscheinung werden dunkle Entladungen verglichen, welche bei Spannungen von einigen Hunderttausend Volt im Laboratorium künstlich erzeugt werden. Als wahrscheinliche Maximaltemperatur dieser dunklen Blitze wird 3500 Grad angegeben. Bru.

6633. **Y. Öhman,** On some observations with a Lyot coronagraph at the Stockholm Observatory. Obs **71** 110, mit 1 Tafel. — Drei mit einem Koronographen in Saltsjöbaden erhaltene Aufnahmen, die in Reproduktion beigefügt sind, werden kurz besprochen: ein Spektrogramm, das die grüne Koronalinie klar zeigt, und zwei Protuberanzenaufnahmen, von denen eine außerhalb der Chromosphäre eine schwache, an Granulation erinnernde Struktur zeigt. O. G.

6634. **E. Pettit,** The motions of eruptive prominences. Publ ASP **63** 237—244, mit 7 Fig. und 2 Tafeln = Mt. Wilson and Palomar Obs. Repr. Nr. **56.** — Diagramme, die die Entfernung der Protuberanzen vom Sonnenrand als Funktion der Zeit darstellen, zeigen manchmal stückweise geradlinige Distanzzunahme mit Knickstellen, die sprunghafte Geschwindigkeitsänderung anzeigen. Entsprechende Diagramme der Geschwindigkeit als Funktion der Zeit, wobei die Geschwindigkeit jeweils aus zwei aufeinanderfolgenden Messungen bestimmt ist, geben bei viel größerer Streuung eine Bestätigung der aus den Zeit-Distanz-Diagrammen abgeleiteten Geschwindigkeiten. O. G.

6635. **T. S. Rasmadse,** Die Äußerung der Sonnenaktivität in den Eruptionen. Tiflis, Verlag Akad. Wiss. grusin. Sowjetrepublik, 1951. 12 S. (russisch). — Dissertationsreferat.

6636. **R. S. Richardson,** Characteristics of solar flares. ApJ **114** 356—366, mit 4 Fig. = Mt. Wilson and Palomar Obs. Repr. Nr. **50.** — Für die im englischen Sprachgebrauch als «flare» gekennzeichneten Lichtausbrüche auf der Sonnenoberfläche hat es bisher an einem beschreibenden Klassifizierungsschema gefehlt; in den Quarterly Bulletins on Solar Activity werden nur Intensitätsschätzungen mitgeteilt. Verf. schlägt eine beschreibende Terminologie auf Grund der seit 1935 am Mt. Wilson Observatorium gemachten Erfahrungen vor. Für die einzelnen Typen werden Beispiele sowie Angaben über Häufigkeit, Helligkeitsverlauf, Beziehungen zu anderen solaren Erscheinungen usw. gegeben. Die Gesamtenergie, die in der K-Linie eines schnellen Flare (1950 Februar 21) emittiert wurde, wird zu 3.2×10^{26} erg/sec bestimmt. Die Strahlung einer Sonnenhemisphäre beträgt auf das gleiche Wellenlängenintervall bei λ 3950 bezogen 1395×10^{26} erg/sec. Micz.

6637. **R. S. Richardson,** Some nova-like characteristics of solar flares. Publ ASP **63** 233—234. — Ref. ASP.

6638. **G. Righini, G. Godoli,** Ricerche statistiche sul ciclo dei flocculi. I. Correlazione fra l'attività delle macchie e quella dei flocculi. Mem SA It (NS) **22** 3—12, mit 8 Fig. = Oss. e Mem. Oss. Astrofis. Arcetri Nr. **67**. — Aus dem in Ebro und Arcetri erhaltenen photo- und spektroheliographischen Material der letzten Sonnenperioden (1910—1949) wird die Korrelation zwischen den Flächen der Flecken und der Wasserstoff- und Kalziumflocculi untersucht und eine Verspätung der Aktivität letzterer von 0.3 Monaten abgeleitet. F. Z.

6639. **G. Righini, G. Godoli,** Ricerche statistiche sul ciclo dei flocculi. II. Migrazione in latitudine dei flocculi. Mem SA It (NS) **22** 23—32, mit 6 Fig. = Oss. e Mem. Oss. Astrofis. Arcetri Nr. **67**. — Untersuchung über die Breitenwanderung der Ca- und H-Flocculi auf der Sonnenscheibe nach den Beobachtungen in Ebro und Arcetri von 1910 bis 1949. Eine Phasenverschiebung 1°—3° zwischen Flocculi und Flecken, abhängig von der monochromatischen Strahlung und von der beobachteten chromosphärischen Schicht, wird festgestellt. F. Z.

6640. **W. O. Roberts,** Sunspot prominences and the yellow coronal line. AJ **56** 138. — Ref. AAS.

6641. **E. Schatzman,** The heating of the solar chromosphere by shock waves and related problems. Aus: Problems of cosmical aerodynamics (Ref. **12008**), Kapitel 13, S. 93—97, mit 1 Fig. — Verf. begründet die Vorstellung, daß die gegenüber der Photosphäre erhöhte Temperatur der Chromosphäre der Sonne auf Dissipation der mechanischen Energie von Stoßwellen beruhe, die von den aus der Wasserstoffkonvektionszone aufsteigenden Granulen ausgehen. Kdr.

6642. **I. S. Schklowskij,** Die Ionisation der Chromosphäre und Protuberanzen und das Problem der Dichteverteilung in der Chromosphäre. Publ. Astr. Sternberg-Inst. **20** 5—25 (russisch). — Unter der Voraussetzung einer völligen chemischen Durchmischung der Protuberanzenmaterie läßt sich die beobachtete anomale Ionisation der Protuberanzen durch die in der Korona vorhandene harte Ultraviolettstrahlung ($\lambda < 912$ Å) erklären, die in diesem Spektralbereich intensiver ist als die photosphärische Strahlung. Die harte Koronastrahlung genügt auch zur Erklärung der anomalen Ionisation des Heliums in der Chromosphäre. Von einem thermodynamischen Gleichgewicht in der höheren Chromosphäre kann man nicht sprechen. Loh.

* * **I. S. Schklowskij,** Die ultraviolette Strahlung der Korona und Chromosphäre und die Ionisation der Erdatmosphäre. Vgl. Ref. **6720**.

6643. **R. N. Sedra,** Intensity of ultraviolet radiation from solar flares. Phys. Rev. (2) **83** 190. — Ref. in Phys. Ber. **31** 319. — Verf. leitet eine einfache Formel ab, welche die Intensität der einfallenden Strahlung mit der Zahl der in der Ionosphäre erzeugten Ionenpaare verbindet. Im Vergleich mit der normalen Intensität der Sonnenstrahlung im Ultravioletten ergibt sich aus den Beobachtungsunterlagen der Eruption vom 3. Juli 1941 eine 2500mal so große Intensität. Loh.

6644. A. B. Sewerny, Versuch einer kinematographischen Aufnahme von Sonneneruptionen. Bull. Kommission Sonnenforschung Nr. **5—6** (19—20) S. 25, 1950 (russisch).

6645. A. B. Sewerny, Versuch der Phosphorphotographie der Sonnenprotuberanzen im infraroten Licht. DAN **76** 189—191 (russisch).

6646. W. W. Suchanowa, Spektralphotometrie zweier Protuberanzen mit einem Interferenzpolarisationsfilter. Mitt. Astrophys. Obs. Krim **6** 138—143, mit 3 Abb. und 1 Tafel (russisch). — Aus Aufnahmen mittels eines Lyot-Filters wird eine ausführliche Photometrie zweier Protuberanzen (16. 9. 1948, $10^h 45^m$; 23. 9. 1948, $16^h 20^m$) im Lichte von H_α durchgeführt. Für beide Protuberanzen werden Isophoten gezeichnet. Für eine der Protuberanzen wird außerdem noch ein Spektrogramm ausgewertet. Loh.

6647. Z. Suemoto, Electron temperature of the chromospheric eruption. Publ. Astr. Soc. Japan **3** 110—125, mit 5 Fig. = Tokyo Astr. Obs. Repr. Nr. **92.** — Die Konturen von H_{10}, λ 3737 von Ca II und λ 3720 von Fe werden im Spektrogramm einer Eruption der Klasse 2 ausgemessen und der Ionisierungszustand der drei Elemente bestimmt. Dieser weist auf eine Elektronentemperatur von 13000° hin. Die Dichte der H-Atome an der Basis der Eruption wird zu 5×10^{13} abgeschätzt. Vierzehn im Gebiet von H und K aufgenommene Eruptionsspektrogramme zeigen am Ort der Linien auch kontinuierliche Emission, welche aber aus einer anderen Schicht stammen muß als das Linienspektrum der Eruption. Abschließend wird eine Reihe von Argumenten für eine kinetische Temperatur der ungestörten Chromosphäre unter 10000° angeführt. Berücksichtigung der Selbstabsorption führt zu einer Temperatur von 7500°. Bru.

6648. Z. Švestka, The H_α-emission from chromospheric flares. I. Observations. BAC **2** 81—86, mit 1 Fig. — Ref. in Sternenwelt **3** 149. — Es wird über Umfang und Methode der spektrohelioskopischen Beobachtungen an 400 chromosphärischen Eruptionen in Ondřejov von 1947 bis 1949 berichtet. In zwei Tabellen werden die Daten von 87 bzw. 44 Eruptionen, insbesondere die maximalen Linienbreiten von H_α, getrennt für den kurz- und langwelligen Flügel, mitgeteilt. Der wahrscheinliche Fehler einer Linienbreitenmessung wird zu ±0.05 Å, der maximale Fehler zu ±0.20 Å angegeben. Merklich größere, systematische Fehler ergeben sich unter Umständen aus der Meßmethode bei der Bestimmung der Asymmetrie der Linie und des Maximalwertes der Linienbreite. Bru.

6649. Z. Švestka, The H_α-emission from chromospheric flares. II. General features of the asymmetry. BAC **2** 100—103, mit 5 Fig. — Ref. in Sternenwelt **3** 149. — An Hand von Linienbreitenkurven der beiden Flügel von H_α in chromosphärischen Eruptionen wird die Asymmetrie der Linie und deren Verlauf untersucht und eine lineare Beziehung zwischen der Breite des «roten» und des «blauen» Flügels angegeben. Gegenüber dem stetigen und charakteristischen Verlauf der Breiten des roten Flügels zeigt jener für den blauen Flügel starke Unregelmäßigkeiten. Es geben daher nur die Messungen am roten Flügel zuverlässige Werte für die «wahre» Linienbreite. Als Ursache der Erscheinungen im blauen Flügel wird Absorption in aufsteigenden Wasserstoffwolken angesehen, welche Radialgeschwindigkeiten $< 3 \times 10^7$ cm/sec besitzen. Bru.

6650. Z. Švestka, The H_α-emission from chromospheric flares. III. Course of the asymmetry. BAC **2** 120—125, mit 4 Fig. — Die chromosphärischen Eruptionen werden je nach der Lage der Linienbreitenmaxima der beiden Flügel von H_α in drei Hauptklassen und nach dem Charakter des «blauen» Maximums in mehrere Unterklassen eingeteilt und diese besprochen. Die Asymmetrie von H_α und ihr Verlauf wird damit erklärt, daß nach dem Aufleuchten der Eruption die über ihr liegenden Schichten durch den Strahlungsdruck hochgetrieben werden, nach dem Intensitätsmaximum an Geschwindigkeit verlieren und gegen Ende der Eruption wieder zurückfallen. Ein hauptsächlich bei den hellsten Eruptionen öfter nach dem Linienbreitenmaximum zu beobachtender anormal starker Abfall der Breite des «roten» Flügels mit nachfolgendem sekundärem Maximum wird auf asymmetrischen Starkeffekt zurückgeführt. Schließlich wird die Absorptionswirkung von flare surges auf beide Flügel an Hand einiger Beobachtungen nachgewiesen. Bru.

6651. **Z. Švestka,** The H_α-emission from chromospheric flares. IV. Expanding source of radiation. BAC **2** 150—153, mit 2 Fig. — Waldmeiers Hypothese, daß die Asymmetrie von H_α in chromosphärischen Eruptionen durch Selbstabsorption in der sich ausdehnenden Strahlungsquelle zustande kommt, wird samt einigen Modifikationen als mit den Beobachtungen in Widerspruch stehend abgelehnt. Bru.

6652. **Z. Švestka,** The H_α-emission from chromospheric flares. V. The flare of August 5, 1949. BAC **2** 153—155, mit 3 Fig. — Auf Grund der Ergebnisse der Linienbreitenmessungen an der großen Eruption von Aug. 5, 1949 in Ondřejov und unter Hinweis auf die früher (Mitteilung II dieser Serie) begründete Auffassung, daß nur am roten Flügel von H_α der wahre Verlauf der Linienbreite festgestellt werden kann, gibt Verf. den Zeitpunkt des Linienbreitenmaximums mit $8^h 5^m.5$ an. Gegenüber dem in Greenwich (Obs **69** 235) bestimmten Helligkeitsmaximum besteht daher eine Differenz von −3.5 Minuten. Die Linienbreitenmessungen werden ferner mit den Greenwicher Intensitätsmessungen verglichen und gute Übereinstimmung mit der von Ellison (MN **109** 3—27, AJB **49** Ref. **6611**) gefundenen Beziehung zwischen Linienbreite und Helligkeit bis zu einer Linienbreite von 3 Å festgestellt. Bru.

6653. **Z. Švestka,** The H_α-emission from chromospheric flares. VI. Central intensity and linewidth. BAC **2** 165—172, mit 2 Fig. — Die für die Eruption von Aug. 5, 1949 in Mitteilung V dieser Serie gefundene Beziehung zwischen Zentralintensität und Linienbreite von H_α wird zur Bestimmung ihres physikalischen Zustands benützt. Verf. findet bei Annahme thermodynamischen Gleichgewichts und einer reinen Wasserstoffstrahlungsquelle bei Berücksichtigung des Stark- und des Dopplereffekts beste Übereinstimmung mit den Beobachtungen bis zu 3 Å Linienbreite für den Fall einer Elektronendichte $n_e = 2 \times 10^{14}$ und einer Temperatur von 11200 Grad. Für die größeren Linienbreiten, also für das flash-Stadium der Eruption, muß angenommen werden, daß diese durch einige hellere und 10—100mal dichtere Knoten an der Basis der Eruption erzeugt werden, deren Temperatur sich zu 14000 Grad ergibt. Bru.

6654. **G. Thiessen,** Polarization in H_α and D_3 in prominences. Obs **71** 160. — Zwischen Beobachtungen von B. Lyot über die Polarisation in H_α und D_3 für Protuberanzen und einer Theorie von H. Zanstra zur Erklärung dieser Polarisation bestehen Differenzen in bezug auf den Polarisationsgrad und die Neigung der Polarisationsebene gegen den Sonnenrand. Nach Rechnungen des Verf. bewirkt ein schwaches Magnetfeld außer teilweiser Depolarisation gerade die beobachtete Neigung der Polarisationsebene. O. G.

6655. **G. Thiessen,** Zur Theorie der Polarisation von H_α und D_3 in Protuberanzen. ZfA **30** 8—16, mit 1 Abb. = Mitt. Sternw. Hamburg-Bergedorf **21** Nr. 221. — Für H_α und D_3 wird der Polarisationsgrad von Protuberanzen optisch dünner Schicht in zwei verschiedenen Höhen bei Vorhandensein eines schwachen Magnetfeldes und unter Annahme reiner Resonanzfluoreszenz berechnet. Es ergeben sich Polarisationsgrade von wenigen Prozent. Die Polarisationsebene liegt im allgemeinen nicht senkrecht zur Sonnenoberfläche, vielmehr steht für Winkel von 0 bis etwa 35° zwischen Magnetfeld und Sonnenoberfläche die Polarisationsebene senkrecht zum Magnetfeld, für Winkel darüber aber ist sie parallel zum Magnetfeld gerichtet. Verf.

6656. **M. Waldmeier,** Spektralphotometrische Klassifikation der Protuberanzen. ZfA **28** 208—218 (mit englischem Ref.) = Astr. Mitt. Sternw. Zürich Nr. **173**. — Ref. in Sternenwelt **3** 188. — Es wird eine neue Klassifikation der Protuberanzen eingeführt, welche auf dem Intensitätsverhältnis der Linien Fe II 5169.03 und Mg I 5167.32 basiert. Dieses Intensitätsverhältnis hängt von Elektronendichte und Temperatur der Protuberanzen ab. In den 131 klassifizierten Protuberanzen lassen sich zwei Gruppen unterscheiden, die eine die nur in Verbindung mit Fleckengruppen auftretenden Protuberanzen enthaltend, die andere aus den nur außerhalb von Fleckengruppen auftretenden Filamenten bestehend. Die beobachteten Variationen des erwähnten Intensitätsverhältnisses werden als Variationen der Elektronendichte und -temperatur interpretiert. Verf.

6657. **W. P. Wjasanizyn,** Gradienten der Sonnenchromosphäre. Bull. Kommission Sonnenforschung Nr. **5—6** (**19—20**) S. 28, 1950 (russisch).

6658. **R. v. d. R. Woolley, C. W. Allen,** Ultra-violet emission from the chromosphere. Vgl. AJB **50** Ref. **6633**. — Ref. in Sterne **27** 133—135.

6659. Zur chromosphärischen Turbulenz. Sternenwelt **3** 187. — Ref. AG.

6660. **Beobachtungen der Chromosphäre, Flares und Protuberanzen**

Anais do Observatório Astronómico da Universidade de Coimbra. Primeira Secção. Fenómenos solares. Tomo **11** 1939. Coimbra, **1949**. 8 + 283 S. mit Tafeln. — Beob. 1939.

Astr Circ UdSSR Nr. 115 S. 12—13 (russisch). Aktives Gebiet auf der Sonne. L. T. Krissenko.

AJ **56** 124. The limb flare of May 8, 1951. H. W. Dodson. — Ref. AAS.

Astr. Mitt. Sternw. Zürich Nr. **176** = VJS der Naturforschenden Ges. Zürich **96** 119—131, mit 2 Abb. Die Sonnenaktivität im Jahre 1950. M. Waldmeier. — Ref. in Sternenwelt **3** 188—189.

BAC **2** 186—196, mit 6 Fig. Catalogue d'éruptions observées à Ondřejov de 1948 à 1950. F. Link, D. Mášková.

Bol. Astr. Obs. Madrid **4** Nr. 4 S. 1—36, mit 4 Fig. Protuberancias solares. Resumen de las observaciones realizadas durante el año 1950. E. Gullón.

Bol. Astr. Obs. Madrid **4** Nr. 4 S. 37. Altura de la cromosfera en 1950. E. Gullón.

BSAF **65** 18—21, 78, 125—126, 148, 208, 248, 313, 360, 406, 444, 495—496, mit 15 Fig. L'activité solaire. Cartes synoptiques de la chromosphère et des taches. M. d'Azambuja.

BSAF **65** 21. L'activité solaire. Remarques sur un filament équatorial. M. d'Azambuja.

BSAF **65** Février 1951, Titelbild. Text S. 85. — Aufnahme der Chromosphäre 1949 März 25 in Meudon.

Circ. Astr. Obs. Charkow Nr. 8 S. 13—40 (russisch). Die Aktivität der Photosphäre und Chromosphäre der Sonne vom 1. Juli bis 31. Dezember 1950 nach Beobachtungen am Astronomischen Observatorium Charkow. R. M. Rapota.

Circ. Astr. Obs. Kiew Nr. 42—54 (russisch). Die Sonnenaktivität von August 1950—August 1951. A. K. Ossipow, S. K. Wsechswjatskij.

Circ. Astr. Obs. Lwow Nr. 4—17, 1947—1950 (russisch). Sonnenflecke, Fackeln und Protuberanzen von April 1947 bis September 1950. W. I. Sajko, T. L. Mandrykina, G. N. Rodionow.

Circ. Astr. Obs. Taschkent Nr. 238—249 (russisch). K. Kuleschowa, J. Slonim. — 1950 Dez.—1951 Nov.

Coelum **19** 21—22, 47—48, 76—77, 141—142, 176, mit 5 Fig. Fenomeni solari dei mesi ottobre e novembre 1950, dicembre 1950 e gennaio 1951, febbraio e marzo, giugno e luglio, agosto e settembre 1951.

Coelum **19** 107—108, mit 1 Fig. Notevole ripresa dell' attività solare.

JBAA **61** 234—239. Solar activity from 1949 July 9 to 1950 June 29. Synodic rotations Nos. 1282 to 1294 inclusive. F. J. Sellers, M. I. Mech.

Kodaikanal Obs. Bull. Nr. **131**, 7 S. mit 2 Fig. Summary of prominence observations for the second half of 1949. A. K. Das.

Mem SA It (NS) **22** 99—103 = Oss. e Mem. Oss. Astrofis. Arcetri Nr. **67**. Brillamenti cromosferici osservati alla torre solare di Arcetri nel 1950. M. C. Ballario.

Mem SA It (NS) **22** 147—152, mit 2 Fig. = Oss. e Mem. Oss. Astrofis. Arcetri Nr. **67**. Osservazioni di protuberanze e della cromosfera solare eseguite nel 1950. G. Abetti.

Mem SA It (NS) **22** 153—164, mit 2 Fig. = Oss. Astrofis. Catania Contr. Astrofis. Nr. **72**. L'attività del sole nell'anno 1950. L. Taffara.

Mitt. Astrophys. Obs. Krim **6** 179—186 (russisch). Spektrohelioskopische Beobachtungen 1949. S. B. Pikelner, W. W. Suchanowa, K. K. Tschuwajew, E. F. Schaposchnikowa.

Naturwissenschaften **38** 348—349, mit 2 Abb. Über die Beobachtung einer hellen Randeruption. R. Müller. — 25. 4. 51. Ref. in Phys. Ber. **31** 1025—1026.

Naturwissenschaften **38** 545—546. Im integralen Licht sichtbare Sonneneruptionen. R. Müller. — Kurzer Bericht und Beobachtung am 11. 12. 1948.

Observations made at The Royal Observatory, Greenwich in the year 1937, C 189—C 200. Observations of solar flocculi made with the spectrohelioscope in the year 1937.

Desgl. für 1938. C 153—C 163.

Obs **71** 170—172, mit 1 Fig. Solar flare 1951 May 18. H. Barton, P. S. Laurie, N. Rhodes.

Priroda **40** Nr. 6 S. 39—40 (russisch). Die Sonnenaktivität 1950. A. P. Moissejew.

Publ. Astr. Hauptobs. Pulkowo (2) **67**, 104 S. mit 2 Tafeln (russisch). Katalog der Sonnentätigkeit 1948. R. S. Gnewyschewa.

Publ ASP **63** 26—31, mit 3 Fig. und 2 Tafeln = Mt. Wilson and Palomar Obs. Repr. Nr. **42**. The eruptive prominence of August 7, 1950. E. Pettit.

Publ ASP **63** 84—87, mit 2 Fig. = Mt. Wilson and Palomar Obs. Repr. Nr. **47**. The eruptive prominence of December 23, 1950. E. Pettit.

Publ ASP **63** 87—88, mit 1 Tafel = Mt. Wilson and Palomar Obs. Repr. Nr. **47**. The eruptive prominence of January 17, 1951. E. Pettit.

Quarterly Bulletin on Solar Activity Nr. **89—92**, 85 S. mit 4 Abb. Published by the Eidgen. Sternwarte in Zürich. — 1950 Jan.—Dez.

Sternenwelt **3** 141—142, mit 3 Abb. Die Sonnentätigkeit im zweiten Quartal 1951. R. Müller.

Tokyo Astr. Obs. Bull. Solar Phenomena **2** 47—62, **3** 1—51, mit 17 Fig. — 1950 Okt.—1951 Sept.

Urania Barcelona **36** 59—63, mit 1 Fig. Protuberancias solares. Resumen de las observaciones realizadas en el Observatorio de Madrid durante el año 1950. Altura de la cromosfera en 1950. E. Gullón.

Urania Barcelona **36** 64, mit 6 Fig. Protuberancias más notables observadas en 1950.

Urania Barcelona **36** 125. Datos relativos a la actividad solar y geomagnética en 1949.

Veröff. Fraunhofer-Inst. Sonnen-Zirkular 1950 Okt.—1951 Sept. 295 S. mit Abb.

VJS der Naturf. Ges. Zürich **96** 119—131, mit 2 Abb. Die Sonnenaktivität im Jahre 1950. M. Waldmeier.

§ 67

Korona

* * Koronabeobachtungen während Sonnenfinsternissen siehe § **62**.

6701. **L. d'Azambuja,** L'observation de la couronne solaire en dehors des éclipses. Note sur les disparitions brusques de protubérances. 7me rapport de la commission pour l'étude des relations entre les phénomènes solaires et terrestres, S. 31—38. — Nach einer Beschreibung des Prinzips des Koronographen, sowie Umfang und Methode der Beobachtungen an den wichtigsten Koronalinien, wird über die Ergebnisse seit 1948 referiert. Ein Abschnitt ist Lyot's lichtelektrischer Methode gewidmet. In der abschließenden Note über die Protuberanzenaufstiege wird die Frage aufgerollt, ob diese erdmagnetisch wirksam sind. Überwachung der Sonne auf diese Aufstiege wird angeregt. Bru.

6702. **A. Behr,** Die Intensitätsvariation der grünen Koronalinie 1943 — 1950. ZfA **28** 296—303, mit 3 Abb. = Mitt. Fraunhofer-Inst. Nr. **3**. — Das Beobachtungsmaterial der Observatorien Kanzelhöhe, Wendelstein und Zugspitze aus den Jahren 1943—1950 wird in Form einer Entwicklungskarte in Isophotendarstellung veröffentlicht. Auf die Schwierigkeiten, die sich einer gemeinsamen Bearbeitung aller Koronabeobachtungen entgegenstellen, wird hingewiesen. Verf.

* * **A. Behr,** Polarisationsinterferenzfilter. Vgl. Ref. **2206**.

6703. **A. F. Bogorodskij, N. A. Chinkulowa,** Über die Verteilung der Elektronendichte in der Sonnenkorona. Bull. Kommission Sonnenforschung Nr. **5—6** (**19—20**) S. 9—19, 1950 (russisch).

6704. **E. J. Bugoslawskaja,** Die Struktur der Sonnenkorona. Bull. Kommission Sonnenforschung Nr. **5—6** (**19—20**) S. 19—24, 1950 (russisch).

* * **P. M. Djurković,** Activité solaire au cours de l'année 1950. Vgl. Ref. **6309**.

6705. **W. G. Fessenkow,** Probleme der Sonnenkorona. Nachr. Akad. Wiss. kasach. Sowjetrepublik Nr. **104** S. 3—18 (russisch).

6706. **M. N. Gnewyschew, R. S. Gnewyschewa,** Beobachtungen der Sonnenkorona außerhalb von Finsternissen bei 6374,5 Å und der Protuberanzen bei 6562,8 Å. DAN **76** 375 (russisch).

6707. **N. A. Jakowkin,** Die Ionendichte in der Sonnenkorona. AJ UdSSR **28** 79—92, mit 5 Abb. (russisch). — Ref. in Astr. News Letter Nr. **57** S. 9.

6708. **K. O. Kiepenheuer,** Über die Verdampfung der Sonnenkorona. Z. Naturforschung **6a** 627—632 = Mitt. Fraunhofer Inst. Freiburg Nr. 8. — Es wird abgeschätzt, daß die Korona durch Verdampfung in den interplanetaren Raum mindestens 10^8 g/sec verliert. Die Verdampfung erfolgt in Form bandartiger Koronastrahlen, deren Struktur wesentlich durch Reibungskräfte bestimmt ist. Die Anordnung der Strahlen bzw. die Gesamtstruktur der Sonnenkorona wird hauptsächlich durch große und langlebige Protuberanzen gesteuert, die selbst Kondensationsprodukte der Koronamaterie darstellen und ausgedehnte koronale Strömungssysteme hervorrufen. Die Identität von Koronastrahlen und erdmagnetisch erschlossenen solaren Korpuskularstrahlen wird diskutiert. Verf.

* * **K. O. Kiepenheuer,** The nature of solar prominences. Vgl. Ref. **6615**.

6709. **B. Lyot, A. Dollfus,** Etude spectroscopique de la rotation de la couronne solaire. CR **233** 1529—1532. — Mit dem Koronographen des Pic du Midi wurde bei einer Dispersion von 4 Å pro mm ein Vergleich der Wellenlängen von Koronalinien am Ost- und Westrand der Sonne durchgeführt. Der grünen Koronalinie überlagert sich teilweise eine Sonnenlinie. Die rote Koronalinie ergibt für die synodische Rotation der inneren Korona 26,8 Tage. Der wahrscheinliche Fehler von weniger als 2 Tagen ist hauptsächlich lokalen Bewegungen zuzuschreiben. Loh.

6710. **K. E. Machin, F. G. Smith,** A new radio method for measuring the electron density in the solar corona. Nature **168** 599—600. — Obwohl es möglich sein sollte, aus der Extinktion der Strahlung eines Radiosterns in der höheren Sonnenatmosphäre die dort herrschende Elektronendichte zu ermitteln, sind doch Versuche, die Bedeckung des Radiosterns 05.01 in Taurus durch die Sonne im Juni 1950 und 1951 bei 38 bzw. 81.5 und 210 MHz dazu auszunutzen, fehlgeschlagen, weil Störungen durch Sonnenflecke zu stark waren und ihre Abtrennung von dem gesuchten Effekt nicht möglich war. Bei späteren Versuchen soll deshalb auch das Auflösungsvermögen der Interferometerantennen vergrößert werden. Loh.

6711. **A. M. Naqvi,** Emission lines of the solar corona. AJ **56** 135—136. — Ref. AAS.

6712. **M. Notuki,** On the coronal observation in Japan. TAB (2) Nr. **35** S. 239—247, mit 16 Fig. — Bericht über das Koronaobservatorium am Mt. Norikura (2900 m) und seine Entwicklung. Die instrumentelle Ausrüstung umfaßt einen Koronographen mit 120 mm Öffnung und 1500 mm Brennweite, Protuberanzenkamera, Spektroskop mit 3 Prismensätzen und Gitterspektrograph. Derzeitiges Beobachtungsprogramm: a) Photometrie der grünen Koronalinie b) Protuberanzenüberwachung. Geplant ist die Photometrie der wichtigsten Koronalinien entlang des Sonnenrandes im Verlauf einiger Minuten und Intensitätsverteilung mit der Höhe, ferner Untersuchungen über die Protuberanzenbewegungen, das kontinuierliche Koronaspektrum und über die Beziehungen zwischen Korona und Protuberanzen. Bru.

6713. **Y. Öhman,** Solkoronan observerad i Saltsjöbaden. PAT **32** 55—58, mit 2 Fig. — Verf. berichtet über einen nach dem Lyot-Prinzip gebauten Koronographen, mit dem er in Stockholm die grüne Koronalinie λ 5303 Å beobachtet hat. Ra.

* * **Y. Öhman,** On some observations with a Lyot coronograph at the Stockholm Observatory. Vgl. Ref. **6633**.

6714. **W. Petri,** Der radiale Verlauf der monochromatischen Korona-Emission. Naturwissenschaften **38** 155. — Aus Messungen am Wendelstein-Koronographen wurde die mittlere monochromatische Ergiebigkeit der Sonnenkorona im Licht der grünen Fe XIV Linie als empirische Funktion der Distanz vom Sonnenrand berechnet. Das Ergebnis wird mitgeteilt. Das Maximum der Ergiebigkeit wird bei einer Distanz von 0,4 Bogenminuten vom Sonnenrand gefunden. Schai.

6715. **W. Petri,** Die Elektronendichte der Sonnenkorona. Sternenwelt **3** 53—55, mit 1 Abb. — Ausführliche Besprechung der Untersuchung von H. C. van de Hulst, AJB **50** Ref. **6705**.

6716. **S. B. Pikelner,** Zur Theorie der Sonnenkorona. Bull. Kommission Sonnenforschung Nr. **5—6** (**19—20**) S. 7, 1950 (russisch).

6717. **J. M. Ramberg,** Ljusfördelningen i solkoronan — resultat fran de totala solförmörkelserna 1945 och 1914. PAT **32** 100—120, mit 18 Fig. — Verf. berichtet über die Intensitätsverteilung in der Sonnenkorona auf Grund seiner Photometrie von Koronaaufnahmen, die während der Finsternisse 9. 7. 1945 und 21. 8. 1914 in Schweden gemacht worden waren. (Vgl. Ref. **6204**/01). Ra.

* * **W. O. Roberts,** Sunspot prominences and the yellow coronal line. Vgl. Ref. **6640**.

* * **Y. Rocard,** Sur un mécanisme d'émission radioélectrique coronale. Vgl. Ref. **6552**.

6718. I. S. Schklowskij, Die Sonnenkorona. Moskau-Leningrad, Staatsverlag für technisch-theoretische Literatur, 1951. 388 S. mit 60 Abb. Preis 13 R. (russisch). — Inhalt: 1. Die hauptsächlichen Beobachtungsergebnisse der Sonnenkorona, S. 10—99; 2. Die Natur der Emissions- und Absorptionslinien des Koronaspektrums, S. 100—140; 3. Quantitative chemische Analyse der Sonnenkorona, S. 141—188; 4. Das Problem der Ionisation der Sonnenkorona, S. 189 — 246; 5. Die ultraviolette Strahlung der Sonnenkorona und ihr Einfluß auf die Erd- und Sonnenatmosphäre, S. 247—287; 6. Die Radiostrahlung der Sonne, S. 288—348; 7. Über die Theorie der Sonnenkorona, S. 349—382. Loh.

6719. I. S. Schklowskij, Über die chemische Zusammensetzung der Sonnenkorona. Bull. Kommission Sonnenforschung Nr. **5—6** (**19—20**) S. 7—8, 1950 (russisch).

6720. I. S. Schklowskij, Die ultraviolette Strahlung der Korona und Chromosphäre und die Ionisation der Erdatmosphäre. Bull. Kommission Sonnenforschung Nr. **5—6** (**19—20**) S. 8—9, 1950 (russisch).

6721. I. S. Schklowskij, Ionisation und chemische Zusammensetzung der Sonnenkorona. Mitt. Astrophys. Obs. Krim **6** 105—118 (russisch). — Verf. berechnet die Rekombinations- und Ionisationskoeffizienten für alle koronalen Fe- und Ni-Ionen in einem weiten Bereich der kinetischen Temperatur. Fe X-Ionen werden sich in solchen Koronagebieten befinden, in denen T_e bei 550000° liegt, Fe XIV-Ionen in 1200000°-Gebieten. Beobachtung und Theorie stellen die Existenz heißerer (1200000—1400000°) und kühlerer (500000—600000°) Gebiete sicher, wobei das Fe X- und Fe XI-Leuchten in letzteren stattfindet. Die Zeit zur Einstellung eines Ionisationsgleichgewichtes ist größenordnungsmäßig zehn Minuten. Loh.

6722. M. Waldmeier, Die Sonnenkorona. I. Beobachtungen der Korona 1939—1949. Basel, Birkhäuser & Co., 1951. 270 S. mit 12 Tafeln und 1410 Diagrammen. Preis Schw. Fr. 28.60. — Besprechung in AN **280** 283 (J. Wempe), Ann d'Astrophys **14** 318, Coelum **19** 147, Mem SA It (NS) **22** 270 (G. Abetti), Nature **169** 169, Obs **71** 242—243, Publ ASP **63** 303—305 (E. Pettit), Sterne **28** 46—47, VJS der Naturf. Ges. Zürich **97** 144 (W. Brunner), ZfA **30** 152 (A. Unsöld).

6723. M. Waldmeier, Die Form der monochromatischen Korona. ZfA **28** 262—276, mit 4 Abb. (mit engl. Ref.). = Astr. Mitt. Sternw. Zürich Nr. **174**. — Ref. in Sternenwelt **3** 150. — In den Jahren 1939—1950 wurde an 176 Tagen die Höhe der Sonnenkorona, beobachtet im monochromatischen Licht der Linie 5303 Å, in Abhängigkeit von der heliographischen Breite gemessen. Die Koronahöhe zeigt wie die Intensität der Linie 5303 längs des Sonnenrandes, jedoch weniger ausgeprägt als diese, zwei Aktivitätszonen. In der Hauptzone folgt die Koronahöhe der Sonnenfleckentätigkeit. Die Nebenzone verschiebt sich vom Minimum zum Maximum polwärts und bedingt die starke Entwicklung der Korona an den Polen zur Zeit des Sonnenfleckenmaximums. Die monochromatischen Isophoten zeigen eine stärkere Abplattung (Elliptizität) als diejenigen des integrierten Lichtes. Verf.

6724. M. Waldmeier, Die neue Koronalinie 5445 Å. ZfA **29** 29—32 (mit engl. Ref.) = Astr. Mitt. Sternw. Zürich Nr. **175**. — Ref. in Sternenwelt **3** 187—188. — Es wird eine neuentdeckte Koronalinie mit der Wellenlänge 5445.2 Å mitgeteilt. Die Linie wird nur selten beobachtet und nur über großen und sehr aktiven Fleckengruppen. Sie zeigt ein ähnliches Verhalten wie die Linie 5694 Å. Die Linie ist vermutlich dem Übergang $^3P_2$—$^3P_1$ von Ca XV zuzuordnen. Verf.

6725. **M. Waldmeier,** Die Sonnenkorona von 28. Juli 1851. ZfA **30** 1—7, mit 2 Abb. = Astr. Mitt. Sternw. Zürich Nr. **178** (mit engl. Ref.). — Die älteste Koronaaufnahme, eine Daguerrotypie der Finsternis vom 28. Juli 1851, welche sich im Besitz der Eidgen. Sternwarte befindet, wird in photometrischer Hinsicht bearbeitet und die Koronaform auf Grund der Isophoten durch die Ludendorffschen Koeffizienten charakterisiert. Verf.

6726. **W. W. Witkewitsch,** Eine neue Methode zur Untersuchung der Sonnenkorona. DAN **77** 585—588 (russisch).

6727. **Koronabeobachtungen**

Astr. Mitt. Sternw. Zürich Nr. **176** = VJS der Naturforschenden Ges. Zürich **96** 119—131, mit 2 Abb. Die Sonnenaktivität im Jahre 1950. M. Waldmeier. — Ref. in Sternenwelt **3** 188—189.

Astr. Mitt. Sternw. Zürich Nr. **177**, 43 S. Katalog der grünen Koronastrahlen 1947—1949. M. Waldmeier.

Quarterly Bulletin on Solar Activity Nr. **89—92**, 85 S. mit 4 Abb. Published by the Eidgen. Sternwarte in Zürich. — 1950 Jan.—Dez.

Sternenwelt **3** 60—61, mit 3 Abb. Die Sonnentätigkeit im 4. Vierteljahr 1950. R. Müller.

Veröff. Fraunhofer-Inst. Sonnen-Zirkular 1950 Okt.—1951 Sept. 295 S. mit Abb.

§ 68

Sonnentätigkeit in Beziehung zu terrestrischen Erscheinungen

6801. **J. Aarons,** Low-frequency noise disturbance. Proc. American Acad. Arts Sci. **79** 266—279, mit 10 Fig.

6802. **H. Alfvén, D. F. Martyn,** The theory of magnetic storms and auroras. Nature **167** 984—985, mit einer Bemerkung von S. Chapman in **168** 86. — Die Ausführungen Martyns zum Thema in Nature **167** 92 (vgl. Ref. **6816**) veranlassen Alfvén zu einer Warnung vor zu weitgehender theoretischer Extrapolation ohne Kontakt mit dem Experiment. Die Bedeutung von Modellversuchen in der Geophysik (zum Beispiel der Birkelandsche Terella-Versuch) wird betont. Martyn weist demgegenüber darauf hin, daß das Abwarten experimenteller Bestätigung den Fortschritt beträchtlich verzögern kann und daß gegen die Ansichten Birkelands trotz ihres empirischen Unterbaues erhebliche Bedenken bestünden. Kdr.

6803. **H. Bortels,** Beziehungen zwischen Witterungsablauf, physikalisch-chemischen Reaktionen, biologischem Geschehen und Sonnenaktivität. Unter besonderer Berücksichtigung eigener mikrobiologischer Versuchsergebnisse. Naturwissenschaften **38** 165—176, mit 15 Abb. — Auf Grund experimenteller Ergebnisse werden mikrobiologische Reaktionen auf Strahlung zurückgeführt. Diese soll sowohl den Menschen als auch Mikroorganismen und leblose Materie beeinflussen und zum Wetterverlauf in Beziehung stehen. Schai.

6804. **C. E. P. Brooks,** The relations of solar and meteorological phenomena. 7me rapport de la commission pour l'étude des relations entre les phénomènes solaires et terrestres, S. 183—198. — Nach einer kurzen historischen Übersicht über die ersten Hinweise auf einen Zusammenhang zwischen Sonnentätigkeit und Wetter wird einleitend die Änderung der Intensität der UV-Strahlung mit dem Fleckenzyklus, die Beziehung zwischen Ozon, Luftdruck und Temperatur sowie die Möglichkeit eines Einflusses der solaren Korpuskularstrahlung auf das Wettergeschehen besprochen, wobei — wie auch in den folgenden Abschnitten — auch die ältere Literatur herangezogen wird. Der 1. Hauptabschnitt beschäftigt sich mit den Variationen meteorologischer Elemente (Druckverteilung, Temperatur, Niederschlag) im Lauf des 11jährigen Fleckenzyklus, der 2. Abschnitt mit individuellen Beziehungen zwischen erdmagnetischer Aktivität und Luftdruck bzw. Fleckenrelativzahl und Gewitterhäufigkeit. Bru.

6805. **R. Bureau, A. Dauvillier,** The chromospheric eruption of November 19, 1949, and its geophysical consequences. U. R. S. I. Proc. IXth Gen. Assembl. 8 322—328 (Pt II), 1950 (französisch). — Ref. in Phys. Abstracts (A) **55** 754.

6806. **J. Caron,** Activité solaire et agitation microséismique. Urania Barcelona **36** 184—188, mit 1 Fig.

6807. **E. J. Chernosky,** The variation of the geomagnetic-activity recurrence interval with the solar cycle. Trans. Amer. Geophys. Un. **32** 861—865. — Ref. in Phys. Abstracts (A) **55** 1125.

6808. **W. W. Coblentz,** Measurements of biologically effective ultraviolet solar and sky radiation in Washington, D. C., 1941—1950. J. Optical Soc. America **41** 292. — Ref. Optical Soc. America.

6809. **R. A. Craig,** Solar variability and meteorological anomalies. Proc. American Acad. Arts Sci. **79** 280—290. — Bericht auf der Conference on the sun in the service of man. Obgleich nach den bisherigen Erfahrungen keine einfachen und klaren Beziehungen festgestellt worden sind, können kompliziertere Zusammenhänge und gewisse kurzfristige Effekte doch nicht geleugnet werden. Die Bemühungen um ihre Aufklärung sollen daher fortgesetzt werden. Loh.

* * **J. Daudin,** Le soleil et les rayons cosmiques. Vgl. Ref. **12707.**

6810. **J.-F. Denisse, J. L. Steinberg, S. Zisler,** Contrôle de l'activité géomagnétique par les centres d'activité solaires distingués par leurs propriétés radioélectriques. CR **232** 2290—2292, mit 1 Fig. — Eine solche Kontrolle kann man dadurch herbeiführen, daß man getrennt diejenigen Zentren betrachtet, die von einer radioelektrischen Emission begleitet werden, und diejenigen, bei denen das nicht der Fall ist. Loh.

6811. **M. S. Eigenson,** Geophysikalische Erscheinungen des säkularen Zyklus der Sonnentätigkeit. Nachr. Geograph. Ges. UdSSR **83** 32—39 (russisch).

* * **V. C. A. Ferraro,** Theoretical studies relating to solar corpuscular streams and geomagnetic storms. Vgl. Ref. **6505.**

6812. **B. S. Gurewitsch,** Die Sonnenaktivität und die Dynamik des makrometeorologischen, Trockenheit hervorrufenden Prozesses der nördlichen Halbkugel. Bull. Kommission Sonnenforschung Nr. **5—6** (**19—20**) S. 83—84, 1950 (russisch).

6813. **B. N. Himmelfarb,** Über die unbekannte Komponente der Sonnenstrahlung, die durch ihre biologische Wirkung in Erscheinung tritt. Priroda **40** Nr. 7 S. 53—56 (russisch).

6814. **H. Israël,** Die Störungen des drahtlosen Verkehrs. Sterne **27** 145—155, mit 11 Abb. — 1. Übersicht. 2. Die Form der Störungen. 3. Zahl und Richtung der Störungen.

6815. **K. Křivský,** Yearly atmospheric precipitations in Europe in relation to the activity of the Sun. BAC **2** 161—165, mit 4 Fig. — Die jährlichen Niederschlagsmengen an 32 Orten Europas in geraden und ungeraden Fleckenzyklen werden miteinander korreliert und so gefunden, daß für gewisse Gebiete ein 23jähriger Zyklus in den Niederschlägen besteht (gerade und ungerade Fleckenzyklen stehen in negativer Korrelation), für andere dagegen ein 11-jähriger (der Verlauf der Niederschlagshäufigkeit ist in geraden und ungeraden Zyklen parallel). Bru.

6816. **D. F. Martyn,** The theory of magnetic storms and auroras. Nature **167** 92—94. — Die Theorie der magnetischen Stürme und Polarlichter von Chapman und Ferraro, die die primäre Ursache dieser Erscheinungen in einem von der Sonne ausgehenden neutralen ionisierten Partikelstrom erblickt, der beim Eindringen in das irdische Magnetfeld bei einigen Erdradien Abstand in einen westwärts fließenden elektrischen Ringstrom in der Nähe des geomagnetischen Äquators übergeht, wird durch detaillierte Diskussion dieser Ringströme fortgeführt. Kdr.

6817. **D. H. McIntosh,** Geomagnetic solar flare effects at Lerwick and Eskdalemuir, and relationship with allied ionospheric effects. J. Atmosph. Terr. Phys. **1** 315—342, mit 3 Fig.

6818. **D. H. McIntosh,** Geomagnetic effects of solar flares. Nature **167** 985. — Ref. in Phys. Ber. **31** 149.

6819. **F. Moriyama,** On sunspots and magnetic storms. Report Ionosph. Res. Japan **5** 151—157, mit 4 Fig. = Tokyo Astr. Obs. Repr. Nr. 88. — Es werden die Beziehungen zwischen aktiven Fleckengruppen (Typus D, E, F und G) und erdmagnetischen Stürmen für die Jahre 1948—1950 untersucht. Für die Gruppen der magnetischen Klassifikation β und γ ergeben sich die gleichen Zusammenhänge wie für die «großen» Flecken in früheren Untersuchungen von H. W. Newton und C. W. Allen. Bru.

6820. **R. Naismith,** The sunspot of C. M. P. 1950 June 14 and the ionosphere. Obs **71** 238—239, mit 1 Fig.

* * **H. W. Newton, W. Jackson,** Observational aspects of solar corpuscular radiation. Vgl. Ref. **6513.**

6821. **M. Nicolet, R. Dogniaux,** Global radiation of the sun. Inst. Roy. Met. Belge Mem. Nr. **47,** 50 S. (französisch). — Ref. in Phys. Abstracts (A) **55** 151.

6822. **M. Notuki,** Influence of coronal activity on geomagnetic variation. Report Ionosph. Res. Japan **5** 142—144, mit 1 Fig. — Die Intensität der monochromatischen Korona und die geomagnetische Aktivität werden für den Zeitraum Dez. 1950—Jan. 1951 verglichen. Maxima der geomagnetischen Aktivität folgen mit einer mittleren Verzögerung von 2.3 Tagen auf koronale Minima und koinzidieren in 4 von 7 Fällen mit koronalen Maxima. Bru.

6823. **A. I. Ohl,** Über die säkulare Veränderung der geomagnetischen Störungen. Bull. Kommission Sonnenforschung Nr. **7 (21)** S. 24—26 (russisch).

6824. **A. I. Ohl,** Ein neuer Versuch der Wiedergeburt der UV-Theorie der magnetischen Stürme. Bull. Kommission Sonnenforschung Nr. **5—6 (19—20)** S. 74, 1950 (russisch).

6825. **P. P. Predtetschenskij,** Sonnenaktivität und Klimaentwicklung. Bull. Kommission Sonnenforschung Nr. **5—6 (19—20)** S. 84—85, 1950 (russisch).

6826. **L. R. Rakipowa,** Über den Zusammenhang zwischen wirbelartigen troposphärischen Störungen und der Sonnenaktivität. Bull. Kommission Sonnenforschung Nr. 7 (21) S. 27—30 (russisch).

6827. **F. Schmid,** Die atmosphärische Korona und ihre Beziehung zur Sonnentätigkeit. Orion Schaffhausen **3** 325—330, mit 1 Fig.

6828. **A. W. Schnitnikow,** Die Veränderlichkeit der Sonnenaktivität in historischer Zeit auf Grund gewisser ihrer terrestrischen Erscheinungen. Bull. Kommission Sonnenforschung Nr. **7** (**21**) S. 47—56 (russisch).

6829. **M. V. Sivaramakrishnan,** Some geomagnetic disturbances at Alibag Observatory (India) and allied radio and solar effects (1937—46). Indian J. Meteorology and Geophysics **1** 207, 1950.

6830. **D. Stranz,** Weitere Ergebnisse der Fade-out-Statistik. J. Atmosph. Terr. Phys. **2** 79—82, mit 4 Fig.

6831. **B. Valníček,** Les éruptions chromosphériques et le temps. BAC **2** 116—118, mit 1 Fig. — Für 77 chromosphärische Eruptionen der Klassen 2 und 3 des Jahres 1947 wird nach der Überlagerungsmethode der Temperaturverlauf an den Tagen vor und nach der Eruption an fünf Orten von Finnland bis zu den Azoren festgestellt. Das Ergebnis weist auf Verstärkung der atmosphärischen Zirkulation im Gefolge der Eruption hin. Bru.

6832. **L. Vegard,** Discussion on physical aspects of the influence of solar activity on terrestrial magnetism. International Union Geod. Geophys. Bull. **1951** Nr. 13 S. 351.

6833. **S. W. Visser,** L'activité solaire et les hivers extrèmes. Geofis. pura e appl. **15** 111—113, 1949. — Ref. in Phys. Ber. **30** 1332.

6834. **L. A. Wittels,** Über den Zusammenhang der Niederschläge und Meeresniveaus mit der Sonnenaktivität. Bull. Kommission Sonnenforschung Nr. 5—**6** (**19—20**) S. 75—83, 1950 (russisch).

6835. **L. A. Wittels,** Über den Zusammenhang zwischen Niederschlägen und Sonnenaktivität. Bull. Kommission Sonnenforschung Nr. 7 (**21**) S. 38—46 (russisch).

6836. **W. P. Zessewitsch,** Die Sonne und ihre Bedeutung für das Leben der Erde. Kiew, Verlag Akad. Wiss. ukrain. Sowjetrepublik, 1951. 24 S. Preis 75 Kop. (ukrainisch).

6837. Relations entre les phénomènes solaires et géophysiques. Vgl. AJB **49** Ref. 6840. — Weitere Besprechung in Nature **167** 745.

6838. Geomagnetic storms. Obs **71** 190—196. — Bericht über eine geophysikalische Diskussion. H. W. Unthank und W. Jackson berichten über die beobachtete tägliche Variation der plötzlichen Einsätze von geomagnetischen Stürmen, besonders über das Minimum bei 8^h Ortszeit. A. T. Price: Versuch einer theoretischen Erklärung der täglichen Variation aus der abschirmenden Wirkung der Ionosphäre, in der Ströme induziert werden. H. W. Newton: Beobachteter Zusammenhang zwischen magnetischen Stürmen und Sonnenflecken und besonders Eruptionen (flares). V. C. A. Ferraro bespricht theoretische Arbeiten zur Erklärung der magnetischen Stürme durch die Wirkung von Korpuskularströmen, die von der Sonne ausgehen. O. G.

6839. Solar energy for man. Sky and Telescope **10** 140.

* * Conference on the sun in the service of man. Vgl. Ref. 1179.

6840. Solar-terrestrische Beobachtungen

J. Geophys. Res. **56** 127—133, 283—291, 439—448, 601—608, mit 3 Fig. Geomagnetic and solar data. — Von Juli 1950 bis September 1951.

Indian J. Meteorology and Geophysics 1 239, 304, 1950. Solar and geomagnetic phenomena during the period 1st January—31st March, 1st April—30th June, 1950.

Indian J. Meteorology and Geophysics **1** 67, 1950. Solar activity and associated geomagnetic and radio disturbances during May—June, 1949.

Obs **71** 45—47. Solar activity and geomagnetic storms. H. W. Newton, H. F. Finch.

Achter Teil

Planeten und Monde

§ 70

Sonnensystem, Allgemeines

7001. **J. Aneckstein,** Un système particulier de nombres hypercomplexes et son application à l'étude des systèmes planétaires. Acad. royale Belgique Bull. Cl. Sci. (5) **37** 459—479. — Ref. in ZfMG **43** 451.

7002. **G. M. Bashenow,** Vorausberechnung der größten gegenseitigen Annäherungen der Planeten. Publ. Astr. Obs. Charkow **1** (**9**) 37—42 (russisch).

7003. **A. Beiser,** The law of planet and satellite distance. Pop Astr **59** 299—303. — Für den Abstand eines Planeten oder Satelliten vom Zentralkörper (Sonne, Jupiter, Saturn und Uranus) wird die Formel $R_n = a\ \varepsilon^{n-1} + R_0$ (R_0 Abstand des innersten Körpers) angesetzt. Die Titius-Bodesche Reihe erweist sich als eine spezielle Näherung. Unter bestimmten Annahmen findet man eine befriedigende Übereinstimmung mit den beobachteten Werten. T. L.

7004. **S. van den Bergh,** The periods of planets and moons. Pop Astr **59** 467—470, mit 2 Fig.

7005. **H. P. Berlage,** Some remarks on the internal constitution of the bodies of the solar system. Proc. Amsterdam (B) **54** 344—349. — Ref. in Phys. Ber. **31** 1350.

7006. **N. T. Bobrovnikoff,** Problems of the solar system. Engineering Experiment Station News **23** Nr. 3 S. 12—14, 40—44, mit 4 Fig.

7007. **N. Boneff,** Sur la loi de Titius-Bode. Annuaire Univ. Sofia Faculté Sci. Math. Phys. **47** Livre 1, partie 1, S. 183—190 (mit bulgarischer Zusammenfassung). — In der Himmelsmechanik wird gezeigt, daß sich im Mehrkörperproblem die Körper bei verschwindenden Massen in Ellipsen um den Zentralkörper bewegen. Andererseits besteht die überwiegende Anzahl der dreifachen Sternsysteme aus zwei eng beieinander stehenden Körpern, um die sich ein dritter in weitem Abstand bewegt; sämtliche Bewegungen sind quasielliptisch. Das Sonnensystem stellt ein Zwischensystem dieser beiden stabilen Möglichkeiten dar. Das Titius-Bodesche Gesetz kann dabei als Bedingung für die Abstände angesehen werden, unter welcher die weitgehende Stabilität des Systems bei den gegebenen Massen ermöglicht ist. T. L.

7008. **G. M. Clemence, D. Brouwer,** The motions of the five outer planets. Sky and Telescope **10** 83—86, mit 3 Fig.

7009. **W. J. Eckert,** Numerical theory of the five outer planets. AJ **56** 38. — Ref. AAS.

* * **W. G. Fessenkow, A. G. Massewitsch,** Über den Aufbau und die chemische Zusammensetzung der Großen Planeten. Vgl. Ref. 5207.

7010. **V. A. Firsoff,** The air of other worlds. J. British Interplanetary Soc. **10** 197—210.

7011. **G. C. Flammarion,** Les atmosphères des planètes et des satellites. BSAF **65** 395—402, mit 1 Fig.

7012. **G. Herzberg,** The atmospheres of the planets. J RAS Canada **45** 100—123, mit 6 Fig. und 2 Tafeln. — Allgemeine Übersicht unter Einbeziehung der Erde. Bezüglich letzterer wird die kürzlich erfolgte Entdeckung des OH im Spektrum des Nachthimmels diskutiert und ihre Bedeutung für hochatmosphärische Prozesse hervorgehoben. Die CO_2-Untersuchungen bei Venus und Mars werden ausführlich dargelegt und mit Laboruntersuchungen in Beziehung gebracht. Die Beobachtungen der CH_4-Banden in den Spektren der Großen Planeten und Titan werden geschildert und auf die Möglichkeit einer Entdeckung molekularen Wasserstoffs hingewiesen. Loh.

7013. **C. Hoffmeister,** Interplanetare Materie. Naturwissenschaften **38** 227—234, mit 3 Fig. — Verf. gibt eine Gesamtbetrachtung der Erforschung interplanetarer Kleinkörper. Ausgehend von den kleinen Planeten, den planetarischen Meteoriten über das Zodiakallicht, die Sonnenkorona, die Leuchtstreifen und die leuchtenden Nachtwolken wird der Stand der Forschung aufgezeigt. Die einzelnen Erscheinungsformen werden miteinander in Verbindung gebracht. Es wird die Existenz eines ausgedehnten Systems planetarischer Kleinkörper von Planetengröße bis quasimolekularen Dimensionen aufgezeigt, das sich grundsätzlich in seiner räumlichen Anordnung von dem System der großen Planeten unterscheidet. Die Versuche werden besprochen, das Nebeneinander der verschiedenen Klassen der Kleinkörper in einem genetischen Zusammenhang zu sehen. Eine Abschätzung der räumlichen Dichte in der Gegend der Erdbahn führt zu einem Wert von 10^{-21} g/cm^3; bei Einschluß der kleinen Planeten erhöht sich die Dichte auf 10^{-17} g/cm^3. Schai.

7014. **E. Hornung,** Das Titius-Bodesche Gesetz und der transplutonische Planet. Sterne **27** 22—32.

7015. **N. A. Kosyrew,** Über den inneren Aufbau der Großen Planeten. DAN **79** 217—220 (russisch).

7016. **J. Kučírek,** Neue Wissenschaft — Astrobotanik. Vesmír **29** 211—213, mit 2 Fig. (tschechisch).

7017. **P. A. Moore,** Solar system notes — 1. J. British Interplanetary Soc. **10** 159.

7018. **E. J. Öpik,** Collision probabilities with the planets and the distribution of interplanetary matter. Proc. Roy. Irish Acad. **54** (A) Nr. 12 S. 165—199, mit 4 Fig. = Contr. Armagh Obs. Nr. **6**. — Die für die Wahrscheinlichkeit des Zusammenstoßes im Sonnensystem abgeleiteten Formeln werden auf verschiedene Objekte angewendet. Für die 28 Körper, die die Bahn nur eines Planeten kreuzen (Pluto—Neptun, Planetoiden—Mars) ergeben sich Lebenserwartungen von 2×10^9 bis 3×10^{10} Jahren. Dagegen sind die Mehrfach-Kreuzungen in den inneren Teilen des Sonnensystems kurzlebiger: Kurzperiodische Kometen, einige Meteorschauer, Apollo-Adonis-Gruppe. Der größte Teil der Arbeit ist den Partikeln gewidmet, die das Zodiakallicht hervorrufen;

dabei wird sowohl das Fehlen großer Partikel ($r > 100$ cm) als auch solcher zwischen $r = 0.03$ und 6 cm in den inneren Teilen des Sonnensystems als Auswahleffekt bewiesen, sowie die von Allen und Hulst gedeuteten Eigenschaften der F-Korona als Staub von etwa $r = 10^{-3}$ cm erklärt. Ferner wird auf einen Effekt hingewiesen, der von Jarkowsky um 1900 entdeckt worden war und sich auf die ungleichförmige Rückstrahlung absorbierter Sonnenenergie durch rotierende Körper bezieht; er ist in Verbindung mit dem Poynting-Robertson-Effekt für Partikel mit $r = 1$ bis 10 cm von besonderer Bedeutung. T. L.

7019. **I. A. Parschin,** Der Bau des Sonnensystems. Leningrad, Unionsgesellschaft zur Verbreitung politischer und wissenschaftlicher Kenntnisse, 1951. 36 S. mit 6 Abb. Preis 75 Kop. (russisch).

* * **W. H. Ramsey,** On the constitution of the major planets. Vgl. Ref. **5227.**

7020. **D. W. Rosebrugh,** Visibility of planetary details. Strolling Astronomer **5** Nr. 12 S. 3—8, mit 2 Fig.

* * **D. W. Rosebrugh,** Experiments on the naked eye visibility of artificial double stars and small planetary details. Vgl. Ref. **10010.**

7021. **B. M. Rubaschew,** Neue Daten über die Großen Planeten. Priroda **40** Nr. 7 S. 40—41 (russisch).

* * **B. M. Rubaschew,** Über das Hervortreten der Sonnenaktivität in den Atmosphären der Großen Planeten. Vgl. Ref. **6342.**

7022. **G. Schindler,** Die allgemeinen Sichtbarkeitsbedingungen der Planeten. Sterne **27** 90—94, mit 4 Abb.

7023. **I. S. Schklowskij,** Über die Zerstreuung der Planetenatmosphären. DAN **76** 193—196 (russisch). — Ref. in ZfMG **42** 238.

7024. **O. Struve,** Dust in the solar system. Sky and Telescope **10** 88—91, mit 4 Fig. Dänische Übersetzung in NAT **1951** 94—102, mit 4 Fig.

7025. **I. L. Thomsen,** The structure of the planets. Southern Stars **15** 24—30.

7026. **W. I. Tscherednitschenko,** Physikalische Besonderheiten der Satelliten der Großen Planeten. Priroda **40** Nr. 5 S. 9—13 (russisch).

7027. **D. Wattenberg,** Zur Definition des Planetenbegriffs. Urania Jena **14** 231—235 = Mitt. Archenhold-Sternw. Nr. **21.**

* * **D. Wattenberg,** Historische Merkwürdigkeiten aus der Welt der Satelliten. Vgl. Ref. **1462.**

7028. The Atmospheres of the Earth and Planets. Vgl. AJB **49** Ref. **7030.** Unter Redaktion von I. S. Schklowskij aus dem Englischen ins Russische übersetzt. Moskau, Verlag für ausländische Literatur, 1951. 408 S. mit 91 Abb. und 16 Tafeln. Preis 23 R. 40 Kop.

7029. The Atmospheres of the Earth and Planets. Vgl. AJB **49** Ref. **7030.** — Weitere Besprechung in Weltraumfahrt **2** 47 (G. Loeser).

7030. Pianeti e radiotrasmissioni. Coelum **19** 138—139.

7031. Planets and white dwarfs. Sky and Telescope **10** 272.

§ 71

Merkur, Venus

7101. **Merkur. Astrometrische Beobachtungen**
Observations made at the Royal Observatory, Greenwich in the year 1937, A 20. — α, δ. Durchmesser.
Desgl. für 1938. A 20. — α, δ. Durchmesser.
TAB (2) Nr. 38 S. 257—264. Vgl. Ref. **6001**.

7102. **Merkur. Physische Beobachtungen**
El Universo **49** Nr. 16 S. 56, mit 1 Abb. — Bericht über Beobachtungen 1948 mit Zeichnungen.
RH **32** 164—165, mit 1 Fig. Observations of Mercury in the year 1951. A. Hruška.
Sterne **27** 168—169. Merkur in östlicher Elongation März/April 1951. W. Sandner.
Sterne **27** 214—215. Merkurbeobachtungen zur Frühjahrs-Ostelongation 1951. H. Oberndorfer, G. D. Roth.
Strolling Astronomer **5** Nr. 4 S. 3, mit 2 Fig. Mercury. T. Cragg, D. O'Toole.
Strolling Astronomer **5** Nr. 4 S. 3—4, 6. Mercury in the second half of 1950. D. O'Toole.
Strolling Astronomer **5** Nr. 6 S. 11—14, **5** Nr. 10 S. 9—14. Observations and comments.
Strolling Astronomer **5** Nr. 10 S. 3—4, mit 1 Tafel. A map of Mercury based on observations in April, 1950. D. O'Toole.

7103. **A. Dollfus,** Observation d'une atmosphère autour de la planète Mercure. Vgl. AJB **50** Ref. **7105**. — Weiteres Ref. in Hemel en Dampkring **49** 136.

7104. **M. B. B. Heath,** The visibility and brightness of the planet Mercury. JBAA **61** 43—45.

7105. **M. B. B. Heath,** Visibilidad y brillo del planeta Mercurio. Urania Barcelona **36** 193—196, mit 1 Fig.

* * **C. Marguglio,** La spiegazione fisica dell' avanzamento del perielio di Mercurio. Vgl. Ref. **4136**.

7106. **P. T. Resnikowskij,** Analytische Theorie der säkularen langperiodischen Störungen in der Merkurbewegung. Moskau, Staatliches Astr. Sternberg-Inst., 1951. 12 S. (russisch). — Dissertationsreferat.

7107. **B. M. Rubaschew,** Spuren einer Atmosphäre auf Merkur. Priroda **40** Nr. 11 S. 47—48 (russisch).

7108. **G. Schindler,** Die beste Sichtbarkeit Merkurs. Sternenwelt **3** 61—64, mit 1 Fig. — Es wird über die erwähnenswertesten Merkurerscheinungen berichtet.

7109. Mercurius heeft een ijle dampkring. Hemel en Dampkring **49** 136.

7110. Merkur har en Atmosfære. Urania Kopenhagen **8** 121—122.

7111. Mercury's atmosphere. Sky and Telescope **10** 272.

7112. Die mittlere Dichte Merkurs. Sternenwelt **3** 70. — Angaben über Masse, Durchmesser und Dichte Merkurs.

7113. **Venus. Astrometrische Beobachtungen**

Observations made at the Royal Observatory, Greenwich in the year 1937, A 20. — α, δ. Durchmesser.

Desgl. für 1938. A 20. — α, δ. Durchmesser.

TAB (2) Nr. **38** S. 257—264. Vgl. Ref. **6001**.

7114. **Venus. Physische Beobachtungen**

El Universo **49** Nr. 16 S. 56—57, mit 1 Abb. — Bericht über Beobachtungen 1947—1950 mit Zeichnungen.

Gaz astr **33** 92—94. Observations de Vénus en février—juillet 1951. G. D. Roth.

National Obs. Athen Bull. Astr. Inst. 1951 S. 19—22, mit 8 Fig. Venus in 1951. J. E. Focas.

Strolling Astronomer **5** Nr. 1 S. 5—8. Venus in the morning sky in 1950. T. R. Cave jr.

Strolling Astronomer **5** Nr. 6 S. 1, mit 4 Fig. Venus 1951. P. A. Moore, H. Le Vaux, J. C. Bartlett, T. Osawa.

Strolling Astronomer **5** Nr. 6 S. 4, 6—7. Observations of Venus in late 1950 and early 1951. T. R. Cave jr.

Strolling Astronomer **5** Nr. 9 S. 5, mit 3 Fig. Venus 1951. H. Koyama, O. Ranck, J. C. Bartlett jr.

Strolling Astronomer **5** Nr. 9 S. 6—8. Recent observations of Venus. T. R. Cave jr.

Strolling Astronomer **5** Nr. 12 S. 8—12. Venus to and beyond inferior conjunction in 1951. J. C. Bartlett jr.

Urania Kopenhagen **8** 123—124, mit 2 Fig., Venus i foråret 1951. G. Persson.

7115. **N. P. Barabaschew,** Über die Verlängerung der Hörnerspitzen der Venussichel. Publ. Astr. Obs. Charkow **1** (**9**) 7—8 (russisch).

7116. **N. P. Barabaschew, A. T. Tschekirda,** Photographische Spektralphotometrie von Venus, Mars, Jupiter und Saturn. Publ. Astr. Obs. Charkow **1** (**9**) 19—23 (russisch).

7117. **N. Boneff,** Sur la rotation de Vénus. Annuaire Univ. Sofia Faculté Sci. Math. Phys. **47** Livre 1 S. 167—176. — Mit Hilfe von Ergebnissen aus Poincarés kosmogonischen Untersuchungen und empirisch durch Vergleich mit den Rotationsverhältnissen des Systems Erde—Mond wird der Versuch unternommen, eine untere Schranke für die Rotationsdauer der Venus abzuleiten, die mit der Gezeitenwirkung der Sonne verträglich ist. Unter der Annahme gleicher Dichteverteilung im Innern von Erde und Venus und verschwindender Abplattung des Venuskörpers ergibt sich für diese untere Schranke eine Dauer von rund drei Tagen (also der von Pickering und McEwen gefundende Wert). Böh.

7118. **K. E. Bullen,** Venus and the earth's inner core. Vgl. AJB **50** Ref. 7110. — Ref. in Nature **167** 221—222.

7119. **A. Danjon,** Les conjonctions inférieures de la planète Vénus. BSAF **65** 249—252, mit 1 Fig.

7120. **A. Hruška,** Deformations of the Venus terminator. RH **32** 90—93, mit 3 Fig. — Unregelmäßigkeiten des Venusterminators nach Beobachtungen auf der Prager Volkssternwarte in den Jahren 1946—1950. J. B.

7121. **A. Paroubek,** About the rotation of Venus. RH **32** 160—161.

* * **K. Pflug,** Hinweise zur visuellen Venusbeobachtung. Vgl. Ref. **2052**.

7122. **W. Sandner,** Zur Beobachtung des Planeten Venus. Sterne **27**

23—24. — An Hand eigenen Beobachtungsmaterials werden vom Verf. Erfahrungen mitgeteilt und einige Schlüsse daraus abgeleitet.

7123. **W. W. Scharonow,** Photometrischer Vergleich der Dämmerungserscheinungen der Erde und der Venus. AJ UdSSR **28** 382—387 (russisch). — Ref. in Astr. News Letter Nr. **60** S. 10—11.

7124. **L. I. Schingarjow,** Über die Rolle der Lichtstreuung in der Venusatmosphäre. Publ. Astr. Obs. Charkow **1** (**9**) 73 (russisch).

* * **G. A. Tichow,** Über Pflanzenleben auf Mars und Venus. Vgl. Ref. **7418.**

7125. **W. W. Wolkow,** Venus im Frühjahr 1940. Vgl. AJB **49** Ref. **7113.** — Ref. in Coelum **19** 81, Sternenwelt **3** 34 unter dem Titel: Die Rotation der Venus.

§ 72

Erde

Allgemeines

7201. **F. Albrecht,** Intensity and spectral distribution of global radiation with a clear sky. Arch. Meteorol. Geophys. Bioklimatol. (B) **3** 220—243 (deutsch). — Ref. in Phys. Abstracts (A) **55** 940—941.

7202. **H. Bucerius,** Der freie Fall auf der rotierenden Erde. Sitzber. math.-naturwiss. Kl. Bay. Akad. Wiss. München, Jahrgang **1950** 77—83. — Die Gleichungen des freien Falles auf der rotierenden Erde werden ohne die übliche Vernachlässigung der Zentrifugalkomponenten streng integriert. Die Abweichungen der strengen Lösung von derjenigen, die sich auf die Berücksichtigung der Coriolisbeschleunigungen beschränkt, werden erörtert. Zum Schluß werden die Gleichungen unter den allgemeinen Anfangs-Bedingungen des Wurfes integriert.

* * **K. E. Bullen,** Venus and the earth's inner core. Vgl. Ref. **7118.**

7203. **S. Chandrasekhar, D. Elbert,** Polarization of the sunlit sky. Nature **167** 51—55, mit 5 Fig.

7204. **S. Chapman,** The Earth's Magnetism. London, Methuen & Co., Ltd.; New York, John Wiley & Sons, Inc., 1951. Zweite verbesserte Auflage. 11 + 127 S. mit 39 Fig.

7205. **R. Cialdea,** La distribuzione spettrale della polarizzazione della luce in cielo. Ann. Geofis. **3** 357.

7206. **F. Errulat,** Die Erde als Magnet. Naturwiss. Rundschau **4** 391—394, mit 3 Abb.

7207. **B. Gutenberg,** Internal Constitution of the Earth. Physics of the Earth. Vol. **7.** New York, Dover Publications, Inc., 1951. 2. revidierte Auflage. 439 S. Preis $ 6.00. — Besprechung in Deutsche Hydrographische Z. **5** 156 (F. Errulat), Obs **72** 84 (W. H. Ramsey).

7208. **H. G. W. Harding, G. E. V. Lambert,** Colour and brightness of the sky. Nature **167** 436—437, mit 1 Fig. — Ref. in Sterne **28** 27—28.

7209. **H. S. Jones,** The earth's magnetic field. J. Inst. Navigation London **3** 1, 1950.

7210. **M. Litt,** Über das Magnetfeld der Erde und seine Variationen. Sterne **27** 135—138.

7211. **D. M. Packer, C. Lock,** The brightness and polarization of the daylight sky at altitudes of 18,000 to 38,000 feet above sea level. J. Optical Soc. America **41** 473—478, mit 10 Fig.

7212. **G. D. Panassenko,** Modell des inneren Aufbaues der Erde im Lichte der kosmogonischen Theorie O. J. Schmidts. Stalinabad, Verlag Akad. Wiss. tadshik. Sowjetrepublik, 1951. 16 S. mit 1 Tafel (russisch). — Dissertationsreferat.

7213. **W. H. Ramsey,** The interior of the earth. Irish AJ **1** 185—188. — Allgemeinverständliche Darstellung über den Erdkern mit Argumenten gegen die Annahme eines Eisen-Nickel-Kerns und für die Annahme, daß der Erdkern aus den gleichen Stoffen wie die Erdrinde besteht, die nur durch den hohen Druck in dichte metallische Phase übergegangen sind. O. G.

* * **S. F. Rodionow, I. G. Frischman,** Über die Infrarothelligkeit des Himmelsgewölbes im Gebiet der Milchstraße. Vgl. Ref. **12321.**

7214. **I. S. Schklowskij,** Über die Möglichkeit der Erklärung der Unterschiede im chemischen Aufbau der Erde und der Sonne durch die thermische Dissipation der leichten Gase. AJ UdSSR **28** 234—243 (russisch). — Ref. in Astr. News Letter Nr. **60** S. 5. — Verf. diskutiert die Bedingungen, unter denen die Jeanssche Dissipationsformel (The Dynamical Theory of Gases, Cambridge, 1925) gültig ist. Loh.

7215. **W. Smosarski,** Polarisation de la lumière atmosphérique et radiation solaire. Bull. Soc. Sci. Lettres Poznań (B) **11** 23—38, mit 1 Fig. — Aus systematischen Beobachtungen ergibt sich eine enge Korrelation zwischen Polarisation des atmosphärischen Lichtes und der Sonnenstrahlung, vor allem in den Sommermonaten. Weniger ausgeprägt ist sie zwischen der Polarisation des Himmelslichtes und dem Wasserdampfdruck in der Atmosphäre, immerhin aber oft noch stärker als zwischen diesem und der Sonnenstrahlung. Nach einer Untersuchung über das Zustandekommen der Polarisation des Himmelslichtes überhaupt werden die beobachteten Zusammenhänge diskutiert. T. L.

7216. **G. W. Wojtkewitsch,** Die säkulare Veränderung der chemischen Zusammensetzung der Erde. Priroda **40** Nr. 4 S. 28—37 (russisch)

7217. **G. Zimmermann,** Milchstraßenrotation und Klimaschwankungen. Sternenwelt **3** 21—25, mit 7 Abb.

7218. Terrestrial Magnetism and Electricity. Edited by J. A. Fleming. Vgl. AJB **50** Ref. **7219.** — Weitere Besprechung in Scientia **86** 184—185 (F. Vercelli).

Atmosphäre

7219. **A. Adel,** Concerning the vertical distribution and origin of atmospheric nitrous oxide. AJ **56** 33—34. — Ref. AAS.

7220. **A. Adel,** Rotational structure in the R branch of the atmospheric nitrous oxide band at 8.6 μ. ApJ **113** 222—223. — Es wird darauf hingewiesen, daß die Struktur des R-Zweigs der atmosphärischen N_2O-Bande bei 8,6 μ Wellenlänge bereits vor längerer Zeit (ApJ **94** 451, AJB **43** Ref. **4406**) vom Verf. registriert wurde. Die Wellenlängen von 10 Linien werden mitgeteilt. Micz.

7221. **E. V. Ashburn,** The density of the upper atmosphere and the intensity of the zenith sky light during twilight. Phys. Rev. (2) **81** 653. — Ref. Am. Phys. Soc.

7222. **D. R. Bates,** The temperature of the upper atmosphere. Proc. Phys. Soc. (B) **64** 805—821.

7223. **W. M. Benesch, F. P. Elby, J. T. Elder,** An investigation of the 2943-cm^{-1} line of the solar spectrum. Phys. Rev. (2) **81** 145. — Wurde als Linie des atmosphärischen Methans ermittelt.

7224. **J. Cabannes, J. Dufay,** La molécule OH dans la haute atmosphère. J. Physique **12** Nr. 3 9 S — 10 S — Ref. in Phys. Ber. **31** 150.

7225. **S. Chapman,** Some phenomena of the upper atmosphere. Proc. Phys. Soc. (B) **64** 833—844, mit 3 Fig.

7226. **J. Clay, H. van Marle,** The balance of ions in the atmosphere; the production and the disappearance of ions. Physica **17** 847—857, mit 6 Fig.

7227. **C. Fabry,** L'ozone atmosphérique. Paris, Centre National de la Recherche Scientifique. Mit einem Vorwort von J. Cabannes. 278 S. mit 75 Fig. Preis 27 s. net. — Besprechung in Ann d'Astrophys **14** 246—247 (D. Barbier), Obs **71** 118.

7228. **W. G. Fessenkow,** Über die thermische Dissipation der Atmosphäre. AJ UdSSR **28** 221—233, mit 5 Abb. (russisch). — Ref. in Astr. News Letter Nr. **60** S. 4—5. — Im Aufsatz wird gezeigt, daß die thermische Dissipation von molekularen Größen des gegebenen Gases in erster Linie vom Verhältnis T/m (von Temperatur und Molekulargewicht) abhängt. Es werden zwei Grenzfälle betrachtet: geringe Beimischung des dissipierenden Gases zur beständigen Atmosphäre und die ganze Atmosphäre vollständig dissipationsfähig. Im zweiten Fall verläuft die Dissipation bedeutend schneller. Die thermische Dissipation kann kosmogonische Bedeutung haben und die Unterschiede der kosmischen Zusammensetzungen der Atmosphären der Planeten verschiedener Masse und auch ihre Unterschiede von der Zusammensetzung der Sonne erklären. Verf. (übersetzt)

7229. **L. Goldberg,** The abundance and vertical distribution of methane in the earth's atmosphere. ApJ **113** 567—582, mit 9 Fig. — Für die im Sonnenspektrum beobachteten CH_4-Linien terrestrischen Ursprungs werden theoretische Ausdrücke für die Äquivalentbreite unter Berücksichtigung der Abhängigkeit von Druck und Temperatur von der Höhe über dem Erdboden aufgestellt. Aus Intensitätsmessungen der Linien auf Spektren, die bei geringer Sonnenhöhe gewonnen werden, kann die vertikale Verteilung des CH_4 ermittelt werden. Aus einer Analyse der $2\nu_3$-Bande des CH_4 bei 1.666 μ auf solchen Spektren, aufgenommen in Lake Angelus, Michigan (Seehöhe 296 m), und Mt. Wilson (Seehöhe 1742 m) folgt als Häufigkeit der CH_4-Moleküle in einer senkrechten Säule über 1 cm^2 Bodenfläche 3.2×10^{19} bzw. 2.6×10^{19}. Das Verhältnis entspricht ziemlich genau dem Wert, der bei einer vertikalen Häufigkeitsverteilung des Methans ähnlich der der Hauptbestandteile der Atmosphäre und Unabhängigkeit vom Ort auf der Erdoberfläche zu erwarten ist. Die beobachteten Wachstumskurven werden durch theoretische mit den Dämpfungskonstanten $\gamma/4\pi = 1.2 \times 10^9\ sec^{-1}$ bzw. $\gamma/4\pi = 1.0 \times 10^9\ sec^{-1}$ gut dargestellt. Das Verhältnis beider Werte gibt erwartungsgemäß das Verhältnis des Luftdrucks beider Beobachtungsorte wieder. Micz.

* * **L. Goldberg,** The analysis of the solar and terrestrial atmospheres. Vgl. Ref. **6406**.

7230. **P. Harteck,** Chemie und Photochemie in der Erdatmosphäre. Angew. Chemie **63** 1—7, 1950. — Ref. in Phys. Ber. **30** 1479—1480.

7231. **J. Humphries,** The earth's atmosphere. J. British Interplanetary Soc. **10** 18—26, mit 5 Fig.

7232. **F. S. Johnson, J. D. Purcell, R. Tousey,** Measurements of the vertical distribution of atmospheric ozone from rockets. J. Geophys. Res. **56** 583—594, mit 6 Fig. — Die vertikale Verteilung der Ozondichte in der Erdatmosphäre wurde aus Sonnenspektren bei zwei Raketenaufstiegen in New Mexiko bestimmt. Die maximale Dichte ergab sich in einer Höhe von 23,5 km am 10. Oktober 1946 bzw. von 18,5 km am 2. April 1948. Oberhalb einer Höhe von 45 km konnten keinerlei Spuren von Ozon ($\pm$0,004 mm Quecksilbersäule) nachgewiesen werden. Behr

7233. **S. Lattimore,** Calculations on the number of neutrons in the atmosphere. Phys. Rev. (2) **81** 643, mit 1 Fig.

7234. **R. Mathis,** L'absorption de la vapeur d'eau atmosphérique dans le proche infrarouge. (Les bandes à 2,7 et 1,8 μ). J. Physique **12** 51—64, mit 1 Fig.

7235. **M. Migeotte, L. Neven,** Nouvelles raies de méthane tellurique. Ann d'Astrophys **14** 315 = Inst. d'Astrophys. Univ. Liège Coll. 4⁰ Nr. **30** = Commun. Obs. Roy. Belgique Nr. **33.** — Vorläufige Notiz über zahlreiche neue Linien der tellurischen CH_4-Bande des Sonnenspektrums, die die Verf. in der Umgebung von λ 7.7 μ auf Registrierungen des Sonnenspektrums auf der Sphinx-Station (Schweiz) gefunden haben. Micz.

* * **O. C. Mohler,** Solar atomic lines in the 3 μ region. Vgl. Ref. **6412.**

7236. **F. Nettelblad,** Om astronomisk «seeing» eller sikt. PAT **32** 139—147, mit 4 Fig.

7237. **H.-K. Paetzold,** Über die Erfassung der atmosphärischen Ozonverteilung durch die Benutzung von Mondfinsternissen. Z. Naturforschung **6a** 639—648, mit 8 Abb. — Vgl. auch Phys. Verhandlungen **6** 72, 1950; Ref. in Sternenwelt **3** 71. — Aus der gemessenen Helligkeitsverteilung im Spektralgebiet bei 6000 Å auf dem verfinsterten Mond senkrecht zur Schattengrenze läßt sich die vertikale Verteilung des Ozons in der Atmosphäre ableiten. Je nach dem Positionswinkel, unter dem die Helligkeitsverteilung gemessen wird, ergibt sich, unabhängig von der Lage des Beobachtungsortes auf der Erde, die Ozonverteilung für verschiedene Breiten, was besonders im Hinblick auf die Erdgegenden wertvoll ist, für die nur wenige oder gar keine Bestimmungen der Ozonverteilung vorliegen. Die Grundlagen des Verfahrens werden entwickelt und geprüft und die Brauchbarkeit der Methode wird an vier bislang bei Mondfinsternissen vorgenommenen Messungen aufgezeigt. Die auf diesem Wege gewonnenen Ozonverteilungen entsprechen den auf direktem Wege bei Ballonaufstiegen erhaltenen Ergebnissen. Um möglichst jede Mondfinsternis ausnützen zu können, ist eine breitere, von mehreren geographisch verteilten Stellen ausgehende Beteiligung erforderlich. Dazu werden für die Durchführung und Auswertung der Messungen einige praktische Hinweise gegeben. Verf.

7238. **E. W. Pjaskowskaja-Fessenkowa,** Die Abhängigkeit der Streuung des Lichts in der Atmosphäre von der Wellenlänge. DAN **80** 595—598 (russisch).

7239. **E. W. Pjaskowskaja-Fessenkowa,** Über einige Besonderheiten der Streuung des Lichts in der Erdatmosphäre. Nachr. Akad. Wiss. kasach. Sowjetrepublik Nr. **104** S. 71—90 (russisch).

7240. **J. H. J. Poole, C. F. G. Delaney,** Origin of atmospheric Argon and the radioactive decay constants of Potassium-40. Nature **167** 680—681.

7241. **F. E. Roach, H. B. Pettit,** Simultaneous intensities of upper-atmosphere emission at various stations. Publ ASP **63** 180. — Ref. ASP.

7242. **G. Rosenberg,** Der direkte Beweis der kosmischen Herkunft des Wasserstoffs in den hohen Schichten der Atmosphäre. Fortschritte Phys. Wiss. **44** 467—468 (russisch).

7243. **J. H. Shaw,** Infrared studies of atmospheric constituents. Engineering Experiment Station News **23** Nr. 3 S. 22—30, mit 6 Fig.

7244. **J. H. Shaw, H. H. Claassen,** The absence of atmospheric ethylene. Phys. Rev. (2) **81** 462—463, mit 1 Fig.

7245. **J. H. Shaw, H. H. Claassen,** Water vapor absorption lines in the solar spectrum between 8 μ and 13 μ. Phys. Rev. (2) **82** 559. — Vorläufige Mitteilung. Ref. in Phys. Ber. **30** 1641.

7246. **H. Socher,** Brechzahl und Refraktion der atmosphärischen Luft. Archiv Meteorol. Geophys. Bioklimatol. (B) **3,** 4 S. = Mitt. Univ.-Sternw. Wien **5** 93—97.

7247. **Ta-You Wu,** On the dissociation of oxygen molecules in the upper atmosphere. Phys. Rev. (2) **81** 295. — Ref. Am. Phys. Soc.

7248. **Tcheng Mao-Lin,** Mesures de la quantité d'ozone contenue dans l'atmosphère par spectrophotométrie photographique du ciel bleu au zénith. Ann. Géophysique **7** 45—58, mit 10 Fig. = Publ. Obs. Lyon (1) **5** Nr. 17.

7249. **Tcheng Mao-Lin,** Etude spectrophotométrique de la polarisation de la lumière du ciel bleu au zénith de 3050 à 4500 Å. Ann. Géophysique **7** 137—144, mit 5 Fig. = Publ. Obs. Lyon (1) **5** Nr. 18.

* * **B. Valníček,** Enregistrement des variations de polarisation de la lumière diffuse du ciel diurne. Vgl. Ref. **2248.**

7250. **L. C. L. Yuan,** Distribution of slow neutrons in free atmosphere up to 100,000 feet. Phys. Rev. (2) **81** 175—184, mit 8 Fig.

7251. The earth's upper atmosphere. JBAA **61** 163—164.

7252. Upper atmosphere nomenclature. Sky and Telescope **10** 64.

7253. Tides in the atmosphere. Sky and Telescope **10** 272.

Extinktion

7254. **R. Anthony,** Atmospheric absorption of solar infrared radiation. Phys. Rev. (2) **83** 888. — Ref. Am. Phys. Soc. — Ref. in Phys. Ber. **31** 324.

7255. **E. de Caro, E. Fichera,** Nuova determinazione dell'estinzione atmosferica a Catania, in quattro regioni dello spettro visibile. Atti Accad. Gioenia Sci. Nat. Catania (6) **7,** 14 S. mit 2 Fig. = Oss. Astrofis. Catania Contr. Astrofis. Nr. **71.** — Bestimmung der atmosphärischen Extinktion in Catania aus photographischen Beobachtungen mit Lichtfiltern. F. Z.

7256. **T. Fortini,** L'assorbimento atmosferico della radiazione solare a Campo Imperatore, sul Gran Sasso d'Italia. Rend. Accad. Nazionale Lincei, Cl. Sci. fis., mat., nat. (8) **10** 31—36, mit 2 Fig. = Oss. Astr. Roma-Monte Mario Contr. Sci. Nr. **163.** — Ergebnisse der Messungen der Sonnenstrahlung mit einem Kippschen Pyrheliometer mit und ohne Filter im Juni 1947, im Juli und September 1950 und Ableitung des Absorptionskoeffizienten. F. Z.

7257. **H. A. Gebbie, W. R. Harding, C. Hilsum, A. W. Pryce, V. Roberts,** Atmospheric transmission in the 1 to 14 μ region. Proc. Roy. Soc. (A) **206** 87—107, mit 12 Fig. und 1 Tafel.

7258. **M. A. Giannuzzi,** Ricerca sopra l'assorbimento atmosferico della radiazione solare a Roma. Rend. Accad. Nazionale Lincei, Cl. Sci. fis., mat., nat. (8) **11** 193—198, mit 2 Fig. = Oss. Astr. Roma-Monte Mario Contr. Sci. Nr. **168**. — Fortsetzung einer Arbeit von Cimino über die atmosphärische Absorption der Sonnenstrahlung in Rom für die Periode 1929—35 und 1935—50. F. Z.

7259. **G. L. Musser, R. C. Raymond,** Atmospheric transmission of solar radiation in the 35 to 75 micron region. Phys. Rev. (2) **82** 765. — Ref. Am. Phys. Soc. — Ref. in Phys. Ber. **30** 1648.

7260. **S. I. Siwkow,** Über die Wirksamkeit des Transmissionskoeffizienten der Atmosphäre. DAN **80** 599—601 (russisch). — Ref. in Phys. Abstracts (A) **55** 834.

Halo

7261. **L. Poncelet,** Note sur les halos, parhélies et autres phénomènes d'optique atmosphérique. Ciel et Terre **67** 196—203, mit 3 Fig. und 1 Tafel.

7262. **T. Skonnard,** Halo photography. Sky and Telescope **10** **141**, mit 3 Fig.

7263. **Halobeobachtungen**

Astr. Nachrichtendienst Berlin-Treptow **3** 19. Auffällige Halo-Erscheinungen. D. Wattenberg. — Beobachtungen 1951 Febr. 7 und 8.

BSAF **65** 315—316. Halo solaire remarquable. D. Roguet.
Gaz astr **33** 36. Observations de halos en 1950. W. de Kort.
Gaz astr **33** 53—56. Observations de halos en 1950. V. Tshernov.
Gaz astr **33** 70—72. Observations de halos en 1950. G. Schindler.
J. Geophys. Res. **56** 136—137. Magnetic disturbance, aurora borealis, and solar halo. — Verschiedene Beobachtungen.

Ionosphäre

7264. **J. Bartels,** 27-day variations in F_2 layer critical frequencies at Huancayo. J. Atmosph. Terr. Phys. **1** 2—12, 1950. — Ref. in Phys. Ber. **31** 686—687.

7265. **K. Bibl,** L'ionisation de la couche E, sa mesure et sa relation avec les éruptions solaires. Ann. Géophys. **7** 208.

7266. **O. Burkard,** Die halbjährige Periode der F_2-Schicht-Ionisation. Archiv Meteorol. Geophys. Bioklimatol. (A) **4** 391—402, mit 7 Abb.

7267. **O. Burkard,** Studie zum ionosphärischen Gezeiteneffekt. J. Atmosph. Terr. Phys. **1** 349—352, mit 4 Fig.

7268. **O. Burkard,** Die Erforschung der Ionosphäre. Naturwiss. Rundschau **4** 419—423, mit 3 Abb.

7269. **H. V. Cottony,** Radio noise of ionospheric origin. Science **111** 41, 1950.

7270. **R. Gallet, K. Rawer,** Ionisation de la couche F 2 et l'activité solaire, sur l'ensemble du globe. Ann. Géophys. **6** 212, 1950.

7271. **T. N. Gautier, R. W. Knecht, A. G. McNish,** Lunar stratification of the F 2 layer at Huancayo, Peru. U. R. S. I. Proc. IXth Gen. Assembl. 8 216—221 (Pt II), 1950. — Ref. in Phys. Abstracts (A) **55** 833.

7272. **M. Hinsburg,** Untersuchung der Ionosphäre mittels Funkmessung des Mondes. Fortschritte Phys. Wiss. **45** 147—150 (russisch).

7273. **C. Hoffmeister,** Spezifische Leuchtvorgänge im Bereich der mittleren Ionosphäre. Ergebnisse der exakten Naturwissenschaften **24** 1—53, mit 28 Abb.

7274. **M. G. Karimow,** Die Höhe der Emissionsschicht der Ionosphäre. Nachr. Akad. Wiss. kasach. Sowjetrepublik Nr. **99** S. 20—34 (russisch).

7275. **F. J. Kerr, C. A. Shain,** Moon echoes and transmission through the ionosphere. Proc. Inst. Radio Eng. **39** 230—242, mit 12 Fig. = Commonwealth Sci. Industrial Res. Organization, Australia, Division Radiophys. — Radarechos am Mond wurden bei einer Frequenz von 20 MHz beobachtet. Gegenüber den auf Grund strahlenoptischer Überlegungen zu erwartenden Ergebnissen zeigten sich erhebliche Abweichungen, die durch Störungen in der F2-Schicht der Ionosphäre und durch die Rauhigkeit der Mondoberfläche erklärt werden können. Behr

7276. **R. Michard,** Le contrôle de l'ionosphère par le rayonnement ultraviolet solaire. 7me rapport de la commission pour l'étude des relations entre les phénomènes solaires et terrestres, S. 87—105. — Es wird über 59 seit 1947 erschienene Arbeiten über folgende Gebiete zusammenfassend referiert: 1. Korrelation zwischen Ionosphäre und den verschiedenen Äußerungen der Sonnenaktivität, ausgenommen die Korpuskularstrahlung, 2. Ergebnisse der Ionosphärenbeobachtungen bei Sonnenfinsternissen, 3. Plötzlich einsetzende Ionosphärenstörungen, und zwar a) Mögel-Dellinger-Effekt, b) Phasenanomalie bei den Längstwellen, c) Verstärkung der atmosphärischen Parasiten im km-Bereich, d) erdmagnetische «crochets», 4. Theorie der Bildung der ionosphärischen Schichten. Bru.

7277. **A. P. Mitra,** Solar tides in the ionosphere over Calcutta. J. Atmosph. Terr. Phys. **1** 286—295, mit 4 Fig.

7278. **J. H. Nelson,** Shortwave radio propagation correlation with planetary positions. RCA Review **12** Nr. 1. — Ref. in El Universo **49** Nr. 17, 72—79, mit 3 Abb. (englisch und spanisch): The influence of planetary positions upon shortwave radio reception. — Ionosphärenstörungen treten in besonderem Maße bei einer heliozentrischen Konjunktion, Opposition oder Quadratur der großen Planeten auf, wobei Jupiter und Saturn den größten Einfluß haben, worauf Mars und schließlich Erde, Venus, Merkur folgen. Dagegen tritt eine entgegengesetzte Wirkung auf, wenn sich die heliozentrischen Längen der erstgenannten Planeten um 60° oder 120° unterscheiden. Dies Ergebnis soll bei der Radio Corporation of America bereits praktische Verwendung gefunden haben. Gü.

7279. **L. Neužil,** Variations diurnes et annuelles de la couche sporadique Es. BAC **2** 138—140, mit 1 Fig. — An Beobachtungsmaterial der Jahre 1947—1949 wird nachgewiesen, daß ein solarer Einfluß auf die Ionisierung der sporadischen E-Schicht vorhanden ist. Für den Korrelationskoeffizienten r zwischen $\log f$ Es und $\log \sin h$ ergeben sich durchwegs positive, wenn auch meist unter 0.5 liegende Werte. Der Exponent n in der Chapmanschen Gleichung liegt in der Nähe von 0.25, dem theoretischen Wert für die normale E-Schicht. Sowohl n als r zeigen einen jährlichen Gang, welcher jenem der erdmagnetischen Aktivität gleicht. Bru.

7280. **J. L. Pawsey, L. L. McCready, F. F. Gardner,** Ionospheric thermal radiation at radio frequencies. J. Atmosph. Terr. Phys. **1** 261—277, mit 9 Fig. = Commonwealth Sci. Industrial Res. Organization, Australia, Division Radiophys. — Durch weitgehende Herabsetzung der Rauscheigenschaften einer Radiofrequenzempfangsanlage ist es gelungen, den Rauschanteil der thermisch strahlenden Ionosphäre zu erfassen. Es ergab sich ein Wert, der einer Temperatur der Ionosphäre von 240° bis 290° K in einer Höhe von 70 bis 80 km Höhe entspricht. Dies steht in guter Übereinstimmung mit anderen Bestimmungen der Temperatur in dieser Höhe. Behr

7281. **J. H. Piddington,** The modes of formation of the ionospheric layers. J. Geophys. Res. **56** 409—429, mit 2 Fig. = Commonwealth Sci. Industrial Res. Organization, Australia, Division Radiophys. — Beobachtungen der Ionosphäre bei Sonnenfinsternissen haben gezeigt, daß die Rekombination der freien Elektronen sehr viel rascher erfolgt, als man bisher angenommen hatte. Daher wird zur Aufrechterhaltung der Ionosphäre auch eine sehr viel größere Anzahl ionisierender Quanten erforderlich. Für die E- und wahrscheinlich auch für die D-Schicht muß eine zusätzliche, nicht solare Ionisationsquelle angenommen werden. Als solare Strahlungsquelle kommen vor allem die untersten Schichten der Korona in Frage. Als wesentliche ionisierende Strahlung wird das Quasi-Lyman-Spektrum des He II und Röntgenstrahlung hinab bis zur Wellenlänge von 3 Å angenommen. Behr

7282. **K. Rawer,** Die Ionosphäre. Ihre Bedeutung für Geophysik und Radioverkehr. Groningen, P. Noordhoff, 1951. 189 S. mit 8 Tafeln. Preis Fl. 14.50 gebunden.

7283. **K. Rawer,** Die Physik der Ionosphäre. Phys. Ber. (Tagungsberichte der 16. Deutschen Physikertagung in Karlsruhe vom 18. bis 23. September 1953) **30** 1495—1496. — Inhalt des Vortrags.

7284. **S. F. Singer, E. Maple, W. A. Bowen jr.,** Evidence for ionospheric currents from rocket experiments near the geomagnetic equator. J. Geophys. Res. **56** 265—281, mit 10 Fig. — Ausführliche Beschreibung der Apparatur zur Messung der erdmagnetischen Feldstärke von einer aufsteigenden Rakete aus. Die Ergebnisse zweier Aufstiege mit einem Unterschied in der Tageszeit von sechs Stunden bestätigen experimentell die Existenz eines Stromsystems in der E-Schicht der Ionosphäre, das für die tägliche Variation des Erdmagnetfeldes verantwortlich gemacht wird. Behr

7285. **N. Smith,** Influence of the sun upon the ionosphere. Proc. American Acad. Arts Sci. **79** 254—265, mit 7 Fig. — Bericht auf der Conference of the sun in the service of man.

7286. **Beobachtungen der Ionosphäre**

Veröff. Fraunhofer-Inst. Sonnen-Zirkular 1950 Okt.—1951 Sept. 295 S. mit Abb.

Licht des Nachthimmels

7287. **E. V. Ashburn, D. D. Locanthi,** On the (O I) airglow in the night sky. Phys. Rev. (2) **83** 888. — Ref. Am. Phys. Soc.

7288. **D. Barbier, J. Dufay, D. Williams,** Recherches sur l'émission de la raie verte de la lumière du ciel nocturne. Ann d'Astrophys **14** 399—437, mit 16 Fig. — Die Verf. haben von Dezember 1949 bis Mai 1951 mit einem lichtelektrischen Photometer nach Roach die Intensität der Nachthimmelemission bei λ 5577 und λ 5180 registriert. Eingehend erörtert werden die notwendigen Korrektionen wegen Extinktion und Diffusion in der Atmosphäre sowie Beiträge extraterrestrischer Lichtquellen, ferner Fragen der Eichung, der Bestimmung der Höhe der emittierenden Schichten u. a. Ein Kapitel ist der täglichen und jährlichen Variation der Emissionsintensität gewidmet, beide Emissionen verhalten sich weitgehend ähnlich. Die Emission bei λ 5180 wird auf ein Kontinuum zurückgeführt, das in 460 km Höhe emittiert wird. Die durch ein Interferenzfilter bei

λ 5577 registrierte Emission stammt aus etwa 305 km Höhe, ein Teil gehört der grünen Nachthimmellinie an, die vermutlich in 215 km Höhe entsteht. Ein weiterer Abschnitt behandelt die Struktur der emittierenden Schicht, die ziemlich komplex zu sein scheint, und Bewegungen in ihr. Micz.

7289. **G. M. Brown,** The airglow. Sci. Progr. **39** 623—639. — Ref. in Phys. Abstracts (A) **55** 835.

7290. **J. Cabannes,** Le ciel nocturne. BSAF **65** 457—469, mit 8 Fig. — Ref. in Nature **169** 867.

7291. **G. Cario, U. Stille,** Die Na-D-Linien im Nordlicht, Nachthimmellicht und Dämmerungsleuchten. Phys. Ber. (Tagungsberichte der 16. Deutschen Physikertagung in Karlsruhe vom 18. bis 23. September 1951) **30** 1482—1483. — Inhalt des Vortrags.

7292. **D. N. Davis,** Variation of [O I] emission (5577) on the night of 5/6 January 1951. J. Geophys. Res. **56** 567—575, mit 6 Fig. — Beobachtung der Intensität der grünen Nachthimmellinie λ 5577 Å in einer Nacht bestätigen im wesentlichen die Ergebnisse von Roach und Pettit (Ref. **72**111). Die Höhe der emittierenden Schicht wird aus der Intensitätszunahme zum Horizont zu 200 ± 25 km bestimmt. Aus der scheinbaren E-W-Drift der Schicht folgt eine Höhe von 300 km. Behr

7293. **N. B. Diwari,** Die täglichen Schwankungen der Helligkeit des Nachthimmels. Nachr. Akad. Wiss. kasach. Sowjetrepublik Nr. **99** S. 3—15 (russisch).

7294. **J. Dufay,** Bandes d'émission des molécules OH et O_2 dans le spectre du ciel nocturne, entre 9000 et 11000 Å. Ann. Géophysique **7** 1—8 = Publ. Obs. Lyon (1) **5** Nr. 16. — Aus Beobachtungen der atmosphärischen Bandenemission (Nachthimmel) im Sichtbaren läßt sich das gesamte Niveauschema des OH-Moleküls bestimmen. Es werden so im Wellenlängenintervall 9000 bis 11000 Å die OH-Banden (5.2), (4.1), (3.0), (9.5) und (8.4) vorausgesagt und mit dem Krassowskijschen Bildwandler gefunden. Die einzige zwischen 9000 und 11000 Å liegende nicht zum OH-Molekül gehörende Emission wird der (0.2)-Bande des O_2 (9965 Å) zugeschrieben. Labs

7295. **J. Dufay, M. Dufay,** Etude du spectre d'émission du ciel nocturne, de 6800 à 9000 Å. CR **232** 426—428, mit 1 Fig. = Publ. Obs. Haute-Provence **2** Nr. 14. — Alle Nachthimmellinien im untersuchten Bereich sind dem OH [Rotations-Schwingungsbanden] und O_2 [(0.1)-Bandensystem] zuzuschreiben. In guter Übereinstimmung mit Meinel (ApJ **112** 120, AJB **50** Ref. **72**115) ergibt sich für OH eine Rotationstemperatur von 255—270° K, für O_2 eine Temperatur von etwa 130° K. Die Intensität der O_2-Bande ist erheblichen Schwankungen unterworfen; für die OH-Banden wird ein jahreszeitlicher Intensitätsgang vermutet. Bahner

7296. **M. Dufay,** Une nouvelle bande de vibration-rotation de la molécule OH dans le spectre du ciel nocturne. CR **232** 2344—2346, mit 1 Fig. = Publ. Obs. Haute-Provence **2** Nr. 24. — Aus Nachthimmelspektren (Zwei-Prismen-Spektrograph mit 230 Å/mm bei 5577 Å auf Eastman 103aG) werden einige Linien des P-Zweiges der OH-Bande (7.1) beobachtet. Die gemessenen Wellenlängen sind $P_1(4) = 5623.0$; $P_1(5) = 5643.6$; $P_1(6) = 5668.0$; $P_1(7) = 5695.5$. Das Ausgangsniveau wird zu 17978.5 cm^{-1} bestimmt. Labs

7297. **M. Dufay,** La raie interdite ^4S—^2D de l'atome neutre d'azote dans les spectres du ciel nocturne et du crépuscule. CR **233** 419—421 = Publ. Obs. Haute-Provence **2** Nr. 24. — Die Stickstoff-Linie ^4S—^2D wird in der Dämmerung und den ersten Nachtstunden im Sommer, aber nie im Winter beobachtet. Es wird vermutet, daß die ^4S-Atome durch Absorption von Sonnenquanten 3466 Å in den ^{2}P-Zustand gehoben, dann unter Emission von $\lambda =$ 10406 in den langlebigen, metastabilen ^{2}D-Zustand übergehen, von dem aus sie die Linie ^{4}S—^{2}D ($\lambda = 5199$ Å) noch längere Zeit nach Sonnenuntergang emittieren. Labs

7298. **F. W. P. Götz, M. Nicolet,** Sur des observations à la limite ultraviolette du spectre du ciel nocturne. J. Geophys. Res. **56** 577—582, mit 3 Fig. — Beobachtungen des Nachthimmelspektrums mit einem Öffnungsverhältnis 1:1 und Belichtungszeiten bis zu 120 Stunden bestätigen im wesentlichen die späteren Beobachtungen von Elvey, Swings, Linke, Barbier, Déjardin und Dufay. Die Linienemission erstreckt sich bis λ 3000 Å, unterhalb dieser Grenze konnten auch bei längster Belichtungszeit keine Emissionslinien mehr nachgewiesen werden. Behr

7299. **L. Herman, H. Leinbach,** Spectrographic survey of the night sky at College, Alaska. Phys. Rev. (2) **83** 888. — Ref. Am. Phys. Soc.

72100. **M. Huruhata,** Photoelectric studies of the night sky light (III). Report Ionosph. Res. Japan **6** 31—35, mit 3 Fig. und 1 Tafel, 1952 = Tokyo Astr. Obs. Repr. Nr. **89**. — Die Infrarotemission des Nachthimmels zwischen 8500 und 11000 Å wurde mit einer Cäsiumzelle in acht Azimuten bei 20° und 35° Höhe und im Zenit alle 30 Minuten gemessen. Mit der Annahme von 300 km Höhe für die emittierende Schicht ergeben sich Horizontalverteilungskarten, aus denen auf eine Drift der strahlenden «Wolken» mit Geschwindigkeiten von einigen Hundert km/h und einer Vorzugsrichtung NNE—SSW und umgekehrt geschlossen wird. Bahner

72101. **M. G. Karimow,** Die absolute Ausstrahlung des Nachthimmels. Nachr. Akad. Wiss. kasach. Sowjetrepublik Nr. **99** S. 35—45 (russisch).

72102. **W. I. Krassowskij,** Über den Mechanismus des Leuchtens des Nachthimmels. DAN **77** 395—398 (russisch).

72103. **W. I. Krassowskij,** Der Einfluß des Wasserdampfes, der Kohlensäure und des Stickstoffs auf das Licht des Nachthimmels. DAN **78** 669—672 (russisch).

72104. **W. I. Krassowskij, W. T. Lukaschenja,** Über die Identifizierung des Nachthimmelspektrums bei 10000 Å. DAN **80** 735—738 (russisch). — Ref. in Phys. Abstracts (A) **55** 579.

72105. **G. Kvifte,** Atmospheric oxygen bands in emission from neon-oxygen mixtures, and in night sky and auroral luminescences. Nature **168** 741—742. — Ref. in Phys. Ber. **31** 150.

72106. **W. T. Lukaschenja, W. I. Krassowskij,** Einzelheiten des Nachthimmelspektrums von 9500—12000 Å. DAN **79** 241—244 (russisch).

72107. **W. T. Lukaschenja, W. I. Krassowskij,** Über die Wiederholbarkeit des von Meinel erhaltenen Spektrums des Nachthimmels bei 8000—9000 Å. DAN **81** 811—814 (russisch).

72108. **A. B. Meinel,** The Spectrum of the Airglow and the Aurora. London, The Physical Society, 1951. Reports on Progress in Physics Vol. **14** S. 121—146, mit 5 Fig. — Besprechung in Obs **72** 82—83 (J. Paton).

72109. **M. Nicolet,** Problèmes de l'émission spectrale du ciel nocturne et des aurores. 7me rapport de la commission pour l'étude des relations entre les phénomènes solaires et terrestres, S. 165—182. — Dieser Übersichtsbericht bringt erstens die Beobachtungsergebnisse über die Zusammensetzung des Nachthimmel- und Nordlichtspektrums, die Höhe der emittierenden Schichten und deren Temperatur, zweitens eine Diskussion der Emissionsmechanismen. Abschließend wird noch die Frage des Zustandes des Stickstoffs in der höheren Atmosphäre behandelt. Bru.

72110. **F. E. Roach, H. B. Pettit,** The annual variation of sodium D in the nightglow. Ann d'Astrophys **14** 392—398, mit 5 Fig. — Mit lichtelektrischen Photometern nach Roach, die die Na D-Linie des Nachthimmelspektrums zu registrieren gestatten, wurden etwa zweieinhalb Jahre lang Intensitätsmessungen, zumeist in der Mojave-Wüste in Kalifornien, ausgeführt. Die Intensität erreicht im Sommer ein Minimum, im Winter ein Maximum, das etwa drei- bis fünfmal so hoch wie das Minimum ist. Anderweitige Beobachtungen auf der Südhalbkugel zeigen eine Phasenverschiebung von sechs Monaten. Daraus und aus der veränderlichen Intensitätsverteilung über die Sphäre wird geschlossen, daß es eine Bewegung des Gebiets maximaler Emission gibt, das auf der Nachtseite der Erde zwischen Dezember und Juni von der Nord- zur Südhemisphäre und während der folgenden sechs Monate zurückläuft. Die D-Linie wird ebenso wie die verbotene Sauerstoffemission bei λ 5577 in der F-Schicht emittiert, dennoch zeigt λ 5577 die jahreszeitliche Variation nicht. Micz.

72111. **F. E. Roach, H. B. Pettit,** On the diurnal variation of [O I] 5577 in the nightglow. J. Geophys. Res. **56** 325—353, mit 15 Fig. — Beobachtungen der Intensität der grünen Nachthimmellinie λ 5577 Å in der Mojave-Wüste aus einem Zeitraum von zwei Jahren werden beschrieben. Mit einem lichtelektrischen Photometer wurde die Intensität in acht Großkreisen über den ganzen Himmel hinweg registriert. Im allgemeinen zeigte sich ein Maximum der Intensität um Mitternacht ±2,5 Stunden. Die Intensitätsunterschiede an den einzelnen Teilen des Himmels werden gedeutet als lokale geographische Schwankungen der Zenitintensität. Aus der mittleren Intensitätszunahme zum Horizont hin wird auf eine Höhe der emittierenden Schicht von 250 km geschlossen. Damit werden schließlich Isophotenkarten dieser Schicht mit einem Radius von 1291 km, entsprechend den Beobachtungen bis in 85° Zenitdistanz gezeichnet. Bemerkenswert ist eine deutliche Zunahme der Zenitintensität von Süd nach Nord. Die Schwankungen im Laufe einer Nacht erwecken den Eindruck, als ob die Emission von einer auf der Nachtseite der Erde liegenden festen Schicht ausginge, unter der sich der Beobachter mit der Erdrotation bewegt. Behr

72112. **S. F. Rodionow, E. N. Pawlowa,** Messungen des ultravioletten Nachthimmellichtes. DAN **79** 961—964 (russisch). — Ref. in Phys. Ber. **30** 1830, Phys. Abstracts (A) **55** 383.

72113. **I. S. Schklowskij,** Die Natur des infraroten Nachthimmellichts. Mitt. Astrophys. Obs. Krim **7** 34—58, mit 3 Abb. und 1 Tafel (russisch).

* * **R. Tousey, M. Koomen, L. Dunkelman,** A visual photometer for measuring the brightness of the night sky. Vgl. Ref. **2247**.

Polarlicht

* * **H. Alfvén, D. F. Martyn,** The theory of magnetic storms and auroras. Vgl. Ref. **6802**.

72114. **D. K. Berkey,** Luminosity of the aurora borealis. Phys. Rev. (2) **83** 192. — Ref. Am. Phys. Soc.

72115. **S. Chapman,** Notes on aurorae and magnetic storms. I. Considerations as to a model experiment. J. Atmosph. Terr. Phys. **1** 189—199.

72116. **C. E. Dahlstrom, D. M. Hunten,** O_2^+ and H in the auroral spectrum. Phys. Rev. (2) **84** 378—379. — Messungen an den Nordlichtern vom 20. Juni und 1. Juli 1951.

72117. **C. E. Dahlstrom, D. M. Hunten, W. Petrie,** Photoelectric measurements of the red and green auroral lines. Phys. Rev. (2) **83** 888. — Ref. Am. Phys. Soc.

72118. **D. Davidson,** Reflexion of high frequencies during auroral activity. Nature **167** 277—278, mit 2 Fig. — Nach Echomessungen vom 8. 8. 1950 bei 17,31 MHz muß die Elektronendichte wenigstens 3,7 × $10^6/cm^3$ gewesen sein.

72119. **D. M. Garner,** Preliminary investigation of aurora australis activity from 1931 to 1949. New Zealand J. Sci. Technol. (B) **33** 11—14, mit 3 Fig. = Carter Obs. Repr. Nr. **15**.

72120. **C. W. Gartlein, R. K. Moore,** Southern extent of aurora borealis in North America. J. Geophys. Res. **56** 85—96, mit 6 Fig. — Nordlichtbeobachtungen in Nordamerika während der Dauer eines elfjährigen Sonnenfleckenzyklus werden statistisch diskutiert. In geomagnetischen Breiten zwischen 52° und 58° zeigte sich ein deutlicher jahreszeitlicher Gang mit je einem Maximum zur Zeit der Äquinoktien, während in der Zone zwischen 58° und 60° kein Jahresgang mehr angezeigt schien. Die Korrelation mit den Züricher Fleckenrelativzahlen erwies sich als gering. Behr

72121. **C. W. Gartlein,** Protons and the aurora. Nature **167** 277. — Am 30. 9. 1950 wurden gleichzeitig Spektrogramme eines über Arnprior beobachteten Nordlichts von dort aus und von dem 330 km entfernten Ithaca aufgenommen. In Arnprior wurde in Richtung des erdmagnetischen Feldes beobachtet, in Ithaca quer dazu. Auf dem Ithaca-Spectrogramm hat H_α die normale Lage und ist nach beiden Seiten etwa 10 Å breit, auf dem Arnprior-Spektrum ist die Linie als Ganzes jedoch 15 Å nach violett verschoben. Die Protonengeschwindigkeit beträgt hiernach 675 km/sec, maximal 1350 km/sec. Bei intensiveren Nordlichtern sind die Geschwindigkeiten wahrscheinlich größer. Loh.

72122. **C. W. Gartlein,** Protons and the aurora. Phys. Rev. (2) **81** 463—464, mit 1 Fig. — Spektrographische Beobachtungen des Nordlichtes vom 30. Sept. 1950 ergaben einwandfrei, daß der Nordlichtwasserstoff von außen in die Erdatmosphäre gebracht wird. Loh.

72123. **N. C. Gerson,** Correlation of auroras with increased cosmic ray intensities (November 19, 1949). Nature **167** 894—895. — Verf. diskutiert die während einer Sonneneruption am 19. 11. 1949 an verschiedenen Stationen beobachtete Zunahme der Höhenstrahlungsintensität und das etwa dreizehn Stunden später beobachtete Auftreten von Polarlichtern. Die Daten lassen sich miteinander vereinbaren, wenn man annimmt, daß die während der Eruption von der Sonne emittierten Teilchen hoher Energie die Zunahme der Höhenstrahlung, diejenigen niedriger Energie die Polarlichter verursacht haben. Kdr.

72124. **L. Harang,** The Aurorae. London, Chapman and Hall; New York, John Wiley and Sons, Inc., 1951. 10 + 166 S. mit 152 Fig. und 32 Tafeln. Preis 25 s. bzw. $ 4.50. — Besprechung in ApJ **115** 336 (A. B. Meinel), J. Atmosph. Terr. Phys. **2** 199—200, JBAA **62** 151—152, J. Optical Soc. America **42** 501—502 (J. S. Hall), Nature **169** 942 (S. Chapman), Obs **72** 76—77 (J. Paton), Scientia **87** 247 (L. Gialanella), Sky and Telescope **11** 42, 120 (D. S. Kimball).

72125. **L. Herman, H. Leinbach,** A photographic study of changes of the infrared emission of the polar aurora. Trans. Amer. Geophys. Un. **32** 679—682. — Ref. in Phys. Abstracts (A) **55** 384.

* * **G. Kvifte,** Atmospheric oxygen bands in emission from neon-oxygen mixtures, and in night sky and auroral luminescences. Vgl. Ref. 72105.

* * **D. F. Martyn**, The theory of magnetic storms and auroras. Vgl. Ref. 6816.

72126. **A. B. Meinel**, Doppler-shifted auroral hydrogen emission. ApJ **113** 50—54, mit 3 Fig. — Ref. in Sternenwelt **3** 152. — Bei kräftigen Nordlichtern 1950 August 18 und 19 wurden Spektren der Umgebung von Hα aus der Richtung des magnetischen Zenits und des magnetischen Horizonts von Williamsbay, Wisc., USA mit 247 Å/mm Dispersion erhalten, die eine Wellenlängenverschiebung der Emissionslinie Hα gegeneinander aufweisen. Als Dopplereffekt gedeutet, besitzt der violette Flügel der Linie auf den Aufnahmen in Richtung auf den magnetischen Zenit bei der Abszisse 10% der höchsten Linienintensität eine Verschiebung von −3300 km/sec und das Intensitätsmaximum der Linie eine solche von −450 km/sec. Das Linienprofil dürfte die in der Atmosphäre gebremste Bewegung von Protonen wiedergeben. Ihre Geschwindigkeit außerhalb der Atmosphäre ergibt sich mit >3300 km/sec erheblich höher als aus Laufzeiteffekten bisher angenommen wurde. Dies könnte auf Durchlaufen stark gekrümmter Bahnen zurückzuführen sein. Die Protonen liefern vermutlich die wesentliche Energie für die Anregung der Nordlichtspektren. Micz.

72127. **A. B. Meinel**, The auroral spectrum from 6200 to 8900 Å. ApJ **113** 583—588, mit 3 Fig. — Es wird über das Infrarotspektrum des starken Nordlichts vom 18. und 19. August 1950 berichtet. Die beobachteten Banden gehören dem ersten positiven System des N_2 ($B^3\Pi$—$A^3\Sigma$), dem $A^1\Sigma$—$X^3\Sigma$-System des O_2 und einem vom Verf. neu gefundenen Übergang $A^2\Pi$—$X^2\Sigma$ des N_2^+ an. Von Atomlinien wurden neben Hα und den roten Nordlichtlinien des O I eine Reihe erlaubter Linien des O I und N I beobachtet. Ein Verzeichnis gemessener Wellenlängen ist beigefügt. Micz.

72128. **A. B. Meinel**, The analysis of auroral emission bands from the $A^2\Pi$ state of N_2^+. ApJ **114** 431—437, mit 6 Fig. — Verf. hat kürzlich im Bereich λ 7300—λ 8100 des Nachthimmelspektrums gefundene Banden dem $A^2\Pi$-Zustand des N_2^+ zugeschrieben (ApJ **112** 562, AJB **50** Ref. **72114**) und teilt nun eine detailliertere Analyse mit. Auf Grund verschiedener Betrachtungen über die Molekülkonstanten, vermutlich in Betracht kommende Moleküle, Bandenprofile und -intensitäten, Dublettaufspaltung und Vergleich der Konstanten mit denen anderer isoelektronischer Moleküle wird wahrscheinlich gemacht, daß es sich tatsächlich um den bisher nicht beobachteten $A^2\Pi$-Zustand des N_2^+ handelt. Die wahrscheinlichsten Werte der Zustandskonstanten werden mitgeteilt. Micz.

72129. **S. K. Mitra**, Atomic nitrogen in auroras. Nature **167** 897.

72130. **R. K. Moore**, A V.H.F. propagation phenomenon associated with aurora. J. Geophys. Res. **56** 97—106, mit 3 Fig. — Störungen des Amateurkurzwellenempfangs bei Nordlichterscheinungen werden beschrieben. Eine theoretische Deutung kann nicht gegeben werden. Behr

72131. **T. Nagata**, A reply to the comment by Prof. Ferraro on my article «Southward shifting of the auroral zone». J. Geophys. Res. **56** 292—294. — Ergänzende Bemerkung zu AJB **50** Ref. 72127 und 72135.

* * **M. Nicolet**, Problèmes de l'émission spectrale du ciel nocturne et des aurores. Vgl. Ref. **72109**.

72132. **A. I. Ohl**, Die Wasserstofflinien im Spektrum von Polarlichtern. Priroda **40** Nr. 9 S. 46—47 (russisch).

72133. **J. Paton**, Auroras and luminous night clouds. Nature **168** 487—488.

72134. **W. Sandner**, Aurores polaires et halos. Gaz astr **33** 15—16.

72135. **I. S. Schklowskij,** Über die Emission von Wasserstofflinien in den Spektren der Polarlichter. DAN **81** 367—370 (russisch). — Ref. in Phys. Abstracts (A) **55** 835.

72136. **I. S. Schklowskij,** Über den Anregungsmechanismus des Leuchtens der Polarlichter. DAN **81** 525—528 (russisch). — Ref. in Phys. Abstracts (A) **55** 751.

72137. **O. Struve,** Hydrogen showers, I, II. Sky and Telescope **10** 267—269, 290—291, 299, mit 9 Fig.

72138. **M. Sugiura,** A note on the velocity spread of the auroral protons. Report Ionosph. Res. Japan **5** 133—134, mit 1 Fig. — Verf. weist darauf hin, daß aus Meinels Beobachtung (Phys. Rev. **80** 1096, AJB **50** Ref. **72133**) über das Profil von $H\alpha$ im Nordlichtspektrum nicht ohne weiteres auf die Geschwindigkeitsverteilung der das Nordlicht erzeugenden solaren Protonen geschlossen werden darf, da die Wahrscheinlichkeit der $H\alpha$-Emission durch Elektroneneinfang von der Geschwindigkeit der Protonen abhängt. Er findet ein Maximum der Geschwindigkeitsverteilung bei 1500—2000 km/s. Ferner wäre noch zu berücksichtigen, daß die Protonen durch Zusammenstöße mit Atomen und Molekülen Energie verlieren. Bru.

72139. **L. Vegard,** Nouveaux résultats importants dans l'étude du spectre des aurores boréales et la physique de l'ionosphère. Ann. Géophys. **6** 157, 1950.

72140. **L. Vegard, G. Kvifte,** An auroral spectrogram and the results derived from it. Geofys. Publ. **18** Nr. 3, 23 S. — Ref. in Phys. Abstracts (A) **55** 271.

72141. **L. Vegard, E. Tønsberg, G. Kvifte,** Continued investigations on the spectra of aurora and twilight and the ionospheric temperature. Geofys. Publ. **18** Nr. 4, 16 S. — Ref. in Phys. Abstracts (A) **55** 271.

72142. The sun and aurorae. JBAA **61** 163.

72143. **Polarlichtbeobachtungen**

Astr Circ UdSSR Nr. 120 S. 11 (russisch). Polarlicht in Odessa. L. F. Tscherniew. — 1951 Okt. 28.

Astr Circ UdSSR Nr. 120 S. 11—12 (russisch). Intensives, in Kiew am 28. Oktober 1951 beobachtetes Polarlicht. S. K. Wsechswjatskij.

Astr Circ UdSSR Nr. 121 S. 12—13 (russisch). Das Polarlicht vom 28. Oktober 1951. W. M. Tschernow.

Astr. Nachrichtendienst Berlin-Treptow **3** 66—68. H. Böning. — 1951 Okt. 28.

BSAF **65** 38—39. L'aurore boréale du 19 août 1950. S. Lipinski.

BSAF **65** 38—39. L'aurore boréale du 14 décembre 1950. B. Solas.

BSAF **65** 67, mit 1 Fig. L'aurore boréale du 19 août 1950. Photographiée à Spetsai (Grèce). W. Abbott.

BSAF **65** 436—439. L'aurore boréale du 28 septembre 1951.

BSAF **65** 497, mit Titelbild zum Dezemberheft. C. Störmer. — Beob. 1951 Okt. 17.

Ciel et Terre **67** 195. Aurore boréale du 28 octobre 1951.

Euclides **10** 122—123. La aurora boreal del 20 de Febrero de 1950. A. Due Rojo.

J. Atmosph. Terr. Phys. **1** 343—344, mit 2 Fig. The aurora of August 19, 1950, photographed in Greece. W. N. Abbott.

JBAA **61** 100—103. British Astronomical Association. Aurora and Zodiacal Section. Interim report. W. B. Housman.

JBAA **61** 241. Aurorae in Britain. W. B. Housman.

JBAA **62** 28—31. Aurora and zodiacal light. Interim report, 1951, Jan. 1 to June 30. W. B. Housman.

J. Geophys. Res. **56** 136—137, 296, 455—456. Magnetic disturbance, aurora borealis, and solar halo. — Verschiedene Beobachtungen.

Nature **167** 804—805, mit 1 Fig. Radio observations of the aurora on November 19, 1949. N. C. Gerson.

Obs **71** 246—247. The aurora of September 25—26, 1951. J. Paton.

Orion Schaffhausen **3** 304. Nordlichtbeobachtungen im April und Mai 1951. F. Schmid.

Priroda **40** Nr. 4 S. 59—61 (russisch). Das Polarlicht vom 19.—21. August 1950. A. I. Ohl.

Sky and Telescope **10** 279, mit 1 Fig. The aurora of July first.

Southern Stars **14** 35—37, 1948. The 1948 August auroral displays.

Sterne **27** 214. Nordlicht-Beobachtung am 1. Mai 1951. W. Malsch, C. Hoffmeister.

Sternenwelt **3** 112—113. Nordlicht-Tage 1950 in Mitteleuropa. W. Sandner.

Sternenwelt **3** 231. Nordlicht am 25./26. September 1951.

Szintillation

72144. **H. E. Butler,** Photo-electric observations of the scintillation of stars. Nature **167** 287—288, mit 1 Fig. = Dunsink Obs. Repr. Nr. **3.**

72145. **H. E. Butler,** Further recordings of stellar scintillation. Obs **71** 28—30, mit 2 Fig. = Dunsink Obs. Repr. Nr. **2.** — Lichtelektrische Beobachtung der Szintillation mit Elektronenvervielfacher und Oszilloskop, photographische Registrierung auf bewegtes Papier. Prüfung der Apparatur mit rotierender Lochscheibe ergab, daß Frequenzen bis etwa 1000 sec^{-1} erfaßt werden können. Wiedergegebene Oszillogramme zeigen Zunahme der Frequenz mit abnehmender Zenitdistanz, schärfere Maxima bei kleinerer Objektivöffnung. Höchste beobachtete Frequenz ist etwa 500 sec^{-1}. O. G.

72146. **H. E. Butler,** Scintillation and atmospheric seeing. Irish AJ **1** 225—229, mit 2 Tafeln = Dunsink Obs. Repr. Nr. **4.** — Ref. in Nature **170** 305. — Nach Erklärung der Begriffe Refraktion und Beugung wird das Zustandekommen der Szintillation durch «Wirbel» in der Atmosphäre erklärt. Die Wirkung der Szintillation auf Bilder von Sternen im Fernrohr und die «fliegenden Schatten» werden beschrieben. Die Ergebnisse der lichtelektrischen Szintillationsbeobachtungen am Dunsink-Observatorium werden am Beispiel einiger Registrierkurven dargestellt. O. G.

72147. **M. A. Ellison, R. Wilson,** Photoelectric recording of stellar scintillation. Obs **71** 26—27, mit 2 Tafeln. — Die Anordnung zur lichtelektrischen Registrierung der Szintillation mit Elektronenvervielfacher und Kathodenstrahl-Oszillographen wird beschrieben. Auf zwei Tafeln werden Beispiele von Oszillogrammen gezeigt, und zwar von Sternen in verschiedenen Höhen und von einer künstlichen Lichtquelle, einmal im integrierten Licht und einmal im Bereich von 5100—5600 Å. O. G.

72148. **W. I. Krassowskij,** Die Untersuchung der Szintillation als Methode der astronomischen Forschungen. DAN **78** 427—429 (russisch).

72149. **C. G. Little,** A diffraction theory of the scintillation of stars on optical and radio wave-lengths. MN **111** 289—302, mit 3 Fig. = Astr. Contr. Univ. Manchester (2) Jodrell Bank Repr. Nr. **51.** — In der Arbeit wird das Szintillationsphänomen auf Fresnel-Beugung in einer inhomogenen Atmosphärenschicht zurückgeführt. Dies erweist sich als möglich, ohne daß, wie nach der Refraktionstheorie, unwahrscheinlich große Dichtegradienten in der Atmosphäre anzunehmen sind. Die für die Szintillation im optischen Bereich verantwortliche inhomogene Schicht dürfte in etwa 3.5 km Höhe liegen mit Unregelmäßigkeiten von der Ordnung 5 cm. In analoger Weise lassen sich die Intensitätsschwankungen der von diskreten außerirdischen Quellen stammenden Radiostrahlung als szintillationsartige Erscheinung erklären, deren Ursache in Unregelmäßigkeiten von etwa 5 km Durchmesser in der Ionosphäre zu suchen ist. Kdr.

72150. **A. H. Mikesell, A. A. Hoag, J. S. Hall,** Quantitative measurements of stellar scintillation. AJ **56** 135. — Ref. AAS.

72151. **A. H. Mikesell, A. A. Hoag, J. S. Hall,** The scintillation of starlight. J. Optical Soc. America **41** 689—695, mit 12 Fig. — Bericht über umfassende eigene Beobachtungen. — Ref. in Phys. Abstracts (A) **55** 75.

72152. **F. Nettelblad,** Recordings of scintillation. Obs **71** 111, mit 1 Tafel = Lund Medd. (1) Nr. 178. — Aus den Registrierkurven, die bei lichtelektrischen Beobachtungen der Szintillation mit Elektronenvervielfacher und Oszillographen an der Sternwarte Lund erhalten werden, sollen bestimmt werden: Szintillationsfrequenz, ein Maß für die durchschnittliche Größe der Schwankungen und mögliche Periodizitäten. Drei Beispiele von Registrierungen sind beigegeben. O. G.

Sonstige Erscheinungen

72153. **I. A. Chwostikow,** Die leuchtenden Nachtwolken. Priroda **41** Nr. 5 S. 49—59, mit 8 Abb. und 4 Tafeln (russisch). — Ausführliche und allgemeinverständliche Darstellung des Problems der leuchtenden Nachtwolken, insbesondere ihre Höhe und Drift, die Größe der in ihnen enthaltenen Partikel nebst weiteren Daten, ihre Herkunft, die Ursache ihrer konstanten Höhe und schließlich in kurzen Umrissen ihre Theorie. Loh.

72154. **W. W. Fedynskij,** Über die leuchtenden Nachtwolken vom 20.—21. Juni 1950. Astr Circ UdSSR Nr. 109 S. 10 (russisch). — Notiz und Aufruf zur Einsendung von Beobachtungen über die in der russischen Sowjetrepublik beobachteten leuchtenden Nachtwolken vom 20.—21. 6. 1950.

* * **W. W. Fedynskij,** Meteorspuren und leuchtende Nachtwolken in den höheren Schichten der Atmosphäre. Vgl. Ref. 8216.

72155. **C. Hoffmeister,** Beobachtungen von hochatmosphärischen Erhellungen des Nachthimmels in den Jahren 1943 bis 1945. Mitt. Sternw. Sonneberg Nr. **40,** 13 S.

72156. **C. Hoffmeister,** Leuchtende Nachtwolken. Sterne **27** 96—97, mit 1 Abb. — Beobachtung am 15. 7. 1950.

72157. **M. J. Koomen, C. Lock, D. M. Packer, R. Scolnik, E. O. Hulburt,** Brightness of twilight sky. J. Optical Soc. America **41** 876. — Ref. Optical Soc. America.

72158. **N. I. Kutscherow,** Neue Methode zur Untersuchung des Nebensonnenleuchtens. Bull. Kommission Sonnenforschung Nr. **5—6** (**19—20**) S. 88—92, 1950 (russisch).

72159. **D. J. Martynow,** Leuchtende Nachtwolken. Astr Circ UdSSR Nr. 117 S. 13—14 (russisch). — Beobachtung am 10. Juli 1951 in Kasan.

72160. **R. A. Naef,** Lichtsäule am 2. März 1951. Orion Schaffhausen **3** 247.

* * **J. Paton,** Auroras and luminous night clouds. Vgl. Ref. 72133.

72161. **I. I. Putilin,** Der grüne Strahl. Astr Circ UdSSR Nr. 118 S. 9—11 (russisch). — Bericht über Beobachtungen und ihre Deutung, nach denen das Phänomen des grünen Strahls durchaus nichts Seltenes ist. Loh.

72162. **A. Sawruchin,** Der grüne Strahl der Venus. Astr Circ UdSSR Nr. 120 S. 8 (russisch). — Im Sommer **1949** wurde der grüne Strahl beim Untergang der Venus hinter dem 50 km entfernten Bergrücken Kopet-Dag sowohl ohne als auch mit Feldstecher mehrmals wahrgenommen. Die Dauer der Erscheinungen betrug 0.3—0.5 Sekunden. Loh.

72163. **W. W. Scharonow,** Neue Daten über den «Grünen Strahl». Priroda **40** Nr. 7 S. 50—53 (russisch).

* * **W. W. Scharonow,** Photometrischer Vergleich der Dämmerungserscheinungen der Erde und der Venus. Vgl. Ref. **7123.**

72164. **R. E. G. Simmons,** Observations of the green flash. J. Inst. Navigation London **4** 415.

72165. **W. M. Tschernow,** Ein seltener Fall im Auftreten des grünen Strahls. Astr Circ UdSSR Nr. 120 S. 8—9 (russisch). — Infolge ungewöhnlicher Refraktionsverhältnisse über dem Asowschen Meer wurde der grüne Strahl mit bloßem Auge am 13. September **1951** zweimal hintereinander beobachtet. Loh.

72166. **G. de Vaucouleurs,** Observations des discontinuités crépusculaires. CR **232** 342—344, mit 1 Fig. = Contr. Inst. d'Astrophys. Paris (A) Nr. **79.**

72167. **Beobachtungen sonstiger Erscheinungen**

JBAA **61** 102. Luminous sky.
JBAA **61** 102. Noctilucent clouds.
JBAA **62** 29—20. Luminous night sky.
Orion Schaffhausen **3** 246. Zur leuchtenden Nachtwolke vom 6. Januar 1951. F. Schmid.
Sterne **27** 215. P. Ahnert. — Beobachtung **1951** Juni **14.**

§ 73

Mond

7301. **Astrometrische Beobachtungen**

Observations made at The Royal Observatory, Greenwich, in the year 1937, A11—A19. — α, δ. Durchmesser.
Desgl. für 1938. A12—A19. — α, δ. Durchmesser.
TAB (2) Nr. **38** S. 257—264. Vgl. Ref. **6001.**

Allgemeines

7302. **K. D. Adams,** The crescent moon. Southern Stars **15** 30—32.

7303. **R. d'E. Atkinson,** The computation of topocentric librations. MN **111** 448—454, mit 3 Fig. — Es werden Differentialausdrücke angegeben, die eine vereinfachte Berechnung topozentrischer Mondlibrationen aus den geozentrischen Daten erlauben. Kdr.

7304. **T. Banachiewicz,** On the periodicity of the optical geocentric libration of the moon. AA(c) **4** 160. — Aus theoretischen Überlegungen wird gefolgert, daß die optische Libration des Mondes eine näherungsweise erfüllte Periode von der Länge des Saros-Zyklus aufweisen muß. An einer Tabelle der optischen Libration in Länge und Breite für die Jahre 1913, 1931 und 1949 wird die Güte dieser Periodizität aufgezeigt. An denselben Zahlen für 1943 und 1949 wird gezeigt, daß eine neuerdings vermutete Periode von 6.00 Jahren nicht existiert. Böh.

7305. **D. Brouwer, J. Ashbrook,** The minor planet 619 Triberga and the mass of the moon. AJ **56** 57—58. — Zur Bestimmung der Mondgleichung (und damit der Mondmasse) aus Beobachtungen Kleiner Planeten wird eine Methode diskutiert, die von den systematischen Fehlern der Vergleichsterne unabhängig ist (im Gegensatz zur Erosopposition 1930—31), weil sie nur differentielle Messungen erfordert. Notwendig ist hierzu ein Planet, dessen Umlaufszeit eine ganze Zahl von siderischen Jahren beträgt und der deshalb, bei Abwesenheit von Störungen, nach Ablauf dieser Zeit dieselbe Position einnimmt. Als besonders geeignet wird 619 Triberga (siderische Umlaufszeit 4.0011 Jahre) angesehen und an Hand einer Genauigkeitsbetrachtung gezeigt, daß allerdings sehr viele Beobachtungen höchster Genauigkeit notwendig sind. Böh.

* * **K. E. Bullen,** Origin of the moon. Vgl. Ref. **5505.**

7306. **W. A. Fedorez,** Photographische Photometrie der Mondoberfläche. Charkow, Verlag der Gorkij-Staatsuniversität, 1951. 12 S. (russisch). — Dissertationsreferat.

* * **H. C. van de Hulst,** Radiosterrewacht Sydney. Vgl. Ref. **1335.**

7307. **F. J. Kerr, C. A. Shain,** Moon echoes and transmission through the ionosphere. U. R. S. I. Proc. IXth Gen. Assembl. 8 186—188 (Pt II), 1950. — Ref. in Phys. Abstracts (A) **55** 834.

7308. **F. J. Kew, C. A. Shain, C. S. Higgins,** Moon echoes and penetration of the ionosphere. Nature **163** 310—313, 1949. — Ref. in Phys. Ber. **31** 322.

7309. **H. Lettau,** On the heat budget of the moon and the surface temperature variation during a lunar eclipse. Geofis. pura e appl. **19** 1—18. — Ref. in Phys. Ber. **31** 1350—1351.

7310. **F. Link,** Variations lumineuses de la Lune. BAC **2** 131—133, mit 2 Fig. — Verf. vergleicht die photoelektrischen Messungen der Mondhelligkeit von Rougier mit den Variationen der Solarkonstante nach Abbot. Danach besteht zwischen beiden Reihen eine Korrelation. Die veränderliche Komponente des Mondlichtes ist wahrscheinlich durch Lumineszenz der Mondoberfläche verursacht. J. B.

* * **G. F. Lothian,** Blue sun and moon. Vgl. Ref. **6024.**

7311. **H. Mineur,** Recherche d'une influence possible de la lune sur les précipitations atmosphériques. CR **233** 1426—1428, mit 1 Fig. = Contr. Inst. d'Astrophys. Paris (A) Nr. **102.**

7312. **A. A. Nefedjew,** Die physische Libration des Mondes. Abh. Lenin-Staatsuniv. Kasan **111** Nr. 2 S. 171—255 = Mitt. Astr. Engelhardt-Obs. Nr. **26** S. 171—255 (russisch). — Aus 143 Kasaner Heliometerbeobachtungen (Mösting A) von 1938 bis 1945 wurden die Konstanten der physischen Libration ermittelt. Aus den übrigbleibenden B—R wird die Abhängigkeit des Mondradius von der Libration untersucht. In Breite wird sie, in Übereinstimmung mit Jakowkin und Belkowitsch, bestätigt, in Länge ist sie nicht nachzuweisen. Zwischen dem östlichen und westlichen Mondradius besteht ein Unterschied von 0ʺ14. Da das erhaltene f (0.65) in der Nähe des kritischen (0.662) liegt, werden die Beobachtungen bei vorgegebenem f erneut ausgeglichen und derjenige Wert ge sucht, der die Fehlerquadratsumme zum Minimum macht. In Übereinstimmung mit Jakowkin und Koziel ergeben sich $f_1 = 0.60$ und $f_2 = 0.71$. Weil Gründe vorhanden sind, den ersten Wert für den wahrscheinlicheren zu halten, gleicht Verf. das ganze System mit diesem Ausgangswert erneut aus. Es ergibt sich ein definitives System der fünf Konstanten (λ, β, h, J, f); insbesondere $f = 0.57 \pm 0.04$. Böh.

* * **E. K. Nikonowa,** Photoelektrische Bestimmung der Helligkeit von Sonne und Mond. Vgl. Ref. **6010**.

7313. **D. W. Sagrebin,** Über die Berücksichtigung des empirischen Gliedes bei der Aufstellung einer Mondephemeride. BIA **5** 1—14 (russisch). — Die von H. S. Jones (MN **99** 541, 1939, vgl. AJB **41** Ref. **5114**) erörterten Abweichungen der mittleren Längen von Sonne, Merkur, Venus und Mond lassen sich auf die Veränderlichkeit der Erdrotation, also auf die Abweichung der Weltzeit von einer gleichförmig ablaufenden Ephemeridenzeit zurückführen. Verf. schlägt eine Methode zur Bestimmung der Mondkoordinaten durch Einführung einiger Korrektionen an die Brownschen Tafeln und Ausschluß des empirischen Gliedes vor. Loh.

7314. **T. Weimer,** La Lune. BSAF **65** 351—355, mit 1 Aufnahme. — Inhalt: Généralités. Constitution physique. Influence de la Lune sur les phénomènes terrestres. Libration. Eclipses, occultations.

7315. **P. E. Wylie,** The motion of the moon. Pop Astr **59** 455—464, mit 6 Fig. — Die Bewegung des Mondes und die störende Wirkung der Sonne auf die Bahnelemente wird in elementarer, qualitativer Weise dargestellt. Dabei werden auch Begriffe wie Evektion, Knotenrücklauf etc. geometrisch veranschaulicht. T. L.

* * Blue sun and moon. Vgl. Ref. **6033**.

* * Soleil bleu et Lune bleue. Vgl. Ref. **6031**.

7316. Echoes from the moon. Sky and Telescope **10** 218.

7317. Lunar photometry. Sky and Telescope **11** 30.

7318. H. P. Wilkins 300-inch map of the Moon. Strolling Astronomer **5** Nr. 1 S. 15, Nr. 2 S. 17, Nr. 3 S. 15, Nr. 4 S. 15, Nr. 5 S. 15, Nr. 6 S. 15, Nr. 7 S. 15, Nr. 8 S. 17, Nr. 9 S. 15, Nr. 10 S. 15, Nr. 11 S. 13, Nr. 12 S. 17. — Enthält Section III—XII, XIV—XV.

7319. Revision of the H. P. Wilkins 300-inch map of the Moon. Strolling Astronomer **5** Nr. 4 S. 2.

7320. **M. Darney,** Ne négligeons pas les études lunaires. BSAF **65** 403—406, mit 2 Fig.

7321. **W. de Meyer,** Wij fotograferen de Maan. Heelal **7** 53—57, mit 3 Fig.

7322. **J. Pícha,** Are there any influences of the moon on the weather? RH **32** 77—79.

7323. Insects and the moon. Sky and Telescope **10** 241.

7324. Maanemeteorerne. Urania Kopenhagen **8** 29.

Mondfinsternisse

7325. **J. Dubois,** Contribution à l'étude de l'ombre de la terre. Ann. Obs. Bordeaux **18** Nr. 2, 76 S. mit 32 Fig.

7326. **S. Günther,** Erdschatten und Ozonschicht. Sterne **27** 24—25, mit 2 Abb. — Bericht über die Entstehung von Dämmerung, Gegendämmerung und Erdschatten.

7327. **F. Koebcke,** The radius of the earth's shadow from observations of lunar eclipses in the years 1924, 1927, 1931 and 1932. Bull. Soc. Sci. Lettres Poznań (B) **11** 39—57 = Poznań Repr. Nr. **24.** — Zur Reduktion von Kontaktbeobachtungen des Erdschattens mit Mondkratern wird eine neue Methode mittels Krakovianen entwickelt. Danach werden verschiedene Reihen von in Polen beobachteten Mondfinsternissen reduziert und die Abweichungen des beobachteten vom geometrischen Erdschatten abgeleitet. Es wird darauf hingewiesen, daß nur Mondformationen mit gesicherten selenographischen Koordinaten beobachtet werden sollen. T. L.

7328. **F. Link, J. Široký,** Discussion photométrique de récentes éclipses de Lune. BAC **2** 86—88, mit 3 Fig. — Im Erdschatten gibt es folgende Gebiete, die für die Untersuchung der hohen Erdatmosphäre wichtig sind: Halbschatten in der Nähe der Grenze des Kernschattens, Randpartien des Kernschattens und Mitte des Kernschattens. Diese Bereiche werden für vier Mondfinsternisse, welche photometrisch von J. Dubois beobachtet worden sind, diskutiert. J. B.

7329. **A. Markow,** Über die Möglichkeit periodischer Veränderungen der Beleuchtung des Halbschattens bei Mondfinsternissen. Astr Circ UdSSR Nr. 118 S. 3—4 (russisch).

7330. **H.-K. Paetzold,** Die durch die atmosphärische Ozonschicht bewirkte Färbung des Erdschattens auf dem verfinsterten Mond. Naturwissenschaften **38** 544—545, mit 2 Fig. — Teile der Mondoberfläche, die bei einer Mondfinsternis in den Kernschatten eintreten, erscheinen in einem roten Farbton. Diese Erscheinung beruht auf dem Durchgang des Sonnenlichtes durch die Erdatmosphäre. Bei der Beobachtung der Färbung fällt eine auffallend grünlich gefärbte Zone von wenigen Winkelminuten Breite auf. Verf. sieht die Ursache dieser «grünen Zone» in der atmosphärischen Ozonschicht, d. h. in einer Absorption im Spektralgebiet bei 4500 bis 7000 Å, in der sogenannten Chappuis-Bande. Aus der Ausdehnung und Farbe dieser «grünen Zone» können Schlüsse auf den Ozonwert und die Form der vertikalen Ozonverteilungskurve gezogen werden. Schai.

7331. **Mondfinsternis 1946 Dezember 8**

W. P. Dshapiaschwili, Elektrophotometrie der totalen Mondfinsternis vom 8. Dezember 1946. Astr Circ UdSSR Nr. 113—114 S. 15—17 (russisch).

7332. **Mondfinsternis 1949 Oktober 6—7**

W. H. Haas, The lunar eclipse of October 7, 1949. Strolling Astronomer **5** Nr. 1 S. 8—11. — Kontakte. Kraterantritte.

7333. **Mondfinsternis 1950 April 2**

W. Neumann, Auswertungen von Schattenantrittsbeobachtungen während der totalen Mondfinsternis 2. April 1950. Sterne **27** 37—39, mit 1 Abb. = Mitt. Archenhold-Sternw. Nr. **16.**

M. Protitch, L'éclipse totale de la lune, le 2/3 avril 1950, observée à Belgrade. Publ. Obs. Astr. Belgrade Bull. **15** 21—22.

W. W. Radsijewskij, Beobachtung der totalen Mondfinsternis vom 2. April 1950 in Jaroslawl. Bull. Astr.-Geod. Ges. UdSSR Nr. **10 (17)** S. 47, mit 2 Tafeln (russisch).

M. Schubert, Die Silberkugel-Photometrie und ihre Anwendung auf die Mondfinsternis vom 2./3. April 1950. Sterne **27** 40—42, mit 2 Abb. = Mitt. Archenhold-Sternw. Nr. **16**.

7334. Mondfinsternis 1950 September 26

E. Buchar, Eclipse de Lune du 26 septembre 1950. BAC **2** 103—105. — Beobachtung der Schattenantritte von 40 Mondformationen durch sechs Beobachter. Verf. untersucht die systematischen und zufälligen Beobachtungsfehler und findet als mittleren Fehler einer Beobachtung ± $0^{m}.36$. J. B.

W. W. Scharonow, R. M. Iwnizkaja, W. Amelin, S. Makarow, M. Swetschnikow, Die Mondfinsternis vom 26. September 1950. Beobachtungen am Astronomischen Observatorium der Universität Leningrad. Astr Circ UdSSR Nr. **111** S. 12—15 (russisch).

W. W. Scharonow, Die Mondfinsternis vom 26. September 1950. Priroda **40** Nr. 10 S. 46—47 (russisch).

B. M. Ševarlić, Observations de l'éclipse totale de lune du 26 septembre 1950. Publ. Obs. Astr. Belgrade Bull. **15** 48—49.

BSAF **65** 29—32. L'éclipse totale de Lune du 26 Septembre 1950. — Berichte über Beobachtungen der Finsternis in Frankreich und Kanada.

BSAF **65** 373—374. Éclipse de Lune du 26 septembre 1950. Schwartzmann, Villermaux. — Beobachtung in Malzéville.

El Universo **49** Nr. 15 S. 25—26, mit 2 Aufnahmen von J. Ríos del Río. — Beobachtungen von Krateraustritten an der Privatsternwarte «Nicolás Copérnico».

Sterne **27** 108—110, mit 1 Abb. Beobachtung der totalen Mondfinsternis 1950 September 26. — Schatteneintritte, Gesamtphotometrie, Farbphotographie und Farbenbeobachtung durch die Astronomische Arbeitsgemeinschaft Hannover.

7335. Mondfinsternis 1951 August 17

Gaz astr **33** 94. Observations de l'éclipse de lune par la pénombre du 17 août 1951. L. Andrenko, A. Andrenko.

Sternbedeckungen

7336. **D. S. Evans**, Occultation of Antares. Obs **71** 75—76. Mit einer Erwiderung von R. O. Redman. — In der Entgegnung auf eine Diskussionsbemerkung von R. O. Redman stellt Verf. fest, daß die Zeitkonstante seines Apparats auf verschiedenen Wegen geprüft worden ist, daß die Verzerrung durch Unregelmäßigkeiten des Mondrands nach Proberechnungen gering ist und daß erst weitere Beobachtungstatsachen eine Entscheidung bringen können zwischen den Deutungen für die beobachtete Ausbuchtung: ellipsoidische Form des Antares (Evans) oder große Protuberanz (Redman). R. O. Redman erwidert, daß seine Bemerkung nur auf dem kurz vorher Gehörten beruht hat. O. G.

7337. **D. S. Evans**, Timing of occultations. Obs **71** 155—156. — Vergleich von Sternbedeckungs-Beobachtungen sowohl nach der Auge-Ohr-Methode durch verschiedene Beobachter als auch mit einem Registrierphotometer. T. L.

7338. **H. Hirose**, The effect of the terrestrial locality on the occultation of the stars by the moon. Proc. Japan Acad. **24** 35—40, mit 1 Fig., 1948 = Tokyo Astr. Obs. Repr. Nr. **83**. — Die aus den Beobachtungen von Sternbedeckungen in Japan abgeleiteten Korrektionen der Mondlänge zeigen eine systematische positive Abweichung gegenüber den aus sämtlichen Beobachtungen der Welt gewonnenen. Dieser Unterschied rührt von der in Japan besonders großen Lotabweichung her, die sich hier in Übereinstimmung mit den geodätischen Messungen ergibt. Die Vorausberechnung der Sonnenfinsternis 1948 Mai 9 für Japan wurde unter Berücksichtigung der Korrektion für die Lotabweichung neu durchgeführt. T. L.

* * **P. Muller,** Observations par la double image des occultations par la Lune et de certains phénomènes des satellites de Jupiter. Vgl. Ref. 2409.

7339. **K. Osawa,** Photoelectric observation of the occultation of α Virginis (Spica) by the moon. Proc. Japan Acad. **26** 55—58, mit 4 Fig., 1950 = Tokyo Astr. Obs. Repr. Nr. **61.** — Mit einer Anordnung, bestehend aus Multiplier 1 P 21, Gleichspannungsverstärker und Oszillograph, wurden ein Austritt von Spica und ein Eintritt von 49 Aur beobachtet, beide am dunklen Mondrand. Die Kontaktzeiten stimmen mit dem Mittel aus 6 visuellen Beobachtungen gut überein. Bahner

7340. Vorausberechnungen

Astr. Nachrichtendienst Berlin-Treptow **3** 12, 18, 59.

Beilage zum Astronomischen Jahrbuch der UdSSR für das Jahr 1954. Sternbedeckungen, sichtbar in Abastumani, Gorkij, Irkutsk, Kasan, Kiew, Kitab, Leningrad, Lwow (Lemberg), Moskau, Odessa, Riga, Simeis, Stalinabad, Taschkent, Tomsk und Charkow im Jahr 1953. Moskau-Leningrad, Verlag Akad. Wiss. UdSSR, 1951. 35 S. (russisch).

BSAF **65** 43—44, 87, 131, 175, 219, 263, 320, 323, 367, 411, 455, 499.

Ciel et Terre **67** 35, 36, 74—75, 111, 112, 149, 150, 182—183, 184, 214, 215—216. G. Coutrez.

Hemel en Dampkring **49** 39, 74, 118, 140, 175, 213.

Hemel en Dampkring **49** 18—19, mit 1 Fig. De bedekking van de Pleiaden in de nacht van 17 op 18 Januari 1951. B. T. Perdijk.

Hemel en Dampkring **49** 175—177, mit 1 Fig. De bedekking van de Pleiaden in de nacht van 17 op 18 October 1951. B. T. Perdijk.

Hemel en Dampkring **49** 213—214. De bedekking van de Pleiaden in de nacht van 7 op 8 Januari 1952. B. T. Perdijk.

NAT **1951** 91—93. Måneokkultationer 1952, beregnet for København. 27. Liste.

National Obs. Athen Bull. Astr. Inst. 1951 S. 37—38. Prediction of lunar occultations for 1952 visible at Athens supplied by H. M. Nautical Almanac Office London.

Pop Astr **59** 41.

Pop Astr **59** 43—44, 105, 158, 216, 269, 328, 382—383, 442—443, 481—482, 541. Occultation predictions.

Publ. Obs. Astr. Belgrade Bull. **15** 35—37. Predictions for 1951 of occultations of stars by the moon visible at Belgrade, supplied by the Nautical Almanac Office, London.

Rocznik Astronomiczny Obserwatorjum Krakowskiego 1951. Suppl. Internationale Nr. **22** S. 93—94. Occultationes de stellas per luna. — Vorausberechnungen für Poznania, Wroclawia, Torunia, Krakowa und Warszawy.

Sky and Telescope **10** 76, 104, 130, 152, 180, 204—205, 255, 281, 304, **11** 21, 48, mit 4 Fig. Occultation predictions.

7341. Beobachtungen und Reduktionen

AA(c) **4** 159. Occultations d'étoiles par la lune observées à l'Observatoire Astronomique de Wilno. A. Dziewulska, W. Dziewulski, S. Szeligowski.

Astr Circ UdSSR Nr. 110 S. 11—12 (russisch). Beobachtungen von Sternbedeckungen in Taschkent. B. N. Tirnstein, K. F. Kuleschowa, W. P. Schtscheglow, A. M. Kalmykow, P. W. Schtscheglow. — 1950 April 23—Dez. 21.

Astr Circ UdSSR Nr. 111 S. 18 (russisch). Beobachtungen von Sternbedeckungen am städtischen Astronomischen Observatorium Irkutsk. N. D. Skripka. — 1950 Aug. 31—Dez. 14.

Astr Circ UdSSR Nr. 112 S. 16 (russisch). Beobachtungen von Sternbedeckungen am Observatorium Abastumani. E. K. Charadse, T. A. Kotschlaschwili. — 1951 Febr. 1—März 16.

Astr Circ UdSSR Nr. 112 S. 17 (russisch). Beobachtungen von Sternbedeckungen am Astronomischen Observatorium der Lenin-Staatsuniversität Kasan. I. A. Djukow, L. J. Ananjewa, N. D. Kalinenkow, M. N. Balaschowa. — 1950 April 23—1951 März 13.

Astr Circ UdSSR Nr. 113—114 S. 22 (russisch). Beobachtungen von Sternbedeckungen am städtischen Astronomischen Observatorium Irkutsk. N. D. Skripka. — 1951 Jan. 11—März 13.

Astr Circ UdSSR Nr. 116 S. 19—20 (russisch). Beobachtungen von Stern- und Venusbedeckungen am Astronomischen Engelhardt-Observatorium. S. T. Chabibullin, A. A. Nefedjew, A. I. Nefedjewa, L. D. Agafonowa, N. D. Kalinenkow, N. I. Tschudowitschew, N. A. Tschudowitschewa, F. K. Ustanowa. — 1950 Nov. 1—1951 Juni 8.

Astr Circ UdSSR Nr. 117 S. 13. Beobachtungen von Sternbedeckungen am Observatorium Abastumani. E. K. Charadse, W. P. Dshapiaschwili, T. A. Kotschlaschwili. — 1951 April 11—Mai 21.

Astr Circ UdSSR Nr. 118 S. 14—15 (russisch). Beobachtungen von Sternbedeckungen in Taurus am 27. Juli 1951. E. K. Charadse, I. F. Alanija, W. P. Dshapiaschwili, J. I. Kumsischwili, A. Keresselidse.

Astr Circ UdSSR Nr. 118 S. 15—16 (russisch). Beobachtungen von Sternbedeckungen am Astronomischen Observatorium der Staatsuniversität Kiew. A. A. Jakowkin, N. A. Jakowkin, A. A. Gorynja, W. P. Konoplewa, A. K. Ossipow, W. K. Drofa, M. Cholodenko, A. Triliskaja, W. Gawriljuk.

Astr Circ UdSSR Nr. 120 S. 9—10 (russisch). Beobachtungen von Sternbedeckungen am städtischen Astronomischen Observatorium Irkutsk. A. Kawerin. — 1951 April 11—Sept. 20.

Astr Circ UdSSR Nr. 120 S. 10—11 (russisch). Beobachtungen von Sternbedeckungen am Astronomischen Observatorium der Universität Leningrad. Jeremenko, Jessipowa, Kalichewitsch, Makarow, Medwedewa, Polosowa, Polossuchina, Ponomarewa, Swetschnikow, Swinzowa, Subbotina, Firago.

AJ **55** 247—248, mit 1 Fig. Discussion of occultations observed in 1947. F. M. McBain. — Ref. in NAT **1951** 77—78.

AJ **56** 97. Occultations of stars by the moon observed during 1950 with the 8-inch equatorial at South Hadley, Mass. A. H. Farnsworth, W. Sawtell.

BAC **2** 94—96. Occultations of the stars by the moon observed during the years 1934—35 and 1946—49. E. Buchar.

BAC **2** 96. Observations of occultations made at the University Observatory, Prague, in the year 1949. Z. Bochníček, J. Bouška.

BAC **2** 107—109. Observations of occultations made at the Ondřejov Observatory in the years 1931—1945. V. Guth.

BAC **2** 112. Observations of occultations made at the University Observatory Prague in the year 1950. J. Bouška.

BAC **2** 128. Occultations observed at the Astronomical Institute of the Masaryk University, Brno, during the year 1950. V. Vanýsek, M. Vlasáková.

BAC **2** 133—134. Occultations des étoiles par la Lune observées à l'Ecole polytechnique de Brno en 1950. J. Procházka.

BSAF **65** 447. Occultation d'étoiles. H. d'Halluin. — Beobachtung der Bedeckung von τ Sco 1951 Mai 21 und von τ Sgr 1951 Sept. 10.

Circ. Astr. Obs. Lwow Nr. 11 S. 18, 1949 (russisch). Beobachtungen von Sternbedeckungen. J. T. Kapko.

Circ. Astr. Obs. Lwow Nr. 12 S. 23 (russisch). Beobachtungen von Sternbedeckungen. J. T. Kapko.

El Universo **49** Nr. 15 S. 24. Ocultación de las Pléyades el 27 de septiembre de 1950. — Beobachtungen an der Privatsternwarte «Nicolás Copérnico».

JBAA **61** 69. Reduction of occultation observations, 1947. J. G. Porter.

J. Proc. Roy. Soc. New South Wales **84** 44—45 = Sydney Obs. Papers Nr. **12**. Occultations observed at Sydney Observatory during 1949. W. H. Robertson.

Mem SA It (NS) **22** 89—97 = Oss. Astr. Roma — Gran Sasso Contr. Sci. (NS) Nr. **165**. Posizioni di pianeti e pianetini ed occultazioni lunari osservate nel 1950. G. Armellini-Conti.

MN **111** 343—344 = Nizamia Obs. Repr. Nr. **10**. Occultations of stars by the moon observed at the Nizamiah Observatory, Hyderabad, during the year 1950. M. Ghouse, S. Aravamuthan, V. V. Raghaviah.

Nachr. turkmen. Abteilung Akad. Wiss. UdSSR Nr. **6** S. 90—91, 1950 (russisch). Die Sternbedeckung vom 30. September 1950. J. F. Sadykow.

NAT **1951** 20. Observationer of måneokkultationer. — 1949 Dez. 31 — 1950 Nov. 18.

NAZ **5** 4. J. Herrmann, W. Malsch, C. Behrmann. — Beobachtungen 1950 in Reutlingen, Karlsruhe und Hannover.

NAZ **5** 8. H. Bühler, E. Dolderer, R. Schneider. — Beobachtungen 1949—50 in Stuttgart.

NAZ **5** 24. W. Malsch. — Beobachtungen 1951 in Karlsruhe.

NAZ **5** 28. J. Herrmann. — Beobachtungen 1951 in Reutlingen.

Publ. Obs. Astr. Belgrade Bull. **15** 23, 46—47. Observations des occultations en 1950.

TAB (2) Nr. **32** S. 227—231. Occultation observations in Japan during 1948. R. Manabe.

TAB (2) Nr. **41** S. 275—284. Occultation observations in Japan during 1949. M. Utida, S. Habara, Y. Otoguro, F. Arata.

Union Circ **6** 2—4. Occultations of stars by the moon, 1950. E. L. Johnson, W. H. van den Bos, J. A. Bruwer.

7342. **Bedeckungen von Planeten**

Venus

Astr Circ UdSSR Nr. 116 S. 19—20 (russisch). Vgl. Ref. **7341**.

Sky and Telescope **10** 76, mit 1 Fig. February Venus occultation. P. W. Stevens. — Vorausberechnung.

Sky and Telescope **10** 143, mit 3 Fig. The occultation of Venus. — Beobachtungen.

Strolling Astronomer **5** Nr. 4 S. 12.

Mondformationen

7343. **P. Ahnert,** Über die Sichtbarkeit der hellen Strahlen auf dem Monde. Sterne **27** 167—168.

7344. **M. Amédée Fillias,** Formación de los circos lunares en la hipótesis de la expansión. Urania Barcelona **36** 119—124, mit 6 Fig.

7345. **D. W. G. Arthur,** The Diameters of Lunar Craters. Part I. Published by the Author, Reading, Berks., 1951. Preis 3 s. — Besprechung in J. British Interplanetary Soc. **11** 141, Strolling Astronomer **5** Nr. 9 S. 4—5.

7346. **F. Billerbeck-Gentz,** Anregungen zu vergleichenden selenologischen und geologischen Beobachtungen. Sterne **27** 156—161, mit 1 Abb. — Behandelt das Problem der Strahlen und strahlenden Krater auf dem Mond.

7347. **M. Darney,** Réseau polygonal et craterlets lunaires. BSAF **65** 80.

7348. **J. van Diggelen,** A photometric investigation of the slopes and the heights of the ranges of hills in the maria of the moon. BAN **11** 283—289, mit 12 Fig. — Ref. in Irish AJ **1** 248. — Verf. photometrierte auf Aufnahmen mit dem 40"-Yerkes-Refraktor zwei Gebiete im Mare Imbrium in Terminatornähe und leitete daraus Hügelhöhen von 100 bis 200 m und Hangabfälle nicht über 1 : 40 ab. Hügel von 10 bis 20 m Höhe zeichnen sich noch deutlich ab. Loh.

7349. **A. W. Markow,** Die Bildung des Reliefs und die physikalischen Eigenschaften der Mondoberfläche. Priroda **40** Nr. 9 S. 12—20 (russisch).

7350. Sulla formazione dei crateri lunari. Coelum **19** 175.

7351. The nature of the moon's surface. Southern Stars **14** 31—32, 1948.

7352. **Mitteilungen über Mondformationen**

DOB **4** Bull. 5 Fasc. 4 S. 1—4, mit 8 Fig. Résultats d'observations lunaires. C. Roques, E. Roques, J. M. Roques, A. Hestin. — Beobachtungen der Krater Atlas und Platon.

El Universo **49** Nr. 16 S. 54—55, mit 1 Abb. Comisión de Estudios Selenográficos. ¿Un nuevo muro recto? — Bericht über eine neue «Mauer» am Westrand des Mare Tranquillitatis im SE von Proclus. Gü.

JBAA **61** 45—47, mit 2 Fig. The lunar limb — South of Schomberger. D. W. G. Arthur, K. W. Abineri.

JBAA **61** 158—159, mit 2 Abb. Furnerius. K. W. Abineri.

JBAA **61** 189—191, mit 1 Fig. The north pole of the moon. P. A. Moore.

JBAA **62** 36—38. The north pole of the moon. T. L. MacDonald.

Orion Schaffhausen **3** 196—198, mit 4 Fig. Dynamische Untersuchung einiger Meteoriteneinschläge auf dem Monde. K. Rapp. — Schürfspur bei Mädler und im Kraterboden des Gassendi. Rekonstruktion des Aufsturzes bei Hyginus. Schürfspur, reichend von Manilius bis Conon. Spuren südlich Hyginus.

Orion Schaffhausen **3** 240—242, mit 2 Abb. La lune à la portée du débutant. J. M. Bastard. — Krater Mösting B und Sömmering.

RH **32** 105—107, 112—113, mit 3 Abb. The floor of Archimedes. A. Rükl, V. Příhoda.

Strolling Astronomer **5** Nr. 1 S. 1, mit 2 Fig. Lunar walled plain Grimaldi. J. C. Bartlett jr.

Strolling Astronomer **5** Nr. 1 S. 8—9, 11. Glow in Aristarchus? — Beobachtung der Krater Aristarchus, Delambre, Agrippa.

Strolling Astronomer **5** Nr. 1 S. 11—14, Nr. 2 S. 15, Nr. 3 S. 10—13, Nr. 4 S. 10—14, Nr. 5 S. 8—14, Nr. 6 S. 11—14, Nr. 7 S. 9—14, Nr. 8 S. 12—16, Nr. 9 S. 9—13, Nr. 10 S. 11—14, Nr. 11 S. 4—9, Nr. 12 S. 12—15. Observations and comments.

Strolling Astronomer **5** Nr. 2 S. 1, mit 4 Fig. Berichtigung in **5** Nr. 3 S. 3. Lunar crater Atlas, lunar walled plain Grimaldi, lunar crater Conon. T. Cragg, E. J. Reese, S. Ebisawa.

Strolling Astronomer **5** Nr. 3 S. 1, mit 4 Fig. Lunar crater Guericke, Aristarchus, Plato. H. G. Allen, E. J. Reese, W. H. Haas.

Strolling Astronomer **5** Nr. 4 S. 1, mit 1 Fig. Observations of Linné. E. J. Reese.

Strolling Astronomer **5** Nr. 5 S. 1, mit 2 Fig. Mist-shrouded mountain. R. M. Baum.

Strolling Astronomer **5** Nr. 7 S. 1, mit 2 Fig. Conon. E. J. Reese.

Strolling Astronomer **5** Nr. 7 S. 3—7, mit 4 Fig. Mädler's Square. An alternative interpretation. P. A. Moore.

Strolling Astronomer **5** Nr. 7 S. 8—9, mit 1 Fig. Observed red tint of the lunar crater Lichtenberg. R. M. Baum.

Strolling Astronomer **5** Nr. 8 S. 1, mit 4 Fig. Lohrmann-Riccioli region. Aristarchus. Conon. T. Saheki, E. E. Hare, E. J Reese.

Strolling Astronomer **5** Nr. 8 S. 5, mit 3 Fig. Drawings of Mädler's square and vicinity in 1951. C. C. Post, J. C. Bartlett, E. J. Reese.

Strolling Astronomer **5** Nr. 9 S. 2—4. Some lunar curiosities. H. P. Wilkins.

Strolling Astronomer **5** Nr. 10 S. 2. Lunar formation Bartlett. — Benennung der Formation zwischen Fontenelle und Birmingham nach James C. Bartlett.

Strolling Astronomer **5** Nr. 11 S. 1, mit 2 Fig. Lunar crater Atlas. Lunar crater Kies A. T. Osawa, P. A. Moore.

Strolling Astronomer **5** Nr. 12 S. 1, mit 5 Fig. Lunar crater Conon. Eratosthenes. Aristarchus. Plato. E. J. Reese, L. T. Johnson.

Urania Barcelona **36** 159—161, mit 1 Fig. El cráter lunar Copernicus. H. P. Wilkins.

Urania Kopenhagen 8 46—47. Et Supplement til «Rillesystemerne ved Maanens Midte». K. Andersen.

§ 74

Mars

7401. Astrometrische Beobachtungen

Mem SA It (NS) **22** 89—97 = Oss. Astr. Roma—Gran Sasso Contr. Sci. (NS) Nr. **165**. Posizioni di pianeti e pianetini ed occultazioni lunari osservate nel 1950. G. Armellini-Conti. — α.

Observations made at The Royal Observatory, Greenwich, in the year 1937, A 21. — α, δ.

TAB (2) Nr. **38** S. 257—264. Vgl. Ref. **6001**.

7402. Physische Beobachtungen

Coelum **19** 13—21, mit 7 Fig. Marte nell'opposizione 1950. G. Ruggieri.

Gaz astr **33** 33—35, mit 1 Fig. Observations de Mars faites pendant l'opposition de 1950. G. D. Roth.

Irish AJ **1** 143—144, mit 2 Tafeln = Armagh Obs. Leaflet Nr. 8. Opposition of Mars, 1950. E. B. Armstrong.

Mem BAA **37** part 1, 28 S. mit 13 Tafeln und 1 Marskarte. The British Astronomical Association. Section for the observation of Mars. Twenty-fourth report dealing with the apparition of 1941.

Mem SA It (NS) **22** 175—210, mit 15 Fig. und 4 Tafeln. Osservazioni del pianeta Marte durante l'opposizione del 1950. G. de Mottoni. — Ergebnisse der Beobachtungen von Mars am visuellen 19 cm-Refraktor während der Opposition des Jahres 1950, mit Intensitätsschätzungen einzelner Formationen. F. Z.

Sterne **27** 26—27, mit 2 Abb. H. Oberndorfer. — Beob. 1950 März 23 und April 30.

Sterne **27** 43—45, mit 3 Abb. = Mitt. Archenhold-Sternw. Nr. **16**. Die Marsopposition 1950. G. Schirdewahn.

Strolling Astronomer **5** Nr. 1 S. 1, mit 1 Fig. Map of Mars. E. Pfannenschmidt.

Strolling Astronomer **5** Nr. 1 S. 11—14, Nr. 3 S. 10—13, Nr. 4 S. 10—14, Nr. 5 S. 8—14, Nr. 6 S. 11—14, Nr. 10 S. 11—14, Nr. 12 S. 12—15. Observations and comments.

Strolling Astronomer **5** Nr. 6 S. 5, mit 2 Fig. Mars in 1939, 1950. E. E. Both.

Strolling Astronomer **5** Nr. 12 S. 1, mit 2 Fig. Mars. T. Saheki.

7403. **N. P. Barabaschew,** Einige Ergebnisse der photometrischen Bearbeitung der 1933 und 1939 erhaltenen Marsaufnahmen durch Lichtfilter. Circ. Astr. Obs. Charkow Nr. 8 S. 3—12 (russisch).

7404. **N. P. Barabaschew,** Über Wolken, Nebel und Niederschläge auf dem Mars. Publ. Astr. Obs. Charkow **1** (**9**) 9—10 (russisch).

* * **N. P. Barabaschew, A. T. Tschekirda,** Photographische Spektralphotometrie von Venus, Mars, Jupiter und Saturn. Vgl. Ref. **7116.**

7405. **A. Dollfus,** Détermination de la pression atmosphérique sur la planète Mars. CR **232** 1066—1068. — Auf dem Pic du Midi wurden unter günstigen Beobachtungsverhältnissen Messungen der Polarisation des von Mars reflektierten Lichtes durchgeführt, um daraus den atmosphärischen Bodendruck zu bestimmen. Beim Fehlen der violetten Schleier ergeben die Variationen der Polarisation vom Zentrum zum Rande bei verschiedenen Phasen und in verschiedenen Farben ein Helligkeitsverhältnis von Atmosphäre zu Boden von 0.037, und daraus resultiert ein «Luft»druck von 83 mb. Loh.

7406. **A. Dollfus,** La polarisation de la lumière renvoyée par les différentes régions de la surface de la planète Mars et son interprétation. CR **233** 467—469, mit 1 Fig. — Neue Messungen haben Polarisationskurven der Marsformationen zwischen den Phasen 3° und 36° erbracht. Die hellen Gebiete besitzen Eigenschaften des pulverisierten Limonits. Die dunklen Flecke unterscheiden sich von unseren Vegetationsgebieten, ausgenommen vielleicht mikroskopische Pflanzen. Die weißen Wolken sind Kristalle. Die violetten Nebel erinnern an diejenigen der Venus. Die Polkalotten haben im Frühjahr die Struktur sublimierenden Reifes. Loh.

7407. **F. J. Escalante,** Marte en 1950. El Universo **49** Nr. 15 S. 5—14, mit 1 Abb. und 2 Tafeln. — Fortsetzung von El Universo **48** Nr. 14 S. 125 (AJB **50** Ref. **7405**). Zusammenfassender Bericht über vorwiegend an der Privatsternwarte «Nicolás Copérnico» beobachtete Marsformationen mit 11 Marszeichnungen und einer Marskarte. Gü.

7408. **H. Flohn,** Neues zur Meteorologie des Mars. Naturwiss. Rundschau **4** 26.

7409. **F. J. Kerr, F. L. Whipple,** Possible explanations of the secular acceleration of Phobos and Jupiter V. AJ **56** 131. — Ref. AAS.

* * **G. de Mottoni,** Effetti della diffrazione nelle osservazioni di Marte. Vgl. Ref. **2017.**

7410. **G. de Mottoni,** Sullo scioglimento delle calotte polari di Marte. Mem SA It (NS) **22** 241—249, mit 2 Fig. — Es wird gezeigt, daß die Schmelzgeschwindigkeit der polaren Kalotten auf Mars proportional der solaren Wärmemenge ist, die in der Zeiteinheit auf die ganze Kalotte einfällt. F. Z.

* * **G. de Mottoni,** Potere risolutivo, legge di Dawes e visibilità dei dettagli planetari. Applicazioni al pianeta Marte. Vgl. Ref. **2018.**

7411. **J. R. Randolph,** Are there people on Mars? Strolling Astronomer **5** Nr. 3 S. 4—8, mit 2 Fig.

7412. **B. M. Rubaschew,** Neues über die meteorologischen Bedingungen auf dem Mars. Priroda **40** Nr. 1 S. 46—48 (russisch).

7413. **E. Schatzman,** Sur les particules diffusantes dans l'atmosphère de Mars. CR **232** 692—693 = Contr. Inst. d'Astrophys. Paris (A) Nr. **82.** — Einfache Betrachtungen über die Extinktion in der Marsatmosphäre gestatten, den Radius der als sphärisch und mit dem Brechungsindex 1.33 angenommenen Diffusionspartikel zu etwa 0.15 μ abzuleiten. Verf. (übersetzt)

7414. **E. Schoenberg,** Meteorologie der Mars-Atmosphäre. Sternenwelt **3** 82—86, mit 5 Abb. — Es werden behandelt: Die Polkappen des Mars. Die Wolken der Mars-Atmosphäre. Troposphäre und Stratosphäre des Mars. Druck und Dichte in der Mars-Atmosphäre. Temperatur- und Windverteilung auf Mars.

7415. **R. Sudre,** Nyere Undersøgelser over Planeten Mars. Urania Kopenhagen 8 87—90.

7416. **W. S. Tichomirow,** Das spektrale Reflexionsvermögen einiger Pflanzen im Zusammenhang mit Fragen über Pflanzenwuchs auf dem Mars. Alma Ata, Akad. Wiss. kasach. Sowjetrepublik, Sektor für Astrobotanik, 1951. 8 S. (russisch). — Dissertationsreferat.

7417. **W. S. Tichomirow,** Jahreszeitliche Veränderungen gewisser Reflexionseigenschaften der Pflanzen und die Frage über die Vegetation auf dem Mars. Alma-Ata, Verlag Akad. Wiss. kasach. Sowjetrepublik, 1951. 105 S. mit Abb. Preis 5 R. 35 Kop. (russisch).

7418. **G. A. Tichow,** Über Pflanzenleben auf Mars und Venus. Bote Akad. Wiss. kasach. Sowjetrepublik 8 Nr. **4** (73) S. 72—86 (russisch).

7419. **G. de Vaucouleurs,** The Planet Mars. Vgl. AJB **50** Ref. **7427**. — Weitere Besprechung in Pop Astr **59** 454 (L. Binnendijk), Sky and Telescope **11** 15, 173 (G. P. Kuiper).

7420. **G. de Vaucouleurs,** Physique de la planète Mars. Paris, Edition Albin Michel, 1951. 424 S. mit 50 Fig. und 8 Tafeln. Preis 825 fr. — Besprechung in BSAF **65** 364—365, Ciel et Terre **67** 205, Gaz astr **33** 98—100, Irish AJ **1** 250, J. British Interplanetary Soc. **10** 229, J RAS Canada **46** 169—170, La Nature **79** 320, Orion Schaffhausen **3** 341, Sky and Telescope **10** 274, **11** 173 (G. P. Kuiper).

7421. **G. de Vaucouleurs,** La planète Mars. BSAF **65** 103—106. — Inhalt: L'orbite et le globe de Mars. Les calottes polaires. Les régions claires. L'atmosphère. Les climats. Les régions sombres. Les canaux. La vie sur Mars.

7422. Interprétation des formations géologiques à la surface de Mars. BSAF **65** 37—38. — Besprechung der Arbeit von C. W. Tombaugh in AJ **55** 184 (AJB **50** Ref. **7425**).

7423. Water on Mars. JBAA **61** 83.

7424. Tides on Mars? Sky and Telescope **10** 265, 272. — Ref. AAS.

7425. Wasser auf dem Mars. Sterne **27** 95—96. — Ref. der Arbeiten in Publ ASP **60** 289 (AJB **48** Ref. **7409**) und AJ UdSSR **26** 273 (AJB **49** Ref. **7406**).

7426. Hat Mars offene Wasserflächen? Sternenwelt **3** 73. — Kurzbericht aus «Sowjetwissenschaft» **1950** 106—110.

7427. Lidt mere om Marsproblemet. Urania Kopenhagen 8 106—108.

§ 75

Kleine Planeten

7501. Ephemeriden Kleiner Planeten für das Jahr 1952. **Herausgegeben vom Institut für Theoretische Astronomie der Akademie der Wissenschaften der UdSSR. Moskau-Leningrad, Verlag Akad. Wiss. UdSSR, 1951. 159 S. (russisch). — Enthält die Elemente von 1568 Kleinen Planeten, Op-**

positionsdaten und Ephemeriden von 1170 Kleinen Planeten, die 1952 in Opposition kommen. Redaktion: N. S. Jachontowa. — Eine Übersetzung des Vorworts wurde in Cincinnati besorgt.

7502. Efemérides de 79 Asteroides para la oposición de 1952. Calculadas en el Seminario de Astronomia y Geodesia de la Facultad de Ciencias de la Universidad de Madrid. Urania Barcelona **36** 129—137.

7503. **J. Bobone,** El asteroide Icarus (su órbita e importancia astronómica). Publ. Obs. Astr. Univ. La Plata Serie Circ. Nr. **10** S. 59—60. — Entdeckungsgeschichte, Besonderheiten der Bahn und verbesserte Elemente (aus Beobachtungen 1949 und 1950) von Icarus. Böh.

7504. **N. Boneff,** Sur la variabilité de l'éclat des astéroïdes. Annuaire Univ. Sofia Faculté Sci. Math. Phys. **47** Livre 1, partie 1 S. 259—269, mit 2 Fig. (mit bulgarischer Zusammenfassung). — Unter der Annahme, daß sich die Kleinen Planeten normaler Größe aus einem chaotischen Nebelkern in Form eines homogenen Ellipsoides gebildet haben, werden die Form der Bahnkurven eines Teilchens unter dem Einfluß zentraler und peripherer Kondensationen und die Einhüllende der Bahnen bestimmt. Die sich daraus im Lauf der Zeit ergebende Figur des Planeten wird für die Helligkeitsschwankungen verantwortlich gemacht. Der Einfluß von Abänderungen in den das komplizierte Problem stark vereinfachenden Voraussetzungen wird abgeschätzt. Böh.

7505. **A. I. Boshkowa,** Genäherte Verbesserung der Bahnelemente des Planeten (1078) Mentha. BIA **4** 494—496 (russisch).

7506. **D. Brouwer,** Secular variations of the orbital elements of minor planets. AJ **56** 9—32, mit 5 Fig. — Die mittleren Bahnlageelemente werden in der Form dargestellt $e \cos \pi = A \cos \pi_1 + p_0$, $e \sin \pi = A \sin \pi_1 + q_0$; $\sin i \cos \Theta = B \cos \Theta_1 + P_0$, $\sin i \sin \Theta = B \sin \Theta_1 + Q_0$, wobei die ersten Glieder der rechten Seiten die Säkularstörungen in trigonometrischer Form und die zweiten die von den säkularen Elementenänderungen der Großen Planeten herrührenden induzierten Schwingungen bedeuten. Für 1537 numerierte Planeten werden die unter Verwendung der p_0, q_0, P_0, Q_0 aus Astr. Papers American Ephemeris **13** 81 (AJB **50** Ref. **4206**) berechneten Größen A, B, π_1, Θ_1 tabuliert. Die früheren Ergebnisse von Hirayama werden bestätigt und die Unterschiede aufgeklärt. Nach der Verteilung der A und B werden, über Hirayama hinausgehend, 29 Planetenfamilien aufgestellt, von denen die Florafamilie besonders untersucht wird. Den Schluß bildet eine Untersuchung über die Entstehungsursache der Familien, wobei die Kollisionstheorie als im großen und ganzen wenigstens qualitativ bestätigt scheint. Böh.

* * **D. Brouwer, J. Ashbrook,** The minor planet 619 Triberga and the mass of the moon. Vgl. Ref. **7305**.

7507. **C. Cailliatte,** Complément à l'étude de (377) Campania. JO **34** 74—81. — Die vom Verf. in JO **30** 62 gegebenen genäherten absoluten Störungen von 377 Campania werden um weitere Glieder vermehrt, und damit lassen sich nach einer Bahnverbesserung alle Beobachtungen von 1893 bis 1950 befriedigend darstellen. Die besonders untersuchten kritischen Glieder erweisen sich als klein. Böh.

7508. **R. Carrasco, J. M. Torroja,** Rectificación de la órbita del Asteroide 1371 «Resi». Urania Barcelona **36** 1—6.

7509. **F. B. Chanina,** Verbesserung der Elemente des Planeten 1039 Sonneberga. Astr Circ UdSSR Nr. **116** S. 14—15 (russisch).

7510. **F. B. Chanina,** Die Bahn des Planeten (534) Nassovia. BIA **4** 488—490 (russisch).

7511. **F. B. Chanina,** Bahnverbesserung des Planeten (1340) Yvette. BIA **4** 491—493 (russisch).

7512. **O. Engelstoft,** Solsystemets smaa Planeter. Urania Kopenhagen 8 33—37, 65—69.

7513. **G. C. Flammarion,** L'énigme des petites planètes. BSAF **65** 153.

7514. **G. Fournier,** Icare et les petites planètes. La Nature **79** 131—132.

7515. **P. Herget,** Reports on the progress of astronomy: Minor planets. MN **111** 232—233.

7516. **F. M. Holborn,** A note on minor planet (20) Massalia. JBAA **61** 132. — Ein bei der Beobachtung des Veränderlichen X Leo mitbeobachtetes bewegtes Objekt, das von Merton als 20 Massalia identifiziert wurde, und die schon früher gelegentlich vorhandene Nachbarschaft von Veränderlichen mit Kleinen Planeten werden zum Anlaß genommen, auf die Wichtigkeit von Helligkeitsmessungen an Kleinen Planeten hinzuweisen. Böh.

7517. **M. Itzigsohn, P. Sconzo,** Observaciones y calculos de planetitas. Publ. Obs. Astr. Univ. La Plata Serie Circ. Nr. **9**, 29 S. — 1. Teil: Beobachtungen 1950. 2. Teil: vgl. Ref. **7531**.

7518. **N. B. Jelenewskaja,** Verbesserung der Bahnelemente des Kleinen Planeten (435) Ella. Circ. Astr. Obs. Lwow Nr. 17 S. 20—22 (russisch).

7519. **N. B. Jelenewskaja,** Verbesserung der Bahnelemente des Kleinen Planeten (214) Aschera. Circ. Astr. Obs. Lwow Nr. 17 S. 23—24 (russisch).

7520. **E. L. Johnson,** Preliminary count of the number of minor planets brighter than the 17th photographic magnitude. MN ASSA **10** 58—59, mit einem Nachtrag S. 59—60. — Vgl. nachstehendes Ref.

7521. **E. L. Johnson,** A preliminary count of the number of minor planets brighter than the 17th photographic magnitude. Obs **71** 202—204. — Nach Zählungen Kleiner Planeten auf Aufnahmen mit dem ADH-Teleskop wird die Zunahme der Zahl der Kleinen Planeten nach schwächeren Helligkeiten viel geringer gefunden als von W. Baade nach Aufnahmen mit dem 100''-Teleskop. O. G.

7522. **E. L. Krinow,** Planeten-Zwerge (Asteroiden). Moskau-Leningrad, Verlag Akad. Wiss. UdSSR, 1951. 76 S. mit 21 Abb. Preis 2 R. (russisch). — Inhalt dieser allgemeinverständlichen Broschüre: 1. Das Sonnensystem, S. 3—17; 2. Die Entdeckungen der Kleinen Planeten, S. 18—28; 3. Der Asteroidengürtel, S. 29—40; 4. Physikalische Eigenschaften der Kleinen Planeten, S. 41—60; 5. Die meteorische Materie im interplanetaren Raum, S. 61—68; 6. Die Herkunft der Kleinen Planeten, S. 69—74. Loh.

7523. **R. Mitrinović, V. V. Michkovitch,** Activité et découvertes dans le domaine des petites planètes. Annuaire de notre ciel pour l'an 1952. Obs. Astr. Acad. Serbe Sci. **17**. Belgrade, 1951 S. 175—182, mit 3 Fig. (serbisch mit franz. Ref. S. 236).

7524. **I. I. Putilin,** Über die Abschätzung der Gesamtzahl der Kleinen Planeten im Sonnensystem. Bull. Astr.-Geod. Ges. UdSSR Nr. **10** (**17**) S. 7—9 (russisch). — Kritik an einer Arbeit von S. W. Orlow über die Gesamtzahl der Kleinen Planeten (vgl. AJB **49** Ref. **7529**). Die dort gemachte Voraussetzung, das Produkt aus mittlerem Volumen und Anzahl Kleiner Planeten in sukzessiven Helligkeitsgruppen sei konstant, ist nicht erfüllt. Weiterhin liefert die von Orlow abgeleitete Formel über die Gesamtzahl im Vergleich mit den Beobachtungen von Baade am 100-Zöller (vgl. AJB **36** Ref. **5608**) viel zu hohe Werte. Dasselbe gilt bezüglich der Feststellungen in Simeis. Loh.

7525. **H. S. Rice,** Asteroid notes. Pop Astr **59** 42—43, 104—105, 224—225, 268—269, 327, 381—382, 481.

7526. **W. F. Rogatschenko,** Verbesserung der Bahnelemente des Kleinen Planeten (1117) Reginita. Circ. Astr. Obs. Lwow Nr. 12 S. 22—23 (russisch).

7527. **W. F. Rogatschenko,** Beobachtungen Kleiner Planeten von April bis Juni 1949. Circ. Astr. Obs. Lwow Nr. 12 S. 24 (russisch).

7528. **W. I. Sajko, W. F. Rogatschenko,** Beobachtungen Kleiner Planeten. Circ. Astr. Obs. Lwow Nr. 9 S. 17—18, 1948 (russisch).

7529. **W. I. Sajko, W. F. Rogatschenko,** Vorläufige Bahn des Kleinen Planeten H. 35. Circ. Astr. Obs. Lwow Nr. 13 S. 24 (russisch).

7530. **W. I. Sajko,** Verbesserung der Bahnelemente des Kleinen Planeten (1137) Raissa. Circ. Astr. Obs. Lwow Nr. 14 S. 15—16 (russisch).

7531. **P. Sconzo,** Calculos de perturbaciones y efemerides de planetitas para 1952. Publ. Obs. Astr. Univ. La Plata Serie Circ. Nr. **9** S. 19—29. — Bericht über die vom Obs. La Plata für das Jahr 1952 ausgeführten Störungs- und Ephemeridenrechnungen an Kleinen Planeten mit Angaben über Methoden und mit den Ergebnissen der Bahnverbesserungen. Böh.

7532. **P. Sconzo,** Teoría aproximada del planetita (671) Carnegia. Publ. Obs. Astr. Univ. La Plata Serie Circ. Nr. **10** S. 53—57. — Genäherte absolute Störungen aus den Tafeln für die Hecubagruppe von Rabe und mittlere Elemente von 671 Carnegia nach Bahnverbesserung aus den Beobachtungen von 1932 bis 1941. Böh.

* * **P. Sconzo,** Conmemoración historica del descubrimiento del primer asteroide «Céres». Vgl. Ref. 1453.

7533. **G. F. Sultanow,** Die Verteilung der Bahnelemente der Kleinen Planeten und der Splitter des hypothetischen Olbersschen Planeten (Kritische Analyse der Olbersschen Hypothese über die Entstehung der Kleinen Planeten). Moskau, Staatliches Astr. Sternberg-Inst., 1951. 4 S. (russisch). — Dissertationsreferat.

7534. **B. Thüring,** La Trojanoj—interesa grupo de planedetoj. Scienca Revuo **3** 54—57, mit 1 Fig. — Kurze Darstellung der durch die Existenz der Trojaner aufgeworfenen himmelsmechanischen Probleme mit besonderer Betonung der Asymmetrie und der Nichtgeschlossenheit der Librationsbahnen. Verf.

7535. **B. Thüring,** Die Planeten der Jupitergruppe. Sternenwelt **3** 18—20, mit 2 Abb.

7536. **J. M. Torroja, R. Carrasco,** Rectificación de la órbita del Asteroide 1560 (1942 XB) y efemérides para la oposición de 1951. Urania Barcelona **36** 96—100.

7537. **G. A. Tschebotarjow,** Anwendung der periodischen Bahnen auf die Untersuchung der Bewegung Kleiner Planeten. BIA **4** 499—554 (russisch). — Inhalt: I. Die periodischen Lösungen des eingeschränkten Dreikörperproblems. II. Die Methode der periodischen Bahnen. III. Die analytische Theorie der Bewegung des Kleinen Planeten Hilda. IV. Tafeln. Loh.

7538. **G. A. Tschebotarjow, L. J. Piuss, E. N. Lemechowa,** Die absolute periodische Bahn des Hestia-Typs. BIA **5** 15—41 (russisch). — Die Rechnungen der Verf. beziehen sich auf den Fall der Kommensurabilität 1 : 3 und werden auf die Kleinen Planeten Hestia (46) und Eulalia (495) angewandt. Loh.

7539. **G. A. Tschebotarjow,** Anwendung der periodischen Bahnen auf die Untersuchung der Bewegung Kleiner Planeten. Moskau-Leningrad, Verlag Akad. Wiss. UdSSR, 1951. 18 S. (russisch). — Dissertationsreferat.

7540. **G. O. Wallbrecher,** El planetita Evita. Publ. Obs. Astr. Univ. La Plata Serie Especial Nr. **11** S. 9—16, mit 1 Fig.

7541. **F. Weber, R. Weber,** Le retour de Psyché. BSAF **65** 69—70, mit 2 Aufnahmen.

7542. **J. Weenen,** Ceres, 1 Januari 1801 — 1 Januari 1951. Hemel en Dampkring **49** 7—11, mit 2 Fig. — Geschichte der Entdeckung und Bahnbestimmung des Planetoiden Ceres. Gü.

* * **J. L. White,** The observation of minor planets. Vgl. Ref. **2058**.

7543. **A. Ziller,** L'influence de Jupiter sur les éléments des orbites des petites planètes. BSAF **65** 154—160, mit 1 Fig. — Ref. in Phys. Ber. **31** 145—146. — Inhalt: 1. Magnitudes et diamètres. 2. Demi-grands axes a. 3. Longitudes des périhélies π. Excentricités e et inclinaisons i.

7544. Pianetini trojani. Coelum **19** 72—73.

7545. Probabile origine di Icaro. Coelum **19** 73—74.

7546. Epilogue de l'aventure d'une petite planète: Thalia, astéroïde 23. BSAF **65** 89—91, mit 3 Aufnahmen. Mit Berichtigung S. 217.

7547. La période de révolution de (16) Psyche. DOB **4** Bull. 3 Fasc. 1 S. 4, mit 1 Fig.

7548. Diameters of the asteroids. Irish AJ **1** 163—164.

7549. The asteroid Icarus. J RAS Canada **45** 171—172.

7550. Ein schnelles Entfernungsmeßverfahren für Asteroide. Phys. Blätter **7** 321. — Betrifft ein von J. S. Hall und A. A. Hoag (US Naval Obs.) vorgeschlagenes Verfahren.

7551. Baade's asteroid named. Sky and Telescope **9** 139, 1950. — Icarus.

7552. Minor planets. Sky and Telescope **10** 116.

7553. Lidt om Planet 23 Thalia. Urania Kopenhagen **8** 131.

Helligkeiten Kleiner Planeten

7554. Ephemeriden zur physischen Beobachtung Kleiner Planeten für das Jahr 1951. Astr Circ UdSSR Nr. 112 S. 8—10 (russisch). — Betrifft Nr. 9, 30, 45, 63.

7555. Ephemeriden zur physischen Beobachtung Kleiner Planeten im Jahre 1951. Astr Circ UdSSR Nr. 116 S. 9—13 (russisch). — Betrifft Nr. 11, 15, 79, 85, 101, 135, 247 und 356.

7556. **O. Günther,** Photometrische Beobachtungen von 4 Kleinen Planeten. AN **280** 83—89, mit 4 Abb. = Mitt. Univ.-Sternw. Münster Nr. **1**. — Von den Kleinen Planeten Herculina, Juno, Flora und Pallas werden Helligkeiten im visuellen Harvard-System angegeben, die durch Schätzung auf Platten gewonnen sind und zur Ableitung der Phasenkurven und der Oppositionshelligkeiten verwendet werden. Der für Pallas gefundene Rotationslichtwechsel erscheint gut gesichert. Verf.

7557. **H. Haupt, H. Auzinger,** Helligkeitsbeobachtungen von Kleinen Planeten. Mitt. Univ.-Sternw. Wien **5** 119—125. — Betrifft Nr. 1, 2, 3, 4, 5, 16, 18, 29, 39, Neptun.

7558. **P. Herget,** Note on magnitudes. MPC 603.

7559. **R. Rigollet,** Premiers résultats d'un programme de photométrie des petites planètes en rapport avec les séquences photovisuelles de l'Observatoire Leander McCormick. Ann d'Astrophys **14** 236—240, mit 2 Fig. = Contr. Inst. d'Astrophys. Paris (B) Nr. **71**. — Der Verf. teilt die ersten Ergebnisse eines Programmes zur Bestimmung der Helligkeiten Kleiner Planeten in einer einwandfreien photometrischen Skala mit. Scheinbare und auf Erdentfernung $\Delta = 1$ und Sonnenentferung $r = 1$ reduzierte Helligkeiten von 21 Planetoiden werden gegeben. Micz.

7560. **C. B. Stephenson,** The light-curve and the color of Vesta. ApJ **114** 500—504, mit 2 Fig. — Ref. in JBAA **62** 155. — Der Kleine Planet Vesta ist wiederholt eines Lichtwechsels verdächtigt worden, jedoch gingen die Ergebnisse verschiedener Beobachter über seinen Charakter weit auseinander. Verf. hat im Winter 1950/51 neue lichtelektrische Beobachtungen im gelben und blauen Wellenlängenbereich durchgeführt, die eine Helligkeitsvariation mit $0^{d}_{.}2226$ Periode und $0^{m}_{.}12$ Amplitude erbrachten. Der Farbenindex beträgt im Internationalen System $0^{m}_{.}64$, eine ganz leichte Andeutung für eine Veränderlichkeit mit der Periode des Lichtwechsels ist vorhanden. Micz.

7561. **Helligkeitsbeobachtungen**

1 Ceres	Anzeiger der Österreichischen Akad. Wiss. Math.-naturw. Kl. **1951** 283—284. H. Auzinger, H. Haupt, K. Ferrari d'Occhieppo.
2 Pallas	Anzeiger der Österreichischen Akad. Wiss. Math.-naturw. Kl. **1951** 284—285. H. Auzinger, H. Haupt, K. Ferrari d'Occhieppo.
	JO **34** 65. C. Cailliatte.
	O. Günther. Vgl. Ref. **7556**.
3 Juno	Anzeiger der Österreichischen Akad. Wiss. Math.-naturw. Kl. **1951** 285. H. Auzinger.
	O. Günther. Vgl. Ref. **7556**.
4 Vesta	Anzeiger der Österreichischen Akad. Wiss. Math.-naturw. Kl. **1951** 285—286. H. Auzinger, H. Haupt.
	NAZ **5** 7. H. Auzinger.
5 Astraea	Anzeiger der Österreichischen Akad. Wiss. Math.-naturw. Kl. **1951** 286—287. H. Auzinger.
	JO **34** 65. C. Cailliatte.
8 Flora	O. Günther. Vgl. Ref. **7556**.
16 Psyche	Anzeiger der Österreichischen Akad. Wiss. Math.-naturw. Kl. **1951** 287. H. Haupt.
18 Melpomene	Anzeiger der Österreichischen Akad. Wiss. Math.-naturw. Kl. **1951** 287. H. Auzinger.
	NAZ **5** 7. H. Auzinger.
29 Amphitrite	Anzeiger der Österreichischen Akad. Wiss. Math.-naturw. Kl. **1951** 287. H. Haupt.
39 Laetitia	Anzeiger der Österreichischen Akad. Wiss. Math.-naturw. Kl. **1951** 287. H. Auzinger.
430 Hybris	Astr Circ UdSSR Nr. 112 S. 5—6. D. J. Martynow.
532 Herculina	O. Günther. Vgl. Ref. **7556**.

7562. Nachweis der Beobachtungen und Berechnungen Kleiner Planeten

Zeichenerklärung:
* = genäherter Ort, Id = identisch, Eph = Ephemeride, El = Elemente

Abkürzungen der Sternwarten

Abastumani	Aba	Karlsruhe	Kar	Pulkowo	Pul
Algier	Alg	Kasan	Kas	Richmond Hill	RiH
Alma Ata	AlA	Kiel	Kil	Rom	Rom
Arcetri	Arc	Kiew	Kiw	Rostow	Ros
Athen	Ath	Kitab	Kit	Rutherford	Rut
Babelsberg	Bab	Kobe	Kob	Sarreguemines	Sag
Barcelona	Bar	Kodaikanal	Kod	San Fernando (Cadiz)	SFe
Belgrad	Bel	Königsberg	Kön	Santiago	San
Bergedorf	Bgf	Kopenhagen	Kop	Saragossa	Sar
Berkeley	Bky	Krakau	Kra	Schwäbisch Hall	SHa
Besançon	Bes	Kyoto	Kyo	Seto-Mura	SMu
Blaye	Bla	Lagny	Lag	Simada	Sia
Bloemfontein	Blf	La Plata	LaP	Simeis	Sim
Bloomington	Blo	Leiden	Lei	Sizuoka	Siz
Bordeaux	Bor	Leipzig	Lzg	Skalnaté Pleso	SPl
Bosque Alegre	BoA	Lemberg (Lwow)	Lem	Sonneberg	Son
Budapest	Bud	Lissabon	Lis	Spetsai	Spe
Bukarest	Buk	London	Lon	Stalinabad	Sta
Cambridge, Engl.	CaE	Madrid	Mad	Stuttgart	Stu
Cambridge, Mass.	CaM	Mailand	Mai	Suma	Sum
Cape of Good Hope	Cap	Moskau	Mos	Sydney	Syd
Castel Gandolfo	CaG	Mt. Hamilton	MtH	Tacubaya	Tac
Charkow	Chw	Mt. Palomar	MtP	Tartu	Tar
Charlottesville	Cha	Mt. Wilson	MtW	Taschkent	Tkt
Cordoba	Cor	München	Mün	Tokyo	Tok
Düsseldorf	Düs	Nanking	Nan	Tomsk	Tom
Eva Peron	EVA	New Haven	NHv	Toulouse	Tou
Flagstaff	Fla	Nizza	Niz	Triest	Tri
Fort Davis	FtD	Northfield	Nor	Torino	Tor
Frauenfeld	Fra	Oak Ridge	Oak	Turku	Tuk
Golossejewo	Gol	Odessa	Oda	Uccle	Ucc
Greenwich	Gre	Ohte	Oht	Utrecht	Utr
Hamburg	Ham	Okayama	Oka	Warschau	War
Headley	Hea	Oxford	Oxf	Washington	Was
Heidelberg	Hei	Padua	Pad	Wien	Wie
Hyderabad	Hyd	Palermo	Pal	Wiesbaden	Wis
Innsbruck	Inn	Paris	Par	Williams Bay	WiB
Istanbul	Ist	Pittsburgh	Pit	Wilna	Wil
Johannesburg	Joh	Poznań	Poz	Würzburg	Wür
Joh. Yale-Columbia	JoY	Prag	Pra	Zô-Sè	ZoS
Juvisy	Juv	Pretoria	Pre		

1 Ceres
36: Greenwich Obs. **1936** A 26, **1937** A 24 Gre. — 38: Greenwich Obs. **1938** A 23 Gre. MPC 576 San. — 40: MPC 613, 614 San. — 47: MPC 566 Was. — 49: TAB (2) Nr. 39 S. 268 Tok*. MPC 566 Was. — 50: MPC 682 Bar. Belgrade Bull. **15** 24, 50 Bel*. MPC 519 Cor*. UC Nr. **111** S. 5 Joh*. AN **280** 47, MPC 525 Kar. MPC 494 Kyo*. Madrid Bol. **4** Nr. 4, MPC 558 Mad. MPC 546 Niz*. Mem SA It (NS) **22** 94, Roma-Monte Mario Contr. Nr. 165 Rom*. MPC 498 Rom. MPC 539 San. MPC 521 SFe. TAB (2) Nr. 34 S. 235 Tok (nur α), TAB (2) Nr. 34 S. 236 Tok (nur δ). — 51: MPC 648, 706, 707 Alg*. MPC 689 Joh*. MPC 705 JoY. Astr Circ UdSSR Nr. **119** Kiw

Eph (1951) Archenhold-Sternw. Mitt. **3** Nr. 14, Astr Circ UdSSR Nr. **111**, Pop Astr **59** 382

2 Pallas
36: Greenwich Obs. **1936** A 26, **1937** A 24 Gre. — 37: Greenwich Obs. **1937** A 24 Gre. — 38: MPC 576 San. — 40: MPC 614 San. — 43: TAB (2) Nr. 32 S. 232 Tok*. — 48: MPC 566 Was. — 50: MPC 657 Alg. MPC 564 Bar. Belgrade Bull. **15** 24 Bel*. AN **280** 47, MPC 525, 526 Kar. MPC 494 Kyo*. Mem SA It (NS) **22** 94, Roma-Monte Mario Contr. Nr. **165** Rom*. MPC 497 Rom. MPC 521 SFe. TAB (2) Nr. 34 S. 236 Tok (nur α). TAB (2) Nr. 34 S. 236 Tok (nur δ). — 51: MPC 648, 706, 707 Alg*. Athen Bull. **1951** Nr. 1, MPC 699 Ath. Astr Circ UdSSR Nr. **116**, **118** Kiw*. Astr Circ UdSSR Nr. **119**, **120** Kiw
Eph (1951) Archenhold-Sternw. Mitt. **3** Nr. 10, Astr Circ UdSSR Nr. **111**, Pop Astr **59** 327

3 Juno
35: Greenwich Obs. **1937** A 23 Gre. — 38: MPC 576 San. — 39: MPC 604 San. — 43: Pulkowo Mitt. **18** Nr. 146 Tkt. TAB (2) Nr. 32 S. 232 Tok*. — 44: Pulkowo Mitt. **18** Nr. 146 Tkt. — 45: TAB (2) Nr. 32 S. 232 Tok*. — 47: MPC 566, 567 Was. — 48: MPC 565 Was. — 50: MPC 501 Alg*. MPC 564 Bar. AN **280** 47, MPC 526 Kar. MPC 493, 494 Kyo*. MPC 538 San. MPC 521 SFe. — 51: MPC 648 Alg*. MPC 657 Alg. MPC 683 Bar. MPC 646, NAZ **5** 30 Hei*. MPC 598, 705 JoY. Astr Circ UdSSR Nr. **115**, **116**, **118** Kiw*. MPC 653 SFe
Eph (1951) Astr Circ UdSSR Nr. **111**, Pop Astr **59** 268

4 Vesta
36: Greenwich Obs. **1936** A 27 Gre. — 37: Greenwich Obs. **1937** A 25 Gre. — 38: Greenwich Obs. **1938** A 23 Gre. MPC 576 San. — 39: MPC 604 San. — 43: TAB (2) Nr. 32 S. 232 Tok*. — 49: TAB (2) Nr. 39 S. 268, 269, Nr. 40 S. 271 Tok*. — 50: MPC 501, 502, 664 Alg*. MPC 657 Alg[1]). MPC 556 Ath. MPC 682 Bar. AN **280** 47, MPC 526 Kar. Astr Circ UdSSR Nr. **110**, **111** Kiw*. MPC 651 Kyo*. Astr Circ UdSSR Nr. **109** Lem*. Mem SA It (NS) **22** 94, Roma-Monte Mario Contr. Nr. **165** Rom*. MPC 498 Rom. MPC 539 San. MPC 571 SFe. TAB (2) Nr. 34 S. 236 Tok[2]) (nur α). TAB (2) Nr. 34 S. 236 Tok (nur δ). — 51: TAB (2) Nr. 34 S. 237 Tok (nur α)
Eph (1950/51) Archenhold-Sternw. Mitt. **3** Nr. 2

5 Astraea
38: MPC 576 San. — 40: MPC 614 San. — 50: MPC 564 Bar. AN **280** 47, MPC 526 Kar. MPC 494 Kyo*. Mem SA It (NS) **22** 94, Roma-Monte Mario Contr. Nr. **165** Rom*. MPC 497 Rom. MPC 538 San. MPC 521 SFe. — 51: MPC 683 Bar. MPC 647 Joh*. MPC 705 JoY. Astr Circ UdSSR Nr. **118** Kiw*

6 Hebe
36: Greenwich Obs. **1936** A 27 Gre. — 38: MPC 576 San. — 40: MPC 614 San. — 42: Pulkowo Mitt. **18** Nr. 146 Tkt. — 44: Pulkowo Mitt. **18** Nr. 146 Tkt. TAB (2) Nr. 32 S. 232 Tok*. — 50: AN **280** 47, MPC 526 Kar. — 51: MPC 682 Bar. Astr Circ UdSSR Nr. **111**, **112**, **113/114** Kiw*. MPC 652 SFe

7 Iris
38: MPC 577 San. — 39: MPC 604 San. — 43: TAB (2) Nr. 32 S. 232 Tok*. — 49: TAB (2) Nr. 39 S. 268 Tok*. — 50: MPC 682 Bar. Belgrade Bull. **15** 50 Bel*. UC Nr. **111** S. 5 Joh*. MPC 495 Kyo*. Madrid Bol. **4** Nr. **4**, MPC 559 Mad. Mem SA It (NS) **22** 94, Roma-Monte Mario Contr. Nr. **165** Rom*. MPC 498 Rom. MPC 539 San. MPC 570 SFe. — 51: Astr Circ UdSSR Nr. **113/114** Gol*

8 Flora
38: MPC 577 San. — 43: TAB (2) Nr. 32 S. 232 Tok*. — 50: MPC 564 Bar. Belgrade Bull. **15** 24 Bel*. MPC 494 Kyo*. MPC 539 San. MPC 521 SFe. — 51: Athen Bull. **1951** Nr. 1, MPC 699 Ath. Astr Circ UdSSR Nr. **118** Kiw*. MPC 668 Joh*. MPC 706 JoY. Astr Circ UdSSR Nr. **119** Lem*
Eph (1951) Pop Astr **59** 327

9 Metis
38: MPC 577 San. — 40: MPC 614 San. — 43: TAB (2) Nr. 32 S. 232 Tok*. — 49: MPC 564 Bar. Krim Mitt. **6** 176 Sim*. TAB (2) Nr. 40 S. 271 Tok*. — 51: MPC 683 Bar. Astr Circ UdSSR Nr. **113/114**, **115**, **116** Kiw*. MPC 706 JoY*. MPC 598 JoY. DOB **1951** Nr. 10 Lag*. Astr Circ UdSSR Nr. **115** Lem*. DOB **1951** Nr. 10 Par*, Sag*
Eph (1951) Astr Circ UdSSR Nr. **112**, DOB **1951** Nr. 4

[1]) Berichtigung in MPC 677.

[2]) Berichtigung in TAB (2) Nr. 38 S. 264.

10 Hygiea
39: MPC 604 San. — 40: MPC 614 San. — 44: TAB (2) Nr. 32 S. 232 Tok*. — 49: TAB (2) Nr. 39 S. 268 Tok*. — 50: MPC 519 Cor*. UC Nr. **111** S. 5 Joh*. MPC 494 Kyo*. MPC 539 San. MPC 521 SFe. — 51: Athen Bull. **1951** Nr. 1, MPC 699 Ath. MPC 706 JoY. Astr Circ UdSSR Nr. **118** Kiw*. Astr Circ UdSSR Nr. **119, 120** Kiw. Astr Circ UdSSR Nr. **119** Lem*. MPC 695 Niz*
Eph (1951) Archenhold-Sternw. Mitt. **3** Nr. 14, Pop Astr **59** 381

11 Parthenope
39: MPC 604 San. — 43: TAB (2) Nr. 32 S. 232 Tok*. — 49: TAB (2) Nr. 39 S. 268 Tok*. — 50: MPC 565 Bar. Belgrade Bull. **15** 24 Bel*. MPC 519 Cor*. UC Nr. **111** S. 5 Joh*. MPC **494** Kyo*. Madrid Bol. **4** Nr. 4, MPC 558, 559 Mad. MPC 521 SFe. — 51: Astr Circ UdSSR Nr. **121** Kiw
Eph (1951) Archenhold-Sternw. Mitt. **3** Nr. 19, Pop Astr **59** 481
Eph (1951/52) Astr Circ UdSSR Nr. **116**

12 Victoria
38: MPC 577 San. — 39: MPC 604 San. — 43: TAB (2) Nr. 32 S. 232 Tok*. — 50: MPC 501 Alg*. MPC 657 Alg. MPC 556 Ath. MPC 682 Bar. AN **280** 47, MPC 526 Kar. MPC 651 Kyo*. Astr Circ UdSSR Nr. **109** Lem*. Madrid Bol. **4** Nr. 4, MPC 560, 561 Mad. MPC 549 Niz*. Mem SA It (NS) **22** 94, Roma-Monte Mario Contr. Nr. **165** Rom*. MPC 498 Rom. MPC 571 SFe. Krim Mitt. **7** 137 Sim*. MPC 497 Tuk*[3])

[3]) Berichtigung in MPC 815.

13 Egeria
39: MPC 604 San. — 51: Astr Circ UdSSR Nr. **111, 112** Kiw*. MPC 652 SFe
Eph (1951) Archenhold-Sternw. Mitt. **3** Nr. 2, Pop Astr **59** 43

14 Irene
39: MPC 604 San. — 40: MPC 614 San. — 50: MPC 564 Bar. MPC 520 SFe. — 51: MPC 683 Bar. MPC 630 Joh*. MPC 706 JoY. Astr Circ UdSSR Nr. **116, 118** Kiw*. Astr Circ UdSSR Nr. **119** Lem*. MPC 694 Niz*. MPC 653 SFe
Eph (1951) Archenhold-Sternw. Mitt. **3** Nr. 10, Pop Astr **59** 268

15 Eunomia
39: MPC 604, 605 San. — 40: MPC 614 San. — 44: TAB (2) Nr. 32 S. 232 Tok*. — 49: TAB (2) Nr. 39 S. 268 Tok*. — 50: MPC 682 Bar. MPC 520 Cor*. MPC 534 Joh*. MPC 495 Kyo*. Astr Circ UdSSR Nr. **109** Lem*. Madrid Bol. **4** Nr. 4, MPC 559 Mad. MPC 539 San. MPC 570 SFe. — 51: Astr Circ UdSSR Nr. **113/114** Gol*
Eph (1951) Astr Circ UdSSR Nr. **116**, Pop Astr **59** 481
Eph (1951/52) Archenhold-Sternw. Mitt. **3** Nr. 19, BAA Circ Nr. 329

16 Psyche
39: MPC 605 San. — 40: MPC 615 San. — 45: BSAF **65** 69 Par*. — 49: MPC 564 Bar. MPC 705 JoY. TAB (2) Nr. 40 S. 271 Tok*. — 50: MPC 682 Bar. Astr Circ UdSSR Nr. **110** Kiw*. MPC 651 Kyo*. Astr Circ UdSSR Nr. **115** Lem*. Madrid Bol. **4** Nr. 4, MPC 561 Mad. BSAF **65** 69 Par*. MPC 539 San. MPC 571 SFe

17 Thetis
38: MPC 577 San. — 39: MPC 605 San. — 50: MPC 514 Ath. MPC 682 Bar. UC Nr. **111** S. 5 Joh*. MPC 495 Kyo*. MPC 570 SFe. Krim Mitt. **7** 140 Sim*

18 Melpomene
39: MPC 605 San. — 43: Pulkowo Mitt. **18** Nr. 146 Tkt. TAB (2) Nr. 32 S. 232 Tok*. — 44: Pulkowo Mitt. **18** Nr. 146 Tkt. — 50: MPC 682 Bar. Astr Circ UdSSR Nr. **110** Kiw*. MPC 651 Kyo*. La Plata Circ. Nr. **9** LaP. Astr Circ UdSSR Nr. **115** Lem*. MPC 539 San. MPC 571 SFe

19 Fortuna
38: MPC 577 San. — 39: MPC 605 San. — 40: MPC 615 San. — 49: TAB (2) Nr. 39 S. 267 Tok*. — 50: Belgrade Bull. **15** 24 Bel*. MPC 494 Kyo*. MPC 539 San. MPC 521 SFe. — 51: MPC 673 Blo*. MPC 668 Joh*. Astr Circ UdSSR Nr. **118** Kiw*. Astr Circ UdSSR Nr. **119** Lem*
Eph (1951) Pop Astr **59** 327

20 Massalia
38: MPC 584 Gre. MPC 577 San. — 40: MPC 615 San. — 49: TAB (2) Nr. 40 S. 271 Tok*. — 51: MPC 683 Bar*. MPC 683 Bar. MPC 554 Blo*. MPC 598 JoY. Astr Circ UdSSR Nr. **111, 112** Kiw*. DOB **1951** Nr. 9 Lag*. MPC 631 Niz*. MPC 632 Niz. DOB **1951** Nr. 9 Par*. MPC 652 SFe. BAB **4** 99, MPC 627 Ucc
Eph (1951) Archenhold-Sternw. Mitt. **3** Nr. 2, BAA Circ Nr. 322, Pop Astr **59** 43

21 Lutetia
39: MPC 605 San. — 43:

TAB (2) Nr. 32 S. 232 Tok*. — 50: MPC 682 Bar. Belgrade Bull. **15** 24, 50 Bel*. MPC 519 Cor*. UC Nr. **111** S. 5 Joh*. MPC 494 Kyo*. Astr Circ UdSSR Nr. **109** Lem*. Madrid Bol. **4** Nr. **4**, MPC 558 Mad. MPC 546, 548 Niz*. MPC 521 SFe

22 Kalliope
39: MPC 605 San. — 40: MPC 615 San. — 49: TAB (2) Nr. 39 S. 268, 269 Tok*. — 50: UC Nr. **111** S. 5 Joh*
Eph (1951) Archenhold-Sternw. Mitt. **3** Nr. 19, Pop Astr **59** 481

23 Thalia
39: MPC 605 San. — 43: TAB (2) Nr. 32 S. 232 Tok*. — 50: MPC 682 Bar. MPC 651 Kyo*. Astr Circ UdSSR Nr. **115** Lem*. MPC 509 Niz*. MPC 539 San. MPC 571 SFe. Krim Mitt. **7** 140 Sim*. — 51: MPC 598 Tou. NAZvM 109, NAZ **5** 8, UAI Circ 1304 Was*[4])

24 Themis
50: MPC 651 Kyo*. MPC 571 SFe. MPC 508 Ucc*

25 Phocaea
49: TAB (2) Nr. 39 S. 268 Tok*. — 50: MPC 682 Bar. MPC 495 Kyo*. Astr Circ UdSSR Nr. **109** Lem*. Mem SA It (NS) **22** 94, Roma-Monte Mario Contr. Nr. **165** Rom*. MPC 498 Rom. MPC 570 SFe

26 Proserpina
40: MPC 615 San. — 49: MPC 537 San. — 50: MPC 651 Kyo*. MPC 508, 509 Niz*. MPC 571 SFe[5]). Krim Mitt. **7** 140 Sim*

27 Euterpe
39: MPC 605 San. — 43: TAB (2) Nr. 32 S. 232 Tok*. — 50: MPC 556 Ath. MPC 682 Bar. AN **280** 47, MPC 526 Kar. MPC 651 Kyo*. Astr Circ UdSSR Nr. **109** Lem*. MPC 508 Niz*. Mem SA It (NS) **22** 94, Roma-Monte Mario Contr. Nr. **165** Rom*. MPC 498 Rom. MPC 539 San. MPC 571 SFe. Krim Mitt. **7** 137 Sim*

28 Bellona
40: MPC 615 San. — 51: MPC 683 Bar. MPC 553, 554 Blo*. MPC 598 JoY. Astr Circ UdSSR Nr. **111**, **112** Kiw*. MPC 631 Niz*. MPC 652 SFe. BAB **4** 99, MPC 628 Ucc
Eph (1951) Pop Astr **59** 43

29 Amphitrite
39: MPC 606 San. — 40: MPC 615 San. — 44: TAB (2) Nr. 32 S. 232 Tok*. — 50: MPC 682 Bar. AN **280** 47, MPC 526 Kar. Astr Circ UdSSR Nr. **110** Kiw*. Astr Circ UdSSR Nr. **115** Lem*. — 51: Astr Circ UdSSR Nr. **110** Kiw*. MPC 652 SFe

30 Urania
38: MPC 577 San. — 49: MPC 564 Bar. TAB (2) Nr. 40 S. 271 Tok*. — 51: MPC 683 Bar. MPC 554 Blo*. Astr Circ UdSSR Nr. **115** Kiw*. MPC 652 SFe. BAB **4** 99, MPC 628 Ucc
Eph (1951) Astr Circ UdSSR Nr. **112**, Pop Astr **59** 105

31 Euphrosyne
38: MPC 578 San. — 51: Astr Circ UdSSR Nr. **112** Kiw*
Eph (1951) DOB **1951** Nr. 1

32 Pomona
39: MPC 606 San. — 40: MPC 615 San. — 50: MPC 682 Bar. MPC 651 Kyo*. Madrid Bol. **4** Nr. **4**, MPC 561 Mad. MPC 571 SFe

33 Polyhymnia
46: MPC 567 Was. — 49: MPC 567 Was. — 50: UC Nr. **111** S. 5 Joh*. Krim Mitt. **7** 135 Sim*. — 51: Astr Circ UdSSR Nr. **120** Kiw. BAB **4** 111, MPC 690 Ucc
Eph (1951) Archenhold-Sternw. Mitt. **3** Nr. 14

34 Circe
38: MPC 578 San. — 50: Astr Circ UdSSR Nr. **110** Kiw*. — 51: MPC 652 SFe

36 Atalante
50: UC Nr. **111** S. 5 Joh*. La Plata Circ. Nr. **9** LaP

37 Fides
39: MPC 606 San. — 50: Krim Mitt. **7** 140 Sim*. — 51: MPC 682 Bar. MPC 552 Blo*. MPC 652 SFe

38 Leda
50: Astr Circ UdSSR Nr. **110** (?) Kiw*. MPC 571 SFe. Krim Mitt. **7** 140 Sim*

39 Laetitia
40: MPC 615 San. — 42: Pulkowo Mitt. **18** Nr. 146 Tkt. — 44: Pulkowo Mitt. **18** Nr. 146 Tkt. — 49: Krim Mitt. **6** 175 Sim. — 50: Astr Circ UdSSR Nr. **119** AlA*. MPC 514 Ath. MPC 682 Bar. AN **280** 48, MPC 526 Kar. Astr Circ UdSSR Nr. **110** Kiw*. MPC 495 Kyo*. Madrid Bol. **4** Nr. **4**, MPC 559 Mad. MPC 508 Niz*. Mem SA It (NS) **22** 94, Roma-Monte Mario Contr. Nr. **165** Rom*. MPC

[4]) Als Objekt Markowitz bezeichnet, Archenhold-Sternw. Mitt. 3 Nr. 7, JBAA 61 126, NAZvM 110, NAZ 5 11, UAI Circ 1305.

[5]) Berichtigung in MPC 728.

498 Rom. MPC 570 SFe. Krim Mitt. **7** 136 Sim*. — 51: Astr Circ UdSSR Nr. **113/114** Gol*
Eph (1951/52) Astr Circ UdSSR Nr. **117**

40 Harmonia
38: MPC 578 San. — 39: MPC 606 San. — 49: MPC 537 San. — 51: Astr Circ UdSSR Nr. **111** Kiw*. MPC 630, 631 Niz*. BAB **4** 99, MPC 545, 627 Ucc [6])
Eph (1950/51) Pop Astr **59** 43

41 Daphne
39: MPC 606 San. — 48: MPC 169 Kar [7]). — 50: MPC 636 Blo*. MPC 651 Kyo*

42 Isis
40: MPC 616 San. — 49: MPC 496 Tuk*. — 50: Krim Mitt. **7** 134 Sim*. MPC 496 Tuk*. — 51: Astr Circ UdSSR Nr. **115** Kiw*. Astr Circ UdSSR Nr. **115** Lem*. MPC 652 SFe. BAB **4** 99, MPC 628 Ucc

43 Ariadne
38: MPC 578 San. — 39: MPC 606 San. — 43: TAB (2) Nr. 32 S. 232 Tok*. — 49: TAB (2) Nr. 40 S. 271 Tok*. — 51: MPC 652 SFe

44 Nysa
38: MPC 578 San. — 40: MPC 616 San. — 43: TAB (2) Nr. 32 S. 232 Tok*. — 49: TAB (2) Nr. 40 S. 271 Tok*. Krim Mitt. **6** 175 Sim*. — 51: MPC 706 JoY*. MPC 598 JoY. Astr Circ UdSSR Nr. **113/114, 115, 116** Kiw*. DOB **1951** Nr. 10 Lag*. Astr Circ UdSSR Nr. **115** Lem*. DOB **1951** Nr. 10 Par*.
Eph (1951) DOB **1951** Nr. 4

45 Eugenia
39: MPC **606** San. — 49: TAB (2) Nr. 40 S. 272 Tok*. — 50: MPC 538 San. MPC 520 SFe. — 51: MPC 683 Bar. MPC 598 JoY. Astr Circ UdSSR Nr. **115** Kiw*. MPC 653 SFe
Eph (1951) Astr Circ UdSSR Nr. **112**, Pop Astr **59** 225

46 Hestia
50: MPC 682 Bar. Astr Circ UdSSR Nr. **110** Kiw*. MPC 651 Kyo*. Madrid Bol. **4** Nr. 4, MPC 561 Mad. MPC 539 San [8]). MPC 571 SFe
El BIA **5** 21

47 Aglaja
49: TAB (2) Nr. 39 S. 269 Tok*. — 50: MPC 501 Alg*. MPC 657 Alg. MPC 529, NAZ **5** 14 Hei*. MPC 651 Kyo*. MPC 508 Niz*. MPC 571 SFe. Krim Mitt. **7** 137 Sim*. MPC 497 Tuk* [9])

48 Doris
40: MPC 616 San. — 46: MPC 565 Was. — 47: MPC 514 WiB. — 48: MPC 567 Was. — 49: TAB (2) Nr. 39 S. 269 Tok*. MPC 565 Was. — 50: Astr Circ UdSSR Nr. **119** AlA*. MPC 495 Kyo*. Krim Mitt. **7** 136 Sim*. MPC 570 Was. — 51: Astr Circ UdSSR Nr. **121** Kiw

49 Pales
39: MPC 606 San. — 49: TAB (2) Nr. 40 S. 271 Tok*. — 50: BAB **4** 87, MPC 544 Ucc. — 51: MPC 553 Blo*. MPC 652 SFe

50 Virginia
39: MPC 607 San. — 51: MPC 597 Joh*. MPC 632 Niz*

51 Nemausa
38: MPC 578 San. — 39: MPC 607 San. — 40: MPC 616 San. — 43: Pulkowo Mitt. **18** Nr. 146 Tkt. — 44: Pulkowo Mitt. **18** Nr. 146 Tkt. — 45: Pulkowo Mitt. **18** Nr. 146 Tkt. — 47: BAN **11** 335 Lei. — 49: JO **34** 11 Bor. BAN **11** 335 Lei. MPC 535 San. MPC 516, 517, 518 Tui. MPC 550 WiB. — 50: MPC 513 Ath. MPC 682 Bar. JO **34** 11 Bor. Specola Astr. Vaticana Ric. Astr. **2** 11 CaG. MPC 520 Cor. MPC 495 Kyo*. BAN **11** 337 Lei. Astr Circ UdSSR Nr. **109** Lem*. MPC 570 SFe. — 51: Astr Circ UdSSR Nr. **119** AlA*. MPC 707 Alg*. Astr Circ UdSSR Nr. **113/114** Gol*
Eph (1951/52) Archenhold-Sternw. Mitt. **3** Nr. 19, MPC 685, NAZ **5** 34, UAI Circ 1327

52 Europa
38: MPC 578 San. — 40: MPC 616 San. — 47: MPC 565 Was. — 48: MPC 565, 567 Was. — 49: MPC 564 Bar. Krim Mitt. **6** 176 Sim*. TAB (2) Nr. 40 S. 271 Tok*. MPC 496 Tuk*. — 51: Astr Circ UdSSR Nr. **113/114** Kiw*. MPC 652 SFe
Eph (1951) Pop Astr **59** 105

53 Kalypso
49: MPC 564 Bar*. — 51: MPC 683 Bar. Astr Circ UdSSR Nr. **111, 112** Kiw*. MPC 631 Niz*. MPC 652 SFe. BAB **4** 99, MPC 628 Ucc

54 Alexandra
50: MPC 493 Kyo*. MPC 496 Tuk*. — 51: MPC 534 Joh*. MPC 598 JoY. MPC 652 SFe

[6]) Berichtigung in MPC 640.
[7]) Berichtigung in MPC 534.
[8]) Berichtigung in MPC 747.
[9]) Berichtigung in MPC 815.

55 Pandora
49: TAB (2) Nr. 40 S. 271 Tok*. — 50: MPC 682 Bar. MPC 651 Kyo*. Astr Circ UdSSR Nr. 115 Lem*. MPC 509, 549 Niz*. MPC 571 SFe. BAB 4 87, MPC 507 Ucc

56 Melete
40: MPC 616 San

57 Mnemosyne
38: MPC 578, 579 San. — 40: MPC 616 San. — 49: Krim Mitt. 6 176 Sim*. — 51: MPC 683 Bar. MPC 631 Niz*. MPC 652 SFe

58 Concordia
49: TAB (2) Nr. 39 S. 268 Tok*. — 50: MPC 489, 490 Blo*. MPC 495 Kyo*

59 Elpis
51: MPC 652 SFe

60 Echo
49: Krim Mitt. 6 175, 176 Sim*. — 51: MPC 598 JoY. Astr Circ UdSSR Nr. 115 Kiw.* MPC 652 SFe

61 Danaë
50: MPC 564 Bar (?)

62 Erato
49: TAB (2) Nr. 40 S. 272 Tok*

63 Ausonia
40: MPC 616 San. — 43: TAB (2) Nr. 32 S. 232 Tok*. — 50: MPC 538 San*. MPC 538 San. MPC 521 SFe. Krim Mitt. 7 134 Sim*. — 51: Astr Circ UdSSR Nr. 118 Kiw*. Astr Circ UdSSR Nr. 119 Kiw. Astr Circ UdSSR Nr. 119 Lem*
Eph (1951) Archenhold-Sternw. Mitt. 3 Nr. 14, Astr Circ UdSSR Nr. 112, Pop Astr 59 381

64 Angelina
49: TAB (2) Nr. 39 S. 268 Tok*. — 50: MPC 682 Bar. MPC 636 Blo*. MPC 520 Cor*. MPC 534 Joh*. MPC 495 Kyo*. Madrid Bol. 4 Nr. 4, MPC 559 Mad. — 51: Astr Circ UdSSR Nr. 120, 121 Kiw

65 Cybele
46: MPC 565 Was. — 49: MPC 565 Was. — 50: MPC 564 Bar. Belgrade Bull. 15 24 Bel*. MPC 494 Kyo*. MPC 538 San. Krim Mitt. 7 135 Sim*. MPC 496 Tuk*. — 51: MPC 683 Bar. MPC 647 Joh*. Astr Circ UdSSR Nr. 118 Kiw*
Eph (1951) Pop Astr 59 269

66 Maja
51: MPC 553 Blo*. MPC 631 Niz*. BAB 4 99, MPC 628 Ucc

67 Asia
49: TAB (2) Nr. 40 S. 272 Tok*. — 51: MPC 693 Niz*

68 Leto
50: UC Nr. 111 S. 5 Joh*

69 Hesperia
38: MPC 579 San. — 39: MPC 607 San. — 49: TAB (2) Nr. 39 S. 268 Tok*. — 50: MPC 495 Kyo*. Madrid Bol. 4 Nr. 4, MPC 559 Mad. MPC 570 SFe[10]). Krim Mitt. 7 136 Sim*. — 51: Astr Circ UdSSR Nr. 119, 120 Kiw[11]). Astr Circ UdSSR Nr. 119 Lem*[12]). MPC 695 Niz*

70 Panopaea
38: MPC 579 San. — 50: UC Nr. 111 S. 5 Joh*. — 51: Astr Circ UdSSR Nr. 121 Kiw

71 Niobe
51: MPC 683 Bar. MPC 553 Blo*. Astr Circ UdSSR Nr. 111, 112 Kiw*. MPC 652 SFe. BAB 4 99, MPC 627 Ucc

72 Feronia
50: UC Nr. 111 S. 5 Joh*. MPC 521 SFe. — 51: Astr Circ UdSSR Nr. 121 Kiw[13])

73 Klytia
50: UC Nr. 111 S. 5 Joh*

74 Galatea
50: MPC 682 Bar. MPC 550 Blo*. MPC 651 Kyo*. Astr Circ UdSSR Nr. 109 Lem*. MPC 539 San. MPC 570 SFe. Krim Mitt. 7 136, 140 Sim*

75 Eurydike
49: TAB (2) Nr. 40 S. 271 Tok*

76 Freia
47: MPC 565 Was. — 48: MPC 565 Was. — 49: MPC 565,566 Was. — 50: Madrid Bol. 4 Nr. 4, MPC 560, 561 Mad. MPC 571 SFe. Krim Mitt. 7 137 Sim*

77 Frigga
40: MPC 616 San. — 51: MPC 682, 683 Bar. MPC 692 Niz*. MPC 652 SFe. BAB 4 99, MPC 627, 628 Ucc

78 Diana
50: MPC 508 Niz. MPC 571 SFe[14]). Krim Mitt. 7 137 Sim*. BAB 4 87, MPC 506 Ucc. — 51: Astr Circ UdSSR Nr. 113/114 Gol*

79 Eurynome
50: Astr Circ UdSSR Nr. 119 AlA*. MPC 565 Bar. Belgrade Bull. 15 50 Bel*.

---

[10]) Berichtigung in MPC 728.
[11]) Irrtümlich 236 Honoria zugeordnet, Astr Circ UdSSR Nr. 125, 127.
[12]) Berichtigung in Astr Circ UdSSR Nr. 122, 127.
[13]) Irrtümlich zugeordnet, 503 Evelyn zugehörig, Astr Circ UdSSR Nr. 122.
[14]) Berichtigung in MPC 728.

MPC 519 Cor*. UC Nr. **111** S. 5 Joh*. MPC 494 Kyo*. Madrid Bol. **4** Nr. 4, MPC 558, 559 Mad. MPC 546, 548 Niz*. MPC 521 SFe. — 51: Astr Circ UdSSR Nr. **121** Kiw
Eph (1951) Archenhold-Sternwarte Mitt. **3** Nr. 19, Astr Circ UdSSR Nr. **116**, Pop Astr **59** 481

80 Sappho
38: MPC 579 San. — 50: MPC 520 SFe. Krim Mitt. **7** 134 Sim*. — 51: MPC 683 Bar. Astr Circ UdSSR Nr. **116** Kiw*. Astr Circ UdSSR Nr. **119** Lem*. MPC 653 SFe

81 Terpsichore
50: UC Nr. **111** S. 5 Joh*. — 51: Astr Circ UdSSR Nr. **121** Kiw

82 Alkmene
39: MPC 607 San. — 50: UC Nr. **111** S. 5 Joh*. — 51: Astr Circ UdSSR Nr. **121** Kiw

83 Beatrix
50: Krim Mitt. **7** 137 Sim*

84 Klio
49: TAB (2) Nr. 40 S. 271 Tok*

85 Io
38: MPC 579 San. — 50: Astr Circ UdSSR Nr. **112** Kas. MPC 494 Kyo*. — 51: MPC 683 Bar. Astr Circ UdSSR Nr. **118** Kiw*. Astr Circ UdSSR Nr. **119** Kiw. Astr Circ UdSSR Nr. **119** Lem*
Eph (1951) Astr Circ UdSSR Nr. **116**, Pop Astr **59** 327

86 Semele
49: MPC 566, 567 Was. — 51: MPC 597 Joh*. MPC 632 Niz*

87 Sylvia
46: MPC 566 Was. — 49: MPC 566 Was. — 50: Belgrade Bull. **15** 24 Bel*. MPC 546 Niz*. — 51: MPC 647 Joh*

88 Thisbe
49: MPC 492 Kyo*. TAB (2) Nr. 40 S. 271 Tok*. — 51: MPC 652 SFe

89 Julia
50: MPC 564 Bar. Belgrade Bull. **15** 24 Bel*. MPC 493 Kyo*. MPC 520 SFe. Krim Mitt. **7** 135 Sim*. — 51: MPC 597 Joh*[15]). MPC 598, 599, 706 JoY

90 Antiope
50: Madrid Bol. **4** Nr. 4, MPC 560, 561 Mad. MPC 571 SFe. Krim Mitt. **7** 137 Sim*

91 Aegina
47: MPC 566 Was. — 48: MPC 566 Was. — 51: MPC 682, 683 Bar. Astr Circ UdSSR Nr. **111**, **112** Kiw*. MPC 692 Niz*. MPC 652 SFe. BAB **4** 99, MPC 627, 628 Ucc

92 Undina
40: MPC 617 San. — 50: MPC 493 Kyo*. MPC 520 SFe. Krim Mitt. **7** 134 Sim*. — 51: Astr Circ UdSSR Nr. **113/114**, **115** Kiw*. MPC 652 SFe

93 Minerva
39: MPC 607 San. — 40: MPC 617 San[16]). — 49: MPC 492 Kyo*. — 50: MPC 571 SFe

94 Aurora
50: UC Nr. **111** S. 5 Joh*. — 51: Astr Circ UdSSR Nr. **120** Kiw. Astr Circ UdSSR Nr. **119** Lem*

95 Arethusa
51: MPC 638 Blo*[17]). MPC 597 Joh*

96 Aegle
50: MPC 490, 551 Blo*. Krim Mitt. **7** 140 Sim*

97 Klotho
40: MPC 617 San. — 49: TAB (2) Nr. 40 S. 271 Tok*. — 51: MPC 632 Niz*. MPC 652 SFe

99 Dike
51: MPC 647 Joh*

100 Hekate
39: MPC 607 San. — 47: MPC 514 WiB. — 49: TAB (2) Nr. 39 S. 269 Tok*. — 50. MPC 651 Kyo*. Madrid Bol. **4** Nr. 4, MPC 559 Mad

101 Helena
50: UC Nr. **111** S. 5 Joh*. MPC 494 Kyo*. La Plata Circ. Nr. **9** LaP. MPC 521 SFe.—51: Astr Circ UdSSR Nr. **119**, **120** Kiw
Eph (1951) Astr Circ UdSSR Nr. **116**, Pop Astr **59** 382

102 Miriam
50: UC Nr. **111** S. 5 Joh*. MPC 548 Niz*

103 Hera
38: MPC 579 San. — 49: TAB (2) Nr. 40 S. 272 Tok*. — 50: MPC 564 Bar. MPC 493 Kyo*. MPC 538 San. MPC 520 SFe. — 51: MPC 683 Bar. Astr Circ UdSSR Nr. **115** Kiw*. Astr Circ UdSSR Nr. **119** Lem*. MPC 652 SFe

104 Klymene
46: MPC 566 Was. — 49: MPC 566, 567 Was. — 50: UC Nr. **111** S. 5 Joh*. Krim Mitt. **7** 139 Sim*. — 51: MPC 668 Joh*. MPC 694 Niz.*

[15]) Berichtigung in MPC 701.
[16]) Berichtigung in MPC 702.
[17]) Berichtigung in MPC 815.

105 Artemis
49: Krim Mitt. **7** 139 Sim*. — 51: MPC 534 Joh*. MPC 706 JoY. Astr Circ UdSSR Nr. **112** Kiw*. MPC 652 SFe.

106 Dione
50: MPC 493 Kyo*. Krim Mitt. **7** 134 Sim*. MPC 496 Tuk*. — 51: MPC 597 Joh*

107 Camilla
40: MPC 617 San. — 50: MPC 546 Niz*. Krim Mitt. **7** 135 Sim*. — 51: Astr Circ UdSSR Nr. **118** Kiw*. MPC 694 Niz*

108 Hecuba
46: MPC 566 Was. — 49: TAB (2) Nr. 39 S. 268 Tok*. MPC 566, 567 Was. — 50: UC Nr. **111** S. 5 Joh*. MPC 494 Kyo*. — 51: MPC 668 Joh*

110 Lydia
39: MPC 607 San. — 40: MPC 617 San. — 49: Krim Mitt. **7** 139 Sim*. TAB (2) Nr. 40 S. 271 Tok*. MPC 496 Tuk*. — 51: MPC 683 Bar. Astr Circ UdSSR Nr. **112** Kiw*. MPC 652 SFe

111 Ate
50: Astr Circ UdSSR Nr. **119** AlA. MPC 501 Alg*. MPC 657 Alg. MPC 651 Kyo*[18]). Madrid Bol. **4** Nr. 4, MPC 560 Mad. MPC 571 SFe

112 Iphigenia
44: TAB (2) Nr. 32 S. 232 Tok*. — 49: TAB (2) Nr. 39 S. 269 Tok*. — 50: MPC 651 Kyo*. MPC 508, 509 Niz*. MPC 571 SFe

113 Amalthea
51: MPC 682 Bar. MPC 553 Blo*. MPC 652 SFe

114 Kassandra
40: MPC 617 San. — 49: TAB (2) Nr. 39 S. 269 Tok*. — 50: MPC 491 Blo*. Madrid Bol. **4** Nr. 4, MPC 559 Mad

115 Thyra
39: MPC 607 San. — 50: MPC 564 Bar. MPC 538 San. MPC 520 SFe. — 51: MPC 597 Joh*

116 Sirona
50: MPC 651 Kyo*

117 Lomia
49: Krim Mitt. **6** 176 Sim*. — 51: Astr Circ UdSSR Nr. **111** Kiw*. MPC 652 SFe

118 Peitho
50: Astr Circ UdSSR Nr. **119** AlA*. MPC 501 Alg*. MPC 657 Alg. MPC 651 Kyo*. Madrid Bol. **4** Nr. 4, MPC 560 Mad. MPC 508 Niz*. Krim Mitt. **7** 140 Sim*

119 Althaea
40: MPC 617 San. — 50: MPC 520 SFe[19]). — 51: MPC 597 Joh*. MPC 632 Niz*. MPC 653 SFe

120 Lachesis
50: UC Nr. **111** S. 5 Joh*

121 Hermione
50: MPC 495 Kyo*. MPC 570 SFe. — 51: Astr Circ UdSSR Nr. **121** Kiw

122 Gerda
50: MPC 493 Kyo*. MPC 520 SFe. — 51: MPC 683 Bar. MPC 693 Niz*. MPC 652 SFe

123 Brunhild
51: MPC 647 Joh*

124 Alkeste
40: MPC 617 San. — 49: Krim Mitt. **6** 175, 176 Sim*

125 Liberatrix
39: MPC 607, 608 San. — 50: MPC 651 Kyo*. Madrid Bol. **4** Nr. 4, MPC 561 Mad

126 Velleda
50: MPC 496 Tuk*. — 51: MPC 639 Blo*. MPC 597 Joh*

127 Johanna
50: MPC 651 Kyo*. Astr Circ UdSSR Nr. **115** Lem*. MPC 508, 509 Niz*. MPC 509 Niz.
El Riga Publ. Nr. **2** S. 136

128 Nemesis
39: MPC 608 San. — 40: MPC 617 San. — 49: TAB (2) Nr. 40 S. 271 Tok*. — 51: Astr Circ UdSSR Nr. **111** Kiw*. MPC 652 SFe

129 Antigone
39: MPC 608 San. — 51: MPC 683 Bar. Astr Circ UdSSR Nr. **112** Kiw*. MPC 692 Niz*. MPC 652 SFe
Eph (1951) Pop Astr **59** 104

130 Elektra
50: MPC 520 SFe. — 51: Astr Circ UdSSR Nr. **113/114, 115** Kiw*

131 Vala
50: MPC 508 Niz*

132 Aethra
40: MPC 618 San. — 50: Krim Mitt. **7** 136 Sim*

133 Cyrene
51: MPC 554 Blo*

134 Sophrosyne
50: UC Nr. **111** S. 5 Joh*. — 51: Astr Circ UdSSR Nr. **119, 120** Kiw. MPC 695 Niz*

135 Hertha
39: MPC 608 San. — 40: MPC 618 San. — 50: Bel-

[18]) Berichtigung in MPC 677.

[19]) Berichtigung in MPC 600.

grade Bull. **15** 24 Bel*. UC Nr. **111** S. 8 Joh. MPC 494 Kyo*. BAN **11** 337 Lei. — 51: Astr Circ UdSSR Nr. **120, 121** Kiw. BAB **4** 111, MPC 690 Ucc
Eph (1951) Archenhold-Sternw. Mitt. **3** Nr. 14
Eph (1951/52) Astr Circ UdSSR Nr. **116**

136 Austria
50: MPC 564 Bar. MPC 494 Kyo*. — 51: Astr Circ UdSSR Nr. **118** Kiw*. Astr Circ UdSSR Nr. **119, 120** Kiw. Astr Circ UdSSR Nr. **119** Lem*

138 Tolosa
50: MPC 493 Kyo*. Krim Mitt. **7** 134 Sim*. MPC 496 Tuk*. — 51: MPC 669 Joh*. MPC 695 Niz*

139 Juewa
49: TAB (2) Nr. 40 S. 271 Tok*. — 51: MPC 597 Joh*. MPC 599 JoY. MPC 653 SFe
Eph (1951) Pop Astr **59** 225

140 Siwa
50: UC Nr. **111** S. 5 Joh*. MPC 494 Kyo*. Madrid Bol. **4** Nr. 4, MPC 558, 559 Mad. MPC 546 Niz*. MPC 521 SFe. — 51: Astr Circ UdSSR Nr. **121** Kiw

141 Lumen
50: UC Nr. **111** S. 5 Joh*. — 51: Athen Bull. **1951** Nr. 1, MPC 699 Ath. MPC 668 Joh*. Astr Circ UdSSR Nr. **119** Kiw. MPC 695 Niz*

142 Polana
51: MPC 630 Joh*

143 Adria
50: MPC 491, 550, 551, 636 Blo*. Krim Mitt. **7** 140 Sim*

144 Vibilia
49: MPC 492 Kyo*. — 51: Astr Circ UdSSR Nr. **111** Kiw*. MPC 692 Niz*. MPC 652 SFe

145 Adeona
49: TAB (2) Nr. 39 S. 269 Tok*. — 50: UC Nr. **111** S. 5 Joh*. — 51: Astr Circ UdSSR Nr. **121** Kiw

146 Lucina
50: MPC 564 Bar. MPC 520 SFe. — 51: MPC 683 Bar. MPC 639 Blo*. Astr Circ UdSSR Nr. **116** Kiw*. Astr Circ UdSSR Nr. **119** Lem*. MPC 653 SFe

147 Protogeneia
49: Krim Mitt. **6** 176 Sim*. TAB (2) Nr. 40 S. 272 Tok*. — 51: MPC 648 Alg*. MPC 529, NAZ **5** 14, 15 Hei*. MPC 693 Niz*
Eph (1952) La Plata Circ. Nr. **9**

148 Gallia
40: MPC 618 San. — 51: MPC 554 Blo*. Astr Circ UdSSR Nr. **112** Kiw*. MPC 631, 692 Niz*. MPC 652 SFe. BAB **4** 99, MPC 627 Ucc

149 Medusa
49: MPC 564 Bar

150 Nuwa
50: MPC 564 Bar. MPC 494 Kyo*. — 51: MPC 630 Joh*

151 Abundantia
50: MPC 502 Alg*. MPC 657 Alg. MPC 651 Kyo*. MPC 549 Niz*. Krim Mitt. **7** 137 Sim*

152 Atala
51: MPC 630 Joh*

153 Hilda
49: TAB (2) Nr. 39 S. 268 Tok*. — 51: MPC 597 Joh*. MPC 632 Niz*

154 Bertha
49: Krim Mitt. **6** 176 Sim*

156 Xanthippe
50: Astr Circ UdSSR Nr. **119** AlA*. MPC 682 Bar. UC Nr. **111** S. 5 Joh*. MPC 494 Kyo*. Madrid Bol. **4** Nr. 4, MPC 558, 559 Mad. MPC 548 Niz*[20]). MPC 521 SFe

158 Koronis
50: Krim Mitt **7** 135 Sim*. — 51: MPC 673 Blo*. MPC 647 Joh*

159 Aemilia
49: TAB (2) Nr. 39 S. 268 Tok*. — 50: MPC 534 Joh*. La Plata Circ. Nr. **9** LaP

160 Una
50: MPC 682 Bar. MPC 636 Blo*. UC Nr. **111** S. 5 Joh*. MPC 495 Kyo*. MPC 550 Niz*. Krim Mitt. **7** 140 Sim*

161 Athor
50: UC Nr. **111** S. 5 Joh*

162 Laurentia
50: UC Nr. **111** S. 5 Joh*. — 51: MPC 689 Joh*

163 Erigone
50: MPC 489, 490 Blo*. La Plata Circ. Nr. **9** LaP

165 Loreley
51: MPC 631 Niz*. MPC 652 SFe. BAB **4** 99, MPC 545, 627 Ucc[21])

166 Rhodope
50: MPC 546, 547 Niz*. — 51: MPC 689 Joh*. MPC 695 Niz*

167 Urda
51: BAB **4** 100, MPC 627, 628 Ucc

[20]) Berichtigung in MPC 702.

[21]) Berichtigung in MPC 640.

168 Sibylla
50: MPC 495 Kyo*

169 Zelia
51: MPC 693 Niz*

170 Maria
51: MPC 534 Joh*

171 Ophelia
50: MPC 494 Kyo*. Krim Mitt. **7** 135 Sim*. — 51: MPC 647 Joh*

172 Baucis
49: TAB (2) Nr. 40 S. 272 Tok*. — 50: MPC 597 Joh*. MPC 599 JoY*. MPC 493 Kyo*. MPC 520 SFe

173 Ino
50: MPC 501, 502 Alg*. MPC 657 Alg. MPC 551 Blo*. MPC 651 Kyo*. MPC 571 SFe

175 Andromache
50: MPC 496 Tuk*

177 Irma
50: UC Nr. **111** S. 5 Joh*. MPC 548 Niz*

178 Belisana
49: TAB (2) Nr. 39 S. 269 Tok*. — 50: Madrid Bol. **4** Nr. 4, MPC 560 Mad. Krim Mitt. **7** 137, 140 Sim*

179 Klytaemnestra
49: Krim Mitt. **6** 176 Sim*. TAB (2) Nr. 40 S. 272 Tok*. — 51: MPC 693 Niz*

180 Garumna
50: MPC 493 Kyo*. — 51: MPC 647 Joh*

181 Eucharis
50: MPC 564 Bar. MPC 493 Kyo*. MPC 538 San. MPC 520 SFe. MPC 496 Tuk*

182 Elsa
50: MPC 546 Niz*. Krim Mitt. **7** 135 Sim*. — 51: MPC 668 Joh*

183 Istria
50: MPC 548 Niz*. MPC 549 Niz. — 51: MPC 689 Joh

184 Dejopeja
49: Krim Mitt. **6** 175 Sim*. — 50: Krim Mitt. **7** 140 Sim*

185 Eunike
50: MPC 564 Bar. MPC 538 San. MPC 520 SFe. — 51: Astr Circ UdSSR Nr. **113/114, 115** Kiw*. Astr Circ UdSSR Nr. **115** Lem*. MPC 652 SFe

186 Celuta
50: Krim Mitt. **7** 134 Sim*. — 51: MPC 597 Joh*

187 Lamberta
50: MPC 538 San*. — 51: MPC 673 Blo*. MPC 669 Joh[22])

188 Menippe
51: MPC 534 Joh*

189 Phthia
50: MPC 565 Bar. UC Nr. **111** S. 5 Joh*. Madrid Bol. **4** Nr. 4, MPC 559 Mad. MPC 546 Niz*

190 Ismene
49: Krim Mitt. **6** 176 Sim*. TAB (2) Nr. 40 S. 271 Tok*. — 51: MPC 652 SFe

191 Kolga
50: MPC 501 Alg*. Krim Mitt. **7** 135 Sim*. — 51: MPC 648 Alg*. MPC 707 Alg

192 Nausikaa
40: MPC 618 San. — 50: MPC 564 Bar. MPC 494 Kyo*. MPC 538 San*. MPC 538 San. MPC 521 SFe. — 51: MPC 630 Joh*
Eph (1951) Pop Astr **59** 269

194 Prokne
39: MPC 608 San. — 40: MPC 618 San. — 51: Astr Circ UdSSR Nr **113/114, 115** Kiw*. MPC 652 SFe

196 Philomela
50: MPC 493 Kyo*. MPC 564 Bar. MPC 538 San. MPC 521 SFe. — 51: MPC 683 Bar. MPC 597 Joh*. Astr Circ UdSSR Nr. **115, 116** Kiw*. MPC 632 Niz*. MPC 653 SFe
Eph (1951) Pop Astr **59** 225

197 Arete
49: MPC 496 Tuk*

198 Ampella
49: Krim Mitt. **6** 175 Sim*. TAB (2) Nr. 40 S. 271 Tok*

199 Byblis
49: Krim Mitt. **6** 176 Sim*

200 Dynamene
50: Belgrade Bull. **15** 24 Bel*. UC Nr. **111** S. 5 Joh*. MPC 494 Kyo*. La Plata Circ. Nr. **9** LaP. — 51: MPC 647 Joh*

201 Penelope
49: TAB (2) Nr. 40 S. 271 Tok*

202 Chryseïs
50: MPC 651 Kyo*. MPC 571 SFe

203 Pompeja
49: TAB (2) Nr. 39 S. 268 Tok*. — 50: UC Nr. **111** S. 5 Joh*. — 51: MPC 669 Joh*

204 Kallisto
49: Krim Mitt. **6** 176 Sim*. — 51: MPC 692 Niz*

205 Martha
49: TAB (2) Nr. 40 S. 272 Tok*

22) Berichtigung in MPC 748.

206 Hersilia
51: MPC 673 Blo*. Astr Circ UdSSR Nr. **119** Kiw. MPC 694 Niz*

207 Hedda
50: MPC 493 Kyo*. Krim Mitt. **7** 134 Sim*. MPC 496 Tuk*. — 51: MPC 689 Joh*. MPC 695 Niz*

208 Lacrimosa
51: MPC 597 Joh*

209 Dido
50: UC Nr. **111** S. 5 Joh*

210 Isabella
50: MPC 534 Joh*

211 Isolda
50: MPC 494 Kyo*. MPC 521 SFe. — 51: MPC 630 Joh*

212 Medea
51: MPC 664 Alg*. MPC 657 Alg. Astr Circ UdSSR Nr. **111** Kiw*. MPC 630, 631 Niz*. BAB **4** 100, MPC 545, 627 Ucc[23])

213 Lilaea
50: MPC 651 Kyo*. MPC 548 Niz*. MPC 570 SFe

214 Aschera
45: BAB **3** 282, UAI Circ 1021, 1024 Ucc[24])
El La Plata Circ Nr. **9**

215 Oenone
50: UC Nr. **111** S. 5 Joh*. La Plata Circ. Nr. **9** LaP. Krim Mitt. **7** 136 Sim*

216 Kleopatra
38: MPC 579 San. — 40: MPC 618 San. — 50: Belgrade Bull. **15** 24 Bel*. MPC 494 Kyo*. La Plata Circ. Nr. **9** LaP. — 51: MPC 683 Bar. MPC 646, NAZ **5** 30, 31 Hei*[25]). Astr Circ UdSSR Nr. **116**, **118** Kiw*. Astr Circ UdSSR Nr. **119** Lem*. MPC 653 SFe

218 Bianca
50: MPC 651 Kyo*. Madrid Bol **4** Nr. 4, MPC 560 Mad. MPC 508 Niz*. Krim Mitt. **7** 140 Sim*

219 Thusnelda
51: BAB **4** 100, MPC 628 Ucc

221 Eos
49: MPC 564 Bar. — 50: MPC 493 Kyo*. — 51: MPC 652 SFe

222 Lucia
50: UC Nr. **111** S. 5 Joh*. MPC 548 Niz*. — 51: MPC 694 Niz*

223 Rosa
47: MPC 566 Was

224 Oceana
49: TAB (2) Nr. 40 S. 272 Tok*. — 50: MPC 493 Kyo*. MPC 597 Joh*. Astr Circ UdSSR Nr. **115** Kiw*

225 Henrietta
50: La Plata Circ. Nr. **9** LaP. — 51: Astr Circ UdSSR Nr. **116** Kiw*. MPC 653 SFe. BAB **4** 100, MPC 628 Ucc

226 Weringia
49: MPC 492 Kyo*

227 Philosophia
50: MPC 497 Tuk*[26])

229 Adelinda
50: Krim Mitt. **7** 135 Sim*. — 51: MPC 647 Joh*

230 Athamantis
39: MPC 608 San. — 50: MPC 564 Bar. MPC 520 SFe. — 51: MPC 597 Joh*. MPC 706 JoY. Astr Circ UdSSR Nr. **116** Kiw*. MPC 653 SFe
Eph (1951) Pop Astr **59** 225

231 Vindobona
51: MPC 639 Blo*. MPC 630 Joh*

232 Russia
50: Krim Mitt. **7** 140 Sim*

233 Asterope
51: MPC 652 SFe

235 Carolina
50: UC Nr. **111** S. 5 Joh*

236 Honoria
50: MPC 564 Bar. MPC 494 Kyo*. MPC 546 Niz*. — 51: Athen Bull. **1951** Nr. 1, MPC 699 Ath. Astr Circ UdSSR Nr. **119**, **120** Kiw[27])

238 Hypatia
49: Krim Mitt. **6** 176 Sim*

240 Vanadis
49: MPC 491 Kyo*. — 51: MPC 664 Alg*. MPC 657 Alg. BAB **4** 100, MPC 544, 545 Ucc[28])

241 Germania
50: MPC 564 Bar. MPC 520 SFe

243 Ida
49: UC Nr. **111** S. 5 Joh*. — 50: Krim Mitt. **7** 139 Sim*. — 51: MPC 669 Joh*. MPC 695 Niz*

244 Sita
51: MPC 694 Niz*

245 Vera
49: TAB (2) Nr. 40 S. 271 Tok*. MPC 496 Tuk*. — 51: MPC 631 Niz*

[23]) Berichtigung in MPC 640.
[24]) Irrtümlich 1363 Herberta zugeordnet, MPC 815. Berichtigung in MPC 790.
[25]) Berichtigung in NAZ **6** 6.
[26]) Berichtigung in MPC 815.
[27]) Irrtümlich zugeordnet, 69 Hesperia zugehörig, Astr Circ UdSSR Nr. **125**, **127**.
[28]) Berichtigung in MPC 640.

247 Eukrate
50: MPC 513, UC Nr. 111 S. 8 Joh. — 51: Astr Circ UdSSR Nr. **120, 121** Kiw. BAB **4** 111, MPC 690 Ucc
Eph (1951) Archenhold-Sternw. Mitt. **3** Nr. 14, Pop Astr **59** 382
Eph (1951/52) Astr Circ UdSSR Nr. **116**

248 Lameia
51: MPC 639 Blo*. MPC 630 Joh*

249 Ilse
50: La Plata Circ. Nr. **9** LaP. — 51: MPC 669 Joh. MPC 695 Niz*

250 Bettina
50: UC Nr. **111** S. 5 Joh*. — 51: MPC 647 Joh*

255 Oppavia
50: UC Nr. **111** S. 5 Joh*. — 51: MPC 706 Alg*. MPC 689 Joh*

256 Walpurga
50: MPC 548 Niz*. Krim Mitt. **7** 140 Sim*

257 Silesia
51: MPC 693 Niz*

258 Tyche
38: MPC 579 San. — 50: Belgrade Bull. **15** 50 Bel*. MPC 570 SFe. Krim Mitt. **7** 139 Sim*

259 Aletheia
49: Krim Mitt. **6** 176, **7** 139 Sim*

260 Huberta
49: Krim Mitt. **6** 175 Sim. — 50: MPC 508 Niz*

261 Prymno
50: MPC 501 Alg*. MPC 657 Alg

262 Valda
51: MPC 689 Joh*. MPC 695 Niz*

263 Dresda
47: MPC 514 WiB

264 Libussa
50: MPC 501 Alg*. UC Nr. **111** S. 5 Joh*. MPC 547 Niz*. — 51: MPC 668 Joh*

266 Aline
51: Astr Circ UdSSR Nr. **111** Kiw*

267 Tirza
51: MPC 693 Niz*. MPC 695 Niz

268 Adorea
51: MPC 554 Blo*. BAB **4** 100, MPC 544 Ucc

269 Justitia
50: MPC 682 Bar. MPC 494 Kyo*. Madrid Bol. **4** Nr. 4, MPC 558, 559 Mad. MPC 548 Niz*. MPC 521 SFe. Krim Mitt. **7** 135, 136 Sim*

270 Anahita
49: TAB (2) Nr. 40 S. 271 Tok*. — 51: MPC 648 Alg*. MPC 529, NAZ **5** 14 Hei*. MPC 693 Niz*

272 Antonia
50: UC Nr. **111** S. 5 Joh*

273 Atropos
51: MPC 631, 693 Niz*. MPC 632, 696 Niz

274 Philagoria
51: MPC 664 Alg*. MPC 657 Alg. BAB **4** 100, MPC 545, 627 Ucc[29])

275 Sapientia
50: Astr Circ UdSSR Nr. **119** AlA*. MPC 508 Niz*. Krim Mitt. **7** 137, 140 Sim*

276 Adelheid
50: Krim Mitt. **7** 136, 139, 140 Sim*. — 51: Astr Circ UdSSR Nr. **121** Kiw

277 Elvira
49: MPC 496 Tuk*. — 51: MPC 638 Blo*. MPC 693 Niz*

278 Paulina
51: MPC 553 Blo*

279 Thule
El Publ. Astr. Soc. Japan **2** 98, Tokyo Repr. Nr. **74** S. 98

282 Clorinde
50: Krim Mitt. **7** 134 Sim*. MPC 496 (?) Tuk*

283 Emma
47: MPC 514 WiB. — 50: MPC 491 Blo*. MPC 495 Kyo*. Madrid Bol. **4** Nr. 4, MPC 559 Mad. MPC 508, 548 Niz*. MPC 570 SFe

284 Amalia
50: Krim Mitt. **7** 134 Sim*. — 51: Astr Circ UdSSR Nr. **118** Kiw*. Astr Circ UdSSR Nr. **119** Kiw. MPC 695 Niz*

286 Iclea
50: Krim Mitt. **7** 135 Sim*

287 Nephthys
38: MPC 579, 580 San. — 39: MPC 608 San. — 40: MPC 618 San. — 49: TAB (2) Nr. 39 S. 268 Tok*. — 50: MPC 682 Bar. MPC 495 Kyo*. Madrid Bol. **4** Nr. 4, MPC 559 Mad. MPC 570 SFe. Krim Mitt. **7** 136 Sim*

288 Glauke
50: MPC 564 Bar. MPC 494 Kyo*. La Plata Circ. Nr. **9** LaP. MPC 546 Niz*

[29]) Berichtigung in MPC 640.

289 Nenetta
50: MPC 546 Niz*. Krim Mitt. **7** 135 Sim*. — 51: Astr Circ UdSSR Nr. **120** Kiw

291 Alice
50: UC Nr. **111** S. 5 Joh*

292 Ludovica
50: Krim Mitt. **7** 135 Sim*. — 51: MPC 668 Joh*

295 Theresia
51: MPC 695 Niz*

297 Caecilia
51: MPC 639 Blo*[30]). MPC 597 Joh*

298 Baptistina
50: MPC 496 Tuk*. — 51: MPC 689 Joh*. MPC 695 Niz*

299 Thora
50: UC Nr. **111** S. 5 Joh*

300 Geraldina
51: MPC 693 Niz*

301 Bavaria
51: MPC 694 Niz*

302 Clarissa
50: MPC 508, 509 Niz*
El Jap. Astr. Ass. Circ. Nr. 106, MPC 709, NAZ **5** 35

303 Josephina
49: Krim Mitt. **6** 175 Sim. — 50: Krim Mitt. **7** 140 Sim*

305 Gordonia
51: MPC 652 SFe

306 Unitas
50: Astr Circ UdSSR Nr. **119** AlA*. MPC 513 Ath. MPC 682 Bar. MPC 491, 550, 636 Blo*. MPC 495 Kyo*. MPC 570 SFe. Krim Mitt. **7** 140 Sim*

307 Nike
49: Krim Mitt. **6** 176 Sim*. TAB (2) Nr. 40 S. 272 Tok*. — 51: MPC 693 Niz*

308 Polyxo
50: MPC 564 Bar. MPC 521 SFe. — 51: MPC 683 Bar. MPC 647 Joh*. Astr Circ UdSSR Nr. **116** Kiw*. MPC 653 SFe

309 Fraternitas
51: MPC 630, 631 Niz*

310 Margarita
50: MPC 564 Bar. Belgrade Bull. **15** 24 Bel*. Krim Mitt. **7** 135 Sim*. — 51: MPC 647 Joh*

311 Claudia
50: UC Nr. **111** S. 5 Joh*
Eph (1952) La Plata Circ. Nr. **9**

312 Pierretta
50: Krim Mitt. **7** 135 Sim*. MPC 496 Tuk*. — 51: MPC 689 Joh*

313 Chaldaea
50: MPC 682 Bar. MPC 651 Kyo*. La Plata Circ. Nr. **9** LaP. Astr Circ UdSSR Nr. **115** Lem*. Madrid Bol. **4** Nr. 4, MPC 560 Mad. MPC 571 SFe

317 Roxane
50: Madrid Bol. **4** Nr. 4, MPC 560 Mad. MPC 508 Niz*. Krim Mitt. **7** 137, 140 Sim*. MPC 497 Tuk*[31])

321 Florentina
50: MPC 508, 509 Niz*. BAB **4** 87, MPC 507 Ucc

322 Phaeo
46: BAB **4** 29, UAI Circ 1060 Ucc[32]). — 49: UC Nr. **111** S. 5 Joh*. — 50: Krim Mitt. **7** 139 Sim*. — 51: Astr Circ UdSSR Nr. **119, 120** Kiw

324 Bamberga
38: MPC 580 San. — 40: MPC 618 San. — 50: UC Nr. **111** S. 5 Joh*. MPC 494 Kyo*. — 51: MPC 630 Joh*

325 Heidelberga
50: UC Nr. **111** S. 5 Joh*. — 51: MPC 630 Joh*

326 Tamara
38: MPC 580 San

327 Columbia
49: Krim Mitt. **6** 176 Sim*

331 Etheridgea
50: UC Nr. **111** S. 5 Joh*. — 51: MPC 668 Joh*

332 Siri
50: BAB **4** 87, MPC 544 Ucc

334 Chicago
51: MPC 631, 632 Niz*

335 Roberta
50: MPC 520 Cor*. MPC 534 Joh*. MPC 495 Kyo*. Astr Circ UdSSR Nr. **109** Lem*

336 Lacadiera
49: MPC 564 Bar

337 Devosa
50: UC Nr. **111** S. 5 Joh*. — 51: Astr Circ UdSSR Nr. **121** Kiw
Eph (1951) Astr Circ UdSSR Nr. **120**
El Astr Circ UdSSR Nr. **120**

338 Budrosa
50: UC Nr. **111** S. 5 Joh*. — 51: MPC 694 Niz*

340 Eduarda
50: UC Nr. **111** S. 5 Joh*

341 California
50: Belgrade Bull. **15** 24 Bel*. MPC 549 Niz

[30]) Berichtigung in MPC 748.
[31]) Berichtigung in MPC 815.
[32]) Berichtigung in BAB 4 86.

343 Ostara
51: MPC 647 Joh*

344 Desiderata
50: MPC 513, UC Nr. **111** S. 8 Joh

345 Tercidina
49: TAB (2) Nr. 40 S. 272 Tok*. — 50: MPC 520 SFe [33]). — 51: MPC 639 Blo*. MPC 597 Joh*. Astr Circ UdSSR Nr. **115**, **116** Kiw*. MPC 632 Niz*. MPC 653 SFe

346 Hermentaria
50: MPC 493 Kyo*. — 51: MPC 632 Niz*

347 Pariana
50: UC Nr. **111** S. 5 Joh*

348 May
51: MPC 632 Niz*

349 Dembowska
40: MPC 618, 619 San. — 49: TAB (2) Nr. 39 S. 268 Tok*. — 50: MPC 565 Bar. UC Nr. **111** S. 5 Joh*. MPC 494 Kyo*. MPC 521 SFe. Krim Mitt. **7** 139 Sim*. — 51: MPC 673 Blo*. MPC 689 Joh*
Eph (1951) Archenhold-Sternw. Mitt. **3** Nr. 14

350 Ornamenta
50: MPC 549 Niz. Krim Mitt. **7** 139 Sim*. — 51: MPC 648 Joh
Eph (1951) Berichtigung zu Minor Planets 1951, MPC 683

351 Yrsa
50: MPC 534 Joh*. La Plata Circ. Nr. **9** LaP. MPC 548 Niz*

352 Gisela
49: TAB (2) Nr. 39 S. 268 Tok*. — 50: MPC 552 Blo*. MPC 651 Kyo*. Madrid Bol. **4** Nr. 4, MPC 560 Mad. MPC 571 SFe. Krim Mitt. **7** 137 Sim*

353 Ruperto-Carola
50: UC Nr. **111** S. 5 Joh*

354 Eleonora
38: MPC 580 San. — 40: MPC 619 San. — 50: MPC 564 Bar. Belgrade Bull. **15** 24 Bel*. MPC 494 Kyo*. Astr Circ UdSSR Nr. **109** Lem*. MPC 546 Niz*. MPC 521 SFe. Krim Mitt. **7** 135 Sim*. — 51: MPC 673 Blo*. Astr Circ UdSSR Nr. **118** Kiw*. Astr Circ UdSSR Nr. **119** Kiw. Astr Circ UdSSR Nr. **119** Lem*. MPC 694 Niz*

355 Gabriella
50: Krim Mitt. **7** 134 Sim*. — 51: MPC 647 Joh*

356 Liguria
50: MPC 534 Joh*. — 51: Astr Circ UdSSR Nr. **120**, **121** Kiw
Eph (1951) Archenhold-Sternw. Mitt. **3** Nr. 19, Pop Astr **59** 481
Eph (1951/52) Astr Circ UdSSR Nr. **116**

357 Ninina
49: TAB (2) Nr. 39 S. 268 Tok*. — 50: Krim Mitt. **7** 135 Sim*. — 51: MPC 694 Niz*

359 Georgia
49: Krim Mitt. **6** 176 Sim*

360 Carlova
38: MPC 580 San. — 50: MPC 493 Kyo*. MPC 496 Tuk*. — 51: MPC 694 Niz*

361 Bononia
50: UC Nr. **111** S. 8 Joh. — 51: MPC 668 Joh*

362 Havnia
40: MPC 619 San. — 49: Krim Mitt. **7** 139 Sim*. TAB (2) Nr. 40 S. 271 Tok*. — 51: Astr Circ UdSSR Nr. **113/114** Kiw*. MPC 652 SFe

363 Padua
47: MPC 514, 515 WiB. — 49: TAB (2) Nr. 40 S. 271 Tok*. — 50: MPC 651 Kyo* MPC 508 Niz*. MPC 571 SFe

364 Isara
39: MPC 608 San. — 49: TAB (2) Nr. 39 S. 268 Tok*. — 50: MPC 682 Bar. UC Nr. **111** S. 5 Joh*. Madrid Bol. **4** Nr. 4, MPC 559 Mad. MPC 546 Niz*

366 Vincentina
50: UC Nr. **111** S. 5 Joh*. — 51: BAB **4** 112, MPC 690 Ucc

367 Amicitia
50: MPC 548 Niz*

368 Haidea
51: MPC 693 Niz*

369 Aëria
50: MPC 636, 637 Blo*

370 Modestia
50: Krim Mitt. **7** 137 Sim*

371 Bohemia
50: MPC 564 Bar. MPC 493 Kyo*. — 51: MPC 597 Joh*. MPC 706 JoY. MPC 653 SFe

372 Palma
38: MPC 580 San. — 40: MPC 619 San. — 51: Astr Circ UdSSR Nr. **111** Kiw*. MPC 652 SFe
Eph (1950/51) Archenhold-Sternw. Mitt. **3** Nr. 2, DOB **1951** Nr. 1, Pop Astr **59** 43

[33]) Berichtigung in MPC 600.

373 Melusina
51: MPC 631 Niz*

375 Ursula
51: Astr Circ UdSSR Nr. 112 Kiw*. MPC 693 Niz*

376 Geometria
51: MPC 534 Joh*. MPC 652 SFe

377 Campania
50: MPC 501 Alg*. MPC 495 Kyo*. Madrid Bol. **4** Nr. 4, MPC 559 Mad. MPC 508, 548 Niz*. MPC 509 Niz. MPC 570 SFe
Eph (1951/52) JO **34** 74
El JO **34** 74

378 Holmia
51: MPC 534 Joh*

379 Huenna
50: MPC 496 Tuk*. — 51: MPC 693 Niz*

380 Fiducia
51: MPC 554 Blo*. MPC 631 Niz*. BAB **4** 100, MPC 545, 627 Ucc[34])

381 Myrrha
51: BAB **4** 100, MPC 545, 627 Ucc[35])

382 Dodona
50: UC Nr. **111** S. 5 Joh*

383 Janina
50: MPC 496 Tuk*

384 Burdigala
50: Krim Mitt. **7** 134 Sim*. — 51: MPC 597 Joh*

385 Ilmatar
51: MPC 652 SFe

386 Siegena
49: Krim Mitt. **6** 175 Sim. — 50: MPC 682 Bar. MPC 495 Kyo*. MPC 570 SFe
Eph (1951) Archenhold-Sternw. Mitt. **3** Nr. 19, Pop Astr **59** 481

387 Aquitania
50: MPC 571 SFe

388 Charybdis
51: MPC 693 Niz*

389 Industria
50: UC Nr. **111** S. 5 Joh*. MPC 495 Kyo*. MPC 570 SFe. Krim Mitt. **7** 139 Sim*. — 51: Astr Circ UdSSR Nr. **121** Kiw

390 Alma
50: MPC 493 Kyo*. — 51: MPC 630 Joh*
Id mit 1950 CH, MPC 640

391 Ingeborg
50: MPC 546, 547 Niz*

395 Delia
50: BAB **4** 88 Ucc (?)[36]). MPC 544 Ucc[36]).

398 Admete
50: UC Nr. **111** S. 5 Joh*[37]). UC Nr. **111** S. 8 Joh. La Plata Circ. Nr. **9** LaP

399 Persephone
50: UC Nr. **111** S. 5 (?) Joh*. — 51: BAB **4** 112, MPC 690 Ucc

400 Ducrosa
50: MPC 510, 511 Tuk. — 51: MPC 597 (?) Joh*

401 Ottilia
50: Krim Mitt. **7** 134 Sim*. MPC 496 Tuk*. — 51: MPC 647 Joh*

402 Chloë
49: TAB (2) Nr. 40 S. 271 Tok*. — 50: MPC 551, 552 Blo*

403 Cyane
49: MPC 496 (?) Tuk*. — 51: MPC 534 Joh*

404 Arsinoë
50: UC Nr. **111** S. 5 Joh*

405 Thia
50: MPC 552 Blo*. BAB **4** 88, MPC 506 Ucc
Id mit 1950 XA, BAB **4** 88, MPC 545

406 Erna
50: Madrid Bol. **4** Nr. 4, MPC 560 Mad. Krim Mitt. **7** 137 Sim*

407 Arachne
50: MPC 550, 551, 637 Blo*. MPC 651 Kyo*. MPC 548 Niz*. MPC 570 SFe. Krim Mitt. **7** 136, 137, 140 Sim*. MPC 497 Tuk*[38])

408 Fama
50: UC Nr. **111** S. 5 Joh*. MPC 548 Niz*

409 Aspasia
38: MPC 580 San. — 39: MPC 608 San. — 40: MPC 619 San. — 49: TAB (2) Nr. 40 S. 271, 272 Tok*. — 50: MPC 520 SFe. — 51: MPC 683 Bar. MPC 597 Joh*. MPC 599 JoY. Astr Circ UdSSR Nr. **115** Kiw*. Astr Circ UdSSR Nr. **115** Lem*

410 Chloris
51: Astr Circ UdSSR Nr. **113/114** Kiw*

413 Edburga
50: MPC 493 (?) Kyo*

414 Liriope
51: MPC 647 Joh*

---

[34]) Berichtigung in MPC 640.
[35]) Berichtigung in MPC 640.
[36]) Irrtümlich zugeordnet, 1951 AT zugehörig, BAB 4 88, MPC 691.
[37]) Berichtigung in MPC 702.
[38]) Berichtigung in MPC 815.

415 Palatia
50: UC Nr. **111** S. 5 Joh*. MPC 495 Kyo*. MPC 570, 571 SFe

417 Suevia
49: Krim Mitt. **6** 176 Sim*

418 Alemannia
50: MPC 546 Niz*. Krim Mitt. **4** 136 Sim*

419 Aurelia
50: Belgrade Bull **15** 50 Bel*. UC Nr. **111** S. 5 Joh.* MPC 495 Kyo*. Madrid Bol. **4** Nr. 4, MPC 559 Mad. Krim. Mitt. **7** 136 Sim*

420 Bertholda
51: MPC 597 Joh*

422 Berolina
49: MPC 492 Kyo*

423 Diotima
50: MPC 651 Kyo*. MPC 571 SFe

424 Gratia
50: UC Nr. **111** S. 5 Joh*

425 Cornelia
51: MPC 554 Blo*

426 Hippo
39: MPC 608 San. — 50: UC Nr. **111** S. 5 Joh*

427 Galene
51: BAB **4** 100, MPC 627 Ucc

429 Lotis
50: UC Nr. **111** S. 6 Joh*. Krim Mitt. **7** 135 Sim*. — 51: MPC 695 Niz*

430 Hybris
51: Astr Circ UdSSR Nr. **115** Aba*. Astr Circ UdSSR Nr. **112** Kas

431 Nephele
51: MPC 647 Joh*

432 Pythia
50: MPC 521 SFe. Krim Mitt. **7** 135 Sim*. — 51: MPC 689 Joh*

433 Eros
40: MPC 619 San. — 42: TAB (2) Nr. 32 S. 232 Tok*. — 44: TAB (2) Nr. 32 S. 232 Tok*. — 45: TAB (2) Nr. 32 S. 232 Tok*. — 49: MPC 564 Bar. MPC 705 JoY. MPC 535, 536 San. TAB (2) Nr. 40 S. 271 Tok*. — 51: MPC 648, 706, 707 Alg*. MPC 639 Blo*. Astr Circ UdSSR Nr. **120** Kiw
Eph (1951) MPC 625—626, NAZvM 123—124

435 Ella
51: MPC 630 Joh*

436 Patricia
50: MPC 549 Niz*. MPC 549 Niz
Eph (1952) MPC 701, NAZ **5** 31
El MPC 701, NAZ **5** 31

437 Rhodia
50: Krim Mitt. **7** 137 Sim*

438 Zeuxo
50: UC Nr. **111** S. 6 Joh*

440 Theodora
50: UC Nr. **111** S. 6 Joh*

442 Eichsfeldia
50: MPC 682 Bar. MPC 494 Kyo*. Madrid Bol. **4** Nr. 4, MPC 558, 559 Mad. MPC 548 Niz*. Krim Mitt. **7** 135, 136 Sim*

443 Photographica
49: TAB (2) Nr. 39 S. 269 Tok*

444 Gyptis
38: MPC 580 San. — 50: MPC 494 Kyo*. MPC 546 Niz*. Krim Mitt. **7** 135 Sim*. — 51: Astr Circ UdSSR Nr. **118** Kiw*. Astr Circ UdSSR Nr. **119** Kiw
Eph (1951) Pop Astr **59** 327

445 Edna
50: MPC 651 Kyo*. MPC 571 SFe

446 Aeternitas
50: MPC 651 Kyo*

447 Valentine
50: MPC 513, UC Nr. **111** S. 8 Joh

449 Hamburga
50: Belgrade Bull. **15** 24 Bel*. MPC 494 Kyo*. Krim Mitt. **7** 135 Sim*. MPC 496 Tuk*. — 51: MPC 668 Joh*. MPC 694 Niz*

450 Brigitta
50: UC Nr. **111** S. 6 Joh*

451 Patientia
39: MPC 609 San. — 40: MPC 619 San. — 50: MPC 564 Bar. MPC 521 SFe. Krim Mitt. **7** 135 Sim*. — 51: MPC 670 Blo*. MPC 647 Joh*.

453 Tea
50: MPC 509 Niz*

454 Mathesis
49: Krim Mitt. **7** 139 Sim*. — 51: Astr Circ UdSSR Nr. **113/114** Kiw*. MPC 693 Niz*. MPC 652 SFe

455 Bruchsalia
49: TAB (2) Nr. 40 S. 272 Tok*. — 50: MPC 493 Kyo*. — 51: MPC 693 Niz*

456 Abnoba
51: MPC 597 Joh*[39]). MPC 632 Niz*

459 Signe
47/48: MPC 633 Niz. — 50: MPC 512, UC Nr. **111** S. 8 Joh

[39]) Berichtigung in MPC 904.

462 Eriphyla
51: MPC 631 Niz*. BAB 4 100, MPC 628 Ucc

464 Megaira
49: Krim Mitt. **6** 175 Sim. — 50: MPC 682 Bar. UC Nr. **111** S. 6 Joh*. MPC 548 Niz*

465 Alekto
51: MPC 630 Joh*

466 Tisiphone
51: MPC 534 Joh

468 Lina
51: BAB 4 100, MPC 628 Ucc

469 Argentina
50: MPC 637 Blo*

470 Kilia
50: Krim Mitt. **7** 136 Sim*

471 Papagena
50: MPC 565 Bar. Belgrade Bull. **15** 50 Bel*. MPC 519 Cor*. UC Nr. **111** S. 6 Joh*. MPC 494 Kyo*. Madrid Bol. **4** Nr. 4, MPC 558, 559 Mad. MPC 546, 548 Niz*. MPC 521 SFe. — 51: MPC 689 Joh*
Eph (1951) Archenhold-Sternw. Mitt. **3** Nr. 14, Pop Astr **59** 382

472 Roma
50: UC Nr. **111** S. 6 Joh*. MPC 495 Kyo*. MPC 570 SFe

474 Prudentia
51: MPC 638 Blo*. MPC 693 Niz*

475 Ocllo
51: MPC 630 Joh*

477 Italia
50: MPC 651 Kyo*. Madrid Bol. **4** Nr. 4, MPC 560, 561 Mad. MPC 508 Niz*. Krim Mitt. **7** 137 Sim*

478 Tergeste
40: MPC 619 San. — 51: MPC 534 Joh*. MPC 652 SFe

479 Caprera
50: MPC 551 Blo*. UC Nr. **111** S. 6 Joh*. MPC 548 Niz*

480 Hansa
51: MPC 652 SFe

481 Emita
50: MPC 682 Bar. MPC 551 Blo*. MPC 651 Kyo*. MPC 571 SFe

482 Petrina
50: MPC 495 Kyo*

484 Pittsburghia
50: Krim Mitt. **7** 135 Sim*. — 51: MPC 689 Joh*

485 Genua
50: MPC 651 Kyo*. MPC 571 SFe

486 Cremona
50: MPC 636 Blo*

487 Venetia
50: UC Nr. **111** S. 6 Joh*. MPC 495 Kyo*. MPC 548 Niz*. Krim Mitt. **7** 139 Sim*

488 Kreusa
50: MPC 682 Bar. MPC 651 Kyo*. Madrid Bol. **4** Nr. 4, MPC 561 Mad. MPC 509 Niz*. MPC 571 SFe

489 Comacina
50: MPC 564 Bar. Belgrade Bull. **15** 24 Bel*. MPC 493 Kyo*. Krim Mitt. **7** 135 Sim*. — 51: Astr Circ UdSSR Nr. **116** (?) Kiw*. BAB 4 100, MPC 628 Ucc

491 Carina
50: La Plata Circ. Nr. **9** LaP

492 Gismonda
51: MPC 673 Blo*. MPC 647 Joh*

495 Eulalia
51: MPC 554 Blo*
El BIA **5** 31

497 Iva
50: Krim Mitt. **7** 137 Sim*

498 Tokio
51: MPC 554 Blo*. BAB 4 100, MPC 544 Ucc

499 Venusia
51: MPC 693 Niz*

500 Selinur
50: Krim Mitt. **7** 135 Sim*. — 51: MPC 597 Joh*

501 Urhixidur
51: MPC 689 Joh*

502 Sigune
51: MPC 631 Niz*. MPC 632 Niz. BAB **4** 100, MPC 627, 628 Ucc

503 Evelyn
50: UC Nr. **111** S. 6 Joh*. — 51: Astr Circ UdSSR Nr. **121** Kiw[40])

504 Cora
50: MPC 496 Tuk*. — 51: MPC 646, NAZ **5** 30 Hei*. BAB 4 100, MPC 629 Ucc

505 Cava
50: UC Nr. **111** S. 5 Joh*. — 51: MPC 689 Joh*

506 Marion
51: MPC 534 Joh*

507 Laodica
50: MPC 636 Blo*[41]). MPC 534 Joh*. La Plata Circ. Nr. **9** LaP. Madrid Bol. **4** Nr. 4, MPC 559 Mad

508 Princetonia
50: Krim Mitt. **7** 140 Sim*

[40]) Irrtümlich 72 Feronia zugeordnet, Astr Circ UdSSR Nr. 122.

[41]) Berichtigung in MPC 748.

509 Iolanda
51: MPC 534 Joh*

510 Mabella
50: MPC 548 Niz*. Krim Mitt. 7 137, 140 Sim*. MPC 497 (?) Tuk*[42])

511 Davida
38: MPC 580 San. — 39: MPC 609 San. — 50: MPC 682 Bar. MPC 651 Kyo*. MPC 539 San. MPC 571 SFe

512 Taurinensis
51: MPC 632 Niz*

513 Centesima
50: MPC 495 Kyo*. Madrid Bol. 4 Nr. 4, MPC 559 Mad

514 Armida
50: UC Nr. 111 S. 6 Joh*. La Plata Circ. Nr. 9 LaP

516 Amherstia
50: MPC 564 Bar. MPC 494 Kyo*. UC Nr. 111 S. 6 Joh*. La Plata Circ. Nr. 9 LaP

517 Edith
50: Krim Mitt. 7 134 Sim*. — 51: MPC 597 Joh*

518 Halawe
51: MPC 639 Blo*. MPC 646, NAZ 5 30, 31 Hei*. MPC 694 Niz*. BAB 4 112, MPC 690 Ucc

519 Sylvania
50: Krim Mitt. 7 140 Sim*

521 Brixia
39: MPC 609 San. — 51: MPC 632 Niz*

522 Helga
50: BAB 4 88, MPC 507 Ucc

523 Ada
50: MPC 564 Bar. MPC 493 Kyo*

524 Fidelio
51: BAB 4 100, MPC 628 Ucc

525 Adelaide
Id mit 1937 LB (?), JO 35 169, MPC 643

527 Euryanthe
50: UC Nr. 111 S. 6 (?) Joh*

528 Rezia
50: UC Nr. 111 S. 6 Joh*

532 Herculina
39: MPC 609 San. — 50: MPC 564 Bar. AN 280 48, MPC 526 Kar. MPC 494 Kyo*. MPC 539 San*. MPC 539 San. MPC 521 SFe. — 51: MPC 673 Blo*. MPC 668 Joh*

534 Nassovia
47: MPC 515 WiB
El BIA 4 488

535 Montague
50: UC Nr. 111 S. 6 Joh*

536 Merapi
50: UC Nr. 111 S. 6 Joh*. — 51: MPC 669 Joh

537 Pauly
51: MPC 631 Niz*

540 Rosamunde
50: Madrid Bol. 4 Nr. 4, MPC 559 Mad. MPC 548 Niz*. Krim Mitt. 7 136 Sim*

541 Deborah
50: La Plata Circ. Nr. 9 LaP — 51: MPC 668 Joh*

542 Susanna
51: MPC 554 Blo*. MPC 692 Niz. BAB 4 100, MPC 627 Ucc

543 Charlotte
49: MPC 564 Bar. MPC 547 Niz. — 50: UC Nr. 111 S. 6 Joh*. — 51: MPC 648 Alg*. MPC 707 Alg. MPC 647 Joh*

544 Jetta
50: Krim Mitt. 7 137 Sim*

546 Herodias
50: MPC 682 Bar. MPC 508, 548, 549 Niz*. Krim Mitt. 7 140 Sim*

547 Praxedis
50: MPC 508 Niz*. MPC 509 Niz. Krim Mitt. 7 137 Sim*. MPC 511 Tuk

548 Kressida
49: Krim Mitt. 6 176 Sim*. TAB (2) Nr. 40 S. 272 Tok*

550 Senta
49: TAB (2) Nr. 40 S. 271 Tok*. — 50: MPC 553 Blo*. BAB 4 88, MPC 544 Ucc

552 Sigelinde
51: MPC 648 Alg*. MPC 693 Niz*. MPC 696 Niz
Eph (1952) La Plata Circ. Nr. 9

554 Peraga
50: UC Nr. 111 S. 6 Joh*. — 51: Astr Circ UdSSR Nr. 119, 120, 121 Kiw. MPC 695 Niz*

556 Phyllis
49: MPC 564 Bar. — 50: MPC 682 Bar. MPC 552 Blo*. Madrid Bol. 4 Nr. 4, MPC 560 Mad. Krim Mitt. 7 137 Sim*. BAB 4 88, MPC 507 Ucc

557 Violetta
51: MPC 529, NAZ 5 15 Hei*. MPC 693 Niz*

558 Carmen
50: MPC 493 Kyo*

559 Nanon
51: MPC 689 Joh*. MPC 695 Niz*

[42]) Berichtigung in MPC 815.

560 Delila
49: MPC 496 Tuk*. — 51: MPC 638 Blo*. BAB **4** 100, MPC 628 Ucc

562 Salome
49: Krim Mitt. **6** 176 Sim*

563 Suleika
50: MPC 682 Bar. Belgrade Bull. **15** 24 Bel*. MPC 489 Blo*. La Plata Circ. Nr. **9** LaP. MPC 546 Niz*. Krim Mitt. **7** 139 Sim*. — 51: MPC 668 Joh*. MPC 694 Niz*.

564 Dudu
51: MPC 669 Joh

566 Stereoskopia
50: MPC 651 Kyo*. Madrid Bol. **4** Nr. 4, MPC 559 Mad. MPC 571 SFe

567 Eleutheria
50: UC Nr. **111** S. 6 Joh*. — 51: BAB **4** 112, MPC 690 Ucc

569 Misa
49: TAB (2) Nr. 40 S. 271 Tok*. MPC 496 Tuk*. — 51: MPC 597 Joh*

570 Kythera
49: MPC 564 Bar. MPC 651 Kyo*. — 50: MPC 508 Niz*. Krim Mitt. **7** 137 Sim*. MPC 497 Tuk*[43])

571 Dulcinea
50: Astr Circ UdSSR Nr. **119** AlA*. Madrid Bol. **4** Nr. 4, MPC 560 Mad. MPC 508 Niz*. Krim Mitt. **7** 137 Sim*. — 51: MPC 651 Kyo*

573 Recha
51: MPC 630 Joh*

575 Renate
50: Astr Circ UdSSR Nr. **119** AlA*. MPC 552 Blo*. MPC 497 Tuk*[44])

576 Emanuela
50: UC Nr. **111** S. 8 Joh. — 51: MPC 647 Joh*

577 Rhea
50: Krim Mitt. **7** 140 Sim*

578 Happelia
50: La Plata Circ. Nr. **9** LaP

579 Sidonia
50: MPC 521 SFe. — 51: MPC 673 Blo*. MPC 689 Joh*

581 Tauntonia
50: La Plata Circ. Nr. **9** LaP

583 Klotilde
50: BAB **4** 88, MPC 506 Ucc

584 Semiramis
50: MPC 493 Kyo*. — 51: MPC 597 Joh*

586 Thekla
50: UC Nr. **111** S. 6 Joh*. La Plata Circ. Nr. **9**. LaP. — 51: MPC 695 Niz*

587 Hypsipyle
50: La Plata Circ. Nr. **9** LaP

588 Achilles
50: MPC 501, 502 Alg*. MPC 657 Alg. MPC 552 Blo*. Krim Mitt. **7** 140 Sim*. BAB **4** 88, MPC 506, 507 Ucc

590 Tomyris
50: MPC 551, 552 Blo*

591 Irmgard
50: UC Nr. **111** S. 6 Joh*. — 51: MPC 689 Joh*

592 Bathseba
50: MPC 546 Niz*. Krim Mitt. **7** 136 Sim*

593 Titania
50: MPC 520 SFe

594 Mireille
28: BZ **10** 64 Hei*[45]). BZ **10** 62, 69, 70 Sim*[45]).
El MPC 678, NAZ **5** 26

596 Scheila
49: TAB (2) Nr. 40 S. 271 Tok*. MPC 496 Tuk*

597 Bandusia
50: UC Nr. **111** S. 6 Joh*

599 Luisa
39: MPC 609 San

601 Nerthus
50: Krim Mitt. **7** 139 Sim*

602 Marianna
50: Astr Circ UdSSR Nr. **112** Kas
Eph (1950) NAZ **5** 2
Eph (1951) Jap. Astr. Ass. Circ. Nr. 94/95, MPC 600, NAZ **5** 2
El Jap. Astr. Ass. Circ. Nr. 94/95, MPC 600, NAZ **5** 2

603 Timandra
51: MPC 554 Blo*

604 Tekmessa
49: Krim Mitt. **7** 139 Sim*. — 51: MPC 692 Niz*

605 Juvisia
50: MPC 547 Niz. — 51: MPC 597 Joh*

606 Brangäne
50: Astr Circ UdSSR Nr. **112** Kas. La Plata Circ. Nr. **9** LaP. — 51: MPC 630 Joh*

609 Fulvia
50: MPC 509 Niz*

611 Valeria
49: TAB (2) Nr. 39 S. 268 Tok*. — 50: Krim Mitt. **7** 135 Sim*

613 Ginevra
50: UC Nr. **111** S. 6 Joh*

[43]) Berichtigung in MPC 815.
[44]) Berichtigung in MPC 815.
[45]) Irrtümlich zugeordnet. Vorläufige Bezeichnung 1928 QO, MPC 678, NAZ 5 26.

614 Pia
50: BAB **4** 88, MPC 506 Ucc. Krim Mitt. **7** 137 Sim*

615 Roswitha
51: MPC 553 Blo*. MPC 631 Niz*. BAB **4** 100, MPC 628 Ucc

616 Elly
50: MPC 513, UC Nr. **111** S. 8 Joh. La Plata Circ. Nr. **9** LaP

617 Patroclus
51: MPC 668 Joh*

618 Elfriede
50: MPC 546, 547 Niz*. Krim Mitt. **7** 139 Sim*. — 51: MPC 673 Blo*. MPC 689 Joh*

619 Triberga
50: MPC 552 Blo*. MPC 651 Kyo*

620 Drakonia
51: MPC 668 Joh*

621 Werdandi
50: MPC 508, 509 Niz*. MPC 510 Niz

623 Chimaera
50: UC Nr. **111** S. 6 Joh*. — 51: MPC 668 Joh*

625 Xenia
51: MPC 694 Niz*

626 Notburga
50: UC Nr. **111** S. 6 Joh*

627 Charis
49: Krim Mitt. **6** 175 Sim*

628 Christine
50: UC Nr. **111** S. 6 Joh*. MPC 495 Kyo*

630 Euphemia
51: MPC 668 Joh*

632 Pyrrha
51: MPC 669 Joh*. MPC 695 Niz*

633 Zelima
50: La Plata Circ. Nr. **9** LaP

634 Ute
50: Krim Mitt. **7** 136 Sim*

635 Vundtia
50: Krim Mitt. **7** 135 Sim*. — 51: MPC 632 Niz*. MPC 632 Niz

638 Moira
51: MPC 553 Blo*

639 Latona
49: MPC 564 Bar. MPC 537 San. — 50: BAB **4** 88, MPC 544 Ucc

640 Brambilla
50: La Plata Circ. Nr. **9** LaP. — 51: MPC 630 Joh*

642 Clara
50: UC Nr. **111** S. 6 Joh*

643 Scheherezade
50: Krim Mitt. **7** 140 Sim*

648 Pippa
50: UC Nr. **111** S. 6 Joh*. — 51: MPC 673 Blo*. MPC 668 Joh*

650 Amalasuntha
51: MPC 637 Blo*. MPC 631 Niz*. MPC 632 Niz

652 Jubilatrix
51: MPC 647 Joh*

653 Berenike
51: MPC 631 Niz*

654 Zelinda
50: UC Nr. **111** S. 6 Joh*. MPC 538 San. — 51: MPC 694, 695 Niz*

655 Briseïs
51: MPC 693 Niz*

656 Beagle
50: MPC 491 Blo*

657 Gunlöd
51: MPC 597 Joh*

659 Nestor
49: Krim Mitt. **6** 176 Sim*

660 Crescentia
50: Astr Circ UdSSR Nr. **119** AlA*. MPC 682 Bar. MPC 495 Kyo*. Madrid Bol. **4** Nr. 4, MPC 559 Mad. MPC 508 Niz*. MPC 570 SFe. Krim Mitt. **7** 136 Sim*

661 Cloelia
50: MPC 564 Bar

662 Newtonia
49: TAB (2) Nr. 39 S. 269 Tok*. — 50: MPC 509 Niz*

663 Gerlinde
50: UC Nr. **111** S. 6 Joh*

665 Sabine
41: MPC 692 Niz*

666 Desdemona
50: Madrid Bol. **4** Nr. 4, MPC 560 Mad

667 Denise
51: MPC 631 Niz*

668 Dora
50: Krim Mitt. **7** 136 Sim*

670 Ottegebe
50: MPC 546 Niz*. Krim Mitt. **7** 136 Sim*

671 Carnegia
50: UC Nr. **111** S. 6 Joh*. La Plata Circ. Nr. **9** LaP
Eph (1952) La Plata Circ. Nr. **9**
El La Plata Circ. Nr. **10**

673 Edda
50: Krim Mitt. **7** 136 Sim*

674 Rachele
38: MPC 581 San. — 50: MPC 494 Kyo*. MPC 538 San*. MPC 538 San. MPC 521 SFe. — 51: MPC 630 Joh*

675 Ludmilla
49: TAB (2) Nr. 40 S. 271

Tok*. — 50: MPC 682 Bar. Astr Circ UdSSR Nr. **115** Lem*. — 51: MPC 652 SFe

677 Aaltje
50: Krim Mitt. **7** 134 Sim*. — 51: MPC 630 Joh*.

678 Fredegundis
49: TAB (2) Nr. 40 S. 271 Tok*. MPC 496 Tuk*. — 51: MPC 534 Joh*

679 Pax
49: TAB (2) Nr. 40 S. 271 Tok*

680 Genoveva
50: MPC 509 (?), 510 (?), 549 Niz*. MPC 549 Niz

683 Lanzia
49: TAB (2) Nr. 40 S. 271 Tok*. — 51: MPC 631 Niz*

684 Hildburg
50: UC Nr. **111** S. 6 Joh*

685 Hermia
49: TAB (2) Nr. 40 S. 271 Tok*
El Jap. Astr. Ass. Circ. Nr. 102, MPC 751

686 Gersuind
50: UC Nr. **111** S. 8 Joh

688 Melanie
49: Krim Mitt. **6** 175, 176 Sim*

690 Wratislavia
49: TAB (2) Nr. 40 S. 272 Tok*
Eph (1951) Jap. Astr. Ass. Circ. Nr. 94/95
El Jap. Astr. Ass. Circ. Nr. 94/95

692 Hippodamia
50: La Plata Circ. Nr. **9** LaP

694 Ekard
51: MPC 534 Joh*

695 Bella
51: MPC 631 Niz*

697 Galilea
50: Belgrade Bull. **15** 24 Bel*

700 Auravictrix
50: MPC 682 Bar. UC Nr. **111** S. 6 Joh*. Madrid Bol. **4** Nr. 4, MPC 559 Mad. MPC 546 Niz*

701 Oriola
51: MPC 597 Joh*

704 Interamnia
39: MPC 609 San. — 40: MPC 619 San. — 50: La Plata Circ. Nr. **9** LaP. MPC 538 San. MPC 520 SFe. — 51: MPC 597 Joh*. MPC 599 JoY

706 Hirundo
50: UC Nr. **111** S. 6 Joh*

707 Steïna
51: MPC 647 Joh*

708 Raphaela
51: MPC 597 Joh*

709 Fringilla
51: MPC 637 Blo*. MPC 631 Niz*. BAB **4** 100, MPC 628 Ucc

710 Gertrud
51: MPC 668 Joh*

711 Marmulla
51: MPC 631 Niz*

712 Boliviana
40: MPC 620 San. — 50: UC Nr. **111** S. 6 Joh*. Madrid Bol. **4** Nr. 4, MPC 559 Mad

713 Luscinia
50: Krim Mitt. **7** 139 Sim. — 51: MPC 695 Niz*

714 Ulula
51: MPC 534 Joh*. MPC 652 SFe

717 Wisibada
50: MPC 508 Niz*

720 Bohlinia
50: MPC 508 Niz*

721 Tabora
50: MPC 534 Joh*

723 Hammonia
51: MPC 647 Joh*. MPC 694 Niz*.

727 Nipponia
50: Krim Mitt. **7** 135 Sim*. — 51: MPC 689 Joh*

728 Leonisis
Eph (1951) MPC 644

729 Watsonia
50: UC Nr. **111** S. 6 Joh*. Krim Mitt. **7** 139 Sim*

731 Sorga
50: MPC 651 Kyo*. MPC 508 Niz*

732 Tjilaki
51: MPC 694 Niz*

733 Mocia
50: MPC 511 Tuk

734 Benda
50: UC Nr. **111** S. 6 Joh*

735 Marghanna
51: BAB **4** 100 (?), MPC 628 (?) Ucc

736 Harvard
51: BAB **4** 112, MPC 690 Ucc

739 Mandeville
49: TAB (2) Nr. 39 S. 268 Tok*. —51: MPC 689 Joh*. MPC 695 Niz*

740 Cantabia
51: MPC 694 Niz*

741 Botolphia
50: UC Nr. **111** S. 6 Joh*. La Plata Circ Nr. **9** LaP

742 Edisona
51: MPC 597 Joh*. MPC 632 Niz*

743 Eugenisis
51: MPC 597 Joh*

747 Winchester
49: TAB (2) Nr. 39 S. 268 Tok*. — 50: Belgrade Bull. 15 24 Bel*

748 Simeïsa
50: BAB 4 89, MPC 544 Ucc. — 51: MPC 553 Blo*[46])

749 Malzovia
50: Belgrade Bull. 15 24 Bel*

750 Oskar
51: MPC 631, 632 Niz*. MPC 632, 633 Niz

751 Faïna
39: MPC 609 San. — 50: MPC 682 Bar. Belgrade Bull. 15 24 Bel*. La Plata Circ. Nr. 9 LaP. MPC 546 Niz*. — 51: MPC 689 Joh*

752 Sulamitis
51: MPC 692 Niz*

753 Tiflis
50: Krim Mitt. 7 140 Sim*

754 Malabar
50: La Plata Circ. Nr. 9 LaP. — 51: MPC 694 Niz*

755 Quintilla
50: MPC 549 Niz*

756 Lilliana
50: Krim Mitt. 7 139, 140 Sim*

757 Portlandia
50: MPC 564 Bar. MPC 493 Kyo*. — 51: MPC 630 Joh*

758 Mancunia
49: TAB (2) Nr. 40 S. 272 Tok*. — 51: Astr Circ UdSSR Nr. 113/114 Kiw*. MPC 693 Niz*

759 Vinifera
50: La Plata Circ. Nr. 9 LaP. — 51: MPC 673 Blo*. MPC 669 Joh. MPC 694 Niz*

760 Massinga
50: MPC 564 Bar. UC Nr. 111 S. 6 Joh*. MPC 494 Kyo*. — 51: MPC 647 Joh*

761 Brendelia
51: MPC 647 Joh*

762 Pulcova
50: UC Nr. 111 S. 6 Joh*. — 51: MPC 647 Joh*

763 Cupido
50: Krim Mitt. 7 137 Sim*

764 Gedania
51: MPC 639 Blo*. MPC 630 Joh*

766 Moguntia
50: MPC 682 Bar. MPC 552 Blo*. Madrid Bol. 4 Nr. 4, MPC 560 Mad. MPC 549 Niz*. Krim Mitt. 7 137 Sim*. BAB 4 88, MPC 507 Ucc

767 Bondia
51: MPC 648 Alg*. MPC 647 Joh*

768 Struveana
49: Krim Mitt. 6 175 Sim

771 Libera
51: MPC 694 Niz*

772 Tanete
49: Krim Mitt. 7 139 Sim*

773 Irmintraud
50: UC Nr. 111 S. 6 Joh*

774 Armor
47: MPC 515 WiB. — 49: MPC 564 Bar. MPC 536, 537 San. — 50: MPC 549 Niz*. Krim Mitt. 7 137 Sim*. BAB 4 89, MPC 507 Ucc

775 Lumière
51: MPC 693 Niz*. MPC 696 Niz

776 Berbericia
50: Belgrade Bull. 15 24 Bel*. — 51: MPC 683 Bar. MPC 630 Joh*. Astr Circ UdSSR Nr. 116 Kiw*

777 Gutemberga
50: UC Nr. 111 S. 6 Joh*. — 51: MPC 695 Niz*

778 Theobalda
51: MPC 695 Niz*

779 Nina
50: UC Nr. 111 S. 6 Joh*. — 51: Astr Circ UdSSR Nr. 119, 120 Kiw

780 Armenia
50: MPC 682 Bar. MPC 551 Blo*

781 Kartvelia
50: Belgrade Bull. 15 24 Bel*. MPC 549 Niz. — 51: MPC 646, NAZ 5 31 Hei*

782 Montefiore
50: UC Nr. 111 S. 6 Joh*

783 Nora
50: MPC 546 Niz*

785 Zwetana
49: Krim Mitt. 6 176 Sim*. — 51: MPC 692 Niz*

787 Moskva
51: Astr Circ UdSSR Nr. 118 Kiw*

788 Hohensteina
49: Krim Mitt. 6 175 Sim*

789 Lena
50: MPC 549 Niz*. MPC 549 Niz. BAB 4 89, MPC 507 Ucc

790 Pretoria
50: UC Nr. 111 S. 6 Joh*. La Plata Circ. Nr. 9 LaP. — 51: MPC 597 Joh*

792 Metcalfia
50: UC Nr. 111 S. 6 Joh*

[46]) Irrtümlich zugeordnet, Vorläufige Bezeichnungen 1951 AT, 1951 CF_1, MPC 674.

793 Arizona
50: UC Nr. **111** S. 6 Joh*

795 Fini
50: MPC 513, UC Nr. **111** S. 8 Joh

797 Montana
50: MPC 548 Niz*. MPC 497 Tuk*[47])

800 Kressmannia
51: MPC 597 Joh*

803 Picka
50: UC Nr. **111** S. 6 Joh*. La Plata Circ. Nr. **9** LaP. — 51: MPC 647 Joh*

804 Hispania
49: TAB (2) Nr. 39 S. 268 Tok* .— 50: MPC 682 Bar. MPC 488, UC Nr. **111** S. 6 Joh*. MPC 495 Kyo*. MPC 570 SFe

806 Gyldenia
51: MPC 668 Joh*

807 Ceraskia
51: BAB **4** 100, MPC 545, 627 Ucc[48])

808 Merxia
49: Krim Mitt. **6** 175 Sim. — 50: UC Nr. **111** S. 6 Joh*

811 Nauheima
50: MPC 508 Niz*

812 Adele
50: Krim Mitt. **7** 137 Sim*

813 Baumeia
50: MPC 496 Tuk*. — 51: MPC 673 Blo*. MPC 689 Joh*

814 Tauris
49: TAB (2) Nr. 40 S. 272 Tok*. — 50: MPC 493 Kyo*

815 Coppelia
51: MPC 693 Niz*

817 Annika
50: Krim Mitt. **7** 135 Sim*

818 Kapteynia
50: Krim Mitt. **7** 134 Sim*. — 51: MPC 638 Blo*. MPC 632, 693 Niz*. BAB **4** 100, MPC 628 Ucc

820 Adriana
50: Krim Mitt. **7** 135 Sim*. — 51: MPC 669 Joh

825 Tanina
50: UC Nr. **111** S. 6 Joh*

826 Henrika
Id mit 1935 SW_1, MPC 826

828 Lindemannia
50: Krim Mitt. **7** 136 Sim*

830 Petropolitana
50: UC Nr. **111** S. 6 Joh*. Krim Mitt. **7** 136 Sim*. — 51: Astr Circ UdSSR Nr. **121** Kiw

833 Monica
51: MPC 629 Blo

834 Burnhamia
50: MPC 508 Niz*. Krim Mitt. **7** 137, 140 Sim*

835 Olivia
50: MPC 489, 490 Blo. La Plata Circ. Nr. **9** LaP

837 Schwarzschilda
50: La Plata Circ. Nr. **9** LaP

838 Seraphina
50: Krim Mitt. **7** 139 Sim*

841 Arabella
50: MPC 549 Niz*

842 Kerstin
50: MPC 513, UC Nr. **111** S. 8 Joh

844 Leontina
50: Madrid Bol. 4 Nr. 4, MPC 560 Mad. MPC 497 Tuk[49]). BAB **4** 89, MPC 507 Ucc

845 Naëma
50: UC Nr. **111** S. 6 Joh*. La Plata Circ. Nr. **9** LaP

846 Lipperta
51: BAB **4** 100, MPC 628 Ucc

847 Agnia
51: MPC 597 Joh*

848 Inna
51: MPC 638 Blo*

851 Zeissia
50: UC Nr. **111** S. 6 Joh*. Krim Mitt. **7** 136 Sim*

853 Nansenia
49: Krim Mitt. **7** 139 Sim*. — 51: BAB **4** 100, MPC 628 Ucc

855 Newcombia
38: UC Nr. **101** S. 20 Joh

856 Backlunda
50: MPC 496 (?) Tuk*. — 51: MPC 695 Niz*

859 Bouzaréah
50: MPC 636 Blo*. UC Nr. **111** S. 6 Joh*

860 Ursina
51: MPC 597 Joh*

862 Franzia
50: MPC 493 (?) Kyo*. — 51: MPC 597 Joh*

865 Zubaida
51: MPC 693 Niz*. MPC 696 Niz

866 Fatme
50: Krim Mitt. **7** 134 Sim*. — 51: BAB **4** 100, MPC 628 Ucc

[47]) Berichtigung in MPC 815.
[48]) Berichtigung in MPC 640.
[49]) Berichtigung in MPC 815.

867 Kovacia
50: UC Nr. **111** S. 8 Joh

868 Lova
50: Madrid Bol. **4** Nr. 4, MPC 560 Mad. MPC 651 Kyo*

869 Mellena
El MPC 675

871 Amneris
50: MPC 496 Tuk*

872 Holda
50: MPC 508 Niz*

875 Nymphe
50: MPC 548 Niz*. MPC 549 Niz

877 Walküre
50: UC Nr. **111** S. 6 Joh*. Krim Mitt. **7** 139 Sim*

884 Priamus
50: UC Nr. **111** S. 6 Joh*. — 51: MPC 673 Blo*. MPC 668 Joh*. MPC 694 Niz*

886 Washingtonia
50: UC Nr. **111** S. 6 Joh*

889 Erynia
50: UC Nr. **111** S. 6 Joh*

890 Waltraut
50: MPC 546 Niz*

892 Seeligeria
49: Krim Mitt. **6** 175, 176 Sim*. — 50: La Plata Circ. Nr. **9** LaP

893 Leopoldina
50: MPC 549 Niz. Krim Mitt. **7** 139 Sim*

894 Erda
51: MPC 646, NAZ **5** 30 Hei*. BAB **4** 100 (?), MPC 629 Ucc

895 Helio
51: MPC 534 Joh*

897 Lysistrata
50: MPC 519 Cor*. MPC 548 Niz*

898 Hildegard
50: MPC 551 Blo*. BAB **4** 88 (?), MPC 507 (?) Ucc. — 51: MPC 532 FtD

899 Jokaste
El MPC 590

901 Brunsia
51: MPC 647 Joh*

904 Rockefellia
51: MPC 534 Joh. MPC 631 Niz*. MPC 633 Niz

905 Universitas
50: UC Nr. **111** S. 6 Joh*

906 Repsolda
51: MPC 597 Joh*

907 Rhoda
50: UC Nr. **111** S. 6 Joh*

910 Anneliese
50: Krim Mitt. **7** 139 Sim*

914 Palisana
50: MPC 548 Niz*. MPC 549 Niz. MPC 570 SFe

915 Cosette
50: UC Nr. **111** S. 6 Joh*

916 America
51: MPC 630 Joh*

918 Itha
32: BAB **4** 105, MPC 662, NAZ **5** 23 Ucc. — 42: MPC 662, NAZ **5** 23 Joh. — 48: MPC 198, 199 Niz*[50]). — 51: MPC 529 Hei*
Nicht id. mit 1907 YA = 1907 YF, MPC 663, NAZ **5** 22
Eph (1948) MPC 663
Eph (1949) MPC 663
Eph (1951) MPC 663, NAZ **5** 22
El MPC 663, NAZ **5** 22

919 Ilsebill
Eph (1951/52) MPC 703, NAZvM 136
El NAZ **5** 43

922 Schlutia
50: MPC 511 Tuk

924 Toni
49: MPC 564 (?) Bar*

925 Alphonsina
51: MPC 652 SFe. BAB **4** 100, MPC 627 Ucc

926 Imhilde
51: MPC 692 Niz*. MPC 695 Niz

927 Ratisbona
50: UC Nr. **111** S. 6 Joh*. — 51: MPC 673 Blo*. MPC 689 Joh*

928 Hildrun
48: MPC 546 Niz. — 50: UC Nr. **111** S. 6 Joh*. — 51: MPC 707 Alg*

929 Algunde
51: MPC 695 Niz*

930 Westphalia
51: MPC 630 Joh*

931 Whittemora
50: UC Nr. **111** S. 7 Joh*. — 51: MPC 689 Joh*

932 Hooveria
50: MPC 493 Kyo*. Krim Mitt. **7** 134 Sim*. MPC 496 Tuk*. — 51: MPC 647 Joh*

936 Kunigunde
51: MPC 638 Blo*

937 Bethgea
50: MPC 551 Blo*. Krim Mitt. **7** 136, 137, 140 Sim*. MPC 497 Tuk*[51])

939 Isberga
50: MPC 534 Joh*. MPC 548 Niz*

[50]) Irrtümlich zugeordnet, Vorläufige Bezeichnung 1948 PN, MPC 663, NAZ 5 15, 23.

[51]) Berichtigung in MPC 815.

940 Kordula
50: MPC 513, UC Nr. 111 S. 8 Joh. — 51: BAB 4 112, MPC 690 Ucc

945 Barcelona
51: MPC 683 Bar. BAB 4 100, MPC 627 Ucc

946 Poësia
51: MPC 689 Joh*

947 Monterosa
49: UC Nr. 111 S. 7 Joh*

949 Hel
47: MPC 515 WiB

950 Ahrensa
50: UC Nr. 111 S. 8 Joh. La Plata Circ. Nr. 9 LaP

952 Caia
51: MPC 630 Joh*

953 Painleva
49: TAB (2) Nr. 39 S. 269 Tok*

954 Li
49: Krim Mitt. 6 175, 176 Sim*

955 Alstede
50: MPC 512, UC Nr. 111 S. 8 Joh

956 Elisa
51: MPC 554 Blo*

960 Birgit
51: MPC 668 Joh*. MPC 694 Niz*

961 Gunnie
51: MPC 647 Joh*

962 Aslög
50: UC Nr. 111 S. 6 Joh*. Krim Mitt. 7 136 Sim*

966 Muschi
51: MPC 668 Joh*[52])

967 Helionape
50: MPC 489 Blo*. UC Nr. 111 S. 6 Joh*. Krim Mitt. 7 139 Sim*

968 Petunia
50: Krim Mitt. 7 137 Sim*

969 Leocadia
51: MPC 629 Blo*

970 Primula
51: MPC 692 (?) Niz. BAB 4 100, MPC 627, 628 Ucc

971 Alsatia
50: MPC 534 Joh*

972 Cohnia
51: MPC 597 Joh*

973 Aralia
51: MPC 692 Niz*

974 Lioba
50: MPC 496 Tuk*

975 Perseverantia
50: Krim Mitt. 7 134 Sim*. MPC 496 (?) Tuk*. — 51: MPC 597 Joh*. MPC 632 Niz*

976 Benjamina
51: MPC 597 Joh*

977 Philippa
50: UC Nr. 111 S. 6 Joh*. MPC 546 Niz*. — 51: MPC 689 Joh*

978 Aidamina
50: UC Nr. 111 S. 8 Joh. La Plata Circ. Nr. 9 LaP

979 Ilsewa
50: MPC 548 (?) Niz*. Krim Mitt. 7 136 Sim*

980 Anacostia
51: MPC 534 Joh*

983 Gunila
50: MPC 501 Alg*

984 Gretia
50: UC Nr. 111 S. 7 Joh*. MPC 495 Kyo*. Krim Mitt. 7 136 Sim*

985 Rosina
50: MPC 508, 509 Niz*

996 Hilaritas
51: MPC 629 Blo*

997 Priska
27: AJ 38 41, 43 WiB[53, 54]) El MPC 587[54])

1001 Gaussia
50: UC Nr. 111 S. 7 Joh*. — 51: MPC 694 Niz*

1002 Olbersia
50: UC Nr. 111 S. 7 Joh*

1003 Lilofee
51: Harv Card 1155, MPC 689, 699 MtW. BAB 4 112, MPC 690 Ucc. MPC 700 WiB

1004 Belopolskya
49: Krim Mitt. 6 176 Sim*

1008 La Paz
50: La Plata Circ. Nr. 9 LaP

1011 Laodamia
50: MPC 511 Tuk

1013 Tombecka
49: Krim Mitt. 6 176 Sim*

1015 Christa
50: MPC 551 Blo*[55])

1017 Jacqueline
50: UC Nr. 111 S. 6 Joh*. Krim Mitt. 7 135, 136 Sim*

1018 Arnolda
50: MPC 651 Kyo*. MPC 508 Ucc*

1022 1924 RT
49: Krim Mitt. 7 139 Sim*

[52]) Berichtigung in MPC 748.
[53]) Wahrscheinlich nicht zugehörig, MPC 587.
[54]) Berichtigung in MPC 748.
[55]) Berichtigung in MPC 677.

1024 Hale
51: MPC 638 Blo*

1025 Riema
50: MPC 496 (?) Tuk*. — 51: MPC 689 Joh

1030 1924 RQ
51: MPC 693 Niz*

1031 Arctica
50: UC Nr. **111** S. 7 Joh*. La Plata Circ. Nr. **9** LaP. Krim Mitt. **7** 135 Sim*. — 51: MPC 694 Niz*

1034 Mozartia
24: Krim Mitt. **6** 174, MPC 883 Sim. — 31: Krim Mitt. **6** 174, MPC 883 Sim

1035 Amata
51: MPC 598 Joh*

1036 Ganymed
50: MPC 501 Alg*. MPC 565 Bar. Belgrade Bull. **15** 24, 50 Bel*. Astr Circ UdSSR Nr. **112** Kas[51]). MPC 494 Kyo*. BAN **11** 337 Lei. MPC 546 Niz*. MPC 509 Niz. MPC 521 SFe. — 51: Astr Circ UdSSR Nr. **112** Kas

1039 Sonneberga
El Astr Circ UdSSR Nr. **116**

1042 Amazone
50: MPC 551 Blo*
Eph (1950) MPC 590
El MPC 590

1043 Beate
49: Krim Mitt. **6** 176, **7** 139 Sim*. — 51: MPC 631 Niz*

1045 Michela
51: MPC 554 Blo*

1048 Feodosia
49: TAB (2) Nr. 39 S. 268 Tok*. — 50: UC Nr. **111** S. 7 Joh*. — 51: MPC 707 Alg*

1053 Vigdis
El MPC 587

1054 Forsytia
50: MPC 509 Niz*

1056 Azalea
27: BZ **9** 9 Hei*[56])
Eph (1951) Jap. Astr. Ass. Circ. Nr. 94/95
El Jap. Astr. Ass. Circ. Nr. 94/95, MPC 635, NAZ **5** 15

1057 Wanda
50: MPC 551, 552 Blo*. BAB 4 90, MPC 507 Ucc
Id mit 1937 AF, MPC 643

1058 Grubba
51: MPC 647 Joh*

1059 1925 OA
51: MPC 695 Niz*

1062 Ljuba
50: UC Nr. **111** S. 7 Joh*. La Plata Circ. Nr. **9** LaP

1063 Aquilegia
51: BAB **4** 100, MPC 544, 545 Ucc[57])

1064 Aethusa
50: UC Nr. **111** S. 8 Joh. — 51: MPC 707 Alg*

1065 Amundsenia
51: MPC 629 Blo

1068 Nofretete
50: MPC 534 Joh*. — 51: BAB 4 112, MPC 690 Ucc

1073 Gellivara
51: MPC 673 Blo*. MPC 648 Joh

1075 Helina
51: MPC 630 Joh

1076 Viola
51: MPC 553 Blo*. MPC 529, NAZ **5** 14 Hei*. BAB **4** 100, MPC 627 Ucc

1078 Mentha
50: BAB **4** 90, MPC 544 Ucc. — 51: MPC 553 Blo*
El BIA **4** 494

1082 Pirola
51: MPC 554 Blo*. BAB **4** 100, MPC 627 Ucc

1083 Salvia
Eph (1951) Jap. Astr. Ass. Circ. Nr. 94/95
El Jap. Astr. Ass. Circ. Nr. 94/95

1084 Tamariwa
50: Krim Mitt. **7** 137 Sim*

1086 Nata
50: MPC 497 Tuk*[58])

1087 Arabis
51: MPC 632, 694 Niz*

1088 Mitaka
50: Krim Mitt. **7** 140 Sim*

1091 Spiraea
41: MPC 46 (?), RI 2348 (?) Niz*[59]). — 50: MPC 705 FtD
Eph (1951) MPC 705
El MPC 705

1092 Lilium
50: UC Nr. **111** S. 7 Joh*. — 51: MPC 695 Niz*

1094 Siberia
51: BAB **4** 101, MPC 628 Ucc

1095 Tulipa
51: MPC 694 (?) Niz*

1097 Vicia
El MPC 602, NAZ **5** 9

---

[51]) Berichtigung in Astr Circ UdSSR Nr. 114.
[56]) Zugehörigkeit zweifelhaft, MPC 635, NAZ 5 15 (Berichtigung in MPC 748, NAZ 6 21).
[57]) Berichtigung in MPC 640.
[58]) Berichtigung in MPC 815.
[59]) Irrtümlich zugeordnet, MPC 705. Vorläufige Bezeichnung 1941 FF_1, MPC 749 (irrtümlich als 1941 UK bezeichnet, MPC 203, 297).

1098 Hakone
50: Krim Mitt. **7** 136, 140 Sim*

1099 Figneria
50: MPC 513, UC Nr. **111** S. 8 Joh
Eph (1950/51) MPC 601, NAZ **2** 3
El MPC 601, NAZ **2** 3

1101 Clematis
Eph (1952) Madrid Publ. Nr. **9**, Urania Barcelona **36** 136

1104 Syringa
49: Krim Mitt. **6** 175 Sim

1107 Lictoria
51: BAB **4** 100, MPC 545, 627 Ucc[60])

1109 Tata
51: BAB **4** 101, MPC 544, 627 Ucc

1111 Reinmuthia
50: MPC 508 Niz*. Krim Mitt. **7** 137, 140 Sim*

1112 Polonia
47: MPC 515 WiB

1113 Katja
50: MPC 491 Blo*

1115 Sabauda
51: MPC 553, 554, 637 Blo*

1116 Catriona
50: UC Nr. **111** S. 8, MPC 513 Joh. — 51: MPC 669 Joh

1118 Hanskya
50: Krim Mitt. **7** 140 Sim*

1121 Natascha
50: Krim Mitt. **7** 134 Sim*

1122 Neith
Eph (1952) Madrid Publ. Nr. **9**, Urania Barcelona **36** 133

1123 Shapleya
51: MPC 673 Blo*. MPC 689 Joh*

1124 Stroobantia
51: MPC 693 Niz*

1128 Astrid
Eph (1952) La Plata Circ. Nr. **9**
El[61]) La Plata Circ. Nr. **9**, EVA Circ. Nr. **12**

1129 Neujmina
50: MPC 548 Niz*

1130 Skuld
51: MPC 554, 637 Blo*

1131 Porzia
Eph (1952) Madrid Publ. Nr. **9**, Urania Barcelona **36** 134

1132 Hollandia
50: MPC 496 Niz*. — 51: MPC 689 Joh*

1133 Lugduna
50: Krim Mitt. **7** 134 Sim*

1135 Colchis
50: UC Nr. **111** S. 7 Joh*. La Plata Circ. Nr. **9** LaP

1136 Mercedes
51: MPC 692 Niz*

1137 Raïssa
50: MPC 496 Tuk*. — 51: MPC 647 Joh*

1140 Crimea
51: MPC 689 Joh*

1141 Bohmia
Eph (1952) Madrid Publ. Nr. **9**, Urania Barcelona **36** 134

1143 Odysseus
50: MPC 508 Niz*

1146 Biarmia
50: Astr Circ UdSSR Nr. 119 AlA*. UC Nr. **111** S. 7 Joh*. Krim Mitt. **7** 135 Sim*

1147 Stavropolis
50: MPC 549 Niz*

1152 Pawona
50: La Plata Circ. Nr. **9** LaP

1153 Wallenbergia
50: MPC 508, 548 Niz*. MPC 497 Tuk*[62])

1158 Luda
50: MPC 549 Niz*. MPC 549 Niz

1159 Granada
50: La Plata Circ. Nr. **9** LaP

1162 Larissa
50: MPC 497 Tuk*[62])

1163 Saga
50: UC Nr. **111** S. 7 Joh*

1164 Kobolda
51: MPC 555 Blo. MPC 693 (?) Niz*
Eph (1952) Madrid Publ. Nr. **9**, Urania Barcelona **36** 135

1166 Sakuntala
50: MPC 546 Niz*. MPC 547 Niz. Krim Mitt. **7** 135 Sim*

1167 1930 PB
50: MPC 502, 664 Alg*. JO **35** 123, MPC 657 Alg. MPC 497 Tuk*[62])

1171 Rusthawelia
50: Krim Mitt. **7** 135 Sim*. — 51: MPC 630 Joh*

1172 Äneas
50: UC Nr. **111** S. 8 Joh. MPC 548 Niz*. — 51: MPC 639 Blo*

1174 Marmara
50: La Plata Circ. Nr. **9** LaP

[60]) Berichtigung in MPC 640.
[61]) Berichtigung in EVA Circ. Nr. 12.
[62]) Berichtigung in MPC 815.

1175 Margo
51: MPC 597 Joh*

1176 Lucidor
50: UC Nr. **111** S. 6 Joh*

1177 Gonnessia
51: MPC 648 Alg*. JO **35** 123, MPC 657 Alg. MPC 534 Joh*
Eph (1952) La Plata Circ. Nr. **9**

1178 Irmela
50: MPC 490 Blo

1179 Mally
El MPC 558

1181 Lilith
50: La Plata Circ. Nr. **9** LaP. — 51: MPC 695 Niz*

1182 Ilona
51: MPC 554 Blo*. BAB **4** 101 (?), MPC 628 (?) Ucc

1184 Gaea
51: MPC 597 Joh*

1185 Nikko
50: UC Nr. **111** S. 7 Joh*

1186 Turnera
50: MPC 513, UC Nr. **111** S. 8 Joh

1187 Afra
50: MPC 550 Blo. MPC 548 Niz*. MPC 549 Niz. Krim Mitt. **7** 136, 140 Sim*. MPC 497 Tuk*[63]). MPC 511 Tuk

1190 Pelagia
Eph (1952) Madrid Publ. Nr. **9**, Urania Barcelona **36** 134

1194 Aletta
51: MPC 598 Joh*

1197 Rhodesia
50: UC Nr. **111** S. 7 Joh*

1198 Atlantis
El MPC 587

1199 Geldonia
51: MPC 647 Joh*. MPC 694 Niz*

1200 Imperatrix
51: MPC 597 Joh*[64])

1208 Troilus
51: MPC 669 Joh

1209 Pumma
51: MPC 669 Joh

1210 Morosovia
51: MPC 693 Niz*

1213 Algeria
50: MPC 500 Alg. — 51: MPC 629 Blo
Eph (1951) MPC 505
Eph (1952) Madrid Publ. Nr. **9**, Urania Barcelona **36** 135
El MPC 504

1215 1932 BA
50: MPC 548 (?) Niz*. — 51: MPC 707 Alg*

1218 Aster
32: MPC 624, NAZ **5** 19 Hei
El MPC 676

1219 Britta
50: MPC 548 Niz*. Krim Mitt. **7** 140 Sim*

1222 Tina
Eph (1952/53) Madrid Publ. Nr. **9**, Urania Barcelona **36** 136

1223 Neckar
50: UC Nr. **111** S. 7 Joh*

1224 Fantasia
51: MPC 647 Joh*

1226 Golia
Eph (1952) Madrid Publ. Nr. **9**, Urania Barcelona **36** 135

1229 Tilia
Eph (1952) Madrid Publ. Nr. **9**, Urania Barcelona **36** 135

1231 Auricula
51: MPC 529, NAZ **5** 14, 15 Hei*. MPC 693 Niz*. MPC 696 Niz
Eph (1952) Madrid Publ. Nr. **9**, Urania Barcelona **36** 135

1232 Cortusa
Id mit 1930 OH, MPC 681
Eph (1951) Jap. Astr. Ass. Circ. Nr. 94/95
El Jap. Astr. Ass. Circ. Nr. 94/95, MPC 591

1233 Kobresia
50: UC Nr. **111** S. 7 Joh*. La Plata Circ. Nr. **9** LaP

1234 Elyna
51: MPC 673 Blo*. MPC 668 Joh*

1236 Thaïs
Eph (1952) Madrid Publ. Nr. **9**, Urania Barcelona **36** 132

1237 Geneviève
50: MPC 500 Alg. Krim Mitt. **7** 135 Sim*. — 51: MPC 647 Joh*
Eph (1951) MPC 506
El MPC 505

1238 Predappia
Eph (1952) Madrid Publ. Nr. **9**, Urania Barcelona **36** 136

1240 Centenaria
51: MPC 553 Blo*

1241 Dysona
50: MPC 513, UC Nr. **111** S. 8 Joh. La Plata Circ. Nr. **9** LaP

1242 Zambesia
49: TAB (2) Nr. 39 S. 268 Tok*. — 50: UC Nr. **111** S. 7 Joh*. — 51: MPC 668 Joh*. MPC 694 Niz*

---

[63]) Berichtigung in MPC 815.

[64]) Berichtigung in MPC 702.

1243 Pamela
32: UC Nr. **91** S. 19 Joh. — 47: MPC 515 WiB. — 50: MPC 552 Blo*. MPC 549 Niz*. Krim Mitt. **7** 140 Sim*. MPC 497 Tuk*[65]). BAB **4** 90, MPC 506 Ucc

1244 Deira
32: UC Nr. **91** S. 19 Joh. — 50: UC Nr. **111** S. 7 Joh*

1245 Calvinia
32: UC Nr. **91** S. 20 Joh

1246 Chaka
32: UC Nr. **91** S. 20 Joh. — 51: BAB **4** 100, 101, MPC 545, 627 Ucc[66])

1247 Memoria
51: MPC 553 Blo*
Id mit 1936 FN, MPC 547

1248 Jugurtha
32: UC Nr. **91** S. 21 Joh. — 50: MPC 551 Blo*

1249 Rutherfordia
50: Krim Mitt. 7 134 Sim*. — 51: MPC 694 Niz*

1250 Galanthus
Eph (1951) MPC 512
El MPC 512

1253 Frisia
Eph (1952) Madrid Publ. Nr. **9**, Urania Barcelona **36** 134

1254 Erfordia
50: MPC 489, 490 Blo*

1257 Móra
51: MPC 630 Joh*

1258 Sicilia
Eph (1952) La Plata Circ. Nr. **9**

1259 Ógyalla
51: MPC 668 Joh*. MPC 694 Niz*

1261 Legia
50: MPC 489 Blo. UC Nr. **111** S. 8 Joh. Krim Mitt. **7** 139 Sim*

1262 Sniadeckia
50: MPC 534 Joh*. La Plata Circ. Nr. **9** LaP

1264 Letaba
33: UC Nr. **91** S. 21 Joh. — 49: Krim Mitt. **6** 176 Sim*

1267 Geertruida
50: UC Nr. **111** S. 7 Joh*

1268 Libya
33: UC Nr. **91** S. 22 Joh. — 50: Krim Mitt. **7** 140 Sim*

1269 Rollandia
50: Krim Mitt. **7** 134 Sim*. MPC 496 Tuk*. — 51: MPC 597 Joh*. MPC 632 Niz*

1270 Datura
Eph (1952) Madrid Publ. Nr. **9**, Urania Barcelona **36** 132

1274 Delportia
51: MPC 668 Joh*

1276 Ucclia
50: Krim Mitt. **7** 134 Sim*

1277 Dolores
51: MPC 630 Joh. MPC 694 Niz*

1279 Uganda
33: UC Nr. **91** S. 22 Joh. — 51: MPC 597 Joh*

1280 Baillauda
50: UC Nr. **111** S. 7 Joh*. — 51: MPC 647 Joh*

1281 Jeanne
50: MPC 509 Niz*

1282 Utopia
50: Krim Mitt. **7** 140 Sim*

1284 Latvia
50: MPC 550 Blo*. UC Nr. **111** S. 7 Joh*. Krim Mitt. **7** 136 Sim*

1285 Julietta
51: MPC 692 (?) Niz*

1287 Lorcia
51: MPC 692 (?) Niz*

1290 Albertine
50: La Plata Circ. Nr. **9** LaP

1294 Antwerpia
50: UC Nr. **111** S. 7 Joh*

1295 Deflotte
50: MPC 489, 490, 491 Blo

1297 Quadea
51: MPC 629 Blf

1298 Nocturna
49: MPC 496 Tuk*. — 51: MPC 637 Blo. MPC 631 Niz*

1299 Mertona
50: MPC 658 Alg*

1300 Marcelle
49: MPC 501 Alg*. MPC 500 Alg. — 50: MPC 658 Alg. MPC 513, UC Nr. **111** S. 8 Joh. La Plata Circ. Nr. **9** LaP

1301 Yvonne
50: MPC 501 Alg*. JO **35** 124, MPC 657 Alg

1302 Werra
51: MPC 695 Niz*

1304 Arosa
51: MPC 647 Joh*
Eph (1950) MPC 537

1308 Halleria
51: MPC 693 Niz*

1312 Vassar
50: La Plata Circ. Nr. **9** LaP

[65]) Berichtigung in MPC 815.

[66]) Berichtigung in MPC 640.

1314 Paula
Eph (1952) MPC 703, NAZvM 136

1317 Silvretta
50: La Plata Circ. Nr. **9** LaP

1319 Disa
49: BAB **4** Nr. 4 Ucc[67])

1320 Impala
50: MPC 513, UC Nr. **111** S. 8 Joh
Eph (1951) Astr Circ UdSSR Nr. 110[68])
El Astr Circ UdSSR Nr. 110[68])

1321 Majuba
50: Krim Mitt. **7** 136, 137 Sim*. MPC 497 Tuk*[69])

1322 Coppernicus
Eph (1952) Madrid Publ. Nr. **9**, Urania Barcelona **36** 131

1323 Tugela
51: MPC 597 Joh*

1324 Knysna
34: UC Nr. **95** S. 218 Joh. — 38: MPC 658 (?), NAZ **5** 26 (?) Hei[70])

1325 Inanda
50: MPC 513, UC Nr. **111** S. 8 Joh. La Plata Circ. Nr. **9** LaP

1329 Eliane
50: Krim Mitt. **7** 135 Sim*. MPC 497 Tuk*[71]) 51: MPC 689 Joh*. MPC 694, 695 Niz*

1331 Solvejg
49: MPC 564 Bar

1332 Marconia
50: Krim Mitt. **7** 134 Sim*

1333 Cevenola
51: MPC 664, 667 Alg*. JO **35** 124, MPC 657 Alg

1334 Lundmarka
50: MPC 502 Alg*. JO **35** 124, MPC 657 Alg
Eph (1951/52) Mem SA It (NS) **22** 352

1336 Zeelandia
51: BAB **4** 101, MPC 627 Ucc

1339 Désagneauxa
51: BAB **4** 101, MPC 544 Ucc
El MPC 660

1340 Yvette
50: MPC 502, 664 Alg*. JO **35** 124, MPC 657 Alg
El BIA **4** 491

1341 Edmée
50: MPC 548 Niz*. Krim Mitt. **7** 135, 136 Sim*

1342 Brabantia
El MPC 557

1344 Caubeta
Eph (1952) Madrid Publ. Nr. **9**, Urania Barcelona **36** 133

1346 Gotha
51: MPC 694 Niz*

1347 Patria
51: MPC 695 Niz*

1348 Michel
50: BAB **4** 90 (?), MPC 544 Ucc

1349 Bechuana
34: UC Nr. **95** S. 219 Joh. — 50: MPC 513, UC Nr. **111** S. 8 Joh. Krim Mitt. **7** 136 Sim*

1350 Rosselia
51: MPC 693 Niz*

1351 1934 TF
50: UC Nr. **111** S. 7 Joh*

1354 1935 GK
51: MPC 631 Niz*

1355 1935 HE
35: UC Nr. **97** S. 326 Joh. — 50: UC Nr. **111** S. 8 Joh

1357 1935 ND
35: UC Nr. **97** S. 327 Joh

1359 Prieska
El MPC 678, 679, NAZ **5** 26

1361 Leuschneria
35: UC Nr. **97** S. 329 Joh. — 51: MPC 673 Blo*. MPC 694, 695 Niz*

1363 Herberta
45: BAB **3** 282, UAI Circ 1021, 1024 Ucc[72])

1364 Safara
50: MPC 501 Alg*. JO **35** 124, MPC 657 Alg. MPC 551 Blo*

1365 1928 RK
51: MPC 638, 639 Blo*[73]). MPC 597 Joh*[73])

1366 Piccolo
50: UC Nr. **111** S. 7 Joh*

1367 1934 NA
51: Astr Circ UdSSR Nr. **111** (?) Kiw*[74])
Eph (1952) Madrid Publ. Nr. **9**, Urania Barcelona **36** 135

1368 Numidia
35: UC Nr. **97** S. 325 Joh. — 51: MPC 629 Blf. MPC 630 Joh*
El MPC 601, NAZ **5** 2[75])

[67]) Als 1949 U_{10} bezeichnet, BAB **4** 86.
[68]) Berichtigung in Astr Circ UdSSR Nr. 115.
[69]) Berichtigung in MPC 815.
[70]) Berichtigung in MPC 677.
[71]) Berichtigung in MPC 815.
[72]) Irrtümlich zugeordnet, 214 Aschera zugehörig, MPC 815.
[73]) Berichtigung in MPC 904.
[74]) Als unidentifiziert bezeichnet, Astr Circ UdSSR Nr. 111.
[75]) Berichtigung in MPC 677.

1370 Hella
Eph (1952) Madrid Publ. Nr. **9**, Urania Barcelona **36** 136

1371 Resi
Eph (1952) Madrid Publ. Nr. **9**, Urania Barcelona **36** 135
El Madrid Publ. Nr. **6**, Urania Barcelona **36** 1

1372 Haremari
51: MPC 638 Blo*
Eph (1952) Madrid Publ. Nr. **9**, Urania Barcelona **36** 133

1374 Isora
45: BAB **3** 282, UAI Circ 1016, 1019 Ucc[76]). — 51: MPC 629 Blf
El MPC 557, 753

1375 Alfreda
50: Krim Mitt. **7** 140 Sim*

1376 Michelle
50: MPC 500 Alg. — 51: MPC 639 Blo*
Eph (1951) MPC 505
El MPC 505

1377 Roberbauxa
50: MPC 501 Alg*. UC Nr. **111** S. 8 Joh. La Plata Circ. Nr. **9** LaP

1378 Leonce
46: BAB **4** 31 Ucc[77]). — 51: MPC 630 Joh*

1380 Volodia
Eph (1951/52) Madrid Publ. Nr. **9**, Urania Barcelona **36** 131

1381 Danubia
50: MPC 508, 509 Niz*

1385 Gelria
50: La Plata Circ. Nr. **9** LaP

1387 1935 QD
Eph (1952) Madrid Publ. Nr. **9**, Urania Barcelona **36** 135

1388 Aphrodite
50: UC Nr. **111** S. 7 Joh*

1390 1935 TA
51: MPC 693 Niz*
El Riga Publ. Nr. **2** S. 132

1391 Carelia
El Jap. Astr. Ass. Circ. Nr. 111/112, MPC 661

1392 Pierre
36: BAB **2** 106, RI 1411 Ucc[78])
El MPC 661

1393 1936 KD
36: UC Nr. **97** S. 329 Joh

1394 1936 MD
36: UC Nr. **99** S. 439 Joh. — 51: MPC 597 Joh*. MPC 632 Niz*

1395 Aribeda
Eph (1952) Madrid Publ. Nr. **9**, Urania Barcelona **36** 133

1396 1936 PF
36: UC Nr. **99** S. 440 Joh

1397 1936 PG
36: UC Nr. **99** S. 441 Joh

1399 Teneriffa
Eph (1952) Madrid Publ. Nr. **9**, Urania Barcelona **36** 134

1400 Tirela
Eph (1952) Madrid Publ. Nr. **9**, Urania Barcelona **36** 136

1401 Lavonne
Eph (1952) Madrid Publ. Nr. **9**, Urania Barcelona **36** 136

1402 Eri
Eph (1951/52) Madrid Publ. Nr. **9**, Urania Barcelona **36** 131

1403 1936 QA
36: MPC 599, NAZ 5 2 Hei
Eph (1952) Madrid Publ. Nr. **9**, Urania Barcelona **36** 132

1405 1936 RE
51: BAB **4** 101 (?), MPC 545 (?) Ucc[79]). BAB **4** 101 Ucc
Id mit 1951 CP, BAB 4 101

1408 Trusanda
51: MPC 694 Niz*

1409 Isko
Id mit 1935 SZ_1, MPC 510

1410 Margret
50: MPC 489, 490 Blo

1411 Brauna
50: MPC 551, 637 Blo*. MPC 550 Blo. MPC 511 Tuk
El La Plata Circ. Nr. **9**, EVA Circ. Nr. **12**, MPC 688

1412 Lagrula
51: MPC 648 Alg*. MPC 629 Blf*
Eph (1952) Madrid Publ. Nr. **9**, Urania Barcelona **36** 136

1414 Jérôme
Eph (1952) Madrid Publ. Nr. **9**, Urania Barcelona **36** 134

1415 Malautra
51: MPC 668 Joh*[80])

1416 Renauxa
50: JO **35** 124, MPC 500 Alg[81]). — 51: MPC 707 Alg*

[76]) Berichtigung in BAB 4 105.
[77]) Beobachtungen Apr 1, 2 irrtümlich 1946 FB (= U_1) zugeordnet, 1378 Leonce zugehörig, BAB 4 86.
[78]) Irrtümlich zugeordnet, MPC 661. Vorläufige Bezeichnung 1936 KM, MPC 901.
[79]) Berichtigung in MPC 640.
[80]) Erste Beob. irrtümlich zugeordnet, Vorläufige Bezeichnung 1951 NH, MPC 748.
[81]) Berichtigung in MPC 747.

1417 Walinskia
Eph (1952) Madrid Publ. Nr. 9, Urania Barcelona 36 132

1418 Fayeta
50: MPC 501 Alg*. JO 35 124, MPC 657 Alg. Madrid Bol. 4 Nr. 4, MPC 560 Mad. MPC 508 Niz*. MPC 509 Niz. Krim Mitt. 7 137 Sim*. MPC 497 Tuk*[82]). MPC 511 Tuk

1419 Danzig
50: MPC 549 Niz*. Krim Mitt. 7 137 Sim*. MPC 497 Tuk*[82])

1420 Radcliffe
51: MPC 553 (?), 637 Blo*
Eph (1952) Madrid Publ. Nr. 9, Urania Barcelona 36 132

1421 1936 FQ
50: BAB 4 90, MPC 544 Ucc

1422 Strömgrenia
El MPC 557

1423 Jose
50: JO 35 124, MPC 500 Alg
El Contr. Oss. Astr. Milano-Merate (NS) Nr. 34, Mem SA It (NS) 22 169, MPC 679

1424 Sundmania
50: UC Nr. 111 S. 7 Joh*. MPC 547 Niz*. Krim Mitt. 7 139 Sim*. — 51: MPC 668 Joh*

1425 1937 GB
El MPC 676

1426 1937 GF
37: UC Nr. 99 S. 442 Joh. — 50: La Plata Circ. Nr. 9 LaP
Eph (1951) MPC 650
El MPC 649

1427 1937 KB
37: RI 1610, UC Nr. 99 S. 436 Joh*[83]). UC Nr. 99 S. 442 Joh. — 51: MPC 669 Joh
Eph (1951) MPC 634
El MPC 634, NAZ 5 23

1428 1937 ND
37: UC Nr. 99 S. 443 Joh. — 51: MPC 647 Joh*

1429 1937 NH
37: UC Nr. 99 S. 443 Joh

1430 1937 NK
37: UC Nr. 101 S. 18 Joh

1431 1937 OB
50: MPC 513, UC Nr. 111 S. 8 Joh

1432 1937 PG
37: UC Nr. 99 S. 444 Joh. — 51: MPC 638 Blo*

1433 Geramtina
50: La Plata Circ. Nr. 9 LaP

1434 Margot
51: MPC 554 (?) Blo

1435 Garlena
Eph (1952) Madrid Publ. Nr. 9, Urania Barcelona 36 135

1436 1936 YA
50: UC Nr. 111 S. 8 Joh. — 51: MPC 673 Blo*. MPC 695 Niz*
Eph (1952) La Plata Circ. Nr. 9
El La Plata Circ. Nr. 9

1438 Wendeline
Eph (1952) Madrid Publ. Nr. 9, Urania Barcelona 36 133

1439 Vogtia
50: La Plata Circ. Nr. 9 LaP
Eph (1952) La Plata Circ. Nr. 9
El La Plata Circ. Nr. 9, EVA Circ. Nr. 12, MPC 688

1440 Rostia
Eph (1952) Madrid Publ. Nr. 9, Urania Barcelona 36 133

1441 Bolyai
Eph (1952) Madrid Publ. Nr. 9, Urania Barcelona 36 132
El MPC 558

1442 Corvina
50: MPC 550 Blo*. UC Nr. 111 S. 7 Joh*

1443 Ruppina
50: UC Nr. 111 S. 7 Joh*

1444 1938 AE
50: La Plata Circ. Nr. 9 LaP
Eph (1952) Madrid Publ. Nr. 9, Urania Barcelona 36 136

1446 1938 BA
Id mit 1935 GB, MPC 642

1447 1938 BB
51: MPC 638 Blo*

1449 1938 DO
51: BAB 4 101, MPC 545, 627 Ucc[84])

1452 1938 DZ_1
Eph (1952) Madrid Publ. Nr. 9, Urania Barcelona 36 136

1454 1936 DO
36: MPC 624, NAZ 5 19 Hei. — 38: MPC 624, NAZ 5 19 Hei. — 51: MPC 639 Blo*[85])
El MPC 677

1456 1937 NG
37: UC Nr. 101 S. 18 Joh. — 49: Krim Mitt. 6 175 Sim*

[82]) Berichtigung in MPC 815.
[83]) Berichtigung in MPC 634.
[84]) Berichtigung in MPC 640.
[85]) Berichtigung in MPC 748.

1457 Ankara
50: MPC 534 Joh*

1458 Mineura
50: BAB **4** 90, MPC 507 Ucc

1460 1937 WC
49: Krim Mitt. **6** 176 Sim*

1461 1937 YL
51: MPC 647 Joh*. MPC 694 Niz*

1463 1938 CB
50: La Plata Circ. Nr. **9** LaP

1464 1939 VO
47: MPC 515 WiB

1465 Autonoma
Benennung MPC 698

1466 Mündleria
Eph (1952) Madrid Publ. Nr. **9**, Urania Barcelona **36** 132

1467 1938 OE
38: UC Nr. **102** S. 44 Joh. — 51: MPC 695 Niz*

1468 1938 PA
38: UC Nr. **101** S. 19 Joh. — 51: MPC 670, 673 Blo*. MPC 672 Blo. MPC 648 Joh
Eph (1951) MPC 672
El MPC 672

1469 Linzia
Id mit 1936 FC_1, MPC 547

1470 1938 SD
Eph (1952) Madrid Publ. Nr. **9**, Urania Barcelona **36** 132

1472 1938 UQ
51: MPC 648 Joh

1474 1935 QY
35: UC Nr. **102** S. 43 Joh. — 41: MPC 529 Hei
Eph (1952) MPC 703
El MPC 641—642, NAZ **5** 27

1475 1935 SM
37: BZ **19** 24 (?), RI 1560 (?) Tuk*[86]). — 40: BAB **3** 92, RI 2075 Ucc[87]). — 51: MPC 554 Blo*
Id mit Σ 98 (1917 Σei) äußerst zweifelhaft, MPC 690

1476 1936 RA
36: MPC 635 (?), NAZ **5** 19 (?) Hei. — 50: BAB **4** 90 (?), MPC 507 (?) Ucc[88])
El MPC 701, NAZ **5** 32

1479 1938 DE
50: MPC 553 Blo*

1480 1938 DK
51: MPC 637 Blo*[89])

1481 Tübingia
Id mit 1935 SY_1, MPC 642, NAZ **6** 42

1482 Sebastiana
Eph (1952) La Plata Circ. Nr. **9**

1484 1938 HC
Eph (1952) Madrid Publ. Nr. **9**, Urania Barcelona **36** 134

1485 Isa
51: BAB **4** 101, MPC 544 Ucc[90])
Eph (1952) Madrid Publ. Nr. **9**, Urania Barcelona **36** 132

1486 Marilyn
47: MPC 515 WiB

1487 Boda
51: MPC 553 Blo*. MPC 631 Niz*. BAB **4** 101, MPC 628 Ucc

1488 1938 XE
50: MPC 511 Tuk

1489 1939 GC
50: MPC 511 Tuk
Eph (1952) Madrid Publ. Nr. **9**, Urania Barcelona **36** 135

1490 1936 LB
36: UC Nr. **102** S. 44 Joh. — 50: La Plata Circ. Nr. **9** LaP

1491 1938 EJ
Eph (1952) Madrid Publ. Nr. **9**, Urania Barcelona **36** 135

1492 1938 FL
51: MPC 639 Blo*

1494 1938 SJ
El MPC 676[91])

1495 1938 SW
50: UC Nr. **111** S. 8 Joh

1502 Arenda
51: BAB **4** 112, 113, MPC 690, 711 Ucc

1503 1938 XD
50: BAB **4** 90, MPC 506 Ucc. MPC 511 Tuk

1504 1939 FM
50: MPC 511 Tuk

1505 1939 HH
39: UC Nr. **102** S. 45 Joh
Eph (1952) Madrid Publ. Nr. **9**, Urania Barcelona **36** 133

1506 1939 JC
39: UC Nr. **102** S. 45 Joh
Eph (1952) Madrid Publ. Nr. **9**, Urania Barcelona **36** 136

---

[86]) Irrtümlich zugeordnet. Vorläufige Bezeichnung 1937 GN, MPC 690.
[87]) Irrtümlich zugeordnet. Vorläufige Bezeichnung 1940 AP, MPC 690.
[88]) Irrtümlich zugeordnet, MPC 701, NAZ 5 32. Vorläufige Bezeichnung 1950 UM, MPC 701.
[89]) Berichtigung in MPC 748.
[90]) Berichtigung in MPC 748.
[91]) Berichtigung in MPC 904.

1509 Esclangona
50: MPC 550 Blo*. MPC 546 Niz*. MPC 547 Niz

1510 1939 DC
50: MPC 552 Blo*[92]). BAB **4** 90, MPC 506 Ucc. MPC 532 WiB

1511 Daléra
50: MPC 501 Alg*. MPC 657 Alg
Eph (1952/53) Madrid Publ. Nr. **9**, Urania Barcelona **36** 136

1513 1940 EB
50: La Plata Circ. Nr. **9** LaP

1514 Ricouxa
43: MPC 510 Niz. — 49: MPC 500 Alg

1516 1938 BG
51: MPC 638 Blo*. MPC 632, 693 Niz*. MPC 633 Niz. BAB **4** 101, MPC 628 Ucc

1517 1938 FD
Eph (1952) Madrid Publ. Nr. **9**, Urania Barcelona **36** 134

1520 1938 UY
49: Krim Mitt. **7** 139 Sim*

1528 Conrada
Eph (1952) Madrid Publ. Nr. **9**, Urania Barcelona **36** 134

1529 1938 BC
50: La Plata Circ. Nr. **9** LaP. — 51: MPC 695 Niz*

1530 1938 SG
38: BAB **2** 250, **4** 105, RI 1830, 1832, 1839 Ucc[93])

1532 1938 SM
51: MPC 554 Blo*. BAB **4** 101, MPC 627 Ucc

1533 1939 BD
Eph (1952) Madrid Publ. Nr. **9**, Urania Barcelona **36** 136

1535 1939 RC
50: Astr Circ UdSSR Nr. **119** AlA*

1542 1941 QE
41: MPC 590 Tuk
El MPC 590

1543 1941 SJ
Eph (1951/52) Madrid Publ. Nr. **9**, Urania Barcelona **36** 131

1544 1941 UK
Id mit 1919 GE, 1937 RK, MPC 643

1546 1941 SG_1
Eph (1952) Madrid Publ. Nr. **9**, Urania Barcelona **36** 136

1547 1929 CZ
49: Krim Mitt. **6** 176 Sim*
Eph (1952) Madrid Publ. Nr. **9**, Urania Barcelona **36** 134

1549 Mikko
50: MPC 496 (?) Tuk*[94])

1550 1937 WD
Eph (1952) Madrid Publ. Nr. **9**, Urania Barcelona **36** 133

1551 1938 DC_1
40: MPC 635, NAZ **5** 19 Hei. — 50: La Plata Circ. Nr. **9** LaP

1552 1938 DE_1
33: MPC 635, NAZ **5** 19 Hei. — 46: BAB **4** 105 Ucc

1554 Yugoslavia
48: MPC 549 Niz
Eph (1952) Madrid Publ. Nr. **9**, Urania Barcelona **36** 133

1555 Dejan
47: MPC 515 WiB. — 50: BAB **4** 90, MPC 507 Ucc
Eph (1952) Madrid Publ. Nr. **9**, Urania Barcelona **36** 132

1556 1942 AA
Eph (1951) MPC 634
Eph (1952) Madrid Publ. Nr. **9**, Urania Barcelona **36** 136
El MPC 634[95])

1557 1942 AD
42: MPC 635, NAZ **5** 19 Hei

1559 1942 BF
50: UC Nr. **111** S. 7 Joh*

1560 1942 XB
46: BAB **4** 31, UAI Circ 1064 Ucc[96]). — 50: La Plata Circ. Nr. **9** LaP
Eph (1951/52) Madrid Publ. Nr. **7** MPC 528, Urania Barcelona **36** 96
El Madrid Publ. Nr. **7**, MPC 528, Urania Barcelona **36** 96

1565 1948 WA
Numerierung MPC 256[97])

1566 Icarus
Eph (1951) Harv Card 1129, 1131, MPC 531, 555—556[98])
El Harv Card 1129, J RAS Canada **45** 171, MPC 531, NAZ **5** 21, El Universo **49** Nr. 15 S. 29

1567 1941 HN
Eph (1950/51) MPC 495

1569 Evita
49: MPC 519 LaP. Numerierung, Benennung

[92]) Berichtigung in MPC 748.
[93]) Berichtigung in BAB 4 105.
[94]) Irrtümlich zugeordnet, MPC 897, NAZ **7** 13. Vorläufige Bezeichnung 1950 DF_1 MPC 901.
[95]) Berichtigung in MPC 787.
[96]) Zugehörigkeit fraglich, Urania Barcelona 36 96.
[97]) Berichtigung in MPC 542.
[98]) Berichtigung in MPC 600.

La Plata Publ. Serie Especial Nr. **11**, MPC 519[99])
Id mit 1947 LA, La Plata Publ. Serie Especial Nr. **11**
Eph (1951)[99]) MPC 519
Eph (1952) La Plata Circ. Nr. **9**
El[99]) MPC 519, La Plata Publ. Serie Especial Nr. **11**, Nr. **15**

1570 1948 TX
50: BAB **4** 90, 91 Ucc
Neue vorläufige Bezeichnung 1948 TX, BAB **4** 85
Numerierung MPC 527
Eph (1951) MPC 659
El MPC 527, 528

1571 1950 FJ
50: La Plata Circ. Nr. **9** LaP. — 51: MPC 645 LaP
Vorläufige Bezeichnung 1950 FJ, La Plata Circ. Nr. **9**
Numerierung La Plata Circ. Nr. **9**, MPC 645
Eph (1951) MPC 666
Eph (1952) La Plata Circ. Nr. **9**, MPC 697
El La Plata Circ. Nr. **9**, La Plata Publ. Serie Especial Nr. **11**, EVA Circ. Nr. **12**, MPC 645

1572 1949 SC
51: MPC 553, 554, 637 Blo*. Astr Circ UdSSR Nr. **113/114**, MPC 670 Kas
Numerierung MPC 670
Eph (1951) Astr Circ UdSSR Nr. **113/114**
Eph (1952) Astr Circ UdSSR Nr. **120**
El Astr Circ UdSSR Nr. **113/114**, MPC 670

1574 1949 FD (= Alger BZ)
51: MPC 648, 706 Alg*. JO **36** 19, MPC 708 Alg
Numerierung JO **36** 20, MPC 708
Eph (1951) MPC 649
Eph (1952) MPC 709
El JO **34** 66, MPC 708

1907 YA = 1907 YF
Nicht id. mit 918 Itha, MPC 663, NAZ **5** 22
El MPC 663, NAZ **5** 23

1915 XY
Id mit 1937 JL (?)[100]), MPC 643

Σ 98 (1917 Σ ei)
Id mit 1475 1935 SM äußerst zweifelhaft, MPC 690

1919 GE = 1544 1941 UK
19: BZ **1** 34 (?) Hei[101])

1919 b
19: BZ **1** 34 Hei[102])

1925 QA
Id mit 1936 QH, MPC 547

1926 GS
Id mit 1936 FE_1 (?), MPC 510

1926 PE
Id mit 1936 OM, MPC 547

1926 VH
51: MPC 631 Niz*. MPC 633 Niz
Eph (1952) MPC 659, 736

1928 DS
Id mit 1931 TT_1 unwahrscheinlich, MPC 681

1928 QO
28: BZ **10** 64 Hei*[103]). BZ **10** 62, 69, 70 Sim*[103])

1929 CA
Id mit 1936 QS, MPC 547

1929 EC
Id mit 1935 KF, MPC 642

1930 OH = 1232 Cortusa

1931 FH
51: MPC 630, 631 Niz*. MPC 633 Niz
Eph (1952) MPC 659, MPC 735

1931 TL
Id mit 1936 SH, MPC 643

1931 TT_1
Id mit 1939 BN, MPC 680, 681
Id mit 1928 DS unwahrscheinlich, MPC 681

1931 TG_3 = 1949 BA

1932 EZ
Id mit 1932 EC_1, MPC 664, NAZ **5** 24

1932 EC_1 = 1932 EZ

1933 FS_1
Id mit 1949 EA = 1949 EC, MPC 882, NAZ **5** 3
Id mit 1941 FB, MPC 601, 882, NAZ **5** 3
Id mit 1935 UG, MPC 643, 882
Eph (1951) MPC 601, NAZ **5** 3
El MPC 601, NAZ **5** 3

1933 NA
Id mit 1936 HB = 1937 VE = 1940 RN (= 1943 OD?), MPC 589
Id mit 1950 SF, MPC 659, NAZ **5** 18
Id mit 1936 HB (?), MPC 660, NAZ **5** 18
Nicht id. mit 1943 OD, MPC 660, NAZ **5** 18
Eph (1951/52) MPC 660, NAZ **5** 18
El MPC 589, 659, 660, NAZ **5** 18

1933 OJ
Id mit 1936 FY, MPC 510

99) Berichtigung in MPC 543.
100) Berichtigung in MPC 748.
101) Irrtümlich zugeordnet, MPC 643. Vorläufige Bezeichnung 1919b, MPC 700, NAZ 5 44.
102) Irrtümlich 1919 GE zugeordnet, MPC 643, NAZ 5 44. Vorläufige Bezeichnung MPC 700.
103) Irrtümlich 594 Mireille zugeordnet. Vorläufige Bezeichnung MPC 678, NAZ 5 26.

1935 GB = 1446 1938 BA

1935 JE
Id mit 1936 UB, MPC 642[104])

1935 JF
35: UC Nr. **97** S. 326 Joh

1935 KF = 1929 EC

1935 MG, OH, OJ
35: UC Nr. **97** S. 327, 328 Joh

1935 OK
35: MPC 674 Joh
Id mit 1939 PA (?), MPC 642

1935 QP
35: UC Nr. **102** S. 43 Joh

1935 SW$_1$ = 826 Henrika

1935 SY$_1$ = 1481 Tübingia

1935 SZ$_1$ = 1409 Isko

1935 UG = 1933 FS$_1$

1935 US
Id mit 1950 BH, MPC 664, NAZ **5** 24

1936 FN = 1247 Memoria

1936 FY = 1933 OJ

1936 FC$_1$ = 1469 Linzia

1936 FE$_1$ = 1926 GS (?)

1936 HB = 1933 NA

1936 KM
36: BAB **2** 106, RI 1411 Ucc[105])

1936 LE, NB
36: UC Nr. **99** S. 439, 440 Joh

1936 OM = 1926 PE

1936 QH = 1925 QA

1936 QS = 1929 CA

1936 SH = 1931 TL

1936 SJ
36: UC Nr. **99** S. 441 Joh

1936 UB = 1935 JE

1937 AF = 1057 Wanda

1937 GN
37: BZ **19** 24, RI 1560 Tuk*[106])

1937 JL = 1915 XY (?)

1937 LB = 525 Adelaide (?)

1937 QF
Id mit 1947 RG, MPC 643

1937 RK = 1544 1941 UK

1937 TS
Id mit 1950 RH, MPC 664, NAZ **5** 24

1937 VE = 1933 NA

1938 QH
38: UC Nr. **102** S. 45 Joh

1939 BN = 1931 TT$_1$

1939 GK
Id mit 1950 HH, MPC 510

1939 LC, MB
39: UC Nr. **102** S. 46 Joh

1939 PA = 1935 OK (?)

1940 AP
40: BAB **3** 92, RI 2075 Ucc[107])

1940 RN = 1933 NA

1940 WM
El MPC 533

1941 FB = 1933 FS$_1$

1941 FF$_1$
41: MPC 46, RI 2348 Niz*[108])

1942 EC
El MPC 511

1943 LB (= Tokyo K)
43: TAB (2) Nr. 32 S. 232 Tok*
Vorläufige Bezeichnung MPC 789

1943 OD
Nicht id. mit 1933 NA, MPC 660, NAZ **5** 18

1943 XA (= Tokyo L), **XB** (= Tokyo M)
43: TAB (2) Nr. 32 S. 232 Tok*
Vorläufige Bezeichnung MPC 789

1944 CA (= Tokyo N), **DO** (= Tokyo O), **DP** (= Tokyo P)
44: TAB (2) Nr. 32 S. 232 Tok*
Vorläufige Bezeichnung MPC 789

1945 QA (= x_1), **QB** (= x_2), **QC** (= x_3), **TE** (= x_4)[109]), **TF** (= x_5)[110])
Vorläufige Bezeichnung BAB **4** 85

1946 FB (= 1946 U$_1$)
46: BAB **4** 31 Ucc[111])
Vorläufige Bezeichnung BAB **4** 85

---

[104]) Berichtigung in MPC 945.
[105]) Irrtümlich 1392 Pierre zugeordnet, MPC 661. Vorläufige Bezeichnung MPC 901.
[106]) Irrtümlich 1475 1935 SM zugeordnet. Vorläufige Bezeichnung MPC 690.
[107]) Irrtümlich 1475 1935 SM zugeordnet. Vorläufige Bezeichnung MPC 690.
[108]) Irrtümlich 1091 Spiraea zugeordnet, MPC 705. Vorläufige Bezeichnung MPC 749 (irrtümlich als 1941 UK bezeichnet, MPC 203, 297).
[109]) Irrtümlich als 1945 QD bezeichnet, neue vorläufige Bezeichnung MPC 420.
[110]) Irrtümlich als 1945 QE bezeichnet, neue vorläufige Bezeichnung MPC 420.
[111]) Beob. Apr 1, 2 irrtümlich zugeordnet, 1378 Leonce zugehörig, BAB 4 86.

1946 FC (= 1946 U_2), **HC** (= 1946 U_3), **OA** (= 1946 U_4), **OB** (= 1946 U_5), **OC** (= 1946 U_6), **SF** (= 1946 U_7), **SG** (= 1946 U_8), **UN** (= 1946 U_9), **UO** (= 1946 U_{10})
Vorläufige Bezeichnung BAB **4** 85

1947 BA (= 1947 U_1), **BB** (= 1947 U_2), **BC** (= 1947 U_3), **BD** (= 1947 U_4)
Vorläufige Bezeichnung BAB **4** 85

1947 BG, BH, BJ, BK, BL, CG, DC
47: MPC 515, 516
WiB

1947 LA = 1569 Evita

1947 LO (= 1947 U_6)
Vorläufige Bezeichnung BAB **4** 85

1947 RG = 1937 QF

1947 UA (= 1947 U_7), **UB** (= 1947 U_8)
Vorläufige Bezeichnung BAB **4** 85

1948 EC
El Jap. Astr. Ass. Circ. Nr. 104, MPC 779

1948 EF
48: MPC 134 Niz* [112])

1948 ET
48: MPC 134 Niz* [113])

1948 HA, JE, JF
El Jap. Astr. Ass. Circ. Nr. 104, MPC 779

1948 JH
Id mit 1948 JM, MPC 702 [114])

1948 JM = 1948 JH

1948 LH
El Jap. Astr. Ass. Circ. Nr. 104, MPC 779

1948 MH
48: Krim Mitt. **6** 174 Sim

1948 NF
48: Krim Mitt. **4** 205 Sim* [115])

1948 NH (= σ 7)
48: Krim Mitt. **4** 205 Sim* [116])

1948 OF (= σ 9)
48: Krim Mitt. **6** 174 Sim

1948 PA = 1569 Evita

1948 PH
Id mit 1948 PP, MPC 702

1948 PN
48: MPC 198, 199 Niz* [117])
Eph (1948) MPC 663, 664
El MPC 663, NAZ **5** 23

1948 PP = 1948 PH

1948 RD
Id mit 1948 RE_1, MPC 702

1948 RF, RG, RH, RJ, RK
El Jap. Astr. Ass. Circ. Nr. 104, MPC 779

1948 RM
Id mit 1948 RF_1, MPC 702
El Jap. Astr. Ass. Circ. Nr. 104, MPC 779

1948 RN, RO, RP
El Jap. Astr. Ass. Circ. Nr. 104, MPC 779

1948 RQ
Id mit 1948 TS_1, MPC 702

1948 RZ
Id mit 1948 TB, MPC 600

1948 RB_1
Id mit 1948 RH_1, MPC 702

1948 RE_1 = 1948 RD

1948 RF_1 = 1948 RM

1948 RH_1 = 1948 RB_1
48: Krim Mitt. **6** 174 Sim

1948 RJ_1
48: Krim Mitt. **6** 174 Sim
Id mit 1948 TK = 1948 TB_1, MPC 702 [118])

1948 SA
Eph (1951) MPC 512
Id mit 1948 TU_1, MPC 702

1948 SE
48: Krim Mitt. **6** 174 Sim
Id mit 1948 TG, MPC 702

1948 SF
48: Krim Mitt. **6** 174 Sim

1948 TB = 1948 RZ

1948 TG = 1948 SE

1948 TK = 1948 RJ_1 = 1948 TB_1

1948 TX = 1570

1948 TZ
El Jap. Astr. Ass. Circ. Nr. 104, MPC 779

1948 TB_1 = 1948 TK = 1948 RJ_1

1948 TD_1, TF_1, TG_1
El Jap. Astr. Ass. Circ. Nr. 104, MPC 779

1948 TJ_1
Id mit 1948 TV_1, MPC 702 [119])
El Jap. Astr. Ass. Circ. Nr. 104, MPC 779

---

[112]) Irrtümlich zugeordnet, 1948 ET zugehörig, MPC 677.
[113]) Irrtümlich 1948 EF zugeordnet, MPC 677.
[114]) Berichtigung in MPC 730.
[115]) Irrtümlich zugeordnet, 1948 NH zugehörig, MPC 644, 702.
[116]) Irrtümlich 1948 NF zugeordnet, MPC 644, 702.
[117]) Irrtümlich 918 Itha zugeordnet, Vorläufige Bezeichnung MPC 663, NAZ 5 15, 23.
[118]) Berichtigung in MPC 730.
[119]) Berichtigung in MPC 730.

1948 TM$_1$
El Jap. Astr. Ass. Circ. Nr. 104, MPC 779

1948 TN$_1$
Id mit 1948 TC$_2$, MPC 702
El Jap. Astr. Ass. Circ. Nr. 104, MPC 779

1948 TS$_1$ = 1948 RQ

1948 TU$_1$ = 1948 SA

1948 TV$_1$ = 1948 TJ$_1$

1948 TC$_2$ = 1948 TN$_1$

1948 WB, WG, WH
El Jap. Astr. Ass. Circ. Nr. 104, MPC 779

1949 BA (= Alger BW)
50: MPC 501 Alg*. — 51: MPC 706, 707 Alg*. JO **36** 20, MPC 707 Alg
Id mit 1931 TG$_3$, MPC 832, NAZ **5** 43
Eph (1951) MPC 649
El JO **34** 66, MPC 737

1949 BG (= 1949 U$_1$), **BH** (= 1949 U$_2$)
Vorläufige Bezeichnung BAB **4** 86

1949 CA
50: UC Nr. **111** S. 8 Joh

1949 CD (= 1949 U$_3$), **CE** (= 1949 U$_4$), **CF** (= 1949 U$_5$), **CG** (= 1949 U$_6$), **CH** (= 1949 U$_7$), **CJ** (= 1949 U$_8$), **CK** (= 1949 U$_9$), **CL** (= 1949 U$_{11}$), **CM** (= 1949 U$_{12}$), **DJ** (= 1949 U$_{13}$), **DK** (= 1949 U$_{14}$)
Vorläufige Bezeichnung BAB **4** 86

1949 EA = 1933 FS$_1$
49: TAB (2) Nr. 39 S. 268 Tok*. — 51: MPC 706 Alg*
Eph (1951) MPC 649

1949 EB (= Alger BY)
Eph (1949) MPC 649
El JO **34** 66

1949 EC = 1933 FS$_1$

1949 FD = 1574

1949 FO (= 1949 U$_{15}$), **FP** (= 1949 U$_{16}$), **FQ** (= 1949 U$_{17}$), **FR** (= 1949 U$_{18}$), **FS** (= 1949 U$_{19}$), **FT** (= 1949 U$_{20}$), **FU** (= 1949 U$_{21}$), **FV** (= 1949 U$_{22}$)
Vorläufige Bezeichnung BAB **4** 86

1949 GC
50: MPC 513 Joh

1949 HM
49: MPC 304 Blo[120])

1949 JE, KW, MG, MQ, MR
El Jap. Astr. Ass. Circ. Nr. 105, MPC 779

1949 OY
Id mit 1949 ON$_1$, MPC 702

1949 OH$_1$
El Jap. Astr. Ass. Circ. Nr. 105, MPC 779

1949 ON$_1$ = 1949 OY, **OO$_1$**
49: Krim Mitt. **6** 175 Sim

1949 PH
Id mit 1949 QX$_1$ = 1949 QQ, MPC 702[124/1]), 750

1949 PX
49: Krim Mitt. **6** 175 Sim

1949 QP
El Jap. Astr. Ass. Circ. Nr. 106

1949 QQ = 1949 PH = 1949 QX$_1$

1949 QC$_1$, QD$_1$, QE$_1$, QF$_1$
El Jap. Astr. Ass. Circ. Nr. 105, MPC 779, 780

1949 QX$_1$ = 1949 PH = 1949 QQ

1949 QE$_2$
49: Krim Mitt. **6** 175 Sim

1949 SB
50: MPC 551 (?) Blo*[121])

1949 SC = 1572

1949 UA
49: MPC 640 Blo. — 50: MPC 640 Blo. — 51: LOB Nr. **525** MtH

1949 UA$_1$ (= Σ 93)
49: Krim Mitt. **6** 176 Sim*. — 50: Krim Mitt. **7** 134 Sim*[122])
Vorläufige Bezeichnung MPC 756

1949 UB$_1$ (= Σ 94)
49: Krim Mitt. **6** 176 Sim*. — 50: Krim Mitt. **7** 134 Sim*[123])
Vorläufige Bezeichnung MPC 756

1949 UC$_1$ (= Σ 95)
49: Krim Mitt. **6** 176 Sim*. — 50: Krim Mitt. **7** 134 Sim*[124])
Vorläufige Bezeichnung MPC 756

1949 WA
49: JO **35** 125, MPC 504 Alg. — 50: JO **35** 125, MPC 504 Alg. — 51: MPC 664, 667 Alg*. JO **35** 126, MPC 657 Alg. MPC 637 Blo*. MPC 640 Blo
El JO **34** 66, MPC 504

1949 XD, XE, XF, XJ
El Jap. Astr. Ass. Circ. Nr. 106

1949 XN, XO
El Jap. Astr. Ass. Circ. Nr. 105, MPC 780

---

[120]) Berichtigung in MPC 702.
[121]) Wahrscheinlich nicht zugehörig, MPC 839. Vorläufige Bezeichnung 1950 TX$_3$, MPC 901.
[122]) Irrtümlich zugeordnet, 1950 BE$_1$ zugehörig, MPC 783.
[123]) Irrtümlich zugeordnet, 1950 BF$_1$ zugehörig, MPC 783.
[124]) Irrtümlich zugeordnet, 1950 BG$_1$ zugehörig, MPC 783.
[124/1]) Berichtigung in MPC 1062.

1950 BH = 1935 US
50: MPC 529, 530, NAZ **5** 15 Hei[125])
Eph (1951) MPC 603, NAZ **5** 9
El MPC 602, NAZ **5** 9

1950 BJ
50: MPC 599, NAZ **5** 10 Hei. — 51: MPC 629 Blo[126]), MPC 630 Joh
Eph (1951) MPC 531[127])
El MPC 530, NAZ **5** 10[127])

1950 BK
50: MPC 599, NAZ **5** 7 Hei
Eph (1951) MPC 585, NAZ **5** 16
El MPC 585, NAZ **5** 16

1950 BE$_1$ (= Σ 93a)
50: Krim Mitt. **7** 134 Sim*[128])
Vorläufige Bezeichnung MPC 783

1950 BF$_1$ (= Σ 94a)
50: Krim Mitt. **7** 134 Sim*[129])
Vorläufige Bezeichnung MPC 783

1950 BG$_1$ (= Σ 95a)
50: Krim Mitt. **7** 134 Sim*[130])
Vorläufige Bezeichnung MPC 783

1950 BH$_1$ (= Σ 96), **BJ$_1$** (= Σ 97), **BK$_1$** (= Σ 98), **BL$_1$** (= Σ 99)
50: Krim Mitt. **7** 134 Sim*
Vorläufige Bezeichnung MPC 783

1950 CA
50: MPC 501 Alg*. JO **35** 126, MPC 524 Alg. — 51: MPC 648 Alg*
Eph (1951) MPC 525, 668
El MPC 525

1950 CH = 390 Alma

1950 CD$_2$, CE$_2$, CF$_2$, CG$_2$, CH$_2$, CJ$_2$
50: MPC 506, 507 Ucc

1950 DE
50: MPC 530, NAZ **5** 16 Hei
Eph (1951) MPC 530, NAZ **5** 11
El MPC 530, NAZ **5** 10

1950 DJ
50: MPC 635, NAZ **5** 22 Hei
Eph (1951) MPC 662, NAZvM 121
El MPC 662, NAZ **5** 22

1950 DL
50: MPC 635, 946, NAZ **6** 41 Hei

1950 DO
50: MPC 585, NAZ **5** 16 Hei
Eph (1951) MPC 586, NAZ **5** 17
El MPC 585, NAZ **5** 17

1950 DP
50: MPC 586, NAZ **5** 17[131])
Eph (1951) MPC 586
El MPC 586, NAZ **5** 17

1950 DS
50: MPC 496 (?) Tuk*[132])

1950 DT
50: MPC 511 Tuk

1950 DE$_1$
50: MPC 448 Blo[133])

1950 DF$_1$
50: MPC 496 (?) Tuk*[134])

1950 EA
50: MPC 501 Alg*. JO **35** 126, MPC 503 Alg
Eph (1951) MPC 511, 667
El JO **34** 66, MPC 504

1950 EB, EC[135])
50: MPC 635, NAZ **5** 24, **6** 36 Hei

1950 EF
50: MPC 530, NAZ **5** 26 Hei[136])

1950 EH
50: MPC 635, NAZ **5** 24, **6** 36 Hei

1950 ET
50: MPC 496 Tuk*

1950 EU (= σ 100)
50: Krim Mitt. **7** 135 Sim*
Vorläufige Bezeichnung MPC 783

1950 EV
50: MPC 496 (?) Tuk*[137])

1950 FC
50: UC Nr. **111** S. 9 Joh
El UC Nr. **111** S. 9

1950 FD
50: UC Nr. **111** S. 7 Joh*

1950 FJ = 1571

1950 FK, FL[138])
50: MPC 496, 497 Tuk*

1950 FN (= σ 101)
50: Krim Mitt. **7** 135 Sim*
Vorläufige Bezeichnung MPC 783

1950 GB
50: UC Nr. **111** S. 7 Joh*

---

[125]) Berichtigung in MPC 747.
[126]) Berichtigung in MPC 677.
[127]) Berichtigung in MPC 534.
[128]) Irrtümlich σ 93 (= 1949 UA$_1$) zugeordnet, MPC 783.
[129]) Irrtümlich σ 94 (= 1949 UB$_1$) zugeordnet, σ 94a (= 1950 BF$_1$) zugehörig, MPC 783.
[130]) Irrtümlich σ 95 (= 1949 UC$_1$) zugeordnet, σ 95a (= 1950 BG$_1$) zugehörig, MPC 783.
[131]) Berichtigung in NAZ 6 6.
[132]) Irrtümlich zugeordnet, MPC 925, NAZ 7 6. Vorläufige Bezeichnung 1950 EV, MPC 945 (Berichtigung in MPC 1021).
[133]) Berichtigung in MPC 542, 967.
[134]) Irrtümlich 1549 Mikko zugeordnet, MPC 897, NAZ 7 13. Vorläufige Bezeichnung MPC 901.
[135]) Berichtigung in NAZ 6 21.
[136]) Berichtigung in MPC 747.
[137]) Irrtümlich 1950 DS zugeordnet, MPC 925, NAZ 7 6. Vorläufige Bezeichnung MPC 945 (Berichtigung in MPC 1021).
[138]) Berichtigung in MPC 815.

1950 GF
50: MPC 501 Alg*. MPC 502 Alg. — 51: MPC 706 Alg*
Eph (1950) MPC 503
Eph (1951) MPC 649
El MPC 502

1950 HH = 1939 GK

1950 HJ (= La Plata 1950 II)
50: La Plata Circ. Nr. **9** LaP
Vorläufige Bezeichnung La Plata Circ. Nr. **9**
Eph (1951) MPC 666
Eph (1952) La Plata Circ. Nr. **9**, MPC 698

1950 HD$_1$
Eph (1951) Astr Circ UdSSR Nr. **115**
El Astr Circ UdSSR Nr. **115**

1950 HF$_1$ (= σ 102)
50: Krim Mitt. **7** 135 Sim*. Krim Mitt. **7** 138 Sim
Vorläufige Bezeichnung MPC 783

1950 HG$_1$ (= σ 103)
50: Krim Mitt. **7** 135 Sim*
Vorläufige Bezeichnung MPC 783

1950 HH$_1$ (= La Plata 1950 A), **HJ$_1$** (= La Plata 1950 B)
50: La Plata Circ. Nr. **9**
Vorläufige Bezeichnung MPC 783

1950 JB
Id mit 1950 JL, MPC 491, NAZ **5** 8

1950 JD, JE, JF, JG
50: UC Nr. **111** S. 7 Joh*

1950 JL = 1950 JB

1950 JQ
50: MPC 489 Blo*

1950 JS (= La Plata 1950 C), **JT** (= La Plata 1950 D), **JU** (= La Plata 1950 E)
50: La Plata Circ. Nr. **9** LaP
Vorläufige Bezeichnung MPC 783

1950 KA
50: MPC 520 Cor. MPC 768, UC Nr. **111** S. 9 Joh
Eph (1951) MN ASSA **10** 96, MPC 698, UAI Circ 1330
El MN ASSA **10** 90, MPC 698, UAI Circ 1330, UC Nr. **111** S. 9, El Universo **49** Nr. 15 S. 29

1950 KB
Id mit 1950 KG, MPC 650

1950 KC
Id mit 1950 LQ, MPC 491, NAZ **5** 8

1950 KD, KE
50: UC Nr. **111** S. 7 Joh*

1950 KG = 1950 KB
50: MPC 547 Niz*

1950 KH (= σ 104)
50: Krim Mitt. **7** 139 Sim*
Vorläufige Bezeichnung MPC 783

1950 LB
Id mit 1950 LP, MPC 491, NAZ **5** 8

1950 LG, LH
50: UC Nr. **111** S. 7 Joh*

1950 LP = 1950 LB

1950 LQ = 1950 KC

1950 LV, LW, LX
50: MPC 548 Niz*

1950 LY (= La Plata 1950 III)
50: La Plata Circ. Nr. **9** LaP
Vorläufige Bezeichnung La Plata Circ. Nr. **9**
El EVA Circ. Nr. **12**, La Plata Publ. Serie Especial Nr. **11**, MPC 769

1950 LZ (= La Plata 1950 IV)
50: La Plata Circ. Nr. **9** LaP
Vorläufige Bezeichnung La Plata Circ. Nr. **9**
El La Plata Publ. Serie Especial Nr. **11**

1950 LA$_1$ (= La Plata 1950 V)
50: La Plata Circ. Nr. **9** LaP[139])
Vorläufige Bezeichnung La Plata Circ. Nr. **9**[139])
El La Plata Publ. Serie Especial Nr. **11**, MPC 769

1950 LC$_1$ (= σ 105), **LD$_1$** (= σ 106), **LE$_1$** (= σ 107), **LF$_1$** (= σ 108)
50: Krim Mitt. **7** 135, 136 Sim*
Vorläufige Bezeichnung MPC 783

1950 MA
50: MPC 548 Niz*

1950 MB (= La Plata 1950 VI)
50: La Plata Circ. Nr. **9** LaP
Vorläufige Bezeichnung La Plata Circ. Nr. **9**
Id mit 1950 NL, La Plata Circ. Nr. **9**, MPC 697, 702
Eph (1951/52) MPC 697
El La Plata Publ. Serie Especial Nr. **11**. Vgl. 1950 NL

1950 MC (= La Plata 1950 VII)
50: La Plata Circ. Nr. **9**, MPC 696 LaP
Vorläufige Bezeichnung MPC 696
El La Plata Publ. Serie Especial Nr. **11**, MPC 696

[139]) Irrtümlich als 1950 LA bezeichnet.

1950 MD (= La Plata 1950 F), **ME** (= La Plata 1950 G), **MF** (= La Plata 1950 H)
50: La Plata Circ. Nr. **9** LaP
Vorläufige Bezeichnung MPC 783

1950 NA, NB, NC, ND, NE, NF, NG, NH
50: UC Nr. **111** S. 7 Joh*

1950 NL = 1950 MB, **NM**
50: MPC 534 Joh*

1950 NA_1
50: MPC 599, NAZ **5** 7 Hei
El MPC 659, NAZ **5** 18 [140])

1950 NC_1, ND_1, NE_1, NF_1
50: MPC 534 Joh*

1950 NG_1, NH_1, NJ_1, NK_1, NL_1, NM_1, NN_1
50: MPC 548 Niz*

1950 NO_1 (= La Plata 1950 VIII)
50: La Plata Circ Nr. **9**, MPC 696 LaP
Vorläufige Bezeichnung MPC 696
El La Plata Publ. Serie Especial Nr. **11**, MPC 696

1950 NQ_1 (= σ 109), **NR_1** (= σ 110)
50: Krim Mitt. **7** 136 Sim*
Vorläufige Bezeichnung MPC 783

1950 OD, OE
50: MPC 489, 490, 491 Blo

1950 OG, OH, OJ, OK, OL, OM, ON
50: UC Nr. **111** S. 7 Joh*

1950 OO
50: MPC 489, 490, 491 Blo

1950 OP
50: MPC 489 Blo*. MPC 489, 490 Blo

1950 OQ
50: MPC 548 Niz*

1950 PA, PB
50: UC Nr. **111** S. 7 Joh*

1950 PC
50: MPC 489 Blo*

1950 PD, PE
50: MPC 489, 490 Blo

1950 PF, PG, PH
50: MPC 490 Blo*

1950 PJ
50: MPC 490 Blo*. MPC 491 Blo

1950 PK, PL, PM, PN, PO, PP, PQ, PR, PS, PT, PU, PV
50: MPC 490 Blo*

1950 PW (= σ 111), **PX** (= σ 112)
50: Krim Mitt. **7** 136 Sim*
Vorläufige Bezeichnung MPC 783

1950 PY (= La Plata 1950 I)
50: La Plata Circ. Nr. **9** LaP
Vorläufige Bezeichnung MPC 783

1950 QE
Id mit 1950 QQ, MPC 650

1950 QJ, QK, QL, QM, QN, QO, QP
50: MPC 491, 550 Blo*

1950 QQ = 1950 QE, **QR, QS, QT, QU, QV, QW, QX, QY**
50: MPC 550 Blo*

1950 RA
50: La Plata Circ. Nr. **9**, MPC 696 LaP
Vorläufige Bezeichnung La Plata Circ. Nr. **9**
Eph (1952) La Plata Circ. Nr. **9**, MPC 697
El La Plata Circ. Nr. **9**, La Plata Publ. Serie Especial Nr. **11**, MPC 697

1950 RB
50: UC Nr. **111** S. 7 Joh*. UC Nr. **111** S. 9 Joh

1950 RC, RD
50: UC Nr. **111** S. 7 Joh* [141])

1950 RE, RF, RG
50: MPC 497 Tuk* [142])

1950 RH (= Alger CE) = 1937 TS
50: MPC 501, 502, 664 Alg*. MPC 704 Alg. — 51: MPC 664 Alg*. MPC 704 Alg
Eph (1950/51) MPC 503
Eph (1951/52) MPC 704
El MPC 503, 704

1950 RJ (= La Plata 1950 X)
50: La Plata Circ. Nr. **9**, MPC 543 LaP
Vorläufige Bezeichnung La Plata Circ. Nr. **9**
Eph (1952) La Plata Circ. Nr. **9**, MPC 658
El La Plata Circ. Nr. **9**, La Plata Publ. Serie Especial Nr. **11**, MPC 543

1950 RK (= La Plata 1950 XI)
50: La Plata Circ. Nr. **9**, MPC 543 LaP
Vorläufige Bezeichnung La Plata Circ. Nr. **9**
Id mit 1950 TM_3, MPC 702
Eph (1952) La Plata Circ. Nr. **9**, MPC 658
El EVA Circ. Nr. **12**, La Plata Publ. Serie Especial Nr. **11**, MPC 544, 761, NAZ **6** 7

1950 RL, RM
50: MPC 636 Blo*

1950 RN (= σ 113 = σ 116 = Alma Ata Nr. 1)

[140]) Berichtigung in NAZ 5 27.
[141]) Als unidentifiziert bezeichnet.
[142]) Berichtigung in MPC 815.

50: Astr Circ UdSSR Nr. **119** AlA*. Krim Mitt. **7** 136, 137 Sim*
Vorläufige Bezeichnung MPC 783

1950 RO (= σ 114), **RP** (= σ 115)
50: Krim Mitt. **7** 137 Sim*
Vorläufige Bezeichnung MPC 783

1950 RQ (= σ 117 = Alma Ata Nr. 2)
50: Astr Circ UdSSR Nr. **119** AlA*. Krim Mitt. **7** 140 Sim*
Vorläufige Bezeichnung MPC 783

1950 RR (= La Plata 1950 J), **RS** (= La Plata 1950 K), **RT** (= La Plata 1950 L), **RU** (= La Plata 1950 M), **RV** (= La Plata 1950 N), **RW** (= La Plata 1950 O), **RX** (= La Plata 1950 P), **RY** (= La Plata 1950 P), **RY** (= La Plata 1950 Q)
50: La Plata Circ. Nr. **9** LaP
Vorläufige Bezeichnung MPC 783

1950 SA
50: MPC 501, 502 Alg*. JO **35** 126, MPC 658, UAI Circ 1298 Alg. MPC 552 Blo*. BAB **4** 91, MPC 506, 544, 598, NAZ **5** 18, UAI Circ 1302 Ucc. MPC 532 WiB. — 51: MPC 532 FtD. BAB **4** 113, MPC 690 Ucc
Vorläufige Bezeichnung NAZ **5** 7
Eph (1950/51) BAB **4** 110
Eph (1951) NAZvM 101
Eph (1951/52) MPC 533, UAI Circ 1298
El BAB **4** 110, MPC 532, NAZvM 101, UAI Circ 1298

1950 SF = 1933 NA

1950 SK
Id mit 1950 TB_3, MPC 650

1950 SM
50: BAB **4** 92, MPC 506 Ucc

1950 SN
50: MPC 551 Blo*

1950 SO
50: MPC 551 Blo*. MPC 637 (?) Blo

1950 SQ (= σ 118)
50: Krim Mitt. **7** 140 Sim*
Vorläufige Bezeichnung MPC 783

1950 TF
Id mit 1950 TU_2, MPC 650

1950 TJ
Id mit 1950 TS_2, MPC 650

1950 TK
Id mit 1950 TW_2, MPC 650

1950 TD_2, TE_2, TF_2, TG_2, TH_2, TJ_2
50: BAB **4** 92 Ucc

1950 TK_2
50: MPC 549 Niz*

1950 TL_2, TM_2, TN_2, TO_2, TP_2, TQ_2, TR_2, TS_2 = TJ, TT_2, TU_2 = TF, TV_2, TW_2 = TK, TX_2, TY_2, TZ_2, TA_3, TB_3 = SK, TC_3
50: MPC 551, 552 Blo*

1950 TD_3
50: Madrid Bol. **4** Nr. 4, MPC 560, 561 Mad

1950 TE_3, TF_3, TG_3, TH_3, TJ_3, TK_3, TL_3, TM_3 = RK, TN_3, TO_3, TP_3, TQ_3, TR_3
50: MPC 636 Blo*

1950 TS_3 (= σ 119), **TT_3** (= σ 120), **TU_3** (= σ 121), **TV_3** (= σ 122)
50: Krim Mitt. **7** 137
Vorläufige Bezeichnung MPC 783

1950 TW_3 (= La Plata 1950 R)
50: La Plata Circ. Nr. **9** LaP
Vorläufige Bezeichnung MPC 783

1950 TX_3
50: MPC 551 (?) Blo*[143])

1950 UA, UB, UC, UD, UE,
50: MPC 552 Blo*

1950 UF, UG, UH, UJ, UK, UL
50: MPC 637 Blo*

1950 UM
50: BAB **4** 90 (?), MPC 507 (?) Ucc[144])

1950 UN (= La Plata 1950 S)
50: La Plata Circ. Nr. **9** LaP
Vorläufige Bezeichnung MPC 784

1950 VA (= Alger CF)
50: MPC 502, 664 Alg*[145]). MPC 707 Alg. — 51: MPC 664 Alg*. MPC 707 Alg
Eph (1952) MPC 704
El MPC 667, 700, Toulouse Ann. **21** 17

1950 VB
50: MPC 508 (?) Niz*

1950 VC
50: MPC 509 Niz*. MPC 510 Niz

1950 VD
50: MPC 549 Niz*

1950 VE (= Objekt Wirtanen Nov 8)
50: LOB Nr. **525** MtH. — 51: LOB Nr. **525** MtH
Vorläufige Bezeichnung MPC 789[146])

[143]) Wahrscheinlich irrtümlich 1949 SB zugeordnet, MPC 839. Vorläufige Bezeichnung MPC 901.
[144]) Irrtümlich 1476 1936 RA zugeordnet, MPC 701, NAZ 5 32. Vorläufige Bezeichnung MPC 701.
[145]) Berichtigung in MPC 815.
[146]) Berichtigung in MPC 1021.

1950 WA (= Alger CG)
50: MPC 502, 664 Alg*. MPC 707 Alg. — 51: MPC 664 Alg*. MPC 707 Alg
Eph (1952) MPC 704
El MPC 667, 709, Toulouse Ann. **21** 18

1950 XA = 405 Thia
50: MPC 507 Ucc

1950 XB, XC, XD
50: BAB **4** 92, MPC 544 Ucc

1950 XE (= La Plata 1950 T)
50: La Plata Circ. Nr. **9**, MPC 543 LaP
Id mit 1950 XK, MPC 791

1950 XF (= La Plata 1950 U)
50: La Plata Circ. Nr. **9**, MPC 543
Id mit 1950 XL, MPC 791

1950 XG (= σ 123), **XH** (= σ 124), **XJ** (= σ 125)
50: Krim Mitt. **7** 140
Vorläufige Bezeichnung MPC 784

1950 XK = 1950 XE, **XL** = 1950 XF
50: La Plata Circ. Nr. **9**, MPC 543 LaP
Vorläufige Bezeichnung MPC 784

1951 AA (= Heid 172)
51: MPC 529, NAZ **5** 14 Hei*
Id mit 1951 CE, MPC 640

1951 AB (= Heid 173)
51: MPC 529, NAZ **5** 14 Hei*
Id mit 1951 CB, MPC 640

1951 AC (= Heid 174)
51: MPC 529, NAZ **5** 14 Hei*

1951 AD (= Heid 175)
51: MPC 529, NAZ **5** 14 Hei*
Id mit 1951 CC, MPC 640

1951 AE, AF, AG
51: BAB **4** 101, MPC 544, 545 Ucc[147])

1951 AH
51: BAB **4** 101, MPC 544 Ucc

1951 AJ
51: BAB **4** 101, MPC 545, 627 Ucc[148])
Id mit 1951 AQ, MPC 650

1951 AK, AL, AM
51: BAB **4** 101, MPC 545, 627 Ucc[149])

1951 AN, AO, AP, AQ = AJ, **AR**
51: MPC 553, 554 Blo*

1951 AS
51: BAB **4** 101, MPC 627 Ucc

1951 AT
50: BAB **4** 88, MPC 544 Ucc[150]). — 51: MPC 553 Blo*[151]). MPC 674 Blo[152])
Eph (1952) MPC 692[153])
El MPC 691[154])

1951 AU
51: MPC 637 Blo*

1951 AV
51: MPC 692 Niz*

1951 CA
51: BAB **4** 101, MPC 545, 627 Ucc[147])

1951 CB = 1951 AB
51: MPC 553 Blo*
Id mit 1951 CU, MPC 674

1951 CC = 1951 AD, **1951 CD**
51: MPC 553 Blo*

1951 CE = 1951 AA
51: MPC 553 Blo*
Id mit 1951 CR, MPC 674, 702

1951 CF, CG, CH, CJ, CK, CL, CM, CN
51: MPC 554 Blo*

1951 CO, CP = 1405 1936 RE, **CQ, CR** = CE, **CS, CT, CU** = CB, **CV, CW**
51: BAB **4** 101, MPC 627 Ucc

1951 CX, CY, CZ, $\mathbf{CA_1}$, $\mathbf{CB_1}$, $\mathbf{CC_1}$, $\mathbf{CD_1}$, $\mathbf{CE_1}$
51: MPC 637 Blo*

1951 $\mathbf{CF_1}$
51: MPC 553 Blo*[155]). MPC 674 Blo

1951 DA, DB
51: MPC 554 Blo*

1951 DC, DD
51: MPC 637 Blo*

1951 DE
51: MPC 664, 667 Alg*
Eph (1951) MPC 667
El MPC 667

1951 DF, DG, DH, DJ
51: MPC 692, 693 Niz*

1951 EA (= Heid 176), **EB** (= Heid 177), **EC** (= Heid 178), **ED** (= Heid 179), **EE** (= Heid 180), **EF**, (=Heid 181), **EG** (= Heid 182), **EH** (= Heid 183), **EJ** (= Heid 184), **EK** (= Heid 185), **EL** (= Heid 186), **EM** (= Heid 187), **EN** (= Heid 188)

---

[147]) Berichtigung in MPC 640.
[148]) Berichtigung in MPC 640.
[149]) Berichtigung in MPC 640.
[150]) Irrtümlich 395 Delia zugeordnet, BAB 4 88, MPC 691.
[151]) Irrtümlich 748 Simeïsa zugeordnet, MPC 674.
[152]) Berichtigung in MPC 691.
[153]) Berichtigung in MPC 748.
[154]) Berichtigung in MPC 748.
[155]) Irrtümlich 748 Simeïsa zugeordnet, MPC 674.

51: MPC 529, NAZ 5 14, 15 Hei*

1951 EO, EP, EQ, ER, ES, ET, EU
51: MPC 554 Blo*

1951 EV (= La Plata 1951I)
51: La Plata Circ. Nr. **9**, MPC 555, 645 LaP
Vorläufige Bezeichnung La Plata Circ. Nr. **9**
Eph (1951) MPC 555
Eph (1952) La Plata Circ. Nr. **9**, MPC 697
El La Plata Circ. Nr. **9**, La Plata Publ. Serie Especial Nr. **11**, MPC 555, 645

1951 EW
51: MPC 631 Niz*

1951 EX, EY, EZ, EA_1, EB_1, EC_1, ED_1, EE_1, EF_1, EG_1, EH_1, EJ_1, EK_1
51: MPC 637, 638 Blo*

1951 EL_1
51: MPC 638 Blo*. MPC 693 Niz*

1951 EM_1, EN_1, EO_1, EP_1
51: MPC 638 Blo*

1951 EQ_1 (= La Plata 1951 II)
51: La Plata Circ. Nr. **9**, MPC 645 LaP
Vorläufige Bezeichnung La Plata Circ. Nr. **9**
Eph (1952) La Plata Circ. Nr. **9**, MPC 698
El La Plata Circ. Nr. **9**, La Plata Publ. Serie Especial Nr. **11**, MPC 646

1951 ER_1, ES_1, ET_1
51: MPC 693 Niz*

1951 GA
51: MPC 597 Joh*

1951 GB
51: MPC 629 Blf

1951 GC
51: BAB 4 101, MPC 628 Ucc

1951 GD (= La Plata 1951 III)
51: La Plata Circ. Nr. **9**, MPC 687 LaP
Vorläufige Bezeichnung MPC 687
Eph (1952) La Plata Circ. Nr. **9**

1951 GE, GF
51: MPC 693 Niz*

1951 HA, JB
51: MPC 597, 598 Joh*

1951 JC
51: MPC 638 Blo*. MPC 633 Blo[156])
El MPC 633[156])

1951 JD
51: MPC 638 Blo*

1951 KA (= 1951 U 20, Objekt Arend)
51: MPC 639, 673 Blo*. MPC 640, 674 Blo. MPC 646, NAZ 5 30, 31 Hei*[157]). MPC 658, NAZ 5 26 Hei. LOB Nr. **525**, MPC 683 MtH. BAB 4 101, 102, MPC 628, 629, NAZvM 119, NAZ 5 21 Ucc[158])
Eph (1951) MPC 641
El MPC 684

1951 KB
51: MPC 630 Joh*

1951 KC
51: MPC 630 Joh*
Id mit 1951 KL, MPC 674, 702

1951 KD
51: MPC 630 Joh*

1951 KE, KF, KG, KH, KJ, KK, KL = KC, **KM, KN**
51: MPC 639 Blo*

1951 KO
51: MPC 670 Blo*

1951 LA
51: MPC 639, 673 Blo*. MPC 640, 674 Blo. LOB Nr. **525**. MPC 683 MtH. BAB 4 102, MPC 628, 629 Ucc
Id mit 1951 LG, MPC 702
Eph (1951) MPC 641, 730[159])
El MPC 684, 731[159])

1951 LB
51: MPC 639 Blo*. MPC 640 Blo. LOB Nr. **525**, MPC 683 MtH. BAB 4 102, MPC 629 Ucc
Eph (1951) MPC 641
El MPC 684[160])

1951 LC
51: MPC 630 Joh*

1951 LD
51: MPC 639 Blo*

1951 EL
51: MPC 639 Blo*[161])

1951 LF
51: MPC 639 Blo*

1951 LG (= Heid 189) = 1951 LA
51: MPC 646, NAZ 5 30, 31 Hei*[162]). MPC 658, NAZ 5 42 Hei
Eph (1952) MPC 730[163]), NAZvM 136
El MPC 731[163]), NAZ 5 42

1951 LH
51: MPC 670 Blo*

1951 MA, MB, MC, MD, ME, MF, MG
51: MPC 647 Joh*

[156]) Berichtigung in MPC 640, 748.
[157]) Berichtigung in NAZ 6 6.
[158]) Berichtigung in NAZ 5 32.
[159]) Irrtümlich 1951 LG zugeordnet, 1951 LA zugehörig, MPC 784.
[160]) Berichtigung in MPC 815.
[161]) Berichtigung in MPC 748.
[162]) Berichtigung in NAZ 6 6.
[163]) Berichtigung in MPC 784.

1951 MH (= La Plata 1951 IV)
51: La Plata Circ. Nr. **9**, MPC 687 LaP
Vorläufige Bezeichnung MPC 687
Eph (1952) La Plata Circ. Nr. **9**
El La Plata Circ. Nr. **9**, MPC 687

1951 NA, NB
51: MPC 639 Blo*

1951 NC, ND
51: MPC 647 Joh*

1951 NE
51: MPC 673 Blo*

1951 NF (= La Plata 1951 V)
51: La Plata Circ. Nr. **9**, MPC 687 LaP
Vorläufige Bezeichnung MPC 687
Eph (1952) La Plata Circ. Nr. **9**

1951 NH
51: MPC 668 Joh*[164])

1951 OA (= Alger CI)
51: MPC 648, 706 Alg*. MPC 658 Alg
El MPC 660

1951 OB, OC, OD
51: MPC 668 Joh*

1951 OE, OF
51: MPC 673 Blo*

1951 OG, OH
51: MPC 694 Niz*

1951 PA, PB, PC
51: MPC 673 Blo*

1951 PD
51: MPC 689 Joh*

1951 PE, PF
51: MPC 694, 695 Niz*

1951 QA
51: MPC 686, 690 Ucc
Eph (1951) MPC 671
El MPC 671

1951 QB, QC
51: MPC 673 Blo*

1951 QE (= La Plata 1951 VI)
51: La Plata Circ. Nr. **9**, MPC 687 LaP
Vorläufige Bezeichnung MPC 687
Eph (1951) La Plata Circ. Nr. **9**[165]), MPC 688
El (1951) La Plata Circ. Nr. **9**[165]), MPC 687

1951 QF, QG, QH
51: MPC 689 Joh*

1951 RA (= Objekt Wilson-Minkowski)
51: MPC 706 Alg*. MPC 702, 707, UAI Circ 1332 Alg. LOB Nr. **525** MtH. Archenhold-Sternw. Mitt. **3** Nr. 16, 17, Astr Circ UdSSR Nr. **119**, Coelum **19** 177, Harv Card 1144, MPC 666, NAZvM 129, NAZ **5** 30, UAI Circ 1326 MtP*. Harv Card 1145, MPC 671, UAI Circ 1327 MtP
Eph (1951) Harv Card 1146, 1152, 1159, MPC 672, 686[166]), 698, UAI Circ 1327, 1332, 1334
El Astr Circ UdSSR Nr. **120**, Coelum **19** 177, Harv Card 1145, MPC 671, NAZ **5** 30, UAI Circ 1327

1951 RB
51: BAB **4** 113, MPC 690 Ucc

1951 SA (= 1951 U 24 = Schnelläufer Arend-Rigaux)
51: BAB **4** 113, MPC 686, 711, 712, NAZ **5** 38, UAI Circ 1332 Ucc
Eph (1951) MPC 687, UAI Circ 1332
El MPC 686, NAZ **5** 38, UAI Circ 1332

1951 SB
51: BAB **4** 113, MPC 690, 711 Ucc

1951 SC
51: MPC 706, 707 Alg*. MPC 707 Alg
El MPC 708

1951 TA
51: BAB **4** 92, 113, MPC 686, 690, 711, NAZ **5** 34 Ucc
Eph (1951) MPC 686
El MPC 686, NAZ **5** 34

1951 UA
51: MPC 700 WiB

1951 UR
51: Astr Circ UdSSR Nr. **121** Kiw
Vorläufige Bezeichnung MPC 784

1951 WA
51: MPC 707 Alg*

Objekt Markowitz = 23 Thalia

[164]) Irrtümlich 1415 Malautra zugeordnet, Vorläufige Bezeichnung MPC 748.
[165]) Berichtigung in EVA Circ. Nr. 12.
[166]) Berichtigung in MPC 698.

7563. Kleine Planeten. Verzeichnis der Sternwarten und Beobachter

Abastumani	W. P. Dshapiaschwili, T. A. Kotschlaschwili
Algier	L. Boyer, G. Reiss
Alma Ata	S. W. Karjagina, W. P. Matwejewa, D. A. Roshkowskij, L. N. Tulenkowa
Athen	G. Adamopoulos

Barcelona	Codina, Febrer, Orús, Pólit
Berkeley	A. Q. Howard, A. G. Mowbray
Bloemfontein	E. L. Johnson, W. D. Victor
Bloomington	F. K. Edmondson, R. Nicholas
Bordeaux	Chopinet, Dupouy, Feulet
Cordoba	J. Bobone, D. McLeish, A. Puch
Fort Davis	G. van Biesbroeck
Golossejewo	I. G. Koltschinskij, I. E. Pelischenko, E. Schodo
Greenwich	—
Heidelberg	K. Reinmuth
Johannesburg	C. Jackson, E. L. Johnson
Karlsruhe	W. Malsch
Kasan	M. T. Jemeljanenko, D. J. Martynow
Kiew	D. W. Andguladse, T. A. Baramidse, M. W. Bratijtschuk, N. A. Chinkulowa, P. G. Duchnowskij, G. L. Fjodortschenko, J. K. Gulak, E. A. Gurtowenko, A. A. Jakowkin, S. G. Kartosija, W. P. Konoplewa, G. M. Nikolawa, M. Onoprienko, P. N. Polupan, W. W. Porfirje, A. S. Rachubowskij, E. W. Sandakowa, M. J. Scherman, E. N. Semanek, A. N. Sergejewa, N. W. Steschenko, Tscherednitschenko, G. M. Urmantschewa, J. M. Weprinskaja, S. K. Wsechswjatskij, M. N. Zwetkowa
Kyoto	T. Mitani
La Plata	J. Bobone, M. Itzigsohn, D. McLeish, Rogati
Lemberg	N. P. Buschta, I. N. Drob, N. B. Jelenewskaja, J. S. Podstrigatsch, W. I. Sajko
Madrid	R. Carrasco
Nanking	Tschan Juj-Tschshe
Mt. Hamilton	H. M. Jeffers, S. Vasilevskis
Mt. Wilson and Palomar	A. Q. Howard, R. Minkowski, A. G. Mowbray, S. B. Nicholson, A. G. Wilson
Nice	M. Laugier, A. Patry
Pino Torinese	A. Fresa, N. Missana, A. M. Vergnano
Rom	G. Armellini-Conti, T. Fortini, R. Leclaire
San Fernando	—
Santiago	M. M. Dujisin, R. Grandon, G. Romero, F. Rutllant
Tokyo	R. Fukaya, H. Hirose, S. Kaho, S. Nakano, K. Tomita, H. Yasuda
Toulouse	P. Prêtre
Turku	H. Alikoski, L. Oterma, Y. Väisälä
Uccle	S. Arend, F. Rigaux
Washington	L. T. Day, J. L. Gossner, W. Markowitz, E. G. Reuning
Williams Bay	G. van Biesbroeck, A. Code, C. E. Gasteyer, D. Harris III., N. Roman, A. Slettebak, K. Strand, A. Underhill, M. Wrubel

7564. Kleine Planeten. Verzeichnis der Berechner

S. Arend	R. Carrasco	W. Gliese
J. G. Behrens	F. B. Chanina	G. Heilbronn
N. Block	L. E. Cunningham	H. Hirose
J. Bobone	G. H. Draper	W. P. Hirst
S. Böhme	A. D. Dubjago	K. Hurukawa
N. F. Bojewa	F. K. Edmondson	G. Ishida
L. Boyer	C. E. Gasteyer	C. Jackson

W. Jahn
S. Kanda
S. P. Kaulinja
O. Kippes
W. Kockrow
J. Larink
C. Lombardi
H. v. Lüde
K. Mayrhofer
O. Möller
T. Mori
P. Musen
M. Nishiyama
H. Oishi
L. Oterma
M. Paliobagis
A. Patry
B. Potter
B. H. Potter
P. Prêtre
E. Rabe
G. Reiss
G. Roland
M. Schürer
P. Sconzo
B. Takase
J. M. Torroja
A. Velez
J. L. White
N. Yakhontova
F. Zweck

§ 76

Jupiter

7601. Astrometrische Beobachtungen

Mem SA It (NS) **22** 89—97 = Oss. Astr. Roma-Gran Sasso Contr. Sci. (NS) Nr. **165**. Posizioni di pianeti e pianetini ed occultazioni lunari osservate nel 1950. G. Armellini-Conti. — α.

Observations made at the Royal Observatory, Greenwich, in the year 1937. A 21. — α, δ. Durchmesser.

Desgl. für 1938. A 21. — α, δ. Durchmesser.

Publ. Astr. Obs. Charkow **1** (**9**) 69—72 (russisch). Rektaszensionsbeobachtungen von Jupiter am Passageninstrument Bamberg. G. R. Possoschkow.

TAB (2) Nr. **38** S. 257—264. Vgl. Ref. **6001**.

7602. Physische Beobachtungen

BAA Circ 328. E. J. Reese, P. A. Moore, A. P. Lenham, W. E. Fox.

BSAF **65** 362. Éclat particulier de Jupiter. G. Isely.

Coelum **19** 49—50, mit 1 Fig. Invisibilità della macchia rossa di Giove.

Coelum **19** 170—171. La ricomparsa della macchia rossa de Giove. G. Ruggieri.

DOB **4** Bull. 11 Fasc. 1 Supp. M. du Martheray, E. Antonini.

National Obs. Athen Bull. Astr. Inst. 1951 S. 34—36. Jupiter apparition 1951—52. J. E. Focas.

NAZ **5** 37. Jupiter 1951. W. Löbering.

Orion Schaffhausen **3** 209—213, mit 4 Abb.

Sterne **27** 215—216. Veränderungen auf Jupiter. W. Sandner.

Strolling Astronomer **5** Nr. 1 S. 2—5, Nr. 3 S. 8—10. Jupiter 1950. Report Nr. 3, 4. E. E. Hare.

Strolling Astronomer **5** Nr. 2 S. 5, mit 5 Fig. Drawings of Jupiter by A. L. P. O. members in 1950. S. Murayama, R. Missert, E. Epstein, P. J. Nemecek, E. E. Hare.

Strolling Astronomer **5** Nr. 3 S. 10—13, Nr. 4 S. 10—14, Nr. 5 S. 8—14, Nr. 6 S. 11—14, Nr. 9 S. 9—13, Nr. 10 S. 11—14, Nr. 11 S. 4—9. Observations and comments.

Strolling Astronomer **5** Nr. 4 S. 1, mit 2 Fig. Jupiter. T. R. Cave jr., E. Epstein.

Strolling Astronomer **5** Nr. 5 S. 1, mit 4 Fig. — S. Ebisawa.

Strolling Astronomer **5** Nr. 6 S. 1, mit 2 Fig. Jupiter. E. E. Both, G. D. Both.

Strolling Astronomer **5** Nr. 9 S. 1, mit 3 Fig. Near-simultaneous photograph and drawings of Jupiter in 1950 by A. L. P. O. members. E. E. Hare, T. A. Cragg, L. T. Johnson.

Strolling Astronomer **5** Nr. 10 S. 1, mit 3 Fig. Photographs of Jupiter in 1950 with a 12-inch reflector. E. E. Hare.

Strolling Astronomer 5 Nr. 10 S. 7—11. The spots of Jupiter. J. C. Bartlett jr.
Strolling Astronomer 5 Nr. 11 S. 1, mit 2 Fig. Jupiter. T. Saheki.
Strolling Astronomer 5 Nr. 11 S. 9—12. First report on Jupiter in 1951. E. E. Both.

* * **N. P. Barabaschew, A. T. Tschekirda,** Photographische Spektralphotometrie von Venus, Mars, Jupiter und Saturn. Vgl. Ref. 7116.

7603. **O. M. Bluhm,** Periodizität der Oberflächengebilde auf Jupiter. Sternenwelt 3 32—33.

7604. **W. J. Eckert, D. Brouwer, G. M. Clemence,** Coordinates of the five outer planets 1653—2060. Washington, Astr. Papers prepared for the use of the American Ephemeris and Nautical Almanac 12, 31 + 326 S. Preis $ 3.50. — Besprechung in Obs 72 35—40 (D. H. Sadler), Phys. Blätter 7 272 unter dem Titel: 5 Planetenbahnen für einen Zeitraum von 400 Jahren berechnet. Ferner in: Sky and Telescope 11 15, Weltraumfahrt 2 45 unter dem Titel: Berechnung der Planetenbahnen.

7605. **E. van Gompel,** Jupiter, de reuzin onder de planeten. Heelal 7 5—6.

7606. **M. A. Kljakotko,** Über die Höhenverteilung verschiedener Jupitergebilde. Astr Circ UdSSR Nr. 111 S. 11—12 (russisch). — In Anlehnung an die Beschreibung eines weißen Flecks wird der Schluß gezogen, daß die dunklen Jupiterstreifen größere Höhen in der Jupiteratmosphäre besitzen als die hellen. Loh.

7607. **E. Mädlow,** Periodizität der Oberflächengebilde auf Jupiter. Sternenwelt 3 101—104, mit 1 Abb. = Mitt. Archenhold-Sternw. Nr. 22.

* * **E. Mädlow,** Zur Beobachtung des Planeten Jupiter 1951. Vgl. Ref. 2049.

* * **P. Muller,** Observations par la double image des occultations par la Lune et de certains phénomènes des satellites de Jupiter. Vgl. Ref. 2409.

7608. **W. F. Proskurin, T. I. Maschinskaja,** Heliozentrische Bahnkoordinaten von Jupiter. BIA 5 55—68 (russisch).

7609. **A. T. Tschekirda,** Die Helligkeitsverteilung auf der Jupiterscheibe im roten, gelben und grünen Licht. Publ. Astr. Obs. Charkow 1 (9) 25—28 (russisch).

Jupitermonde

7610. **F. Koebcke,** Photographic observations of Jupiter's satellites. Bull. Soc. Sci. Lettres Poznań (B) 11 163—164 = Poznań Repr. Nr. 26. — Die Beobachtungen sollen nur Versuchszwecken dienen; der Gedanke ist, die Jupitermonde zur Ableitung genauer Jupiterörter zu beobachten und diese wie jene von Kleinen Planeten für den in der Sowjetunion vorbereiteten Katalog schwacher Sterne zu verwenden. T. L.

7611. **Jupitermond I—IV**
NAZ 5 30. Helligkeitsbeobachtungen. H. Auzinger.

7612. **Jupitermond III**
Strolling Astronomer 5 Nr. 3 S. 1, mit 1 Fig. Jupiter III. T. R. Cave.
Strolling Astronomer 5 Nr. 7 S. 9—10, mit 1 Fig. E. J. Reese.

7613. Jupitermond V

F. J. Kerr, F. L. Whipple, Possible explanations of the secular acceleration of Phobos and Jupiter V. AJ **56** 131. — Ref. AAS.

7614. Jupitermond VIII

Astr Circ UdSSR Nr. 117 S. 3 D. Kulikow. — Ephemeride.

7615. Jupitermond IX

S. Herrick, 1951 Ephemeris of Jupiter's ninth satellite. Publ ASP **63** 88—89. — 1951 Juli 3 bis Dezember 10.

7616. Jupitermond X

NAZvM Nr. 134. Jupiter X. — Örter.

7617. Jupitermond XII

BAA Circ 328 = MN ASSA **10** 105. Jupiter — new satellite (?).
BSAF **65** 407. Est-ce un nouveau satellite à Jupiter?
Coelum **19** 177. Un nuovo satellite di Giove?
Gaz astr **33** 116—118. Le douzième satellite de Jupiter. R. Sommer.
Harv Card 1147. New satellite of Jupiter.
Harv Card 1151. Jupiter's new satellite.
Harv Card 1152. Jupiter XII.
Harv Card 1153. Jupiter's new? satellite.
Harv Card 1154, 1155, Jupiter's satellites.
Harv Card 1156. Jupiter XII. — Elemente, Ephemeride.
Harv Card 1160. Jupiter XII. — Ort, Elemente.
Harv Card 1161. Jupiter XII. — Ephemeride.
Harv Card 1163. Jupiter XII. — Ort.
Hemel en Dampkring **49** 195. De twaalfde maan van Jupiter ontdekt?
J RAS Canada **45** 254. Twelfth satellite of Jupiter.
Kop Akt Medd 346. Ny Jupitermåne?
NAT **1951** 150. Ny Jupiterdrabant.
NAZ **5** 34. Ein neuer Jupiter-Satellit?
NAZ **5** 37. Ein neuer Jupiter-Satellit?
NAZ **5** 42. Jupiter XII.
NAZvM Nr. 134. Ein neuer Jupiter-Satellit? Jupiter XII.
Obs **71** 248. New satellite of Jupiter.
Orion Schaffhausen **3** 336. Entdeckung eines 12. Jupiter-Trabanten.
Pop Astr **59** 498. New satellite of Jupiter.
Publ ASP **63** 297—299. An unidentified object near Jupiter, probably a new satellite. S. B. Nicholson.
Sky and Telescope **11** 10. Probable Jupiter satellite discovered.
Sterne **27** 213. Ein zwölfter Jupitermond?
UAI Circ 1328. New Jupiter satellite?
UAI Circ 1332. Jupiter's new (?) satellite.
UAI Circ 1333. Jupiter's satellite.
UAI Circ 1334. Jupiter XII. S. Herrick. — Elemente, Ephemeride.
UAI Circ 1335. Jupiter XII. L. E. Cunningham, A. G. Mowbray. — Örter, Elemente, Ephemeride.

§ 77

Saturn

7701. **Astrometrische Beobachtungen**

Mem SA It (NS) **22** 89—97 = Oss. Astr. Roma-Gran Sasso Contr. Sci. (NS) Nr. **165**. Posizioni di pianeti e pianetini ed occultazioni lunari osservate nel 1950. G. Armellini-Conti. — α.

Observations made at The Royal Observatory, Greenwich, in the year 1937, A 21. — α, δ. Durchmesser.

Desgl. für 1938, A 21. — α, δ. Durchmesser.

TAB (2) Nr. **38** S. 257—264. Vgl. Ref. **6001**.

7702. **Physische Beobachtungen**

BAA Circ 313, 1950 = BSAF **64** 30, 1950.

El Universo **49** Nr. 16 S. 57—60, mit 1 Abb. — Bericht über Beobachtungen 1948—1950 mit 10 Zeichnungen.

NAT **1951** 116, mit 1 Abb. J. Heikinheimo. — Zeichnung 1951 März 17.

National Obs. Athen Bull. Astr. Inst. 1951 S. 36. Saturn apparition 1951. J. E. Focas.

Sterne **27** 27. Interessante Rotationszeit einer dunklen Zone auf Saturn. G. D. Roth.

Sterne **27** 45—46, mit 2 Abb. Saturn 1950 = Mitt. Archenhold-Sternw. Nr. **16**. E. Rohde, G. Schirdewahn.

Strolling Astronomer **5** Nr. 2 S. 15, Nr. 3 S. 10—13, Nr. 4 S. 10—14, Nr. 5 S. 8—14, Nr. 6 S. 11—14, Nr. 7 S. 9—14, Nr. 8 S. 12—16, Nr. 9 S. 9—13, Nr. 10 S. 11—14, Nr. 11 S. 4—9. Observations and comments.

Strolling Astronomer **5** Nr. 3 S. 1, mit 2 Fig. Saturn. L. T. Johnson, T. Cragg.

Strolling Astronomer **5** Nr. 4 S. 1, mit 1 Fig. Saturn. T. Osawa.

Strolling Astronomer **5** Nr. 6 S. 1, mit 2 Fig. Saturn. E. J. Reese, J. C. Bartlett jr.

Strolling Astronomer **5** Nr. 7 S. 1, mit 1 Fig. Saturn. T. Osawa.

Strolling Astronomer **5** Nr. 8 S. 1, mit 2 Fig. Saturn. L. T. Johnson, O. C. Ranck.

Strolling Astronomer **5** Nr. 11 S. 1, mit 2 Fig. Saturn. T. Osawa, G. D. Roth.

7703. **N. P. Barabaschew,** Ergebnisse der Photometrie des Saturn. Publ. Astr. Obs. Charkow **1** (**9**) 11—17 (russisch).

* * **N. P. Barabaschew, A. T. Tschekirda,** Photographische Spektralphotometrie von Venus, Mars, Jupiter und Saturn. Vgl. Ref. **7116**.

7704. **M. S. Bobrow,** Versuch einer Abschätzung der Teilchendimensionen und der Masse der Saturnringe. DAN **77** 581—584 (russisch).

7705. **M. S. Bobrow,** Die Ausmaße der Teilchen und die Masse des Saturnringes. Priroda **40** Nr. 12 S. 35—36 (russisch).

7706. **H. Bucerius,** Über die Entstehung des Saturnringes. Sitzber. Bayer. Akad. Wiss., Math.-naturwiss. Kl. 1951 Nr. 5 S. 35—47, mit 2 Abb. = Mitt. Sternw. München **1** Nr. 4. — Die Saturnringe verdanken ihre Entstehung der Gezeitenwirkung des Planeten auf einen Urmond, wobei infolge der niedrigen Temperatur von 90° K auf diesem Mond damit zu rechnen ist, daß das Material brüchig ist, dem Zerfall von dieser Seite aus also keine Schwierigkeiten entgegen stehen. Verf. leitet dazu die Instabilitätsbedingungen für eine kugelförmige Wolke aus inkohärenter Materie ab und erörtert dann den Auflösungsprozeß des Urmondes. Loh.

7707. **G. M. Clemence,** Comparison of numerical integration of the motion of Saturn with Hill's tables. AJ **56** 35—36. — Ref. AAS.

* * **W. J. Eckert, D. Brouwer, G. M. Clemence,** Coordinates of the five outer planets 1653—2060. Vgl. Ref. **7604**.

7708. **G. R. Goldsbrough,** The stability of saturn's rings. Philos. Trans. Roy. Soc. London (A) **244** 1—17. — Ref. in ZfMG **43** 236—237, Math. Rev. **13** 498.

7709. **E. Mädlow,** Zentralmeridiane für den Planeten Saturn. Astr. Nachrichtendienst Berlin-Treptow **3** 32—36. — Zentralmeridiane für die Beobachtungsperioden 1950 und 1951 (Tabelle 1). Rotationsübersicht für die Meridiane des Planeten Saturn (Tabelle 2 und 3).

7710. **G. D. Roth,** Teilungen der Ringe des Saturn. Sterne **27** 169—170, mit 1 Abb. — Beschreibung der Ringe und Teilungen im Saturnsystem. In einer Tabelle sind ihre Durchmesser in Bogensekunden und Kilometern gegeben.

7711. **B. M. Rubaschew,** Aktive Prozesse in der Saturnatmosphäre. Priroda **40** Nr. 5 S. 51—52 (russisch).

7712. **S. W. Taylor,** On the shadow of Saturn on its rings. AJ **55** 229—230. — Ableitung von Gleichungen für die Begrenzungskurven des von der Erde aus gesehenen Schattens, den Saturn auf seine Ringe wirft. O. G.

7713. Determinación de la rotación de Saturno. El Universo **49** Nr. 16 S. 59—61, mit 1 Abb. — Aus Beobachtungen einer charakteristischen Fleckengruppe 1948—1950 wird eine Rotationsperiode von $10^h\,14^m\,30^s$ berechnet. Gü.

7714. Berichtigung zu den Angaben über den Saturnmond Japetus. NAZ **5** 20.

§ 78

Uranus, Neptun, Pluto, Transpluto

7801. **Uranus. Astrometrische Beobachtungen**

JO **34** 10. Observations méridiennes d'Uranus effectuées à l'Observatoire de Besançon. V. Maitre, J. Loubereau. — α, δ.

Mem SA It (NS) **22** 89—97 = Oss. Astr. Roma-Gran Sasso Contr. Sci. (NS) Nr. **165**. Posizioni di pianeti e pianetini ed occultazioni lunari osservate nel 1950. G. Armellini-Conti. — α.

Observations made at The Royal Observatory, Greenwich, in the year 1937, A 22. — α, δ.

Desgl. für 1938, A 22. — α, δ. Durchmesser.

TAB (2) Nr. **38** S. 257—264. Vgl. Ref. **6001**.

7802. **Uranus. Physische Beobachtungen**

Gaz astr **33** 68—69. Observations d'Uranus et de Neptune en 1949—50. H. Haupt.

Sterne **27** 213. Die Oppositionshelligkeit des Uranus 1951. W. Malsch.

Strolling Astronomer **5** Nr. 4 S. 1, mit 1 Fig. Uranus. D. O'Toole.

Strolling Astronomer **5** Nr. 4 S. 10—14, Nr. 6 S. 11—14, Nr. 7 S. 9—14, Nr. 8 S. 12—16. Observations and comments.
Strolling Astronomer **5** Nr. 7 S. 1, mit 1 Fig. Uranus. T. Saheki.

7803. **D. Brouwer,** Comparison of numerical integration of the motions of Uranus and Neptune with Newcomb's tables. AJ **56** 35. — Ref. AAS.

* * **W. J. Eckert, D. Brouwer, G. M. Clemence,** Coordinates of the five outer planets 1653—2060. Vgl. Ref. **7604**.

7804. **Neptun. Astrometrische Beobachtungen**

BAB **4** Nr. 5 S. 99—105. S. Arend, F. Rigaux. — α, δ.
Mem SA It (NS) **22** 92—93. G. Armellini-Conti. — α, δ.
NAZ **5** 21. Uccle. S. Arend. — α, δ.
Observations made at the Royal Observatory, Greenwich, in the year 1937, A 22. — α, δ.
Desgl. für 1938. A 22. — α, δ.
TAB (2) Nr. **38** S. 257—264. Vgl. Ref. **6001**.

7805. **Neptun. Physische Beobachtungen**

Anzeiger der Österreichischen Akad. Wiss. Math.-naturw. Kl. **1951** 287—288. H. Auzinger, K. Ferrari d'Occhieppo.
DOB **4** Bull. 5 Fasc. 3 S. 1. Résultats d'observations photométriques. Neptune 1949, 1950. R. Bajocchi, W. H. Haas, M. du Martheray, L. Rebuffat, E. J. Reese, R. Rigollet, A. Schmitt.
Gaz astr **33** 68—69. Observations d'Uranus et de Neptune en 1949—50. H. Haupt.
Gaz astr **33** 114—116, mit 1 Fig. Variations d'éclat et rotation de Neptune. R. Sommer.
Mitt. Univ.-Sternw. Wien **5** 119—125. H. Haupt, H. Auzinger. — Helligkeiten.
NAZ **5** 21. H. Auzinger.
Strolling Astronomer **5** Nr. 5 S. 2—4, mit 1 Fig. Observations of the brightness of Neptune. W. H. Haas.
Strolling Astronomer **5** Nr. 10 S. 11—14, Nr. 11 S. 4—9. Observations and comments.

7806. **G. van Biesbroeck,** The orbit of Nereid, Neptune's second satellite. AJ **56** 110—111, mit 1 Fig. — Ref. in Irish AJ **1** 248. — Aufnahmen von 1949 bis 1951 wurden ausgemessen. Eine stark exzentrische Bahn ($e = 0.76$), die in direktem Sinn in 359ᵈ4 durchlaufen wird, mit geringer Neigung gegen die Ekliptik ($i' = 4° 52'$) stellt die gemessenen Örter befriedigend dar. Die vorläufige Lösung macht eine Vergrößerung der Neptunmasse um 3% gegenüber der Bestimmung von Eichelberger und Newton aus Messungen des Triton wahrscheinlich. O. G.

* * **D. Brouwer,** Comparison of numerical integration of the motions of Uranus and Neptune with Newcomb's tables. Vgl. Ref. **7803**.

7807. **C. Cailliatte,** Sur les densités de Neptune et de Pluton. JO **34** 56. — Ref. in BSAF **65** 362.

* * **W. J. Eckert, D. Brouwer, G. M. Clemence,** Coordinates of the five outer planets 1653—2060. Vgl. Ref. **7604**.

7808. **W. M. Tschernow,** Die Helligkeit Neptuns im Jahre 1949. Bull. Astr.-Geod. Ges. UdSSR Nr. **10** (**17**) S. 48—49 (russisch).

7809. Het bestaan van een trans-Neptunische planeet. Heelal **7** 2.

7810. An astronomical might-have-been. JBAA **61** 81—82. — Geschichte der Entdeckung Neptuns.

7811. The telescopic discovery of Neptune. JBAA **61** 166—167.

7812. Orbit of Nereid. Sky and Telescope **10** 237, mit 1 Fig. — Ref. AAS. — Ref. in JBAA **62** 89—90.

7813. **Pluto. Astrometrische Beobachtungen**

Astr Circ UdSSR Nr. 112 S. 1—6. — Kasan. α, δ.
BAB **4** Nr. 5 S. 87—99. S. Arend, F. Rigaux. — α, δ.
JO **34** 67. Positions de Pluton obtenues à l'équatorial photographique de l'Observatoire d'Alger. L. Boyer. — α, δ.
TAB (2) Nr. **32** S. 232. H. Hirose, S. Kaho. — α, δ.
TAB (2) Nr. **39** S. 268. H. Hirose, K. Tomita. — α, δ.
TAB (2) Nr. **40** S. 272. H. Hirose, K. Tomita. — α, δ.
UAI Circ 1316. L. Boyer. — α, δ.

7814. **D. Alter, G. W. Bunton, P. E. Roques,** The diameter of Pluto. Publ ASP **63** 174—176. — Ref. in Irish AJ **1** 247, JBAA **62** 54, Priroda **41** Nr. 7 S. 99—100. — Der Gedanke von Crommelin, daß der kleine scheinbare Durchmesser des Pluto spezieller Reflexion zugeschrieben werden könnte, wurde experimentell geprüft. Es wurden vier Stahlkugeln mit verschieden behandelten Oberflächen unter verschiedenen Beleuchtungsverhältnissen aufgenommen. Die beigefügten Abbildungen zeigen, daß der scheinbare Durchmesser viel zu klein erscheinen kann. Wenn der Durchmesser des Pluto wesentlich größer ist als nach der Messung von Kuiper, kann die aus den Störungen des Uranus und Neptun durch Pluto abgeleitete Masse reell sein, ohne zu einem unwahrscheinlich hohen Dichtewert zu führen. O. G.

* * **W. J. Eckert, D. Brouwer, G. M. Clemence,** Coordinates of the five outer planets 1653—2060. Vgl. Ref. **7604**.

7815. **B. N. Himmelfarb,** Neue Daten über Pluto. Priroda **40** Nr. 3 S. 43—45 (russisch).

7816. **G. Reaves,** Kourganoff's contributions to the history of the discovery of Pluto. Publ ASP **63** 49—60, mit 3 Fig. — Ref. in Irish AJ **1** 219—220, Sterne **28** 245—247. — Kourganoffs Arbeiten «La part de la mécanique céleste dans la découverte de Pluton», BA **12** (AJB **43** Ref. **6003**), und «Nouvelles données sur l'histoire de la découverte de Pluton», Ciel et Terre **60** (AJB **46** Ref. **6003**), werden auszugsweise wiedergegeben. Darin wird die Kritik von Brown, der den Erfolg der Vorausberechnungen von Lowell und Pickering als «zufällig» hingestellt hatte, ins einzelne gehend entkräftet. Größere Störungen des Uranus durch Pluto in Länge vor 1780 und die Genauigkeit der alten Beobachtungen haben den Erfolg ermöglicht. O. G.

7817. Nouvelle valeur du diamètre de Pluton. Annuaire de notre ciel pour l'an 1952. Obs. Astr. Acad. Serbe Sci. **17**. Belgrade, 1951, S. 202 (serbisch mit französischem Ref. S. 237—238).

7818. Nueva determinación del diámetro de Plutón. El Universo **49** Nr. 15 S. 27—28. — Weiterer Bericht über die Untersuchung von Kuiper (vgl. AJB **50** Ref. **7814**).

7819. The discovery of Pluto — accident or result of calculation? JBAA **61** 199—200.

7820. Der Durchmesser von Pluto. Orion Schaffhausen 3 337.

7821. Pluto. Urania Kopenhagen 8 81—84.

Transpluto

* * **E. Hornung,** Das Titius-Bodesche Gesetz und der transplutonische Planet. Vgl. Ref. **7014**.

7822. Vermutungen um einen Trans-Pluto. Orion Schaffhausen 3 244.

Neunter Teil

Kometen. Meteore. Meteorite. Zodiakallicht

§ 80

Kometen im allgemeinen

8001. **F. Baldet,** Le noyau des comètes. BSAF **65** 289—292. — Ref. in Phys. Ber. **31** 146.

* * **C. Biemans,** A la recherche des comètes. Vgl. Ref. **2040**.

8002. **L. Biermann,** Kometenschweife und solare Korpuskularstrahlung. ZfA **29** 274—286. — In langgestreckten Kometenschweifen, die aus Ionen (CO^+ u. a. m.) bestehen, werden oft Beschleunigungen der Schweifelemente beobachtet, welche ihrem Betrage nach die Schwerebeschleunigung der Sonne (0.6 cm sec^{-2} in Erdnähe) um Faktoren der Ordnung 10^1 bis einige 10^3 übertreffen. Derart hohe Beschleunigungen lassen sich nicht auf den Druck der Sonnenstrahlung auf die Moleküle zurückführen. Es wird die Auffassung begründet, daß diese Beschleunigungen durch die Korpuskularstrahlung der Sonne hervorgerufen werden. Das gewonnene Bild wird am Beispiel des Kometen Whipple-Fedtke (1942g) kontrolliert. Verf. (gekürzt)

8003. **N. T. Bobrovnikoff,** Comets. Aus: J. A. Hynek, Astrophysics (Ref. 517), Kapitel 7, 55 S. mit 12 Fig.

8004. **O. W. Dobrowolskij,** Kometenhelligkeit und Sonnenaktivität. Bull. Kommission Sonnenforschung Nr. **5—6** (**19—20**) S. 61—71, 1950 (russisch).

8005. **A. E. Douglas,** Laboratory studies of the 4050 group of cometary spectra. ApJ **114** 466—468, mit 1 Fig. — Ref. in Sterne **28** 153. — Mit großem Auflösungsvermögen und einem Entladungsrohr mit Xenon- und Wasserstofffüllung sowie Kohleelektroden hat Verf. bei λ 4050 eine Bandengruppe festgestellt, die er mit der hier in Kometen beobachteten in Verbindung bringt. Diese Kometenbanden wurden vorübergehend dem CH_2 zugeschrieben. Wahrscheinlich werden sie aber von einem linearen dreiatomigen Molekül ohne Wasserstoffkomponente, z. B. C_3, emittiert, denn sie erscheinen unverändert, wenn an Stelle von Wasserstoff Deuterium in dem Entladungsrohr verwendet wird. Micz.

8006. **E. Etienne, P. Le Goff, B. Rosen,** Etude au laboratoire des conditions d'excitation des bandes d'émission «cométaires». Inst. d'Astrophys. Univ. Liège Coll. 4⁰ Nr. **29**, 3 S. — Mit verschiedenen (spektroskopisch-chemischen Verfahren wird nach dem für die Emission der Kometenbande 4050 verantwortlichen Molekül bzw. Radikal gesucht. Die Verf. finden vorerst, daß CH_2 nicht in Frage kommen kann. Labs

8007. **A. F. I. Forbes,** South Africa's place in cometary discovery. Southern Stars **14** 42—43, 1948 (abstract).

8008. **P. J. D. Gething,** Accretion and the origin of comets. MN **111** 468—477, mit 2 Fig. — Für das Einfangen interstellarer Teilchen durch die Sonne sind, wie gezeigt wird, kleine Dichteasymmetrien in den interstellaren Wolken von wesentlicher Bedeutung, da dadurch das in den Anziehungsbereich der Sonne gelangte Material eine Drehimpulskomponente um die Sonne erhalten kann. Dies läßt erstens verstehen, wie eine Verdichtung im interstellaren Medium — nach Lyttleton der Ausgangspunkt der Kometenbildung — in eine periodische Bahn um die Sonne gelangen kann. Ferner wird durch Berücksichtigung des obigen Effekts der Massenzuwachs der Sonne durch Einfangen interstellarer Materie gegenüber früheren Abschätzungen erheblich verringert, wozu auch der Einfluß von Magnetfeldern auf geladene interstellare Teilchen beiträgt. Kdr.

8009. **P. Goldfinger, P. Le Goff, M. Letort,** Essais d'identification simultanée du radical libre méthylène par les méthodes chimique et spectrographique. J. chim. phys. **47** 866—872, 1950. — Ref. in Phys. Ber. **31** 1263.

8010. **H. Groot,** Kometen en vallende sterren. Vgl. AJB **50** Ref. 8005. — Weitere Besprechung in De Meteoor **7** 6—7.

8011. **C. Hoffmeister,** Das Problem des Ursprungs der Kometen. I. Sterne **27** 189—195. — Verf. gibt einen Überblick über die wichtigsten Hypothesen.

8012. **J. Hunaerts,** Le problème de l'identification des radiations cométaires à partir de spectres synthétiques. Ciel et Terre **67** 185—195, mit 8 Fig. = Commun. Obs. Roy. Belgique Nr. **35.**

8013. **E. N. Kramer,** Die Glaubwürdigkeit des Zusammenhangs von Meteorströmen und Kometen. Astr Circ UdSSR Nr. 117 S. 10—11 (russisch). — Vorläufige Mitteilung über eine statistische Untersuchung.

8014. **R. A. Lyttleton,** On the structure of comets and the formation of tails. MN **111** 268—277, mit 1 Fig. — Ref. in Nature **169** 615—616. — Es wird abgeschätzt, daß die Anziehung der Sonne die Eigengravitation von Kometen im allgemeinen erheblich übersteigen dürfte. Eine Diskussion der Bewegung einzelner Kometenpartikel ergibt hinsichtlich der Gestalt der Kometen, daß diese besonders senkrecht zur Bahnebene dauernden Änderungen unterworfen ist. In Perihelnähe sind zwischen den Teilchen häufige Zusammenstöße zu erwarten, wobei durch Zerstäubung oder Verdampfung das Material für die Bildung von Schweifen geliefert wird. Kdr.

8015. **G. Merton,** Comets and their origin. JBAA **62** 6—22, mit 5 Fig. und 2 Tafeln. — Ref. in Nature **169** 321.

8016. **G. Merton,** Reports on the progress of astronomy: Comets (1950). MN **111** 237—244.

8017. **H. H. Nininger,** Another look at the comet problem. Pop Astr **59** 195—199. — Verf. vertritt die bisherige Ansicht über die meteoritische Zusammensetzung der Kometenköpfe gegenüber den neuen Theorien, daß zwischen den atmosphärischen Erscheinungen der kometarischen Meteorschwärme und den aufgefundenen Meteoriten kein Zusammenhang bestehe. Es wird gezeigt, daß die beiden Haupteinwände gegen die bisherige Theorie, das Fehlen von Beobachtungen niedergegangener Meteorite während der Meteorschauer und von festgestellten Veränderungen auf der Mondoberfläche, nicht stichhaltig sind. T. L.

* * **J. H. Oort,** Origin and development of comets. Vgl. Ref. 5522.

8018. **J. H. Oort, M. Schmidt,** Differences between new and old comets. BAN **11** 259—269, mit 4 Fig. — Neue Kometen, die also der Sonne noch nie näher als 20 AE gekommen sind, unterscheiden sich von denen, die schon öfter in Sonnennähe gewesen sind, in dreierlei Hinsicht. 1. Die Häufigkeit von ursprünglichen Bahnen mit $1/a$ unter 0.00050 ist viel größer als einem semistationären Zustand entspricht. 2. Neue Kometen mit $q > 1$ AE heben sich durch ein ungewöhnlich starkes kontinuierliches Spektrum hervor. 3. In photometrischer Hinsicht zeichnen sie sich durch die Langsamkeit aus, mit der ihre Helligkeit in Abhängigkeit von der heliozentrischen Entfernung variiert. Die der Desorption proportionale Konstante B (vgl. Ref. **8023**) ist für die neuen Kometen wesentlich kleiner als für die alten und periodischen. Loh.

8019. **S. M. Poloskow,** Die Ionisation der Moleküle in den Kometen. AJ UdSSR **28** 373—381, mit 2 Abb. (russisch). — Inhalt: Einleitung; Die Ionisation durch harte, von den obersten Schichten der Sonnenatmosphäre ausgehende Strahlung; Die Lebensdauer der neutralen CO-, N_2-, CH- und CO_2-Moleküle im ultravioletten Strahlungsfeld der Chromosphäre und Korona; Die Ionisationsgleichung für den photochemischen Kern; Der photochemische Kern und seine Bildung. Loh.

8020. **S. M. Poloskow,** Die Dichte der Materie in den Kometenköpfen und -schweifen, die Masse des gasförmigen Anteils in den Kometen und die Masse der Kometen. Mitt. Astr. Sternberg-Inst. Nr. **60** S. 3—13 (russisch).

* * **A. Przybylski,** Use of prediscovery observations. Vgl. Ref. **4515.**

8021. **M. Pstrzoch-Karpowicz,** Komety i gwiazdy spadające. Warszawa, 1950. 116 S. mit 62 Abb. — Besprechung in AJ UdSSR **28** 192—193 (I. S. Astapowitsch, russisch).

8022. **H. van Schewick,** Kometenfurcht — Kometenschicksal. Kevelaer, Rhld., Verlag Butzon & Bercker, 1951. Berckers kleine Volksbibliothek Nr. 1014. 31 S. Preis DM 0.25. — Besprechung in Sterne **27** 217 (N. Richter).

8023. **M. Schmidt,** The variation of the total brightness of comets with heliocentric distance. BAN **11** 253—258. — Auf Grund einer von Lewin 1943 angegebenen Formel (vgl. AJB **46** Ref. **6512**) kann man der Beziehung zwischen Helligkeit m' und heliozentrischer Distanz r eines Kometen die Form $m' = A + B\sqrt{r}$ geben. Die auch physikalisch sinnvollen Konstanten A und B, die zu den üblichen Parametern in einer bestimmten Beziehung stehen, werden für zahlreiche Kometen ab 1853 II ermittelt. Loh.

8024. **P. Swings,** La physico-chimie des comètes. Inst. d'Astrophys. Univ. Liège Mém. 8⁰ Nr. **337,** 15 S. — Bericht über einen Vortrag, in dem die empirischen Ergebnisse der Analyse der Kometenspektren hinsichtlich der chemischen Zusammensetzung der Kometen resumiert und einige damit zusammenhängende Probleme kurz erörtert werden. Kdr.

8025. **F. L. Whipple,** Comets and the zodiacal light. AJ **56** 51. — Ref. AAS.

8026. **F. L. Whipple,** A comet model. II. Physical relations for comets and meteors. ApJ **113** 464—474 = Harv Repr Nr. **349.** — Ref. in Coelum **19** 135—136 unter dem Titel: Una nuova teoria sulla natura delle comete. — Nach Abschätzung oberer Grenzen für die Radien einiger Kometen und kurzer Diskussion des Ursprungs und der Zusammensetzung der Kometen auf Grund des in I (ApJ **111** 375, AJB **50** Ref. 8026) vorgeschlagenen Kometenmodells wird gezeigt, daß der unter Sonneneinfluß verdampfende eisförmige Teil eines Kometenkerns beim Ausströmen auf die meteoritische Komponente Kräfte ausübt, die besonders in Perihelnähe zum Abstoßen von meteoritischen Partikeln führen können mit Geschwindigkeiten, die um so größer sind, je größer der Kometenkern. Die daraus folgenden Beziehungen zwischen Kometen und Meteorströmen werden erörtert. Kdr.

8027. **S. K. Wsechswjatskij,** Abschätzung der Zahl und Gesamtmasse der Kometen, die sich im Sonnensystem gebildet haben. Astr Circ UdSSR Nr. 115 S. 6—8 (russisch). — Nach einer Abschätzung der unteren Grenze der Gesamtmasse der Kometen von 10^{29} Gramm wird gezeigt, daß die beobachteten Kometen nicht vom Zerfall eines Planeten herrühren können. Die kometenbildenden (vulkanischen) Prozesse waren im Sonnensystem vor zehn oder hundert Millionen Jahren weitaus stärker als heute. Loh.

8028. The diameters and photometric properties of cometary nuclei. Irish AJ **1** 164—165.

8029. Comets and weather. JBAA **61** 162—163.

8030. Dr. J. Jackson on comets (Extract from Presidental Adress, Astronomical Society of South Africa). Southern Stars **14** 40—42, 1948.

8031. Komet Wolf I und die Herkunft der kurzperiodischen Kometen. Sternenwelt **3** 233.

§ 81

Einzelne Kometen

Anmerkung:

Bei den von Referat 8113 ab aufgeführten Kometen sind die Abkürzungen der Beobachtungsorte dieselben wie im Nachweis der Beobachtungen der Kleinen Planeten, vgl. Ref. 7562.

8101. **F. Baldet,** Liste générale des comètes de l'origine à 1948. Paris, Gauthier-Villars. Extrait de l'Annuaire du Bureau des Longitudes pour l'an 1950. — Ref. in BSAF **65** 172—173, Sky and Telescope **10** 144.

8102. **J. Bouška,** Magnitudes absolues de vingt comètes. Ann d'Astrophys **14** 313—314. — Verf. berechnet für zwanzig in den Jahren 1941—1949 erschienene Kometen die für Sonnenentfernung $r = 1$ und Erdentfernung $\Delta = 1$ geltende Helligkeit sowie den Exponenten n, der die durch r^n bestimmte Helligkeitsabnahme mit wachsender Sonnenentfernung approximiert. Beide Größen schwanken von Komet zu Komet in weiten Grenzen. Micz.

8103. **J. Bouška,** Cometary study VIII. Absolute brightness of the comets 1946h, 1948h, 1948k, 1949a, 1949c and 1949e. BAC **2** 148—150, mit 1 Fig.

8104. **J. Bouška,** Cometary study IX. Absolute brightness of the comets 1948b, 1948d, 1948i, 1948n and 1949d. BAC **2** 183—185.

8105. **W. P. Konoplewa,** Über die Helligkeitsänderungen der kurzperiodischen Kometen Brorsen 1 und Brooks 2. Astr Circ UdSSR Nr. 115 S. 2—4 (russisch). — Im ersten Fall ergab sich aus den Oppositionen zwischen 1846 und 1879 eine Helligkeitsabnahme um etwa $1—2^m$, im zweiten Fall zwischen 1889 und 1946 etwa $3—4^m$. Loh.

8106. **E. N. Kramer,** Über die Berechnung der engsten Annäherung der Erd- und Kometenbahnen. Nachr. turkmen. Abteilung Akad. Wiss. UdSSR Nr. **3** S. 95—96, 1950 (russisch).

8107. **H. Krumpholz,** Aussehen und Helligkeiten der Kometen. Anzeiger der Österreichischen Akad. Wiss. Math.-naturw. Kl. **1951** 21—23 = Mitt. Univ.-Sternw. Wien **5** Nr. 2 S. 16—18. — Betrifft die Kometen: 1944b, 1946a, 1946c, 1946h, 1946k, 1947c, 1947i, 1947k, 1948a, 1948d, 1948g, 1948i, 1950b.

8108. **M. Protitch,** Comètes observées en 1950. Annuaire de notre ciel pour l'an 1952. Obs. Astr. Acad. Serbe Sci. **17** Belgrade, 1951, S. 183—187, mit 1 Fig. (serbisch mit französischem Ref. S. 236—237).

8109. **N. Richter,** Periodische Kometen, deren Beobachtung im Jahre 1951 zu erwarten ist. Sterne **27** 99—100.

8110. **W. B. Roos,** Estudio sobre Cometas, II. El Cometa De Chéseaux de 1744. El Universo **49** Nr. 15 S. 15 — 18. — Spanische Übersetzung von ebd. **48** Nr. 14 S. 113—119 (vgl. AJB **50** Ref. 8106).

8111. **F. J. Sigel,** Die Schweiftypen einiger Kometen. Bull. Astr.-Geod. Ges. UdSSR Nr. **10** (**17**) S. 10—18, mit 2 Abb. (russisch). — Für 21 Kometen zwischen 1874 III und 1942 g werden in Ergänzung einer Arbeit von S. W. Orlow über 35 Kometen (vgl. AJB **46** Ref. **6517**) Schweiftyp und für einen Teil von ihnen Kopftyp und absolute Helligkeit gegeben. Loh.

8112. Die Kometen der zweiten Hälfte des Jahres 1951. Astr Circ UdSSR Nr. 120 S. 3—5 (russisch).

Kometen. Gruppe (1)[1]

8113. D'Arrestscher Komet (1950a = 1943 III)

Beobachtung: UC **6** Nr. 111 S. 10 Joh. LOB Nr. 525 S. 75 MtH
Ephemeride: Harv Card 1067 (1950)
Physische Beobachtung: LOB Nr. 525 S. 75, Pop Astr **59** 166, Publ ASP **63** 42

8114. Brorsenscher Komet (1879 I = 1873 VI)

W. P. Konoplewa, Über Helligkeitsänderungen der kurzperiodischen Kometen Brorsen$_1$ und Brooks$_2$. Astr Circ UdSSR Nr. 115 S. 2 (russisch).

8115. Zweiter Brooksscher Komet (1946 e = 1946 IV)

Beobachtung: JO **34** 2 Alg
Vgl. auch Ref. 8114.

8116. Comas Soláscher Komet (1951 h = 1944 II)

Auffindung: L. E. Cunningham, Mt. Wilson, 1951 Juli 7
Anzeige: Astr Circ UdSSR Nr. 120 S. 3, BAA Circ 327, Harv Card 1135, Kop Akt Medd 345, NAZ **5** 25, UAI Circ 1320
Beobachtung: Harv Card 1135, UAI Circ 1320, 1333 MtW
Ephemeride: Harv Card 1135, UAI Circ 1320, 1321, 1336
Physische Beobachtung: BAA Circ 327, Harv Card 1135, Pop Astr **59** 450

8117. Danielscher Komet (1950 d = 1943 IV)

Beobachtung: LOB Nr. 525 S. 76 MtH
Physische Beobachtung: LOB Nr. 525 S. 76, Pop Astr **59** 166, Publ ASP **63** 42, 154

[1]) Vgl. AJB 48 S. 210 Anmerkung.

8118. Enckescher Komet (1950 e = 1947 XI)[2])

Beobachtung: Astr Circ UdSSR Nr. 109 S. 1, Nr. 116 S. 1—3, Nr. 117 S. 1—2, Nr. 119 S. 1 AlA. UAI Circ 1314 Joh. Astr Circ UdSSR Nr. 110 S. 2 Kas. LOB Nr. 525 S. 76 MtH. Anzeiger der Österreichischen Akad. Wiss. Math.-naturw. Kl. **1951** 12—23 = Mitt. Univ.-Sternw. Wien **5** Nr. 2 Wie

Elemente: Japan Astr. Study Association Circ. Nr. 101

Ephemeride: Astr Circ UdSSR Nr. 109 S. 3, BAA Circ 321, Kop Akt Medd 339

Physische Beobachtung: Astr Circ UdSSR Nr. 110 S. 1, Nr. 115 S. 4, Nr. 116 S. 6, Coelum **19** 110, LOB Nr. 525 S. 76, Orion Schaffhausen **1951** Nr. 30 S. 215, Nr. 31 S. 250, Pop Astr **59** 110, 223, Publ ASP **63** 42, 154, Southern Stars **15** 69—71

Notiz: Astr Circ UdSSR Nr. 111 S. 4

Aufnahme: Pop Astr **59** 109. — 1951 Jan. 10

H. Krumpholz. Vgl. Ref. 8107.

E. Lebon, Note sur la température de la comète de Encke. Bull. Soc. Roy. Sci. Liège Nr. 1 S. 48—59 = Inst. d'Astrophys. Univ. Liège Mém. 8° Nr. **330**. — Die Methode von Minnaert und Richardson zur Temperaturbestimmung liefert bei Encke in der Nähe des Perihels praktisch gleiche Werte (etwa 470°). Die Größenordnung der vom Kometen absorbierten Wärmemenge L wird zu $5200 \leq L \leq 6000$ cal/mol abgeschätzt. Fast gleiche Werte erhielt Minnaert für den Kometen Halley. Labs

M. Plavec, Comets ever unknown. RH **32** 55—58. — Über die Ursache der Verkürzung der Umlaufszeit des Enckeschen Kometen. J. B.

DOB **4** Bull. 1 Fasc. 3 S. 1—2. L'actuel retour de la comète Encke (1950e).

DOB **4** Bull. 2 Fasc. 3 S. 1—4. Notes sur la comète Encke.

JBAA **61** 91. The orbit of Encke's comet, 1950e.

8119. Fayescher Komet (1947 f = 1947 IX)

Beobachtung: JO **34** 3 Alg

W. F. Shewershejew, Die Bahn des Kometen Faye nach Beobachtungen in den Jahren 1932—33 und 1939—40. Leningrad, Astr. Hauptobs. Akad. Wiss. UdSSR, 1950. 8 S. (russisch). — Dissertationsreferat.

W. I. Tscherednitschenko, Die säkulare Helligkeitsänderung des kurzperiodischen Kometen Faye. Astr Circ UdSSR Nr. 116 S. 7—8 (russisch). — Von 1843 bis 1947 nahm die Helligkeit des Kometen um fünf bis sechs Größenklassen ab.

8120. Giacobini-Zinnerscher Komet (1946 c = 1946 V)

Beobachtung: JO **34** 1 Alg. Anzeige der Österreichischen Akad. Wiss. Math.-naturwiss. Kl. **1951** 12—23 = Mitt. Univ.-Sternw. Wien **5** Nr. 2 Wie

H. Krumpholz. Vgl. Ref. 8107.

8121. Grigg-Skjellerupscher Komet (1947 a = 1947 II)

Beobachtung: JO **34** 3 Alg

Elemente: UAI Circ 1336

Ephemeride: Astr Circ UdSSR Nr. 120 S. 5, BAAH 1951, 1952, UAI Circ 1324, 1336

8122. Kopffscher Komet (1951 e = 1945 V)

Auffindung: H. M. Jeffers, Mt. Hamilton, 1951 April 12. Unabhängig aufgefunden von M. J. Bester und E. L. Johnson, Bloemfontein, April 12*).

Anzeige: Astr Circ UdSCR Nr. 113—114 S. 3, BAA Circ 325, Harv Card 1122, Kop Akt Medd 343, NAZ **5** 13, UAI Circ 1310

Beobachtung: Astr Circ UdSSR Nr. 117 S. 2 AlA. UAI Circ 1311*), 1318, 1322

[2]) In Astr Circ UdSSR mit Komet Encke-Backlund bezeichnet.
*) Berichtigung in UAI Circ 1314.

Blf. UAI Circ 1325, 1327, 1332 Joh. LOB Nr. 525 S. 76, UAI Circ 1315 MtH
Elemente: Astr Circ UdSSR Nr. 115 S. 2, BAA Circ 325, BAAH **1951**, NAZ **5** 1, UAI Circ 1314, 1335
Ephemeride: Astr Circ UdSSR Nr. 115 S. 2, NAZ **5** 1, UAI Circ 1299, 1314, 1334
Physische Beobachtung: LOB Nr. 525 S. 76, Obs **71** 206, Pop Astr **59** 337
Notiz: Astr Circ UdSSR Nr. 109 S. 5

8123. **Dritter Neujminscher Komet** (**1951 g** = **1929 III**)

Auffindung: L. E. Cunningham, Mt. Wilson, 1951 Mai 4
Anzeige: Astr Circ UdSSR Nr. 115 S. 1—2, BAA Circ 325, 326, Harv Card 1127, Kop Akt Medd 344, NAZ **5** 13, UAI Circ 1313
Beobachtung: LOB Nr. 525 S. 77 MtH
Elemente: BAAH **1951**, NAZ **5** 13
Ephemeride: Astr Circ UdSSR Nr. 109 S. 1—2, BAAH **1951**, UAI Circ 1294 (1950), 1328
Physische Beobachtung: LOB Nr. 525 S. 77

8124. **Otermascher Komet** (**1942 VII**)

Beobachtung: JO **34** 8 Alg. Astr Circ UdSSR Nr. 112 S. 6 AlA. UAI Circ 1311, 1318, 1322 Blf. LOB Nr. 525 S. 75 MtH
Ephemeride: Astr Circ UdSSR Nr. **109** S. 5, BAAH **1952**, UAI Circ 1339
Physische Beobachtung: Astr Circ UdSSR Nr. 116 S. 1—3, LOB Nr. 525 S. 75, Pop Astr **59** 166, Publ ASP **63** 42

8125. **Pons-Winneckescher Komet** (**1951 c** = **1945 IV**)

Auffindung: L. E. Cunningham, Mt. Wilson, 1951 Febr. 3. G. van Biesbroeck, Fort Davis, 1951 Febr. 7
Anzeige: Astr Circ UdSSR Nr. 111 S. 3—4, BAA Circ 324, Harv Card 1115, Kop Akt Medd 342, NAZ **5** 5, UAI Circ 1302
Beobachtung: Harv Card 1115 FtD. UAI Circ 1325, 1327, 1332 Joh
Elemente: BAA Circ 324, NAZ **5** 5
Ephemeride: Astr Circ UdSSR Nr. 109 S. 2—3, Nr. 117 S. 2—3, NAZ **5** 5, UAI Circ 1312
Physische Beobachtung: BAA Circ 324, Harv Card 1115, Publ ASP **63** 154
Notiz: BAA Circ 324
Karte: DOB **4** Bull. Nr. 3 Fasc. 1

L. J. Ananjewa, Die Bewegung des Kometen Winnecke und die Methodik zur Berechnung der Störungen der Kometen. Kasan, 1950. 8 S. (russisch). — Dissertationsreferat.

8126. **Schaumassescher Komet** (**1951 l** = **1943 V**)

Auffindung: L. E. Cunningham, Mt. Wilson, 1951 Sept. 30
Anzeige: Astr Circ UdSSR Nr. 120 S. 4, BAA Circ 328, Harv Card 1148, Kop Akt Medd 346, NAZ **5** 33, UAI Circ 1329
Beobachtung: LOB Nr. 525 S. 77 MtH
Elemente: NAZ **5** 29
Ephemeride: Astr Circ UdSSR Nr. 116 S. 4, Nr. 120 S. 4, Harv Card 1148, NAZ **5** 29, UAI Circ 1311, 1329
Physische Beobachtung: Harv Card 1148, LOB Nr. 525 S. 77, Obs **71** 245
Physische Ephemeride: DOB **4** Bull. 12 Fasc. 3

DOB **4** Bull. 12 Fasc. 3 S. 1—4, mit 1 Fig. Comète périodique Schaumasse 1951l.

8127. **Erster Schwassmann-Wachmannscher Komet** (**1941 VI** = **1925 II**)

Beobachtung: LOB Nr. 525 S. 75 MtH

Ephemeride: Astr Circ UdSSR Nr. 110 S. 3, BAAH **1952**, NAZ **5** 41, UAI Circ 1336, 1338
Physische Beobachtung: LOB Nr. 525 S. 75, Pop Astr **59** 166, Publ ASP **63** 42

8128. **Zweiter Tempelscher Komet** (**1951 d** = **1946 III**)
Auffindung: L. E. Cunningham, Mt. Wilson, 1951 Febr. 3
Anzeige: Astr Circ UdSSR Nr. 111 S. 3—4, BAA Circ 324, Harv Card 1115, Kop Akt Medd 342, NAZ **5** 5, UAI Circ 1302
Beobachtung: JO **34** 1 Alg. UAI Circ 1325, 1327, 1332 Joh. LOB Nr. 525 S. 76 MtH
Elemente: BAA Circ 324, NAZ **5** 5
Ephemeride: Astr Circ UdSSR Nr. 109 S. 4
Physische Beobachtung: LOB Nr. 525 S. 76, Pop Astr **59** 224, 387, Publ ASP **63** 154
Notiz: BAA Circ 324
Karte: DOB **4** Bull. Nr. 3 Fasc. 1

8129. **Tuttle-Giacobini-Kresákscher Komet** (**1951 f** = **1907 III** = **1858 III**)
Entdeckung: L. Kresák, Skalnaté Pleso, 1951 April 24
Anzeige: Astr Circ UdSSR Nr. 113—114 S. 1, BAA Circ 325, Harv Card 1125, Kop Akt Medd 343, NAZ **5** 13, UAI Circ 1311
Beobachtung: Astr Circ UdSSR Nr. 115 S. 1, Nr. 116 S. 1 Aba. Astr Circ UdSSR Nr. 113—114 S. 1—2 Kas. LOB Nr. 525 S. 76 MtH. Harv Card 1126, UAI Circ 1312 Poz. UAI Circ 1313, 1316, 1333 SPl. NAZvM 114 Son. Harv Card 1126 Was. Harv Card 1126, 1127 WiB
Elemente: Astr Circ UdSSR Nr. 113—114 S. 2, BAA Circ 325, Harv Card 1127, 1137, UAI Circ 1313, 1316, 1321
Ephemeride: Astr Circ UdSSR Nr. 113—114 S. 2, Nr. 116 S. 3, BAA Circ 325, Harv Card 1127, 1138, Kop Akt Medd 344, UAI Circ 1313, 1315, 1316, 1317, 1319, 1321
Physische Beobachtung: BAA Circ 325, LOB Nr. 525 S. 76, Obs **71** 124, Pop Astr **59** 337, 387, 451
Identität: Astr Circ UdSSR Nr. 113—114 S. 2, BAA Circ 325, 326, Harv Card 1127, Kop Akt Medd 344, NAZ **5** 13, UAI Circ 1313
Aufnahme: Pop Astr **59** 338
L. E. Cunningham übernimmt die definitive Bahnbestimmung. NAZ **5** 19, UAI Circ 1314

8130. **Whipplescher Komet** (**1947 g** = **1941 III**)
Beobachtung: JO **34** 4 Alg

8131. **Erster Wolfscher Komet** (**1950 c** = **1942 VI**)
Beobachtung: LOB Nr. 525 S. 75 MtH
Physische Beobachtung: LOB Nr. 525 S. 75, Publ ASP **63** 42, Sternenwelt **3** 233. Vgl. Ref. **8031**.

Kometen. Gruppe (2)[3]

8132. **Komet 1911 IV** (= **1911 g**) **Beljawsky**
C. Grubissich, Orbita definitiva della cometa 1911g (Beljawsky). Mem SA It (NS) **22** 251—267 = Pubbl. Oss. astr. Padova Nr. **97**.

[3]) Vgl. AJB **48** S. 210 Anmerkung.

8133. **Komet Schajn-Comas Solá 1925 VII (= 1925 a)**

W. W. Sack, D. K. Kulikow, Bestimmung der definitiven Bahn des Kometen 1925 VII (Schajn-Comas Solá). BIA **4** 431—450 (russisch).

8134. **Komet 1930 V (= 1930 e) Forbes**

E. Senftl, Definitive Bahnbestimmung des Kometen 1930 V Forbes. Sitzber. der Österreichischen Akad. Wiss. Math.-naturwiss. Kl. Abteilung IIa **160** 209—224.

8135. **Komet 1932 I (= 1932 b) Houghton-Ensor**

E. Schrutka-Rechtenstamm, Definitive Bahnbestimmung des Kometen 1932 I (Houghton-Ensor). Sitzber. der Österreichischen Akad. Wiss. Math.-naturw. Kl. Abteilung IIa **160** 225—250.

8136. **Komet 1932 VI (= 1932 g) Geddes**

A. Przybylski, Use of prediscovery observations. Vgl. Ref. 4515.

8137. **Komet 1936 V (= 1937 g) Hubble**

Definitive Elemente: NAZ **5** 33, UAI Circ 1329

8138. **Komet 1939 I (= 1939 a) Kozik-Peltier**

Beobachtung: BAB **4** Nr. 5 S. 105 Ucc

8139. **Komet 1939 III (= 1939 d) Jurlof-Achmarof-Hassel**

Aufnahme: JBAA **62** 6 plate III

W. G. Rijwes, Photometrische Beobachtungen der Kometen 1939d (Jurlof-Achmarof-Hassel) und 1940c (Cunningham). Astr Circ UdSSR Nr. **115** S. 5—6 (russisch).

8140. **Komet 1941 I (= 1940 c) Cunningham**

Aufnahme: Engineering Experiment Station News **23** Nr. 3 S. 14. — 1940 Dez. 24

Vgl. auch vorstehendes Ref.

8141. **Komet 1941 IV (= 1941 c) de Kock-Paraskevopoulos**

Aufnahme: Engineering Experiment Station News **23** Nr. 3 S. 14. — 1941 Febr. 20

8142. **Komet 1941 VII (= 1941 e) Du Toit-Neujmin-Delporte (P)**

Elemente: BIA **5** 42

Ephemeride: BAAH **1952**, BIA **5** 53, UAI Circ 1336

N. F. Bojewa, Der Komet 1941e Du Toit-Neujmin-Delporte. BIA **5** 42—54 (russisch). — Aus hundert Beobachtungen an dreizehn Sternwarten von Juli bis Oktober 1941 werden drei Bahnverbesserungen und eine Ephemeride für 1952 gerechnet.

8143. **Komet 1943 I (= 1942 g) Whipple-Fedtke-Tevsadse**

Physische Beobachtung: Astr Circ UdSSR Nr. **116** S. 5—6

Aufnahme: BSAF **65** 288. — Aufnahme in Juvisy Febr. 2, Jan. 30, Febr. 22

8144. **Komet 1945 I (= 1944 b) Väisälä**

Beobachtung: Anzeiger der Österreichischen Akad. Wiss. Math.-naturwiss. Kl. **1951** 12—23 = Mitt. Univ.-Sternw. Wien **5** Nr. 2 Wie

H. Krumpholz. Vgl. Ref. 8107.

8145. **Komet 1945 II** (= **1945 c**) **Du Toit 2** (**P**)
Elemente und Ephemeride: Japan Astr. Study Association Circ. Nr. 104[4])

8146. **Komet 1946 I** (= **1946 a**) **Timmers**
Beobachtung: JO **34** 1 Alg. Anzeiger der Österreichischen Akad. Wiss. Math.-naturw. Kl. **1951** 12—23 = Mitt. Univ.-Sternw. Wien **5** Nr. 2 Wie
H. Krumpholz. Vgl. Ref. 8107.

8147. **Komet 1946 II** (= **1946 d**) **Pajdusakowa-Rotbart-Weber**
Beobachtung: JO **34** 2 mit Berichtigung S. 67 Alg

8148. **Komet 1946 VI** (= **1946 h**) **Jones**
Beobachtung: JO **34** 2 Alg. Anzeiger der Österreichischen Akad. Wiss. Math.-naturwiss. Kl. **1951** 12—23 = Mitt. Univ.-Sternw. Wien **5** Nr. 2 Wie
J. Bouška. Vgl. Ref. 8103.
H. Krumpholz. Vgl. Ref. 8107.

8149. **Komet 1947 I** (= **1946 k**) **Bester**
Beobachtung: JO **34** 2—3 mit Berichtigung S. 67 Alg. Anzeiger der Österreichischen Akad. Wiss. Math.-naturwiss. Kl. **1951** 12—23 = Mitt. Univ.-Sternw. Wien **5** Nr. 2 Wie
H. Krumpholz. Vgl. Ref. 8107.

8150. **Komet 1947 III** (= **1947 c**) **Bečvář**
Beobachtung: JO **34** 3 Alg. Anzeiger der Österreichischen Akad. Wiss. Math.-naturwiss. Kl. **1951** 12—23 = Mitt. Univ.-Sternw. Wien **5** Nr. 2 Wie
H. Krumpholz. Vgl. Ref. 8107.

8151. **Komet 1947 IV** (= **1947 b**) **Rondanina-Bester**
Beobachtung: JO **34** 3 Alg

8152. **Komet 1947 V** (= **1947 d**) **Bester**
Beobachtung: JO **34** 3 Alg

8153. **Komet 1947 VII** (= **1947 j**) **Reinmuth 2** (**P**)
Beobachtung: JO **34** 4 Alg

8154. **Komet 1947 VIII** (= **1948 k**) **Wirtanen**
Beobachtung: JO **34** 6 Alg
J. Bouška. Vgl. Ref. 8103.

8155. **Komet 1947 X** (= **1947 m**) **Honda**
Beobachtung: TAB (2) Nr. **40** 274 Oka. TAB (2) Nr. **40** 274 SMu

8156. **Komet 1947 XII** (= **1947 n**) **Southern Comet**
Beobachtung: TAB (2) Nr. **40** 272 Tok
Southern Stars **14** 21—22, 1948. The bright comet of 1947, December.

8157. **Komet 1947 XIII** (= **1948 b**) **Wirtanen** (**P**)
J. Bouška. Vgl. Ref. 8104.

---

[4]) Mit Komet Du Toit III (1945 I) bezeichnet.

8158. **Komet 1947 k Bester**
Beobachtung: JO **34** 4 Alg. TAB (2) Nr. **40** 272—273 Tok. Anzeiger der Österreichischen Akad. Wiss. Math.-naturwiss. Kl. **1951** 12—23 = Mitt. Univ.-Sternw. Wien **5** Nr. 2 Wie
Physische Beobachtung: Astr Circ UdSSR Nr. 116 S. 6
H. Krumpholz. Vgl. Ref. 8107.

8159. **Komet 1948 a Mrkos**
Beobachtung: JO **34** 4—5 Alg. TAB (2) Nr. **40** 273 Tok. Anzeiger der Österreichischen Akad. Wiss. Math.-naturwiss. Kl. **1951** 12—23 = Mitt. Univ.-Sternw. Wien **5** Nr. 2 Wie
H. Krumpholz. Vgl. Ref. 8107.

8160. **Komet 1948 d Pajdusakowa-Mrkos**
Beobachtung: JO **34** 5 Alg. Anzeiger der Österreichischen Akad. Wiss. Math.-naturwiss. Kl. **1951** 12—23 = Mitt. Univ.-Sternw. Wien **5** Nr. 2 Wie
J. Bouška. Vgl. Ref. 8104.
H. Krumpholz. Vgl. Ref. 8107.

8161. **Komet 1948 g Honda-Bernasconi**
Beobachtung: JO **34** 5 Alg. TAB (2) Nr. **40** 274 SMu. Anzeiger der Österreichischen Akad. Wiss. Math.-naturwiss. Kl. **1951** 12—23 = Mitt. Univ.-Sternw. Wien **5** Nr. 2 Wie
W. I. Sajko, Photographische Beobachtungen des Kometen Honda-Bernasconi im Jahre 1948. Circ. Astr. Obs. Lwow Nr. 9 S. 17, 1948 (russisch).
H. Krumpholz. Vgl. Ref. 8107.

8162. **Komet 1948 h Wirtanen**
Beobachtung: JO **34** 5 Alg. AJ **56** 100 = Obs. Cordoba Tirada Aparte Nr. **47** BoA. AJ **56** 100 = Obs. Cordoba Tirada Aparte Nr. **47** Cor. UC **6** Nr. 111 S. 10 Joh
Physische Beobachtung: Publ ASP **63** 42
J. Bouška. Vgl. Ref. 8103.

8163. **Komet 1948 i Ashbrook-Jackson (P)**
Beobachtung: JO **34** 6 Alg. Mitt. Astrophys. Obs. Krim **6** 174 Sim. TAB (2) Nr. **40** 273 Tok. Anzeiger der Österreichischen Akad. Wiss. Math.-naturwiss. Kl. **1951** 12—23 = Mitt. Univ.-Sternw. Wien **5** Nr. 2 Wie
J. Bouška. Vgl. Ref. 8104.
H. Krumpholz. Vgl. Ref. 8107.

8164. **Komet 1948 l Eclipse Comet**
Beobachtung: JO **34** 6 Alg. TAB (2) Nr. **39** 267—268, Nr. **40** 274 Tok
Aufnahme: BSAF **65** 318 mit Titelbild des Juli-August-Heftes. — 1948 Nov. 13. JBAA **62** 6 plate II

8165. **Komet 1948 m Bester**
Beobachtung: JO **34** 6 Alg. TAB (2) Nr. **39** 268, Nr. **40** 273 Tok

8166. **Komet 1948 n Honda-Mrkos-Pajdusakova (P)**
Beobachtung: JO **34** 7 Alg. TAB (2) Nr. **40** 274 SMu. TAB (2) Nr. **40** 273 Tok
J. Bouška. Vgl. Ref. 8104.
R. Rigollet, L'essaim météorique des Iota Aquarides (Août) et son association probable avec la comète 1948n. Vgl. Ref. 8280.

8167. **Komet 1949 a Johnson**

Beobachtung: JO **34** 7 Alg. Astr Circ UdSSR Nr. 112 S. 1—6 Kas
Physische Beobachtung: Pop Astr **59** 166, Publ ASP **63** 42
J. Bouška. Vgl. Ref. 8103.

8168. **Komet 1949 c Bappu-Bok-Newkirk**

Beobachtung: JO **34** 7 Alg. Astr Circ UdSSR Nr. 112 S. 1—6 Kas
Physische Beobachtung: Publ ASP **63** 42, 154
J. Bouška. Vgl. Ref. 8103.

8169. **Komet 1949 d Johnson (P)**

Beobachtung: JO **34** 7 Alg
J. Bouška. Vgl. Ref. 8104.

8170. **Komet 1949 e Schajn-Schaldach (P)**

Beobachtung: JO **34** 8 mit Berichtigung S. 67 Alg. Mitt. Astrophys. Obs. Krim **6** 177 Sim. BAB **4** Nr. 5 S. 83 Ucc
Elemente: Mitt. Astrophys. Obs. Krim **6** 178
J. Bouška. Vgl. Ref. 8103.
P. F. Schajn, Die Entdeckung des neuen periodischen Kometen 1949e. Mitt. Astrophys. Obs. Krim **6** 177—178 (russisch).

8171. **Komet 1950 b Minkowski**

Beobachtung: UAI Circ 1299 Alg. Astr Circ UdSSR Nr. 116 S. 2 AlA. UAI Circ 1315 Ath. AJ **56** 100 = Obs. Cordoba Tirada Aparte Nr. **47** Cor. UAI Circ 1299, 1307, 1314, 1318, 1338 Joh. BAN **11** 337—338 Lei. BSAF **65** 260 Spe. BAB **4** Nr. 5 S. 92 Ucc. Anzeiger der Österreichischen Akad. Wiss. Math.-naturwiss. Kl. **1951** 12—23 = Mitt. Univ.-Sternw. Wien **5** Nr. 2 Wie
Elemente: Harv Card 1133
Ephemeride: Astr Circ UdSSR Nr. 109 S. 5—6, Nr. 116 S. 4, Harv Card 1128, 1163, Japan Astr. Study Association Circ. Nr. 94—95, UAI Circ 1315, 1339
Physische Beobachtung: BAA Circ 326, Obs 71 206, Pop Astr **59** 109[5]), 167, 277, 338[6]), 553
Aufnahme: Pop Astr **59** 109. — 1951 Jan. 8
Karte: DOB **4** Bull. 3 Fasc. 1
H. Krumpholz. Vgl. Ref. 8107.
K. M. Yoss, The spectrum of comet Minkowski 1950b. Publ ASP **63** 146—147.

8172. **Komet 1951 a Pajdusakova**

Entdeckung: L. Pajdušáková, Skalnaté Pleso, 1951 Febr. 4
Anzeige: Astr Circ UdSSR Nr. 110 S. 1, BAA Circ 322, Harv Card 1111, Irish AJ **1** 158, Kop Akt Medd 340, NAZ **5** 6, UAI Circ 1300
Beobachtung: Astr Circ UdSSR Nr. 116 S. 1—3 AlA. Harv Card 115 mit Berichtigung in 1122 Blo. Harv Card 1113 Fla. Harv Card 1112, 1114 FtD. NAZvM 106, 110 Fra. UAI Circ 1303 mit Berichtigung in 1309 Gre. Astr Circ UdSSR Nr. 111 S. 1 Kas. Harv Card 1113, Kop Akt Medd 341, UAI Circ 1301 Lon. BAA Circ 322, Kop Akt Medd 341, UAI Circ 1301, 1302 Oxf. UAI Circ 1305, 1308 SPl. Jap. Astr. Study Association Circ. Nr. 96, TAB (2) Nr. **40** 273 Tok. BAB **4** Nr. 5 S. 102, NAZ **5** 6, UAI Circ 1304 Ucc. Harv Card 1114 Was
Elemente: Astr Circ UdSSR Nr. 111 S. 2, BAA Circ 323, 324, Harv Card 1116, 1120, 1122, Jap. Astr. Study Association Circ. Nr. 97, Kop Akt Medd 342, UAI Circ 1302, 1303, 1304, 1305, 1308, 1318

---

[5]) Komet mit 1950a bezeichnet.
[6]) Komet mit 1950c bezeichnet.

Ephemeride: Astr Circ UdSSR Nr. 111 S. 2, Nr. 112 S. 8, BAA Circ 323, 324, Harv Card 1116, 1121, Jap. Astr. Study Association Circ. Nr. 97, Kop Akt Medd 342, UAI Circ 1302, 1303, 1304, 1305, 1308
Physische Beobachtung: BAA Circ 323, 324, BSAF **65** 83, Orion Schaffhausen **31** 247, Pop Astr **59** 164, 223, 277, Publ ASP **63** 154
Karte: DOB **4** Bull. Nr. 3 Fasc. 1 und 3
Aufnahme: Pop Astr **59** 165. — 1951 Febr. 10
Meteorschauer: BAA Circ 327, NAZ **5** 11, 25, 29, Obs **71** 87, UAI Circ 1304. H. Albrecht, J. Herrmann, L. Kresák, W. Malsch, G. Merton, A. V. Nielsen, J. G. Porter, R. Wurster
J. G. Porter, Predicted meteor shower from comet 1951a. BAA Circ 326. DOB **4** Bull. Nr. 8 Fasc. 1. Note sur l'essaim de la comète Pajdusakova 1951a.

8173. **Komet 1951 b Arend-Rigaux (P)**
Entdeckung: S. Arend, F. Rigaux, Uccle, 1951 Febr. 5
Anzeige: Astr Circ UdSSR Nr. 110 S. 1, BAA Circ 323, Harv Card 1113, Kop Akt Medd 341, NAZ **5** 6, UAI Circ 1301
Beobachtung: Astr Circ UdSSR Nr. 110 S. 1, Nr. 111 S. 2—3 Aba. Harv Card 1114, Kop Akt Medd 342, UAI Circ 1302, 1304, 1316 Alg. Astr Circ UdSSR Nr. 111 S. 2—3, Nr. 116 S. 1—3 AlA. Harv Card 1114, 1117, 1118 mit Berichtigung in 1119, UAI Circ 1307 mit Berichtigung in 1308 FtD. Astr Circ UdSSR Nr. 110 S. 2—3, Nr. 111 S. 2—3 Kas. LOB Nr. 525 S. 76 MtH. BSAF **65** 84 Par. NAZvM 106 Son. BSAF **65** 260 Spe. TAB (2) Nr. **40** 273, UAI Circ 1309 Tok. BAB **4** Nr. 5 S. 106—109, mit 1 Fig., NAZ **5** 6, 14, UAI Circ 1302, 1304, 1309, 1311 Ucc. Harv Card 1117 Was
Elemente: Astr Circ UdSSR Nr. 111 S. 2—3, BAA Circ 324, BAB **4** Nr. 5 S. 108, Harv Card 1117, 1123, UAI Circ 1303, 1304, 1311, 1318
Ephemeride: Astr Circ UdSSR Nr. 111 S. 2—3, Nr. 113—114 S. 2—3, BAB **4** Nr. 5 S. 108, Harv Card 1117, 1123, 1124, UAI Circ 1303, 1304, 1310 mit Berichtigung in 1312, UAI Circ 1311
Physische Beobachtung: BSAF **65** 84, DOB **4** Bull. Nr. 3 Fasc. 3, LOB Nr. 525 S. 76, Pop Astr **59** 106, 224, Publ ASP **63** 154
Karte: DOB **4** Bull. Nr. 3 Fasc. 3
Aufnahme: Pop Astr **59** 165. — 1951 Febr. 10
Hinweis auf Ähnlichkeit mit Komet 1916 I Taylor (P): BAA Circ 324, El Universo **49** Nr. 16 S. 62—63, NAZvM 107, Harv Card 1117, UAI Circ 1303

Die definitive Bahnbestimmung des Kometen übernimmt A. Przybylski: BAB **4** Nr. 5 S. 109. Ferner Mitteilung von A. R. Hogg in NAZ **5** 25, UAI Circ 1318.

8174. **Komet 1951 i Wilson-Harrington**
Entdeckung: A. G. Wilson, R. G. Harrington, Mt. Palomar, 1951 Aug. 6
Anzeige: Astr Circ UdSSR Nr. 117 S. 2[7]) mit Berichtigung in Nr. 120 S. 3, BAA Circ 327, Harv Card 1136, Kop Akt Medd 345, NAZ **5** 25, UAI Circ 1321
Beobachtung: UAI Circ 1326 Alg. UAI Circ 1325, 1327, 1332 Joh. LOB Nr. 525 S. 77 MtH. Harv Card 1141, UAI Circ 1323 MtP, MtW. Harv Card 1139, UAI Circ 1322 WiB
Elemente: Astr Circ UdSSR Nr. 120 S. 3, BAA Circ 327, Harv Card 1141, 1157, Pop Astr **59** 451, UAI Circ 1323, 1334
Ephemeride: Astr Circ UdSSR Nr. 120 S. 3, Harv Card 1142, 1144, 1158, Pop Astr **59** 451, UAI Circ 1323, 1334
Physische Beobachtung: BAA Circ 327, Harv Card 1141, LOB Nr. 525 S. 77, Obs **71** 206, Pop Astr **59** 450, UAI Circ 1323
Aufnahme: Pop Astr **59** 450

[7]) Komet mit 1951h bezeichnet.

Identität möglicherweise mit Komet 1949 g Wilson-Harrington (P): Kop Akt Medd 345
MN ASSA **10** 87, A possible naked eye comet.

8175. **Komet 1951 j Arend (P)**

Entdeckung: S. Arend, Uccle, 1951 Okt. 4
Anzeige: Astr Circ UdSSR Nr. 119 S. 2, BAA Circ 328, Harv Card 1147, Kop Akt Medd 346, NAZ **5** 29, UAI Circ 1328
Beobachtung: UAI Circ 1331 Alg. LOB Nr. 525 S. 77 MtH. NAZ **5** 33, 37, 41, UAI Circ 1329, 1331, 1333, 1334, 1338 Ucc
Elemente: Astr Circ UdSSR Nr. 120 S. 4, Harv Card 1151, NAZ **5** 41, UAI Circ 1331, 1337
Ephemeride: Astr Circ UdSSR Nr. 120 S. 4, Harv Card 1151, 1159, UAI Circ 1331, 1334, 1337, 1338
Physische Beobachtung: LOB Nr. 525 S. 77, Pop Astr **59** 551
Aufnahme: Pop Astr **59** 552

8176. **Komet 1951 k Harrington (P)**

Entdeckung: R. G. Harrington, Mt. Palomar, 1951 Okt. 4
Anzeige: Astr Circ UdSSR Nr. 119 S. 2, BAA Circ 328, Harv Card 1149, Kop Akt Medd 346, NAZ **5** 33, UAI Circ 1329
Beobachtung: LOB Nr. 525 S. 77 MtH. Harv Card 1162, UAI Circ 1335 MtP, MtW. NAZ **5** 37, 41, UAI Circ 1333, 1334, 1338 Ucc
Elemente und Ephemeride: Harv Card 1162, UAI Circ 1335
Physische Beobachtung: LOB Nr. 525 S. 77, Obs **71** 244
Identität mit dem Zweiten Wolfschen Kometen (1924 IV bzw. 1925 I), NAZ **5** 41, UAI Circ 1335. (Die Identität wird später von Przybylski angezweifelt).

8177. **Weitere Mitteilungen über Kometen**

Astr. Nachrichtendienst Berlin-Treptow **3** 3, 14—18, 20—21, 27—30, 39, 44, 50, 58, 61, 63—64, 73—74.
BSAF **65** 83—84, 126, 169, 217, 260, 288, 362, 407, 446.
Ciel et Terre **67** 195.
Coelum **19** 23—24, 53, 81, 110, 142, 177. Comete.
DOB **4** Bull. 1—2, Bull. 3 Fasc. 1 und 3, Bull. 6—12 Fasc. 1.
El Universo **49** Nr. 15 S. 28—29, Nr. 16 S. 62—63.
Gaz astr **33** 36—38, 57, 95—96, 119—120.
Heelal **7** 30.
JBAA **61** 91—92, 125—126, 148—150. Comets current (talk).
Japan Astr. Study Ass. Circ. (Nicht referiert).
Meteorbeobachter **1951** Nr. 6 S. 5.
MN ASSA **10** 87.
NAT **1951** 31, 61—62, 111—112, 139. J. M. Vinter Hansen.
NAZvM Nr. 102—108, 110—118, 120, 123, 125—133, 135, 137.
Obs **71** 86—87, 124—125, 205—206, 244—246.
Orion Schaffhausen **3** 206, 207, 215, 245—246, 247, 250, 304, 338.
PAT **32** 62—63, 149—152. Kometer.
Pop Astr **59** 47—48, 109—110, 164—167, 223—224, 277, 337—338, 387—388, 450—451, 491, 551—553, mit 8 Fig. G. van Biesbroeck.
Publ ASP **63** 42, 95—97, 153—154, 209—211. Comet notes. L. E. Cunningham.
Sky and Telescope **10** 65, 102, 152.
Urania Barcelona **36** 176—177.
Urania Kopenhagen 8 47, 62, 134.

8178. **Kometen. Verzeichnis der Sternwarten und Beobachter**

Abastumani	E. K. Charadse, T. A. Kotschlaschwili
Algier	L. Boyer
Alma Ata	L. W. Gulnizkij, S. W. Karjagina, E. N. Lemechowa, S. G. Makower, D. A. Roshkowskij
Athen	G. Adamopoulos
Bloemfontein	M. J. Bester, E. L. Johnson, W. D. Victor
Bloomington	M. Connelly
Bosque Alegre	L. Mainardi, D. McLeish, A. Puch
Cordoba	J. Bobone, L. Mainardi, D. McLeish, A. Puch
Flagstaff	H. L. Giclas
Fort Davis	G. van Biesbroeck, W. Braun
Frauenfeld	E. Leutenegger
Greenwich	A. Hunter
Johannesburg	E. L. Johnson
Kasan	M. T. Jemeljanenko, W. A. Kolytschew, D. J. Martynow, F. K. Ustanowa
Leiden	G. Pels
London	A. Hunter
Mt. Hamilton	M. Jeffers, E. Roemer, S. Vasilevskis
Mt. Wilson and Palomar	L. E. Cunningham, B. J. Franklin, K. L. Franklin, A. Q. Howard, A. G. Mowbray
Okayama[8])	M. Honda
Oxford	G. Merton
Paris	R. Weber
Poznań	Dobrzycki
Seto-Mura[9])	M. Honda
Simeis	P. F. Schajn
Skalnaté Pleso	A. Bečvář, T. Jančik, L. Kresák, A. Mrkos, L. Pajdušáková
Sonneberg	C. Hoffmeister
Spetsai	W. Abbott
Tokyo	H. Hirose, K. Tomita
Uccle	S. Arend, E. Delporte, F. Rigaux
Washington	J. L. Gossner
Wien	H. Krumpholz
Williams Bay	G. van Biesbroeck

8179. **Kometen. Verzeichnis der Berechner**

D. A. Appleby
S. Arend
W. H. F. Calway
M. P. Candy
L. E. Cunningham
W. E. Beart
J. Bobone
N. F. Bojewa
L. Boyer
J. Brady
E. G. Day
C. Dinwoodie
A. D. Dubjago
W. T. Edwards
B. J. Franklin
J. G. Freeman
T. A. Goodchild
V. Harfot
P. Herget
E. Høg
K. Hurukawa
H. Johnson
W. H. Julian
S. Kanda
F. Kępiński
L. Kresák
R. Lelliott
G. Merton
A. G. Mowbray
M. Plavec
J. G. Porter
P. Prêtre
A. Przybylski
N. Sherman
M. Sumner
K. A. Thernöe
J. Vinter Hansen

---

[8]) Kurasiki Observatory, mit Angabe der Koordinaten in TAB (2) Nr. 40 S. 274.
[9]) Hiroshima Prefecture, mit Angabe der Koordinaten in TAB (2) Nr. 40 S. 274.

8180. **Kometen. Verzeichnis der Beobachter physischer Erscheinungen**

G. E. D. Alcock	E. L. Johnson	E. Roemer
A. M. Bacharew	A. Jones	D. A. Roshkowskij
G. van Biesbroeck	G. F. Kellaway	Schaaf
L. Boyer	E. Leutenegger	A. W. Solowjow
L. E. Cunningham	J. Lienhard	W. H. Steavenson
Fulcher	G. Merton	S. Vasilevskis
E. M. Granger	H. Peter	R. Waterfield
W. A. Granger	A. Przybylski	R. Weber
H. M. Jeffers	W. G. Rijwes	J. Widmer

§ 82

Meteore

8201. **A. A. Alexandrowa,** Untersuchung der Helligkeitskurven von Meteoren. Nachr. turkmen. Abteilung Akad. Wiss. UdSSR Nr. **6** S. 92—93, 1950 (russisch).

8202. **M. Almond, J. G. Davies, A. C. B. Lovell,** The velocity distribution of sporadic meteors. I. MN **111** 585—608, mit 12 Fig. und 1 Tafel = Astr. Contr. Univ. Manchester (2) Jodrell Bank Repr. Nr. **52.** — Ref. in Nature **169** 962. — Aus Morgenbeobachtungen im Herbst 1948 und 1949 und aus Abendbeobachtungen im Frühling 1950, ergänzt durch Beobachtungen der Geminiden im Dezember 1949 zur Abschätzung der Meßfehler, wurden nach der Radio-Echo-Methode von Davies und Ellyett (Nature **161** 596, vgl. AJB **48** Ref. 8242) die Geschwindigkeiten sporadischer Meteore bestimmt und ihre Geschwindigkeitsverteilung abgeleitet. Es ergab sich ein nur geringer Prozentsatz an hyperbolischen Geschwindigkeiten unter den sporadischen Meteoren bis zur fünften Größe. Kdr.

8203. **I. S. Astapowitsch,** Über «blaue» Meteorspuren. Astr Circ UdSSR Nr. 121 S. 4—5 (russisch). — Bei Meteorbeobachtungen wurde vom Verf. verschiedentlich vor dem Aufleuchten eines Meteores bei Beginn der Morgendämmerung eine blasse bläuliche Spur wahrgenommen. Nach Basisbeobachtungen zu urteilen, handelt es sich wohl um eine meteorische Erscheinung in größeren Höhen. Loh.

8204. **I. S. Astapowitsch,** Einige physikalische Erscheinungen beim Flug von Meteoren in der Erdatmosphäre. Meteoritika Nr. **7** S. 125—130, 1950 (russisch).

* * **I. S. Astapowitsch,** Gewisse Beziehungen der Sonnenaktivität zu Meteorerscheinungen. Vgl. Ref. **6302.**

8205. **I. S. Astapowitsch,** Mit dem Flug von Boliden verbundene Schallerscheinungen. Meteoritika Nr. **9** S. 71—101 (russisch).

8206. **D. L. Astawin-Rasumin,** Die Schwächung des photographischen Bildes eines Meteores in Abhängigkeit von seiner Winkelgeschwindigkeit. Bull. Astr.-Geod. Ges. UdSSR Nr. **10** (**17**) S. 42—**44**, mit 3 Abb. (russisch). — Verf. berichtet über Laborversuche, in denen er die Schwächung des Bildes eines künstlichen Meteores auf der photographischen Platte in Abhängigkeit von der scheinbaren Geschwindigkeit des Meteores untersuchte. Loh.

8207. **A. M. Bacharew,** Ergebnisse der zwölfjährigen Untersuchungen teleskopischer Meteore am Astronomischen Observatorium Stalinabad. Meteoritika Nr. **7** S. 81—94, 1950 (russisch).

8208. **E. W. M. Blokhuis,** Elke dag één meteoor. Hemel en Dampkring **48** 112, 1950 = Werkgroep Meteoren Med. 18. — Vgl. AJB **50** Ref. 8206.

8209. **Z. Ceplecha,** On the visibility of meteors. BAC **2** 145—148, mit 1 Fig. — Behandelt die Abhängigkeit der Zahl der beobachteten Meteore von ihrer Größe auf Grund eines Beobachtungsmaterials der Tschech. Astr. Ges. aus den Jahren 1947—1949. Vergleich der Resultate mit den Ergebnissen von Öpik. J. B.

8210. **I. Chabib,** Fallende Sterne. Taschkent, Staatsverlag usbek. Sowjetrepublik, 1951. 20 S. mit 7 Abb. Preis 50 Kop. (usbekisch).

8211. **J. N. Chljustow,** Der Einfluß des Fluges heller Meteore auf den Radioempfang. Bull. Astr.-Geod. Ges. UdSSR Nr. **10 (17)** S. 37—38 (russisch). — Ref. in Sternenwelt **4** 149.

8212. **J. Clay, H. F. Jongen, A. J. Dijker,** Increase of cosmic ray intensity in correlation with meteoric activity on Nov. 6—7, 1951. Proc. K. Ned. Akad. Wet. (B) **54** 430—431. — Ref. in Phys. Abstracts (A) **55** 447.

8213. **J. A. Clegg, R. L. Closs,** Plasma oscillations in meteor trails. Proc. Phys. Soc. (B) **64** 718—719, mit 2 Fig. = Astr. Contr. Univ. Manchester (2) Jodrell Bank Repr. Nr. 54. — Die theoretische Deutung der Radiofrequenzechos an Meteorspuren von Lovell und Clegg ging von der Streuung an einzelnen Elektronen in der Meteorspur aus. Wenn die Elektronendichte in einer solchen Spur jedoch von der Größenordnung der für die benützte Wellenfrequenz kritischen Dichte wird, so gilt diese Theorie nur, wenn der elektrische Vektor der gestreuten Strahlung parallel zur Richtung der Meteorspur liegt. In der Ebene senkrecht dazu können durch Plasmaresonanzschwingungen erhebliche Verstärkungen der gestreuten Strahlung auftreten. An zahlreichen Meteorspuren während der Beobachtung der Geminiden 1948 konnte dieser Effekt nachgewiesen werden. Behr

8214. **M. A. Cook, H. Eyring, R. N. Thomas,** The physical theory of meteors. I. A reaction-rate approach to the rate of mass loss in meteors. ApJ **113** 475—481. — Die verallgemeinerte Theorie von Reaktionsgeschwindigkeiten wird zur Berechnung des Massenverlustes von Meteoren beim Eindringen in die Erdatmosphäre benützt, wobei sich Oberflächentemperaturen der Meteore von 2500°—3000° zu Beginn des Aufleuchtens und von etwa 3100° im Helligkeitsmaximum ergeben. Ferner wird ein v^3 proportionales Zusatzglied im Widerstandsgesetz als Folge der Verdampfung des Oberflächenmaterials nachgewiesen und das Auftreten von Helligkeitsausbrüchen längs einer Meteorbahn erörtert. Kdr.

8215. **W. W. Fedynskij,** Himmelssteine — Meteorite und Meteore. Vgl. AJB **50** Ref. 8216. — Auch noch in weiteren regionalen Ausgaben und Landessprachen der UdSSR erschienen.

8216. **W. W. Fedynskij,** Meteorspuren und leuchtende Nachtwolken in den höheren Schichten der Atmosphäre. Meteoritika Nr. 7 S. 95—112, 1950 (russisch).

8217. **J. Feinstein,** The interpretation of radar echoes from meteor trails. J. Geophys. Res. **56** 37—51, mit 5 Fig. — Um die Abhängigkeit der an Meteorspuren beobachteten Radiofrequenzechos von einzelnen Parametern zu untersuchen, wird die Theorie der elektromagnetischen Wellen auf verschiedene zylindersymmetrische Elektronendichteverteilungen in der Spur angewendet. Eingehend betrachtet wird der Fall einer linear radialen Dichteabnahme und der Fall einer konstanten Elektronendichte. Behr

8218. **P. Feneberg,** Über Zusammensetzung, Alter und Herkunft der Meteore. Meteorbeobachter **1951** Nr. 2 S. 3—4, mit Berichtigung in Nr. 3 S. 5.

8219. **P. Feneberg,** Zur Theorie des Leuchtvorgangs bei Meteoriten. Meteorbeobachter **1951** Nr. 3 S. 3—5.

8220. **S. G. Fonk,** Frequentie van de vuurbollen waargenomen tussen 28 Oct. en 11 Nov. 1951. De Meteoor **7** 34, mit 1 Fig.

8221. **W. Gnip, L. Chanina,** Die Methodik zur Bestimmung der Meteorgeschwindigkeiten. Nachr. turkmen. Abteilung Akad. Wiss. UdSSR Nr. **3** S. 73—80 (russisch).

8222. **N. I. Grischin, K. S. Mansurowa,** Photographische Untersuchung von Meteoren durch die Moskauer Abteilung der WAGO in den Jahren 1949—1950. Bull. Astr.-Geod. Ges. UdSSR Nr. **10 (17)** S. 19—27, mit 6 Abb. (russisch). — Um die Arbeiten zur photographischen Untersuchung der Höhen, Geschwindigkeiten und Bahnen von Meteoren fortzusetzen, organisierte die Meteorsektion des Beobachterkollektivs der Moskauer Abteilung der Astr.-Geod. Ges. UdSSR in den Jahren 1949—1950 vier Expeditionen, drei nach Aschchabad und eine nach Simferopol. Im vorliegenden Bericht wird ein Überblick über die Arbeit dieser Expeditionen gegeben und es werden einige Konsequenzen in Bezug auf das Methodische der Meteorphotographie gezogen. Loh.

8223. **N. I. Grischin,** Über Meteorphotographie. Meteoritika Nr. **7** S. 70—76, 1950 (russisch).

8224. **C. D. Gulmedow,** Die tägliche Variation der Meteorfarben. Astr Circ UdSSR Nr. 121 S. 5—6 (russisch). — Kurze Statistik der Beobachtungen von I. S. Astapowitsch während der Jahre 1942—1945. Die relative Zahl weißer Meteore wächst gegen Morgen hin an. Loh.

8225. **N. Herlofson,** Stjärnfallens fysik. PAT **32** 47—54, mit 6 Fig.

8226. **C. Hoffmeister,** Meteor velocities. Obs **71** 34—35. — Die Tatsache, daß mit den Methoden der Radio-Astronomie keine hyperbolischen Meteore gefunden worden sind, obwohl diese durch wenigstens drei verschiedene Methoden gesichert schienen, ist zu erklären. Verf. hatte schon früher gezeigt, daß die Kurven der täglichen Variation der Meteorhäufigkeit nicht allein von der heliozentrischen Geschwindigkeit abhängen. Das Vorwiegen parabolischer Bahnen braucht nicht die Existenz einer interstellaren Komponente der Meteore auszuschließen. Nach theoretischen Untersuchungen von Moissejew ist dabei nur ein sehr kleiner hyperbolischer Flügel der Verteilungskurve der beobachteten Geschwindigkeiten zu erwarten. O. G.

8227. **C. Hoffmeister,** Drei mehrfach beobachtete Meteore. Sterne **27** 9—15.

8228. **L. A. Katassjow,** Bahnbestimmung von Meteoren nach photographischen Aufnahmen am Astronomischen Observatorium Stalinabad. Meteoritika Nr. **7** S. 77—80, 1950 (russisch).

8229. **E. N. Kramer,** Über eine Skala der Meteorgeschwindigkeiten. Astr Circ UdSSR Nr. 118 S. 12 (russisch).

8230. **B. J. Lewin,** Einige Fragen zur Bewegung der Meteore in der Erdatmosphäre. Meteoritika Nr. **7** S. 113—124, 1950 (russisch).

8231. **L. A. Manning, O. G. Villard jr., A. M. Peterson,** Meteoric echo study of ionospheric winds. Ref. in U. R. S. I. Proc. IXth Gen. Assembl. **8** 191—192 (Pt II), 1950. — Ref. in Phys. Abstracts (A) **55** 834.

8232. **D. W. R. McKinley,** Meteor velocities determined by radio observations. ApJ **113** 225—267, mit 13 Fig. — Es wird die Theorie der Ausbildung von Hochfrequenzechos an Meteorspuren dargestellt und gezeigt, wie aus den Amplitude-Zeit-Registrierungen auf dem Leuchtschirm Geschwindigkeiten ermittelt werden können. Geschwindigkeiten bis zu 150 km/sec sind mit einer Genauigkeit von etwa 5% meßbar. Registrierungen von 10933 Meteoren bei 30,02 MHz-Frequenz aus 847 Beobachtungsstunden zwischen Dezember 1948 und März 1950 in Ottawa dienen zur Untersuchung der täglichen und jährlichen Variation der Meteorhäufigkeit, die sich ähnlich ergibt wie aus den visuellen Beobachtungen. Eine ausführliche Behandlung erfährt — neben weniger eingehenden anderen Strömen — der Geminiden-Strom: seine geozentrische Geschwindigkeit wird zu 34,2 km/sec gefunden. Aus einer statistischen Überlegung folgt, daß die Mehrzahl der Schwarmmitglieder in elliptischen Bahnen, nur wenige davon retrograd, laufen. Ihre geozentrischen Geschwindigkeiten liegen ausnahmslos zwischen 10 und 79 km/sec. Meteore interstellarer Herkunft (hyperbolische Bahngeschwindigkeit) wurden nicht mit Sicherheit festgestellt. Micz.

8233. **D. W. R. McKinley,** Variation of meteor echo rates with radar system parameters. Canad. J. Phys. **29** 403—426. — Ref. in Phys. Abstracts (A) 4 82.

8234. **D. W. R. McKinley,** Deceleration and ionizing efficiency of meteors. Phys. Rev. (2) **81** 659. — Ref. Am. Phys. Soc. — Ref. in Phys. Ber. **31** 146—148.

8235. **W. F. Milowanow,** Bestimmung des Korrelationskoeffizienten zwischen Farbe und Geschwindigkeit der Meteore. Nachr. turkmen. Abteilung Akad. Wiss. UdSSR Nr. **1**, S. 96 (russisch).

8236. **P. M. Millman,** One hundred meteor spectra. Vgl. AJB **49** Ref. 8240. — Ref. in Sternenwelt **3** 89—91.

8237. **P. M. Millman,** The color index of meteors. AJ **56** 45. — Ref. AAS.

8238. **C. P. Olivier,** Meteor notes from the American Meteor Society. Pop Astr **59** 34—36, 158—161, 217—220, 270—273, 329—332, 443—446, 482—487, 542—545 = Flower Astr. Obs. Repr. Nr. **84**.

8239. **V. C. Pineo, R. C. Peck,** A circuit for simultaneously recording the range, amplitude, and duration of radar-type reflections. Rev. Sci. Instr. **22** 112. — Ref. in Phys. Ber. **31** 495.

8240. **V. C. Pineo,** A comparison of meteor activity with occurence of sporadic E reflections. Science **112** 50, 1950.

8241. **V. C. Pineo, T. N. Gautier,** The wave-frequency dependence of the duration of radar-type echoes from meteor trails. Science **114** 460—462. — Ref. in Phys. Abstracts (A) **55** 156, Phys. Ber. **31** 1351.

8242. **M. Plavec,** The action of light on meteors. RH **32** 14—17. — Über den Lichtdruck und Poynting-Robertson Effekt als wichtigen Faktor in der Meteorastronomie. J. B.

8243. **M. Plavec,** Licht beherrscht die Meteore. Meteorbeobachter **1951** Nr. 5 S. 1—3. — Vgl. vorstehendes Ref.

8244. **E. M. Proskurina,** Über die Bestimmung der Winkelgeschwindigkeiten der Meteore. Nachr. turkmen. Abteilung Akad. Wiss. UdSSR Nr. **5** S. 96—98, 1950 (russisch).

8245. **M. van Ravensteijn,** Meteorbeobachtungen mit einem Rundfunkempfänger. Meteorbeobachter **1951** Nr. 4 S. 1—3, Nr. 6 S. 1—2, mit 1 Fig., Nr. 8 S. 1—2, 5, mit 8 Fig.

8246. **A. Silbiger,** Kleine Rechnungen. Der wahre Radiant. Meteorbeobachter **1951** Nr. 7 S. 1—2.

8247. **A. Silbiger,** Etwas zur Auswertung statistischer Meteorbeobachtung. Meteorbeobachter **1951** Nr. 9 S. 1—2.

* * **A. Silbiger,** Eine nützliche Tabelle. Vgl. Ref. **3014**.

8248. **K. P. Stanjukowitsch,** Elemente der physikalischen Theorie der Meteore und der kraterbildenden Meteorite. Meteoritika Nr. **7** S. 39, 1950 (russisch).

8249. **O. Struve,** Radar observations of meteors. Sky and Telescope **11** 32—35, mit 6 Fig.

8250. **N. N. Sytinskaja,** Die Welt der fallenden Sterne. Leningrad, Unionsgesellschaft zur Verbreitung politischer und wissenschaftlicher Kenntnisse, 1951. 26 S. Preis 60 Kop. (russisch).

8251. **R. N. Thomas, F. L. Whipple,** Astroballistic heat transfer. AJ **56** 49. — Ref. AAS.

8252. **R. N. Thomas, F. L. Whipple,** The physical theory of meteors. II. Astroballistic heat transfer. ApJ **114** **448**—465, mit 3 Fig. = Harv Repr Nr. **355**. — Die Arbeit behandelt die Wärmeübertragung auf Meteore im astroballistischen Bereich, worunter der Geschwindigkeits- und Luftdichtebereich verstanden wird, in dem die Meteore Massenverluste durch Abschmelzen oder Verdampfen erleiden. Der Wärmetransportkoeffizient wird auf Grund von photographischen Beobachtungen von Meteoren, Betrachtungen über die Maximalgröße von Meteoriten, die als Einzelkörper zur Erde gelangen, und terrestrischen Versuchen mit freifliegenden Projektilen aus Wood-Metall zu etwa 5×10^{-2} im astroballistischen Bereich geschätzt. Kdr.

8253. **W. M. Tschernow,** Vorübergang von Meteoren vor der Sonnenscheibe? Astr Circ UdSSR Nr. 118 S. 13—14 (russisch). — Am **6.** August 1951 wurden 2 dunkle Flecken von 1^r und etwas weniger Durchmesser beobachtet, die innerhalb von 1^s und mehr als 1^s vor der Sonnenscheibe einen mit dem Auge erfaßten Weg von 16′ und 6′ zurücklegten. Loh.

8254. **S. C. Venter,** Meteoren-sterrekunde in Zuid-Afrika. De Meteoor **7** 13.

8255. **O. G. Villard,** Radio observation of meteors. ASP Leaflet Nr. 256, 1950. — Ref. in JBAA **61** 52.

* * **F. L. Whipple,** A comet model. II. Physical relations for comets and meteors. Vgl. Ref. **8026**.

8256. **C. C. Wylie,** The real and apparent stellar magnitudes of telescopic meteors. Pop Astr **59** 96—98.

8257. **P. E. Wylie,** The determination of the coordinates of a meteor by orthographic projection. Pop Astr **59** 536—538, mit 1 Fig.

8258. **G. Zimmermann,** Meteorphotographie. Sternenwelt **3** 127—131, mit 7 Abb. — Es wird die Entwicklung der Meteorphotographie bis zum heutigen Stand dargelegt.

8259. Meteor terminology «trail» and «train». Irish AJ **1** 180.

8260. Meteorites and meteors. JBAA **61** 138. — Besprechung von Pop Astr **59** 33—36.

8261. Are there interstellar meteors? JBAA **61** 198—199.

8262. Meteoritics: A short editorial. Pop Astr **59** 33—34.

8263. The colors of meteors. Sky and Telescope **10** 93—94. — Ref. AAS.

8264. Astroballistic heat transfer. Sky and Telescope **10** 115. — Ref. AAS.

8265. Human meteorite targets. Sky and Telescope **11** 30.

8266. Rockets and the Harvard meteor programme. Southern Stars **14** 18—20, 1948.

Meteorströme

8267. **M. Almond,** The summer daytime meteor streams of 1949 and 1950. III. Computation of the orbits. MN **111** 37–44, mit 5 Fig. = Astr. Contr. Univ. Manchester (2) Jodrell Bank Repr. Nr. **47**. — Für die in den beiden ersten Arbeiten dieser Serie behandelten vier meteorischen Tagesströme werden Bahnelemente abgeleitet. Alle Ströme erweisen sich als kurzperiodisch und liegen innerhalb der Jupiterbahn. Zwei Ströme geringer Bahnneigung gegen die Ekliptik sind identisch mit früher visuell aufgefundenen. Für den stärksten Tagesstrom wird der Zusammenhang mit einem visuellen vermutet. Nur ein Strom kann mit einem bekannten kurzperiodischen Kometen (Komet Encke) in Verbindung gebracht werden. Die Bahnen der restlichen Ströme ähneln im übrigen mehr den Bahnen Kleiner Planeten als denen von Kometen Micz.

8268. **A. Aspinall, G. S. Hawkins,** The summer daytime meteor streams of 1949 and 1950. I. Measurement of the radiant positions and activity. MN **111** 18—25, mit 4 Fig. = Astr. Contr. Univ. Manchester (2) Jodrell Bank Repr. Nr. **45**. — Besprechung in Nature **169** 144—145. — Die im Sommer 1947 und 1948 ausgeführten Beobachtungen von meteorischen Tagesströmen wurden im Sommer 1949 und 1950 mit einer Apparatur fortgesetzt, die für kontinuierliche Überwachungszwecke entwickelt worden war. Sie besteht im wesentlichen aus zwei nach verschiedenen Azimuten gerichteten Antennen kleinen Öffnungswinkels für 4 m Wellenlänge. Ein Meteorstrom erzeugt über beide Antennen Echos, während sein Radiant über die Sphäre wandert. Aus der fortlaufenden photographischen Registrierung der Echos kann die Position des Radianten in Rektaszension und Deklination innerhalb ±1,5° ermittelt werden. Zahlreiche Einzelheiten der Ströme, wie Lage ihrer Radianten und Entwicklung ihrer Aktivität, werden mitgeteilt. Neben einer hohen sporadischen Aktivität und vielen zum Teil starken Strömen, die einmalig oder langperiodischer Natur sind, finden sich drei kräftige alljährlich wiederkehrende. Micz.

8269. **I. S. Astapowitsch,** Das ekliptikale Bündel der Bahnen der Meteorströme des Sonnensystems. Nachr. turkmen. Abteilung Akad. Wiss. UdSSR Nr. **4** S. 95—96, 1950 (russisch).

8270. **A. M. Bacharew,** Der Radiant der Meteore vom 21. Dezember 1950. Astr Circ UdSSR Nr. 113—114 S. 22 (russisch).

8271. **Z. Ceplecha,** Umids-Bečvář's meteor stream. BAC **2** 156—160, mit 3 Fig. — Photographische Position des Radianten vom Jahre 1945, Diskussion der Position aus visuellen Beobachtungen im Jahre 1945, Bahn des Stromes und Bericht über alle anderen Positionsangaben. J. B.

8272. **J. G. Davies, J. S. Greenhow,** The summer daytime meteor streams of 1949 and 1950. II. Measurement of the velocities. MN **111** 26—36, mit 5 Fig. = Astr. Contr. Univ. Manchester (2) Jodrell Bank Repr. Nr. **46**. — Ref. in Nature **169** 144—145. — Während der Sommermonate 1949 und 1950 wurden mit einer beweglichen Antenne (Öffnungswinkel 14°, Wellenlänge 4,2 m) Geschwindigkeitsmessungen der im Aufsatz I (vorangehendes Referat 8268) erwähnten Ströme durchgeführt. Die gemessenen Geschwindigkeiten werden einzeln mitgeteilt. Für die drei permanenten Ströme sowie einen weiteren werden mittlere geozentrische Geschwindigkeiten abgeleitet. Die Geschwindigkeitsstreuung der Einzelwerte um das Mittel des Stroms erweist sich als beträchtlich. Sie ist mindestens zu einem Teil eine echte Streuung der Geschwindigkeiten und nicht Folge von Meßfehlern. Micz.

8273. **A. C. B. Lovell,** The summer daytime meteor streams. Astr. Contr. Univ. Manchester (2) Jodrell Bank Repr. Nr. **42**.

8274. **D. Müller,** Meteorschauer am 30./31. Juli 1951. Meteorbeobachter **1951** Nr. 9 S. 4.

8275. **M. Plavec,** The mutual attraction of meteors in stream. RH **32** 35.

8276. **M. Plavec,** Bečvář's meteor stream. RH **32** 103—104.

8277. **E. M. Proskurina,** Zur Methodik der Radiantenbestimmung der Meteorströme. Nachr. turkmen. Abteilung Akad. Wiss. UdSSR Nr. **5** S. 71—74, 1950 (russisch).

8278. The summer daytime meteor streams. BAA Circ 321 = JBAA **61** 110—111.

8279. Meteorsværme observeret i dagslys. NAT **1951** 34—35.

8280. **Aquariden**

I. S. Astapowitsch, Über die Bahn der Delta-Aquariden. Astr Circ UdSSR Nr. 113—114 S. 20—22 (russisch).

I. S. Astapowitsch, Über die geozentrische Geschwindigkeit der δ-Aquariden. Nachr. turkmen. Abteilung Akad. Wiss. UdSSR Nr. **2** S. 94—95 (russisch).

R. A. McIntosh, Telescopic meteor radiants. Southern Stars **15** 67—69.

R. Rigollet, L'essaim météorique des Iota Aquarides (Août) et son association probable avec la comète 1948n. Ann d'Astrophys **14** 241—244, mit 1 Fig. = Contr. Inst. d'Astrophys. Paris (B) Nr. **72**. — Verf. hat teleskopisch Sternschnuppen im August 1950 beobachtet, die einem Strom anzugehören scheinen, der seinen Radianten in der Nähe von ι Aquarii besitzt. Als Ursprung des Stroms wird der Komet 1948n wahrscheinlich gemacht. Micz.

R. Rigollet, Principe et projet d'une expérience collective pour la détermination de la vitesse orbitale des Aquarides de Juillet. DOB **4** Bull. 7 Fasc. 4 S. 1—4, mit 3 Fig.

8281. **Bootiden**

I. S. Astapowitsch, Über den Meteorstrom des Kometen Pons-Winnecke (Bootiden) im Jahre 1951. Astr Circ UdSSR Nr. 112 S. 15—16 (russisch). — Mitteilung an Beobachter.

R. Rigollet, Sur une étude du radiant des Bootides par la méthode télescopique et sur un essai de détermination de la vitesse de ces météores par l'observation de la dérive horaire du radiant. Ann d'Astrophys **14** 181—185, mit 2 Fig. = Contr. Inst. d'Astrophys. Paris (B) Nr. **67**. — Es wird die Bahn des Meteorstroms der Bootiden (3.—4. Januar) aus teleskopischen Bestimmungen seines Radianten abgeleitet. Die elliptische Bahn ist kurzperiodisch. Micz.

8282. **Draconiden**

A. Silbiger, Ein reicher Meteorschauer der Draconiden. Meteorbeobachter **1951** Nr. 10 S. 1—2.

NAT **1951** 32—34, mit 1 Fig. Fotografiske observationer af Draconidesværmen 1946 okt 9.—10. — Radiant.

8283. Geminiden

N. I. Grischin, Photographische Untersuchung des Geminiden-Meteorstroms von 1950. Astr Circ UdSSR Nr. 109 S. 8—10 (russisch). — Technischer Bericht über die Beobachtungen vom 5. bis 17. Dezember 1950 in Aschchabad.

8284. Leoniden

I. S. Astapowitsch, Zwei Ereignisse beim Meteorregen des Leonidenstroms. Priroda **40** Nr. 4 S. 49 (russisch).

F. W. Wright, Photographic Leonid meteors. AJ **56** 145—146. — Ref. AAS.

F. W. Wright, The photographic Leonid meteors. Harvard College Obs. Techn. Report Nr. 7, 22 S. mit 4 Fig. = Harv Repr (2) Nr. **38**. — Es werden Harvardaufnahmen von 36 Leonidenmeteoren untersucht, von denen sechs zugleich an zwei Stationen photographiert werden konnten. Das Material wurde 1898—1951 zwischen 15. und 20. Nov. erhalten, Aktivitätsmaximum am 17. Die Bewegung des mittleren Radianten des Leonidenstroms beträgt täglich 39′ nach Ost und 25′ nach Süd. Die heliozentrischen Bahnen der doppelt photographierten Meteore werden berechnet. Dieser Strom scheint im Vergleich zu andern großen Strömen besonders kompakt und weniger gestört. Gli.

Pop Astr **59** 36. R. M. Dole. — Beobachtung 1950 Nov. 16/17.

8285. Lyriden

I. S. Astapowitsch, Das Maximum der Lyriden 1922 und der Perseiden 1914. Nachr. turkmen. Abteilung Akad. Wiss. UdSSR Nr. **6** S. 92, 1950 (russisch).

W. W. Nardin, Die Lyriden im Jahre 1951 nach Beobachtungen in Aschchabad. Astr Circ UdSSR Nr. 115 S. 16 (russisch).

8286. Perseiden

A. S. Agadshanowa, Über die nichtzufällige Verteilung der Meteore im Perseidenstrom. Nachr. turkmen. Abteilung Akad. Wiss. UdSSR Nr. **1** S. 95 (russisch).

I. S. Astapowitsch, Das Maximum der Lyriden 1922 und der Perseiden 1914. Nachr. turkmen. Abteilung Akad. Wiss. UdSSR Nr. **6** S. 92, 1950 (russisch).

A. M. Bacharew, Die tägliche Verschiebung des Radianten der Perseiden. Bull. Astr.-Geod. Ges. UdSSR Nr. **10** (**17**) S. 45—46 (russisch).

Z. Ceplecha, One Perseid photographed at three stations. BAC **2** 114—116, mit 1 Fig. — Bahn und Geschwindigkeit eines Perseiden, welcher photographisch auf drei Stationen beobachtet wurde. Es werden die Luftdichten und Gradienten für die Höhen 84, 93, 105 km gegeben. J. B.

Z. Ceplecha, Perseids in the year 1950. RH **32** 38, 41, mit 1 Fig.

R. L. Chotinok, Ergebnisse photographischer Beobachtungen des Perseidenstroms im August 1950. Nachr. turkmen. Abteilung Akad. Wiss. UdSSR Nr. **3** S. 94—96 (russisch).

S. E. Hamid, The formation and evolution of the Perseid meteor stream. AJ **56** 126—127. — Ref. AAS.

J. A. Russell, The spectrum of a Perseid meteor of 1949. Pop Astr **59** 28—33, mit 2 Fig. Mit Berichtigung S. 156—157.

A. Sawruchin, Die Perseiden im Jahre 1951 nach Beobachtungen in Aschchabad. Astr Circ UdSSR Nr. 121 S. 6—9 (russisch).

A. P. Sawruchin, Der klumpige Aufbau des Perseidenstroms nach Beobachtungen im Jahre 1951 auf einer Basis von 3780 km. Astr Circ UdSSR Nr. 121 S. 9—11 (russisch).

P. F. Sitnikow, Beobachtungen der Perseiden 1950 in Lemberg. Bull. Astr.-Geod. Ges. UdSSR Nr. **10** (**17**) S. 39—41 (russisch).

P. F. Sitnikow, Zu den Perseiden 1950. Circ. Astr. Obs. Lwow Nr. 16 S. 21—24 (russisch).

BSAF **65** 473. Tafoureau. — Beobachtungen August 11 und 12.
JBAA **61** 75, mit 3 Fig. Note on a distorting meteor trail. — Meteor 1950 August 14.
Meteorbeobachter **1951** Nr. 1 S. 3—4, mit 1 Fig. Die Perseiden 1950. A. Silbiger.
Sky and Telescope **10** 265. Perseid meteor stream. — Ref. AAS.

8287. Pisciden

Z. Ceplecha, V. Letfus, Beobachtungen eines neuen Radianten. Meteorbeobachter **1951** Nr. 9 S. 2—3 (vgl. BAC **1** 105, AJB **49** Ref. 8283).

8288. Quadrantiden

Nachr. turkmen. Abteilung Akad. Wiss. UdSSR Nr. **2** S. 95—96 (russisch). Der ungewöhnliche Meteorfall des Quadrantidenstroms vom 3. Januar 1938.
Pop Astr **59** 158—159. — Beobachtungen und Radianten.

8289. Tauriden

S. G. Fonk, Tauriden radiant 1951. De Meteoor **7** 35—36, mit 2 Fig.
F. L. Whipple, S. El-Din Hamid, On the origin of the Taurid meteor streams. Obs. Helwan Bull. Nr. **41**, 30 S. mit 4 Fig.

8290. Ursiden

Meteorbeobachter **1951** Nr. 12 S. 1—2. Bečvář's Meteorstrom. — Auszug aus JBAA und Ríse Hvezd.
NAZ **5** 14. Vgl. UAI Circ 1313.
UAI Circ 1313. Photographic radiant of Umids 1945. Z. Ceplecha.

8291. Weitere Mitteilungen

DOB **4** Bull. 2—3 Fasc. 4, Bull. 4, 6—9 Fasc. 3. — Beobachtungen, Radianten.
DOB **4** Bull. 4 Fasc. 3 S. 2. Essaim de la comète Quénisset (1911 VI).
DOB **4** Bull. 8 Fasc. 1. Note sur l'essaim de la comète Pajdusakova 1951a.

Einzelne Meteore

8292. **I. S. Astapowitsch,** Untersuchung der Bewegungsbedingungen des Chmelewka-Meteoriten. Meteoritika Nr. **9** S. 32—63 (russisch).

8293. **A. M. Bacharew,** Spektrum eines Meteores vom 9. August 1951. Astr Circ UdSSR Nr. 117 S. 11—13 (russisch). — Vorläufige Mitteilung und Verzeichnis von 20 Linien.

* * **W. G. Fessenkow,** Über die Bewegung des Sichoté-Aliner Meteoriten in der Atmosphäre. Vgl. Ref. 8349.

* * **W. G. Fessenkow,** Die Bahn des Sichoté-Aliner Meteoriten. Vgl. Ref. 8350.

8294. **E. N. Kramer,** Spektrum eines Meteores. Astr Circ UdSSR Nr. 119 S. 9 (russisch). — Beobachtung 1951 Aug. 11/12. 4 Linien.

8295. **D. I. Krawzow,** Der dshaussowische Bolid. Priroda **40** Nr. 7 S. 41—43 (russisch).

8296. Beobachtung von Feuerkugeln

1940 Jan. 12	Sterne **27** 9—10. C. Hoffmeister.
1949 April 20	Meteorbeobachter **1951** Nr. 8 S. 2. M. van Ravensteijn.

1949	Mai 3	Meteorbeobachter **1951** Nr. 3 S. 5. Spangenberg. — Beobachtung in Schwerin.
1950	Sept. 12	Coelum **19** 6—12, mit 1 Fig. La meteora del 12 settembre 1950. M. G. Fracastoro.
	Sept. 14	L. N. Chetschikow, Der riesige Bolid über Primorje am 14. September 1950. Meteoritika Nr. **9** S. 124 (russisch).
	Sept. 19/20	Pop Astr **59** 36.
	Okt. 4	Pop Astr **59** 36.
	Okt. 9	De Meteoor **7** 7—8, mit 1 Fig. Eeen merkwaardig meteoorspoor. C. Marees, J. Saerkenburgh.
	Okt. 12	DOB **4** Bull. 2 Fasc. 4 S. 2. G. Florsch.
	Okt. 14	Meteorbeobachter **1951** Nr. 1 S. 5. Ein ungewöhnliches Meteor. — Beobachtung in Prag.
	Okt. 20	Pop Astr **59** 36.
	Okt. 27	Irish AJ **1** 158. E. Öpik.
	Okt. 30	Pop Astr **59** 36.
	Nov. 2	Pop Astr **59** 35—36.
	Nov. 3	DOB **4** Bull. 6 Fasc. 3 S. 2. G. Saintier.
	Nov. —	BSAF **65** 56.
	Nov. 8	BSAF **65** 55—56. W. Groubé.
		DOB **4** Bull. 6 Fasc. 3 S. 2. L. Antonin.
	Nov. 9	BSAF **65** 55. Maillot.
	Nov. 15/16	Pop Astr **59** 36.
	Nov. 20	BSAF **65** 55. R. Willot.
	Dez. 7	BSAF **65** 146. W. Groubé.
	Dez. 15	Pop Astr **59** 479. A very bright fireball with an enduring and drifting train. M. A. R. Khan.
	Dez. 31	BSAF **65** 146. A. Garaud.
1951	Jan. 3	BSAF **65** 146. Tomasi.
	Jan. 5	Meteorbeobachter **1951** Nr. 2 S. 5. — Beobachtung auf dem Brauneck bei Lenggries.
	Jan. 7	BSAF **65** 96. C. Morel.
		BSAF **65** 39. Un curieux météore. R. Servigne.
	Jan. 9	BSAF **65** 96. L. Vadot.
	Feb. 4	I. L. Thomsen, Daylight fireball, 1951 February 4. Southern Stars **15** 6—8 = Carter Obs. Repr. Nr. 14 S. 2—4.
	Febr. 5	BSAF **65** 170. Météore coloré. M. Gentili.
	Febr. 12	Heelal **7** 96. Vuurbollen over de Lage Landen.
		Heelal **7** 106. Nog over de vuurbollen van 1951.
	Febr. 20	Astr. Nachrichtendienst Berlin-Treptow **3** 17. W. Thierfelder.
	März 18	Orion Schaffhausen **3** 248. H. Peter.
	März 30	Coelum **19** 80—81. R. Cecchetti.
	April 11/12	Orion Schaffhausen **3** 339. C. Meyer.
	April 22	DOB **4** Bull. 9 Fasc. 3 S. 4. J. Villermaux.
	April 23	Meteorbeobachter **1951** Nr. 6 S. 5. D. Müller, F. Wieser. — Beobachtung in München.
	Mai 30	Meteorbeobachter **1951** Nr. 7 S. 4. D. Müller. — Beobachtung eines Tagesmeteors in München.
	Juni 11	BSAF **65** 447. L. Vadot.
	Juli 20	BSAF **65** 474. Geneslay, Chanet, Verdier.
	Aug. 7	Meteorbeobachter **1951** Nr. 10 S. 4, mit 2 Fig. I. Michitsch, H. Winkler. — Beobachtung in Görlitz.
	Aug. 12	BSAF **65** 473. J.-C. Duchet.
		Meteorbeobachter **1951** Nr. 10 S. 5, mit 4 Fig. — Beobachtung in Görlitz.

1951 Aug. 21	Astr Circ UdSSR Nr. 118 S. 14 (russisch). Der Tagesbolid vom 21. August 1951. J. N. Plachow.
Sept. 2	Coelum **19** 148.
Sept. 23	Coelum **19** 176. D. A. Scarpellini.
Okt. 2	NAT **1951** 150—151, mit 1 Abb.
Nov. 3	BSAF **65** 473. R. Bochet.
Nov. 16	Meteorbeobachter **1951** Nr. 12 S. 5. D. Müller. — Beobachtung in München.

8297. Elemente von Feuerkugeln

1944 April 13	Sterne **27** 10—12. C. Hoffmeister.
1945 Juli 1	Pop Astr **59** 542—543. The Oregon fireball of 1945 July 1. C. P. Olivier.
1948 Juli 26	Pop Astr **59** 272—273. North Carolina Fireball of 1948 July 26.
Aug. 11/12	Bull. Astr.-Geod. Ges. UdSSR Nr. **10** (**17**) S. 28—36, mit 4 Abb. Bearbeitung der Photographie des Meteores vom 11.—12. August 1948. N. I. Pinegina.
Okt. 14/15	Pop Astr **59** 219—220.
Nov. 29/30	Pop Astr **59** 331—332. Fireball of 1948 November 29/30, A. M. S. No. 3550.
1949 März 5	Hemel en Dampkring **49** 107—112, mit 4 Fig. = Werkgroep Meteoren Med. **21**. De Soedanvuurbol van 1949. J. van Diggelen. — Beobachtung auf Schiff im Roten Meer.
Aug. 4	Astr Circ UdSSR Nr. 111 S. 15—17 (russisch). Basisbeobachtungen eines stationären Meteors. I. S. Astapowitsch.
Okt. 14	Sterne **27** 12—15. C. Hoffmeister.
1950 Juni 23	Astr Circ UdSSR Nr. 111 S. 17—18 (russisch). Der Bolid mit Staubspur vom 23. Juni 1950 über der Wüste Kara-Kum. A. P. Sawruchin.
Sept. 4	Pop Astr **59** 543—545. The Massachusetts fireball of 1950 September 4. C. P. Olivier.
Okt. 4	Pop Astr **59** 443—446. The Missouri-Illinois fireball of 1950 October 4. E. E. Friton, C. P. Olivier.
Okt. 14	BAC **2** 134—135. A meteor with unusual duration. Z. Ceplecha. — Ref. in Sternenwelt **3** 208.
1951 Mai 1	De Meteoor **7** 18—22, mit 4 Fig. De grote vuurbol van 1 Mei 1951. J. van Diggelen.

8298. Mitteilungen über Meteore

DOB **4** Bull. 2 Fasc. 4. J. Blanchard, R. Rigollet, C. Roques, E. Roques, J. M. Roques. — Beobachtungen Oktober und November 1950.
Desgl. DOB **4** Bull. 6 Fasc. 3. — Beobachtungen Dezember 1950 bis März 1951.
Desgl. DOB **4** Bull. 7 Fasc. 3. — Beobachtungen Juli 1949.
Desgl. DOB **4** Bull. 9 Fasc. 3. — Beobachtungen April und Mai 1951.
DOB **4** Bull. 8 Fasc. 3 S. 2. Météores stationnaires observés en août 1950.
Urania Kopenhagen **8** 94. Et meget kraftigt Meteor. — 14. Mai 1951.
Urania Kopenhagen **8** 166—168. Meteorfaldet den 2. Oktober.

§ 83

Meteorite

8301. **V. M. Blanco,** A search for micrometeorites in Puerto Rico. Publ ASP **63** 180—181. — Ref. ASP.

8302. **J. D. Buddhue,** Meteoritic Dust. Vgl. AJB **50** Ref. 8302. — Weitere Besprechung in Pop Astr **59** 213—215 (H. E. Landsberg).

8303. **J. D. Buddhue,** Experiments on the etching of siderites. Pop Astr **59** 322—325.

8304. **F. K. Dalton,** Microhardness testing of iron meteorites. J RAS Canada **45** 162—166, mit 2 Fig. — Fortsetzung der Untersuchung in J RAS Canada **44** 1—11, 185—195, AJB **50** Ref. 8303.

8305. **T. van Dijk,** Het spectraal analytisch onderzoek van een ijzermeteoriet. IV. De Meteoor **7** 14—15.

8306. **W. G. Fessenkow,** Grundprobleme der Meteoritik. Meteoritika Nr. 7 S. 19—30, 1950 (russisch).

8307. **E. Goldberg, A. Uchiyama, H. Brown,** The distribution of nickel, cobalt, gallium, palladium and gold in iron meteorites. Geochim. Cosmochim. Acta **2** 1—25, mit 5 Fig.

8308. **D. Hoffleit,** The «Josiah» and the «Joshua Bates» and the meteoritic-dust shower of November 14, 1856. Pop Astr **59** 319—322.

8309. **E. L. Krinow,** Meteorite. Vgl. AJB **48** Ref. 8315. — Besprechung in Ann d'Astrophys **14** 186—187 (D. Belorizky).

8310. **E. L. Krinow,** Himmelssteine (Meteorite). Vgl. AJB **50** Ref. 8307. — Auch in weiteren regionalen Ausgaben und Landessprachen der UdSSR erschienen.

8311. **E. L. Krinow,** Über die Statistik der Meteorite in den Sammlungen der UdSSR. Meteoritika Nr. 7 S. 154—156, 1950 (russisch).

8312. **J. M. Kuschnir,** Über die Untersuchung der Meteoritenstruktur mit dem Elektronenmikroskop. Meteoritika Nr. 7 S. 149—150, 1950 (russisch).

8313. **L. G. Kwascha,** Über die mikroskopische Untersuchung der Meteorite der Sammlung der Akademie der Wissenschaften der UdSSR. Meteoritika Nr. 7 S. 138—140, 1950 (russisch).

8314. **L. LaPaz,** Injuries from falling meteorites. Pop Astr **59** 433—439. — Ref. in JBAA **62** 157.

8315. **L. LaPaz,** Applications of autoradiographic, tracer, and other modern nuclear techniques in meteoritics. Pop Astr **59** 470—474.

8316. **F. C. Leonard,** Contributions of the Meteoritical Society. Pop Astr **59** 24—28, 88—96, 145—156, 205—215, 263—266, 319—325, 370—379, 429—441, 470—479, 536—539, mit 14 Fig.

8317. **F. C. Leonard,** Oxidite or «Meteoritic Shale», terrestrialization and terrestrialite. Pop Astr **59** 212—213.

8318. **F. C. Leonard,** Constructional names and symbols for the subclasses in the simplified classification of meteorites. Pop Astr **59** 370—377.

8319. **F. C. Leonard, G. L. Rowland,** A catalog of the Leonard collection of meteorites. Pop Astr **59** 474—478.

8320. **R. A. Morley,** A method for permanently marking the exact locations of meteorite discoveries. Pop Astr **59** 98—101, mit 3 Fig.

8321. **H. H. Nininger,** Testing for Cohenite and Schreibersite. Pop Astr **59** 254—260, mit 5 Fig.

8322. **E. J. Öpik,** Astronomy and the bottom of the sea. Irish AJ **1** 145—158 = Armagh Obs. Leaflet Nr. **9**. — Der im Verhältnis zur übrigen Erdkruste hohe Nickelgehalt von Tiefseeablagerungen wird versuchsweise erklärt aus meteoritischem Ursprung des Ni. Feiner kosmischer Staub, der gleichzeitig mit dem Sonnensystem entstanden ist, gelangt durch den Poynting-Robertson-Effekt aus äußeren Teilen des Sonnensystems allmählich nach innen, wobei die gröberen Partikel spätestens von Jupiter eingefangen worden sind. Die räumliche Dichte kommt in Übereinstimmung mit den Rechnungen von van de Hulst über die Materie des Zodiakallichts bei Annahme reiner Eisen-Nickel-Teilchen. Es wird wahrscheinlich gemacht, daß nur diese Partikel die Zusammenstöße überlebt haben. Eisenmeteore werden beim Durchgang durch die Erdatmosphäre mit nicht zu hoher Geschwindigkeit höchstens geschmolzen, wenn sie bestimmte kleine Durchmesser haben. Es wird versucht, die beobachteten Maxima des Ni-Gehalts der Tiefseeablagerungen zu erklären mit dem Durchgang des Sonnensystems durch dichtere Teile eines vielleicht mit der Sonne verbundenen kleinen galaktischen Nebels. O. G.

8323. **J. Oswald,** Meteorite. Vesmír **29** 122—125, mit 5 Fig. (tschechisch).

8324. **A. Paluzíe-Borrell,** On the spanish meteorites. Strolling Astronomer **5** Nr. 5 S. 4—7, mit Bemerkung in **5** Nr. 8 S. 15—16.

8325. **A. Paluzíe-Borrell,** List of spanish meteorites and fireballs. Strolling Astronomer **5** Nr. 6 S. 7—11.

8326. **A. Paluzíe-Borrell,** Meteoritos españoles. Urania Barcelona **3** 25—48, mit 3 Fig. — Zusammenstellung von 82 in Portugal und Spanien gefallenen Meteoriten.

8327. **F. Sigel,** Himmelssteine. Moskau-Leningrad, Staatsverlag für Jugendliteratur des Ministeriums für Bildungswesen der russischen Sowjetrepublik, 1951. 144 S. mit Abb. Preis 4 R. 10 Kop. (russisch).

* * **K. P. Stanjukowitsch,** Elemente der physikalischen Theorie der Meteore und der kraterbildenden Meteorite. Vgl. Ref. 8248.

8328. **H. E. Suess, R. J. Hayden, M. G. Inghram,** Age of tektites. Nature **168** 432—433. — Aus dem Gehalt an Argon 40 ergaben sich für verschiedene Proben maximale Alter unter 10—73 Millionen Jahren. Tektite sind also wesentlich jünger als das Sonnensystem und als gewöhnliche Meteorite. Loh.

8329. **P. I. Suschizkij,** Die Meteorite der Sammlung der Gorkij-Staatsuniversität Charkow am 30. Juni 1949. Meteoritika Nr. **9** S. 117—121 (russisch).

8330. **A. W. Trofimow,** Die isotope Zusammensetzung des Schwefels in Meteoriten und Mineralen irdischer Herkunft. Meteoritika Nr. **7** S. 136—137, 1950 (russisch).

8331. **K. Tuček,** Czechoslovak meteorites. RH **32** 220—222.

8332. **W. Wahl,** A check on some previously reported analyses of stony meteorites with exceptionally high content of salic constituents. Geochim. Cosmochim. Acta **1** 28—32.

8333. **W. Wahl, H. B. Wilk,** A check on some previously reported analyses of chondrites with exceptionally high content of sulphur, chromium or manganese. Geochim. Cosmochim. Acta **1** 123—126.

8334. **F. L. Whipple,** The theory of micrometeorites. Vgl. AJB **49** Ref. 8331. — Ref. in Sterne **27** 27—28.

8335. **F. L. Whipple,** The theory of micro-meteorites. Part II. In heterothermal atmospheres. Proc. National Acad. Sci. USA **37** 19—30 = Harv Repr Nr. **343.** — In Erweiterung der in einer früheren Arbeit (AJB **50** Ref. **8324**) aufgestellten Theorie über das Verhalten von Mikro-Meteoriten in einer isothermen Atmosphäre wird nun das Verhalten in einer Atmosphäre mit konstantem Temperaturgradient untersucht, was zu keinen wesentlich anderen Ergebnissen führt. Es folgt die Lösung im allgemeinen Fall. Der maximale Durchmesser eines unzerstörten Mikro-Meteoriten ergibt sich bei vertikalem Einfall zu 0.01 cm oder kleiner. Weiter wird das Verhalten bei verschiedenem Zenitabstand und verschiedener Meteorgeschwindigkeit betrachtet. Numerische Resultate gründen sich auf die NACA-Atmosphäre und auf die aus V2-Raketen-Messungen gefundenen Bedingungen. Die von H. E. Landsberg aufgefundenen magnetischen Partikelgrößen findet der Verf. in befriedigender Übereinstimmung mit seiner Theorie. Gli.

8336. **F. E. Wickman,** Svenska meteoriter. PAT **32** 63, mit 1 Abb.

8337. Meteorites and meteors. JBAA **61** 138. — Besprechung in Pop Astr **59** 33—36.

8338. Meteoritics: A short editorial. Pop Astr **59** 33—34.

8339. New tektite areas in Texas. Pop Astr **59** 538—539.

Einzelne Meteorite

8340. **I. S. Astapowitsch,** Der große tungusische Meteorit. I. Geschichte der Untersuchung, II. Ergebnisse der Untersuchungen. Priroda **40** Nr. 2 S. 23—32, Nr. 3 S. 13—23 (russisch).

8341. **C. W. Beck,** Observations on the Toluca, Mexico, meteoritic iron (ECN = +997,194). Pop Astr **59** 24—28, mit 1 Fig.

8342. **C. W. Beck, R. G. Stevenson jr., L. LaPaz,** The La Lande, New Mexico, chondrite (ECN = +1041,344). Pop Astr **59** 88—96, mit 3 Fig.

8343. **C. W. Beck, L. LaPaz,** The Odessa, Texas, siderite (ECN = +1025,318). Pop Astr **59** 145—151, mit 2 Fig. — Ref. in Sterne **28** 29—31.

8344. **C. W. Beck, L. LaPaz, R. G. Stevenson jr.,** The Glorieta Mountain, New Mexico, siderite (ECN = +1058,356). Pop Astr **59** 151—156, mit 2 Fig.

8345. **K. F. Chackett, J. Golden, E. R. Mercer, F. A. Paneth, P. Reasbeck,** The Beddgelert meteorite. Geochim. Cosmochim. Acta **1** 3—14, mit 12 Fig.

8346. **T. van Dijk,** De worsteling met de Canyon Diablo meteoriet. De Meteoor **7** 22—23.

8347. **R. L. Drejsin,** Über den Niederfall des Kukschin-Steinmeteoriten. Meteoritika Nr. **9** S. 64—70 (russisch).

8348. **S. O. Eklund,** Perhaps a meteorite? MN ASSA **10** 77—78. — Beobachtung 1951 Juli 9.

8349. **W. G. Fessenkow,** Über die Bewegung des Sichoté-Aliner Meteoriten in der Atmosphäre. Meteoritika Nr. **9** S. 3—26 (russisch).

8350. **W. G. Fessenkow,** Die Bahn des Sichoté-Aliner Meteoriten. Meteoritika Nr. **9** S. 27—31 (russisch).

8351. **L. O. Giacomelli,** The meteorite of the Campo del Cielo, Argentina. Strolling Astronomer **5** Nr. 2 S. 10—15. Mit Berichtigung in **5** Nr. 10 S. 2—3.

8352. **E. P. Henderson,** A restudy of the Coolac New South Wales, Australia, meteorite (ECN = −1481,350). Pop Astr **59** 205—209, mit 2 Fig.

8353. **E. P. Henderson, S. H. Perry,** A reinvestigation of the Weaver Mountains, Arizona, meteorite. Pop Astr **59** 263—266, mit 1 Fig.

8354. **W. Heybrock,** Ein bisher unbekannter Meteoritenfall vom Jahre 1907. Sternenwelt **3** 111—112.

8355. **W. Heybrock,** Ein vergessener sibirischer Eisenmeteorit. Sternenwelt **3** 186—187.

8356. **C. de Jager,** De meteoriet van Beddgelert. De Meteoor **7** 40. — 1949 September 21.

8357. **A. A. Jawnel,** Über Erscheinungen von Metamorphismus in der Struktur des Sichoté-Aliner Meteoriten. Meteoritika Nr. **7** S. 141—148, 1950 (russisch).

8358. **A. A. Jawnel,** Über die Struktur des Sichoté-Aliner Meteoriten. Nachr. Akad. Wiss. kasach. Sowjetrepublik Nr. **99** S. 46—73 (russisch).

8359. **A. A. Jawnel,** Spektrographische Analyse der mineralischen Zusammensetzung des Sichoté-Aliner Meteoriten. Nachr. Akad. Wiss. kasach. Sowjetrepublik Nr. **104** S. 31—56 (russisch).

8360. **A. A. Jawnel,** Spektrographische Bestimmung der Beimischung von Edelmetallen im Sichoté-Aliner Meteoriten. Nachr. Akad. Wiss. kasach. Sowjetrepublik Nr. **104** S. 57—70 (russisch).

8361. **I. A. Judin,** Über den Niederfall des Wengerowo-Steinmeteoritenregens. Meteoritika Nr. **9** S. 122 (russisch).

8362. **I. A. Judin,** Neue Daten über den Kunaschak-Steinmeteoritenregen. Meteoritika Nr. **9** S. 122—123 (russisch).

8363. **I. A. Judin,** Der Steinmeteoritenregen Wengerowo. Priroda **40** Nr. 8 S. 30—32 (russisch).

8364. **E. L. Krinow,** Über den Stand der Frage zur Untersuchung des tungusischen Meteoritenfalls. Meteoritika Nr. **7** S. 31—37, 1950 (russisch).

8365. **E. L. Krinow,** Der Sichoté-Aliner und der tungusische Meteorit. Moskau, Unionsgesellschaft zur Verbreitung politischer und wissenschaftlicher Kenntnisse, 1951. 24 S. mit 12 Abb. (russisch).

8366. **H. H. J. Lambert,** The Monze meteorite. MN ASSA **10** 33—38.

8367. **L. LaPaz,** A note on the lost Port Orford, Oregon, meteorite. Pop Astr **59** 101—103.

8368. **F. C. Leonard,** The total known weight of the Cape York, Greenland, sideritic fall (ECN = +0650,760:). Pop Astr **59** 377—379.

8369. **E. Michal,** Meteorites from Stonařov. RH **32** 88—90. — Über den Meteoritenfall bei Stonařov in Mähren im Jahre 1808. J. B.

8370. **S. Murayama,** The Aba, Japan, aerolite: A recent meteoritic fall that injured a human being. Part II: Comments on the Aba meteoritic fall. Pop Astr **59** 432, mit 1 Fig.

8371. **H. H. Nininger, A. D. Nininger,** The Nininger Collection of Meteorites. Winslow (Ariz.), American Meteorite Museum, Box 1171. Preis $ 3. — Besprechung in Pop Astr **59** 56.

8372. **S. W. Obrutschew,** Nochmals über den Fallort des tungusischen Meteoriten. Priroda **40** Nr. 12 S. 36—38 (russisch).

8373. **E. Öpik,** The Beddgelert meteorite. Irish AJ **1** 217—218.

8374. **F. A. Paneth,** The Akaba meteorite. Geochim. Cosmochim. Acta **1** 70.

8375. **E. Saurin, F. Nagy,** Sur une chute de météorite en Annam le 18 juillet 1941. CR **230** 2304—2305. — Ref. in Meteorbeobachter **1951** Nr. 11 S. 4, Sternenwelt **3** 70—71.

8376. **H. O. Stockwell, R. A. Morley,** The Achilles, Rawlins County, Kansas, chondrite (ECN = +1008,398). Pop Astr **59** 429—430, mit 1 Fig.

8377. **P. N. Tschirwinskij,** Der chemisch-mineralogische Aufbau und die Mikrostruktur des Saratow-Steinmeteoriten. Meteoritika Nr. **9** S. 102—116 (russisch).

8378. **T. Vogt,** The Tromöy meteorite, a new Norwegian stony meteorite. Geochim. Cosmochim. Acta **1** 127.

8379. **I. Yamamoto,** The Aba, Japan, aerolite: A recent meteoritic fall that injured a human being. Part I: On a rare example of meteoritic fall. Pop Astr **59** 431—432.

8380. Le poids des deux plus grosses météorites du monde. BSAF **65** 70. Mit Berichtigung S. 217.

8381. Un énorme projectile céleste. La météorite de Sikhote-Alinsk. BSAF **65** 435.

8382. De meteorenzwerm over Siberie in 1947. Heelal **7** 2.

8383. Zusammenstellung der Meteoriten Deutschlands aus «Kleine Meteoritenkunde» von Fritz Heide. Meteorbeobachter **1951** Nr. 11 S. 3, Nr. 12 S. 2—3.

8384. Macatuba-Meteorit. Meteorbeobachter **1951** Nr. 12 S. 3. Beobachter: P. O. Dreyer. — Steinmeteorit vom 5. Juli 1951.

8385. The weights of the two largest-known meteorites. Pop Astr **59** 33.

8386. Monze meteorites. Sky and Telescope **10** 272.

Meteoritenkrater

8387. **I. S. Astapowitsch,** Neuer riesiger Meteoritenkrater. Meteoritika Nr. **9** S. 123 (russisch).

8388. **C. Grant,** Shape of the Sikhote-Alinsk meteoritic craters in relation to the «Carolina Bays». Pop Astr **59** 225.

8389. **D. J. Guppy, R. S. Matheson,** Wolf Creek meteorite crater, Western Australia. Annual Report Smithsonian Inst. **1950** 317—325, mit 3 Fig.

8390. **C. H. Holmes,** The hidden crater of Wolf Creek. Vgl. AJB **49** Ref. 8357. — Ref. in Sternenwelt **3** 34—35.

8391. **C. L. Janssen,** The meteor craters in Hérault, France. J RAS Canada **45** 190—198, mit 3 Fig.

8392. **W. A. Jarmoljuk,** Der Sobolewische Krater. Priroda **40** Nr. 6 S. 40—42 (russisch).

8393. **K. P. Massalskaja,** Ein großer Meteoritenkrater im nördlichen Kanada. Priroda **40** Nr. 9 S. 41—42 (russisch).

8394. **V. B. Meen,** Chubb Krateret, Ungava, Quebec. Urania Kopenhagen 8 49—58, mit 2 Fig.

8395. **A. Noe-Nygaard,** Chubb-krateret in Ungava. Et af verdens største kendte meteoritkratere. NAT **1951** 127—128, mit 1 Fig.

8396. **E. Preuß,** Der Wolf Creek Meteoritenkrater in Westaustralien. Sternenwelt **3** 113, mit 1 Abb.

8397. **J. S. Rinehart, C. T. Elvey,** A possible meteorite crater near Duckwater, Nye County, Nevada (ECN = + 1157, 387). Pop Astr **59** 209—211.

8398. **W. Sandner,** Verzeichnis der bis jetzt bekannten Meteorkrater. Meteorbeobachter **1951** Nr. 4 S. 4. — Liste umfaßt 14 Meteoritenkrater.

8399. **A. Silbiger, F. Wieser,** Das Steinheimer Becken. Meteorbeobachter **1951** Nr. 8 S. 3. — Das Steinheimer Becken ist ein Gebilde vulkanischen Ursprungs.

83100. **J. J. H. de Vries,** Nieuwe meteoor-crater ontdekt. De Meteoor **7** 37.

83101. Neuer riesiger Meteoritenkrater. Astr Circ UdSSR Nr. 110 S. 14 (russisch). — Bericht über den Chubb-Krater.

83102. The largest meteor crater known. Irish AJ **1** 165—166. — Chubb-Krater in Kanada.

83103. Chubb crater, Ungava. J RAS Canada **45** 93.

83104. Ein neuer Meteorkrater. Meteorbeobachter **1951** Nr. 5 S. 4. — Meteoritenkrater von Labrador mit 5 km Durchmesser.

83105. Expedition to Chubb crater in northern Canada. Nature **168** 145.

83106. Meteorite crater formation. Sky and Telescope **10** 87.

83107. New meteorite craters? Sky and Telescope **11** 2, 9, mit 3 Fig.

83108. Der Chubb-Meteoritenkrater in Kanada. Sternenwelt **3** 148, mit 1 Abb.

83109. Meteorkraterne ved Faugères. Urania Kopenhagen 8 1—5.

§ 84

Zodiakallicht, Gegenschein

8401. **I. S. Astapowitsch,** Über die Entdeckung des Gasschweifes der Erde in Aschchabad. Nachr. turkmen. Abteilung Akad. Wiss. UdSSR Nr. **3** S. 67—75, 1950 (russisch).

8402. **R. Compte Porta,** Contribución al Estudio de la Luz Zodiacal. El Universo **49** Nr. 16 S. 40—42. — Verf. berichtet über eigene Beobachtungen des westlichen Zodiakallichtes auf Mallorca 1930 bis 1950, seine Farbe und die Variation seiner Helligkeit insbesondere im Zusammenhang mit der Sonnenaktivität. Anschließend wird die bekannte Erklärung von Zodiakallicht und Gegenschein in großen Zügen referiert. Gü.

8403. **W. W. Fedynskij,** Über den Gasschweif der Erde. Astr Circ UdSSR Nr. 117 S. 8—9 (russisch). — Verf. hebt das ausschließliche Verdienst der sowjetischen Wissenschaftler um die Entdeckung des Gasschweifes der Erde und seine Identifizierung mit dem Gegenschein hervor und bemerkt, daß die Existenz eines solchen kometenähnlichen Schweifes schon 1753 von Lomonossow festgestellt worden war. Loh.

8404. **M. Huruhata,** Photoelectric study of the zodiacal light. Publ. Astr. Soc. Japan **2** 156—171, mit 15 Fig. = Tokyo Astr. Obs. Repr. Nr. **78.** — Photoelektrische Helligkeitsmessungen des Zodiakallichtes im blauen und roten Spektralbereich werden mitgeteilt. Es zeigt sich eine Korrelation zwischen Helligkeit und Position des Kometen Encke. Die Meteore längs der Bahn dieses Kometen werden als sekundäre Quelle des hellen Lichtes im Frühjahr und Herbst herangezogen. Eine Abschätzung ergibt, daß die Meteordichte genügend groß ist, um die Helligkeit zu erklären. Polarisationsmessungen sind in Übereinstimmung mit dieser Annahme. Der Zusammenhang zwischen Fraunhoferkorona und Zodiakallicht wird diskutiert. Labs

8405. **M. G. Karimow,** Die Verstärkung der Emissionslinien des Nachthimmellichts im Spektrum des Zodiakallichts. Nachr. Akad. Wiss. kasach. Sowjetrepublik Nr. **99** S. 16—19 (russisch).

* * **E. J. Öpik,** Collision probabilities with the planets and the distribution of interplanetary matter. Vgl. Ref. **7018.**

8406. **V. H. Regener,** Selbstregistrierung des Zodiakallichtes. Z. Naturforschung **6a** 632—634. — Es wird eine Methode zur automatischen Registrierung des Zodiakallichtes kurz beschrieben. Verf.

8407. **F. Schmid,** Das falsche Zodiakallicht. Sternenwelt **3** 147—148. Mit einer Bemerkung von C. Hoffmeister S. 186.

8408. **O. Struve,** Photography of the counterglow. Sky and Telescope **10** 215—218, mit 6 Fig.

* * **F. L. Whipple,** Comets and the zodiacal light. Vgl Ref. **8025.**

8409. Origin of the zodiacal light. Sky and Telescope **10** 94. — Ref. AAS. — Ref. in Coelum **19** 179—180, NAT **1951** 102—103.

8410. **Beobachtungen des Zodiakallichtes und Gegenscheins**

JBAA **61** 102—103. Zodiacal light. W. B. Housman.

JBAA **62** 29. Aurora and zodiacal light. Interim report, 1951, Jan. 1 to June 30. W. B. Housman.

Zehnter Teil

Sterne

§ 90

Allgemeines

9001. **O. Engelstoft,** Om en Stjerne i Oriontaagen. Urania Kopenhagen 8 85—86, mit 1 Fig.

9002. **L. Gratton,** Necesidades observacionales astrofísicas en el hemisferio austral. Publ. Obs. Astr. Univ. La Plata Serie Circ. Nr. **10** S. 159—163. — Nach einem Vergleich der instrumentellen Ausrüstung auf der Nord- und auf der Südhalbkugel werden die Aufgaben am Südhimmel aufgezeigt auf folgenden Gebieten: Photometrie, Spektroskopie, Radialgeschwindigkeiten, Spektralphotometrie und Studium spezieller Objekte. Gli.

9003. **T. Køhl, K. Andersen,** Om en Stjerne i Oriontaagen. Urania Kopenhagen 8 12—13, mit 1 Fig.

9004. **E. L. Martin,** La costellazione del Cancro. Oss. Astr. Trieste Nr. **243**, 3 S. mit 1 Fig.

9005. **W. M. Reed,** Patterns in the Sky. New York, William Morrow and Company, 1951. 125 S. Preis $ 2,50. — Besprechung in Sky and Telescope **11** 15, 41—42.

9006. Star-occupied sky. JBAA **61** 139.

§ 91

Positionen, Kataloge, Fundamentalsystem, Karten

9101. **S. Arend,** Positions de l'étoile de Barnard. BAB **4** Nr. 5 S. 106.

9102. **I. Barney,** Supplementary Volume to the Yale Zone Catalogues, —30° to + 30°. Trans. Astr. Obs. Yale Univ. **23**, 14 + 106 S. — Inhalt: Section A: Zone Catalogue, —6° to —10°. Supplementary to Vol. 16. Section B: Zone Catalogue, —2° to —6°. Supplementary to Vol. 17. Section C: Spectral types, + 15° to + 20°. Supplementary to Vol. 18. Section D: Spectral types, + 10° to + 15°. Supplementary to Vol. 19. Section E: Proper motions for fundamental stars, —30° to +30°. Section F: Proper motions, +1° to +2°. Supplementary to Vol. 20. Section G: Comparison with the General Catalogue of Yale positions and proper motions, —30° to +30°. Comparison of positions and proper motions in overlapping regions. Section H: Errata for Yale Zone Catalogues, —30° to +30°.

9103. **J. Jackson,** Third Cape Catalogue of Stars for the Equinox of 1925.0. Catalogue of 6597 Stars between the Equator and Declination — 30°. London, His Majesty's Stationary Office, 1950. 132 S. Preis 15 s. net.

9104. **P. Labitzke,** Rektaszensionen von 302 Fundamentalsternen, beobachtet am gebrochenen Passageninstrument. AN **279** 113—120 = Veröff. Sternw. München **3** Nr. 17. — Im Anschluß an 140 Sterne des FK 3 wurden in den Jahren 1948/49 162 Sterne des General Catalogue von Boss an einem gebrochenen Passageninstrument beobachtet, während die Deklinationen des größten Teils dieser Sterne von F. Schmeidler am Vertikalkreis bestimmt wurden. Nach einer Diskussion der Instrumentalfehler werden die beobachteten Rektaszensionen bzw. ihre Abweichungen von den Katalogörtern mitgeteilt. Verf.

9105. **F. Moreau, G. Becq, L. de Clerck,** Amélioration des déclinaisons de 1339 étoiles fondamentales (Liste de Backlund) précédée d'une détermination de la constante de réfraction. Ann. Obs. Roy. Belgique (3) **5** 189—230. — Die Deklinationen in dem bereits früher veröffentlichten Katalog (Vgl. AJB **35** Ref. 7117) wurden verbessert. Einmal geschah dies durch Bestimmung einer Korrektion zur früher angenommenen Refraktionskonstanten aus den Beobachtungen in oberer und unterer Kulmination; zum anderen durch Verifizieren des Wertes der Horizontalbiegung, abgeleitet nach der Kollimator-Methode. Schai.

9106. **H. R. Morgan,** New star places and the precession. AJ **56** 97—100. — Für 1930,0 werden die systematischen Differenzen der Örter und Eigenbewegungen des N 30 gegenüber dem GC gegeben, ferner die aus dem Katalogvergleich abgeleiteten Korrektionen der Präzession, der galaktischen Rotation und der Sonnenbewegung. Die Einzelheiten sollen im Katalog selbst erörtert werden. T. L.

9107. **A. Reiz,** Meridian observations of faint AG stars. Observations made with the Repsold meridian circle of the Lund Observatory during the years 1943—45 and reduced to the equinox of 1950. Kungl. Svenska Vetenskapsakad. Handl. **2** Nr. 5 = Ann. Obs. Lund Nr. **11**.

9108. **F. Schmeidler,** Absolute Deklinationen von 141 Sternen des GC und das Deklinationssystem des Münchener Vertikalkreises. AN **279** 121—127, mit 3 Abb. = Veröff. Sternw. München **3** Nr. 18. — In einer Beobachtungsreihe von zweijähriger Dauer wurden am Münchener Vertikalkreis Deklinationen von 141 Sternen des General Catalogue von B. Boss bestimmt. Korrektionen wegen Biegung und Refraktionsstörung werden berücksichtigt. Der Unterschied der gemessenen Deklinationen gegen die des GC wird nach Streichung einiger extrem abweichender Sterne diskutiert; durch Benutzung der bekannten Unterschiede zwischen FK 3 und GC ergibt sich rechnerisch die Beziehung zwischen dem Münchener Vertikalkreis und dem FK 3. Die Differenzen sind numerisch klein. Verf.

9109. **H. Slouka,** Stars around the pole. RH **32** 35—37, mit 1 Fig. — Sternverzeichnis und Karten der nördlichen Polarsequenz. J. B.

9110. **M. S. Swerew,** Katalog schwacher Sterne. Verzeichnis von 5120 Sternen mit Deklinationen von +90° bis +30°. (Erster Teil des Katalogs schwacher Sterne). Moskau, Staatliches Astronomisches Sternberg-Institut, 1951. 114 S. (russisch).

9111. **M. S. Swerew,** Katalog schwacher Sterne. Verzeichnis von 10235 Sternen mit Deklinationen von +30° bis —30°. (Zweiter Teil des Katalogs schwacher Sterne). Moskau, Staatliches Astronomisches Sternberg-Institut, 1951 (russisch).

9112. **M. S. Swerew,** Katalog schwacher Sterne. Verzeichnis der Sterne des Fundamentalkatalogs von 931 Sternen, von denen 645 Deklinationen nördlich von —30° besitzen. Moskau, Staatliches Astronomisches Sternberg-Institut, 1951. 20 S. (russisch).

9113. **W. I. Turanskij,** Katalog von Sternen in der Umgebung von BD +51° 3091 (Cygni). Abh. Staatsuniv. Gorkij Nr. **16** (Phys.-Math.) S. 141—180, 1950 (russisch).

9114. **K. Tuzi,** On the Tokyo-Mitaka catalogue of zenith stars and its catalogue difference. Proc. Japan Acad. **26** 59—63, mit **4** Fig., 1950 = Tokyo Astr. Obs. Repr. Nr. **64**. — Die Rektaszensionen von 500 Zenitsternen, von denen 100 im FK 3 enthalten sind, wurden beobachtet. Die auf den FK 3 reduzierten sind etwas größer als für die früher in der Ekliptik beobachteten Sterne. Aus den 100 im FK 3, GC und AG enthaltenen Zeitsternen werden durch Vergleich Normalörter und hieraus Eigenbewegungen abgeleitet. Schließlich wird das System der beobachteten 500 Sterne mit dem des GC verglichen. T. L.

9115. **G. K. Zimmerman,** Ergebnisse der Beobachtungen am Vertikalkreis der Sternwarte Nikolajew in den Jahren 1929—1939. Publ. Astr. Hauptobs. Pulkowo (2) **68**, 135 S. (russisch). — Ref. in Astr. News Letter Nr. **59** S. 9. — Inhalt: I. Die Beobachtungen, ihre Bearbeitung und allgemeine Folgerungen. Eingehend werden die systematischen Abweichungen in Deklination erörtert. II. Katalog der Deklinationen von 707 Sternen für 1930.0. III. Einzelne Zenitdistanzen von Sternen. IV. Einzelne Zenitdistanzen von der Sonne und den unteren Planeten. Loh.

9116. Geschichte des Fixsternhimmels, enthaltend die Sternörter der Kataloge des 18. und 19. Jahrhunderts. Abteilung II: Der südliche Sternhimmel. Band **9**: 8^h Rektaszension. Dritte Lieferung: 38^m—59^m und Titel zum Gesamtbande. Herausgegeben von J. Haas. Karlsruhe, Verlag G. Braun, 1951. 81 + XVI S. Preis 20 DM.

9117. Zweiter Katalog der Astronomischen Gesellschaft für das Äquinoktium 1950. Örter der Sterne bis zur neunten Größe zwischen dem Nordpol und 2° südlicher Deklination, abgeleitet aus photographischen Himmelsaufnahmen der Sternwarten Bergedorf und Bonn unter der Leitung von R. Schorr und A. Kohlschütter. **1.** Band: Deklination + 70° bis +90° Bergedorf. Herausgegeben von der Hamburger Sternwarte. Hamburg-Bergedorf, Verlag der Sternwarte, 1951. E 1 bis E 30 + 312 S.

Desgl. **2.** Band: Deklination +60° bis +70° Bergedorf. Vorwort + 296 S.
Desgl. **3.** Band: Deklination +55° bis +60° Bergedorf. Vorwort + 188 S.
Desgl. **4.** Band: Deklination +50° bis +55° Bergedorf. Vorwort + 205 S.

9118. Resultados del Observatorio Nacional Argentino Vol. **38** Entrega I, Catálogo D. Córdoba. Publicado por el Observatorio, 1951. 128 S. — Enthält die Örter von 6350 Sternen zwischen —37° und —47°, Äquinoktium 1950.0.

9119. Observations made at the Royal Observatory, Greenwich, in the year 1937 in Astronomy, Magnetism and Meteorology. London, Published by His Majesty's Stationery Office, 1951. VIII + A 62 + B 21 + C IX + 200 + D 66 + E 46 + 11 Tafeln. Report 40 S.

9120. Astrographic Catalogue 1900.0. Sydney Section. Dec. —51° to —65°. From photographs taken at the Sydney Observatory New South Wales, Australia. Vol. **29**. R. A. 0^h to 6^h, Dec. —58° to —60°. Sydney, 1951. 3 + 26 S.

Desgl. Vol. **32**. R. A. 18^h to 24^h, Dec. —58° to —60°. Sydney, 1951. 3+30 S.

9121. Bonner Durchmusterung, Südlicher Teil. Deklinations-Zonen —2° bis —22°. Sternverzeichnis. Bonn, F. Dümmlers Verlag, 1949. Zweite, berichtigte Auflage herausgegeben von der Universitäts-Sternwarte Bonn. — Besprechung in Coelum **19** 146. — Der Katalogband ist in der Form des Mikrobuches wiedergegeben.

Sternkarten

9122. **A. Balters,** Eine drehbare Sternkarte. Sternenwelt **3** 33. — Beschreibung der Sternkarte mit einem Durchmesser von 124 cm, welche mit einer Regulatoruhr angetrieben wird.

9123. **A. Bečvář,** Atlas coeli Skalnaté Pleso II. Prag, Naturwiss. Verlag, 1951. 290 S. Preis 320 Kčs. — Katalog zum Altas Coeli Skalnaté Pleso, enthaltend alle wichtigen Angaben über Sterne, Doppelsterne, Veränderliche und Neue Sterne, Sternhaufen, Nebel und Galaxien. J. B.

9124. **C. H. Cleminshaw,** Monthly Star Maps. Los Angeles, Griffith Observatory, 1951. 32 S. Preis 65 cents. — Besprechung in Sky and Telescope **10** 222.

* * **P. Pasquier,** Initiation à l'étude du Ciel. Vgl. Ref. 539.

9125. **E. M. Proskurina, I. S. Astapowitsch,** Sternkarte in gnomonischer Projektion zur Beobachtung von Meteoren. Moskau-Leningrad, Verlag Akad. Wiss. UdSSR, 1950. — Die Ausgabe umfaßt vier Kartenblätter, die bis —13° Deklination reichen. Format 64,5 × 80 cm.

9126. **O. Thomas,** Atlas der Sternbilder. Vgl. AJB **46** Ref. 7136. — Weitere Besprechung in Sternenwelt **3** 80 (K. Schütte).

9127. Bonner Sternkarten. Zweite Serie. Atlas der Himmelszone zwischen 1° und 23° südlicher Declination für den Anfang des Jahres 1855. Als Fortsetzung des Bonner Atlas des nördlichen gestirnten Himmels in den Jahren 1876 bis 1885 auf der Königlichen Sternwarte zu Bonn, bearbeitet von Dr. E. Schönfeld. Bonn, F. Dümmlers Verlag, 1951. Zweite, berichtigte Ausgabe, herausgegeben von der Universitäts-Sternwarte Bonn. Vorwort, Blatt 41—64. — Besprechung in AN **280** 284 (J. Wempe), Sterne **27** 176.

9128. Stern-Atlas, enthaltend alle Sterne bis zur 9ten Größe sowie die helleren Sternhaufen und Nebel zwischen dem Nordpol und 23° südlicher Deklination für 1855.0. Vgl. AJB **50** Ref. **9144**. — Weitere Besprechung in AN **280** 284 (J. Wempe), Coelum **19** 111, Naturwissenschaften **38** 160—161 (S. Günther), Sternenwelt **3** 80.

§ 92

Eigenbewegung, Radialgeschwindigkeit

9201. **N. M. Artjuchina,** Sterne mit großen Eigenbewegungen in der Umgebung des galaktischen Nordpols. Astr Circ UdSSR Nr. 112 S. 10—12 (russisch). — Messungen von 27 Sternen und zum Teil Vergleich mit Ergebnissen anderer Autoren.

9202. **J. v. d. Heide,** Verzeichnis von 207 Sternen mit großer Eigenbewegung. AN **279** 253—256 = Mitt. Sternw. Hamburg-Bergedorf **9** Nr. 75.

9203. **A. M. Losinskij,** Eigenbewegungen von neun veränderlichen Sternen. Mitt. Astr. Sternberg-Inst. Nr. **56** S. 19—25 (russisch). — Ref. in Astr. News Letter Nr. **63** S. 12. — Die Sterne sind in § **112** aufgeführt.

9204. **W. J. Luyten, W. C. Miller,** Proper motions for thirty-three blue stars in high galactic latitude. ApJ **114** 488—491. — Verf. haben Eigenbewegungen von den scheinbar schwachen blauen Sternen in hohen galaktischen Breiten, die Humason und Zwicky vor einiger Zeit gefunden haben, bestimmt. Drei Sterne besitzen jährliche Eigenbewegungen $>0\rlap{.}''1$; einer davon ist vermutlich ein weißer Zwerg. Die Mehrzahl der Sterne stellt vielleicht die blauen Sterne der Population II dar. Eine schwache Andeutung der reflektierten Sonnenrotation um das galaktische Zentrum scheint in den Eigenbewegungen vorhanden zu sein. Micz.

9205. **G. Mannino,** Ricerca sul moto proprio della stella BD+36°2147 = Lalande 21185. Mem SA It (NS) **22** 39—48, mit 2 Fig. = Oss. Astr. Padova Pubbl. Nr. **96**. — Aus 33 Katalogörtern des Sternes Lal 21185 zwischen 1794 und 1950 werden die Komponenten der mittleren Eigenbewegung abgeleitet und aus den Abweichungen wird die Existenz eines Begleiters vermutet. F. Z.

9206. **G. Pels, L. Perek,** Proper motions of faint early-type stars near the north galactic pole. BAN **11** 281—282. — Nach ihren Eigenbewegungen zu urteilen sollten die untersuchten elf Sterne keine gewöhnlichen B-Sterne der Hauptreihe sein. Vielleicht ähneln sie den Frühtypsternen in Kugelhaufen oder sind eine bisher unbekannte Art von Sternen geringerer Leuchtkraft. Loh.

9207. **M. I. Uranowa,** Eigenbewegungen von 93 Sternen. Mitt. Astr. Sternberg-Inst. Nr. **56** S. 3—13 (russisch). — Ref. in Astr. News Letter Nr. **63** S. 12. — Die Eigenbewegungen wurden aus vorhandenen Positionskatalogen abgeleitet.

9208. **M. I. Uranowa,** Über Sterne mit großen Eigenbewegungen in der Umgebung der Nova Persei 1901. Mitt. Astr. Sternberg-Inst.

Nr. **56** S. 14—18 (russisch). — Ref. in Astr. News Letter Nr. **63** S. 12. — Die Eigenbewegungen von 20 Sternen und 22 Anhaltssternen wurden aus zwei am 15-Zoll-Astrographen der Moskauer Sternwarte 1902 und 1947 gemachten Aufnahmen abgeleitet.

* * **T. A. Uranowa,** Eigenbewegungen von T Tauri-Sternen. Vgl. Ref. **11190.**

9209. Extragalactic nebulae as a reference system. Irish AJ 1 220. — Vgl. AJB **50** Ref. **9211.**

9210. Eigenbewegungen einzelner Sterne

σ Dra	H. Roth. Vgl. Wolf 294.
BD +36° 2147	G. Mannino. Vgl. Ref. **9205.**
BD +28° 4211	Harv Card 1124. Proper motion of BD +28° 4211, a remarkably blue star. W. J. Luyten.
CoD −37° 5376	NAZ **5** 39. J. Haas.
Lalande 21185	= BD +36° 2147.
Lalande 25372	H. Roth. Vgl. Wolf 294.
Wolf 294	H. Roth, Parallaxes and proper motions of Wolf 294, Lalande 25372, and σ Draconis from photographs taken with the 24-inch Sproul refractor. AJ **56** 101—105.

Radialgeschwindigkeiten

9211. W. S. Adams, Stellar radial-velocity programs of the Mount Wilson Observatory. Publ ASP **63** 183—190, mit 4 Bildern = Mt. Wilson and Palomar Obs. Repr. Nr. **57.** — In dem Bericht werden die wichtigsten seit 1911 am Mt. Wilson-Observatorium benutzten Prismen- und Gitterspektrographen und die mit ihnen durchgeführten größeren R. G.-Programme erwähnt mit einigen Ausblicken auf andere Spektraluntersuchungen. O. G.

9212. J. F. Heard, The radial velocities and spectral features of twenty-one Be stars with large rotational terms. Publ. David Dunlap Obs. **1** Nr. 25 S. 523—528. — Es werden die Radialgeschwindigkeiten von 21 Be-Sternen 7. und 8. Größe zwischen B3e und B5e bestimmt. Die Sterne sind in galaktischer Länge so ausgewählt, daß bei bekannter Oortscher Konstante A sich die mittlere Entfernung dieser Gruppe aus den Gliedern der galaktischen Rotation möglichst sicher ergibt: $\bar{r} = 850$ parsec. Nach Korrektion wegen galaktischer Absorption erhält man als mittlere absolute Helligkeit $M = -2.0$ bei mittlerem Spektraltyp B3.8e. Erneut bestätigt sich, daß Be-Sterne die gleiche Leuchtkraft zu haben scheinen wie B-Sterne ohne Emissionslinien. Eine Beschreibung der Spektren im einzelnen ist beigefügt. Gli.

9213. G. H. Herbig, Stellar radial-velocity programs of the Lick Observatory. Publ ASP **63** 191—199, mit 4 Bildern = Mt. Wilson and Palomar Obs. Repr. Nr. **57.** — Beginnend mit den visuellen RG-Bestimmungen von Keeler werden die mit den beiden Mills-Spektrographen auf dem Mt. Hamilton durchgeführten Programme und die Ergänzung durch Spektralaufnahmen der Zweigstation bei Santiago, Chile, kurz beschrieben. O. G.

9214. J. A. Pearce, R. M. Petrie, Revised radial velocities of seventy-nine B-type stars. Publ. Dominion Astrophys. Obs. Victoria **8** 409—427. — Es wird ein Katalog der vervollständigten Radialgeschwindigkeitsmessungen von J. S. Plaskett und J. A. Pearce (Publ. Dominion Astrophys. Obs. Victoria **5** 1, 1931) gegeben. Oetken

9215. R. M. Petrie, Stellar radial-velocity programs of the Dominion Astrophysical Observatory. Publ ASP **63** 215—222, mit 5 Bildern =

Mt. Wilson and Palomar Obs. Repr. Nr. **57**. — Über die in Victoria von Anfang an durchgeführten und die zur Zeit bearbeiteten größeren Radialgeschwindigkeitsprogramme wird berichtet. O. G.

9216. **G. A. Schajn,** Radialgeschwindigkeiten von 73 Sternen. Mitt. Astrophys. Obs. Krim **7** 124—129 (russisch). — Betrifft A-F-Sterne schwächer als $6^m,5$. Darunter sind sieben neue spektroskopische Doppelsterne und vier Sterne, deren Radialgeschwindigkeiten vielleicht veränderlich sind.

9217. **R. E. Wilson,** A new general catalogue of radial velocities. Publ ASP **63** 223—231 = Mt. Wilson and Palomar Obs. Repr. Nr. **57**. — Nach Angaben über die Entstehung des neuen Katalogs wird seine Anlage beschrieben und in Einzelheiten begründet. Besonders erläutert werden die Ableitung der systematischen Korrektionen der R. G. von verschiedenen Sternwarten auf das Lick-System (alle $\leq \pm 1.0$ km/sec) und die Bewertung der Mittelwerte durch Angabe von Güteklassen. Wünschenswert bleibt die Bestimmung von R. G. südlich von Deklination –30°. O. G.

9218. **Radialgeschwindigkeiten einzelner Sterne**

ζ_1 UMa	G. de Strobel. Vgl. Ref. **10213**.
BD +7° 5128	= HD 26.
HD 26	P. C. Keenan, G. Keller. Vgl. Ref. **9524**.
MWC 300	P. W. Merrill, I. S. Bowen, Forbidden lines in the spectrum of MWC 300. Publ ASP **63** 295—296.

§ 93

Parallaxe

* * **G. van Biesbroeck,** Visual binary stars and stellar parallaxes. Vgl. Ref. **10104**.

9301. **D. Hoffleit,** The discovery and exploitation of spectroscopic parallaxes. Pop Astr **59** 4—19, mit 4 Fig. — Fortsetzung von AJB **50** Ref. **9301**. — Beide Arbeiten = Harv Repr Nr. **342**. — Es wird diskutiert, inwieweit die *n* und *s* charakteristische Kriterien für die Leuchtkraft der Sterne sein könnten und welche physikalischen und mechanischen Ursachen zur Linienverbreiterung beitragen können. Tabelle 5 stellt die meisten der bis 1950 veröffentlichten Listen spektroskopischer absoluter Helligkeiten oder Parallaxen mit Erläuterungen zusammen, und zwar soweit die Kalibrierung beruht 1. auf dem Verhältnis von Linienintensitäten, 2. auf der Linienschärfe oder Linienbreite und 3. auf Totalintensitäten der H-Linien in Sternen frühen Typs. Im letzten Absatz werden unsere Kenntnisse vom Hertzsprung-Russell-Diagramm aufgezeigt, und es wird dabei auf die noch offenen Fragen hingewiesen. Gli.

9302. **L. F. Jenkins,** Preparation of a General Catalogue of Trigonometric Parallaxes. AJ **56** 130. — Ref. AAS.

9303. **J. B. G. Turner,** Parallaxes of Luyten's proper motion stars. MN ASSA **10** 48—49. — Liste umfaßt 30 Sterne.

9304. **A. N. Vyssotsky,** Concerning Eggen's parallaxes and Schlesinger's probable errors. ApJ **113** 224. — Es wird darauf aufmerksam gemacht, daß die von O. J. Eggen (ApJ **112** 141, AJB **50** Ref. **9405**) vorgeschlagene Reduzierung der mittleren Fehler der Parallaxen in Schlesingers General Catalogue of Stellar Parallaxes abzulehnen ist, da sie nicht in einer statistisch einwandfreien Weise erhalten worden sind. Micz.

9305. Spektroskopiske Parallaxer. Urania Kopenhagen 8 158—166.

9306. Parallaxenlisten

J. Jackson, Stellar parallaxes (6th, 7th and 8th series) determined in the years 1937—1948 with the Victoria telescope of the Royal Observatory, Cape of Good Hope. Ann. Cape Obs. **16**, 331 S., 1950.

C. L. Stearns, Trigonometric parallaxes derived from photographs taken with the twenty-inch refractor of the Van Vleck Observatory (Sixth list). AJ **56** 86—87. — Liste umfaßt 26 Sterne Nr. 186—211.

K. A. Strand, R. G. Hall jr., Trigonometric parallaxes of thirty-two stars determined from plates obtained with the 40-inch refractor. AJ **56** 106—107.

9307. Parallaxen einzelner Sterne

α CMi	K. A. Strand. Vgl. Ref. **10120**.
48 Cas	J. T. Kent. Vgl. Ref. **10127**.
σ Dra	H. Roth. Vgl. Wolf 294.
β 315	= 48 Cas.
Σ 3062	= ADS 61.
ADS 61	H. Roth, The parallax of ADS 61 from photographs taken with the 24-inch Sproul refractor. AJ **56** 55—56 = Repr. Sproul Obs. Nr. **75**.
ADS 1598	= 48 Cas.
BD +70° 153	= 48 Cas.
BD +45° 2505	= HD 155876.
BD +5° 1668	J. B. G. Turner, The parallax of BD + 5°1668. MN ASSA **10** 89.
Furuhjelm 46	= HD 155876.
HD 155876	L. Binnendijk. Vgl. Ref. **10127**.
Lalande 25372	H. Roth. Vgl. Wolf 294.
Ross 614	S. L. Lippincott. Vgl. Ref. **10128**.
Wolf 294	H. Roth, Parallaxes and proper motions of Wolf 294, Lalande 25372, and σ Draconis from photographs taken with the 24-inch Sproul refractor. AJ **56** 101—105 = Repr. Sproul Obs. Nr. **76**.

§ 94

Helligkeit, Farbe

* * **E. van Albada-van Dien,** De Bosscha Sterrenwacht, een jaar nieuw werk. Vgl. Ref. **1222**.

9401. **B. J. Bok, P. F. Bok,** A photoelectric sequence of magnitudes and colors for Selected Area 141. AJ **56** 35. — Ref. AAS.

9402. **B. J. Bok, U. van Wijk,** Photo-electric colors of B stars in five regions of the southern Milky Way. AJ **56** 122. — Ref. AAS.

9403. **E. S. Brodskaja,** Lichtelektrische Beobachtungen von vier Überriesen und zwei Wolf-Rayet-Sternen. Mitt. Astrophys. Obs. Krim **6** 84—104, mit 3 Abb. (russisch). — Im Gelben und Blauen wurden η Leo, 67 Oph, β Ori und α Cyg einerseits sowie HD 192103 und 192163 andererseits beobachtet. Die beiden ersten und die beiden letzten waren konstant, die beiden mittleren schwankten geringfügig, und zwar unregelmäßig zwischen $0^m_,07$ bzw. $0^m_,05$ im Gelben. Der Zustand der Wolf-Rayet-Sterne kann also im betrachteten Zeitraum als stationär bezeichnet werden. Loh.

9404. **C. Cailliatte,** Etudes photométriques par la méthode de Fabry. Magnitudes photographiques et quelques séquences stellaires. Observations du système eclipsant KP Aquilae et d'astéroïdes. JO **34** 57—65, mit 7 Fig. — Beschreibung des an der Sternwarte Nizza gebauten Photometers. In einem Verzeichnis sind die vorläufigen photographischen Helligkeiten von 57 Sternen aufgeführt. Die Ergebnisse werden mit anderen photometrischen Systemen (Selected Area, Mt. Wilson, Greenwich, Hertzsprung-Vanderlinden, Haffner) verglichen. Abschließend werden Beobachtungen, Elemente und Lichtkurve des Bedeckungsveränderlichen KP Aql mitgeteilt, ferner die Helligkeiten der Kleinen Planeten (2) Pallas und (5) Astraea.

9405. **W. A. Calder,** Photoelectric measures of λ Andromedae. AJ **56** 184.

9406. **A. W. J. Cousins,** Some remarks on the E region magnitudes. MN ASSA **10** 11—12. — Photoelektrische Beobachtungen in den Harvard Standard E-Regionen am Cape Observatory mit dem Kirkwood Photometer dienten besonders der Untersuchung des S-Systems, für das sich folgende Beziehungen zum internationalen System ergaben: IPg = SPg — 0.07 und IPv = SPv. Gli.

9407. **A. W. J. Cousins,** Some uses of stellar photometry. MN ASSA **10** 80—85. — Zusammenfassender Artikel über die Bedeutung und den Wert der Stellarphotometrie: Sternhelligkeiten als beschreibende Größen für die Stellarstatistik; Sternhelligkeiten als physikalische Charakteristika der einzelnen Sterne, Bedeutung der Farbenindizes und Farbenexzesse; Sternhelligkeiten als Hilfsgrößen zur Bestimmung großer Entfernungen (Hertzsprung-Russell-Diagramm, spektroskopische Parallaxen, veränderliche Sterne). So wird auf den Beitrag der Stellarphotometrie zur Erweiterung unserer Kenntnisse von den Entfernungen der Sterne und von der räumlichen Sternverteilung hingewiesen. Gli.

9408. **A. W. J. Cousins,** Photographic magnitudes of the brightest stars. Obs **71** 201—202. — Für 23 Sterne aus dem «bright star programme» der Kap-Sternwarte werden die erhaltenen Helligkeiten und Farbenindizes mitgeteilt. Sie liegen genähert im internationalen System. O. G.

9409. **A. N. Cox,** A transfer of the standard magnitudes in the E regions to the C regions. MN ASSA **10** 8—11. — Mit dem photoelektrischen Kirkwood Photometer wurde am Cape Observatory ein Vergleich der Standardhelligkeiten in den E-Regionen bei −45° und in den C-Regionen bei +15° durchgeführt. Beobachtungsmethode und Fehleruntersuchungen werden beschrieben. Es wird auf einen systematischen Effekt infolge der Krümmung des Photometers relativ zur optischen Achse des Fernrohrs hingewiesen. Die Ergebnisse des Vergleichs E2 mit C12, E3 mit C2 und E4 mit C3 sind tabuliert. Gli.

9410. **O. J. Eggen,** Photoelectric studies. VII. Color and magnitude systems for brighter stars and the color-spectral-type relation. ApJ **113** 663—671, mit 10 Fig. = Contr. Lick Obs. (2) Nr. **36**. — Ref. in Sternenwelt **3** 190. — Im Verlauf seiner photoelektrischen Messungen hat Verf. von zahlreichen helleren Sternen, die auch in anderen genauen photometrischen Katalogen vorkommen, Helligkeiten und Farbenindizes bestimmt. In der vorliegenden Mitteilung wird der Zusammenhang seiner Werte mit den Farbäquivalenten von Hertzsprung, den spektralphotometrischen Greenwicher Gradienten, den Farbenindizes der Sechs-Farben-Photometrie von Stebbins und Whitford, den visuellen Helligkeiten der Harvard Mimeograms sowie photographischen von Vaucouleurs und photoelektrischen von Güssow aufgestellt. Ein letzter Vergleich wird mit den Spektraltypen und Leuchtkraftklassen des Yerkes-Atlas der Sternspektren von Morgan, Keenan und Kellman vorgenommen. Für die Sterne gleicher Leuchtkraftklasse besteht jeweils eine enge Beziehung zwischen Farbe und Spektraltyp. Micz.

9411. **O. J. Eggen,** Photoelectric studies. VIII. Positional effect in photomultipliers and some revised magnitudes in the North Polar Sequence and Harvard region C 12. ApJ **114** 141—144, mit 1 Fig. = Contr. Lick Obs. (2) Nr. **37.** — Bei der Untersuchung systematischer Fehlerquellen bei der Verwendung von Elektronenvervielfachern zur Sternphotometrie fand Verf. eine Abhängigkeit der Vervielfacherempfindlichkeit von maximal 10—15% von der Lage der Röhre. Sie beruht auf der defokussierenden Wirkung des magnetischen Erdfeldes auf die Elektronenstrahlen im Vervielfacher und konnte durch magnetische Schirmung beseitigt werden. Der Einfluß des Effekts auf die bisher publizierten lichtelektrischen Arbeiten des Verf. und die Homogenisierung der dort mitgeteilten Helligkeiten werden erörtert. Abschließend werden Standardhelligkeiten zur Definition eines lichtelektrischen Helligkeitssystems für zukünftige Arbeiten am Mt. Wilson und Palomar-, Washburn- sowie Lick-Observatorium mitgeteilt. Micz.

9412. **T. Elvius,** Catalogue of magnitudes, colours, spectral types, and spectrophotometric measurements for 2550 stars in Kapteyn's Selected Areas Nos. 2, 6, 7, 15, 16, 17, 18, 19, 20, 40, 41, and 42. Stockholms Obs. Ann. **16** Nr. 4, 79 S.

9413. **T. Elvius,** A photometric and spectrophotometric investigation in twelve of Kapteyn's Selected Areas (Nos. 2, 6, 7, 15, 16, 17, 18, 19, 20, 40, 41, and 42). Stockholms Obs. Ann. **16** Nr. 5, 115 S. mit 34 Fig. — Es wird die Anlage und Durchführung der spektralphotometrischen Messungen zu obigem Katalog beschrieben. Die einzelnen Ergebnisse werden mit denen anderer Kataloge verglichen. Das Beobachtungsmaterial wird statistisch bearbeitet, insbesondere zu einer Diskussion des Dichteabfalls senkrecht zur galaktischen Ebene. Schai.

9414. **T. Elvius,** En undersökning i Kapteyns selected areas. PAT **32** 121—138, mit 11 Fig. — Verf. gibt eine allgemeinverständliche Darstellung seiner photometrischen und spektralphotometrischen Untersuchungen von den Kapteynschen Eichfeldern Nr. 2, 6, 7, 15, 16, 17, 18, 19, 20, 40, 41 und 42 (vgl. Ref. **9412**/13). Ra.

* * **P. B. Fellgett,** An exploration of infra-red stellar magnitudes using the photo-conductivity of lead sulphide. Vgl. Ref. **2219.**

9415. **D. L. Harris III,** The color of BD +28° 4211. ApJ **113** 435. — Es wird über Farbmessungen an dem extrem blau gefärbten Stern BD +28° 4211 (vgl. Ref. **9529**) berichtet. Die spektrale Energieverteilung dieses Sterns besitzt offenbar einen erheblichen UV-Exzeß gegenüber der Energieverteilung eines schwarzen Strahlers gleicher Temperatur. Micz.

9416. **A. R. Hogg, B. Hall,** Narrow-band photoelectric photometry of bright southern stars. MN **111** 325—338, mit 5 Fig. — Helligkeiten des Wellenlängenbereichs λ 4500 bis λ 4600 von 63 hellen Sternen, zumeist am Südhimmel, wurden mit einer lichtelektrischen Apparatur gemessen. Als Bandfilter wurde der von Gascoigne beschriebene Objektivprismenspektrograph und ein Diaphragma benutzt. Das Licht des ausgeblendeten Bereichs fiel durch eine Fabry-Linse auf die Kathode eines Elektronenvervielfachers 931 A, dessen Strom in einem kleinen Verstärker nachverstärkt und in einer Kompensationsschaltung gemessen wurde. Die Prüfung der Linearität des Photometers durch ein Summationsverfahren wird beschrieben. In der Diskussion wird ein Vergleich gemessener Helligkeiten mit denen anderer Kataloge ausgeführt. Micz.

9417. **I. King,** The concept of effective wave length, and the use of wide-band photometric systems. AJ **56** 132. — Ref. AAS.

9418. **G. E. Kron, J. L. Smith,** Red and infrared magnitudes for 125 stars in ten areas. ApJ **113** 324—343, mit 7 Fig. = Contr. Lick Obs. (2)

Nr. 34. — Die Arbeit beschreibt zunächst das Prinzipielle einer am Lick-Observatory entwickelten Apparatur zur Messung von Rot- und Infrarothelligkeiten von Sternen. Als Strahlungsempfänger dient eine Continental Electric CE 25 A/B-Zelle in Verbindung mit geeigneten Filtern und einer Verstärkeranordnung. Genauer eingegangen wird auf die Methoden zur Prüfung der Linearität der Verstärker, der Konstanz der Empfindlichkeit usw. In weiteren Kapiteln wird die Beobachtungstechnik, das Farbsystem der Helligkeitsskalen, die Frage des Nullpunkts und der Beziehung zu anderen Helligkeitssystemen erörtert. Gemessene Rot- und Infrarothelligkeiten werden für 125 Sterne der Polsequenz, einiger Harvard Standard Regions und Kapteynscher Selected Areas mitgeteilt. Die Grenzgröße liegt im allgemeinen zwischen 8^m und 12^m. Nur in zwei Feldern wurde die 16. Größe mit dem 100-Zoll-Reflektor des Mt. Wilson-Observatoriums erreicht. Micz.

9419. **W. J. Luyten,** Apparent magnitudes and color indices for some further white dwarfs and degenerate stars. ApJ **113** 701—702. — Für einige weiße Zwerge der Liste des Verf. (ApJ **112** 219, AJB **50** Ref. **9409**) werden verbesserte Helligkeiten und Farbenindizes mitgeteilt. Micz.

9420. **P. T. Oosterhoff,** Photo-electric colours of southern early-type stars. BAN **11** 299—321, mit 7 Fig. — Betrifft 372 Sterne, die auf der südlichen Station der Sternwarte bei 4150, 5000 und 5320 Å lichtelektrisch (Vervielfacher 931 A) photometriert wurden und deren Farbenindexsystem mit anderen verglichen wurde. Loh.

9421. **L. Perek,** Faint blue stars around north pole. RH **32** 212—213.

* * **K. Pilowski,** Über die Veränderlichkeit von Sternen und ihre Auswahl für photometrische Systeme. Vgl. Ref. **11006**.

9422. **D. de Smet-de Potter,** Magnitudes et indices de couleur d'étoiles aux environs du pôle. Commun. Obs. Roy. Belgique Nr. **32,** 26 S. mit 10 Fig. — Mit dem Doppel-Astrographen in Uccle wurden gleichzeitig photographische und photovisuelle Aufnahmen der Polregion gemacht. Von über vierzig Sternen heller als $11^m\!.75$pg bzw. $11^m\!.25$pv wurden genaue Helligkeiten gemessen, auf das internationale System reduziert und Farbenindizes hergeleitet. Diese sind also praktisch unabhängig von Änderungen in den atmosphärischen Bedingungen. Gli.

9423. **N. Tapia,** Resultados de las determinaciones de las magnitudes fotográficas de las estrellas de la C.P.D. entre 72 y 82 grados de declinación austral, hasta magnitud novena. Publ. Obs. Astr. Univ. La Plata Serie Circ. Nr. **10** S. 143—147, mit 2 Fig. — Enthält die Helligkeiten von 24 Sternen der Zone −72° und von 12 Sternen der Zone −73°.

9424. **G. A. Tichow,** Katalog der nach der Methode des Längsspektrographen erhaltenen Farben von Sternen in den Eichfeldern 44—91. Publ. Astr. Hauptobs. Pulkowo (2) **66,** 100 S. mit 4 Abb. (russisch). — Ref. in Astr. News Letter Nr. **59** S. 14. — Enthält in einer speziellen Skala, deren Beziehung zur Sterntemperatur auf Seite 6 gegeben ist, auf den Seiten 29—100 die Farben zahlreicher Sterne. Loh.

9425. **G. de Vaucouleurs,** La séquence polaire nord. DOB **4** Bull. 4 Fasc. 1, mit 2 Fig.

9426. Secular variations of stars. JBAA **61** 167—168.

9427. Unusual blue star. Sky and Telescope **10** 140.

§ 95

Spektrum

9501. Bergedorfer Spektral-Durchmusterung der 115 nördlichen Kapteynschen Eichfelder, enthaltend für die Sterne bis zur 13. photographischen Größe die Spektren nach Aufnahmen mit dem Lippert-Astrographen der Hamburger Sternwarte in Bergedorf von A. Schwassmann, die Größen nach Aufnahmen des Harvard College Observatory, bestimmt durch das Sterrenkundig Laboratorium Kapteyn in Groningen von P. J. van Rhijn unter Mitwirkung von L. Plaut. Band 4 Eichfeld 68 bis 91, Deklination: +15°. Bergedorf, Verlag der Sternwarte, 1951. 64 + 303 S.

9502. **L. H. Aller,** Interpretation of normal stellar spectra. Aus: J. A. Hynek, Astrophysics (Ref. **517**), Kapitel 2, 56 S. mit 11 Fig.

9503. **M. K. V. Bappu,** A spectroscopic study of Wolf-Rayet stars. AJ **56** 120—121. — Ref. AAS.

9504. **D. Barbier, D. Chalonge, R. Canavaggia,** Etude du rayonnement continu de quelques étoiles entre 3100 et 4600 Å. V. Nouvelles mesures de D et λ_1. Vgl. AJB **47** Ref. **7506**. — Ref. in Sterne **27** 103—104.

9505. **J. Berger, R. Canavaggia, D. Chalonge, A.-M. Fringant,** Etude spectrophotométrique de quelques sous-naines. CR **232** 2079—2080 = Contr. Inst. d'Astrophys. Paris (A) Nr. **91**. — Betrifft die vier F-Unterzwerge BD + 71° 31, 72° 94, 17° 4708 und — 14° 6437, die mit ε Cep, 78 UMa und σ^2 UMa verglichen wurden. Der Balmersprung ist in ersteren kleiner, die Farbtemperatur im Blauen niedriger. Loh.

9506. **J. Berger, A.-M. Fringant,** Etude spectrophotométrique de trois étoiles à raies métalliques. CR **232** 2185—2186 = Publ. Obs. Haute-Provence **2** Nr. 23 = Contr. Inst. d'Astrophys. Paris (A) Nr. **92**. — Für die Metall-Linien-Sterne ζ UMa ft, 15 UMa, τ UMa wird der Spektraltyp auf Grund des Balmersprunges und der Gradienten vor und nach der Balmergrenze (relativ zu η Aur) bestimmt. Die so erhaltene Klassifikation ist nicht wesentlich verschieden von der, die sich nach den Metallinien ergibt. Labs

9507. **J. Berger, R. Canavaggia, D. Chalonge, A.-M. Fringant,** La discontinuité de Balmer de quelques étoiles à atmosphère étendue. CR **232** 2398—2400, mit 1 Fig. = Contr. Inst. d'Astrophys. Paris (A) Nr. **93**. — Für 4 Hüllensterne (ζ Tau, BD + 44° 4014, BD + 29° 3982 r, HD 190073) wird die Größe D des Balmersprungs mitgeteilt. Aus einer Abschätzung des Balmersprungs, wie er sich ohne die Hülle ergäbe, folgt, daß es sich um Hauptreihensterne handelt. Die kräftige Vergrößerung des Balmerdekrements ist ein einfaches Kriterium für Sterne mit ausgedehnten Atmosphären. Bahner

9508. **J. Berger, A.-M. Fringant,** Le spectre continu de λ Bootis. CR **233** 225—226 = Publ. Obs. Haute-Provence **2** Nr. 25 = Contr. Inst. d'Astrophys. Paris (A) Nr. **95** — Im Spektrum von λ Boo sind nur die Balmerlinien und Ca II K sichtbar. Ein Vergleich von relativen Gradienten G_1 und G_2 und des Balmersprungs ΔD dieses Sternes mit denen von vier Hauptreihensternen bestätigt die Sonderstellung von λ Boo: ΔD entspricht dem Typ A0V, G_1 und G_2 führen auf A 3 V. Bahner

9509. **W. P. Bidelman,** Spectral classification of stars listed in Miss Payne's Catalogue of c stars. ApJ **113** 304—308 = Contr. McDonald Obs. Nr. **199**. Berichtigung in ApJ **113** 706. — Verf. hat die Spektraltypen von 102 Sternen des Katalogs der Sterne mit c-Charakteristik von Payne im System des

Yerkes-Atlas der Sternspektren neu klassifiziert. Alle Sterne fallen in den Bereich A 3—K 5. Dabei wurde eine Reihe von Objekten mit spektralen Eigentümlichkeiten («metallische» A-Sterne und Sterne mit anderen Anomalien der Linienintensitäten) gefunden. Die Mehrzahl der Payneschen c-Sterne in hohen galaktischen Breiten erweisen sich als Objekte von geringer Helligkeit. Micz.

9510. **W. P. Bidelman, P. C. Keenan,** The Ba II stars. ApJ **114** 473—476, mit 2 Fig. = Contr. McDonald Obs. Nr. **203**. — Bei einer Reihe von Sternen, insbesondere beim Spektraltyp S, tritt die Resonanzlinie λ 4554 des Ba II mit außerordentlicher Intensität auf. Diese Sterne sind zumeist Überriesen. Die vorliegende Note behandelt eine Gruppe von G- und K-Sternen mit hoher Ba II-Intensität, die nicht Überriesen sind. Auch die Intensität der CH-, C_2- und wahrscheinlich auch der CN-Banden ist ungewöhnlich hoch. Es wird vermutet, daß die mit der Verstärkung der Ba II-Linien einhergehende erhöhte C-Absorption bei diesen Sternen kein Ionisationseffekt, sondern eine Folge erhöhter Kohlenstoffhäufigkeit in ihren Atmosphären ist. Er dürfte etwa in der Mitte zwischen dem normaler Sterne und dem der sogenannten «Kohlenstoff-Sterne» liegen. Micz.

9511. **R. Bouigue,** Sur la structure et la classification des étoiles de types R et N. CR **233** 1424—1426, mit 2 Fig. = Publ. Obs. Haute-Provence 2 Nr. 29. — Mit Benutzung neuer Werte der Übergangswahrscheinlichkeiten für die Schwingungsbanden des CN werden Vibrations-(Banden-)temperaturen von C-Sternen bestimmt. Zwischen diesen Temperaturen und den Totalintensitäten der D-Linien des Na besteht ein enger Zusammenhang, sodaß es möglich ist, beide als Spektralklassen-Kriterien zu verwenden. Die Ergebnisse von Morgan in ApJ **94** 501 werden bestätigt; insbesondere zeigt sich ein Temperaturminimum bei C 7. Besondere Erscheinungen zeigen die vier veränderlichen Lithium-Sterne, deren Beobachtung sehr erwünscht ist. Bo.

9512. **C. E. R. Bruce,** The Zeeman effect in astrophysical spectra. III. Bright-line stellar spectra. Rep. Brit. Electr. Res. Ass. Ref. L/T 248, 31 S. — Ref. in Phys. Abstracts (A) **55** 157.

9513. **E. M. Burbidge, G. R. Burbidge,** Hydrogen and helium line intensities in some Be stars. ApJ **113** 84—92, mit 1 Fig. = Commun. Univ. London Obs. Nr. **6**. — Von 14 Be-Sternen wurden Äquivalentbreiten der Wasserstofflinien $H\gamma$, $H\delta$ und $H\varepsilon$ sowie der He I-Linien λ 4009, λ 4026, λ 4144, λ 4388 und λ 4471 gemessen. Aus einem Vergleich mit vereinzelten älteren Messungen wird für einige Sterne auf Veränderlichkeit der Linienabsorption geschlossen. Die Intensitätsverhältnisse von $H\delta$ / $H\gamma$ und der Singulett-/Triplett-He I-Linien werden mit denen normaler B-Sterne verglichen. Abweichungen von diesen sind im allgemeinen gering, allerdings haben alle untersuchten Be-Sterne nur schwache Wasserstoffemissionslinien. Einige für die Linienintensität wichtige Faktoren werden kurz diskutiert. Micz.

9514. **E. M. Burbidge, G. R. Burbidge,** The spectrum of HD 217050. ApJ **113** 703 = Publ. Obs. Haute-Provence 2 Nr. 21. — Radialgeschwindigkeitsmessungen des Hüllensterns HD 217050 sprechen gegen die vermutete Periodizität von etwa 19 Jahren. Einige Bemerkungen über das Hüllenspektrum im Sommer 1949 werden angefügt. Micz.

9515. **W. Buscombe,** Spectrophotometry of early A-type stars. ApJ **114** 73—97, mit 5 Fig. — Auf Spektren hoher Dispersion des Hauptreihensterns γ Geminorum (A 1) und des Überriesen α Cygni (A 2) wurden zwischen λ 3300 und λ 4700 Linienintensitäten von fast 400 Linien sowie einige Linienprofile gemessen. Unter Heranziehung empirischer Oszillatorenstärken, die anderweitig aus Spektralanalysen von Sternen niederer und höherer Anregungstemperatur einschließlich der Sonne bestimmt worden waren, werden getrennte Wachstumskurven für die Wellenlängenbereiche zu beiden Seiten der Balmergrenze aufgestellt. Die Anregungstemperaturen beider Sterne sind nahezu gleich (10000° K). Für die mittleren Elektronendrucke ergeben sich 5400 bzw. 600 dyn/cm². Die Opazität beider Wellenlängenbereiche wird ermittelt. Aus der Form der Wachstumskurven wird geschlossen, daß die Dämpfungskonstanten erheblich kleiner als nach der klassischen Theorie sind. Berechnungen der Turbulenzgeschwindigkeit aus den Wachstumskurven und den Linienprofilen erbringen die bekannte Diskrepanz: Für γ Geminorum folgen 4 bzw. 17 km/sec und für α Cygni 13 bzw. 35 km/sec. Die beiden Spektralbereiche ergeben übereinstimmende Werte. Micz.

9516. **W. Buscombe, P. W. Merrill,** Relative intensities of lines of various metals in spectra of classes Me and Se. Publ ASP **63** 235. — Ref. ASP.

9517. **H. E. Butler,** The equivalent widths of Calcium and hydrogen absorption lines in the near infrared of stellar spectra. Proc. Roy. Irish Acad. **54** (A) 87—114, mit 9 Fig. und 1 Tafel = Contr. Dunsink Obs. Nr. 1. — Mit einem 25-inch Refraktor (Cambridge) wurden Infrarotspektren (Wood-Gitter mit 15000 Lines p. i. und 10 inch-Kamera, d. h. 57 Å/mm bei 8500 Å; hypersensibilisierte Kodak II N-Platten) von 77 Sternen (mit möglichst gleichmäßiger Verteilung im Hertzsprung-Russell-Diagramm) aufgenommen, um die Äquivalentbreiten A_λ des Ca II-Tripletts 4 ²P—3 ²D sowie die der Paschen-Serie zu untersuchen. Die Überlagerungen von P 13, P 15, P 16 mit dem Ca-Triplett werden soweit erforderlich getrennt durch Interpolation dieser drei Paschenlinien in der gesamten Paschen-Serie und anschließender theoretischer Berechnung der Ca II-Linien nach der blend-Theorie (Eddington-Näherung). Bandeneinflüsse bei späteren Typen werden ebenfalls berücksichtigt. In Form von Diagrammen ist dann die Abhängigkeit der Linienstärken vom Spektraltyp und von der Leuchtkraft dargestellt und diskutiert. Es zeigt sich im wesentlichen ein Gang, wie er nach der Ionisationstheorie zu erwarten ist. Das theoretische Äquivalentbreitenverhältnis von Ca II $(1 : \sqrt{9} : \sqrt{5})$ wird weitgehend wiedergegeben; nur die schwächste Linie fällt ziemlich heraus, wenn ihr $A_\lambda < 1{,}5$ Å ist. Das beobachtete Verhältnis A_λ Ca II (8498 + 8542 + 8662) / A_λ Ca II (H + K) ist nur wenig größer als das theoretisch zu erwartende; auch sind einige Abweichungen in der Leuchtkraftabhängigkeit zwischen dem Dublett und dem Triplett zu verzeichnen. Zu beachten ist dabei aber, daß die Werte für das Dublett von einem anderen Beobachter (E. G. Williams) übernommen sind. Auch für die Paschen-Linien wird die Abhängigkeit der Äquivalentbreite vom Spektraltyp, der Leuchtkraft sowie der Seriennummer untersucht und mit dem Ergebnis anderer Autoren verglichen. Labs

9518. **D. Chalonge,** La pression dans les atmosphères stellaires. BSAF **65** 91—92, 129, mit 1 Fig. (Titelbild des Märzheftes). — Ref. in Phys. Ber. **31** 142. — Inhalt: Le spectrographe. Les spectres (α Cygni, α Lyrae, 40 Eridani B).

* * **P. N. Cholopow,** Über die Helligkeitsänderungen von Zwergsternen mit Emissionslinien in drei Gebieten der Sternbilder Stier und Orion. Vgl. Ref. **11165**.

9519. **S. van Dijke Beatty,** The weaker lines in the photographic region of some late-type stars. ApJ **113** 93—99. — Auf Coudé-Spektren großer Dispersion (2,9 bzw. 10 Å) wurden mehrere Tausend Linien des photographischen Spektralbereichs des K0-Riesen α Bootis, des K0-Zwergs 70 Ophiuchi A, des M0-Riesen β Andromedae, des M0-Zwergs Lalande 27785 und der Sonne verglichen. Ein Résumé über das Verhalten von etwa 60 Ionen wird gegeben. Leuchtkrafteffekte werden unter anderem bei Linien von Ba II, Ca I, Cb I, Na I und Sr II gefunden. Micz.

* * **N. B. Diwari,** Über die Abhängigkeit der Aberrationskonstanten vom Spektraltyp. Vgl. Ref. **3105.**

* * **T. Elvius,** Catalogue of magnitudes, colours, spectral types, and spectrophotometric measurements for 2550 stars in Kapteyn's Selected Areas Nos. 2, 6, 7, 15, 16, 17, 18, 19, 20, 40, 41, and 42 Vgl. Ref. **9412.**

* * **T. Elvius,** A photometric and spectrophotometric investigation in twelve of Kapteyn's Selected Areas (Nos. 2, 6, 7, 15, 16, 17, 18, 19, 20, 40, 41, and 42). Vgl. Ref. **9413.**

9520. **L. Gratton,** Mediciones de espectros de estrellas K en gran dispersión. Publ. Obs. Astr. Univ. La Plata Serie Circ. Nr. **10** S. 115—119, mit 4 Fig. — Verf. gibt einen Bericht über den Stand einer vergleichenden Untersuchung der Spektren von K-Riesen mit kleiner und mit großer Geschwindigkeit auf Grund von Aufnahmen, die in McDonald gewonnen wurden. Fürs erste wurden etwa 3000 Spektrallinien zwischen 4000 und 5000 Å ausgemessen und identifiziert. Arbeitsgang und erreichte Genauigkeit werden angegeben. Nach kurzem Überblick über die Identifizierung der Linien geht Verf. auf eine Linie bei 4339.26 genauer ein, da deren Verhalten bei diesen Sternen unterschiedlicher Geschwindigkeit verschieden ist. Sie könnte vielleicht vom schweren Isotop des Wasserstoffs herrühren. Gli.

9521. **J. L. Greenstein,** Abundances in a high-velocity F star. AJ **56** 126. — Ref. AAS.

9522. **M. Hack,** Lo spettro di ζ Tauri. Mem SA It (NS) **22** 105—120, mit 3 Fig. = Oss. e Mem. Oss. Astrofis. Arcetri Nr. **67.** — Aus 8 Spektren von ζ Tau, aufgenommen mit Objektivprisma in Arcetri, werden die Wachstumskurven für Wasserstoff und Helium, und aus diesen die Zahl der absorbierenden Atome im 2P-Zustand, sowie die Dämpfungskonstante abgeleitet, welche sich 100 mal größer als die klassische Konstante ergibt. F. Z.

9523. **M. E. W. Jaffe,** A list of newly discovered peculiar objects. ApJ **113** 223—224. — Verzeichnis einiger Sterne mit Emissionslinien, spectrum compositum und Wolf-Rayet-Charakter, die auf Objektivprismaaufnahmen der Harvard-Sternwarte gefunden wurden. Micz.

9524. **P. C. Keenan, G. Keller,** HD 26 — an unusual high-velocity star. ApJ **113** 700—701 = Contr. Perkins Obs. Nr. **30.** — Der G-Stern HD 26 (BD + 7° 5128) besitzt die sehr hohe Radialgeschwindigkeit —213 km/sec. Sein Spektrum, das die Verf. beschreiben, enthält die Eigentümlichkeiten, die zum Teil auch sonst bei den Sternen hoher Geschwindigkeit auftreten. Unter anderem sind die CH- gegenüber den CN-Banden kräftig verstärkt. HD 26 ist insofern ein ungewöhnlicher Fall in der Gruppe der CH-Sterne, als die CN- und C_2-Absorption erheblich schwächer als in irgend einem anderen Fall ist. Die Intensitäten einiger Atomlinien, z. B. Ba II λ 4554, Sr II λ 4077 und λ 4215, Ca I λ 4226, sind zum Teil abnorm. Micz.

9525. **P. C. Keenan, W. W. Morgan,** Classification of stellar spectra. Aus: J. A. Hynek, Astrophysics (Ref. **517**), Kapitel 1, 17 S. mit 1 Fig.

9526. **P. C. Keenan,** Study of stellar atmospheres by the spectroscope. Engineering Experiment Station News **23** Nr. 3 S. 15—17, 44—45, mit 2 Fig.

9527. **D. Koelbloed,** Spectroscopische kenmerken van sterren met verschillende kinematische eigenschappen. Tijdschrift voor Natuurkunde **17** 52—54 = Sterrenkundig Colloquium van de Nederlandse Astronomen-Club Nr. **9.** — Ref. in Gaz astr **33** 72—73, Heelal **7** 105.

9528. **E. López López,** El Apasionante Estudio Espectral de las Estrellas. El Universo **49** Nr. 16 S. 35—39, mit 2 Abb. — Gemeinverständliche Beschreibung der Sternspektren und ihrer Auswertung. Gü.

9529. **D. A. MacRae, R. Fleischer, E. B. Weston,** A peculiar O star at high galactic latitude. ApJ **113** 432—434. — Das ungewöhnliche Spektrum des Sterns BD +28° 4211, der sich in der hohen galaktischen Breite b = —28° befindet, wird beschrieben. Der Stern ist außerordentlich blau. Die Linien der Balmer-Serie erscheinen ungewöhnlich schwach und diffus. Aus der Diskussion des gesamten photometrischen und spektroskopischen Materials über den Stern, einschließlich von Radialgeschwindigkeitsmessungen, schließen die Verf. auf einen O-Stern, der unterhalb der Hauptreihe liegt (Unterzwerg der Population II). Micz.

9530. **M. W. Mayall,** New peculiar spectra. Harv Bull Nr. **920** S. 32—37, mit 2 Fig. — Es werden 139 «Peculiar»-Objekte tabuliert, die auf Objektivprismenaufnahmen mit dem 10-Zoll Metcalfteleskop in Südafrika gefunden wurden. Darunter sind besonders Me-Sterne, R-, P- und N-Spektren, sowie 15 neue Veränderliche. Gli.

9531. **A. McKellar,** The atmospheres of the late-type stars. J RAS Canada **45** 23—35, mit 1 Fig. und 1 Tafel. — Wiedergabe eines im Juni 1950 auf der Tagung der Roy. Soc. Canada gehaltenen Vortrages. Nach allgemeinen Bemerkungen über die Spektralklassifikation und das Hertzsprung-Russell-Diagramm werden die Verhältnisse in den Atmosphären der Spättypsterne, insbesondere Druck und chemische Zusammensetzung erörtert. Den Abschluß bilden Diskussionen über ζ Aur und ähnliche Systeme, das Vorkommen von Isotopen, Schwankungen des Verhältnisses C^{12}/C^{13} und das Auftreten von Emissionslinien in den Spektren langperiodischer Veränderlicher. Loh.

9532. **D. B. McLaughlin,** The Be shell star β^1 Monocerotis. AJ **56** 44. — Ref. AAS.

9533. **P. W. Merrill,** Displaced calcium lines in the spectrum of HD 190073. ApJ **113** 55—59, mit 6 Fig. = Mt. Wilson and Palomar Obs. Repr. Nr. **30**. Berichtigung in ApJ **113** 706. — Der A-Stern HD 190073 hat ein ungewöhnliches Spektrum. Hα erscheint in Emission, die D 1- und D 2-Linien des Na I haben ebenso wie zahlreiche andere Metallinien Emissionskomponenten. Besonders bemerkenswert sind die Linien H und K des Ca II. Neben einer unverschobenen Komponenten besitzen sie 7 weitere, die stark (bis zu —400 km/sec) nach Violett verschoben sind. Drei Paare dieser Komponenten sind jeweils im Verhältnis 2 : 1 verschoben. Eine Deutung dieser komplexen Struktur durch radiale Bewegungen von Ca II-Ionen in der Sternatmosphäre wird diskutiert. Hingewiesen wird auch auf eine Erklärungsmöglichkeit durch Annahme geringer Änderungen der Energieniveaus ^2S oder ^2P des Ca II. Micz.

9534. **P. W. Merrill,** Pleione: The shell episode. Publ ASP **63** 234—235. — Ref. ASP.

9535. **W. C. Miller, P. W. Merrill,** Spectroscopic observations of Be stars. ApJ **113** 624—625 = Mt. Wilson and Palomar Obs. Repr. Nr. **41**. — Bemerkungen über die Spektren von etwa 80 Be-Sternen, insbesondere Spektraltyp und Intensität der hellen Hα-Linie, nach Aufnahmen mit einem Spaltspektrographen kleiner Dispersion. Micz.

9536. **L. W. Mirsojan,** Spektralphotometrische Untersuchung einer Reihe von Sternen früher Spektralklassen. Mitt. Obs. Bjurakan Nr. **7**, 63 S. mit 22 Abb. (russisch mit armenischer Zusammenfassung). — Nach einer Beschreibung des Beobachtungsverfahrens, des benutzten Spiegels von 10″ Öffnung und des Spektrographen bestimmt Verf. zunächst den Transmissionskoeffizienten für Bjurakan und untersucht dann das kontinuierliche Spektrum von 20 O—B0-Sternen zwischen 3100 und 4900 Å. Im einzelnen werden Balmersprung, relative Gradienten gegen α Lyr und die absoluten Gradienten von α Lyr auf beiden Seiten des Balmersprungs behandelt. Von 12 Sternen werden ferner Äquivalentbreiten der H-Linien, die letzte beobachtbare H-Linie, Elektronendruck und Zahl der H-Atome in den Sternatmosphären bestimmt. Einige Vergleiche mit anderen Untersuchungen beschließen die Arbeit. Loh.

9537. **L. W. Mirsojan,** Spektralphotometrische Untersuchung einer Reihe von Sternen früher Spektralklassen. Erewan, 1951. 10 S. (russisch). — Dissertationsreferat.

9538. **W. W. Morgan,** Application of the principle of natural groups to the classification of stellar spectra. Vgl. Ref. **12331**, S. 33—42, mit 5 Fig. und 1 Tafel. — Aufstellung der Prinzipien für eine Spektralklassifikation nach natürlichen Gruppen; die Sterne jeder Gruppe sollen einen eindeutigen Platz im Spektrum-Leuchtkraft-Diagramm haben. Anwendung der Richtlinien auf Spektren geringer Dispersion (1200 bis 100 Å/mm im Bereich H δ — H ε). Go.

9539. **M. Rudkjøbing,** A photoelectric differential classification of A and F stars. Ann d'Astrophys **14** 272—277, mit 1 Fig. = Publ. Københavns Obs. Nr. **156**. — Mit einem Elektronenvervielfacher und Interferenzfiltern, die schmale Wellenlängenbereiche bei 0.391, 0.397, 0.478 und 0.486 μ durchlassen, liefert das Verhältnis der Galvanometerausschläge der ersten beiden Filter ein Maß für die Stärke der kombinierten Linie H ε + H (Ca II), das der beiden letzten charakterisiert die Intensität von H β, während das Verhältnis der Messungen mit den Filtern 0.391 und 0.478 einen Farbenindex bedeutet. Die 3 Intensitätsverhältnisse lassen nach Messungen an 17 Sternen die Zugehörigkeit zu der metallischen Gruppe mit hoher Wahrscheinlichkeit erkennen. Micz.

9540. **G. A. Schajn, W. F. Hase,** Das Häufigkeitsverhältnis der C^{13}- und C^{12}-Isotopen in den Sternatmosphären. Fortschritte Phys. Wiss. **43** 3—10 (russisch).

9541. **G. A. Schajn,** Die Zentralintensitäten der starken Absorptionslinien in Sternspektren. Mitt. Astrophys. Obs. Krim **7** 67—86, mit 10 Abb. und 1 Tafel (russisch). — Verf. untersucht die kräftigeren Linien im Spektrum von 49 Sternen hauptsächlich früher Spektralklassen an Hand von Spektrogrammen, die mit dem 100 cm-Reflektor in Simeis aufgenommen worden waren. Die Tiefe von Hγ wächst von O 6 — F 5. Für vier B 8 — A 2-Sterne und die Sonne ergibt sich bezüglich der Hα — Hδ-, P 11- und P 12-Linien eine Abnahme der Linientiefe mit der Wellenlänge. Die Linientiefen verschiedener Elemente zeigen gleiches Verhalten, und zwar bei A 1 — A 5-Sternen die Linien H δ, Hγ, K (10 Sterne) und bei B 0 — B 5-Sternen die Linien Hδ, Hγ, He 4026, 4471. Die H 4 — H 16-Linien haben in α Cyg und α Lyr nahezu konstante Tiefe. Sowohl bei den A- als auch bei den B-Sternen nimmt die Tiefe von Hγ mit wachsender absoluter Helligkeit ein wenig ab. Einige Bemerkungen theoretischen Charakters beschließen die Arbeit. Loh.

9542. **A. Slettebak,** Lines of neutral oxygen in the infrared spectra of Be stars. ApJ **113** 436—437, mit 1 Fig. = Contr. Perkins Obs. Nr. **29**. — Das anomale Verhalten der O I-Linien λ 7774 und λ 8446 in den Spektren einiger Be-Sterne wird untersucht. Die bekannte Neigung von λ 8446, eher in Emission zu erscheinen als λ 7774, wird bestätigt gefunden. Nach Bowen ist dies eine Resonanzerscheinung. Wenn Lyman-β in Emission auftritt, wird das $3\,^3D^0$-Niveau des OI überbesetzt, da der Übergang $2\,^3P_2 - 3\,^3D^0$ einer Linie entspricht, die bis auf 0,05 Å mit Lyman-β zusammenfällt. Die zu erwartende Korrelation der Emissionsintensität von λ 8446 und der Balmer-Linien-Emission besteht tatsächlich. Das Verhalten von λ 7774 ist komplizierter und noch nicht ganz verständlich. Micz.

9543. **A. Slettebak,** Lines of neutral oxygen in the infrared spectra of peculiar A stars. ApJ **113** 437—438, mit 1 Fig. = Contr. Perkins Obs. Nr. **29**. — Die Linien λ 7774 und λ 8446 des OI erweisen sich nach Beobachtungen des Verf. im Spektrum der Ap-Sterne (Spektrumveränderliche, A-Sterne mit anomalen Linienintensitäten insbesondere von Cr, Eu, He, Mn, Si) als ungewöhnlich schwach oder abwesend. Micz.

9544. **B. Strömgren,** Spectral classification through photoelectric photometry with interference filters. AJ **56** 142—143. — Ref. AAS.

9545. **O. Struve,** The emission lines of Ca II in the spectrum of Capella. Ann d'Astrophys **14** 245. — Im Kombinationsspektrum des spektroskopischen Doppelsterns Capella (F+G) tritt die Ca II-Linie K mit einem komplizierten Profil in Emission auf. Verf. beschreibt ihr Aussehen während einer Phase, bei der sie nur von dem G-Stern herrührt. Sie ähnelt weitgehend der der Sonne. Die Turbulenzgeschwindigkeit in der Chromosphäre ist jedoch erheblich größer als bei der Sonne und auch größer als in der umkehrenden Schicht des Sterns. Micz.

9546. **O. Struve,** Recent progress in stellar spectroscopy. AJ **56** 114—115, mit 1 Fig. — Aus unterschiedlichen Linienkonturen für verschiedene Liniengruppen im Spektrum von ε Aurigae, die zum Teil zeitliche Änderungen zeigen, werden folgende Schlüsse gezogen: a) Die absorbierende Schicht von ε Aur gleicht mehr einem großen Protuberanzenfeld als einer normalen Atmosphäre in hydrostatischem Gleichgewicht. b) Die Anwendbarkeit der modernen Turbulenztheorie auf eine Atmosphäre dieser Art ist zweifelhaft. c) Die verschiedenen von K. O. Wright gefundenen Turbulenzgeschwindigkeiten erklären sich aus der Entstehung der Linien in verschiedenen Schichten. d) Die Änderungen der Konturen hängen wahrscheinlich zusammen mit früher gefundenen RG- und Helligkeitsschwankungen. e) Es ist möglich, daß die Erscheinungen mit der Doppelsternnatur von ε Aur zusammenhängen. O. G.

9547. **O. Struve,** The analysis of peculiar stellar spectra. Aus: J. A. Hynek, Astrophysics (Ref. 517), Kapitel 3, 60 S. mit 17 Fig.

9548. **O. Struve,** Gaseous envelopes in close binaries. Obs **71** 197—198. — Die Doppelsternsysteme mit wenigstens einer Komponente frühen Spektraltyps werden in Gruppen eingeteilt, und die in diesen Gruppen spektroskopisch beobachteten Anzeichen für Gasringe werden besprochen. Verstärkung der Absorptionslinien tritt auf in den Lagrangeschen Librationspunkten L_1 und L_2, auch dann, wenn L_2 auf der von der größeren Komponente abgewandten Seite der kleineren Komponente liegt (UX Mon). Der letzte Fall erinnert an die Theorie des Gegenscheins von Gyldén-Moulton. O. G.

9549. **O. Struve,** The spectrum of Capella. Proc. National Acad. Sci. USA **37** 327—332. — Das Spektrum des Doppelsterns Capella zeigt viele Eigentümlichkeiten im Verhalten seiner zahlreichen Absorptionslinien, die hier im einzelnen besprochen werden. Die Linien der G- und der F-Riesenkomponente werden miteinander verglichen, und besonders werden die Änderungen im Spektrum während einer Umlaufsperiode betrachtet. Die spektroskopischen Anomalien dürften eine Folge starker Wechselwirkungen zwischen den äußeren Schichten beider Komponenten sein. Gli.

9550. **O. Struve,** Notes on stellar spectra. Publ ASP **63** 138—141 = Berkeley Repr. Nr. **10**. — Ref. in Irish AJ **1** 245. — 1. Aus Linienkonturen im Spektrum des Überriesen ε Aur ergeben sich verschiedene kinematische Verhältnisse für verschiedene Schichten. 2. Im Gegensatz zu den schmalen und scharfen Absorptionslinien der Balmer-Serie sind die Absorptionslinien der Paschen-Serie bei ε Aur breit und verwaschen. 3. Die Linienprofile in W Ursae Majoris-Sternen, z. B. für die K-Linie des Ca II, sind sehr flach. Bei 44 (i) Boo B beträgt die Zentralintensität etwa 60%. O. G.

9551. **O. Struve,** Some comments on β Canis majoris and related stars. Publ ASP **63** 249—252 = Berkeley Repr. Nr. **12**. — Aus Anlaß einer theoretischen Arbeit von P. Ledoux werden Beobachtungsergebnisse über Änderungen der RG und der Linienprofile von β Canis Majoris-Sternen zusammengestellt. Die Beobachtungen werden erklärt mit der schon früher vertretenen Annahme, daß ein kleiner dichter Begleiter, der nahe der Oberfläche des B-Sterns umläuft, auf diesem ein gestörtes Gebiet, etwa ein großes Protuberanzenfeld, erzeugt. O. G.

9552. **O. Struve,** The Fraunhofer lines. Sky and Telescope **10** 117—120, mit 6 Fig.

9553. **P. Swings,** Molecular spectra in cosmic sources. Aus: J. A. Hynek, Astrophysics (Ref. 517), Kapitel 4, 27 S.

* * **P. Swings,** Spectroscopic problems of astronomical interest. Vgl. Ref. 259.

9554. **Tcheng-Kien,** Recherches sur les bandes de CH dans les spectres stellaires et solaire. Ann d'Astrophys **14** 54—84, mit 15 Fig. = Publ. Obs. Lyon (1) **5** Nr. 15. — Im Spektrum von 59 Sternen wurden Intensitäten einer Reihe von charakteristischen Punkten innerhalb der Bande, ferner auch von Fe I λ 4326, Hγ, Sr II λ 4078 und einem Punkt innerhalb der Raffety-Bande des CH bei λ 4074 gemessen. Die Abhängigkeit der Intensität der G-Bande vom Spektraltyp entspricht dem nach Russell zu erwartenden theoretischen Verlauf. Das Intensitätsverhältnis Hγ / Fe I λ 4326, erweist sich auch nach den photometrischen Messungen als gutes Kriterium für den Spektraltyp. Ein Vergleich der CH- mit der CN-Absorption nach Plassard (Ann d'Astrophys **13** 20, 1950) zeigt, daß die CH-Absorption beim Spektraltyp G das Maximum erreicht, während die CN-Absorption noch weiter steigt, wofür die stärkere Schwächung der CH- gegenüber der CN-Absorption durch die Bildung von CO-Molekülen verantwortlich ist. — Aus Intensitäts- und Wellenlängenmessungen zwischen λ 4025 und λ 4120 im Utrechter Sonnenatlas wird für die Sonne wahrscheinlich gemacht, daß eine Reihe bisher nicht identifizierter Linien der Raffety-Bande angehören. Ein Nachweis der Raffety-Banden in Sternspektren F—M gelingt dagegen nicht. Micz.

9555. **Tcheng-Kien,** Intensité de la bande 4300 Å de la molécule CH dans les spectres des étoiles F, G, K et M. CR **232** 40—42, mit 1 Fig. = Publ. Obs. Haute-Provence **2** Nr. 10. — Ref. in Phys. Ber. **30** 1316. — Aus Spektren von J. Plassard wird für 58 Sterne (F—M) die Intensität der CH-Bande 4300 gemessen. Es ergibt sich ein Maximum der Absorption bei G 9 im Einklang mit der Theorie. Labs

9556. **Tcheng-Kien,** Sur la classification des étoiles des classes F, G, K et M. CR **232** 151—153, mit 1 Fig. = Publ. Obs. Haute-Provence **2** Nr. 12. — Ref. in Phys. Ber. **30** 1316—1317. — An 58 Sternen wird das Intensitätsverhältnis Hγ (4340) / Fe I (4326) photometrisch bestimmt und gegen die Spektralklassen der Mt. Wilson-Klassifikation aufgetragen. Ein Vergleich mit der Harvard-Klassifikation wird durchgeführt. Labs

9557. **A. B. Underhill,** On the luminosity effects of the hydrogen lines in O-type spectra. Publ. Dominion Astrophys. Obs. Victoria 8 385—399, mit 1 Fig. und 1 Tafel. — Die Berechnung der Verbreiterung von Hγ zeigt, daß diese bei O - im Gegensatz zu A- und B-Sternen nicht wesentlich durch Starkeffekt bestimmt ist. Die niedrigen Glieder der Balmerserie lassen sich also nicht als Leuchtkraftkriterium benutzen. Auch die frühen Linien der Lymanserie sind nicht durch Starkeffekt verbreitert, so daß der Strahlungsstrom ($\lambda > 920$ Å) durch die Linienabsorption praktisch nicht verringert wird. Oetken

9558. **A. B. Underhill,** A luminosity criterion in the spectra of late O-type stars. Publ ASP **63** 182. — Ref. ASP.

9559. **H. H. Voigt,** Quantitative chemische Analyse eines Übergiganten. Sterne **27** 138—139. — Bericht über das vorläufige Ergebnis der Untersuchung von 55 Cygni.

9560. **M. E. Walther,** Anomalous spectra of stars of class A. Vgl. AJB **49** Ref. **9569.** — Ref. in Sterne **27** 57—58.

9561. **B. Westerlund,** Luminosity effects and colour-equivalents as measured in short stellar spectra. I. B, A and F stars. Kungl. Svenska Vetenskapsakad. Handl. (4) **2** Nr. 4, 57 S. mit 31 Fig. = Uppsala Astr. Obs. Ann. **3** Nr. 6. — 1. Mit einem Planimeter wurden zur Bestimmung von Totalabsorptionen die Balmer- und K-Linien ausgemessen. 2. Die Beziehung zwischen Hγ und Hδ wird in Hinblick auf jede Seite des Maximums der Balmerlinien diskutiert. 3. Es wird versucht, eine Spektralklassifikation nur auf die K-Linie und die Zentralintensitäten der Wasserstofflinien zu stützen. 4. Die UV-Depression wird untersucht. 5. Die Sternfarben werden mittels Farbäquivalenten studiert. 6. Die B-Sterne und eine Anzahl anderer werden diskutiert und ein Vergleich mit anderen Ergebnissen durchgeführt. 7. Scheinbare monochromatische Helligkeiten werden bestimmt. Loh.

9562. **R. Wildt,** New emission lines in M dwarfs. AJ **56** 51—52, mit 1 Fig. — Ref. AAS.

9563. **H. Zirin,** An objective prism study of peculiar A stars. AJ **56** 146. — Ref. AAS.

9564. **H. Zirin,** A list of peculiar A stars on objective prism plates. Harv Bull Nr. **920** S. 38—40. — Die Untersuchung von 21 Arealen 5° mal 7° (Aufnahmen mit dem 12-Zoll Metcalf Refraktor und Objektivprisma in Oak Ridge Station) liefert 58 «Pekuliar» A-Sterne, darunter Metallliniensterne, bis 9^m5. In 16 Arealen, in denen alle A-Sterne klassifiziert wurden, beträgt der Anteil der «Pekuliar» Sterne der Klassen B 9—A 3 zehn Prozent. Gli.

9565. Emission object in Coma. Harv Card 1110.

9566. Objekt med lyse linier i Coma Berenices. NAT **1951** 75.

9567. Harvard Spektralserien. Urania Kopenhagen **8** 73—79.

9568. **Spektren einzelner Sterne**

Außer dieser Liste sind auch noch die in diesem Paragraphen aufgeführten Referate und die Paragraphen **111** und **112** einzusehen.

α Aur	O. Struve. Vgl. Ref. **9545**, **9549**.
λ Boo	J. Berger, A.-M. Fringant. Vgl. Ref. **9508**.
η Car	A. D. Thackeray, The spectrum of Eta Carinae. MN ASSA **10** 56—57.
	A. D. Thackeray, The spectrum of Eta Carinae. MN ASSA **10** 88.
γ Cas	W. G. Gorbazkij, Die Deutung der Veränderungen im Spektrum von γ Cassiopeiae. AJ UdSSR **28** 450—465, mit 8 Abb. (russisch). — Ref. in Astr. News Letter Nr. **62** S. 4—5. — Verf. diskutiert die Veränderungen der Konturen der hellen Linien im Spektrum der Be-Sterne und von γ Cas im besonderen (Zeitraum 1936—1938). Die beobachteten Veränderungen können durch Schwankungen der Stärke des Materieabsprühens von dem rotierenden Stern hervorgerufen werden. Loh.

α Cyg	W. Buscombe. Vgl. Ref. 9515.
γ Gem	W. Buscombe. Vgl. Ref. 9515.
17 Lep	O. Struve, A puzzling stellar spectrum (17 Leporis). Publ ASP 63 82—84 = Berkeley Repr. Nr. 3.
α Lyr	R. D. Levée, Overlapping Balmer lines in α Lyrae. Publ ASP 63 252—254, mit 1 Fig. = Berkeley Repr. Nr. 12.
β_1 Mon	Peculiar shell star. Sky and Telescope 10 94. — Ref. AAS.
σ Sco	D. H. McNamara, R. D. Levée, Changes in the spectrum of σ Scorpii. Publ ASP 63 248—249, mit 1 Tafel = Berkeley Repr. Nr. 12.
ζ Tau	M. Hack. Vgl. Ref. 9522.
	A. B. Underhill, A spectrophotometric study of the shell star ζ Tauri. AJ 56 143—144. — Ref. AAS.
28 Tau	P. W. Merrill, Pleione: The shell episode. Vgl. Ref. 9534.
BD + 44°341	H. Zirin. Vgl. Ref. 9563.
BD + 43°318	H. Zirin. Vgl. Ref. 9563.
BD + 28°4211	D. A. MacRae, R. Fleischer, E. B. Weston. Vgl. Ref. 9529.
BD + 15°4071	H. Zirin. Vgl. Ref. 9563.
BD + 5°4393	= HD 190073.
HD 32633	I. King, HD 32633, a peculiar spectrum of type A. Harv Bull Nr. 920 S. 40—41.
HD 190073	P. W. Merrill. Vgl. Ref. 9533. DOB 4 Bull. 6 Fasc. 2.
HD 217050	E. M. Burbidge, G. R. Burbidge. Vgl. Ref. 9514.
MWC 300	P. W. Merrill, I. S. Bowen, Forbidden lines in the spectrum of MWC 300. Publ ASP 63 295—296.

§ 96

Temperatur, Strahlung

9601. **P. Couteau,** Sur une détermination de la température effective d'une naine blanche montrant des raies de l'hydrogène en légère émission. CR **232** 797—798 = Contr. Inst. d'Astrophys. Paris (A) Nr. **78**. — Ref. in Phys. Ber. **30** 1818. — Für weiße Zwerge mit Wasserstofflinien in Emission wird ein Verfahren skizziert, aus der Emission bei bekannter Schwerebeschleunigung die effektive Temperatur abzuschätzen. Kdr.

9602. **Z. Kopal, C. G. Treuenfels,** The effective temperatures of components of eclipsing binary systems. Harv Circ Nr. **457**, 26 S. mit 3 Fig. — Aus Eigenbewegung und Radialgeschwindigkeit von 227 Komponenten von Bedeckungsveränderlichen werden deren absolute Helligkeiten (bolometrische Korrektion berücksichtigt) hergeleitet. Andererseits liefern die photometrischen und spektroskopischen Elemente mittlere Sternradien für jede Spektralklasse. Daraus läßt sich schließlich eine mittlere Effektivtemperatur berechnen. Die so ermittelten Temperaturen sind für Sterne vom Typ A und später in guter Übereinstimmung mit anderen Ergebnissen. Für O- und B-Sterne finden die Verf. eine niedrigere Temperatur, als sie von Kuiper angegeben wurde. Die vorliegenden Untersuchungen sind jedoch in Übereinstimmung mit Petries empirischem Masse-Leuchtkraft-Gesetz für Doppelsternkomponenten. Labs

9603. **J. G. Phillips,** Temperatures of late-type stars from the band spectra. Publ ASP **63** 179—180 = Berkeley Repr. Nr. **11**. — Vorläufige Mitteilung.

9604. **K. Pilowski,** Die Methoden zur Ableitung von Strahlungstemperaturskalen, Vergleich ihrer Ergebnisse und Untersuchung ihrer Voraussetzungen. AN **279** 145—156, mit 5 Abb. — Kritische Darlegung und Vergleich der Methoden von Pilowski, W. Becker, Kuiper. Die Ergebnisse von Pilowski und W. Becker (aus Bedeckungsveränderlichen) stimmen praktisch vollkommen überein, wenn man die Skala von W. Becker einer notwendigen systematischen Verbesserung unterzieht. Die Skala von Kuiper führt dagegen bei den frühen Typen auf zu hohe Temperaturen. Es zeigt sich, daß unter gewissen Bedingungen näherungsweise eine eindeutige Zuordnung von Strahlungstemperatur und Farbenindex besteht. Verf.

9605. **K. Pilowski,** Über eine Eigentümlichkeit der Energieverteilungen der Sterne vorgegebenen Spektraltypus. AN **279** 208—212, mit 3 Abb. — Es wird gezeigt, daß die Sterne der Spektraltypen G und K sich ihren Energieverteilungen nach einzelnen, scharf getrennten Gruppen zuordnen lassen, die den Leuchtkraftgruppen von Morgan entsprechen. Verf.

* * **K. Pilowski,** Zur Masse-Leuchtkraftbeziehung und zur empirischen Festlegung einer Skala von effektiven Temperaturen. II. Teil. Vgl. Ref. **9727.**

* * **K. Pilowski,** Über die Temperaturen und Leuchtkräfte der B-Sterne. Vgl. Ref. **9730.**

9606. **A. Wilkens,** Temperaturas espectrográficas estelares. Publ. Obs. Astr. Univ. La Plata Serie Circ. Nr. **10** S. 123—125.

§ 97

Leuchtkraft, Durchmesser, Masse, Zustandsdiagramme

9701. **R. A. Bartaja,** Bestimmung spektroskopischer absoluter Größen schwacher B5—A7-Sterne. Tiflis, Verlag Akad. Wiss. grusin. Sowjetrepublik, 1951. 12 S. (russisch). — Dissertationsreferat.

9702. **P. Couteau,** Sur une relation entre la position des naines blanches dans le diagramme de Russell, leur concentration en hydrogène et leur masse. Ann d'Astrophys **14** 176—177, mit 1 Fig. = Contr. Inst. d'Astrophys. Paris (B) Nr. **66.** — Auf Grund der Arbeiten von Chandrasekhar und Schatzman werden im Russell-Diagramm die Linien konstanter Masse und konstanten Wasserstoffgehalts für weiße Zwerge gezeichnet und sodann für zwanzig Objekte aus ihrer Lage im Diagramm Werte für Masse und Wasserstoffgehalt abgeleitet. Kdr.

* * **O. J. Eggen,** Photoelectric studies. V. Magnitudes and colors of classical Cepheid variable stars. Vgl. Ref. **11148.**

9703. **O. J. Eggen,** Color-luminosity arrays. Sky and Telescope **11** 5—7, mit 6 Fig.

9704. **D. S. Evans,** The occultation of Antares of 1950 June 27—28. MN **111** 64—74, mit 4 Fig. = Commun. Radcliffe Obs. Nr. **17.** — Die Bedeckung von Sternen durch den Mond bietet eine Möglichkeit zur Bestimmung ihrer Winkeldurchmesser, wenn es gelingt, den Helligkeitsverlauf des Bedeckungsvorgangs zeitlich genau festzulegen. Es wird über eine lichtelektrische Apparatur, bestehend aus einem Elektronenvervielfacher, einem Verstärker mit kleiner Zeitkonstanten und einem schreibenden Galvanometer sowie über einen Versuch, den Durchmesser von Antares bei seiner Bedeckung am dunklen Rand des Mondes 1950 Juni 28 zu ermitteln, berichtet. Die Diskussion des etwa 100 Millisekunden betragenden Extinktionsvorganges erweist sich als kompliziert, da der Helligkeitsverlauf durch den scheinbaren Sterndurchmesser und seine Randverdunklung, die wiederum das Beugungsbild bestimmen, gegeben wird. Die Registrierkurve kann nicht durch Annahme eines radialsymmetrischen, randverdunkelten Sterns gedeutet werden. Die Hypothese eines engen, nicht aufgelösten Doppelsterns mit scheinbaren Komponentendurchmessern 0ʼ027 und 0ʺ016 sowie einem Helligkeitsunterschied von 3^m stellt den Helligkeitsabfall zwar dar, führt aber für den Begleiter auf eine unwahrscheinlich tiefe Temperatur. Als weitere Alternative wird ein ellipsoider Stern vorgeschlagen. Micz.

9705. **W. S. Fitch, W. W. Morgan,** A useful luminosity discriminant in the late K and early M giants. ApJ **114** 548, mit 1 Fig. — Einige Blends im grünen Teil (λ 5175 bis λ 5270) des Spektrums der K- und frühen M-Sterne, die zumeist aus dem $a^5D—z^7D^0$-Multiplett des Fe I resultieren, erweisen sich als Leuchtkraftkriterien selbst bei kleiner Dispersion (260 Å/mm) als brauchbar. Das Kriterium wird das Bestimmen spektroskopischer Parallaxen schwacher Sterne der genannten Spektraltypen erleichtern, da der grüne Spektralbereich mit kürzeren Belichtungszeiten erreichbar ist als der bisher meist dafür benutzte blaue. Micz.

9706. **S. Günther,** Neuere Untersuchungen an Farbenhelligkeitsdiagrammen. Sterne **27** 80—86, mit 3 Abb. — Behandelt: 1. Das Hertzsprung-Russell-Diagramm. 2. Farbenhelligkeitsdiagramme. 3. Doppelsterne in den Farbenhelligkeitsdiagrammen offener Sternhaufen. 4. Die Feinstruktur der Hauptreihe in offenen Sternhaufen. 5. Die Farbenhelligkeitsdiagramme in verschiedenen Wellenlängen. 6. Folgerungen für die Theorie des inneren Aufbaus der Sterne.

9707. **S. Günther,** Sind die Sterne längs der Hauptreihe im Hertzsprung-Russell-Diagramm gleichmäßig verteilt? Sterne **27** 113—117, mit 2 Abb. — Zusammenstellung einiger Ergebnisse über die Häufigkeitsverteilung der Sterne.

9708. **E. Holmberg,** Om luminositetsfunktionen för stjärnor av typ I. PAT **32** 33—46, mit 6 Fig. — Allgemeinverständliche Darstellung der Untersuchung in Lund Medd (1) Nr. **175** (vgl. AJB **50** Ref. **9705**).

9709. **F. W. Jäger,** Winkeldurchmesser von Sternen aus Sternbedeckungen. Sterne **27** 51—52. — Besprechung der Arbeit von A. E. Whitford in ApJ **89** 472 (AJB **41** Ref. **7723**) und in AJ **52** 131 (AJB **47** Ref. **7708**).

9710. **P. C. Keenan, G. Keller,** The spectrum-luminosity diagram for the high-velocity stars. AJ **56** 131. — Ref. AAS.

9711. **I. King,** The period-luminosity curve in the Small Magellanic Cloud. AJ **56** 43. — Ref. AAS. — Ref. in Sternenwelt **3** 235—236.

9712. **N. A. Kosyrew,** Die Theorie des inneren Aufbaues der Sterne und die Quellen der Sternenergie. Teil II. Mitt. Astrophys. Obs. Krim **6** 54—83, mit 2 Abb. und 1 Tafel (russisch). — Die Massen, Leuchtkräfte und Radien von Sternen, von denen diese Daten unabhängig voneinander bekannt sind, rechnet Verf. in sterninnere Zustandsgrößen (Dichte, Strahlungsdruck, Energieerzeugung) um und trägt sie in ein Dichte-Strahlungsdruck-Diagramm ein, dessen Eigenschaften er diskutiert, wobei er besonders auf die sich für den Riesenast, die Hauptreihe und die weißen Zwerge ergebenden Konsequenzen eingeht. Loh.

9713. **W. J. Luyten,** Four new white dwarfs. Harv Card 1132, NAZ **5** 28. — BPM 1595, 2890, 18164, 7855.

9714. **W. J. Luyten,** Three new white dwarfs. Harv Card 1134, NAZ **5** 36. — BPM 8752, 8795, 9025.

9715. W. J. Luyten, New white dwarf. Harv Card 1142, NAZ **5** 36. — LPM 804 = L 48—15.

9716. W. J. Luyten, Forty-four new white dwarfs in the southern hemisphere. Proc. National Acad. Sci. USA **37** 637—640 = Harv Repr Nr. **353**. — Verf. setzt sich kurz mit der Uneinheitlichkeit in der Terminologie von Sternen unterhalb der Hauptsequenz im Hertzsprung-Russell-Diagramm auseinander. Tafel 1 gibt 44 Sterne der «Bruce-Eigenbewegungsüberwachung», die auf Grund ihres geringen Farbenindex höchstwahrscheinlich weiße Zwerge sind. Gli.

* * **W. J. Luyten,** Apparent magnitudes and color indices for some further white dwarfs and degenerate stars. Vgl. Ref. **9419**.

9717. A. G. Massewitsch, P. P. Parenago, Untersuchung der Masse-Radius-Leuchtkraft-Beziehung. Zweiter Teil. Theoretische Deutung der empirischen Beziehungen. Publ. Astr. Sternberg-Inst. **20** 130—146, mit 1 Abb. (russisch). — Aus der Nichtexistenz einer einheitlichen Masse-Radius-Leuchtkraft-Beziehung schließen Verf. auf die Nichtexistenz eines einheitlichen Sternmodells. Unter Annahme eines Modells mit konvektivem Kern ergibt sich für die Sterne des oberen Teiles der Hauptreihe (O8—G4) ein Anwachsen des Molekulargewichts mit dem Spektraltyp. Dies wird auf Grund der Massewitsch-Fessenkowschen Theorie als Entwicklungseffekt gedeutet. Bei den späten Hauptreihensternen ist es zur Vermeidung unmöglich hoher Alter besser, mit konstantem Molekulargewicht zu rechnen und anzunehmen, daß sich das Absorptionsgesetz entlang der Hauptreihe ändert oder daß die Sterne nach einem anderen Modell aufgebaut sind. Für Riesen und Überriesen sollte das Molekulargewicht konstant sein und das Absorptionsgesetz die Kramerssche Form haben. Der C-N-Zyklus kommt aber als Energiequelle nicht in Frage. Für die anderen Sterngruppen ist das Beobachtungsmaterial für plausible Schlußfolgerungen zu dürftig. Loh.

9718. S. W. McCuskey, Recent investigations concerning the stellar luminosity function. Vgl. Ref. **12331**, S. 67—73, mit 4 Fig. — Resultate über die Leuchtkraftfunktion, erhalten aus den Beobachtungsdaten (Spektren, Blau-Rot-Farbenindizes, scheinbare Helligkeiten) in sechs Milchstraßenfeldern des LF-Programms. Relative Verteilung der Spektraltypen in den einzelnen Feldern. Variation des Anteils an Zwerg-Sternen mit galaktischer Länge. Raumverteilung der B8—A0-Sterne innerhalb 2000 parsec Abstand von der Sonne. Verlauf der Leuchtkraftfunktion im Sonnenabstand 100, 200, 400, 600 parsec für die absoluten Helligkeiten von -2^{M} bis $+7^{\mathrm{M}}$, dargestellt in Diagramm und Tabelle. Go.

9719. G. R. Miczaika, Absolute Helligkeiten von 115 B-Sternen. ZfA **29** 262—268, mit 2 Abb. = Mitt. Landessternw. Heidelberg Nr. **83**. — Für die B-Sterne werden drei neue Eichkurven zur Ermittlung der absoluten Helligkeit und ein Diagramm zur Bestimmung der Leuchtkraftklasse im System des Atlas of Stellar Spectra aus der letzten im Spektrum erkennbaren Balmer-Linie aufgestellt. Absolute Helligkeiten bzw. Leuchtkraftklassen aus 115 B-Sternen werden mitgeteilt. Verf.

9720. L. Münch, A finding list of high-luminosity stars. ApJ **113** 309—316, mit 1 Fig. — Aus der zur Zeit am Tonantzintla Observatory (Mexiko) laufenden Spektraldurchmusterung der Milchstraße bis zur scheinbaren Helligkeit $11^{\mathrm{m}}5$ wird eine Liste von 262 Sternen hoher Leuchtkraft mitgeteilt, die der Spektralgruppe OB angehören oder Überriesen des Spektralbereichs A0—F8 sind. Micz.

9721. L. Münch, A finding list of high-luminosity stars. II. ApJ **114** 482—487, mit 1 Fig. — Der vorliegende Katalog von 141 Sternen hoher Leuchtkraft ist die Fortsetzung eines bereits früher mitgeteilten (ApJ **113** 309, vgl. vorstehendes Ref.). Die Sterne wurden auf Objektivprismen-Aufnahmen des 30′-Schmidt-Reflektors in Tonantzintla erhalten und stehen zumeist am Südhimmel in geringer galaktischer Breite. Die Spektraltypen der Sterne sind überwiegend OB, Sterne späten Typs haben c-Charakteristik. Für einige Objekte sind Umgebungskarten beigefügt. Micz.

9722. J. J. Nassau, W. W. Morgan, A finding list of O and B stars of high luminosity. ApJ **113** 141—149. — Es wird ein Verzeichnis von 918 Sternen der Spektraltypen O und B mitgeteilt, die heller als Hauptreihensterne des Bereichs B 2—B 5 sind und auf Objektivprisma-Aufnahmen eines 12° breiten auf dem galaktischen Äquator zwischen den galaktischen Längen 333°—202° verlaufenden Gürtels mit dem Schmidt-Spiegel des Warner and Swasey-Observatory gefunden wurden. Micz.

9723. G. J. Odgers, Theory of the Russell-Hertzsprung diagram. AJ **56** 136. — Ref. AAS.

9724. P. P. Parenago, Die theoretische Ableitung des oberen Teiles der Leuchtkraftfunktion. AJ UdSSR **28** 93—97, mit 1 Abb. (russisch). — Ref. in Astr. News Letter Nr. **57** S. 9—10. — Unter der Voraussetzung, daß die Sterne des oberen Teiles der Hauptreihe immer die Masse-Leuchtkraft-Funktion erfüllen und ihre Entwicklung gemäß der Massewitsch-Fessenkowschen Theorie verläuft, kann die absolute bolometrische Größe M_{bol} als Funktion der Zeit t ausgedrückt werden. Da sich zeigt, daß die Leuchtkraftfunktion φ umgekehrt proportional dM_{bol}/dt gesetzt werden kann, ergibt sich damit die theoretische Leuchtkraftfunktion $\log \varphi\,(M_{\mathrm{bol}}) = \mathrm{const} + 0{,}3\, M_{\mathrm{bol}}$, die mit der empirischen zwischen $M_{\mathrm{bol}} = -3$ und $+5$ befriedigend übereinstimmt. Loh.

9725. P. P. Parenago, A. G. Massewitsch, Untersuchung der Masse-Leuchtkraft-Beziehung. Erster Teil. Bestimmung der empirischen Masse-Radius-Leuchtkraft-Beziehung. Publ. Astr. Sternberg-Inst. **20** 81—129, mit 7 Abb. (russisch). — Aus den bis etwa 1948 vorhandenen Unterlagen untersuchen Verf. die obige Beziehung der verschiedensten Sterngruppen des Hertzsprung-Russell-Diagramms. Es gibt keine Beziehung, denen alle Gruppen gleichzeitig gehorchen. Um in Diagrammen die einzelnen Gruppen deutlich voneinander zu trennen, führen Verf. von M, R und L abhängige Hilfsgrößen ein, mit deren Hilfe es recht gut gelingt, die einzelnen Gruppen zu trennen. Für jede von ihnen werden mittels einer Ausgleichung nach dem Ansatz $\log L = x + y \log M + z \log R$ die Koeffizienten x, y und z ermittelt, die sich naturgemäß von Gruppe zu Gruppe stark unterscheiden. Auffällig ist besonders die Trennung der Hauptreihe in die beiden Gruppen der O—G4- und G7—M-Sterne sowie die Gruppierungen der oberhalb der Hauptreihe liegenden Sterne, der weißen Zwerge, der Unterzwerge, der Unterriesen, der Riesen und der Überriesen. Die kosmische Streuung ist mit Ausnahme weniger Fälle relativ klein. Loh.

9726. K. Pilowski, Über die Struktur des Zustandsdiagramms der Sterne. ZfA **28** 219—244, mit 8 Abb. — Eine Diskussion der Zustandsdiagramme besonders gut bestimmter Sterne weist auf die Existenz einer Folge von Leeren (sternarmen Gebieten, Verteilungsminima) auf jeder der einzelnen Zustandsreihen (Riesen und Zwerge) hin. Die Leeren der verschiedenen Zustandsreihen lassen sich genähert durch folgende Beziehungen zuordnen:
$\frac{J}{J_\odot} = \frac{\mathfrak{M}^4}{\mathfrak{M}_\odot^4} = \varrho_n \frac{T_e^2}{T_{e,\odot}^2} = \varrho_n^2 \frac{R^{-2}}{R_\odot^{-2}}$, wobei ϱ_n ein Parameter ist, der eine abzählbare Folge bestimmter Zahlenwerte annimmt. Verf.

9727. K. Pilowski, Zur Masse-Leuchtkraftbeziehung und zur empirischen Festlegung einer Skala von effektiven Temperaturen.

II. Teil. ZfA **29** 162—172. — Ergänzend zu Teil I (AJB **50** Ref. **9720**) werden die individuellen Abweichungen von der Masse-Leuchtkraft-Beziehung für die Bedeckungsveränderlichen der Hauptreihe untersucht. Bis auf zwei gesicherte und zwei ungesicherte Fälle von im ganzen 32 zeigen alle Bedeckungsveränderlichen sehr kleine Abweichungen $\leq 0^{m}.3$. Entsprechend verhalten sich die gelben und roten Riesen. Nur die Unterzwerge weichen durchweg systematisch stark ab. Verf.

9728. **K. Pilowski,** Das Zustandsdiagramm der Sterne als Masse-Radius-Diagramm. ZfA **29** 253—256, mit 1 Abb. — Auf Grund der Untersuchungen des Verf. über die Masse-Leuchtkraft-Funktion und die effektiven Temperaturen wird das Zustandsdiagramm der Sterne als Masse-Radius-Diagramm wiedergegeben. Es ergeben sich einige kritische Folgerungen für die Yerkes-Spektralklassifikation von Morgan. Verf.

9729. **K. Pilowski,** Bemerkung über die Verteilung der Sterne auf den Riesenreihen. ZfA **29** 257—261, mit 1 Abb. — Die Verteilung der Spektraltypen der Leuchtkraftgruppe III einer homogenen, zufälligen Auswahl von 331 Sternen der scheinbaren photographischen Helligkeiten $8^{m}.5$ bis $8^{m}.6$ zeigt eine Folge scharf ausgeprägter Minima. Damit wird die Existenz von Leeren in der Verteilung der Sterne längs der Riesenreihen, auf die vom Verf. schon an anderer Stelle hingewiesen wurde, bestätigt. Es wird auf Beobachtungen aufmerksam gemacht, die zeigen, daß die Sterne im Bereich der Leeren veränderlich zu sein scheinen. Verf.

9730. **K. Pilowski,** Über die Temperaturen und Leuchtkräfte der B-Sterne. ZfA **30** 65—70, mit 1 Abb. — Aus den von Petrie bestimmten Helligkeitsunterschieden spektroskopischer Doppelsterne und ihren Massenverhältnissen wird nach einem vom Verf. an anderer Stelle benutzten Verfahren die Masse-Leuchtkraft-Beziehung abgeleitet. Damit gelingt es, diese Beziehung und die darauf fußende Temperaturbestimmung über die bisher erreichten Grenzen hinaus auf das Gebiet der B-Sterne auszudehnen. Verf.

* * **K. Pilowski,** Über eine Eigentümlichkeit der Energieverteilungen der Sterne vorgegebenen Spektraltypus. Vgl. Ref. **9605**.

9731. **E. Schatzman,** Les naines blanches. BSAF **65** 325—339, mit 10 Fig. — Inhalt: Surface. Structure interne. L'origine de la lumière et de la chaleur des naines blanches.

* * **B. Westerlund,** Luminosity effects and colour-equivalents as measured in short stellar spectra. I. B, A and F stars. Vgl. Ref. **9561**.

9732. Relationen mellem en Stjernes Masse og Klarhed. Urania Kopenhagen 8 62.

* * Planets and white dwarfs. Vgl. Ref. **7031**.

§ 98

Rotation, Magnetfeld

9801. **H. W. Babcock,** Magnetic intensification of stellar absorption lines. Vgl. AJB **49** Ref. **9801**. — Ref. in Sterne **27** 52—53.

9802. **H. W. Babcock,** Stellar magnetism. AJ **56** 116. — Es wird eine kurze Zusammenfassung der wichtigsten Ergebnisse der Beobachtungen über Magnetfelder von Sternen und ihre Änderungen gegeben und ein Modell eines Sterns mit veränderlichem Magnetfeld skizziert. O. G.

9803. **H. W. Babcock,** The magnetically variable star HD 125248. ApJ **114** 1—36, mit 17 Fig. = Mt. Wilson and Palomar Obs. Repr. Nr. **38.** — Die magnetische Variation mit 9^{d}295 Periode wurde auf 27 Spektren hoher Dispersion mit einem Analysator für zirkularpolarisiertes Licht an Linien verschiedener Elemente ausführlich untersucht. Die einzelnen Elemente geben für die Extrema und die mittlere Feldstärke etwas verschiedene Werte. Messungen der Radialgeschwindigkeit an Linien mehrerer Elemente werden mitgeteilt, sie lassen ebenfalls eine etwas unterschiedliche Variation mit 9^{d}295 Periode erkennen. Im Augenblick der Umkehrung der Polarität zeigen die Linienprofile Änderungen, die als Folge von Dopplereffekten und Existenz von Oberflächenzonen entgegengesetzter Polarität während dieser Phase gedeutet werden. Zur Deutung der Phänomene werden zwei Hypothesen diskutiert: Der Stern ist ein magnetischer Rotator, dessen Rotations- und magnetische Achsen verschiedene Neigung gegen den Visionsradius haben, bzw. der Stern ist ein magnetischer Oszillator, die beiden Achsen fallen zusammen und erhalten ihre Richtung im Raum. Die Hypothese des «schiefen» Rotators läßt sich nicht widerspruchslos (unter Heranziehung ähnlicher Sterne) durchführen. Die Schwarzschildsche Theorie magnetischer Pulsationen des Sterns, die mit einem oszillierenden Dipolfeld gekoppelt sind, wobei es zum Teil zu einer Trennung der Elemente kommt, interpretiert die Beobachtungen besser. Abschließend folgt eine kurze Bemerkung über das induzierte elektrische Feld sowie über die Ursache der Intensitätsänderungen der Linien. Verf. führt sie auf einen «massenspektrographischen» Effekt, Trennung der Ionen durch differentielle Driftbewegungen in Abhängigkeit von e/m in gekreuzten elektrischen und magnetischen Feldern, und veränderliche Ausdehnung von Zonen erhöhter Häufigkeit der betreffenden Elemente zurück. Micz.

9804. **H. W. Babcock, S. Burd,** The strong magnetic field of HD 133029. Publ ASP **63** 81—82 = Mt. Wilson and Palomar Obs. Repr. Nr. **47.** — Ref. in Sterne **28** 122. — Der Stern hat ein polares Magnetfeld, dessen Intensität zwischen +9000 und +5000 Gauß schwankt und damit im Maximum das bisher stärkste beobachtete Feld (HD 125248) übertrifft. Mit den Feldänderungen sind keine ausgeprägten Änderungen der Intensität bestimmter Spektrallinien verbunden, wie sie bei Sternen auftreten, bei denen sich die Polarität des Magnetfeldes umkehrt. O. G.

9805. **A. Delaygue,** Remarque sur les ions qui peuvent être à l'origine des moments magnétiques de sphères matérielles tournant autour d'un de leurs diamètres, électriquement neutres dans leur ensemble, et qui ne contiennent qu'une espèce d'ions de chaque signe. Application aux astres. Ann. Géophys. **6** 214, 1950.

* * **B. Kwal,** Sur le rayonnement électromagnétique des protons cosmiques dans les champs magnétiques intenses des objets célestes. Vgl. Ref. **12610.**

9806. **W. Lochte-Holtgreven, P. Schilling,** Experimenteller Nachweis von Magnetfeldern, erzeugt durch turbulent strömende Flammen. Phys. Ber. (Tagungsberichte der **16.** Deutschen Physikertagung in Karlsruhe vom 18. bis 23. September 1953) **30** 1507—1508. — Inhalt des Vortrags.

9807. **G. Luchak,** A fundamental theory of the magnetism of massive rotating bodies. Canadian J. Phys. **29** 470—479. — Ref. in Math. Rev. **13** 785.

9808. **T. Neugebauer,** Über einen Zusammenhang zwischen Gravitation und Magnetismus. Acta phys. Acad. Sci. Hungar. **1** 151—165. — Ref. in Phys. Ber. **31** 1341—1342, ZfMG **44** 231. Vgl. Ref. **4143.**

9809. **A. Slettebak,** On the axial rotation of the brighter O and B stars. Vgl. AJB **49** Ref. **9810.** — Ref. in Sterne **27** 50—51.

9810. A. Slettebak, Rotational velocities of B8—A2 stars. AJ **56** 141. — Ref. AAS.

9811. K. Walter, Über die Verteilung der aus Linienbreiten bestimmten Rotationsgeschwindigkeiten der A-Sterne. ZfA **29** 9—25, mit 3 Abb. — Die von Miss Westgate bei 413 A-Sternen gemessenen Breiten der Mg^+-Linie λ 4481 Å werden erneut diskutiert. Dabei wird gezeigt, daß die A-Sterne in ihrer Rotationsverteilung wahrscheinlich zwei Häufigkeitsmaxima besitzen, wobei die häufigsten äquatorialen Rotationsgeschwindigkeiten in der Nähe von 50 und 150 km/sec liegen. Verf.

9812. J. W. Warwick, Absorption-line polarization in magnetic stars. AJ **56** 50—51. — Ref. AAS.

9813. J. W. Warwick, Curve of growth polarization. Proc. National Acad. Sci. USA **37** 196—202, mit 2 Fig. = Harv Repr Nr. **348.** — Es wird die Polarisation eines Tripletts in einem Stern mit Magnetfeld betrachtet. Unter vereinfachenden Voraussetzungen wird die Wachstumskurve und die Äquivalentbreite für jede Komponente hergeleitet und daraus abgeschätzt, daß bei einem Stern mit Magnetfeld in bestimmten Beobachtungsrichtungen 4 bis 5% Planpolarisation in den Absorptionslinien vorhanden sein dürfte. Gli.

Elfter Teil

Doppelsterne

§ 100

Allgemeines

* * **N. Boneff,** Sur l'origine des étoiles doubles. Vgl. Ref. **5406.**

10001. W. S. Finsen, Compensation for atmospheric dispersion in double star interferometry. MN ASSA **10** 7—8. — Verf. berichtet von erfolgreichen Versuchen, den Effekt der atmosphärischen Dispersion durch ein Prisma zwischen Okular und Auge zu kompensieren. Der Gedanke geht auf Anderson (ApJ **51** 271, 1920) zurück. T. L.

10002. W. S. Finsen, Fringe visibility and limiting resolving power in double star interferometry. Obs **71** 126—127, mit 1 Fig. — Welche geringste Trennung zweier gleichheller Doppelstern-Komponenten kann interferometrisch noch mit einiger Sicherheit erkannt werden? Laboratoriumsversuche mit künstlichen Doppelsternen ergeben als Grenze 0.8 k, wenn k die Spaltkonstante (= halber Streifenabstand) ist. Der Helligkeitsunterschied der hellen und dunklen Streifen beträgt dann 1^m. O. G.

10003. W. S. Finsen, Double star interferometry. Pop Astr **59** 399—418, mit 16 Fig. — Nach einer einleitenden Darstellung des Prinzips der Interferometrie wird ihre Anwendung auf die Auflösung sehr enger Doppelsternpaare beschrieben. Verf. berichtet dann besonders von seinen eigenen Erfahrungen bei den interferometrischen Doppelsternbeobachtungen auf dem Union Observatory. T. L.

10004. W. S. Finsen, Interferometer observations of artificial double stars. Union Circ **6** 86—93, mit 3 Fig. und 1 Tafel. — Künstliche Doppelsterne werden systematisch interferometrisch beobachtet. Dadurch soll eine bessere

Deutung der Interferogramme in der Praxis ermöglicht werden. Die gewonnenen Ergebnisse sind am Schluß übersichtlich zusammengefaßt. T. L.

* * **A. Fiorentini,** Sulla risoluzione delle stelle doppie. Vgl. Ref. **2010.**

10005. **L. Gratton, M. I. Corvalan,** Sobre al calculo de la abundancia hidrogeno-helio en las binarias. Publ. Obs. Astr. Univ. La Plata Serie Circ. Nr. 8 S. 12—14, mit 2 Fig.

10006. **P. van de Kamp,** Long-focus photographic astrometry. Pop Astr **59** 65—79, 129—137, 176—191, 243—254, mit 7 Fig. = Contr. Inst. d'Astrophys. Paris (A) Nr. 81 = Repr. Sproul Obs. Nr. 73. — Ref. in J RAS Canada **45** 124—125. — In sieben Kapiteln wird eine Einführung in die photographische Astrometrie mit langbrennweitigen Instrumenten gegeben: I. Beobachtungstechnik, Fernrohr, Meßapparat. II. Aufgelöste astrometrische Doppelsterne. Analyse der Bahnelemente. III. Reduktion photographischer Platten. Dependenzen. IV. Parallaxe und Eigenbewegung. V. Parallaxe, Bahnbewegung und Eigenbewegung, Massenverhältnis. VI. Unsichtbare Begleiter. VII. Spektroskopische Doppelsterne und Bedeckungsveränderliche. Perspektivische Beschleunigung. Die Probleme werden von der Praxis her betrachtet und durch Beispiele mit Genauigkeitsangaben erläutert. Gli.

10007. **A. Kranjc,** Atmosfere intermedie fra binarie strette. Mem SA It (NS) **22** 131—135 = Oss. Astr. Capodimonte-Napoli Contr. Astr. (2) **4** Nr. 10. — Verf. zeigt, daß die von einem engen Doppelsternsystem emittierte Korpuskularstrahlung sich um den inneren Lagrangeschen Punkt des restringierten Dreikörperproblems anhäufen muß. Dieses Ergebnis kann die emissionslinienerzeugende Wasserstoffwolke des Veränderlichen UX Mon erklären. F. Z.

10008. **W. Lohmann,** Gasringe in Doppelsternen. Sterne **27** 2—9, mit 6 Abb. — Zusammenfassender Bericht über die von Struve und anderen durchgeführten Untersuchungen.

10009. **E. L. Martin,** Stelle doppie. Vgl. AJB **50** Ref. **10009.** — Weitere Besprechung in Coelum **19** 147—148.

10010. **D. W. Rosebrugh,** Experiments on the naked eye visibility of artificial double stars and small planetary details. Strolling Astronomer **5** Nr. 4 S. 6—9.

* * **O. Struve,** Gaseous envelopes in close binaries. Vgl. Ref. **9548.**

10011. **K. Walter,** Die Bahnformen der engen Doppelsterne. Sternenwelt **3** 97—100, mit 2 Abb.

10012. **D. Wattenberg,** Planetenähnliche Fixsternbegleiter. Sterne **27** 177—189, mit 9 Abb. = Mitt. Archenhold-Sternw. Nr. **23.** — Doppelsterne mit unsichtbaren Komponenten: ζ Aqu, μ Dra, ξ Boo. Planetenähnliche Fixsternbegleiter: 70 Oph, 61 Cyg B, Proxima Cen, o^2 Eri, Ci 1244.

10013. **R. H. Wilson jr.,** Estimating doubles closer than the resolving limit of an interferometer. AJ **56** 52—53. — Ref. AAS.

§ 101

Visuelle Doppelsterne

10101. **H. L. Alden,** Astrometric orbits of Ci 20, 545 and 591. AJ **56** 34. — Ref. AAS.

10102. **S. Arend,** L'amélioration de l'orbite d'une étoile double visuelle par application empirique de la méthode de la variation des éléments. Ann. Obs. Roy. Belgique (3) **5** 145—157. — Weil bei der Verbesserung einer Doppelsternbahn häufig die Voraussetzungen für die Anwendung der Methode der Kleinsten Quadrate nicht erfüllt sind, wird ein empirisches Verfahren vorgeschlagen, mit möglichst wenig Hypothesen bessere Elemente zu erhalten. Hierzu wird zunächst ganz allgemein die Wirkung untersucht, die eine Variation jedes der Bahnelemente auf die aus einem vorläufigen Elementensystem erhaltenen Widersprüche in den Positionswinkeln und Distanzen hat, und dann gezeigt, wie sich aus dem Verhalten dieser Widersprüche bessere Elemente ableiten lassen. Böh.

10103. **P. Baize,** Formule corrective nouvelle pour déterminer à partir des estimations visuelles la différence de magnitude des composantes d'étoiles doubles. Ann d'Astrophys **14** 85—100, mit 2 Fig. — Visuelle Schätzungen der Helligkeitsdifferenz enger Doppelsterne sind erfahrungsgemäß mit starken systematischen Fehlern behaftet, die dem Sinn nach eine Überschätzung der Differenz bewirken. Der Effekt ist der geschätzten Helligkeitsdifferenz gerecht und dem scheinbaren Abstand der Komponenten umgekehrt proportional und erreicht unter Umständen mehrere Größenklassen. Verf. leitet aus verfügbaren photometrischen Messungen und Schätzungen solcher Differenzen eine Korrektionsformel ab, die es ermöglicht, das große verfügbare Material geschätzter Helligkeitsdifferenzen in eine einwandfreie photometrische Skala zu transformieren. Verbesserte Helligkeitsdifferenzen für 251 Doppelsternsysteme mit bekannten Bahnelementen werden mitgeteilt. Micz.

10104. **G. van Biesbroeck,** Visual binary stars and stellar parallaxes. Aus: J. A. Hynek, Astrophysics (Ref. **517**), Kapitel 9, 23 S. mit 4 Fig.

10105. **W. H. van den Bos,** Notes on some series of interferometer measures of double stars. JO **34** 85—89. — Hinweis auf falsche und fehlerhafte Beobachtungen.

10106. **W. H. van den Bos,** Reports on the progress of astronomy: Double stars. MN **111** 236—237. — Für eine größere Anzahl von Doppelsternen sind Bahnelemente gegeben.

10107. **A. Danjon,** Les étoiles doubles visuelles. BSAF **65** 149—152, 193—196, mit 4 Fig.

10108. **A. N. Deutsch,** Bahn und Masse des dunklen Begleiters des Doppelsterns 61 Cygni. Mitt. Astr. Hauptobs. Pulkowo **18** Nr. 5 (146) S. 1—28, mit 9 Abb. (russisch). — Ref. in Irish AJ **1** 246—247. — Übersetzung des Referats von O. Struve in Astr. News Letter Nr. **59** S. 7—8: Obgleich sich Wilsings Vermutung (1893) über die Existenz eines dritten Körpers im System 61 Cyg später als inkorrekt herausstellte, veranlaßte sie Kostinskij, von 1895 ab systematische photographische Beobachtungen durchzuführen. Sie wurden fast ununterbrochen bis 1940 fortgesetzt, bis sie der Krieg unterbrach. 1949 wurden sie mit demselben Instrument, dem auf 165 mm abgeblendeten Normalastrographen von 330 mm Öffnung, wieder aufgenommen. Die Abweichungen Δx von der uniformen Bewegung zeigen eine ausgesprochene fünfjährige Periode, während die Δy wenig Änderung zeigen. Fig. 5 stimmt gut mit den Strandschen Ergebnissen überein. In Abschnitt VI werden alle vorhandenen Beobachtungen diskutiert. Abschnitt VII gibt die Bahnelemente und die Masse des dunklen Begleiters ($M = 0.02\ M_\odot$).

10109. **J. Dommanget,** Méthode empirique systématique d'amélioration des éléments orbitaux d'une étoile double visuelle. Ann. Obs. Roy. Belgique (3) **5** 169—177. — Ausgehend von den Ergebnissen Arends (Ann. Obs. Roy. Belgique (3) **5** 155) über den Einfluß von Variationen der Elemente eines Doppelsterns auf Positionswinkel und Distanzen wird eine empirische Methode der Bahnverbesserung entwickelt, die den Einfluß der Variationen der

Elemente auf die Positionswinkel $\Theta = \Omega \pm 180°$, $\Omega \pm 90°$ und auf die zu $v =$ $0° \pm 180°$, $0° \pm 90°$ gehörenden Positionswinkel benutzt. Böh.

10110. **R. G. Hall jr.,** Photographic blending of images of unresolved binaries. AJ **55** 215—218, mit 2 Fig. — Die bei der Bestimmung des Massenverhältnisses $B = m_2/(m_1 + m_2)$ von Doppelsternen im Falle nicht getrennter Bilder benutzte Korrektionsformel $\beta = 1/(1 + 10^{0.4\,\Delta m})$, wo Δm der Helligkeitsunterschied der Komponenten in Größenklassen ist, wurde durch Aufnahmen von künstlichen Doppelsternen geprüft. Die experimentell gefundene Korrektion β stimmt mit der Formel überein bis $\Delta m = 2^m$, sie nimmt dann stärker ab und wird Null für $\Delta m = 4^m$. O. G.

10111. **J. Landi-Dessy,** La binaria *p* Eridani. Publ. Obs. Astr. Univ. Nacional La Plata **20** Nr. 3, 12 S., 1949.

10112. **P. Muller,** Mesures photométriques d'étoiles doubles. Ann. Obs. Strasbourg **5** Fasc. 3 S. 1—9. — Katalog von Beobachtungen am 16 cm-Refraktor in Straßburg und den 23 cm- bzw. 60 cm-Refraktoren auf dem Pic-du-Midi.

10113. **P. Muller,** Magnitudes photométriques des composantes de 315 étoiles doubles ou multiples. Ann. Obs. Strasbourg **5** Fasc. 3 S. 10—19. — Katalog.

10114. **P. Muller,** Un bilan des observations modernes d'étoiles doubles et ses enseignements. BA **16** 161—174, mit 1 Fig. — Die Anzahl der Beobachtungen der Doppelsterne des ADS von 1927 ab wird benutzt, um festzustellen, ob die Menge der gemessenen Doppelsterne als genügend und ihre Auswahl als sinnvoll angesehen werden kann. Hieraus werden Vorschläge für den Inhalt eines künftigen Katalogs empfohlen. Böh.

10115. **A. Opolski,** Orientation of the orbital planes of the visual binaries. Ark Astr **1** 249—255, mit 1 Fig. = Stockholms Obs. Medd. Nr. **66**. — Haben zwei physische Doppelsternsysteme bei gleichem Spektraltyp der Hauptsterne und bei gleicher scheinbarer Helligkeit unterschiedliche Distanz, so ist sehr wahrscheinlich der Distanzunterschied durch einen Unterschied der Bahnneigungen verursacht. Im Mittel werden Systeme mit großer Distanz geringere, solche mit kleiner Distanz größere Bahnneigung haben. Unter dieser Voraussetzung untersucht Verf. die Orientierung der Bahnebenen der 2363 Doppelsterne des Katalogs dynamischer Parallaxen von Russell und Moore (1940). Er findet eine stärkere Orientierung parallel zu einer Ebene mit dem Pol $\alpha = 14^h\,8^m$, $\delta = +26°$ und eine weniger ausgeprägte parallel zu einer solchen mit dem Pol in $\alpha = 23^h\,20^m$, $\delta = +7°$. Der Grad der Orientierung scheint vom Spektraltyp abhängig zu sein und nach späten Typen hin geringer zu werden. Güntzel-Lingner

10116. **W. Rabe,** Neue Methoden zur Bahnbestimmung und Bahnverbesserung visueller Doppelsterne. AN **280** 1—23, mit 4 Abb. — Das Ziel der Arbeit ist die Aufstellung allgemein verwendbarer Methoden der Bahnbestimmung und Bahnverbesserung visueller Doppelsterne auf dynamischer Grundlage unter Verwendung von Polarkoordinaten, die für Bögen beliebiger Größe gültig sind, die Benutzung höherer Differentialquotienten vermeiden und praktisch schnell zum Ziele führen. Die Diskussion des Grenzfalles der Bahnbestimmung aus Ort und Tangentialgeschwindigkeit führt zum gewünschten Erfolg und liefert sehr brauchbare neue Variationsmöglichkeiten für die Bahnverbesserung. Sowohl für eine Bahnbestimmung aus Ort und Geschwindigkeit als auch für eine Bahnverbesserung werden Rechenbeispiele (Σ 1781 bzw. Σ 73) gegeben, wobei im letzteren Falle Beobachtungsreste von fast 180° zu beseitigen sind. Zur praktischen Durchführung der neuen Methoden werden am Schluß Hilfstafeln mitgeteilt. Verf.

10117. **W. S. Safronow,** Zur Statistik der physikalischen Merkmale der visuellen Doppelsterne. AJ UdSSR **28** 172—183, mit 3 Abb. (russisch). — Ref. in Astr. News Letter Nr. **60** S. 2—3. — Die von Gurewitsch und Lewin (vgl. AJB **50** Ref. **10004, 10005**) abgeleitete Gleichung über die Bildung von Doppelsternen wird vereinfacht, und dann unter gewissen Voraussetzungen die Verteilung in Abhängigkeit vom Größenklassenunterschied der Komponenten sowohl für alle Spektraltypen zusammen als auch getrennt berechnet. Die Übereinstimmung mit den Beobachtungen ist gut. Die Doppelsterne bilden sich vorwiegend in Sternhaufen. Loh.

10118. **F. Schmeidler,** Messungen von ζ Cancri C. AN **280** 90 = Veröff. Sternw. München **4** Nr. 5. — Beobachtung von Deklinationsdifferenzen von ζ Cancri C gegen BAC 2759 am Münchener Vertikalkreis 1943—1944, 1948—1950.

10119. **H. Schüepp,** Die graphische Lösung des Doppelsternproblems. Elemente der Math. **6** 33—38. — Ref. in Math. Rev. **12** 753, ZfMG **44** 454.

10120. **K. A. Strand,** The orbit and parallax of Procyon. ApJ **113** 1—20, mit 4 Fig. = Contr. Dearborn Obs. Nr. 1. — Berichtigung in ApJ **113** 706. — Ref. in Irish AJ **1** 223, JBAA **61** 200. — Eine Diskussion des Doppelsternsystems α Canis minoris (Procyon) von Spencer Jones auf Grund von Meridiankreisbeobachtungen und Radialgeschwindigkeitsmessungen von Spektren großer Dispersion hatte für die Masse der helleren Komponente einen Wert ergeben, der mit der Masse-Leuchtkraft-Beziehung nicht vereinbar ist. Verf. zeigt, daß dies auf der Annahme einer fehlerhaften Parallaxe beruht. Er bestimmt erneut Bahnelemente und Parallaxe aus zahlreichen photographischen Aufnahmen der Yerkes- und Leander McCormick-Sternwarten. Eine Parallaxenbestimmung wird ferner auch durch die Verbindung der astrometrischen Bahn mit Radialgeschwindigkeitsmessungen vorgenommen. Unter Heranziehung älterer visueller Beobachtungen des Systems von Aitken und Barnard wird die Umlaufszeit zu $40^a\!.65$ ermittelt. Mit der neuen Parallaxe $0''\!.287$ folgt für die Massen $1.74_\odot$ bzw. $0.63_\odot$. Micz.

10121. **E. Vidal Abascal,** Estudio de una variante del método de Klinkerfues para la determinación de órbitas de estrellas dobles visuales y aplicación a β 205, ADS 6871. Urania Barcelona **36** 138—154, mit 10 Fig.

10122. **D. Wattenberg,** Sirius und Prokyon. Astr. Nachrichtendienst Berlin-Treptow **3** 9—10.

10123. 60 Krueger. Urania Kopenhagen 8 132.

10124. Prokyon. Urania Kopenhagen 8 132.

10125. **Beobachtungen visueller Doppelsterne**

P. Baize, Mesures d'étoiles doubles faites à l'Observatoire de Paris. JO **34** 116—124. — Liste umfaßt 59 Sterne.

S. G. Barton, New double stars. AJ **55** 218—228 = Flower Astr. Obs. Repr. Nr. **80**. — Enthält fünf Listen mit 295 + 98 + 36 + 58 Sternen.

W. H. van den Bos, Measures of double stars — 30th series. Union Circ **6** 13—81.

Dubois, Mercier, Mesures d'étoiles doubles au micromètre à double image de Muller. JO **34** 21—24 = Publ. Obs. Univ. Bordeaux (NS) Nr. 8. — Liste enthält 68 Sterne.

W. S. Finsen, New double stars. MN ASSA **10** 42, 60, 106. — BS 781, 2782, 3343, 3358, 3551, 3661, 5450, 5528, 7362, 8060, 8114, 8326.

W. S. Finsen, Interferometer measures of double stars. Union Circ **6** 94—104.

W. S. Finsen, Micrometer measures of double stars. Union Circ **6** 104—142.

A. D. Fokker, Measures of double stars. BAN **11** 365—377. — Umfaßt 170 Paare.

E. Guyot, Mesures d'étoiles doubles faites au réfracteur Zeiss de 0.30 m de l'Observatoire de Neuchâtel. JO **34** 68. — Liste enthält 36 Sterne.

H. M. Jeffers, Photographic measures of double stars. LOB Nr. **524**, 24 S. mit 2 Tafeln.

A. Kranjc, Misure fotografiche di stelle doppie. Mem SA It (NS) **22** 49—63, mit 1 Fig. = Contr. Oss. Astr. Milano-Merate (NS) Nr. **31**. — Enthält rund 100 visuelle Doppelsterne.

P. Muller, Errata aux mesures d'étoiles doubles. JO **34** 24. — Berichtigungen zu JO **29** und JO **33**.

P. Muller, Mesures d'étoiles doubles effectuées à l'Observatoire du Pic-du-Midi en juillet-août 1951. JO **34** 81—84. — Liste umfaßt 40 Sterne.

P. Prêtre, Mesures micrométriques d'étoiles doubles. JO **34** 25—37. — Liste umfaßt 160 Sterne.

G. V. Simonow, Visual measures of double stars. 6th series 1936—1940. Ann. Bosscha Obs. Lembang **9** Part 1, 75 S. — Enthält etwa 800 Paare.

J. G. E. G. Voûte, Observations of double stars. Specola Astr. Vaticana Ric. Astr. **2** 319—342. — 128 Paare.

R. H. Wilson jr., Observations of double stars — summer 1950. AJ **56** 69—74. — Liste enthält 85 Sterne.

Observations made at The Royal Observatory, Greenwich, in the year 1937, B1—B21. Observations of double stars made with the 28-inch refractor.

Desgl. für 1938. B1—B8.

10126. Mitteilungen über einzelne visuelle Doppelsterne

α Aur	O. Struve, Capella. Sky and Telescope **10** 135—137, mit 5 Fig.
α Aur H	C. L. Stearns, Note on the duplicity of Ross 79 and of Capella H. AJ **56** 56.
α CMi	BSAF **65** 315. Orbite et parallaxe de Procyon.
φ Sgr	W. S. Finsen, The duplicity of φ Sagittarii. AJ **56** 56.
Lalande 21185	P. van de Kamp, S. L. Lippincott, Astrometric study of Lalande 21185. AJ **56** 49—50. — Ref. AAS.
Krüger 60	F. Baldet, L'étoile double Krüger 60. BSAF **65** 287. — Ref. in Phys. Ber. **31** 142.
Ross 79	C. L. Stearns, Note on the duplicity of Ross 79 and of Capella H. AJ **56** 56.

10127. Massenverhältnisse von visuellen Doppelsternen

ADS 1598	= 48 Cas.
48 Cas	J. T. Kent, The parallax and mass-ratio of 48 Cassiopeiae. AJ **55** 243—245.
β 513	= 48 Cas.
BD +70° 153	= 48 Cas.
BD +45° 2505	= HD 155 876.
Furuhjelm 46	= HD 155 876.
HD 155 876	L. Binnendijk, A determination of the parallax and mass-ratio of Furuhjelm 46 from photographs taken with the 24-inch Sproul refractor. AJ **55** 233—235 = Repr. Sproul Obs. Nr. **70**.

10128. Elemente visueller Doppelsterne

ADS 1729	W. H. van den Bos, The orbit of A 2013, ADS 1729. Union Circ **6** 143.
ADS 2028	W. H. van den Bos, The orbit of ADS 2028. Union Circ **6** 11.
	P. Muller, Orbites des étoiles doubles ADS 2028 (A 1928), ADS 4971 (A 2667) et ADS 6549 (OΣ 187). BSAF **65** 61—66, mit 3 Fig. Mit Berichtigung in BSAF **65** 129.

ADS 3159	W. H. van den Bos, The orbit of β 744, ADS 3159. Union Circ **6** 143—144.
ADS 3182	W. H. van den Bos, The orbit of ADS 3182. Union Circ **6** 11—12.
ADS 4971	P. Muller. Vgl. ADS 2028.
ADS 6251	= α CMi.
ADS 6549	P. Muller. Vgl. ADS 2028.
ADS 6871	E. Vidal Abascal. Vgl. Ref. **10121**.
ADS 7390	P. Baize, Eléments orbitaux de l'étoile double ADS 7390 = ω Leonis. JO **34** 69—73, mit 1 Fig.
ADS 7846	W. H. van den Bos, The orbit of β 411, ADS 7846. Union Circ **6** 145—146.
ADS 8539	R. M. Aller, Sobre la órbita de la estrella doble Σ 1639 — ADS 8539. Urania Barcelona **36** 7—11, mit 1 Fig.
ADS 9324	S. Wierzbiński, Orbite vraie de A 347 = ADS 9324. AA(c) **4** 149—151, mit 1 Fig.
ADS 9352	J. Dommanget, Orbite de l'étoile double visuelle ADS 9352 = BDS 6972 = Hu 575. Ann. Obs. Roy. Belgique (3) **5** 179—188, mit 4 Fig.
ADS 9392	S. Wierzbiński, Orbite vraie de Σ 1883 = ADS 9392. AA(c) **4** 152—155, mit 1 Fig.
ADS 11468	S. Wierzbiński, Orbite provisoire de ADS 11468 = A 1377. Bull. Soc. Sci. Lettres Poznań (B) **11** 165—168, mit 1 Fig. = Poznań Repr. Nr. **27**.
ADS 11479	S. Arend, Orbite de l'étoile double visuelle ADS 11479 = BDS 8662 = OΣ 359. Ann. Obs. Roy. Belgique (3) **5** 159—167, mit 1 Fig.
ADS 13169	S. Wierzbiński, Orbite vraie de A 606 = ADS 13169. AA(c) **4** 156—158, mit 1 Fig.
α Aur	O. Struve. Vgl. Ref. **9545/49**.
α CMi	K. A. Strand. Vgl. Ref. **10120**.
σ CrB	E. de Caro, S. Grasso, Sull' orbita del sistema binario σ Coronae borealis. Atti Accad. Gioenia Sci. Nat. Catania (6) **7**, 11 S. = Oss. Astrofis. Catania Contr. Astrofis. Nr. **70**.
	M. A. Giannuzzi, Sopra l'orbita della σ Coronae Borealis. Rend. Accad. Nazionale Lincei, Cl. Sci. fis., mat., nat. (8) **10** 36—42 = Oss. Astr. Roma — Monte Mario Contr. Sci. Nr. **164**. — Ref. in Phys. Ber. **31** 1186.
p Eri	J. Landi-Dessy. Vgl. Ref. **10111**.
ω Leo	= ADS 7390.
728—32 Ori	L. Siegrist, Orbita provisional del sistema visual 728—32 Orionis. Urania Barcelona **36** 155—158, mit 2 Fig. = Publ. Sem. Astr. Geod. Univ. Madrid Nr. **8**.
β 205	= ADS 6871.
β 411	= ADS 7846.
β 744	= ADS 3159.
Σ 1639	= ADS 8539.
Σ 1883	= ADS 9392.
	J. Pensado, Orbita provisional de Σ 1883. Rev. Real Acad. Ci. Madrid **45** Nr. 3, 8 S. mit 2 Fig. = Publ. Sem. Astr. Geod. Univ. Madrid Nr. **10**.
OΣ 187	= ADS 6549.
OΣ 359	= ADS 11479.
A 347	= ADS 9324.
A 606	= ADS 13169.
A 1377	= ADS 11468.
A 1928	= ADS 2028.

A 2013	= ADS 1729.
A 2667	= ADS 4971.
BDS 6972	= ADS 9352.
BDS 8662	= ADS 11479.
Hu 575	= ADS 9352.
I 227	J. A. Bruwer, The orbit of I 227. Union Circ 6 12—13.
Ross 614	S. L. Lippincott, Parallax and orbit analysis of Ross 614. AJ 55 236—242, mit 3 Fig. = Repr. Sproul Obs. Nr. 71.
RST 3442	W. H. van den Bos, The orbit of RST 3442. Union Circ 6 145.

§ 102

Spektroskopische Doppelsterne

10201. **V. M. Blanco,** Mean distances in single line binaries. AJ **56** 121. — Ref. AAS.

10202. **J. L. Climenhaga, A. McKellar, R. M. Petrie,** Spectrographic observations of Epsilon Ursae Minoris. Publ. Dominion Astrophys. Obs. Victoria **8** 401—408, mit 2 Fig. und 1 Tafel. — Die Untersuchung des Spektrums des von Guthnick entdeckten Veränderlichen war von Guthnick angeregt worden, der wegen der von ihm vermuteten eigenartigen Lichtkurve das Auftreten von Besonderheiten im Spektrum, insbesondere Linien der vermuteten Nebelmassen und des Begleiters, voraussagte (vgl. AJB **48** Ref. 11110). 65 in Victoria aufgenommene Spektren zeigen keinerlei derartige Besonderheiten. Es werden die Radialgeschwindigkeitsmessungen der 65 Spektren, getrennt für die Absorptionslinien und die Emissionslinien H und K des Ca II, mitgeteilt und neue Bahnelemente berechnet, die sich nicht sehr wesentlich von den früheren Elementen von Plaskett aus den Jahren 1908—1910 unterscheiden. Hinderer

10203. **W. A. Hiltner,** The Wolf-Rayet spectroscopic binary BD+36° 3991. ApJ **113** 317—319, mit 1 Fig. = Contr. McDonald Obs. Nr. **200**. — Der Stern BD + 36°3991 wurde als ein neuer Wolf-Rayet-Stern mit veränderlicher Radialgeschwindigkeit entdeckt. Es ist ein Doppelstern (Spektraltyp des Hauptsterns WN 7, des Begleiters O oder B) mit 10ᵈ6 Umlaufszeit und 240 km/sec Halbamplitude der Wolf-Rayet-Komponente. Micz.

10204. **A. R. Hogg, K. Gottlieb, G. V. Simonow, B. Hall,** Photoelectric observations of some spectroscopic binaries. MN **111** 339—342, mit 2 Fig. — Die Verf. haben mit einem lichtelektrischen Photometer 13 spektroskopische Doppelsterne des Südhimmels auf Helligkeitsveränderlichkeit hin untersucht. Fast alle Sterne zeigen keine Änderungen in Abhängigkeit von der spektroskopischen Periode. In einem Fall wurden unregelmäßige Schwankungen von ±0ᵐ02 Amplitude (ϑ^2 Crucis), in einem anderen (σ Scorpii) periodische Änderungen von 0ᵐ08 mit der etwa sechsstündigen Periode der Radialgeschwindigkeit gefunden; es ist allerdings zweifelhaft, ob dieser Stern ein echter spektroskopischer Doppelstern ist. Einer der Vergleichsterne, μ Centauri, erwies sich mit 0ᵐ2 Amplitude als unregelmäßig veränderlich. Micz.

10205. **J. A. Hynek,** Spectroscopic binaries and stars with composite spectra. Aus: J. A. Hynek, Astrophysics (Ref. 517), Kapitel 10, 31 S. mit 6 Fig.

10206. **G. R. Miczaika,** Über den spektroskopischen Doppelstern $\varkappa$ Draconis. ZfA **28** 203—207, mit 1 Abb. = Mitt. Landessternw. Heidelberg Nr. 81. — Aus 50 Radialgeschwindigkeitsmessungen des Be-Sterns $\varkappa$ Draconis wird eine neue spektroskopische Bahn bestimmt. Massenfunktion f(m) und a sin i

sind sehr klein. Aus der hohen Rotationsgeschwindigkeit der im Spektrum allein nachweisbaren Be-Komponente kann eine Abschätzung von sin i vorgenommen werden. Mit der zu 5 ⊙ angenommenen Masse des B-Sterns folgt, daß der unsichtbare Begleiter ein Zwerg von der Masse 0.3—0.7 sein muß. Verf.

10207. **G. R. Miczaika,** Über die spektroskopischen Doppelsterne η Orionis und ι Pegasi. ZfA **29** 105—111, mit 3 Abb. = Mitt. Landessternw. Heidelberg Nr. 82. — Mit Hilfe von 25 bzw. 45 Radialgeschwindigkeitsmessungen werden neue spektroskopische Bahnelemente von η Orionis und ι Pegasi abgeleitet. Verf.

10208. **G. R. Miczaika,** Die Radialgeschwindigkeitskurve von ι Orionis. ZfA **29** 305—309, mit 2 Abb. = Mitt. Landessternw. Heidelberg Nr. 85. — 104 neue Radialgeschwindigkeitsmessungen des spektroskopischen Doppelsternes ι Orionis (Spektraltyp O) dienen zur Ableitung neuer Bahnelemente. Die Radialgeschwindigkeitskurve entsteht nicht allein durch eine elliptische Bahnbewegung, sondern ist durch den Einfluß zusätzlicher bewegter Gasmassen auf die Absorptionslinien deformiert. Verf.

* * **G. A. Schajn,** Radialgeschwindigkeiten von 73 Sternen. Vgl. Ref. **9216.**

10209. **E. L. Scott,** Statistical studies relating to the distribution of the spectroscopic binaries. Proc. Berkeley Sympos. math. Statist. Probability, California July 31—August 12, 1950, S. 417—435. — Ref. in ZfMG **45** **144.**

10210. **O. Struve,** The velocity-curve of 12 Lacertae. ApJ **113** 589—604, mit 4 Fig. — Die Radialgeschwindigkeits- und Helligkeitsänderungen von 12 Lacertae, eines Sterns, der β Canis maioris ähnelt, wird durch mindestens zwei, vielleicht sogar drei Perioden P_1, P_2 und P_3 von einigen Stunden Länge beherrscht, die sich überlagern. Mit Hilfe von 259 Spektrogrammen wird gezeigt, daß die Radialgeschwindigkeitskurve und die Kurve der Linienvariation — für beide gilt eine einheitliche Periode P_2 — überdies noch mit einer vierten Periode von 39^d veränderlich sind. Die Linien verdoppeln sich im Maximum und Minimum der Geschwindigkeit, was jedoch nur nachgewiesen werden kann, wenn die veränderliche Amplitude K_2 sehr groß ist. Die gemessenen Geschwindigkeitsänderungen rühren aus diesen Linienverdopplungen her. Für P_1 und K_1 sind nur Andeutungen vorhanden, sodaß ihre Werte unbekannt bleiben. Sie sind klein, sodaß die Schwebungsperiode, die bei β Canis maioris nachgewiesen wurde, nicht erkennbar wird. Zum Abschluß erörtert Verf. die Ursache der Multiperiodizität in ähnlicher Weise wie in seiner Untersuchung über β Canis maioris. Micz.

10211. **O. C. Wilson, A. Abt,** The Of-type spectroscopic binary BD+40° 4220. ApJ **114** 477—481, mit 1 Fig. = Mt. Wilson and Palomar Obs. Repr. Nr. **54.** — Der spektroskopische Doppelstern BD + 40° 4220 besitzt Komponenten des Spektraltyps O f und O 9. Verf. leiten aus 48 neuen Radialgeschwindigkeitsmessungen eine Bahn ab. Das Massenverhältnis beider Komponenten, die mit $P = 6\overset{d}{.}600$ umlaufen, ist ungefähr 4 : 1. Das Aussehen des Spektrums ist mit der Periode des Bahnumlaufs veränderlich. Verf. weisen in der Diskussion des Systems darauf hin, daß die physikalischen Eigenschaften der O f-Sterne denen der Wolf-Rayet-Sterne ähnlich zu sein scheinen. Micz.

10212. **Mitteilungen über einzelne spektroskopische Doppelsterne**

o Cyg	= 31 Cyg.
31 Cyg	BSAF **65** 362—363. Éclipse totale de l'étoile 31 ou *o* de la constellation du Cygne.

12 Lac	O. Struve. Vgl. Ref. 10210.
ε UMi	J. L. Climenhaga, A. McKellar, R. M. Petrie, Spectrographic observations of ε Ursae Minoris. AJ 56 36. — Ref. AAS.
	J. L. Climenhaga, A. McKellar, R. M. Petrie, Spectrographic observations of Epsilon Ursae Minoris. Vgl. Ref. 10202.
B. D. −3°1413	C. S. Gum. Vgl. P. G. C. 816.
Boss 4496	J. Sahade, J. Landi-Dessy, La binaria espectroscópica Boss 4496. Publ. Obs. Astr. Univ. La Plata Serie Circ. Nr. 10 S. 81.
P. G. C. 816	C. S. Gum, Photometric observations of three southern spectroscopic systems. Obs 71 159, mit 1 Fig.
P. G. C. 4444	C. S. Gum. Vgl. P. G. C. 816.

10213. Elemente spektroskopischer Doppelsterne

47 And	P. D. Jose, The spectroscopic binary 47 Andromedae. ApJ 114 370. — Kurze Notiz über angenäherte Bahnelemente.
32 Cyg	K. O. Wright, A spectrographic study of the eclipsing binary 32 Cygni. AJ 56 146. — Ref. AAS.
ϰ Dra	G. R. Miczaika. Vgl. Ref. 10206.
AR Lac	R. F. Sanford. Vgl. Ref. 11131.
η Ori	G. R. Miczaika. Vgl. Ref. 10207.
ι Ori	G. R. Miczaika. Vgl. Ref. 10208.
ι Peg	G. R. Miczaika. Vgl. Ref. 10207.
EE Peg	P. Wellmann. NAZ 5 38—39.
U Sge	D. H. McNamara. Vgl. Ref. 11119.
ζ_1 UMa	G. de Strobel, Velocità radiali di ζ_1 Ursae majoris e nuovi elementi dell'orbita. Mem SA It (NS) 22 65—78, mit 1 Fig. = Contr. Oss. Astrofis. Asiago Nr. 20.
BD + 40°4220	O. C. Wilson, A. Abt. Vgl. Ref. 10211.
BD + 36°3991	W. A. Hiltner. Vgl. Ref. 10203.
BD − 3°1413	C. S. Gum. Vgl. Ref. 11109.
HD 44701	J. A. Pearce, Dimensions of a new eclipsing variable, HD 44701. AJ 56 137.
HD 44701	= BD − 3°1413.
HD 88512	A. Gilardini, Orbita spettrografica di HD 88512. Mem SA It (NS) 22 33—38, mit 1 Fig.

Zwölfter Teil

Veränderliche Sterne. Novae

§ 110

Ephemeriden, Allgemeines

11001. **Z. Bochníček,** Observation of variable stars. RH 32 114—115, 136—138, mit 5 Abb. — Kurze Einführung in die Bearbeitung der Beobachtungen von veränderlichen Sternen. J. B.

11002. **S. Chilardi, M. Flückiger,** Les étoiles variables. Orion Schaffhausen 3 257—266, 312—324, mit 4 Fig.

11003. **B. W. Kukarkin, P. P. Parenago, J. I. Jefremow, P. N. Cholopow,** Katalog von veränderlich-verdächtigen Sternen. Moskau, Verlag Akad. Wiss. UdSSR und Staatliches Astronomisches Sternberg-Institut, 1951. 240 S. (russisch). — Ref. in Astr. News Letter Nr. **59** S. 3, VS Bull 8 386—388 (W. P. Zessewitsch, russisch). Der Katalog (KSP) enthält Mitteilungen über 5835 Veränderliche, die bis 1951 entdeckt worden sind und noch keine endgültige Bezeichnung erhalten haben, sowie Mitteilungen über 2299 Sterne, deren Veränderlichkeit zweifelhaft ist. Loh.

11004. **B. W. Kukarkin, P. P. Parenago,** Dritter Nachtrag zur ersten Ausgabe des Generalkatalogs Veränderlicher Sterne. Moskau-Leningrad, Verlag Akad. Wiss. UdSSR, 1951. 94 S. (russisch). — Ref. in Astr. News Letter Nr. **59** S. 14—15. — Der Katalog enthält Angaben über 997 im Jahre 1951 benannte Veränderliche sowie verbesserte Angaben über 269 früher benannte Veränderliche.

11005. **B. W. Kukarkin, P. P. Parenago, J. I. Jefremow, P. N. Cholopow,** 47th Name-List of Variable Stars. International Astronomical Union, 1951. 71 S. — Enthält für 997 Veränderliche: Name, Ort 1900, Präz. 1900, Max., Min., vorläufige Bezeichnung und in den Anmerkungen zum Teil Angaben über Typ, Lichtwechsel, Elemente und Spektrum.

* * **H. Michiels,** L'observation des variables par les amateurs de la Société d'Astronomie d'Anvers. Vgl. Ref. 2050.

11006. **K. Pilowski.** Über die Veränderlichkeit von Sternen und ihre Auswahl für photometrische Systeme. AN **280** 94—96. — In der Spektralphotometrie, die vom Verf. ausgeführt worden ist, erweisen sich η Dra, 61 UMa, α CrB, ϑ Aur als veränderlich. η Peg, o UMa, δ Cyg sind verdächtig. Es ergeben sich Hinweise, daß Sterne in den Leeren auf den Zustandsreihen veränderlich zu sein scheinen. Es sind daher bis zur endgültigen Klärung dieses Sachverhaltes Sterne aus den Bereichen der Leeren nicht für photometrische Systeme zu verwenden. Verf.

11007. **L. Rosino,** Caratteri fisici di alcune classi di stelle variabili. Il Nuovo Cimento (9) **8** 54—61. — Ref. in Phys. Ber. **31** 141. — Kritische Betrachtungen zu den astronomischen und physikalischen Daten über die Dimensionen und die Konstitution der veränderlichen Sterne. Verf. ist der Ansicht, daß die Energiequellen der roten Riesen und Überriesen nicht in subatomaren Lithium-, Beryllium-, Bor-Prozessen zu suchen sind. F. Z.

11008. **H. U. Sandig,** Verdächtige und vermißte Sterne. Sternenwelt **3** 16—18.

11009. **F. B. Wood,** The card catalogue of eclipsing variables. Pop Astr **59** 53—54.

11010. **E. Yowell,** A least-squares method of determining the periods of variable stars. AJ **56** 53—54. — Ref. AAS.

11011. **W. P. Zessewitsch,** Die veränderlichen Sterne und ihre Bedeutung für die Erforschung des Universums. Vgl. AJB **49** Ref. 11009. — Weitere Besprechung in VS Bull 8 181—182 (N. E. Kurotschkin, russisch).

11012. Rocznik Astronomiczny Obserwatorjum Krakowskiego 1951. Suppl. Internationale Nr. **22**. Krakow 1951. 8+95 S. — Enthält Ephemeriden für 1951 von 554 Bedeckungsveränderlichen.

§ 111

Veränderliche Sterne

* * Veränderliche in kugelförmigen Sternhaufen siehe § **121**.

Bedeckungsveränderliche

11101. **A. Beer, M. W. Ovenden,** Zeta Aurigae: Photoelectric observations of the partial phase at egress on September 20, 1950. ApJ **113** 439—440 = Cambridge Obs. Repr. Nr. 1. — Die Notiz berichtet über photometrische Beobachtungen des langperiodischen Bedeckungsveränderlichen ζ Aurigae gegen Ende der im September 1950 stattgefundenen Bedeckung. Micz.

11102. **A. N. Dadajew,** Ergänzungstabellen zur Ableitung der Elemente von Bedeckungssystemen mit verschiedenen Elliptizitäten der Komponenten. 1. (Totale Bedeckung). Mitt. Astr. Hauptobs. Pulkowo **18** Nr. 6 (147) S. 130—134 (russisch).

11103. **K. A. Dudina,** Spektralphotometrische Untersuchung des Bedeckungsveränderlichen RZ Cassiopeiae. Moskau, Staatliches Astr. Sternberg-Inst. 13 S. (russisch). — Dissertationsreferat.

11104. **G. Florsch,** Les étoiles variables à éclipses. BSAF **65** 160—168, mit 6 Fig.

11105. **M. G. Fracastoro,** A spectrophotometric study of Zeta Aurigae. Harv Circ Nr. **456**, 5 S. — Verhalten einiger UV-Linien während der partiellen Phase von ζ Aurigae bei der Bedeckung 1947. Labs

11106. **S. Gaposchkin,** The system of RZ Eridani and a new bright eclipsing variable with double-lined spectrum. AJ **56** 125—126. — Ref. AAS.

11107. **S. Gaposchkin,** Possible apsidal motion of eclipsing variable BD +31°3932. Publ ASP **63** 149—150, mit 1 Fig. — 1200 Schätzungen des Bedeckungsveränderlichen BD + 31° 3932 auf Harvard-Überwachungsaufnahmen ergaben neben einer kleinen Korrektion der Periode von Wallenquist eine entgegengesetzte Verschiebung von Haupt- und Nebenminimum, die Apsidenbewegung vermuten läßt. O. G.

11108. **N. M. Goldberg-Rogosinskaja,** Spektralphotometrische Untersuchung des Bedeckungsveränderlichen u Herculis. Mitt. Astr. Hauptobs. Pulkowo **18** Nr. 6 (147) S. 64—123, mit 21 Abb. (russisch). — Inhalt: Einleitung. I. Spektralphotometrie des Veränderlichen u Her. II. Physische Besonderheiten des Systems u Her. Dieses Kapitel enthält die Ableitung der photometrischen Bahnelemente, ihre Fehler, die Berechnung der absoluten Elemente des Systems, den Randeffekt, den Phaseneffekt, die Randverdunklung und Betrachtungen über die Stabilität des Systems. Es ist wahrscheinlich, daß sich der Begleiter im instabilen Zustand befindet und daß wenigstens auf dem Flutwulst ein Abströmen von Materie vorkommt. Loh.

11109. **C. S. Gum,** Photoelectric observations of BD −3°1413 (HD 44701), a new eclipsing binary. MN **111** 634—640, mit 1 Fig. — Der spektroskopische Doppelstern BD −3°1413 erwies sich lichtelektrisch als Bedeckungsveränderlicher mit $0^m.1$ Amplitude. Verf. unternimmt eine Ableitung der Systemkonstanten aus seinen Beobachtungen. Die Lichtkurve ist merklich asymmetrisch. Das Hauptminimum ist auch nach der Rektifizierung noch etwas asymmetrisch. Die abgeleiteten photometrischen Bahnelemente sind mit den spektroskopisch bestimmten nicht völlig in Übereinstimmung. Micz.

11110. **I. Guman,** Das photometrische Doppelsternsystem CD Vulpeculae. Mitt. Sternw. ungar. Akad. Wiss. Budapest-Szabadsághegy Nr. **24**, 13 S. mit 2 Abb. — Beobachtungen, Systemkonstanten.

11111. **A. R. Hogg,** The eclipsing system Zeta Phoenicis. MN **111** 315—324, mit 4 Fig. — 772 lichtelektrische Beobachtungen des Verf. erweisen den spektroskopischen Doppelstern mit $1^{d}.67$ Periode ζ Phoenicis auch als Bedeckungsveränderlichen mit totalen Bedeckungen. Die Bahnelemente werden sowohl mit als auch ohne Annahme von Randverdunklung abgeleitet. Die Bahnexzentrizität ergibt sich photometrisch merklich kleiner als spektroskopisch. Einige andere Diskrepanzen, z. B. widerspruchsvolle Resultate über die Oberflächenhelligkeit, Dichte und Masse lassen sich in Übereinstimmung bringen, wenn für die Komponenten erheblich kleinere Temperaturen angenommen werden als dem Spektraltyp entspricht. Micz.

11112. **C. M. Huffer, Z. Kopal,** Photoelectric studies of five eclipsing binaries. ApJ **114** 297—330, mit 5 Fig. — Von den fünf Bedeckungsveränderlichen VV Orionis, RZ Cassiopeiae, U Ophiuchi, WW Aurigae und TV Cassiopeiae wurden lichtelektrisch neue Lichtkurven beobachtet und neue Systemkonstanten abgeleitet. Bei den 2-Spektren-Sternen U Ophiuchi und WW Aurigae finden partielle Bedeckungen statt, die hellere Komponente ist auch jeweils die größere. Bei TV Cassiopeiae liegen die Verhältnisse vermutlich ähnlich. Die Helligkeit von RZ Cassiopeiae wird im Hauptminimum um 80% durch den schwachen, aber größeren Begleiter verringert; das zweite Spektrum wurde jedoch nicht aufgefunden. Bei VV Orionis treten eine totale und eine ringförmige Bedeckung auf. Ein Versuch, die Randverdunklungs-Koeffizienten zu bestimmen, mißlang. Micz.

11113. **J. A. Hynek,** β Lyrae in the photographic infrared. AJ **56** 42. — Ref. AAS. — Ref. in Sternenwelt **3** 235.

11114. **B. N. Kadomskij,** Kolorimetrische Untersuchung von RS Vulpeculae. Kasan, 1950. 8 S. (russisch). — Dissertationsreferat.

11115. **P. van de Kamp, S. M. Smith, A. Thomas,** Parallax and orbital motion of Algol from photographs taken with the 24-inch Sproul refractor. AJ **55** 251—258, mit 1 Fig. = Repr. Sproul Obs. Nr. **72**. — Ref. in Irish AJ **1** 220—221, Sternenwelt **3** 235. — Aus 1972 Aufnahmen seit 1920 wurden folgende Ergebnisse gewonnen: relative Parallaxe $+0''.0408 \pm 0''.0022$ (w. F.), photozentrische große Halbachse der $1^{a}.873$-Bahn: $0''.0147 \pm 0''.0028$, $i = 63° \pm 16°$. Mit B a sin i = 0.52 a. E. nach Eggen, $M_A = 5.0 \odot$ und $M_B = 1.0 \odot$ ist $M_C = 1.45 \pm 0.26 \odot$ (der w. F. enthält nur die Unsicherheit von i). Die Helligkeitsdifferenz zwischen Algol C und Algol AB bleibt unsicher. O. G.

11116. **G. Keller, D. N. Limber,** A photoelectric study of the eclipsing stars RS Canum Venaticorum and YY Sagittarii. ApJ **113** 637—656, mit 9 Fig. = Contr. Perkins Obs. Nr. **31**. — Ref. in Sternenwelt **3** 235. — Von den beiden Bedeckungsveränderlichen RS Canum Venaticorum und YY Sagittarii wurden lichtelektrische Beobachtungen erhalten, die zur Ableitung der Bahnelemente benutzt werden. Unter Heranziehung von älteren Meßreihen wird für RS Canum Venaticorum bestätigt, daß die Umlaufsperiode zyklischen Fluktuationen unterliegt, die Periode des Zyklus beträgt etwa 35 Jahre oder mehr, die Amplitude etwa 0.009 Teile der Umlaufszeit in der Bahn ($4^{d}.8$). Es ist zweifelhaft, ob die Veränderungen Folge einer Apsidenbewegung sind. Die schwächere Komponente des Systems scheint eine echte Veränderlichkeit zu besitzen. Für YY Sagittarii wird als Periode der Apsidenbewegung je nach den Voraussetzungen 312 bzw. 350 Jahre abgeleitet. Eine Berechnung des Polytropenindex führt bei RS Canum Venaticorum auf n = 2.95, bei YY Sagittarii auf n = 3.55. Micz.

11117. **Z. Kopal,** The Computation of Elements of Eclipsing Binary Systems. Vgl. AJB **50** Ref. **11115.** — Besprechung in Coelum **19** 83—84, J RAS Canada **45** 136—137, Mem SA It (NS) **22** 166—167 (M. G. Fracastoro), Pop Astr **59** 395—396 (F. B. Wood), Scientia **87** 357—358 (L. Gialanella).

* * **Z. Kopal, C. G. Treuenfels,** The effective temperatures of components of eclipsing binary systems. Vgl. Ref. **9602.**

11118. **D. B. McLaughlin,** The spectral changes of VV Cephei outside eclipse. ApJ **114** 47—51. — Ref. in Sternenwelt **3** 233—234. — Der langperiodische Bedeckungsveränderliche VV Cephei besitzt ein komplexes Spektrum, das aus dem Spektrum eines Überriesen vom Spektraltyp M, einem kräftigen kurzwelligen Kontinuum und ausgedehnten durch kräftige und scharfe Absorptionslinien aufgespaltenen Wasserstoffemissionen und schwachen Fe II- und [Fe II]-Emissionslinien besteht. Verf. beschreibt die spektralen Änderungen während nahezu eines vollständigen Bahnumlaufs von 20.4 Jahren. Das kurzwellige Kontinuum und die Wasserstoffemissionen verschwanden während der Bedeckung 1936/37. Das unverändert gebliebene Fe II-Spektrum wird daher einer Hülle zugeschrieben, die das gesamte System einschließt. Das Intensitätsverhältnis der lang- und kurzwelligen Emissionskomponenten des Wasserstoffs ist Änderungen unterworfen. Gelegentlich erscheinen zusätzlich Wasserstofflinien in Absorption und scharfe Metallabsorptionen. Zeitweise treten auch Fe II-Absorptionen auf, die eine ähnlich breite Struktur aufweisen wie die Balmer-Linien, und die die scharfen Fe II-Emissionen zum Verschwinden bringen; dies gilt jedoch nicht für die [Fe II]-Linien. Micz.

11119. **D. H. McNamara,** The eclipsing binary U Sagittae. ApJ **114** 513—521, mit 1 Fig. = Berkeley Repr. Nr. **13.** — Von dem Bedeckungsveränderlichen U Sagittae, der eine Radialgeschwindigkeitskurve mit starkem Rotationseffekt sowie kräftig asymmetrische Wasserstofflinien, die den Rotationseffekt jedoch nicht zeigen, besitzt, wurden 148 neue Radialgeschwindigkeiten gemessen und Bahnelemente bestimmt. Die Balmerlinien lassen systematische Abweichungen ihrer Geschwindigkeitskurve gegenüber der der übrigen Linien erkennen; Ursache dafür sind scharfe Linienkerne, die wechselnde Verschiebung gegen die Linienmitte annehmen. Zu bestimmten Phasen des Umlaufs führen die H-Geschwindigkeiten rasche Änderungen aus. Das Verhalten der Geschwindigkeiten aus den Balmerlinien kann zum Teil durch die Mitwirkung von Gasströmen, die an der Linienabsorption beteiligt sind, erklärt werden. Micz.

11120. **D. H. McNamara,** The spectrum of U Sagittae at minimum light. Publ ASP **63** 38—39, mit 1 Tafel (Plate III).

* * **D. H. Menzel, H. K. Sen,** Transfer of radiation. III. Reflection effect in eclipsing binaries. Vgl. Ref. **5112.**

11121. **J. E. Merrill,** Tables for solution of light curves of eclipsing binaries. Vgl. AJB **50** Ref. **11125.** — Weitere Besprechung in VS Bull **8** 314—317 (D. J. Martynow, russisch).

11122. **S. W. Nekrassowa,** Bahnelemente des Bedeckungsveränderlichen V 451 Ophiuchi. Mitt. Astrophys. Obs. Krim **6** 130—137, mit 2 Abb. (russisch).

11123. **D. J. K. O'Connell,** A new eclipsing binary of very long period. MN **111** 111—114, mit 1 Fig. = Riverview College Obs. Repr. Nr. **3.** — Ref. in JBAA **62** 182, Sterne **28** 119—120, mit 1 Fig. — Verf. hat auf photographischen

Aufnahmen am Südhimmel einen Bedeckungsveränderlichen entdeckt, dessen Bedeckung über 17 Jahre andauert. Mit in Australien vorhandenen Aufnahmen kann nachgewiesen werden, daß eine ähnliche Bedeckung, wie die gegenwärtig stattfindende, seit mehr als 65 Jahren nicht eingetreten sein kann. Verf. schätzt die Periode auf etwa 200 Jahre. Der Stern ist damit der Bedeckungsveränderliche mit der weitaus größten jemals gefundenen Periode. Abschließend werden einige Rechnungen über die mutmaßlichen geometrischen und physikalischen Verhältnisse des Systems mitgeteilt. Micz.

11124. **D. J. K. O'Connell,** The so-called periastron effect in close eclipsing binaries. Riverview Coll. Obs. Publ. **2** 85—99, mit 9 Fig. — Ref. in MN **111** 642.

11125. **N. L. Pierce,** Eclipsing binaries. Aus: J. A. Hynek, Astrophysics (Ref. 517), Kapitel 11, 16 S. mit 5 Fig.

11126. **K. Pilowski,** Über die Veränderlichkeit von α Coronae Borealis. AN **279** 191—192, mit 1 Abb. — Nachweis der physikalischen Veränderlichkeit von α CrB außerhalb der Veränderlichkeit als Bedeckungsveränderlicher an spektralphotometrischen Messungen. Verf.

11127. **A. Poveda,** Systematic displacements of absorption lines in ε Aurigae. Publ ASP **63** 254.

11128. **F. E. Roach, F. B. Wood,** The atmospheric structure of the K component of ζ Aurigae. AJ **56** 137—138. — Ref. AAS.

11129. **J. Sahade,** A spectrographic study of the eclipsing star V 377 Centauri. ApJ **110** 463—464, 1949 = Obs. Cordoba Tirada Aparte Nr. **36**.

11130. **H. U. Sandig,** Verfinsterungssterne. Sternenwelt **3** 122—127, mit 4 Abb. — Nach einleitenden historischen Bemerkungen über den Lichtwechsel von Sternen werden besprochen: Das Doppelstern-System Algol, typische Lichtkurven von Verfinsterungssternen, das System β Lyrae und der Bedeckungs-Veränderliche ζ Aurigae.

11131. **R. F. Sanford,** The spectra and orbits of AR Lacertae. ApJ **113** 299—303, mit 2 Fig. = Mt. Wilson and Palomar Obs. Repr. Nr. **31**. — Der Bedeckungsveränderliche AR Lacertae besteht aus einem G 5-Stern und einem K 0-Begleiter. Die G 5-Hauptkomponente scheint nach photoelektrischen Messungen selbst noch veränderlich zu sein. Verf. leitet neue spektroskopische Bahnelemente aus 22 Radialgeschwindigkeitsmessungen ab. Die Linienprofile sind Änderungen mit der Periode des Bahnumlaufs unterworfen, die H- und K-Linien des Ca II erscheinen in Emission. Aus ihrer Verbreiterung werden die Sternradien zu 85% der aus der Lichtkurve bestimmten ermittelt. Die Profiländerungen der Linien werden näher diskutiert. Micz.

11132. **M. P. Savedoff,** On $e \cos \omega$ for eclipsing binaries. AJ **56** 1—9, mit 4 Fig. — Eine Diskussion der Bedeckungsveränderlichen mit meßbarem sekundären Minimum unter Berücksichtigung der Sicherheit der Lichtkurven ergibt keine ungleichmäßige Verteilung von $e \cdot \cos \omega$. E. L. Scott hatte ungleichmäßige Verteilung von ω erhalten, besonders ausgeprägt bei Perioden zwischen 2 und 5 Tagen und Spektrum früher als A 5. Für diese Gruppe ergeben sich größere Differenzen zwischen photometrisch und spektrographisch bestimmten Werten von $e \cdot \cos \omega$. O. G.

11133. **H. Schneller,** Eine einfache Methode zur Bestimmung der Systemkonstanten bei Bedeckungsveränderlichen. Vgl. AJB **49** Ref. 11133. — Weitere Besprechung in VS Bull 8 314—317 (D. J. Martynow, russisch).

11134. **A. Sofronizkij,** Über den Fehler bei der Ableitung der Bahnelemente der Bedeckungsveränderlichen für den Fall „Kugel-

Ellipsoid". Mitt. Astr. Hauptobs. Pulkowo 18 Nr. 6 (147) S. 124—129, mit 3 Abb. (russisch).

11135. **O. Struve,** Circumstellar lines of Ca II in the spectrum of Epsilon Aurigae. ApJ **113** 699. — Auf einem Spektrogramm vom 24. Dezember 1950 wurden über den breiten und starken Ca II-Absorptionslinien H und K schwache, etwas verschobene Kerne gefunden. Verf. weist darauf hin, daß diese scharfen Linienkomponenten ein Anzeichen dafür sein könnten, daß in sehr großen Höhen die Turbulenzgeschwindigkeit in der Sternatmosphäre viel kleiner als in tieferen sein mag, die gewöhnlich vermutete Zunahme mit der Höhe geht vielleicht wieder in eine Abnahme über. Micz.

* * **K. Walter,** Die Bahnformen der engen Doppelsterne. Vgl. Ref. **10011.**

11136. **P. Wellmann,** Die Elemente des Systems Zeta Aurigae. AN **279** 257—262, mit 3 Abb. = Mitt. Sternw. Hamburg-Bergedorf **9** Nr. 76. — Die Dimensionen und Strahlungstemperaturen der Komponenten werden aus den Beobachtungsdaten abgeleitet, die sich durch eine Steigerung der Genauigkeit nicht mehr wesentlich ändern werden und hypothesenfrei verwendet werden können. Die Spektraltypen und Leuchtkraftklassen beider Sterne wurden zu diesem Zweck neu bestimmt. Verf.

11137. **P. Wellmann,** Die Chromosphärenlinien im Spektrum von Zeta Aurigae. Sterne **27** 101—102, mit 1 Abb.

11138. **F. B. Wood,** Photometry of Zeta Aurigae in the 1947—1948 eclipse. ApJ **114** 505—512, mit 2 Fig. — Während der Bedeckung 1947/48 des langperiodischen Bedeckungsveränderlichen ζ Aurigae sowie vor- und nachher wurden lichtelektrische Messungen der Helligkeit im ultravioletten und blauen Spektralbereich erhalten. Danach begann die Bedeckung im UV merklich eher als im Blauen; in der Diskussion werden in erster Linie Differenzen zwischen den beiden Lichtkurven und Unregelmäßigkeiten des Helligkeitsverlaufs erörtert, die zum Teil schon früher in ähnlicher Weise festgestellt worden waren. Micz.

11139. 32 e 31 Cygni: Due nuovi membri di una benemerita famiglia di stelle. Coelum **19** 173—174.

11140. Algol minimer i 1952. NAT **1951** 145—146.

11141. Card catalogue of eclipsing variables. Obs **71** 47—48.

11142. The wonder of Zeta Aurigae. Southern Stars **14** 43—45, 1948.

Cepheiden

11143. **G. S. Badaljan,** Die Farbenindizes der langperiodischen Cepheiden. Mitt. Obs. Bjurakan Nr. 8, 27 S. mit 4 Abb. (russisch mit armenischer Zusammenfassung). — Ref. in Sternenwelt **4** 148. — Mit einer 5"-Ernostarkamera (f = 24 cm) wurden von 59 Cepheiden zwischen —10° und +10° galaktischer Breite Farbenexzesse abgeleitet und diese in photographische Absorption umgewandelt. Zusammen mit früheren Messungen wurden dann aus 97 Cepheiden bei relativ großer innerer Streuung wegen der wolkigen Struktur der interstellaren Materie mittlere Absorptionen/kpc für 12 Sternbilder ermittelt. Sie liegen zwischen 0,71 und 4,16/kpc. Loh.

11144. **T. Dambara,** On the skewness of the velocity curves of the Cepheid variables. Publ. Astr. Soc. Japan **3** 74—81, mit 3 Fig. = Tokyo Astr. Obs. Repr. Nr. **90.** — Die Asymmetrie der Radialgeschwindigkeitskurve der Cepheiden wird folgendermaßen erklärt: Eine sinusförmige Welle kommt aus dem Sterninnern. Mit abnehmender Materiedichte steilt sie sich auf, d. h. ihre Amplitude nimmt zu (man muß mathematisch mit endlichen Amplituden rechnen) und sie wird unsymmetrisch in dem Sinne, daß der Anstieg zeitlich kürzer ist als der Abstieg. An den äußeren Schichten der Atmosphäre («Sternoberfläche»), in denen der Dichteabfall innerhalb einer Wellenlänge groß ist, wird die Welle reflektiert und läuft unter Beibehaltung der Verformung zurück. Es bildet sich eine unsymmetrische, stehende Welle aus. Die numerischen Ergebnisse sind in Übereinstimmung mit der Beobachtung. Labs

11145. **T. Dambara,** On the phase differences measured in the six-color photometry of Cepheid variables. Publ. Astr. Soc. Japan **3** 135—137 = Tokyo Astr. Obs. Repr. Nr. **93**. — Im Anschluß an eine Bemerkung von Stebbins wird gezeigt, daß die Überlagerung der beiden Ursachen des Lichtwechsels von δ Cep — Änderung der Größe der Scheibe und Änderung der Intensität — eine Wellenlängenabhängigkeit der Phasen der Extrema der Lichtkurve bedingt, wodurch der Beobachtungsbefund von Stebbins und Whitford bei ihrer Sechs-Farbenphotometrie von δ Cep befriedigend erklärt wird. Kdr.

11146. **R. M. Dsigwaschwili, D. S. Chawtassi,** Über die Raumgeschwindigkeit von RR Geminorum. Mitt. Astr. Sternberg-Inst. Nr. **56** S. 30—31 (russisch). — Ref. in Astr. News Letter Nr. **63** S. 13. — $V_\Theta = +342$ km/sec, $V_R = +74$ km/sec, $V_Z = +42$ km/sec.

11147. **P. Dumézil-Curien,** Sur la relation de phase luminosité-vitesse des céphéides. CR **233** 1575—1578 = Contr. Inst. d'Astrophys. Paris (A) Nr. **103**. — Kurze Diskussion der Übergangsbedingungen an einer Diskontinuitätsfläche für γ in den Außenschichten eines pulsierenden Sterns mit dem Ziel, die beobachtete Phasenverschiebung zwischen Leuchtkraft und Radialgeschwindigkeit zu erklären. Kdr.

11148. **O. J. Eggen,** Photoelectric studies. V. Magnitudes and colors of classical Cepheid variable stars. ApJ **113** 367—412, mit 45 Fig. = Contr. Lick Obs. (2) Nr. **32**. — Ref. in Sterne **28** 116—118, mit 3 Fig. — Von 32 veränderlichen Sternen des Typs δ Cephei wurden fast 600 Messungen der Helligkeit und Farbe erhalten, die zu statistischen Untersuchungen über die Beziehungen zwischen Periode, Farben-, Helligkeits- und Radialgeschwindigkeitsamplitude und Betrachtungen über das Hertzsprung-Russell-Diagramm benutzt werden. Aus den wechselseitigen Beziehungen der genannten Stücke geht hervor, daß die δ Cephei-Sterne drei Gruppen bilden und deren Berücksichtigung bei Verwendung dieser Beziehungen zur Erforschung der galaktischen Struktur, insbesondere des interstellaren Mediums verbesserte Resultate liefern dürfte. Im Verlauf der Diskussion über die photometrischen Aspekte des δ Cephei-Problems wird ein Verfahren zur Sicherung des Nullpunktes der Periode-Leuchtkraft-Beziehung vorgelegt, das sich der physischen Begleiter der δ Cephei-Sterne bedient. In einem abschließenden Kapitel werden einige Bemerkungen zur Theorie der δ Cephei-Sterne, vor allem ihre bolometrischen Helligkeitsamplituden und ihre Temperaturvariation, gemacht. Micz.

11149. **M. Hack,** Ricerche spettrophotometriche sulla Cefeide S Sagittae. Mem SA It (NS) **22** 13—22, mit 4 Fig. = Oss. e Mem. Oss. Astrofis. Arcetri Nr. **67**. — Aus 70 mit dem 30 cm-Objektivprisma in Arcetri erhaltenen Spektren von S Sagittae werden die monochromatischen Lichtkurven in 9 Wellenlängen, die Farbtemperatur und die Äquivalentbreiten einiger Linien abgeleitet. Die möglichen Ursachen der Unstimmigkeit zwischen der beobachteten und der aus der Farbtemperatur berechneten Amplitude werden diskutiert. F. Z.

11150. **D. Jehoulet,** Note sur l'asymétrie des courbes de lumière et de vitesses radiales des céphéides. Bull. Soc. Roy. Sci. Liège Nr. **12** S. 561—573, mit 3 Fig., 1950 = Inst. d'Astrophys. Univ. Liège Mém. 8° Nr. **332**. — Die Theorie radialer adiabatischer Schwingungen von Sternen läßt zwischen Amplitude und Asymmetrie der Licht- und Radialgeschwindigkeitskurven von

Cepheiden eine Korrelation erwarten, die sich aber mit dem Beobachtungsmaterial von Joy (ApJ **86** 363, 1937) an 128 Cepheiden empirisch nicht nachweisen läßt. Kdr.

11151. **R. Kühn,** Der Licht- und Farbwechsel einiger RR Lyrae-Sterne. AN **279** 241—252, mit 11 Abb. = Veröff. Sternw. München **4** Nr. 1. — Nach einer Darstellung der Beobachtungs- und Reduktionsmethode werden für 9 RR Lyrae-Sterne Lichtkurven in drei verschiedenen Wellenlängen auf Grund von visuellen Messungen am Münchener 30 cm-Refraktor abgeleitet. Aus den Amplituden der Licht- und Farbkurven wird die Beziehung zwischen Farb- und Strahlungstemperatur bestimmt. Verf.

11152. **B. W. Kukarkin,** Der Nullpunkt der Periode-Helligkeitsbeziehung der veränderlichen Sterne. Vgl. AJB **49** Ref. **11164**. — Ref. in El Universo **49** Nr. 17 S. 94 unter dem Titel: Una nueva determinación de la relación periodo luminosidad de las cefeidas y estrellas Mira Ceti.

11153. **B. W. Kukarkin, P. G. Kulikowskij,** Morphologische Besonderheiten der langperiodischen Cepheiden in verschiedenen Sternsystemen. VS Bull **8** 1—15, mit 9 Abb. (russisch). — Ref. in Astr. News Letter Nr. **59** S. 9. — Das von Kukarkin und Parenago 1937 vorgeschlagene Verfahren zur Erstellung von Standardlichtkurven (Vgl. AJB **39** Ref. **8446**) wird auf die Cepheiden verschiedener Sternsysteme angewandt. In Betracht werden gezogen: langperiodische Chepheiden mit großen galaktischen z-Koordinaten, solche in kugelförmigen Sternhaufen, in der Großen und Kleinen Magellanschen Wolke, sowie M 31 und M 33. Aus Vergleichen geht hervor, daß sich die langperiodischen Cepheiden mit ein und denselben Perioden in den verschiedenen Sternsystemen durch recht unähnliche Lichtkurven auszeichnen. Insbesondere sind die langperiodischen Cepheiden der Kugelhaufen und der Galaxis bei großen z-Koordinaten bezüglich ihrer Merkmale sehr ähnlich, unterscheiden sich jedoch stark von den übrigen. Wahrscheinlich sind beide Gruppen derselben Herkunft, die sich von derjenigen der anderen unterscheidet. Auf einige kleinere Effekte wird hingewiesen. Loh.

11154. **A. Masani,** Considerazioni su qualche aspetto del problema delle Cefeidi. Mem SA It (NS) **22** 325—331 = Contr. Oss. Astr. Milano-Merate (NS) Nr. **35**. — Es wird die Möglichkeit einer Kernreaktion nach Kothari zur Erklärung der Lichtzunahme untersucht. F. Z.

* * **L. Perek,** Distribution of mass in the galaxy and the densities of RR Lyrae variables. Vgl. Ref. **12345**.

11155. **S. Rosseland,** The Pulsation Theory of Variable Stars. Vgl. AJB **49** Ref. **11169**. — Weitere Besprechung in Scientia **86** 116—117 (L. Gialanella), VS Bull 8 388—391 (W. P. Zessewitsch, russisch).

11156. **R. F. Sanford,** Coudé radial velocities of TU Cassiopeiae, DT Cygni, and U Vulpeculae. ApJ **114** 331—334, mit 1 Fig. = Mt. Wilson and Palomar Obs. Repr. Nr. **46**. — Von den δ Cephei-Sternen TU Cassiopeiae, DT Cygni und U Vulpeculae werden Radialgeschwindigkeitsmessungen auf Coudé-Spektrogrammen mitgeteilt. Die Phasenbeziehung der Radialgeschwindigkeits- zu den Lichtkurven wird kurz erörtert. Systematische Unterschiede der Geschwindigkeitsmessungen verschiedener Linien bestehen nicht. Micz.

11157. **R. F. Sanford,** Radial velocities of FF Aquilae. ApJ **114** 335—337, mit 1 Fig. = Mt. Wilson and Palomar Obs. Repr. Nr. **45**. — Radialgeschwindigkeitsmessungen des δ Cephei-Sterns FF Aquilae dienen zur Aufstellung der Geschwindigkeitskurve und einem Vergleich ihrer Phasenbeziehung zur Lichtkurve. Die mittlere Geschwindigkeit des Sterns ist veränderlich, das Material hierüber aus dem Zeitraum 1914—1947 wird zusammengestellt. Eine früher vermutete Periodizität von 4109^d hat sich nicht bestätigt. Micz.

11158. **B. A. Ustinow,** Über die fortschreitenden Periodenänderungen der kurzperiodischen Cepheiden. VS Bull 8 237—239, mit 2 Fig. (russisch). — Die von 14 RR Lyrae-Sternen bekannten Perioden P und ihre Änderungen $\left|\frac{dP}{dE}\right|$ sind durch $\lg P = 9{,}83\ Q^2 - 1{,}02\ Q - 0{,}52$ miteinander verknüpft. $Q = 1/\lg \frac{1}{2}\left|\frac{dP}{dE}\right|$. Loh.

Sonstige Veränderliche

11159. **L. H. Aller, P. C. Keenan,** The spectra of R Andromedae (maximum) and μ Cephei between 7400 and 8800 A. ApJ **113** 72—83 = Contr. Perkins Obs. Nr. **27**. — Ref. in Sternenwelt **3** 114. — Von dem langperiodischen Veränderlichen R Andromedae (Spektraltyp Se) und dem unregelmäßigen μ Cephei (Spektraltyp M 2) wird ein Verzeichnis von gemessenen Linien im infraroten Bereich zwischen 7323 und 8839 mitgeteilt. Die Linienintensitäten einiger Elemente werden kurz erörtert. Micz.

11160. **C. S. Beals,** The spectra of the P Cygni stars. Publ. Dominion Astrophys. Obs. Victoria **9** 1—137, mit **43** Fig. und 1 Tafel. — Die umfangreiche Arbeit verfolgt zwei Ziele: 1) Veröffentlichung der in Victoria gewonnenen spektroskopischen Messungen (Radialgeschwindigkeiten sowohl für Liniengruppen als auch Einzellinien, Linienintensitäten, Linienkonturen und Veränderungen dieser Größen). 2) Zusammenfassende Bearbeitung aller bisher bekannt gewordenen P Cygni-Sterne und Deutung der Vorgänge: I. Darstellung des Verhaltens von P Cygni; II. Bearbeitung von **69** P Cygni-Sternen, darunter den Veränderlichen o Cet (Begleiter), AB Aur, ε Aur, S Dor, Z CMa, XX Oph, μ Sgr, AR Pav, RY Sct, β Lyr, P Cyg, AG Peg, Z And, R Aqr; III. Bei der Deutung der Vorgänge durch Ausstoßen von Materie und Bildung einer ausgedehnten Nebelhülle werden die verschiedenen Erscheinungsformen der P Cygni-Linienkonturen unter ganz vereinfachten Annahmen qualitativ durch die verschiedenen möglichen Fälle erklärt. Die engen Zusammenhänge mit den Novae und Wolf-Rayet-Sternen werden aufgezeigt. Hinderer

11161. **A. Behr,** L 726—8, ein Stern mit plötzlichen Lichtausbrüchen. Sterne **27** 56—57. — Besprechung der Arbeit von W. J. Luyten in ApJ **109** 532 (AJB **49** Ref. **9209**, vgl. auch **9214**).

11162. **C. Bertaud,** Un nouveau type d'étoiles variables. BSAF **65** 197—207, mit 7 Fig. — Ref. in Phys. Ber. **31** 143. — Behandelt: Lalande 21258 B (WX UMa), Ross 882 (YZ CMi), AE Aqr, L 726—8 B (UV Cet), BD +20°2465 (AD Leo), Proxima Centauri.

11163. **M. Beyer,** Über den Lichtwechsel der Veränderlichen mit Perioden von 30 bis 150 Tagen. Vgl. AJB **48** Ref. **11178**. — Weitere Besprechung in VS Bull 8 184—186 (J. I. Jefremow, russisch).

11164. **M. Bloch, Tcheng Mao-Lin,** Mesures spectro-photométriques de Z Andromedae. Ann d'Astrophys **14** 266—271, mit 3 Fig. = Publ. Obs. Haute-Provence **2** Nr. 27. — Aus photometrischen Messungen der spektralen Energieverteilung von Z Andromedae wird die Farbtemperatur des Sterns, dessen M-Spektrum sich u. a. durch erlaubte und verbotene Metallinien in Emission und hohen Ionisationsstufen auszeichnet, im Sommer 1946 und 1948 zu 5070° K bestimmt. Ferner wurden die Intensitäten von 76 Emissionslinien gemessen. Aus dem Intensitätsverhältnis der [O III]-Linien λ 4363, λ 4959 und λ 5007 wird die Elektronentemperatur zu 7780° K abgeschätzt. Das Balmerdekrement ähnelt dem in gasförmigen Nebeln beobachteten. Verf. schließen daraus, daß die Emissionslinien in weit außen liegenden Schichten eines M-Sterns durch die Strahlung eines heißen Begleiters angeregt werden, während die vorhandenen Nebellinien in einer Hülle um diesen heißen Begleiter entstehen. Micz.

11165. **P. N. Cholopow,** Über die Helligkeitsänderungen von Zwergsternen mit Emissionslinien in drei Gebieten der Sternbilder Stier und Orion. Astr Circ UdSSR Nr. 110 S. 9. (russisch). — 37 der 40 Sterne, die nach A. H. Joy (Vgl. AJB **49** Ref. **9526**) Emissionslinien besitzen, sind veränderlich oder der Veränderlichkeit verdächtig. Die Helligkeitsamplituden liegen zwischen $0^m_.6$ und $3^m_.0$, hauptsächlich bei etwa $1^m_.0$. Loh.

11166. **P. N. Cholopow,** Über die Veränderlichkeit der Helligkeit der Zwergsterne mit Emissionslinien in den Spektren und über einige Besonderheiten der T-Assoziationen. VS Bull 8 83—120, mit 26 Abb. und 1 Tafel (russisch). — Ref. in Astr. News Letter Nr. **65** S. 1—3. — Die in Moskau vorhandenen und in Simeis zusätzlich gemachten Aufnahmen aus der Umgebung der 40 Joyschen Sterne mit Emissionslinien wurden zur Helligkeitsschätzung dieser Sterne ausgenutzt. 29 von ihnen schwanken mit Amplituden zwischen $0^m_.6$ und $3^m_.0$, 8 müssen weiter beobachtet werden und 3 ändern ihre Helligkeit nicht. Die Veränderlichen, größtenteils RW Aur-Sterne, bilden 5 Gruppen, deren Entfernungen, Durchmesser und Hertzsprung-Russell-Diagramme abgeleitet werden. Die Gruppe CO Ori hängt wahrscheinlich mit der Gruppe weißblauer Sterne um λ Ori zusammen und ihre Mitglieder unterscheiden sich spektroskopisch von den anderen (A – frühe K-Sterne bzw. G – M-Sterne). Abschließend werden einige Bemerkungen über O- bzw. T-Assoziationen sowie die Ursache der Veränderlichkeit der RW Aur-Sterne gemacht. — Die Veränderlichen wurden mit SVS 1072—1099 bezeichnet und in VS Bull 8 170—171 tabuliert. Loh.

11167. **Y. Fujita,** Absorption lines and bands in the spectrum of Chi Cygni. ApJ **113** 626—629, mit 2 Fig. — Als mittlere Radialgeschwindigkeit des langperiodischen Veränderlichen χ Cygni in der Nähe des Lichtmaximums wird aus Atom- und Bandenlinien + 2.4 km/sec gefunden. Die Radialgeschwindigkeit aus Atomlinien nimmt mit dem Anregungspotential leicht zu. Neben TiO, ZrO, wird AlO, AlH, CH und MgH nachgewiesen, YO und TiO-Isotope werden vermutet. Aus der Intensitätsverteilung der Vibrationsbanden des TiO wird eine Temperatur von 2200° K abgeleitet. Micz.

11168. **S. Günther,** Langsame Helligkeitsänderungen bei einem Hauptreihenstern der Plejaden. AN **279** 265—266, mit 1 Abb. = Mitt. Univ.-Sternw. Göttingen Nr. 5. — Bei einem Plejadenstern wurden langsame Helligkeitsänderungen von bisher unbekannter Art gefunden. Verf.

11169. **K. G. Henize, D. B. McLaughlin,** A note on the spectrum of RR Telescopii. ApJ **114** 163—164. — RR Telescopii zeigte längere Zeit einen langperiodischen Lichtwechsel von mehreren Größenklassen Amplitude und 387^d Periode. Im November 1944 vollführte er einen novaähnlichen Lichtausbruch bis zur 7. Größe, blieb mehrere Jahre konstant und hatte 1950 etwa $8^m_.7$ erreicht. Das Spektrum wird beschrieben, es ähnelt dem der novaähnlichen Sterne des Typs RT Serpentis. Das Objekt besteht vielleicht aus einer RT Serpentis-Nova und einem langperiodischen Veränderlichen. Micz.

11170. **D. Hoffleit,** On the distribution of long-period variables implied by the period-luminosity relation. Harv Bull Nr. **920** S. 18—22, mit 3 Fig. — Auf Grund der Perioden-Leuchtkraft-Beziehung für langperiodische Veränderliche werden die Entfernungen dieser Sterne mit Perioden zwischen 140 und 470 Tagen geschätzt. Dabei wird unterteilt in etwa 2400 Miratyp- (Amplituden $\geq 2^m_.5$) und in etwa 650 «LP»-Sterne (Amplituden $< 2^m_.5$), doch gehen beide Gruppen anscheinend kontinuierlich ineinander über. Ihre räumliche Verteilung — Projektion in die galaktische Ebene und Distanz von der galaktischen Ebene — zeigt, daß das System der langperiodischen Veränderlichen räumlich eine Zwischenstellung hat zwischen dem sehr flachen System der klassischen Cepheiden (Population I) und der nahezu sphärischen Verteilung der Haufenveränderlichen (Population II). Nur drei Sterne scheinen sich dieser Verteilung nicht einzufügen: HU Her, SX Boo und AA Vir. Gli.

11171. **D. Hoffleit,** A reminiscence: Hertzsprung's peculiar object of short duration. Harv Bull Nr. **920** S. 32. — E. Hertzsprung entdeckte auf einer Doppelaufnahme vom 15. Dez. 1900 ein ungewöhnliches, diffus scheinendes Objekt etwa 6. Größe bei 4ʰ1, + 59°8 (Harv Bull Nr. 845). Da alle weiteren Aufnahmen dort allenfalls einen Stern 14. Größe mit möglicherweise geringer Veränderlichkeit zeigen, wäre eine Untersuchung dieser Gegend mit Radioteleskopen wünschenswert. Gli.

11172. **D. Hoffleit,** Three possible variable-emission spectra. Harv Bull Nr. **920** S. 45—46. — Die drei schwachen Sterne C. P. D. – 60°60; – 59°492 und – 62°6383 zeigen auf Harvardplatten Emissionsspektren M 2 e, F 5 pe und F 5 e. Auf 80 bis 140 Aufnahmen scheint bei allen ein Lichtwechsel bis zu einer halben Größenklasse angedeutet. Gli.

11173. **C. Hoffmeister,** Die RW Aurigae-Sterne und ihre Nebenformen. Vgl. AJB **49** Ref. **11192.** — Weitere Besprechung in VS Bull 8 182—184 (P. N. Cholopow, russisch).

11174. **M. Johnson,** Delays in fluorescence applicable to the blue-red binaries T CorB, Z Andr, R Aquar, AX Pers, α Scor and RW Hydr. MN **111** 490—505, mit 3 Fig. — Einige wenige Sterne besitzen in ihrem Spektrum gleichzeitig Charakteristika niedrigen (Banden) und sehr hohen Anregungsgrades (H, He II, O III, N III, [O III], [Fe II], [Fe VII] u. a.). Sie werden gewöhnlich als nichtaufgelöste Doppelsterne aus M-Riesen und B-Sternen angesehen, bei denen ein Fluoreszenzmechanismus tätig ist. In der vorliegenden Arbeit wird zu klären versucht, welche Zwischenzeiten zwischen der Fluoreszenzausbildung und etwaigen Fluktuationen der anregenden Strahlung liegen, wobei eine Methode benutzt wird, die Grotrian zur Deutung der zweiten Aufhellung der Nova Herculis 1934 nach ihrem Lichtmaximum entwickelt hat. Vorhandenes Beobachtungsmaterial über derartige Sterne (T Coronae Borealis, Z Andromedae, R Aquarii, AX Persei, CI Cygni, α Scorpii u. a.) dient dazu, um die Emissionsgebiete der hellen Linien zu lokalisieren. Micz.

11175. **P. van de Kamp, S. L. Lippincott,** Flare-up of Krüger 60 B. Publ ASP **63** 141—142, mit 1 Tafel = Repr. Sproul Obs. Nr. **74.** — Ref. in Irish AJ 1 246, Sternenwelt **3** 189. — Auf einer von 532 Aufnahmen mit Gesamtbelichtungszeit von etwa 17ʰ5 erscheint die Komponente B von Krüger 60 so hell wie die Komponente A (sonst 1ᵐ5 schwächer). Das Aufflammen (flare-up) hat nur wenige Minuten gedauert. Krüger 60 B ist bisher der einzige bekannte Flare-Stern mit bekannter Masse. O. G.

11176. **G. H. Kron,** Pletter paa Stjernerne. Urania Kopenhagen 8 110—114. — Übersetzt aus Leaflet ASP Nr. 257.

11177. **I. W. Matwejew,** Untersuchung der unregelmäßigen und halbregelmäßigen Veränderlichen. Teil I. Allgemeine Statistik der unregelmäßigen Veränderlichen. VS Bull 8 16—20, mit 4 Abb. (russisch). — Ref. in Astr. News Letter Nr. **59** S. 9—10. — Von den 860 mit Sicherheit als unregelmäßig bekannten Veränderlichen des Generalkatalogs veränderlicher Sterne wurden die Verteilungen nach scheinbarer Helligkeit, Amplitude, galaktischer Breite und Länge sowie nach Spektralklassen (244 Sterne nur) ermittelt. Am häufigsten kommen Amplituden zwischen 0ᵐ7 und 1ᵐ0 und die Spektralklassen M und N vor. Loh.

* * **M. W. Mayall,** New peculiar spectra. Vgl. Ref. **9530.**

11178. **P. W. Merrill,** The spectrum of R Aquarii, 1936—1949. — Vgl. AJB **50** Ref. **11174.** — Ref. in Sternenwelt **3** 114.

11179. **P. W. Merrill,** The spectrum of BD+11°4673 during the years 1942—1950. ApJ **113** 605—623, mit 11 Fig. = Mt. Wilson and Palomar Obs. Repr. Nr. **36.** — Der B-Stern BD + 11°4673 = AG Pegasi = HD 207757 besitzt ein komplexes unveränderliches Spektrum. Ursprünglich zeigte es nur helle Linien des H, Fe II, Si I und Si II, 1920 erschienen auch Emissionslinien des He I. Kurz darauf trat zusätzlich ein immer stärker werdendes M-Spektrum auf, ferner auch Emissionslinien hoher Anregungsenergie wie He II, N III, N IV, Ne III. 1942 erschienen mit wachsender Stärke O III-Linien. Neben dieser Entwicklung besteht ein 800^d-Zyklus der Linienverschiebungen und -intensitäten mit vielen komplizierten Unregelmäßigkeiten in Amplitude, mittlerer Geschwindigkeit und Phase. Verf. behandelt ausführlich das spektrale Verhalten in seinem vorliegenden 5. Bericht über den Stern für den Zeitraum 1942—1950. Micz.

11180. **P. W. Merrill,** The spectrum of XX Ophiuchi in 1949 and 1950. ApJ **114** 37—46, mit 5 Fig. = Mt. Wilson and Palomar Obs. Repr. Nr. **44.** — Das Spektrum von XX Ophiuchi besaß 1949/50 die wohl höchste Anzahl von Emissionslinien, die jemals in einem Stern beobachtet wurden. Verf. konnte 577 Emissionslinien zwischen λ 3660 und λ 6563 messen und größtenteils identifizieren. Besonders häufig und kräftig sind die Fe II-Linien; einige Multipletts konnten vollständiger als im Laboratorium beobachtet werden. Die D-Linien des Na erscheinen kräftig in Emission. Die Radialgeschwindigkeiten aus Linien verschiedener Elemente werden getrennt behandelt; sie sind in den letzten 30 Jahren kaum Änderungen unterworfen gewesen. 1949 besaßen die H- und K-Linien des Ca II mehrere gut definierte, nach Violett verschobene Absorptionskomponenten. Aus der gegen andere Be-Sterne ähnlichen Anregungsgrades erhöhten Intensität der Emissionslinien wird auf eine stärkere emittierende Atmosphäre geschlossen. Micz.

11181. **P. W. Merrill,** Displaced helium lines in the spectrum of BD + 11° 4673. ApJ **114** 338—343, mit 2 Fig. = Mt. Wilson and Palomar Obs. Repr. Nr. **48.** — Die von dem metastabilen Niveau 2^3S ausgehende He I-Absorptionslinie λ 3888 ist in einigen Sternen mit Wasserstoffemissionslinien schärfer und kräftiger als andere He I-Linien, sie wird offenbar in Schichten sehr niedriger Dichte absorbiert. BD + 11° 4673 = AG Pegasi ist ein solcher Stern. Spektren großer Dispersion lassen bis zu 8 Komponenten der Linie erkennen, die Verschiebungen zwischen —56 und —428 km/sec aufweisen. Das Profil des Linienkomplexes variiert schnell und unregelmäßig nach Lage und Intensität; eine Beziehung zu dem 800^d-Zyklus der Radialgeschwindigkeit und Intensität zahlreicher Emissionslinien ist nicht erkennbar. Registrierungen der Profile werden mitgeteilt. Die gemessenen Linienverschiebungen werden mit der Tätigkeit eruptiver Protuberanzen an der Sternoberfläche in Verbindung gebracht. Micz.

11182. **P. Merrill,** Neon i stjernerne. NAT **1951** 134—139, mit 2 Fig. Übersetzung aus: ASP Leaflet Nr. 266 von J. M. Vinter Hansen.

11183. **G. Münch,** On the spectrum of AC Andromedae. ApJ **114** 546—548. — Der Lichtwechsel des kurzperiodischen Veränderlichen AC Andromedae ist gedeutet worden als Überlagerung des Lichtwechsels zweier RR Lyrae-Sterne, die ein gemeinsames System bilden und Perioden von 0^d.525 und 0^d.711 haben. Einige wenige spektroskopische Beobachtungen sprechen jedoch eher gegen als für die Doppelsternhypothese. Der Stern ähnelt dem Veränderlichen AI Velorum, der ebenfalls von Zyklus zu Zyklus stark unterschiedliches Verhalten zeigt. Micz.

11184. **C. Payne-Gaposchkin,** The intrinsic variable stars. Aus: J. A. Hynek, Astrophysics (Ref. **517**), Kapitel 12, 31 S. mit 20 Fig.

11185. **L. Rosino,** The spectra of variables of the RV Tauri and yellow semiregular types. ApJ **113** 60—71, mit 4 Fig. — Von einer Reihe von RV Tauri-Veränderlichen und gelben halbregelmäßigen Veränderlichen hat der Verf. gleichzeitig Spektren, meist kleiner Dispersion, und Helligkeiten beobachtet. Ihre spektralen Eigentümlichkeiten werden beschrieben. Die RV Tauri-Sterne bilden in Bezug auf das Verhalten der Wasserstofflinien und der TiO-Banden zwei Gruppen. Ganz ungewöhnlich verhält sich AC Herculis, der nach der Stärke seiner CH- und CN-Banden der kleinen Gruppe «Kohlenstoff-Sterne» zuzurechnen ist, die Morgan und Keenan aufgefunden haben. Micz.

11186. **H. Shapley,** Proxima Centauri as a flare star. Proc. National Acad. Sci. USA **37** 15—18 = Harv Repr Nr. **344.** — Ref. in JBAA **62** 157—158. — Die Untersuchung von 592 Harvardaufnahmen des Sterns Proxima Centauri zeigt ab 1925 48 Flares, in denen dieser Stern $12^{m}.8$ und heller, maximal $12^{m}.4$ erscheint, während die Normalhelligkeit $13^{m}.4$ ist. Doch sind Details der Erscheinungen wegen zu langer Belichtungszeit verwischt. Gli.

11187. **G. A. Starikowa,** Der unregelmäßige Veränderliche RR Tauri. VS Bull 8 244—246, mit 1 Fig. (russisch). — Aus den vorhandenen Beobachtungen des Veränderlichen wird die Helligkeitsverteilung der Maxima, der Minima und aller Beobachtungen abgeleitet. RR Tau hat vieles mit T Ori gemein. Loh.

11188. **O. Struve,** The problem of the Beta Cephei stars. Pop Astr **59** 2—4.

11189. **A. D. Thackeray,** The minimum and amplitude of S Indi. Obs **71** 41—42. — Ref. in JBAA **61** 165—166. — Auf einer Aufnahme wurde die Minimumhelligkeit des langperiodischen Veränderlichen S Indi $m_{pg} = 17^{m}.0$ gefunden, die Amplitude erreicht also acht bis neun Größenklassen. O. G.

11190. **T. A. Uranowa,** Eigenbewegungen von T Tauri-Sternen. VS Bull 8 192—203, mit 1 Abb. (russisch). — Nach einigen allgemeinen Bemerkungen über das Wesen der T Tauri-Sterne werden aus Neuaufnahmen (hauptsächlich am Sternberg-Institut) und Örtern der Himmelskarte bei Epochendifferenzen von grob 40 Jahren Eigenbewegungen von siebzehn T Tauri-Sternen abgeleitet. Die mittleren Parallaxen ergeben sich zu $\pi_v = 0''.00166$, $\pi_\tau = 0''.00144$. Die daraus ermittelte mittlere absolute Helligkeit $2^{M}.1$ differiert stark von den $6^{M}.3$, die Cholopow unlängst gefunden hatte. Die Ursache dieses Unterschiedes wird erörtert, jedoch ohne für den einen oder den anderen Wert eine Entscheidung fällen zu können. Vermutlich trägt die Hauptschuld die Unsicherheit der Eigenbewegungen, von denen nur wenige einigermaßen zuverlässig oberhalb der Meßfehler liegen. Loh.

11191. **F. Weber, R. Weber,** Recherches photographiques sur la période de l'étoile variable X Orionis. BSAF **65** 109—111.

11192. **W. P. Zessewitsch,** Über die RV Tauri-Sterne. VS Bull 8 121—144, mit 14 Abb. (russisch). — Ref. in Astr. News Letter Nr. **65** S. 4. — Die Arbeit ist den hauptsächlichsten Gesetzmäßigkeiten im Verhalten der RV Tauri-Sterne gewidmet, als deren Repräsentanten R Sge, RV Tau, DF Cyg und AC Her betrachtet werden. Die Ergebnisse enthält Ref. **11229.**

11193. Les explosions lumineuses de notre voisine: Proxima du Centaure. BSAF **65** 446.

11194. Una nuova classe di variabili: le stelle del tipo UV Ceti. Coelum **19** 104—106.

11195. Un'altra variabile del tipo UV Cet: la Krüger 60 B. Coelum **19** 136.

11196. Sixth flare star. Sky and Telescope **10** 190. — Ref. in JBAA **61** 247—248.

§ 112

Listen veränderlicher Sterne, Einzelbeobachtungen

11201. **J. Ashbrook,** Tests of suspected variable stars. AJ **56** 87—88. — Betrifft die Sterne: Zi 10 = BD +30° 42, Zi 1223 = 18 Sco, Zi 1771 = BD +26° 3641, Zi 1774 = BD +26° 3645, Zi 1805 = BD +27° 3530, Pr 1881 = 6.1930 Cyg, Pr 2374 = 77 Aqr, Pr 3344 = 155.1935 Leo.

11202. **M. Beyer,** Untersuchung des Lichtwechsels von 70 unperiodischen Veränderlichen. Vgl. AJB **50** Ref. 11202. — Weitere Besprechung in J RAS Canada **45** 135.

11203. **M. Beyer,** Beobachtungen von ungewöhnlichen oder wenig bekannten Veränderlichen. AN **279** 161—177 = Mitt. Sternw. Hamburg-Bergedorf **9** Nr. 74. — Betrifft 16 in Ref. 11229 einzeln angeführte Sterne.

11204. **M. Beyer,** Beobachtungen von 30 zweifelhaften Veränderlichen. AN **279** 272—280 = Mitt. Sternw. Hamburg-Bergedorf **9** Nr. 78. — Die Sterne sind in Ref. 11229 einzeln aufgeführt.

11205. **A. W. J. Cousins,** Bright variable stars in southern hemisphere. MN ASSA **10** 60—62. — Liste mit 40 Sternen, Max. 1.83—6.73. Vgl. nachstehendes Ref.

11206. **A. W. J. Cousins,** Bright variable stars in southern hemisphere. (First list). Obs **71** 199—201. — Von 400 Sternen aus dem Programm der Kap-Sternwarte zur Bestimmung der genauen photographischen Helligkeiten von hellen Sternen wurden 40 veränderlich gefunden, meist mit kleiner Amplitude. In einer Tabelle werden diese Sterne aufgeführt. Fast die Hälfte hat Spektraltyp B5 oder früher. O. G.

11207. **R. S. Dugan, N. L. Pierce, F. B. Wood,** Photometric researches. Twenty-four eclipsing variables. Contr. Princeton Univ. Obs. Nr. **25**, 6 + 117 S. — Die Veränderlichen sind in Ref. 11229 einzeln aufgeführt.

11208. **N. F. Florja,** Untersuchung von 78 Veränderlichen im Feld Nr. 24. Vgl. AJB **49** Ref. 11205. — Weitere Besprechung in VS Bull 8 312—314 (P. P. Parenago, russisch).

11209. **A. D. Fokker,** Investigation of nineteen variables in a region in or near the constellation Sagittarius and of one variable in the constellation Vela. Ann. Sterrewacht Leiden **20** 261—272, mit 2 Fig. — Die in der vorliegenden Arbeit untersuchten Veränderlichen sind mit dem Blinkkomparator auf 1934—1944 aufgenommenen Platten mit der Franklin-Adams-Kamera des Union Observatory entdeckt worden, hauptsächlich von Dr. van Gent (†). Die Zahl der Platten beträgt 322. Von den zwanzig untersuchten Veränderlichen sind zehn RR Lyrae-Sterne, einer ein δ Cephei-Stern, vier Algol-Sterne; vier sind langperiodische Veränderliche und einer wahrscheinlich eine Nova. Verf. (übersetzt)

11210. **C. Hoffmeister,** Verzeichnis von 1440 neuen veränderlichen Sternen mit Angaben über die Art ihres Lichtwechsels. Vgl. AJB **49** Ref. 11207. — Weitere Besprechung in VS Bull 8 81—82 (B. W. Kukarkin, russisch).

11211. **C. Hoffmeister, E. Rohlfs, P. Ahnert,** Die veränderlichen Sterne der nördlichen Milchstraße. Teil VI. Veröff. Sternw. Sonneberg **1** 411—498. — Ref. in Sternenwelt **3** 197—198, Z. Naturforschung **6a** 744.

11212. **C. J. van Houten,** First ephemerides of thirty variable stars in or near the constellation Vela. Ann. Sterrewacht Leiden **20** 243—260, mit 4 Fig. — Die Suche nach Veränderlichen in den Gebieten um CPD −49° 2484 und Boss 2267 ist fortgesetzt worden. In der vorliegenden Arbeit werden dreißig Veränderliche diskutiert; über keinen von ihnen ist früher etwas publiziert worden, obgleich einige bereits vor etwa zehn Jahren entdeckt worden waren. Die Veränderlichen verteilen sich wie folgt: fünfzehn Bedeckungsveränderliche, drei Cepheiden, ein RR Lyrae-Stern, fünf Langperiodische, zwei Halbregelmäßige und vier Unregelmäßige. Verf. (übersetzt)

11213. **I. M. Ischtschenko,** Ergebnisse photographischer Beobachtungen von veränderlichen Sternen im Feld Nr. 39. Vgl. AJB **49** Ref. **11208**. — Besprechung in VS Bull 8 312—314 (P. P. Parenago, russisch).

11214. **B. W. Kukarkin,** Untersuchung der veränderlichen Sterne in den Feldern 6 und 15. Vgl. AJB **49** Ref. **11209**. — Weitere Besprechung in VS Bull 8 312—314 (P. P. Parenago, russisch).

11215. **N. E. Kurotschkin,** Über 43 Veränderliche in den Sternbildern Auriga und Taurus. VS Bull 8 351—368, mit 49 Abb. (russisch). — Ref. in Astr. News Letter Nr. **71** S. 6. — Enthält von den nachfolgenden Sternen zumeist Karte, Vergleichssterne, Beobachtungen, Typ, Amplitude, Elemente und Lichtkurve: Auriga W, SU, UV, UY, XX, YY, ZZ, AD, AM, AQ, AV, AW, AY, BB, BO, CG, CK, CL, CQ, DT, DU, EG, EM, EN, FM, FN, FR, FU, FW; Taurus AQ, CT, DS; KSP 506, 530, 706, 100423, 100424, 100436, 100447, 100458, 100468, 100690, 100723.

11216. **G. B. Lacchini,** Osservazioni di stelle variabili fatte nel 1950. Oss. Astr. Trieste Nr. **244**, 31 S.

And	R, W	Hya	R, S, T, V, RT
Aqr	R, T, V, AE	Leo	R
Aql	R	Lib	RS
Ari	R, T	LMi	R
Aur	R, S, Z, RS, AG	Lep	R
Boo	R, S, V	Lyn	R
Cam	T	Lyr	W
Cnc	R, V	Mon	V, X
CMi	R, S, V	Oph	R, V, X, RU
Cas	R. S, T, V	Ori	T, U
Cep	T	Peg	R
Cet	S, U, W, UV, *o*	Per	S
CrB	R, S, V	Sgr	R, RY
Crv	R	Sct	R
CVn	R	Ser	R
Cyg	R, U, W, RS, RT, SS, TU, WX, χ	Tri	R
Del	R	UMa	R, S, T, V, Z, RS
Dra	R	UMi	R, S
Gem	R, U	Vir	R, S, SS
Her	S, T, U, RS, RU, SX	Vul	RU

11217. **F. Lenouvel,** Observations photoélectriques d'étoiles variables. JO **34** 13—20, mit 9 Fig. = Publ. Obs. Haute-Provence **2** Nr. 22. — CY Aqr, X Tri, RW Tau, ST Per, Z Dra, RT And.

11218. **D. J. Martynow,** Untersuchung des Lichtwechsels einiger veränderlicher Sterne. Abh. Lenin-Staatsuniv. Kasan **111** Nr. 2 S. 3—169, mit 7 Tafeln = Mitt. Astr. Engelhardt-Obs. Nr. **26** S. 3—169 (russisch). — Bericht über die sich von 1925 bis 1943 erstreckenden visuellen Beobachtungen von 34 Veränderlichen. Im allgemeinen werden Typ, Helligkeiten, Vergleichssterne, Lichtkurve und Lichtwechselelemente der nachfolgenden Sterne gegeben. Unregelmäßige und Halbregelmäßige: ST Ari, VX Cas, WX Cas, RU Cep, BF Cyg, CE Cyg, BE Her, RV Lac, BN Ori, W Per, XY Per, CH Tau; Unregelmäßige oder Konstante: TY Aur, ZZ Per; Langperiodische: RY And, TU And, TX And, TV And, RT Boo, SS Cas, TY Cas; Cepheiden: AA Gem, AD Gem, TZ Mon, RS Ori; Algol und Antalgol: FK Aql, TU Cet, TV Cet, AD Her, BD Her, DH Her, DI Her, HS Her, CP Ori.

11219. **M. W. Mayall,** Variable star notes from the American Association of Variable Star Observers in 1951. Pop Astr **59** 44—47, 106—109, 161—164, 220—223, 274—276, 332—336, 383—387, 447—449, 487—490, 545—551, mit 5 Fig. = Harv Repr Nr. **356.**

11220. **M. W. Mayall,** The American Association of Variable Star Observers. Observations of variable stars. Harvard College Obs. Quarterly Report Nr. **3**—**8**, 260 S. — Umfaßt die Beobachtungen der nachstehenden Veränderlichen im Zeitraum von **1946** Okt. **6** bis **1948** Mai **27.**

And	R, T, U, V, W, X, Y, Z, RR, RU, RV, RW, RX, RY, RZ, ST, SV, SZ, TV, TY, UZ, VY
Ant	094137
Aps	S, T
Aqr	R, S, T, U, V, W, X, Y, RR, RS, VZ, AE
Aql	R, S, V, W, X, Z, RR, RS, RT, RU, RV, RW, SV, SY, TY, UU, VW, V 603
Ara	U, RW
Ari	R, S, T, U
Aur	R, S, U, V, W, X, Z, RS, RU, RW, RX, SS, SV, UU, CV
Boo	R, S, U, V, W, Z, RX
Cae	R
Cam	R, S, T, U, V, X, Z, RR, RS, ST
Cnc	R, T, U, V, W, X, Z, RS, RV
CVn	R, T, Y
CMa	Z
CMi	R, S, T, U, V
Cap	R, T, U, V, W, X, Y, Z, RR, RU
Car	R, S, Z, RR, RV, RW, RY, RZ, AF, l
Cas	R, S, T, U, V, W, X, Y, Z, RR, RV, SS, WZ, IZ, α, γ, ϱ
Cen	R, T, U, W, X, RS, RT, RV, RX, UW
Cep	S, T, X, Y, Z, RR, μ
Cet	R, S, T, U, V, W, X, Z, o
Cha	R, S
Col	R, S, T
Com	R
CrA	R, S, T
CrB	R, S, T, V, W, X, Y, Z, RR
Crv	R
Cyg	R, S, U, V, W, Z, RS, RT, RU, RV, RZ, SS, ST, SX, TU, TW, TY, TZ, UX, WX, AF, AV, BG, V 476, χ, P
Del	R, S, T, U, V, X, Y, Z
Dor	R, β
Dra	R, S, T, U, V, W, X, Y, SV, TX, AB
Equ	R
Eri	T, U, W, Z, RR
For	R
Gem	R, S, T, U, V, X, Y, RS, SS, SW, TU, η
Gru	R, S, T, π_1
Her	R, S, T, U, W, X, RS, RT, RU, RV, RY, RZ, SS, ST, SV, SX, TV, UU, DQ, α, g
Hor	R, T
Hya	R, S, T, U, V, W, X, Y, RR, RS, RT, RU, P
Ind	R, S
Lac	R, S, RS, RV, RY, CP
Leo	R, S, V, W, X, Z, RY
LMi	R, S, U
Lep	R, T
Lib	R, S, T, U, V, W, X, Y, RR, RS, RT, RU
Lup	R, S, X, Y
Lyn	R, S, T, U
Lyr	R, S, U, V, W, X, Z, RS, RT, RU, RW, RX, RY, SZ, TU, AU, AY, ER
Mic	R, S, U
Mon	R, U, V, X, Y, RR, SW
Mus	BO
Nor	R, T
Oct	R, S, T, U
Oph	R, S, T, V, W, X, Z, RR, RS, RT, RU, RY, SS, TT, TX, χ
Ori	R, S, T, U, V, W, AN, BL, BQ, CN, CZ, α
Pav	R, S, T, W, Y, $\varkappa$
Peg	R, S, T, V, W, X, Y, Z, RR, RS, RT, RU, RV, RW, RZ, AG, β
Per	R, S, T, U, W, Y, RR, RU, RZ, TX, TZ, UV, XX, GK, ϱ

Phe	R, T, V
Pic	R, S, T, RR
Psc	R, S, U, TX
PsA	R, S, U
Pup	U, W, X, Z, RU, CP, L_2
Pyx	S
Ret	R
Sge	R, V, RU, SW
Sgr	R, S, T, Z, RR, RT, RU, RV, RW, RX, RY, SS, ST, SW, TY, VX
Sco	R, S, W, X, Y, Z, RR, RS, RT, RU, RW, RZ, SV
Scl	S, T, U, V, X, RR
Sct	R, S
Ser	R, S, T, U, CT
Sex	S
Tau	R, S, T, V, W, Y, Z, RR, RU, RX, SU, TV, TX, XX
Tel	R, S
Tri	R
Tuc	R, S, T, U
UMa	R, S, T, V, X, Z, RS, RZ, ST, SU, SW, δ
UMi	R, S, T, U, δ
Vel	V, W, Y, Z, XZ
Vir	R, S, T, U, V, Y, Z, RR, RS, RU, RV, SS, SU
Vol	R, S
Vul	R, S, V, RU

11221. **M. F. McCarthy,** Colors of twenty-four Cepheids in Crux-Carina. AJ **56** 133—134. — Ref. AAS. —
Car: Y, SX, UW, UY, UZ, WW, WZ, XZ, YZ, AQ, CY, EY, GH, GZ, HK.
Cen: UZ, AY, AZ, BB, BK.
Cru: X, SU, VW, AD.

11222. **M. Petit,** Naines rouges variables et suspectes. DOB **4** Bull. 10, 11, Fasc. 3, mit 7 Fig. — L 726—8 B, Ross 882, BD +20° 2465, BD +44° 2051 B, BD + 61° 195, BD +55° 1823, BD +36° 1638, BD +56° 2783 B, BD +43° 4305.

11223. **R. B. Teplizkaja,** Über einige Veränderliche in Feld 71. Circ. Astr. Obs. Lwow Nr. 16 S. 21 (russisch).

11224. **A. A. Wachmann,** Beobachtungen von Veränderlichen in der Umgebung von Kapteyn-Feldern der nördlichen Milchstraße, Teil 2 (Eichfeld 64). Vgl. AJB **48** Ref. 11198. — Weitere Besprechung in VS Bull **8** 80—81 (B. W. Kukarkin, russisch).

11225. **F. B. Wood,** Addenda to Newton Lacy Pierce's «A finding list for observers of eclipsing variables (Princeton Contribution No. 22)». Maschinenschriftvervielfältigung, 16 S. Herausgegeben vom Princeton Univ. Obs.

11226. **W. P. Zessewitsch,** Untersuchung des Lichtwechsels von 60 Veränderlichen. Erster Teil. VS Bull **8** 321—350, mit 19 Abb. (russisch). — Ref. in Astr. News Letter Nr. 71 S. 5—6. — Enthält für die nachfolgenden Veränderlichen zumeist Karte, Vergleichssterne, Beobachtungen, Typ, Periode und Elemente.

Aql	AD, V 499, 584, 839
Ari	SW
Aur	ES
Boo	XZ, AA
Cam	WX
Cnc	VV
Cap	TU, TV, ZZ, AA
Cep	VZ
Crv	ST
Cyg	AX
Del	AQ, EI
Equ	T, Y, RR, RU
Her	CY, HY, IY, MZ, NN, V 336
Hya	TZ, FH, FR
Leo	ZZ
Lib	UU
Lyr	HO, GG, MQ
Oph	V 564, 585, 835, 838
Ori	GT, V 346, 350
Pyx	SZ
Sge	WW
Sct	FR
Ser	CP
Sex	Z, RR
Vir	SX, BZ, CL, CQ, CR
SVS	518, 579
205.1932, 266.1934, 349.1934	

11227. Observations d'étoiles variables à longues périodes ou irrégulières, effectuées par les membres de l'Association Française d'Observateurs d'Etoiles Variables et reçues durant les mois de décembre 1939—janvier 1942 à l'Observatoire de Lyon. BAF 11 Fasc. 1 S. 11—29, Fasc. 2 S. 3—22, 23—40, 41—66. — Die dortigen Listen wurden zur nachfolgenden vereinigt:

And	R, T, W, X, RV, RX, SV, TV	For	S
Aql	R, S, V, RT	Gem	R, S, T, U, X
Aqr	R, Z	Her	R, T, U, X, RS, RU, ST
Ari	R, T, U	Hya	R, S, U, V, Y
Aur	R, X, Z, SS, AE	Leo	R
Boo	R, S, V, RX	Lep	S, T
Cam	R, S, T, U, X, Z, RS, ST	LMi	R
Cap	RT	Lyn	R, S, Z
Cas	R, S, T, V, RV	Lyr	R, W
Cep	S, T, X, Y, Z, RR, RU	Mon	U, V, X, RV
Cet	R, S, U, Z, *o*	Oph	V, X, Z
CMi	R, S	Ori	U, W, BL, BQ
Cnc	R, V, X, RS, RT	Peg	R, S, W, RW
Com	R	Per	S, U, W, Y, RR, RZ, TX, UV, XX
CrB	R, S, V	Sct	R
Crv	R	Ser	R
CVn	R, T	Sge	R, V
Cyg	R, S, U, V, W, Z, RS, RT, RU, RV, RZ, SS, ST, TU, TY, UX, AB, AF, χ	Tau	R, S, T, X, Y, RR, RV, RX, SU
		Tri	R
		UMa	R, S, T, Z, RS, RX, RZ, ST
Del	Z	UMi	R, S, T, U, V
Dra	R, S, T, U, W, X, Y, TX, UY	Vir	R, S, SS, SU, SW
Eri	Z	Vul	T, RT

11228. Mitteilung über J. Plassmann's Beobachtungen veränderlicher Sterne. Universitäts-Sternwarte Bonn. — Enthält Hinweise für Untersuchungen von Veränderlichen, bei denen die Verwendung langer Stufenschätzungen noch wünschenswert erscheint. Die Zusammenstellung umfaßt folgende Sterne: U Aql, η Aql, RT Aur, ε Aur, ζ Aur, α Cas, γ Cas, ϱ Cas, δ Cep, μ Cep, 13 Cep, *o* Cet, R CrB, W Cyg, χ Cyg, ζ Gem, η Gem, X Her, α Her, *o* Her, g Her, u Her, CP (= Nova 1936) Lac, R Lyr, XY Lyr, β Lyr, δ^2 Lyr, $\varkappa$ Oph, α Ori, δ Ori, β Peg, β Per, ϱ Per, φ Per, S Sge, R Sct, d Ser, λ Tau, T Vul.

11229. Nachweis der Beobachtungen und Bearbeitungen Veränderlicher

Die Abkürzungen bedeuten:

aD	absolute Dimensionen	Lk	Lichtkurve
Am	Amplitude	Mon	Monographie
An	Anzeige	Na	Benennung
B	Beobachtung	Not	Allgemeine Mitteilung
C	Farbe	O	Ort
CI	Farbenindex	P	Periode
EB	Eigenbewegung	Par	Parallaxe
El	Lichtwechselelemente	RG	Radialgeschwindigkeit
Elb	Photometrische Bahnelemente	Sp	Spektrum
Els	Spektroskopische Elemente	Tem	Temperatur
Elsb	Spektroskopische Bahnelemente	Typ	Typus
Ka	Karte	VS	Vergleichssterne

Außer dieser Liste sind noch die vorhergehenden Tabellen von Beobachtungen und § 111 einzusehen.

Andromeda

R	AN 279 178	B
	ApJ 113 72	Vgl. Ref. 11159
	Pop Astr 59 106	P
T	Pop Astr 59 274	Not
W	Astr Circ UdSSR Nr. 117 S. 8	B
X	Pop Astr 59 106	P, Sp
	Pop Astr 59 274	B
Z	Ann d'Astrophys 14 266	Vgl. Ref. 11164
RS	VS Bull 8 221	VS, B, Not
RT	Contr. Princeton Univ. Obs. Nr. 25	B, El
	JO 34 13 = Publ. Obs. Haute-Provence 2 Nr. 22	Vgl. Ref. 11217
RU	Pop Astr 59 106	Not
RV	Pop Astr 59 487	Lk
RW	Astr Circ UdSSR Nr. 117 S. 8	B
	Pop Astr 59 106	B
RZ	VS Bull 8 221	VS, B
SU	VS Bull 8 221	VS, B, Not
SW	Desgl.	VS, B, Not, Lk
	VS Bull 8 286	Ka, VS, B, Lk, El
TV	VS Bull 8 221	VS, B, Not
TX	VS Bull 8 21	Ka, VS, B, Am, El
TY	Pop Astr 59 487	Lk
TZ	VS Bull 8 221	VS, B, Not
UX	Mitt. Astr. Sternberg-Inst. Nr. 56 S. 19	EB
	VS Bull 8 221	VS, B, Not, Lk, El
UZ	Pop Astr 59 106	Not
VW	AN 279 272	Vgl. Ref. 11204
VX	VS Bul 8 221	VS,B,Not,El
VZ	AN 279 272	Vgl. Ref. 11204
	VS Bull 8 221	VS, B, Not
WY	ApJ 113 60	Vgl. Ref. 11185
	Mitt. Astr. Sternberg Inst. Nr. 56 S. 19	EB
WZ	Contr. Princeton Univ. Obs. Nr. 25	B, El
XZ	Astr Circ UdSSR Nr. 116 S. 18	P
	Contr. Princeton Univ. Obs. Nr. 25	B, El
	VS Bull 8 264	Ka, VS, B, Not, P, El
YY	VS Bull 8 21	Ka, VS, B, Am, P
AA	Contr. Princeton Univ. Obs. Nr. 25	B, El, Elb
AB	AJ 56 77	VS, B, Lk, El
AC	ApJ 114 546	Vgl. Ref. 11183
	Mitt. Astr. Sternberg Inst. Nr. 56 S. 19	EB
AH	VS Bull 8 21	Ka, VS, B, Am, P, El
AI	Desgl.	Ka, VS, B, Am, El
AR	Desgl.	Desgl.
AZ	Desgl.	Desgl.
BL	VS Bull 8 75	Ka, VS, B, Lk, Am, El
BM	VS Bull 8 192	EB

Apus

S	Pop Astr 59 275	const

Aquarius

X	Astr Circ UdSSR Nr. 117 S. 8	B
RR	Astr Circ UdSSR Nr. 121 S. 3	B
RS	Desgl.	B
RW	Desgl.	B
	VS Bull 8 221	VS, B, Not, Lk, El
RX	VS Bull 8 221	VS, B, Not
ST	Desgl.	Desgl.
SU	Contr. Princeton Univ. Obs. Nr. 25	B, El
SV	VS Bull 8 221	VS, B, Not
SZ	ApJ 113 60	Vgl. Ref. 11185
UX	Astr Circ UdSSR Nr. 121 S. 3	B
XY	ApJ 113 60	Vgl. Ref. 11185
AC	Desgl.	Desgl.
AE	AJ 56 44	Not
	Pop Astr 59 108	Not
	Pop Astr 59 385	Not, Typ
	Pop Astr 59 447	B, Not
	Sternenwelt 3 234	Not
CY	JO 34 13 = Publ. Obs. Haute-Provence 2 Nr. 22	VS, Lk

Aquila

R	AN **279** 178	B
	Pop Astr **59** 107	Not
U	ApJ **113** 367	Vgl. Ref. **11148**
RY	VS Bull 8 21	Ka, VS, B, Am, El
RZ	Desgl.	Desgl.
SS	Desgl.	Ka, VS, B, El
ST	Desgl.	Desgl.
SU	Desgl.	Desgl.
SV	Desgl.	Ka, VS, B, Am, El
SW	Desgl.	Ka, VS, B, El
SX	Desgl.	Desgl.
SZ	ApJ **113** 367	Vgl. Ref. **11148**
TT	Desgl.	Desgl.
TU	VS Bull 8 21	Ka, VS, B, Am, El
TZ	VS Bull 8 274	VS, B, Lk, Am, P
UU	Pop Astr **59** 108	B
UW	VS Bull 8 274	VS, B
WZ	VS Bull 8 21	Ka, VS, B, Am, El
EZ	ApJ **113** 60	Vgl. Ref. **11185**
FF	ApJ **113** 367	Vgl. Ref. **11148**
FM	Desgl.	Desgl.
FN	Desgl.	Desgl.
HK	AN **279** 272	Vgl. Ref. **11204**
	VS Bull 8 192	EB
KL	Mitt. Astr. Sternberg-Inst. Nr. **56** S. 19	EB
KP	JO **34** 63	Vgl. Ref. **9404**
LS	AN **279** 161	Vgl. Ref. **11203**
OQ	Desgl.	Desgl.
OW	AN **280** 39	Not
PX	AN **279** 161	Vgl. Ref. **11203**
QY	AJ **55** 230	B, Typ, El
V445	Desgl.	Desgl.
V499	AN **279** 161	Vgl. Ref. **11203**
V622	VS Bull 8 192	EB
V733	Desgl.	EB
V805	VS Bull 8 174	VS, B, Lk, El
η	AN **279** 178	B
	ApJ **113** 367	Vgl. Ref. **11148**

Ara

R	La Plata Circ. Nr. **10** S. 121	Not
RY	ApJ **113** 60	Vgl. Ref. **11185**
UY	Desgl.	Desgl.

Aries

T	AN **279** 178	B
	Pop Astr **59** 383	Not

Auriga

R	AN **279** 178	B
	Pop Astr **59** 107	Not
RU	Pop Astr **59** 385	Not
RW	VS Bull 8 192	EB
RX	AN **279** 178	B
	VS Bull 8 274	VS, B
SS	BAA Circ 322, **324**, 325, 327, 328	Not
	National Obs. Athen Bull. Astr. Inst. 1951 S. 18	B
	Pop Astr **59** 107, 274, 385	B
ST	VS Bull 8 21	Ka, VS, B, Am, El
SX	AA(c) 4 129	Lk, El
SY	VS Bull 8 274	VS, B
SZ	VS Bull 8 21	Ka, VS, B, Am, El
TU	VS Bull 8 274	VS, B, P
TW	Desgl.	VS, B, Lk, El
TX	VS Bull 8 369	VS, B, Not, Am
TZ	VS Bull 8 152	Ka, VS, B, Lk, El
UU	VS Bull 8 369	VS, B, Not
UV	Desgl.	VS, B, Lk, El
UX	Desgl.	VS, B, P
UY	VS Bull 8 192	EB
UZ	Mitt. Astr. Sternberg-Inst. Nr. **56** S. 26	EB
VX	VS Bull 8 21	Ka, VS, B, Am, El
WW	AA(c) 4 129	El
	ApJ 114 297	Vgl. Ref. **11112**
XY	VS Bull 8 21	Ka, VS, B, Am, El
ZZ	Contr. Princeton Univ. Obs. Nr. **25**	VS, B, El, Elb

AB	VS Bull **8** 369	VS, B
AG	ApJ **113** 60	Vgl. Ref. 11185
ε	ApJ **113** 699	Vgl. Ref. 11135
	Publ ASP **63** 254	Vgl. Ref. 11127
ζ	AJ **56** 53	Not, El
	AN **279** 257	Vgl. Ref. 11136
	ApJ **114** 505	Vgl. Ref. 11138
	Sterne **27** 101	Vgl. Ref. 11137

Bootes

R	AN **279** 178	B
	Sternenwelt **3** 190	Ka, VS, Lk
V	AN **279** 178	B
	Pop Astr **59** 448	Not
RT	VS Bull 8 21	Ka, VS, B, El
RW	VS Bull 8 369	VS, B, El
RZ	VS Bull 8 21	Ka, VS, B, Am, El
SS	Astr Circ UdSSR Nr. 120 S. 8	El
SV	Astr Circ UdSSR Nr. 118 S. 7	B, El
TT	VS Bull 8 21	Ka, VS, B, Am
TY	Astr Circ UdSSR Nr. 118 S. 6	B, El
UW	Contr. Princeton Univ. Obs. Nr. **25**	B, El

Camelopardalis

T	Pop Astr **59** 106, 385	Not
U	Pop Astr **59** 274	Not
V	National Obs. Athen Bull. Astr. Inst. 1951 S. 18	B
Z	Pop Astr **59** 275	Not
RR	Pop Astr **59** 487	Lk
RS	VS Bull 8 369	VS, B
RV	AN **279** 161	Vgl. Ref. 11203
	VS Bull 8 369	VS, B, Not
RX	ApJ **113** 367	Vgl. Ref. 11148
SU	VS Bull 8 21	Ka, VS, B, Am, El
SV	AJ **56** 136	Not
	AN **279** 178	B
	Contr. Princeton Univ. Obs. Nr. **25**	B, El
	Phys. Rev. (2) **83** 489	aD
TU	AJ **56** 53	Not, El
TW	ApJ **113** 60	Vgl. Ref. 11185
UZ	VS Bull 8 21	Ka, VS, B, Am, El

Cancer

RR	VS Bull 8 21	Ka, VS, B, Am, P, El
ST	Desgl.	Ka, VS, B, Am, El
SU	Desgl.	Desgl.
TY	AJ **55** 230	B, Typ, El

Canes venatici

X	AN **279** 272	Vgl. Ref. 11204
RS	ApJ **113** 637	Vgl. Ref. 11116

Canis major

R	AN **279** 178	B
TV	Harv Bull Nr. 920 S. 10	Lk, El, RG
UY	ApJ **113** 60	Vgl. Ref. 11185

Canis minor

T	Pop Astr **59** 275	Not
YZ	AN **280** 39	Not

Capricornus

T	Astr Circ UdSSR Nr. 115 S. 14	B
Z	Desgl.	B
RV	VS Bull 8 153	Ka, VS, B, Lk, El
RX	ApJ **113** 60	Vgl. Ref. 11185
SS	Astr Circ UdSSR Nr. 115 S. 14	B
TW	Sternenwelt **3** 36	Not, P
ε	DOB **4** Bull. **9** Fasc. 4	B

Carina

RR	Pop Astr **59** 487	Not, Lk
RZ	Pop Astr **59** 107, 385	Not
GK	ApJ **113** 60	Vgl. Ref. 11185
η	Vgl. § **113**	

Cassiopeia

R	AN 279 178	B
	Astr Circ UdSSR Nr. 115 S. 14	B
T	AN 279 178	B
V	Astr Circ UdSSR Nr. 115 S. 14	B
RU	AN 279 159	const
RV	Pop Astr 59 274	Not
RW	ApJ 113 367	Vgl. Ref. 11148
RZ	AA(c) 4 129	Lk, El
	AA(c) 4 158	El
	AN 279 178	B
	ApJ 114 297	Vgl. Ref. 11112
	Astr. Sternberg Inst.-Diss.	Vgl. Ref. 11103
SU	AN 279 178	B
TU	ApJ 114 331	Vgl. Ref. 11156
TV	ApJ 114 297	Vgl. Ref. 11112
TW	AJ 56 42	Not
WY	NAT 1951 30	Lk
	VS Bull 8 21	Ka, VS, B, Am, El
AB	Astr Circ UdSSR Nr. 116 S. 19	B, El
AK	VS Bull 8 21	Ka, VS, B, Am, El
AO	AJ 56 53	Not, El
BL	Mem SA It (NS) 22 235 = Contr. Asiago Nr. 22	Ka, VS, B, Am
EQ	ApJ 113 60	Vgl. Ref. 11185
γ	DOB 4 Bull. 9 Fasc. 4	B
	Gaz astr 33 13	B
	UAI Circ 1325	Sp
ϱ	Orion Schaffhausen 3 239	B, Not

Centaurus

RU	ApJ 113 60	Vgl. Ref. 11185
SV	Publ ASP 63 148	Am, P
SX	ApJ 113 60	Vgl. Ref. 11185
CN	Desgl.	Desgl.
V 377	ApJ 110 463	Sp, RG

Cepheus

T	AN 279 178	B
U	AJ 56 42	Not
	AN 279 178	B
X	Pop Astr 59 276	Not
SZ	VS Bull 8 21	Ka, VS, B, Am, El
TX	Desgl.	Ka, VS, B, El
TZ	NAT 1951 30	Lk
UY	VS Bull 8 21	Ka, VS, B, Am, El
UZ	Desgl.	Desgl.
VV	ApJ 114 47	Vgl. Ref. 11118
VW	AJ 56 77	VS, B, Lk, El
VX	VS Bull 8 21	Ka, VS, B, Am, El
XX	AN 279 178	B
AP	VS Bull 8 21	Ka, VS, B, Am, El
δ	AN 279 178	B
	ApJ 113 367	Vgl. Ref. 11148
μ	ApJ 113 72	Vgl. Ref. 11159

Cetus

S	Astr Circ UdSSR Nr. 121 S. 3	B
	Pop Astr 59 274	Not
T	AJ 56 88	B
	Pop Astr. 59 383	Am
U	Astr Circ UdSSR Nr. 121 S. 3	B
	Pop Astr 59 106, 274	Not
V	Astr Circ UdSSR Nr. 121 S. 3	B
W	Desgl.	B
X	Desgl.	B
Z	Desgl.	B
TT	Contr. Princeton Univ. Obs. Nr. 25	B
TW	AJ 56 35	Not, P
	Harv Bull Nr. 920 S. 29	B, Lk, El
UV	AN 280 39	Not
	Pop Astr 59 106	B
	Pop Astr 59 274	Not
o	AN 279 178	B
	BAA Circ 327	B
	Bull. Astr. Obs. Toruń Nr. 10 S. 11	VS, B
	Pop Astr 59 106	Not

Chamaeleon

R	Pop Astr **59** 275	Not

Coma Berenices

T	VS Bull 8 21	Ka, VS, B, Am, El
RZ	AJ **56** 182	El

Corona austrina

U	Astr Circ UdSSR Nr. 117 S. 8	B
ε	MN ASSA **10** 88	Not
	Obs **71** 44	An, VS, B, Typ, Am, P, Sp, RG, Par
	Pop Astr **59** 44	Not, Typ, P

Corona borealis

R	Pop Astr **59** 275	const
	Pop Astr **59** 334	Lk
S	Astr Circ UdSSR Nr. 117 S. 8	B
T	National Obs. Athen Bull. Astr. Inst. 1951 S. 18	B
	La Plata Circ. Nr. 8 S. 17	Vgl. Ref. 11319
U	Contr. Princeton Univ. Obs. Nr. 25	B, El
W	National Obs. Athen Bull. Astr. Inst. 1951 S. 18	B
Z	Desgl.	B
RR	Pop Astr **59** 487	Lk
RS	AN **279** 161	Vgl. Ref. 11203
RW	Contr. Princeton Univ. Obs. Nr. 25	B, El
α	AN **279** 191	Vgl. Ref. 11126

Crater

R	Sternenwelt **3** 36	Not, P

Cygnus

R	Pop Astr **59** 107	Not
W	AN **279** 178	B
	Orion Schaffhausen **3** 238	Not, Am
X	ApJ **113** 367	Vgl. Ref. 11148
	Oss. Astr. Trieste Nr. **247**	O, VS, B, Lk, Am, P, Sp, CI, Tem
Y	AN **279** 178	B
Z	Pop Astr **59** 385	Not
SS	AN **279** 178	B
	BAA Circ 322, 325 bis 328	Not
	NAT **1951** 76	Lk
	National Obs. Athen Bull. Astr. Inst. 1951 S. 18	B
	Pop Astr **59** 108	Not
	Pop Astr **59** 161	B, Lk
	Pop Astr **59** 385, 447	Not
SU	ApJ **113** 367	Vgl. Ref. 11148
SY	AJ **55** 230	B, El
SZ	VS Bull 8 165	VS, B, Lk, Am, El
TZ	NAT **1951** 146	Not, P, Sp
UZ	AJ **55** 230	B, El
VZ	VS Bull 8 248	Ka, VS, Lk, Am, El
WW	AJ **55** 230	B, El
	AJ **56** 182	El
AC	VS Bull 8 270	VS, B, Lk
AF	AN **279** 178	B, Typ
	Orion Schaffhausen **3** 236	B, Not, Lk, El
	Pop Astr **59** 275	Not, Typ
	Pop Astr **59** 487	Not, Typ, Lk
AK	AN **279** 272	Vgl. Ref. 11204
BR	Astr Circ UdSSR Nr. 118 S. 5	B, Not, El
	AJ **56** 182	El
DF	ApJ **113** 60	Vgl. Ref. 11185
	Mitt. Astr. Sternberg-Inst. Nr. **56** S. 19	EB
	VS Bull 8 121	VS, B, Lk, El, CI
DT	ApJ **114** 331	Vgl. Ref. 11156
	ApJ **113** 367	Vgl. Ref. 11148
GL	Harv Bull Nr. 920 S. 12	Not, P
GM	AJ **55** 230	B, Typ, El, Sp, CI

	VS Bull **8** 310	Ka, VS, Lk, Am, El
GN	AN **279** 161	Vgl. Ref. 11203
GO	AA (c) **4** 129	El
	AN **279** 178	B, Typ
	Contr. Princeton Univ. Obs. Nr. **25**	B, El
KU	VS Bull **8** 302	Ka, VS, B, Lk, El
MQ	VS Bull **8** 249	Ka, VS, B, Lk, El
MX	AN **279** 272	Vgl. Ref. 11204
MZ	Mitt. Astr. Sternberg-Inst. Nr. **56** S. 19	EB
NS	Harv Bull Nr. 920 S. 12	Not, P
QY	Desgl.	P
V336	Desgl.	Not, P
V343	Desgl.	Desgl.
V360	ApJ **113** 60	Vgl. Ref. 11185
V465	= Nova Cyg (1948)	
V480	VS Bull **8** 270	Ka, VS, B, Lk, El
V497	Astr Circ UdSSR Nr. 120 S. 5	B, El
V498	VS Bull **8** 71	Ka, VS, B, Lk, Am, El
V506	Astr Circ UdSSR Nr. 120 S. 5	B
V520	VS Bull **8** 178	Ka, VS, B, Lk, Am, El
V523	AN **279** 137	Ka, VS, Not, Typ, El
V532	VS Bull **8** 382	VS, B, Lk, Am, El
V673	VS Bull **8** 251	O, Ka, VS, B, Lk, Am, El
α	Mitt. Astrophys. Obs. Krim **6** 84	Vgl. Ref. 9403
χ	AN **279** 178	B
	ApJ **113** 626	Vgl. Ref. 11167
	Bull. Astr. Obs. Toruń Nr. **10** S. 10	VS, B
	Pop Astr **59** 107	Not
31	Harv Card 1140	O, Sp
	Harv Card 1150	Not
	NAT **1951** 114	Not, Sp
	NAZ **5** 35	Not
	NAZ **5** 39	B, Sp
	UAI Circ 1330, 1331	B, Not, Sp

Delphinus

U	Orion Schaffhausen **3** 238	Not
W	AJ **55** 230	B, El
VW	VS Bull **8** 21	Ka, VS, B, Am, El
AL	AJ **55** 230	B, El
AZ	VS Bull **8** 21	Ka, VS, B, Am, El

Draco

R	AN **279** 178	B
	National Obs. Athen Bull. Astr. Inst. 1951 S. 18	B
	Pop Astr **59** 107	Not
T	National Obs. Athen Bull. Astr. Inst. 1951 S. 18	B
Z	JO **34** 13 = Publ. Obs. Haute-Provence **2** Nr. 22	VS, Lk, P
RW	Astr Circ UdSSR Nr. 117 S. 7	Not, P
RZ	Desgl.	B, El
	VS Bull **8** 377	Ka, VS, B, El
SU	Bull. Astr. Obs. Toruń Nr. **10** S. 14	VS, B, El
SV	Astr Circ UdSSR Nr. 120 S. 5	B
SW	Bull. Astr. Obs. Toruń Nr. **10** S. 15	VS, B, El
SY	VS Bull **8** 21	Ka, VS, B, Am, El
TW	AJ **56** 53	Not, El
	AN **279** 178	B
TX	AN **279** 178	B
UY	National Obs. Athen Bull. Astr. Inst. 1951 S. 18	B
UZ	AN **279** 178	B
WZ	VS Bull **8** 21	Ka, VS, B, Am, El
YZ	Desgl.	Desgl.
ZZ	Desgl.	Desgl.
AA	Desgl.	Ka, B, Am, El

Eridanus

T	Astr Circ UdSSR Nr. 121 S. 3	B
U	Desgl.	B
	Pop Astr **59** 106	B
W	Astr Circ UdSSR Nr. 121 S. 3	B
	Pop Astr **59** 106	B
RU	Contr. Princeton Univ. Obs. Nr. **25**	B, El
RZ	AJ **56** 125	B,Not,El,Sp
	Harv Bull Nr. 920 S. 22	B, Not, Lk, El,Elsb,aD
SX	Astr Circ UdSSR Nr. 117 S. 8	B
YY	Harv Bull Nr. 920 S. 41	B, Lk, El
ν	Astr Circ UdSSR Nr. 112 S. 12	VS, B, Am, El
	Publ ASP **63** 176 = Berkeley Repr. Nr. **11**	B, Lk, P, RG, C
66	Contr. Princeton Univ. Obs. Nr. **25**	B, P

Gemini

R	AN **279** 178	B
	Pop Astr **59** 275	Not
U	AN **279** 178	B
	BAA Circ 324	Not
	National Obs. Athen Bull. Astr. Inst. 1951 S. 18	B
	Pop Astr **59** 107	Not
	Pop Astr **59** 275, 385	B
	Sternenwelt **3** 74	Ka, VS, Not, Lk, Sp
Z	AN **279** 272	Vgl. Ref. **11204**
RR	Mitt. Astr. Sternberg-Inst. Nr. **56** S. 30	Vgl. Ref. **11146**
RW	Contr. Princeton Univ. Obs. Nr. **25**	B, El, Elb
SS	ApJ **113** 60	Vgl. Ref. **11185**
SU	Desgl.	Desgl.
SY	AN **279** 272	Vgl. Ref. **11204**
	AN **280** 39	Not
TT	AN **279** 272	Vgl. Ref. **11204**
AC	VS Bull 8 291	VS, B, Typ, Lk, Am, El
	VS Bull 8 293	B, El
AL	VS Bull 8 280	VS, B, Lk, El
BB	Astr Circ UdSSR Nr. 115 S. 14	B, Am
	VS Bull 8 213	VS, B, Lk, Am, El
ζ	AN **279** 178	B
	ApJ **113** 367	Vgl. Ref. **11148**
η	Orion Schaffhausen **3** 239	B, Not

Grus

T	Astr Circ UdSSR Nr. 117 S. 8	B

Hercules

R	Astr Circ UdSSR Nr. 117 S. 8	B
S	AN **279** 178	B
	Pop Astr **59** 107	Not
T	Astr Circ UdSSR Nr. 115 S. 14	B
U	AN **279** 178	B
	Astr Circ UdSSR Nr. 117 S. 8	B
	National Obs. Athen Bull. Astr. Inst. 1951 S 18	B
X	Orion Schaffhausen **3** 238	Am, P, Not, C
	Pop Astr **59** 385	Am
	VS Bull 8 299	VS, B, Lk, Not
Y	AN **279** 159	Not
RT	Astr Circ UdSSR Nr. 120 S. 5	B
RU	Astr Circ UdSSR Nr. 117 S. 8	B
RW	AN **279** 272	Vgl. Ref. **11204**
RX	AA (c) **4** 129	El
RZ	National Obs. Athen Bull. Astr. Inst. 1951 S. 18	B
SS	AN **279** 178	B
SV	Astr Circ UdSSR Nr. 120 S. 5	B

	National Obs. Athen Bull. Astr. Inst. 1951 S. 18	B
SX	ApJ **113** 60	Vgl. Ref. 11185
SY	Astr Circ UdSSR Nr. 117 S. 8	B
SZ	AJ **56** 182	El
	VS Bull 8 70	Ka, VS, B, Lk
TT	Bull. Astr. Obs. Toruń Nr. **10** S. 13	VS, B
TW	VS Bull 8 284	Ka, VS, B, Lk, Am
TX	AA(c) **4** 129	El
UU	ApJ **113** 60	Vgl. Ref. 11185
UX	AN **279** 178	B
VV	Astr Circ UdSSR Nr. 120 S. 5	B
VW	Astr Circ UdSSR Nr. 115 S. 14	B
XZ	Astr Circ UdSSR Nr. 120 S. 5	B, El
AC	ApJ **113** 60	Vgl. Ref. 11185
	Mitt. Astr. Sternberg-Inst. Nr. **56** S. 19	EB
	VS Bull 8 121	VS, B, Lk, El, Sp, RG, CI
AK	AJ **56** 48	Typ, El, Elb
	Phys. Rev. (2) **83** 489	aD
	Sky and Telescope **10** 114	El, Elsb
AR	Astr Circ UdSSR Nr. 110 S. 9	Not, P
AP	VS Bull 8 171	B, Lk, El
	VS Bull 8 204	Ka, VS, B, Not, Lk, P, El, RG
AZ	Astr Circ UdSSR Nr. 120 S. 5	B, El
CX	AN **279** 161	Vgl. Ref. 11203
FN	VS Bull 8 46	Ka, VS, B, Lk, Am, El
OP	VS Bull 8 247	VS, B, Lk
α	Orion Schaffhausen **3** 237	Not, Am, P, C
g	Desgl.	Not, El, C
u	Mitt. Astr. Hauptobs. Pulkowo **18** Nr. 6 (147) S. 64	Vgl. Ref. 11108

Horologium

R	Pop Astr **59** 106	Not
T	Desgl.	B
	Pop Astr **59** 274	Not

Hydra

RT	AN **279** 178	B
VY	TAB (2) Nr. 33 S. 234	Not

Indus

S	Obs **71** 41	Vgl. Ref. 11189
	Pop Astr **59** 45	B, Not
	Pop Astr **59** 385	Not

Lacerta

W	NAT **1951** 115	Not, El
Y	ApJ **113** 367	Vgl. Ref. 11148
Z	Desgl.	Desgl.
RR	Desgl.	Desgl.
SU	AJ **56** 88	El
SW	AJ **56** 77	VS, B, Lk, El
	Bull. Astr. Obs. Toruń Nr. **10** S. 12	B, Am, El
TW	AJ **55** 230	B, El
AR	ApJ **113** 299	Vgl. Ref. 11131
BG	ApJ **113** 367	Vgl. Ref. 11148
CQ	VS Bull 8 253	VS, B, Lk, El
16	NAZ **5** 32	Am, El
	Publ ASP **63** 35	B, Am, Lk, P, RG

Leo

R	AN **279** 178	B
	BAA Circ 328	B
RY	Pop Astr **59** 487	Not, Lk
ST	VS Bull 8 380	Ka, VS, B, Lk, Am, El
TU	AN **279** 272	Vgl. Ref. 11204
UV	AA(c) **4** 129	El
	AJ **56** 112	B, El
	AJ **56** 182	El
	AN **279** 178	B

	Contr. Princeton Univ. Obs. Nr. **25**	B, El, Elb
	VS Bull 8 46	VS, B, Lk, Am, El
UZ	AJ **56** 112	B, El
AB	Pop Astr **59** 275	Not, Typ
AD	AN **280** 39	Not
	DOB **4** Bull. 10 Fasc. 3	Ka, O, RG, Par
η	Mitt. Astrophys. Obs. Krim **6** 84	Vgl. Ref. **9403**

Lepus

RS	VS Bull 8 297	Ka, VS, B, Lk, P

Libra

S	Pop Astr **59** 275	Not
T	National Obs. Athen Bull. Astr. Inst. 1951 S. 18	B
X	Desgl.	B
RT	Desgl.	B
RU	Astr Circ UdSSR Nr. 117 S. 8	B
RX	Harv Bull Nr. 920 S. 10	Lk, El, RG
EE	Astr Circ UdSSR Nr. 117 S. 8	B
EH	Astr Circ UdSSR Nr. 118 S. 9	B, El
	VS Bull 8 308	Ka, VS, B, Lk, El

Lynx

R	AN **279** 178	B

Lyra

R	Orion Schaffhausen **3** 236	Not, Am, C
W	Astr Circ UdSSR Nr. 120 S. 5	B
RV	AJ **55** 230	B, El
RW	Astr Circ UdSSR Nr. 120 S. 5	B
	National Obs. Athen Bull. Astr. Inst. 1951 S. 18	B
RX	National Obs. Athen Bull. Astr. Inst. 1951 S. 18	B
RY	Desgl.	B
RZ	VS Bull 8 155	Ka, VS, B, Lk, El
SS	Astr Circ UdSSR Nr. 120 S. 5	B, El
TZ	Astr Circ UdSSR Nr. 118 S. 8	B, El
UZ	AN **279** 178	B
CX	Mitt. Astr. Sternberg-Inst. Nr. **56** S. 19	EB
EP	ApJ **113** 60	Vgl. Ref. **11185**
IO	VS Bull 8 254	Ka, VS, B, Lk, Am, El
β	AN **279** 178	B

Microscopium

RR	AJ **56** 88	El

Monoceros

R	Mitt. Astr. Sternberg-Inst. Nr. **56** S. 19	EB
	VS Bull 8 192	EB
T	ApJ **113** 367	Vgl. Ref. **11148**
U	ApJ **113** 60	Vgl. Ref. **11185**
	Sternenwelt **3** 74	Not, P
X	Pop Astr **59** 385	Am, P
RW	AA (c) **4** 137	VS, B, Lk, El
	Contr. Princeton Univ. Obs. Nr. **25**	B, El
SW	Pop Astr **59** 487	Lk
	VS Bull 8 213	Ka, VS, B, P
SX	VS Bull 8 213	VS, B, Lk, Sp
UX	Obs **71** 248	Not
	Sternenwelt **3** 114	Not
BO	VS Bull 8 46	B, Am, P, Lk
CV	VS Bull 8 213	Ka, VS, B, Am, Lk, El
EE	MVS Nr. 129	B, Typ, Lk, El

Octans

S	Pop Astr **59** 107, 385	Not

Ophiuchus

S	National Obs. Athen Bull. Astr. Inst. 1951 S. 18	B
T	Desgl.	B
U	AA(c) **4** 129	El
	ApJ **114** 297	Vgl. Ref. 11112
X	AN **279** 178	B
Y	Desgl.	B
	ApJ **113** 367	Vgl. Ref. 11148
RR	National Obs. Athen Bull. Astr. Inst. 1951 S. 18	B
RS	Vgl. § 113	
RT	National Obs. Athen Bull. Astr. Inst. 1951 S. 18	B
TT	ApJ **113** 60	Vgl. Ref. 11185
TX	Desgl.	Desgl.
UZ	Desgl.	Desgl.
XX	ApJ **114** 37	Vgl. Ref. 11180
AQ	AN **279** 161	Vgl. Ref. 11203
V451	Mitt. Astrophys. Obs. Krim **6** 130	Vgl. Ref. 11122
V506	VS Bull **8** 64	Ka, VS, B, Lk, Am, El
V705	VS Bull **8** 258	B, El
V720	Desgl.	B, Typ (?), P (?)
67	Mitt. Astrophys. Obs. Krim **6** 84	Vgl. Ref. 9403

Orion

T	Pop Astr **59** 274	Not
U	AN **279** 178	B
V	Astr Circ UdSSR Nr. 117 S. 8	B
W	Gaz astr **33** 10	B
	Orion Schaffhausen **3** 239	B, Not, C
X	BSAF **65** 109	Vgl. Ref. 11191
VV	ApJ **114** 297	Vgl. Ref. 11112
BQ	Gaz astr **33** 10	B
CN	Pop Astr **59** 385	Typ, P
CO	VS Bull **8** 192	EB
CZ	Pop Astr **59** 385	B, Typ

EL	AN **279** 161	Vgl. Ref. 11203
EQ	AJ **55** 230	B, Typ, El
ET	VS Bull **8** 46	Ka, VS, B, Lk, Am, P
EW	Contr. Princeton Univ. Obs. Nr. **25**	B
FI	VS Bull **8** 213	Ka, VS, B, Lk, Am, El
FR	VS Bull **8** 46	Ka, VS, B, Lk, Am, El
FU	NAZ **5** 11	Sp, RG
	ZfA **29** 154	Vgl. Ref. 11312
GG	AA(c) **4** 134	Ka, Lk, El
GW	VS Bull **8** 192	EB
β	Mitt. Astrophys. Obs. Krim **6** 84	Vgl. Ref. 9403
25	DOB **4** Bull. 9 Fasc. 4	B

Pavo

W	Pop Astr **59** 275	Not

Pegasus

W	Gaz astr **33** 11	B
RU	Pop Astr **59** 385	Not
TY	Contr. Princeton Univ. Obs. Nr. **25**	B, Not, El, Elb
VV	VS Bull **8** 157	Ka, VS, B, Lk, El
AG	ApJ **113** 605	Vgl. Ref. 11179
	ApJ **114** 338	Vgl. Ref. 11181
AV	VS Bull **8** 161	Ka, VS, B, Lk, El
AW	Astr Circ UdSSR Nr. 109 S. 7	Elb
BI	AN **279** 161	Vgl. Ref. 11203
DH	VS Bull **8** 176	Ka, VS, B, Lk, El
DM	VS Bull **8** 46	Ka, VS, B, Lk, Am, P
EE	NAZ **5** 38	Vgl. Ref. 10213

Perseus

R	Pop Astr **59** 106	B
S	Pop Astr **59** 274	B

U	Astr Circ UdSSR Nr. 115 S. 14	B
RR	Astr Circ UdSSR Nr. 117 S. 8	B
RT	Astr Circ UdSSR Nr. 118 S. 5	B, El
	Contr. Princeton Univ. Obs. Nr. **25**	B, El
RU	Pop Astr **59** 106	Not
ST	JO **34** 13 = Publ. Obs. Haute-Provence **2** Nr. 22	Lk, P
	CR **232** 385 = Publ. Obs. Haute-Provence **2** Nr. 16	Lk
UV	BAA Circ 327	Not
XX	VS Bull 8 270	VS, B, Not
β	AA (c) **4** 129, 158	El
	AJ **55** 251	Par
	AN **279** 178	B

Phoenix

ζ	MN **111** 315	Vgl. Ref. **11111**

Pictor

R	Pop Astr **59** 107	Not
S	Pop Astr **59** 274	Not

Pisces

R	AN **279** 178	B
S	Pop Astr **59** 106	Not
Y	Contr. Princeton Univ. Obs. Nr. **25**	B
RW	AN **279** 161	Vgl. Ref. **11203**

Puppis

U	Pop Astr **59** 385	Not
W	Pop Astr **59** 107, 275, 385	Not
RS	Sternenwelt **3** 73	Not
RU	Pop Astr **59** 275	Typ, const
ST	Sternenwelt **3** 73	Tpy, P
AR	ApJ **113** 60	Vgl. Ref. **11185**

Reticulum

R	Pop Astr **59** 274	Not

Sagitta

R	ApJ **113** 60	Vgl. Ref. **11185**
	VS Bull 8 121	VS, B, Lk, El, CI
S	ApJ **113** 367	Vgl. Ref. **11148**
	Mem SA It (NS) **22** 13	Vgl. Ref. **11149**
U	AN **279** 178	B
	ApJ **114** 513	Vgl. Ref. **11119**
	Publ ASP **63** 38	Vgl. Ref. **11120**

Sagittarius

U	ApJ **113** 367	Vgl. Ref. **11148**
Y	Desgl.	Desgl.
RY	Pop Astr **59** 275	Not
UZ	VS Bull 8 258	B, El
VV	Desgl.	B, El
VX	Pop Astr **59** 107	Not
WZ	ApJ **113** 367	Vgl. Ref. **11148**
XX	Desgl.	Desgl.
YY	ApJ **113** 637	Vgl. Ref. **11116**
YZ	ApJ **113** 367	Vgl. Ref. **11148**
AZ	ApJ **113** 60	Vgl. Ref. **11185**
EP	VS Bull 8 258	B, El
ES	Desgl.	B, Typ
EW	Desgl.	B, El
EX	Desgl.	B, El
EZ	Desgl.	B, Not, El
FG	Desgl.	B, Typ, El
FK	Desgl.	B, Typ, El
IM	Desgl.	B, P (?)
IY	Desgl.	B, Typ, P(?)
MO	Desgl.	B, Typ, El
MQ	Desgl.	B
V 350	ApJ **113** 367	Vgl. Ref. **11148**
V 360	VS Bull 8 258	B, Typ, Am, El
V 361	Desgl.	B
V 731	Desgl.	B, Not

Scorpius

AI	ApJ **113** 60	Vgl. Ref. **11185**
V 500	VS Bull 8 165	Ka, VS, B, Lk, El

Sculptor

S	Pop Astr **59** 274	Not
T	Pop Astr **59** 106, 274	Not

Scutum

R	AN **279** 178	B
	ApJ **113** 60	Vgl. Ref. 11185
	Orion Schaffhausen **3** 235	B, Not, Lk
	Pop Astr **59** 384	Lk
SS	ApJ **113** 367	Vgl. Ref. 11148

Serpens

R	AN **279** 178	B
	Pop Astr **59** 107	Not
S	National Obs. Athen Bull. Astr. Inst. 1951 S. 18	B
AH	Astr Circ UdSSR Nr. 120 S. 5	B
AO	VS Bull **8** 46	Ka, VS, B, Lk, Am, El
AS	Desgl.	Desgl.
AU	VS Bull **8** 64	Desgl.
AV	VS Bull **8** 163	Ka, VS, B, Lk, El
BQ	VS Bull **8** 192	EB

Taurus

R	Pop Astr **59** 383	Not
T	VS Bull **8** 192	EB
RR	National Obs. Athen Bull. Astr. Inst. 1951 S. 18	B
	Pop Astr **59** 274	Not
	VS Bull **8** 192	EB
	VS Bull **8** 244	Vgl. Ref. 11187
RU	Pop Astr **59** 107	Not
RV	ApJ **113** 60	Vgl. Ref. 11185
	VS Bull **8** 121	VS, B, Lk. El, CI
RW	AA (c) **4** 129	Lk, El
	JO **34** 13 = Publ. Obs. Haute-Provence **2** Nr. 22	VS, Lk, P
RX	Pop Astr **59** 274	Not
RY	VS Bull **8** 192	EB
SU	National Obs. Athen Bull. Astr. Inst. 1951 S. 18	B
	Pop Astr **59** 107, 274	Not
SZ	AN **279** 178	B
	ApJ **113** 367	Vgl. Ref. 11148
UX	VS Bull **8** 192	EB
VV	AN **279** 272	Vgl. Ref. 11204
AN	Contr. Princeton Univ. Obs. Nr. **25**	B
CQ	VS Bull **8** 192	EB
CT	Desgl.	EB

Telescopium

RR	ApJ **114** 163	Vgl. Ref. 11169
	Pop Astr **59** 108	Not
	Pop Astr **59** 489	Sp
	La Plata Circ Nr. **10** S. 81	Sp

Triangulum

R	AN **279** 178	B
	Gaz astr **33** 11	B
	Sternenwelt **3** 35	Ka, VS, Not, Lk
X	AA (c) **4** 129	El
	JO **34** 13 = Publ. Obs. Haute-Provence **2** Nr. 22	VS, Lk, P
	VS Bull **8** 145	B, Not, P, El

Tucana

S	Pop Astr **59** 274	Not

Ursa major

R	AN **279** 178	B
	Gaz astr **33** 11	B
	Pop Astr **59** 107	Not
S	AN **279** 178	B
	Gaz astr **33** 11	B
	Pop Astr **59** 275	Not, Sp
	Sternenwelt **3** 236	Ka, VS, Not, Lk
T	AN **279** 178	B
	Gaz astr **33** 12	B
V	Pop Astr **59** 487	Lk

W	AN **279** 178	B
	VS Bull 8 240	VS, B, Lk, Am
Z	AN **279** 161	Vgl. Ref. 11203
	NAT **1951** 28	Lk, P
	Orion-Schaffhausen **3** 235	B, Not, Lk
	Pop Astr **59** 107	P
RS	AN **279** 178	B
RV	VS Bull 8 289	Ka, VS, B, Lk, El
RW	Contr. Princeton Univ. Obs. Nr. **25**	B, El
RY	AN **279** 161	Vgl. Ref. 11203
	AN **279** 178	B
RZ	Pop Astr **59** 487	Lk
SS	AN **279** 272	Vgl. Ref. 11204
ST	AN **279** 178	B
	Gaz astr **33** 12	B
SU	Pop Astr **59** 107	Not
	Pop Astr **59** 275	B
SV	ApJ **113** 60	Vgl. Ref. 11185
SX	Astr Circ UdSSR Nr. 118 S. 4	Am, P, El
TU	BAF **11** Fasc. 1 S. 3	VS, B, Lk, El
TX	AN **279** 178	B
UV	MVS Nr. 129	B, Am, El
WX	AN **280** 39	Not
	DOB **4** Bull. 10 Fasc. 3	O, Ka, RG, Par

Ursa minor

S	AN **279** 178	B
U	Gaz astr **33** 13	B
W	AJ **56** 182	El
	AN **279** 178	B

Vela

S	La Plata Circ. Nr. **10** S. 121	Not
AI	La Plata Circ. Nr. **10** S. 149	RG
BZ	MVS Nr. 129	B, Not

Virgo

S	Astr Circ UdSSR Nr. 117 S. 8	B
V	AN **279** 178	B
	National Obs. Athen Bull. Astr. Inst. 1951 S. 18	B
W	VS Bull 8 165	VS, B, Lk, El
Z	National Obs. Athen Bull. Astr. Inst. 1951 S. 18	B
RS	Pop Astr **59** 275	Not
SU	National Obs. Athen Bull. Astr. Inst. 1951 S. 18	B
AG	AJ **56** 182	El
	Contr. Princeton Univ. Obs. Nr. **25**	B, El
AH	AJ **56** 182	El
	TAB (2) Nr. 33 S. 233	VS, B
AZ	VS Bull 8 64	Ka, VS, B, Lk, Am, El
BD	VS Bull 8 46	B, Lk, Am, El
BF	Desgl.	Ka, VS, B, Lk, Am, P
BH	TAB (2) Nr. 33 S. 233	VS, B

Vulpecula

R	Astr Circ UdSSR Nr. 117 S. 8	B
T	ApJ **113** 367	Vgl. Ref. 11148
U	ApJ **114** 331	Vgl. Ref. 11156
V	ApJ **113** 60	Vgl. Ref. 11185
X	ApJ **113** 367	Vgl. Ref. 11148
Z	AA (c) **4** 129	El
	AN **279** 178	B
RS	AA (c) **4** 129	El
	Diss. Kasan	Vgl. Ref. 11114
RT	AN **279** 272	Vgl. Ref. 11204
SU	AN **279** 272	Vgl. Ref. 11204
SV	ApJ **113** 367	Vgl. Ref. 11148
	VS Bull 8 305	B, Not, P, El
AU	AN **279** 161	Vgl. Ref. 11203
CD	Mitt. Sternw. ungar. Akad. Wiss. Nr. **24**	Vgl. Ref. 11110

11230. Veränderliche Sterne mit provisorischer Bezeichnung

88.1911	AN 279 272	Vgl. Ref. 11204
2.1912	Desgl.	Desgl.
32.1926	Desgl.	Desgl.
420.1928	Desgl.	Desgl.
50.1929	AJ 56 88	B, Typ
6.1930	AN 279 272	Vgl. Ref. 11204
299.1930	AN 279 161	Vgl. Ref. 11203
18.1933	AN 279 272	Vgl. Ref. 11204
19.1933	Desgl.	Desgl.
362.1933	Astr Circ UdSSR Nr. 119 S. 8	B, Typ
363.1933	Desgl.	Typ, El
367.1933	Desgl.	Typ
369.1933	Desgl.	Typ, El
370.1933	Desgl.	B, Typ
701.1933	Desgl.	Typ, El
702.1933	Desgl.	Typ,El
42.1934	Astr Circ UdSSR Nr. 115 S. 15	B, Typ
280.1934	= BD +0°1170	
654.1935	VS Bull 8 73	VS, B, Typ, Lk, El
699.1935	= V 377 Cen	
87.1936	= EE Mon	

11231. Veränderliche BD-Sterne

BD		
+62°265	Astr Circ UdSSR Nr. 111 S.10	B
60 2613	NAZ 5 44	An, B Typ, CI
	UAI Circ 1337	An, B, Typ, CI
56 2783 B	DOB 4 Bull 11 Fasc. 3	O, Ka, Not,Par
45 2602	VS Bull 8 247	VS, B, Lk
45 2627	= OP Her	
44 2051 B	= WX UMa	
40 442	Sternenwelt 3 234 = SVS 995	Not
31 3932	Publ ASP 63 149	VS, Typ, P
29 949	VS Bull 8 293	An, O, Ka, VS, B, Typ ?, Am
27 818	Desgl.	An, O, Ka VS, B, Typ, Lk, Am, El
27 880	DOB 4 Bull. 1 Fasc. 1	An, Ka, Sp
+26 1083	VS Bull 8 178	An, VS, Am
+26°2508	AJ 56 125	An, Not, Typ, El, Sp
	Harv Bull Nr. 920 S. 28	An, Not, Typ, El, Sp
22 545	Bull. Astr. Obs. Toruń Nr. 10 S. 17	An, O, B, CI
20 2465	= AD Leo	
17 4370	= Zi 1930	
11 4673	= AG Peg	
10 1848	Sterne 27 28	O, Typ, El, Sp, RG
+ 0 1170	Astr Circ UdSSR Nr. 111 S. 10	B
− 0 2911	Sterne 27 102	An, O, Am, P
	Sternenwelt 3 74	Not, Typ
2 4461	VS Bull 8 297	Am
3 1413	MN 111 634	Vgl. Ref. 11109
4 4371	VS Bull 8 297	Am
−22 3917	= 654.1935	

11232. Veränderliche CPD-Sterne

CPD		
−47° 5743	= V 377 Cen	
52 4716	Riverview Coll. Obs. Publ. **2** 100	An, O, Typ, P, Am, El, Sp
54 2739	Desgl.	An, O, Typ, Am, P, El
58 2422	Desgl.	Desgl.
−60 3278	MN **111** 111	Vgl. Ref. 11123
	Publ ASP **63** 80	Typ, Lk

CPD		
−60° 3278	Riverview Coll. Obs. Publ. **2** 100	An, O, Typ, Am, Sp
60 4739	Riverview Coll. Obs. Publ. **2** 100	An, O, Typ, Am, P, El, Sp
−66 1507	Desgl.	An, O, Typ, Am, Sp

11233. Veränderlicher CoD-Stern

−28° 16335 Astr Circ UdSSR Nr. **111** S. 10 B

11234. Veränderliche HD-Stern

HD		
13078	= SVS 995	
44701	= BD −3° 1413	
73857	= BD +10° 1848	
112455	= V 377 Cen	
121648	= BD +26° 2508	
161114	= XX Oph	
162115	= BD −2° 4461	
163036	= BD −4° 4371	
207757	= AG Peg	
226357	= AN **279** 272	Vgl. Ref. 11204
306989	= CPD −60° 3278	

11235. Veränderlicher HR-Stern

7886 = Zi 1930

11236. Veränderliche HV-Sterne

HV		
873, 883, 886, 900, 902, 909, 953, 1002, 2251, 2257, 2294, 2369, 2447, 2882	AJ **56** 139	Typ, Am, P
2886	AJ **55** 249	O, B, P
5497	AJ **56** 139	Typ, Am, P
8039	Desgl.	Desgl.
12185−12190	AJ **55** 249	O, B, P
12191	Desgl.	O, B
12192	Desgl.	O, B
12193−12211	Desgl.	O, B, P
12212	Desgl.	O, B

11237. Prager-Sterne

Pr		
69	AN **279** 272	Vgl. Ref. 11204
71	Desgl.	Desgl.
94	= 420.1928	
294	= 2.1912	
428	AN **279** 272	Vgl. Ref. 11204
741	= 18.1933	
745	= 19.1933	
1219	AN **280** 39	Not, P
1272	Desgl.	Not

Pr		
1881	= 6.1930	
1943	= HD 226357	
2071	= 88.1911	
2135	AN 279 272	Vgl. Ref. 11204
2243	Desgl.	Desgl.
2383	Desgl.	Desgl.
2420	= 32.1926	
2789	= BD +0°1170	
3930	= 654.1935	
4434	AN 280 39	Not, P
5386	Desgl.	B, Not
5555	Desgl.	Not
5758	Desgl.	Not

11238. **Ross-Sterne**

867/868	AN 280 39	Not

11239. **SVS-Sterne**

SVS		
995	AJ 56 54	B, Not, Typ, Am, El
1009	= 50.1929	
1034	Astr Circ UdSSR Nr. 113—114 S. 14	Not, Typ, El
1036	Astr Circ UdSSR Nr. 113—114 S. 15	B, Typ, Am, P
1072–1099	VS Bull 8 170	An, O, Am
1100	= BD + 26°1083	
1102	VS Bull 8 243	An, O, Am
1103	Desgl.	Desgl.
1104	VS Bull 8 293	An, Ka, O, VS, B, Typ, Am
1105	Desgl.	Desgl.
1106	Desgl.	An, Ka, O, B, VS, Typ, Lk, El
1107	= BD +27° 818	
1108	= BD +29° 949	
1109	VS Bull 8 293	An, Ka, O, VS, B, Typ ?, Am, El
1110	Desgl.	An, Ka, O, VS, B, Typ ?, Am
1111	Desgl.	An, Ka, O, VS, B, Am
1112	= BD −2° 4461	
1113	= BD −4° 4371	
1115	VS Bull 8 256	An, Typ

11240. **VV-Sterne**

VV		
2	Harv Bull Nr. 920 S. 12	P
4—10	Specola Astr. Vaticana Ric. Astr. 2 205	An, Ka, O,VS, B, Typ, Lk, El

11241. **Zinner-Sterne**

Zi		
133	AN 279 159	Not
157	AN 280 39	Not
161	AN 279 159	Not
174	AN 280 39	Not
176	AN 279 159	B, Not
229	Desgl.	B, Not
257	Desgl.	B, Not
321	Desgl.	Not
324	Desgl.	B, Not
378	Desgl.	Not
405	Desgl.	Not
510	AN 280 39	Not
529	Desgl.	const
568	Desgl.	const
577	AN 279 159	Not
638	AN 280 39	Not
699	AN 279 159	Not
720	AN 280 39	const
754	AN 279 159	Not
776	Desgl.	Not
797	Desgl.	B, Not
928	Desgl.	B

Zi			Zi		
980	Desgl.	O, B	1916	Desgl.	Not
1015	AN **280** 39	Not	1926	Desgl.	Not
1082	AN **279** 159	B, Not	1930	AN **279** 159	B, Not
1139	Desgl.	Not		AN **280** 37	VS, B, Lk, El
1218	AN **280** 39	const		NAZ **5** 28	B
1253	Desgl.	const	1950	AN **280** 39	Not
1259	= Y Her		1956	AN **279** 159	B, Not
1617	AN **279** 159	B, Not	1957	AN **280** 39	Not
1655	AN **280** 39	Not	1965	Desgl.	Not
1797	Desgl.	Not	1970	AN **279** 159	Not
1849	Desgl.	Not, C	2000	Desgl.	Not
1873	Desgl.	Not	2064	Desgl.	Not
1915	Desgl.	const			

11242. Sonstige Veränderliche

	Äqu. 1855		
$1^h\ 35^m\ 39^s$	+19° 24′	DOB **4** Bull 1 Fasc. 1	An, Ka
	Äqu. 1900		
$3^h\ 43^m\ 9^s.8$	+23° 28′ 31″	AN **279** 265	Vgl. Ref. **11168**
5 3 33	+75 42.8	AJ **55** 230	B, Typ, El
5 35	+68 50	Pop Astr **59** 274[1]), 335	An, VS, Not, Am
7 50.4	− 3 30	AJ **55** 230	An, Not, Am
7 50.5	− 3 19	Desgl.	An, Ka, VS, B, Typ, El
11 25 21	−69 16	Riverview Coll. Obs. Publ. **2** 100	An, Typ, Am, P, El
	Äqu. 1950		
$22^h\ 54^m.2$	+58° 25′	Mitt. Astrophys. Obs. Krim **7** 133	An, Ka, O, B, Typ, Sp

Bond 618	VS Bull **8** 243	An, O, Am	S 4774	Astr Circ UdSSR Nr. 121 S. 3	B, El
Brun 585	= Bond 618		4778	Astr Circ UdSSR Nr. 112 S. 14	O, B, El
CD −47° 7979	= V 377 Cen			VS Bull **8** 282	VS, B, Lk, El
Innes VII	AJ **56** 139	Typ, Am, P	5096	= CoD −28° 16335	
Innes 53	Desgl.	Typ, Am, P	Wolf 359	AN **280** 39	Not
L 726−8	NAZ **5** 39	VS, B, C	424	Desgl.	const
MH α 265-3	VS Bull **8** 192	EB	1084	Desgl.	const
Proxima Centauri	Proc. Nat. Acad. Sci. USA **37** 15	Ref. 11186	1130	Desgl.	Not
S 3885	= BD +62° 265		20 C 1250 A	Desgl.	const
			Anonym (Zi 1926 südlich vorangehend)	Desgl.	An

[1]) Irrtümlich mit Zi 402 bezeichnet.

11243. Veränderliche Sterne. Verzeichnis der Beobachter und Berechner

P. Ahnert
I. F. Alanija
A. Alksnis
L. H. Aller
T. A. Asarnowa
J. Ashbrook
H. Auzinger
M. K. V. Bappu
A. A. Batyrew
M. Beyer
C. de Bièvre
M. Bloch
B. J. Bok
K. Bomm
E. Born
R. J. Bossard
E. S. Brodskaja
B. Brüss
V. Buhl
J. Bull
C. Cailliatte
E. W. Cavatton
D. S. Chawtassi
P. N. Cholopow
G. G. Cillié
A. W. J. Cousins
A. N. Cox
G. Darenius
P. Darnell
W. Dombrowski
K. Domke
R. M. Dsigwaschwili
K. A. Dudina
R. S. Dugan
W. Dziewulski
O. J. Eggen
J. E. Ejnasto
D. P. Elias
A. J. Filin
J. E. Focas
A. Fokin
Y. Fujita
S. Gaposchkin
N. M. Goldberg-Rogosinskaja
L. Gratton
C. S. Gum
I. Guman
S. Günther
M. Hack
Händel
V. Hegvad
K. G. Henize
C. Hoffmeister
E. Høg
A. R. Hogg
C. M. Huffer
M. Huruhata
H. W. Jaśkowa
G. E. Jerleksowa
W. P. Judkina
B. N. Kadomskij
P. van de Kamp
J. T. Kapko
P. C. Keenan
G. Keller
S. Kierulff
M. Kiessig
T. S. Kirillowa
M. A. Kljakotko
Z. Kopal
K. Kordylewski
W. de Kort
B. W. Kukarkin
P. G. Kulikowskij
J. I. Kumsischwili
N. E. Kurotschkin
J. Landi-Dessy
G. Larsson-Leander
C. J. Lavagnino
F. Lenouvel
E. Leutenegger
D. N. Limber
A. Lisicki
A. M. Losinskij
E. Łubieńska
F. I. Lukazkaja
E. E. Mason
M. W. Mayall
V. McKibben Nail
D. B. McLaughlin
D. H. McNamara
K. B. Menzel
P. W. Merrill
E. Michiels
L. Michiels
G. R. Miczaika
H. Mielke
W. J. Miller
N. Møller Nicolaisen
R. C. Moore
G. Münch
R. A. Naef
T. Nakamura
M. E. Nason
S. W. Nekrassowa
B. Nelson
A. V. Nielsen
H. Niemann
I. Nowikow
D. J. K. O'Connell
O. K. Odynskaja
N. Östergaard
M. Olmsted
P. P. Parenago
E. D. Perepelkina
H. Peter
E. V. Petersen
M. Petit
R. Piatkowska
N. L. Pierce
K. Pilowski
S. L. Piotrowski
E. Pocher
H. Poehnitzsch
E. Pohl
A. Poveda
G. Preston
M. W. Rasguljajewa
R. Rigollet
G. Romano
L. Rosino
G. P. Sacharow
J. Sahade
H. U. Sandig
R. F. Sanford
A. Schmitt
H. Schneller
N. K. Semakin
K. Serkowski
C. K. Seyfert
H. Shapley
E. C. Silva
S. M. Smith
H. Socher
D. Sofronijewitsch
A. W. Solowjow
S. Sørensen
G. A. Starikowa
J. Storms
G. de Strobel
O. Struve
A. Strzałkowski
S. N. Svolopoulos
A. Szczepanowska
N. Tamm
Tcheng Mao-Lin
W. Tęcza
R. B. Teplizkaja
R. de Terwangne
A. D. Thackeray
A. Thomas
W. G. Tifft
T. S. Tschernowa
T. A. Uranowa

B. A. Ustinow
E. Vandekerkhove
M. F. Walker
A. A. Wassiljewa
Weber
P. Wellmann
B. S. Whitney
F. B. Wood
E. J. Woodward
W. P. Zessewitsch

§ 113

Novae, Supernovae

11301. **C. Bertaud,** Novæ à très lente évolution. BSAF **65** 7. — Ref. in Phys. Ber. **31** 143.

11302. **C. Bertaud,** Les nuages de Magellan et leurs novæ. BSAF **65** 369—372, mit 2 Fig.

* * **P. A. Carrus, P. A. Fox, F. Haas, Z. Kopal,** Propagation of shock waves in the generalized Roche model. Vgl. Ref. 5203.

* * **K. G. Henize, D. B. McLaughlin,** A note on the spectrum of RR Telescopii. Vgl. Ref. 11169.

* * **V. McKibben Nail,** Three notes on variable stars in the Small Magellanic Cloud. Vgl. Ref. 12425.

11303. **D. B. McLaughlin,** The effects of a nova upon a nearby planet. Vgl. AJB **45** Ref. 8603. — Ref. in Sterne **27** 28.

11304. **D. B. McLaughlin,** The space distribution of the novae. Vgl. AJB **45** Ref. 8604. — Ref. in Sterne **27** 49—50.

11305. **E. R. Mustel,** Über die Herkunft der Ausbrüche der Novae. Mitt. Astrophys. Obs. Krim **6** 144—173, mit 1 Abb. (russisch). — Nach den Feststellungen des Verf. bilden die Novae eine bestimmte Klasse der stellaren Mannigfaltigkeit und sind keine Entwicklungszwischenstufe der weißblauen Reihe Woronzow-Weljaminows. Im Innern dürften sie wasserstoffarm sein. Die vom Verf. früher abgeleiteten Massen sind eher als Parameter zu betrachten, welche die Kräfte charakterisieren, die während der Ausbrüche zum Zentrum wirken. Bei großen Massen läßt sich die Herkunft der Ausbrüche am ehesten verständlich machen. Es ist, als ob sich der Stern (periodisch) von seiner überschüssigen Masse befreit, die nicht seiner Leuchtkraft entspricht. Loh.

11306. **E. R. Mustel,** Die Energieverteilung im kontinuierlichen Spektrum der Novae. Mitt. Astrophys. Obs. Krim **7** 118—123 (russisch). — Das Fehlen des Balmersprungs in den Spektren Neuer Sterne nach dem Maximum kann man nicht dem Mangel an Wasserstoff in den Novaphotosphären zuschreiben, sondern auf Grund gewisser Argumente der relativen Isothermie der photosphärischen Schichten der Novae. Dort ist der Temperaturgradient wesentlich niedriger als in gewöhnlichen Sternen. Loh.

11307. **E. R. Mustel,** Novae und Supernovae. Moskau, Verlag «Prawda», 1951. 23 S. Preis 60 Kop. (russisch).

11308. **J. H. Oort,** Interaction of nova and supernova shells with the interstellar medium. Aus: Problems of cosmical aerodynamics (Ref. 12008), Kapitel **17**, S. 118—124, mit 2 Tafeln. — Am Beispiel des Krebsnebels, der Cirrusnebel im Schwan und der Nebelhülle um die Nova Persei 1901 erörtert Verf., wieweit der empirische Befund sich durch die theoretisch zu postulierenden Phänomene beim Zusammentreffen von Novahüllen mit interstellarer Materie interpretieren läßt. Kdr.

11309. **C. Payne-Gaposchkin,** The nova phenomenon. Aus: Problems of cosmical aerodynamics (Ref. **12008**), Kapitel 15, S. 107—115, mit 4 Fig. — Verf. gibt eine Übersicht über die wichtigsten Beobachtungsergebnisse an Neuen Sternen, soweit sie für die dynamischen Aspekte des Phänomens von Bedeutung zu sein scheinen. Micz.

11310. **E. Schatzman,** Remarques sur le phénomène de Nova (IV). L'onde de détonation due à l'isotope ^{3}He. Ann d'Astrophys **14** 294—304 = Contr. Inst. d'Astrophys. Paris (B) Nr. **74.** — Es wird gezeigt, daß unter stellaren Bedingungen der Reaktionszyklus $H + H \rightarrow D + e^+$, $H + D \rightarrow {}^3He + h\nu$, ${}^3He + {}^3He \rightarrow {}^4He + H + H$ ablaufen kann. Die beiden ersten Teilreaktionen führen zu einer schwachen Konzentrationserhöhung des ^{3}He, die aber ausreicht, um durch die sehr schnell ablaufende dritte Reaktion eine Stoßwelle auslösen zu können, wie sie vom Verf. zur Deutung des Novaphänomens postuliert wird. Kdr.

11311. **E. Schatzman,** Remarques sur le phénomène de Nova (V). L'instabilité vibrationnelle due à ^{3}He. Ann d'Astrophys **14** 305—312 = Contr. Inst. d'Astrophys. Paris (B) Nr. **75.** — Für die in IV behandelten Kernreaktionen wird der effektive Wert des Temperaturexponenten im Energieerzeugungsgesetz berechnet. Er wächst mit steigender Konzentration des ^{3}He und muß daher einmal den kritischen Wert erreichen, bei dem Schwingungsinstabilität eines Sterns einsetzt. Es wird angenommen, daß dann im Zentrum eine Explosion stattfindet, die als Stoßwelle nach außen wandert und ein Aufleuchten des Sterns verursacht. Die Periode des Vorgangs wird abgeschätzt und mit Beobachtungen an Novae und novaähnlichen Veränderlichen in genäherter Übereinstimmung gefunden. Kdr.

11312. **P. Wellmann,** Veränderungen im Spektrum von FU Orionis. ZfA **29** 154—161, mit 2 Abb. = Mitt. Sternw. Hamburg-Bergedorf **21** Nr. 218. — Das Spektrum ähnelte einem späten F-Typus mit den Anzeichen sehr hoher Leuchtkraft, ohne daß es streng in das Spektrum-Leuchtkraftschema eingeordnet werden kann. An mehreren Tagen zeigten die Balmerlinien Violettverschiebungen gegen das übrige Spektrum und in einem Fall waren zwei Wasserstoffkomponenten nachzuweisen. Verf.

11313. Suspected nova. Harv Card 1150, NAZ **5** 44. — Anzeige einer wahrscheinlichen Nova von F. Zwicky in $\alpha_{1950} = 17^h\,50^m$, $\delta_{1950} = -29^\circ\,33'\!.8$.

11314. Novæ de 1950. Annuaire de notre ciel pour l'an 1952. Obs. Astr. Acad. Serbe Sci. **17**, Belgrade 1951 S. 195—201, mit 8 Fig. (serbisch mit franz. Ref. S. 237).

Beobachtungen einzelner Novae

Die in Klammern beigefügten Abkürzungen bedeuten:

An	Anzeige	Not	Notiz
CI	Farbenindex	O	Ort
H	Helligkeit	Sp	Spektrum
Ka	Karte	VS	Vergleichssterne
Lk	Lichtkurve		

11315. **Nova Aquilae Nr. 3 (1918)**

Beobachtung: AAVSO Quarterly Report Nr. **3** S. 20, Nr. **7** S. 26, Nr. **8** S. 30 (H). Pop Astr **59** 275 (Not).

H. C. van de Hulst, The shell of Nova Aquilae 1918. Aus: Problems of cosmical aerodynamics (Ref. **12008**), Kapitel 16, S. 116—117, mit 1 Fig. — Bemerkungen über spektrographische Beobachtungen der Hülle der Nova

Aquilae 1918, aus denen ein räumliches Bild der Materieverteilung abgeleitet werden kann. Micz.

11316. Nova V 528 Aquilae (1945)

C. Bertaud, Nova Aquilae 1945. Ensemble des observations et courbes de lumière définitives. JO **34** 38—44, mit 3 Fig.

11317. Nova V 841 Aquilae (1951)

Entdeckung: F. Zwicky, Mount Palomar, 1951 Juli 10.
Beobachtung: BSAF **65** 363 (An, O, H, Sp), 433—434, mit 1 Fig. (H, Ka). DOB **4** Bull. 12 Fasc. 1 S. 2—3 (H, Ka). Harv Card 1130 (An, H, Sp), 1131 (H). NAT **1951** 114 (An). NAZ **5** 27 (An, Sp), 32 (H). NAZvM Nr. 122 (An, H). Orion Schaffhausen **3** 338 (An, Sp). Sterne **27** 215 (An, B, Not). UAI Circ 1319 (An, H, Sp), 1326 (H).

11318. Nova Carinae (1843)

C. Bertaud, Une étrange nova: «Êta Carène». BSAF **65** 343—346, mit 1 Fig.
A. D. Thackeray, The spectrum of Eta Carinae. Obs **71** 167—169.
Obs **71** 205. The spectrum of Eta Carinae.

11319. Nova T Coronae Borealis (1866)

Beobachtung: Pop Astr **59** 275 (Not).
L. Gratton, El maximo secundario de T CrB. Publ. Obs. Astr. Univ. La Plata Circ. Nr. 8 S. 17—22.

11320. Nova P Cygni Nr. 1 (1600)

C. S. Beals, The spectra of P Cygni stars. Vgl. Ref. **11160**.
C. Schalén, Om P Cygni och andra liknande stjärnor. PAT **32** 18—26, mit 5 Fig. — Verf. gibt eine Übersicht über die bisherigen Untersuchungen von P Cygni und berichtet dann über seine Untersuchung der Intensitätsverteilung im Spektrum dieses Sterns. Ra.

11321. Nova Cygni Nr. 3 (1920)

Beobachtung: AAVSO Quarterly Report Nr. **3** S. 23 (H).

11322. Nova V 465 Cygni (1948)

Beobachtung: Circ. Astr. Obs. Lwow Nr. 7—8 S. 25, 1948 (H). VS Bull 8 384 (VS).

11323. Nova DQ Herculis (1934)

Beobachtung: BAF **11** Fasc. 1 S. 23, Fasc. 2 S. 19 (H).
D. B. McLaughlin, A revised interpretation of the absorption systems of Nova Herculis. Publ ASP **63** 181. — Ref. ASP.
F. A. Wedde, Nova Herculis 1934. Pop Astr **59** 279—281.

11324. Nova DK Lacertae (1950)

Beobachtung: AN **280** 139—141, mit 1 Abb. (H, Lk, VS). Astr Circ UdSSR Nr. 112 S. 13—14 (H, O, VS). Oss. Astr. Trieste Nr. **244** S. 20 (H). Pop Astr **59** 108 (H), 220—223 (H, Lk), 385 (Not), 447 (Not). Publ ASP **63** 34—35 (CI, H, VS), 39—41, mit 1 Fig. (Lk, VS). — Ref. in JBAA **61** 140. VS Bull 8 304 (H, Ka, VS).

Z. Bochníček, Light curve of Nova DK Lacertae 1950. BAC **2** 88—91, mit 2 Fig. — Ref. in Sternenwelt **3** 153—154, mit 1 Abb.

P. Wellmann, Nova DK Lacertae 1950. 1. Teil: Die spektrale Entwicklung und die Radialgeschwindigkeiten. ZfA **29** 112—153, mit 17 Abb. = Mitt. Sternw. Hamburg-Bergedorf **21** Nr. 217. — Berichtigung in ZfA **30** 152. — In der Arbeit werden die spektroskopischen Beobachtungen der Nova, Identifizierungen der Linien und ihrer verschiedenen Absorptions- und Emissionskomponenten, ihre Radialgeschwindigkeiten und geschätzten Linienintensitäten wiedergegeben und ihre engen Beziehungen zur visuellen Lichtkurve aufgezeigt. Verf.

11325. Nova RS Ophiuchi (1901)

Beobachtung: Pop Astr **59** 275 (Not).

P. W. Merrill, I. S. Bowen, The spectrum of RS Ophiuchi in May 1951. Publ ASP **63** 255—256 = Mt. Wilson and Palomar Obs. Repr. Nr. **56**.

11326. Nova Persei Nr. 2 (1901)

Beobachtung: AAVSO Quarterly Report Nr. **3** S. 7, Nr. **7** S. 7, Nr. **8** S. 3 (H). Hemel en Dampkring **49** 146, mit 1 Abb. neben S. 140 (Aufnahme 1950 mit dem Hale-Teleskop). Pop Astr **59** 106 (H).

M. I. Uranowa, Über Sterne mit großen Eigenbewegungen in der Umgebung der Nova Persei 1901. Vgl. Ref. **9208**.

11327. Nova RR Pictoris (1925)

Beobachtung: Pop Astr **59** 275 (H).

11328. Nova CP Puppis (1942)

Beobachtung: AAVSO Quarterly Report Nr. **7** S. 18, Nr. **8** S. 12 (H). Pop Astr **59** 275 (H).

11329. Nova Sagittae Nr. 1 (1783)

H. Slouka, Discovery of the old Nova Sge 1783. RH **32** 223—225, mit 1 Abb.

H. F. Weaver, The identification of d'Agelet's Nova Sagittae of 1783. ApJ **113** 320—323, mit 1 Fig. = Contr. Lick Obs. (2) Nr. **33**. — Ref. in JBAA **61** 200—201, Sternenwelt **3** 189—190. — Verf. hat die Umgebung des Ortes der von d'Agelet 1783 entdeckten Nova Sagittae systematisch nach der Exnova abgesucht. Auf Grund von Ort, Fehlen einer meßbaren Eigenbewegung, Farbe und Auftreten von Helligkeitsschwankungen wird ein blaugefärbtes Objekt der scheinbaren Helligkeit $18\overset{m}{.}9$ als Exnova wahrscheinlich gemacht. Micz.

11330. Nova V 1172 Sagittarii (1951)

Entdeckung: G. Haro, Tonantzintla, 1951 März 7.

Beobachtung: Astr Circ UdSSR Nr. 112 S. 6 (An). BAA Circ 324 (An, O). BSAF **65** 126 (An, O, Sp). Coelum **19** 81 (An). El Universo **49** Nr. 16 S. 63 (O, Sp). Harv Card 1118 (An), 1119 (H, Sp). NAT **1951** 75—76 (An). NAZ **5** 11 (An), 18 (H, Sp). NAZvM Nr. 110 (An). Orion Schaffhausen **3** 246 (An). Pop Astr **59** 220 (An, H, Sp). Sky and Telescope **10** 161 (Not). UAI Circ 1306 (An).

11331. Nova V 719 Scorpii (1950)

Beobachtung: AJ **56** 74—77 (H, Sp, VS). Harv Bull Nr. 920 S. 9—10 (H).

E. R. Herzog, F. Zwicky, The Palomar search for novae and the light-curves of the three Novae of 1950 in Scorpius. Publ ASP **63** 121—128, mit 3 Fig.

= Mt. Wilson and Palomar Obs. Repr. Nr. **49**. — Ref. in Irish AJ **1** 245, Pop Astr **59** 392—393.

D. B. McLaughlin, The spectra of three novae in Scorpius. Publ ASP **63** 129—132 = Mt. Wilson and Palomar Obs. Repr. Nr. **49**.

11332. Nova V 720 Scorpii (1950)

Beobachtung: AJ **56** 74—77 (H, Sp, VS). El Universo **49** Nr. 15 S. 3—5, mit 2 Fig. (H, Lk). Harv Bull Nr. 920 S. 9—10 (H). Pop Astr **59** **144** (H, Lk). Publ. Obs. Astr. Univ. La Plata Serie Circ. Nr. 8 S. 15—16, mit 1 Fig. (H, Lk, VS).

E. R. Herzog, F. Zwicky, The Palomar search for novae and the light-curves of the three Novae of 1950 in Scorpius. Publ ASP **63** 121—128, mit 3 Fig. = Mt. Wilson and Palomar Obs. Repr. Nr. **49**. — Ref. in Irish AJ **1** 245, Pop Astr **59** 392—393.

D. B. McLaughlin, The spectra of three novae in Scorpius. Publ ASP **63** 129—132 = Mt. Wilson and Palomar Obs. Repr. Nr. **49**.

11333. Nova V 721 Scorpii (1950)

Beobachtung: AJ **56** 74—77 (H, Sp, VS).

E. R. Herzog, F. Zwicky, The Palomar search for novae and the light-curves of the three Novae of 1950 in Scorpius. Publ ASP **63** 121—128, mit 3 Fig. = Mt. Wilson and Palomar Obs. Repr. Nr. **49**. — Ref. in Irish AJ **1** 245, Pop Astr **59** 392—393.

D. B. McLaughlin, The spectra of three novae in Scorpius. Publ ASP **63** 129—132 = Mt. Wilson and Palomar Obs. Repr. Nr. **49**.

11334. Nova EU Scuti (1949)

P. Wellmann, Über das Spektrum der Nova EU Scuti 1949. ZfA **29** 101—104 = Mitt. Sternw. Hamburg-Bergedorf **21** Nr. 216.

11335. Nova CT Serpentis (1948)

Beobachtung: AAVSO Quarterly Report Nr. 8 S. 25 (H). Astr Circ UdSSR Nr. 119 S. 8 (H). Circ. Astr. Obs. Lwow Nr. 7—8, S. 25, 1948 (H).

11336. Nova Tucanae (1951)

Entdeckung: K. G. Henize, Bloemfontein, 1951 Aug. 4.

Beobachtung: BAA Circ 327 (An, O, Sp). BSAF **65** 363 (An, H, O, Sp). Harv Card 1146 (An, H, O). MN ASSA **10** 96 (An, Sp). NAZ **5** 28 (An), 38 (H, O, Sp). NAZvM Nr. 128 (An). Orion Schaffhausen **3** 338 (An, Sp).

11337. Nova in the Small Magellanic Cloud

Entdeckung: K. G. Henize, Bloemfontein, 1951 August 4.

Beobachtung: Harv Card 1143 (An). NAT **1951** 114 (An). Pop Astr **59** 448 (An). UAI Circ 1323 (An).

Supernovae

11338. Supernova in IC 4051 (1950)

Orion Schaffhausen **3** 204. Entdeckung einer Supernova in 50 Millionen Lichtjahren Entfernung.

11339. Novae. Verzeichnis der Beobachter

Ahnert	J. T. Kapko	W. F. Rogatschenko
R. A. Bartaja	W. A. Kolytschew	E. W. Sandakowa
P. F. Bok	N. E. Kurotschkin	E. N. Semanek
E. Born	G. B. Lacchini	D. Sofronijewitsch
N. A. Chinkulowa	Loretta	B. E. Stepanow
G. Haro	D. B. McLaughlin	D. Taboada
K. G. Henize	R. Minkowski	N. Tapia
D. Hoffleit	T. Page	A. D. Thackeray
C. Hoffmeister	E. Pohl	M. F. Walker
Huth	P. N. Polupan	R. Weber
I. A. Issakow	J. Ribbe	M. W. Zwetkowa

Dreizehnter Teil

Sternsysteme. Nebel. Interstellarer Raum

§ 120

Allgemeines

12001. **R. Coutrez,** Méthodes actuelles de la dynamique stellaire appliquée aux problèmes de la voie lactée et des nébuleuses extragalactiques. Scientia **86** 1—8 = Commun. Obs. Roy. Belgique Nr. **22.** — Allgemeine Übersicht über diejenigen Probleme der Milchstraße und der extragalaktischen Nebel, in denen die Stellardynamik ihr hauptsächlichstes Anwendungsfeld findet. Stellung der Stellardynamik zur klassischen Astronomie, zur Astrophysik und zur theoretischen Mechanik und Mechanik der deformierbaren Körper. F. Z.

12002. **N. B. Diwari,** Der stellare Anteil des Leuchtens des nächtlichen Himmels. AJ UdSSR **28** 163—171, mit 2 Abb. (russisch). — Ref. in Astr. News Letter Nr. **60** S. 2. — Die Beobachtungen wurden mittels eines linsenlosen Fessenkowschen Flächenphotometers in der Nähe von Alma-Ata und des Issyk-Kul-Sees im Jahre 1946 bzw. 1949 durchgeführt. Nach Abzug der atmosphärischen und zodiakalischen Komponenten ergaben sich für das Licht aller Sterne schwächer als $6^{m}5$ (vis.) 600 Sterne erster Größe. Das Licht aller Sterne entspricht 776 Sternen erster Größe. Loh.

12003. **J. Jeans,** Milchstraßensystem und kosmische Nebel. Universitas **6** 889—892.

12004. **B. W. Kukarkin,** Untersuchung des Aufbaues und der Entwicklung der Sternsysteme auf Grund des Studiums der veränderlichen Sterne. Vgl. AJB **49** Ref. **12004.** — Weitere Besprechung in Priroda **40** Nr. 4 S. 90—92 (M. S. Eigenson, russisch), Universitas **6** 583—584, VS Bull **8** 78—80 (P. P. Parenago, russisch).

12005. **G. Zimmermann,** Sterngesellschaften. Sternenwelt **3** 86—89, mit 3 Ab.

12006. Distribution of matter in the universe. Irish AJ **1** 241—242.

12007. De physische en de kinematische eigenschappen van de sterren en de hypothese van de «bevolkingstypen». Nederlands Tijdschrift voor Natuurkunde **17** S. 29—64, mit 5 Fig. und 4 Tafeln = Sterrenkundig Colloquium van de Nederlandse Astronomen-Club Nr. **9** . — Ref. in Gaz astr **33**

72—73. — Die drei Vorträge von A. Blaauw und D. Koelbloed sind unter den Autoren aufgeführt.

12008. Problems of cosmical aerodynamics. Proceedings of the symposium on the motion of gaseous masses of cosmical dimensions held at Paris, August 16—19, 1949. International Union of Theoretical and Applied Mechanics and International Astronomical Union. Published by Central Air Documents Office, Dayton 2, Ohio. 5 + 237 S. mit Abb. — Enthält folgende Arbeiten:

J. H. Oort, Introduction.

B. Strömgren, Problems of interstellar gas clouds.

L. Spitzer jr., Physical properties of the interstellar gas.

A. Danjon, Discussion on the physical state of the interstellar gas.

H. Alfvén, Electromagnetic phenomena in the motion of gaseous masses of cosmical dimensions.

H. C. van de Hulst, Interstellar polarization and magneto-hydrodynamic waves.

A. Danjon, Discussion on Dr. van de Hulst's paper.

J. M. Burgers, Aerodynamical description of elementary expansion phenomena and shock waves.

G. C. McVittie, The expansion of an interstellar gas cloud into a vacuum.

J. von Neumann, Discussion on the existence and uniqueness or multiplicity of solutions of the aerodynamical equations.

R. J. Seeger, Physical problems of high-altitude flight.

H. A. Kluyver, The collision of an expanding shell of gas with an interstellar cloud.

E. Schatzman, The heating of the solar chromosphere by shock waves and related problems.

J. M. Burgers, The properties of a shock wave in a gas with decreasing density.

C. Payne-Gaposchkin, The nova phenomenon.

H. C. van de Hulst, The shell of Nova Aquilae 1918.

J. H. Oort, Interaction of nova and supernova shells with the interstellar medium.

G. Temple, Discussion on shock waves in the interstellar gas and in the chromosphere.

T. von Karman, Introductory remarks on turbulence.

G. K. Batchelor, Magnetic fields and turbulence in a fluid of high conductivity.

B. Lindblad, Discussion on interstellar magnetic fields.

C. F. von Weizsäcker, Turbulence in interstellar matter (Part 1).

B. Lindblad, Discussion on Dr. von Weizsäcker's paper.

W. Baade, N. U. Mayall, Distribution and motions of gaseous masses in spirals.

B. Strömgren, Discussion on Dr. Mayall's paper.

B. Lindblad, On the motion of dark clouds in galaxies and some related problems.

B. Strömgren, Discussion on Dr. Lindblad's paper.

F. Hoyle, The origin of the rotations of the galaxies.

B. Strömgren, Discussion on Dr. Hoyle's paper.

C. F. von Weizsäcker, Turbulence in interstellar matter (Part 2).

F. Zwicky, Morphology of large scale aggregations of matter in the universe.

H. Mineur, Discussion on the importance of compressibility and gravitation for the turbulence in the interstellar gas.

H. Mineur, Discussion on the influence of magnetic fields on turbulence.

M. Minnaert, Hydrodynamic problems connected with the solar atmosphere.

J. M. Burgers, Summary of the symposium.

§ 121

Offene und kugelförmige Sternhaufen

12101. **W. Becker,** Entfernungsbestimmung offener Sternhaufen nach der Methode der Farbdifferenzen. ZfA **29** 66—72, mit 3 Abb. = Mitt. Sternw. Hamburg-Bergedorf **21** Nr. 215. — Es wird eine Methode angegeben, wie man aus den Farbdifferenzen Entfernungsmodul und interstellare Verfärbung offener Sternhaufen bestimmen kann, ohne daß man die Spektraltypen der Haufensterne kennt. Die Methode ist praktisch ohne Einbuße an Genauigkeit auch bei sehr konzentrierten und lichtschwachen Sternhaufen anwendbar, bei denen man bisher auf die Durchmessermethode angewiesen war. Verf.

12102. **W. Becker,** Farben-Helligkeits- und Farbdifferenz-Diagramme von Plejaden und Praesepe. ZfA **29** 177—188, mit 4 Abb. = Mitt. Sternw. Hamburg-Bergedorf **21** Nr. 219. — Im Zusammenhang mit der Methode der Farbdifferenzen für die Entfernungsbestimmung offener Sternhaufen werden Helligkeiten für Plejaden und Praesepe mitgeteilt, die am Original-Schmidtspiegel in den Wellenlängen 470 und 373 mμ erhalten worden sind. Zusammen mit den Göttinger 645 mμ-Helligkeiten ergeben sie langwellige und kurzwellige Farben-Helligkeits-Diagramme (FHD) und Farbendifferenz-Diagramme (Δ FHD), die mit den entsprechenden Diagrammen der Feldsterne so weitgehend übereinstimmen, wie es die Methode der Entfernungsbestimmung verlangt. Verf.

12103. **E. Bodén,** A research on the galactic clusters NGC 436 and NGC 457. Uppsala Astr. Obs. Ann. **2** Nr. 10, 32 S. mit 7 Fig. — Mit dem spaltlosen Quarzspektrographen des Stockholmer 1 m-Spiegels wurden Spektren der Haufensterne aufgenommen und durch unveröffentlichte Daten von Trümpler vervollständigt. Zusammen mit den von früher bekannten Helligkeiten werden dann Farben-Helligkeitsdiagramme entworfen, in denen sich beide Haufen unterscheiden. Von NGC 457 wird auch die Leuchtkraftfunktion von 10. bis 14. Größe aufgestellt. Im letzten Kapitel werden die Entfernungen der Haufen photometrisch zu 2200 bzw. 2800 pc. bestimmt. Im Farben-Helligkeitsdiagramm liegt das weiße Ende zwischen denen der Plejaden und Praesepe. Loh.

12104. **E. Bodén,** Photographic, photovisual and red magnitudes in the galactic cluster M 36. Kungl. Svenska Vetenskapsakad. Handl. (4) **2** Nr. 3, 29 S. mit 5 Fig. = Uppsala Astr. Obs. Ann. **3** Nr. 4. — Photovisuelle und rote Helligkeiten wurden von etwa 570 Sternen des Haufengebiets aus Aufnahmen am Uppsala-Doppelrefraktor bestimmt, für Sterne heller als $14^{m}_{.}8$ auch photographische. Die Ergebnisse wurden mit den Hopmannschen und Wallenquistschen verglichen. Die Zahl der eigentlichen Haufensterne schätzt Verf. auf etwa 140. Ihr Farben-Helligkeitsdiagramm enthält nur Sterne mit CI $< 0^{m}_{.}80$ und $9^{m}_{.}0 < m < 15^{m}_{.}0$. Falls die Entfernung der Plejaden mit 100 pc richtig angenommen wurde, ist M 36 1100 pc entfernt. Loh.

12105. **B. J. Bok,** Dynamics and evolution of star clusters. Sky and Telescope **10** 211—213, 239—240, mit 5 Fig.

12106. **A. Colacevich,** Su una possibile deviazione della luce attraverso la nebulosa delle Pleiadi. Rend. Accad. Nazionale Lincei, Cl. Sci. fis., mat., nat. (8) **10** 132—136 = Oss. astr. Capodimonte-Napoli. Contr. astr. (2) **3** Nr. 15. — Untersuchung eines möglichen Refraktionseffektes des Pleiadennebels auf das Licht der hinteren Feldsterne. Zu Grunde gelegt ist das reiche Eigenbewegungsmaterial der Sterne der Plejadengegend von Hertzsprung (Ann. Leiden **19**, 1, AJB **49** Ref. 12120). F. Z.

12107. **O. J. Eggen,** Photoelectric studies. VI. Color-luminosity arrays for stars in Praesepe and in M 39. ApJ **113** 657—662, mit 3 Fig. = Contr. Lick Obs. (2) Nr. **35.** — Für 43 Sterne der galaktischen Sternhaufen Praesepe und M 39 hat Verf. ähnlich wie in den vorangehenden Arbeiten dieser Serie photoelektrische Helligkeiten und Farbenindizes bestimmt und diskutiert die Farbenhelligkeitsdiagramme. Parallaxen der Haufen ergeben sich aus einem Vergleich der Diagramme mit dem weniger weit entfernter Sterne zu 0ʺ0080 bzw. 0ʺ0045. Micz.

* * **S. Günther,** Neuere Untersuchungen an Farbenhelligkeitsdiagrammen. Vgl. Ref. **9706.**

12108. **H. L. Johnson, W. W. Morgan,** On the color-magnitude diagram of the Pleiades. ApJ **114** 522—543, mit 11 Fig. = Contr. McDonald Obs. Nr. **205.** — Verf. haben von 61 Plejadensternen lichtelektrische Helligkeiten und Farbenindizes gemessen. Sie beschreiben ausführlich ihr Verfahren, die atmosphärische Extinktion zu bestimmen und ihre Beobachtungen zu reduzieren. Das wesentliche Ergebnis der Arbeit liegt darin, daß die von Eggen gefundene Feinstruktur durch die neuen Messungen nicht bestätigt werden kann. Die Plejadensterne bilden danach eine einzige, ziemlich breite Sequenz. Nach den Erörterungen der Verf., insbesondere einem Vergleich mit anderen Katalogen, steht die Genauigkeit ihrer Messungen der von Eggen nicht nach. Die Notwendigkeit, weitere unabhängige Beobachtungsreihen zur Entscheidung der wichtigen Frage durchzuführen, wird betont. Micz.

12109. **B. E. Markarjan,** Über die Klassifikation der offenen (galaktischen) Sternhaufen. II. Vorläufiges Verzeichnis offener O-Haufen. Mitt. Obs. Bjurakan Nr. **9,** 40 S. (russisch mit armenischer Zusammenfassung). — Die Arbeit ist eine Fortsetzung der in AJB **50** Ref. **12111** zitierten Abhandlung. Zu der dort im einzelnen dargelegten Einteilung der offenen Sternhaufen treten jetzt, im Falle der O-Haufen, noch vier weitere Gesichtspunkte für eine Unterteilung. Haufen mit Index Я enthalten Mehrfachsysteme, wie etwa das Trapez im Orion; Index Ц bezeichnet Haufen, die Sternketten enthalten; *p* solche, die durch einen sternfreien Korridor gespalten erscheinen; *N* solche, die mit leuchtenden Gasnebeln verbunden sind. Das Verzeichnis umfaßt 50 Haufen mit erläuternden und ergänzenden Bemerkungen. Loh.

* * **A. G. Massewitsch,** Die offenen Sternhaufen und die Entwicklung der Sterne der Hauptreihe. Vgl. Ref. **5416.**

12110. **E. v. d. Pahlen,** Sternhaufen. Orion Schaffhausen **3** 187—195, mit 4 Abb. — Vortrag.

12111. **P. P. Parenago, A. G. Massewitsch,** Über die chemische Zusammensetzung der Hyadensterne. AJ UdSSR **28** 466—471, mit 1 Abb. (russisch). — Ref. in Astr. News Letter Nr. **62** S. 5—6. — Unter Verwendung der Schwarzschildschen Gleichungen und der Masse-Leuchtkraftfunktion berechnen Verf. für verschiedene Z (= Anteil der schweren Elemente) theoretische Spektraltyp-Helligkeitskurven und vergleichen sie mit der beobachteten. Die Übereinstimmung ist für Z = 0,12 recht gut; die Hyaden gleichen chemisch also der Sonne. Loh.

12112. **H. Shapley, V. McKibben Nail,** NGC 1866 and the Magellanic cloud variables. AJ **55** 249—251, mit 1 Fig. = Harv Repr. (2) Nr. **36.** — Eine Durchmusterung von 2/3 Quadratgrad mit NGC 1866 im Zentrum ergaben 1. völliges Fehlen von Haufenveränderlichen, 2. 23 von den gefundenen Veränderlichen sind typische δ Cephei-Sterne, 3. von diesen haben nur vier Perioden $> 3^d5$, 4. in und nahe bei dem Haufen sind diese klassischen Cepheiden zwanzigmal so häufig wie im umgebenden Feld. NGC 1866 ist nach diesen Ergebnissen und nach einem FHD von Baade trotz des Aussehens und des Durchmessers nicht als typischer Kugelhaufen anzusehen. O. G.

12113. **J. Stebbins,** Note on Olin J. Eggen's observations of the Pleiades. ApJ **114** 544—545. — In einer Notiz wird über eine Prüfung der im Lick-Observatorium aufbewahrten Beobachtungs- und Rechenunterlagen der Plejadenphotometrie von Eggen (vgl. auch Ref. **12108**) durch den Verf. berichtet, um Diskrepanzen über die Feinstruktur des Hertzsprung-Russell-Diagramms zu klären. Abgesehen von einigen kleineren Fehlern wird die Auswertung der Registrierungen als korrekt befunden. Abschließend wird bemerkt, daß die Eggenschen Plejadenmessungen starke Wahrscheinlichkeit für die Existenz der hellen blauen Sequenz ergeben, jedoch unzureichend sind, um auch das Auftreten der bereits in den Hyaden von Eggen gefundenen hellen Zwergsequenz sicherzustellen. Micz.

12114. **J. Stock,** Photographische Photometrie des Sternhaufens Coma Berenices in drei Spektralbereichen mit einem photometrischen Spezialobjektiv. AN **280** 121—138, mit 13 Abb. = Mitt. Sternw. Hamburg-Bergedorf **9** Nr. 80. — Mit einem für die Abbildung großer Areale (10° Durchmesser) eigens konstruierten chromatischen Triplett wird eine Photometrie des Sternhaufens Coma Berenices in drei Spektralbereichen (4170 Å, 4670 Å, 6390 Å) durchgeführt. Das Ergebnis der photometrischen Untersuchung sind drei Farben-Helligkeits-Diagramme und ein Hertzsprung-Russell-Diagramm des Coma-Sternhaufens sowie drei Farben-Spektren-Diagramme aller Sterne des Coma-Feldes. Auf Grund ihrer Lage im Farben-Helligkeits-Diagramm werden 53 der insgesamt 241 gemessenen Sterne des Coma-Feldes als wahrscheinlich physische Mitglieder ausgesucht. In einem Schlußabschnitt werden die Eigenschaften des verwendeten Objektivs zusammengestellt. Verf. (gekürzt)

12115. **O. Struve,** The distance of the Pleiades. Sky and Telescope **10** 164—167, mit 6 Fig.

12116. **U. van Wijk,** The applicability of the virial theorem to evolving clusters. Harv Bull Nr. 920 S. 6—9.

12117. Distancia de las Pléyades. El Universo **49** Nr. 18 S. 120. — Zusammenstellung der nach verschiedenen Methoden bestimmten Parallaxen.

12118. Metalliniensterne in offenen Sternhaufen. Sterne **27** 58.

Kugelförmige Sternhaufen

12119. **A. Brown,** The color-magnitude array for stars in the globular cluster M 15. ApJ **113** 344—366, mit 2 Fig. = Contr. McDonald Obs. Nr. **198**. — Bei der Aufstellung von Farbenhelligkeitsdiagrammen der Sternhaufen ergibt sich die Notwendigkeit, die Vordergrundsterne auszusondern. Verf. bewerkstelligt die Eliminierung von Vordergrundsternen bei seiner photometrischen Studie über den Kugelhaufen M 15 durch Betrachtungen über die Eigenbewegung der benutzten Sterne, die er auf bis zu fast 50 Jahren Epochendifferenz aufweisenden Yerkes-Aufnahmen bestimmt hat. Die photographischen und photovisuellen Helligkeiten der Haufensterne wurden auf photographischen Aufnahmen bestimmt. Die Kalibrierungskurven wurden mit einer Helligkeitssequenz im Haufengebiet aufgestellt, die auf lichtelektrischen Messungen des Verf. beruht. Das Farbenhelligkeitsdiagramm besteht aus einem gut definierten Ast roter Riesen. Auf der blauen Seite dieses Riesenastes erscheinen einige vereinzelte Objekte. Einige davon sind vielleicht Doppelsterne oder unerkannt gebliebene Vordergrundsterne. Es ist jedoch damit zu rechnen, daß in der Haufenpopulation auch einige blaue Sterne mit $M_{pg} = -1$ vorkommen. Micz.

12120. **H. L. Johnson, M. Schwarzschild,** On the color-magnitude diagram for M 15. ApJ **113** 630—636, mit 2 Fig. — Mit lichtelektrischen Messungen wurde in den äußeren Teilen des Kugelhaufens M 15 eine Sequenz photographischer Helligkeiten und Farben aufgestellt. Diese 17 Sterne dienten als Standardsterne zur photographischen Ermittlung von Helligkeiten und Farbenindizes von 234 weiteren Haufensternen. Das Farbenhelligkeits-Diagramm der helleren Haufenmitglieder besteht anscheinend aus zwei Sequenzen. Eine enthält die roten Riesen und Überriesen, die andere ist der für die Kugelhaufen charakteristische horizontale Ast. Der Riesenast ist vielleicht die Fortsetzung der Sequenz der Unterzwerge zu helleren Sternen hin, während der Horizontalzweig vielleicht als Fortsetzung der Hauptreihe anzusehen ist. Micz.

12121. **I. King,** New variables and periods in the globular cluster Messier 55. Harv Bull Nr. 920 S. 16—18. — Von 6 Veränderlichen in Messier 55 (NGC 6809), HV 658, 659 und 12213—12216, werden Epochen der Maxima, Periodenlängen und sonstige Besonderheiten gegeben. HV 658 und 659 wurden bereits von Bailey entdeckt (Harv Ann **38**, 1902) während 13 weitere in Harv Bull Nr. 813 veröffentlichte Veränderliche nicht mehr Messier 55 angehören dürften. Gli.

12122. **R. Kurth,** Die Masse der Kugelsternhaufen. ZfA **29** 26—28 = Veröff. Astr. Inst. Univ. Bern Nr. 8. — Die Masse der Kugelsternhaufen wird nach Zwickys (leicht modifizierter) Methode mittels des Virialsatzes aus Joys Messungen von Radialgeschwindigkeiten an Einzelsternen in Kugelsternhaufen abgeschätzt. Es ergibt sich die (schon früher auf anderem Wege ermittelte) Größenordnung von einer Million Sonnenmassen. Verf.

12123. **R. Kurth,** Die Entwicklung der Kugelsternhaufen. ZfA **29** 33—65 = Veröff. Astr. Inst. Univ. Bern Nr. **9**. — Zur dynamischen Untersuchung eines Sternsystems ist es unerläßlich, eine Anfangsverteilung oder eine mathematisch gleichwertige Bedingung vorzugeben. Da eine solche empirisch bei keinem realen System bekannt ist, wird eine hypothetische Annahme hierüber unausweichlich. In der Arbeit wird der folgende kosmogonische Ansatz entworfen und auf einige Konsequenzen hin geprüft: Vor endlicher Zeit war die Materie nahezu gleichförmig und nahezu ruhend über einen weiten Raum verteilt. Die Kugelsternhaufen bildeten und bilden sich durch Zusammenströmen der Sterne auf die Stellen überdurchschnittlicher Dichte hin. Ein mathematisch exaktes homogenes Haufenmodell erweist sich als nicht voll brauchbar. Es wird durch ein ähnliches, aber bereits anfänglich schwach inhomogenes ersetzt, das den Beobachtungstatsachen wesentlich besser gerecht wird. Es ist mathematisch unexakt. Seine Konstruktion erfolgt an Hand einer sehr allgemeinen und einfachen Methode. Die erste Phase des Zusammenziehungsprozesses kann mittels einer zweiten, mathematisch exakten Methode genauer untersucht werden. Die Anwendung dieser Methoden auf die realen Haufen läßt die Anfangsdaten abschätzen: Alter der Haufen 10^7 bis 10^8 Jahre, Anfangsdichte 10^{-4} bis 10^{-3} [$\odot$ pc^{-3}], Anfangsradius etwa 10^3 [pc], mittlere Streugeschwindigkeit anfänglich etwa 1/100 [km sec^{-1}]. Die Modelle erklären einige Beobachtungstatsachen einheitlich. Verf.

12124. **V. McKibben Nail,** Variables in the globular cluster 47 Tucanae. Harv Bull Nr. 920 S. 15—16. — Es wird nachgewiesen, daß die Veränderlichen HV 810 bis 814 Neuentdeckungen von Miss Leavitt sind und nicht identisch mit den von Bailey entdeckten Veränderlichen (Harv Ann **38** 237, 1902) sind. HV 810 und HV 814 könnten Vordergrund-W Ursae majoris-Sterne sein. Gli.

12125. **L. Rosino,** Ricerche sugli ammassi globulari. I. Distribuzione e variabilità delle stelle dell' ammasso M 30 e valutazione della sua distanza. Vgl. AJB **49** Ref. 12135. — Ref. in Sternenwelt **3** 109 unter dem Titel: SS Cygni-Stern in einem Kugelsternhaufen?

12126. **L. Rosino,** Orientamenti e problemi nello studio degli ammassi globulari di stelle. Parte II. Gli ammassi globulari quali sistemi stellari. Coelum **19** 123—127. — Vgl. AJB **50** Ref. 12127. — Darstellung unserer Kenntnisse über Kugelsternhaufen. F. Z.

12127. **L. Rosino,** Ricerche sugli ammassi globulari. VI. L'ammasso globulare di Baade in A. R. 15^h 13^m 30^s e D + 0° 4′ (1950.0). Mem SA It (NS) **22** 309—316, mit 2 Tafeln = Pubbl. Oss. Astr. Univ. Bologna **5** Nr. 15. — Der von Baade kürzlich entdeckte Haufen wird auf 54 Lojano-Aufnahmen durchmustert. 5 RR Lyrae-Sterne wurden mit Sicherheit nachgewiesen. m — M = 17.22. Der Haufen enthält verhältnismäßig wenig Riesen. Loh.

12128. **L. Rosino,** Ricerche sugli ammassi globulari. V. Diagramma colore-grandezza e distanza dell'ammasso globulare M 56. Rend. Accad. Nazionale Lincei, Cl. Sci. fis., mat., nat. (8) **10** 135—142, 220—224, mit 4 Fig. = Contr. Oss. Astrofis. Asiago Nr. **21**. — Für 310 Sterne des Haufengebiets werden Blau- und Rothelligkeiten nach in Lojano und Asiago gemachten Aufnahmen gegeben. Das Farben-Helligkeitsdiagramm zeigt die üblichen Merkmale. Die hellsten Sterne sind zwei Halbregelmäßige und ein RV Tauri-Stern. Die interstellare (selektive) Absorption ist in Richtung zum Haufen groß. Die korrigierte Entfernung beträgt 8000 pc. Loh.

12129. **H. B. Sawyer,** Periods of variable stars in the globular cluster Messier 9. Publ. David Dunlap Obs. **1** 511—519, mit 2 Fig. und 1 Tafel. — Die Durchmusterung von 103 meist am McDonald 74 - Zöller aufgenommenen Platten führte zur Entdeckung von 12 neuen Veränderlichen, deren relative Koordinaten und Elemente abgeleitet worden sind. Die Medianhelligkeit der 9 RR Lyrae-Sterne beträgt $16^m_.39$. Die interstellare Absorption ist wahrscheinlich groß, weil der Haufen am Rande einer Dunkelwolke liegt und einen großen Farbenexzeß besitzt. Loh.

12130. **F. Zagar,** Questioni dinamiche riguardanti gli ammassi stellari sferici. Rend. Sem. Mat. Fis. Milano **21** 28—50, mit 3 Fig. = Contr. Oss. Astr. Milano-Merate (NS) Nr. **33**. — Ref. in Math. Rev. **13** 785. — Nach einer allgemeinen Darstellung der Methoden zur Bestimmung der räumlichen Dichte eines kugelförmigen Sternhaufens wird die Bewegung eines Einzelsterns im Haufen unter verschiedenen Hypothesen des Dichteverlaufs untersucht. Die angewandten Methoden und einige Ergebnisse der dynamisch-statistischen Behandlung des Problems werden gebracht. Loh.

§ 122

Galaktische Nebel

12201. **L. H. Aller,** Spectrophotometry of representative planetary nebulae. ApJ **113** 125—140. — Verf. teilt für 45 planetarische Nebel photometrisch gemessene relative Intensitäten von Emissionslinien im Bereich λ 3700 —λ 5000, für eine Reihe von Objekten auch für weiter im UV bis λ 3133 liegende, mit. Bei der Auswahl wurden unter anderem sternförmige Nebel und solche mit bemerkenswerter Struktur bevorzugt. Die Diskussion beschränkt sich auf das Balmerdekrement, das sich als wenig abhängig von der Elektronentemperatur erweist, es ist für Objekte hohen und niedrigen Anregungsgrades ziemlich ähnlich. Gelegentliche Unterschiede zwischen einzelnen Nebeln sind vermutlich Folge interstellarer Absorption. Abschließend werden einige Angaben über die Emissionslinien und die kontinuierliche Energieverteilung im Spektrum der Zentralsterne einiger Nebel angefügt. Micz.

12202. **J. W. Chamberlain,** The structure of the network nebulae. AJ **56** 123. — Ref. AAS.

12203. **P. P. Dobronrawin,** Neue Untersuchungen über leuchtende diffuse Nebel. Priroda **40** Nr. 5 S. 49—51 (russisch).

12204. **W. G. Fessenkow,** Über einige Strukturbesonderheiten der Gasnebel und über ihre Verbindung mit Sternen. AJ UdSSR **28** 215—218, mit 1 Abb. und 2 Tafeln (russisch). — Ref. in Astr. News Letter Nr. **60** S. 4. — Mit einem Maksutow-Teleskop von 50 cm Öffnung, das bei 40 Minuten Belichtungszeit Sterne 19. Größe abbildet, wurde die Struktur des Nordamerikanebels untersucht. Sie hat einen außerordentlich turbulenten Charakter mit vielen Nebelfasern und Sternkettchen. Verschiedentlich sind letztere in Nebelfasern eingebettet. Aufnahmen des Orionnebels mit verschiedenen Belichtungszeiten geben ebenfalls hochgradige Turbulenz zu erkennen, wobei Nebelfasern oft zu entlegenen Sternen reichen und sich schlingenartig um diese legen. Auch in M 13 zeigen sich in der Anordnung der Riesen einige Sternkettchen. Loh.

12205. **J. L. Greenstein, T. Page,** Negative hydrogen ions in planetary nebulae. ApJ **114** 106—109, mit 1 Fig. = Mt. Wilson and Palomar Obs. Repr. Nr. **43**. — In spaltlos aufgenommenen Spektren planetarischer Nebel erscheint ein Kontinuum, dessen Intensität zwischen λ 3900 und λ 5000 wellenlängenunabhängig ist und etwa 0.01 der Intensität der Emissionslinie $H\delta$ erreicht. Sein Ursprung ist unbekannt. Da das Übergangsgebiet zwischen den Zonen ionisierten und nichtionisierten Wasserstoffs um den Zentralstern günstige Bedingungen für das Auftreten von H^--Ionen bietet, untersuchen die Verf. die Möglichkeit einer Emission aus dem Prozeß $H + e \longrightarrow H^- + h\nu$. Das zu erwartende Kontinuum ergibt sich jedoch zu gering, um als Ursache des beobachteten in Betracht zu kommen. Micz.

12206. **D. P. Guk,** Bestimmung der Masse des diffusen Gasnebels «Omega» NGC 6618. AJ UdSSR **28** 253—257 (russisch). — Ref. in Astr. News Letter Nr. **60** S. 6.

12207. **G. Haro,** New planetary nebulae and emission objects in the region of the galactic center. AJ **56** 128. — Ref. AAS.

12208. **G. Haro,** Emission object in Coma. Publ ASP **63** 144—145. — Ein von Haro gefundenes Objekt ($m_{pg} = 16^m$) am Rande des Coma-Nebelhaufens zeigt nur Emissionslinien ohne Kontinuum, während alle zum Vergleich aufgenommenen extragalaktischen Nebel mit Kernemission auch bei kürzester Belichtung Kontinuum zeigten. Das Objekt wird deshalb provisorisch als planetarischer Nebel klassifiziert. O. G.

12209. **W. F. Hase, G. A. Schajn,** Zweites Verzeichnis diffuser Nebel. Mitt. Astrophys. Obs. Krim **7** 93—98, mit 3 Tafeln (russisch). — Enthält 87 neue Nebel.

12210. **G. H. Herbig,** The spectra of two nebulous objects near NGC 1999. ApJ **113** 697—699, mit 1 Fig. — Verf. hat zwei nebelähnliche Objekte gefunden; das Spektrum des einen wird genauer beschrieben und zeichnet sich durch seine Ähnlichkeit mit dem ungewöhnlichen Spektrum des Nebels in der Nähe von T Tauri aus. Nach Ansicht des Verf. ist bei der Anregung der spektralen Eigentümlichkeiten Wechselwirkung von diffuser Materie mit einem Zwergstern späten Spektraltyps anzunehmen. Micz.

12211. **M.-T. Martel,** Polarisation de la lumière diffusée de N. G. C. 7023. CR **232** 2183—2185, mit 2 Fig. = Publ. Obs. Haute-Provence **2** Nr. 17. — Mit einem Polariskop im Prinzip nach Lyot und Dollfus wird der Prozentsatz des polarisierten Lichtes in den inneren Teilen des diffusen Nebels N. G. C. 7023 gemessen, und zwar vom Zentralstern nach außen längs des Stundenkreises und senkrecht dazu in je etwa 0!6 Abstand bis zu einer Entfernung von etwa 2!2. Nach Korrektion wegen der Polarisation des Nachthimmels ergeben sich Werte zwischen 5 und 30 Prozent, während die unkorrigierten Werte zwischen 3 und 20 Prozent liegen. Gli.

12212. **N. U. Mayall,** Haro's emission object in Coma. Publ ASP **63** 294—295. — Das von Haro gefundene schwache Objekt mit Emissionsspektrum (Ref. **12208**) wird als galaktischer planetarischer Nebel bestätigt. Aus 4 Spektrogrammen wird die R.G. zu —141 ±7 km/sec bestimmt. Da das Objekt nur 3° vom galaktischen Nordpol entfernt liegt, hat die galaktische Rotation wenig Einfluß auf die R.G. Aus einigen Spektrogrammen schwacher planetarischer Nebel ergibt sich der Streubereich der Geschwindigkeiten größer als —250 bis +250 km/sec. Das paßt zu der Idee, daß planetarische Nebel zu Baades Population II gehören. O. G.

12213. **R. Minkowski,** Galactic distribution of planetary nebulae and Be stars. Vgl. Ref. **12331**, S. 25—32, mit 8 Fig. — Vorläufige Resultate einer Durchmusterung der Milchstraße nördlich von —35° Deklination nach planetarischen Nebeln. Objektivprisma-Aufnahmen von Mt. Wilson und Mt. Palomar, Rot-Platten und Rot-Filter; ein planetarischer Nebel erscheint als Hα-Emissionslinie. 216 neue Objekte. Insgesamt 371 planetarische Nebel bekannt. Starke Konzentration zum galaktischen Zentrum, mäßige zur galaktischen Ebene. Vergleich mit der Verteilung der Be-Sterne. Schlüsse aus der scheinbaren Verteilung der planetarischen Nebel auf die Wirkung absorbierender Materie und auf die wahre Verteilung. Die Mehrzahl der Objekte zwischen den galaktischen Längen 320° und 340° scheint dem Zentralgebiet der Galaxis anzugehören. Diskussion der Möglichkeiten, individuelle Entfernungen von planetarischen Nebeln zu bestimmen. Go.

12214. **T. Page, J. L. Greenstein,** Ionized hydrogen regions in planetary nebulae. ApJ **114** 98—105, mit 1 Fig. — Die linearen Abmessungen der hellen Ringe von 9 planetarischen Nebeln sowie die Radien der H II-Zonen um die Zentralsterne werden nach der Theorie von Strömgren berechnet. Die Übereinstimmung ist gut. Eine Bestätigung liefern auch 17 weitere Nebel, für die die Beobachtungsgrundlagen weniger vollständig sind. Eine Erörterung der Massen, Spektralcharakteristika und Formen wird angeschlossen. Es wird angenommen, daß die leuchtenden Nebelteile nur etwa 0,1 Sonnenmassen, der gesamte Nebel dagegen etwa 10 Sonnenmassen enthält. Für die Spektralklassifizierung sind zwei Parameter erforderlich. Der eine ist in Übereinstimmung mit der bisherigen Auffassung über die (Zanstra-)Temperatur des Zentralsterns, für den anderen wird die mittlere Dichte in den hellen Partien angenommen. Micz.

12215. **T. Page,** Measurements of polarization in nebulae. Publ ASP **63** 142—144. — Zur Prüfung der Frage, ob das visuelle Kontinuum in den Spektren planetarischer Nebel von gestreutem Licht des Zentralsterns stammen kann, wurde in einigen dieser Nebel mit dem lichtelektrischen Photometer von Hiltner nach Polarisation gesucht. Für blaues Licht (3500—4700 Å) wurde stets weniger als 10% Polarisation gefunden, Streuung scheint also keinen großen Beitrag zum Kontinuum der planetarischen Nebel zu liefern. In dem extragalaktischen Nebel NGC 4594 wurde keine durch interstellare Materie erzeugte Polarisation gefunden. O. G.

12216. **L. Rosino,** Alcuni aspetti delle ricerche sulle nebulose planetarie. Almanacco Astronomico della Rivista Coelum **1952** 56—63, mit 2 Tafeln = Pubbl. Oss. Astr. Univ. Bologna **5** Nr. 16. — Beschreibung der planetarischen Nebel und Darstellung ihrer astronomischen und physikalischen Merkmale. Loh.

12217. **G. A. Schajn, W. F. Hase,** Neue Nebel bei Eta Geminorum. AJ UdSSR **28** 77—78, mit 1 Tafel, DAN **78** 37—38 (russisch). — Ref. in Astr. News Letter Nr. **57** S. 8—9. — Im Gebiet von η und μ Gem wurden auf Aufnahmen im Licht von H_α mehrere, zum Teil bogenförmige Nebel entdeckt. Durch das Vorhandensein starker Lichthöfe um die beiden Sterne werden verschiedentlich Nebelteile zwar verstärkt, ihre Realität dadurch aber auch etwas in Frage gestellt. Loh.

12218. **G. A. Schajn, W. F. Hase,** Über eine spezielle Klasse diffuser Gasnebel. DAN **78** 431—433 (russisch).

12219. **G. A. Schajn, W. F. Hase,** Einige Ergebnisse der Untersuchung leuchtender galaktischer Nebel. Mitt. Astrophys. Obs. Krim **6** 3—28, mit 1 Abb. und 11 Tafeln (russisch). — Bericht über die Untersuchung ausführlich beschriebener, leuchtender diffuser Nebel, die 1949 in Simeis mit einer lichtstarken 450 mm-Kamera (F : 1,4) in Verbindung mit zwei um H_α und neben H_α durchlässigen Lichtfiltern durchgeführt wurden. Die Anordnung von Nebeln und den mit ihnen assoziierten Sternen führt zu dem sicheren Schluß, daß in der Mehrzahl der Fälle zwischen ihnen eine genetische und nicht nur eine zufällige oder zeitweilige Verbindung besteht. Auf die Existenz sehr schwacher, ausgedehnter Wasserstoffelder wird hingewiesen und über die Verschiedenheit der mit O-B0-Sternen und B 2—B 5-Sternen verbundenen Gas- und Staubnebel werden einige Bemerkungen gemacht. Loh.

12220. **G. A. Schajn, W. F. Hase,** Über eine besondere Klasse diffuser gasförmiger Nebel. Mitt. Astrophys. Obs. Krim **7** 87—92, mit 1 Tafel (russisch). — Verf. stellen fest, daß sich unter den diffusen Nebeln eine besondere Klasse herausschält, deren charakteristisches Merkmal die Ansammlung leuchtender Materie auf der Peripherie oder die mehr oder weniger symmetrische Anordnung in einer gewissen Entfernung vom Zentrum ist. 23 Nebel werden dabei näher beschrieben. Die genetische Verbindung der Nebel mit den anregenden Sternen ist unzweifelhaft. Loh.

12221. **Y. Sekido, T. Masuda, S. Yoshida, M. Wada,** The Crab nebula as an observed point source of cosmic rays. Phys. Rev. (2) **83** 658—659, mit 2 Fig. — Verf. untersuchten die tägliche Variation der bereits 1939—1949 im Shimizu-Tunnel beobachteten energiereichsten Partikel der kosmischen Strahlung. Die Maxima hängen von der Sternzeit ab und können mit dem Crabnebel in Verbindung gebracht werden. Loh.

12222. **L. Spitzer jr., J. L. Greenstein,** Continuous emission from planetary nebulae. ApJ **114** 407—420, mit 1 Fig. — Eine bisher noch nicht erklärte kontinuierliche Emission im visuellen Bereich des Spektrums planetarischer Nebel wird durch gleichzeitige Emission zweier Photonen durch ein H-Atom im metastabilen 2 s-Niveau gedeutet. Eine eingehende Diskussion von Zwei-Photonen-Prozessen in planetarischen Nebeln läßt die Existenz eines Kontinuums der beobachteten Art möglich erscheinen. Kdr.

12223. **O. Struve,** Clouds with silver linings. Sky and Telescope **10** 244—248, mit 4 Fig.

12224. **P. Tempesti,** Indice di colore del nucleo della nebulosa planetaria in A.R. $= 23^h\,33^m\,24^s$ e D $= +30°\,11'$ (1950.0). Pubbl. Oss. Astr. Univ. Bologna **5** Nr. 14, 8 S. mit 2 Fig. — Blau- und Gelbaufnahmen dieses planetarischen Nebels geben durch Anschluß an die Polsequenz Helligkeit und Farbenindex für den Nebelkern ($m_{pg} = 15^m\!.52 \pm 0.03$; $m_{pv} = 15^m\!.62 \pm 0.04$; C. I. $= -0^m\!.10 \pm 0.05$) und für sieben benachbarte Sterne 16. Größe. Gli.

12225. **L. R. Terrazas,** El material interestelar. El Universo **49** Nr. 17 S. 67—72, mit 1 Abb. auf der ersten Umschlagseite. — Nach einer kurzen Übersicht über die Erscheinungsformen der interstellaren Materie werden insbesondere die physikalischen Vorgänge in den galaktischen Nebeln erläutert. Gü.

12226. **O. C. Wilson, L. H. Aller,** The structure of the planetary nebulae IC 418. ApJ **114** 421—430, mit 3 Fig. = Mt. Wilson and Palomar Obs. Repr. Nr. **52**. — Mit einem spaltlosen Spektrographen aufgenommene Spektren des planetarischen Nebels IC 418, eines Objektes niedrigen Anregungsgrades und nach den Aufnahmen von nahezu kreisförmiger Gestalt ohne erkennbare Feinstruktur, werden benutzt, um die Intensitätsverteilung über der Scheibe und die Emission pro Volumeneinheit für verschiedene Emissionslinien zu bestimmen. Die Emission pro Volumeneinheit als Funktion des Abstandes vom Mittelpunkt wird in ähnlicher Weise ermittelt, wie man die räumliche Verteilung von Sternen aus Abzählungen in einem kugelförmigen Sternhaufen bestimmen kann. Die monochromatische Emission von He I λ 4026, [N II], [O II], [O III], [Ne III] und [S II] liegt in Gebieten maximaler Strahlung zwischen 1×10^{-20} und 1×10^{-17} erg cm^{-3} sec^{-1}. Die radiale Verteilung der verschiedenen Ionen ergibt sich als außerordentlich unterschiedlich; sie erreicht zum Teil ihr Maximum erst in Randnähe. Micz.

12227. **K. Wurm,** Die planetarischen Nebel. Berlin, Akademie-Verlag, 1951. Band 1 der «Scientia Astronomica», Monographien aus dem Gesamtbereich der Astronomie und kosmischen Physik. 8 + 136 S. mit 11 Fig. und 15 Tafeln. Preis geb. DM 19.80. — Besprechung in AN **281** 46 (J. Wempe), Ann d'Astrophys **14** 447, Phys. Ber. **30** 1651, Sterne **28** 79—80. — Inhalt: 1. Allgemeine Beobachtungsergebnisse. 2. Die Nebelspektren (Qualitative Deutung der allgemeinen Zusammensetzung). 3. Zur Theorie der physikalischen Prozesse und des Strahlungsumsatzes in den Nebelhüllen. 4. Die Zentralsterne der planetarischen Nebel. In einem Anhang werden Zusätze und Tabellen gegeben.

12228. **K. Wurm,** Die Temperatur des Crabnebel-Zentralsternes. Naturwissenschaften **38** 496—501, mit 4 Fig. = Mitt. Sternwarte Hamburg-Bergedorf **9** Nr. 81. — Auf Grund von Untersuchungen W. Baades (ApJ **96** 188, 1942) und R. Minkowskis (ApJ **96** 199, 1942) wird die Frage nach der Temperatur des bisher noch nicht sicher identifizierten Zentralsterns des Crabnebels aufgegriffen. Aus dem Spektrum der Filamente kann auf einen O-Stern von 40000 bis 45000° geschlossen werden. Die gefundene geringe Ionisationshöhe findet aber eine Erklärung durch die Annahme, daß die Filamente Gebiete stark erhöhter Dichte darstellen. Qualitativ ergibt sich der Effekt der Ionisationsverminderung bereits aus einer modifizierten Saha-Gleichung. Die Auswertung zeigt, daß räumlich nebeneinander, je nach der Höhe der Dichte, Gebiete geringer und extrem hoher Ionisation bestehen können. Eine Diskussion liefert eine untere Grenze der Temperatur des Zentralsterns von $T \geqq 600000°$. Das beobachtete Spektralkontinuum der inneren amorphen Nebelmasse ohne deutlich hervortretende Linien führt zwangsweise auf eine Ionisation in der Höhe von rund 1000 eV und Elektronentemperaturen von mindestens einigen hunderttausend Grad. Diese Feststellung findet eine Stütze in einer Bestimmung der Sterntemperatur der Novakerne nach der Zanstra-Methode, die hier angewandt eine untere Grenze von 200000 bis 250000° ergibt. Wenn auch noch einige Unsicherheiten bestehen, so kann doch gesagt werden, daß die Temperatur des Zentralsterns nicht unter 500000° liegen kann. Schai.

* * La photographie des nébuleuses en lumière monochromatique H_α. Vgl. Ref. 2265.

12229. Emission object in Coma. Harv Card 1110, NAZ **5** 8. — Vermutlich planetarischer Nebel.

12230. Polarization around the Trapezium. Sky and Telescope **10** 115, 121. — Ref. AAS.

12231. New planetaries. Sky and Telescope **10** 238. — Ref. AAS.

12232. Cosmic rays from the Crab nebula. Sky and Telescope **10** 292.

§ 123

Milchstraßensystem

Aufbau

12301. **W. A. Ambarzumjan,** Die Sternassoziationen und die Entstehung der Sterne. Abh. Akad. Wiss. Berlin Klasse Math. Naturwiss. 1950 Nr. **2**, 10 S. — Ref. in Mem SA It (NS) **22** 360 (F. Zagar), NAT **1951** 152—153, Sterne **28** 46. — Verf. begründet die Notwendigkeit, bei den Ansammlungen von Sternen im Milchstraßensystem zwischen Sternhaufen, bestehend aus physikalisch ungleichartigen Objekten, und Sternassoziationen, bestehend aus physikalisch gleichartigen Objekten, zu unterscheiden. Die Beobachtung zeigt das Vorhandensein von Ansammlungen von T Tauri-Sternen (T-Assoziationen) und von B- und O-Sternen (B-Assoziationen). Betrachtungen über ihre Stabilität führen zu dem Schluß, daß sie und die sie aufbauenden Sterne relativ jung sein müssen und demnach die Bildung von Sternen auch heute noch im Milchstraßensystem stattfinden muß. Die kosmogonische Bedeutung dieses Schlusses wird diskutiert. Kdr.

12302. **W. A. Ambarzumjan,** Die Assoziation Cassiopeia II. AJ UdSSR **28** 160—162 (russisch). — Ref. in Astr. News Letter Nr. **60** S. 1. — In der Umgebung des offenen Sternhaufens NGC 7510 existiert eine Gruppe schwacher O- und B-Sterne, die zusammen mit dem Haufen eine O-Assoziation bilden. Außer dem genannten Haufen gehören noch ein Mehrfachsystem der Art des Oriontrapezes und ein Sternkettchen zur Assoziation. Die Entfernung der Assoziation ist etwa 2500 pc, der Durchmesser etwa 160 pc. Sie befindet sich in einer Richtung, wo eine merkliche interstellare Absorption vorhanden ist. Verf. (übersetzt)

12303. **C. Bertaud,** Répartition des étoiles temporaires galactiques. Ann d'Astrophys **14** 199—220, mit **9** Fig. — Die Häufigkeitsverteilung der Novae in galaktischer Länge zeigt zwei Maxima. Das eine findet sich in den Sternbildern Scorpius und Sagittarius, das andere im nördlichen Teil des Orion. Eine ähnliche Verteilung weisen die planetarischen Nebel auf. Aus einer Aufteilung der Novae nach der scheinbaren Helligkeit geht hervor, daß die helleren dem lokalen Sternsystem der Sonnenumgebung angehören, während bei Mitnahme schwächerer Objekte die Konzentration nach dem galaktischen Zentrum stärker hervortritt. Die Verteilung nach galaktischer Breite läßt eine starke Konzentration zur galaktischen Ebene erkennen; sie ist etwas geringer als bei den O-Sternen, jedoch erheblicher als bei den absolut lichtschwachen Sternen, unter denen sich die Pränovae befinden müssen. Micz.

12304. **A. Blaauw,** Het Melkwegstelsel. Nederlands Tijdschrift voor Natuurkunde **17** 31—51, mit **4** Fig. und 2 Tafeln = Sterrenkundig Colloquium van de Nederlandse Astronomen Club Nr. **9**. — Ref. in Gaz astr **33** 72—73.

12305. **B. J. Bok,** The depth of the Milky Way. Pop Astr **59** 501—511, mit 1 Bild und 1 Fig.

* * **R. L. Calvert,** An analysis of galactic structure in the direction of Aquila. Vgl. Ref. **12506**.

12306. **P. N. Cholopow,** T-Assoziationen. Vgl. AJB **50** Ref. **12307**. — Bemerkung hierzu von O. Struve in AJ UdSSR **28** 121. — Ref. in Astr. News Letter Nr. **57** S. 12.

12307. **P. N. Cholopow,** Die Sternassoziation um den offenen Sternhaufen NGC 6231 im Skorpion. AJ UdSSR **28** 472—491, mit 12 Abb. (russisch). — Ref. in Astr. News Letter Nr. **62** S. 6. — Ergebnisse: 1. Die Assoziation ist 1400 ± 300 pc entfernt; der Durchmesser beträgt 35 ± 5 pc. 2. Die auf jeden Fall zur Assoziation gehörenden Sterne sind tabuliert. Vielleicht gehören noch einige weitere O—B5-Sterne zu ihnen. 3. NGC 6231 ist der Kern der Assoziation, sein Durchmesser ist 16 pc. Die ihn umgebenden P Cygni-Sterne gehören nicht zu ihm. ζ^1 Sco ist mit $M_{pg} = -9{,}4$ einer der hellsten Sterne der Galaxis. 4. Die interstellare Absorption beträgt im Photographischen $3^m_.0$. 5. Die absoluten Helligkeiten der zur Assoziation gehörenden cO9-Sterne streuen über einen Bereich von $3^m_.0$, die Dispersion ist $1^m_.1$. Loh.

12308. **P. Couderc,** La galaxie. BSAF **65** 3—6, mit 2 Fig.

12309. **G. Courtès,** Etude de la voie lactée en lumière monochromatique Hα de 320 à 350° et de 25 à 80° de longitude galactique. CR **232** 795—797 = Publ. Obs. Haute-Provence **2** Nr. 19. — Ref. in Phys. Ber. **30** 1818. — Auf Grund von Aufnahmen mit lichtstarken, kurzbrennweitigen Kameras mit Hα-Interferenzfilter wird die Milchstraße im Cepheus, Cygnus, Sagitta und Sagittarius nach Emissionsnebeln durchmustert. Eine Liste von 104 Objekten gibt Koordinaten, Dimensionen und Intensitäten der Nebel und, soweit als möglich, die Nummern der Cederbladschen Liste. Häufig handelt es sich nur um Intensitätsmaxima in ausgedehnten Nebeln. Bo.

12310. **G. Courtès,** Etude de la voie lactée en lumière monochromatique Hα, de 80 à 180° de longitude galactique. CR **232** 1283—1285 = Publ. Obs. Haute-Provence **2** Nr. 19. — Fortsetzung der Arbeit in CR **232** 795 = Publ. Obs. Haute-Provence **2** Nr. 19 (vgl. vorstehendes Ref.). Die Liste der Nebel wird auf 149 Nummern erweitert. Die Gruppe der Orion-Nebel wird ausführlicher besprochen, ebenso die Schwierigkeiten, Nebel und Sternansammlungen bei dem kleinen Maßstab der Aufnahmen zu unterscheiden. Bo.

12311. **P. P. Dobronrawin,** Neue Untersuchungen des Gebiets des galaktischen Zentrums. Priroda **40** Nr. 4 S. 47—49 (russisch).

* * **D. S. Heeschen,** An analysis of the Milky Way in Perseus. Vgl. Ref. 12516.

* * **D. Hoffleit,** On the distribution of long-period variables implied by the period-luminosity relation. Vgl. Ref. 11170.

12312. **J. J. Ikaunieks,** Die räumliche Verteilung und Kinematik der Kohlenstoffsterne. Riga, Astr. Abteilung Inst. Phys., 1951. 8 S. (russisch). — Dissertationsreferat.

12313. **A. A. Kalinjak, W. I. Krassowskij, W. B. Nikonow,** Beobachtung des Gebiets um das galaktische Zentrum im Licht von etwa 10000 Å. Mitt. Astrophys. Obs. Krim **6** 119—129, mit 4 Abb. und 1 Tafel (russisch). — Ein Versuch zur Erforschung der photometrischen Struktur des Gebietes um das galaktische Zentrum mit einem Bildwandler bei einer effektiven Wellenlänge von 10000 Å zeigt, daß neben der bekannten hellen Wolke im Schützen eine andere, ihren Ausmaßen nach ebenso bedeutende und fast so helle Wolke erscheint, die aber auf der anderen Seite des galaktischen Äquators liegt. Es scheint, als ob diese Wolken zum Bestand des Kernes der Galaxis gehören, dessen Ausdehnung in diesem Fall bei einer Lage seines Zentrums bei 330° galaktischer Länge zu größenordnungsmäßig 1500 pc abgeschätzt werden kann. Loh.

12314. **E. B. Kostjakowa,** Untersuchung des integralen Spektrums einer hellen Wolke der Milchstraße. AJ UdSSR **28** 184—191, mit 7 Abb. (russisch). — Ref. in Astr. News Letter Nr. **60** S. 3. — Die sich über den Spektralbereich 4950—6400 Å erstreckenden photographischen Beobachtungen der hellen Wolke im Schwan wurden im Sommer 1947 mit einem lichtstarken Nebelspektrographen auf dem Bergobservatorium von Alma-Ata durchgeführt und an die Energieverteilung des Sonnenspektrums angeschlossen. Die Farbtemperatur der Wolke beträgt 6400° (8400°), wenn für die Sonne 5700° (7200°) angenommen werden. Die Ausstrahlung eines Quadratgrades der Wolke beläuft sich im angegebenen Spektralbereich auf $2.8 \cdot 10^{-7}$ erg/sec. Loh.

12315. **E. M. Lindsay,** The distribution of stars brighter than photographic magnitude 14,0 between galactic longitudes 290° and 360° and within galactic latitudes ±30°. Proc. Roy. Irish Acad. **54** (A) Nr. 1 S. 1—23, mit 4 Fig. = Contr. Armagh Obs. Nr. **4.** — Erweiterung der Sternzählungen in der südlichen Milchstraße von Lindsay und Bok, Harv Ann **105** (AJB **40**, Ref. **9021**). Neue Zählungen hauptsächlich zur Vervollständigung der Daten in niedrigen galaktischen Breiten. Verarbeitung der alten und neuen Resultate zu einer großen Tafel der Sternzahlen N_m. Die log N_m werden gegeben für m_{pg} 9.0 bis 14.0 (Intervall 1ᵐ0), galaktische Länge 290° bis 350° (Intervall 5°), galaktische Breite +30° bis −27°5 (Intervall 2°5). Aus dem Lauf der Sternzahlen mit galaktischer Länge und Breite und aus den Spitzenwerten für nicht oder gering verdunkelte Gebiete wird eine «Normalverteilung» (Elimination der Absorptionswirkung) für die Sterne m_{pg} = 13.0 konstruiert. Daraus Ableitung der Absorption für alle hier untersuchten Bereiche der südlichen Milchstraße; Vergleich mit den Resultaten anderer Untersuchungen; Verhältnis der totalen zur selektiven Absorption. Go.

12316. **S. W. McCuskey,** Variations in the stellar luminosity function. IV. A region in Cepheus-Lacerta. ApJ **113** 672—683, mit 3 Fig. — In einem 16.9° großen Feld im Gebiet Cepheus-Lacerta (Zentrum bei R.A. 22^h 22^m, Dekl. +53° 8′ (1945) wurden für **4256** Sterne photographische Helligkeiten, Rotindizes und Spektraltypen einschließlich Leuchtkraftklassen bestimmt. Das Feld ist reich an Sternen frühen Typs in etwa 500 pc Sonnenentfernung, wie aus einer Analyse der Daten bis zur scheinbaren Helligkeit 12ᵐ5 hervorgeht. Die interstellare Absorption in der Feldrichtung wird zu etwa 1^m für Entfernungen von 2000 pc gefunden. Die Dichtefunktion wird für zwölf Spektralgruppen getrennt bis in 3000 pc Entfernung abgeleitet. Die die Häufigkeit der Leuchtkräfte darstellende Funktion wird für vier Entfernungen (100, 200, 400 und 600 pc) abgeleitet. Sie ist in diesem Entfernungsbereich keinen nennenswerten Änderungen unterworfen, jedoch ergibt sich für $-1 < M < +1$ ein Exzeß gegen die Standardfunktion von van Rhijn. Micz.

12317. **J. Meurers,** Zur Feinstruktur der scheinbaren Sternverteilung. Veröff. Univ.-Sternw. Bonn Nr. **37**, 38 S. mit 12 Abb. — Fortsetzung der Untersuchungen des Verf. zur Frage der Realität von Sternketten und -schnüren. Behandlung der speziellen Fragen nach der Richtungsverteilung von Ketten und Schnüren in einem Sternfeld und nach der Möglichkeit, Sternströmungen aus den Richtungen von Ketten und Schnüren auf den photographischen Platten zu erkennen. Störung der Feinstrukturuntersuchung auf photographischen Aufnahmen durch physiologische Effekte; Elimination dieser Effekte durch Definition eines neuen Begriffes «Strukturelement». Experimentelle Untersuchung des Einflusses von Strömungen auf künstliche dreidimensionale Sternwolken. Statistische Theorie der Wirkung der Strömungen auf die Sternanordnung. Interpretation der nicht zufälligen Feinstruktur in den natürlichen Feldern. Go.

12318. **F. D. Miller,** A comparison of star counts in the photographic and photo-red magnitude systems. AJ **56** 44—45. — Ref. AAS.

12319. **F. D. Miller,** Utilization of faint star counts at intermediate latitudes. Vgl. Ref. **12331**, S. 51—57. — Diskussion des Nutzens von Zählungen schwacher Sterne in mittleren galaktischen Breiten. Resultate der Sternzählungen im Gebiet Pegasus—Andromeda im Helligkeitsbereich $9\overset{m}{.}0$ bis $17\overset{m}{.}5$. Interstellare Absorption aus den Abzählungen außergalaktischer Nebel. Tabelle der Sternzahlen $N(m)$ für neun scheinbare Helligkeiten. Räumliche Sterndichte in Richtung galaktischer Länge 65°—75°, galaktischer Breite −30° zeigt bis 1500 parsec keine merkbare Abweichung von der Dichte in der Sonnenumgebung. Go.

* * **R. Minkowski,** Galactic distribution of planetary nebulae and Be stars. Vgl. Ref. **12213.**

12320. J. J. Nassau, W. W. Morgan, Distribution of early type stars of high luminosity near the galactic equator. Vgl. Ref. **12331,** S. 43—50, mit 10 Fig. und 1 Tafel. — Bericht über die Durchmusterung eines Milchstraßengürtels von 12° Breite (galaktische Länge 333° über 0° bis 201° nach Sternen großer absoluter Helligkeit aus den Klassen O, B, A; Objektivprismaaufnahmen am Warner and Swasey Observatory. Verteilung der Sterne nach absoluter und scheinbarer Helligkeit. Korrelation zur Draper-Klassifikation. Karten und Beschreibung der Sternverteilung in galaktischer Länge. Entfernungsbestimmung der sonnennächsten Sterne. Go.

12321. S. F. Rodionow, I. G. Frischman, Über die Infrarothelligkeit des Himmelsgewölbes im Gebiet der Milchstraße. DAN **77** 997—999 (russisch). — Ref. in Priroda **41** Nr. 4 S. 107—109, mit 1 Abb. (russisch). — Darnach wurde in 2200 bis 3000 m Höhe auf dem Elbrus mit einem lichtelektrischen Photometer (Elektronenvervielfacher + Filter + Gleichstromverstärker) der Himmel photometrisch abgetastet und nach Abzug der Komponente des Nachthimmellichts die Infrarothelligkeit entlang der Milchstraße von $l = 5°$ bis 170° ermittelt. Loh.

12322. N. G. Roman, An aggregate of early-type stars near P Cygni. AJ **56** 46. — Ref. AAS.

12323. N. G. Roman, A study of the concentration of early-type stars in Cygnus. ApJ **114** 492—499, mit 4 Fig. — In der Umgebung von P Cygni findet sich eine auffällige Gruppe von Wolf-Rayet-, O f-, O- und anderen frühen Sternen, die vermutlich auch räumlich eng zusammenstehen. Verf. hat die Spektraltypen zahlreicher Sterne dieser Gruppe sowie — zumeist lichtelektrisch — ihre Helligkeiten und Farbenindizes bestimmt. Nach den spektroskopischen Parallaxen bilden die Sterne einen sehr weit ausgedehnten Haufen in 1600 pc Entfernung. Das erfüllte Raumgebiet ist weit größer als bei den Plejaden oder der Oriongruppe. Die mit den in der Gruppe enthaltenen B-Sternen vorgenommene Kalibrierung der absoluten Helligkeiten erbringt für die Wolf-Rayet-Sterne $-4\overset{m}{.}9$, die O f-Sterne $-6\overset{m}{.}0$ und die O5-, O7- und O8-Sterne $-5\overset{m}{.}3$, $-4\overset{m}{.}7$ und $-4\overset{m}{.}4$. Messungen der interstellaren Polarisation ergeben keine hohen Werte, doch sind Polarisationsgrad und -richtung von Stern zu Stern sehr verschieden. • Micz.

* * **C. L. Seeger, R. E. Williamson,** The pole of the galaxy as determined from measurements at 205 mc/sec. Vgl. Ref. **12627.**

* * **H. Shapley,** Comparison of the Magellanic clouds with the galactic system. Vgl. Ref. **12439.**

12324. H. Shapley, Exploraciones en tres galaxias. El Universo **49** Nr. 18 S. 103—104. — Vortrag über die von B. J. Bok und dem Vortragenden durchgeführten Milchstraßenuntersuchungen, seine Erweiterung der Hoffmeisterschen Arbeiten über die veränderlichen Sterne, eigene Untersuchungen über Struktur und Dichte der Magellanschen Wolken und deren Sternbestand, besonders nach V. McKibben Nail. Gü.

12325. **H. Slouka,** Are we living in a spiral nebula? RH **32** 7—13, mit 6 Abb. — Populäre Darstellung über Struktur und Aufbau der Milchstraße im Lichte verschiedener Theorien. J. B.

12326. **B. A. Woronzow-Weljaminow,** Die Verteilung der heißen Riesen in der Galaxis. Vgl. AJB **50** Ref. **12323** und **12301**. — Weitere kritische Bemerkung in AJ UdSSR **28** 116—119. — Ref. in Astr. News Letter Nr. **57** S. 12.

12327. **B. A. Woronzow-Weljaminow,** Sichtkorridore, Spiralarme und Ungleichförmigkeiten im Aufbau der Galaxis. AJ UdSSR **28** 388—402, mit 12 Abb. (russisch). — Ref. in Astr. News Letter Nr. **60** S. 11—12. — Aus der scheinbaren und räumlichen Verteilung der langperiodischen Veränderlichen, der Cepheiden, der offenen Sternhaufen, der A-Überriesen und der planetarischen Nebel werden Sichtkorridore zwischen Dunkelnebeln nachgewiesen. In ihnen sind nur Teile ausgedehnter Sternwolken, die ferne O- und B-Sterne enthalten, sichtbar, und in der Projektion verstärken sich die vorhandenen Fluktuationen der Sternzahlen, und es wird der Eindruck erweckt, als ob reelle räumliche Haufenbildungen vorhanden sind. Dadurch werden Untersuchungen über den Verlauf galaktischer Spiralarme außerordentlich verstärkt. Loh.

12328. **B. A. Woronzow-Weljaminow,** Sichtkorridore und regionale Unterschiede der Sternverteilung in der Galaxis. DAN **78** 425—426 (russisch).

12329. **G. Zimmermann,** Ist die Milchstraße ein Spiralnebel? Sternenwelt **3** 6—10, mit 7 Abb.

12330. La galaxie est-elle spiralée? BSAF **65** 102, mit 2 Fig.

12331. The structure of the galaxy. A symposium held in connection with the dedication of the Heber Doust Curtis Memorial Telescope, June 22—24, 1950. Publ. Obs. Univ. Michigan **10**, 84 S. mit Abb. und Tafeln. — Ref. in Sterne **28** 202—204, mit 2 Abb. — Die zwölf Berichte sind einzeln in den entsprechenden Paragraphen aufgeführt.

12332. Early-type stars in Cygnus. Sky and Telescope **10** 95. — Ref. AAS.

Kinematik und Dynamik

12333. **W. Becker,** Bemerkungen zum Rotationsproblem von Spiralsystemen. ZfA **29** 269—273, mit 1 Abb. = Mitt. Sternw. Hamburg-Bergedorf **21** Nr. 220. — Wenn das Milchstraßensystem eine Sb- oder eine Sc-Spirale ist, in der die Sonne dem Rande bedeutend näher steht als dem Zentrum, dann ergeben sich bestimmte Konsequenzen für das Aussehen der Milchstraße. Diese können durch Beobachtungen geprüft werden und ermöglichen eine Entscheidung über den Rotationssinn der Spirale. Es werden einige Beobachtungsbefunde angeführt, die es wahrscheinlich machen, daß die konvexe Seite der Spiralarme in der Rotation vorangeht. Verf.

12334. **P. Bourgeois,** Les mouvements spatiaux des étoiles dans l'étude de la galaxie. Ciel et Terre **67** 1—10, mit 5 Fig. = Commun. Obs. Roy. Belgique Nr. **24**. — Verf. gibt einen Überblick über unsere Kenntnisse von den Raumgeschwindigkeiten der Sterne, hauptsächlich an Hand der Arbeiten von P. Bourgeois und R. Coutrez ab **1944**, und nimmt besonders Bezug auf die Untersuchungen der Bewegungen der B- und A-Sterne. Er unterteilt in drei Abschnitte: 1. Statistische Untersuchung der individuellen Raumgeschwindigkeiten, 2. Statistische Untersuchung der baryzentrischen Raumgeschwindigkeiten, 3. Statistische Untersuchung der baryzentrischen Restgeschwindigkeiten (nach Abzug der Sonnenbewegung und der galaktischen Rotation). Gli.

12335. **J. Delhaye,** Contribution à l'étude de la distribution des vitesses stellaires. BA **16** 1—84, mit 15 Fig. und 1 Tafel. — In dieser ausführlichen Monographie analysiert Verf. zunächst das zur Bearbeitung verwandte Material und bestimmt dann die charakteristischen Parameter des Geschwindigkeitsellipsoids sowie die Bewegung der Sonne. Nach einigen allgemeineren Bemerkungen wird zum Abschluß noch eine Untersuchung der Sternströme durchgeführt. Loh.

12336. **J. Delhaye,** Détermination de l'ellipsoide des vitesses stellaires résiduelles au moyen des mouvements propres des étoiles de magnitude 7. CR **233** 1422—1424. — Bearbeitung der Restgeschwindigkeiten der Sterne 6.0 bis 7.5. Größe nach dem von Blaauw (vgl. AJB **41** Ref. **9044**) angegebenen Verfahren. Dasselbe war bereits 1950 (CR **230** 1454) nach dem Schwarzschildschen Verfahren durchgeführt worden. Loh.

* * **R. M. Dsigwaschwili, D. S. Chawtassi,** Über die Raumgeschwindigkeit von RR Geminorum. Vgl. Ref. **11146**.

12337. **W. Dziewulski,** The motions of the high velocity stars. Part I. Bull. Astr. Obs. Toruń Nr. **10** S. 3—10 (mit polnischer Zusammenfassung). — Von **344** Schnelläufern mit zuverlässigen Bestimmungsstücken (trig. Parallaxe, Eigenbewegung, Radialgeschwindigkeit) untersucht Verf. die Raumgeschwindigkeiten. Die dem galaktischen Zentrum näher gelegenen Sterne besitzen größere, die entfernteren kleinere Geschwindigkeiten. In 170°, 250° und 290°—10° galaktischer Länge häufen sich die Apices. Loh.

12338. **W. Fricke,** Kinematik und Dynamik des Milchstraßensystems. Naturwissenschaften **38** 438—448, mit 4 Fig. — Im Abschnitt «Kinematik des Milchstraßensystems» wird nach Betrachtung der beobachteten Sonnenbewegung relativ zu verschiedenen Sterngruppen, der Rotation der Milchstraße und der Effekte der differentiellen Rotation, die Geschwindigkeitsverteilung der Sterne auf Grund der Flächen gleicher Häufigkeit im Raum der Geschwindigkeitskoordinaten diskutiert. Auf die Unterschiede des Verhaltens kleiner und großer Geschwindigkeiten wird im Hinblick auf die Unterteilung der Sterne in Population I und II hingewiesen. Der Abschnitt «Dynamik des Milchstraßensystems» zeigt, daß für eine statistische Dynamik unseres Systems der Einfluß der Wechselwirkungen zwischen den Sternen in erster Näherung vernachlässigt werden kann. Die strenge Ellipsoidtheorie kommt für eine statistische Dynamik realer Sternsysteme als Basis nicht in Frage. Schließlich wird die Dynamik eines selbstkonsistenten Sternsystems betrachtet und untersucht, unter welchen Voraussetzungen wenigstens die Geschwindigkeitsverteilung der Schnelläufer — das heißt der Kernpopulation — dargestellt werden kann. Gli.

12339. **L. Gratton, J. Dvinianin, C. Jaschek,** La velocidad del sol con respecto a la velocidad circular en la galaxia. Publ. Obs. Astr. Univ. La Plata Serie Circ. Nr. 8 S. 9—11. — Es wird aus den Radialgeschwindigkeiten von 155 Cepheiden (ApJ **89** 356) die Sonnengeschwindigkeit relativ zur Zirkulargeschwindigkeit in der Galaxis zu 18.3 km/sec berechnet unter der Annahme, daß sich das System der klassischen Cepheiden nahezu in Kreisbahnen bewegt. Eine Unterteilung des Materials nach der Entfernung von der Sonne gibt ein Anwachsen der Sonnengeschwindigkeit mit zunehmender Entfernung der Bezugsgruppe, doch läßt sich das als Auswahleffekt wegen der fehlenden Daten südlicher Sterne deuten. Die Oortsche Konstante A ergibt sich zu 20.4 km/sec kps. Gli.

12340. **J. Haas,** Betrachtungen über die Elemente der galaktischen Bahnen und die Lage der Kreisgeschwindigkeit. AN **279** 131—136, mit 6 Abb. — Der Betrachtung liegt das planetarische Modell der galaktischen Umlaufsbewegung zu Grunde. Die Elemente der durch einen festen Punkt gehenden Bahnen werden als Funktionen der Geschwindigkeit näher untersucht, insbesondere die Kurven konstanten Apsidenwinkels, und sodann — in einem transformierten Koordinatensystem — die Kurven aller Elemente möglichst einfach dargestellt. Die Auslesefaktoren, welche die wahre Häufigkeit der Bahnelemente in die scheinbare überführen, werden aufgestellt. Mit ihrer Hilfe wird gezeigt, daß unter plausiblen Annahmen die Kreisgeschwindigkeit ihrer Lage nach (genauer: die vektorielle Differenz der Kreis- gegen die Sonnengeschwindigkeit) mit dem Brennpunkt der Geschwindigkeits-Verteilung zusammenfällt. Mit gutem Recht verlegt man also (wie es auch meist geschieht) die Kreisgeschwindigkeit in den Geschwindigkeits-Mittelpunkt der mäßigbewegten Sterne. Als Anhang wird die scheinbare Verteilung der Bahnparameter und Exzentrizitäten innerhalb 15 parsec abgebildet. Verf.

12341. **J. Haas,** Zur Bestimmung der Geschwindigkeit eines Bewegungs-Sternhaufens. AN **279** 136. — Ein in AN **241** 233 (AJB **33** Ref. **9024**) angewandtes Verfahren wird scharf formuliert.

12342. **B. Lindblad,** Dynamical interpretation of velocity distribution and structural details in the galaxy. Vgl. Ref. **12331**, S. 59—62, mit 1 Fig. = Stockholms Obs. Medd. Nr. **70**. — Fortsetzung der Entwicklung der Lindbladschen dynamischen Theorie der Spiralstruktur. Zusammenhang zwischen Vertexabweichung und Spiralstruktur. Wirkung des Vorhandenseins eines Balkens auf die Bildung von Spiralarmen. System M 83 als Modellvorstellung für das galaktische System. Mechanismus für die Ejektion von Schnellläufern aus den Zentralgebieten in den Sonnenbereich. Go.

12343. **A. Opolski,** Some remarks on the distribution of space velocities and kinetic energy on the Hertzsprung-Russell diagram. Ark Astr **1** 257—259 = Stockholms Obs. Medd. Nr. **67**. — Eine Äquipartition der kinetischen Energie existiert auf Grund der Raumgeschwindigkeiten von Wilson und Raymond (AJB **32** Ref. **9047**) und den von Verf. abgeleiteten Massen nicht für alle Sterne, sondern nur innerhalb dreier Leuchtkraftgruppen. Diese sind die Hauptreihensterne mit $M_{\text{bol}} > +2^{\text{m}}.4$, die Riesen mit $-0^{\text{m}}.1 \leq M_{\text{bol}} \leq +0^{\text{m}}.6$ und die Hauptreihensterne mit $-3^{\text{m}}.1 \leq M_{\text{bol}} \leq +2^{\text{m}}.4$. Über Überriesen können noch keine Aussagen gemacht werden. Loh.

12344. **P. P. Parenago,** Untersuchung der Raumgeschwindigkeiten der Sterne. Publ. Astr. Sternberg-Inst. **20** 26—80, mit 25 Abb. (russisch). — Das bis 1946/47 vorhandene Beobachtungsmaterial wird in Sterngruppen getrennt und von jeder die kinematischen Elemente der galaktischen Bewegung ermittelt. Die kinematischen Merkmale der drei Untersysteme (flaches, zwischenstehendes und kugelförmiges) werden diskutiert und auf ihren Zusammenhang mit den Besonderheiten der räumlichen Verteilung untersucht. Am Sonnenort beträgt die Kreisbahngeschwindigkeit 233 ± 9 km/sec und die Rotationsdauer 190 ± 9 Millionen Jahre. Die mittleren Geschwindigkeiten der Objekte der drei Untersysteme belaufen sich auf 232 bzw. 219 und 114 km/sec. Zahlreiche Diagramme und Tafeln sind der Arbeit beigegeben. Loh.

12345. **L. Perek,** Distribution of mass in the galaxy and the densities of RR Lyrae variables. Contr. Astr. Inst. Brno **1** Nr. 8, 39 S. mit 7 Fig. — Um ein Modell der Massenverteilung im Sternsystem zu erhalten, wird die beobachtete Verteilung der RR Lyrae-Sterne mit theoretischen Verteilungen verglichen. Die beobachteten Dichten sind hergeleitet aus den Häufigkeiten von 1328 Sternen in 37 systematisch durchsuchten Veränderlichen-Feldern (Harvard, Leiden). Die theoretischen Dichten sind für 10 Modelle verschiedener Massenverteilung unter Zugrundelegung der verallgemeinerten Rotationstheorie von Oort berechnet; die Resultate für die letzten Modelle nähern sich sehr stark den beobachteten Dichten. Aus dieser Übereinstimmung werden folgende Elemente des galaktischen Systems abgeleitet: Entfernung der Sonne vom Zentrum 7.8 ± 0.3 kps, Rotationsgeschwindigkeit am Ort der Sonne 260 ± 15 km/sec, Masse des Systems $(0.9 \pm 0.1) \times 10^{11}\,\mathfrak{M}_{\odot}$, Dichte im Kern $(0.75 \pm 0.10)\,\mathfrak{M}_{\odot}\,\text{ps}^{-3}$. Go.

12346. **E. D. Perepelkina,** Über den Bewegungshaufen im Großen Bären. AJ UdSSR **28** 49—53, mit 3 Abb. (russisch). — Ref. in Astr. News Letter Nr. 57 S. 8. — Aus dem Romanschen Katalog wurden alle Sterne des Bärenstroms näher als 50 pc herausgesucht — es ergaben sich 53 Sterne — und mittels neuerer Daten über Entfernung, Eigenbewegung und Radialgeschwindigkeit festgestellt, daß nur elf Sterne einen als Haufen zu bezeichnenden Komplex bilden und für 18 weitere Sterne die Zugehörigkeit zu diesem fraglich ist. Geschwindigkeits- und Hertzsprung-Russell-Diagramme sind beigegeben. Loh.

12347. **F. Schmeidler,** Proper-motion distribution and mean parallaxes of the stars of the General Catalogue in different galactic latitudes and longitudes. MN **111** 560—575, mit 1 Fig. = Contr. Cambridge Obs. Nr. 8. — Es werden statistische Untersuchungen an den Sternen des General Catalogue von B. Boss mitgeteilt. Unter anderem ergibt sich, daß die Verteilung der linearen Sterngeschwindigkeiten durch das Geschwindigkeitsellipsoid beschrieben werden kann. Die mittleren Parallaxen der untersuchten Sterne hängen von der galaktischen Länge ab, in Richtung auf das galaktische Zentrum erreichen sie ein Maximum, gegenüber ein Minimum. Interstellare Absorption von etwa $0^m_{\cdot}4$ in der Zentrumsrichtung könnte den Effekt bewirken. Micz.

12348. **F. Schmeidler,** Die Rotationsgeschwindigkeit der Milchstraße. Sterne **27** 33—37.

12349. **H. Schmidt,** Bemerkungen zur Deutung der Asymmetrie der Bewegungen der Schnelläufer. AN **279** 157—158. — Die das Phänomen der Asymmetrie hervorrufende obere Grenze der Raumgeschwindigkeiten der Sterne der Sonnenumgebung kann nicht ohne weiteres als die Entweichgeschwindigkeit an der Stelle der Sonne angesehen werden. Sie kann vielmehr eine direkte Folge einer endlichen Ausdehnung oder eines endlichen Alters des galaktischen Systems sein. Bei allen an die Größe der Grenzgeschwindigkeit anknüpfenden Untersuchungen müßte dieses Berücksichtigung finden. Verf.

12350. **A. Slettebak,** The motions of the stars. Engineering Experiment Station News **23** Nr. 3 S. 20—21, 48—51, mit 3 Fig.

12351. **L. Spitzer jr., M. Schwarzschild,** The possible influence of interstellar clouds on stellar velocities. ApJ **114** 385—397, mit 2 Fig. — Es wird gezeigt, daß Begegnungen von Sternen mit interstellaren Wolken im Milchstraßensystem kürzere Relaxationszeiten zur Folge haben wegen der im Vergleich mit Sternen bedeutend größeren Massen der Wolken. Wenn die größeren Wolkenkomplexe hinsichtlich ihrer Gravitationswirkungen als Einheiten aufgefaßt werden dürfen, so sollten sie schon in Zeiten, die mit dem Alter der Milchstraße vergleichbar sind, merkliche Wirkungen auf die Sterngeschwindigkeiten ausüben. Die Diskussion der beobachteten Bewegungsverhältnisse verschiedener Sterngruppen führt zur Aufstellung einer Arbeitshypothese, nach der die Population II sich in einem frühen Stadium mit starker Turbulenz der interstellaren Materie gebildet hat. Nach Abklingen der Geschwindigkeiten zu ihren heutigen Werten setzte die Bildung der Population I ein, deren ältere Gruppen durch Stern-Wolken-Begegnungen merkliche Beschleunigungen erfuhren. Mit erheblichen kinematischen Wirkungen solcher Begegnungen auf die schnellbewegten Sterne der Population II ist dagegen wegen zu langer Relaxationszeit nicht zu rechnen. Kdr.

12352. **A. F. Torondshadse,** Besonderheiten der Bewegung der O- und B-Sterne und die Ausdehnung der Sternassoziationen. Tiflis, Verlag Akad. Wiss. grusin. Sowjetrepublik, 1950. 12 S. (russisch). — Dissertationsreferat.

12353. **R. J. Trumpler, H. F. Weaver,** Galactic orbits of stars in the vicinity of the sun. Publ ASP **63** 172—174. — Ref. ASP.

12354. **V. Vanýsek,** A note on the equipartition of energy in the Scorpio-Centaurus group. BAC **2** 129—131. — Verf. findet aus der Untersuchung von 108 Sternen (B 0—B 9) der Scorpio-Centaurus-Gruppe, daß in dieser Gruppe Gleichverteilung der kinetischen Energie vorhanden ist. J. B.

12355. **A. N. Vyssotsky, E. M. Janssen,** An investigation of stellar motions. XI. A determination of the basic solar motion. AJ **56** 58—62, mit 3 Fig. — Ref. in Irish AJ **1** 243—244. — Auf Grund möglichst guter Raumgeschwindigkeiten von 417 A-Sternen und 422 K-Riesen innerhalb 100 Parsec Entfernung werden die Häufigkeitskurven der Geschwindigkeitskomponenten längs der Achsen des galaktischen dynamischen Koordinatensystems hergeleitet. Unter Heranziehung der Ergebnisse früherer «Paper» dieser Untersuchungsreihe wird die «Basic Solar Motion» relativ zur Zirkulargeschwindigkeit um das galaktische Zentrum bestimmt. Diese Elemente der Sonnenbewegung sind: A = 265°0 ± 1°2; D = +20°7 ± 1°4; V = 15.5 ± 0.4 km/sec; L = 12°4 ± 1°6; B = + 22°3 ± 0°9. Diese Werte weichen wenig von denen der Sonnenbewegung relativ zu den A-Sternen ab. Auch liegt dieser Apex nahe bei dem aus den Eigenbewegungen der hellen B-Sterne im FK 3-System hergeleiteten Apex. Gli.

12356. **A. N. Vyssotsky,** An investigation of stellar motions. XII. An interpretation of peculiar motions in terms of galactic structure. AJ **56** 62—68, mit 6 Fig. — In Fortsetzung der Untersuchungen von Paper XI werden jetzt die Raumgeschwindigkeiten der A-Sterne und der K-Riesen relativ zur Zirkulargeschwindigkeit gerechnet und es wird die Verteilung dieser Pekuliarbewegungen in den Koordinatenebenen des dynamischen Koordinatensystems betrachtet. Die Geschwindigkeitsverteilung der K-Riesen mit geringen Bahnneigungen zeigt in der Hauptsache die gleichen Züge (Vertexabweichung) wie die der Hauptreihensterne. Das kann man als lokale Struktur ähnlich einem Spiralarm interpretieren. K-Riesen mit großen Bahnneigungen dagegen haben viel stärkere Bahnexzentrizitäten als die K-Riesen geringer Bahnneigungen. Das alles deutet klar auf eine enge Verbindung zwischen der Geschwindigkeitsverteilung der Sternbewegungen und den Details der galaktischen Struktur. Gli.

12357. **A. N. Vyssotsky, E. T. R. Williams,** An investigation of stellar motions. Additions and corrections. AJ **56** 68—69. — Es werden Ergänzungen und Korrektionen von einigen Irrtümern in Paper I—X der McCormick-Reihe über Sternbewegungen mitgeteilt. Gli.

12358. **A. N. Vyssotsky,** Some features of galactic structure revealed by stellar motions. Vgl. Ref. **12331**, S. 63—66, mit 1 Fig. — Übersicht über die Kentnisse vom Bau des Sternsystems, die aus den Beträgen der Sonnengeschwindigkeit, aus den Rotationsgeschwindigkeiten und den Gesetzmäßigkeiten der Pekuliarbewegungen abgeleitet worden sind. Einzelne Probleme: Tendenz zur Gleichverteilung der Bewegungsenergie bei den Sternen der Hauptreihe. Statistik der galaktozentrischen Bahnen der gK- und der A-Sterne, berechnet aus den Raumgeschwindigkeiten von 855 sonnennahen Objekten. Erklärung der Vertex-Abweichung als lokales Phänomen, das durch Vorhandensein von Spiralstruktur hervorgerufen sein kann. Go.

12359. Velocities of type I stars. Sky and Telescope **10** 238. — Ref. AAS.

§ 124

Außergalaktische Nebel

12401. **L. H. Aller,** Photometry of emission nebulosities in Messier 33. AJ **56** 34. — Ref. AAS.

12402. **W. A. Baade,** Galaxies — present day problems. Vgl. Ref. **12331**, S. 7—17, mit 4 Fig. und 2 Tafeln. — 1. Häufigkeitsverteilung der absoluten Helligkeiten der Sternsysteme. Photometrische Untersuchungen von Holmberg. Unmöglichkeit eines kontinuierlichen Übergangs von kleinen Sternsystemen zu Kugelhaufen. 2. Klassifizierung der Sternsysteme in drei Gruppen: Systeme, die aus Sternen entweder der Population I oder der Population II aufgebaut sind, gemischte Systeme. 3. Mittel zur Feststellung der Gruppenzugehörigkeit eines Systems: RR Lyrae-Sterne, δ Cephei-Sterne, langperiodische Veränderliche. Beispiele: Sculptor-System, Große Magellanwolke. 4. Andromeda-Nebel, aufgebaut aus Sternen der Populationen I und II und interstellarer Materie. Die interstellare Materie als Grundphänomen der Spiralstruktur. 5. Das galaktische System ist wahrscheinlich eine Sb-Spirale. Untersuchung der vermutlich schon zum Kern gehörenden Sagittarius-Wolke auf ihren Gehalt an Population II-Sternen; sehr große Anzahl von RR Lyrae-Sternen. Lagebestimmung der O- und B-Sterne in Sonnennähe als Mittel zur Auffindung der Spiralstruktur in unserer näheren Umgebung. Go.

12403. **W. Baade, N. U. Mayall,** Distribution and motions of gaseous masses in spirals. Aus: Problems of cosmical aerodynamics (Ref. **12008**), Kapitel 24, S. 165—184, mit 12 Tafeln. Diskussion Kapitel 25 S. 185—186. — Die Verteilung von Gas- und Staubmassen im Andromeda-Nebel wird von den Verf. mit einer Filtermethode, die sich Aufnahmen im Licht von Hα bedient, untersucht. Diese Materie ist überwiegend in den Spiralarmen enthalten. Ähnlich werden auch einige weiter entfernte Sternsysteme behandelt. Spektrographisch dient λ 3727 [O II] als Indikator für gasförmige Materie. Zum Studium der Bewegungen dieser Massen wurden Radialgeschwindigkeitsmessungen von Emissionslinienobjekten, vor allem in M 31 und M 33, gemacht. Zahlreiche Reproduktionen von direkten Aufnahmen und Spektren sowie graphische Darstellungen der Radialgeschwindigkeitsmessungen begleiten den Vortrag. Micz.

12404. **A. Behr,** Zur Entfernungsskala der extragalaktischen Nebel. AN **279** 97—104, mit 1 Abb. = Mitt. Fraunhofer Inst. Nr. 1. — Unter Berücksichtigung neuer Beobachtungsergebnisse werden die Hubbleschen Entfernungsbestimmungen der extragalaktischen Nebel kritisch betrachtet. Die Einflüsse eines Fehlers und einer größeren Streuung in den absoluten Leuchtkräften, die Einflüsse der Rotverschiebung unter Berücksichtigung der spektralen Intensitätsverteilung, die wesentlich von der eines schwarzen Strahlers der Temperatur von 6000° abweicht, sowie die von Stebbins und Whitford gefundene Rötung ferner E-Nebel werden untersucht. Eine Vergrößerung der Entfernung aller Nebel um einen Faktor 2 bis 3 scheint dann noch im Bereich des Möglichen zu liegen. Verf.

12405. **J. H. Bigay,** Photométrie photographique des nébuleuses extragalactiques. Ann d'Astrophys **14** 319—382, mit 17 Fig. und 2 Tafeln = Publ. Obs. Lyon (1) **5** Nr. 20. — Verf. hat mit Hilfe der Fabryschen Methode von 175 extragalaktischen Nebeln Helligkeiten mit einer Genauigkeit von etwa $\pm 0^{m}.1$ gemessen. Darunter befinden sich 40 Nebel im Virgo-Haufen, die eine Helligkeitssequenz zwischen $9^{m}.2$ und $13^{m}.2$ bilden. Ein Vergleich von Nebelhelligkeiten, die mit kurzbrennweitigen Instrumenten oder extrafokalen Bildern erhalten wurden, erbringt erhebliche individuelle Differenzen von gelegentlich mehr als $1^{m}.5$, dagegen stimmen lichtelektrisch gemessene gut mit den nach der Fabryschen Methode erhaltenen überein. Von 64 Nebeln konnten auch absolute Helligkeiten abgeleitet werden. Ihre Häufigkeitsverteilung wird durch eine Gauß-Kurve approximiert, das Häufigkeitsmaximum liegt bei $M = -15^{m}$. Zwischen den Radialgeschwindigkeiten (47) und den neuen Helligkeiten besteht ein linearer Zusammenhang. Da die Fabrysche Methode sehr zeitraubend ist, versucht der Verf. ein Verfahren zu finden, das rascher genaue Ergebnisse liefert, wenn eine Standardsequenz einmal aufgestellt ist. Als geeignet dafür wird das Verfahren von Schilt befunden, mit dem Nebelhelligkeiten mit einer Genauigkeit von etwa ± 0^{m}2 vom Verf. bestimmt wurden. Micz.

12406. **J. Bigay,** La photométrie globale des nébuleuses extragalactiques. BSAF **65** 483—495, mit 5 Fig. — A. Méthodes photométriques habituellement employées. B. Emploi de la méthode de Ch. Fabry. C. Résultats obtenus par la méthode de Fabry. D. Comparaisons avec les résultats donnés par les autres méthodes. E. Influence de l'erreur systématique qui affecte la plupart des magnitudes utilisées dans les recherches statistiques. F. Essai de la méthode de Schilt.

12407. **J. Bigay,** Photométrie globale des galaxies par la méthode de Ch. Fabry. CR **232** 312—314 = Publ. Obs. Haute-Provence **2** Nr. 15. — Ref. in Phys. Ber. **30** 1319—1320. — Fortsetzung der in CR **227** 550 beschriebenen Photometrie extragalaktischer Systeme nach der Methode von Fabry. Die Zahl der beobachteten Nebel ist von 28 auf 175 gestiegen. Die Zunahme der Gesamthelligkeit mit wachsendem Blendendurchmesser läßt erkennen, daß die Dimensionen oft beträchtlich über die Katalogangaben hinausgehen. 40 sorgfältig photometrierte Nebel im Virgo-Haufen von 9.2^{m} bis 13.2^{m} sollen als photometrische Sequenz dienen. Der Vergleich mit den Größenangaben anderer Beobachter zeigt, daß die Methode der Photometrie extrafokaler Bilder oder mit kurzbrennweitigen Kameras nur unbefriedigende Ergebnisse bringt. Bo.

12408. **J. Bigay,** Remarques sur la magnitude absolue moyenne et la relation vitesses radiales-magnitudes apparentes des nébuleuses extragalactiques. CR **232** 690—692, mit 2 Fig. = Publ. Obs. Haute-Provence **2** Nr. 15. — Ref. in Phys. Ber. **30** 1819—1820. — Für 64 Systeme, für die Hubble aus den 4 oder 5 hellsten Sternen die Entfernungsmoduln bestimmt hat, werden die nach der Fabry-Methode bestimmten scheinbaren Gesamthelligkeiten in absolute umgewandelt. Sie zeigen eine Gaußverteilung mit dem häufigsten Wert m = −15.0 und der Streuung ± 0.^{m}90. Die Radialgeschwindigkeiten von 47 Nebeln bis zur scheinbaren Größe 13.9 zeigen jetzt die gleiche lineare Zunahme mit den neu bestimmten Größenklassen, wie sie Hubble für schwächere Nebel fand, während bei Hubble die helleren Nebel wegen systematischer Fehler der benutzten Harvardgrößen ein anderes Gesetz befolgten. Bo.

12409. **J. Bigay,** Photométrie globale des nébuleuses extragalactiques par la méthode de Schilt. CR **232** 1404—1406, mit 2 Fig. = Publ. Obs. Haute-Provence **2** Nr. 15. — Verf. vergleicht seine nach der Methode von Fabry gewonnenen Gesamthelligkeiten mit eigenen, nach der Methode von Schilt ausgeführten Messungen. Es zeigt sich, daß die Schiltsche Methode zu recht guten Ergebnissen führt. Sie ist besonders geeignet, mit nicht zu großem Arbeitsaufwand gute Helligkeiten einer größeren Zahl von Objekten zu erlangen. Bo.

12410. **J. H. Bigay,** Introduction à la photométrie des nébuleuses extragalactiques. JO **34** 89—104, mit 2 Fig. = Publ. Obs. Lyon (1) **5** Nr. 19. — Verf. gibt einen Überblick über die bisher durchgeführten photometrischen Messungen an extragalaktischen Nebeln und stellt kritische Vergleiche zwischen den verschiedenen Methoden und Ergebnissen an. Zum Schluß wird auf eigene, noch unveröffentlichte Meßreihen hingewiesen. Bo.

* * **R. H. Brown, C. Hazard,** Radio emission from the Andromeda nebula. Vgl. Ref. **12604**.

12411. **M. Dartayet, J. Landi-Dessy,** Búsqueda de estrellas variables en las nubes de Magallanes. Publ. Obs. Astr. Univ. La Plata Serie Circ. Nr. **10** S. 61—62. — Angaben über 13 Veränderliche, welche in der Magellanschen Wolke gefunden worden sind. Soonzo

12412. **P. Drumaux,** La récession des nébuleuses extra-galactiques. V. Ann. Soc. Sci. Bruxelles (1) **64** 31—38, 1950. — Fortsetzung VI vgl. AJB **50** Ref. 12404.

12413. **M. S. Eigenson,** Neues über das lokale Galaxiensystem. Priroda **40** Nr. 3 S. 42—43 (russisch).

12414. **A. Elvius,** A polarigraphic study of the spiral nebula NGC 5055 (M 63). Stockholms Obs. Ann. **17** Nr. 4, 17 S. mit 11 Fig. und 1 Tafel. — Ref. in Sterne **28** 120—121. — Mit dem von Y. Öhman konstruierten Polarigraphen (vgl. AJB **44** Ref. 8820) und dem 60 cm-Refraktor in Stockholm wurde auf 14 Aufnahmen der Spiralnebel NGC 5055 auf Polarisationseffekte untersucht. An sieben Punkten in oder benachbart einem Bereich dunkler interstellarer Materie wurden Polarisationsgrade von 3.5% bis 7.4% gefunden. Diese Effekte können sowohl durch Reflexion wie durch Absorption oder durch beide Wirkungen zugleich verursacht sein. Gli.

12415. **A. Elvius,** Om ljusets polarisation i spiralnebulosornas stoftmoln. PAT **32** 9—17, mit 7 Fig. — Untersuchung der Polarisation in den Spiralnebeln NGC 5055 und NGC 7331 (Vgl. Ref. 12414). Ra.

12416. **D. S. Evans,** Surface photometry of southern elliptical nebulae. MN **111** 526—536, mit 8 Fig. und 1 Tafel. — Von 7 extragalaktischen Sternsystemen des elliptischen Typs am Südhimmel wurde die Intensitätsverteilung auf photographischen Aufnahmen bestimmt. Sie wird in Isophotendarstellung reproduziert. Der radiale Helligkeitsabfall folgt ziemlich gut einer von Hubble früher aufgestellten Formel, Abweichungen deutet der Verf. als Folge einer eben beginnenden Entwicklung von Spiralstruktur, bzw. der Wirkung differentieller Rotation. Eine ausführlichere Diskussion wird bis zum Erhalt weiteren Beobachtungsmaterials zurückgestellt. Micz.

12417. **K. G. Henize, F. D. Miller,** H-alpha emission objects in the Magellanic clouds. Vgl. Ref. **12331,** S. 75—78, mit 3 Fig. — Material: 392 neue nebelige und sternförmige Hα-Emissions-Objekte in der Großen und Kleinen Magellan-Wolke; dazu 113 schon bekannte Objekte. Die scheinbare Verteilung der Objekte bestätigt die bisherigen Vorstellungen von den scheinbaren Durchmessern der Wolken. Verteilung der Hα-Objekte in der großen Wolke in Übereinstimmung mit den schon bekannten Struktureigentümlichkeiten der Wolke. 22 Be-Sterne zeigen eine Verteilung der Leuchtkräfte, die der Leuchtkraft-Verteilung der galaktischen cBe-Sterne ähnlich ist. Go.

12418. **E. P. Hubble,** Explorations in space. The cosmological program for the Palomar telescopes. Proc. Am. Philos. Soc. **95** 461—470 = Mt. Wilson and Palomar Obs. Repr. Nr. **55.**

12419. **M. L. Humason,** Apparent velocities of extragalactic nebulae in four faint clusters. Publ ASP **63** 232—233 = Mt. Wilson and Palomar Obs. Repr. Nr. **56.** — Ref. ASP. — Ref. in Sterne **28** 153—154.

12420. **D. Koelbloed,** De extragalactische stelsels. Tijdschrift voor Natuurkunde **17** S. 55—64, mit 1 Fig. und 2 Tafeln = Sterrenkundig Colloquium van de Nederlandse Astronomen-Club Nr. **9.** — Ref. in Gaz astr **33** 72—73.

12421. **F. C. Leonard,** Nubecula: A general term for a cloudy-looking extragalactic object. Pop Astr **59** 261—262. — Ref. in JBAA **62** 243.

12422. **B. Lindblad,** The run of the spiral arms and the direction of rotation in NGC 4594. Publ ASP **63** 133—136, mit 1 Fig. und 1 Tafel = Stockholms Obs. Medd. Nr. **69.** — Ref. in Irish AJ **1** 245. — Auf einer Aufnahme des Spiralnebels im UV mit dem 200″ Hale-Teleskop von W. Baade sind alle erkennbaren Einzelheiten vermessen und nach Entzerrung aufgezeichnet worden. Kontrollmessungen wurden durchgeführt auf einer Blauplatte und auf Kontaktkopien von Blau- und Rotaufnahmen. Der Verlauf der Spiralarme ist gut definiert. Nach Bestimmung der Rotationsrichtung durch F. G. Pease und andere scheint der Nebel so zu rotieren, daß die Arme sich öffnen. O. G.

* * **B. Lindblad,** An approach to the dynamics of stellar systems. Vgl. Ref. 4413.

12423. **W. Markowitz,** Photographic polarization results for extragalactic nebulae in Coma, southern stars, and HD 14633. AJ **56** 134. — Ref. AAS.

12424. **N. U. Mayall,** Comparison of rotational motions observed in the spirals M 31 and M 33 and in the galaxy. Vgl. Ref. **12331,** S. 19—24, mit 2 Fig. und 2 Tafeln. — Ableitung des Rotationsgesetzes für M 31 aus den Radialgeschwindigkeiten von 32 Emissions-Objekten: Konstante Winkelgeschwindigkeit bis 70′ Abstand vom Zentrum, dann nach außen abnehmende Rotationsgeschwindigkeit. Vergleich mit den Verhältnissen in der Galaxis, berechnet aus den Radialgeschwindigkeiten der δ Cephei-Sterne. Es ergibt sich für beide Systeme eine ähnliche Geschwindigkeitsverteilung, doch liegt der Punkt größter Rotationsgeschwindigkeit in M 31 dem Zentrum wesentlich näher als im galaktischen System. Go.

12425. **V. McKibben Nail,** Three notes on variable stars in the Small Magellanic Cloud. Harv Bull Nr. 920 S. 13—15. — Bei Bearbeitung aller Veränderlicher in der Kleinen Magellanschen Wolke, die im Maximum heller als $15^{\mathrm{m}}.0$ werden, wurden die Perioden von zwölf klassischen Cepheiden zwischen 3^{d} und 42^{d} bestimmt. Periodenlänge, mittlere Helligkeit und Amplitude sind tabuliert. Acht schwache Haufen-Veränderliche, deren Daten ebenfalls gegeben werden, dürften im Raum vor der Kleinen Magellanschen Wolke stehen. Ihre Entfernungen werden zwischen 8 und 16 Kiloparsec geschätzt. Auf hunderten von durchsuchten Harvardplatten wurden nur zwei Novae gefunden. Beide dürften zweifellos der Wolke angehören, wenn auch in Gebieten relativ geringer Sterndichte. Gli.

12426. **G. C. McVittie, C. Payne-Gaposchkin,** A model of a spiral galaxy. MN **111** 506—522, mit 8 Fig. und 1 Tafel = Harv Repr Nr. **358.** — Ein Spiralnebel bestehe anfänglich aus einem zylindrischen balkenförmigen Körper, in dessen Zentrum sich ein sphärischer Kern befindet, der die Hauptmasse des Systems enthält. Das Ganze rotiere gleichförmig um eine durch das Kernzentrum gehende Achse. Der Balken zerfalle in einem bestimmten Stadium in Sterne, die sich von da an in Keplerellipsen um die Zentralmasse bewegen. Als geometrischer Ort der zur Zeit *t* erreichten Positionen einer Schar von Sternen, die gleichzeitig von dem Balken abgegangen sind, ergeben sich Spiralen, deren Formen unter verschiedenen Bedingungen berechnet und mit den Beobachtungen an einigen Spiralnebeln verglichen werden. Kdr.

12427. **F. D. Miller, D. H. Clements,** Photo-red isophotes of NGC 891. AJ **56** 89—91. — Drei Rotaufnahmen von NGC 891 mit verschiedenen Belichtungszeiten wurden mit einem Mikrodensitometer registriert. Die Isophoten: Grenze gegen Hintergrund, 103.5% und 107.2% Hintergrundintensität lassen sich durch Ellipsen darstellen, deren Exzentrizität mit wachsender Intensität zunimmt. Vergleiche mit M 31 und der Milchstraße werden gezogen. O. G.

12428. **T. Page,** Beyond the Milky Way. Annual Report Smithsonian Inst. **1950** 165—172, mit 4 Tafeln. Vgl. AJB **49** Ref. **12409.**

12429. **T. Page,** Radial velocities and masses of the double galaxies. AJ **56** 136—137. — Ref. AAS.

12430. **H. Rohr,** Bemerkenswerter, außergalaktischer Nebel im Sternbild Schlange. Vgl. AJB **50** Ref. **12419.** — Ref. in Coelum **19** 106—107.

12431. **V. C. Rubin,** Differential rotation of inner metagalaxy. AJ **56** 47—48. — Ref. AAS.

12432. **E. L. Scott,** Relation between radial velocities and colors in clusters of galaxies. Publ ASP **63** 172. — Ref. ASP.

12433. **C. K. Seyfert,** A dense group of galaxies in Serpens. Publ ASP **63** 72—75, mit 1 Tafel. — Ref. in Sterne **28** 121. — Eine Gruppe von 6 Nebeln wird beschrieben. Bei Annahme einer Masse von 2×10^9 Sonnenmassen pro Nebel ergibt sich im Gebiet der Gruppe eine wesentlich höhere Materiedichte als für die dichtesten bisher bekannten Gruppen. O. G.

12434. **H. Shapley, V. McKibben Nail, W. G. Tifft,** On the superluminous variable stars in the Large Magellanic Cloud. AJ **56** 139—140. — Ref. AAS.

12435. **H. Shapley,** Magellanic clouds. I. Transparency. Proc. National Acad. Sci. USA **37** 133—138, mit 3 Fig. = Harv Repr Nr. **345.** — Ref. in JBAA **62** 156. — Es wird die Durchsichtigkeit der kleinen und großen Magellanschen Wolken durch Abzählen von extragalaktischen Nebeln untersucht. Die Vergleichsfelder um die beiden Wolken zeigen ungleiche Verteilung der Galaxien, so daß diesem Test der Durchsichtigkeit kein hoher quantitativer Wert zugesprochen werden kann. Die kleine Wolke, aufgeteilt in den inneren und äußeren Teil, ist im wesentlichen durchsichtig. Die große Wolke, untersucht in vier verschiedenen Gebieten, zeigt auffallend unterschiedlicheWerte der Durchsichtigkeit. Schai.

12436. **H. Shapley, V. McKibben Nail,** Magellanic clouds. II. Supergiant red variable stars in the small cloud. Proc. National Acad. Sci. USA **37** 138—145 = Harv Repr Nr. **346.** — Ref. in JBAA **62** 181—182. — Es werden die helleren (bis $m_{pg} = 15{,}0$) 21 irregulär und 4 langperiodisch Veränderlichen in der kleinen Magellanschen Wolke diskutiert. Eine Untersuchung der Verteilung veränderlicher Sterne in vergleichbaren Breiten gestattet eine Abschätzung der Anzahl der Vordergrund-Sterne aller Typen. Die roten veränderlichen Supergiganten sind sicher Wolkenmitglieder. Sie haben eine absolute Helligkeit von $M_{pg} = -5{,}0$ und Durchmesser von acht astr. Einheiten. Eine Abzählung in Vergleichs-Sternfeldern zeigt, daß die typischen langperiodisch Veränderlichen in Breiten höher als $\pm 40°$ und schwächer als $m = 14{,}0$ sehr selten sind. Schai.

12437. **H. Shapley,** Galactic and extragalactic studies, XXI. Distribution of 95,000 galaxies in the north galactic cap. Proc. National Acad. Sci. USA **37** 191—196, mit 1 Fig. = Harv Repr Nr. **347.** — Es handelt sich um eine Abzählung extragalaktischer Nebel bis zur Helligkeit 17.5 über eine Fläche von 2760 Quadratgrad in den galaktischen Breiten +60° bis +90°. Es wird ein Verteilungs-Diagramm gegeben. Tabellen zeigen die Ungleichmäßigkeit der Verteilung in den Plattenfeldern, sowie in einzelnen Regionen in Länge und Breite. Schai.

12438. **H. Shapley,** A survey of the inner metagalaxy. American Scientist **39** 609—628, mit 6 Fig. = Harv Repr Nr. **352.** — Es wird ein Überblick gegeben über die Harvarduntersuchungen der inneren Metagalaxis, worunter im allgemeinen die Objekte bis $17^m_.5$ pg verstanden werden. Unter etwa einer Million photographisch aufgenommener Systeme werden mehr als 300000 erfaßt und es wird die räumliche Verteilung der Durchschnittssysteme bis etwa 80 Millionen Lichtjahre untersucht. Die Mitglieder der lokalen Gruppe und die 20 hellsten Galaxien sind zusammengestellt. In unserer Umgebung dominieren die Systeme geringer Leuchtkraft; ferner die sphäroidischen und die unregelmäßigen über die Spiralsysteme. Abzählungen bis $13^m_.0$ und bis $17^m_.5$ — insbesondere die genauere Untersuchung in einigen speziellen Feldern — zeigen die Verteilung über den Himmel und den Einfluß der galaktischen absorbierenden Wolken. Auf der absorptionsfreien Hälfte des Himmels wird die Zahl der Durchschnittsgalaxien auf eine Million innerhalb 100 Millionen Lichtjahre und auf 1000 Millionen innerhalb 1000 Millionen Lichtjahre geschätzt. Gli.

12439. **H. Shapley,** Comparison of the Magellanic clouds with the galactic system. Vgl. Ref. **12331**, S. 79—84, mit 4 Tafeln = Harv Repr (2) Nr. **37**. — Vergleich zwischen den beiden Magellan-Wolken und dem galaktischen System hinsichtlich folgender Eigenschaften: Dimensionen, Lage im Raum, absolute Helligkeiten, Stern-Gehalt, System-Typus, Stellung in der Entwicklungsfolge der Sternsysteme. Die Stern-Population im Zentralgebiet der Kleinen Wolke ähnelt dem galaktischen Kern und den Kugelhaufen; die Zusammensetzung in der großen Wolke ähnelt einem System vom Typus SBc (pec.). Die Existenz einer lokalen Nebelgruppe ist fraglich. Spiralstruktur scheint nur bei großen Systemen vorzukommen; der Prozentsatz dieser Systeme ist geringer als bisher angenommen. Go.

* * **H. Shapley,** Exploraciones en tres galaxias. Vgl. Ref. **12324**.

* * **H. Shapley, V. McKibben Nail,** NGC 1866 and the Magellanic cloud variables. Vgl. Ref. **12112**.

12440. **H. Slouka,** Differences in galaxies. RH **32** 59—61, 84—87, mit 10 Abb. — Behandelt die Verteilung der Galaxien nach Hubble. J. B.

12441. **L. Spitzer jr., W. Baade,** Stellar populations and collisions of galaxies. ApJ **113** 413—418, mit 1 Fig. — Ref. in Irish AJ **1** 242—243, Sterne **28** 36—37. — Dichte Nebelhaufen bestehen vorwiegend aus Nebeln des Typs S0, dessen Kennzeichen starke Abplattung und Fehlen jeder Verdunklung und Spiralstruktur sind und der wahrscheinlich aus Sternen der Population I besteht. Verf. nehmen zur Erklärung an, daß die Nebel bei Zusammenstößen mit anderen Nebeln des Haufens ihre interstellare Materie verloren haben. Für den Coma-Haufen wird die Zahl der Zusammenstöße eines Nebels als hinreichend groß (wenigstens 20 in 3×10^9 Jahren) abgeschätzt. Ferner wird gezeigt, daß ein Zusammenstoß die Geschwindigkeiten und Positionen der Sterne in beiden Nebeln nur wenig beeinflußt, daß aber dabei ihre interstellare Materie vollständig in den intergalaktischen Raum zerstreut wird. Kdr.

12442. **G. de Vaucouleurs,** Le rougissement des galaxies lointaines. La Nature **79** 1—4, mit 3 Fig.

12443. **A. E. Whitford, H. L. Johnson,** Color of distant galaxies. AJ **56** 51. — Ref. AAS. — Besprechung in Sterne **27** 139—140.

12444. **H. Zimmermann,** Die Struktur der Spiralnebel und ihre theoretische Deutung. Sterne **27** 123—130, mit 6 Abb.

12445. **F. Zwicky,** The Coma cluster of galaxies. Publ ASP **63** 61—71, mit 1 Fig. = Mt. Wilson and Palomar Obs. Repr. Nr. **47**. — Ref. in Irish AJ **1** 190, JBAA **61** 248. — Auszählungen in einem Kreis von 6° Radius bis zur Grenzgröße $m_{pg} = 19^m\!.0$ ergaben hohe sphärische Symmetrie und Regelmäßigkeit des Haufens, stärkere Konzentration der helleren (massereicheren) Nebel gegen die Haufenmitte und starkes Überwiegen der schwachen Nebel, das dem von Hubble gefundenen Maximum in der Verteilungsfunktion widerspricht. Ausgedehnte schwach leuchtende intergalaktische Materie wurde gefunden. O. G.

12446. Nuove variabili nel sistema extragalattico dello Scultore. Coelum **19** 49.

12447. Filamentos de estrellas entre galaxias gemelas. El Universo **49** Nr. 17 S. 94—95. — Besprechung einer Untersuchung von E. F. Carpenter über Sternbrücken zwischen benachbarten Spiralnebeln, aus denen auf nachgezogene Spiralarme geschlossen wird (nach Science News Letter vom 27. Jan. 1951). Gü.

12448. Distances of extragalactic nebulae and the age of the universe. Irish AJ **1** 189—190.

12449. Galactic distances with the 200-inch. J RAS Canada **45** 210. — Gibt die bis 1922, 1932, 1942 und 1951 gemessenen größten Radialgeschwindigkeiten außergalaktischer Nebel(haufen).

12450. Rødforskydninger, målt på Mt. Palomar. NAT **1951** 113. — Auf der Grundlage von ASP Leaflet Nr. 267 wird über die größten gemessenen Rotverschiebungen berichtet. Ra.

12451. Andromeda. Pop Astr **59** 1—2.

12452. Masses of galaxies. Pop Astr **59** 497. — Ref. in BSAF **65** 447.

12453. Strange Sculptor system. Sky and Telescope **10** 64, mit 1 Fig.

12454. Magellanic clouds. Sky and Telescope **10** 87. — Ref. in Sternenwelt **3** 109.

12455. Color of distant galaxies. Sky and Telescope **10** 93. — Ref. AAS. — Ref. in JBAA **61** 167, Sternenwelt **3** 110.

12456. The inner metagalaxy. Sky and Telescope **10** 114—115, mit 2 Fig. — Ref. AAS. — Ref. in JBAA **61** 249.

12457. Radio energy from M 31. Sky and Telescope **10** 116, mit 1 Fig.

12458. Clusters of galaxies. Sky and Telescope **10** 144—145.

12459. Radio from galaxies. Sky and Telescope **10** 161.

12460. A highly compact system. Sky and Telescope **10** 218. — Ref. in Sternenwelt **3** 182.

12461. Magellanic superluminaries. Sky and Telescope **10** 237. — Ref. AAS. — Ref. in JBAA **62** 87.

12462. Red shifts: one fifth the velocity of light. Sky and Telescope **10** 241.

12463. Double galaxies. Sky and Telescope **10** 265. — Ref. AAS.

12464. Nearest galaxies and brightest. Sky and Telescope **11** 29. — Liste.

12465. Die Magellanschen Wolken. Sterne **27** 139.

* * Theoretische Untersuchungen über Sternsysteme siehe § **44**.

§ 125

Interstellare Materie

12501. **L. H. Aller,** Turbulence in the interstellar medium. ApJ **113** 120—124, mit 1 Fig. — Verf. analysiert auf Grund der neueren Turbulenztheorie die Helligkeitsverteilung in einem ausgedehnten Emissionsnebelgebiet im Cygnus. Dem Maximum des resultierenden Turbulenzspektrums entsprechen Turbulenzelemente mit Durchmessern der Größenordnung 5—10 Parsec. Kdr.

* * **G. S. Badaljan,** Die Farbenindizes der langperiodischen Cepheiden. Vgl. Ref. 11143.

12502. **D. R. Bates, L. Spitzer jr.,** The density of molecules in interstellar space. ApJ **113** 441—463, mit 2 Fig. — Aus Äquivalentbreiten der interstellaren Linien λ 4232 des CH^+ und λ 4300 des CH wird die mittlere Dichte dieser beiden Moleküle im interstellaren Raum zu etwa 10^{-8} Moleküle pro Kubikzentimeter bestimmt. Die Linien entstehen in normalen interstellaren Wolken oder in zirkumstellaren Wolken in der Nähe später B-Sterne. Ihre Intensitäten sind bei O- und frühen B-Sternen mit den Farbenexzessen korreliert. Bei einer Reihe unverfärbter Sterne mit molekularen Linien ergeben sich positive Geschwindigkeitsdifferenzen Wolke—Stern. Im zweiten Teil werden die verschiedenen Prozesse behandelt, die für die Häufigkeit des interstellaren CH und CH^+ im Gleichgewicht Bedeutung besitzen, und mit den zur Zeit besten Daten theoretische Dichten abgeleitet, die aber nur für sehr konzentrierte Wolken die empirischen Dichtewerte zu erklären gestatten. Möglichkeiten zur Aufklärung der Unterschiede bei weniger konzentrierten Wolken werden diskutiert. Der dritte Teil behandelt die Entstehung von Molekülen in zirkumstellaren Wolken, wofür Sublimation und Dissoziation von CH_4 aus den Wolkenpartikeln angenommen wird. Dieser Prozeß bietet gleichzeitig eine Möglichkeit zur Deutung der Geschwindigkeitsdifferenzen zwischen Wolken und Sternen. Kdr.

12503. **B. J. Bok,** Irregularities in the galactic absorbing layer. Harv Bull Nr. 920 S. 1—5. — Die Arbeit nimmt dazu Stellung, inwieweit die Auffassung von einer Wolkenstruktur des galaktischen absorbierenden Mediums (Ambarzumjan) vertretbar und gesichert sein kann. Die Untersuchungen von Warwick sprechen nicht dafür. Bisherige Studien statistischer Schwankungen der Sternzahlen oder des Farbenexzesses lassen nach Ansicht des Verf. die Frage noch offen. Es werden Hinweise für weitere Beobachtungen gegeben. Die für die Wolkenstruktur sprechenden theoretischen Arbeiten von Chandrasekhar und Münch werden kritisch betrachtet. Zwei neue Arbeiten von Schatzman und Warwick, die beide auf Farbenexzeßmessungen von O- und B-Sternen basieren, zeigen, daß hauptsächlich große isolierte Dunkelwolken zur interstellaren Verfärbung beitragen. Doch lassen auch sie die Frage einer möglichen Wolkenstruktur des übrigen absorbierenden Mediums noch offen. Gli.

12504. **B. J. Bok,** The cloud structure of the interstellar absorbing medium. MN ASSA **10** 51—55.

12505. **J. M. Burgers,** Aerodynamical description of elementary expansion phenomena and shock waves. Aus: Problems of cosmical aerodynamics (Ref. **12008**), Kapitel 8, S. 59—70, mit 7 Fig. — Der Vortrag entwickelt die aerodynamischen Grundlagen zur Beschreibung der Vorgänge, die bei der Expansion und beim Zusammenstoßen von interstellaren Gaswolken zu erwarten sind. Kdr.

12506. **R. L. Calvert,** An analysis of galactic structure in the direction of Aquila. ApJ **114** 123—131, mit 1 Fig. — Der Dichteverlauf und die interstellare Absorption in Richtung einer etwa 650 □° großen Zone des Sternbilds Aquila werden abgeleitet. Als Grundlage dienen Sternzählungen des Verf. bis zur Größe 15 sowie anderweitige Farbenexzeßmessungen und Zählungen extragalaktischer Nebel. Die interstellare Absorption rührt vornehmlich aus zwei Wolken in 500 pc und 1250 pc Entfernung her. Einige Teile des Gebietes sind auch durch nähergelegene (200 pc) Materie verdunkelt. Die Dichtefunktion nimmt im allgemeinen von der Sonne her mit wachsender Entfernung ab, nur im südlichen Feldteil wird in der Gegend der entfernteren Wolke eine Zunahme gefunden. Micz.

12507. **L. Divan,** Sur l'absorption continue par la matière interstellaire. CR **233** 284—285 = Publ. Obs. Haute-Provence **2** Nr. 26 = Contr. Inst. d'Astrophys. Paris (A) Nr. **96.** — Der spektralphotometrische Vergleich zwischen ζ und ε Per im Bereich von 3150 bis 6500 Å liefert die gleiche Kurve der monochromatischen Helligkeitsdifferenzen, wie sie von Kienle gefunden wurde. Eine Diskontinuität an der Balmergrenze ist bedingt durch die Verschiedenheit der Spektraltypen. Ein Vergleich zwischen ζ Per und ϱ Leo mit gleichem Typ gibt unterhalb 5000 Å einen etwas anderen relativen Gradienten und keine Unstetigkeit an der Balmergrenze. Bo.

12508. **B. Donn,** The distribution of interstellar matter. AJ **56** 124—125. — Ref. AAS.

12509. **D. Duke,** Intensities of the interstellar band at λ 4430. ApJ **113** 100—119, mit 11 Fig. — In den Spektren genügend weit entfernter Sterne tritt bei λ 4430 ein etwa 60 Å breites Absorptionsband auf, das interstellaren Ursprungs ist. Die Bestimmung seiner Gesamtabsorption ist infolge des diffusen Profils schwierig. Verf. benutzt zur Charakterisierung der Intensität die besser zu ermittelnde Tiefe der Zentralabsorption. Messungen im Spektrum von 405 Sternen der Spektraltypen O, B und A dienen zur Aufstellung von Beziehungen zwischen Bandenstärke, Sternentfernung, Farbenexzeß und Intensität interstellarer Linien. Die Beziehung zwischen Farbenexzeß und Bandenintensität ist am schärfsten ausgeprägt. Der Zusammenhang zwischen Bandenintensität und Entfernung bzw. Intensität der interstellaren D-Linie ist weniger streng. Bandenabsorption scheint besonders dort kräftig zu sein, wo interstellare Rotverfärbung auftritt, jedoch gibt es auch Ausnahmen. Die Ursache der Bandenabsorption ist unbekannt. Micz.

12510. **H. I. Ewen, E. M. Purcell,** Radiation from hyperfine levels of interstellar hydrogen. AJ **56** 125. — Ref. AAS.

12511. **H. I. Ewen, E. M. Purcell,** Radiation from hyperfine levels of interstellar hydrogen. Phys. Rev. (2) **83** 881. — Ref. Am. Phys. Soc. — Ref. in Phys. Ber. **31** 318—319.

12512. **C. Fehrenbach,** L'espace interstellaire. BSAF **65** 133—144, mit 7 Fig. — Ref. in Phys. Ber. **31** 141—142. — Vortrag vom 4. März 1951. Inhalt: Atomes interstellaires. Particules interstellaires. Conditions physiques dans l'espace interstellaire. La formation des particules et des étoiles. La polarisation de la lumière dans l'espace interstellaire.

12513. **N. E. Gould,** The dark lanes near ϱ Ophiuchi. Publ ASP **63** 247—248, mit 1 Fig. = Berkeley Repr. Nr. **12**. Mit Berichtigung in Publ ASP **64** 77. — In eine Skizze der Dunkelnebel sind die wegen Sonnenbewegung und galaktischer Rotation korrigierten Eigenbewegungen einiger Sterne eingetragen, um Verbindung dieser Sterne mit den Wolken zu prüfen. Die Richtung der E. B. liegt einigermaßen in der Richtung der Haupterstreckung der Wolken. ϱ Oph bewegt sich aber entgegengesetzt und hat auch größere R. G. O. G.

12514. **J. L. Greenstein,** Interstellar matter. Aus: J. A. Hynek, Astrophysics (Ref. 517), Kapitel 13, 72 S. mit 20 Fig.

12515. **A. Güttler,** Ruhelose Materie zwischen den Sternen. Sternenwelt **3** 91—93, mit 2 Abb.

12516. **D. S. Heeschen,** An analysis of the Milky Way in Perseus. ApJ **114** 132—140, mit 2 Fig. — Der Dichteverlauf und die interstellare Absorption in Richtung eines etwa 1200 □° großen Feldes zwischen den Sternbildern Cassiopeia, Auriga und Taurus wird aus Sternzählungen, Farbenexzessen und Nebelzählungen bestimmt. Die interstellare Absorption rührt überwiegend aus zwei Wolken in 200—300 pc und 800 pc Entfernung her. Die Dichte der näheren Wolke ist ziemlich unregelmäßig (Absorption zwischen 0^m und $> 2\overset{m}{.}3$), während sich die der entfernteren als gleichförmiger herausstellt. Die Dichtefunktion fällt im allgemeinen mit der Entfernung von der Sonne, ausgenommen in einem Teilgebiet. Micz.

* * **W. A. Hiltner,** Compensation of seeing in photoelectric photometry. Vgl. Ref. 2404.

12517. **S. von Hoerner,** Eine Methode zur Untersuchung der Turbulenz der interstellaren Materie. ZfA **30** 17—64, mit 10 Abb. — Eine allgemeine statistische Methode zur Prüfung des Spektralgesetzes der Turbulenz an den gemessenen Radialgeschwindigkeiten interstellarer Gasmassen wird entwickelt und auf den Spezialfall des Orion-Nebels angewandt. Die Gültigkeit des Kolmogoroffschen Spektralgesetzes kann geprüft werden, und wenn sie besteht, sind Rückschlüsse auf die Dicke bzw. Dichte des Nebels möglich. Für den Orion-Nebel erweist sich das Spektralgesetz als gültig, jedoch mit einem konstanten Faktor, der in der Zentralregion einen höheren Wert hat als im Rest des Nebels. Die Staubdichte im Nebel ergibt sich dabei zu etwa 10^{22} g/cm^3 in Übereinstimmung mit anderen Ergebnissen. Hingegen läßt sich das erschlossene Spektralgesetz mit den gemessenen Linienbreiten nicht vereinbaren, so daß eine Abweichung vom Zustand isotroper stationärer Turbulenz mindestens für sehr kleine Gebiete angenommen werden muß. Verf.

12518. **H. C. van de Hulst,** Observations of the interstellar hydrogen line of wave length 21 cm made at Kootwijk, Netherlands. AJ **56** 144. — Ref. AAS.

12519. **T. D. Kinman,** Interstellar matter. JBAA **61** 70—74, mit 3 Abb.

12520. **H. E. Krumm,** Interstellar matter. MN ASSA **10** 71—77.

12521. **B. Lindblad,** The interstellar clouds. MN ASSA **10** 85—87 (Extracts from a report to the Swedish Statens Naturvetenskapliga Forskningsråd translated by S. O. Eklund).

* * **J. H. Oort,** Interaction of nova and supernova shells with the interstellar medium. Vgl. Ref. 11308.

12522. **P. J. van Rhijn,** Interstellar absorption of light. Obs **71** 74—75. — Antwort auf Vorwürfe von P. P. Parenago wegen Nichterwähnung seiner Ergebnisse über interstellare Absorption. O. G.

12523. **P. McR. Routly, L. Spitzer jr.,** A comparison of the interstellar lines and components in neutral sodium and singly ionized calcium. AJ **56** 138—139. — Ref. AAS.

12524. **E. Schoenberg,** Über den wolkigen Aufbau der interstellaren Materie. Sternenwelt **3** 181—182.

12525. **M. J. Seaton,** The chemical composition of the interstellar gas. MN **111** 368—376. — Die chemische Zusammensetzung des interstellaren Gases wird daraufhin untersucht, ob Abweichungen von der mittleren Häufigkeitsverteilung der Elemente im Kosmos existieren, was nur bei dem Verhältnis Ca/Na der Fall zu sein scheint, und zwar ist dessen interstellarer Wert wesentlich kleiner als der Mittelwert. Der Unterschied läßt sich durch eine auf Grund neuerer Arbeiten gerechtfertigte Abänderung des ultravioletten Strahlungsfeldes im interstellaren Raum beseitigen. Kdr.

12526. **L. Spitzer jr.,** Temperature of interstellar matter. Vgl. AJB **47** Ref. 3806. — Ref. in Sterne **27** 54—55.

12527. **L. Spitzer jr.,** Physical properties of the interstellar gas. Aus: Problems of cosmical aerodynamics (Ref. **12008**), Kapitel 3, S. 31—37, mit 1 Fig. — Der Vortrag von Strömgren (vgl. Ref. **12529**) wird ergänzt durch eine Erörterung der physikalischen Eigenschaften des interstellaren Gases, die unter aerodynamischen Gesichtspunkten von Wichtigkeit sind: mittlere freie Weglänge der Partikeln, ihre Geschwindigkeitsverteilung, Gleichverteilung der Energie, Druck und Temperatur im interstellaren Gas. Kdr.

* * **L. Spitzer jr., M. Schwarzschild,** The possible influence of interstellar clouds on stellar velocities. Vgl. Ref. **12351.**

12528. **W. Strohmeier,** Der Wellenlängenverlauf der interstellaren Verfärbung. Sterne **27** 15—19, mit 3 Abb.

12529. **B. Strömgren,** Problems of interstellar gas clouds. Aus: Problems of cosmical aerodynamics (Ref. **12008**), Kapitel 2, S. 7—30, mit 10 Fig. — Verf. gibt über den Problemkreis des interstellaren Gases einen Überblick, in dem unter anderem der Nachweis der Existenz eines gasförmigen interstellaren Mediums aus interstellaren Linien und die aus einer detaillierten Analyse dieser Linien gewonnenen Erkenntnisse über chemische Zusammensetzung, Dichte, Ionisationszustand und wolkige Struktur des Mediums behandelt werden. Ferner bespricht er die durch direkte Beobachtung nachgewiesenen ausgedehnten Wasserstoffemissionsgebiete in der Milchstraße und damit zusammenhängende Fragen. Kdr.

12530. **O. Struve,** Glowing hydrogen in the Milky Way. Sky and Telescope **10** 58—60, 63, mit 6 Fig.

* * **L. R. Terrazas,** El material interestelar. Vgl. Ref. **12225.**

12531. **I. L. Thomsen,** Interstellar material. Southern Stars **15** 61—67.

12532. **C. F. von Weizsäcker,** Turbulence in interstellar matter. Aus: Problems of cosmical aerodynamics (Ref. **12008**), Part 1, Kapitel 22, S. 158—161, mit 1 Fig., Part 2, Kapitel 30, S. 200—203, mit 1 Fig. Diskussion Kapitel 23 S. 162—164. — Referat über einige Arbeiten des Verf. und seiner Mitarbeiter. Es werden behandelt: Die Prüfung des Spektralgesetzes der Turbulenz am Orionnebel (ZfA **30** 17, 1951), die Größe der Spiralnebel (AJB **48** Ref. **4423**), kompressible Turbulenz, turbulente Gasmassen in Rotation (AJB **48** Ref. **4422**; Z. Naturforschung **7a** 87, 1952), Entwicklung der Spiralnebel (AJB **47** Ref. **3912** und **49** Ref. **4410**). Kdr.

12533. **H. Wilkens,** Recuentos estelares en algunas regiones galácticas. Publ. Obs. Astr. Univ. La Plata Serie Circ. Nr. **10** S. 77—79, mit 1 Fig. — Verf. gibt einen kurzen Bericht über den Beginn eines stellarstatistischen Programms in La Plata, das — unterstützt von Córdoba — durch Aufnahmen in drei Farben in der Umgebung des galaktischen Zentrums unsere Kenntnisse erweitern dürfte sowohl von der allgemeinen interstellaren Absorption wie auch von der Absorption durch spezielle interstellare Wolken. Es könnte dann auch eine Interpretation der Wolfschen Kurven versucht werden, die man zu schwächeren Grenzgrößen fortsetzen könnte. Gli.

12534. The discovery of the obscuring clouds. JBAA **61** 80.

12535. Interstellar matter. Obs **71** 183—189. — Bericht über ein Kolloquium. R. Wilson: Die Intensität des Absorptionsbandes bei λ 4430 zeigt nach spektralphotometrischen Messungen eine Korrelation mit der Äquivalentbreite der D-Linien und mit dem Farbexzeß, aber auch reelle Streuung. D. L. Edwards: Die Korrelation zwischen Farbexzeß und Intensität des Bandes bei λ 4430 beweist noch nicht dessen interstellaren Ursprung. Bei γ Cas scheinen Intensitätsänderungen des Bandes aufzutreten. M. J. Seaton: Die Zusammensetzung des interstellaren Gases, soweit sie untersucht werden konnte, zeigt keine merklichen Abweichungen von der mittleren kosmischen Häufigkeit der Elemente. T. Gold: Zur Erklärung der beobachteten interstellaren Polarisation sind Magnetfelder von 10^{-5} Gauß im interstellaren Raum angenommen worden. Es wird gezeigt, daß stärkere Felder als etwa 10^{-11} Gauß unwahrscheinlich sind. F. Hoyle: Vergleich zwischen kosmogonischen Vorstellungen von v. Weizsäcker und Struve und der Wachstums- (accretion-) Theorie. O. G.

12536. The interstellar medium. Sky and Telescope **10** 265. — Ref. AAS.

Polarisation

12537. **L. Davis jr., J. L. Greenstein,** The polarization of starlight by aligned dust grains. ApJ **114** 206—240, mit 6 Fig. = Mt. Wilson and Palomar Obs. Repr. Nr. **40.** — Wie in der Theorie von Spitzer und Tukey wird die interstellare Polarisation durch längliche Teilchen gedeutet, die durch ein interstellares Magnetfeld ausgerichtet werden. Die Berechnung ihrer polarisierenden Wirkung erfolgt ebenfalls nach der Gansschen Theorie. Sie sollen jedoch nicht aus ferromagnetischem Material bestehen, sondern hauptsächlich aus Wasserstoffverbindungen mit einer Beimischung von 12% Fe. Ferner sollen sie infolge von Stößen der Atome und Ionen des interstellaren Gases schnell rotieren. Paramagnetische Relaxation ruft dann ein kleines nichtkonservatives Drehmoment hervor, das bestrebt ist, die kleine Achse der Teilchen zur Rotationsachse zu machen und sie in die Richtung eines interstellaren — parallel zur galaktischen Ebene verlaufenden — Magnetfeldes zu drehen. Dessen Feldstärke wird für Teilchen von rund 10^{-5} cm Radius und einem Achsenverhältnis von 1.2—1.7 zu 10^{-4} bis 10^{-5} Gauß geschätzt. Kdr.

12538. **W. Gliese, K. Walter,** Polarisationsuntersuchungen am Reflexionsnebel NGC 7023. ZfA **29** 94—100, mit 1 Abb. — Neun Aufnahmen des Reflexionsnebels NGC 7023 am Potsdamer 40 cm-Spiegel mit vorgesetztem Zeißschem Bernotar-Polarisationsfilter dienten zur Bestimmung der Polarisation an 45 Stellen des Nebels. Dabei wurde eine Methode verwendet, welche aus dem Helligkeitsvergleich je zweier Nebelstellen die Ableitung des Polarisationsgrades für diese Stellen gestattet. Dem reichhaltigen Detail des Nebels entsprechend ergaben sich für die einzelnen Teilgebiete desselben unterschiedliche Werte für die Polarisation. Es wurden Werte zwischen etwa 0 und 55% gefunden. Verf.

12539. **J. S. Hall,** Some polarization measurements in the Pleiades and Orion regions. AJ **56** 40—41. — Ref. AAS.

12540. **J. S. Hall,** Some polarization measurements in astronomy. J. Optical Soc. America **41** 963—966, mit 3 Fig. — Verf. gibt hauptsächlich einen gekürzten Überblick über die Bestimmung der interstellaren Polarisation an 551 entfernten Sternen (Publ. US Naval Obs. (2) **17** part 1, 1950; vgl. AJB **50** Ref. 12531). Ferner wird über neue Messungen im Orionnebel berichtet. Dort weisen die Richtungen der beobachteten Polarisationsebenen darauf hin, daß der heißeste Trapezstern (HD 37022) die Hauptquelle des beobachteten polarisierten Lichtes ist. Gli.

12541. **W. Hanle, H. Scherer,** Versuche zur Polarisation des Sternenlichtes. Z. Naturforschung **6a** 165—166, mit 2 Abb.

12542. **W. A. Hiltner,** Polarization of stellar radiation. III. The polarization of 841 stars. ApJ **114** 241—271, mit 13 Fig. = Contr. McDonald Obs. Nr. **201.** — Mit einem lichtelektrischen Photometer hat Verf. Polarisationsgrad und -richtung des Lichtes von 841 Sternen zumeist hoher Leuchtkraft gemessen. Als Analysator diente ein Polaroid. Polarisationsbeträge bis zu 7% wurden gefunden. Bei Sternen in geringer galaktischer Breite liegt die Ebene des elektrischen Vektors vorzugsweise parallel zur galaktischen Ebene, es gibt jedoch einige verstreute Gebiete, die davon abweichen. Das allgemeine Verhalten wird als Folge eines Richteffektes länglicher interstellarer Partikeln durch magnetische Felder vermutet, deren Kraftlinien infolge der Rotation der Milchstraße vornehmlich in der galaktischen Ebene liegen. Die Ausdehnung der Felder scheint erheblich zu sein (Größenordnung 1 kpc). Die Beziehung zwischen Farbenexzeß der Sterne und Polarisationsgrad wird kurz behandelt. Der Zusammenhang muß verwickelter Natur sein, da er durch eine Reihe von Faktoren (Teilchenmaterial, Feldstärkeverlauf auf dem Lichtweg usw.) bestimmt wird, die nicht gleichförmig in allen Richtungen wirken. Micz.

12543. **W. A. Hiltner,** Interstellar polarization. Obs **71** 151—153, mit 3 Fig. — Ref. in Sternenwelt **3** 234. — Durch lichtelektrische Beobachtungen mit zwischengeschaltetem drehbaren Polaroidfilter wurde die interstellare Polarisation im Licht von Sternen hoher Leuchtkraft und niedriger galaktischer Breite untersucht. In Cassiopeia-Perseus wurde merkliche Polarisation mit Schwingungsebene nahe parallel zur Milchstraßenebene gefunden, in Cygnus dagegen nicht. Zur Deutung wird Ausrichtung länglicher interstellarer Partikel durch Magnetfelder angenommen. Die Beziehung zwischen Polarisation und Farbenexzeß wird gezeigt. O. G.

12544. **H. C. van de Hulst,** Interstellar polarization and magneto-hydrodynamic waves. Aus: Problems of cosmical aerodynamics (Ref. 12008), Kapitel 6, S. 45—56, mit 2 Fig. Diskussion Kapitel 7 S. 57—58. — Im ersten Teil referiert Verf. über die Beobachtungen der interstellaren Polarisation und die sich daraus ergebenden Folgerungen bezüglich der Existenz eines interstellaren Magnetfeldes. Der zweite Teil ist der Frage gewidmet, welche Bewegungstypen für interstellare Gasmassen in einem Magnetfeld möglich sind. Hier werden einige Spezialfälle der Alfvénschen magneto-hydrodynamischen Wellen diskutiert. Kdr.

* * **W. Markowitz,** Photographic polarization results for extragalactic nebulae in Coma, southern stars, and HD 14633. Vgl. Ref. **12423.**

* * **N. G. Roman,** A study of the concentration of early-type stars in Cygnus. Vgl. Ref. **12323.**

12545. **E. V. P. Smith, H. C. van de Hulst,** Interstellar polarization by absorbing particles. AJ **56** 141—142. — Ref. AAS.

12546. **L. Spitzer jr., J. W. Tukey,** A theory of interstellar polarization. ApJ **114** 187—205, mit 1 Fig. — Zur Erklärung der Polarisation des Lichtes entfernter Sterne wird angenommen, daß im interstellaren Raum ferromagnetische Staubteilchen von länglicher Form vorhanden seien, die durch ein interstellares Magnetfeld ausgerichtet werden. Durch eine längere Diskussion wird begründet, wie ferromagnetische Teilchen bei Zusammenstößen gewöhnlicher interstellarer Teilchen entstehen können, wobei diese ihre flüchtigeren Bestandteile durch Verdampfung verlieren. Die Berechnung der Polarisation erfolgt nach Untersuchungen von Gans über Absorption und Streuung durch Sphäroide, die klein gegen die Lichtwellenlänge sind. Das zur Erklärung der Beobachtungen benötigte Magnetfeld dürfte 2×10^{-3} Gauß betragen für Teilchen von etwa 10^{-5} cm Radius. Zur Ausrichtung größerer Teilchen genügen schwächere Felder. Die noch bestehenden Unstimmigkeiten werden dem Überschreiten des Anwendungsbereichs der Gansschen Theorie zugeschrieben. Kdr.

§ 126

Radiostrahlung

12601. **Z. Baziková-Plavcová,** Radio discovers stars. RH **32** 124—126.

12602. **J. G. Bolton, K. C. Westfold,** Galactic radiation at radio frequencies. IV. The distribution of radio stars in the galaxy. Australian J. Sci. Res. (A) **4** 476—488, mit 6 Fig. = Commonwealth Sci. Industrial Res. Organization, Australia, Division Radiophys. — Die Verteilung galaktischer Rauschquellen bei 100 MHz in der galaktischen Ebene wird aus den Daten einer früheren Überwachung ermittelt, axiale Symmetrie vorausgesetzt. Absorptions- und Emissionseffekte innerhalb des interstellaren Gases werden betrachtet und für vernachlässigbar befunden. Abseits der galaktischen Ebene stimmen die Rauschkonturen nicht mit einer einfachen sphäroidischen Quellenverteilung überein. Ein isotroper Beitrag zur allgemeinen Untergrundstrahlung — möglicherweise außergalaktischen Ursprungs — wird erörtert. Auf Grund der Hypothese, daß die Untergrundstrahlung die Gesamtemission einer Verteilung von typischen Radiosternen ist, werden Abschätzungen der lokalen Anzahl, des Flusses von einem typischen Radiostern und die Entfernungen einiger der beobachteten diskreten Quellen gemacht und kurz diskutiert. Verf. (übersetzt)

12603. **J. G. Bolton,** Galactic noise. U. R. S. I. Proc. IXth Gen. Assembl. 8 364—369 (Pt II), 1950. — Ref. in Phys. Abstracts (A) 55 753.

12604. **R. H. Brown, C. Hazard,** Radio emission from the Andromeda nebula. MN **111** 357—367, mit 5 Fig. und 1 Tafel = Astr. Contr. Univ. Manchester (2) Jodrell Bank Repr. Nr. **53**. — Zum Nachweis der Radiofrequenzstrahlung des Andromeda-Nebels (M 31) benutzten die Verf. eine feststehende parabolische Antenne von 218 Fuß Durchmesser und 126 Fuß Brennweite. Im Fokus befinden sich zwei Dipole mit ihren Reflektoren. Diese Anordnung kann um ±15° aus der Achse des Paraboloids verschoben werden, sodaß infolge dessen und der täglichen Drehung der Erde ein Himmelsstreifen des Deklinationsbereichs +38° bis +68° bestrichen werden kann. Die Meßapparatur, die auch Antennentemperaturen unterhalb der Raumtemperatur zu messen gestattet, wird beschrieben. Die untere Grenze des noch meßbaren Energieflusses liegt bei 10^{-25} Watt/m² Hz für eine Einzelmessung. Die Registrierungen der Strahlung des Andromeda-Nebels bei 1,89 m Wellenlänge werden wiedergegeben und eine Konturenkarte seiner Umgebung abgeleitet. Die Gesamtenergie aus der Nebelrichtung beträgt 10^{-24} Watt/m² Hz ± 25%. Es wird gezeigt, daß die gemessene Intensität erwartet werden kann, wenn man annimmt, daß die Strahlungsintensität eines Sternsystems seiner Masse proportional ist und die Radiostrahlung der Milchstraße als Richtwert genommen wird. Unter der weiteren Voraussetzung, daß das für den Andromeda-Nebel geltende Verhältnis zwischen Licht- und Radiofrequenzstrahlung für alle extragalaktischen Nebel verbindlich ist, wird die Intensität der extragalaktischen Strahlung auf der Erdoberfläche zu 1,7 10^{-23} Watt/m² Steradian Hz, entsprechend einer effektiven Antennentemperatur von 2° K bei 1,89 m Wellenlänge abgeschätzt. Da tatsächlich etwa 200° K gemessen werden, scheint nur 1% der Radiostrahlung extragalaktischen Ursprungs zu sein. Micz.

12605. **R. H. Brown, C. Hazard,** A radio survey of the Cygnus region. I. The localized source Cygnus (1). MN **111** 576—584, mit 3 Fig. = Astr. Contr. Univ. Manchester (2) Jodrell Bank Repr. Nr. **55**. — Mit dem Antennen-Paraboloid von 218 Fuß Durchmesser der Jodrell Bank Experimental-Station wurden bei 1,89 m Wellenlänge und 2° Öffnungswinkel neue Messungen der starken Quelle kosmischer Hochfrequenzstrahlung im Sternbild Cygnus ausgeführt. 80 Passagen der Strahlungsquelle durch die Richtung der feststehenden Antenne wurden August — November 1950 registriert. Für die Koordinaten werden innerhalb der Fehlergrenzen die gleichen Werte erhalten, wie sie aus Bestimmungen mit interferometrischen Antennenanordnungen folgten. Als Intensität ergibt sich $3{,}7 \times 10^{-23}$ Watt/m² Hz ± 25%. Die Intensität nimmt wahrscheinlich mit kürzer werdender Wellenlänge ab. Verf. finden, wie früher andere, Fluktuationen der Strahlungsintensität, deren Ursache sie in der Ionosphäre annehmen. Micz.

12606. **H. I. Ewen, E. M. Purcell,** Radiation from galactic hydrogen at 1,420 Mc./sec. Nature **168** 356, mit einer Bestätigung von J. L. Pawsey S. 358. — Kurzer Bericht über die erste Beobachtung der interstellaren 21 cm-Linie in Cambridge, Mass.

* * **G. G. Getmanzew,** Neue Daten über die Radiostrahlung der Sonne und Galaxis. Vgl. Ref. **6537**.

* * **F. Gruber,** Zur Dualitätstheorie der Materie. I. Herkunft der härtesten kosmischen Korpuskelstrahlung. II. Ursache der von Himmelskörpern ausgesandten Wellenstrahlung von Radio-Frequenzen. Vgl. Ref. **5007**.

12607. J. S. Hey, Radio astronomy. Sci. Progr. **39** 427—448. — Ref. in Phys. Abstracts (A) **55** 3.

* * **W. L. Hinsburg,** Die kosmische Strahlung als Quelle der galaktischen Radiostrahlung. Vgl. Ref. **12716**.

12608. B. Kwal, Sur une possibilité d'interpréter les «bruits» radioélectriques du soleil et de la galaxie comme rayonnement des protons des radiations cosmiques dans les champs magnétiques intenses du soleil et des autres objets célestes. Ann d'Astrophys **14** 189—198, mit 1 Fig. = Contr. Inst. d'Astrophys. Paris (B) Nr. **68**. — Die solare und galaktische Radiostrahlung wird auf die Bewegung und die damit verbundene Ausstrahlung energiereicher geladener Teilchen in kosmischen Magnetfeldern zurückgeführt, und zwar ergibt eine Abschätzung des Effekts für die Protonen der Höhenstrahlung der Größenordnung nach Übereinstimmung mit den beobachteten Intensitäten und Wellenlängen. Kdr.

12609. B. Kwal, Les ondes électromagnétiques, émises par les protons rapides dans les champs magnétiques intenses, et la corrélation entre le rayonnement cosmique et les bruits radio-électriques du soleil et de la galaxie. CR **231** 1057—1059, 1950. — Ref. in Phys. Ber. **30** 1471—1472.

12610. B. Kwal, Sur le rayonnement électromagnétique des protons cosmiques dans les champs magnétiques intenses des objets célestes. J. Physique et le Radium **12** 66—67. — Verf. berechnet Frequenz und Intensität strahlender Protonen der kosmischen Strahlung in stellaren Magnetfeldern und findet eine Bestätigung seiner bereits früher erörterten Möglichkeit, auf diese Weise die Radiostrahlung der Sonne und der Galaxis zu erklären. Loh.

12611. M. Laffineur, Émissions radioélectriques dans la galaxie. BSAF **65** 177—189, mit 8 Fig. — Ref. in Phys. Ber. **31** 143.

12612. M. Laffineur, Radio-astronomie. BSAF **65** 379—382, mit 1 Fig. — Inhalt: Réception des ondes sidérales. Carte du Ciel radioélectrique. Radiosources. Émission radioélectrique solaire. Possibilités et limitations des observations radioélectriques.

* * **F. Link,** Radioastronomie. Vgl. Ref. **635**.

12613. C. G. Little, A. Maxwell, Fluctuations in the intensity of radio waves from galactic sources. Phil. Magazine (7) **42** 267—278, mit 5 Fig. = Astr. Contr. Univ. Manchester (2) Jodrell Bank Repr. Nr. **50**. — Ref. in Phys. Ber. **31** 143—144. — Es wird nachgewiesen, daß Fluktuationen der Intensität kosmischer Radiofrequenzstrahlungsquellen terrestrischen Ursprungs sind. Beobachtungen der beiden intensivsten Quellen im Cygnus und in der Cassiopeja zeigen, daß Fluktuationen bevorzugt auftreten, wenn in der Ionosphäre Streuechos an der F-Schicht beobachtet werden. Wenn die Strahlungsquellen tief am Nordhorizont stehen, treten fast stets Fluktuationen auf, die auf die permanente Störung der Ionosphäre in hohen geomagnetischen Breiten zurückgeführt werden. Behr

12614. A. C. B. Lovell, Radio astronomy. Discovery **12** 7 = Astr. Contr. Univ. Manchester (2) Jodrell Bank Repr. Nr. **43**. — Ref. in JBAA **61** 110.

12615. **A. C. B. Lovell,** The new science of radio astronomy. Nature **167** 94—97 = Astr. Contr. Univ. Manchester (2) Jodrell Bank Repr. Nr. **44.** — Im wesentlichen Inhalt eines Vortrages vor der British Astronomical Association über die Ergebnisse der Radioastronomie auf meteorischem und galaktisch-außergalaktischem Gebiet.

12616. **B. Y. Mills, A. B. Thomas,** Observations of the source of radiofrequency radiation in the constellation of Cygnus. Australian J. Sci. Res. (A) **4** 158—171, mit 3 Fig. und 1 Tafel = Commonwealth Sci. Industrial Res. Organization, Australia, Division Radiophys. — Prinzipielle Beschreibung einer Meßanordnung mit Interferometer zur Beobachtung radiofrequenter Strahlungsquellen. Der Ort der Strahlungsquelle im Cygnus wird zu $\alpha = 19^h 57^m 37^s \pm 6^s$, $\delta = 40° 34' \pm 3'$ w. F. bestimmt. Die beobachteten Fluktuationen können eindeutig Störungen in der Ionosphäre zugeschrieben werden. Behr

12617. **C. A. Muller, J. H. Oort,** The interstellar hydrogen line at 1,420 Mc./sec., and an estimate of galactic rotation. Nature **168** 357—358, mit 1 Fig. — Kurzer Bericht über die Beobachtungen der interstellaren 21 cm-Linie auf der Kootwijk-Radiostation. Die Intensitätsverteilungen in drei galaktischen Bereichen um 330°, 0° und 60° Länge sind graphisch dargestellt, außerdem Messungen bei 355° und einer um 250 kHz niedrigeren Frequenz. In halber Sonnenentfernung vom galaktischen Zentrum beträgt die Rotationsgeschwindigkeit der Galaxis etwa 190 km/sec. Loh.

12618. **R. A. Naef,** Radiowellen aus dem Weltenraum. Orion Schaffhausen **3** 242—243.

12619. **J. H. Piddington, H. C. Minnett,** Observations of galactic radiation at frequencies of 1210 and 3000 Mc/s. Australian J. Sci. Res. (A) **4** 459—475, mit 6 Fig. = Commonwealth Sci. Industrial Res. Organization, Australia, Division Radiophys. — Messungen der galaktischen Strahlung bei Frequenzen von 1210 und 3000 MHz werden beschrieben. Die Ergebnisse erweitern das bisherige Radioemissionsspektrum um mehr als 2½ Oktaven. Die Intensität der Strahlung in der Nähe des galaktischen Zentrums wurde gemessen und die Richtung des Maximums dieser Strahlung abgeschätzt. Eine neue «diskrete Quelle» mit einem pekuliaren Spektrum wurde sehr nahe dem galaktischen Zentrum entdeckt. Allem Anschein nach ist die Energieabgabe dieser und einiger anderer Quellen im Radiospektrum größer als die totale Energieabgabe der Sonne. Strahlung wurde auch aus Richtung des Crab-Nebels, der bekannten «Radioquelle» in Centaurus und vom Mond beobachtet. Zwei Nebel (M 31 und NGC 7293) wurden mit negativem Ergebnis untersucht. Die Spektren von zwei Quellen zwischen den Grenzen 18,3 und 1200 MHz werden gegeben. Verf. (übersetzt)

12620. **J. H. Piddington,** The origin of galactic radio-frequency radiation. MN **111** 45—63, mit 6 Fig. = Commonwealth Sci. Industrial Res. Organization, Australia, Division Radiophys. — Zusammenstellung der Beobachtungsergebnisse verschiedener Autoren über die radiofrequente galaktische Strahlung und daraus Ableitung ihrer spektralen Verteilung für drei ausgewählte Stellen in der Milchstraße. Diskussion der unter verschiedenen Bedingungen zu erwartenden theoretischen Emissionsspektren im radiofrequenten Gebiet. Ein Vergleich von Beobachtung und Theorie führt Verf. zu dem Schluß, daß die galaktische Radiostrahlung teils in ionisiertem interstellaren Gas — hier vor allem die Strahlung höherer Frequenzen — teils in Sternatmosphären ihren Ursprung hat. Kdr.

12621. **J. J. Raimond jr.,** Radiostraling ontvangen van waterstofatomen in de interstellaire ruimte. Hemel en Dampkring **49** 131—135, mit 1 Abb., Berichtigung S. 160. — Gemeinverständlicher Bericht über die Entstehung der 21 cm-Strahlung und die ersten Ergebnisse ihrer Beobachtung in Kootwijk. Gü.

12622. **G. Reber,** Galaktiske radiobølger. NAT **1951** 16—19, mit 1 Fig. — Übersetzung aus ASP Leaflet Nr. 259 von J. M. Vinter Hansen.

12623. **G. Righini,** Materia interstellare e radioastronomia. Coelum **19** 159—160. — Behandelt den Ursprung der Radiostrahlung. F. Z.

12624. **M. Ryle, B. Elsmore,** A search for long-period variations in the intensity of radio stars. Nature **168** 555—556. — Bei einer Wellenlänge von 3.7 m wurden mittels eines Interferometerantennensystems 18 Monate lang fast Tag für Tag Intensitäten zahlreicher Radiosterne gemessen. Nach Befreiung von ionosphärischer Szintillation ergaben sich Schwankungen von weniger als 5—10%. Loh.

12625. **I. S. Schklowskij,** Radiosterne. DAN **79** 423—426 (russisch). — Ref. in Phys. Ber. **30** 1639.

12626. **I. S. Schklowskij,** Radiosterne. Priroda **41** Nr. 2 S. 26—35, mit 3 Abb. (russisch). — Allgemeinverständlicher Bericht über die Entdeckung der Radiosterne, die Prinzipien ihrer Beobachtung und die Hypothesen ihrer Natur.

12627. **C. L. Seeger, R. E. Williamson,** The pole of the galaxy as determined from measurements at 205 mc/sec. ApJ **113** 21—49, mit 10 Fig. = Commun. David Dunlap Obs. Nr. **26.** — Ref. in Sternenwelt **3** 151—152. — Die Verf. bestimmen aus Messungen der Intensitätsverteilung der galaktischen Kurzwellenstrahlung bei 205 MH Frequenz den galaktischen Pol. Einleitend werden Apparatur, Meßtechnik und Reduktionsverfahren erläutert. Die Strahlung ist stark auf einen schmalen Gürtel in der Nähe des galaktischen Äquators konzentriert, dessen galaktische Polkoordinaten zu $l = 266{}^\circ\!.8 \pm 4{}^\circ\!.5$ und $b = +87{}^\circ\!.43 \pm 0{}^\circ\!.34$ (1900.0) gefunden werden. Der Gürtel stärkster Strahlung besitzt einen Abstand von $91{}^\circ\!.28 \pm 0{}^\circ\!.18$ vom nördlichen Pol. Die Messungen spiegeln die galaktische Struktur im wesentlichen wieder. Die Entfernung des maximal strahlenden Gürtels um mehr als 90° vom nördlichen Pol der Milchstraße kann entweder auf eine Erhebung der Sonne um etwa 750 pc über die galaktische Ebene, was jedoch mit stellarstatistischen Ergebnissen (10—20 pc) nicht vereinbar ist, oder auf eine fehlerhafte Berechnung der Opazität des interstellaren Mediums, die bisher nur als aus frei-frei-Übergängen herrührend angenommen wurde, zurückgeführt werden. Micz.

12628. **C. L. Seeger,** Some observations of the variable 205 MC/Sec radiation of Cygnus A. J. Geophys. Res. **56** 239—258, mit 9 Fig. — Ref. in Phys. Ber. **31** 493—494. — Eine längere Beobachtungsreihe der variablen Radiofrequenzstrahlungsquelle Cygnus A zeigt, daß die Schwankungen mit der mittleren Periode von etwa 45 sec erfolgen. Die Tatsache, daß ein klarer Zusammenhang zwischen der Amplitude und der Zenitdistanz besteht, läßt darauf schließen, daß die Schwankungen terrestrisch bedingt sind. Behr

12629. **H. K. Sen, J. Feinstein,** Radio wave generation by multistream charge interaction. AJ **56** 48. — Ref. AAS.

12630. **C. A. Shain,** Galactic radiation at 18.3 Mc/s. Australian J. Sci. Res. (A) 4 258—267 = Commonwealth Sci. Industrial Res. Organization, Australia, Division Radiophys. — Ref. in Phys. Abstracts (A) **55** 3.

12631. **H. Siedentopf,** Astrophysikalische Forschung im Radiofrequenzgebiet. Phys. Blätter **7** 442—452, mit 9 Fig.

12632. **F. G. Smith,** An accurate determination of the positions of four radio stars. Nature **168** 555. — Mit einem Interferometerantennensystem wurden die Positionen von vier Radiosternen in Taurus, Virgo, Cygnus und Cassiopeja bei den Wellenlängen 3.7 und 1.4 m bestimmt. Die Fehler der Endwerte liegen in α zwischen $\pm 1^s$ und $\pm 3^s$, in δ zwischen 0!7 und 10′. Loh.

12633. **F. G. Smith,** An attempt to measure the annual parallax or proper motion of four radio stars. Nature **168** 962—963. — Da der Winkel zwischen zwei Radiosternen vom Ort der Erde in der Ekliptik abhängt und dadurch eine Entfernungsbestimmung ermöglicht wird, führte Verf. zu diesem Zweck und zur Ermittlung der Eigenbewegung entsprechende Meßreihen bei 3.7 m und 1.4 m Wellenlänge mit Interferometerantennen durch. Die beiden Radiosterne in Taurus (05.01) und Virgo (12.01) müssen darnach weiter als 0.05 pc, diejenigen in Cygnus (19.01) und Cassiopeja (23.01) weiter als 0.2 pc entfernt sein. Eigenbewegungen konnten nicht festgestellt werden. Loh.

12634. **G. Westerhout, J. H. Oort,** A comparison of the intensity distribution of radio-frequency radiation with a model of the galactic system. BAN **11** 323—333, mit 6 Fig. — Ref. in Irish AJ **1** 245. — Die galaktische Radiostrahlung wird zum kleineren Teil dem interstellaren Gas, zum größeren Teil sternähnlichen Quellen zugeschrieben, deren Verteilung derjenigen der gewöhnlichen Sterne (G- und K-Zwerge) parallel laufe. Aus Beobachtungen und dynamischen Erwägungen wird sodann ein Milchstraßenmodell abgeleitet und die nach diesem Modell zu erwartende Verteilung der Radiostrahlungsintensität mit Beobachtungen von Bolton und Westfold bei 100 MHz verglichen. Im großen und ganzen ist die Übereinstimmung gut, nur an den galaktischen Polen und in Richtung zum Antizentrum besteht ein Strahlungsüberschuß, der vielleicht durch einen Untergrund entfernter extragalaktischer Nebel zu erklären ist. Andere Beobachtungen zeigen, daß in den äußeren Teilen der Milchstraße sich beträchtliche Unregelmäßigkeiten überlagern. Einige Abschätzungen der Raumdichte und Entfernung der hypothetischen Radiosterne in der Sonnenumgebung beschließen die Arbeit. Kdr.

12635. Une application récente des méthodes radioélectriques à l'étude de la galaxie. BSAF **65** 378.

12636. Galactic radio-waves. JBAA **61** 52—53.

12637. More extragalactic radio-waves. JBAA **61** 79—80.

12638. Hydrogen 21-cm. radiation. Sky and Telescope **10** 237—238. — Ref. AAS.

12639. Radio and telescope. Sky and Telescope **10** 265. — Ref. AAS.

12640. Fifty radio stars. Sky and Telescope **11** 10.

12641. Radiostjerner. Urania Kopenhagen 8 18—23.

§ 127

Kosmische Strahlung

12701. **N. Adams, H. J. J. Braddick,** Time and other variations in the intensity of cosmic ray neutrons. Z. Naturforschung **6a** 592—598. — Die Effekte der großen Sonneneruption vom 19. 11. 1949 waren auf die Neutronen der kosmischen Strahlung viel größer als auf die ionisierende Strahlung. Loh.

12702. **J. A. van Allen,** Intensities of heavy cosmic-ray primaries by pulse ionization chamber measurements. Phys. Rev. (2) **84** 791—797, mit 6 Fig. — Bericht über die Deutung der Messungen mit Ionisationskammern in Raketen.

12703. **A. Beiser,** Vom Ursprung der kosmischen Strahlung. Phys. Blätter 7 396—400. — Der vorliegende Bericht erschien in Physics Today 4 Nr. 7 S. 14.

12704. **L. Biermann, A. Schlüter,** Cosmic radiation and cosmic magnetic fields. II. Origin of cosmic magnetic fields. Phys. Rev. 82 863—868. — Im Anschluß an vorwiegend eigene frühere Arbeiten (Vgl. AJB 50 Ref. 253, 5303, 5310) geben die Verf. einen Überblick über die Eigenschaften eines Plasmas unter kosmischen Verhältnissen und besprechen dann die sich daraus ergebenden Möglichkeiten für die Entstehung von stellaren und interstellaren Magnetfeldern. Kdr.

12705. **Chang-Yun Fan,** On Fermi's theory of the origin of cosmic radiation. Phys. Rev. (2) 82 211—216, mit 3 Fig. — Ausgehend von der Fermischen Theorie der Herkunft der kosmischen Strahlung wird eine Erklärung der beobachteten Form des Energiespektrums der Protonenkomponente vorgeschlagen. Es scheint, als ob man auf Grund dessen einen Anhalt dafür hat, daß die Mehrzahl der Protonen aus dem galaktischen Kern stammt. Unter der Annahme, daß der galaktische Kern ein Haufen von Sternen ist, kann die Herkunft der schwereren Kernkomponenten und Protonen der kosmischen Strahlung auf derselben Grundlage erklärt werden, vorausgesetzt, daß ein gewöhnlicher Stern Partikel hoher Energie (bis zu 1 Bev pro Nukleon) aussenden kann. Die Beobachtung der Wirkung der Sonne auf die schwereren Kernkomponenten kann ein Kriterium der Theorie sein. Die Wirkung des galaktischen Magnetfeldes auf das Energiespektrum der auf der Erde beobachteten kosmischen Strahlung ist vernachlässigbar. Das Alter der Galaxis wird auf mehr als 2 Milliarden Jahre abgeschätzt. Verf. (übersetzt)

* * **J. Clay, H. F. Jongen, A. J. Dijker,** Solar flares and the origin of cosmic radiation. I, II, III. Vgl. Ref. 6606.

* * **J. Clay, H. F. Jongen, A. J. Dijker,** Increase of cosmic ray intensity in correlation with meteoric activity on Nov. 6—7, 1951. Vgl. Ref. 8212.

12706. **G. Cocconi,** On the origin of the cosmic radiation. Phys. Rev. (2) 83 1193—1195. — Durch Experimente wird auf die Isotropie der kosmischen Strahlung oberhalb von 10^{13} eV geschlossen. Zur Deutung dieses Ergebnisses muß man annehmen, daß die energiereicheren Partikel der kosmischen Strahlung nicht solarer Herkunft sind, sondern aus der ganzen Galaxis stammen. Andererseits scheint ein lokaler Ursprung für die Partikel mäßiger Energie (10^9—10^{10} ev) notwendig zu sein. Verf. (übersetzt)

12707. **J. Daudin,** Le soleil et les rayons cosmiques. 7me rapport de la commission pour l'étude des relations entre les phénomènes solaires et terrestres, S. 135—164, mit 4 Fig. — Verf. berichtet unter Benützung von 121 Publikationen über die Fortschritte in den Untersuchungen über die kosmische Strahlung und ihrer Zusammenhänge mit solaren Erscheinungen. Nach einer Einleitung über Natur, Zusammensetzung und Energiespektrum der Primärstrahlung werden die unregelmäßigen Variationen, welche mit erdmagnetischen Stürmen, großen Sonnenflecken und chromosphärischen Eruptionen zusammenhängen, behandelt. Ein weiterer Abschnitt beschäftigt sich mit den periodischen Variationen, ein dritter mit theoretischen Fragen betreffend den Einfluß der erdmagnetischen Stürme, die Erzeugung der kosmischen Strahlung bei Eruptionen und die Möglichkeit eines solaren oder galaktischen Ursprungs der kosmischen Strahlung. Bru.

12708. **G. P. Dischkant,** Die Herkunft der kosmischen Strahlung. Priroda 40 Nr. 4 S. 21—27 (russisch).

12709. **T. M. Donahue,** The significance of the absence of primary electrons for theories of the origin of the cosmic radiation. Phys.

Rev. (2) **84** 972—980, mit 2 Fig. — Elektronen mit Energien oberhalb von 5 Bev scheinen weniger als 0,4% der primären kosmischen Strahlung auszumachen. Als Ursache hierfür kommen Zusammenstöße zwischen energiereichen Elektronen und thermischen Photonen in Frage, bei denen die Elektronenenergie weitgehend verloren gehen kann. Da die Photonendichte hierfür im interstellaren Raum zu gering ist, kann die Energieminderung nur in Sonnen- oder Sternnähe erfolgen. Verf. spricht sich für die solare und stellare Herkunft der kosmischen Strahlung aus. Loh.

12710. **A. Ehmert, A. Sittkus,** Ein ortszeitlicher weltweiter Tagesgang der kosmischen Ultrastrahlung bei geringen erdmagnetischen Störungen durch Korpuskeln. Z. Naturforschung **6a** 618—622, mit 6 Abb. — Bei schwachen erdmagnetischen korpuskelbedingten Störungen tritt in der Intensität der kosmischen Ultrastrahlung ein charakteristischer Tagesgang auf. Der Vergleich der gleichzeitigen Auswirkung in Ionisationskammern und Zählrohrkoinzidenzgeräten zeigt, daß wahrscheinlich zwei Vorgänge zusammenspielen. Das Auftreten und sogar in hohem Maß der Verlauf dieser Tagesgänge sind weltweite Erscheinungen. Aber der Verlauf ist an die Ortszeit gebunden. Verf.

12711. **A. Ehmert,** Zur Deutung der Tagesgänge der kosmischen Ultrastrahlung bei leichten magnetischen Störungen. Z. Naturforschung **6a** 622—626, mit 1 Abb. — Es wird gezeigt, daß diese Tagesgänge nur auf die zenitnahe Strahlung beschränkt sind, so daß nur eine Beeinflussung energiearmer Primärstrahlen anzunehmen ist. Diese kann durch zur Erde unsymmetrische Magnetfelder bewirkt werden, wie sie von langsamen oder wenig dichten solaren Partikelwolken im Zusammenwirken mit dem Erdfeld entstehen. Eine vorerst hpyothetische Möglichkeit einer zusätzlichen Beschleunigung bzw. Verzögerung von Ultrastrahlungsteilchen an der Grenzfläche zwischen dem Erdfeld und der vorbeiflutenden Plasmawolke wird skizziert. Eine vorläufige Statistik weist auf einen Zusammenhang der Tagesgänge mit Filamenten am Zentralmeridian der Sonne. Verf.

12712. **H. Elliot, D. W. N. Dolbear,** Directional measurements of the diurnal variation of cosmic ray intensity. J. Atmosph. Terr. Phys. **1** 205—214, mit 12 Fig. — Ref. in Phys. Ber. **31** 689—690.

12713. **S. E. Forbush, T. B. Stinchcomb, M. Schein,** The extraordinary increase of cosmic-ray intensity on November 19, 1949. Phys. Rev. (2) **79** 501—504, 1950. — Ref. in Phys. Ber. **30** 1478.

12714. **P. S. Freier, G. W. Anderson, J. E. Naugle, E. P. Ney,** The heavy nuclei of the primary cosmic radiation. Phys. Rev. (2) **84** 322—331, mit 13 Fig. — Mittels Ballonaufstiegen bis zu 35 km Höhe wurde in 55° N (geomagn.) der Fluß von Kernen mit $Z \geq 10$ gemessen. Das Energiespektrum verläuft proportional zu $E_0^{-0,5}$ bei Energien über 0,8 Bev/Nukleon. Unterhalb scheint es steiler zu werden. Eine Beeinflussung des Teilchenflusses durch Flares der Stärke 1 und 2 konnte meßbar nicht festgestellt werden. Loh.

* * **N. C. Gerson,** Correlation of auroras with increased cosmic ray intensities (November 19, 1949). Vgl. Ref. 72123.

12715. **H. Gheri,** 27^d-Variation der harten Komponente der kosmischen Strahlung und Magnetfeld der Erde zur Zeit eines Minimums der Sonnenaktivität. Z. Naturforschung **6a** 775—780, mit 4 Abb. — An einem 23 Sonnenrotationen umfassenden Beobachtungsmaterial der kosmischen Strahlung wird gezeigt, daß nur ein geringer Anteil der 27-Tage-Variation durch erdmagnetische Einflüsse gedeutet werden kann. Nach der magnetischen Korrektur der Strahlungswerte zeigt die Häufigkeitsverteilung der Lage des Maximums im Gegensatz zur unkorrigierten Strahlung zwei den Störpegel deutlich überragende Spitzen: a) 12 Rotationen mit Maximum am 1.—6. Tag,

b) 5 Rotationen mit Maximum am 9.—11. Tag. Während der Rotationen a), die hauptsächlich zur Zeit der magnetischen Wiederkehr beobachtet wurden, scheint die Emission der Wellenstrahlung der Sonne am Beginn des Rotationsintervalls verringert zu sein (erschlossen aus dem Verlauf der Bodentemperatur), so daß es plausibel erscheint, die Variation der Strahlung während dieser Rotationen durch atmosphärische Einflüsse zu erklären. Eine Deutung der Variationen b) war nicht möglich. Verf.

* * **T. Hatanaka, Y. Sekido, Y. Miyazaki, M. Wada,** Solar radio outburst and increase of cosmic-ray intensities on September 20, 1950. Vgl. Ref. **6539.**

12716. **W. L. Hinsburg,** Die kosmische Strahlung als Quelle der galaktischen Radiostrahlung. DAN **76** 377—380 (russisch).

12717. **A. R. Hogg,** Cosmic rays and solar relationships. J. Atmosph. Terr. Phys. **1** 56—62, 1950. — Ref. in Phys. Ber. **31** 690.

12718. **L. Jánossy,** Cosmic Rays. Vgl. AJB **48** Ref. **12722.** — Besprechung der zweiten Auflage 1950 mit 454 S. und 10 Tafeln in J. British Interplanetary Soc. **10** 89—91, Scientia **87** 130—131 (L. Gialanella).

* * **B. Kwal,** Sur le rayonnement électromagnétique des protons cosmiques dans les champs magnétiques intenses des objets célestes. Vgl. Ref. **12610.**

12719. **C. B. A. McCusker, H. Messel,** The momentum spectrum of cosmic-ray protons. Proc. Phys. Soc. (A) **64** 948—949, mit 1 Fig.

12720. **J. E. Naugle, G. W. Anderson jr.,** Rates of star formation and the flux of primary heavy nuclei during the solar flare of August 2, 1950. Phys. Rev. (2) **81** 314. — Ref. Am. Phys. Soc. — Ref. in Phys. Ber. **30** 1389.

12721. **H. V. Neher,** Energy distribution of the primary cosmic radiation. Phys. Rev. (2) **83** 649—650, mit 2 Fig. — Für das Energiespektrum der kosmischen Strahlung wird aus neueren Beobachtungen eine von der früheren abweichende Formel gegeben. Loh.

12722. **A. I. Ohl,** Mit der Sonnentätigkeit verbundene Intensitätsänderungen der kosmischen Strahlung. Priroda **40** Nr. 11 S. 48—52 (russisch).

12723. **G. J. Perlow, C. W. Kissinger,** A search for primary cosmic gamma-radiation. I. Phys. Rev. (2) **81** 552—554, mit 3 Fig. — Die bisherige Ansicht, daß energiereiche Gammastrahlen nur einen kleinen Bruchteil der primären kosmischen Strahlung ausmachen, wird durch Messungen während eines Raketenaufstiegs bestätigt. Im Bereich 3,4 bis 90 Mev ergab sich ein Fluß von 1.4 Mev/cm^2/sec, also 1300 mal weniger, als der gesamten Intensität der kosmischen Strahlung entspricht. Loh.

12724. **G. J. Perlow, C. W. Kissinger,** A search for primary cosmic gamma-radiation. II. Low energy radiation above and within the atmosphere. Phys. Rev. (2) **84** 572—580, mit 9 Fig. — Verschiedene Raketenaufstiege wurden zur Messung der Intensität der γ-Strahlen zwischen 0,1 und 15 Mev ausgenutzt. Ein täglicher Effekt wurde nicht gefunden. Wahrscheinlich sind die γ-Strahlen als Bremsstrahlung einfallender Elektronen mit Comptonstreuung zu deuten. Ihr primärer Anteil ist im Vergleich zur Intensität der einfallenden kosmischen Strahlung klein. Loh.

12725. **B. Peters, H. L. Reynolds, D. M. Ritson,** A new method of energy determination of heavy primaries of the cosmic radiation. Phys. Rev. (2) **82** 294—295. — Ref. Am. Phys. Soc.

12726. **M. A. Pomerantz,** An increase of the primary cosmic-ray intensity following a solar flare. Phys. Rev. (2) **81** 731—733, mit 1 Fig. — Etwa 19 Stunden nach dem Einsetzen des Flares vom 10. Mai 1949 trat in etwa 30 km Höhe eine Verstärkung der Intensität der kosmischen Strahlung von 15% ein.

12727. **C. F. Powell,** Die kosmische Strahlung. Nobelvortrag 1950 Phys. Blätter **7** 385—395, mit 8 Fig.

12728. **H. L. Reynolds, D. M. Ritson, E. P. Woodruff,** Low energy spectrum of heavy primary cosmic rays. Phys. Rev. (2) **83** 197. — Ref. Am. Phys. Soc.

12729. **A. Rogozinski,** Sur l'existence possible des gerbes cosmiques primaires. CR **232** 328—330.

12730. **E. G. v. Roka,** Sonnenaktivität und kosmische Strahlung. Z. Naturforschung **6a** 117—122, mit 8 Abb. — Ref. in Sterne **27** 167. — Mit der Methode der überlagerten Stichtage wurde an Hand von Tagesmitteln die Korrelation zwischen Sonnenfleckenrelativzahlen und kosmischer Strahlung untersucht. Die 27-Tage-Welle der kosmischen Strahlung bleibt mit einer Phasenverschiebung von etwa 4—6 Tagen hinter der Welle der Sonnenfleckenrelativzahlen zurück und zwischen den beiden Variationen besteht eine gute negative Korrelation. Die 27-Tage-Welle der kosmischen Strahlung kann nicht auf eine solare Komponente der kosmischen Strahlung zurückgeführt werden. Verf.

12731. **M. N. Saha,** Occurence of stripped nuclei of Neon in primary cosmic rays. Nature **167** 476—477. — Ne I und Ne II kommen in der Sonnenatmosphäre längst nicht so häufig vor, wie in der kosmischen Strahlung. Es muß daher bezweifelt werden, ob die Neonkerne der kosmischen Strahlung solaren Ursprungs sind. Loh.

* * **Y. Sekido, T. Masuda, S. Yoshida, M. Wada,** The Crab nebula as an observed point source of cosmic rays. Vgl. Ref. **12221.**

12732. **J. A. Simpson jr.,** The change of cosmic-ray neutron intensity following solar disturbances. Phys. Rev. (2) **81** 639—640, mit 1 Fig. — Während die Neutronenintensität in 10 km Höhe von geomagnetischer Breite 40° bis 52° linear ansteigt, ist sie von da ab bis 66° nahezu konstant und außerdem größer bei verstärkter Flaretätigkeit. Loh.

12733. **A. Sittkus, D. Ganz,** Ein ungewöhnlicher Anstieg der Ultrastrahlung. Z. Naturforschung **6a** 563—564. — Um 13^h WZ beginnt die Intensität auf der Bergstation Schauinsland (1200 m) stark zuzunehmen, um bis etwa 16^h wieder auf den normalen Wert abzusinken. Im Tal beobachtet man diesen Effekt nicht. Loh.

12734. **W. P. Staker, M. Pavalow, S. A. Korff,** The latitude effect of cosmic-ray neutrons. Phys. Rev. (2) **81** 889—890. — Ref. in Phys. Ber. **31** 1255.

12735. **J. P. Terlezkij, A. A. Logunow,** Das Energiespektrum der primären Komponente der kosmischen Strahlung. J. Experim. Theoret. Phys. **21** 567—568 (russisch). — Ref. in Phys. Abstracts (A) **55** 122.

12736. **A. Unsöld,** Cosmic radiation and cosmic magnetic fields. I. Origin and propagation of cosmic rays in our galaxy. Phys. Rev. (2) **82** 857—863. — Es wird gezeigt, daß die Radiostrahlung der Galaxis nicht der «ruhigen», sondern der «gestörten» Strahlung der Sonne analog ist (erzeugt durch Plasmaschwingungen). Viele Argumente weisen darauf hin, ihren Ursprung in Sternen mit einer «Aktivität» zu suchen, die qualitativ derjenigen der Sonne ähnelt, aber mehrere Milliarden mal stärker ist. Es wird angenommen, daß die Beziehung zwischen Radiostrahlung und der Emission der kosmischen

Strahlung in diesen Sternen ähnlich der bei der Sonne von Forbush und Ehmert beobachteten ist. Im Magnetfeld der Galaxis wird diese primäre kosmische Strahlung mit einem Faktor 10^3 bis 10^4 «aufgespeichert», wobei jedes Partikel einen komplizierten Weg beschreibt, bis es durch einen Kernzusammenstoß vernichtet wird und Richtungsisotropie eintritt. Das Abschneiden des Energiespektrums bei kleinen Energien, das bislang zumeist einem solaren magnetischen Dipol zugeschrieben wird, wird der hemmenden Kraft der interstellaren Materie zugeschrieben. Einige andere Theorien über den Ursprung der kosmischen Strahlung werden kritisch besprochen. Verf. (übersetzt)

12737. **S. A. Wouthuysen,** Cosmische straling. Hemel en Dampkring **49** 161—170, 181—192, mit 15 Fig. — Bericht über die Untersuchungsmethoden der kosmischen Ultrastrahlung und die gefundenen Elementarteilchen. Gü.

12738. Les rayons cosmiques sont - ils d'origine solaire? La Nature **79** 218.

12739. Cosmic rays. Sky and Telescope **10** 241.

* * Cosmic rays from the Crab nebula. Vgl. Ref. 12232.

12740. **Beobachtungen der kosmischen Strahlung**
Veröff. Fraunhofer-Inst. Sonnen-Zirkular 1950 Okt.—1951 Sept. 295 S. mit Abb.

Vierzehnter Teil

Geodäsie. Nautik

§ 130

Berichte, Höhere Geodäsie, Kartographie, Allgemeines

13001. **A. Berroth,** Direkte Messung der Laplaceschen Gleichung durch gleichzeitige Beobachtung von Azimutdifferenzen auf zwei Stationen. Deutsche Geod. Kommission Bayer. Akad. Wiss. (A) Veröff. Nr. 1 5—26, mit 6 Abb. — Heute gestattet es der Theodolit mit photographischer Registrierung durch Verwendung hochfrequenter Auslöseimpulse in einem Verfahren der Gleichzeitigkeit direkte und gemeinsame Bestimmungen von Längen- und Azimutdifferenzen von zwei Feldstationen in einem Gange vorzunehmen. Außerdem liefert das Verfahren die lokalen Werte für Breite, Länge und Azimut gleichzeitig. Das Verfahren beruht auf linearen Gleichungen, den sogenannten Quasi-Standlinien, die nur die Messung von Horizontalwinkeln nach einem einfachen System von Sternen erfordern, wobei außerdem noch von der Benützung transportabler Uhren abgesehen werden kann. Verf. (gekürzt)

13002. **A. Berroth,** Die Bedeutung der geodätischen Astronomie für die Überbrückung der Ozeane. Geofis. pura e applicata **18** 45—54, 1950. — Ref. in Phys. Ber. **31** 1188—1189.

13003. **G. Clasen,** Die Bestimmung von Sonnenazimuten durch Zenitdistanzmessung zur Verwendung als geodätische Richtungswinkel. Diss. Braunschweig, 1951. 47 S. mit 16 Tafeln. Maschinenschriftvervielfältigung. — Die Methode zur Festlegung des Azimuts aus Messungen von Zenitdistanzen der Sonne für geodätische Zwecke wird in allen Einzelheiten diskutiert und darauf hingewiesen, daß ihre Verwendung sich bei geodätischen Triangulationen niederer Ordnung und bei Polygonzugsmessungen empfiehlt. Hierbei ist die Kenntnis der Zeit aus den Beobachtungen der drahtlosen Zeitsignale völlig hinreichend. Das Verfahren wird an praktischen Beispielen erläutert. A. Kopff

13004. **J. F. Cox,** The doubly equidistant projection. Bull. géod. Ass. Internat. Géod. Nr. **19** S. 57—60, mit 2 Fig. = Inst. Astr. Bruxelles (2) Nr. **66**.

13005. **G. A. Hinsburg,** Kartographische Projektionen. Moskau, Verlag für geodätische und kartographische Literatur, 1951. 79 S. mit 27 Abb. Preis 6 R. 50 Kop. (russisch).

13006. **R. A. Hirvonen,** Die geodätische Anwendung der Sonnenfinsternisse. Geofis. pura e applicata **18** 103—106, 1950. — Ref. in Phys. Ber. **31** 1189—1190.

13007. **R. König, K. H. Weise,** Mathematische Grundlagen der Höheren Geodäsie und Kartographie. Erster Band. Das Erdsphäroid und seine konformen Abbildungen. Berlin, Göttingen, Heidelberg, Springer-Verlag, 1951. 18 + 522 S. mit 109 Abb. Preis DM 49.60.

13008. **R. Roelofs,** Astronomy applied to land surveying. Amsterdam, 1950. 275 S. mit Tafeln.

13009. **P. Tardi, G. Laclavère,** Traité de Géodésie. Paris, Gauthier-Villars. Vol. 1 Fasc. 1. 387 S. mit 122 Fig. — Besprechung in BSAF **65** 364.

13010. **N. A. Tschermenskij,** Bericht über astronomische Bestimmungen im Jahre 1947. Moskau, Verlag für geodätische und kartographische Literatur, 1950. 23 S. (russisch). — Im Auftrage der Hauptverwaltung für Geodäsie und Kartographie beim Ministerrat der UdSSR als Heft A—XVII herausgegeben. Loh.

§ 131

Erdfigur, Erdrotation, Schwerkraft, Massenverteilung

13101. **N. Abakumov,** Geoid. Bošković Almanah **1951** S. 172—182.

13102. **C. Agostinelli,** Effetti sulla rotazione della terra di una legge di attrazione analoga a quella di Weber. Atti Accad. Sci. Torino Cl. Sci. Fis. Mat. Nat. **84** 48—62, 1950 — Ref. in Math. Rev. **13** 167—168.

13103. **A. Bilimovitch,** Variations saisonnières de la rotation de la Terre. Annuaire de notre ciel pour l'an 1952. Obs. Astr. Acad. Serbe Sci. **17**, Belgrade 1951. S. 205—207, mit 2 Fig. (serbisch mit franz. Zusammenfassung S. 238). — Die Ursachen der saisonalen Schwankungen der Erdrotation sind von Stoyko sowie von van Dungen, Cox und van Mieghem untersucht worden. Während letztere den Einfluß der Verteilung der Luftmassen betrachtet haben, ist Verf. der Ansicht, daß auch die jahreszeitlichen Verlagerungen der Wasser- und Eismassen der Erde die Veränderungen der Rotationsgeschwindigkeit verursachen könnten. T. L.

13104. **G. Boaga, G. Tribalto,** Determination of the mean density of the earth from gravity measurements. Rend. Accad. Nazionale Lincei, Cl. Sci. fis., mat., nat. **11** 237—240 (italienisch). — Ref. in Phys. Abstracts (A) **55** 380.

13105. **H. Bucerius,** Zu Dirichlets Ableitung des Ellipsoidpotentials. AN **279** 238—240 = Veröff. Sternw. München **4** Nr. 2. — Das Newtonsche Potential des homogenen Ellipsoides wird mittels komplexer Formulierung des diskontinuierlichen Faktors nach der Dirichletschen Methode abgeleitet, da diese in der Originalfassung nur die Ableitung der Attraktionskomponenten gestattet. Verf.

13106. **H. de Castro,** Variaciones temporales de la pesantez por influjo de la luna y el sol. Ciencia (Mexico) **10** 29—40, 1950. — Ref. in Ann. Françaises Chronométrie **21** 155—156.

13107. **A. H. Cook,** A note on the errors involved in the calculation of elevations of the geoid. Proc. Roy. Soc. (A) **208** 133—141. — Ref. in Math. Rev. **13** 390.

13108. **R. I. B. Cooper,** Variations in the length of the day. Nature **167** 297—298 und einer Bemerkung von A. L. Lawford und V. F. C. Veley S. 684. — Bericht aus einer geophysikalischen Diskussion der Royal Astronomical Society am 24. 11. 1950. — Ref. in Ann. Françaises Chronométrie **21** 309.

13109. **J. F. Cox,** Vers une nouvelle définition de l'échelle des temps. Ann. Françaises Chronométrie **21** 177—182 = Inst. Astr. Bruxelles (2) Nr. **71**. — Verschiedene Möglichkeiten werden aufgezeigt, zu einer neuen Definition der Zeiteinheit zu gelangen; dieses Problem darf nicht nur vom astronomischen Standpunkt aus betrachtet werden. Zum Schluß werden weitere Zitate von Newton, Lalande und Kepler angeführt, welche Zweifel an der Gleichförmigkeit der Erdrotation ausdrücken. T. L.

13110. **F. H. van den Dungen, J. F. Cox, J. van Mieghem,** Recherche d'effets de sélection attribuables aux fluctuations de la rotation du globe terrestre. Bull. Acad. roy. Belgique, Cl. Sci (5) **37** 121—125, mit 1 Fig. = Inst. Astr. Bruxelles (2) Nr. **65**. — Verschiedene Beobachtungsreihen (speziell Sternbedeckungen) werden auf die Nachweismöglichkeit der saisonalen Schwankungen der Erdrotation untersucht, ohne solche Effekte gesichert feststellen zu können. T. L.

13111. **F. H. van den Dungen, J. F. Cox, J. van Mieghem,** Sur les fluctuations saisonnières de la rotation du globe terrestre et la compensation des échanges de quantités de mouvement entre l'atmosphère et le globe. Bull. Acad. roy. Belgique, Cl. Sci. (5) **37** 427—435, mit 3 Fig. — Inst. Astr. Bruxelles (2) Nr. **68**. — Für die einzelnen Monate wird die Energiebilanz zwischen der Atmosphäre und der festen Erde in den beiden Hemisphären und der Atmosphären derselben untereinander untersucht. Es zeigt sich, daß der Energieaustausch für beide Fälle am größten ist, wenn die Rotationsgeschwindigkeit der Erde ihr Minimum hat (Februar) und umgekehrt (August). Ferner wird der Effekt der saisonalen Schwankungen der Erdrotation auf das System Erde-Mond abgeschätzt; es ergibt sich eine Variation der Winkelgeschwindigkeit des Mondes um den Systemschwerpunkt von etwa 10^{-9} pro Tag, deren Effekt zur Feststellung zu gering ist. T. L.

13112. **V. Elznic,** Über die Bestimmung der Erdgröße aus Messungen der Meridianbogen. Rozhledy mat.-přír. **30** 40—45, mit 2 Fig. (tschechisch).

13113. **E. P. Fjodorow,** Über die Berücksichtigung des Einflusses der Meeresfluten bei der Untersuchung der luni-solaren Änderungen der Schwerkraft. Publ. Gravimetr. Obs. Poltawa **4** 88—102, mit 2 Abb. (russisch).

13114. **W. G. Guthrie,** The rotation of the earth. Irish AJ **1** 213—217, mit 1 Fig. — Ausführliche Beschreibung des Foucaultschen Pendelversuchs, der vor 100 Jahren zuerst vorgeführt wurde, und kurze Zusammenstellung verschiedener Beweise für die Rotation der Erde. O. G.

13115. **A. Huaux,** Sur des déplacements concomitants de l'axe instantané de rotation et de l'axe principal instantané d'inertie de la terre. Bull Acad. roy. Belgique, Cl. Sci (5) **37** 53—55 = Inst. Astr. Bruxelles (2) Nr. **63.** — Mit den Werten aus den Tafeln von Laurent für die saisonale mittlere Druckverteilung wird unter einigen Vereinfachungen die daraus resultierende Lage des instantanen Trägheitspols der Erde für die einzelnen Monate berechnet und der Verlauf durch eine Gerade approximiert. T. L.

13116. **A. Huaux,** Sur les déplacements concomitants de l'axe instantané de rotation et de l'axe principal instantané d'inertie de la terre. II. Bull. Acad. roy. Belgique, Cl. Sci (5) **37** 184—185, mit 1 Fig. = Inst. Astr. Bruxelles (2) Nr. **64.** — Die Bewegung des instantanen Rotationspols auf Grund der Ergebnisse des Breitendienstes und des instantanen Trägheitspols durch die saisonale Verlagerung der Luftmassen (vgl. Ref. **13115**) für die Jahre 1927, 1928, 1935 und 1942 werden vektoriell zusammengesetzt; die so erhaltenen transformierten Kurven scheinen regelmäßiger als die ursprünglichen zu sein. T. L.

13117. **A. A. Isotow,** Form und Ausmaße der Erde nach modernen Unterlagen. Vgl. AJB **50** Ref. **13108.** — Besprechung in Nachr. Geograph. Ges. UdSSR **83** 94—95 (D. G. Panow, russisch).

13118. **W. F. Jeremejew,** Vergleich zweier Arten astronomisch-gravimetrischer Nivellierung. Publ. des zentralen Forschungsinstituts für Geodäsie, Luftbildaufnahme und Kartographie der UdSSR Nr. **75** S. 85—91, 1950 (russisch).

13119. **H. S. Jones,** The earth as a standard time. Horological J. **92** 644, 1950. — Ref. in Ann. Françaises Chronométrie **21** 74.

13120. **N. K. Migal,** Theorie der gemeinsamen Bestimmung der Figur und Ausmaße der Erde. Lwow, Polytechnisches Institut, 1951. 12 S. (russisch). — Dissertationsreferat.

13121. **Y. Mintz, W. Munk,** The effect of winds and tides on the length of the day. Tellus **3** 117—121. — Ref. in Phys. Abstracts (A) **55** 284.

13122. **M. S. Molodenskij,** Untersuchung der Figur der physischen Oberfläche der Erde mittels geometrischer (astronomisch-geodätischer) Methode. Publ. des zentralen Forschungsinstituts für Geodäsie, Luftbildaufnahme und Kartographie der UdSSR Nr. **75** S. 3—10, 1950 (russisch).

13123. **M. S. Molodenskij,** Zur Schaffung einer astronomisch-gravimetrischen Nivellierung in der UdSSR. Publ. des zentralen Forschungsinstituts für Geodäsie, Luftbildaufnahme und Kartographie der UdSSR Nr. **75** S. 78—84, 1950 (russisch).

13124. **M. S. Molodenskij,** Methode der gemeinsamen Bearbeitung gravimetrischer und geodätischer Unterlagen zur Untersuchung des Schwerefeldes der Erde und ihrer Figur. Publ. des zentralen Forschungsinstituts für Geodäsie, Luftbildaufnahme und Kartographie der UdSSR Nr. **86** S. 3—10 (russisch).

13125. **W. H. Munk, R. L. Miller,** Variation in the earth's angular velocity, resulting from fluctuations in atmospheric and oceanic circulation. Tellus **2** 93—101, 1950. — Ref. in Ann. Françaises Chronométrie **21** 166.

13126. **F. Pavel, W. Uhink,** Vorläufige Ergebnisse über die Rotationsschwankungen der Erde 1949—1950. AN **279** 267—268, mit 2 Abb.

13127. **K. Popoff,** Sur le mouvement de la terre autour de son centre de gravité. BA **16** 121—129. — Die Poissonschen Gleichungen für die Drehung der Erde um ihren Schwerpunkt werden in Integralgleichungen vom Volterraschen Typ umgeformt, die gewisse Eigenschaften der Bewegung leicht erkennen lassen (zum Beispiel das Fehlen säkularer Glieder ersten Grades bei der Schiefe der Ekliptik). Böh.

13128. **E. Prior,** Nouvelle démonstration du théorème de Coriolis avec applications à la mécanique terrestre. Orion Schaffhausen **3** 177—186, mit 7 Fig.

13129. **W. Rudloff,** Zur jährlichen Schwankung der Erddrehung. Ann. Meteorol. **3** 376—378, 1950. — Ref. in Phys. Ber. **31** 503.

13130. **D. W. Sagrebin,** Das dreiachsige Niveauellipsoid und die Gravitationskräfte auf seiner Oberfläche. Moskau-Leningrad, Verlag Akad. Wiss. UdSSR, 1948. 112 S. Preis 9 R. (russisch). — Besprechung in ZfMG **41** 335.

13131. **A. Scheibe, U. Adelsberger,** Über die Phase des Standes der Erde. Z. Physik **129** 233—245, mit 2 Abb. — Mittelt man die mit den Quarzuhren der PTR erhaltenen täglichen Gänge über den gesamten Beobachtungszeitraum der Jahre 1934—1944, dann bekommt man eine sehr gut ausgeglichene Gangkurve für die Erde, woraus sich wiederum eine Standkurve der Erde gegenüber der »Mittleren Quarzuhr« ableiten läßt. Durch dieses Verfahren gehen Feinheiten verloren, die in den Erdgängen für die einzelnen Jahre angedeutet sind und auf Verschiebungen des Standmaximums von Jahr zu Jahr schließen lassen. Es wird gezeigt, daß nach den PTR-Quarzuhren und auch nach Messungen ausländischer Institute derartige Verschiebungen einer gewissen Systematik nicht entbehren. Verf.

13132. **N. Sekiguchi,** Effects of the short period oceanic tides on the rotation of the earth. Publ. Astr. Soc. Japan **3** 24—36, mit 2 Fig. = Tokyo Astr. Obs. Repr. Nr. **86**. — Zur Untersuchung des Einflusses der kurzperiodischen Tiden der Ozeane auf die Erdrotation werden die M_2- und S_2-Tiden über die gesamte Erdoberfläche numerisch integriert. Das Ergebnis zeigt, daß ihr Einfluß auf Präzession, Nutation und Polbewegung äußerst gering ist, die säkulare Akzeleration der Erdrotation dagegen hauptsächlich durch diese Komponente verursacht wird. Die hierfür resultierenden Werte sind allerdings im Vergleich zu den Beobachtungen zu groß; die Ursache hierfür wird in Fehlern in den Werten für die Tidenkomponenten und für die säkulare Akzeleration sowie in der Vernachlässigung des Effektes der atmosphärischen Tiden vermutet. T. L.

13133. **N. Sekiguchi,** Effects of the long period tides on the rotation of the earth. Publ. Astr. Soc. Japan **3** 94—109, mit 4 Fig. = Tokyo Astr. Obs. Repr. Nr. **91**. — Die Arbeit befaßt sich mit dem Einfluß der langperiodischen (nicht nur ozeanischen) Tiden auf die Erdrotation. Dabei erweisen sich die Jahresperiode und ihre Bruchteile in der Rotationsgeschwindigkeit und in den Breitenschwankungen in Übereinstimmung mit der Theorie. Die Tide mit einer der Chandlerschen gleichen Periode hat einen merklichen Einfluß auf die Polbewegung. Doch sind für eine eingehende Untersuchung über die Ursache dieser Tide noch über die ganze Erde verteilte Beobachtungen erforderlich. T. L.

13134. **G. Silva,** Sulla caduta libera dei gravi. Bolletino Geod. e Sci. affini **10** 352—360. — Untersuchung des freien Falles eines Körpers unter Berücksichtigung der Erdrotation und der Schwerkraftvariation in Größe und Richtung. F. Z.

13135. **N. Stoyko,** Les fluctuations saisonnières de la rotation de la Terre. Bull. Acad. Roy. Belgique, Cl. Sci. (5) **37** 378—392. — Nach Anbringung der notwendigen Korrektionen können die beobachteten Uhrgänge auf die von den Schwankungen der Erdrotation herrührenden Jahres- und Halbjahresperiode untersucht werden. Dies wird hier für das Material des Zeitdienstes in Berlin, Greenwich, Hamburg, Paris, Potsdam und Washington durchgeführt, welches den Zeitraum 1934—1949 überdeckt; die vor 1940 liegenden Resultate werden zuvor auf den FK3 reduziert. Eine getrennt für die Zeit bis und nach 1939 durchgeführte Reduktion zeigt die weitgehende Stabilität der Amplituden und Phasen. Die Berücksichtigung der so abgeleiteten saisonalen Zeitkorrektionen, deren Genauigkeit mit 0ˢ004 angegeben wird, führt zu einer quasigleichförmigen Zeit. T. L.

13136. **N. Stoyko,** Sur la variation saisonnière de la rotation de la Terre pendant les années 1945—1946. Bull. Acad. Roy. Belgique, Cl. Sci. (5) **37** 532—533. — Die für diese beiden Jahre abgeleiteten Rotationsschwankungen der Erde zeigen Abweichungen von den mittleren Werten. Man erkennt daran die Notwendigkeit, diese Ableitung für jedes Jahr besonders durchzuführen. T. L.

13137. **N. Stoyko,** Les corrections saisonnières de la rotation de la terre. Bull hor (3) Nr. 1 S. 1—3.

13138. **N. Stoyko,** Sur les variations du champ magnétique et de la rotation de la terre. CR **233** 80—82, mit 1 Fig. — Aus theoretischen Überlegungen folgt, daß jeder Rotationsänderung der Erde eine proportionale Änderung des erdmagnetischen Feldes entsprechen muß. Die Fluktuationen der Erdrotation zeigen auch einen auffallend ähnlichen Verlauf wie die säkularen Änderungen des irdischen Magnetfeldes seit 1883 und wie die Schwankungen der magnetischen Deklination in Paris 1680—1900. Auch die saisonalen Schwankungen weisen eine enge Korrelation auf. T. L.

13139. **N. Stoyko,** La rotation de la terre et la chronométrie. J. Suisse d'Horlogerie **1951** Nr. 5/6 S. 84—93. — Die beobachteten Veränderungen der Erdrotation — säkulare Akzeleration, unregelmäßige Fluktuationen und jahreszeitliche Schwankungen — werden beschrieben. Dabei wird besonderes Gewicht auf die für den Zeitdienst bedeutungsvollen saisonalen Schwankungen gelegt; eine Tabelle gibt die aus den beobachteten Werten bis 1950 abgeleiteten Zeitkorrektionen für jeden Tag des Jahres. Nach einer kurzen Diskussion der in Frage kommenden Ursachen werden noch die die Zeitmessung betreffenden Beschlüsse der Pariser Konstantenkonferenz 1950 zusammengestellt. T. L.

13140. **P. Tardi,** Mesure de la Terre. BSAF **65** 429—432, mit 2 Fig.

13141. **P. Tempesti,** La variazioni della velocità di rotazione della Terra. Coelum **19** 57—62. — Ältere und neuere Ergebnisse.

13142. **S. H. J. Wanrooy,** De shingerproef van Foucault in het klein. Hemel en Dampkring **49** 99.

13143. **A. Young,** Two causes contributing to the periodic fluctuation in the length of the day. Bull. Acad. Roy. Belge Cl. Sci. **27** 728—752. — Ref. in Phys. Abstracts (A) **55** 158.

13144. Neueste Abmessungen des Erd-Ellipsoids. Sternenwelt **3** 59. — Neue Werte nach A. A. Isotow aus Messungen in der UdSSR: Äquatorialdurchmesser = 6378.245 km, Polabplattung 1 : 298.3.

13145. Beiträge zur Lotabweichungsausgleichung und Geoidbestimmung. Allgemeine Betrachtungen und Durchführung im Bereich des Zentraleuropäischen Netzes. Veröff. Inst. Erdmessung. Bamberg, 1949. Bd. **6**. Erster Teil: 106 S. Zweiter Teil: 25 Tafeln. — Besprechung in AN **279** 284.

§ 132

Geodätische Koordinaten, Polschwankung

13201. **W. K. Abold,** Die Breite des Astronomischen Observatoriums Irkutsk aus 495 Beobachtungen von fundamentalen Zenitsternen in den fünf Jahren 1933—1937. Publ. Gravimetr. Obs. Poltawa **4** 243—249 (russisch).

13202. **Z. M. Brkić, P. M. Djurković, B. M. Ševarlić,** Observations à la lunette zénithale (de 110 mm) du Service de latitude de l'Observatoire en 1950. Publ. Obs. Astr. Belgrade Bull. **15** 2—6, 12—19, 28—33, 40—42.

13203. **G. Cecchini,** Le variazioni di latitudine e il movimento del polo di rotazione terrestre in base alle osservazioni falle nelle Stazioni Internazionali di Latitudine nel bienno 1949—1950. Bull. géod. **1951** Nr. 21 S. 275—297, mit 2 Fig.

13204. **J. F. Cox, S. D. Téhérany,** Sur des observations effectuées à l'Université de Bruxelles pour y constituer une station de Laplace. Bull. Acad. roy. Belgique, Cl. Sci. (5) **37** 14—16, mit 1 Tafel = Inst. Astr. Bruxelles (2) Nr. **62**.

13205. **R. G. Dick, I. L. Thomsen,** Geodetic positions of astronomical Observatories at Kelburn, Wellington. Southern Stars **15** 5—6 = Carter Obs. Repr. Nr. **14** S. 1—2.

13206. **P. M. Djurković, B. M. Ševarlić, Z. M. Brkić,** Détermination de latitude de l'Observatoire Astronomique de Belgrade, 1947. Publ. Obs. Astr. Belgrade Nr. **4**, 107 S. mit 7 Fig. (serbisch mit französischer Zusammenfassung). — Breite des Zenitteleskops = 44° 48′ 13.″167 ± 0.″008.

13207. **K. Dubrowskij,** Die Aufgabe der Organisation von Breitenbeobachtungen auf dem 56° 15′-Parallel. Abh. Staatsuniv. Gorkij Nr. **16** (Phys.-Math.) S. 59—67, 1950 (russisch).

13208. **E. P. Fjodorow,** Über die Natur der halbmonatlichen Breitenschwankungen. Astr Circ UdSSR Nr. 110 S. 6 (russisch). — Aus den Beobachtungen von Carloforte in den Jahren 1912—1922 ergibt sich eine aus zwei Gliedern bestehende halbmonatliche Welle. Im ersten Glied kommt der Einfluß der halbtägigen Schwereschwankungen zum Ausdruck, die Ursache des Auftretens des zweiten Gliedes ist darin zu sehen, daß der wirkliche Wert der Amplitude des halbmonatlichen Nutationsgliedes etwas größer ist als sein theoretischer Wert. Loh.

13209. **E. P. Fjodorow,** Die Breitenschwankungen in Poltawa im Jahre 1950. Astr Circ UdSSR Nr. 110 S. 6—7 (russisch). — Die Extrema liegen bei +0.″28 und −0.″24.

13210. **E. P. Fjodorow,** Die Breitenschwankungen von Poltawa von 1950.2 bis 1951.3. Astr Circ UdSSR Nr. 113—114 S. 10—11 (russisch). — Die Extrema betragen +0.″28 und −0.″34.

13211. **E. P. Fjodorow,** Die Breitenschwankungen von Poltawa im ersten Halbjahr 1951. Astr Circ UdSSR Nr. 117 S. 4—5 (russisch).

* * **J. O. Fleckenstein,** Die Struve-Niethammersche Methode der Vertikalpassagen zur Bestimmung von Polhöhenschwankungen. Vgl. Ref. 3111.

13212. **J. Goguel,** Les déplacements séculaires du pôle. Ann. Géophys. **6** 139, 1950.

13213. **T. Hattori,** On the secular variation of latitude. Proc. Japan Akad. **22** 151—156, mit 3 Fig., 1946. — Die Reduktion der Ergebnisse des Breitendienstes auf ein einheitliches System ermöglicht die Untersuchung der abgeleiteten Polbewegung auf eine säkulare Änderung. Die sich ergebende scheinbare Verlagerung des Pols läßt sich weitgehend auf kontinentale Bewegungen zurückführen, die eine Ortsänderung der Beobachtungsstationen bewirkt. Dagegen ist eine plötzliche Verlagerung des Rotationspols um 0,"091 in den Jahren 1919—20 als reell anzusehen. T. L.

13214. **T. Hattori,** Latitude variation in a uniform system. Proc. Japan Akad. **22** 157—162, 1946. — Die in den einzelnen Bänden der «Results of the International Latitude Service» veröffentlichten Ergebnisse sind nicht homogen. Es muß zunächst ein einheitliches Sternsystem zugrunde gelegt werden, das von den GC-Örtern und -EB ausgehend aus den Beobachtungen selbst abgeleitet wird; ein Wechsel der Sternpaare zeigt dabei keinen nennenswerten Einfluß. Die Korrektion der Newcombschen Präzessionskonstante ergibt sich zu $\Delta n = +0{,}''00332$ pro Jahr; ein Vergleich mit dem FK3 bestätigt von der Breitenbestimmung her dessen fundamentalen Charakter. Die Methode zur Ableitung der Polbewegung aus den Beobachtungen wird ebenfalls vereinheitlicht und dabei nur das Material der drei ohne Unterbrechung seit 1900 aktiven Stationen Mizusawa, Carloforte und Ukiah verwendet. T. L.

13215. **T. Hattori,** A new study of latitude variation. Japanese J. Astr. Geophys. **21** 143—172, mit 4 Fig., 1947. — Die Resultate des Internationalen Breitendienstes seit 1900 werden auf ein einheitliches System gebracht und hieraus die säkulare Bewegung abgeleitet. Der Inhalt deckt sich weitgehend mit zwei früheren Arbeiten des Verf. (vgl. Ref. **13213** und **13214**); doch ist hier vor allem das zugrunde liegende Zahlenmaterial ausführlicher mitgeteilt. T. L.

13216. **T. Hattori,** Wind effect on the latitude observations. Publ. Astr. Soc. Japan **3** 5—15, mit 5 Fig. — Die Untersuchung zeigt, daß die bei der Bearbeitung der Beobachtungen des Breitendienstes in Mizusawa 1942—1949 mit dem schwimmenden Zenitteleskop (FZT) und dem visuellen Zenitteleskop (VZT) übrigbleibenden Reste großenteils durch Windeffekte zu erklären sind. Die sich ergebenden Breiten haben ihr Minimum bei Nordwind für das FZT, bei Südwind für das VZT. Die Abhängigkeit von der Windgeschwindigkeit ist beim FZT wesentlich stärker ausgeprägt. Diese Unterschiede liegen in der Wirkungsweise des Windes bei den beiden Instrumenten begründet. Beim VZT kann angenommen werden, daß der Effekt nur durch die vom Wind hervorgerufenen Refraktionsanomalien verursacht wird, während beim FZT ein unmittelbarer Einfluß auf den Schwimmechanismus hinzukommt. T. L.

13217. **T. Hattori,** Latitude observations with floating zenith telescope at Mizusawa. Part 1. Publ. International Latitude Obs. Mizusawa **1** 1—73, mit 1 Tafel. — Der vorliegende erste Teil enthält die Ergebnisse der Breitenbestimmungsbeobachtungen in Mizusawa vom Oktober 1942 bis September 1949. Das seit 1940 für das laufende Programm eingesetzte zweite Instrument (FZT) und die Beobachtungsmethode wird ausführlich beschrieben. Das Beobachtungsprogramm enthält 72 Sternpaare für das VZT und 96 für das FZT; Örter und EB sind dem GC entnommen. Die beiden letzten Kapitel enthalten die Bestimmung des Skalenwertes sowie die individuellen Werte der Polhöhe für jeden Beobachtungstag und jede Gruppe von Sternpaaren, getrennt für FZT und VZT. T. L.

13218. **H. Jeffreys,** The variation of latitude and the 19-early nutation. Obs **71** 154. — Ausgehend von den Ergebnissen von Takeuchi, aber nach der in den früheren Arbeiten des Verf. beschriebenen Methode wurde aus der Trägheitswirkung des Erdkerns ein verbesserter Ausdruck für die Energie der Schale abgeleitet. Für die freie Periode ergibt sich dann 463^d, für die Korrektion der Amplitude der neunzehnjährigen Nutation –0.00352. T. L.

13219. **E. I. Jewtuschenko,** Die halbmonatliche Welle in den Breitenschwankungen der Station Ukah. Astr Circ UdSSR Nr. 113—114 S. 14 (russisch). — Auch aus den Beobachtungen in Ukah von 1912 bis 1922 ergibt sich eine halbmonatliche Welle wie im Fall Carloforte. Vgl. Ref. **13208.**

13220. **E. I. Jewtuschenko,** Die lunare halbmonatliche Welle in den Breitenschwankungen der Station Carloforte von 1922 bis 1934. Astr Circ UdSSR Nr. 116 S. 16 (russisch). — Die für den angegebenen Zeitraum aus den Breitenbestimmungen abgeleitete halbmonatliche Welle steht in gutem Einklang mit der früher gefundenen. Vgl. Ref. **13208.**

13221. **E. I. Jewtuschenko, I. P. Ogorodnik,** Ergebnisse der Beobachtungen am großen Zenitteleskop des Observatoriums Poltawa im Zeitraum 1949.7 bis 1950.9. Publ. Gravimetr. Obs. Poltawa **4** 328—337, mit 1 Abb. (russisch).

13222. **S. G. Kulagin,** Projekt des Programms von Breitenbeobachtungen für das Engelhardt-Observatorium. Publ. Gravimetr. Obs. Poltawa **4** 338—346, mit 1 Abb. (russisch).

13223. **G. A. Lange, D. I. Krawzow,** Die Breitenschwankungen in Kitab im Jahre 1950. Astr Circ UdSSR Nr. 110 S. 8—9 (russisch). — Die Extrema liegen bei +0.″34 und –0.″28.

13224. **G. A. Lange,** Über die nichtpolare Breitenänderung von Kitab. Astr Circ UdSSR Nr. 111 S. 8—10 (russisch).

13225. **G. A. Lange, D. I. Krawzow,** Die Breitenschwankung von Kitab. Astr Circ UdSSR Nr. 113—114 S. 13—14 (russisch). — Vorläufige Mitteilung über die Beobachtungsergebnisse im ersten Quartal 1951.

13226. **G. A. Lange, D. I. Krawzow,** Die Breitenschwankungen von Kitab. Astr Circ UdSSR Nr. 117 S. 5 (russisch). — Von 1951.0 bis 1951.5.

13227. **G. A. Lange, D. I. Krawzow,** Die Breitenschwankungen von Kitab im dritten Quartal 1951. Astr Circ UdSSR Nr. 120 S. 5 (russisch).

13228. **E. W. Lawrentjewa,** Beobachtungen der Zenitsterne α Persei und η Ursae Majoris im Zeitraum 1944.6 bis 1947.6. Publ. Gravimetr. Obs. Poltawa **4** 138—199, mit 2 Abb. (russisch).

13229. **A. B. Marinbach,** Über die astronomische Bestimmung des geodätischen Azimuts. AJ UdSSR **28** 263—277, mit 2 Abb. (russisch).

13230. **P. J. Melchior, A. Huaux,** Sur le déplacement annuel par rapport au globe terrestre de l'axe de rotation de la terre, en relation avec une oscillation annuelle de l'axe principal instantané d'inertie de la terre. Bull. Acad. Roy. Belgique Cl. Sci. **1951** 155—157 = Commun. Obs. Roy. Belgique Nr. **28** — Die von beiden Autoren unabhängig voneinander und mit verschiedenen Methoden erhaltenen Ergebnisse stimmen gut überein.

13231. **P. J. Melchior,** Sur une nouvelle méthode d'analyse du mouvement du pôle à la surface de la terre. Bull. Acad. Roy. Belgique Cl. Sci. **1951** 158—183, mit 3 Fig. = Commun. Obs. Roy. Belgique Nr. **28.** — Die Chandlersche und die jährliche Periode rufen in der Polbewegung Resonanzerscheinungen hervor. Die hier dargelegte Methode ermöglicht, die erstere aus dem Vergleich der Amplituden der Jahresperiode zu bestimmen. Darnach werden aus den Ergebnissen des Breitendienstes 1900—1950 Werte für die Länge dieser «freien» Periode abgeleitet, welche mit den Resultaten früherer Einzeluntersuchungen gut übereinstimmen. Perioden zwischen zwei und vierzehn Jahren wurden bei demselben Material nicht festgestellt. Die meteorologische Interpretation der Jahresperiode der Polbewegung deutet auf entsprechende Ursachen wie bei den saisonalen Schwankungen der Erdrotation hin. T. L.

13232. **M. Mineo,** Coordinate geografiche sulle superficie con applicazioni alla geodesia. Matematiche Catania **6** 126—131. — Ref. in Math. Rev. **13** 875.

13233. **M. Miyadi,** A note on the variation of international longitude. Proc. Japan Acad. **26** 68—73, mit 1 Fig., 1950 = Tokyo Astr. Obs. Repr. Nr. **62**. — Für neunzehn Stationen wird die mittlere Genauigkeit der aus dem Vergleich der Zeitbestimmungen mit den aufgenommenen Zeitsignalen erhaltenen Längen 1932—1949 untersucht. Die Längen von Tokyo, Washington, Greenwich und Paris weisen keine saisonalen Schwankungen auf, wenn man den Effekt der Polschwankungen eliminiert. Zum Schluß wird die Möglichkeit säkularer Längenänderungen diskutiert. T. L.

13234. **A. J. Orlow,** Die Polkoordinaten im Jahre 1950. Astr Circ UdSSR Nr. 110 S. 7 (russisch). — Die Polhodie für 1950 ist eine sich öffnende Spirale.

13235. **A. J. Orlow,** Die Polhodie 1948.9—1950.3. Astr Circ UdSSR Nr. 113—114 S. 10 (russisch).

13236. **A. J. Orlow,** Die Polhodie 1950.2—1951.3 nach Breitenbeobachtungen in Poltawa. Astr Circ UdSSR Nr. 113—114 S. 12—13 (russisch).

13237. **A. J. Orlow,** Die Bewegung des Erdpols von 1939 bis 1949. DAN **78** 649—652 (russisch).

13238. **N. A. Popow,** Die Breitenschwankungen von Poltawa nach Beobachtungen von α Persei und η Ursae majoris von 1950.3 bis 1951.3. Astr Circ UdSSR Nr. 113—114 S. 11—12 (russisch). — Die Extrema betragen +0ʺ.33 und −0ʺ36.

13239. **N. A. Popow,** Beobachtungen von α Persei und η Ursae Majoris im Zeitraum 1947.6 bis 1949.3. Publ. Gravimetr. Obs. Poltawa **4** 200—242 (russisch).

13240. **N. A. Popow, E. I. Jewtuschenko,** Ableitung der Breitenschwankungen aus Beobachtungen am Universalinstrument. Publ. Gravimetr. Obs. Poltawa **4** 250—293, mit 2 Abb. (russisch).

13241. **B. M. Ševarlić,** Service international des variations de la latitude. Annuaire de notre ciel pour l'an 1952. Obs. Astr. Acad. Serbe Sci. **17**. Belgrade 1951 S. 188—194, mit 7 Fig. (serbisch mit französischem Ref. S. 237).

13242. **B. M. Ševarlić, Z. M. Brkić,** Observations faites avec l'instrument universel. Publ. Obs. Astr. Belgrade Bull. **15** 42—45.

13243. **P. Sollenberger,** Variation of latitude at Washington, D. C., and Richmond, Florida, 1949. AJ **55** 258.

13244. **C. Sugawa,** The lengthening of the period of the free nutation due to the inequality of three principal axes of the earth. Publ. Astr. Soc. Japan **3** 1—4. — Bei der Bestimmung der Eulerschen und der Chandlerschen Periode sind die beiden äquatorialen Hauptträgheitsachsen der Erde als gleich angenommen. Hier werden nun die Ausdrücke für die differentielle Verlängerung der Perioden abgeleitet, welche sich bei Ungleichheit dieser beiden Achsen ergeben. Die numerische Durchrechnung mit den von Helmert und Heiskanen bestimmten Werten ergibt eine Verlängerung der Eulerschen Periode um etwa eine halbe Stunde und um eine Stunde bei der Chandlerschen. T. L.

13245. N. A. Tschernega, Bestimmung der Breite des Astronomischen Observatoriums Kiew nach Beobachtungen in den Jahren 1949 bis 1950. Astr Circ UdSSR Nr. 115 S. 13—14 (russisch). — Breite des Meridiankreises = 50° 27′ 11″78 ± 0″11.

13246. Variation of latitude 1937. Observations made at The Royal Observatory, Greenwich, in the year 1937. A 61—A 62.
Desgl. für 1938. A 59—A 60.

13247. Variations in the length of the day. Obs 71 20—23. — Bericht über eine geophysikalische Diskussion über die Ursachen der Schwankungen der Tageslänge. H. Spencer Jones gibt zunächst einen historischen und allgemeinen Überblick über die beobachteten Phänomene und ihre Deutung. Zur Erklärung der saisonalen Schwankungen werden dann Bewegungsänderungen der Atmosphäre (R. C. Sutcliffe) sowie die Daten über die Veränderung der Meeresspiegelhöhen und das Abschmelzen des Polareises (J. N. Carruther, A. L. Lawford und V. C. Veley) heranzuziehen versucht, doch erweisen sich diese Effekte als zu gering. H. Bondi vertritt die Ansicht, daß die unregelmäßigen Schwankungen der Tageslänge auf Bewegungen im Erdinnern zurückgeführt werden könnten.
T. L.

13248. Publikationen der zweiten sowjetischen Breitenkonferenz (Moskau, 16.—17. November 1949). Unter Redaktion von A. J. Orlow. Kiew, Verlag Akad. Wiss. ukrain. Sowjetrepublik, 1950. 95 S. mit Abb. und 1 Tafel. Preis 8 R. (russisch). — Das Buch enthält Protokolle und Resolutionen der Konferenz sowie folgende Berichte: K. A. Kulikow, 50 Jahre internationaler Breitendienst, S. 33—56; E. P. Fjodorow, Über die Breitenbeobachtungen in Poltawa, S. 57—64; N. N. Pawlow, Über die Berücksichtigung der Verbesserungen wegen der Bewegung des Erdpoles in den Arbeiten des Zeitdienstes, S. 65—68; A. A. Nemiro, Über die Genauigkeit von Azimutbeobachtungen und die Möglichkeit ihrer Ausnutzung für die Bestimmung der Koordinaten des Erdpols, S. 69—75; S. W. Drosdow, Ableitung der Breitenschwankungen aus den Beobachtungen des Programms schwacher Zenitsterne und Zenitpaare, S. 76—80; N. A. Popow, Über die Berücksichtigung der Polbewegung für die Bedürfnisse der astronomisch-geodätischen Polarbeiten, S. 81—88; A. B. Marinbach, Über den Einfluß der Polbewegung auf astronomisch-geodätische Bestimmungen, S. 89—92; N. I. Idelson, Bestimmung der Nutationskonstanten aus den Beobachtungen von A. S. Wassiljew am Passageninstrument von Pulkowo im ersten Vertikal, S. 93. Loh.

13249. Unions Astronomique et Géodésique-Géophysique Internationales. Bureau International de l'Heure. La Deuxième Opération Internationale des Longitudes, Octobre—Novembre 1933, par A. Lambert, P. Dubois, N. Stoyko. Paris, 1947. 119 S. — Betrifft Nankin, Neuchâtel, Ottawa (Dominion Observatory) und Ottawa (Geodetic Survey).

§ 133

Navigation

13301. J. Bartelski, An altitude correction computer. J. Inst. Navigation London 3 385—388, 1950.

13302. E. A. Beito, Facts of astronomy of value to the navigator. Navigation Los Angeles 2 316—321.

13303. A. N. Black, High altitude observations at sea. J. Inst. Navigation London 4 165—166.

13304. S. M. Burton, Burtons Nautical Tables. George Philip, 1951.

13305. **G. L. Castle,** Plotting a position line without reference to an azimuth. J. Inst. Navigation London **4** 309—313. — Konstruktion astronomischer Standlinien. Fr.

13306. **S. Chiesa,** Tavole nautiche e Tavole dei Semisenoversi a cinque decimali per trovare con rapidità e sicurezza gli elementi determinativi delle rette d'altezza. Genova, 1950. 2. Auflage. Preis 2000 Lire. — Besprechung in Mem SA It (NS) **22** 269 (G. Abetti).

* * **G. M. Clemence,** Refraction near the horizon. Vgl. Ref. **3104.**

13307. **O. C. Collins,** Astro-fix by computations. J. Inst. Navigation London **3** 107—120, 1950. — Direkte Methode der Ortsbestimmung aus zwei gleichzeitig beobachteten Gestirnshöhen ohne Zuhilfenahme einer Standlinienzeichnung. Fr.

13308. **O. C. Collins,** Astro-fix by ranges. J. Inst. Navigation London **4** 20—30. — Möglichkeiten der Ortsbestimmung auf See durch die Beobachtung zweier Sterne in gleicher Höhe oder in gleichem Azimut. Fr.

13309. **M. Dupuy,** Summary of paper on astronomical navigation by means of diagrams. Hydr. Rev. **27** Nr. 2 S. 147—161, 1950.

13310. **B. Dutton,** Navigation and Nautical Astronomy. Annapolis, 1951. 10. Auflage. 830 S.

13311. **A. B. Duval, L. Hébrard,** Traité pratique de navigation aérienne. Paris, Gauthier-Villars, 1950. 217 S. — Besprechung in Ann. Françaises Chronométrie **21** 158.

13312. **P. F. Everitt,** Methods of plotting and reduction. Hydr. Rev. **27** Nr. 1 S. 97—99, 1950.

13313. **F. Flora,** Astronomia nautica. Milano, Verlag Ulrico Hoepli, 1951. Dritte, verbesserte Auflage. 507 S. mit 172 Fig. und 5 Tafeln. Preis 1200 Lire. — Besprechung in Coelum **19** 55—56. — Lehrbuch der astronomischen Navigation. Orts- und Zeitbestimmung und Probleme der Höhenstandlinien unter Berücksichtigung der neueren Methoden. F. Z.

13314. **C. Fox,** Astronomical formulae for use in navigation. Navigation Los Angeles **3** 12—15.

13315. **F. Franklin,** A fix from one sight. Navigation Los Angeles **2** 250, 1950.

13316. **H. C. Freiesleben,** Investigations into the dip of horizon. Hydr. Rev. **28** Nr. 1 S. 97—98.

13317. **H. C. Freiesleben,** Investigations into the dip of horizon. J. Inst. Navigation London **3** 270—279, 1950.

13318. **H. C. Freiesleben,** Diagrammatic solutions for astronomical navigation. J. Inst. Navigation London **4** 12—19. — Bericht über das astronomische Rechengerät von Zeiß und den astronomischen Rechenatlas der Deutschen Versuchsanstalt für Luftfahrt. Fr.

13319. **J. Garcia,** El cálculo de la altura y del azimut en astronomía naútica. Asociación española para el progreso de las ciencias. 21. Congreso Dez. 1951 (Madrid). — Zweckmäßige Anordnung nautisch-astronomischer Höhentafeln. Fr.

13320. **E. Guyot,** La détermination des longitudes en mer. La Suisse horlogère **1951** Nr. 1 S. 4—10. — Ref. in Ann. Françaises Chronométrie **21** 315.

13321. **S. Herrick,** A short method for precomputation. Navigation Los Angeles **2** 321—324.

13322. **P. Hugon,** Le point astronomique simplifié dans les régions polaires. Bolletino Geod. e Sci. affini **10** 21—34. — Neues Verfahren zur Ableitung der Elemente der Höhenstandlinien in Polargebieten. F. Z.

13323. **P. Hugon,** Simplifying astronomical fix in polar areas. Hydr. Rev. **27** 75—85, 1950.

13324. **P. Hugon,** Le point astronomique simplifié dans les régions polaires. La Revue Maritime (NS) **1950** Nr. 50 S. 822. — Vgl. AJB **50** Ref. 13303.

13325. **P. Hugon,** Etude sur une conception nouvelle d'une table de point astronomique. Publ. 328 (d) du Service central Hydrogr. du Ministère de la défense nationale (Paris 1950). — Verf. untersucht den zweckmäßigsten Aufbau nautisch-astronomischer Höhen- und Azimuttafeln. Fr.

13326. **P. Hugon,** Le point astronomique simplifié dans les régions polaires. Publ. sci. techn. Ministère de l'Air Nr. NT 35, 16 S., 1950. — Ref. in Ann. Françaises Chronométrie **21** 64.

13327. **A. Le Calvé,** Problèmes de trigonométrie sphérique, astronomie, navigation, théorie du navire. Paris, Gauthier-Villars, 1950. 184 S. — Besprechung in La Nature **79** 32.

13328. **J. G. Lieuwen,** Short-method Navigation Tables. George Philip, 1951. 160 S.

13329. **A. P. Ljubimow,** Der Sonnenkompaß STK-L 7. Beschreibung und Anleitung zum Gebrauch. Moskau, Verlag für geodätische und kartographische Literatur, 1951. 20 S. mit 6 Abb. (russisch).

13330. **T. C. Lyon,** Transpolar celestial for high speed navigation. Navigation Los Angeles **3** 29—33. — Verwendung der astronomischen Navigation in hohen Breiten. Fr.

13331. **K. C. Maclure,** Polar navigation. Arctic (USA) **2** 183—194, 1949. — Ref. in Ann. Françaises Chronométrie **21** 67.

13332. **W. E. May,** The double altitude problem, a historical note. J. Inst. Navigation London **3** 416—421, 1950.

13333. **V. J. Meneclier,** Navegación astronómica polar. Publ. Obs. La Plata (Ser. Esp.) Nr. **10**, 13 S. mit 6 Fig. — Beschreibung und Anwendung der Tafel von Ellsworth für —79° und —86° Breite.

13334. **C. R. Mohr,** Astro-fix by ranges. J. Inst. Navigation London **4** 211.

13335. **A. B. Moody,** The Pfund sky compass. Navigation Los Angeles **2** 234—239 und Hydr. Rev. **27** Nr. 2 S. 62—66, 1950. — Verwendung der Polarisation des Himmelslichtes zur Richtungsbestimmung in der Dämmerung in Polargegenden. Fr.

13336. **A. B. Moody,** Recent developments in polar navigation. Hydr. Rev. **27** Nr. 2 S. 67—69, 1950.

13337. **Myerscough, Hamilton,** Rapid navigation tables. London, 1950. 2. Aufl.

13338. **P. L. Nithingale,** An instantaneous fix on two bodies. J. Inst. Navigation London **3** 389—392, 1950.

13339. **L. Palm,** Några nya instrument inom flygnavigationen. PAT **32** 72—75, mit 2 Fig.

13340. **J. B. Parker,** The effect of changes in altitude and azimuth. J. Inst. Navigation London **3** 378—384, 1950.

13341. **E. S. Quilter,** A line of position of observed azimuth. Navigation Los Angeles **2** 129—130, 1950.

13342. **F. Radler de Aquino,** The universal sea and air navigation tables. J. Inst. Navigation London **4** 109—116. — Auflösung des astronomischen Grunddreiecks durch Zerlegung in zwei rechtwinklige Dreiecke. Fr.

13343. **F. Radler de Aquino,** A new wrinkle in astro-navigation. J. Inst. Navigation London **4** 371—376. — Verwendung äquatornaher Sterne zur astronomischen Ortsbestimmung auf See. Fr.

* * **G. T. Rude,** The original Star Finder. Vgl. Ref. **1448.**

13344. **H.-H. Rust,** Astronomische Navigation mit Hilfe von Hochfrequenzsternen. Hansa **88** 230.

13345. **D. H. Sadler,** Astronomy and navigation. Hydr. Rev. **27** Nr. 1 S. 66—76. — Vgl. AJB **49** Ref. **13319.**

13346. **D. H. Sadler,** The selection of stars for astronomical navigation. J. Inst. Navigation London **4** 31—33.

13347. **A. dos Santos Franco,** Comparative precision of prismatic astrolabs. Hydr. Rev. **28** Nr. 1 S. 83—87.

13348. **P. Sizaire,** Astronomie nautique. Paris, Société d'Editions Géographiques, Maritimes et Coloniales. 457 S. mit zahlreichen Fig. und Tafeln. — Besprechung in Ann. Françaises Chronométrie **21** 336, BSAF **65** 261.

* * **C. H. Smiley,** Atmospheric refraction at low angular altitudes in the tropics. Vgl. Ref. **3125.**

* * **C. H. Smiley,** Atmospheric refraction at low angular altitudes in the temporate zones. Vgl. Ref. **3126.**

13349. **C. H. Smiley,** The accuracy of observations made with marine sextants. Navigation Los Angeles **2** 342—347.

13350. **G. Tiercy,** Quelques réflexions sur un problème de navigation. La Suisse horlogère **1951** Nr. 1 S. 25—28. — Ref. in Ann. Françaises Chronométrie **21** 339.

13351. **A. J. R. Tyrell,** The 3-position line problem at sea. J. Inst. Navigation London **3** 307—309, 1950.

13352. **J. T. Verstelle,** High altitude observations at sea. J. Inst. Navigation London **4** 418—420.

13353. **P. V. H. Weems,** Accuracy of marine navigation. Navigation Los Angeles **2** 354—357.

* * **R. C. Willem,** Low altitude refraction correction. Vgl. Ref. **3135.**

13354. **J. G. P. Worledge,** A critical table for sextant corrections. J. Inst. Navigation London **3** 205, 1950.

13355. Radio Direction-Finding and Navigational Aids; some Reports on German Work issued in 1944—45. Department of Scientific and Industrial Research. Radio Research Special Report No. 21. London, H. M. S. O., 1951. 4 + 92 S. Preis 3 s. 6 d. net. — Besprechung in Nature **169** 875.

13356. Navigation astronomique. La Revue Maritime (NS) **1950** Nr. 51 S. 970.

13357. The Sciences in Navigation. Los Angeles, Institute of Navigation, 1951. 96 S. Preis $ 1.00. — Besprechung in Sky and Telescope **11** 174.

§ 134

Astronautik, Raketen

13401. **R. d'E. Atkinson,** Interplanetary travel. Some problems of interplanetary navigation. J. Inst. Navigation London **3** 365—373, 1950. — Ref. in JBAA **61** 136—137.

13402. **D. J. Cashmore,** Some problems of interplanetary navigation. J. British Interplanetary Soc. **10** 71—74.

13403. **A. C. Clarke,** Interplanetary travel. The dynamics of space flight. J. Inst. Navigation London **3** 357—364, 1950. — Ref. in JBAA **61** 136—137.

13404. **A. C. Clarke,** The Exploration of Space. London, Temple Press, Ltd., 1951. 14 + 198 S. mit 18 Fig. und 15 Tafeln. Preis 12 s. 6 d. net. — Besprechung in JBAA **62** 49—50, J. British Interplanetary Soc. **11** 53—55, Obs **72** 79—80 (D. H. Sadler), Weltraumfahrt **1952** 30 (H. Gartmann).

13405. **A. C. Clarke,** Interplanetary Flight. New York, Harper and Bros., 1951. 164 S. Preis $ 2.50. — Besprechung in Scientia **87** 289—290 (L. Gialanella), Sky and Telescope **10** 249, **11** 63 (H. R. J. Grosch).

13406. **M. Davidson,** Interplanetary navigation. JBAA **62** 41—44, mit 1 Fig.

13407. **A. Eula,** Il secondo congresso internazionale di Astronautica. L'Aerotecnica **31** 300—304. — Bericht über den zweiten internationalen astronautischen Kongreß in London.

13408. **S. Herrick,** Interplanetary navigation. Navigation Los Angeles **3** 57—59.

13409. **J. A. Kindelam,** Viajes Interplanetarios. Madrid, Editorial Saso, 1951. 78 S. — Besprechung in J. British Interplanetary Soc. **11** 141.

13410. **D. F. Lawden,** Entry into circular orbits—I. J. British Interplanetary Soc. **10** 5—17, mit 6 Fig.

13411. **W. Ley, C. Bonestell,** The Conquest of Space. Vgl. AJB **49** Ref. 13401. — Weitere Besprechung in Pop Astr **59** 112—113.

13412. **W. Ley, C. Bonestell,** De sprong in het Heelal. Amsterdam, J. M. Meulenhoff, 1951. Übersetzung ins Niederländische durch J. de Groot. 90 S. mit 40 Tafeln. Preis f 9.75. — Besprechung in Heelal **7** 109, Hemel en Dampkring **50** 113 (J. Houtgast).

13413. **W. Ley,** La conquista dello spazio. Milano, Verlag V. Bompiani, 1950. Übersetzung aus dem Englischen (AJB **49** Ref. **13401**). 187 S. mit 24 Tafeln.

13414. **W. Ley,** Rockets, Missiles, and Space Travel. New York, The Viking Press, 1951. 436 S. Preis $ 5.95. — Besprechung in J. British Interplanetary Soc. **11** 244—245, Pop Astr **59** 500 (R. L. Henry), Sky and Telescope **10** 249, **11** 92—93 (S. Herrick).

13415. **G. Loeser,** Ein internationales Institut für Astronautik. Weltraumfahrt **2** 74—77. — Die erste Aufgabe der internationalen astronomischen Förderation.

13416. **G. Nebbia,** Attuali conoscenze sullo sviluppo della propulsione a razzo. Coelum **19** 98—104, 127—134. — Darstellung des derzeitigen Standes des Raketenfluges. F. Z.

13417. **M. W. Ovenden,** Meteors and space travel. J. British Interplanetary Soc. **10** 176—180.

13418. **M. W. Ovenden,** Meteor hazards to space-stations. J. British Interplanetary Soc. **10** 275—286, mit 2 Fig.

* * **D. M. Packer, R. Tousey,** A photoelectric solar aspect indicator for a rocket. Vgl. Ref. 2235.

13419. **W. Proell, J. Bowman,** A Handbook of Space Flight. Chicago, Perastadion Press, 1950. 185 S. Preis 28 s. — Besprechung in J. British Interplanetary Soc. **10** 143—144, Sky and Telescope **10** 199.

13420. **H. E. Ross,** Meteors and space-travel. J. British Interplanetary Soc. **10** 45—46.

13421. **W. Schaub,** Das Problem der extraterrestrischen Sonnenspiegel. Weltraumfahrt **2** 55—56, mit 1 Abb.

13422. **W. Schaub,** Die Außenstation als kräftefreier Kreisel. Weltraumfahrt **2** 103—104. Mit Berichtigung S. 125.

13423. **W. Schaub,** Die Raumstation als schwerer Kreisel. Weltraumfahrt **2** 121—125, mit 3 Abb.

13424. **K. Schütte,** Die Gründung der Internationalen Astronautischen Föderation. Zum 2. Internationalen Astronautischen Kongreß in London, vom 3.—8. September 1951. Sternenwelt **3** 209—212. — Bericht über die auf dem Kongreß behandelten Vorträge.

13425. **J. S. Thompson,** Lunar parallax method of astro-navigation. Navigation Los Angeles **3** 50—57. — Raketensteuerung mit Hilfe der Stellung des Mondes unter den Sternen. Fr.

13426. **J. G. Vaeth,** 200 Miles Up. New York, The Ronald Press Company. 207 S. Preis $ 4.50. — Besprechung in J. British Interplanetary Soc. **11** 94—95, Pop Astr **59** 554 (L. Binnendijk), Sky and Telescope **11** 15, 146—147 (J. A. Hynek).

13427. The Artificial Satellite. Edited by L. J. Carter. The Proceedings of the Second International Congress on Astronautics, London 1951. London, The British Interplanetary Society, 1951. 74 S. mit 15 Fig. Preis 5.—. — Enthält unter anderem einen Tagungsbericht und einen Bericht von L. Spitzer jr. über Interplanetary travel between satellite orbits, S. 17—25, sowie einen von M. W. Ovenden über Meteor hazards to space-stations S. 43—54.

13428. Electric spaceship. Sky and Telescope **10** 87.

13429. Legal problems in space. Sky and Telescope **11** 30.

* * Rockets and the Harvard meteor programme. Vgl. Ref. 8266.

* * J. British Interplanetary Soc. **10** 40—44, 86—89, 140—142, 221—228. — Enthält zahlreiche Hinweise auf Raketenarbeiten verschiedensten Charakters.

Berichtigung

AJB 50, 1950

S. XV zweite Zeile. Lies Nr. 1—21 anstatt 1—12.

Transskription des russischen Alphabets

(Vgl. AJB **50** Vorwort S. III)

Russisch	AJB	Math.Rev.	Astr.News Letter
а	a	a	a
б	b	b	b
в	w	v	v
г	g	g	g
д	d	d	d
е	e, je, jo	e	e
ж	sh	ž	zh, j
з	s	z	z
и	i	i	i
й	j	ĭ	i, ĭ
к	k	k	k
л	l	l	l
м	m	m	m
н	n	n	n
о	o	o	o
п	p	p	p
р	r	r	r
с	ss, s	s	ss, s
т	t	t	t
у	u	u	u
ф	f	f	f
х	ch	h	kh
ц	z	c	z, ts, tz
ч	tsch	č	ch
ш	sch	š	sh
щ	schtsch	šč	shch
ы	y	y	y, i
ь	—, j	'	—
э	e, é	è	e
ю	ju	yu	iu, yu
я	ja	ya	ia, ya

Beispiel: Зверев = Swerew (AJB) = Zverev (Math. Rev.)
= Zverev (Astr. News Letter)

Namen-Verzeichnis

Das Verzeichnis verweist unter Angabe der Seitenzahlen auf die Stellen, an denen Arbeiten und Beobachtungen der Autoren besprochen sind, hingegen nicht auf Stellen, an denen auf solche Arbeiten nur Bezug genommen oder ein Name in irgend einem Zusammenhange genannt wird. Auch sind reine Personalnotizen nicht berücksichtigt, da sie schon in § 10 alphabetisch geordnet sind.

Sach-Verzeichnis

Das Sach-Verzeichnis soll ein schnelles Aufsuchen nach einem Stichwort ermöglichen. Im allgemeinen ist bei mehreren aufeinanderfolgenden Referaten über den gleichen Gegenstand nur die erste Seite nachgewiesen. Der Benutzer hat daher auch die folgenden Seiten des betreffenden Paragraphen einzusehen.

FSC
www.fsc.org
MIX
Papier | Fördert gute Waldnutzung
FSC® C083411

Kolibri 360 GmbH
Ferdinand-Jühlke-Straße 7
99095 Erfurt, Deutschland
produktsicherheit@kolibri360.de